ECOLOGIA VEGETAL

Equipe de Tradução

Fernando Gertum Becker (Capítulos 14-16)
Biólogo. Mestre em Ecologia pela Universidade Federal do Rio Grande do Sul (UFRGS). Doutor em Ciências, ênfase em Ecologia e em Recursos Naturais, pela Universidade Federal de São Carlos (UFSCAR), SP. Professor adjunto do Departamento de Ecologia do Instituto de Biociências da UFRGS.

Leandro da Silva Duarte (Capítulos 6 e 17-21)
Biólogo. Mestre em Ecologia pela UFRGS. Doutor em Ciências, ênfase em Ecologia, pela UFRGS.

Lúcia Rebello Dillenburg (Capítulos 1, 3, 4)
Engenheira agrônoma. PhD em Botânica pela Universidade de Maryland (College Park, EUA). Professora associada do Departamento de Botânica do Instituto de Biociências da UFRGS.

Paulo Luiz de Oliveira (Iniciais, Capítulos 2 e 7, Finais)
Biólogo. Doutor em Agronomia pela Universität Hohenheim, Stuttgart, República Federal da Alemanha. Professor titular aposentado do Departamento de Ecologia do Instituto de Biociências da UFRGS.

Sandra Cristina Müller (Capítulos 9-13)
Bióloga. Mestre em Botânica pela UFRGS. Doutora em Ecologia pela UFRGS. Professora adjunta do Departamento de Ecologia do Instituto de Biociências da UFRGS.

Sandra Maria Hartz (Capítulos 5 e 8)
Bióloga. Mestre em Ecologia pela UFRGS. Doutora em Ciências, ênfase em Ecologia e em Recursos Naturais, pela UFSCAR, SP. Professora associada do Departamento de Ecologia do Instituto de Biociências da UFRGS. Docente do Programa de Pós-Graduação em Ecologia da UFRGS.

Jessica GUREVITCH
State University of New York at Stony Brook
Samuel M. SCHEINER
Gordon A. FOX
University of South Florida

ECOLOGIA VEGETAL

2ª Edição

Consultoria, supervisão e revisão técnica desta edição:

Paulo Luiz de Oliveira
Biólogo. Doutor em Agronomia pela Universität Hohenheim, Stuttgart, República Federal da Alemanha. Professor titular aposentado do Departamento de Ecologia do Instituto de Biociências da UFRGS.

artmed®

2009

Obra originalmente publicada sob o título
The Ecology of Plants, Second Edition
ISBN 978-0-87893-294-8

Capa: *Mário Röhnelt*

Preparação de original: *Greice Zenker Peixoto, Felicitas Hermany*

Leitura final: *Lara Gobhardt Martins*

Supervisão editorial: *Letícia Bispo de Lima*

Editoração eletrônica: *Techbooks*

G979e Gurevitch, Jessica
Ecologia vegetal / Jessica Gurevitch, Samuel M. Scheiner, Gordon A. Fox ; tradução Fernando Gertum Becker ... [et al.]. – 2. ed. – Porto Alegre : Artmed, 2009.
592 p. : 28 cm.

ISBN 978-85-363-1918-6

1. Ecologia – Ecologia vegetal. I. Scheiner, Samuel M. II. Fox, Gordon A. II. Título.

CDU 581.5

Catalogação na publicação: Renata de Souza Borges CRB-10/1922

Reservados todos os direitos de publicação, em língua portuguesa, à
ARTMED® EDITORA S.A.
Av. Jerônimo de Ornelas, 670 – Santana
90040-340 – Porto Alegre – RS
Fone: (51) 3027-7000 Fax: (51) 3027-7070

SÃO PAULO
Av. Angélica, 1.091 – Higienópolis
01227-100 – São Paulo – SP
Fone: (11) 3665-1100 Fax: (11) 3667-1333

SAC 0800 703-3444

IMPRESSO NO BRASIL
PRINTED IN BRAZIL

JG

Aos meus filhos, Nathaniel Everett Postol e Elisabeth Postol,
e aos meus professores e alunos, por me educarem.

SMS

Aos meus mestres, Mike Wade, Jim Teeri e Conrad Istock,
cujas impressões digitais estão por toda parte deste livro.

GAF

A dois dos meus professores, Bill Schaffer e Larry Venable,
que tornaram isto possível.

Prefácio

A 1ª edição desta obra originou-se do estímulo de muitos colegas para que fosse publicado um livro-texto completo destinado ao ensino universitário de ecologia vegetal. Assim, decidimos escrevê-la a partir de uma perspectiva contemporânea diferente, enfatizando uma abordagem conceitual para o tema. São necessárias algumas palavras sobre como este livro foi escrito e revisado. A ordem dos nomes dos autores na capa costuma estar relacionada ao quanto contribuíram para sua elaboração. Se usássemos esse critério, no caso deste livro, o mais apropriado seria um círculo, pois os três autores deste livro contribuíram de múltiplas maneiras; nossas contribuições foram diferentes, mas todas igualmente importantes. Este livro não poderia ser escrito por um ou dois de nós, e ele reflete fortemente todas as nossas contribuições e perspectivas diferentes. Além disso, ele é uma amostra do nosso senso de humor coletivo e esperamos que proporcione ao menos alguns momentos agradáveis para estudantes que percorrerem este corpo de informações às vezes um tanto denso.

Ficamos gratificados com a resposta à 1ª edição deste livro, tendo recebido muitos comentários positivos e proveitosos de estudantes que o utilizaram e de professores que o adotaram em seus cursos. Assim, darmos início ao projeto da 2ª edição se tornou algo natural e inevitável.

Ecologia vegetal, 2ª edição, utiliza uma abordagem conceitual para o tema a partir de uma perspectiva contemporânea diferenciada. Abrangemos nesta obra desde indivíduos vegetais, passando por populações e comunidades, até padrões em grande escala e temas globais, a partir de um enfoque vegetal.

Embora apresentemos os tópicos em uma ordem convencional, partindo de indivíduos e chegando à ecologia global, existem igualmente profundidade e cobertura suficientes para os estudantes de nível mais avançado. Por exemplo, introduzimos aspectos de anatomia e fisiologia vegetais, retornando a esses assuntos quando tratamos de herbivoria e ecologia de ecossistemas. Discutimos solos e interações subterrâneas, paleoecologia, evolução, clima e ciclagem de nutrientes com densidade maior do que seria esperado em um livro de ecologia. Também abordarmos a mudança climática global a partir da perspectiva do papel e das respostas de plantas e de seres humanos.

Além da abordagem conceitual ao tema, existem muitos outros aspectos que distinguem o enfoque adotado neste livro: a biologia evolutiva é essencial ao pensamento científico a respeito de ecologia, por isso incorporamos uma perspectiva evolutiva ao longo da obra. Em vez de apresentar a informação científica como uma coleção estática de "fatos", retratamos a história e o processo contínuo do estudo e da descoberta científica.

A fim de incorporar os mais recentes avanços e descobertas em ecologia vegetal, esta edição foi completamente revisada, com destaque para o acréscimo de pesquisas sobre as bases conceituais e empíricas das diversidades regional e global, bem como para a atualização do capítulo sobre fitopatógenos. Também reorganizamos substancialmente a Parte II (Populações e Evolução) e a Parte III (Comunidades e suas Causas), assim como acrescentamos ou atualizamos diversas ilustrações em todo o livro, agora coloridas.

Para auxiliar na aquisição de um vocabulário que facilite a compreensão da terminologia científica, várias palavras são destacadas em **negrito**, as quais estão definidas no texto e no glossário. A literatura científica é abordada mediante o uso de exemplos e referências-chave. Além disso, no final de cada capítulo, destacamos leituras adicionais, estimulando os leitores a consultar as referências clássicas.

Junto com a informação básica abordada, a obra traz pesquisas em todos os continentes (incluindo a Antártida) e diversas ilhas, bem como os nomes populares, as famílias das plantas e um grande número de imagens e figuras dessas espécies vegetais. Com relação às famílias de plantas, seguimos a revisão mais recente e definitiva da sistemática de angiospermas: Angiosperm Phylogeny Group. 1998. An ordinal classification for the families of flowering plants. *Ann. Missouri Bot. Gard.* 85: 531-553; Angiosperm Phylogeny Group. 2003. An update of the Angiosperm Phylogeny Group classification for the orders and families of flowering plants: APG II. *Bot. J. Linnean Soc.* 141: 399-436. A sistemática vegetal* experimentou grandes mudanças nos últimos anos, e podem surgir surpresas para aqueles que lembram de afinidades taxonômicas registradas em uma flora publicada há 40 anos, como a de Gleason e Cronquist. Por exemplo, certas pessoas podem não saber que muitas espécies vegetais parasitas reclassificadas como Orobanchaceae foram corretamente excluídas de Scrophulariaceae.

Como a ciência é um esforço humano, incluímos imagens de alguns dos cientistas cujos trabalhos são discutidos ao longo do livro. Um exemplo dessa abordagem é o trabalho frequentemente citado de Waloff e Richards (1977), mostrando que o primeiro autor era Nadia Waloff, uma "formidável entomologista russa e fumante inveterada" no Silwood Park of the Imperial College of London, em meados do século XX (Michael Crawley, não-publicado); mostra também que, além de muitos Davids, Johns e Jameses, há nomes que incluem Camille, Katherine, Valerie, Lynn e Suzanne, bem como Vigdis, Xianzhong, Mohamed Akio, Ignacio, Govindan, Avi, Nerre Awana e Staffan.

Somos gratos aos nossos colegas, de todas as partes do mundo, que revisaram, comentaram ou nos auxiliaram a corrigir problemas, incluindo: William Bowman, Veronique Delaesalle, Lynda Delph, Philip Dixon, Tom Ebert, Marcel Holyoke, Tim Howard, Colleen Kelly, Jeff Klopatek, Manuel Lerdau, Earl McCoy, Bill Platt, Pedro Quintana-Ascencio, Jose Rey Benayas, Jim Rodman, Abraham Rushing, Kayla Scheiner, Judy Skog, Art Stiles, Peter Stiling, Peter Smallwood, Sharon Strauss, Daniel Taub, Ken Thompson, Mark Westoby, Ian Wright e Richard Wunderlin; Wei Fang, Laura Hyatt e Eliza Woo também nos ajudaram do ponto de vista técnico. A partir de suas experiências como cientistas e professores, os seguintes profissionais nos contribuíram com suas ideias e sugestões: Edith Allen, Peter Alpert, T. Wayne Barger, Evert Brown, James Cahill, Carmen R. Cid, Donald R. Drake, Elizabeth Elle, Gary N. Ervin, David Gorchov, John Krenetsky, Brian C. McCarthy, Colin Orians, Robert K. Peet, Francis E. Putz, Bernadette Roche, Irene Rossell, Paula Schiffman, J. Morgan Varner III e Andrea Worthington. Também queremos agradecer a Veronique Delaesalle, Katherine Gross e seu grupo de laboratório, Inderjit, Manuel Lerdau, Thomas Miller e Michael Willig, pois suas sugestões e contribuições aperfeiçoaram a qualidade do texto. Ray Callaway e outros profissionais também ofereceram uma inestimável contribuição à obra.

Queremos agradecer a Sinauer Associates, especialmente a Chelsea Holabird, nossa hábil, paciente e incansável editora; a Norma Roche, nossa editora de texto; a Joanne Delphia, nossa extraordinária ilustradora científica; a David McIntyre, que supervisionou as fotografias; a Jefferson Johnson, que contribuiu com o projeto gráfico; a Christopher Small, gerente de produção; e, acima de tudo, a Andy Sinauer, que continua a nos auxiliar com paciência, generosidade e diplomacia.

Agradecemos especialmente a nossos cônjuges, filhos e colegas, que nos toleraram, mais alegremente do que teríamos direito de esperar, enquanto escrevíamos e revisávamos esta obra. Nós admiramos sua paciência.

A todos os estudantes que utilizarem este livro, esperamos que o apreciem e aprendam muito com ele, e que alguns de vocês realizem as suas próprias contribuições científicas.

Jessica Gurevitch

Samuel M. Scheiner

Gordon A. Fox

* Conheça também a obra *Sistemática vegetal*: um enfoque filogenético, 3.ed., de Judd e cols., publicada em língua portuguesa, em 2008, pela Artmed Editora.

Sumário

Sumário Detalhado

8 Histórias de Vida de Plantas 185

PARTE III COMUNIDADES E SUAS CAUSAS

9 Propriedades e Mecanismos das Comunidades 205

10 Competição e outras Interações entre Plantas 225

PARTE IV

ECOSSISTEMAS E PAISAGENS

14 *Processos Ecossistêmicos 327*

15 *Comunidades em Paisagens 353*

16 *Ecologia de Paisagem 369*

PARTE V

PADRÕES E PROCESSOS GLOBAIS

17 *Clima e Fisionomia 391*

18 *Biomas 417*

19 *Diversidade Regional e Global 445*

20 *Paleoecologia 469*

21 *Mudança Global: o Homem e as Plantas 485*

CAPÍTULO 1

A Ciência da Ecologia Vegetal

A ciência biológica da **ecologia** é o estudo das relações entre organismos vivos e seus ambientes, das interações dos organismos uns com os outros, e dos padrões e das causas da abundância e distribuição dos organismos na natureza. Neste livro, consideramos a ecologia a partir da perspectiva das plantas terrestres. A ecologia vegetal é tanto uma parte da disciplina de ecologia quanto um espelho do campo inteiro. Em *Ecologia vegetal,* abordamos alguns dos tópicos que você pode encontrar em um livro-texto de ecologia geral, ao mesmo tempo em que nos concentramos nas interações entre plantas e seus ambientes ao longo de uma faixa de escalas. Incluímos, também, alguns assuntos que são exclusivos das plantas, como a fotossíntese e a ecologia das interações planta-solo, e outros que têm aspectos singulares no caso das plantas, como a obtenção de recursos e de parceiros.

Ecologia como uma ciência

Os ecólogos estudam a função dos organismos na natureza e os sistemas que eles habitam. Alguns ecólogos preocupam-se, em especial, com a aplicação de princípios ecológicos a problemas ambientais práticos. Às vezes, a distinção entre ecologia básica e aplicada torna-se pouco nítida, como quando a solução para um problema aplicado em particular revela conhecimento fundamental sobre sistemas ecológicos. Tanto na ecologia básica quanto na aplicada, as regras e os protocolos das ciências têm de ser rigorosamente seguidos.

O que *não* é ecologia é militância ambiental ou ativismo político, embora, algumas vezes, os ecólogos sejam ativistas ambientais em suas vidas pessoais, e estes possam depender de pesquisa ecológica. A ecologia não trata dos sentimentos das pessoas a respeito da natureza, embora os ecólogos possam ter fortes sentimentos sobre o que estudam. Os sistemas ecológicos são complexos, compostos de numerosas partes, cada uma contribuindo para o todo de maneiras diferentes. No entanto, a ecologia é, de fato, uma ciência, e opera como outras disciplinas científicas.

Aqui, é importante atentar para um importante ponto. Boa parte do conteúdo deste capítulo refere-se à natureza da ciência e do método científico. Muitos estudantes, neste ponto, bocejam e concluem que não precisam prestar muita atenção, porque já conhecem o método científico, e já vimos muitos outros acrescentarem que tais discussões são chatas e sem sentido. No entanto, talvez surpreendentemente, o método científico e a natureza da ciência em si tornaram-se assuntos de calorosas controvérsias políticas nos últimos anos, e há uma considerável quantidade de confusão no âmbito popular quanto ao que seja ou não ciência. A natureza da ciência e do método científico é a essência de como os cientistas agregam e confirmam conhecimento científico. Fazer ciência, bem como aprendê-la, requer uma abordagem cuidadosa e bem pensada para o entendimento de diversas questões.

Como sabemos se algo é verdadeiro? A ciência é uma maneira de conhecer o mundo – não a única, mas é uma maneira espetacularmente bem-sucedida. Ao contrário de outras formas de conhecimento que fazem parte das nossas vidas, a legitimidade da ciência não é baseada em autoridade, opinião ou princípios democráticos, mas no peso de evidência confiável e repetível.

Por que essa característica da ciência é tão importante? Considere o contraste entre uma abordagem científica a uma questão ambiental – digamos, as consequências da fragmentação para a permanência das florestas pluviais tropicais – e uma abordagem estética. É possível que o tratamento do tema em questão, a partir de uma perspectiva científica, envolva algumas perguntas: como as mudanças na quantidade relativa de borda de floresta afetam a fisiologia de algumas espécies arbóreas? Como essas mudanças fisiológicas se traduzem em efeitos no crescimento da população? Como a dispersão entre fragmentos remanescentes afeta essas populações como um todo? Por outro lado, uma abordagem estética – com frequência observada na literatura popular sobre conservação – pode enfatizar a beleza da floresta intacta. Não há nada de errado com esse ponto de vista – de fato, muitos ecólogos falam livremente sobre esses valores estéticos. Mas esses valores não têm nada a ver com ciência; não faz sentido debater se florestas intactas ou fragmentadas são mais bonitas, pois não há evidência de que alguém conseguiria resolver tal questão.

Poderíamos lançar um argumento similar se comparássemos a abordagem científica à moral, à religiosa ou à artística. As possíveis conclusões alcançadas com pesquisas não-científicas não dependem do teste de evidências empíricas. Isso não quer dizer que apenas a ciência é digna de valor; de fato, as outras formas de interpretar o mundo desempenham um papel importante e crucial nas sociedades humanas, porém são fundamentalmente diferentes da ciência.

A gênese do conhecimento científico

Ao longo de todo este livro, examinamos como os ecólogos atingiram o estado atual de conhecimento e compreensão dos organismos e sistemas na natureza. A ecologia tem uma base teórica forte e rica e desenvolveu-se a partir de uma enorme fonte de informações sobre história natural.

A ecologia, como toda a ciência, está construída sobre um tripé de padrão, processo e teoria. Os **padrões** consistem em relações entre partes ou entidades do mundo natural. Os **processos** são causas daqueles padrões. As **teorias**, explicações daquelas causas. Ao conduzirem pesquisa científica original, os ecólogos procuram documentar padrões, entender processos e, por fim, construir teorias que expliquem o que foi encontrado.

Existe distinção entre a pesquisa desenvolvida por um cientista e a feita para um trabalho de conclusão ou por qualquer pessoa tentando juntar informação sobre um tópico usando um livro-texto (como este), livros de biblioteca ou material à disposição na Internet. Embora haja exceções, a pesquisa conduzida por estudantes ou pelo público em geral é normalmente o que chamamos de **pesquisa secundária**: dados ou fatos já conhecidos são reunidos e confirmados. Esse tipo de pesquisa não é apenas útil, é essencial: todo estudo científico deve começar abordando o que já é conhecido. Contudo, o centro daquilo que os pesquisadores fazem é chamado de **pesquisa primária**: a apresentação de uma informação desconhecida ou de novas e testáveis ideias sobre como a natureza funciona. Essas experiências de descoberta são o que tornam a ciência incrivelmente excitante e prazerosa.

Os cientistas adquirem conhecimento utilizando o **método científico**. Eles executam uma série de passos, embora nem sempre em uma ordem fixa (Figura 1.1). Em ecologia, esses passos podem ser resumidos em: observação, descrição, quantificação, colocação de hipóteses, teste dessas hipóteses utilizando experimentos (no sentido amplo da palavra, como discutido a seguir), e verificação, rejeição ou revisão das hipóteses, seguidas do reteste das hipóteses novas ou modificadas. Ao longo de todo esse processo, os ecólogos reúnem vários tipos de informações, procuram padrões de regularidade em seus dados e propõem processos que possam ser responsáveis por tais padrões. Com frequência, constroem algum tipo de modelo para auxiliar no avanço do entendimento. Finalmente, elaboram teorias, usando de pressuposições, dados, modelos e resultados de vários testes de hipóteses, dentre outras coisas. A construção de teorias científicas abrangentes ocorre simultaneamente a partir de múltiplas direções e envolve diversas pessoas, algumas vezes trabalhando em sincronia e, em outras, com objetivos opostos. A ciência em ação pode ser um processo confuso e caótico, mas deste caos emerge nosso entendimento da natureza.

A construção de teorias científicas é central ao método científico. A palavra "teoria" tem um significado muito diferente em ciência, se comparado ao seu no uso comum. Uma teoria científica é uma explicação ampla e abrangente de um grande corpo de informações que, ao longo do tempo, precisa ser sustentado e, em última análise, confirmado (ou rejeitado) pelo acúmulo de uma vasta gama de diferentes tipos de evidências (Tabela 1.1). No uso popular, a palavra "teoria" normalmente se refere a uma conjectura ou suposição limitada e específica, ou mesmo a uma adivinhação ou a um "palpite". Equacionar o significado de uma teoria científica com uma "adivinhação" causou um interminável mal-estar na imprensa popular e em debates públicos de temas com forte componente político. Um exemplo bem conhecido é a teoria da evolução por seleção natural: embora às vezes retratada como "apenas uma teoria" pelos criacionistas e pelos que pregam o "delineamento inteligente", ela é, na verdade, uma explicação abrangente de um grande número de padrões na natureza – de fato, é a teoria melhor testada na biologia.

Quando uma teoria é amparada por fortes evidências ao longo de muitos anos, com novos achados consistentes para sustentá-la e ampliá-la, e, ao mesmo tempo, sem produzir evidências contraditórias sérias, ela se torna um arcabouço ou um padrão aceito de pensamento científico, de onde novas especulações podem surgir. Foi isso que ocorreu com a teoria da gravidade, de Newton, com a teoria de evolução, de Darwin, e com a teoria da relatividade, de Einstein. Os cientistas usam tais estudos abrangentes para

Figura 1.1 O método científico. O ciclo de especulação, hipótese e experimentação é uma espiral, com o nosso entendimento global do mundo aumentando à medida que novas questões constantemente emergem das respostas que os cientistas obtêm.

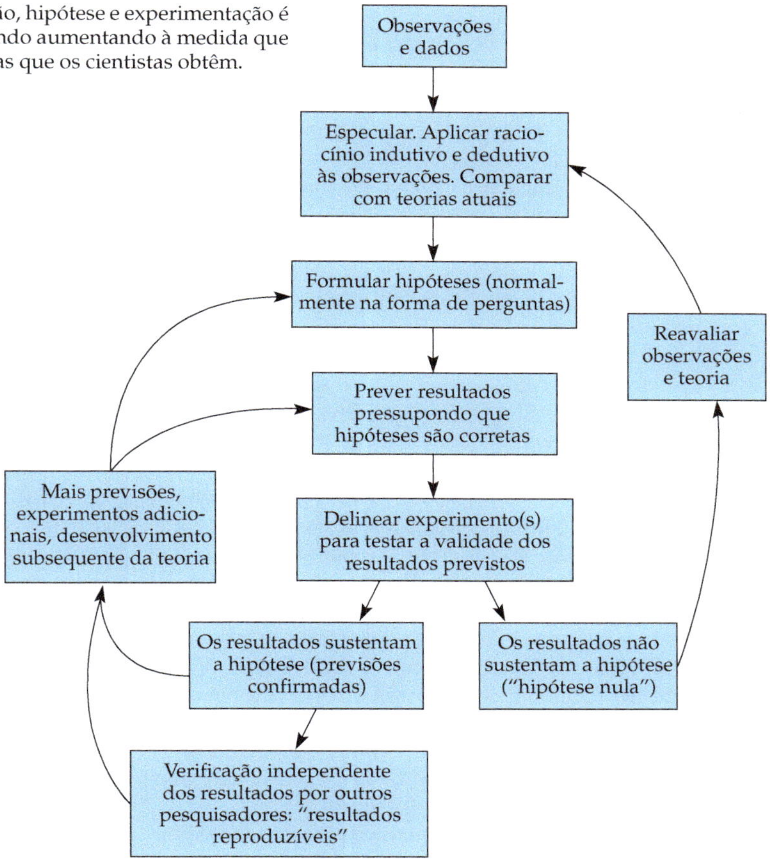

organizar o pensamento e derivar previsões adicionais sobre a natureza.

O objetivo final é produzir uma **teoria unificada**, consistindo de algumas proposições gerais que caracterizam um amplo domínio de fenômenos e de onde um arranjo de modelos pode ser derivado. O melhor exemplo na biologia é a unificação da teoria da seleção natural de Darwin com a teoria de herança particulada de Mendel. Essa unificação – em grande parte completa na década de 1940 – permitiu aos biólogos derivar muitos modelos específicos e previsões testáveis, e reunir um corpo grande e coerente de informação e conhecimento sobre o mundo natural, incluindo muitas descobertas de benefício prático à humanidade e outras que proporcionaram um entendimento fundamental dos organismos vivos.

Uma **hipótese** científica é uma possível explicação para uma determinada observação ou um conjunto de observações. Uma hipótese é menor em escopo do que uma teoria plenamente desenvolvida. As hipóteses precisam ser testáveis: elas precisam conter uma previsão ou afirmação que possa ser verificada ou rejeitada usando-se evidência científica. Os experimentos são a parte central da ciência, e seu delineamento e uso são discutidos em detalhes neste capítulo. Uma característica crucial da ciência é a necessidade de revisar ou rejeitar uma hipótese se a evidência não a suporta. A ciência não aceita hipóteses com base na fé.

Uma das ferramentas mais importantes na caixa de ferramentas do cientista são os modelos. Um **modelo** é uma abstração ou simplificação que expressa estruturas e relações. Os modelos são uma das maneiras pelas quais a mente humana tenta compreender estruturas e relações

TABELA 1.1 Os componentes da teoria científica

Componente	Descrição
Domínio	O escopo no espaço, no tempo e nos fenômenos abordados pela teoria
Pressuposições	Condições ou teorias necessárias para a elaboração da teoria
Conceitos	Regularidades classificadas em fenômenos
Definições	Convenções e prescrições necessárias para que a teoria funcione com clareza
Fatos	Registros confirmáveis de fenômenos
Generalizações confirmadas	Condensações e abstrações de um conjunto de fatos que foram testados
Leis	Afirmações condicionais de relação ou causa, ou afirmações de processo que se encaixam dentro de um universo de discurso
Modelos	Construções conceituais que representam ou simplificam o mundo natural
Modos de tradução	Procedimentos e conceitos necessários para ir de abstrações de uma teoria para os específicos de aplicação ou teste
Hipóteses	Afirmações testáveis derivadas ou representando vários componentes da teoria
Estrutura	Estrutura aninhada causal ou lógica da teoria

Fonte: Pickett et al., 1994

complexas, seja na ciência, seja no dia-a-dia. Construir um modelo de avião a partir de um quite pode fornecer muita informação a respeito da forma básica de um avião; de modo similar, engenheiros civis frequentemente constroem pequenos modelos ou estruturas, como pontes ou prédios (sejam modelos físicos ou imagens tridimensionais em computador), antes que a construção seja iniciada. Sem dúvida, você já deve ter visto modelos de DNA ou de reações químicas e ouvido falar sobre modelos climáticos globais, os quais serão longamente discutidos no Capítulo 21.

Os modelos podem ser abstratos ou tangíveis, feitos de palavras ou de plástico. Podem ser diagramas em papel, conjuntos de equações ou complexos programas de computador. Na ciência, os modelos são usados para definir padrões, resumir processos e gerar hipóteses. Um dos usos mais valiosos dos modelos é fazer previsões. Os ecólogos lidam quase que exclusivamente com modelos abstratos, que podem variar desde um simples argumento verbal até um conjunto de equações matemáticas. Uma das razões pelas quais seus modelos frequentemente se baseiam na matemática é que os ecólogos estão normalmente preocupados com várias coisas (por exemplo, por ficar tão pequena, a população de uma espécie está se tornando ameaçada? Quão rapidamente uma espécie invasora está se expandindo? Quantas espécies podem coexistir em uma comunidade e como esse número muda com as mudanças nas condições?). Os modelos matemáticos oferecem métodos bem definidos para a abordagem de questões, tanto em termos qualitativos quanto quantitativos.

Todos os modelos são necessariamente baseados em simplificações e embasados por um conjunto de pressuposições. O reconhecimento dessas simplificações e pressuposições (tanto implícitas quanto explícitas) é crítico, visto que elas podem alertar para as limitações do modelo e, ainda, porque pressuposições falsas e simplificações injustificadas podem afundar mesmo o modelo mais amplamente aceito ou elegante.

Objetividade, subjetividade, escolha e chance na pesquisa científica

Quando se lê um artigo científico típico, ele pode, em um primeiro momento, parecer misterioso e chato. O formato segue um protocolo rígido, delineado para canalizar eficientemente informação essencial a outros cientistas. As ideias são densamente empacotadas, com uma lógica clara desde o início até o fim. Pode parecer que os pesquisadores sabiam exatamente o que iriam encontrar mesmo antes de começarem. Porém, devemos revelar que não é assim que a ciência normalmente funciona. As justificativas para a pesquisa, apresentadas na introdução de um trabalho, podem ter sido pensadas ou discutidas muito depois de o projeto de pesquisa ter começado ou mesmo depois que o trabalho foi concluído. Devido a descobertas afortunadas, desastres laboratoriais ou de campo ou ocorrência naturais raras, o objetivo original de um projeto de pesquisa é muitas vezes modificado ou, em alguns casos, completamente descartado e substituído por outro.

As ideias na ciência, especialmente na ecologia, vêm de uma diversidade de fontes. Enquanto todo mundo sabe que a ciência é objetiva e racional, esta é apenas metade da história. Para que se atinja uma compreensão genuinamente nova, a subjetividade e a criatividade têm de entrar em cena. Ao mesmo tempo em que é preciso ser objetivo quando, por exemplo, se examina o peso da evidência a favor de uma hipótese, a subjetividade desempenha um papel sutil, mas importante, ao longo de toda a pesquisa científica. Aquilo que alguém escolhe para estudar é uma decisão subjetiva. Uma vez feita a escolha, normalmente há uma gama de locais possíveis onde buscar as respostas – uma outra decisão subjetiva. Em grande parte, tais escolhas dependem das questões que são colocadas. Se, por um lado, a determinação das respostas tem de ser objetiva, escolher quais questões que devem ser perguntadas e como perguntá-las é, por outro lado, altamente subjetivo.

Muitos esforços científicos são igualmente bastante criativos. Criar um bom experimento, olhar sob uma nova perspectiva um problema aparentemente intratável, mudar de rumo depois de uma falha laboratorial desastrosa e extrair um resultado bem-sucedido do meio da catástrofe, e reunir um grande número de fatos desconexos para construir uma teoria abrangente são todas atividades criativas.

Muitas descobertas científicas começam com uma observação casual, como no caso da maçã proverbial de Newton. Ou uma ideia pode surgir como um pensamento do tipo "e se": e se o mundo funcionar de uma certa maneira? Ou um experimento prévio pode fazer surgir novas perguntas. O que torna um pesquisador bem-sucedido é sua habilidade em reconhecer o valor dessas observações casuais, dos pensamentos do tipo "e se" e de novas perguntas. A partir dessas fontes, um ecólogo constrói hipóteses e delineia experimentos para testá-las.

Experimentos: o coração da pesquisa

A base do processo científico é o experimento. Os ecólogos, em particular, utilizam uma ampla variedade de tipos de experimentos. Aqui, usamos o termo "experimento" em seu senso mais amplo: o teste de uma ideia. Os experimentos ecológicos podem ser classificados em três grandes tipos: de manipulação, natural e observacional. **Experimentos de manipulação** ou **controlados** são aqueles que a maioria de nós considera como experimentos: uma pessoa manipula o mundo de alguma forma e procura por um padrão na resposta. Por exemplo, um ecólogo pode estar interessado nos efeitos de diferentes quantidades de nutrientes no crescimento de uma espécie vegetal em particular. Ele pode cultivar diversos grupos de plantas, fornecendo para cada um deles um diferente tratamento nutricional e medir, por exemplo, o tempo para maturação e o tamanho final. Tal experimento poderia ser feito em um ambiente controlado, como uma câmara de crescimento, uma casa de vegetação, um canteiro experimental, ou em um sítio de campo em uma comunidade natural.

Essa gama de situações potenciais para o experimento vem acompanhada de uma série de conflitos. Se o ensaio científico é conduzido em um laboratório ou uma câmara de crescimento, o ecólogo é capaz de controlar a maioria das fontes de variação de modo que as diferenças entre os tratamentos podem ser claramente atribuídas aos fatores em estudo no experimento. Esses tipos de experimentos controlados exemplificam o método científico da forma como ele foi inicialmente concebido por Frances Bacon no século XVII. Experimentos baconianos são o esteio da maior parte da biologia celular e molecular, assim como das ciências físicas. Trabalhando-se em um ambiente controlado, no entanto, os ecólogos sacrificam alguma coisa. O ambiente controlado é altamente artificial, de modo que compromete o realismo, e é também estreito em alcance (os resultados aplicam-se apenas a uma limitada faixa de condições), sacrificando a generalidade.

Se um experimento é conduzido em uma situação de campo, ele é mais realístico ou mais natural, mas, neste caso, muitos fatores podem variar de forma não-controlada. Em um experimento de campo, os únicos fatores controlados são os objetos de estudo. A variação devido a fatores que não sejam os experimentais é distribuída de forma aleatória entre as repetições, e as conclusões são baseadas no uso de inferência estatística (ver Apêndice). Assim, podem ser conduzidos em muitas situações e não são restritos ao campo. Esse tipo de experimento foi primeiramente desenvolvido por R. A. Fisher no início do século XX. Os experimentos fisherianos são o esteio da ecologia e da biologia evolutiva, assim como das ciências sociais. Eles são tipicamente definidos de forma menos estreita do que os baconianos e, assim, seus resultados podem ser mais prontamente generalizados. Os objetivos científicos e as considerações práticas determinam onde, ao longo deste contínuo de controle *versus* realismo, os ecólogos conduzem seus experimentos.

Os experimentos são normalmente delineados como testes de hipóteses. Se a hipótese é parcial ou totalmente refutada pelos resultados alcançados, o cientista volta a revisar suas ideias e tenta de novo. Se a hipótese não é refutada, o cientista ganha a confiança de que sua hipótese pode estar correta. Algumas vezes, entretanto, os cientistas delineiam experimentos para "ver no que é que vai dar". Mesmo assim, uma ou mais hipóteses estão sendo testadas (embora muitas vezes não sejam colocadas dessa maneira): ao criar uma diferença entre grupos (como molhar algumas plantas com mais frequência do que outras) e então medir alguma quantidade (como o tempo para o florescimento), o ecólogo implicitamente gera hipóteses sobre a relação entre manipulação e as coisas sendo medidas. Tais ensaios são comuns em todas as ciências biológicas, incluindo a ecologia. Os cientistas estudaram em detalhes apenas umas poucas centenas do quarto de milhão de espécies vegetais terrestres; destas, apenas poucas [*Zea mays* (milho), *Arabidopsis thaliana* e, possivelmente, *Oryza* spp. (arroz)] se aproximam do estado de "bem-estudadas". Um ecólogo que inicia o estudo de uma nova espécie, comunidade ou um ecossistema precisa fazer muitos experimentos abrangentes. Por certo, é guiado por seu conhecimento de outras espécies e ecossistemas similares. No entanto, cada espécie ou ecossistema é singular, o que explica por que cada estudo expande o nosso conhecimento ecológico.

Experimentos de manipulação são ferramentas poderosas por duas razões principais: primeiro, porque o cientista pode controlar quais partes do mundo natural serão alteradas; e, segundo, porque ele pode separar fatores que tipicamente ocorrem juntos, podendo testá-los de forma individual. Tais ensaios, no entanto, têm limitações. Algumas vezes, os de manipulação são afetados por artefatos – resultados causados por algum efeito colateral da manipulação experimental em si, ao invés de serem uma resposta ao tratamento experimental em teste. Bons experimentos evitam artefatos ou os consideram na avaliação dos resultados.

Uma outra limitação é a de escala. A ecologia está comumente preocupada com padrões e processos que ocorrem ao longo de grandes escalas de espaço e de tempo – por exemplo, as causas das diferenças nos números de espécies em diferentes continentes, ou as respostas de populações a mudanças no clima nos próximos dois séculos. Não podemos fazer experimentos de manipulação nessas grandes escalas de tempo e de espaço, e, em muitos casos, replicações verdadeiras (de continentes, por exemplo) poderiam não existir, mesmo se pudéssemos trabalhar nessas escalas. No entanto, os ecólogos estão cada vez mais usando experimentos de manipulação de longo prazo e de larga escala (ver Quadro 12C). Um exemplo disso é o estudo de longo prazo da ecologia de pradarias na Área Natural de Pesquisa da Pradaria de Konza, no Kansas, iniciada por Lloyd Hulbert em 1981 (Knapp et al., 1998). A reserva está dividida em uma série de parcelas grandes, as quais são submetidas a diferentes combinações de queima controlada em vários intervalos de tempo e pastejo por bisão ou gado (Figura 1.2).

Experimentos de manipulação de larga escala, entretanto, são normalmente limitados pela amplitude de tratamentos possíveis. Por exemplo, na pradaria de Konza, quase toda a queima controlada é feita na primavera. Como não há dados seguros de regimes de fogo em pradarias antes da colonização europeia, não se sabe como essa queima na primavera se compara a regimes de fogo "naturais".

A condução de alguns tipos de experimentos de manipulação não seria ética. Por exemplo, não se causaria a extinção de uma espécie apenas para estudar os efeitos de tal evento. Em tais casos, os ecólogos precisam se basear em dois outros tipos de estudos: naturais e de observação, que podem ser considerados como tipos diferentes de experimentos.

Os **experimentos naturais** são "manipulações" causadas por alguma ocorrência natural. Por exemplo, uma espécie pode se tornar extinta em uma região, uma erupção vulcânica pode desnudar uma área, ou uma inundação pode desestruturar um leito de rio. Experimentos naturais

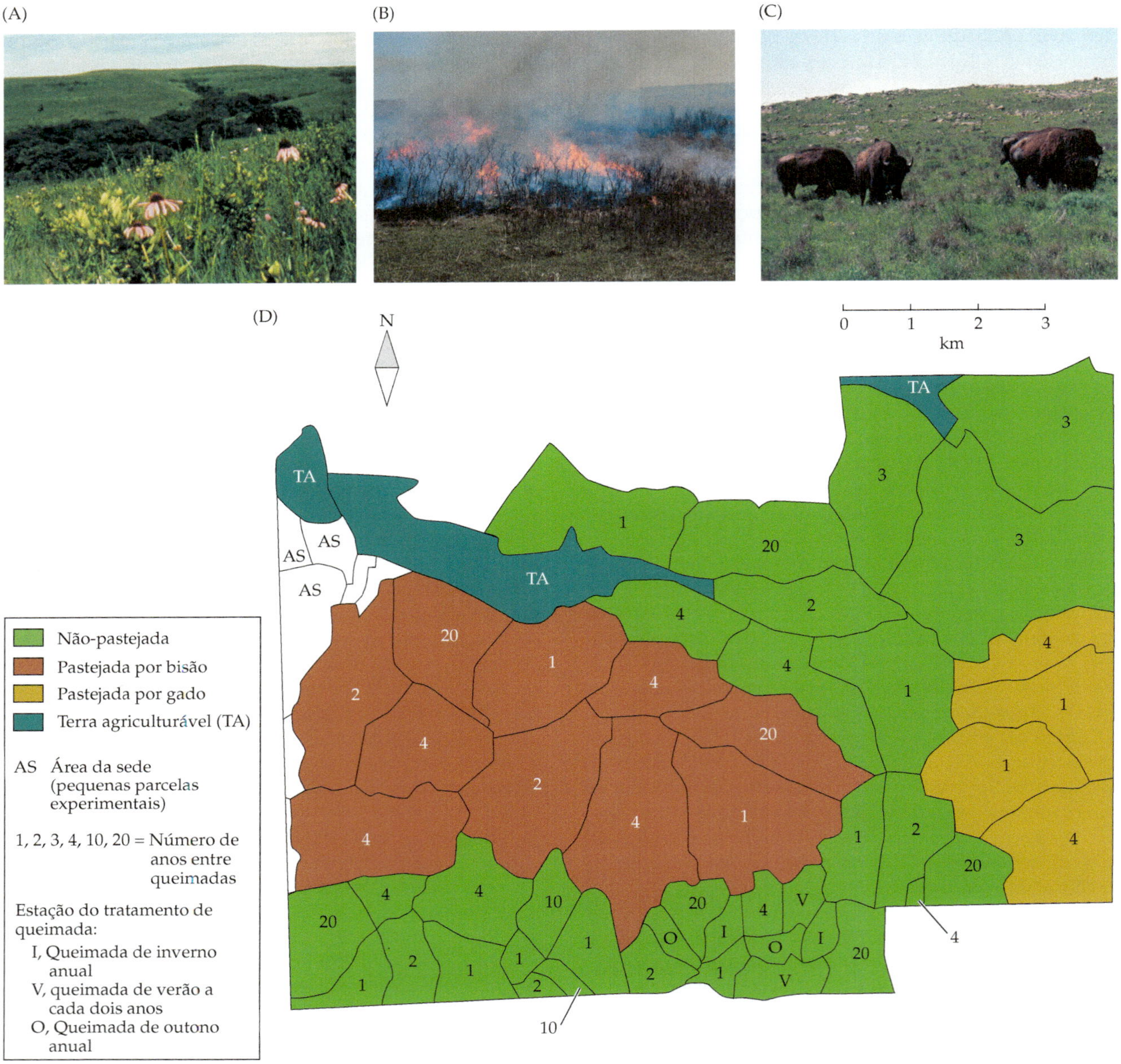

Figura 1.2 Experimentos de manipulação de larga escala estão sendo conduzidos na Área Natural de Pesquisa da Pradaria de Konza (A). Queimadas controladas (B) são feitas com vários intervalos, para investigar os efeitos do fogo e de sua frequência nas comunidades de pradarias. Além disso, áreas pastejadas por bisões (C) são estudadas e comparadas com áreas não-pastejadas e com parcelas submetidas ao pastejo pelo gado. As manchas experimentais (D), que são unidades de bacias de drenagem, variam em tamanho de aproximadamente 3 a 200 hectares. Neste mapa, cada mancha é identificada por um código indicando o tratamento de queimada. As manchas com o mesmo código são réplicas. Todas as queimadas ocorrem na primavera, exceto pelos tratamentos de queimadas sazonais (Knapp et al., 1998. Fotografias cedidas por A. Knapp, Estação Biológica da Pradaria de Konza, e de S. Collins).

e de manipulação representam um conflito entre o realismo e a precisão, similar ao existente entre experimentos de laboratório e de campo. Da mesma forma que faz com um experimento de manipulação, o ecólogo compara o sistema alterado ou com o mesmo sistema antes da mudança ou com um similar inalterado.

A maior limitação dos experimentos naturais é que nunca existe apenas uma única diferença entre antes e depois de uma mudança ou entre sistemas em comparação. Não há garantias, por exemplo, de que sistemas alterados e inalterados sejam idênticos antes do evento. Por exemplo, quando comparamos áreas queimadas em um grande incêndio com outras não-queimadas, aquelas podem ter sido mais úmidas, tido uma história ou vegetação diferentes antes do fogo e assim por diante. Em outras palavras, há muitas outras fontes potenciais de diferença além do fogo. Por isso, pode ser difícil determinar a causa de qualquer mudança.

Os melhores experimentos naturais são aqueles que se repetem no espaço e no tempo. Se um ecólogo encontra sempre mudanças similares, ele não tem confiança nas causas daquelas mudanças. Uma outra abordagem é combinar experimentos naturais com os de manipulação. Por exemplo, os locais submetidos aos tratamentos de pastejo e de fogo na pradaria de Konza estão sendo comparados com outros locais não-sujeitos a manipulações experimentais.

Os **experimentos de observação** consistem do estudo sistemático da variação natural. Tais observações ou medidas são experimentos se um ecólogo inicia com uma ou mais hipóteses (previsões) a serem testadas. Por exemplo, seria possível medir padrões de diversidade de espécies ao longo de um continente para testar a hipótese sobre a relação entre o número de espécies vegetais e a produtividade (ver Capítulo 20). Mais uma vez, a limitação desse tipo de experimento é o potencial para a variação conjunta de múltiplos fatores. Se diversos fatores estão estreitamente correlacionados, torna-se difícil determinar qual deles é a causa do padrão observado. Por exemplo, se o número de herbívoros aumenta à medida que o número de espécies vegetais e a produtividade aumentam, o ecólogo não pode ter certeza se o aumento em herbívoros resulta do aumento no número de plantas e da produtividade, ou se a maior produtividade é resultante de um aumento da herbivoria.

Como nos experimentos naturais, os experimentos de observação repetidos no espaço ou no tempo acrescentam confiança às nossas conclusões (Figura 1.3). Outras ciências, especialmente a geologia e a astronomia, também dependem muito ou exclusivamente de experimentos de observação, devido às escalas espacial e temporal de seus estudos ou porque a manipulação direta é impossível.

O conhecimento ecológico vem da combinação da informação adquirida a partir de muitas fontes diferentes e muitos tipos diferentes de experimentos. O uso dessa diver-

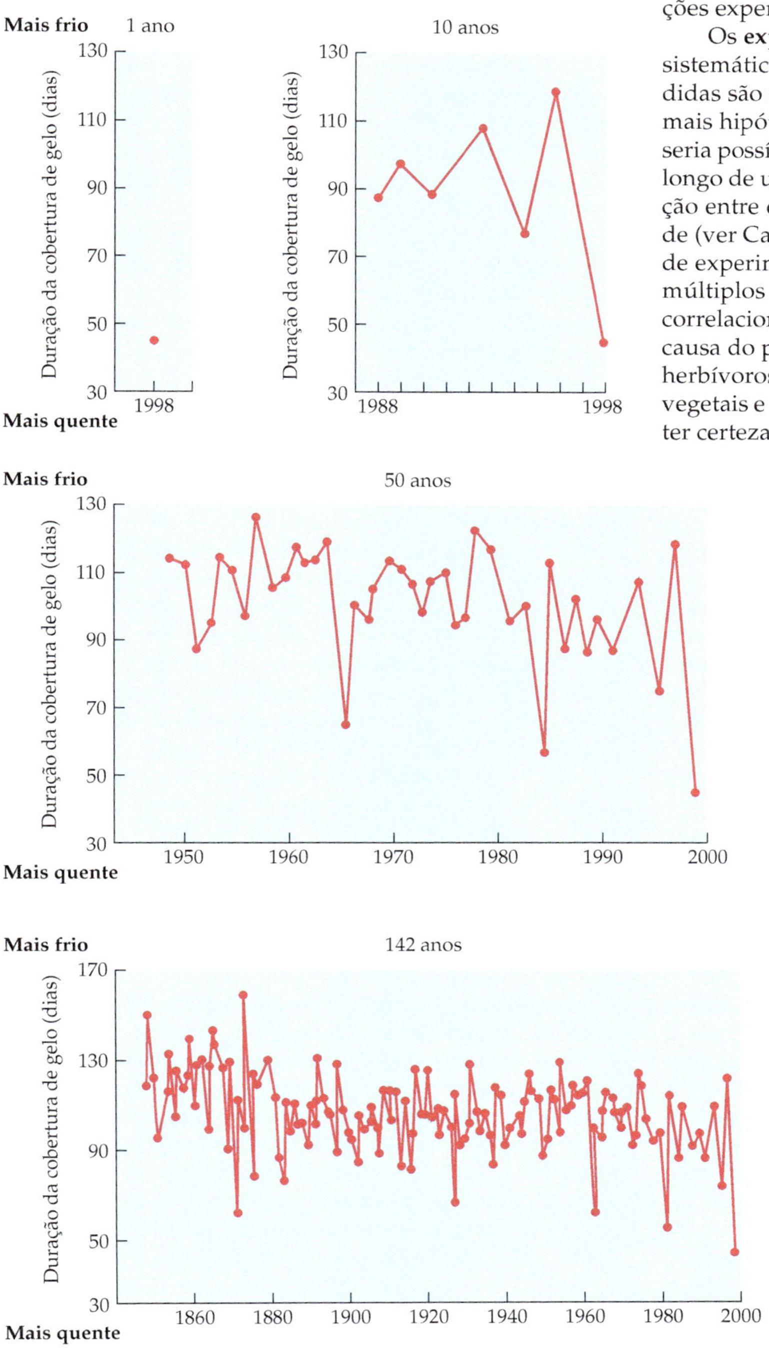

Figura 1.3 As observações repetidas no tempo e no espaço podem revelar informações não-aparentes a partir de uma ou poucas observações. Como exemplo, registros da duração da cobertura de gelo do Lago Mendota, Wisconsin, foram mantidos por mais de 142 anos. A informação para um único ano significa pouco, mas a expansão temporal do número de observações mostra que 1998 foi o inverno mais quente em 10 anos; existe um ciclo de invernos mais amenos recorrentes a cada poucos anos (o que agora se sabe ser o resultado da Oscilação Sulina do El Niño; ver Capítulo 18); e de uma forma geral, os invernos em Wisconsin são mais quentes agora do que eram 142 anos atrás (segundo Magnuson et al., 2001).

sidade complexa de informações torna a ecologia uma ciência desafiadora e excitante.

Testando teorias

O teste de teorias científicas, especialmente as ecológicas, é uma tarefa mais sutil, com mais nuanças e mais complicada do que os não-cientistas possam compreender. A imagem popular do método científico retrata-o como um processo de refutação de hipóteses. Tal abordagem foi codificada por Karl Popper (1959), filósofo da ciência. Nesse contexto, fomos ensinados que nunca podemos provar uma teoria ou hipótese científica. Ao invés disso, propomos uma hipótese e a testamos; o resultado do teste ou refuta ou aceita a hipótese. Embora o teste e a refutação de hipóteses constituam uma parte importante na comprovação (ou não) da teoria, eles não são tudo por duas razões.

Primeiro, a abordagem de refutação não consegue reconhecer o acúmulo de conhecimento. Em um contexto estritamente popperiano, todas as teorias são consideradas potencialmente falsas. Nunca provamos que alguma coisa é verdade; meramente refutamos ideias falsas. Essa pressuposição vai contra a nossa própria experiência e o acúmulo de entendimento científico. Hoje, sabemos que a Terra gira ao redor do sol, embora isso tenha sido apenas uma hipótese. Sabemos que o universo tem aproximadamente 15 bilhões de anos de idade (acrescente ou tire uns poucos bilhões) e começou com o *Big Bang*, embora ainda não saibamos detalhes do evento. Sabemos que a vida começou e assumiu sua forma atual por meio do processo de evolução. Sabemos que muitas doenças são causadas por infecções microbianas e não por "humores" e que os atributos hereditários são conduzidos pelo DNA (ou, em alguns vírus, pelo RNA) e não pelo sangue. Enquanto podemos reconhecer que todo esse conhecimento ainda não foi comprovado como verdadeiro, em um sentido estritamente filosófico, mas apenas não pôde ser refutado, também reconhecemos que parte do conhecimento está tão firmemente estabelecida e amparada por tantos fatos que a chance de estarmos errados é muito menor do que a de ganharmos na loteria várias vezes seguidas. A escola da filosofia da ciência chamada realismo reconhece esse acúmulo progressivo de conhecimento (Mayo, 1996).

Segundo e mais importante, o contexto popperiano não consegue considerar um segundo tipo de questão que comumente é formulada em ecologia. Com frequência, o que importa não é refutar uma hipótese. Na verdade, perguntamos sobre a importância relativa de diferentes processos. Quando examinamos a estrutura de uma comunidade vegetal, não perguntamos: "é verdade ou falso que a competição está ocorrendo?". Pelo contrário: "Quanto e de que formas a competição e a herbivoria contribuem, individualmente, para estruturar esta comunidade?" Assim, quando construímos as nossas teorias sobre a estrutura de comunidades vegetais, nossas atividades têm mais a ver com estimar as quantidades necessárias e montar um modelo complexo do que com falsificar um conjunto de proposições.

A refutação desempenha de fato um papel na ciência, mas mais limitado do que aquele vislumbrado por Popper. Construir teorias é como montar um quebra-cabeça a partir de uma pilha de peças oriundas de mais de uma caixa. Podemos perguntar se uma determinada peça pertence a um determinado lugar – sim ou não –, propondo uma hipótese e a refutando. Podemos até concluir que aquela peça em particular não pertence àquele quebra-cabeça. Menos frequentemente, tendemos a descartar a peça por completo, dizendo que ela não pertence a nenhum quebra-cabeça.

A controvérsia também desempenha um papel importante na ecologia, da mesma maneira que em todas as áreas científicas. Durante o processo de coleta de evidências visando a validar uma teoria, diferentes interpretações dos dados experimentais e diferentes pesos atribuídos a partes distintas de evidência conduzirão cientistas diferentes a opiniões divergentes. Essas opiniões podem ser passionalmente mantidas e forçosamente argumentadas, e a discussão pode, por vezes, ficar acalorada. À medida que se acumulam as evidências que sustentam uma teoria, alguns cientistas estarão dispostos a aceitá-la mais cedo, enquanto outros esperarão que a massa de evidências se torne maior.

Se o assunto em debate tem implicações políticas ou econômicas, pessoas sem formação científica também contribuirão para o debate e podem ser capazes de oferecer à discussão valiosas visões, julgamentos e perspectivas. Porém, quando a evidência a favor de uma teoria científica se torna muito forte e a maioria dos cientistas com conhecimento na área está convencida de sua validade, então o assunto se encerra (a não ser que novas e surpreendentes evidências, ou uma teoria nova mais ampla, forcem uma reavaliação). Em última análise, é o julgamento dos cientistas que deve decidir sobre as respostas às questões científicas. Quando um consenso científico sobre uma teoria científica foi alcançado, não faz sentido considerar que aquela teoria seja apenas mais um palpite ou uma opinião e pregar que a opinião de todos é igualmente válida. Isso pode funcionar para o processo democrático, mas não é assim que a ciência funciona. As opiniões não sustentadas por evidências não são iguais àquelas apoiadas pelo peso de um grande volume de evidências; dar pesos iguais contrariaria a maneira pela qual a ciência funciona. A controvérsia quanto ao ensino do criacionismo ou "delineamento inteligente" em aulas de ciências nas escolas públicas americanas é interessante deste ponto de vista: alguns têm argumentado que, como muitos americanos são persuadidos por um desses pontos de vista, eles deveriam ser ensinados em aulas de ciências. Assim como a maioria dos cientistas, argumentamos, do contrário, que tais ideias não são científicas (porque é impossível provar ou invalidar a existência e função de uma divindade, e nenhuma evidência pode refutar uma fé), e que a única posição em potencial que eles podem ocupar em aulas de ciências é na ilustração da diferença entre ciência e religião.

O fato de os cientistas serem os juízes da ciência não deveria ser interpretado como se devessem decidir sobre questões de políticas públicas. Por exemplo, se os cientistas estão de acordo sobre algo – digamos que, se mais de x% do hábitat remanescente da espécie vegetal Y é perdido, então ela tem 90% de chance de extinção dentro dos próximos 20 anos –, isso não necessariamente dita qualquer política pública em especial. As decisões políticas dependem do quão importante as pessoas acham que é salvar a espécie Y e quais os custos que elas estão dispostas a pagar. Enquanto, pessoalmente, esperamos que isso não vá acontecer, reconhecemos que se alguém quisesse (seja qual for a razão) extinguir uma espécie vegetal, poderia utilizar as conclusões científicas para seus próprios fins, do mesmo modo que poderíamos usar as mesmas conclusões científicas para promover sua conservação.

Os ecólogos também têm a responsabilidade de conduzir suas pesquisas de maneira ética. Um exemplo já foi mencionado: causar deliberadamente a extinção de uma espécie para estudar seus efeitos. Nesse caso, a posição ética é clara. Outras situações, no entanto, são mais complexas, envolvendo circunstâncias em que se devem pesar os valores éticos nos dois lados de uma questão. Por exemplo, quanta dor ou dano um experimento poderia causar aos animais, se os resultados desse trabalho levarão à prevenção de uma doença humana? Um novo campo de ética ecológica está em formação, enfocando o estabelecimento de princípios éticos para a pesquisa e os procedimentos ecológicos, visando a resolver os dilemas éticos (Minteer e Collins, 2005).

Resultados específicos versus *entendimento geral*

Uma vez que os ecólogos trabalham com uma grande variedade de escalas e com tal diversidade de organismos e sistemas, surge a dúvida quanto à extensão das conclusões de um estudo em particular a outros organismos e lugares. Nos campos da física e da química, os resultados de um experimento são considerados como absolutamente verdadeiros para todos os tempos e locais: um átomo de hélio é feito de dois prótons e dois nêutrons, os quais, por sua vez, são feitos de quarks, sem necessidade de restrições. Essa é a imagem popular das teorias científicas.

A ecologia é diferente. Os resultados de um experimento de campo sobre competição entre duas espécies vegetais se estendem a outras estações ou locais ou a outros pares de espécies dentro das mesmas famílias ou grupos funcionais? Experimentos envolvendo o hélio lidam com uma entidade universal, o átomo de hélio. Em experimentos sobre competição vegetal, ao contrário, a composição exata de entidades muda (p. ex., as plantas individuais usadas em cada vez não são geneticamente idênticas), assim como o ambiente ao redor (p. ex., as condições meteorológicas são diferentes neste ano se comparadas ao anterior). Por tal motivo, cientistas extremamente cautelosos assumem a postura de que nenhuma conclusão pode ser estendida além das condições particulares que existiam quando o experimento foi conduzido. Se fosse assim, no entanto, haveria pouco valor em conduzir experimentos de qualquer tipo, pois qualquer informação que eles fornecessem teria um alcance tão limitado que seria virtualmente sem utilidade.

A verdade se encontra em algum ponto entre estes dois extremos, criando uma tensão constante e dinâmica da ecologia. Uma abordagem para resolver esta tensão é ver como o resultado de um experimento em particular se ajusta ao funcionamento de modelos existentes e ver se ele sustenta ou rejeita as previsões feitas por esses modelos. Uma outra abordagem é usar os métodos de síntese quantitativa dos resultados de experimentos independentes. Esses métodos, conhecidos coletivamente como **metanálise**, podem ser usados para avaliar onde o resultado de um determinado experimento se ajusta (ou difere) com os resultados de outros experimentos similares, conduzidos em diferentes organismos, locais e momentos. Nos últimos anos, tal abordagem tem sido usada para avaliar o vasto corpo de evidências para um bom número de questões ecológicas importantes (Gurevitch et al., 2001).

Ciência e outras formas de saber, revisitadas

A ciência demanda consistência interna e externa: em última análise, as teorias precisam ser consistentes umas com as outras e os dados, com as teorias. Outras maneiras de interpretar o mundo não partilham dessa característica. Trabalhos artísticos podem ser autocontraditórios. Sistemas de moralidade ou religiões podem incluir ou não contradições óbvias, mas nenhum deles requer consistência com dados, seja qual for a conotação do termo.

É melhor não levar isso tão a fundo e pensar que apenas a ciência é útil. A ciência é útil para abordar questões científicas (tal como se fogos naturais aumentam ou diminuem a diversidade de uma floresta), mas não para questões que não podem ser tratadas cientificamente. A ciência não pode dizer como se deve comportar, se um romance é bom ou que cor de roupa se deve vestir.

Fazer ciência com consistência interna e externa é um esforço constante. As teorias – mesmo as bem-sucedidas – se contradizem em alguns pontos. Às vezes, alguns resultados experimentais parecem contradizer a teoria. Experimentos bem-delineados podem contradizer uns aos outros. É isso que permite que nosso conhecimento continue a crescer. O fato de encontrarmos contradições apenas significa que ainda estamos aprendendo.

Escala e heterogeneidade

Muito interesse recente em ecologia foi gerado pela apreciação de como padrões e processos ecológicos variam como função da escala em que eles operam e são estudados (Figura 1.4). O mesmo fenômeno pode ser encarado diferentemente quando estudado em uma pequena área local e em uma escala de paisagem ou região – ou seja, em diferentes escalas espaciais. Da mesma forma, a perspectiva de uma pessoa pode mudar drasticamente quando estuda um processo ecológico ao longo de apenas uma estação de crescimento, de apenas alguns meses, ou ao longo de um período de décadas ou séculos (Figura 1.3).

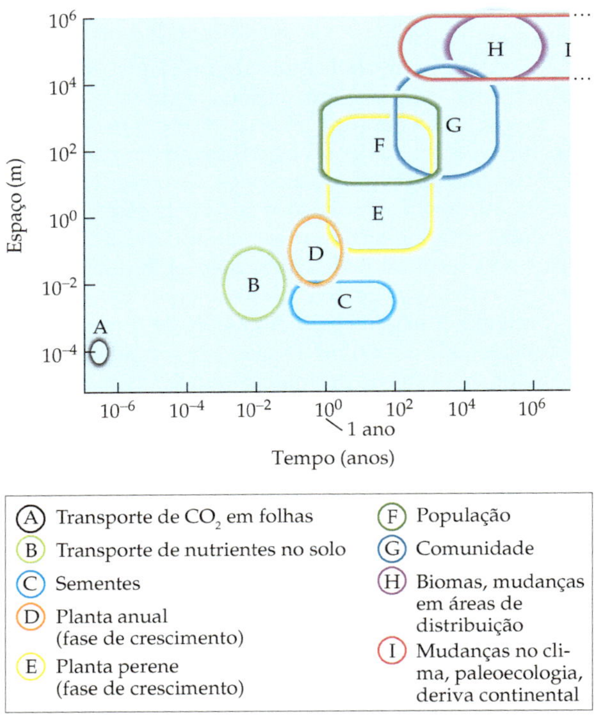

Figura 1.4 Os ecólogos estudam padrões e processos ao longo de uma faixa ampla de escalas de tempo e espaço. Os processos de fisiologia vegetal, tal como a difusão de moléculas de CO_2 em uma folha, ocorrem ao longo das menores distâncias (10^{-4} m) e tempos (10^{-7} anos). Subindo na hierarquia, o domínio da planta inteira e seu nascimento, crescimento, reprodução e morte englobam distâncias (10^0 m) e tempos (10^0 anos) um pouco maiores. Em escalas ainda maiores (10^1 a 10^2 m e 10^1 a 10^2 anos), entramos no reino das populações e comunidades, e de suas mudanças ao longo de anos e décadas. Por fim, os ecólogos estudam padrões que se espalham através de todo o globo (10^5 m) e milhares ou mesmo milhões de anos (10^3 – 10^6 ou mais anos).

Diferentes tipos de coisas podem estar ocorrendo em diferentes escalas, e expandir o foco para mais de uma escala pode ser muito gratificante. Em um estudo de uma comunidade local, por exemplo, podemos observar que as interações competitivas mantêm as plantas individuais de uma determinada espécie a uma certa distância umas das outras. Em uma escala maior, percebemos que as plantas estão agrupadas ao longo da paisagem, ou porque os indivíduos que estão muito separados dos demais nunca são polinizados e não conseguem deixar descendentes, ou porque as sementes têm capacidade limitada de dispersão. Em uma escala regional ou continental, as plantas podem existir em vários enclaves grandes, porém separados, determinados por padrões de glaciações e migração de espécies há milhares de anos.

Com frequência nos referimos a essas mudanças de escala em termos de hierarquia, e pode-se mover para cima ou para baixo de diferentes tipos de hierarquias em ecologia. Por exemplo, pode-se passar do nível de moléculas para o de tecidos, para o de órgãos e para o de organismos inteiros. Um diferente tipo de hierarquia poderia se expandir dos organismos individuais a populações, a comunidades, a ecossistemas e até a biomas inteiros; uma hierarquia alternativa pode passar de coisas que ocorrem em nível de organismos àqueles que funcionam na escala de hábitats, paisagens, bacias hidrográficas, regiões e assim por diante, tornando-se um fenômeno em escala global. Esses níveis não são necessariamente congruentes; por exemplo, pode-se estudar as adaptações individuais de plantas numa faixa de diferentes ambientes ao longo de uma paisagem ou mesmo de uma região, ou como as interações entre populações em escalas muito locais contribuem para as limitações em escala global de uma espécie. Da mesma forma, a interpretação de dados coletados em um curto período de tempo pode ser completamente revirada quando os mesmos dados são examinados quanto a tendências ao longo de períodos mais longos de tempo.

Uma das razões pelas quais reconhece-se hoje a escala como tão importante se deve ao fato de o mundo ser um local muito heterogêneo. Mesmo ao longo de distâncias muito pequenas, é possível que as condições sofram alterações que podem ser importantes aos organismos vivos. As condições ambientais são uma preocupação especial na ecologia vegetal, porque as plantas não podem se mover ou, pelo menos, as plantas terrestres maduras são, em geral firmemente enraizadas no lugar, embora seus descendentes possam ser dispersos a alguma distância. Assim, o ambiente que imediatamente circunda um indivíduo vegetal é sobremaneira importante para sua sobrevivência, seu crescimento e sua reprodução.

O **hábitat** de uma população ou espécie é o tipo de ambiente em que ela geralmente vive, e inclui o conjunto de fatores bióticos (vivos) e abióticos (não-vivos) que a influenciam nos locais onde é encontrada. Mas as condições nos arredores imediatos de um indivíduo vegetal – seu **micro-hábitat** – podem diferir consideravelmente das condições médias do hábitat geral (Figura 1.5). Fatores que operam na distinção de um micro-hábitat de outros ao seu redor incluem a composição do solo, o microclima do entorno, a presença, o tamanho e a identidade das plantas vizinhas e outros organismos nos arredores imediatos (herbívoros, polinizadores, predadores ou dispersores de sementes e fungos ou bactérias mutualistas ou patogênicos).

De modo similar, o ambiente varia de um momento para outro. Não há termos ecológicos específicos para os componentes da heterogeneidade temporal, mas ela também existe em várias escalas e tem grandes efeitos sobre as plantas. Variações nas condições do dia para a noite, do verão para o inverno, ao longo de períodos de anos úmidos, frios ou nevosos, ou, em uma escala maior, como mudanças climáticas ao longo de milhares de anos, todas exercem importantes influências nas plantas. Dependendo do processo ecológico em estudo e dos organismos envolvidos, pode ser a variação de pequena escala, de momento a momento que interessa mais (como flutuações nos níveis de luz em uma pequena clareira florestal em um dia parcialmente nublado), ou podem ser as condições médias de larga escala e longo prazo (como a concentração de CO_2 na

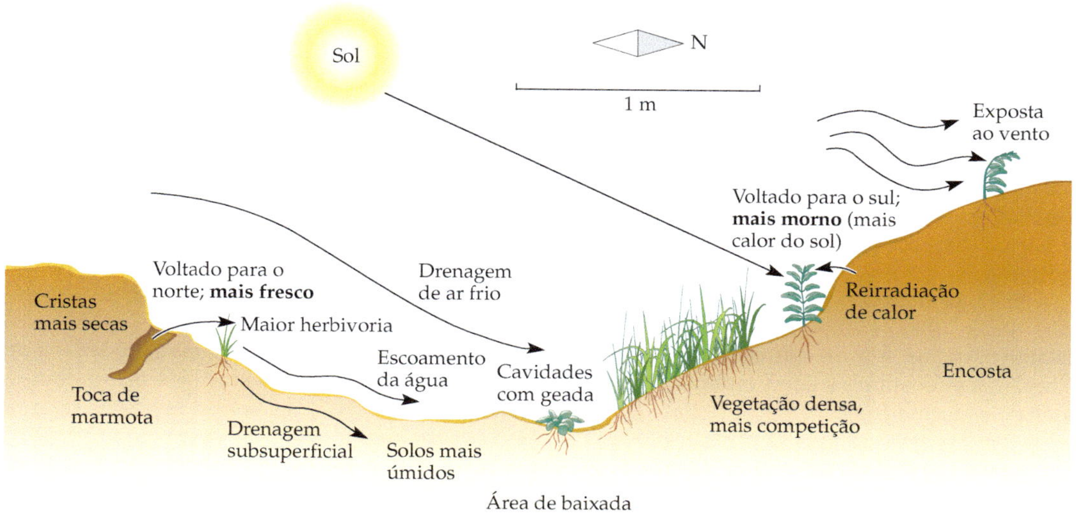

Figura 1.5 O ambiente em um determinado micro-hábitat pode diferir de várias maneiras das condições na área circundante. Plantas individuais experimentam condições em seus micro-hábitats imediatos e não as condições médias da área geral. A gramínea na encosta voltada para o norte, à esquerda do diagrama, está submetida a temperaturas mais frescas e, talvez, a maior herbivoria devido à proximidade da toca de marmota. As plantas na zona de baixada podem experimentar geada mais cedo no outono e mais tarde na primavera do que aquelas nas áreas circundantes devido à drenagem de ar frio; aqui, os solos são mais úmidos, e a competição por luz e por umidade do solo pode ser mais intensa do que nas cristas. Outros efeitos potenciais do microclima são também ilustrados.

atmosfera), ou a atuação conjunta de processos ocorrentes em diferentes escalas (como o fluxo de CO_2 em um dossel florestal ao longo do curso de um dia ou uma estação).

Os grupos de organismos, como populações e espécies, muitas vezes "fazem uma média" desses tipos de influências microambientais ao longo de áreas maiores e ao longo de gerações das vidas dos organismos. Essa tomada de média age no sentido de contrabalançar os efeitos da heterogeneidade, particularmente ao longo do tempo evolutivo. Em escalas ainda maiores, a heterogeneidade novamente se faz crítica. À medida que os continentes se separam sobre as placas tectônicas e os climas são alterados, os organismos precisam responder às mudanças, evoluindo ou mudando suas distribuições, ou, ainda, sendo extintos.

Estrutura e história da ecologia vegetal

A ecologia é uma matéria sintética. Isso não quer dizer que ela seja não-natural ou artificial, mas que carrega consigo uma vasta gama de outros campos da ciência, talvez em uma extensão maior do que qualquer outra matéria. Alguns dos campos da ecologia englobam ou se sobrepõem à geologia, geografia, climatologia, ciência do solo, biologia evolutiva, genética, estatística e a outros ramos da matemática, da sistemática, do comportamento, da fisiologia, da biologia do desenvolvimento, da biologia molecular e da bioquímica. Muitos desses campos são abordados neste livro, mostrando como se acomodam na caixa de ferramentas de um ecólogo e de que modo a familiaridade com eles afeta o que os ecólogos pensam sobre e como estudam os organismos na natureza.

Este não é o local para apresentar uma história detalhada e definitiva da ecologia vegetal. Ao invés disso, são esboçados alguns de seus principais marcos, com uma tendenciosidade assumida para a comunidade científica que fala a língua inglesa. Outros detalhes históricos estão espalhados ao longo de todo livro à medida que discutimos tópicos e subáreas específicos. Se, por um lado, não existe nenhuma história definitiva da ecologia vegetal, diversos livros e trabalhos descrevem parte de sua história (McIntosh, 1985; Westman e Peet, 1985; Nicholson, 1990; Allen et al., 1993).

As raízes da ecologia vegetal remontam aos períodos pré-históricos, quando a saúde e a sobrevivência das pessoas dependiam de suas habilidades em entender muitos aspectos da ecologia das plantas. A ecologia como ciência começou com os gregos, mais notoriamente com Aristóteles, nos séculos IV e V A.C. A ciência moderna da ecologia vegetal iniciou como o estudo da história natural nos séculos XVIII e XIX, desenvolvida por naturalistas profissionais e amadores da Europa e América do Norte em suas viagens pelo mundo. Embarcações em jornadas de descobertas e colonizações normalmente transportavam um naturalista, que catalogava a notável variedade de organismos e ambientes que encontrava. Charles Darwin foi um naturalista de navio e a história de sua viagem com duração de cinco anos foi publicada com sua *Viagem do Beagle* (Figura 1.6). A ecologia, como uma disciplina reconhecida, coalesceu na segunda metade do século XIX. O biólogo alemão Ernst Haeckel cunhou o termo "oecologia" em 1866. Dentre os primeiros a escrever especificamente sobre o tópico ecologia vegetal estava o cientista dinamarquês J. Eugenius Warming, considerado por muitos como o fundador do ramo da ecologia vegetal. Durante o período entre a década de 1870 e o final do século XIX, Warming desenvolveu uma perspectiva evolutiva e baseada na adaptação, criando o conceito de comunidades vegetais. Durante o mesmo período, o cientista alemão Andreas Schimper criou o primeiro mapa de distribuição de plantas, informação que foi crítica para o progresso inicial da ecologia vegetal. No início do século XX, foram criadas a Sociedade Ecológica Americana e a Sociedade Ecológica Britânica.

Como disciplina, a ecologia vegetal é composta de várias subdisciplinas diferentes, algumas das quais têm tradições e histórias bastante distintas. Alguns dos primeiros ecólogos vegetais e botânicos focaram as comunidades, enquanto outros, as espécies individuais e as propriedades dos indivíduos. Os termos mais antigos (e hoje amplamente) para esses dois campos são a **sinecologia** e a **auto-ecologia**. Os ecólogos de comunidades vegetais, em particular, foram ativos nas origens da ecologia como uma disciplina na última parte do século XIX e dominaram a ecologia vegetal durante a primeira metade do século XX. Uma discussão mais detalhada da história da ecologia de comunidades vegetais e algumas das figuras-chave nesta história são apresentadas no Capítulo 9.

Os estudos iniciais em auto-ecologia vegetal estiveram especialmente preocupados em entender adaptações vegetais singulares a ambientes extremos, como desertos, e um certo número de experimentos famosos esteve centrado no desempenho das plantas no campo. Embora algumas importantes visões tenham sido alcançadas, limitações tecnológicas retardaram severamente o desenvolvimento dessa área. À medida que a instrumentação e a metodologia tornaram-se mais sofisticadas, os fisiologistas vegetais começaram a desenvolver a maioria de suas pesquisas em ambientes controlados de laboratório.

Começando na metade do século XX, novos avanços em tecnologia possibilitaram aos estudos fisiológicos mudar da casa de vegetação para a natureza, levando finalmente à criação dos campos de ecologia fisiológica e funcional de plantas. Aproximadamente na mesma época, a auto-ecologia começou a se dividir em subáreas que focavam em indivíduos isolados e em populações. A ecologia de populações vegetais como uma subdisciplina reconhecida teve suas origens na Grã-Bretanha na década de 1960, particularmente com John Harper e seus estudantes. Expandiu-se, então, para a América do Norte na década de 1970. Isto é necessariamente uma descrição muito simplificada e limitada dos eventos; por exemplo, um certo número de indivíduos em muitos países desenvolveu estudos que hoje seriam classificados como de ecologia fisiológica de plantas ou ecologia de populações vegetais já no século XIX.

Na maior parte, durante os três primeiros quartos do século XX, a ecologia vegetal desenvolveu-se independentemente da animal. A ecologia de comunidades animais tem uma longa história paralela a de comunidades vegetais (Mitman, 1992). Uma quantidade substancial de trabalhos em ecologia de populações animais teve início pelo menos em 1920 (por exemplo, o trabalho de Gause, Pearl, Lotka e outros). A ecologia de populações vegetais aproveitou a ideia e as teorias desses trabalhos à medida que se desenvolvia, assim como outras ideias que se originaram entre ecólogos vegetais. Subsequentemente, novas teorias fizeram-se necessárias, à medida que as descobertas sobre a natureza singular das plantas tornaram óbvio que elas não poderiam mais ser ajustadas de forma forçada às diversas teorias elaboradas para os animais.

De modo inverso, a ecologia fisiológica avançou mais cedo e mais rapidamente entre os ecólogos vegetais do que entre os ecólogos animais. Sem dúvida isso aconteceu porque as características das plantas são muito mais

Figura 1.6 O *H.M.S Beagle* navegou da Inglaterra em 27 de dezembro de 1831, em uma missão de 5 anos, para cartografar os oceanos e coletar informação biológica ao redor do mundo. Charles Darwin navegou com o *Beagle* como naturalista do navio; ele está aqui retratado com a idade de 24 anos, um pouco depois de completar sua viagem. Darwin coletou vastos números de espécimes vegetais e animais e registrou copiosas observações científicas que foram instrumentais na criação de seu mais famoso trabalho, *A Origem das Espécies* (imagem à esquerda, da Science Photo Library / Photo Researchers, Inc.).

fáceis de serem medidas e seus ambientes mais fáceis de serem caracterizados do que aqueles dos animais (a propósito, ninguém precisa capturar plantas!). Por outro lado, na década de 80, a ecologia fisiológica animal juntou-se à biologia evolutiva para criar o campo da fisiologia evolutiva (Feder et al., 1987), uma mudança que os biologistas vegetais ainda não fizeram de forma clara.

Esta lacuna entre os campos da ecologia vegetal e animal foi conectada na década de 70, embora duas subáreas distintas ainda existam. Dois acontecimentos relacionados foram os responsáveis. Primeiro, foi o aumento nos estudos de interações planta-animal, especialmente sobre polinização (ver Capítulo 8) e herbivoria (ver Capítulo 11). Segundo, o interesse crescente nos aspectos evolutivos da ecologia nas décadas de 70 e 80, os quais transcenderam a tradicional separação dos estudos de plantas e de animais.

Mudanças recentes no campo da ecologia vegetal incluem o reconhecimento das áreas de ecologia de paisagem e de ecologia de conservação como disciplinas do final da década de 80. Os ecólogos de paisagem vieram para essa disciplina a partir de várias direções diferentes, incluindo campos tão diversos como a ecologia de comunidades vegetais e o sensoriamento remoto. Da mesma forma, os ecólogos da conservação criaram o seu campo com base na modelagem matemática e na ecologia de ecossistemas, comunidades e populações. A década de 1990 presenciou a criação da disciplina de ecologia urbana, na qual a ecologia vegetal é um importante componente, e o reconhecimento geral de que quase todas as partes do globo foram afetadas pelo homem em maior ou menor grau. Outras áreas dentro da ecologia vegetal sofreram importantes mudanças de ênfase. A ecologia de comunidades vegetais experimentou tal mudança nos últimos 25 anos. Antes, era dominada por questões acerca de padrões e processos de comunidades como um todo. Hoje, o seu foco principal foi desviado para questões mais próximas à ecologia de populações, para interações dentro e entre espécies.

Uma importante tendência na ecologia contemporânea, incluindo a ecologia vegetal, é aquela direcionada para projetos de pesquisa maiores, mais integrados, que envolvam muitos colaboradores e que examinem fenômenos ao longo de grandes escalas de espaço e tempo ou ao longo de níveis de organização. Exceto pela subdisciplina de ecologia de ecossistemas, que estava conduzindo pesquisas com grandes equipes de cientistas na década de 1970, tais estudos envolvendo múltiplos investigadores eram muito raros em ecologia até recentemente. Tais estudos podem cobrir uma faixa que vai desde a genética molecular até ecossistemas e sistemas sociais, e estão desfazendo muitas das barreiras tradicionais entre subdisciplinas. A ecologia vegetal está passando por tempos estimulantes e esperamos que você se sinta igualmente estimulado ao ler este livro.

Questões para estudo

1. Quais são as duas formas de conhecimento que não são classificadas como ciência? Descreva por que elas não são ciência.
2. Alguns afirmam que áreas que não podem conduzir experimentos de manipulação não são ciência (p. ex., astronomia, paleontologia). Essa afirmação está correta?
3. Os diferentes tipos de experimento (isto é, de manipulação, de observação e naturais) têm diferentes pesos no teste de hipóteses científicas?
4. Qual a relação entre ecologia e ambientalismo?
5. Um marco da ciência "madura" é sua capacidade de em usar leis bem-definidas para um entendimento do mundo que permita previsões. Segundo este critério, a ecologia vegetal é madura?

Leituras adicionais

Referências clássicas

Platt, J. R. 1964. Strong inference. *Science* 146: 347-353.

Popper, K. R. 1959. *The Logic of Scientific Discovery*. Hutchinson & Co., London.

Salt, G. W. 1983. Roles: Their limits and responsibilities in ecological and evolutionary research. *Am. Nat.* 122: 697-705.

Fontes adicionais

Hull, D. L. 1988. *Science as a Process*. University of Chicago Press, Chicago, IL.

Mayo, D. G. 1996. *Error and the Growth of Experimental Knowledge*. University of Chicago Press, Chicago, IL.

McIntosh, R. P. 1985. *The Background of Ecology*. Cambridge University Press, Cambridge.

Nicholson, M. 1990. Henry Allan Gleason and the individualistic hypothesis: The structure of a botanist's career. *Bot. Rev.* 56: 91-161.

Pickett, S. T. A., J. Kolasa and C. G. Jones. 1994. *Ecological Understanding*. Academic Press, San Diego, CA.

I O INDIVÍDUO E SEU AMBIENTE

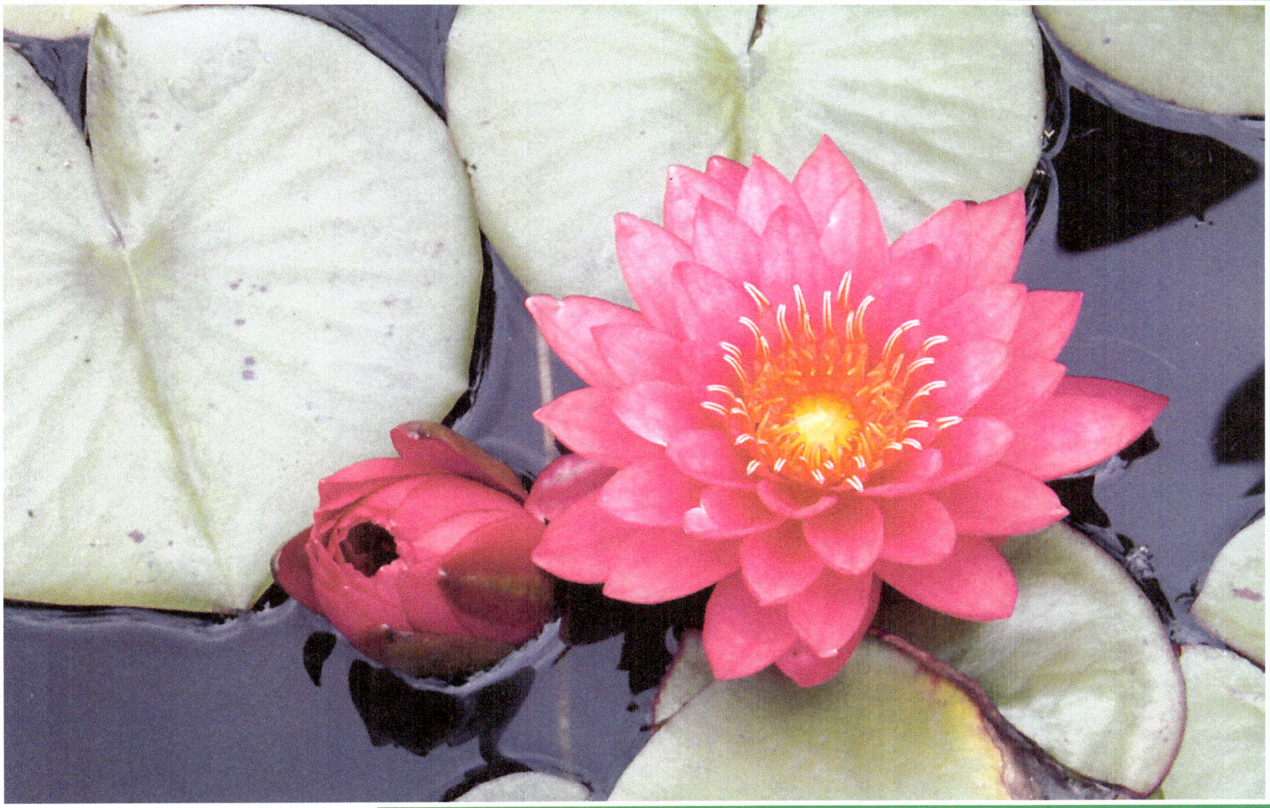

CAPÍTULO 2

Fotossíntese e Ambiente Luminoso

Como uma planta "percebe" e responde ao ambiente que a circunda? Por que algumas plantas podem sobreviver a extremos de temperatura seca, ao passo que outras não? O que possibilita o desenvolvimento de certas plantas à sombra do sub-bosque de uma floresta pluvial tropical e o de outras apenas nos hábitats mais ensolarados?

A **ecologia funcional** das plantas ocupa-se em saber como a bioquímica e a fisiologia dos indivíduos determinam as respostas aos seus ambientes em um contexto estrutural de sua anatomia e fisiologia. A ecologia funcional é similar à **ecologia fisiológica**, uma subdisciplina da ecologia que enfoca os mecanismos fisiológicos subjacentes às respostas do indivíduo vegetal ambiente. Ela representa uma grande fundamentação a respeito da ecologia vegetal. A Parte I deste livro trata especialmente da ecologia funcional.

As plantas necessitam adquirir energia e matéria para seu crescimento, sua manutenção e reprodução. Elas precisam também limitar suas perdas; por exemplo, se uma planta perde água em demasia, ela murchará e, por fim, morrerá. As plantas necessitam também alocar recursos para maximizar suas chances de deixar descendentes para a próxima geração, enquanto simultaneamente maximizam suas chances de sobreviver para se reproduzir. Neste capítulo e nos dois próximos, examinaremos como as plantas capturam a energia da luz solar e incorporam carbono da atmosfera pela fotossíntese, suas adaptações ao ambiente luminoso, suas relações hídricas e sua absorção e seu uso de nutrientes minerais. Examinaremos também as estruturas nas quais ocorrem alguns desses processos, considerando-se os aspectos bioquímicos envolvidos.

Ao mesmo tempo em que focalizamos aqui os processos que ocorrem em escala menor em uma célula, uma folha ou um indivíduo vegetal, é importante não perder de vista a floresta – as plantas evoluíram e vivem em um contexto ecológico. A fotossíntese comumente não é realizada em laboratório e sim em ambientes naturais. A maquinaria fotossintética e a folha na qual ela se situa são evolutivamente adaptadas e aclimatadas ao ambiente em que o indivíduo vegetal está se desenvolvendo. A temperatura e a quantidade de luz disponível, junto com a água e os nutrientes do ambiente, determinam quando e quão rapidamente a folha pode fotossintetizar e até que ponto a planta cresce e tem probabilidade de sobreviver.

As condições físicas que uma planta experimenta são determinadas não apenas pelas características físicas do ambiente, mas também por outros organismos vivos presentes naquele hábitat. A quantidade de luz disponível para a fotossíntese pode ser limitada por outras plantas que competem por esse recurso. Patógenos e poluentes podem limitar a capacidade fotossintética da planta. A capacidade de uma planta de capturar carbono e energia pode ser reduzida por herbívoros consumidores de seus tecidos foliares. A planta responde como uma unidade integrada a todos esses aspectos do ambiente, embora em livros-texto como este, por conveniência, separamos suas respostas em categorias distintas, tratando-as em capítulos diferentes. Nessa perspectiva, iniciaremos nosso exame das interações das plantas com seu ambiente abordando o processo pelo qual elas adquirem energia e carbono: a fotossíntese.

O processo da fotossíntese

A **fotossíntese** é o conjunto de processos pelos quais as plantas adquirem energia da luz solar e fixam carbono proveniente da atmosfera. Ela consiste em duas partes principais: a captura inicial de energia luminosa e a incorporação dessa energia aos compostos orgânicos, junto com dióxido de carbono. As moléculas orgânicas formadas na fotossíntese são usadas pelas plantas para formar novos tecidos, ajustar seus processos metabólicos e fornecer energia para esses processos. Tanto a captação de energia (**reações luminosas**) quanto a formação inicial de carboidratos (**fixação de carbono**) ocorrem nos cloroplastos.

As reações luminosas da fotossíntese ocorrem nas **membranas dos tilacoides** (também denominadas lamelas), no interior dos cloroplastos. Essas membranas duplas apresentam-se sob a forma de **pilhas de grana**, que se conectam por meio de **lamelas do estroma** (Figura 2.1). A captação bem-sucedida de energia luminosa depende do exato arranjo espacial dessas reações fotoquímicas dentro das membranas em que ocorrem. A arquitetura das membranas do tilacoide é complexa, embora nos últimos anos o conhecimento da sua estrutura tenha avançado bastante.

As moléculas de pigmentos responsáveis pela captação de energia luminosa formam dois complexos moleculares distintos em plantas: **fotossistema I** e **fotossistema II** (Figura 2.2). As algas eucarióticas unicelulares, como as Chlorophyta, e as cianobactérias procarióticas também possuem fotossistemas I e II, enquanto outras bactérias têm apenas fotossistema I. Cada fotossistema consiste em centenas de moléculas de pigmentos, incluindo diversas formas de clorofila mais pigmentos acessórios. Nas plantas terrestres, os pigmentos acessórios são principalmente carotenoides e xantofilas, mas algas eucarióticas e bactérias fotossintéticas também usam outros pigmentos.

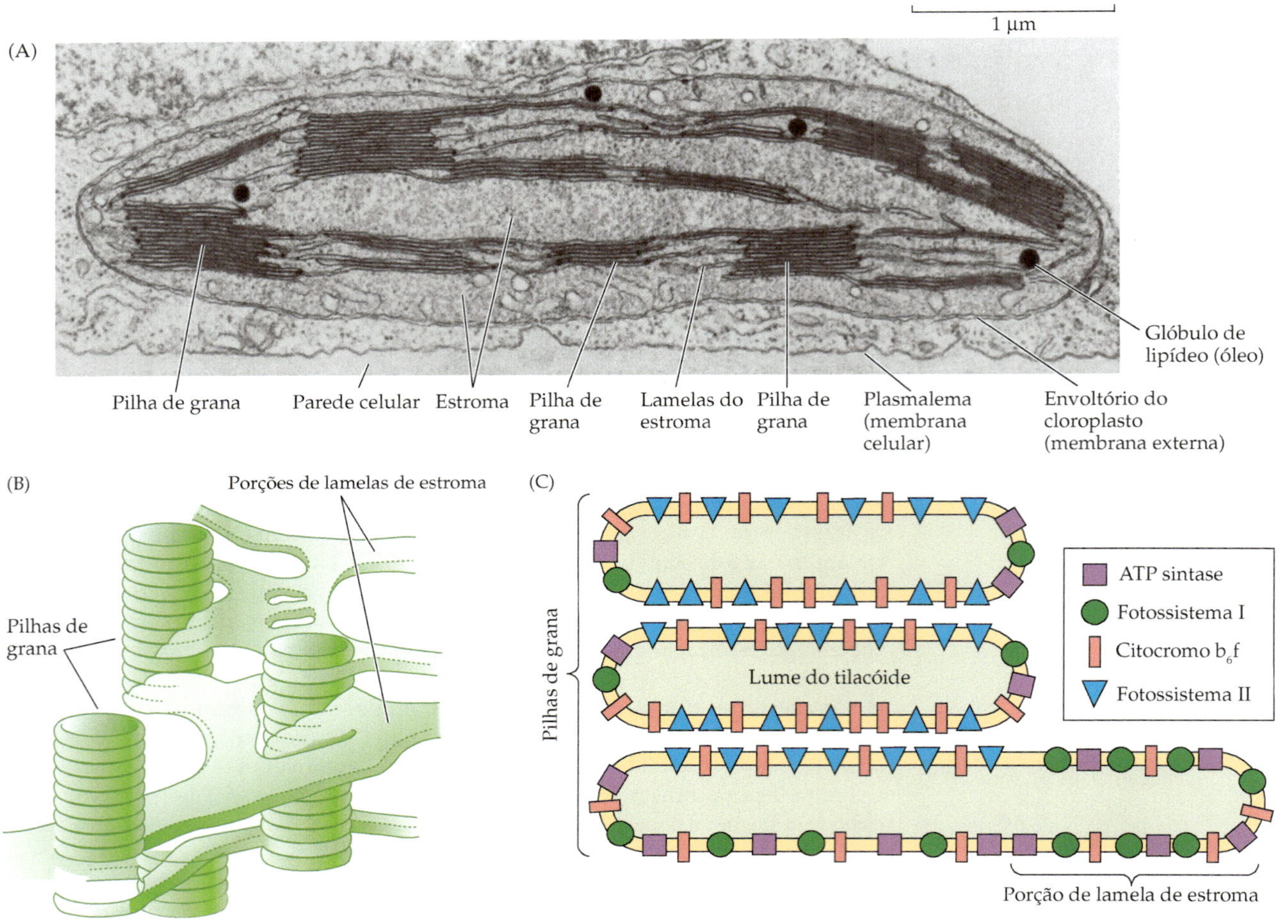

Figura 2.1 Estrutura das membranas dos tilacoides. (A) Cloroplasto de uma folha de *Nicotiana tabacum* (tabaco, Solanaceae), mostrando pilhas de grana e lamelas do estroma (de Esau, 1977). (B) Modelo de pilhas de grana e lamelas do estroma dentro de um cloroplasto (segundo Esau, 1977). (C) Arranjo generalizado dos componentes fundamentais das rações luminosas nas membranas dos tilacoides nas pilhas de grana e lamelas do estroma (segundo Buchanan et al., 2000).

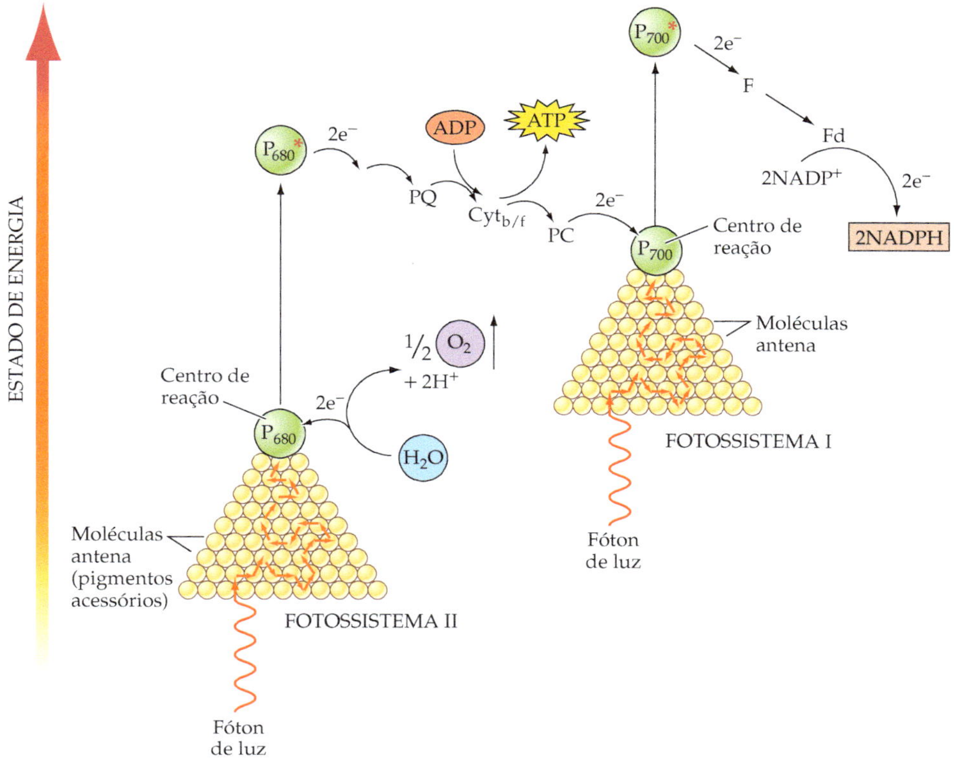

Figura 2.2 Reações luminosas da fotossíntese em plantas. Os fótons de luz em uma gama de comprimentos de onda são coletados pelas moléculas antena nos fotossistemas I e II, e a energia é transferida para centros de reação (P680 e P700). Nos centros de reação, os elétrons são impulsionados para estados energéticos mais altos ("excitados"). A perda inicial de elétron pelo centro de reação do fotossistema II é reposta com um elétron removido de uma molécula de água, que é rompida no processo. Os íons de oxigênio oriundos de duas moléculas de água rompidas são unidos para formar uma molécula de oxigênio, que é liberada para a atmosfera, mais íons de hidrogênio. As reações ocorrem simultaneamente nos dois fotossistemas.

Quando um fóton de luz é capturado pelas "moléculas antena" firmemente empacotadas em um desses complexos, ele passa de uma molécula para outra pelo processo de transferência de ressonância, até alcançar a molécula de clorofila no centro de reação do fotossistema, onde fica preso. A seguir, a molécula de clorofila excitada libera um elétron altamente energético (excitado pela luz) para um aceptor de elétron. A alta energia desse elétron é por fim capturada em ligações igualmente energéticas em ATP e NADPH. As reações fotoquímicas são muito rápidas – o processo todo é completado em picossegundos (trilhões, 10^{-12}, de um segundo).

As moléculas de água são os doadores finais desses elétrons. O oxigênio que respiramos foi liberado na atmosfera a partir de moléculas de água rompidas para repor elétrons no fotossistema II.

O começo da liberação de oxigênio por fotossíntese na atmosfera ocorreu há aproximadamente 2 bilhões de anos, mas ele foi consumido pelo intemperismo do ferro e outros minerais em rochas por mais de um bilhão de anos após ser inicialmente liberado. O oxigênio atmosférico alcançou seus níveis atuais há cerca de 400 milhões de anos, embora tenha havido algumas flutuações desde aquela época.

As reações luminosas fornecem energia, a qual é armazenada como ligações altamente energéticas de moléculas de ATP e NADPH. Essas moléculas são transferidas das membranas dos tilacoides para o estroma do cloroplasto, onde abastecem a fixação de carbono. A fixação de carbono ocorre nas reações bioquímicas do **ciclo de Calvin** (Figura 2.3), em que o CO_2 é captado da atmosfera e o carbono é então incorporado aos compostos orgânicos ("fixado"), junto com a energia obtida nas reações luminosas. Essas reações ocorrem no **estroma**, a matriz aquosa que preenche o cloroplasto. Nas plantas C_3 (plantas com o tipo mais comum de rota fotossintética; ver a seguir), são dissolvidas no estroma do cloroplasto grandes quantidades das enzimas que catalisam as reações do ciclo de Calvin. Portanto, a fixação de carbono é suprida de energia pelas reações luminosas, sendo a energia luminosa capturada na fotossíntese por fim armazenada nas ligações químicas de carboidratos e outras moléculas orgânicas.

Taxas fotossintéticas

A taxa com que uma folha pode capturar energia luminosa e fixar carbono é determinada por diversos fatores. As plantas, como outros organismos aeróbios, utilizam oxigê-

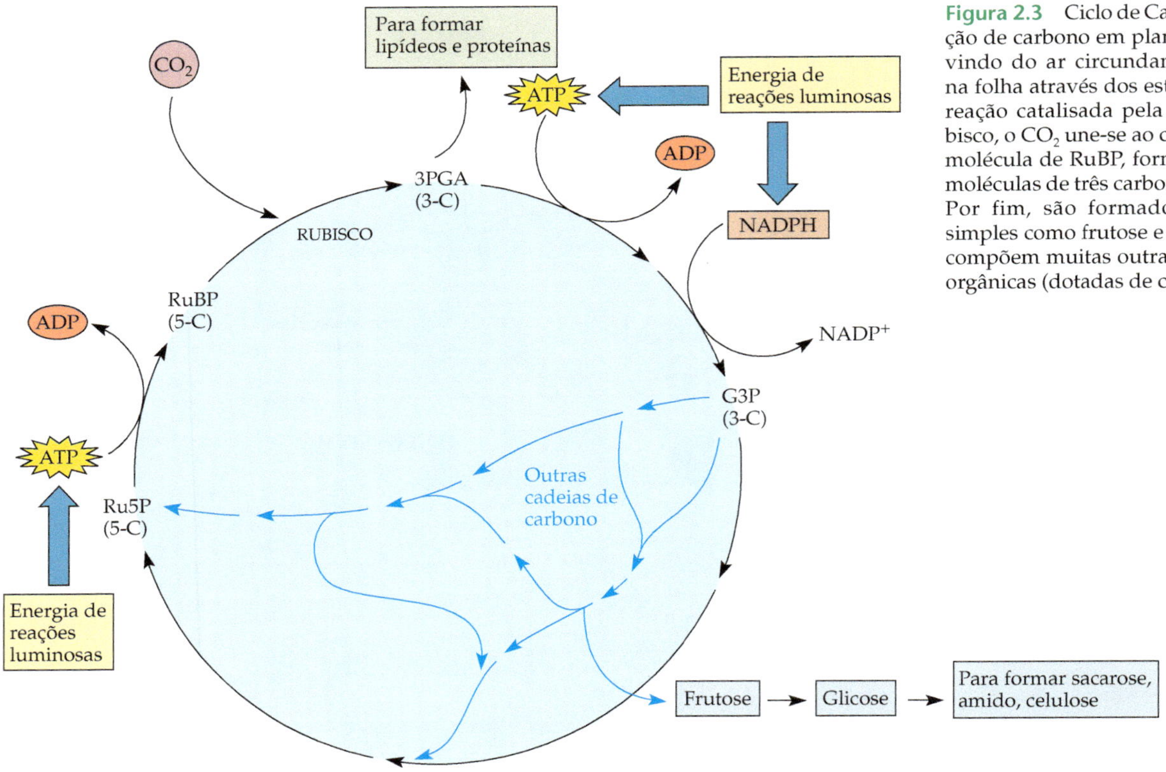

Figura 2.3 Ciclo de Calvin de fixação de carbono em plantas. O CO_2, vindo do ar circundante, penetra na folha através dos estômatos. Na reação catalisada pela enzima rubisco, o CO_2 une-se ao carbono 5 da molécula de RuBP, formando duas moléculas de três carbonos (3PGA). Por fim, são formados açúcares simples como frutose e glicose, que compõem muitas outras moléculas orgânicas (dotadas de carbono).

nio e liberam CO_2 no processo de **respiração celular**, pelo qual os compostos orgânicos são decompostos para liberar energia. A **fotossíntese bruta**, ou a quantidade total de carbono capturado, é reduzida pela liberação de CO_2 por meio da respiração vegetal. Em média, a absorção fotossintética de CO_2 é muito maior do que as perdas respiratórias, resultando em um ganho líquido de carbono para as plantas.

Limitações causadas por níveis de luz

O fator limitante mais básico da fotossíntese é a quantidade total de energia luminosa que atinge as membranas dos tilacoides. No escuro, a respiração celular resulta em uma perda líquida de carbono e energia da planta, bem como não há captura fotossintética de luz e carbono (como exceção, ver a seguir a discussão sobre a fotossíntese de plantas CAM). À medida que aumenta o nível de luz, as plantas começam a absorver CO_2. No **ponto de compensação da luz**, os ganhos fotossintéticos correspondem exatamente às perdas respiratórias (em outras palavras, a troca líquida de CO_2 é zero – Figura 2.4). Além desse ponto, quanto mais luz estiver disponível para captura, maior é a taxa fotossintética, que cresce até atingir um platô na maioria das espécies.

O ponto de compensação da luz pode diferir entre as espécies vegetais que vivem em partes diferentes do ambiente ou em um determinado hábitat. Ele pode diferir até entre as plantas individualmente, dependendo da estrutura e dos constituintes bioquímicos das folhas. David Rothstein e Donald Zak (2001) compararam as características fotossintéticas de três espécies herbáceas em uma floresta latifoliada setentrional. Nessa floresta, os níveis de luz no sub-bosque são altos no início da primavera, antes do dossel enfolhar, e mais altos ainda no outono, à medida que as

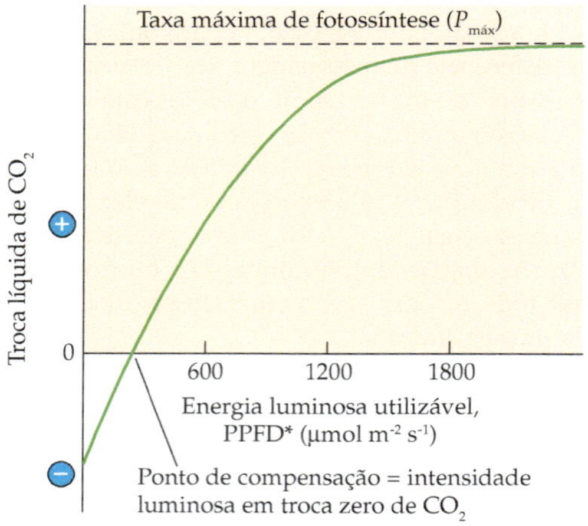

Figura 2.4 Troca líquida de CO_2 (por unidade de área foliar) para uma folha de planta C_3 típica em função do aumento dos níveis de luz, mostrando o ponto de compensação da luz e um platô na taxa máxima de fotossíntese (segundo Fitter e Hay, 1981).

* PPFD (photosynthetic photon flux density = fóton fotossintético de densidade de fluxo)

TABELA 2.1 Taxas fotossintéticas máximas ($A_{máx}$), pontos de compensação da luz (PCL) e níveis de rubisco para três espécies herbáceas de chão de floresta

	Primavera			Verão		Outono
Parâmetro	***Allium tricoccum***	***Viola pubescens***	***Tiarella cordifolia***	***Viola pubescens***	***Tiarella cordifolia***	***Tiarella cordifolia***
$A_{max} = A_{máx}$	15,4 ± 0,9	12,1 ± 0,7	6,8 ± 0,7	5,6 ± 0,5	3,9 ± 0,5	5,4 ± 0,3
LCP = PCL	21,6 ± 1,4	8,4 ± 1,3	9,0 ± 1,0	4,1 ± 0,9	3,2 ± 0,5	6,5 ± 0,8
Rubisco	2,83 ± 0,21	1,84 ± 0,25	1,47 ± 0,12	0,93 ± 0,07	0,50 ± 0,17	0,78 ± 0,11

Fonte: Rothstein e Zak (2001)

Nota 1: Os valores são expressos em uma base por unidade de área foliar. $A_{máx}$ é dada em µmol $CO_2/m^2/s$; PCL é dado em µmol$/m^2/s$, como PPFD, em que a assimilação líquida de CO_2 é zero; os valores da rubisco são em g/m^2. Os valores representam a média ± 1 erro-padrão, com $n = 5$ plantas por medição.

Nota 2: O período durante o qual cada espécie manteve folhas verdes acima do nível do solo foi: *Allium tricoccum*, aproximadamente 75 dias; *Viola pubescens*, aproximadamente 150 dias; *Tiarella cordifolia*, aproximadamente 185 dias.

folhas começam a cair. *Allium tricoccum* (alho-porro selvagem, Liliaceae), uma espécie efêmera de primavera, apresentou um ponto de compensação da luz constante (Tabela 2.1), mas mostrou-se fotossinteticamente ativa apenas durante um período curto na primavera. Por outro lado, *Viola pubescens* (violeta amarela, Violaceae), uma espécie de verão, no período da primavera até o meio do verão deslocou seu ponto de compensação para baixo; *Tiarella cordifolia* (tiarela, Saxifragaceae), uma espécie semiperenifólia, também deslocou seu ponto de compensação para baixo durante aquele período, mas no outono deslocou-o para cima novamente (Figura 2.5). A espécie efêmera de primavera parece ser adaptada a otimizar sua absorção fotossintética no ambiente de luminosidade alta na primavera, ao passo que as outras duas espécies são melhor adaptadas à fotossíntese sob condições sombrias, ao menos em parte devido à sua capacidade de deslocar o ponto de compensação da luz.

Figura 2.5 *Tiarella cordifolia* (fotografia © R. Cable/Painet, Inc.).

A quantidade de luz que chega às membranas dos tilacoides de um cloroplasto pode ser limitada por muitos fatores. A localização do cloroplasto no interior da folha e o ângulo em que a luz solar atinge este órgão podem afetar a luz que chega às membranas dos tilacoides. Em uma folha de planta C_3 típica, a fotossíntese realiza-se em células dos parênquimas esponjoso e paliçádico, os quais constituem o **mesofilo** (sistema fotossintético entre as superfícies superior e inferior da epiderme foliar) – Figura 2.6. Existem muitos cloroplastos em cada célula fotossintética. Em uma escala mais ampla, o autosombreamento por outras folhas da mesma planta, ou o sombreamento por competidores, pode também limitar a quantidade de luz disponível a ser capturada. Examinaremos mais detalhadamente alguns desses fatores em capítulos posteriores.

Robin Chazdon (1985) estudou a eficiência de captação da luz em duas palmeiras anãs de sub-bosque, em florestas pluviais da Costa Rica: *Asterogyne martiana* e *Geonoma cuneata* (ambas da família Arecaceae; Figura 2.24). Essas duas espécies possuem folhas estreitas e dispostas em espiral, o que minimiza o autosombreamento. *A. martiana* foi encontrada em locais com níveis de luz relativamente altos, tendo mais folhas e uma área total maior em relação a *G. cuneata*. Como consequência, *G. cuneata* exibiu uma maior eficiência de interceptação da luz (a proporção de luz incidente interceptada pela copa de uma planta, que depende da disposição das folhas e do ângulo de exposição), mas *A. martiana* mostrou uma maior capacidade total de captação de luz (em que a capacidade de interceptação da luz, ou área foliar efetiva, é o produto da área foliar total e eficiência de interceptação da luz). Akio Takenaka e colaboradores (Takenaka et al., 2001) analisaram os efeitos da disposição da folha na eficiência de captura de luz em

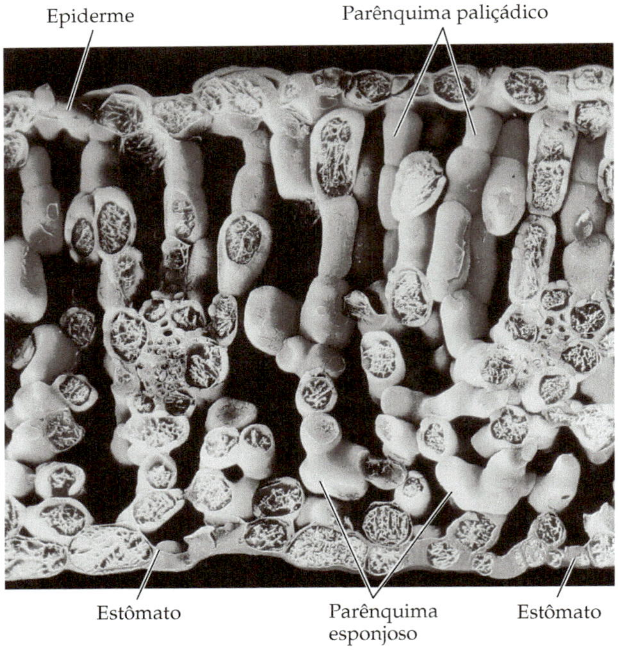

Figura 2.6 Eletromicrografia de uma secção transversal de uma folha de *Brassica septiceps* (nabo, Brassicaceae), mostrando células dos parênquimas paliçádico e esponjoso, no interior das quais encontra-se a maioria dos cloroplastos e onde se realiza a maior parte da fotossíntese. Observa-se que muitas células foram rompidas, expondo sua estrutura interna. A superfície superior da epiderme é visível, assim como o são alguns estômatos na face inferior da epiderme, junto com as câmaras subestomáticas que se estendem para o interior da folha (fotografia © J. Burgess/Photo Researchers, Inc.).

uma outra palmeira de sub-bosque, *Licuala arbuscula* (Arecaceae), que ocorre em florestas de planície, no sudeste da Ásia. Essa espécie possui folhas compostas e flabeliformes, com pecíolos longos. Os autores constataram que o ângulo de ligação dos pecíolos ao caule mudava à medida que o número de folhas crescia. Com o crescimento das plantas, desde jovens com poucas folhas até maduras com muitas folhas, essa transformação reduziu o autosombreamento a um nível mínimo e otimizou a captura de luz para indivíduos de formas e áreas foliares totais muito diferentes.

A qualidade da luz, ou os comprimentos de onda de luz disponíveis para captura, pode também limitar as taxas fotossintéticas (Figura 2.7). Os comprimentos de onda azul e vermelho são captados preferencialmente pelas reações luminosas. Talvez paradoxalmente, devido à nossa imagem do mundo verde maravilhoso, os comprimentos de onda da luz verde são particularmente ineficazes para a fotossíntese. Vemos a natureza como verde porque a luz verde é refletida ou transmitida – "descartada" em vez de usada – pelas plantas. Os comprimentos de onda de luz que podem ser utilizados na fotossíntese constituem a chamada **radiação fotossinteticamente ativa** ou **PAR** (***photosynthetically active radiation***). A quantidade de energia luminosa utilizável que incide sobre uma folha por unidade de tempo é denominada **fóton fotossintético de densidade de fluxo** (**PPFD**, ***photosynthetic photon flux density***).

O ambiente luminoso também varia em uma escala global. Os dias e as noites têm comprimentos praticamente iguais nas latitudes tropicais, e esse padrão não muda durante o ano, ao passo que nas latitudes polares ele é continuamente luminoso em pleno verão e continuamente escuro em pleno inverno (ver Capítulo 17). O PPFD diário máximo é maior nos trópicos do que nas regiões polares e

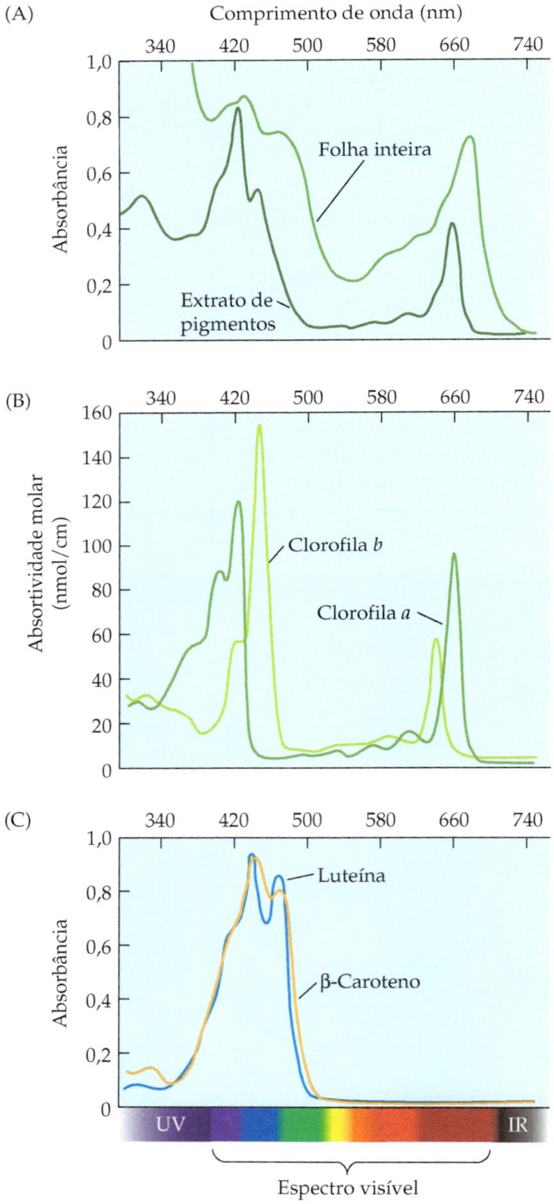

Figura 2.7 (A) Espectros de absorção completa de (comprimentos de onda de luz absorvida por) uma folha e de um extrato de todos os pigmentos fotossintéticos dessa folha. (B) Espectros de absorção de extratos purificados de clorofilas *a* e *b*. (C) Espectros de absorção de dois dos mais importantes pigmentos acessórios: luteína e β-caroteno (segundo Mohr e Schopfer, 1995).

maior em altitudes elevadas do que no nível do mar (Figura 17.3). Certas outras partes do espectro solar variam em torno da superfície da Terra em um grau muito maior do que o PPFD. Em especial, a radiação ultravioleta B (UV-B), danosa às plantas e a outros organismos, é dez vezes maior em locais elevados nos trópicos do que em locais baixos de ambientes árticos. A camada de ozônio na estratosfera absorve radiação UV (ver Capítulo 21). A radiação UV atravessa muito mais ozônio no percurso para o Ártico do que para as regiões equatoriais, porque a trajetória da energia solar, através da atmosfera, para o Ártico, é muito mais longa do que para os trópicos (ver Capítulo 17). As plantas exibem numerosas adaptações bioquímicas à radiação UV-B elevada (Searles et al., 2001). Para evitar o dano causado pela UV-B, as plantas aumentam a concentração foliar de compostos que absorvem essa radiação, principalmente flavonoides. Elas também limitam o dano causado pelo aumento de concentrações de enzimas antioxidantes e enzimas de reparo do DNA. Em 1968, Martin Caldwell (foto ao lado) verificou que as concentrações altas desses compostos eram particularmente comuns em plantas que crescem em ambientes alpinos de altitude.

Martyn Caldwell

Limitações à captação de carbono

As plantas captam CO_2 da atmosfera à medida que o ar se desloca através dos estômatos para o interior de espaços que circundam as células fotossintéticas da folha. A captação de CO_2 é governada por um gradiente de concentração de CO_2, estabelecido pelas reações bioquímicas nos cloroplastos, que removem esse gás dos espaços intercelulares. A captação de CO_2 é regulada por condutância à difusão de CO_2, na rota que vai do ar circundante para a folha e para o cloroplasto. A concentração de CO_2 nos espaços intercelulares depende de quão rápido ele é removido no processo de fixação em compostos orgânicos e de quão prontamente ele chega à folha para repor o que foi fixado.

A **condutância foliar** ao CO_2 é a taxa com que esse gás flui para dentro da folha, a uma determinada diferença de concentração entre o CO_2 do ambiente e o intercelular. O inverso da condutância é a resistência. A condutância baixa ou a resistência alta em um determinado ponto na rota do deslocamento de CO_2 limitará o seu movimento ao longo dessa rota. Se a condutância foliar global ao CO_2 for alta e as concentrações desse gás nos espaços intercelulares forem continuamente removidas pela fixação rápida de carbono, o influxo de CO_2 proveniente do ar circundante da folha será alto.

A taxa de captação de CO_2 pode ser modelada com uma equação de fluxo. As **equações de fluxo** são usadas para modelar taxas de fluxo e apresentam a seguinte forma geral:

$$\text{fluxo} = (\text{condutância}) \times (\text{força motriz})$$

Para a captação de CO_2, a força motriz é a diferença na sua concentração, e a equação de fluxo pode ser formulada como

$$\text{taxa de captação de } CO_2 = (\text{condutância foliar à difusão de } CO_2) \times (\text{diferença na concentração de } CO_2 \text{ entre o ar e o cloroplasto})$$

ou, usando símbolos convencionais,

$$A = g_{\text{folha}} \times (C_a - C_i)$$

O termo A é a **taxa de assimilação** (em $\mu mol/m^2/s$); essa é a taxa em que o CO_2 é captado pela folha. Os termos C_a e C_i são as concentrações de CO_2 no ambiente e intercelular, respectivamente, ou seja, as concentrações no ar circundante e junto à superfície da célula fotossintética. O termo g_{folha} é a condutância total da folha ao CO_2.

É possível separar a condutância foliar em seus dois componentes principais, g_s e g_a – as condutâncias para CO_2 através dos estômatos e através da camada limítrofe do ar que circunda a folha, respectivamente – de modo que

$$\frac{1}{g_{\text{leaf}}} = \frac{1}{g_a} + \frac{1}{g_s}$$

Em geral, g_a é grande, uma vez que o CO_2 passa rapidamente através da camada limítrofe, e, desse modo, não contribui muito para a regulação do seu fluxo. Contudo, a condutância ao CO_2 através dos estômatos (g_s) é altamente variável e está sob o controle da planta. A condutância estomática regula o fluxo de CO_2 na folha, na maioria das condições. Portanto, as plantas não são meros recipientes passivos de CO_2, mas, sim, exercem uma forte regulação da sua captação. Essa regulação ocorre em escalas curtas de tempo (segundos ou minutos), à medida que os estômatos estejam abertos ou fechados, e em escalas de tempo mais longas (dias até meses), à medida que a morfologia e a química foliares sejam alteradas. Em escalas de tempo muito mais longas (séculos até milênios, ou mais), a seleção natural atua alterando a capacidade de populações vegetais em ambientes diferentes de captar carbono sob condições distintas, uma vez que a morfologia, a fisiologia e outros caracteres vegetais evoluem.

Por que as plantas sempre restringiriam sua captação de CO_2? No Capítulo 3, examinaremos mais detalhadamente essa questão. Em suma, podemos dizer que essa restrição é geral, porque o ganho (captação) de CO_2 se vincula intimamente à perda de água através das mesmas aberturas estomáticas na folha.

Às vezes, é empregada uma formulação diferente da taxa fotossintética para descrever a fotossíntese líquida no ponto de **saturação da luz**, A_{sat}. A_{sat} é o nível de luz em que é alcançada a taxa fotossintética máxima, quando a captação de CO_2 não é limitada pela condutância estomática:

$$A_{sat} = g_m \times (C_i - C_c)$$

onde C_c é o ponto de compensação do CO_2 (a concentração do CO_2 em que a fotossíntese líquida é zero), C_i está definido anteriormente e g_m é a **condutância no mesofilo** ou **condutância intracelular** (a condutância ao CO_2 através de células do mesofilo e das paredes celulares).

No curso da fotossíntese, uma quantidade muito grande de ar precisa ser processada pela folha. Para formar um único grama de glicose (um carboidrato), uma planta necessita de 1,47 grama de CO_2, o que equivale a aproximadamente 2.500 litros de ar. Observando de uma outra maneira, o ar necessário para preencher uma estrutura do tamanho do Astródomo de Houston (o primeiro estádio de beisebol coberto do mundo) poderia fornecer CO_2 suficiente para fixar aproximadamente 590 kg (1.300 Ibs) de glicose.

Quando os estômatos estão totalmente abertos, sua condutância ao CO_2 é em geral alta. O valor exato depende do número e do tamanho dos estômatos, e varia entre espécies, indivíduos e mesmo entre folhas da mesma planta. (No próximo capítulo, retornaremos ao tema do número e tamanho dos estômatos.) Quando os estômatos estão fechados, a condutância foliar para CO_2 aproxima-se de zero, embora às vezes pequenas quantidades de CO_2 possam "vazar" através da cutícula.

Os estômatos costumam ser muito dinâmicos. As células-guarda determinam o grau de abertura estomática mediante constante alteração de forma, ampliando e estreitando a fenda estomática para regular o CO_2 que entra na folha e a água que sai dela. Alguns estômatos podem iniciar o fechamento enquanto outros permanecem abertos (Figura 2.8). Tal situação estomática, em que se observam níveis diferentes de fechamento/abertura, pode ser mais comum quando as plantas estão sob estresse (Beyschlag e Eckstein, 2001). As células-guarda submetem-se a um conjunto complexo de controles que respondem a fatores internos e externos.

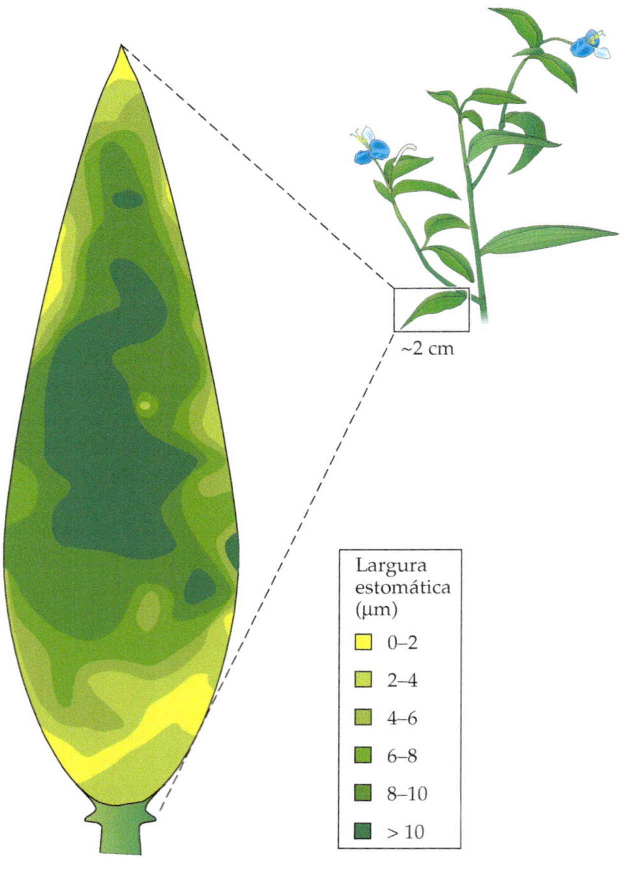

Variações nas taxas fotossintéticas dentro de hábitats e entre eles

Os avanços tecnológicos possibilitaram aos ecofisiologistas vegetais o estudo de trocas gasosas fotossintéticas e outros processos fisiológicos em ambientes naturais, propiciando um progresso considerável no nosso conhecimento sobre o funcionamento desses processos na natureza (ver Quadro 3A). Às vezes, as taxas fotossintéticas variam entre as plantas no mesmo hábitat e ao longo dos hábitats, o que parece fazer sentido, uma vez que elas estão correlacionadas com a composição de espécies, as preferências por hábitats ou as taxas de crescimento. Em outros casos, as taxas fotossintéticas podem exercer um papel menos importante na determinação de processos populacionais ou distribuições de espécies. Mesmo as taxas de crescimento podem ser minimamente relacionadas às taxas fotossintéticas. O carbono total acumulado por uma planta depende não apenas da taxa de fotossíntese com base na área de uma folha, mas também na área foliar total da planta, bem como de outros fatores, tal como o tempo em que as folhas são mantidas e permanecem ativas fotossinteticamente.

Um estudo com arbustos anões de um urzal subalpino nos Montes Apeninos, no norte da Itália (Gerdol et al., 2002), fornece um exemplo de caso em que diferenças nas taxas fotossintéticas se correlacionam com diferenças de espécies e de hábitats. Em locais abrigados, *Vaccinium myrtillus* (mirtilo, Ericaceae) e *V. uliginosum* (arando do brejo, Ericaceae) são dominantes, ou ao menos abundantes, e a vegetação é muito densa. Em hábitats expostos, a vegetação é mais aberta e dominada por uma diversidade de arbustos, incluindo *V. uliginosum* e *Empetrum hermaphroditum* (*crowberry*, Ericaceae), uma espécie perenifólia. Renato Gerdol e colaboradores verificaram que, das três espécies examinadas, *E. hermaphroditum* apresentou as taxas fotossintéticas mais baixas. *V. uliginosum*, caducifólia, exibiu taxas intermediárias, que não diferiram entre os hábitats. *V. myrtillus*, caducifólia restrita a sítios mais favoráveis, teve as taxas fotossintéticas mais altas. Contudo, as taxas fotossintéticas diferentes dessas espécies não correspondem às suas taxas de crescimento relativas, nem explicam as respostas relativas das plantas à remoção de vizinhas competidoras ou às adições de fertilizantes.

No estudo de espécies de sub-bosque de uma floresta setentrional discutido anteriormente (Rothstein e Zak, 2001), houve correlação entre as taxas fotossintéticas máximas e os ambientes de crescimento das três espécies estudadas (ver Tabela 2.1). *Allium tricoccum*, efêmera de primavera, que cresceu apenas no período com maior presença de luz, teve as mais altas taxas fotossintéticas máximas globais. Durante a primavera, *Viola pubescens*, espécie de verão, apresentou taxas fotossintéticas intermediárias; e *Tiarella*

Figura 2.8 Larguras estomáticas em partes diferentes de *Commelina communis* (Commelinaceae) ao meio-dia. Alguns estômatos estão totalmente abertos, enquanto outros estão parcialmente abertos ou completamente fechados (segundo Larcher, 1995).

cordifolia (Figura 2.5), perenifólia, teve as taxas mais baixas. No meio do verão, quando os níveis de luz foram mais baixos, as taxas fotossintéticas de *V. pubescens* e *T. cordifolia* diminuíram substancialmente, sendo que a taxa desta última foi ainda mais baixa. No outono, somente *T. cordifolia* estava ativa fotossinteticamente, e sua taxa fotossintética máxima aumentou novamente no ambiente com mais luz. Essas diferenças entre espécies e estações se correlacionaram positivamente com os níveis de rubisco (a enzima que catalisa a captura inicial de CO_2; ver a seguir) nas folhas e com os padrões de crescimento vegetal, bem como com a duração do tempo em que cada planta realizou fotossíntese. *A. tricoccum* acumulou toda a sua biomassa durante o período de primavera, com maior presença de luz, e perdeu biomassa após esse período. Durante a primavera, *V. pubescens* e *T. cordifolia* também adquiriram rapidamente biomassa, a qual continuou a aumentar durante o verão. A partir do final do verão e durante todo o inverno, *V. pubescens* teve uma perda acentuada de biomassa, mas *T. cordifolia* continuou acumulando biomassa no início do inverno. Apenas 25% do ganho de biomassa de *T. cordifolia* ocorreu durante o período de verão, com níveis baixos de luz.

As três rotas fotossintéticas

As plantas fixam carbono usando uma das três rotas fotossintéticas diferentes: C_3, C_4 ou CAM (*crassulacean acid metabolism*; metabolismo ácido das crassuláceas). Os tipos fotossintéticos C_3 e C_4 apresentam moléculas de três e quatro carbonos, respectivamente, que são os primeiros produtos estáveis da fotossíntese nessas rotas. Já o tipo CAM é assim denominado em alusão à família Crassulaceae (saião-acre), na qual o fenômeno foi descoberto. A grande maioria das plantas exibe a rota fotossintética C_3, e essas rotas são encontradas em todo o lugar em que exista vegetação. A fotossíntese C_3 foi a primeira rota a evoluir e a primeira a ser elucidada pelos cientistas. Os tipos C_4 e CAM são modificações da fotossíntese C_3 e evoluíram a partir dela.

Fotossíntese C_3

No ciclo de Calvin da **fotossíntese C_3** (Figura 2.3), o CO_2 é ligado a uma molécula de cinco carbonos, RuBP (ribulose bisfosfato), formando um composto de seis carbonos que instantaneamente se separa em duas moléculas de três carbonos (fosfoglicerato; 3PGA). Na fotossíntese C_3, portanto, o primeiro produto estável da fixação de carbono é uma cadeia de três carbonos.

A etapa inicial em que o CO_2 é capturado – a **carboxilação** de RuBP – é catalisada pela enzima RuBP carboxilase/oxigenase (também conhecida como **rubisco**), provavelmente a enzima mais abundante na Terra. Entretanto, a rubisco é curiosamente ineficaz na captura CO_2, o que é em particular estranho, considerando a importância da sua tarefa para a produtividade primária da Terra – seria esperado que, há muito tempo, um processo mais eficiente tivesse evoluído e a substituído. A rubisco tem não apenas uma afinidade por CO_2 relativamente baixa, mas possui também uma função alternativa que compete com seu papel na captura de CO_2. Além de catalisar a etapa inicial da fotossíntese, essa enzima tem a capacidade de catalisar um processo denominado **fotorrespiração**, na qual o oxigênio é captado em vez do dióxido de carbono (ver Quadro 2A). Em temperaturas mais elevadas, a rubisco favorece progressivamente a reação de oxigenação em detrimento da carboxilação, ou a fotorrespiração em detrimento da fotossíntese. Da mesma maneira, quanto mais alta a concentração de O_2 e mais baixa a concentração de CO_2 que chega ao cloroplasto, tanto mais O_2 é captado em preferência ao CO_2. Essas propriedades da rubisco limitam a captação fotossintética de CO_2.

As limitações da rubisco não são em especial importantes para plantas cujas folhas são sombreadas, porque nesse caso a fotossíntese é limitada principalmente pelos níveis de luz, e não pela eficiência na captação de CO_2. Contudo, em plantas que crescem em ambientes quentes e luminosos, as limitações impostas pelas propriedades da rubisco podem ter consequências importantes para as taxas fotossintéticas e, em última análise, para o crescimento. Mesmo sob as melhores condições, as plantas C_3 precisam manter grandes quantidades de rubisco para obter taxas de fotossíntese adequadas. A rubisco, como todas as enzimas, contém uma quantidade substancial de nitrogênio – 10% a 30% do nitrogênio total das folhas de plantas C_3 está na rubisco.

Por causa das limitações da rubisco, as taxas fotossintéticas são também limitadas pela concentração de CO_2 na atmosfera. Como consequência, em concentrações elevadas de CO_2, mantendo-se iguais os demais fatores, as plantas C_3 podem alcançar taxas fotossintéticas muito mais altas. Os agricultores às vezes utilizam essa resposta com exposição de plantas, em estufa, a concentrações de CO_2 artificialmente altas.

As plantas evoluíram sob níveis de CO_2 atmosférico muito diferentes dos atuais, como veremos brevemente. Os aumentos rápidos nas concentrações atmosféricas de CO_2, causados por atividades humanas, podem ter consequências a longo prazo na captação de CO_2 pelas plantas. Retornaremos a este tema no Capítulo 21.

Existe uma "solução" evolutiva para o dilema colocado pela fotorrespiração e as limitações da rubisco como um catalisador da captação de CO_2. Essa solução é a fotossíntese C_4.

Fotossíntese C_4

Como a fotossíntese C_3, a **fotossíntese C_4** depende basicamente do ciclo de Calvin para converter CO_2 em carboidratos. No entanto, essa fotossíntese contém uma etapa adicional utilizada para a captura inicial de CO_2 oriundo da atmosfera (Figura 2.9). Nessa etapa inicial, uma molécula de três carbonos denominada PEP (fosfoenolpiruvato) é ligada ao CO_2, formando um ácido de quatro carbonos, OAA (oxaloacetato). Portanto, o primeiro produto da fixação de carbono na fotossíntese C_4 é uma molécula com quatro carbonos. A captura inicial de CO_2 é catalisada pela enzima **PEP carboxilase**, que funciona apenas para fixar CO_2. Ela tem uma afinidade por CO_2 muito mais alta do que a rubisco. Por não catalisar também a fotorrespiração, a PEP carboxilase pode manter taxas altas de captação de CO_2, mesmo em temperaturas elevadas.

Quadro 2A

Fotorrespiração

As mitocôndrias das plantas realizam respiração celular tanto quanto as das células animais, consumindo O_2 e liberando a energia a ser usada pelas células. As plantas realizam também um outro tipo de respiração, denominada fotorrespiração. Como a respiração celular comum, a fotorrespiração consome O_2 e libera CO_2, mas, diferentemente da respiração celular, ela depende da luz. Ela ocorre nas células que contêm cloroplastos, mas envolve duas organelas adicionais: mitocôndrias e peroxissomos.

Na fotorrespiração, a rubisco catalisa a ligação de O_2 à ribulose bisfosfato (RuBP). Esse processo, portanto, compete com a fotossíntese por RuBP, o substrato para ambas as reações, e por rubisco, a enzima que catalisa ambas as reações. Pressões parciais de oxigênio elevadas, concentrações de CO_2 baixas e temperaturas altas favorecem a fotorrespiração em detrimento da fotossíntese.

Embora a fotorrespiração seja com frequência considerada desvantajosa porque compete com a fotossíntese, ela pode ter uma função protetora. A fotorrespiração tem a capacidade de "beber" o fluxo excessivo de elétrons em luz brilhante, protegendo o fotossistema II de dano, quando a capacidade de carboxilação da folha não consegue acompanhar a energia capturada nas reações luminosas (por exemplo, quando a seca força os estômatos a fechar parcial ou totalmente, limitando ou extinguindo o suprimento de CO_2).

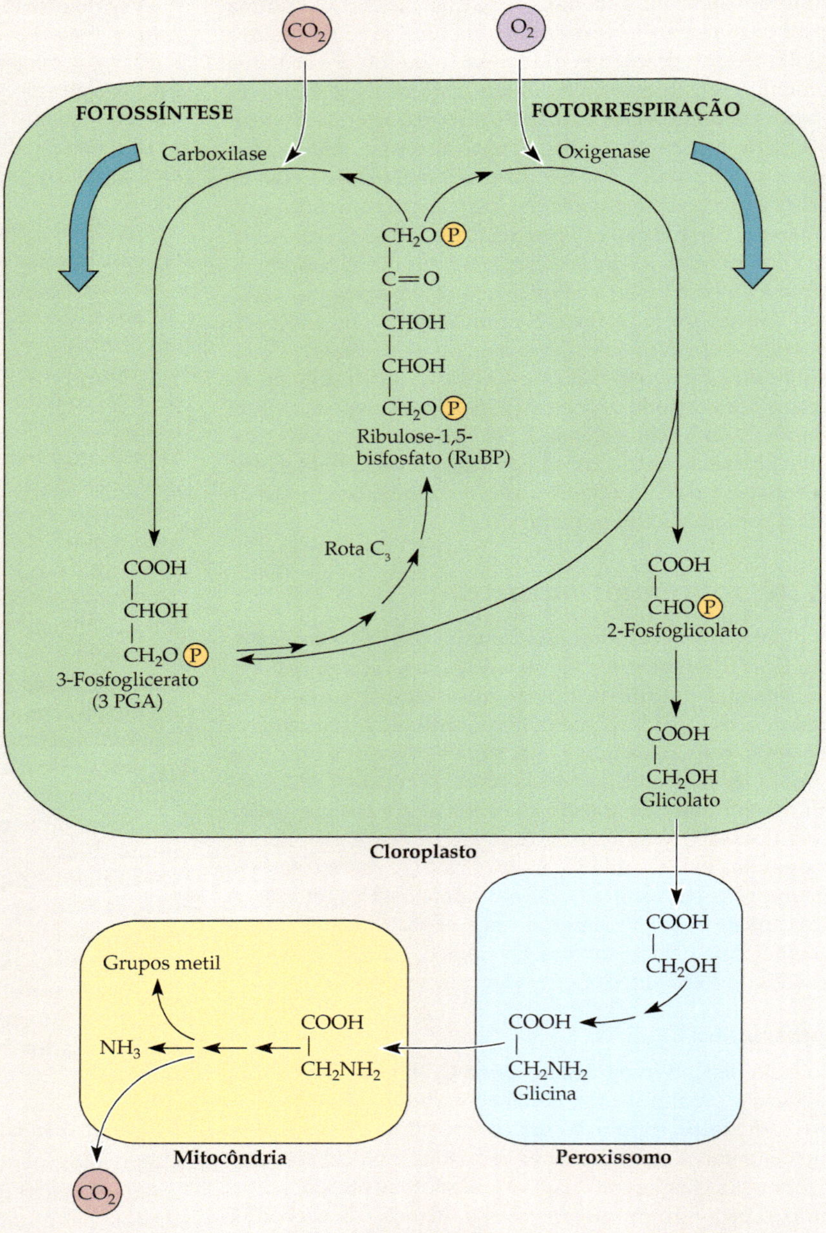

Após a sua formação, a molécula de quatro carbonos é descarboxilada (o CO_2 é removido), e o CO_2 é então incorporado a moléculas orgânicas via ciclo de Calvin. A rubisco atua na fixação dessa molécula de CO_2 liberada internamente nas plantas C_4, da mesma forma como atua na fixação de CO_2 proveniente da atmosfera externa em plantas C_3. Existem três subtipos diferentes de fotossíntese C_4, cada um com sua própria enzima para a descarboxilação: NADP-me, que utiliza a enzima NADP málica; NAD-me, que utiliza a enzima NAD málica; e PEP-ck, que depende da PEP carboxilase. Embora tenha sido sugerido que existem diferenças ecológicas entre esses subtipos de fotossíntese C_4, as provas ainda são ambíguas, pois essas diferenças fisiológicas são confundidas com outras diferenças entre as espécies que as possuem.

A fotossíntese C_4 depende de uma anatomia foliar especializada (Figura 2.10). Na anatomia Kranz típica (que significa "coroa") encontrada nas plantas C_4, há uma se-

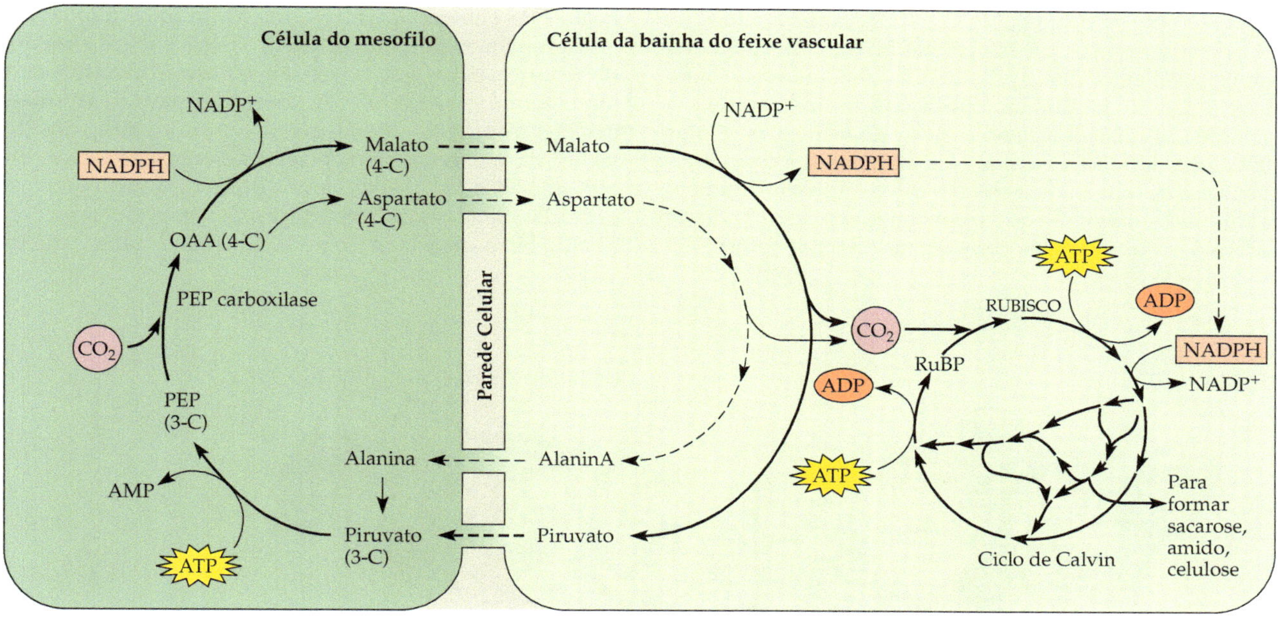

Figura 2.9 Rota fotossintética C_4. As etapas bioquímicas que ocorrem nas células do mesofilo são mostrados à esquerda, e as que ocorrem nas células da bainha do feixe vascular, à direita.

Quadro 2B

Isótopos estáveis e fotossíntese

Compostos de carbono quimicamente idênticos fixados via fotossíntese C_4 diferem de uma maneira sutil daqueles fixados via rota C_3: nas suas razões dos dois isótopos de carbono estáveis, ^{12}C e ^{13}C. A maioria das moléculas de CO_2 no ar contém ^{12}C, o isótopo de carbono estável com um peso atômico de 12. Aproximadamente onze de cada mil moléculas de CO_2 têm o isótopo estável ^{13}C ligeiramente mais pesado, com um peso atômico de 13. (^{14}C, que é instável e, portanto, radioativo, é ainda muito mais raro.)

Quando a captura inicial de CO_2 é feita pela rubisco, as moléculas de $^{13}CO_2$, ligeiramente mais pesadas, são abandonadas de forma desproporcional na atmosfera, não-fixadas (isto é, o processo discrimina contra ^{13}C). A PEP carboxilase é mais efetiva na "captura" de todas as moléculas de CO_2 que encontra (tanto $^{13}CO_2$ quanto $^{12}CO_2$) e, desse modo, discrimina menos contra ^{13}C.

A proporção relativa dos dois isótopos de carbono estáveis em compostos de carbono é expressa em referência a um padrão (dolomita da formação PeeDee):

$$\delta^{13}C = \frac{\left[(^{13}C/^{12}C)_{amostra} - (^{13}C/^{12}C)_{padrão}\right] \times 1000}{(^{13}C/^{12}C)_{padrão}}$$

Para plantas C_3 terrestres, o valor médio de ^{13}C é –27‰ (variando de –36‰ a –23‰), ao passo que as plantas C_4 têm uma média de –13‰ (variando de –18‰ a –10‰). (As plantas CAM têm valores de ^{13}C mais amplos, dependendo da proporção relativa de carbono fixado inicialmente pela rubisco e pela PEP carboxilase.)

Como as faixas dos valores de ^{13}C para plantas C_3 e C_4 não se sobrepõem, a razão dos isótopos de carbono proporciona uma maneira conveniente de fazer a distinção entre plantas C_3 e C_4 e tecidos vegetais. Essas razões dos isótopos de carbono persistem também na cadeia alimentar. O carbono fossilizado de herbívoros que consumiram plantas C_4, por exemplo, pode ser distinguido daquele dos herbívoros que consumiram plantas C_3. Essa propriedade tem sido utilizada por paleontólogos e arqueólogos, para distinguir fontes alimentares como, por exemplo, para determinar quando os pastejadores começaram a depender fortemente das gramíneas C_4.

paração espacial das reações C_4 e C_3. A captura inicial de CO_2 da atmosfera ocorre nas células do mesofilo imediatamente sob a epiderme e próximas às câmaras subestomáticas, ao passo que sua incorporação em carboidratos via ciclo de Calvin acontece no interior da folha, nas células da bainha do feixe vascular. Nas plantas C_3, a concentração típica de oxigênio nos cloroplastos é aproximadamente mil vezes maior do que a concentração de dióxido de carbono, resultando em taxas substanciais de fotorrespiração. Nas plantas C_4, a rubisco está localizada (junto com outras enzimas do ciclo de Calvin) nas células da bainha do feixe vascular, que não estão expostas diretamente à atmosfera externa. O OAA, ácido de quatro carbonos, desloca-se diretamente através de cordões delgados de tecido vivo, denominados **plasmodesmas**, das células do mesofilo até as células da bainha do feixe vascular, onde é descarboxilado. A concentração de CO_2 nas células da bainha do feixe vascular de plantas C_4 situa-se numa ordem

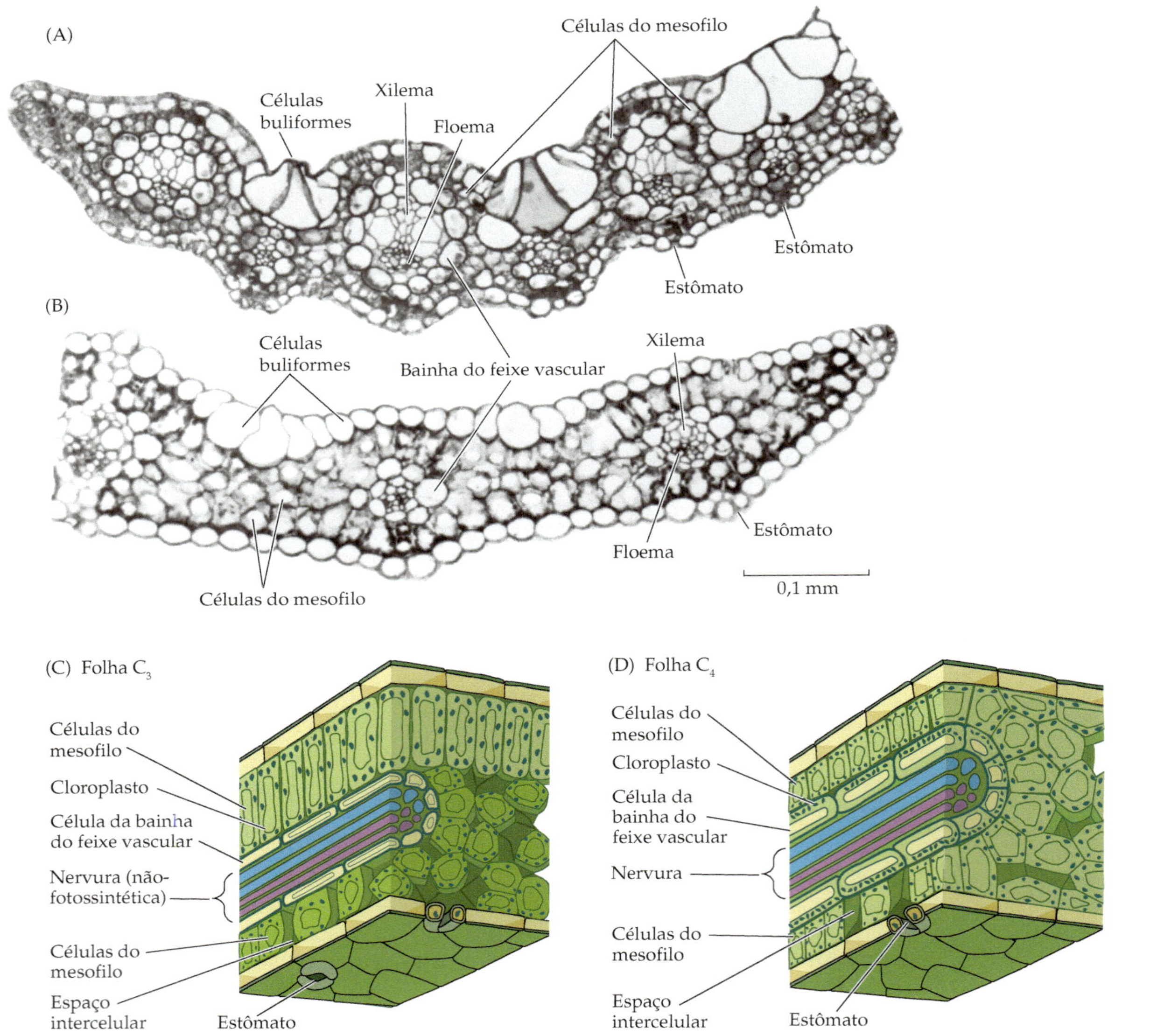

Figura 2.10 Anatomia de (A) uma folha de *Saccharum officinarum* (cana-de-açúcar, Poaceae), uma gramínea C_4, (B) uma folha de *Avena* sp. (aveia, Poaceae), uma gramínea C_3. As folhas das duas espécies estão em secção transversal. Observe que as células do mesofilo formam um anel externo justaposto às células da bainha do feixe vascular (xilema e floema) na folha da planta C_4, ao contrário da disposição mais frouxa das células fotossintéticas na folha da planta C_3. Na folha da planta C_4, existem muitos cloroplastos nas células da bainha do feixe vascular (agrupados na metade externa de cada célula) e nas células do mesofilo. Já na folha da planta C_3, inexistem cloroplastos nas células da bainha do feixe vascular. As células buliformes atuam como articulações, possibilitando o enrolamento das folhas durante a seca (ver Capítulo 3). (Esau, 1977) (C, D) Diagramas da anatomia foliar C_3 e C_4, mostrando a disposição de células fotossintéticas, feixes vasculares com xilema e floema, e outras estruturas (segundo T. J. Mabry, não-publicado).

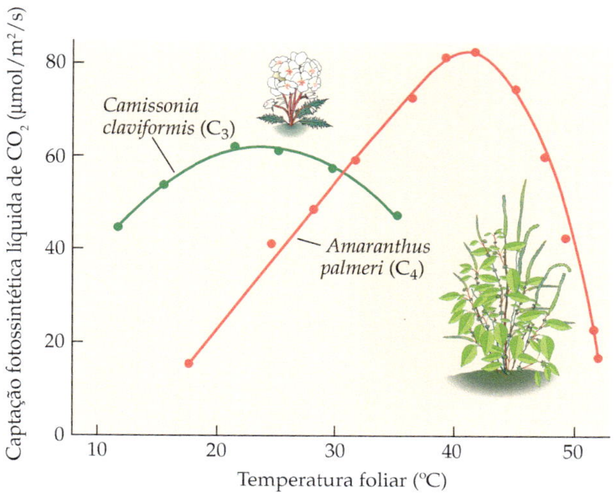

Figura 2.11 Taxas fotossintéticas, em temperaturas diferentes, de uma planta C_3 de deserto, *Camissonia claviformis* (Onagraceae), que cresce principalmente durante o inverno e início de primavera, e de *Amaranthus palmeri* (Amaranthaceae), uma planta C_4 do mesmo hábitat, que cresce principalmente no verão. A taxa máxima de fotossíntese ocorre a aproximadamente 23°C na planta C_3 e aproximadamente 42°C na planta C_4 (segundo Ehleringer, 1985).

de grandeza superior à da sua concentração nas células fotossintéticas de plantas C_3, e a razão entre oxigênio e dióxido de carbono é bastante reduzida. Portanto, a rubisco é "farta" de uma corrente concentrada de moléculas de CO_2, resultando na eliminação efetiva da fotorrespiração em plantas C_4.

As consequências da superação das limitações da rubisco são fundamentais (Sage e Monson, 1999) – para discussão de uma consequência menos evidente, ver Quadro 2B. As plantas C_4 em geral têm taxas máximas de fotossíntese mais altas do que as plantas C_3. A temperatura ótima para a fotossíntese costuma ser muito mais alta para espécies C_4 do que para espécies C_3 (Figura 2.11). As espécies C_3 tipicamente alcançam o ponto de saturação da luz em níveis bem abaixo da luz solar plena, ao passo que as espécies C_4 muitas vezes não atingem um ponto de saturação da luz, mesmo sob luz solar plena (Figura 2.12), porque a captação de CO_2 não é limitada pela alta atividade de oxigenase da rubisco. As plantas C_4 contêm apenas um terço a um sexto da quantidade de rubisco em relação às plantas C_3 e, apesar disso, são capazes de manter taxas fotossintéticas iguais ou superiores, resultando em uma **eficiência no uso do nitrogênio** mais alta (taxa fotossintética máxima por grama de nitrogênio na folha; ver Capítulo 4). Uma vez que a rota C_4 torna com grande eficiência o CO_2 disponível para o ciclo de Calvin, a eficiência no uso da água (a razão de CO_2 fixado por água perdida; ver a seguir o Capítulo 3) é maior para uma folha C_4 do que para uma C_3, em igual condutância estomática.

O custo das numerosas vantagens da fotossíntese C_4 é também significativo: ela capta energia adicional sob forma de ATP para o funcionamento da rota C_4. Quando os níveis de luz são altos e as condições são ótimas, a energia investida é mais do que compensada pelos ganhos fotossintéticos adicionais. Contudo, em níveis de luz mais baixos, há necessidade de continuar o abastecimento dessa maquinaria dispendiosa, resultando em desvantagem potencial para as plantas que a possuem. Nas últimas décadas, uma grande parte das pesquisas ecofisiológicas tem sido conduzida com plantas presentes no campo, a fim de verificar como os fatores ambientais afetam as taxas fotossintéticas, incluindo comparações entre plantas C_3 e C_4 (ver Quadro 3A).

Metabolismo ácido das crassuláceas (fotossíntese CAM)

O **metabolismo ácido das crassuláceas** (**CAM**) usa essencialmente a mesma bioquímica da fotossíntese C_4 para superar as limitações da rubisco e eliminar a fotorrespiração. Todavia, as plantas CAM funcionam de uma maneira diferente das plantas C_4 (Figura 2.13). Nas plantas C_4, a rubisco é encontrada apenas nas células da bainha do feixe vascular, que são espacialmente separadas do ar externo. Nas plantas CAM, a rubisco é encontrada em todas as células fotossintéticas. Em vez de adotar a separação espacial, as plantas CAM separam temporalmente a captura de energia luminosa e a captação de CO_2.

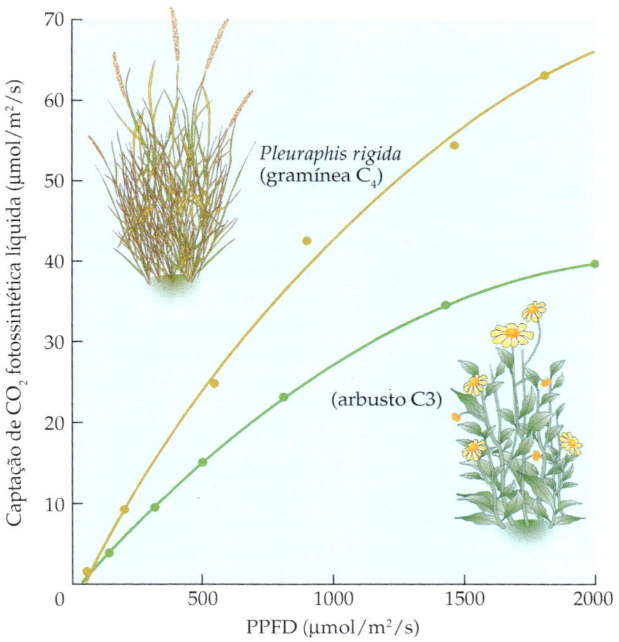

Figura 2.12 Resposta fotossintética à intensidade luminosa (fóton fotossintético de densidade de fluxo; PPFD, *photosynthetic photon flux density*) em uma gramínea C_4 de deserto, *Pleuraphis rigida* (Poaceae), e um arbusto C_3 de deserto, *Encelia farinosa* (Asteraceae), do oeste dos EUA. Em luz solar plena (aproximadamente 2.000 µmol/m²/s), as folhas do arbusto C_3 atingem o ponto de saturação da luz, ao passo que as folhas da gramínea C_4 não (segundo Nobel, 1983).

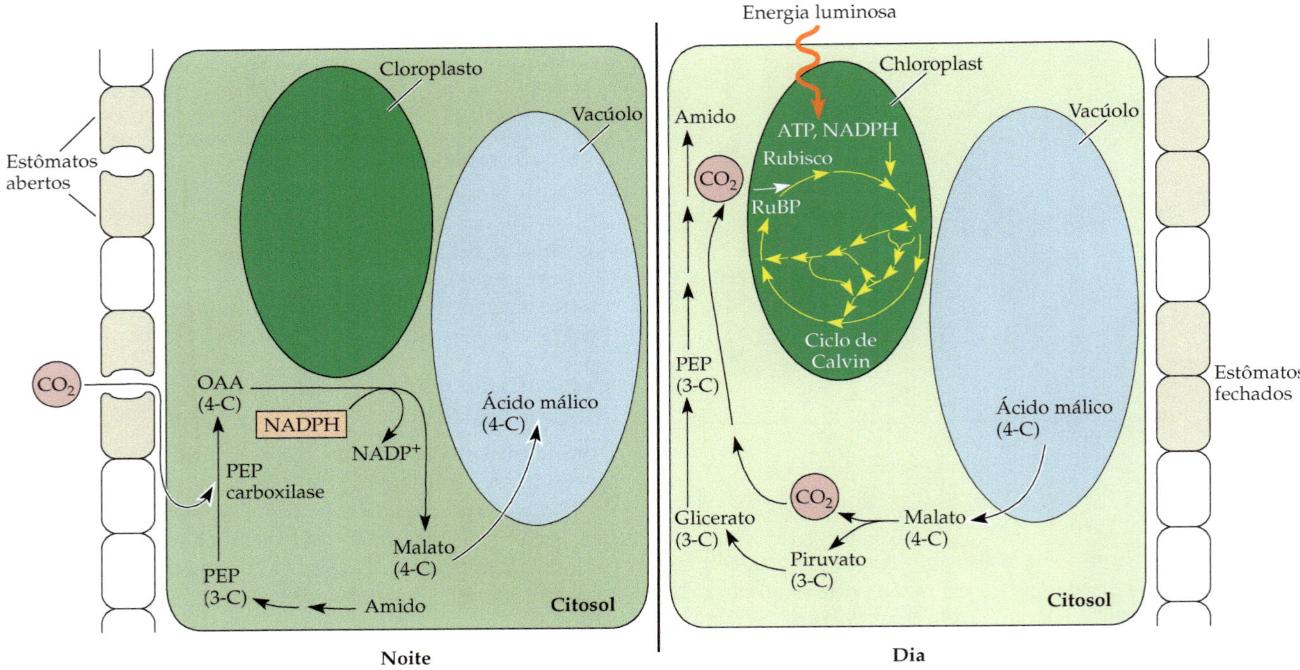

Figura 2.13 Reações bioquímicas envolvidas na fotossíntese CAM. Todas as reações ocorrem na mesma célula fotossintética, mas as reações mostradas à esquerda ocorrem à noite, e as apresentadas à direita, no período luminoso.

Nas plantas C_3 e C_4, os estômatos abrem durante o dia, quando ocorrem a captura de luz e a captação e fixação de carbono. As plantas CAM abrem seus estômatos à noite. Durante esse período, o CO_2 é capturado pela PEP carboxilase, e grandes *pools* de ácidos orgânicos são acumulados nos vacúolos das células fotossintéticas. No período luminoso, as reações luminosas processam-se exatamente como em outras plantas, mas com os estômatos fechados. Os ácidos orgânicos acumulados durante a noite são descarboxilados, fornecendo CO_2 para o ciclo de Calvin. Como a fotossíntese C_4, a fotossíntese CAM permite à rubisco funcionar em um ambiente com concentração alta de CO_2 e baixa de O_2, onde a fotossíntese é favorecida em relação à fotorrespiração.

As plantas CAM precisam possuir tecidos fotossintéticos suculentos, com capacidade física suficiente para acumular quantidades grandes de ácidos orgânicos durante a noite. A quantidade de fotossintatos que podem ser acumulados pela fotossíntese CAM num período de 24 horas é limitada pelo espaço disponível nos vacúolos das células fotossintéticas. A separação temporal das reações C_4 e C_3 também retarda as taxas fotossintéticas máximas. Em geral, as plantas CAM não conseguem acumular carbono tão rapidamente quanto as plantas C_4 ou C_3.

Essa rota fotossintética se destaca quanto à **eficiência no uso da água**, que corresponde aos gramas de carbono fixado na fotossíntese por grama de água perdida na transpiração. Como os seus estômatos estão abertos somente à noite, quando as temperaturas são mais baixas e o ar é mais úmido, a eficiência no uso da água é muito mais alta em plantas CAM do que em C_3 ou C_4, pois a sua perda de água é muito menor. Diferentemente das plantas C_3 e C_4, em que a rota fotossintética é obrigatória (não pode ser ligada ou desligada), algumas plantas CAM utilizam a captação noturna de CO_2, com fixação de carbono via CAM, e a captação diurna de CO_2 via rota C_3 (Figura 2.14). Algumas espécies se comportam de uma maneira facultativa, usando a fotossíntese CAM quando a água é mais limitante e incorporando CO_2 via fotossíntese C3 durante o dia, quando as condições são mais favoráveis, de modo a alcançar taxas fotossintéticas mais altas.

Evolução das três rotas fotossintéticas

Filogenia das rotas fotossintéticas

A **filogenia**, ou a história evolutiva das relações de táxons por descendência, revela que as rotas fotossintéticas C_4 e CAM surgiram independentemente da fotossíntese C_3 muitas vezes no curso da evolução (existem também aparentes reversões em ocasiões de volta à fotossíntese C_3). Em torno de 2.000 espécies de angiospermas em cerca de 18 famílias são do tipo C_4, incluindo monocotiledôneas e dicotiledôneas. Na família Poaceae, aproximadamente a metade de suas espécies são C_4. Amaranthaceae, Cyperaceae, Euphorbiaceae e Portulacaceae são outras famílias em que a fotossíntese C_4 é bem representada. Tipicamente, todas as espécies de um gênero são ou C_3 ou C_4, mas existem diversos gêneros com espécies C_3 e C_4 (por exemplo, *Atriplex* em Amaranthaceae e *Panicum* em

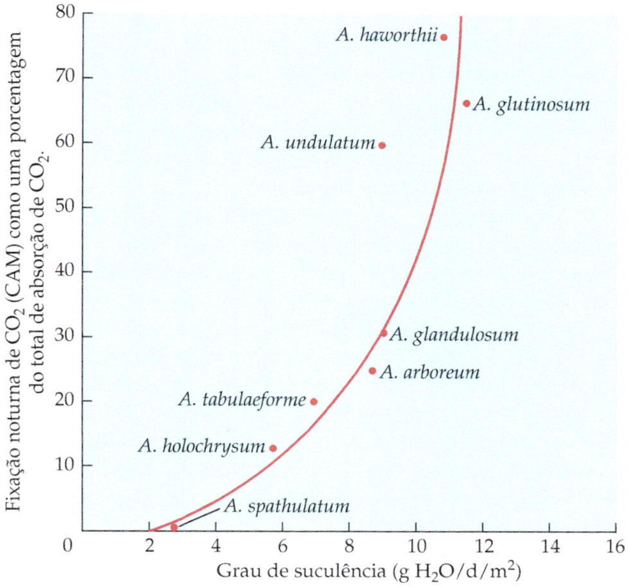

Figura 2.14 Relação entre suculência foliar (gramas da água em folhas hidratadas por unidade de área foliar) e a porcentagem de absorção de CO_2 que ocorre via CAM, entre espécies do gênero *Aeonium* (Crassulaceae). As plantas com folhas mais espessas e mais suculentas exibem à noite uma proporção maior de sua absorção total de CO_2, utilizando o mecanismo CAM. (Segundo Larcher, 1995)

Poaceae). Algumas espécies são intermediárias entre C_3 e C_4 em sua estrutura e função. *Flaveria* (Asteraceae), por exemplo, contém várias espécies intermediárias (Figura 2.15), bem como espécies que são inteiramente C_3 ou inteiramente C_4.

As etapas que ocorreram na evolução da fotossíntese C4 não são conhecidas de maneira definitiva para a maioria das espécies que desenvolveram essa rota. No gênero *Flaveria*, entretanto, parece que a primeira etapa na evolução da fotossíntese C_4 pode ter sido a iniciação da diferenciação bioquímica entre as células da bainha do feixe vascular e do mesofilo, com a reciclagem do CO_2 fotorrespirado (usando a rubisco para catalisar a recaptura de carbono) nas células da bainha do feixe vascular. A próxima etapa pode ter sido um aumento na atividade da PEP carboxilase, seguida pela atividade crescente das outras enzimas da rota C_4. Por fim, foi alcançada a separação anatômica completa das rotas C_4 e do ciclo de Calvin.

A transição evolutiva para o tipo CAM, a partir de ancestrais C_3, é aparentemente mais fácil do que a transição para a fotossíntese C_4. Mais de 20.000 espécies de angiospermas, em torno de 25 famílias, desenvolveram a rota CAM, incluindo tanto monocotiledôneas quanto dicotiledôneas. Existem espécies CAM também entre as samambaias, bem como em *Isoetes* (isoetácea, Isoetaceae), um gênero primitivo de planta vascular aquática. A presença de representantes C_3 e CAM não é rara em uma mesma família vegetal; no gênero *Euphorbia* (Euphorbiaceae), que exibe uma grande diversidade ecológica e taxonômica, encontram-se espécies C_3, C_4 e CAM. Ocorrem também espécies que parecem representar intermediários entre o tipo CAM com expressão plena e o tipo CAM mais primitivo com ciclagem (isto é, fotossíntese C_3 com capacidade de reciclar CO_2 proveniente da respiração celular comum à noite).

Fotossíntese através do tempo evolutivo

A evolução da fotossíntese começou nas bactérias da era pré-cambriana, talvez há cerca de 2.500 milhões de anos. Naquela época e para os períodos durante a evolução inicial das plantas terrestres, os níveis de CO_2 atmosférico eram muito mais elevados do que atualmente (Figura 20.6). A evolução dos estômatos há mais ou menos 400 milhões de anos foi um marco na história inicial das plantas terrestres, porque eles permitiram a regulação da perda de água em relação à captação de carbono. Os estômatos parecem ter evoluído a partir de poros simples na epiderme de plantas que possuíam uma cutícula e espaços intercelulares com gases. Mesmo antes da evolução de estômatos funcionais, essas aberturas teriam facilitado taxas fotossintéticas mais elevadas para as plantas ocupantes de uma determinada área (Raven, 2002).

Durante a era Mesozoica (de 248 a 65 milhões de anos) as gimnospermas dominaram; os dinossauros surgiram, tornaram-se dominantes e foram extintos; e apareceram as primeiras angiospermas. Naquela época, os níveis de CO_2 atmosférico eram aproximadamente 3,5 vezes mais elevados do que hoje em dia (1.260 partes por milhão [ppm] de pressão parcial de CO_2). Esses níveis teriam resultado em razões CO_2:O_2 relativamente altas, e fotorrespiração limitada para as plantas C_3, mesmo em temperaturas elevadas (Ehleringer e Monson, 1993).

No Eoceno (por volta de 54 e 38 milhões de anos), quando as angiospermas começaram a dominar a paisagem, os níveis de CO_2 na atmosfera tornaram-se muito mais baixos (talvez 700 ppm). Na época recente, os níveis

Figura 2.15 *Flaveria linearis* (Asteraceae), uma espécie com uma rota fotossintética intermediária entre as rotas C_3 e C_4 (fotografia cedida por P. Teese).

de CO_2 atmosférico caíram ainda mais, medindo entre 180 e 280 ppm nos últimos 160.000 anos. Com o decréscimo gradual dos níveis de CO_2, a fotossíntese C_4 teria sido progressivamente favorecida, em especial em climas quentes. A primeira evidência de fotossíntese C_4 provém de plantas que existiram há 57 milhões de anos, no fim do Mioceno. Por volta daquela época, as plantas C_4 tornaram-se dominantes em alguns ambientes (Ehleringer e Monson, 1993), embora as mudanças climáticas possam ter desempenhado um papel mais significativo na expansão dessas plantas do que o declínio do CO_2 atmosférico (ver Capítulo 20). Atualmente, à medida que a industrialização, a tecnologia e o crescimento das populações humanas provocam a elevação rápida e drástica dos níveis de CO_2, alguns ecólogos prognosticam que as plantas com fotossíntese C_4 possam perder suas vantagens em relação às plantas C_3, levando talvez ao declínio desproporcional das espécies C_4 existentes.

Mesmo entre as espécies C_3, pode haver diferenças nítidas em resposta à elevação de CO_2. Em um experimento de campo, Travis Huxman e Stanley Smith (2001) compararam as repostas fotossintéticas à elevação de CO_2 em duas espécies do Deserto Mojave, ambas com fotossíntese C_3. Uma das espécies, *Bromus madritensis* ssp. *rubens* (cevadilha vermelha, Poaceae), é uma gramínea anual invasora; a outra, *Eriogonum inflatum* (trombeta do deserto, Polygonaceae), é uma herbácea nativa perene. *B. madritensis* ssp. *rubens* respondeu à elevação de CO_2 aumentando suas taxas fotossintéticas líquidas durante a estação de crescimento, bem como ampliando o período de atividade fotossintética alta. *E. inflatum*, ao contrário, experimentou um aumento na fotossíntese por apenas um período breve no pico da atividade fotossintética; essa espécie pode mesmo ter encurtado a atividade fotossintética mais abruptamente durante a estação de crescimento no tratamento com elevação de CO_2. As condutâncias estomáticas máximas no curso do ano foram muito reduzidas no tratamento com aumento de CO_2 para *E. inflatum*, mas praticamente não foram afetadas para *B. madritensis* ssp. *rubens*. Ainda não são claros os efeitos definitivos da elevação dos níveis de CO_2 sobre a persistência ou expansão dessas espécies, mas as diferenças nas respostas ao aumento desse gás podem potencialmente alterar as distribuições das espécies e as composições das comunidades no próximo século.

Forma de crescimento, fenologia e distribuição de plantas C_3, C_4 e CAM

Formas de crescimento e hábitats

A evidência mais notável do significado adaptativo das três rotas fotossintéticas provém dos padrões de distribuição e da abundância das espécies. As plantas C_3 são incomparavelmente as mais abundantes em número de espécies e biomassa total. Embora existam mais espécies CAM do que C_4, em termos de biomassa e distribuição mundial as plantas CAM são muito menos abundantes do que as plantas C_4. Em geral, as plantas CAM são encontradas em tipos de hábitats especiais, e sua importância, medida como a porcentagem de espécies em uma flora regional ou como a proporção de biomassa na vegetação, é pequena na maioria dos ecossistemas. Como vimos anteriormente, cada rota fotossintética oferece vantagens sob condições particulares, mas há custos associados que a colocam em desvantagem sob outras condições.

As gramíneas C_4 dominam, ou são componentes significativos de ecossistemas campestres quentes que cobrem vastas porções do globo (Knapp e Medina, 1999). Diversas espécies importantes de lavoura são gramíneas C_4 (por exemplo, milho, painço, sorgo e cana-de-açúcar, assim como outras utilizadas como forrageiras para animais domésticos). Não é por acaso que a fotossíntese C_4 é tão importante nas gramíneas. Os campos são caracterizados por condições quentes e iluminadas e, mesmo fora dos hábitats campestres, as gramíneas são encontradas em ambientes com bastante luz. Essas são precisamente as condições sob as quais a fotossíntese C_4 é favorecida. Embora existam muitas plantas C_4 anuais, perenes e arbustivas, poucas espécies arbóreas utilizam a fotossíntese C_4; da mesma maneira, as espécies C_4 podem ocorrer em hábitats sombrios, frios e aquáticos, embora sejam exceções. Muitas espécies C_4 são algumas das ervas daninhas mais importantes e abundantes no globo.

As plantas CAM são encontradas em dois tipos de hábitats diferentes, com duas formas de crescimento distintas: como plantas terrestres suculentas que crescem em desertos ou outros hábitats áridos, e como epífitas que crescem nas copas de árvores em hábitats tropicais e subtropicais. A fotossíntese CAM evoluiu em muitas famílias provenientes de ambientes áridos (Figura 2.16), incluindo cactos (Cactaceae), agaves (Agavaceae), espécies de Euphorbiacea da África e espécies de Crassulaceae. As suculentas CAM servem como exemplos de evolução convergente, devido às suas morfologias externas similares (Figura 18.3).

Epífitos são plantas que precisam viver sobre outras plantas, em geral árvores (Figura 2.17), mas que dependem do nitrogênio e de outros nutrientes minerais provenientes da atmosfera e nela depositados. Os epífitos possuem ao menos uma característica em comum com plantas de deserto: eles são com frequência sujeitos a prolongadas carências de água. Mesmo numa floresta pluvial tropical, os ambientes nas partes altas do dossel podem ser surpreendentemente secos (Figura 18.5B). Muitas famílias possuem espécies CAM epifíticas. Alguns exemplos bastante conhecidos são a barba-de-velho (*Tillandsia usneoides*; Figura 2.17B) da família Bromeliaceae e muitas orquídeas (família Orchidaceae).

Talvez surpreendentemente, as plantas CAM sejam raras nos desertos muito quentes e mais secos, onde a precipitação é limitada e esporádica. Por exemplo, existem poucas plantas CAM no Vale da Morte (*Death Valley*), Califórnia, ou no Saara do Norte da África. No Deserto do Atacama do Peru, onde o período sem chuvas pode durar anos em alguns locais, os cactos estão quase inteira-

(A)

(C)

(B)

Figura 2.16 Diversas espécies CAM. Todas essas espécies exibem formas diferentes de suculência em folhas ou outros órgãos. (A) *Sempervivum* sp. (Crassulaceae) (fotografia de D. McIntyre). (B) *Euphorbia flanaganii* (Euphorbiaceae) (fotografia cedida por University of Massachusetts Biology Department Greenhouses). (C) *Cyphostemma* sp. (Vitaceae) (fotografia cedida por P. Pavelka).

mente restritos à zona que recebe umidade como neblina costeira. Por que as plantas CAM não ocorrem nos desertos mais áridos? Sob condições extremas, o crescimento rápido é fortemente favorecido durante os períodos imprevisíveis de disponibilidade de água (Figura 17.25), e as plantas CAM geralmente não têm a capacidade de crescer rapidamente. Um outro fator pode ser a capacidade de sobreviver durante secas muito prolongadas. A respiração celular e a perda de água seriam menores em uma planta completamente dormente sem partes fotossintéticas acima da superfície do solo do que em uma planta suculenta. Mesmo com os estômatos fechados, minúsculas quanti-

(A)

(B)

Figura 2.17 CAM epifíticas. (A) *Guzmania monostachya* (Bromeliaceae), crescendo como epífita sobre o tronco de uma árvore (fotografia cedida por W. S. Judd). (B) *Tillandsia usneoides* (barba-de-velho, Bromeliaceae), uma espécie epifítica que pende sobre ramos de árvores de grande porte no sudeste dos EUA (fotografia de S. Scheiner).

dades de água são perdidas de qualquer tecido verde, o que pode significar um valor substancial por um período prolongado sem precipitação. As suculentas, em particular aquelas com fotossíntese CAM, são, portanto, mais abundantes e diversas em desertos com níveis de precipitação relativamente mais elevados e mais previsíveis. Nos desertos mais secos, com precipitação menos previsível, as plantas perenes com fotossíntese ou C_3 ou C_4 são as dominantes mais prováveis, dependendo da estação em que a chuva é mais abundante e de possível ocorrência, como veremos a seguir. Nos mais secos dos desertos, as perenes diminuem em importância, e as espécies anuais tendem a prevalecer.

Fenologia

Os três tipos fotossintéticos tendem a diferir também em sua **fenologia** (o ritmo sazonal de eventos da história de vida, tais como a iniciação do crescimento, o florescimento e a dormência). A fotossíntese C_4 é bem representada entre as espécies anuais que completam a maior parte do seu crescimento no verão; tais anuais de verão são comuns em ambientes semiáridos com precipitação sazonal, bem como entre espécies oportunistas que colonizam ambientes perturbados, incluindo margens de estradas e lavouras. Em áreas com climas mediterrâneos (como a Califórnia, o sul da França e o oeste da Austrália), onde a maior parte da precipitação ocorre no inverno, as espécies nativas predominantes são do tipo C_3, mas as herbáceas que invadem os campos irrigados no verão podem ser espécies C_4.

Nos desertos do sudoeste dos EUA, existem padrões distintos de plantas anuais C_3 e C_4. Nos desertos do leste da Califórnia, onde a estação chuvosa ocorre no inverno e no início de primavera, as anuais são espécies C_3 e crescem quando as temperaturas estão baixas. No Novo México e no Texas, onde ocorre uma estação chuvosa no verão, as anuais de deserto são predominantemente espécies C_4. No Deserto de Sonora do Arizona e norte do México, observam-se duas estações chuvosas separadas, e as espécies C_3 anuais (incluindo muitas flores silvestres belas) dominam no início de primavera, ao passo que as anuais C_4 são encontradas no verão. Os períodos de maior crescimento das C_3 e C_4 perenes nesses ambientes seguem um padrão semelhante.

De forma similar, as gramíneas perenes e as **ervas de folhas largas** (***forbs***, plantas herbáceas latifoliadas), ambos os grupos de "estação fria", que predominam na primavera e novamente no outono na pradaria mista de Dakota do Sul, são quase na sua totalidade espécies C_3; já as espécies de "estação quente", que crescem com maior atividade no meio do verão, têm uma representação muito maior de plantas C_4. Contudo, na pradaria de gramíneas baixas, mais para o sul, embora existam diferenças fenológicas entre as espécies C_3 e C_4, o período de crescimento máximo desses dois tipos fotossintéticos não difere (Hazlett, 1992).

Distribuições geográficas

Diversos estudos têm considerado as distribuições geográficas amplas de espécies C_3, C_4 e CAM e os fatores climáticos associados a sua predominância relativa. Não é surpresa que as diferenças fisiológicas entre as fotossínteses C_3 e C_4 sejam associadas a diferenças na distribuição entre plantas dos dois tipos. De um lado a outro da América do Norte, a porcentagem de espécies de gramíneas C_4 é mais fortemente determinada pelas temperaturas de verão: as gramíneas C_4 são mais comuns onde os verões são quentes (Figura 2.18).

José Paruelo e William Lauenroth (1996) examinaram, no oeste dos EUA, as abundâncias relativas (em termos de biomassa e não do número de espécies) de gramíneas C_3, gramíneas C_4 e arbustos (Figura 2.19). As gramíneas C_4 são progressivamente dominantes onde as temperaturas, a precipitação total e a proporção de chuva que cai durante o verão são mais elevadas. As gramíneas C_3 são favorecidas pelas temperaturas baixas e por uma proporção mais alta de precipitação durante os meses de inverno. Os arbustos, com raízes profundas que aumentam seu acesso à água armazenada no solo, são mais abundantes à medida que a precipitação total decresce e a proporção de precipitação de inverno aumenta. Consequentemente, nas grandes pradarias da América do Norte, entre o Rio Mississipi e as Montanhas Rochosas, as porções mais a sudeste são dominadas por gramíneas C_4, ao passo que as gramíneas C_3 aumentam para o norte e para o oeste, e a parte mais ocidental e mais seca dessa região é dominada por arbustos (principalmente C_3) (Figura 2.20; ver também Figura 17.25).

Outra pesquisa documentou mudanças com a altitude, de uma vegetação dominada por espécies C_4 nos hábitats quentes e frequentemente secos em altitudes baixas para uma flora dominada por espécies C_3 sob condições mais frias e mais úmidas em altitudes elevadas, no Quênia, na Costa Rica, no Havaí, no Arizona e na Argentina. As espécies

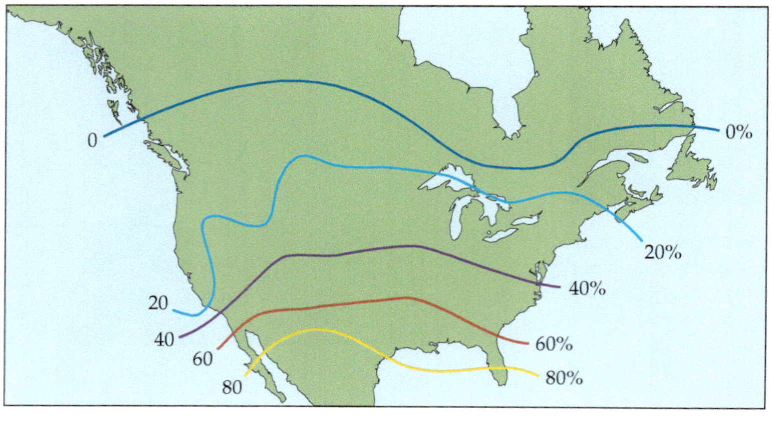

Figura 2.18 Distribuição de espécies de gramíneas C4 como porcentagem da flora total de gramíneas de um lado a outro da América do Norte (dados de Teeri e Stowe, 1976).

CAM, como poderia ser esperado de suas eficiências superiores no uso da água, estão mais intimamente associadas à aridez em regiões temperadas e semi-áridas.

Contudo, todos esses estudos de correlações entre clima e tipo fotossintético compartilham uma limitação comum. É possível que seus resultados sejam devidos, em alguma extensão desconhecida, a fatores filogenéticos históricos que vinculam as distribuições de espécies relacionadas ao clima e à biogeografia, independentemente do tipo fotossintético. A fotossíntese C_4, por exemplo, tem mais probabilidade de evoluir em famílias encontradas em ambientes quentes e, por isso, as espécies C_4 naquelas famílias, como suas espécies C_3 aparentadas, deveriam ter numerosas adaptações para viver naqueles ambientes, não

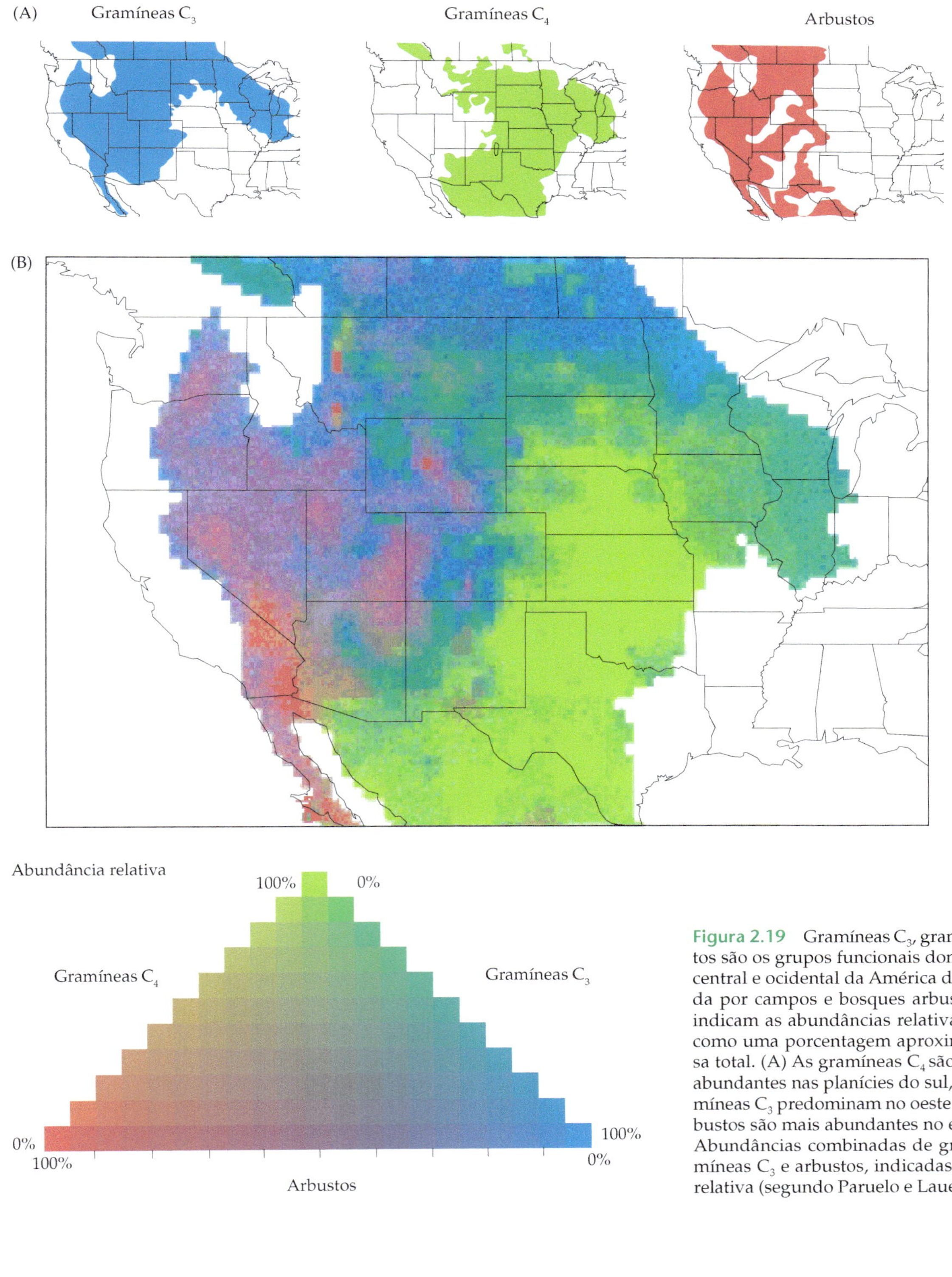

Figura 2.19 Gramíneas C_3, gramíneas C_4 e arbustos são os grupos funcionais dominantes na parte central e ocidental da América do Norte, dominada por campos e bosques arbustivos. Os mapas indicam as abundâncias relativas de cada grupo como uma porcentagem aproximada da biomassa total. (A) As gramíneas C_4 são as espécies mais abundantes nas planícies do sul, enquanto as gramíneas C_3 predominam no oeste e no norte. Os arbustos são mais abundantes no extremo oeste. (B) Abundâncias combinadas de gramíneas C_4, gramíneas C_3 e arbustos, indicadas pela abundância relativa (segundo Paruelo e Lauenroth, 1996).

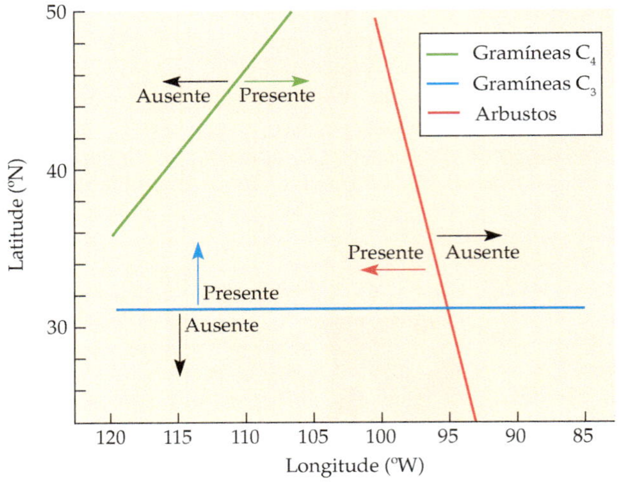

Figura 2.20 Resultados de um modelo, com linhas indicando a latitude e longitude onde é prevista a ausência ou presença de gramíneas C_3, gramíneas C_4 e arbustos na região central e ocidental da América do Norte. As distribuições de gramíneas C_4 e arbustos são amplamente influenciadas pela longitude, ao passo que as gramíneas C_3 sofrem influência da latitude. As previsões deste modelo concordam com os padrões de distribuição mostrados na Figura 2.19 (segundo Paruelo e Lauenroth, 1996).

dependendo da rota utilizada para fixar CO_2. As gramíneas C_4 tropicais não têm um bom desempenho em temperaturas baixas; tampouco as gramíneas C_3 tropicais. Esses fatores tornam difícil desvincular o significado adaptativo do tipo fotossintético de todas as outras adaptações de espécies de tipos contrastantes. Este é um problema particular na desvinculação do possível significado ecológico dos subtipos C_4, os quais são quase totalmente confundidos com grupos filogenéticos. Discutiremos este problema mais geral de evolução convergente no Capítulo 18.

Não obstante, existem muitas evidências, derivadas de uma diversidade de abordagens, de que as fotossínteses C_4 e CAM são adaptações a fatores ambientais. Hoje, sabemos claramente quais são esses fatores e entendemos as bases relativas aos mecanismos dessas adaptações. Lembre-se de que a discussão anterior diz respeito aos padrões gerais de associação entre fisiologia e clima. Existem muitas espécies C_3 que habitam locais quentes e secos, e poucas espécies C_4 que vivem em regiões onde predominam temperaturas baixas. Embora possam ser bastante reveladores, os padrões gerais não podem explicar tudo, e o tipo fotossintético é apenas um dentre um conjunto de fatores que determina como a planta interage com seu ambiente.

Adaptações ao ambiente luminoso

Folhas de sol e folhas de sombra

Uma folha que funciona bem em plena luz solar em geral não tem um bom desempenho à sombra intensa, e o inverso é verdadeiro. Muitas espécies de plantas produzem tipos diferentes de folhas ao sol e à sombra (Figura 2.21). As folhas do topo de uma árvore, por exemplo, podem diferir em muitas formas das folhas do interior da copa. As "folhas de sol" tipicamente têm áreas menores e são mais espessas do que as "folhas de sombra", com maior massa foliar por área foliar (**MFE**, também denominada **massa foliar específica** ou **peso foliar específico**, uma medida de massa seca por unidade de área foliar; o inverso, **área foliar específica**, ou área foliar por grama de massa foliar, relatada com frequência). Elas tendem também a ter concentrações mais altas de rubisco, clorofila e outros componentes fundamentais tanto das reações luminosas quanto da fixação de carbono por unidade de área foliar (Tabela 2.2).

Em algumas plantas, as folhas de sol e de sombra podem ter formas diferentes, sendo encontradas folhas profundamente lobadas, por exemplo, à luz solar plena. Como consequência dos investimentos maiores feitos na maquinaria da fotossíntese, as folhas de sol em geral apresentam níveis de saturação da luz muito mais elevados e taxas fotossintéticas máximas mais altas do que as folhas de sombra (Figura 2.22). As folhas de sombra frequentemente exibem taxas de respiração celular mais baixas, talvez porque haja uma "maquinaria" menor para manter; elas têm taxas de fotossíntese líquida mais altas em níveis luminosos baixos, com pontos de compensação da luz mais baixos.

A capacidade de produzir tipos de folhas diferentes em ambientes luminosos distintos é um exemplo da **plasticidade fenotípica** das plantas. É a capacidade de um indivíduo de um determinado genótipo de produzir estruturas diferentes (tais como tecidos foliares) ou de funcionar de maneira diferente sob condições ambientais distintas (ver Capítulo 6). Essa flexibilidade em responder

TABELA 2.2 Comparação entre folhas de sol e folhas de sombra de *Fagus sylvatica* (faia, Fagaceae)

Caráter	Folhas de sol	Folhas de sombra
Densidade estomática (número/mm^2)	214 ± 26	144 ± 11
Espessura foliar (µm)	185 ± 12	93 ± 5
Área foliar (cm^2)	29 ± 4	49 ± 7
Massa fresca (g)	0,5 ± 0,1	0,4 ± 0,1
Massa seca (g)	0,24 ± 0,03	0,12 ± 0,02
Conteúdo de água (% massa fresca)	53 ± 4	70 ± 5
Clorofila total (mg/g massa seca)	6,6 ± 2	16,1 ± 2
Clorofila total com base na área foliar (mg/100 cm^2)	5,5 ± 1,8	3,9 ± 0,4

Fonte: Lichtenthaler et al., 1981.
Nota: Os valores são médias de 9 folhas ± o desvio-padrão.

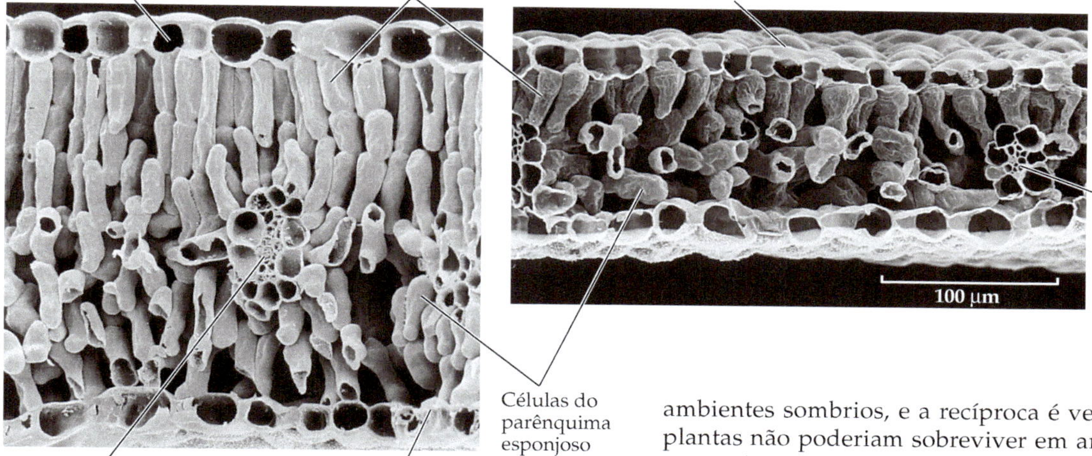

Figura 2.21 Eletromicrografias de secções transversais de *Thermopsis montana* (Fabaceae) crescendo em dois ambientes luminosos diferentes. (A) Folha de sol. (B) Folha de sombra. Observe que a folha de sol é muito mais espessa e que as células do seu parênquima paliçádico são muito mais longas do que na folha de sombra (micrografias cedidas por T. Vogelmann).

às condições ambientais pode também ser denominada **aclimação** (um tipo de plasticidade que envolve ajustes potencialmente reversíveis).

Nem toda a aclimação a mudanças nos níveis de luz se manifesta pela produção de tipos diferentes de folhas. No estudo de espécies do sub-bosque de uma floresta setentrional discutido anteriormente (Rothstein e Zak, 2001), os deslocamentos no ponto de compensação da luz em *Viola pubescens* e *Tiarella cordifolia* foram devidos às alterações físicas e químicas em folhas individuais e não à produção de tipos de folhas em estações diferentes.

Adaptações das espécies aos hábitats com muita e pouca luz

Os contrastes entre as folhas de plantas nativas de ambientes altamente iluminados e as de plantas de hábitats sombrios são similares em muitos aspectos aos contrastes entre folhas de sol e de sombra produzidas pelo mesmo indivíduo. As espécies adaptadas a hábitats expostos à luz com frequência expõem-se a custos ou possuem especializações que as colocariam em desvantagem em ambientes sombrios, e a recíproca é verdadeira. Muitas plantas não poderiam sobreviver em ambientes com regimes de luz drasticamente diferentes daqueles em que vivem. Por exemplo, os investimentos altos em rubisco e clorofila e as taxas de respiração mais altas que costumam caracterizar as folhas de plantas de ambientes com muita luz não seriam sustentáveis em ambientes profundamente sombrios.

Ao contrário das diferenças gerais entre folhas de sol e de sombra da mesma planta, as espécies nativas de hábitats de muita ou de pouca luz têm muitas características singulares. Uma dessas características é o **acompanhamento da trajetória solar**. Irwin Forseth e James Ehleringer (1982) constataram que muitas plantas anuais de deserto e algumas perenes de desertos quentes – um ambiente com bastante luz – possuem folhas que acompanham a trajetória do sol durante o dia. Essa estratégia aumenta a quantidade de luz disponível para os cloroplastos ao longo do dia (Figura 2.23), elevando, assim, as taxas fotossintéticas e, presumivelmente, as taxas de crescimento subsequentes.

Por que o acompanhamento da trajetória solar seria vantajoso no ambiente ensolarado de um deserto? Nos ambientes de deserto, a água está disponível para o crescimento por apenas uma parte pequena do ano; as plantas

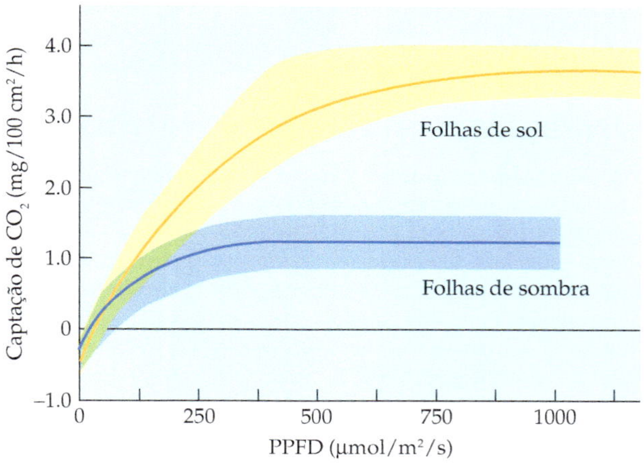

Figura 2.22 Captação fotossintética de CO_2 em resposta à intensidade de luz, para folhas de sol e de sombra de *Fagus sylvatica* (faia, Fagaceae) com base na área foliar (mg CO_2/100 cm^2/h), mostrando o ponto médio e a amplitude para nove folhas de sol diferentes e nove folhas de sombra diferentes. As folhas de sol alcançam o ponto de saturação da luz em intensidades luminosas muito mais altas, e as suas taxas fotossintéticas máximas são muito mais elevadas (segundo Lichtenthaler et al., 1981).

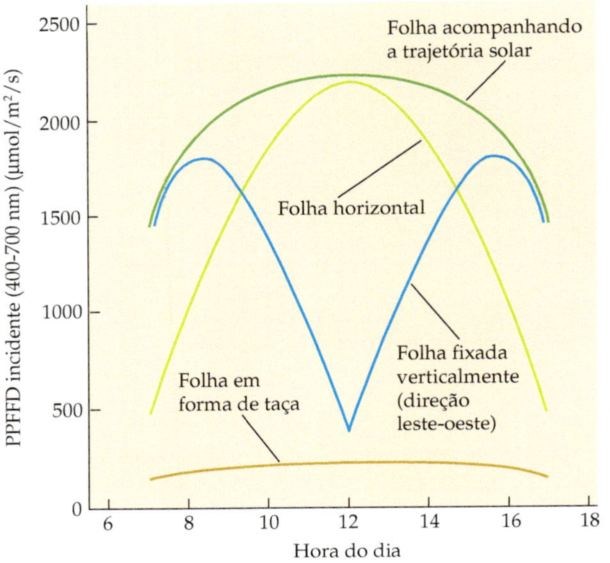

Figura 2.23 Quantidade de luz utilizável fotossinteticamente, no curso de um dia de meio de verão no deserto, junto à superfície foliar ("PPFD incidente"), por uma folha que acompanha a trajetória solar, uma folha fixada em posição horizontal (em que a luz recebida no início da manhã e no final da tarde é pronunciadamente reduzida), uma folha fixada em posição vertical (em que a luz recebida durante o meio do dia é pronunciadamente reduzida) e uma folha em forma de taça. A folha que acompanha a trajetória foliar recebe ao menos 38% mais luz do que as folhas fixadas horizontalmente ou verticalmente (segundo Ehleringer, 1985).

anuais de deserto, em particular, com frequência germinam, crescem e reproduzem-se em um período muito curto, antes de a água se tornar indisponível. As plantas que acompanham a trajetória solar são adaptadas para maximizar sua captura de luz no período curto de crescimento disponível para elas. Nos desertos da América do Norte, a proporção de espécies que acompanham a trajetória solar se torna maior à medida que o comprimento da estação de crescimento fica mais curto. Discutiremos mais detalhes das adaptações aos ambientes de deserto no Capítulo 3.

Algumas plantas que vivem em hábitats profundamente sombreados também apresentam características singulares. As espécies pequenas de sub-bosque que vivem à sombra extrema de florestas tropicais úmidas possuem muitas adaptações únicas à qualidade e quantidade de luz disponível a elas. As intensidades de luz no chão da floresta podem representar menos de 1% do PPFD no topo do dossel. Características como superfícies foliares aveludadas ou acetinadas e iridescência azul são encontradas em espécies bastante diferentes de hábitats de sub-bosque (Lee e Graham, 1986). Cada uma dessas características parece intensificar um pouco a disponibilidade de luz para a fotossíntese. No entanto, essa ligeira vantagem em tais ambientes extremos pode fazer a diferença entre a vida e a morte.

Em algumas espécies, é produzido um brilho aveludado por células epidérmicas, que atuam como lentes concentradoras de luz para os cloroplastos. David Lee (1997) estudou a iridescência azul metálica intensa encontrada nas folhas de muitas plantas em florestas pluviais equatoriais e verificou que essa característica pode ajudá-las a absorver a luz com mais eficiência. Nesse ambiente, a luz na faixa mais utilizável em fotossíntese, 400-700 nm, é particularmente esgotada, pois ela foi absorvida pelas plantas do dossel. Com um funcionamento semelhante ao revestimento da lente de uma câmara, a cor dessas folhas pode capacitá-las a absorver mais luz nos comprimentos de onda mais longos utilizáveis fotossinteticamente, os quais são menos exauridos que os comprimentos de onda mais curtos. A iridescência azul em tais folhas não é produzida por pigmentos azuis, mas é um efeito estrutural (Quadro 2C).

Os ambientes de sub-bosque, entretanto, não são uniformemente escuros. O ambiente luminoso está em constante mudança, de sombrio em um momento para iluminado por um *flash* de uma mancha de sol logo a seguir (Figura 2.24). As espécies adaptadas à sombra parecem ser

Quadro 2C

Iridescência foliar e coloração estrutural

A **coloração estrutural** é causada pela maneira como a luz incide sobre superfícies físicas com propriedades ópticas especiais. Ela pode ser criada por estruturas microscópicas simples ou complexas, tanto em vegetais como em animais. No caso de folhas azuis iridescentes, o efeito óptico é causado por interferência de uma película delgada dentro da folha, que resulta de camadas múltiplas (em geral nas paredes celulares) de materiais que transmitem ou refletem comprimentos particulares de onda de luz. A interferência óptica similar ou (alternativamente) a dispersão de luz azul por partículas pequenas é responsável pelos azuis estruturais também encontrados em muitos animais. Os azuis das asas de borboletas, a cor azul brilhante encontrada em alguns besouros, as exuberantes penas azuis dos pavões e o azul mais modesto dos gaios, o traseiro azul do babuíno e os olhos azuis das pessoas e dos gatos são devidos a esses fenômenos ópticos e não ao pigmento azul. As cores azuis em plantas podem também ser produzidas por pigmentos azuis como as antocianinas, mas em vertebrados nunca foi encontrado um pigmento azul.

Figura 2.24 Manchas de sol sobre folhas de *Geonoma cuneata* (Arecaceae), no sub-bosque de uma floresta tropical (fotografia cedida por R. Chazdon).

capazes de usar com eficiência incomum as breves manchas de sol. Os estudos de Robin Chazdon e Robert Pearcy (1991) e colaboradores sugerem que, embora sejam capazes de sobreviver em ambientes com muito pouca luz, as plantas de sub-bosque de florestas temperadas e tropicais dependem, para crescer e se reproduzir, da energia captada de manchas de sol ocasionais. Uma grande proporção (cerca da metade) do carbono ganho pelas plantas de sub-bosque pode provir da energia captada de manchas de sol.

A capacidade dessas espécies do chão da floresta de captar a energia disponível depende de diversas adaptações que as tornam aptas a responder rapidamente e com grande eficiência a esses episódios breves e imprevisíveis de luz direta. Essas adaptações incluem estômatos que se abrem mesmo sob pouca luz e uma capacidade alta de transporte de elétrons (uma função das reações luminosas) em relação à capacidade de carboxilação (capacidade de realizar a fixação inicial de CO_2). Essas plantas exibem uma lenta perda de **indução fotossintética** (o tempo de partida necessário para as plantas alcançarem a fotossíntese máxima, após exposição à luz brilhante), de modo que, uma vez "preparada" por uma mancha de sol, elas permanecem capazes de responder mais completamente a outras.

A capacidade de algumas espécies adaptadas à sombra de captar e usar manchas de sol, assim como a luz incidente sobre o dossel em ângulos inclinados no início da manhã e no final da tarde, pode ser aumentada pela orientação irregular de suas pilhas de grana; ao contrário, os grana de folhas de sol, perfeitamente alinhados, são empilhados em posição perpendicular à superfície foliar. Essa orientação irregular significa que ao menos alguns grana estariam diretamente alinhados com a luz incidente, independentemente de qual direção ela venha. Essas plantas podem ter também adaptações diversas que as impedem de ser danificadas por luz solar intensa em possíveis manchas que iluminem brevemente ambientes profundamente sombrios.

As adaptações ao sol e à sombra existem dentro das plantas?

Mais discutível do que a existência de espécies adaptadas a condições de muita ou pouca luz é a dúvida se, dentro de uma espécie individualmente, existem **ecótipos** (populações geneticamente distintas dentro de uma espécie, adaptadas a condições locais; ver Capítulo 6) adaptados a sítios ensolarados e outros ecótipos adaptados a hábitats sombrios. Essa ideia foi proposta na década de 1960, com base em comparações de populações de diversas espécies coletadas em hábitats ensolarados e sombrios, incluindo *Solidago virgaurea* (vara-de-ouro europeia, Asteraceae), *Rumex acetosa* (azeda-das-hortas, Polygonaceae), *Geum rivale* (erva-benta purpúrea, Rosaceae), *Dactylis glomerata* (capim-dos-pomares, Poaceae) e *Solanum dulcamara* (dulcamara, Solanaceae). Esses estudos relataram a existência de populações geneticamente distintas dessas espécies, com algumas adaptadas a ambientes ensolarados e outras adaptadas à sombra, e descreveram em detalhe as adaptações fisiológicas desses ecótipos (por exemplo, ver Björkman e Holmgren, 1966; Björkman, 1968). Os resultados dessas pesquisas tornaram-se aceitos amplamente.

Contudo, constataram-se diversos problemas básicos com a pesquisa na qual esses resultados se fundamentaram. Esses problemas são discutidos aqui não apenas porque é de interesse inerente, mas também porque esse caso proporciona algumas incursões no processo científico e o seu papel às vezes controverso nesse processo. Embora o trabalho fisiológico original seja inovador e de grande mérito, não foi dada a devida atenção a aspectos da questão em nível de população. Em primeiro lugar, de cada população, a amostra consistiu de apenas um a três indivíduos. Essas amostras foram tão pequenas que ficou impossível saber se as diferenças encontradas eram diferenças biológicas reais entre populações de sol e de sombra ou devidas meramente ao acaso. Com que confiabilidade esses poucos indivíduos representam as populações das quais procedem? Uma segunda limitação dos estudos originais era que as populações de sol e de sombra amostradas estavam frequentemente muito separadas umas das outras (às vezes, por centenas de quilômetros). Essas diferenças encontradas segundo a hipótese formulada eram devidas

Figura 2.25 *Solanum dulcamara* (dulcamara, Solanaceae) é uma espécie europeia que se tornou uma liana invasora comum no leste e centro dos EUA. Seu nome popular refere-se às suas folhas e a seus frutos tóxicos. Na Inglaterra, ela é também chamada de "baga-serpente" (*snakeberry*) e "flor-de-feiticeira" (*witchflower*), e foi considerada eficaz contra feitiçaria (fotografia de S. Scheiner).

aos hábitats ensolarados *versus* hábitats sombrios ou a outras diferenças entre os hábitats?

Para superar essas dificuldades metodológicas, John Clough e colegas (Clough et al., 1979) amostraram 15 indivíduos de *S. dulcamara* (Figura 2.25) que cresciam em sítios ensolarados (100% do sol pleno) e 15 indivíduos crescendo em locais sombrios (<10% do sol pleno), separados por apenas 25 metros no norte de Illinois. De cada planta, retiraram-se mudas, as quais foram cultivadas em uma série de diferentes tratamentos de luz, água e temperatura. Embora esses pesquisadores encontrassem diferenças genéticas em características fotossintéticas entre os indivíduos vegetais, em média, as populações de sol e de sombra não diferiram entre si, bem como não se distinguiram quanto às características associadas com diferenças sol/sombra segundo a hipótese. Em vez disso, todos os indivíduos ajustaram sua fisiologia e morfologia às suas condições de crescimento. A pesquisa continuou em uma tentativa de encontrar evidências para a existência de ecótipos intraespecíficos de sol e de sombra nessas e em outras espécies (p. ex., Sims e Kelley, 1998).

Comprimento do dia: respostas e adaptações

O comprimento do dia é um outro aspecto do ambiente luminoso importante para as plantas. As plantas podem não apenas detectar com bastante precisão o comprimento do dia (ou, de fato, da noite), mas também determinar se o comprimento do dia está crescendo (como acontece na primavera) ou decrescendo (como acontece no outono). O comprimento do dia é com frequência um indicador da estação mais confiável do que a temperatura ou outros fatores mais próximos; as plantas usam essa informação para regular eventos fenológicos importantes, incluindo o florescimento, o começo da dormência ou a queda das folhas. Mesmo muitas sementes são capazes de detectar o comprimento do dia (em geral via casca da semente) e usar essa informação para determinar quando permanecer dormente e quando iniciar o processo de germinação. O comprimento do dia é muitas vezes utilizado junto com outros fatores ambientais, tais como temperatura e umidade.

Hal Mooney

Com o cultivo de plantas em condições controladas, Hal Mooney e colegas encontraram variação genética na sensibilidade e na natureza da resposta ao comprimento do dia em *Oxyria digyna* (azeda-da-montanha, Polygonaceae), uma espécie ártica/alpina. As populações mais meridionais de locais elevados da Califórnia, Wyoming e Colorado, florescem quando o comprimento do dia é de aproximadamente 15 horas. Em populações do norte, nas proximidades da fronteira Canadá-EUA, algumas plantas florescem em um comprimento do dia de 15 horas, mas muitas não. Em populações do norte do Círculo Polar Ártico, o florescimento exige um comprimento do dia superior a 20 horas (Mooney e Billings, 1961; Billings e Mooney, 1968). Portanto, o começo do florescimento ocorre na metade de maio tanto na fronteira Canadá-EUA quanto no norte do Círculo Polar Ártico, embora na fronteira os comprimentos dos dias sejam de 15 horas nessa época, e no Círculo Polar Ártico sejam de 20 horas. As populações de locais elevados mais meridionais não estão sujeitas a comprimentos do dia de 15 horas até o final de junho. Essas populações alpinas podem ainda estar sob a neve na metade de maio, com uma probabilidade alta de geada, e só florescem mais ou menos um mês mais tarde em relação às populações mais setentrionais.

A sensibilidade das plantas ao comprimento do dia foi descoberta na década de 1920. Embora a base do seu mecanismo ainda não seja completamente compreendida, muito se sabe a respeito da maneira como as plantas detectam o comprimento do dia e as mudanças no seu comprimento. Na verdade, o que as plantas detectam é o comprimento da noite, e elas o fazem usando pigmentos azulados denominados fitocromos. Um tipo, fitocromo A, ocorre em uma forma "vermelho distante", Pfr, e uma forma "vermelha", Pr (Smith e Whitelam, 1990). Os comprimentos de onda da luz vermelha na luz solar convertem a forma Pr na forma Pfr. As quantidades relativas de Pr e Pfr dependem de quanto tempo o pigmento ficou no escuro após a exposição inicial à luz solar. Assim, a razão Pfr:Pr é um sinal indicativo do comprimento do dia e, portanto, da estação do ano nas partes temperadas da Terra. O florescimento, a dormência das sementes e a germinação das sementes estão entre as respostas fisiológicas mediadas pelos fitocromos em muitas espécies vegetais. Como veremos no Capítulo 6, os fitocromos exercem também outros papéis, como o de permitir às plantas detectar e responder aos seus ambientes, incluindo a detecção de plantas vizinhas.

Resumo

O processo da fotossíntese consiste em duas partes: as reações luminosas, em que a energia luminosa é capturada, e o ciclo de Calvin, em que o carbono é fixado. A taxa com que a fotossíntese se processa depende da quantidade e da qualidade da luz que chega aos cloroplastos, do gradiente de concentração de CO_2 entre o ar e os cloroplastos e da condutância ao CO_2.

Existem três rotas fotossintéticas diferentes: fotossínteses C_3, C_4 e CAM. A fotossíntese C_3 é ancestral dos outros tipos e, ainda, a mais comum. As plantas C_3 dependem da enzima rubisco para capturar CO_2 da atmosfera. Como a rubisco também catalisa a fotorrespiração, as taxas fotossintéticas das plantas C_3 podem ser muito limitadas sob condições quentes e ensolaradas. As fotossínteses C_4 e CAM são especializações evolutivas que superam as limitações da rubisco em tais ambientes. Cada uma oferece vantagens sob condições ambientais especiais e fica em desvantagem sob outras condições.

Existem numerosas adaptações entre espécies de ambientes com bastante ou pouca luz. Essas adaptações conferem vantagens no ambiente para o qual as espécies estão adaptadas, mas fazem com que elas tenham um funcionamento precário em outras condições. Alguns indivíduos vegetais podem produzir folhas com propriedades diferentes ao sol e à sombra. A capacidade de usar a luz disponível em breves manchas de sol é uma característica importante de muitas espécies de sub-bosques de florestas. O comprimento do dia é uma outra característica do ambiente luminoso que as plantas muitas vezes detectam e que podem utilizar como um indicador confiável de mudanças estacionais.

Questões para estudo

1. Quais são as diferentes maneiras pelas quais as plantas "percebem" seus ambientes e as mudanças que neles ocorrem? Quais são os mecanismos por meio dos quais as plantas assim procedem? Em quais aspectos esses mecanismos são similares e diferentes entre si?
2. Física e bioquimicamente, qual é a conexão entre as reações luminosas e a fixação de carbono na fotossíntese (como elas estão conectadas entre si)?
3. Quais são algumas das maneiras pelas quais as plantas de sub-bosques de florestas estão adaptadas a condições de florestas temperadas e tropicais? Em que aspectos se assemelham e diferem as adaptações em ambientes temperados e tropicais?
4. A luz muda em qualidade (comprimentos de onda disponíveis) e quantidade (luz total disponível) com a profundidade em ambientes aquáticos. Isso acontece porque a água absorve luz e alguns comprimentos de onda mais do que outros. Quais são as implicações para os organismos fotossintéticos em ambientes aquáticos e, por hipótese, que adaptações eles teriam desenvolvido quanto a esse aspecto do seu ambiente?
5. Em que ambientes espera-se que as plantas C_4 sejam raras ou ausentes? Por quê?

Leituras adicionais

Referências clássicas

Kramer, P. J. 1981. Carbon dioxide concentration, photosynthesis, and dry matter production. *BioScience* 31: 29-33.

Mooney, H. A. and W. D. Billings. 1961. Comparative physiological ecology of arctic and alpine populations of *Oxyria digyna. Ecol. Monogr.* 31:1-29.

Von Caemmerer, S. and G. D. Farquhar. 1981. Some relationships between the biochemistry of photosynthesis and the gas exchange of leaves. *Planta* 153: 376-387.

Fontes adicionais

Chazdon, R. L. and R. W. Pearcy. 1991. The importance of sunflecks for forest understory plants. *BioScience* 41: 760-766.

Fitter, A. H. and R. K. M. May. 2002. *Environmental Physiology of Plants*, 3rd ed. Academic Press, London.

Jones, H. G. 1992. *Plants and Microclimate: A Quantitative Approach to Environmental Plant Physiology.* Cambridge University Press, Cambridge.

Lambers, H., T. L. Pons and F. S. Chapin III. 1998. *Plant Physiological Ecology.* Springer, New York.

Larcher, W. 1995. *Physiological Plant Ecology.* 3rd ed. Springer, Berlin.

Nobel, P. S. 1999. *Physiochemical and Environmental Plant Physiology.* Academic Press, New York.

CAPÍTULO 3 Relações Hídricas e Balanço de Energia

As plantas, assim como todas as demais formas de vida, precisam de água para viver, crescer e se reproduzir. O que torna diferentes tipos de plantas capazes ou incapazes de obter água o suficiente para sobreviverem e crescerem em diferentes ambientes? Da mesma forma que os animais, as plantas utilizam a água como o meio onde ocorrem todas as reações bioquímicas; ao contrário dos animais terrestres, a maioria das plantas também depende da água, em maior ou menor grau, para sustentarem suas partes não-lenhosas e para manterem suas estruturas físicas. A maior parte da história evolutiva das plantas terrestres refere-se ao sucesso crescente em obter água, movê-la para partes distantes de sua fonte, e em ser capaz de se reproduzir em atmosferas muito secas. Iniciamos este capítulo fazendo uma breve revisão histórica, apontando algumas das estruturas essenciais que evoluíram ao longo do curso da história das plantas terrestres.

As plantas terrestres não só precisam obter água, mas se deparam também com o problema de restringir suas perdas hídricas. O que determina a perda de água e como as plantas a controlam? A perda de água é sempre danosa? O desafio de manter as temperaturas foliares dentro de uma faixa aceitável está intimamente relacionado a esse problema. Quais são os fatores mais importantes na determinação das temperaturas da folha e da planta, e que adaptações as plantas possuem para controlar esses fatores de modo que as temperaturas não se tornem muito altas ou muito baixas? Neste capítulo, examinaremos as soluções evolutivas das plantas para esses problemas inter-relacionados e abordaremos a física da água e da troca de energia entre as plantas e seus ambientes.

A adaptação a condições ambientais, como seca e temperaturas extremas, pode ocorrer por meio da evolução de características fenotípicas fixadas na fisiologia, morfologia, anatomia, história de vida ou em outros atributos, ou por meio da evolução da plasticidade fenotípica (a capacidade de um indivíduo de mudar o seu fenótipo em resposta a condições variáveis; ver Capítulo 6). A plasticidade fenotípica pode ocorrer em uma diversidade de níveis e de escalas de tempo. Ao longo de escalas de tempo muito curtas, as plantas podem mudar o potencial osmótico das suas células foliares. Outras mudanças de curto prazo incluem a alteração na forma de uma enzima, de modo que ela funcione otimamente em uma temperatura diferente. As mudanças de longo prazo incluem a produção de folhas com diferentes características estruturais ou o crescimento de raízes em partes do solo com mais água e nutrientes. A capacidade de **aclimatar-se** (aclimatizar) a mudanças nas condições ambientais é importante para as plantas, porque plantas maduras não são capazes de se mover quando as condições mudam, assim como também não podem caminhar para a sombra quando está quente nem migrar para climas mais quentes quando está frio.

Adaptação à vida terrestre

Os organismos fotossintéticos originaram-se em ambientes marinhos, onde eram continuamente banhados por água, na qual os nutrientes minerais estavam dissolvidos. Os ancestrais das plantas terrestres eram organismos aquáticos unicelulares que mantinham contato direto com a água, obtendo dela os nutrientes e mantendo-se por ela umedecidos. Como os organismos aquáticos fotossintéticos modernos, esses ancestrais das plantas terrestres também dependiam da água para se reproduzirem sexualmente, liberando nela os seus gametas.

As primeiras plantas terrestres não diferiam drasticamente de seus ancestrais aquáticos em muitas dessas características. Uma das primeiras adaptações das plantas terrestres foi a evolução da cutícula, uma cobertura de cera, não-viva, sobre as células expostas da epiderme, que impede a dessecação pelo ar. Em briófitas, como os musgos, a água move-se por difusão de célula a célula. Não há órgãos especializados para absorção de água ou para transportá-la para pontos distantes na planta. A difusão é lenta e pouco eficiente; como consequência, nenhuma célula de um musgo pode se afastar muito do substrato que fornece água, de modo que estão limitados a serem muito baixos.

A geração dominante em briófitas, incluindo os musgos, é o gametófito (haploide; ver Capitulo 7). Os gametófitos masculinos produzem gametas masculinos, os quais precisam nadar até os gametas femininos. Como essas plantas são terrestres, isso só é possível quando os talos dos musgos estão cobertos por uma película de água da chuva ou do orvalho. O gameta masculino nada ao longo dessa película, de um gametófito masculino a um gametófito feminino, encontrando por fim um arquegônio que contenha um gameta feminino. Isso funciona com sucesso apenas sob condições meteorológicas restritas, e gametófitos masculinos e femininos precisam crescer próximos uns dos outros.

As primeiras plantas vasculares, que se ramificaram a partir de ancestrais de briófitos na era Paleozoica (ver Capítulo 20), tiveram uma enorme vantagem sobre as briófitas em ambientes terrestres: seus sistemas vasculares permitiam o transporte de água, de maneira muito mais rápida e eficiente, ao longo de toda a planta. Como tinham desenvolvido tecidos vasculares, foram capazes de desenvolver estruturas especializadas para a absorção da água do solo (raízes) e tecido lenhoso capaz de suportar um tronco e uma copa. Sem tecidos vasculares que absorvessem água e a conduzissem a longas distâncias, tais estruturas não poderiam existir. As primeiras plantas vasculares também desenvolveram uma geração de esporófito (diploide) dominante. À medida que o esporófito foi evoluindo e se tornando maior e mais longevo, o gametófito tornou-se menor e de vida mais curta. No entanto, as plantas nesses grupos ainda dependiam de gameta masculino móvel para nadar até o gametófito feminino, pois ainda não tinham desenvolvido sementes.

As plantas com sementes – samambaias com sementes (hoje extintas), gimnospermas e angiospermas – representam os maiores avanços na adaptação da vida vegetal a um ambiente seco. O tecido que conduz água neste grupo de plantas, o xilema, é capaz de movimentar com eficiência grandes volumes desse líquido ao longo de grandes distâncias. Em particular nas angiospermas – plantas com flores – há uma grande diversidade de estruturas e funções fisiológicas relacionadas à capacidade de suportar condições secas.

A evolução da polinização extingue muitas restrições à capacidade de se reproduzir nas condições secas que predominaram na vida terrestre, incluindo a necessidade de gametófitos masculinos e femininos estarem próximos uns dos outros e de que a reprodução ocorresse apenas sob um conjunto muito limitado de condições meteorológicas.

A evolução das sementes foi outra inovação chave. Plantas vasculares sem sementes, como as samambaias, dispersam-se como esporos (haploides), produzidos por plantas esporofítica (diploide). Tanto as sementes quanto os esporos podem se dispersar da planta-mãe e sobreviver a diversos perigos ambientais, incluindo a dessecação. No entanto, as sementes incluem muitos tecidos (como a casca) que permitem a detecção de variações sutis no ambiente (como as mudanças no comprimento do dia e na temperatura) e a regulação hormonal da germinação em resposta a essas condições ambientais. As sementes permitem também a provisão maternal de alimento ao embrião. Portanto, os espermatófitos foram capazes de desenvolver uma variação muito maior na dormência e na provisão materna do que seus ancestrais sem sementes.

Potencial hídrico

A capacidade de uma planta de adquirir água, de mover a água para células ao longo de todo o corpo e a sua propensão de perder água dependem do **potencial hídrico** das diversas partes da planta e de seu ambiente imediato (Figura 3.1, Quadro 3A). Pode-se considerar que o potencial hídrico representa a diferença de energia livre entre a água pura (que é definida como tendo potencial hídrico de zero) e a água em algum sistema, como a presente na célula vegetal ou no solo. Quando a água está de alguma maneira ligada ou contém materiais dissolvidos, a sua energia potencial é menor do que a da água pura, e seu potencial hídrico é negativo. A análise do movimento da água nas plantas em termos de potencial hídrico coloca o estudo das relações hídricas vegetais no contexto unificador da termodinâmica. Isso possibilita o estudo do movimento de água em solos, em plantas e entre as plantas e a atmosfera, utilizando-se os mesmos conceitos, termos e unidades.

O potencial hídrico (Ψ) em plantas e solos pode ser decomposto em quatro componentes principais,

$$\Psi = \Psi_\pi + \Psi_p + \Psi_m + \Psi_g$$

um que Ψ_π é o potencial osmótico, Ψ_p é o potencial de pressão, Ψ_m é o potencial mátrico e Ψ_g, o potencial gravitacional da água no sistema.

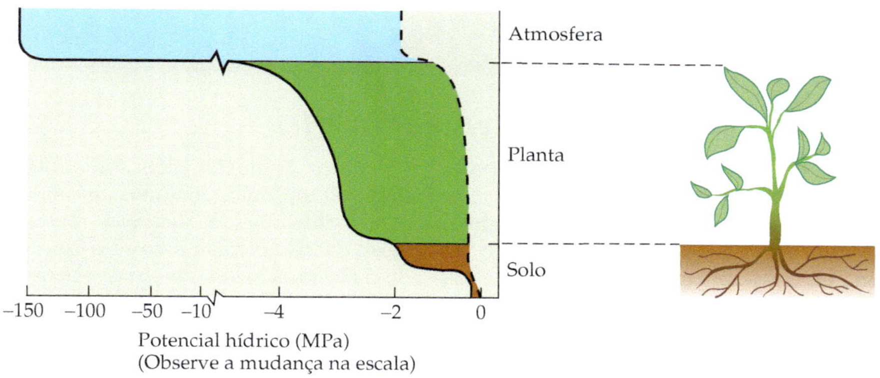

Figura 3.1 Valores típicos (em MPa) para potenciais hídricos no solo, em uma planta e na atmosfera em um ambiente mésico. A linha contínua no lado esquerdo da região colorida indica valores de potenciais hídricos para a atmosfera, a planta e o solo, quando a umidade relativa atmosférica é baixa e o solo está seco. Sob essas condições, os potenciais hídricos do solo variam de próximo a zero nas camadas mais profundas até cerca de –1,8 MPa perto da superfície do solo, os potenciais hídricos da planta variam de cerca de –2,0 MPa até cerca de –4,0 MPa, e os potenciais hídricos da atmosfera variam de aproximadamente –5,0 a –150,0 MPa. A curva tracejada no lado direito da região colorida indica valores para solos úmidos e umidade relativa atmosférica alta; sob essas condições, os valores para solo, planta e atmosfera seriam um pouco menores do que 0 MPa, –0,01 a –0,75 MPa e –1,0 a < –2,0 MPa, respectivamente. Condições intermediárias resultariam em valores situados dentro da região colorida; azul indica a faixa de valores para a atmosfera, verde, para a planta, e marrom, para o solo (segundo Etherington, 1982).

O potencial hídrico é uma medida de pressão*, expresso na unidade do SI megapascal (MPa).

O **potencial osmótico** é o componente do potencial hídrico que se deve aos solutos dissolvidos na água. Ele resulta da diferença de energia potencial entre a água pura e a água que contém substâncias dissolvidas. O potencial osmótico é ou zero (água pura) ou negativo, porque os solutos reduzem a capacidade da água de realizar trabalho. O potencial osmótico pode agir como a força propulsora para o movimento da água, como no caso em que o movimento dos solutos é restringido por uma membrana semipermeável que permite à água, mas não aos solutos, passar através dela. O potencial osmótico é o componente principal do potencial hídrico em células vivas (como as das raízes e folhas), sendo, portanto, a principal força propulsora pela qual a água move-se para dentro dessas células.

O **potencial de pressão** é um segundo componente chave do potencial hídrico das plantas, importante tanto em células vivas quanto no tecido funcional do xilema (que não é vivo na maturidade). Ele é uma função da pressão hidrostática ou pressão pneumática no sistema e pode ter valor negativo, zero ou positivo. Quando a água é confinada por algo que restrinja seu volume, como uma célula vegetal saudável delimitada por paredes celulares, ela faz pressão nas paredes, gerando um potencial de pressão positivo. Esse é o estado comum de uma célula vegetal totalmente hidratada ou túrgida sob condições normais, em que a ação da água é similar a de um balão sendo inflado com ar. A situação oposta ocorre quando a água é sugada em um sistema aberto, como um canudo de refrigerante ou um vaso da planta (xilena). Nesse caso, o potencial de pressão é negativo e, na verdade, as paredes do vaso são sugadas para dentro. Tanto potenciais de pressão positivos quanto negativos estão presentes nas plantas, e ambos são importantes forças propulsoras para o movimento de água dentro da planta e entre o solo, a planta e a atmosfera.

O **potencial mátrico** é resultado da força de coesão que liga a água a objetos físicos, como paredes celulares e partículas de solo; ele é sempre negativo, porque a água ligada a um objeto tem menor energia potencial do que a água livre. O **potencial gravitacional** resulta da força de tração da gravidade sobre a água e é amplamente responsável pela drenagem da água dos poros maiores do solo durante os primeiro dias após uma chuva que o sature (ver Capítulo 4). Ele é negativo a medida que a água se desloca para baixo, perdendo energia**. Os potenciais mátrico e gravitacional são em geral mais importantes no solo do que nas plantas.

O continuum *solo-planta-atmosfera*

A água sempre se desloca dos maiores para os menores valores de Ψ. Em plantas e no solo, isso normalmente significa mover-se de uma região de potencial hídrico menos negativo para uma com potencial hídrico mais negativo. O gradiente de potencial hídrico atua como a força propulsora para o movimento de água do solo para dentro e através das plantas e para fora na atmosfera por meio da transpiração.

A energia para mover a água é fornecida sem gasto de qualquer energia da própria planta. A energia é necessária para elevar a água do solo ao topo da planta e para transformar as moléculas de água líquida menos energéticas dentro das plantas em moléculas de vapor de água mais energéticas na atmosfera. O movimento de água é governado pelo gradiente de potencial hídrico ao longo dessa rota, e a energia para mover a água vem diretamente do

* N. de T. Embora medido em unidades de pressão, o potencial hídrico é mais corretamente uma medida de energia e grau de disponibilidade das moléculas de água dentro de um sistema, por derivar do conceito de potencial químico da água, o qual é expresso em unidades de energia por mol. Apenas um de seus componentes, o potencial de pressão, é uma medida verdadeira de pressão.

** N. de T. Na verdade, o potencial gravitacional diminui à medida que a água se desloca para baixo, mas o sinal a ele atribuído depende do referencial utilizado. Esse referencial é normalmente o nível do solo no caso de plantas. Assim, ele assume valores decrescentes, porém positivos, até o nível do chão (valor zero), e, abaixo deste nível, continua decrescendo, com valores cada vez mais negativos.

Quadro 3A

Medindo a fotossíntese, a transpiração e o potencial hídrico

Os Capítulos 2 e 3 descrevem os sistemas complexos que as plantas utilizam para extrair o CO_2 do ar e limitar a perda simultânea de água. Como ecologistas e fisiologistas medem esses processos? Na última metade do século passado, diversos tipos de equipamentos tecnicamente sofisticados foram desenvolvidos com esses propósitos.

Os métodos utilizados de forma mais ampla para medir fotossíntese envolvem a medida direta da concentração de CO_2 em uma corrente de ar que passa sobre uma folha ou outro tecido fotossintético exposto à luz (Field et al., 1989). Esses métodos estão fundamentados na capacidade do CO_2 de absorver energia em comprimentos de onda na porção infravermelha do espectro eletromagnético (essa propriedade é também a que faz do CO_2 um "gás estufa"; ver Capítulo 21). A amostra de gás é exposta à luz infravermelha, e um detector eletrônico (chamado de **analisador de gás por infravermelho** ou **IRGA**, *infrared gas analyzer*) mede a quantidade de energia absorvida em cada comprimento de onda, que é proporcional à quantidade de CO_2 na corrente de ar.

Diversos tipos de sistemas de medida podem ser utilizados para realizar essas medições (Field et al., 1989). Um **sistema fechado** é bem simples: uma corrente de ar única é reciclada por um período fixo de tempo após passar pela folha, e a perda líquida de CO_2 é computada comparando-se a composição do ar no começo e no final do processo. A taxa de fixação de carbono é calculada a partir dessa perda líquida de CO_2 e da área de tecido fotossintético. Um **sistema aberto** é mais complexo, pois utiliza uma corrente de ar continuamente suprida e fracionada: parte é exposta à folha (em uma taxa alta o suficiente para minimizar os efeitos da camada limítrofe), enquanto a outra é desviada. A maioria dos sistemas abertos utilizados atualmente envolve a medição da diferença na composição de CO_2 entre as duas correntes e o uso dessa diferença para calcular a taxa de fixação. Tanto sistemas abertos quanto fechados têm vantagens e desvantagens em diferentes tipos de estudos. Hoje, a maioria dos estudos em nível foliar é conduzida com sistemas abertos. Embora desenvolvidos levando em consideração a fisiologia vegetal, esses sistemas também são usados por cientistas que estudam a respiração do solo e mesmo a respiração de pequenos animais, tais como insetos.

A medição da absorção fotossintética de CO_2 necessita mais do que o próprio IRGA, embora muitos cientistas refiram-se ao sistema inteiro de medida como sendo um IRGA. Nas décadas de 1960 e de 1970, esse equipamento tipicamente ocupava uma sala inteira, e sistemas portáteis exigiam um grande laboratório alojado em uma camionete. Muitos sistemas modernos são relativamente leves, operados por bateria e desenhados para medidas no campo, mesmo em locais remotos. Da mesma forma, muitas medições que antes levavam horas agora são realizadas em minutos. Técnicas modernas incluem um computador para controlar o sistema, registrar os dados e fazer gráficos no campo. Como consequência, os ecofisiologistas agora podem fazer medições no campo, em populações inteiras, enquanto há uma geração eles podiam medir apenas alguns indivíduos, em geral em laboratório.

Além de medir taxas fotossintéticas sob um único conjunto de condições ambientais, os cientistas muitas vezes querem estimar a taxa de fixação de carbono, A, como função da intensidade de luz (resultando em curvas de resposta à luz; Figuras 2.4, 2.12, e 2.22), da concentração intercelular de CO_2, *Ci* (***curvas A-Ci***) ou da temperatura (Figura 2.11). Para facilitar essas medições, muito sistemas já possuem um mecanismo embutido para controlar a intensidade de luz, a concentração de CO_2 e a temperatura foliar. Na última década, foram desenvolvidos métodos para medir fluxos de CO_2 em comunidades inteiras (ver Capítulo 14).

As taxas de transpiração são com frequência medidas simultaneamente às taxas fotossintéticas, utilizando um sistema IRGA integrado. Da mesma forma que as taxas fotossintéticas, as taxas de transpiração são estimadas medindo-se a mudança na concentração de vapor de água no ar que passa sobre a superfície de uma folha ou de outra parte da planta (Pearcy et al., 1989). A concentração de vapor de água pode ser medida com diferentes equipamentos, que incluem um detector

Um ecólogo (Nelson Thiffault) mede a fotossíntese e a transpiração em uma espécie herbácea (*Kalmia angustifdia*, Ericaceae) em uma floresta boreal no Noroeste do Quebec. A portabilidade do moderno sistema IRGA (neste caso, um LiOor 6400) o torna prático para medição de plantas em populações naturais de locais distantes (Fotografia de F. Cadoret.)

Quadro 3A *(continuação)*

de infravermelho, como nas medições de CO_2. O porômetro é outro equipamento que pode ser utilizado para medir condutância estomática e taxas de transpiração. O tipo mais comum de porômetro é o de difusão, que calcula a condutância foliar ao vapor de água por meio da taxa pela qual o ar dentro de uma pequena cubeta (câmara) torna-se umedecido pela difusão de água em uma folha inserida dentro da câmara. A condutância estomática é o fator principal que determina a condutância da folha ao vapor de água, a qual controla a perda de água foliar.

Um ecólogo pode também querer conhecer o potencial hídrico (Ψ) de uma planta inteira ou de uma parte dela, como uma folha ou ramo. Essas medições podem ser feitas com um aparelho relativamente simples, chamado de bomba de pressão de Scholander (Scholander et al., 1965; Koide et al., 1989). Segundo relato, o inventor, P. F. Scholander, chamou seu equipamento de "bomba", porque seus primeiros modelos tinham a tendência de explodir em seu rosto; por sorte, os modelos melhoraram com o tempo! Quando uma folha ou caule é cortado de uma planta, a água é sugada de volta para dentro daquela estrutura devido ao potencial hídrico negativo do xilema. Uma bomba de pressão funciona medindo a pressão necessária para sugar a água de volta para fora da folha ou ramo. Uma folha ou um ramo cortado é selado dentro de uma câmara, com o pecíolo saindo por um pequeno furo em uma rolha de borracha que sela o topo. A câmara é preenchida com gás nitrogênio, aumentando a pressão interna. Por fim, a água começa a ser empurrada para fora da ponta cortada do pecíolo. A pressão na qual a primeira bolha de água aparece é igual ao potencial hídrico da folha.

O potencial hídrico também pode ser medido utilizando-se um psicrômetro. Esse aparelho possui uma câmara pequena termicamente isolada, onde uma folha ou disco cortado da folha é colocado. O conteúdo de água da folha ou do disco é equilibrado com o conteúdo de água do ar dentro da câmara. Faz-se passar, então, uma corrente elétrica através de um termopar, para baixar a temperatura deste, até que seja alcançado o ponto de orvalho. A taxa de resfriamento do termopar através da evaporação da gota de água resultante pode ser usada para calcular a pressão de vapor da câmara, que é uma função do potencial hídrico interno da folha. O psicrômetro tem como vantagem seu pequeno tamanho e o fato de se poderem conectar diversos psicrômetros a um único coletor de dados para medições de populações no campo, mas tem a desvantagem de não poder medir o potencial hídrico de partes maiores das plantas ou de plantas inteiras.

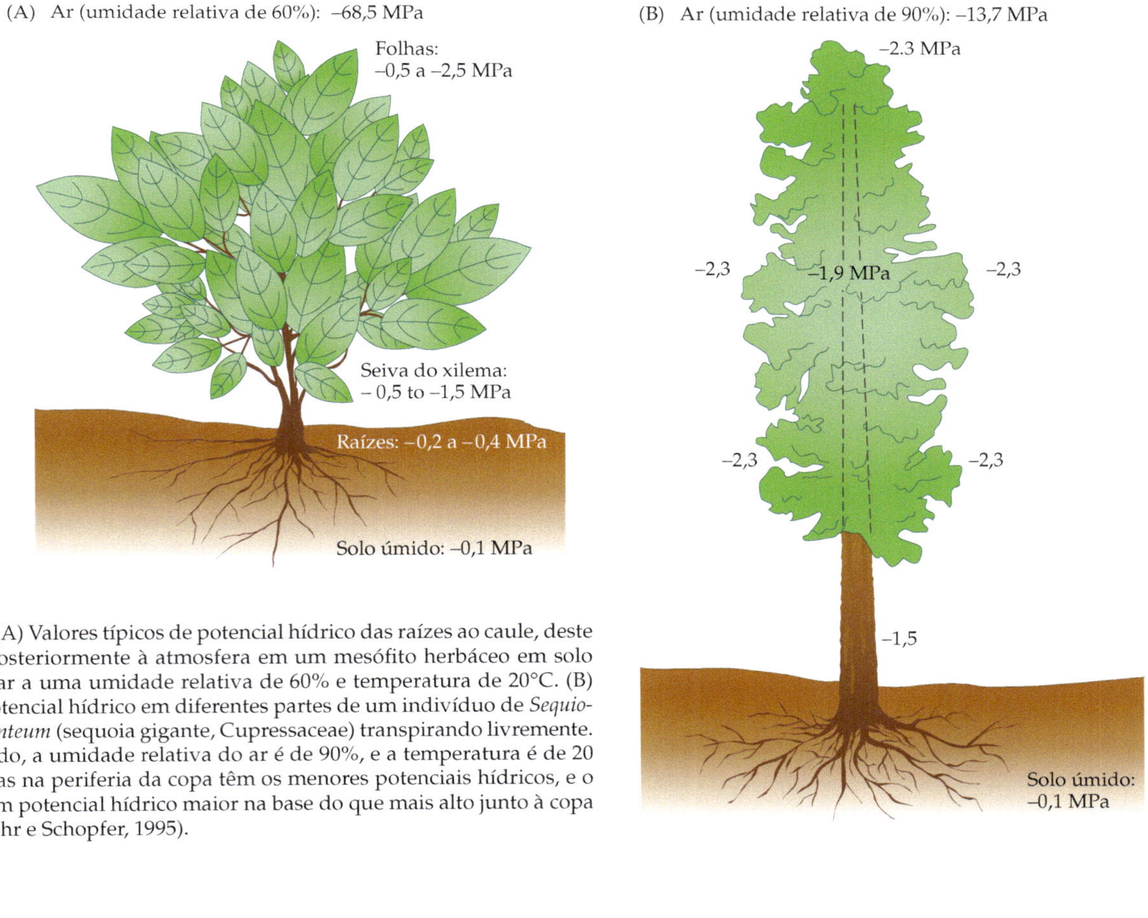

Figura 3.2 (A) Valores típicos de potencial hídrico das raízes ao caule, deste às folhas e posteriormente à atmosfera em um mesófito herbáceo em solo úmido, com ar a uma umidade relativa de 60% e temperatura de 20°C. (B) Valores de potencial hídrico em diferentes partes de um indivíduo de *Sequioadendron giganteum* (sequoia gigante, Cupressaceae) transpirando livremente. O solo é úmido, a umidade relativa do ar é de 90%, e a temperatura é de 20 °C. As acículas na periferia da copa têm os menores potenciais hídricos, e o tronco tem um potencial hídrico maior na base do que mais alto junto à copa (segundo Mohr e Schopfer, 1995).

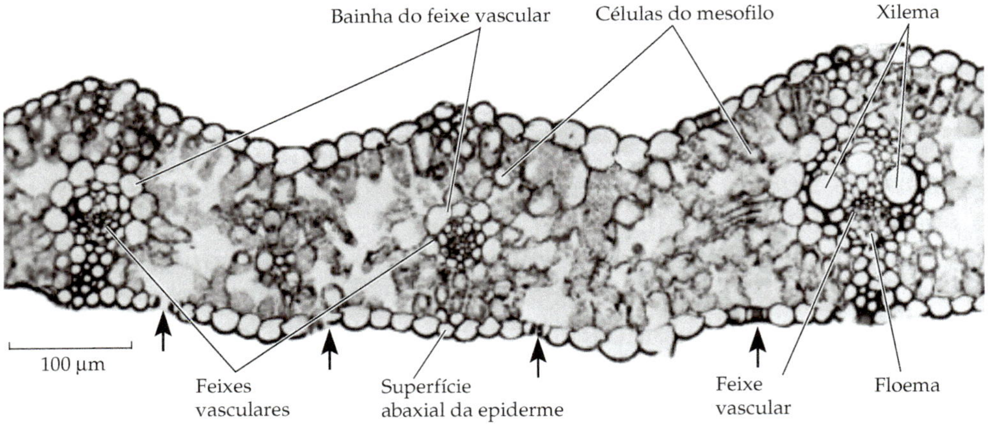

Figura 3.3 Secção transversal de uma folha da gramínea C3 *Hordeum vulgare* (cevada, Poaceae), mostrando as superfícies adaxial e abaxial da epiderme com uma camada celular de espessura; células fotossintéticas do mesofilo; e feixes vasculares com xilema e floema circundados por uma bainha vascular não-fotossintética formada por uma única camada de células. Os estômatos, indicados por setas, apresentam duas células-guarda; as câmaras subestomáticas são visíveis no interior da folha, acima das células-guarda dos estômatos (de Esau, 1977).

sol. Dessa maneira, as plantas são capazes de mover grandes quantidades de água, muitas vezes por de distâncias muito longas (em árvores altas), sem nenhum gasto energético direto para elas.

Em uma planta típica de solo úmido com estômatos abertos, os valores do potencial hídrico e de seus componentes podem se parecer com os da Figura 3.2A. A água move-se do solo para dentro das raízes das plantas, que têm Ψ mais negativo, devido principalmente ao potencial osmótico das células radiculares. Após, a água é sugada para dentro dos vasos (xilema), que têm valores de Ψ ainda mais negativos, devido, neste caso, ao seu potencial de pressão negativo. A água move-se para as folhas a partir das nervuras menores e, depois, vai para a câmara subestomática (Figura 3.3). De lá, quando os estômatos estão abertos, a água sai para a atmosfera. Mesmo em ar úmido (Figura 3.2B), a atmosfera que circunda a folha tem um potencial hídrico muito negativo. As moléculas de água líquida ganham então energia suficiente para passar para o estado de vapor a partir da ação da energia da luz solar, e a água ao longo de todo o restante da rota é sugada para cima pela corrente de transpiração que escapa das folhas das plantas através dos estômatos.

Transpiração e controle da perda de água

As plantas transpiram muito mais água do que a utilizam metabolicamente. Uma grande árvore da floresta pluvial com um abundante suprimento hídrico pode chegar a transpirar mil litros de água por dia (o que pesa 1.000 Kg – uma tonelada de água elevada do solo, transportada para cima pelo tronco e perdida através das folhas a cada dia!). As angiospermas arbóreas de clima temperado podem perder até 140 litros de água, mas uma conífera arbórea típica perde apenas 30 litros em um dia. Embora a maioria das plantas transpire uma quantidade bastante modesta de água, Jan Cermak e coautores (Cermak et al., 1984) mediram a perda acentuada de 463 litros por dia de indivíduos de *Salix fragilis* (salgueiro quebradiço, Salicaceae) que crescem em solo úmido.

A razão pela qual tais plantas são capazes de mover tanta água do solo ao ar é o potencial hídrico do ar ser muito mais baixo do que o do solo úmido. As plantas grandes retiram água de um grande volume de solo e a liberam de uma grande área de superfície de folhas. Em um primeiro momento, pode parecer surpreendente que o volume de água liberado pela transpiração possa potencialmente exceder a quantidade que evaporaria de uma superfície aberta de água de igual tamanho*. Considere, no entanto, que a área de superfície de raiz de todas as árvores que estão absorvendo água e a área de superfície de todas as folhas que estão perdendo água em um hectare de floresta é muito maior do que aquela de um lago de um hectare.

A perda de água por transpiração pode ser descrita por uma equação de fluxo:

$$E = g_{\text{folha (va)}} \times [C_{i(\text{va})} - C_{a(\text{va})}]$$

onde E é a taxa de transpiração (em mmol $H_2O/m^2/s$). Essa equação é similar que descreve a difusão de CO_2 para dentro da folha durante o processo de fotossíntese (ver Capítulo 2). A medida de m^2 refere-se à área de superfície da folha, em geral a área de um lado da lâmina, mas incluindo tanto o lado de cima quanto o de baixo para folhas com estômatos nas duas faces. O fluxo de transpiração é governado pela diferença entre a concentração de vapor de água dentro da folha, $C_{i(\text{va})}$, e concentração na atmosfera externa que circunda a folha, $C_{a(\text{va})}$ (expressa em mol/m^3). Algumas vezes, nesta equação, é utilizada a pressão de vapor da

* N. de T. Quando os autores mencionam uma área de igual tamanho, referem-se a uma comparação com o tamanho da área transpirante (foliar).

água em vez da concentração de vapor, e a diferença entre o vapor de água na folha e no ar é chamada de **déficit de pressão de vapor** (medido em quilopascais, KPa). O déficit de pressão de vapor da água está diretamente relacionado à diferença na concentração de vapor de água. A condutância foliar ao vapor de água, $g_{\text{folha (va)}}$, é uma medida de quão prontamente o vapor de água move-se para dentro ou para fora através dos estômatos, definida como a taxa na qual a água flui para dentro* da folha, para uma dada diferença entre a concentração ambiental e a intercelular; ela é expressa em mmol $H_2O/m^2/s$ e é o inverso da resistência foliar. A condutância foliar para o fluxo de vapor de água consiste na condutância da camada limítrofe (g_a), na condutância cuticular (devido à cutícula cerosa da folha; g_c) e na condutância estomática (g_s) ao vapor de água. A condutância da camada limítrofe ao vapor de água é geralmente alta. A espessura da camada limítrofe de ar que circunda a folha depende do tamanho e da forma foliar, assim como das condições ambientais, de modo que ela não está sob controle imediato da folha. Ela tem pouco efeito sobre o impedimento do fluxo de vapor de água. A condutância cuticular é muito pequena e varia pouco; apenas uma quantidade limitada de vapor de água sai da folha pela cutícula. A condutância estomática, ao contrário, é muito variável e está sob controle da planta; ela é alta, quando os estômatos estão abertos, e muito pequena, quando os estômatos estão fechados. Por isso, os estômatos são muito importantes no controle da quantidade de água perdida pelas folhas pela da transpiração. A água sai da folha através das mesmas fendas estomáticas pelas quais o CO_2 entra para a fotossíntese, de modo que as condutâncias ao vapor de água e ao CO_2 estão intimamente ligados.

A perda de grandes volumes de água pela transpiração não tem efeitos negativos sobre as plantas, quando a água do solo está livremente disponível. A transpiração é o que movimenta a água, juntamente com os minerais dissolvidos, das raízes às folhas, sem a necessidade de ela dispender energia. No entanto, à medida que o solo fica mais seco, a planta encontra um dilema. Quando o CO_2 entra na folha através dos estômatos, a água sai através da transpiração. Uma planta que mantém seus estômatos abertos enfrenta a dessecação, mas uma planta que mantém seus estômatos fechados para restringir a perda de água enfrenta o que pode ser caracterizado como fome, uma vez que ela não pode mais captar CO_2. Em relação a qualquer outro grupo de plantas, as angiospermas desenvolveram uma diversidade maior de mecanismos para lidar com esse dilema e para viver sob seca.

Estratégias para lidar com diferentes condições de disponibilidade de água

As plantas expõem-se à seca de várias maneiras, dependendo tanto das condições ambientais em que vivem quanto das suas adaptações a tais condições. A seca pode ser breve ou prolongada, moderada ou extrema, ocasional e imprevisível ou regular em seu começo e duração. Ela pode ocorrer quando as condições são, em outros aspectos, favoráveis ao crescimento, ou pode ocorrer quando está muito frio para as plantas crescerem.

As plantas desenvolveram várias maneiras de lidar com uma limitada disponibilidade de água. Essas soluções evolutivas, ou conjuntos de atributos adaptativos coordenados, são conhecidas como **estratégias** (discutidas adicionalmente nos Capítulos 8 e 10). Os ecólogos usam diferentes termos para categorizar alguns desses conjuntos de atributos, mas vale a pena lembrar que essas categorias são construídas mais por conveniência do que para descrever entidades fixas e rigidamente definidas. Na verdade, cada espécie tem um conjunto singular de características para lidar com as condições de seu ambiente.

Mesófitos são plantas que vivem em solos moderadamente úmidos e que em geral passam por uma escassez apenas ocasional e moderada de água. Eles tipicamente transpiram desde que o Ψ do solo seja maior do que cerca de –1,5 MPa, embora alguns precisem de solos mais úmidos do que –1,0 MPa, enquanto outras são capazes de continuar extraindo água de solos com potenciais hídricos tão baixos quanto –4,0 MPa. Quando o solo se torna mais seco, as plantas mesofíticas fecham seus estômatos e esperam até que as condições melhorem. Em um ambiente tipicamente **mésico** (úmido), isso pode representar algumas horas ou alguns dias. Se a seca se estender por muitos dias (poucas semanas é o máximo que a maioria delas consegue tolerar), muitos mesófitos começarão a morrer. A maioria das plantas de lavoura, plantas ornamentais, árvores florestais, flores selvagens de campos e florestas e outras plantas comuns em regiões temperadas do mundo é mesofítica. Culturas agrícolas são em geral as menos tolerantes à seca e, para que possam crescer bem, precisam de solos que mantenham alguma umidade.

As **plantas aquáticas** crescem em água permanente, e os **higrófitos** são encontrados em solos permanentemente úmidos. Os ecólogos vegetais, da mesma forma que os naturalistas amadores, sempre foram fascinados pelas adaptações dos **xerófitos**, plantas que vivem em regiões com seca frequente ou prolongada. Alguns xerófitos continuam a transpirar em solos fenomenalmente secos, com Ψ tão baixo quanto –6 MPa. Um dos primeiros estudos experimentais das relações hídricas sazonais de plantas do deserto foi conduzido por Edith Shreve (1923), que comparou as estratégias e os estresses aos quais espécies anuais, perenes e cultivadas se submetiam. **Halófitos** são plantas que vivem em solos salinos e possuem adaptações singulares para tolerar o sal, assim como partilham algumas características com os xerófitos. Os halófitos enfrentam um dilema similar àquele dos xerófitos no sentido de que precisam ser capazes de extrair água de solos com potenciais hí-

Edith Shreve

* N. de T. Embora a água possa penetrar na folha, é mais comum ela sair pela transpiração. Para ser coerente, seria mais correto falar em "taxa com a qual a água flui para dentro ou para fora (ou apenas através) da folha".

dricos muito negativos. Mohamed Nazir Sankari e Michael Barbour (1972) estudaram as relações hídricas do arbusto halofítico *Atriplex polycarpa* (*desert saltbush*, Amaranthaceae). Eles constataram que o arbusto podia sobreviver e se recuperar de potenciais hídricos foliares extremamente baixos – menores do que –5 MPa. Mesmo sob condições hídricas favoráveis, seus potenciais hídricos eram tão baixos quanto –2 MPa – uma condição que seria fatal para a maioria dos mesófitos.

Eficiência no uso da água

À medida que as plantas absorvem CO_2 através de seus estômatos, água é perdida. A razão entre o ganho de carbono na fotossíntese e a perda de água na fotossíntese é a **eficiência** instantânea **no uso da água** (EUA) na assimilação do carbono. Por diversas razões, a taxa de evaporação da água através dos estômatos é maior do que a de captação de CO_2. O gradiente de densidade de vapor de água entre ao interior da folha e o ar é cerca de 20 vezes mais acentuado do que aquele para o CO_2 que entra na folha, e as moléculas de água são menores e se difundem mais rapidamente do que as moléculas de CO_2. Além disso, o CO_2 precisa se dissolver quando entra nas folhas e se difundir até o cloroplasto, enquanto a água deixa a folha diretamente a partir da câmara subestomática úmida.

Em plantas C_3, a eficiência no uso da água é maior quando os estômatos estão parcialmente abertos. As plantas C_3 também podem aumentar suas eficiências no uso da água aumentando a concentração de rubisco e de outras enzimas fotossintéticas (ver Capítulo 2), à medida que a fixação de carbono mais rápida leva a um gradiente de difusão mais acentuado para o CO_2 que entra na folha. As plantas C_4 têm eficiências no uso da água mais altas do que as plantas C_3, devido à sua maior eficiência na captação de CO_2. As plantas CAM têm as eficiências no uso da água mais altas devido à combinação da eficiência da etapa C_4 de captar o carbono e às suas muito reduzidas perdas de água que resultam do desacoplamento da absorção e da fixação do carbono, que lhes permite abrir os estômatos apenas à noite.

Quando fundamentada na planta como um todo ou no dossel, a eficiência da produtividade no uso da água é definida como a produção total de matéria seca ao longo de uma estação de crescimento para uma planta ou um conjunto de plantas, dividida pela água total perdida. Existem diferenças substanciais entre diferentes culturas e entre diferentes comunidades naturais para essa medida de EUA. Muitos fatores influenciam a EUA em escala maior, incluindo a densidade do estande, as condições ambientais, o grupo funcional das plantas e a fisionomia da vegetação.

(A)

(B)

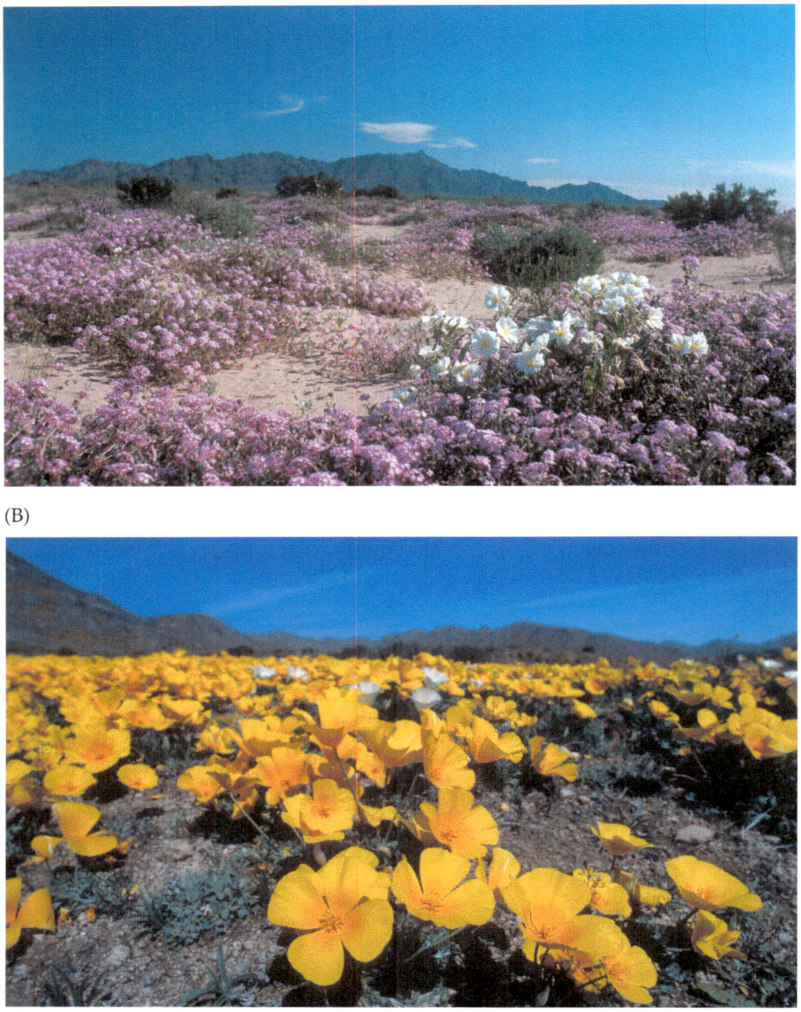

Figura 3.4 Plantas anuais de deserto em floração. (A) *Abronia villosa* (verbena da areia do deserto, Nyctaginaceae, flores róseas) e *Oenothera sp.* (provavelmente *O. deltoides*; prímula-do-deserto, Onagraceae, flores brancas), nas dunas de areia de Mohawk, no oeste do Arizona; (B) *Eschscholzia californica* ssp. *mexicanum* (papoula da Califórnia ou mexicana, Papaveraceae), nas Montanhas Organ, Novo México (fotografias cedidas por W. Miller).

Adaptações das plantas como um todo à baixa disponibilidade de água

Uma planta percebe o seu ambiente de maneira muito diferente daquela que se poderia esperar a partir de uma observação superficial das condições médias daquele ambiente. Muitas plantas anuais de deserto, em particular as efêmeras de vida curta, completam toda a sua vida acima do solo durante a breve estação chuvosa característica de muitos desses biomas. Essas plantas passam a maior parte de suas vidas como sementes capazes de sobreviver longos períodos de seca. Essas sementes germinam apenas após

Figura 3.5 Uma espécie arbórea tropical decídua, *Tabebuia guayacan* (ipê, Bignoniaceae), em floração. A fotografia foi tirada na região do pantanal do Mato Grosso, região centro-oeste do Brasil. Muitas árvores tropicais florescem durante a estação seca (fotografia cedida por C. H. Janson).

chuvas prolongadas, as plantas fotossintetizam rápido, têm altas taxas de perdas de água por transpiração, crescem rápido, e, após, formam sementes e morrem quando a estação chuvosa termina (Figura 3.4). Por viverem por um breve período e morrerem jovens, elas percebem o deserto como um ambiente com água em abundância durante a maior parte de suas vidas como plantas verdes. Essa estratégia foi denominada **evitação da seca**.

Muitos arbustos e árvores do deserto perdem todas ou algumas de suas folhas durante a longa estação de seca e produzem novas folhas depois que as chuvas reiniciam. Essas plantas **decíduas por seca** também estão praticando uma forma de evitação da seca, minimizando suas perdas de água por meio da transpiração através da redução da área foliar, quando a água não é disponível. Florestas tropicais sazonais, que também estão sujeitas a períodos de seca previsíveis alternados com estações chuvosas, abrigam muitas espécies de árvores decíduas por seca (Figura 3.5). Algumas espécies perenifólias têm uma estratégia similar: elas perdem apenas parte de suas folhas durante os períodos secos, retendo alguma capacidade fotossintética, mas reduzindo globalmente a perda de água. Sandra Bucci e coautores (Bucci et al., 2005) investigaram, ao longo de uma estação seca de cinco meses, o *status* hídrico de seis espécies lenhosas perenifólias ou predominantemente perenifólias de savana no Brasil. Eles verificaram que todas as plantas mantinham potenciais hídricos foliares mínimos quase constantes, apesar da grande mudança sazonal de uma condição de precipitação alta para quase nenhuma precipitação e das grandes mudanças na demanda evaporativa da atmosfera sobre as plantas. As plantas mantinham um *status* hídrico consistente da estação úmida para a seca pelo desprendimento de uma proporção substancial de suas folhas, reduzindo tanto a área foliar total quanto a condutância estomática ao vapor de água das folhas verdes que permaneciam.

Muitas plantas herbáceas perenes de deserto, campos áridos e outros ambientes **xéricos** (secos) são dormentes durante a estação seca, quando a maioria do material vivo é encontrada abaixo do chão ou na superfície deste. As partes aéreas de muitas gramíneas, por exemplo, morrem no nível do chão durante a estação seca. A vantagem da dormência durante a estação seca é, naturalmente, a redução da perda de água, aumentando a sobrevivência durante a estação seca desfavorável. Sua principal desvantagem é que existe um longo período durante o qual a planta não pode fotossintetizar, crescer ou se reproduzir. As plantas que utilizam essa estratégia de evitação da seca em geral têm altas taxas fotossintéticas máximas e de crescimento quando estão ativas, o que ajuda a compensar o tempo em que estão dormentes. Muitas dessas plantas também têm raízes espessas e caules subterrâneos capazes de estocar alimento (primariamente carboidratos) e um pouco de água por longos períodos. Essas estruturas permitem a elas sobreviver longos períodos de seca, bem como a rápida produção de folhas e caules quando as condições se tornam novamente favoráveis.

Uma outra maneira pela qual algumas espécies evitam a seca é crescendo apenas nos locais mais úmidos dentro de um ambiente seco, como em locais baixos, onde a água acumula-se temporariamente depois das chuvas, ou ao longo de cursos de água temporários. Tais plantas tipicamente carecem de adaptações à aridez extrema e, se suas sementes germinarem em micro-hábitats mais secos, suas plântulas morrerão.

Existem, no entanto, plantas capazes de viver e crescer sobre condições notavelmente secas. Essas espécies **tolerantes à seca**, ou verdadeiros xerófitos, usam uma diversidade de mecanismos para "se fortalecerem" no deserto. Do nível de planta inteira aos níveis celular e molecular, a morfologia, fisiologia e anatomia dessas plantas estão adaptadas para a vida em hábitats xéricos. Contudo, mesmo essas espécies dependem do breve período do ano quando a água se encontra disponível para a maior parte de seu crescimento e reprodução. Forrest Shreve (1910, 1917) foi um dos primeiros ecólogos a documentar cui-

Forrest Shreve

dadosamente o estabelecimento de plântulas de espécies do deserto. Ele verificou que, para uma ampla gama de espécies perenes que cresce no deserto de Sonora, a germinação ocorria apenas durante a estação chuvosa, mas a maioria das plântulas não era capaz de sobreviver aos períodos secos subsequentes. De acordo com o que Shreve e muitos pesquisadores subsequentes constataram, o estabelecimento bem sucedido da maioria das plantas que cresce no deserto é um evento relativamente raro.

A morfologia da raiz pode estar adaptada a ambientes secos de várias maneiras. As raízes podem ser extensas e superficiais, como ocorre em muitas espécies de cactos, permitindo às plantas absorver água depois de uma breve chuva que sature apenas as camadas do topo do solo. Outras espécies têm raízes que se estendem profundamente no solo, onde a seca demora mais para ocorrer. Os **freatófitos** têm raízes que se estendem tão profundamente no solo que elas alcançam o lençol freático, ganhando acesso quase permanente à água – mecanismo de evitação total à seca.

A razão entre a massa seca investida em raízes e a massa dos tecidos aéreos (folhas, caules, etc.), chamada de **razão raiz: parte aérea**, varia muito entre as plantas. Os xerófitos tipicamente têm razões raiz:parte aérea muito mais altas do que os mesófitos. Consequentemente, eles são capazes de absorver mais água e a perdem em menor quantidade pela transpiração. O custo de uma alta razão raiz:parte aérea pode ser uma redução nas taxas máximas de crescimento, tanto devido à redução na área foliar total e, portanto, na quantidade de tecido fotossintético, quanto devido ao custo metabólico de manutenção de uma grande massa de raiz.

A forma de uma planta como um todo também pode ser uma adaptação à limitada disponibilidade hídrica. As **suculentas**, como os cactos, têm capacidade de estocar grandes quantidades de água em seus tecidos. Os tecidos suculentos podem estar localizados em folhas, caules ou em outras partes da planta. Os cactos usam os caules em vez das folhas como seus órgãos fotossintéticos. Como resultado, eles têm razões reduzidas entre superfície e volume, diminuindo a área de superfície total capaz de perder água e aumentando o volume que retém água. Outras plantas de deserto também possuem caules fotossintéticos. Por exemplo, árvores do gênero *Parkinsonia* (palo verde, Fabaceae; Figura 3.6), no deserto de Sonora, retêm suas folhas apenas durante a estação chuvosa, mas permanecem capazes de realizar fotossíntese em suas cascas verdes a taxas baixas durante todo o ano.

Em partes do mundo onde o solo congela no inverno, durante muitos meses pode ser difícil para as plantas obterem água líquida. As plantas nesses ambientes podem passar por um estresse de seca intenso no inverno. Essa é a razão pela qual, na zona setentrional temperada e mais para o norte, árvores e arbustos decíduos perdem suas folhas no inverno e é um dos fatores que estabelece o limite norte da distribuição de espécies perenifólias latifoliadas.

Adaptações fisiológicas

Quando uma planta começa a ser submetida a um estresse hídrico, é desencadeada uma série de eventos fisiológicos. Hormônios são produzidos e migram ao longo da planta, sinalizando nela o início de várias mudanças funcionais. O crescimento celular e a maioria da síntese proteica ficam mais lentos e, depois, cessam. À medida que a planta enfrenta déficits hídricos mais prolongados, a alocação de materiais para raízes e partes aéreas é ajustada, os estômatos começam a fechar, a fotossíntese é inibida e as folhas podem começar a murchar. Em algumas espécies, as folhas mais velhas podem secar e morrer, liberando a água

(A)

(B)

Figura 3.6 A *Parkinsonia microphylla* (palo verde, Fabaceae) (A) possui folíolos extremamente pequenos (B), que são perdidos durante a estação seca, porém a fotossíntese continua a taxas baixas na casca verde (fotografias de S. Scheiner).

Figura 3.7 *Selaginella lepidophylla* (Selaginellaceae) é uma "planta de ressurreição". Essa espécie possui mecanismos bioquímicos que lhe permitem reduzir seu metabolismo até quase uma parada virtual durante uma seca prolongada. Embora a planta marrom e dessecada (à esquerda) pareça estar morta, o advento da chuva reidrata seus tecidos (à direita), que rapidamente se tornam verdes e fotossintéticos (fotografias © W. P. Armstrong).

disponível para as folhas mais jovens, que têm capacidade fotossintética maior do que as mais velhas.

Em algumas espécies, medidas específicas para a **osmorregulação** (regulação do potencial osmótico) são iniciadas sob condições de seca. Durante a seca, essas plantas sintetizam alguns compostos solúveis (prolina e outros compostos nitrogenados de baixo peso molecular, assim como carboidratos solúveis). O aumento resultante nos solutos reduz o potencial osmótico das células, levando ao influxo de água por osmose, que impede a perda de turgidez e a murcha. A osmorregulação é particularmente importante por permitir que muitos halófitos (plantas que crescem em solos onde a água tem potencial hídrico negativo principalmente devido ao potencial osmótico negativo causado pelo sais dissolvidos) mantenham um gradiente favorável de potencial hídrico. Outros halófitos têm a capacidade de excretar sal.

Alguns vegetais, conhecidos como "plantas de ressurreição", têm adaptações muito incomuns, que lhes permitem sobreviver a dessecações completas e duradouras (Figura 3.7). Nessa categoria de plantas estão incluídos muitos líquens, alguns musgos, samambaias e outras plantas sem sementes, assim como muitas angiospermas (Scrophulariaceae, Lamiaceae, Poaceae e Liliaceae). Essas plantas são encontradas em diversas partes do mundo, mas são mais diversas e abundantes no sul da África. Todas essas diferentes plantas sobrevivem à desidratação celular por meio de um conjunto de processos altamente coordenados. Proteínas estáveis frente à seca são sintetizadas, carboidratos estabilizadores de fosfolipídeos são incorporados nas membranas celulares e o citoplasma pode se tornar geleificado (transformado em estado de gel). No estado desidratado, o metabolismo quase pára. A reidratação, quando a água se torna novamente disponível, também ocorre com um processo bem coordenado, no qual os componentes celulares são reconstruídos passo a passo.

No outro extremo do espectro de disponibilidade hídrica, a adaptação ao alagamento é crítica para a sobrevivência em alguns hábitats (Figura 3.8). As plantas podem ser submetidas à variação na profundidade na qual estão submersas (desde solo saturado ao redor das raízes até total submersão das partes aéreas), assim como na frequência, na estação e na duração de exposição às condições de alagamento. Espécies costeiras em hábitats como banhados salinos e espécies encontradas em planícies de inundação e nas margens de rios e córregos são previsivelmente expostas à inundação e adaptadas para tolerá-la. Se, no entanto, a frequência e a intensidade das inundações se tornarem maiores (ver Capítulo 21), essas novas condições podem sobrepujar a capacidade das plantas de tolerá-las. Outros hábitats, incluindo áreas de baixio em florestas, prados e campos, também expõem as plantas a submersões ocasionais, em particular em locais com solos argilosos, que não drenam prontamente após chuvas pesadas.

Quando o solo é alagado, as plantas deparam-se com muitas condições que tornam difícil a elas funcionarem

Figura 3.8 Um pântano intermitentemente alagado nos sul de Illinois é dominado por *Taxodium distichum* (cipreste-dos-pântanos, Taxodiaceae). Essa espécie produz "joelhos" (visíveis no primeiro plano) que se projetam do sistema de raízes, para cima do nível da água, a fim de facilitar as trocas gasosas da raiz (fotografia de S. Scheiner).

normalmente ou mesmo sobreviverem. O maior problema é a falta de oxigênio no solo. Em solos normais bem drenados, o oxigênio difunde-se através do solo até as raízes, que o utilizam para a respiração. Em solos saturados com água, a difusão do oxigênio é drasticamente diminuída, porque os poros do solo são preenchidos com água em vez de ar. Uma exposição de longo prazo ao alagamento resulta na compactação dos solos. Quando isso acontece, os agregados maiores de partículas de solo colapsam, levando à redução do espaço poroso e a solos de mais difícil penetração das raízes em crescimento. O oxigênio que permanece no solo é, então, mais prontamente consumido pelas raízes das plantas e pelos organismos do solo. Processos microbianos dependentes do oxigênio são intensamente inibidos, e substâncias tóxicas oriundas do metabolismo anaeróbio das bactérias começam a se acumular.

As plantas que desenvolveram tolerância ao alagamento exibem uma diversidade de características fisiológicas, morfológicas, anatômicas e de história de vida que lhes permitem funcionar em ambientes alagados. Um mecanismo fisiológico para sobreviver a um período prolongado de tempo com pouco ou nenhum oxigênio disponível às raízes é o aumento na dependência da glicólise. O NADH gerado pela glicólise pode ser oxidado a NAD por fermentação alcoólica, permitindo que a produção de ATP prossiga. A deficiência de oxigênio causada pelo alagamento também estimula uma série de respostas metabólicas, incluindo a produção de polipeptídeos, chamados de proteínas de estresse anaeróbio, cuja função não é ainda totalmente conhecida.

Adaptações anatômicas e morfológicas

Uma ampla diversidade de adaptações anatômicas e morfológicas permite às plantas sobreviverem e crescerem sob condições muito secas ou muito úmidas. Dentre as mais importantes, estão as variações no número, arranjo, tamanho e comportamento dos estômatos, os quais variam muito entre as plantas. A maior parte da água que sai de uma planta o faz através dos estômatos de suas folhas (pequenas quantidades escapam através da epiderme foliar; outras estruturas, como as flores, podem às vezes perder quantidades consideráveis de água). A condutância estomática ao vapor de água (assim como ao CO_2) varia diretamente com o tamanho da fenda estomática. As **células-guarda** situam-se em cada lado da fenda estomática (Figura 3.9) e, pela mudança contínua de forma, ampliam ou estreitam essa fenda. Por meio de hormônios, a planta controla o movimento das células-guarda; essa não é simplesmente uma consequência física da murcha passiva de água à medida que a água é perdida, como antes se pensava*.

* N. de T. Todo o processo de abertura e fechamento da fenda estomática resulta da murcha ou turgescência das células-guarda, decorrentes da perda ou do ganho de água dessas células. A causa desses influxos ou efluxos de água é o aumento ou a diminuição na quantidade de solutos nas células-guarda. Quando os autores se referem a uma murcha não-passiva das células-guarda pela perda da água, referem-se ao fechamento dos estômatos, o qual resulta da redução na quantidade de solutos e a consequente perda de água (e murcha das células-guarda) e não da evaporação direta de água para a atmosfera.

Os estômatos abrem-se e fecham-se principalmente em resposta a três fatores: luz, concentração de CO_2 e disponibilidade de água. A ação das células-guarda difere entre plantas com rotas fotossintéticas C_3, C_4 e CAM (ver Capítulo 2). A luz direta faz com que os estômatos de plantas C_3 e C_4 se abram. A pressão parcial do CO_2 no espaço intercelular da folha tem grande influência sobre as células-guarda, sinalizando aos estômatos que se fechem quando ela sobe e que se abram quando ela diminui. À noite, quando a fotossíntese cessa em plantas C_3 e C_4, a concentração de CO_2 no espaço intercelular aumenta, e os estômatos fecham-se. Durante o dia, a captura fotossintética de CO_2 reduz a pressão parcial do CO_2 no espaço intercelular e os estômatos abrem-se. Em plantas CAM, a pressão parcial do CO_2 cai à noite à medida que o CO_2 é capturado pela PEP carboxilase, e os estômatos abrem-se. Durante o dia, os ácidos orgânicos são descarboxilados (CO_2 é removido) e acumulam-se na folha**, sinalizando aos estômatos que se fechem (Figura 2.13).

As relações hídricas das plantas são críticas na determinação do comportamento estomático. Os estômatos respondem tanto ao potencial hídrico da folha quanto à umidade da atmosfera (Figura 3.10). Um potencial hídrico em declínio na folha vai prevalecer sobre outros fatores, como a pressão parcial de CO_2, para fechar os estômatos; é claro que, impedir a dessecação é uma preocupação mais imediata do que manter a taxa fotossintética.

Os estômatos de diferentes plantas variam na sua sensibilidade a esses três fatores. Os mesófitos, em particular as espécies agrícolas cultivadas, costumam fechar seus estômatos durante o meio do dia, quando as perdas de água são maiores, mesmo em solo úmido. Os estômatos dos xerófitos comportam-se diferentemente daqueles dos mesófitos quando o solo começa a secar. A maioria dos mesófitos fecha rapidamente seus estômatos, à medida que o solo seca e o potencial hídrico da folha cai. Muitos xerófitos, ao contrário, são capazes de se manter absorvendo água do solo e fotossintetizando no meio de um período de seca (Figura 3.10), e seus estômatos permanecem abertos (embora a baixos valores de condutância) a potencias hídricos muitos mais baixos e por períodos de tempo mais longos quando o solo seca, em comparação aos mesófitos. Os mesófitos tipicamente têm larguras máximas de fendas estomáticas muito maiores, condutâncias estomáticas máximas mais elevadas e taxas máximas de fotossíntese maiores do que os xerófitos (Tabela 3.1).

Em ambientes onde condições de seca se alternam com uma estação úmida previsível, algumas plantas são capazes de fotossintetizar e crescer rapidamente durante o período em que a água está disponível. Maximizando o acúmulo de carbono quando a água se encontra mais disponível e os estômatos podem ser abertos sem perda excessiva de água, as plantas ganham o máximo de carbono e energia ao longo do curso de um ano, sem consequências adversas. As especializações na anatomia foliar podem ajudar as plantas a alcançar altas taxas de absorção fotossintética de carbono durante períodos favoráveis.

** N. de T. Na verdade, o que se acumula na folha e sinaliza o fechamento é o CO_2, um dos produtos da descarboxilação.

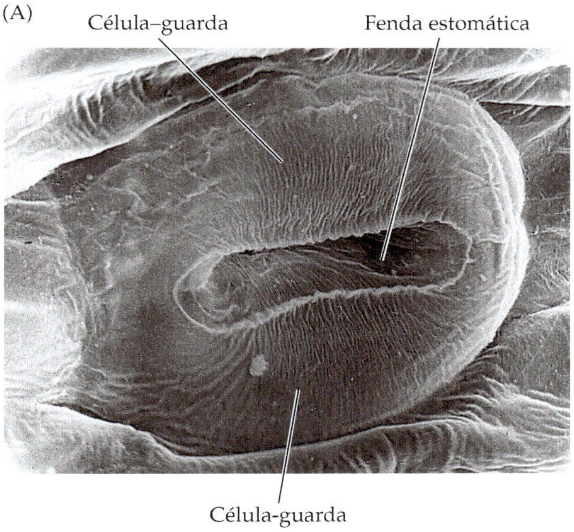

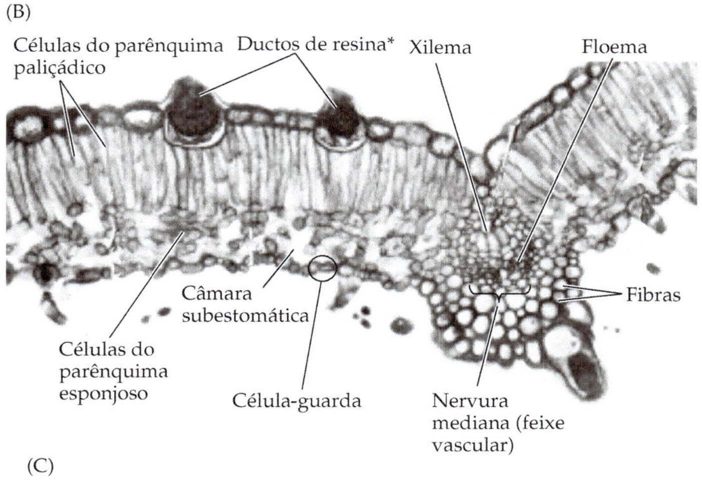

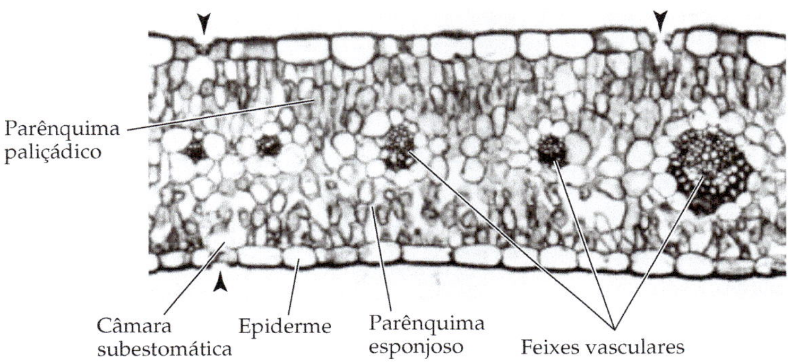

Figura 3.9 (A) Eletromicrografia varredura de um estômato em uma folha de *Allium* sp. (cebola, Alliaceae). A vista é de dentro da epiderme e mostra um par de células-guarda delimitando a cavidade estomática. As células-guarda controlam a largura da fenda estomática e, assim, a quantidade de água que sai da planta (fotografia cedida por E. Zeiger e N. Burnstein). (B, C) Secção transversal mostrando a estrutura foliar em dois mesófitos (B) *Cannabis sativa* (maconha, Moraceae). As células fotossintéticas são as alongadas e constituem o parênquima paliçádico e as menores e irregularmente espaçadas formam o parênquima esponjoso. A nervura mediana consiste em células do xilema e floema e tem uma capa protetora de fibras. (C) Uma folha de *Dianthus sp.* (cravo, Caryophyllaceae). A micrografia mostra uma nervura grande (à direita), diversas nervuras menores e células dos parênquimas paliçádico e esponjoso. Há estômatos tanto na superfície superior quanto na inferior da epiderme foliar (cabeças de setas) – uma condição mais típica de xerófitos do que de mesófitos como esta espécie (de Esau, 1977).

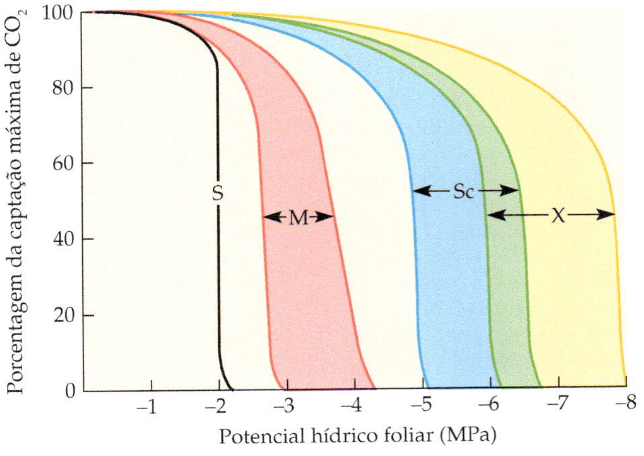

Figura 3.10 Os estômatos respondem ao declínio no potencial hídrico da folha: dependendo da espécie e do hábitat, fecham-se rapidamente, à medida que o solo seca, ou mais lentamente; isso resulta em uma redução na fotossíntese. O gráfico mostra o declínio na taxa fotossintética, expressa como porcentagem da captação máxima de CO_2, à medida que decresce o potencial hídrico foliar, em plantas com diferentes estratégias. Com o estabelecimento da seca, as suculentas (S) fecham seus estômatos mais prontamente; os mesófitos, M, são os próximos (faixa de valores de potencial hídrico mostrada com sombreamento vermelho); plantas esclerófilas, Sc, (árvores e arbustos do Mediterrâneo e de outros climas semi-áridos, sombreamento azul e verde), xerófitos, X, (dicotiledôneas herbáceas, gramíneas e arbustos de desertos e de outros ambientes muito áridos, sombreamento verde e amarelo) fecham seus estômatos em valores mais negativos. As plantas esclerófilas e os xerófitos têm valores que se sobrepõem parcialmente (segundo Larcher, 1995).

* N. de R. T. Na literatura especializada sobre anatomia vegetal, essas células são referidas como idioblastos que contêm **cistólitos** (ver, por exemplo, Esau, K. 1977. *Anatomy of seed plants*).

TABELA 3.1 Propriedades de estômatos na superfície inferior da epiderme de folhas em plantas de ambientes mésicos e xéricos

Tipo de planta	Densidade estomática (número / mm² área foliar)	Comprimento do poro* (μm)	Máxima largura do poro (μm)	Área de poro (% da área foliar)	Máxima condutância ao CO_2 (mmol/m²/s)
Ambientes mésicos					
Plantas herbáceas (hábitats ensolarados)	150 (200)	15 (20)	5	0,9 (1,0)	425 (700)
Plantas herbáceas (hábitats sombreados)	75 (100)	23 (30)	6	1,0 (1,2)	130 (200)
Gramíneas	75 (100)	25 (30)	3	0,6 (0,7)	270 (460)
Árvores de florestas tropicais	400 (600)	18 (25)	8	2,3 (3,0)	100 (300)
Árvores decíduas	200 (300)	10 (15)	6	0,9 (1,2)	150 (250)
Ambientes xéricos					
Arbustos xerofíticos de deserto	225 (300)	13 (15)	–	0,4 (0,5)	155 (260)
Esclerófilos	300 (500)	13 (15)	2	0,4 (0,5)	175 (250)
Suculentas	33 (50)	aprox 10	10	0,3 (0,4)	95 (130)
Coníferas perenifólias	80 (120)	18 (20)	–	0,7 (1,0)	200 (–)

Fonte: Larcher, 1995

Nota: As medianas e máximas médias (em parênteses) são mostradas para cada característica estomática. Enquanto há amplas sobreposições entre valores para plantas de ambientes diferentes, as características estomáticas refletem as adaptações estomáticas de muitas maneiras. As gramíneas são encontradas em uma ampla variedade de hábitats, de mésicos a xéricos. As suculentas, muitas das quais utilizam a fotossíntese CAM, têm propriedades estomáticas muito diferentes de outras plantas de ambientes xéricos. As coníferas perenifólias tendem a viver em hábitats secos devido a precipitações reduzidas ou a baixas capacidades de retenção de água do solo, mas têm folhas singulares (acículas), com características incomuns.

Muitas plantas nativas de ambientes áridos são **anfiestomáticas** (têm estômatos em ambas as superfícies da epiderme foliar; a maioria dos mesófitos tem estômatos apenas em seus lados de baixo**). Mais de 90% das espécies nos desertos norte-americanos são anfiestomáticas. Muitas espécies de deserto são também **isobilaterais** (têm uma arquitetura foliar interna simétrica característica, com tecido paliçádico tanto no lado superior quanto inferior da folha) (Figura 3.11). Essas duas características juntas são provavelmente uma adaptação aos altos níveis de luz disponível a plantas que crescem em hábitats áridos. Como a luz solar intensa pode penetrar mais profundamente no interior de uma folha do que uma luz mais fraca, a manutenção dessas camadas densas de células fotossintéticas profundas na folha permite à planta alcançar altas taxas fotossintéticas máximas. A presença de estômatos nos dois lados da folha reduz a distância média que o CO_2 tem para se difundir até atingir os cloroplastos, o que também aumenta a fotossíntese.

Embora os xerófitos em geral tenham um número maior de estômatos por milímetro quadrado de área de superfície foliar do que os mesófitos, a área média total de fenda como porcentagem da área foliar total é cerca de metade em xerófitos, em comparação com mesófitos. Essa estrutura foliar pode ser uma adaptação para manter o controle eficiente da perda de água quando o solo começa a secar, ao mesmo tempo que minimiza a distância que o CO_2 tem de percorrer até chegar a uma célula fotossintética.

Outra característica de algumas plantas de ambientes áridos é a localização de estômatos abaixo da superfície foliar

Figura 3.11 Secções transversais de folhas com várias características xeromórficas. (A) *Sphaeralcea incana* (malva-do-deserto, Malvaceae), com o mesofilo formado apenas por células de parênquima paliçádico; observe também os numerosos tricomas (pelos semelhantes a agulhas; Figura 11.10) na superfície da folha. Uma nervura mediana grande é visível no centro da ilustração. (B, C) *Salsola kali* (cardo russo, Amaranthaceae). (B) Esquema geral da folha. (C) Anatomia da folha suculenta, mostrando tecido de armazenamento de água com células grandes, circundado por uma única camada de parênquima paliçádico. (D, E) *Nerisyrenia camporum* (mostarda, Brassicaceae). (D) Esquema geral da folha. (E) Anatomia foliar, mostrando uma baixa razão superfície:volume e um mesofilo formado apenas de parênquima em paliçádico; vários feixes vasculares pequenos são visíveis no meio da folha. (F, G) *Atriplex canescens* (*four-wing saltbush*, Amaranthaceae). (F) Esquema geral da folha. (G) Anatomia foliar, mostrando mesofilo isobilateral e pelos*** grandes e abundantes nas superfícies inferior e superior da epiderme. A nervura mediana grande, no centro da folha, possui uma capa de fibras de paredes espessas entre ela e a epiderme superior. Observe que as folhas de todas essas plantas têm cutículas espessas (segundo Esau, 1977). ▶

* N. de R. T. O **poro**, cujas dimensões e forma se alteram com os movimentos das células-guarda, representa a abertura externa situada acima da fenda estomática (ostíolo). Entre o poro e a fenda estomática encontra-se uma cavidade frontal, às vezes referida como átrio.

** N. de T. Na verdade, os autores referem-se às superfícies abaxiais (lados de baixo) das epidermes das folhas dos mesófitos.

*** N. de R. T. Em inglês, utiliza-se "hair" também no sentido de tricoma.

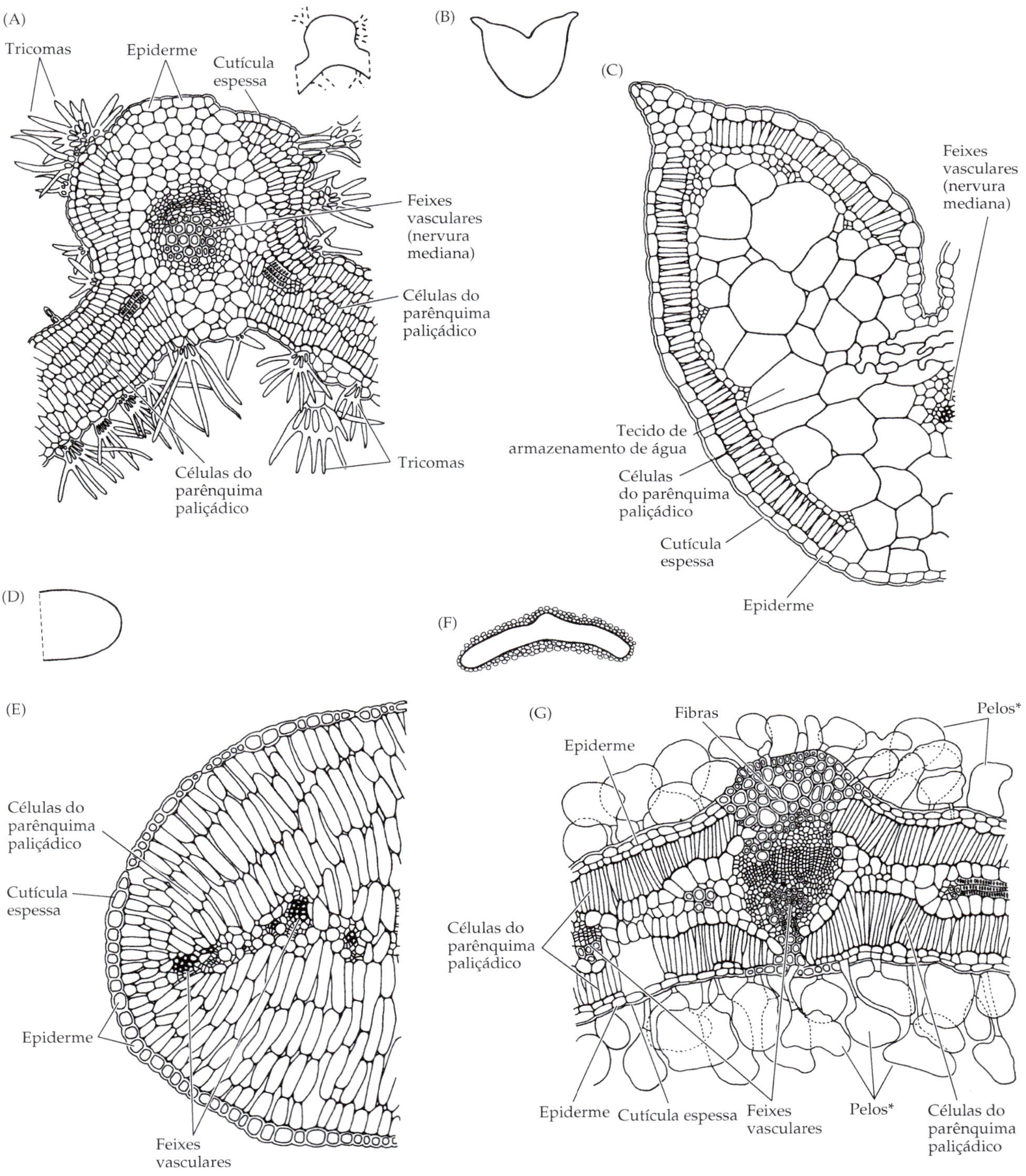

ou mesmo em criptas profundas. Esta característica aumenta a distância que a água tem de trafegar para se difundir para longe da superfície da folha, aumentado a resistência da folha à perda de água. A transpiração também é diretamente reduzida porque a diferença de concentração de vapor de água entre a folha e o ar imediatamente fora do estômato é muito reduzida pelo vapor de água retido na cripta.

* N. de R. T. Trata-se de tricomas secretores especializados, denominados **glândulas de sal**, que impedem o acúmulo prejudicial de íons minerais nos tecidos de plantas de ambientes salinos (ver Appezzato-da-Glória, B. & Carmello-Guerreiro, S. M. 2006. *Anatomia vegetal, UFV: Viçosa, MG. 2 ed.*).

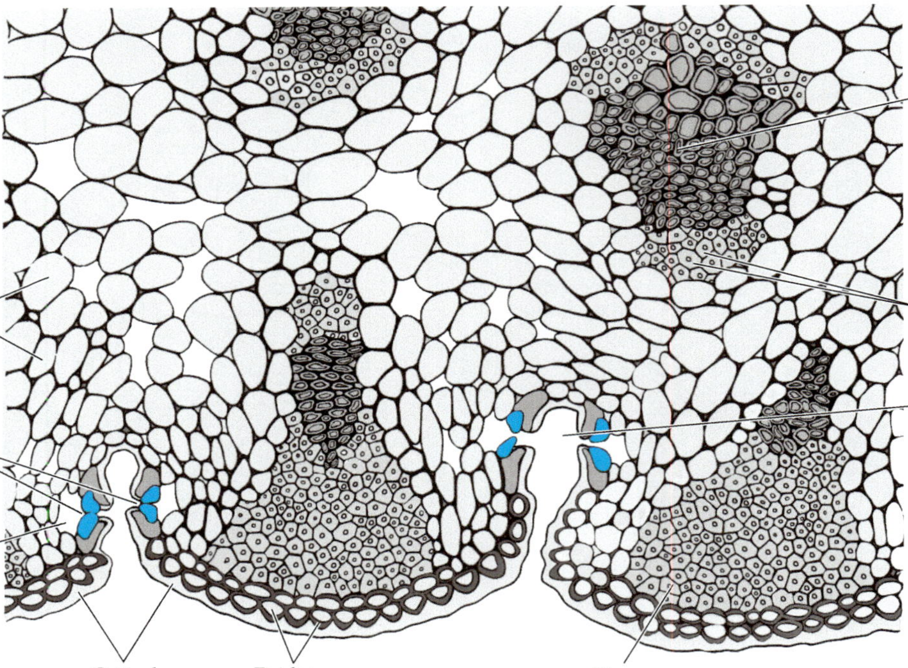

Figura 3.12 Criptas estomáticas em uma folha de *Yucca* sp. (iuca, Agavaceae). Há dois estômatos dentro de cada cripta; os da cripta da esquerda estão fechados, e os da cripta da direita estão abertos. Outras características xerofíticas dessa planta incluem folhas espessas, grandes cordões de fibras e uma cutícula cerosa espessada (segundo Weier et al., 1974).

A cutícula cerosa que cobre a epiderme das folhas pode ser especialmente espessa em xerófitos, aumentando a resistência cuticular. A resistência cuticular torna-se importante quando os estômatos estão fechados. Uma planta com baixa resistência cuticular poderia deixar vazar consideráveis quantidades de água ao longo de um prolongado período seco, mesmo com os estômatos fechados; impedir tal perda é um fator crítico para a sobrevivência em um hábitat árido. A cutícula também pode ter uma construção especializada que reflita boa parte da luz que incide sobre a folha.

As folhas de muitas espécies adaptadas a condições secas são **esclerófilas**, ou fortes e coriáceas. Várias estruturas tornam essas folhas fortes e duras, incluindo paredes celulares espessas (especialmente na epiderme) e grande quantidade de fibras e de outros tecidos estruturais. Folhas mais fortes e duras atendem a diversas funções, desde o provimento de força mecânica para reduzir a murcha até a proteção contra a herbivoria, o ataque de patógenos e mesmo contra dano pelo vento (que provavelmente é mais forte em hábitats abertos e áridos). Muitos dos atributos de xerófitos aqui discutidos são também, até certo ponto, características das respostas plásticas de plantas não-xerofíticas a condições ensolaradas e secas.

Existe uma vasta gama de diferenças morfológicas entre sistemas radicais de diferentes plantas. As raízes, naturalmente, são o que a maioria das plantas vasculares utiliza para obter água, e os sistemas radicais diferem de acordo com o grupo taxonômico, assim como com o ambiente ao qual cada espécie está adaptada e, até certo ponto, com o ambiente no qual a planta individual está crescendo. Há um certo número de diferentes tipos de sistemas radicais. Os **sistemas radicais fasciculados** formam uma densa rede, capaz de explorar um grande volume de solo em busca de água e nutrientes. A maioria das gramíneas e muitas outras monocotiledôneas têm sistemas radicais fasciculados (Figura 3.13.). Outras espécies, em geral dicotiledôneas, têm uma única **raiz pivotante**, que se estende profundamente no solo e que pode também ser espessada e capaz de armazenar alimento.

As raízes também possuem diversas adaptações anatômicas aos ambientes em que crescem. Porém têm sido menos estudadas do que as folhas, talvez por serem menos aparentes. Uma das adaptações mais drásticas da anatomia de raiz a condições de hábitat é o **aerênquima** (tecidos aerados) de plantas aquáticas e de outras plantas adaptadas ao alagamento (Figura 3.14). A formação do aerênquima é uma maneira de evitar as condições de pouco oxigênio dos solos alagados, pelo fornecimento de um sistema interconectado de canais de ar para o movimento de gases dentro da planta. O oxigênio do ar externo, assim como o oxigênio liberado pela fotossíntese, difunde-se às raízes através do aerênquima, enquanto outros gases (como etileno e metano) escapam das raízes para fora das partes aéreas da planta. Outras plantas que crescem em solos inundados produzem raízes aéreas especializadas, ou raízes que se curvam para cima e emergem do solo para atmosfera, presumivelmente para obter acesso ao oxigênio (Figura 3.15).

O **xilema**, tecido que transporta água através da planta em plantas vasculares, também difere grandemente en-

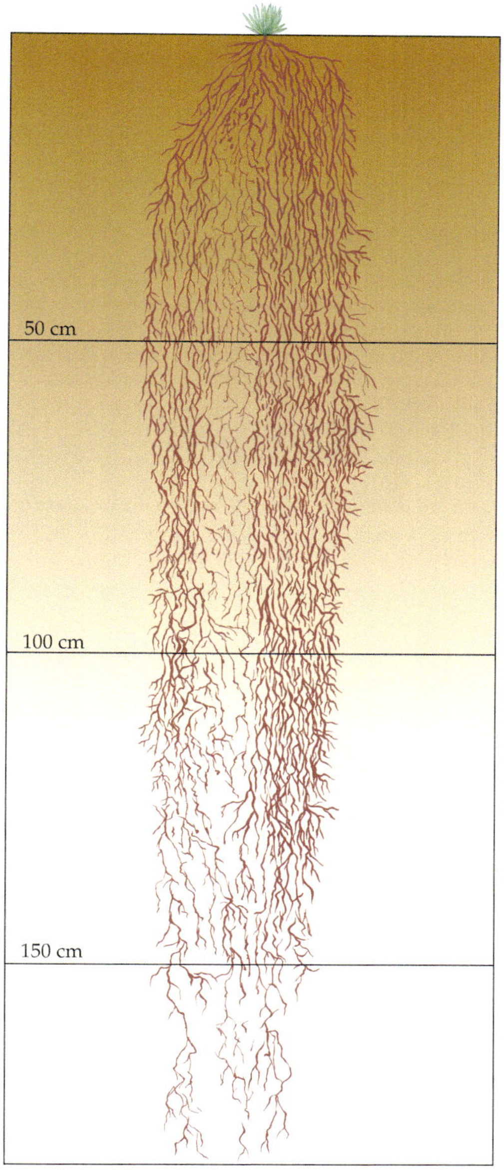

Figura 3.13 Sistema radical fasciculado de *Triticum aestivum* (trigo, Poaceae), uma espécie de monocotiledônea cultivada. A parte aérea dessa planta foi cortada logo acima da superfície do solo (segundo Mohr e Schopfer, 1995).

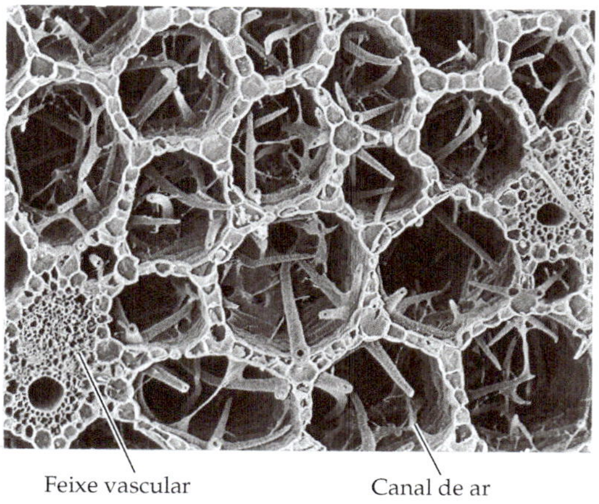

Figura 3.14 Eletromicrografia de varredura do aerênquima de *Nuphar* sp. (lírio amarelo aquático, Nymphaeaceae). Os canais de ar permitem aos gases, incluindo o essencial oxigênio, o deslocamento através de plantas que crescem sob condições de inundação (fotografia © J. N. A. Lott / Biological Photo Service).

tre as plantas, dependendo da filogenia e das adaptações ecológicas destas. Em todas as plantas, células maduras do xilema são mortas, e os conteúdos internos são removidos para produzir vasos* ocos por meio dos quais a água é transportada. O tamanho e a forma dos vasos, bem como as conexões entre eles, diferem entre os táxons, e estas di-

Figura 3.15 Estande de mangue no Golfo do México, na Flórida. *Rhizophora mangle* (mangue vermelho, Rhizophoraceae) no primeiro plano. Observe as raízes aéreas que atuam como escoras e vias de canalização do ar às porções submersas das raízes (fotografia de J. Gurevitch).

* N. de T. Nesse contexto, o termo vasos está sendo provavelmente usado para designar os sistemas interconectados de células condutoras do xilema, as quais podem ser traqueídes e elementos vasos. No entanto, a formação de vasos só ocorre pela justaposição de elementos de vaso.

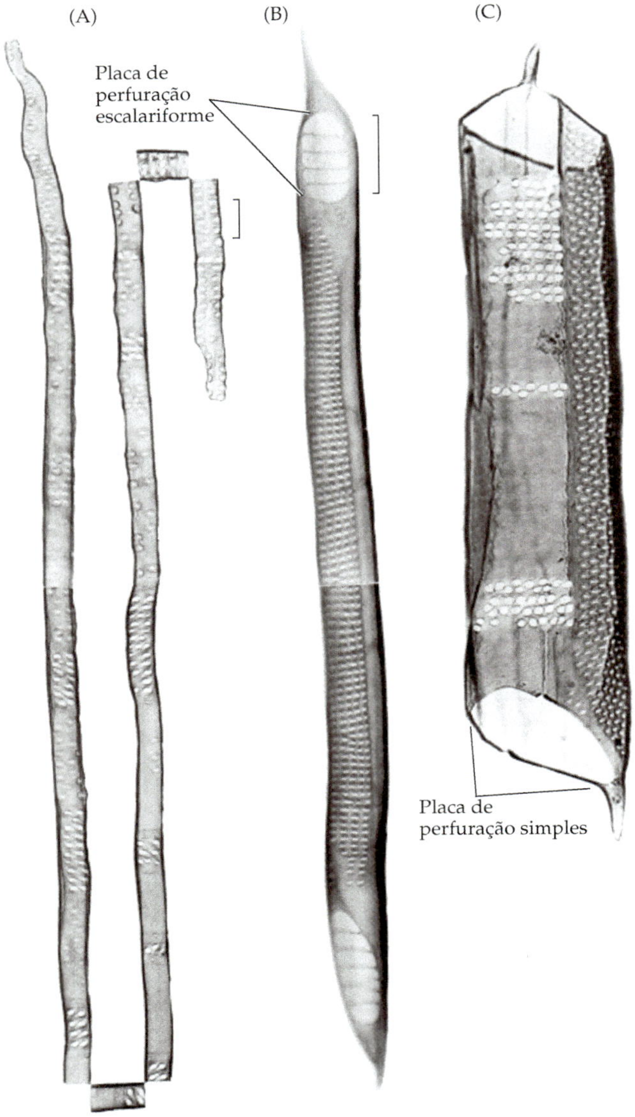

Figura 3.16 Células condutoras de água da madeira de uma gimnosperma e de diversas angiospermas arbóreas. (A) Traqueíde de *Pinus lambertiana* (*sugar pine*, Pinaceae), dobrado em várias partes para mostrar seu comprimento total (observe que as extremidades da traqueíde não são abertas; a água difunde-se através dessas paredes terminais quando migra para a traqueíde logo acima). (B) Elemento de vaso do xilema de *Liriodendron tulipifera* (álamo-tulipa, Magnoliaceae), mostrando aberturas na parede terminal (placa de perfuração escalariforme; a água pode mover-se diretamente através dessas aberturas, à medida que sobe no xilema ao próximo elemento de vaso). (C) Elemento de vaso do xilema de *Populus trichocarpa* (choupo preto, Salicaceae), com uma parede terminal totalmente aberta (placa de perfuração simples). Indo da esquerda para a direita, as células do xilema tornam-se progressivamente mais curtas, mais largas e com aberturas maiores nas paredes terminais, tudo contribuindo para facilitar a passagem mais rápida de grandes volumes de água. As barras de escala têm 100 µm (de Esau, 1977).

ferenças afetam fortemente a sua função. A evolução do xilema ilustra a adaptação das plantas à disponibilidade e perda de umidade, à previsibilidade do estresse hídrico e à necessidade de força mecânica.

O tecido condutor de água nas plantas vasculares que surgiram primeiro (como samambaias, cavalinhas e licopódios) consiste em células alongadas denominadas **traqueídes** (Figura 3.16A). Essas células se conectam umas às outras pelas porções mais delgadas de suas paredes terminais, através das quais a água se difunde. O transporte de água em tal sistema é limitado; uma quantidade menor de água é transportada e desloca-se mais lentamente do que em táxons que evoluíram mais recentemente.

As gimnospermas também dependem de traqueídes, embora tais células apresentem vários avanços em relação às das plantas vasculares mais antigas. As angiospermas às vezes também possuem traqueídes, mas também desenvolveram um outro tipo de célula de xilema, denominada **elemento de vaso** (Figura 3.16B,C. Figura 3.17). Essas células formam o que são, essencialmente, longos tubos condutores de água, chamados de **vasos**. Em comparação com as traqueídes, os elementos de vaso são mais curtos e podem ser totalmente abertos nas extremidades, permitindo que mais água se mova com rapidez das raízes às partes aéreas. Os elementos de vaso de dicotiledôneas de ambientes secos tendem a ser em especial curtos e estreitos, com paredes excepcionalmente espessas. Essa estrutura oferece uma vantagem adaptativa para a condução de água sob potenciais de pressão muito negativos, necessários para a manutenção de um gradiente de potencial hídrico favorável quando a água é extraída de solos muito secos. A pressão negativa extrema à qual o xilema é exposto nessas plantas xerofíticas seria suficiente para colapsar os vasos de espécies que não possuíssem esse tipo especializado de xilema. Em algumas árvores decíduas de clima temperado, os vasos produzidos na primavera são mais largos do que os produzidos no verão, e o padrão alternado de elementos de vasos mais largos e mais estreitos produz anéis característicos nessas árvores com "anéis porosos"* (nem todas as árvores mostram este padrão).

Uma grave restrição na capacidade dos vasos de conduzir água é o potencial para **cavitação** – quebra da coluna de água nos capilares do xilema (os vasos menores**). A cavitação pode ocorrer sob várias condições, das quais as mais importantes são o estresse hídrico intenso e o congelamento. Sob estresse hídrico extremo, bolhas de ar podem entrar no xilema através das pontoações nas paredes dos

* N. de R. T. O termo poro, em anatomia de madeira, refere-se a um vaso observado em secção transversal. Na realidade, os lumes dos vasos formados na primavera são mais amplos, em relação aos dos produzidos em outras épocas do ano.

** N. de T. Todas as células do xilema têm dimensão capilar, embora certamente as de menor diâmetro possam gerar uma maior ascensão capilar. A referência dos capilares do xilema como sendo os vasos menores parece confusa, pois, se os autores se referem aos vasos de menores diâmetros, a afirmação opõe-se ao comumente observado: que os vasos mais amplos são os mais suscetíveis à cavitação (ver próximo parágrafo).

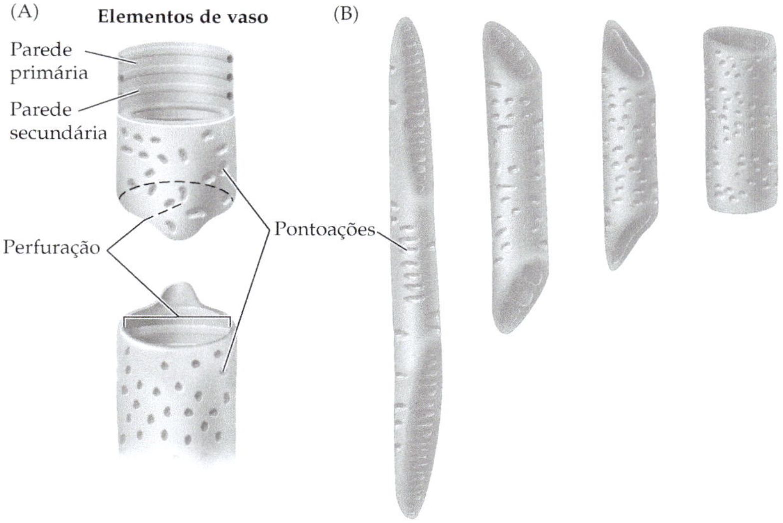

Figura 3.17 (A) Estrutura de um elemento de vaso. Observe que a parede terminal do elemento de vaso é perfurada e aberta à passagem de água. A parede secundária é depositada abaixo da parede primária e internamente a ela, fortalecendo-a. A parede do elemento de vaso tem pontoações – partes mais finas da parede celular, através das quais ocorre alguma difusão – em suas superfícies externas (segundo Mauseth, 1998). (B) Elementos de vaso de quatro angiospermas diferentes, dispostas, da esquerda para a direita, da primeira a evoluir (similar à magnólia) até a mais recentemente evoluída (similar ao carvalho). Os primeiros elementos de vaso são longos e finos e lembram muito as traqueídes (Figura 3.15). A tendência evolutiva foi no sentido de elementos mais curtos a mais largos, com paredes celulares mais espessas, que podem conduzir maiores volumes de água. Devido aos grandes volumes de água, esses elementos de vaso mais largos estão sob maior estresse; o suporte estrutural adicional é proporcionado pelas fibras circundantes.

vasos (Figura 3.17), devido aos potenciais hídricos muito baixos dentro dos seus capilares. Após, a água adjacente à bolha rapidamente evapora para dentro dela, expandindo-a, até que a coluna de água é rompida, quebrando o *continuum* de água do solo através da planta até a atmosfera e reduzindo bastante a capacidade do vaso de conduzir água (as gravações dos sons de estalos da coluna de água se quebrando, quando ocorre a cavitação do xilema, podem ser utilizadas para documentar a taxa de cavitação). A alta vulnerabilidade à cavitação da conífera *Austrocedrus chilensis* (cedro chileno, Cupressaceae) é consistente, por exemplo, com sua estratégia de evitação da seca. Essa espécie tem várias adaptações morfológicas que em geral mantêm um potencial hídrico consistentemente alto (favorável) ao longo de um gradiente excepcionalmente amplo de umidade do solo, em toda a sua faixa de ocorrência no sul do Chile e na Argentina; a cavitação pode ocorrer mais prontamente do que em muitas outras plantas, se os potenciais hídricos caírem abaixo desses valores altos (Gyegne et al., 2005; Figura 3.18).

Durante o congelamento da seiva em um vaso, os gases dissolvidos naquele fluído, que são insolúveis no gelo, são forçados para fora na forma de bolhas e ficam presos no gelo. Durante o derretimento subsequente, as bolhas podem unir-se e tornarem-se grandes o suficiente para causar cavitação. Há uma maior probabilidade de vasos grandes e largos serem submetidos à cavitação, devido ao estresse hídrico e ao congelamento, do que os vasos menores, mas a capacidade de um vaso de conduzir água rapidamente durante a transpiração normal (ou seja, sua condutância hidráulica) é também muito maior em vasos mais largos (a condutância hidráulica é proporcional à quarta potência do diâmetro do vaso). Portanto, existe um conflito (*trade-off*) entre a capacidade de transportar grandes quantidades de água rapidamente e a suscetibilidade à cavitação (devido ao estresse hídrico ou congelamento) em plantas com vasos grandes.

O balanço energético das folhas

A sobrevivência de qualquer ser vivo depende da manutenção de uma temperatura que não seja nem tão baixa nem tão alta para que seus tecidos e órgãos funcionem. Evidentemente, as plantas precisam evitar o congelamento ou o cozimento. Além disso, elas precisam manter suas folhas a temperaturas em que possam realizar processos metabólicos otimamente, ou ao menos adequadamente, na

Figura 3.18 *Austrocedrus chilensis* no Parque Nacional de Laguna del Laja, Andes chilenos (fotografia cedida por S. Aubert).

maior parte do tempo. Como uma planta consegue realizar essa tarefa? Ninguém em geral pensa em plantas como sendo capazes de regular suas próprias temperaturas. Animais podem tremer ou ficar ao sol; podem se retirar para a sombra ou para alguma toca subterrânea quando está demasiadamente quente, muito ensolarado ou muito ventoso – mas nenhuma dessas opções é disponível às plantas. O que é possível a uma planta? Para entender melhor esse fenômeno, precisamos considerar a maneira como as plantas, e particularmente suas folhas, interagem com o seu ambiente de energia.

Todos os objetos no universo estão continuamente trocando energia com seu entorno, e as plantas não são exceção. Os fatores que determinam a temperatura de qualquer objeto, como uma folha, são melhor compreendidos em termos do **balanço de energia** (também conhecido como *energy budget*) do objeto. A **temperatura** é uma medida da energia cinética aleatória média das moléculas de uma substância. O cálculo do balanço de energia de um objeto significa contabilizar a quantidade de energia absorvida pelo objeto, a quantidade de energia que sai deste e a quantidade de energia nele armazenada. Para isso, é necessário primeiro examinar especificamente os componentes do balanço de energia de um objeto, como um organismo. Neste tópico, adotamos uma abordagem intuitiva em vez de matemática. [Campbell (1977) e Nobel (1983) fornecem um exame detalhado da biofísica dos balanços de energia dos organismos.]

Para que possamos ter uma apreciação intuitiva dos componentes do balanço de energia de um organismo – uma marmota, uma folha ou você mesmo – começamos descrevendo uma experiência comum. Imagine que você está sentado em uma rocha na praia, em um dia quente de verão, absorvendo os raios do sol. Sua pele é aquecida pela **energia radiante** do sol. Você também pode sentir o calor atingindo sua pele por condução – transferência direta da rocha sobre a qual está sentado, que também foi aquecida pela energia radiante do sol. Uma brisa lhe refresca por convecção – transferência de calor por um fluido (ar o água).

Agora, suponha que você pule na água. A água está mais fria do que seu corpo, de modo que você se sente gelado. No entanto, seu corpo não esfria tão rápido quanto um animal menor, porque sua massa maior estoca mais energia. Você nada vigorosamente, e a **energia metabólica** produzida pela queima muscular de calorias estocadas a partir do alimento o mantém aquecido. Quando você sai da água, a evaporação da água da pele faz você sentir frio – você está passando por uma **perda de calor latente**.

Esse cenário resume os principais termos da equação de balanço de energia. A compreensão dos valores desses termos pode explicar muitos aspectos da maneira pela qual os organismos trocam energia com seus ambientes e suas adaptações para manter temperaturas apropriadas.

A maioria das folhas é demasiadamente pequena para armazenar quantidades notáveis de energia e, ao contrário dos animais, a maioria das plantas não gera muito calor metabólico. Como em geral é desnecessário contabilizar a energia metabólica e o armazenamento de energia, o cálculo do balanço de energia de uma folha típica é relativamente simples. A equação do balanço de energia para uma folha a temperatura constante pode ser escrita como

$$R_n - H - \lambda E = 0$$

Em outras palavras, R_n, a quantidade líquida de energia de calor radiante que penetra em uma folha, menos H, a perda de calor sensível (condução + convecção), e λE, a perda de calor latente, igual a zero: a energia ganha pela folha é exatamente balanceada pela energia perdida. Se há mais energia entrando do que saindo, a temperatura da folha subirá; se mais energia está saindo da folha do que entrando, sua temperatura cairá.

Embora esses termos, costumem ser adequados para folhas, eles não são suficientes para determinar o balanço de energia de certos órgãos vegetais volumosos, como os caules de alguns cactos, que podem armazenar energia calorífica considerável. Existem também algumas poucas plantas e órgãos vegetais incomuns, como *Amorphophallus titanum* (lírio vodu, Araceae; ver Quadro 7A) e *Symplocarpus foetidus* (couve gambá, Araceae), capazes de gerar energia metabólica substancial. Em tais casos, termos adicionais para o armazenamento de calor e calor metabólico devem ser incluídos na equação de balanço de energia.

Agora, exploraremos o significado desses termos e o que determina quão grandes ou pequenos são seus valores sob diferentes condições. Discutiremos também o que uma planta pode fazer para modificar esses valores, em uma base imediata ou em uma escala de tempo evolutiva, para controlar sua troca de energia com o ambiente circundante.

Energia radiante

A energia radiante é a energia transferida de um objeto para outro por **fótons**, pacotes discretos de energia que viajam na velocidade da luz. Os objetos físicos estão continuamente absorvendo e emitindo fótons. A emissão de um fóton (por um elétron que sofre uma transição em seu estado de energia) produz radiação eletromagnética em um único comprimento de onda. O fluxo de fótons de uma fonte – a quantidade de energia emitida – depende dos comprimentos de onda dos fótons emitidos. Os comprimentos de onda mais curtos têm níveis mais elevados de energia.

A energia radiante emitida pela superfície de um objeto, por unidade de área de superfície, é dada pela **equação de Stephan-Boltzmann**,

$$\Phi = \varepsilon\sigma T^4$$

onde Φ é a energia emitida (a densidade de fluxo emitida, em W/m^2), ε é a emissividade da superfície, σ é a constante de Stephan-Boltzmann ($5{,}67 \times 10^{-8}$ W / m^2 / K^4) e T é a temperatura absoluta em kelvins (K; igual à temperatura em °C + 273). A **emissividade** é uma medida de quão eficiente é um corpo em emitir energia. Se um objeto absorve toda a radiação que cai sobre ele e emite ou irradia toda a energia possível para um objeto em sua temperatura, ele é chamado de **corpo negro perfeito**. A emissividade de um corpo negro perfeito é, portanto, 1,0. Nenhum objeto real é um corpo negro perfeito ao longo de todo o

Quadro 3B

Por que o céu é azul e o pôr-do-sol é vermelho

Parte da energia radiante visível proveniente do sol é dispersada antes de atingir a superfície da Terra. As moléculas gasosas e pequenas partículas da atmosfera dispersam luz principalmente de comprimentos de onda curtos (chamada de dispersão de Rayleigh). Isso explica por que o céu é azul: os comprimentos de onda azuis são os visíveis mais curtos, comuns no espectro solar. Quando vemos a luz azul dispersa da superfície da Terra, o céu nos parece azul.

No final do dia, o ângulo da luz solar incidente é muito mais acentuado* em relação à superfície da Terra, e a luz azul é refratada (inclinada bem acima da superfície pela atmosfera). Com os comprimentos de onda azul removidos, o que resta são os comprimentos de onda mais longos (cores avermelhadas), que produzem os vermelhos e laranjas do pôr-do-sol. Além disso, a dispersão da luz por partículas grandes é mais efetiva para comprimentos de onda maiores. É por isso que a poeira vulcânica, a poluição particulada e outras fontes de material suspenso na atmosfera podem resultar em um pôr-do-sol particularmente intenso.

espectro eletromagnético, mas a maioria dos objetos naturais tem emissividades entre 0,90 e 0,98 (embora possam variar consideravelmente com o comprimento de onda das emissões).

Perceba que uma das quantidades mais importantes na equação de Stephan-Boltzmann é a temperatura, porque ela é elevada à quarta potência. Assim, a superfície do sol, que tem uma temperatura de aproximadamente 6.000 K, emite 73.000 W/m^2; próximo de um corpo negro perfeito. A energia que atinge a superfície da Terra a partir do sol é reduzida, dentre outros fatores, pela dispersão de fótons por partículas na atmosfera (Quadro 3B; ver também Figura 18.1). O sol emite o maior número de fótons na faixa do visível do espectro, com pico na luz amarela (explicando por que o sol parece amarelo), embora mais energia venha de suas emissões de maior energia, os comprimentos de onda mais curtos na faixa do ultravioleta (UV). A Terra, por outro lado, tem uma temperatura média de cerca de 290 K e emite cerca de 400 W/m^2, na porção infravermelha do espectro.

Você pode ficar surpreso em saber que a Terra irradia energia. Ela o faz, assim como todos os objetos no universo, incluindo você e as folhas das plantas. Os comprimentos de onda dessas emissões não estão no espectro visível, no entanto, porque a temperatura da Terra (assim como sua temperatura e da folha) é demasiadamente baixa para que ela possa emitir luz visível.

A radiação líquida de uma folha (R_n) contabiliza toda a energia radiante que entra e sai dela (Figura 3.19). À luz do sol, R_n é positiva, mas à noite ela é frequentemente negativa, uma vez que a folha irradia muito mais energia do que absorve do ambiente circundante. Por convenção, dividimos a radiação que entra em **radiação de ondas curtas** (comprimentos de onda < 700 nm, incluindo comprimen-

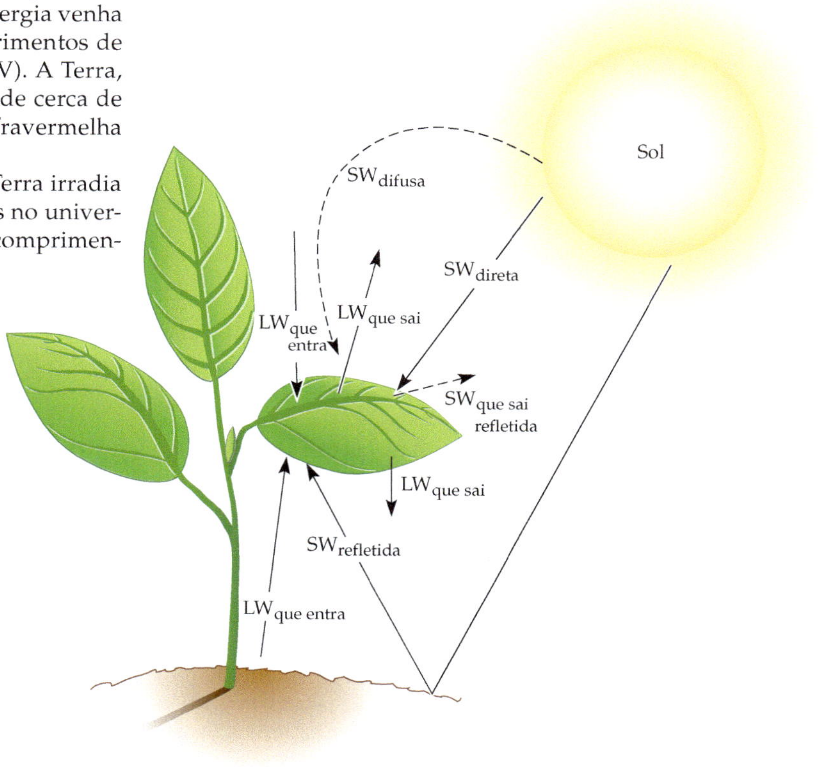

Figura 3.19 Fluxo de energia radiante (R_n) de uma folha mantida horizontalmente em um dia quente e ensolarado. A energia radiante de onda longa é indicada por LW, a energia radiante de onda curta, por SW. A folha absorve a energia radiante de onda curta direta e difusa do sol, assim como a energia de onda curta refletida de objetos próximos, como o chão (ou outras folhas). A folha então reflete parte da energia radiante de onda curta. Ela absorve energia radiante de onda longa do chão e do céu e emite energia radiante de onda longa para cima em direção ao céu e para baixo em direção ao chão (segundo Campbell, 1977).

* N. de T. Os autores escrevem *"angle of incoming light is much steeper* (aqui traduzido como acentuado) *relative to the Earth's surface"*. No entanto, quando o sol se põe, seus raios incidem de forma mais paralela à superfície da terra, o que implica ângulos próximos a zero entre os raios e essa superfície.

tos de onda das faixas visível e ultravioleta) e **radiação de ondas longas** (comprimentos de onda > 700 nm, incluindo comprimentos de onda da faixa infravermelha e mais longos). A radiação de ondas curtas inclui a luz solar direta que incide sobre a folha, a luz refletida das redondezas e a luz difusa de ondas curtas vinda de várias fontes, incluindo a luz de fundo do céu. Uma folha mantida diretamente em direção perpendicular à luz solar vai receber mais energia de ondas curtas do que uma mantida mais paralelamente. Entradas de ondas longas incluem a energia radiante emitida pelo chão, céu e por outros objetos ao redor da folha. A folha absorve apenas parte da energia radiante que incide sobre ela, cuja quantidade depende especialmente das características de sua superfície. O restante é refletido de volta para o céu ou em direção a outros objetos em seu ambiente.

Condução e convecção

Troca de calor sensível, a troca de energia que resulta em uma mudança de temperatura, inclui dois componentes principais – transferência de calor condutiva e convectiva (Figura 3.20). A transferência de calor sensível entre um organismo e seus arredores é diretamente proporcional à diferença de temperatura entre eles e inversamente proporcional à resistência do organismo à transferência de calor. Essa relação pode ser modelada utilizando-se equações de fluxo. O calor é transferido de objetos mais quentes para mais frios. As moléculas de um objeto sólido mais quente vibram mais rápido do que as de um mais frio (moléculas ou átomos em líquidos mais quentes deslizam umas sobre as outras mais rapidamente, e aquelas em gases vibram mais rapidamente no espaço tridimensional). Quando as moléculas de dois objetos estão em contato, as moléculas com mais energia cinética aceleram aquelas com menos. No processo, as moléculas mais rápidas ficam um pouco mais lentas até que, por fim, os dois objetos tenham a mesma temperatura.

A **condução** é a transferência direta da energia calorífica das moléculas de um objeto mais quente para as moléculas de um mais frio. Ela ocorre quando objetos de temperaturas diferentes estão em contato direto uns com os outros. A condução é uma maneira lenta e bastante ineficiente de transferência de energia e em geral não é muito importante, seja na água, seja na atmosfera. Contudo, ela pode ser importante no solo, assim como dentro das folhas, na camada limítrofe de ar que circunda uma folha e em outras partes da planta sob determinadas condições.

A **convecção** é o transporte de calor por um volume de fluido (em geral ar ou água, no caso das plantas e de outros organismos vivos), que se move como uma unidade. Ela é muito mais rápida e eficaz do que a condução na transferência de energia de calor entre organismos e seus ambientes. Se o seu corpo está mais quente do que o ar ao redor dele, você percebe a perda convectiva de calor na forma de uma brisa fresca. É por isso que o refrescamento pelo vento é importante na sensação de frio: quanto maior a velocidade do vento, mais rapidamente seu corpo se refresca por perda convectiva de calor. Em ambientes incomuns, onde o ar circundante é mais quente do que seu corpo, a brisa será sentida como uma golfada de calor vinda de uma fornalha. Nesse caso, você está experimentando um ganho convectivo de calor.

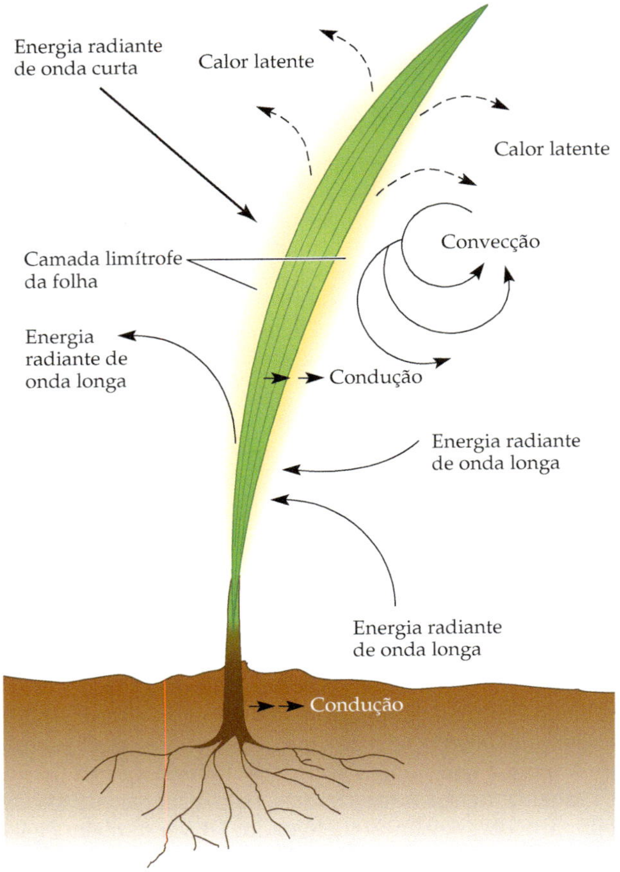

Figura 3.20 Principais componentes do balanço de energia de uma folha de gramínea, mostrando as principais fontes de energia entrando e saindo da folha. A folha tem um ganho líquido de energia de radiação de onda curta vinda do sol, e também ganha energia radiante de ondas longas da atmosfera e arredores (em especial do chão). Ela perde energia por convecção, condução (principalmente através da camada limítrofe e, abaixo do chão, para o solo) e pela perda de calor latente da água transpirada, e irradia energia para fora ao seu redor na parte de ondas longas do espectro. A camada limítrofe da folha – uma cobertura de ar parado que a circunda e reduz a perda convectiva de calor – é mais espessa na parte central da folha.

Os pelos dos mamíferos e as penas das aves podem oferecer resistência considerável à troca convectiva de calor, mas, em geral, as folhas e outras partes da planta não oferecem. No entanto, as folhas são circundadas por uma camada de ar relativamente parado, chamada de **camada limítrofe**, que circunda objetos em ar e água. A transferência de calor (e massa) através de uma camada limítrofe é muito menos eficiente do que a transferência em outros locais do fluído. Quanto mais espessa a camada limítrofe, maior é a resistência à transferência de calor imposta por uma folha.

A camada limítrofe de uma folha é determinada principalmente pela velocidade do vento e pelo tamanho e pela forma da folha. Quanto maior a velocidade do vento, mais erodida se torna a camada limítrofe. Folhas maiores, mais arredondadas e inteiras carregam uma camada limítrofe mais espessa do que folhas menores, mais estreitas ou com formas mais recortadas. A **dimensão característica** de uma folha é uma medida que leva em conta tanto seu tamanho quanto sua forma e representa a largura efetiva da folha com respeito a fluxos de energia e massa que entram e saem da folha. Ela é diretamente proporcional à resistência da camada limítrofe da folha.

Troca de calor latente

A **troca de calor latente** é a transferência de energia que ocorre durante a evaporação – processo de conversão de água do estado líquido para o gasoso (ela é chamada de latente – escondida – porque não há nenhuma mudança de temperatura durante esse processo de transferência de energia, ao contrário da troca de calor sensível, que pode ser "percebida" devido a uma mudança de temperatura). Ela é igual ao produto da taxa de evaporação, E, e λ, o calor latente de vaporização da água (2,45 MJ/kg a 20 °C). Assim como a convecção, a troca de calor latente pode ser um mecanismo de resfriamento muito eficiente para os organismos. As moléculas de uma substância no estado gasoso têm muito mais energia do que aquelas no estado líquido, na mesma temperatura. A 20°C, o vapor de água tem cerca de 2.450 joules por grama mais energia do que a água líquida. Por outro lado, aquecer água líquida em um grau exige apenas cerca de 4 joules por grama. De onde vem toda a energia extra quando a água é transformada de líquido para gás no processo de evaporação? Ela é retirada da – e, portanto, a refresca – superfície que está perdendo água: a língua de um animal ofegante, a pele de um atleta suado ou o tecido de uma folha transpirante.

Juntando tudo: temperatura da folha e da planta toda

A capacidade de uma folha de sobreviver e funcionar depende de sua capacidade de manter sua temperatura dentro de uma faixa aceitável. A temperatura foliar, por sua vez, depende do balanço de energia da folha. A grande quantidade de energia radiante que entra em uma folha pela luz solar direta, por exemplo, deve ser balanceada por uma efetiva perda de calor convectiva e/ou latente. Folhas com grande dimensão característica e elevada resistência da camada limítrofe podem, potencialmente, ficar muitos graus mais quentes ou mais frias do que folhas com uma pequena dimensão característica (Figura 3.21).

Uma planta com folhas grandes, sob luz solar forte (grande entrada de energia radiante), ar parado (perda convectiva de calor mínima) e solo seco, depara-se com um dilema crítico. A abertura dos estômatos para permitir o refrescamento por meio da troca de calor latente a coloca sob risco de murcha grave ou mesmo morte. Porém, o fechamento estomático para restringir a perda de água também reduzirá a perda de calor latente, potencialmente fazendo com que a folha aqueça a temperaturas letais. No entanto, com uma adequada disponibilidade de água e mesmo uma brisa suave, as perdas de calor latente e por convecção podem refrescar uma folha grande a temperaturas bem abaixo da do ambiente (Figura 3.22). As folhas pequenas provavelmente permanecerão com suas temperaturas próximas à do ambiente, mesmo com os estômatos fechados, uma vez que a brisa mais suave minimizará a resistência de suas camadas limítrofes. Sob condições ventosas, folhas de qualquer tamanho terão taxas substanciais de trocas convectivas de calor. Por outro lado, para as mesmas condutâncias estomáticas, uma folha quente vai perder muito mais água do que uma folha fria, porque a água evapora mais rapidamente de uma superfície quente (a superfície quente fornece mais energia para a água que evapora).

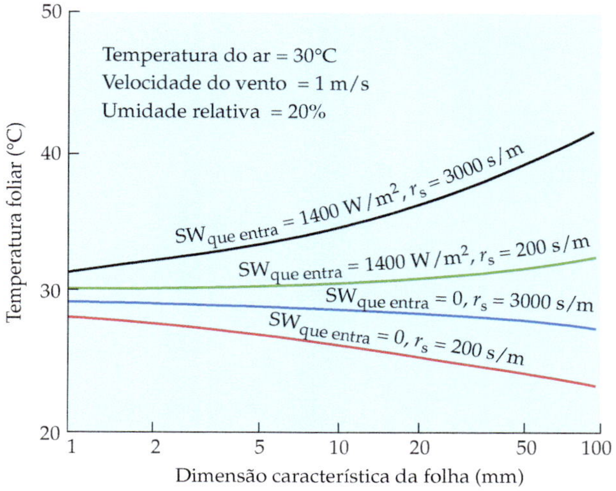

Figura 3.21 Temperaturas foliares em uma temperatura do ar constante de 30°C, com velocidade do vento constante de 1 m/s (uma brisa forte) e umidade relativa de 20%. As temperaturas foliares foram calculadas para folhas de dimensão característica (aproximadamente igual à largura foliar) crescente, a diferentes níveis de *entrada* de energia radiante de onda curta ($SW_{entrada}$, expresso em W/m², watts por metro quadrado de superfície foliar) e de resistência à difusão estomáticas (r_s) (expressa em s/m, segundos por metro). Folhas pequenas (com pequeno valor de dimensão característica) permanecem próximas à temperatura do ar, independentemente da intensidade solar e da resistência estomática (a qual afeta a perda de água e, portanto, a perda de calor latente), enquanto folhas grandes podem ficar bem mais quentes ou bem mais frias do que o ar, dependendo da entrada de ondas curtas e da resistência estomática (segundo Campbell, 1977).

Portanto, em uma escala curta de tempo, as plantas (ao menos aquelas com folhas grandes) podem controlar diretamente a perda de calor latente de suas folhas e, assim, a temperatura, controlando suas taxas de transpiração. Ao longo de períodos mais longos, a adaptação a ambientes quentes e secos pode envolver o desenvolvimento de folhas de diferentes tamanhos e formas, mudando as propriedades da camada limítrofe e alterando a troca convectiva de calor. Muitas plantas de deserto, por exemplo, possuem folhas pequenas ou estreitas que

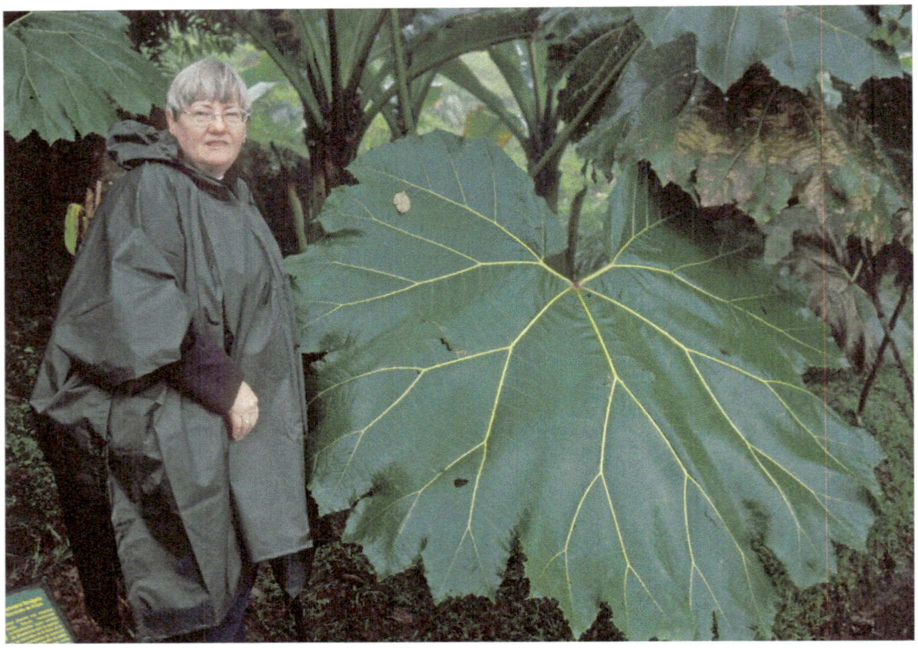

Figura 3.22 *Gunnera insignis* (guarda-chuva de pobre; Gunneraceae), uma espécie herbácea nativa da América Central com folhas impressionantemente grandes; esta foto foi tirada na Costa Rica, em uma floresta nebular (fotografia de S. Scheiner).

têm uma reduzida resistência da camada limítrofe à transferência de calor e permanecem próximas à temperatura ambiente, mesmo quando os estômatos estão fechados.

A entrada de energia radiante também está, até certo ponto, sob o controle da planta. Folhas de muitos arbustos de deserto são mantidas em ângulo muito agudo (Figura 3.23), o que diminui o seu ganho de calor radiante. Existem também plantas que mudam o ângulo foliar em resposta à temperatura foliar. Coberturas foliares como **pubescência** (tricomas) branca refletiva e capas cerosas brilhantes têm funções similares, reduzindo a entrada de calor radiante na folha (com o custo de reduzir a luz disponível para a fotossíntese).

Alguns cactos possuem densas coberturas de espinhos muito refletivos; embora essas estruturas possam atuar no desencorajamento de herbívoros, o benefício primário delas é reduzir a entrada de calor radiante. A *encelia farinosa* (Asteraecae) é um arbusto de deserto que produz dois tipos diferentes de folhas, dependendo da estação. No verão, a planta produz folhas densamente pubescentes e altamente refletivas. Na primavera, quando as temperaturas são mais frescas e a água mais disponível, ela produz folhas verdes não pubescentes. James Ehleringer e coautores (Ehleringer et al., 1976) determinaram que as folhas de primavera de *E. farinosa* absorvem muito mais radiação de onda curta e, como consequência, têm taxas fotossintéticas mais altas do que as folhas refletivas de verão (Figura 3.24). Por outro lado, as folhas de verão, mais pubescentes, refletem muito da radiação solar incidente; embora reduza suas taxas fotossintéticas, esse funcionamento também reduz sua temperatura. Consequentemente, essas folhas são capazes de se manter vivas e fotossintéticas mesmo em condições muito quentes e ensolaradas, aumentando o ganho total de carbono da planta e, indiretamente, reduzindo a perda de água (Ehleringer e Mooney, 1978). Muitas outras espécies também produzem tipos distintos de folhas em diferentes estações, cada uma delas com adaptações morfológicas e fisiológicas para o funcionamento ótimo em sua própria estação.

Figura 3.23 Folhas de *Simmondsia chinensis* (jojoba, Simmondsiaceae), arbusto de deserto, no Parque Nacional de Joshua Tree, no deserto de Mojave. As folhas espessas e coriáceas são mantidas em ângulo ereto para reduzir o ganho de calor radiante (fotografia cedida por P. Curtis).

Figura 3.24 Variação na aparência de folhas de *Encelia farinosa* (Asteraceae). As folhas no centro da planta estão sendo produzidas no momento em que o ambiente está se tornando mais quente e mais seco; as situadas ao seu redor foram produzidas mais cedo na estação, quando as condições eram mais frescas e úmidas. As folhas centrais são mais espessas, menores e cobertas com uma densa pubescência (tricomas) branca que reflete a luz solar. Aquelas em direção à periferia são mais verdes porque não têm a espessa pubescência (fotografia cedida por S. Schwinning).

Uma adaptação comum de muitas gramíneas (e de algumas outras plantas) é o enrolar de suas folhas na forma de cilindros estreitos quando enfrentam estresse hídrico. Essa mudança serve para modificar o balanço de energia da folha de várias maneiras, minimizado tanto a resistência da camada limítrofe quanto a entrada de calor radiante. Além disso, o enrolamento das folhas reduz diretamente a perda de água, pela redução da quantidade de superfície foliar exposta ao ar seco circundante. Existem também muitas adaptações da planta como um todo no sentido de lidar com perdas de água e energia, incluindo o desprendimento parcial ou total das folhas em estações secas ou frias, como vimos anteriormente.

Adaptações a regimes de temperaturas extremas

Extremos de calor e frio podem danificar as plantas de várias maneiras. Em temperaturas baixas, as membranas perdem sua elasticidade, os processos bioquímicos ficam mais lentos e a energia necessária para ativá-los torna-se maior, e a formação de cristais de gelo pode destruir as células. Em temperaturas altas, muitos processos bioquímicos também são reduzidos, as membranas podem ser danificadas e as proteínas são desnaturadas. A faixa de temperaturas na qual uma planta pode funcionar efetivamente, seu **limite de atividade**, é mais estreita do que a faixa de temperaturas na qual ela permanece viva (o **limite letal**). Até certo ponto, as plantas são capazes de ajustar sua bioquímica, seu metabolismo e sua morfologia a temperaturas em ascensão ou em declínio. As plantas precisam desenvolver maior tolerância a temperaturas maiores ou menores ao longo do curso de muitas gerações, de modo que as espécies vegetais características de distintas partes do mundo têm tolerâncias muito diferentes aos extremos de calor e frio (Tabela 3.2); entre populações de algumas espécies de ampla distribuição também se observam tolerâncias diferentes. Essas adaptações podem ser morfológicas, bioquímicas, fenológicas e fisiológicas (ver Larcher, 1995).

Os contrastes no ambiente podem afetar a distribuição das plantas global, regional e localmente. Temperatu-

TABELA 3.2 Temperaturas extremas (°C) causadoras de danos foliares, para plantas de ambientes diferentes

Ambiente	Limiar térmico para dano pelo frio	Limiar térmico para dano pelo calor
Hábitats tropicais		
Árvores	+5 to –2	44–55
Plantas alpinas	–5 to –15	em torno de 45
Hábitats temperados		
Árvores e arbustos decíduos (caducifólios)	–25 to –35	em torno de 50
Espécies herbáceas	–10 to –20	40–50
Espécies campestres (gramíneas e ciperáceas)	< –30	60–65
Hábitats com invernos frios		
Coníferas perenifólias	–40 to –90	44–50
Árvores decíduas boreais	< –30	42–45
Espécies herbáceas alpinas e árticas	< –2	44–54

Fonte: Segundo Larcher, 1995.
Nota: Para a determinação da tolerância ao frio, as plantas foram expostas ao frio e acompanhadas até a aclimatação, antes da medição; a tolerância ao calor foi determinada durante períodos de crescimento ativo.

ras máximas e mínimas variam bastante no curso de um dia e de um ano em diferente locais ao longo do globo (ver Capítulo 17). O período no qual as plantas ficam expostas a temperaturas extremas também varia com a natureza da comunidade circundante (p. ex., campo ou floresta) e com o micro-hábitat. Por exemplo, distribuições locais de plantas em regiões temperadas podem ser fortemente afetadas por **drenagem de ar frio** – a descida de massas de ar frio a locais de baixio devido à sua maior densidade. Assim, o congelamento pode ocorrer tarde na primavera em "bolsões de geada" locais, muito depois de as áreas adjacentes estarem livres de geada, causando, às vezes, mudanças drásticas na vegetação.

O tema sobre o papel de temperaturas extremas na determinação das distribuições de espécies vegetais tem atraído a atenção de ecólogos vegetais por um século ou mais. Forrest Shreve (1911) lançou a hipótese de que a distribuição de *Carnegia gigantea* (saguaro, Cactaceae) estava limitada ao norte e em elevações mais altas, locais onde as temperaturas de congelamento não persistem por mais de 24 horas.

Park Nobel e seus colegas conduziram muitos estudos sobre os efeitos de temperaturas extremas nas distribuições de espécies de deserto na América do Norte. Em um desses estudos, Nobel (1980) constatou que os meristemas apicais de seis espécies de cactos colunares gigantes eram as partes mais vulneráveis daquelas plantas. Aquelas partes se submetiam às temperaturas mais baixas, porque a sua posição no ápice da planta, exposto ao céu noturno, tornava-as mais suscetíveis ao congelamento. Como essas partes são os pontos de crescimento dos caules principais, o dano por congelamento impediria o crescimento posterior do cacto e limitaria a distribuição da espécie. O diâmetro desses cactos colunares aumenta em direção ao norte, a partir do México, em direção aos EUA, e Nobel mostrou que quanto maior o diâmetro, mais alta é a temperatura mínima do ápice caulinar vulnerável. A morte resultante de um único evento de congelamento pode levar de três a nove anos para ocorrer nessas plantas volumosas (Steenburgh e Lowe, 1976, 1983). Guillermo Goldstein e Park Nobel (Goldstein e Nobel, 1974) mostraram que *Opuntia humifusa* (língua do diabo, Cactaceae), uma espécie de cacto nativa em ambientes mais ao norte, exibe adaptações em nível celular que aumentam sua tolerância ao congelamento. Por exemplo, ela aumenta seu potencial osmótico pela síntese de açúcares simples e manitol, impedindo, assim, a formação de gelo intracelular e a desidratação do tecido devido ao congelamento. Espécies de cactos nativas de ambientes mais quentes não mostram tais adaptações.

Park Nobel

Nas escalas temporais e espaciais mais amplas, os tamanhos das populações e as distribuições das espécies mudam com o tempo, em parte como consequência da interação entre organismos e de suas respostas a fatores em seu ambiente abiótico, como extremos de temperaturas e regimes variáveis de temperaturas (ver Capítulo 21). As populações crescem, decrescem ou são extintas, e as distribuições das plantas alteram-se à medida que o clima muda. Após glaciações, por exemplo, as espécies vegetais recolonizam gradualmente as áreas anteriormente congeladas (ver Capítulo 20). Nas escalas temporais mais longas, as mudanças evolutivas podem alterar tanto o limite de atividade quanto o limite letal para calor e frio, às vezes dentro de espécies, às vezes pela emergência de novas espécies, com tolerâncias diferentes.

Resumo

As plantas descendem de organismos que viveram nos oceanos. A sua capacidade de viver na terra exigiu a evolução de adaptações anatômicas, fisiológicas e outras para sobrevivência em ambientes terrestres secos. A capacidade de uma planta de obter água e o movimento da água através da planta dependem do potencial hídrico dos tecidos vegetais e do solo e da atmosfera circundantes. O potencial hídrico consiste em vários componentes, dos quais o potencial osmótico e o potencial de pressão são em geral os mais importantes dentro da planta. Em qualquer sistema, a água tende a se deslocar de componentes com potencial hídrico menos negativo para componentes com potencial hídrico mais negativo, de modo que é possível prever a direção do movimento da água, se o potencial hídrico dos vários componentes é conhecido.

As plantas perdem muito mais água pela transpiração do que a utilizam metabolicamente. As estratégias das plantas para obter e reter água e para tolerar sua perda diferem bastante, dependendo da espécie e do ambiente ao qual ela está adaptada. Mesófitos, plantas aquáticas, higrófitos, xerófitos, halófitos, freatófitos e efêmeras de deserto diferem em suas capacidades e dispõem de estratégias diferentes para obter e reter água e para sobreviver à perda dela. Existe uma rica diversidade de adaptações fisiológicas, morfológicas e anatômicas para a faixa típica de condições hídricas às quais os ambientes vegetais estão sujeitos. As espécies vegetais diferem grandemente em suas eficiências no uso da água, ou do carbono ganho por unidade de água perdida. Além dos efeitos diretos da perda de água, a cavitação, como resultado da exposição à seca ou ao congelamento, pode surtir grandes efeitos negativos na capacidade do xilema de conduzir água.

As plantas estão continuamente trocando energia com seus arredores. A temperatura das folhas e de outros órgãos da planta depende do balanço energético destes: a diferença entre a energia ganha e a energia perdida. A entrada e a perda de energia radiante, a troca de calor sensível (condução e convecção) e a perda de calor latente são os principais componentes do balanço de energia da folha, que juntos determinam a temperatura foliar.

As plantas costumam ser vistas como receptores passivos das condições ambientais. Mesmo assim, as adaptações de longo prazo de espécies vegetais e os processos fisiológicos de curto prazo de indivíduos modificam os valores de muitos fatores ambientais críticos aos quais elas estão submetidas, incluindo temperaturas, luz e umidade.

Questões para estudo

1. Como você poderia colocar a hipótese de que a densidade do estande e a fisionomia da vegetação podem afetar a eficiência no uso da água e as relações hídricas de plantas individuais?
2. Você está na rua para uma caminhada diurna em um dia ensolarado de outono (as temperaturas estão em torno de 7°C/45°F). Uma forte chuva inesperada lhe deixa encharcado e repentinamente você está gelado. O que aconteceu com o seu balanço de energia? (Dica: que fatores mudaram, tornando difícil a manutenção da sua temperatura corporal?)
3. As lianas lenhosas tipicamente têm vasos com diâmetros largos, aumentando a eficiência no transporte de água. Indique uma explicação possível para o fato de as lianas lenhosas serem muito mais comuns em regiões tropicais do que em temperadas, e por que elas essencialmente inexistem no ártico e nos desertos?
4. Muitas gramíneas, em especial as de ambientes áridos, enrolam suas folhas em cilindros estreitos quando enfrentam estresse hídrico. Por que elas não mantêm suas folhas enroladas o tempo todo, se isso ajuda a limitar a perda de água?
5. O congelamento (e outros fatores) em direção ao norte da América limita a distribuição de suculentas terrestres, como os cactos. Essas plantas também essencialmente inexistem em florestas tropicais. O que limita sua presença nessas regiões?

Leituras adicionais

Referências clássicas

Ehleringer, J., O. Björkman and H. A. Mooney. 1976. Leaf pubescence: Effects on absorptance and photosynthesis in a desert shrub. *Science* 192: 376-377.

Maximov, N. A. 1929. *The Plant in Relation to Water.* Allen and Unwin, London.

Odening, W. R., B. R. Strain and W. C. Oechel. 1974. The effect of decreasing water potential on net CO_2 exchange of intact desert shrubs. *Ecology* 55:1086–1094.

Fontes adicionais

Campbell, G. S. 1977. *An Introduction to Environmental Biophysics.* Springer, New York.

Kramer, P. J. and J. S. Boyer. 1995. *Water Relations of Plants and Soils.* Academic Press, New York.

Lambers, H., F. S. Chapin III and T. L. Pons. 1998. *Plant Physiological Ecology.* Springer, New York.

Nobel, P. S. 1983. *Biophysical Plant Physiology and Ecology.* W. H. Freeman, New York.

CAPÍTULO **4**

Solos, Nutrição Mineral e Interações Subterrâneas

A maioria das plantas terrestres está enraizada no solo e depende dele para suporte, água e nutrientes minerais. O que é solo e como a sua estrutura e composição afetam as plantas? Quais são as características e propriedades do solo? Como o solo é criado e quanto tempo leva para que isso ocorra? Quais são algumas das diferenças entres solos de diferentes regiões?

Neste capítulo, "olharemos para baixo" e examinaremos alguns processos surpreendentemente complexos acontecendo logo abaixo de nossos pés. Primeiro, examinaremos as características e propriedades do solo e veremos como essas propriedades afetam a disponibilidade de água para as plantas. Como as plantas também dependem do solo para os nutrientes minerais, examinaremos quais são esses minerais e como as plantas os utilizam. Por fim, introduziremos as interações subterrâneas ecologicamente importantes entre plantas e dois outros grupos de organismos: bactérias fixadoras de nitrogênio e fungos micorrízicos.

Composição e estrutura do solo

Você pode considerar o solo como sendo "sujeira", um tipo de mistura moída de areia, poeira e farelos de rocha. Se é assim, sua imagem do que é o solo está muito longe da realidade. O solo é um sistema complexo, em geral altamente estruturado, produto singular da interação entre organismos vivos e uma matriz física. Por ser formado pela interação de organismos vivos, rocha, ar, água e outros materiais, o solo é encontrado apenas na Terra e em nenhum outro lugar em nosso sistema solar (ao menos, pelo que se sabe até hoje). As plantas que crescem no solo afetam sua estrutura e composição. Ao mesmo tempo, a estrutura e composição do solo são fatores importantes na determinação do crescimento vegetal e das espécies de plantas que ocorrem em um determinado local. Essa interação recíproca é explorada neste capítulo.

Quais materiais são encontrados no solo e de que eles são feitos? Para começar, existem partículas minerais, derivadas de rocha. Essas partículas podem variar de muito grandes – pedra e matacão – a tamanhos progressivamente menores – cascalhos, britas, partículas de areia (>2,0 – 0,02 mm de diâmetro), partículas de silte (0,02 – 0,002 mm) e partículas de argila (< 0,002 mm). Por convenção, apenas areia, silte e argila são consideradas partes do solo mineral. Além dessas partículas minerais, existe matéria orgânica em estados variáveis de decomposição. Ar e água contendo minerais dissolvidos são encontrados nos poros entre as partículas minerais e ao redor da matéria orgânica.

Por fim, o solo é, em maior ou menor grau, o principal ambiente de diversos tipos de seres vivos: fungos, bactérias, procariotos fotossintéticos (como cianobactérias), eucariotos unicelulares (como diatomáceas e protistas) insetos e outros artrópodes visíveis e microscópicos (ver Capítulo 14) e muitos outros tipos de animais pequenos (como lesmas, minhocas e nematódeos) e maiores (como marmotas e toupeiras). E, naturalmente, o solo é repleto de raízes e rizomas de plantas. Os seres vivos no solo alteram continuamente suas propriedades físicas e químicas, incluindo seu pH e a composição de seus nutrientes. As plantas absorvem grandes volumes de água do solo, mudando a quantidade e a distribuição do ar e da água dentro dele; elas liberam e removem materiais para o solo e do solo que circunda suas raízes. Os vários organismos do solo agem e interagem em uma ampla diversidade de maneiras. Alguns beneficiam uns aos outros; outros consomem uns aos outros ou se defendem de serem consumidos. No processo do metabolismo, os organismos do solo respiram, alterando a química de seu ambiente, e produzem dejetos e outras substâncias, que se tornam parte do solo. Essa atividade afeta as plantas de muitas formas, desde disponibilizando nutrientes até causando doenças. Neste capítulo, examinaremos alguns desses efeitos.

A estrutura do solo é a propriedade dos solos que tem uma grande influência sobre as plantas (assim como em outros organismos que nele vivem). A **estrutura do solo** descreve o arranjo físico das suas partículas em agrupamentos maiores (chamados de agregados ou torrões). Um dos aspectos mais importantes da estrutura do solo é a sua **porosidade**, que mede o volume total de poros e seus tamanhos, formas e arranjos dentro e entre agregados (os agregados não são sólidos, e podem ser "fofos" ou adensados em vários graus). A porosidade do solo determina o quanto e quão facilmente a água e o ar podem ser retidos pelo solo e mover-se nele, sendo, assim, um fator importante na capacidade de retenção de água do solo.

Textura do solo

As propriedades do solo e seus efeitos sobre as plantas dependem, primeiro, da **textura do solo**: as proporções relativas das partículas de diferentes tamanhos que o compõem. A textura do solo varia muito entre ecossistemas, regiões e biomas. Também é um fator importante na determinação do crescimento e da sobrevivência vegetais, principalmente porque ela tem grandes consequências nas relações hídricas e nutricionais das plantas.

Dependendo do tamanho de partícula – areia, silte ou argila – que domina o caráter de um solo, sua textura é categorizada coma arenosa, siltosa, argilosa ou franca (Figura 4.1). Os **solos francos** têm um balanço entre

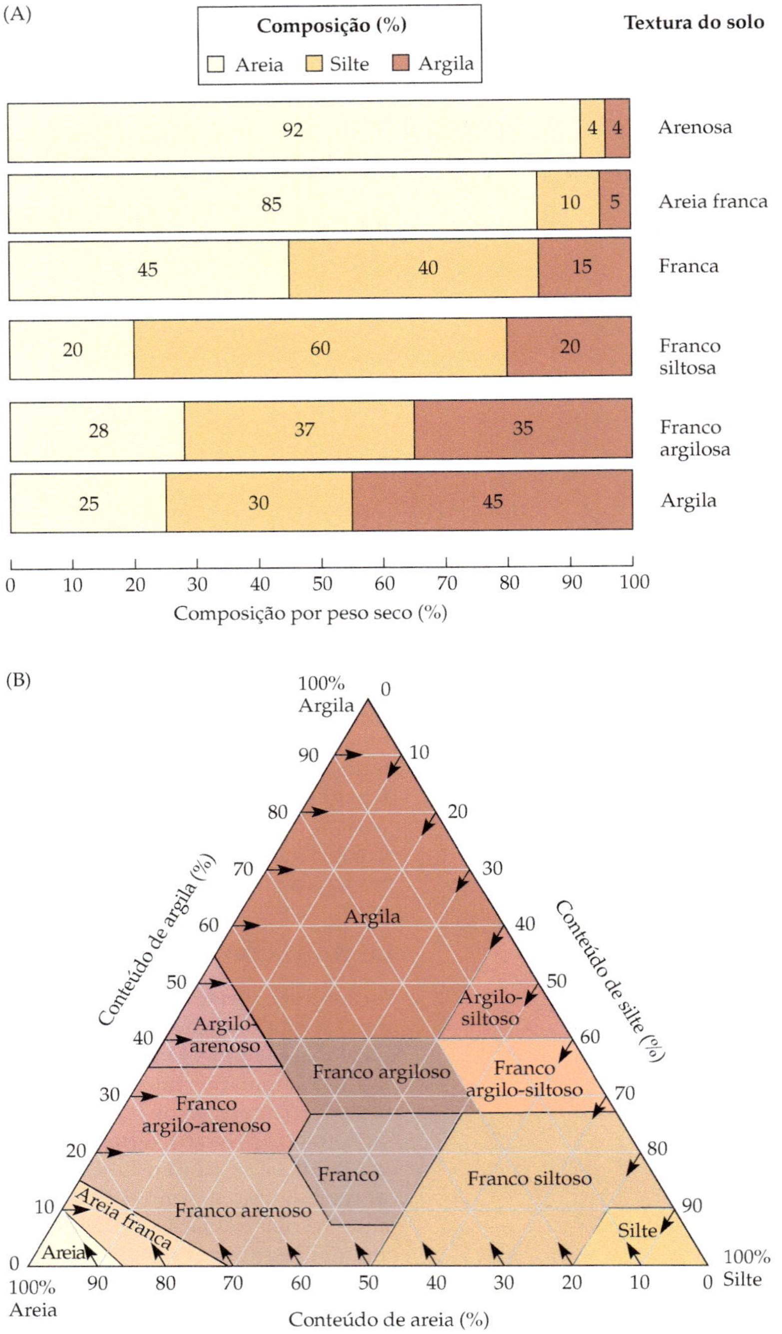

Figura 4.1 A textura do solo é determinada pelas proporções relativas das partículas de diferentes tamanhos que compõem o solo. (A) Exemplos de distribuições dos tamanhos de partículas do solo de diversas classes texturais diferentes de solo. (B) Triângulo de textura do solo, que mostra como os solos são classificados de acordo com a porcentagem de areia, silte e argila que eles contêm (por peso seco). As linhas de grade, representando valores para argila, são desenhadas paralelas ao lado da areia do triângulo, as para o silte são paralelas ao lado da argila e aquelas para a areia são paralelas ao lado do silte. Os pontos na grade onde as três linhas se cruzam definem o tipo de solo; por exemplo, as linhas de grade para um solo com 20% de argila, 40% de areia e 40% de silte cruzam na região que mostra um solo com esta composição particular: um solo franco.

(A)

(B)

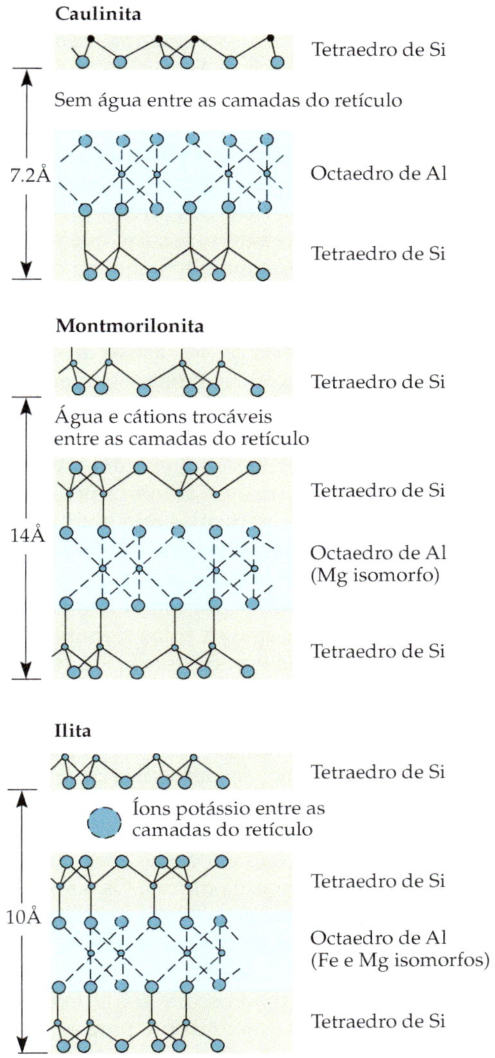

Figura 4.2 (A) Os grãos de areia são irregulares em tamanho e forma, compostos em grande parte por quartzo, com alguns minerais secundários. As partículas de silte são similares aos grãos de areia em composição mineral e forma, mas são menores em tamanho. (segundo Buckman e Brady, 1969). (B) As partículas de argila têm uma estrutura cristalina distinta, com base em camadas unidas como um sanduíche, consistindo em átomos de Si e Al (arranjados, respectivamente, em formas octaédricas ou tetraédricas, representadas por círculos com linhas indicando as ligações químicas). As camadas empilhadas formam camadas de retículos (placas) separadas por espaços. São mostrados aqui os três tipos principais de partículas de argila. A montmorilonita tem a maior capacidade de troca de cátions (capacidade de reter cátions; Figura 4.3) das três, porque, além de ligar cátions em sua superfície, ela tem uma grande superfície de troca interna disponível entre as camadas do retículo. Compare essa forma altamente estruturada das partículas de argila com as partículas um tanto sem forma de areia e silte em (A). As partículas de argila são também muito menores (segundo Etherington, 1982).

partículas de areia, silte e argila, e são, em geral, considerados os mais desejáveis para a agricultura. Os **solos arenosos**, com mais de cerca de 50% de partículas de areia, têm uma textura grosseira. Esses solos drenam rápido após chuva, e retêm pobremente água e nutrientes. A água e o ar penetram solos arenosos com facilidade. Devido a essas características, eles aquecem prontamente na primavera e refrescam rapidamente no outono.

As partículas de argila têm propriedades distintas, e mesmo um solo com conteúdo de argila de 35% a 40% (considerado pouco) exibirá essas propriedades ("um pouco de argila faz muita coisa"; *a little clay goes a long way*). Os **solos argilosos** podem manter um grande volume de água, retendo água e minerais excepcionalmente bem. Da mesma forma, solos dominados por argila retêm pesticidas, poluentes e outras substâncias. Eles são muito menos permeáveis ao ar e à água do que os solos arenosos, o que pode resultar em enlameamento do solo, maior percolação, drenagem e aeração pobres (devido ao fato dos poros encherem e expulsarem o ar). Como consequência, eles aquecem muito devagar na primavera e refrescam mais vagarosamente no outono; o crescimento das plantas nesses solos pode começar de forma lenta no início da estação de crescimento. Os **solos siltosos** tendem a ser intermediários entre os solos arenosos e os argilosos em suas características e propriedades. Como os solos costumam apresentar características de mais de uma dessas classes de textura, eles podem ser descritos por uma combinação desses termos, como franco arenoso, franco argilo-siltoso ou argilo arenoso.

Para entender as propriedades das diferentes texturas do solo, é preciso cavar um pouco mais fundo. As partículas de areia e silte em geral exibem formas irregulares, variando desde um tanto retangulares ou em blocos até formas grosseiras e esféricas (Figura 4.2A). As partículas de argila, ao contrário, têm uma estrutura bem mais específica. Essas partículas são feitas de placas, cujos tamanhos, formas e arranjos dependem dos minerais que contêm e das condições sob as quais foram formadas. Uma partícula de argila é formada por duas ou três placas cristalinas achatadas, empilhadas ou laminadas juntas (Figura 4.2B). Essas partículas podem ser hexagonais, com bordas distintas, ou formar flocos irregulares, ou mesmo bastões irregulares. Os solos também podem conter partículas semelhantes às partículas argilosas em tamanho, mas sem a estrutura cristalina distinta destas. Por exemplo, um material amorfo chamado de alofano, com partículas aproximadamente tão pequenas quanto às de argila, prevalece em solos desenvolvidos de cinzas vulcânicas.

A maioria das partículas de argila no solo ocorre em um estado coloidal (as partículas de areia e silte são muito grandes para formar coloides). Em um **coloide**, um ou mais materiais e um estado finamente dividido ficam suspensos ou dispersos em um segundo material (outros exemplos de coloides são gelatina, neblina, citoplasma, sangue, leite e borracha). As partículas de argila têm uma enorme quantidade de área de superfície externa, porque apresentam uma grande razão superfície: volume e porque ocorrem muitas dessas partículas em um determinado volume de solo. Em alguns tipos de argila, existe uma superfície interna adicional entre as placas (Figura 4.2B). Assim, a grande área de superfície que caracteriza a argila é devida tanto ao tamanho pequeno de suas partículas quanto a sua estrutura em placas. A área de superfície externa de um grama de argila fina é, no mínimo, mil vezes a de um grama de areia grossa; a área de superfície total na argila presente nos 10 centímetros superiores do solo em menos de meio hectare de um solo argiloso, se espalhada, cobriria a parte continental dos EUA.

Como as partículas de areia têm uma pequena razão superfície:volume, os solos arenosos possuem grandes poros abertos entre as partículas minerais. A água é drenada facilmente nesses poros, porque não há nada que a retenha contra a força da gravidade, e o ar os penetra prontamente. Os solos dominados por argila têm um número muito maior de poros do que os solos dominados por areia. A quantidade total de espaço poroso – a proporção total do solo ocupada por ar e água – é maior em solos argilosos (50% – 60%) do que em solos arenosos (35% – 50%), não apenas devido ao menor tamanho das partículas, mas por causa de seu arranjo. As partículas de argila (assim como as partículas de matéria orgânica) tendem a se agrupar, formando agregados porosos, resultando em muito mais espaço poroso do que em areias, nas quais as partículas ficam próximas umas às outras. Os solos com vegetação nativa em geral têm mais espaço poroso do que aqueles que foram cultivados, porque a aração, até certo ponto, destrói a estrutura do solo.

O maior espaço poroso em solos dominados por argila é um dos fatores que contribui para a maior quantidade de água que retêm, mas outro fator é também importante. Ao contrário das partículas de areia e de silte, as partículas de argila tipicamente contêm uma carga eletroquímica muito negativa. Portanto, elas atuam como ânions no solo, atraindo **cátions** (íons positivamente carregados, que incluem a maioria dos nutrientes minerais), assim como moléculas de água, para as suas superfícies. O papel das partículas de argila na **adsorção** de nutrientes catiônicos – atraindo-os e prendendo-os a suas superfícies – é um dos efeitos mais importantes para as plantas.

Embora muitos tipos de cátions sejam atraídos às partículas de argila, alguns são mais proeminentes e mais importantes para o crescimento vegetal. Em regiões úmidas, íons hidrogênio e cálcio (H^+ e Ca^{2+}) são em geral os mais abundantes no solo, seguidos dos íons magnésio (Mg^{2+}), potássio (K^+) e sódio (Na^+). Em solos de regiões áridas, os íons hidrogênio vão para o final da lista, e os íons sódio tornam-se mais importantes. Esses íons carregados positivamente atraem inúmeras moléculas de água às suas superfícies, contribuindo com as argilas para a capacidade de reter umidade no solo.

Os cátions adsorvidos às partículas de argila são parcialmente disponíveis para a absorção pelas plantas. Existe uma interação contínua e dinâmica entre os íons adsorvidos nas argilas e em outras partículas coloidais e aquelas na **solução do solo** – a água no solo e seus minerais dissolvidos associados. Os íons deslocados de suas posições na superfície de uma partícula entram na solução do solo, de onde podem ser absorvidos pelas plantas, **lixiviados** (perdidos da superfície do solo à medida que a água é drenada pelo solo) ou adsorvidos a outra partícula. O comportamento desses íons difere muito entre solos de diferentes origens, texturas e composições químicas e entre regiões que diferem em temperatura e, especialmente, em precipitação.

O pH do solo

O **pH** do solo – o logaritmo negativo de concentração de íons H^+ na solução do solo – varia amplamente entre diferentes tipos de solos. A escala de pH varia de 1 a 14, em que 7,0 é neutro (o pH da água pura); solos ácidos têm valores mais baixos de pH e concentrações maiores de íons H^+. Os solos nos EUA podem variar de pHs menores que 3,5 (p. ex., nos áridos de pinheiros de Nova Jersey), até valores tão altos quanto 10 (p. ex., nos campos áridos do sudoeste).

Para que um solo tenha um pH acima de 7 (solo neutro), ele precisa ser calcário (conter $CaCO_3$), sódico (conter Na_2CO_3) ou dolomítico (conter $CaCO_3 \bullet MgCO_3$). A maioria das culturas cresce melhor em solos levemente ácidos, mas a vegetação nativa pode estar adaptada a qualquer situação, desde solos muito ácidos, passando por neutros, até alcalinos.

O pH do solo tem grandes efeitos no crescimento vegetal e na determinação de quais espécies podem sobreviver e crescer nele. No entanto, ele atua nas plantas indiretamente mediante seus fortes efeitos na disponibilidade de nutrientes minerais e materiais tóxicos e na atividade de alguns organismos do solo (como bactérias e fungos). Esses efeitos mudam as condições para o crescimento das plantas de uma maneira complexa, alterando o grau no qual vários nutrientes são ligados às partículas do solo, assim como outros aspectos da sua química. Por exemplo, é mais difícil para as plantas absorver o nitrogênio e o fósforo do solo com um pH muito baixo, enquanto a toxicidade do alumínio é maior porque ele fica mais disponível às plantas. Diferentemente, o ferro é disponível às plantas em solos com valores de pH baixos, mas indisponível quando os valores elevados.

Diferentes espécies vegetais respondem de forma diferente ao pH do solo, porque elas estão adaptadas a solos com propriedades distintas. As árvores florestais podem crescer em uma faixa de pH do solo, mas são especialmente tolerantes a solos ácidos. Muitas coníferas e algumas outras espécies arbóreas são adaptadas a solos ácidos e tendem a aumentar a acidez dos solos onde crescem, principalmente por meio das propriedades da **serrapilheira** (acículas, folhas e outros materiais) que elas produzem. Os campos tendem a ser encontrados em solos relativamente alcalinos, embora a relação entre espécies de gramíneas e o pH do solo possa ser indireta, porque pluviosidade baixa resulta em solos com alto pH (como veremos a seguir) e também favorece uma vegetação dominada por gramíneas. Existem outras associações características ente pH do solo e plantas. Espécies de Ericaceae, por exemplo, como urzes e mirtilos, tendem a crescer apenas em solos muito ácidos, enquanto outros táxons, como *Larrea tridentata* (creosoto, Zygophyllaceae) são tipicamente encontrados em solos alcalinos.

O pH do solo afeta muito a disponibilidade de cátions às plantas. Os cátions prendem-se fracamente às partículas de argila, que são em geral carregadas negativamente. Sob condições ácidas, o excesso de íons H^+ tende a ligar-se com mais força às partículas de argila do que os nutrientes minerais, deslocando-os para a solução do solo. Desse modo, uma acidez moderada, característica de muitos solos, costuma promover a disponibilidade de nutrientes. Sob acidez extrema (seja natural, seja por precipitação ácida), entretanto, os nutrientes catiônicos, de tão móveis, são facilmente lixiviados e levados para a **água subterrânea** (água encontrada embaixo da terra em aquíferos, fendas de rochas e outros).

O que determina o pH de um solo? Dois cátions, hidrogênio e alumínio, tendem a aumentar a acidez do solo, enquanto os outros cátions têm o efeito oposto, aumentando a alcalinidade do solo. Os íons hidrogênio são continuamente adicionados ao solo pela decomposição de matéria orgânica, raízes e vários organismos do solo. Eles são ativamente trocados entre as superfícies das partículas coloidais do solo e a solução deste, contribuindo de forma direta para a sua acidez. Os íons alumínio (Al^{3+}) indiretamente fazem com que os íons hidrogênio sejam liberados das partículas coloidais pela reação com água, formando $Al(OH)^{2+}$ e $Al(OH)^{2+}$ mais H^+. Esses íons hidrogênio são, então, adicionados aos íons H^+ da solução do solo. Níveis altos de precipitação favorecem a predominância de íons alumínio e hidrogênio já que esses íons são retidos com mais força por partículas coloidais, enquanto os outros cátions são mais prontamente lixiviados e, portanto, perdidos do solo.

A maioria dos outros cátions, denominados **bases trocáveis**, contribui para tornar o solo mais alcalino. A **capacidade de troca de cátions** (**CTC**) de um solo é uma medida da capacidade total dos coloides do solo de adsorver cátions (em unidades de centimoles de carga positiva por quilograma de solo seco, $cmol_c/kg$), e a **porcentagem de saturação de bases** é a proporção da CTC ocupada por bases trocáveis (Figura 4.3). Em regiões áridas, as bases não são lixiviadas do solo pela chuva, de modo que a porcentagem de saturação de bases é muito alta (90% a 100%), a concentração de H^+ é baixa, e os solos tendem a ser alcalinos. Em áreas com maior pluviosidade, as bases são mais facilmente lixiviadas, enquanto H^+ e Al^{3+} são retidos, de modo que a porcentagem de saturação de bases é muito menor (50% a 70%), e os solos tendem a ser ácidos.

As fontes importantes de acidez do solo são as plantas e outros organismos nele presentes. Quando as raízes ou os organismos do solo respiram, geram CO_2. Em solos úmidos, esse CO_2 entra imediatamente em solução, criando

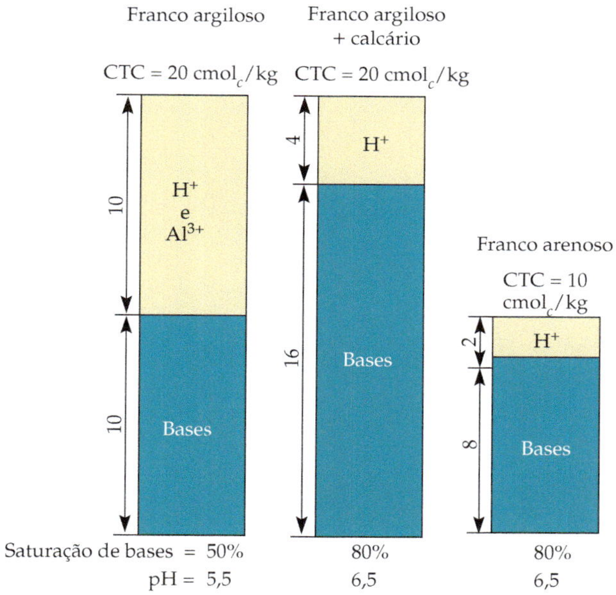

Figura 4.3 Porcentagem de saturação de bases em três solos: um franco argiloso, um franco argiloso com calcário agrícola (carbonato de cálcio) adicionado para elevar o pH; e um franco arenoso com baixa capacidade de troca de cátions. A CTC é medida em centimoles de carga positiva por quilograma de solo seco ($cmol_c$/kg), indicando o número de centimoles (1/100 de um mole) de carga positiva adsorvida por unidade de massa de solo; 1 mol de cargas negativas atrai 1 mol de cargas positivas, independentemente das cargas virem de H^+, Al^{3+}, ou de bases trocáveis, como K^+ e Ca_{2+}. Para explicações adicionais, ler texto atual sobre solos (segundo Buckman e Brady, 1969).

um ácido fraco, o ácido carbônico. Essa é também a razão pela qual a água da chuva é naturalmente um pouco ácida: o CO_2 da atmosfera se dissolve nas gotas de chuva. Em florestas pluviais tropicais, onde as condições favorecem grandes quantidades de respiração e onde normalmente há poucas partículas de argila para reter cátions, esse CO_2 adicionado pode ajudar a tornar os solos bastante ácidos, promovendo a mobilidade de cátions. A consequência é a rápida absorção de nutrientes pelas plantas em florestas pluviais não perturbadas e uma rápida perda desses nutrientes quando as florestas são derrubadas.

Horizontes e perfis

Os solos não são homogêneos – eles contêm camadas características, ou **horizontes**, que diferem de um tipo de solo para outro. Se você olhar para barrancos de estrada ou para escavações feitas para construções, frequentemente distinguirá os horizontes com nitidez. A sequência de horizontes que caracteriza um solo é chamada de **perfil do solo** (Figura 4.4). Os horizontes são agrupados em quatro categorias: O, A, B e C. As subcategorias dessas quatro categorias são numeradas de acordo com suas características particulares (Figura 4.5). As raízes de espécies com diferentes formas de crescimento estão geralmente concentradas em diferentes partes do perfil de solo; por exemplo, as plantas anuais e pequenas herbáceas perenes têm tipi-

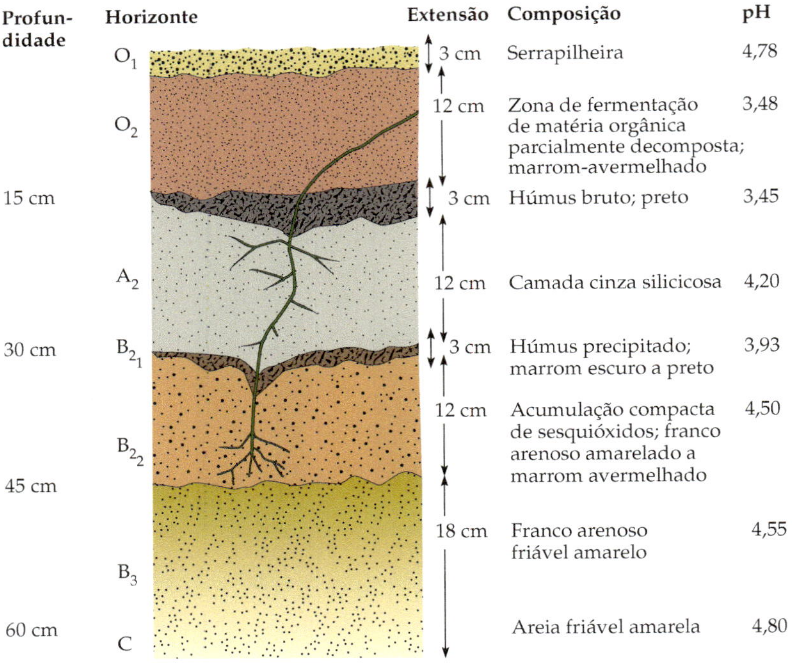

Figura 4.4 Perfil de um solo florestal na borda das montanhas Adirondack, no norte do estado de Nova York (na ordem de solo espodossolo). Esse solo é um franco pedregoso, florestado com bétula, tsuga e espruce, e é bastante ácido ao longo de todo o perfil. Existe uma camada de serrapilheira e um horizonte orgânico espesso no topo do perfil e alguns horizontes minerais distintos, cada um com propriedades particulares e aparência característica. As raízes são mostradas atingindo o topo do horizonte B_3, a cerca de 45 cm de profundidade, embora raízes mais profundas de árvores maiores certamente penetrariam esse solo com mais profundidade (segundo Buckman e Brady, 1969).

camente raízes mais superficiais, enquanto gramíneas de pradarias e espécies lenhosas têm raízes que se estendem mais profundamente no perfil do solo. As propriedades dos horizontes diferem e afetam de forma diferente a absorção de água e de nutrientes pelas raízes das plantas.

Os horizontes O consistem em material orgânico formado acima do solo mineral, derivado de matéria vegetal em decomposição, matéria microbiana e restos e dejetos de animais. Os horizontes A – a camada superficial do solo mineral – representam a região de máxima lixiviação ou **eluviação**. O horizonte A superior, o A_1, é, em geral, mais escuro do que o resto do solo e pode conter matéria orgânica muito decomposta. Os horizontes B, mais profundamente no solo, representam a região de **iluviação** máxima, ou deposição de minerais e partículas coloidais lixiviados de outros locais. Argilas, ferro e óxidos de alumínio costumam acumular-se no horizonte B_2. O horizonte C é o material mineral não-desenvolvido no fundo do solo; ele pode ou não ser o mesmo material de onde o solo se desenvolve. Abaixo dele pode estar a rocha-mãe ou apenas acúmulos profundos de material mineral depositado pelo vento, pela água ou por geleiras.

Nenhum solo tem todos os horizontes representados na Figura 4.5. Alguns horizontes podem ser bem mais evidentes e melhor desenvolvidos do que outros. A aração e a atividade de minhocas podem obscurecer a distinção entre os horizontes

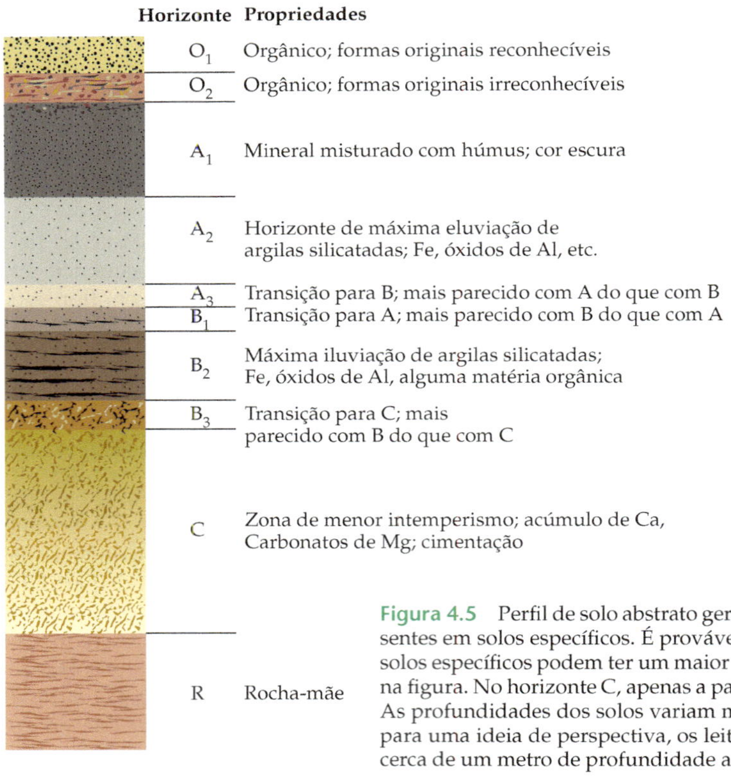

Figura 4.5 Perfil de solo abstrato geral mostrando os principais horizontes que podem estar presentes em solos específicos. É provável que nenhum solo tenha todos os horizontes mostrados, e solos específicos podem ter um maior desenvolvimento de sub-horizontes do que o representado na figura. No horizonte C, apenas a parte superior é considerada parte do solo propriamente dito. As profundidades dos solos variam muito de acordo com a localização e natureza do solo, mas, para uma ideia de perspectiva, os leitores podem visualizar este perfil ilustrado como medindo cerca de um metro de profundidade até a rocha-mãe (segundo Buckman e Brady, 1969).

Figura 4.6 A erosão do solo é um problema crítico e corrente em muitas áreas do mundo. Esta fotografia foi tirada perto de Fort Benton, Montana, EUA, no início de maio de 2002. O trator foi parcialmente coberto pelo deslocamento da camada superior do solo na margem de um campo de uma fazenda que, em anos anteriores, estaria pronto para o plantio de primavera. Condições secas incomuns, combinadas com ventos fortes e persistentes, tornaram essa região agrícola uma "bacia de poeira" nos dias de hoje (fotografia de L. Hahn © 2002).

superiores. O perfil do solo pode não estar totalmente desenvolvido, e alguns horizontes podem estar ausentes ou indistintos, se o solo for relativamente novo. Os horizontes superiores podem ser perdidos pela erosão, deixando os horizontes mais profundos expostos na superfície.

A erosão é um problema particular em florestas que foram derrubadas, solos que foram cultivados por um longo tempo com a utilização de práticas agrícolas inadequadas, declives e terras intensamente super-pastejadas. A erosão teve consequências econômicas e sociais para as sociedades humanas e até precipitou o colapso de civilizações do Velho e Novo Mundo. Ela permanece hoje como um dos problemas ambientais mais críticos (e mais ignorados) (Figura 4.6). A erosão ocorre em muitas partes diferentes do mundo e afeta muitos ecossistemas naturais e seminaturais; seus efeitos na capacidade de cultivar alimento e na sustentabilidade de ecossistemas naturais podem ser devastadores. A reconstrução de solos, a fim de repor perdas causadas pela erosão, pode levar milhares de anos.

Os solos variam em profundidades, desde camadas muito finas que mal cobrem uma superfície de rocha (p. ex., em muitas áreas alpinas) até solo muito profundos, próximos de 2 metros (p. ex., em alguns solos bem desenvolvidos de pradarias). A profundidade do solo tem uma grande influência na vegetação e no crescimento vegetal: quanto mais profundo for o solo, mais favorável ele é para o crescimento das plantas, sendo iguais todos os demais fatores. Os solos mais profundos possuem maior capacidade de retenção de água e nutrientes por um período mais longo sem precipitações e permitem o melhor desenvolvimento dos sistemas subterrâneos dos vegetais.

Origens e classificação

As diferentes origens dos solos resultam em grandes diferenças entre eles, contribuindo para diferenças importantes na vegetação distribuída entre as regiões. Quais processos criam o solo? Os solos são formados por **material parental**, as camadas superiores da massa heterogênea que sobra depois da ação do intemperismo e de outras forças sobre as rochas. As rochas de onde o material parental é originalmente derivado são classificadas como **ígneas** (de origem vulcânica), **sedimentares** (da deposição e recimentação de material derivado de outras rochas) ou **metamórficas** (alteradas pela ação de grandes pressões e temperaturas sobre rochas ígneas ou sedimentares em camadas subterrâneas profundas).

Fragmentos grandes e pequenos de rochas e detritos derivados de rochas são movidos por gelo (em particular por geleiras), vento e água. Eles são, então, redepositados na forma de sedimentos glaciais não-estratificados (*glacial tills*) e de *outwashes*, **loess** e outros depósitos eólicos (vento), aluviais (rio e riacho) e sedimentos lacustres e marinhos. As reações químicas que ocorrem no material rochoso em desintegração aceleram a degradação física dos fragmentos e iniciam o processo de decomposição e alteração química (Figura 4.7). O material parental pode ser ainda mais fragmentado pela ação mecânica de mudanças de temperatura, incluindo repetidos congelamentos e degelos; pela ação direta da água, do vento e do gelo no desgaste e na erosão dos fragmentos de rocha; e pela ação das plantas, dos fungos e dos animais. Esses fatores moem, movimentam e lixiviam o material parental, até que ele comece a se transformar em um solo verdadeiro.

O processo de formação do solo a partir do material parental leva milhares de anos. Um solo jovem pode ter 10.000 anos de idade; um solo antigo pode ter 100.000 anos ou mais. À medida que o solo envelhece, os minerais primários que vieram do material parental sofrem mudanças químicas, e são formados minerais secundários. O solo desenvolve-se e suas propriedades mudam à medida que materiais são lixiviados, redepositados e perdidos, além de serem física e quimicamente alterados. Os constituintes

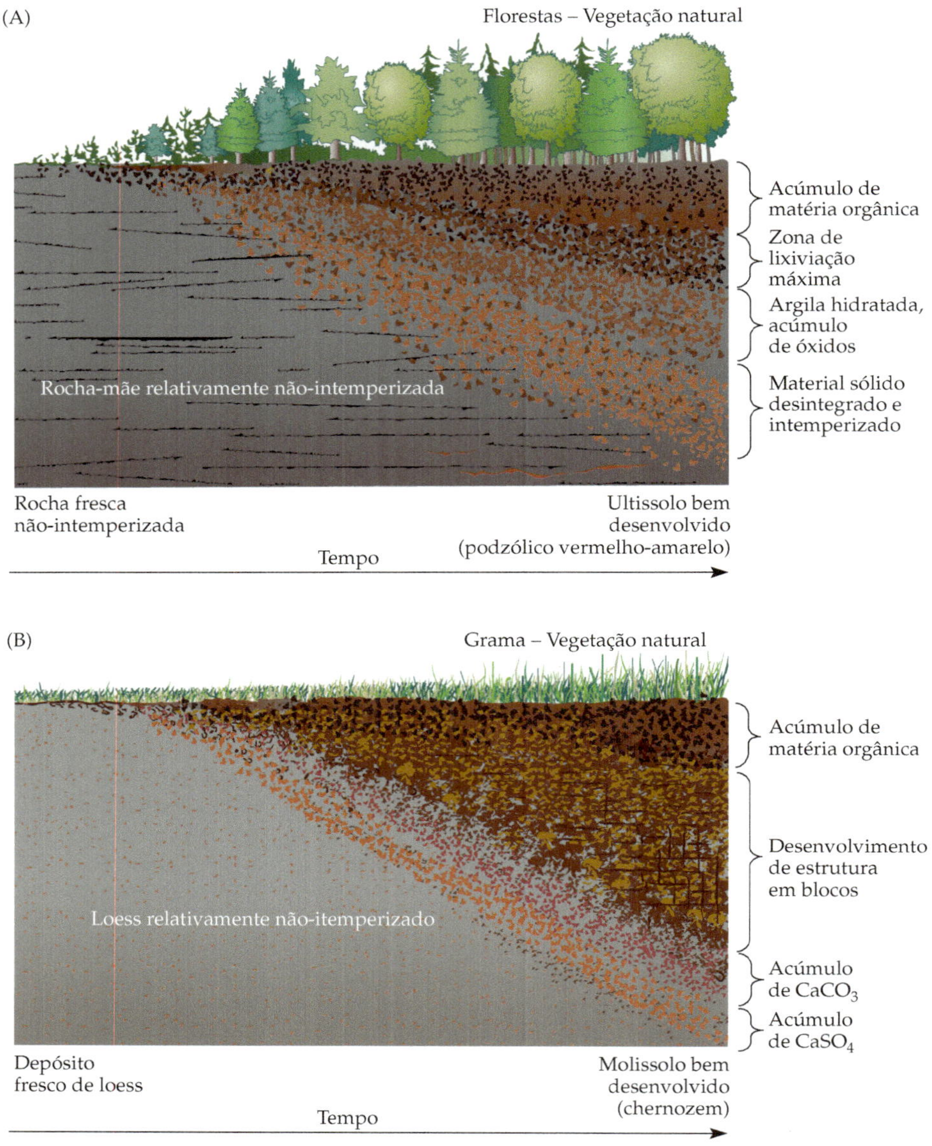

Figura 4.7 Desenvolvimento do solo a partir de dois materiais parentais diferentes: (A) rocha-mãe e (B) loess depositado pelo vento. Esses solos também estão se desenvolvendo sob dois tipos diferentes de clima e vegetação. Ao longo do tempo, a matéria orgânica acumula-se no horizonte superior, dependendo do tipo de vegetação presente. Nos horizontes mais inferiores, argila, óxidos de ferro ou $CaCO_3$ são depositados e acumulam-se, desenvolvendo estruturas características. As ordens de solo (ultissolo e molissolo) são descritas na Tabela 4.1 (segundo Buckman e Brady, 1969).

minerais do solo mudam quando minerais mais estáveis na superfície terrestre começam a dominar. Solos jovens são encontrados onde o material parental ainda está presente, como em áreas que sofreram glaciações relativamente recentes (como a maior parte da porção norte da América do Norte) ou em áreas de depósitos aluviais recentes (como as terras baixas dos maiores sistemas fluviais do mundo). Os solos antigos costumam ser encontrados nos trópicos e subtrópicos. Alguns dos solos mais antigos do mundo se localizam, por exemplo, em partes da África.

Cinco fatores principais são responsáveis pela determinação dos tipos de solo que se desenvolvem em uma área: o clima, a natureza do material parental, a idade do solo, a topografia (que altera os efeitos do clima) e os organismos vivos. Esses fatores não operam isoladamente, mas interagem de forma complexa uns com os outros. A vegetação associada aos organismos do solo exercem forte influência no seu desenvolvimento, mas a natureza da vegetação presente também depende tanto do solo quanto do clima.

Os solos são classificados de acordo com um sistema taxonômico completo desenvolvido nos EUA, embora alguns cientistas do solo e ecólogos ainda utilizem como base sistemas de classificação mais antigos. A categoria mais ampla no sistema moderno é a **ordem de solo**. Existem dez ordens de solo no mundo (Tabela 4.1).

As categorias de classificação de solo em geral mais usadas pelos ecólogos vegetais são aquelas dos níveis regionais e locais: série de solo e tipo de solo. Uma série de solo costuma ser denominada de acordo com uma área

TABELA 4.1 Ordens de solo e algumas de suas características

Ordem de solo	Desenvolvimento e características	Encontrado em
Molissolos	Desenvolvem-se sob vegetação de pradaria; muitos desses solos estão sob cultivo e constituem alguns dos solos agrícolas mais produtivos	Grandes Planícies dos EUA e do Canadá; grandes áreas no coração da Rússia, na Mongólia e no norte da China; norte da Argentina, Paraguai e Uruguai
Espodossolos	Geralmente se desenvolvem em regiões frias, temperadas e úmidas, sob as florestas setentrionais; costumam ser muito ácidos e de baixa fertilidade	Nordeste e meio-oeste norte dos EUA e áreas adjacentes no Canadá; norte da Europa, Sibéria; também alguns solos no sul da América do Sul
Alfissolos	Desenvolvem-se em regiões úmidas sob florestas deciduais; um pouco menos intemperizados do que os espodossolos, mas mais do que os inceptissolos; contêm horizonte dominado por argilas silicatadas; frequentemente cultivados e com produtividade agrícola alta	Grande área dos estados bálticos até o oeste da Rússia; metade sul da África; leste do Brasil; Inglaterra, França, Europa Central e partes do sul da Europa; Michigan e Wisconsin até Pensilvânia e Nova York, nos EUA
Oxissolos	Geralmente solos tropicais, com frequência sustentam a floresta pluvial tropical. A ordem de solos mais velhos e intemperizados, com um horizonte sub-superficial profundo rico em argilas e outras partículas coloidais; a intensa lixiviação removeu a maior parte da sílica, deixando uma alta proporção de óxidos de ferro e alumínio, normalmente com cor avermelhada	Uma das ordens de solo de mais ampla distribuição global e entre os mais importantes em termos de tamanho da população humana sustentada; também sustenta a maior biodiversidade de muitos grupos de plantas e animais. Cobre boa parte da África e América do Sul
Entissolos	Solos recentes com falta de um desenvolvimento significativo do perfil; muito variável em fertilidade	Montes arenosos de Nebraska; áreas do norte e sul da África; norte de Quebec; partes da Sibéria e do Tibet; muitas áreas cobertas pela glaciação mais recente
Inceptissolos	Solos jovens que exibem intemperização limitada, mas com maior desenvolvimento do perfil do que os entissolos; muitos desses solos estão sob produção agrícola	Todos os continentes – norte da África, leste da China, oeste da Sibéria, Espanha, França central, Alemanha central, norte da América do Sul, noroeste dos EUA
Aridissolos	Desenvolvem-se em regiões áridas onde os solos são secos durante a maior parte do ano e onde há pouca lixiviação	Sudoeste dos EUA e norte do México; sul e centro da Austrália; desertos de Bobi e Taklamakan, na China; Saara e também o sudoeste da África; Paquistão; outras regiões áridas
Vertissolos	Alto conteúdo de algumas argilas; pegajoso e plástico quando úmidos, e duros quando secos; extensas rachaduras; instável para a construção e difícil de cultivar	Grandes regiões da Índia, do Sudão e do leste da Austrália; pequenas áreas no sudeste do Texas e leste do Mississipi, nos EUA
Ultissolos	Desenvolvem-se sob climas mornos a tropicais, sob vegetação de floresta ou savana; geralmente muito intemperizados, mas ainda retendo alguns minerais; um tanto ácido, com horizontes argilosos; são solos bastante antigos	Sudeste dos EUA; nordeste da Austrália; Havaí; sudeste da Ásia; sul do Brasil
Histissolos	Solos de banhados e turfeiras; desenvolvem-se em ambiente saturado em água; muito rico no conteúdo de matéria orgânica; algumas vezes rico em argila. Solos importantes não só para os banhados de hoje, mas em áreas de antigos pântanos e turfeiras que são hoje florestados, cultivados ou minerados para turfa	Não têm ampla distribuição, mas podem ser localmente importantes, como nos *Everglades*, no sul da Flórida, e em muitas áreas do norte da Europa. As maiores áreas estão no Canadá, a sudoeste de Hudson e na Baia de James, e no noroeste do Canadá até o leste do Alasca

Nota: Essas ordens de solo refletem o sistema de classificação moderno hoje usado nos EUA. Alguns dos principais Grandes Grupos de Solos do sistema de classificação mais antigo, com as ordens de solo às quais eles a grosso modo correspondem são: podzóis (espodossolos e alfissolos), chernozens e brunizens (molissolos). Latossolos e solos lateríticos (oxissolo), litossolos, solos *solonchak* e solos de deserto (aridissolos), solos azonais (entissolos) e solos de banhados e turfeiras (histissolos).

geográfica ou característica local e geralmente consiste em um tipo dominante com vários outros tipos associados. Os tipos de solos são fundamentados na topografia, no material parental e na vegetação sob a qual eles são formados. As séries de solo ocorrem em escalas regionais, e os tipos de solo são características em escala de paisagem. Nos EUA, as séries de solos são mapeadas para quase todos os condados; mapas detalhados estão disponíveis para a maioria dos locais, mostrando a série e o tipo de solo e fornecendo vasta informação sobre as características dos solos locais. Tais dados podem ser de grande valor para muitos tipos de estudos ecológicos, em particular nos níveis de comunidade e de ecossistema. A disponibilidade de informação sobre solos locais em outros países varia amplamente.

Matéria orgânica e o papel dos organismos

Até agora, enfatizamos o papel dos processos físicos no desenvolvimento do solo. Contudo, começamos este capítulo salientando que os solos são um produto singular de seres vivos que atuam no ambiente físico (e que, por sua vez, são afetados por aquele ambiente). Quais são algumas das maneiras pelas quais os organismos afetam os solos?

A **matéria orgânica** é o material decomposto e em decomposição do solo, a qual se origina de seres vivos. Ela inclui substâncias secretadas pelas plantas, por micro-organismos e animais, produtos da excreção dos animais, partes desprendidas por animais e plantas e organismos mortos e partes de organismos. Os organismos microscópicos, apesar de individualmente minúsculos, contribuem muito em conjunto para a matéria orgânica do solo. As atividades de vários tipos de micro-organismos, incluindo a reciclagem de nutrientes minerais utilizados pelas plantas, afetam as propriedades dos solos de várias maneiras adicionais (ver Capítulo 14).

A porosidade e o conteúdo de matéria orgânica do solo determinam o quão facilmente as raízes ou as hifas dos fungos podem penetrá-lo e quão facilmente os animais podem cavar tocas ou túneis através dele. Os movimentos dos organismos (de animais a raízes e hifas fúngicas) através do solo criam poros, alterando a sua estrutura. A matéria orgânica é amorfa (ela não tem uma estrutura bem definida como as argilas, por exemplo), e partículas de matéria orgânica tipicamente possuem áreas de superfície muito grandes. Os materiais orgânicos ligam as partículas minerais entre si, estabilizando agregados, de modo que a porosidade do solo é mantida apesar da ação física do umedecimento, dessecamento, congelamento, degelo e de outros processos.

A matéria orgânica também supre íons H^+, determinando o pH do solo. Além disso, a matéria orgânica do solo tem importância crítica para a nutrição vegetal, tanto no suprimento de nutrientes essenciais quanto no fornecimento de partículas físicas que, como as partículas de argila, atraem e retêm íons por serem carregadas negativamente e possuírem áreas grandes de superfície. A matéria orgânica fresca e decomposta no solo também contém compostos, os quais incluem vários ácidos orgânicos, que alteram quimicamente nutrientes minerais essenciais às plantas, como cálcio (Ca), ferro (Fe), manganês (Mn), cobre (Cu) e zinco (Zn), tornando-os mais prontamente disponíveis às plantas.

Movimento de água dentro dos solos

Imagine um prado durante o verão o qual ficou um certo período sem receber chuva. Chega um temporal, que oferece um denso encharcamento (um conjunto similar de eventos aconteceria em um gramado da cidade, uma floresta, uma lavoura e até mesmo, em certo grau, em um terreno urbano vazio). O que acontece no interior do solo? Os poros que estavam cheios de ar são preenchidos com água, primeiramente nas camadas superiores do perfil do solo e, após, mais profundamente, à medida que mais chuva cai. Por fim, quase todos os poros ficam cheios de água. Parte da água escorre pela superfície do solo, cuja quantidade depende da vegetação, da declividade e de outros fatores (Figura 4.8). O solo está agora **saturado**. Dependendo da textura, da estrutura e da profundidade, os solos, quando saturados, podem reter volumes muito diferentes de água, com grandes consequências para o crescimento e para a sobrevivência das plantas.

A água da chuva imediatamente começa a drenar devido à força da gravidade, penetrando nas águas subterrâneas e drenando para córregos, rios e lagos da bacia hidrográfica. Após cerca de um dia, esse rápido movimento para baixo diminui e muitos dos poros maiores do solo são reabastecidos de ar (Figura 4.9A). Os poros menores, no entanto, permanecem saturados de água nesse estádio, e o solo encontra-se na **capacidade de campo**. O potencial hídrico (ver Capítulo 3) do solo é agora de –0,01 a –0,05 MPa (Figura 4.9B).

A água é retida no solo em boa parte por atração às superfícies das suas partículas, em geral argila e matéria orgânica. Ela se desloca através de poros pequenos e da película de água que circunda as partículas minerais por **ação capi-**

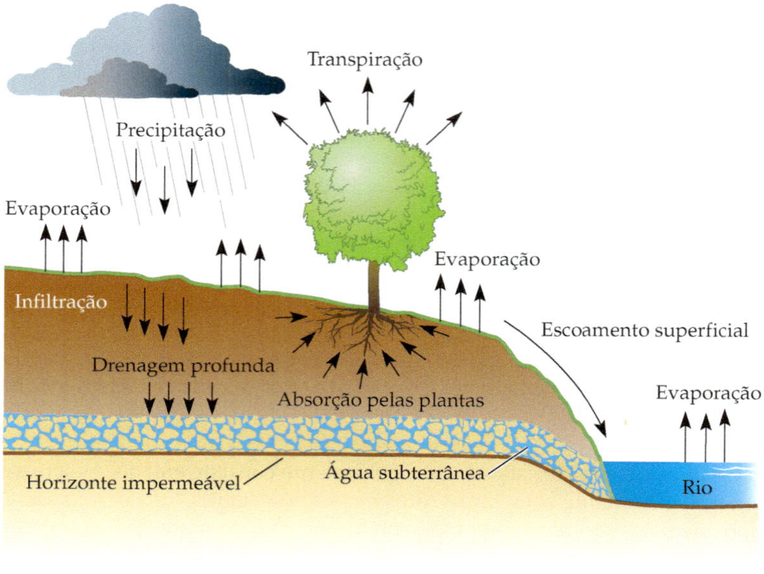

Figura 4.8 O destino da água que cai no chão, vinda de uma chuvarada (segundo Kramer, 1983).

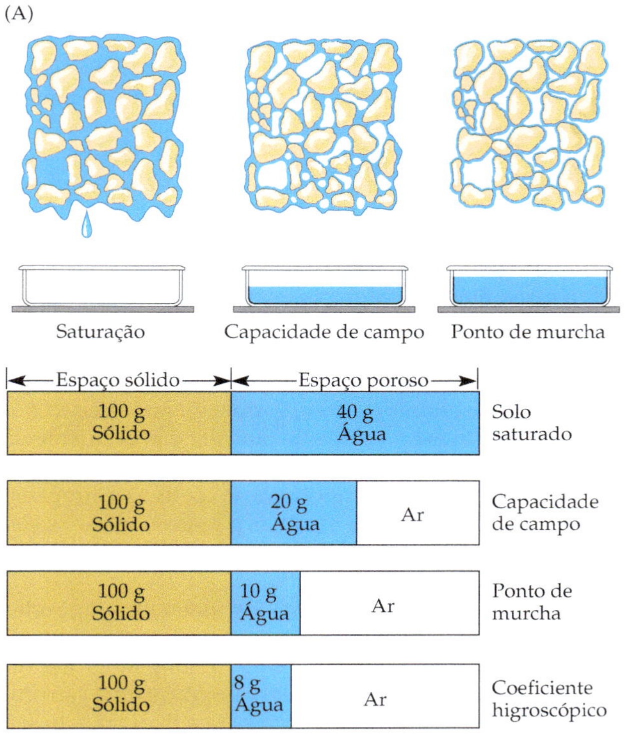

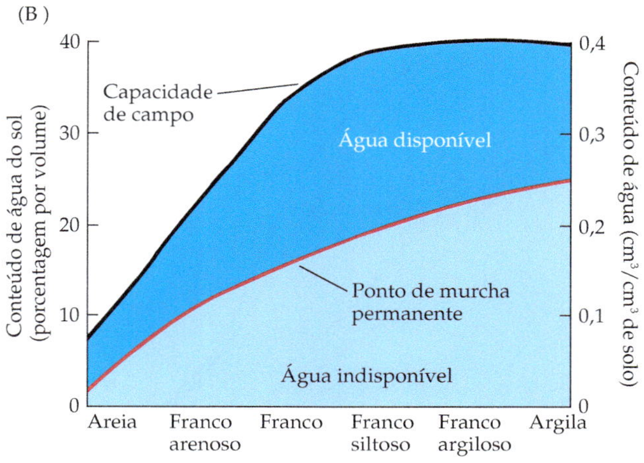

Figura 4.9 (A) Solo franco siltoso na saturação, na capacidade de campo e no ponto de murcha permanente, mostrando suas partículas e seus poros preenchidos com água e/ou ar. Na saturação, o solo está retendo toda a água que consegue acomodar, e a água vai drenar do solo devido à gravidade. Na capacidade de campo, uma quantidade considerável de água foi removida do solo (mostrada no béquer abaixo do solo) e, no ponto de murcha, ainda mais água foi removida. O gráfico de barras a seguir mostra as quantidades relativas de partículas sólidas, água e ar no solo para cada um desses estados. Uma redução adicional na umidade do solo é alcançada no coeficiente higroscópico, quando a água é retida principalmente pelos coloides do solo e é indisponível por completo às plantas (Buckman e Brady, 1969). (B) Conteúdo de água do solo (em base volumétrica, expresso tanto em porcentagem por volume quanto em cm^3 água/cm^3 solo) na capacidade de campo e no ponto de murcha permanente para solos com diferentes texturas, mostrando as quantidades relativas de água disponível e indisponível (segundo Kramer, 1983).

lar, um processo que ocorre dentro de tubos estreitos ou em uma película superficial de água (como dentro dos poros do solo, do xilema e das câmaras subestomáticas das folhas). A água é puxada para cima (ou horizontalmente) pela atração das suas moléculas às superfícies carregadas das partículas e de umas às outras. À medida que as plantas em nosso campo hipotético transpiram, estabelece-se um gradiente de potencial hídrico (Figuras 3.1 e 3.2), e a água do solo move-se em direção às raízes e é por elas absorvida.

À medida que o solo continua a secar, os poros pequenos começam a se esvaziar, e a água é substituída por ar. Com o esvaziamento dos poros pequenos, a película de água anteriormente contínua é quebrada em muitos locais e o movimento de água torna-se muito reduzido. A água pode continuar a se movimentar na forma de vapor de água através desses poros vazios, mas apenas quantidades pequenas podem ser transportadas desta maneira. Cada dia, à medida que as plantas transpiram e o solo progressivamente seca, o potencial hídrico das plantas é reduzido (torna-se mais negativo), e a cada noite, quando os estômatos se fecham, o potencial hídrico das plantas sobe até certo ponto, à medida que as plantas entram em equilíbrio com o solo (Figura 4.10).

Quando o solo atinge um potencial hídrico de cerca de –1,5 MPa, a maioria das plantas mésicas não consegue mais extrair água dele, passando à condição de murcha permanente, prestes a morrer. Esse estado é denominado **ponto de murcha permanente** do solo, e o conteúdo de umidade do solo nesse ponto é denominado **coeficiente de murcha** do solo. No entanto, as plantas adaptadas a ambientes secos podem continuar a remover água de solos ainda mais secos. A quantidade (por volume ou peso) de água retida no solo em qualquer ponto nessa curva de secamento irá variar bastante com a textura do solo e também com a proporção de matéria orgânica deste (Figura 4.11).

A água move-se no solo tanto para cima quanto para baixo. À medida que a água evapora da superfície do solo,

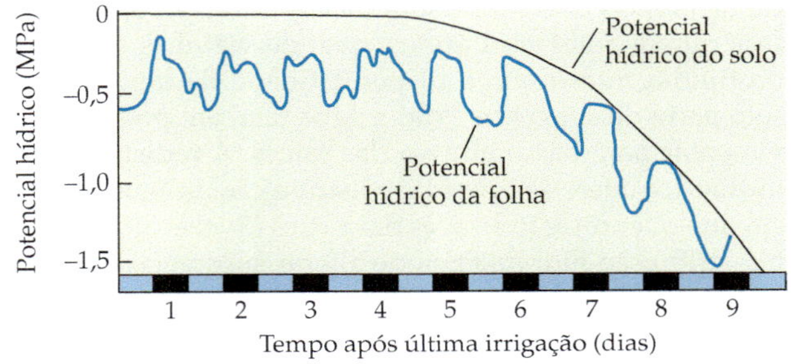

Figura 4.10 Mudanças diárias no potencial hídrico do solo e da folha para uma planta cultivada que cresce em um solo franco argiloso ao longo de nove dias e nove noites, após receber irrigação. As porções escuras da barra no eixo x indicam condições noturnas; porções azuis indicam período diurno (segundo Etherington, 1982).

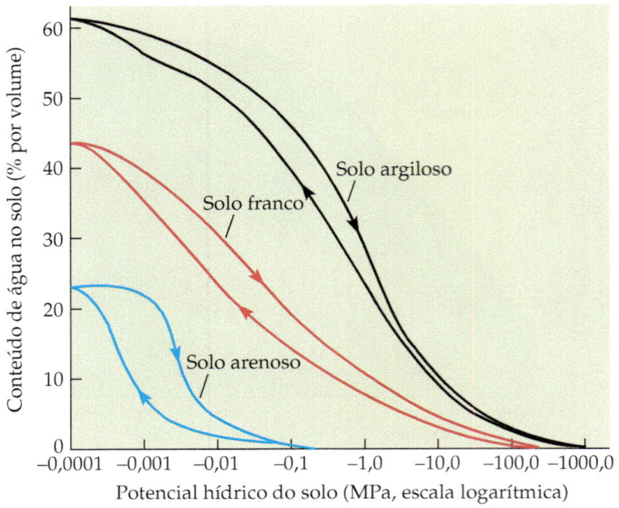

Figura 4.11 Ilustração das relações gerais entre o conteúdo de água no solo (porcentagem por volume) e o potencial hídrico do solo (MPa), para um solo argiloso, um franco e um arenoso. Essas curvas diferem, dependendo se o solo foi medido quando o conteúdo de água estava aumentando ou diminuindo (a direção da mudança é mostrada por setas) (segundo Rendig e Taylor, 1989).

a ação capilar puxa água para cima, de camadas mais profundas, contra a gravidade. As raízes de plantas transpirantes também puxam água para cima. Algumas vezes, grandes quantidades de água podem ser transferidas de horizontes profundos para camadas superficiais secas, por intermédio de plantas profundamente enraizadas. Durante o dia, as raízes em geral têm potenciais hídricos mais negativos do que o solo. À noite, as camadas superiores secas do solo podem ter potenciais hídricos mais negativos do que as raízes, com a capacidade de lhes remover a água. Dessa maneira, as plantas com raízes profundas podem absorver água de horizontes profundos úmidos, de onde ela se desloca para cima no sistema radical e sai da parte superior deste sistema para o solo seco nos horizontes superiores. Lá a água pode se tornar disponível a outras plantas mais superficialmente enraizadas. Esse fenômeno, a **ascensão hidráulica**, pode, em alguns casos, permitir a sobrevivência de plantas com raízes superficiais durante períodos de seca ou em ambientes áridos, quando vizinhas de raízes profundas aumentam a disponibilidade de umidade no solo perto da superfície. Mas a água também pode se movimentar para baixo através das raízes. A **redistribuição hidráulica** refere-se à rápida redistribuição da água no solo em qualquer direção através das raízes (Ryel et al., 2002). A redistribuição hidráulica pode alterar substancialmente a transpiração de todo o dossel vegetal, em especial em ambientes áridos, tornando a água mais disponível onde ela não estava previamente acessível (Ryel et al., 2003).

Nutrição mineral das plantas

De que é feita uma planta? Uma árvore grande é muitas ordens de grandeza maior do que a semente de onde cresceu. De onde veio toda a matéria da árvore? Um homem ou uma mulher são muito maiores do que uma criança, em grande parte como resultado de seu consumo cumulativo de alimento (naturalmente, grande parte da comida ingerida é usada para fornecer energia, a qual é usada ao longo do tempo). As plantas, porém, obviamente não comem. Para se entender de onde vem todo o material que compõe uma planta, precisamos primeiro saber do que uma planta é feita. Nesta seção, consideramos a nutrição mineral vegetal em nível de planta individual; no Capítulo 14, retornaremos às interações entre plantas e nutrientes do solo em uma escala maior.

A maior parte do material de uma planta é feita de compostos de carbono, hidrogênio e oxigênio (Tabela 4.2). O carbono é obtido pela fixação do CO_2 atmosférico durante a fotossíntese. O oxigênio também é proveniente da atmosfera, enquanto o hidrogênio vem da água absorvida pelas raízes. Com uma importante exceção – o nitrogênio fixado por simbiontes de algumas plantas – todos os elementos restantes de uma planta são absorvidos da solução do solo pelas suas raízes.

Como as plantas utilizam os elementos que elas absorvem da atmosfera e do solo? Existem dois papéis principais que um elemento pode desempenhar em organismo: fazer parte de material que constitui a estrutura do organismo ou ser essencial para a operação do seu metabolismo. Os elementos químicos de que as plantas necessitam para viver, crescer e se reproduzir (exceto pelos componentes principais C, O e H) são denominados **nutrientes minerais essenciais**. A Tabela 4.2 apresenta algumas das principais funções de cada um desses elementos. Os nutrientes essenciais necessários em maiores quantidades são chamados de **macronutrientes**; aqueles necessários em quantidades muito pequenas são conhecidos como **micronutrientes**. Um outro grupo de minerais é o dos **elementos minerais benéficos**; esses minerais ou são essenciais para certas espécies vegetais ou não são essenciais, porém estimulam seu crescimento. Os elementos minerais benéficos incluem sódio, silício e cobalto.

Embora as plantas não possam crescer e funcionar sem os nutrientes minerais essenciais, uma quantidade grande deles não é necessariamente melhor. A maioria desses minerais é necessária em quantidades pequenas a moderadas, mas tóxica em quantidades grandes. Algumas espécies desenvolveram tolerância a concentrações elevadas de minerais, as quais são tóxicas à maioria das outras espécies (Figura 6.6).

A estequiometria dos nutrientes

Os dois nutrientes minerais essenciais mais importantes para as plantas são nitrogênio e fósforo. Esses nutrientes são encontrados em muitas formas comuns e em proporções diferentes na solução do solo, em ambientes distintos. As variações na **estequiometria** – as proporções relativas – de diferentes elementos no solo podem ter consequências importantes para a estequiometria dos nutrientes nas plantas, afetando, portanto, seu crescimento e funcionamento (Sterner e Elser, 2002) (Figura 4.12). Por exemplo, a razão de C para P é importante na determinação da taxa máxi-

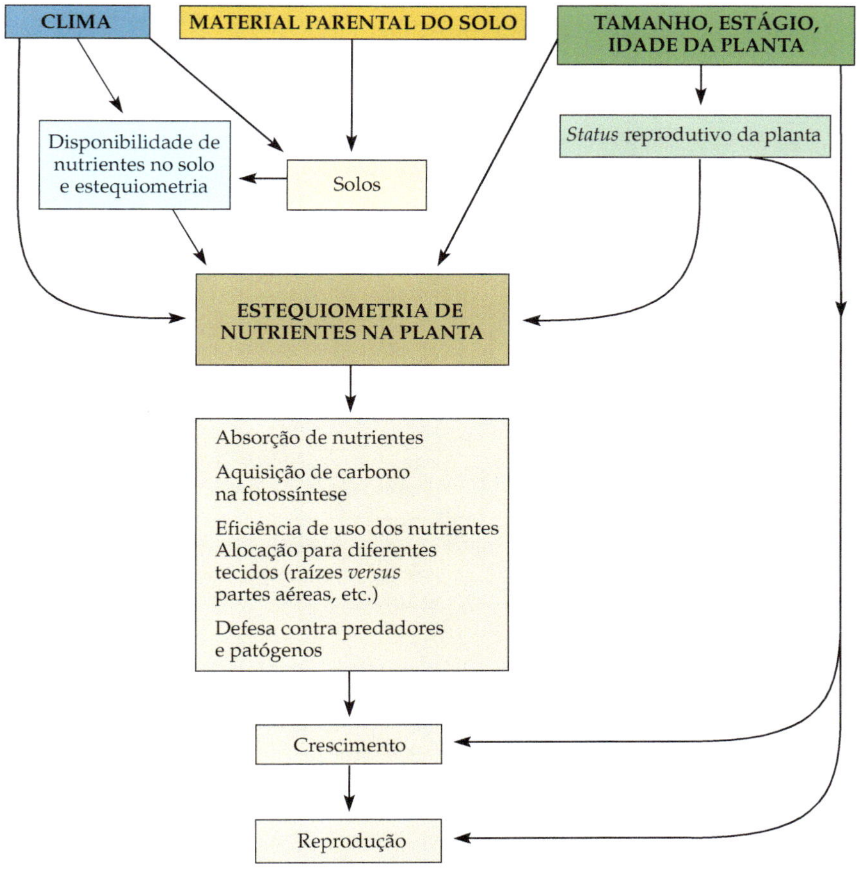

Figura 4.12 Um modelo conceitual das relações entre fatores que influenciam a estequiometria dos nutrientes nos vegetais e os efeitos da estequiometria dos nutrientes nas plantas sobre outras funções destas (segundo Méndez e Karlsson, 2005).

ma de crescimento de uma planta individual (Thompson et al., 1997; Ågren, 2004). As plantas individuais podem compensar desbalanços na disponibilidade de recursos pela alteração de suas alocações para tecidos diferentes e funções fisiológicas distintas (Chapin, 1980; Bazzaz, 1997). Por exemplo, quando o nitrogênio está limitado em relação ao carbono, de modo que a razão de N para C é baixa, a planta pode produzir mais raízes em relação aos tecidos aéreos, resultando em aumento na absorção de nitrogênio e decréscimo no ganho fotossintético de carbono. O resultado final é que a razão de N para C é aumentada, restabelecendo, assim, o desbalanço* estequiométrico. Nutrientes do solo, água e luz interagem em seus efeitos no funcionamento vegetal, e uma planta responde a esses múltiplos fatores limitantes de forma coordenada (Chapin et al., 1987; Aerts e Chapin, 2000). A estequiometria vegetal muda com a idade e ao longo da história de vida de uma planta, à medida que ela se transforma de uma plântula em uma planta madura reprodutiva.

Subindo na escala, a estequiometria do ambiente do solo é um fator importante em processos de ecossistemas (ver Capítulo 14), com consequências importantes para a composição de espécies e as interações de espécies em diferentes hábitats. A estequiometria de nutrientes, particularmente a razão de C para N, é um componente crítico do valor nutricional do tecido vegetal para os herbívoros (ver Capitulo 11) e pode afetar também as relações competitivas das plantas e as interações com vários micro-organismos, incluindo patógenos. A estequiometria vegetal varia sazonalmente entre espécies, hábitats e, em escalas maiores, ao longo de gradientes latitudinais e altitudinais (Korner, 1989, Méndez e Karlssom, 2005).

Nitrogênio em plantas e solos

As plantas precisam de grandes quantidades de nitrogênio para fotossintetizarem (ver Capítulo 2), crescerem e se reproduzirem. Entretanto, a quantidade de nitrogênio disponível no solo frequentemente limita a capacidade da planta de desempenhar essas funções. A forma e o desenvolvimento das plantas também são influenciados pela disponibilidade de nitrogênio. O aumento na disponibilidade de nitrogênio pode retardar a senescência de folhas ou da planta toda. Ele também pode aumentar a proporção de biomassa alocada às partes aérea em relação às raízes e a proporção alocada ao crescimento vegetativo em relação à reprodução sexuada. Além disso, a disponibilidade de nitrogênio pode afetar a composição bioquímica das plantas de uma maneira complexa e alterar as concentrações e tipos de compostos de defesa presentes. A razão de carbono:nitrogênio em tecidos vegetais é afetada pelas taxas de suprimento de nitrogênio e, por sua vez, afeta muitos outros aspectos da vida da planta, incluindo a suscetibilidade a herbívoros e as taxas de decomposição da serrapilheira.

O nitrogênio ocorre no solo em formas inorgânicas e orgânicas. As duas principais formas inorgânicas que as plantas absorvem do solo são nitrato (NO_3^-) e amônio (NH_4^+), porém o nitrato é, em geral, mais abundante e mais prontamente absorvido. Algumas plantas são capazes de absorver amônio, em particular quando são jovens, e espécies adaptadas a solos ácidos ou solos com potencial limitante de oxigênio (como solos alagados) absorvem preferencialmente amônio. Os custos e benefícios da absorção de nitrato *versus* amônio são complexos e dependem de suas concentrações no solo, assim como de outros

* N. de T. Os autores devem estar se referindo ao restabelecimento do balanço e não do desbalanço.

TABELA 4.2 Elementos essenciais para o crescimento e a sobrevivência das plantas

Elemento	Símbolo	Principal forma na qual é absorvido	Concentração na planta: Massa média (g/kg de peso seco da planta)	Concentração na planta: Porcentagem da massa total	Funções importantes
Encontrados em todos os compostos orgânicos					
Carbono	C	CO_2	450,0	~44%	Principal componente de todos os compostos orgânicos, incluindo celulose nas paredes celulares, que constitui parte significativa da matéria seca de uma planta; outros carboidratos (açúcares, amido) e lipídeos armazenam e transportam a energia capturada na fotossíntese
Oxigênio	O	H_2O ou O_2	450,0	~44%	Componente de todos os principais compostos orgânicos; respiração celular
Hidrogênio	H	H_2O	60,0	~6%	Componente de todos os principais compostos orgânicos; essencial a todas as reações bioquímicas e para o balanço ácido/base
Macronutrientes					
Nitrogênio	N	NO_3^- ou NH_4^+	15,0	1-4%	Componente essencial de nucleotídeos, ácidos nucléicos, aminoácidos, proteínas (incluindo proteínas estruturais e enzimas) e clorofilas
Potássio	K	K^+	10,0	0,5-6%	Envolvido na osmose, no balanço iônico, na regulação do pH e na abertura e no fechamento dos estômatos; ativador de muitas enzimas; síntese de proteínas
Cálcio	Ca	Ca^{2+}	5,0	0,2-3,5%	Fortalece as paredes celulares e alguns tecidos vegetais; envolvido na divisão celular e na expansão celular, na permeabilidade de membranas, no balanço cátion/ânion; componente estrutural de muitas moléculas; mensageiro secundário na condução de sinal entre o ambiente e o crescimento vegetal e nas respostas de desenvolvimento.
Magnésio	Mg	Mg^{2+}	2,0	0,1-0,8%	Componente essencial da molécula de clorofila; ativador de muitas enzimas; envolvido no balanço cátion/ânion e na regulação do pH do citoplasma
Fósforo	P	$H_2PO_4^-$ ou HPO_4^{2-}	2,0	0,1-0,8%	Componente estrutural essencial de ácidos nucléicos, proteínas, ATP, e $NADP^+$; crítico para a transferência e armazenamento de energia
Enxofre	S	SO_4^{2-}	1,0	0,05-1%	Componente de alguns aminoácidos e proteínas, coenzimas (incluindo coenzima A) e produtos metabólicos secundários (incluindo compostos de defesa)

fatores. O nitrato precisa ser reduzido à amônia antes de ser incorporado a compostos orgânicos na planta, mas, como nitrato, ele tem grande mobilidade e pode ser prontamente transportado em solução no xilema e armazenado nos vacúolos celulares. O amônio é muito incorporado aos compostos orgânicos nas raízes, diretamente após ser absorvido. Ele pode ser tóxico às plantas, em especial quando convertido à amônia (NH_3). Um número pequeno de

TABELA 4.2 *(continuação)*

Elemento	Símbolo	Principal forma na qual é absorvido	Concentração na planta: Massa média (g/kg de peso seco da planta)	Concentração na planta: Partes por milhão	Funções importantes
Micronutrientes					
Cloro	Cl	Cl^-	0,1	100-10.000 ppm	Utilizado na regulação estomática, em bombas de prótons e na osmorregulação; críticos para a quebra de moléculas de água no fotossistema*
Ferro	Fe	Fe^{3+}, Fe^{2+}	0,1	25-300 ppm	Componente das proteínas heme (como os citocromos, as moléculas essenciais nas reações luminosas, a respiração celular e a redução do nitrato; leg-hemoglobina, utilizada na fixação do N) e de proteínas ferro-sulfurosas; necessário para a síntese de clorofila e na cadeia de transporte de elétrons nas reações de luz**
Manganês	Mn	Mn^{2+}	0,05	15-800 ppm	Presente em várias enzimas; necessário para a ativação de muitas delas
Boro	B	$B(OH)_3$, $B(OH)_4^-$	0,02	5-75 ppm	Pouco compreendidas; síntese de parede celular, síntese de ácidos nucléicos e integridade da membrana plasmática
Zinco	Zn	Zn^{2+}	0,02	15-100 ppm	Presente em diversas enzimas; necessário para a ativação de diversas delas; síntese de proteínas e metabolismo de carboidratos; componente estrutural de ribossomos; papel importante, mas não bem compreendido, no metabolismo de hormônios vegetais
Cobre	Cu	Cu^{2+}	0,006	4-30 ppm	Presente em algumas proteínas e na plastocianina (necessária para as reações de luz)**; ativação enzimática; formação do pólen e fertilização do óvulo; lignificação de paredes celulares secundárias (formação de madeira)
Níquel	Ni	Ni^{2+}	~0,0001	~0,1 ppm	Necessário para a função de algumas enzimas; metabolismo do nitrogênio
Molibdênio	Mo	MoO_4^{2-}	0,0001	0,1-5 ppm,	Cofator enzimático para a fixação do N e de algumas outras reações; formação do pólen e dormência de sementes
Essenciais para algumas plantas					
Sódio	Na	Na^-	Traço		Equilíbrio osmótico e iônico especialmente em algumas espécies de deserto e de banhados salinos
Cobalto	Co	Co^{2+}	Traço		Requerido por micro-organismos fixadores de nitrogênio
Silício	Si	SiO_3^-	Variável		Não bem compreendidas; parece desempenhar uma função na resistência a doenças; importante componente estrutural de células, em gramíneas, *Equisetum* spp. (cavalinhas) e outras plantas; pode reduzir a perda de água foliar

Fonte: Compilado em parte dos dados de Barbour et al, 1987; Marschener, e Raven et al, 1999.

* N. de T. O fotossistema II é o que está associado à quebra da água na fotossíntese.

** N. de T. As reações de luz a que os autores se referem são as da fotossíntese.

Quadro 4A

Simbioses e mutualismos

A palavra "simbiose" tem raízes em duas palavras gregas, *bios* (vida) e *sym* (juntos). **Simbioses** são associações entre membros de duas espécies diferentes que vivem em íntimo contato entre si. Existe uma diversidade de associações simbióticas entre organismos.

Uma associação simbiótica pode beneficiar os membros das duas espécies envolvidas, ou ela pode beneficiar apenas um membro, com nenhum efeito ou efeito negativo sobre o outro. Se ambos os membros se beneficiam, a simbiose é um **mutualismo**. Se um membro se beneficia enquanto o outro não é afetado, a relação é denominada **comensalismo**. E se um membro se beneficia enquanto o outro é prejudicado (algumas vezes até destruído), é um **parasitismo**. Qualquer um desses três tipos de simbioses pode ser **obrigatória** – necessária para a sobrevivência de um ou ambos os membros – ou **facultativa** – existindo apenas sob determinadas condições. A natureza de uma simbiose em particular pode até mudar com o tempo, ou à medida que as condições ambientais mudam.

Duas simbioses importantes entre plantas e outros organismos são a fixação de nitrogênio por algumas espécies de bactérias que vivem dentro ou sobre as raízes de plantas e a formação de micorrizas por plantas e algumas espécies de fungos, ambas discutidas neste capítulo. Essas simbioses são frequentemente mutualistas. Outras simbioses comuns incluem interações entre algumas plantas e animais que atuam como polinizadores ou dispersores de sementes (ver Capítulo 7). A natureza das interações nessas diferentes simbioses e mutualismos difere muito; como têm pouca relação entre si, elas são consideradas no contexto de seus efeitos específicos sobre as plantas (p. ex. as associações micorrízicas afetam a nutrição mineral das plantas; as associações planta-polinizador afetam a reprodução das plantas). Contudo, os benefícios conferidos por todas essas associações podem variar bastante de dependência absoluta da associação por parte de ambos os membros a benefícios mais oportunistas a uma ou outra espécie, até à situação em que a associação beneficia um e tira vantagem do outro.

espécies vegetais é capaz de absorver nitrogênio orgânico diretamente do solo sob forma de aminoácidos. Em outras situações, as plantas podem utilizar esses aminoácidos do solo somente se eles forem inicialmente convertidos a NH_4^+ por bactérias.

Fixação biológica do nitrogênio

O nitrogênio é necessário em grandes quantidades para plantas, e sua disponibilidade nos solos é quase sempre baixa. Ironicamente, as plantas são circundadas por um oceano de nitrogênio na atmosfera na forma de N_2 elementar, o qual elas não podem extrair diretamente. Você pode se perguntar por que as plantas não podem usar essa forma de nitrogênio. Ocorre que algumas plantas são capazes de utilizá-lo não diretamente, mas formando simbioses (Quadro 4A) com procariotos fixadores de nitrogênio (bactérias).

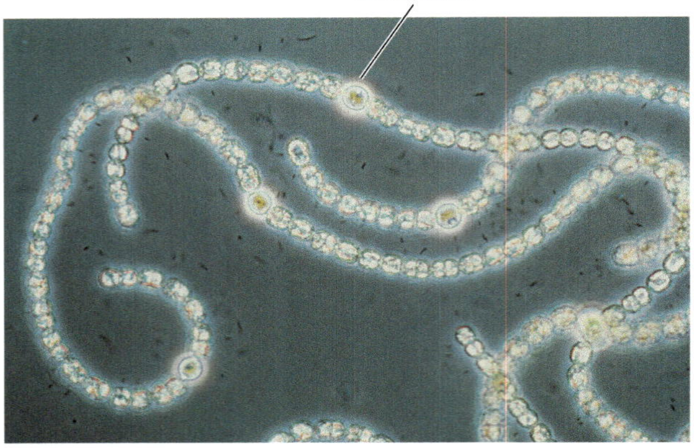

Figura 4.13 Cianobactérias de vida livre fixadoras de nitrogênio como *Anabaena azollae* fixam nitrogênio em células especializadas chamadas de heterocistos (fotografia © J. R. Waaland/Biological Photo Service).

Apenas procariotos podem usar N_2 diretamente e "fixá-lo" em formas biologicamente utilizáveis. Esses organismos fixadores de nitrogênio são notavelmente diversos e compreendem dezenove famílias de bactérias, incluindo oito famílias de cianobactérias (as bactérias verde-azuladas, que são fotossintéticas). Ocorre que lguns fixadores de nitrogênio são de vida livre, alguns são simbióticos com plantas terrestres e outros encontram-se associados a superfícies e nos espaços intercelulares das raízes das plantas. A redução biológica de N_2 a NH_3 é catalisada por um complexo enzimático, denominado nitrogenase, encontrado em todos os micro-organismos procarióticos fixadores de N_2 e em nenhum outro lugar do mundo vivo. A reação exige uma grande quantidade de energia, e a fonte dessa energia é a chave para se compreender os diferentes papéis ecológicos desempenhados por diferentes fixadores de nitrogênio.

Os fixadores de nitrogênio de vida livre são ou cianobactérias fotossintéticas, como *Anabaena* (Figura 4.13), ou heterotróficos, e obtêm energia da decomposição de resíduos vegetais no solo. O volume de fixação de nitrogênio pelos heterótrofos é geralmente baixo, porque eles estão limitados pela quantidade de carbono e energia que conseguem extrair do material morto. Os fixadores de nitrogênio fotossintéticos de vida livre, ao contrário, podem prover quantidades substanciais de nitrogênio aos sistemas onde vivem, porque utilizam a energia muito mais abundante proveniente da luz solar. Por exemplo, cianobactérias fixadoras de nitrogênio de vida livre (assim

(A)

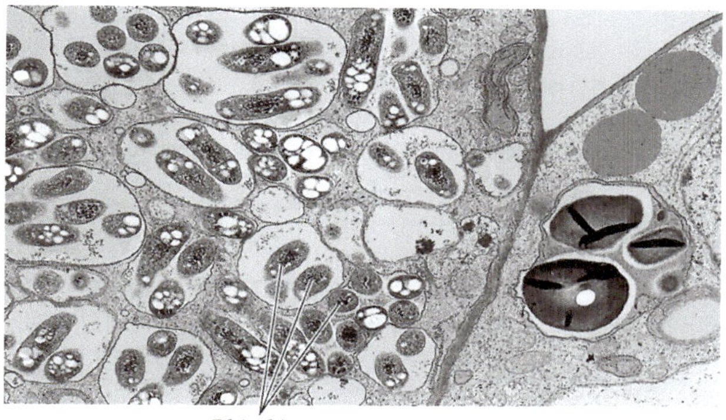

(B)

Figura 4.14 As bactérias simbióticas fixadoras de nitrogênio do gênero *Rhizobium* não podem fixar nitrogênio, até que se forme uma associação com as células da raiz de uma planta. (A) A célula à direita não foi "infectada" com *Rhizobium*. As bactérias penetraram na célula à esquerda, onde assumem uma forma fixadora de nitrogênio denominada bacteroide. As células de raízes com bacteroides formam nódulos (fotografia © E. Newcomb e S. Tandon/Biological Photo Service) (B) Nódulos de raízes em *Glycine max* (soja, Fabaceae). As condições anaeróbias dentro dos nódulos fornecem o ambiente necessário para o *Rhizobium* fixar nitrogênio (fotografia © K. Wagner/Visuals Unlimited).

como as simbióticas) são fontes importantes de nitrogênio em campos inundados de arroz (Figura 14.14) e em alguns solos de superfície.

A fixação simbiótica de nitrogênio é mais importante na maioria dos ecossistemas do que a fixação por organismos de vida livre. Existe uma grande diversidade de associações simbióticas entre procariotos fixadores de nitrogênio e plantas terrestres. Em geral, há uma grande especificidade nessas simbioses, em que espécies particulares de bactérias infectam preferencialmente espécies vegetais específicas. Três dos tipos gerais mais comuns de simbioses fixadoras de nitrogênio entre procariotos e plantas são leguminosas noduladas, simbioses noduladas de não-leguminosas e associações mais frouxas entre plantas e cianobactérias. O primeiro tipo é o mais familiar, particularmente, devido à sua importância agrícola, mas não é o único de importância ecológica.

Simbioses com leguminosas (plantas da família Fabaceae, como ervilhas, feijões, trevos e acácias, entre outras) são formadas ou pelas espécies bacterianas de crescimento rápido do gênero *Rhizobium* (Figura 4.14A) ou por espécies de *Bradyrhizobium* de crescimento lento. *Rhizobium* e *Bradyrhizobium* vivem em nódulos nas raízes de leguminosas (Figura 4.14B), proporcionando à planta uma fonte de NH_3 e recebendo carboidratos (que fornecem carbono e energia) da planta hospedeira. Os nódulos propiciam as condições anaeróbias que as bactérias necessitam para fixar nitrogênio.

Fabaceae é uma das famílias maiores e mais diversificadas ecologicamente, e muitos de seus membros formam simbioses com bactérias fixadoras de nitrogênio. Muitas espécies cultivadas importantes são membros desta família, e suas culturas são fontes importantes de proteínas para civilizações em todo o mundo (p. ex., sojas no leste da Ásia, lentilhas no sul da Ásia, guandus e amendoins na África, feijão comum e outros feijões nas Américas e fava e grão-de-bico no Oriente Médio; Figura 4.15). Muitas árvores e arbustos tropicais (como *Acacia* spp.) também pertencem à família Fabaceae; essas plantas podem desempenhar uma função crítica no funcionamento dos ecossistemas, pelo fornecimento de nitrogênio aos solos e

Figura 4.15 Uma ampla diversidade de feijões secos está à venda neste mercado no Equador. Leguminosas como feijões, membros da família Fabaceae, são fontes cruciais de proteína para as pessoas em todo o mundo, assim como para várias outras espécies animais (fotografia © Royalty-free/Corbis).

alimentos ricos em proteínas (em especial sementes e frutos) para a fauna silvestre.

O segundo tipo principal de simbiose fixadora de nitrogênio é a de não-leguminosas com bactérias actinomicetes do gênero *Frankia*. Como nas leguminosas, as bactérias vivem em nódulos nas raízes das plantas e obtêm carbono e energia das plantas, enquanto fornecem NH_3 a elas. Existem cerca de 200 espécies vegetais nos trópicos e subtrópicos que formam tais associações, mas elas também ocorrem em alguns sistemas temperados. *Alnus* spp. (amieiros, Betulaceae), por exemplo, são simbióticas com *Frankia* e são árvores pioneiras comuns em muitas comunidades ripárias; o nitrogênio fixado por essa associação simbiótica pode ser muito importante nesses ambientes sucessionais (ver Capítulo 12).

No terceiro tipo de associação planta-procarioto, a das cianobactérias fixadoras de nitrogênio com alguma espécie vegetal, pode haver maior especificidade entre a planta hospedeira e a espécie de bactéria, mas a bactéria permanece externa às células da raiz. Nessas associações frouxas, as bactérias obtêm energia dos exudados da raiz da planta, mas fornecem pouco nitrogênio à planta até que morram. Essas associações nem sempre são mutualísticas, e algumas vezes um dos parceiros obtém todos ou a maioria dos benefícios da associação sem fornecer muito ao outro parceiro.

Um acréscimo externo de energia é necessário para a fixação de nitrogênio. As bactérias simbióticas obtêm essa energia dos fotossintatos supridos pela planta hospedeira, que devem ser desviados das outras funções da planta, como crescimento ou reprodução. Os fatores que aumentam as taxas fotossintéticas tendem a aumentar as taxas de fixação de nitrogênio; fatores (como limitações de luz e de água) que reduzem as taxas fotossintéticas tendem a diminuir a fixação de nitrogênio.

A presença de grandes quantidades de nitrogênio mineral no solo inibe a fixação de nitrogênio, pela supressão da atividade da nitrogenase e redução intensa do número de nódulos formados. Os mecanismos pelos quais essa supressão ocorre são complexos e estão além do escopo deste livro. À medida que o nitrogênio se torna mais prontamente disponível no solo, no entanto, a absorção desse nutriente torna-se mais barata energeticamente do que fornecer carboidratos aos simbiontes bacterianos. Da perspectiva da aptidão da planta, a mudança do uso do nitrogênio simbioticamente fixado para a absorção direta do solo deve ocorrer neste ponto.

Fósforo no solo

Da mesma maneira que o nitrogênio, o fósforo é necessário às plantas em quantidades geralmente maiores do que as disponíveis nos solos. Junto com o nitrogênio, o fósforo é provavelmente o nutriente mineral mais limitante ao crescimento das plantas. O fósforo também é necessário para sustentar a fixação simbiótica do nitrogênio.

Os solos variam muito na quantidade de fósforo que contêm. Nos EUA, o fósforo total no solo tende a ser maior no Pacífico-noroeste, extremamente baixo no sudoeste e de baixo a moderado no nordeste, meio-oeste e sudoeste. Os solos derivados de rochas calcárias ricas em fosfato costumam ter as maiores quantidades de fósforo, e aqueles derivados de arenitos e rochas ígneas ácidas, as menores quantidades. Os solos calcários em regiões áridas são geralmente ricos em fósforo, porque não ocorreu lixiviação substancial. Solos muito antigos, em especial nos trópicos e subtrópicos, como aqueles na Austrália e parte da África, tendem a ser excepcionalmente pobres em fósforo, devido a constantes e lentas perdas por lixiviação ao longo de um período prolongado.

A disponibilidade de fósforo às plantas, no entanto, não está diretamente relacionada à quantidade total desse nutriente no solo. Diferentemente do nitrogênio, a maioria do fósforo no solo está ligada de forma a torná-lo indisponível às plantas. A química do fósforo no solo é complexa e depende do pH e de muitos outros fatores. O fósforo no solo ocorre sob várias formas orgânicas e inorgânicas, e tanto fosfatos orgânicos quanto inorgânicos podem estar fortemente presos de modo a torná-los indisponíveis às plantas. O fósforo pode estar firmemente ligado a partículas de argila, ou complexado com Ca, Fe, Al e silicatos, ou atrelado à matéria orgânica. Portanto, o fósforo lixivia muito menos prontamente e mais lentamente do que o nitrogênio. A atividade microbiana remove formas disponíveis de fósforo da solução do solo e as aprisiona em formas indisponíveis às plantas (ou seja, ela as imobiliza), mas também as transforma novamente em formas disponíveis e as libera de volta para a solução do solo, onde podem mais uma vez ser absorvidas pelas plantas (Figura 14.19).

O fósforo no solo é derivado de minerais de apatita no material parental. Em sistemas naturais, a maioria do fósforo nas plantas é reciclada pela decomposição microbiana. Enquanto alguns sistemas têm consideráveis reservas de fósforo no solo, em outros, como campos e algumas florestas pluviais tropicais, todo o fósforo disponível se encontra essencialmente nos tecidos vivos, na serrapilheira e na matéria orgânica em decomposição, de onde ele é rapidamente reciclado ou perdido. A maioria do fósforo absorvido pelas plantas vem da **rizosfera**, o ambiente rico em micróbios dentro de uma distância de cerca de um milímetro ao redor da raiz.

Às vezes, é possível às plantas influenciar diretamente a disponibilidade de nutrientes na rizosfera. Algumas plantas, por exemplo, podem criar seu próprio ambiente localmente ácido pela secreção de ácidos orgânicos que promovem a absorção de cátions. Plantas da família Proteaceae – um proeminente grupo dos velhos continentes gonduânicos (Austrália, sul da África e América do Sul; ver Capítulo 20) – que frequentemente crescem em solos muito pobres em fósforo, podem formar **raízes proteoides** especializadas. Esses densos agrupamentos de pequenas raízes finas e curtas produzem ácidos orgânicos ou outros agentes quelantes, que atuam na liberação de fósforo de complexos insolúveis com Ca, Fe e Al. Essa capacidade permite a estas plantas adquirir fósforo (e, às vezes, outros nutrientes minerais) em solos onde ele se encontra indisponível a outras plantas. Em algumas plantas não pertencentes à família Proteaceae – como *Lupinus* sp. (tremoço, Fabaceae) – também se observou a formação de raízes proteoides.

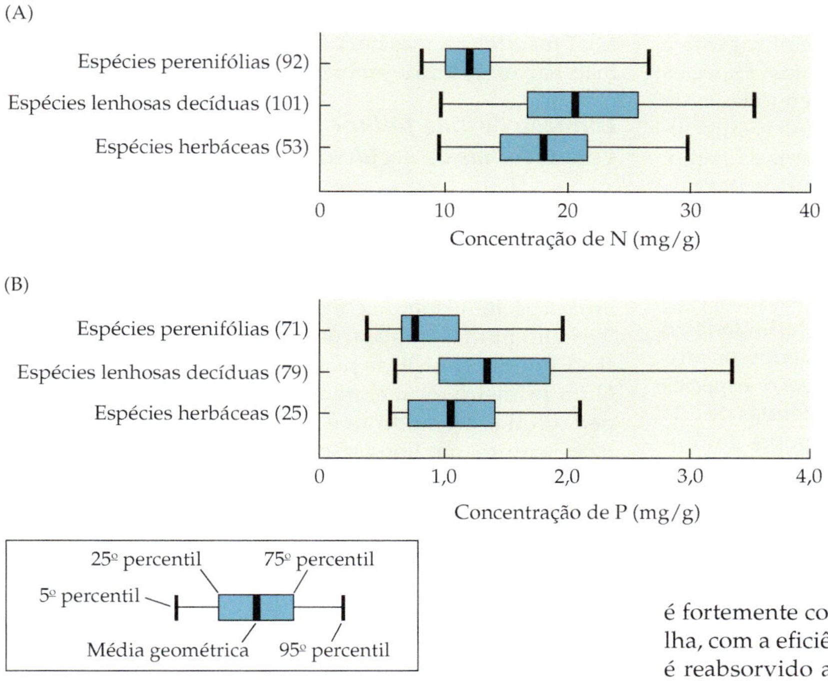

Figura 4.16 (A) Concentrações de nitrogênio na folha e (B) concentrações de fósforo na folha a partir de um levantamento de resultados publicados de espécies perenifólias, lenhosas decíduas e herbáceas. As parcelas dos quadros para cada categoria representam os seguintes dados, conforme a legenda: a linha vertical dentro de cada quadro mostra a média geométrica (uma indicação de valor médio), as extremidades à esquerda e à direita representam o 5º e o 95º percentil, respectivamente, e os lados esquerdo e direito do quadro, o 25º e o 75º percentil, respectivamente. Os números entre parênteses são os valores nos quais as parcelas dos quadros estão baseadas (tamanhos das amostras). (de Aerts e Chapin, 2000)

Eficiência no uso de nutrientes

Enquanto o nitrogênio e o fósforo são os nutrientes-chave que limitam o crescimento vegetal, a natureza e o grau dessas limitações diferem entre ambientes e formas de crescimento das plantas. As concentrações de nitrogênio e fósforo nas folhas diferem entre espécies e plantas com diferentes formas de crescimento. Por exemplo, as concentrações média e máxima tanto de nitrogênio quanto de fósforo são menores nas folhas de espécies perenifólias do que nas de espécies decíduas (caducifólias), embora haja sobreposição considerável entre elas (Figura 4.16). A relação entre nitrogênio e fotossíntese foi extensivamente estudada em nível de folhas individuais, de plantas inteiras, de dosséis e, particularmente, de ecossistemas (ver Capítulo 14).

A **eficiência no uso de nutrientes** é a razão entre a produtividade fotossintética e a concentração de um nutriente dentro da planta, sendo medida separadamente para cada nutriente. Ela integra a taxa de assimilação de carbono, o conteúdo de nutrientes da planta e a reabsorção de nutrientes das folhas antes do desprendimento foliar, a duração de vida da folha e a massa foliar específica* e, por sua vez, afeta a decomposição da serrapilheira e a fertilidade do solo. A eficiência no uso de nutrientes foi estudada principalmente para o nitrogênio, mas alguns estudos foram realizados com o fósforo. A **eficiência fotossintética foliar no uso do nitrogênio** (NUE_{folha}, *nitrogen use efficiency*), a taxa fotossintética máxima por unidade de nitrogênio na folha, difere bastante entre folhas de diferentes espécies (Chapin, 1980; Aerts e Chapin, 2000). NUE_{folha} é fortemente correlacionada com a duração de vida da folha, com a eficiência de reabsorção (quão bem o nitrogênio é reabsorvido antes de a folha ser desprendida) e com a massa foliar específica, mas a natureza específica dessas relações varia entre plantas de diferentes hábitats e com diferentes formas de crescimento.

Rien Aerts e F. Stuart Chapin (2000) revisaram um grande número de trabalhos publicados para analisar essas complexas relações e chegaram a algumas conclusões. Eles constataram que a NUE_{folha} média era maior para perenifólias do que para decíduas lenhosas e herbáceas perenes. A concentração foliar de nitrogênio estava negativamente correlacionada com NUE_{folha} e, em árvores e arbustos perenifólios (que em geral estão associados a solos pobres em nutrientes, como veremos a seguir), essa correlação negativa era o fator mais importante na determinação da NUE_{folha}. Dentre as plantas lenhosas decíduas, a concentração de nitrogênio da folha e a duração de vida foliar estavam negativamente associados à NUE_{folha}, ao passo que a eficiência de reabsorção estava forte e positivamente correlacionada à NUE_{folha}. Para herbáceas perenes, a eficiência de absorção é o atributo mais associado à NUE_{folha}. Em geral, as espécies perenifólias tenderam a ter maiores NUE_{folha} e eficiência de uso do fósforo (PUE_{folha}, *phosphorus use efficiency*, taxa fotossintética por unidade de fósforo) do que outros grupos de plantas.

A **eficiência no uso do nitrogênio da planta inteira** (NUE_{planta}) é a produção de biomassa por unidade de nitrogênio absorvido e pode ser medida como o produto da **produtividade do nitrogênio** (A_n, crescimento por unidade de nitrogênio na planta) vezes o **tempo médio de residência** (MRT, *mean residence time*) do nitrogênio (o tempo que a unidade de um nutriente é retida na folha; Small, 1972). Espécies com MRTs longos são conservadoras de nutrientes; elas retêm nutrientes por muito mais tempo do que espécies com MRTs curtos. O MRT depende da duração de vida foliar e da eficiência de reabsorção do nitrogênio antes da senescência da folha. Infelizmente, a NUE_{planta}

* N. de T. A forma correta de se referir à massa foliar específica é massa foliar por área.

é difícil de ser medida e quase nenhum dado foi coletado com relação a esse atributo. Os MRTs de nitrogênio e fósforo são importantes atributos das plantas. Espécies com MRTs mais longos tipicamente são perenifólias, com maiores duração de vida das folhas, massa foliar específica e eficiência de reabsorção de nutrientes (Aerts e Chapin, 2000) e uma A_n menor; a concentração de nutrientes nos tecidos está relacionada a esses atributos, mas a relação varia de acordo com a espécie e o hábitat.

Embora já tenha sido há muito tempo postulado que a NUE_{planta} deveria ser maior em hábitats inférteis, a NUE_{folha} por si só não está diretamente relacionada à fertilidade do solo do hábitat devido a essas interrelações entre os atributos. Por exemplo, em uma comparação entre espécies subárticas que crescem em uma floresta de bétulas de alta fertilidade e as de um hábitat de turfeira pobre em nutrientes, R. Lutz Eckstein e P. Staffan Karlsson (1977) verificaram que as perenifólias tinha os MRTs mais longos e as A_n menores; as herbáceas perenes tinham os MRTs mais curtos e as A_n mais altas. Eles não encontraram nenhuma relação consistente entre NUE (medida em tecidos vegetais aéreos) e hábitat ou forma de crescimento (perenifólia, decídua lenhosa ou herbácea perene) ou qualquer relação consistente entre MRT, NUE, A_n e hábitat.

Alguns modelos previram que espécies com longos MRTs para nitrogênio e fósforo deveriam dominar hábitats de fertilidade muito baixa, ao passo que aquelas com MRTs curtos deveriam ser capazes de crescer mais rápido e obter vantagens competitivas em hábitats de fertilidade mais alta (Aerts e Van der Peijl, 1993). Folhas com concentrações baixas de nitrogênio, longos MRTs e alta NUE_{folha} sofrem penalidade em hábitats de fertilidade alta, no sentido de que elas têm baixas taxas máximas de fotossíntese baixas e taxas máximas de crescimento baixas. A capacidade para taxas máximas fotossintéticas altas depende da manutenção de concentrações altas de enzimas fotossintéticas e clorofila e, portanto, exige acréscimo de nitrogênio. Os atributos que levam a taxas de perdas de nutrientes baixas estão também negativamente associados a taxas de crescimento e à responsividade do crescimento a nutrientes adicionados. As plantas com esses atributos também tendem a ter folhas grossas e duras (massa foliar específica alta). Por outro lado, plantas nativas de ambientes de fertilidade alta têm tipicamente folhas mais finas (massa foliar específica baixa ou área foliar especifica alta), concentrações altas de nitrogênio, taxas de reposição foliar grandes e curtos MRTs, e taxas fotossintéticas e de crescimento maiores (Reich et al., 1992).

Em uma variação interessante na comparação mais comum entre esses atributos, realizada em hábitats de fertilidade baixa e alta, Y. Yasumura e coautores (Yasumura et al., 2002) compararam NUE_{folha}, MRT e A_n em espécies de dossel e de sub-bosque de uma floresta de faias no Japão. NUE_{folha} não difere entre as espécies de dossel e de sub-bosque. A espécie de dossel, *Fagus crenata* (faia japonesa, Fagaceae), tinha uma A_n substancialmente maior e um MRT menor do que a espécie de sub-bosque. Entretanto, o MRT mais curto dessa espécie não se deveu a uma reabsorção mais baixa na senescência foliar, mas sim aos danos às folhas causados pelo vento antes da senescência. A espécie de sub-bosque, ao contrário, não foi submetida a dano pelo vento e teve um MRT mais longo, mas uma A_n mais baixa devido aos níveis mais baixos de luz no ambiente de sub-bosque.

Duração de vida foliar e folhas de perenifólias versus *folhas de decíduas*

Como a longevidade foliar afeta as relações entre eficiência no uso de nutrientes, MRT, taxa fotossintética e outras características das plantas e das folhas discutidas anteriormente, e o que determina a longevidade foliar de uma espécie? O tempo em que uma planta retem suas folhas tem muitas implicações ecológicas importantes por si só. Por que, afinal, as plantas desprendem suas folhas? Num primeiro exame, pode parecer mais vantajoso ser perenifólia, de modo que a planta poderia fotossintetizar sempre que houvesse luz disponível. Na verdade, há custos e benefícios (*trade-offs*) importantes envolvidos em ser perenifólio *versus* ser decíduo. Os atributos da folha associados ao hábito perenifólio incluem ser espessa, dura, cerosa e pequena em área. Embora esses atributos reduzam a taxa em que a planta perde água e nutrientes (Aerts, 1995), eles também reduzem a taxa fotossintética líquida da planta. Assim, são vantajosos apenas sob determinadas condições.

A duração de vida foliar é intimamente integrada à capacidade fotossintética e ao metabolismo do nitrogênio. O nitrogênio é translocado entre as folhas mais velhas, que têm capacidade fotossintética em declínio, e as mais novas. Isso influencia por quanto tempo as folhas mais velhas são mantidas e quando elas são desprendidas. A senescência de folhas mais velhas é acelerada pela translocação de nitrogênio para folhas recentemente desenvolvidas. As folhas jovens atuam como "drenos" fisiológicos, retirando nitrogênio de duas fontes: das folhas mais velhas e do solo, através das raízes (Figura 4.17). Essas relações fonte e dreno variam com a disponibilidade relativa de luz e nitrogênio do solo no ambiente de crescimento da planta. As plantas também alocam nitrogênio entre as folhas, de modo que as folhas na parte do dossel que recebe níveis mais altos de luz possuem um conteúdo mais elevado de nitrogênio (Hikosaka, 2005).

As plantas decíduas são definidas como aquelas com folhas que duram menos de um ano, enquanto as perenifólias têm folhas que duram mais de um ano. Na verdade, porém, as durações de vida foliar variam continuamente, desde pouco tempo como dois meses até, por exemplo, quanto quarenta anos, embora as folhas de perenifólias tipicamente durem entre um e quatro anos (Aerts, 1995; Aerts e Chapin, 2000). As folhas de vida mais curta estão tipicamente associadas a plantas que produzem folhas de forma contínua à medida que crescem, incluindo espécies anuais e pioneiras tropicais, enquanto tempos de vida intermediários são característicos de árvores e arbustos que lançam todas as suas folhas juntas no começo da estação de crescimento (Hikosaka, 2005). Dependendo da espécie, as plantas perenifólias podem produzir folhas (ou acículas) novas ao longo de todo o ano, ou principalmente em épocas específicas.

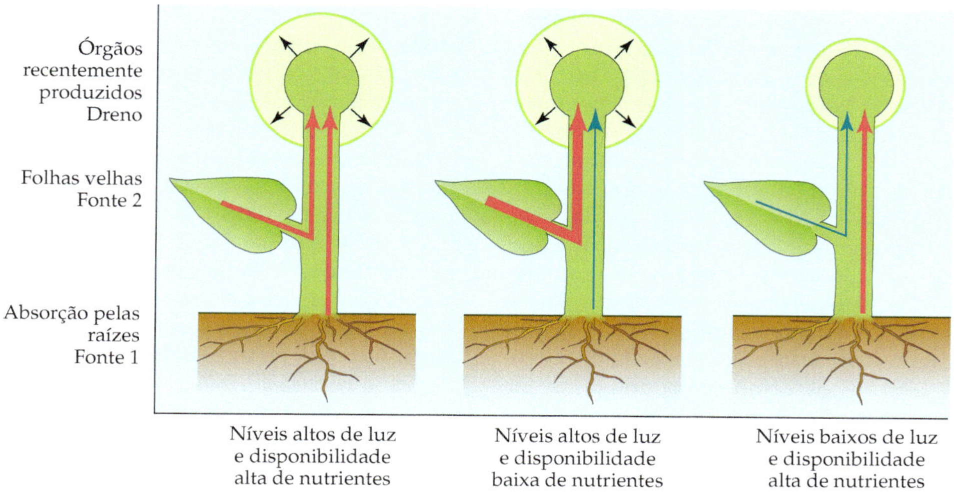

Figura 4.17 Ilustração conceitual das relações de fonte e dreno para nitrogênio dentro das plantas. As setas indicam de onde o nitrogênio vem (fonte) e para onde ele vai (dreno); a espessura relativa das setas indica a importância relativa das diferentes fontes. Órgãos que se desenvolveram recentemente, como folhas jovens, necessitam de nitrogênio, que é suprido ou do solo, por meio da absorção pelas raízes (fonte 1), ou da reabsorção e translocação de folhas velhas (fonte 2). Em níveis altos de luz e disponibilidade de nutrientes no solo, nitrogênio das duas fontes supre os órgãos novos. A reabsorção e translocação a partir de folhas velhas tornam-se uma fonte mais importante de nitrogênio do que a absorção pelas raízes, quando a disponibilidade de nutrientes no solo é baixa. Quando os níveis de luz são baixos e a disponibilidade de nutrientes no solo é relativamente alta, a absorção pelas raízes torna-se mais importante, e a reabsorção e translocação de folhas velhas são reduzidas (segundo Hikosaka, 2005).

Quanto mais longo for o tempo de vida foliar de uma espécie, menor a taxa de crescimento quando a planta é jovem (Figura 4.18). As folhas com longas durações de vida têm taxas fotossintéticas menores e massas foliares específicas mais elevadas. Foi estabelecida a hipótese de que os custos de construção de folhas de perenifólias são menores do que os de construção de folhas de plantas decíduas. Entretanto, isso parece não ser verdade; ao contrário, espécies diferentes podem ter custos de construção foliar distintos devido a diferentes razões de constituintes bioquímicos em suas folhas. As folhas de perenifólias tendem a ter investimentos relativamente altos em materiais que as protejam e que contribuam para seu longo tempo de vida, como lignina e fibras, e investimentos menores em materiais que contribuam para taxas fotossintéticas e de crescimento altos. As folhas de plantas decíduas, ao contrário, tendem a ter investimentos altos nos materiais necessários para altas taxas de fotossíntese e crescimento, em particular enzimas fotossintéticas e outras proteínas, e investimentos menores em lignina e fibras (Chapin, 1989). No âmbito global, os custos de carbono na produção de folhas parecem ser grosseiramente comparáveis em espécies perenifólias e decíduas.

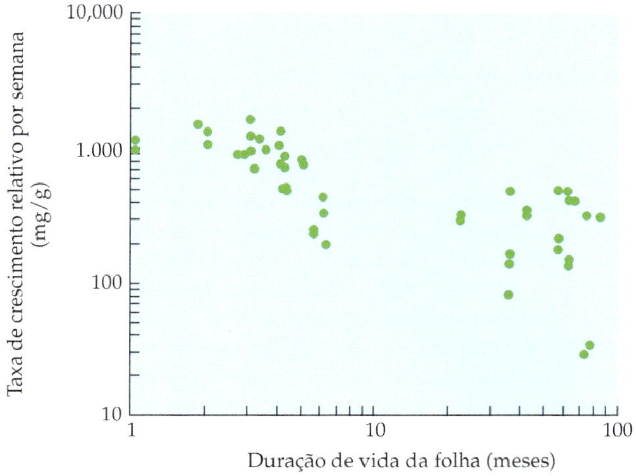

Figura 4.18 A relação entre taxa de crescimento relativo de folhas jovens e duração de vida das folhas é negativa. As espécies com folhas de vida longa tendem a ter taxas de crescimento baixas (segundo Reich et al., 1992).

A duração de vida foliar está relacionada a muitos parâmetros ecológicos diferentes. As espécies perenifólias ocorrem em muitos táxons que apresentam relações distantes. Muitas coníferas são perenifólias, mas da mesma forma o são muitas espécies arbóreas de florestas pluviais tropicais, espécies de *Eucalyptus* na Austrália e muitas espécies de *Protea* em várias partes do hemisfério sul. Nem todas as coníferas são perenifólias, embora elas sejam as espécies perenifólias mais comuns em florestas temperadas e boreais (ver Capítulo 18).

As formas de crescimento de perenifólias, decíduas lenhosas e herbáceas perenes muitas vezes evoluíram independentemente (e esses atributos também estão associados a outros contrastes nas histórias de vida, como veremos no Capítulo 8). As perenifólias são, em geral, características de hábitats com solos pobres em nutrientes, assim como daqueles sujeitos a secas durante boa parte do ano. Por exemplo, os pinheiros e outras coníferas perenifólias na América do Norte são mais comuns em solos ácidos, os quais têm baixa disponibilidade de nutrientes. Eles também são comuns em solos arenoso ou rasos e pedregosos, que também tendem a ser ácidos e pobres em nutrientes. De maneira similar, espécies de florestas pluviais que crescem em solos antigos e pobres em nutrientes costumam ter folhas de longa duração. Os carvalhos perenifólios (*Quercus*, Fagaceae) na América do Norte são encontrados onde os solos são muito pobres em nutrientes, como na planície costeira do Golfo do México, nas bordas de desertos e em alguns campos gramináceos. Carvalhos de elevações maiores e de latitudes mais ao norte são tipicamente decíduos. Muitas das espécies lenhosas em florestas e em bosques sobre solos extremamente pobres na Austrália são perenifólias, da mesma forma que muitas espécies em ecossistemas mediterrânicos, como na própria região do Mediterrâneo, na costa da Califórnia, no Chile e na África do Sul.

Muitas espécies perenifólias vivem em ambientes sujeitos à seca intensa em vários períodos do ano, às vezes durante estações particulares. Em climas mediterrânicos, a precipitação limitada reduz a disponibilidade de água no verão; em outros locais, as espécies perenifólias vivem em solos com capacidade limitada de retenção de água, que se tornam secos entre precipitações. Muitas coníferas perenifólias vivem em hábitats setentrionais e alpinos, onde a precipitação frequentemente ocorre sob forma de neve, que fica sobre o solo em vez de penetrá-lo, e onde a água do solo encontra-se muitas vezes congelada e, portanto, indisponível para a absorção. As perenifólias são geralmente comuns em grandes elevações e latitudes, em ambientes sujeitos a frio extremo; discutiremos esse aspecto do hábito perenifólio de coníferas – sua capacidade de tolerar o congelamento – no Capítulo 17.

Micorrizas

Enquanto as raízes proteoides são adaptações altamente especializadas para o crescimento vegetal em condições limitantes de fósforo, as plantas têm outra abordagem para a limitação de fósforo e outras condições de disponibilidade baixa de nutrientes, que é extremamente comum, generalizada e de extraordinária importância ecológica. As simbioses entre vários fungos e as raízes de plantas terrestres, denominadas **micorrizas**, conferem vários benefícios às plantas (a forma singular é "micorriza", e a palavra refere-se à simbiose planta-fungo e não estritamente ao fungo). Essas interações dependem de uma espécie de fungos ter sucesso em infectar e viver dentro ou sobre as raízes de uma planta. As micorrizas são, em geral, simbioses mutualistas (ver Quadro 4A), em que o fungo auxilia a planta na obtenção de determinados materiais do solo e, por sua vez, recebe da planta carbono e energia na forma de carboidratos.

As micorrizas não são apenas comuns, mas de ocorrência generalizada, encontradas em quase todas as plantas terrestres e em quase todos os ecossistemas. A capacidade de uma espécie vegetal de sobreviver em muitos ambientes depende das micorrizas. Elas também são componentes críticos do funcionamento dos ecossistemas em muitos ambientes e desempenham um papel importante na absorção de nutrientes pelas plantas e na ciclagem de nutrientes nos solos. Cerca de 80% das angiospermas e todas as gimnospermas estão envolvidas em alguma forma de simbiose micorrízica. As micorrizas ocorrem em todas as divisões vegetais, incluindo alguns musgos e samambaias. Existem também algumas plantas que nunca formam simbiose com fungos micorrízicos; as micorrizas quase nunca são encontradas em plantas das famílias Brassicaceae e Amaranthaceae e são raramente encontradas em Proteaceae (ou em outras espécies com raízes proteoides). Com o desenvolvimento da genética molecular e de outras ferramentas analíticas em anos recentes, tornou-se mais fácil identificar e estudar as micorrizas.

A grande importância das micorrizas em ecossistemas naturais e em todo o reino vegetal costuma ser subestimada. Além do mais, talvez porque fungos micorrízicos e bactérias fixadoras de nitrogênio formem simbioses com plantas e ocorram nas raízes, com frequência esses dois tipos bem diferentes de interações são confundidos. Contudo, essas simbioses diferem em vários aspectos importantes. Os fungos são eucariotos multicelulares complexos, enquanto as bactérias fixadoras de nitrogênio são procariotos. As micorrizas são encontradas na maioria das plantas, na maioria dos locais, ao passo que as simbioses fixadoras de nitrogênio são encontradas apenas em grupos específicos de plantas e somente em determinados ambientes. A fixação do nitrogênio é o processo de transformação do N_2 elementar da atmosfera em amônia e, portanto, envolve um único nutriente, o nitrogênio. As simbioses micorrízicas, ao contrário, funcionam por meio de uma ampla diversidade de mecanismos. Eles facilitam muito a disponibilidade e a absorção de múltiplos nutrientes e da água do solo, bem como protegem as plantas contra patógenos. É possível a uma espécie vegetal ter tanto bactérias fixadoras de nitrogênio quanto micorrizas. Para leguminosas que crescem em solos deficientes de fósforo, as micorrizas podem aumentar a nodulação e a fixação de nitrogênio pelas bactérias, assim como o crescimento da planta hospedeira.

Principais grupos de micorrizas

Existem dois grupos comuns principais de micorrizas: **ectomicorrizas** (**ECM**) e **endomicorrizas**. As endomicorrizas são subdivididas em três grupos. As mais importantes das endomicorrizas são as **micorrizas arbusculares** (**MA**, também chamadas de **MVA**, **micorrizas vesículo-arbusculares**; entretanto, nem todas as micorrizas arbusculares formam vesículas). **Micorrizas ericoides** (especializadas em simbioses com espécies vegetais como urzes, mirtilos e azaleias) e **orquidáceas** (especializadas em simbioses com orquídeas) são algumas vezes classificadas separadamente como membros das endomicorrizas. As **ectendomicorrizas** possuem características dos grupos das ECM e das ericoides. A Tabela 4.3 apresenta os tipos de plantas aos quais cada um desses grupos está associado e algumas das taxas de fungos envolvidas. As plantas podem ser hospedeiras para uma ou muitas espécies de fungos; algumas espécies vegetais têm tanto MA quanto ECM.

TABELA 4.3 Principais grupos de associações micorrízicas

Grupo micorrízico	Táxons de plantas envolvidos	Táxons de fungos envolvidos
Ectomicorrizas (ECM)	Dipterocarpaceae (98%), Pinaceae (95%), Fagaceae (94%), Myrtaceae (90%), Salicaceae (83%), Betulaceae (70%), Fabaceae (16%) e outras	Basidiomicetes, alguns ascomicetes, alguns zigomicetes
Endomicorrizas	A maioria das famílias vegetais	
MA	Micorrizas mais comuns em gimnospermas, exceto Pinaceae, e em angiopspermas, exceto por famílias não-micorrízicas (Brassicaceae, Portulacaceae, Caryophyllaceae, Proteaceae, etc.)	Zigomicetes na ordem Glomales, em geral pertencentes aos gêneros *Glomus*, *Acaulospora*, *Gigaspora* e *Sclerocytis*
Ericoide	Muitas espécies em Ericales	Basidiomicetes e alguns ascomicetes
Orquidácea	Membros das orquidáceas (orquídeas)	Basidiomicetes e alguns ascomicetes
Ectendomicorrizas	Algumas espécies em Ericales; algumas gimnospermas	Basidiomicetes e alguns ascomicetes

As micorrizas mais comuns e as mais antigas são as MA, que ocorrem em espécies vegetais herbáceas e lenhosas (Redecker et al., 2000). As MA são mais abundantes em ecossistemas onde o fósforo é limitante e em climas mais quentes e secos. Elas predominam em ecossistemas tropicais e são especialmente importantes para muitas culturas agrícolas. O corpo do fungo da MA cresce ramificado dentro das células corticais das raízes, formando uma estrutura denominada arbúsculo, e nos espaços intercelulares entre as células das raízes, com hifas que estendem vários milímetros (ou mais) para dentro do solo (Figura 4.19). As associações MA não são muito específicas; as mesmas espécies fúngicas podem ter muitas possibilidades diferentes de espécies vegetais hospedeiras e uma planta hospedeira pode ter várias espécies de fungos MA crescendo simbioticamente com ela. Os benefícios derivados das diferentes associações micorrízicas de uma planta podem diferir bastante, no entanto, e as taxas de crescimento de uma espécie de fungo MA podem ser muito distintas dependendo de sua planta hospedeira (Reynolds et al., 2003).

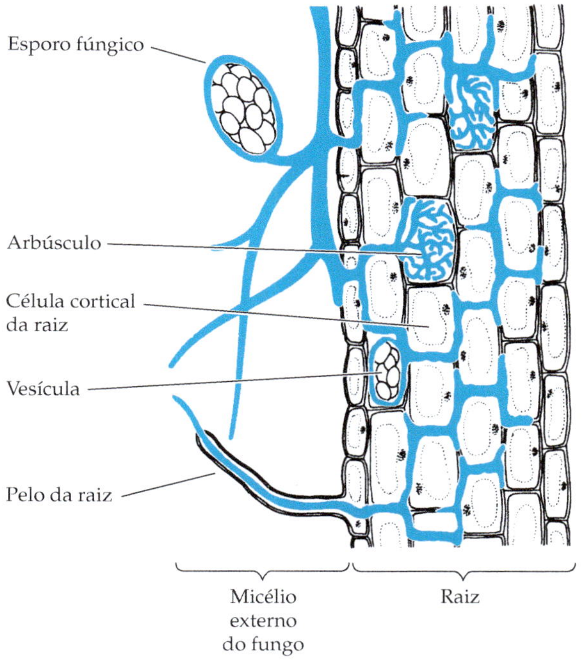

Figura 4.19 Associação de um fungo endomicorrízico arbuscular (MA) com a raiz de uma planta. As hifas, mostradas em azul, crescem nos espaços intercelulares e podem penetrar as células do córtex da raiz. Ao realizarem esse processo, elas podem formar estruturas ou ovais (vesículas) ou ramificadas (arbúsculos). O micélio que cresce no lado de fora da raiz pode produzir esporos reprodutivos (segundo Mauseth, 1988).

As ectomicorrizas são mais comuns em espécies vegetais lenhosas, incluindo as Pinaceae, Betulaceae, Fagaceae e Salicaceae e em algumas árvores tropicais e subtropicais. A relação entre as plantas hospedeiras ectomicorrízicas e os fungos é bastante específica. As ECM são especialmente comuns em florestas setentrionais de coníferas e temperadas decíduas e em solos onde o nitrogênio é particularmente limitante. Na verdade, as árvores coníferas não podem crescer na natureza sem esses simbiontes fúngicos. As ECM distinguem-se por duas estruturas, uma dentro da raiz e outra fora: a rede de Hartig, complexo de micélios que cresce entre as células corticais da raiz, enredando-as; e a manta, uma densa rede de hifas que recobre parcial ou totalmente o lado de fora da raiz (Figura 4.20A). As espécies de plantas com ECM desenvolvem raízes de aparência incomum, curtas e engrossadas (Figura 4.20B); essa forma de crescimento pode ser controlada pelo fungo por meio de hormônios.

As diferentes estruturas ramificadas e finamente divididas das MA e ECM, incluindo cordões de hifas que crescem no solo, funcionam no sentido de aumentar a absorção de nutrientes do solo. Os nutrientes são absorvidos do solo pelo micélio e transferidos das células do fungo para as células da raiz da planta hospedeira.

O papel das micorrizas na nutrição de fósforo das plantas

Existem diversos mecanismos pelos quais tanto MA quanto ECM aumentam a absorção de fósforo. As MA, em particular, são altamente eficientes na captura do fósforo disponível no solo, devido em parte à grande área de su-

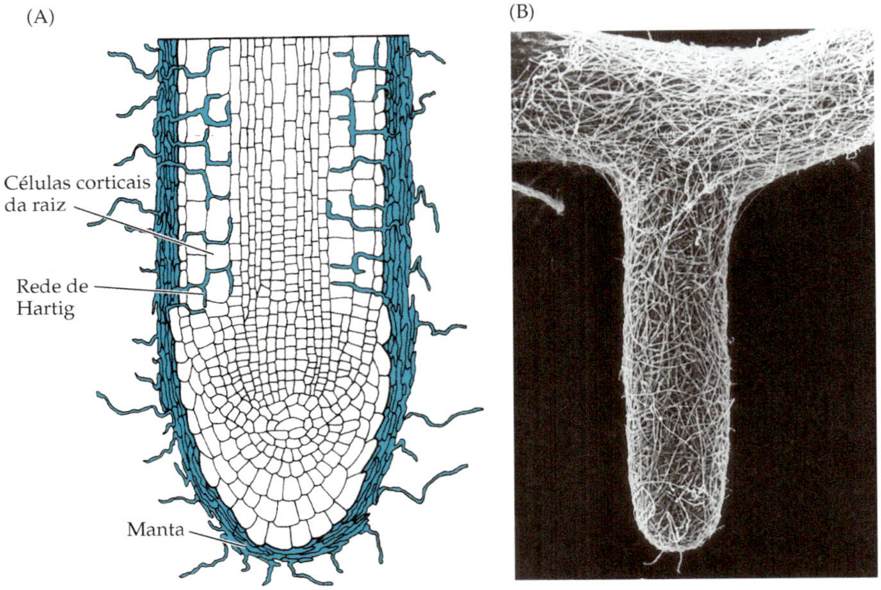

Figura 4.20 (A) As hifas de um fungo ectomicorrízico, mostradas aqui em verde, formam uma rede de Hartig interna entre as células corticais de uma raiz (segundo Rovira et al., 1983) (B) Raiz de eucalipto coberto por uma manta de hifas. Tal cobertura beneficia a planta com o aumento expressivo da área disponível para a absorção de água e nutrientes minerais (fotografia © R. L. Peterson / Biological Photo Service).

perfície das muitas hifas pequenas que se estendem no solo. Além disso, muitos processos metabólicos ativos aumentam a absorção de nutrientes. Por exemplo, tanto MA quanto ECM produzem enzimas (fosfatases ácidas) que são secretadas das hifas externas para o solo circundante. Essas enzimas liberam o fósforo fortemente ligado à matéria orgânica e que de outro modo não estaria disponível às plantas. Uma vez disponível, o fósforo é absorvido pelo fungo, e o que ele não utiliza é transferido à planta.

As plantas com micorrizas podem, em média, absorver quantidades de fósforo várias vezes maiores do que as plantas não micorrízicas e, como consequência, podem crescer com muito mais sucesso em solos onde há pouco fósforo. No entanto, o papel das micorrizas na absorção de fósforo varia bastante. Algumas espécies de fungos micorrízicos são muito eficientes em absorver fósforo e transferi-lo a seus hospedeiros, enquanto outras fornecem pouco fósforo a seus hospedeiros. Os fatores ambientais também são importantes em determinar se a absorção de fósforo é ou não aumentada pelo fungo. Em níveis muito baixos de fósforo, os fungos são aparentemente incapazes de funcionar bem, e o grau de infecção das raízes é baixo. Em níveis de fósforo um pouco maiores, os fungos colonizam as raízes com mais sucesso e se tornam muito eficientes na melhora da absorção de fósforo pelas plantas. Em níveis altos de fósforo disponível, o crescimento fúngico dentro das raízes é aparentemente suprimido pela planta e as raízes absorvem fósforo diretamente do solo, por conta própria.

Outras funções das micorrizas

Os níveis altos de nitrogênio no solo também podem atuar na supressão da infecção por fungos micorrízicos. Outros fatores, como aridez, minerais tóxicos e concentrações inadequadas ou excessivas de outros minerais (como, p. ex., muito pouco boro), também podem inibir a formação e o funcionamento das micorrizas, porque essas condições ou prejudicam o parceiro fúngico, ou atuam de alguma outra maneira mais complexa na inibição da simbiose.

Além de intensificar a disponibilidade de fósforo, as MA aumentam o acesso das plantas a alguns outros minerais, como cobre e zinco. As ECM tendem a ter papéis mais diversos. Se as mantas fúngicas das ECM recobrem totalmente as raízes, toda a absorção de água e de minerais deve ocorrer por meio do fungo. Como a área de superfície da massa de hifas é muito maior do que a do sistema de raízes, a absorção de água, nitrogênio e de outros minerais dissolvidos também pode ser aumentada. Algumas ECM produzem e excretam ácidos orgânicos, aumentando a solubilidade e absorção de vários minerais no solo, de certa forma, como ocorre nas raízes proteoides. Algumas ECM e micorrizas ericoides secretam enzimas que degradam proteínas, tornando acessível aos seus hospedeiros o nitrogênio aprisionado nessas complexas moléculas orgânicas. Os fungos ECM podem permitir a seus hospedeiros tolerar metais pesados tóxicos no solo, protegendo as raízes pelo sequestro e pela ligação de metais pesados e outros íons tóxicos em suas paredes celulares.

Plantas da família Ericaceae e de algumas outras famílias das Ericales geralmente vivem em hábitats ácidos e muito pobres em nutrientes. A formação de micorrizas ericoides é aparentemente necessária para que elas sobrevivam, cresçam e se reproduzam em seus hábitats naturais, e elas dependem claramente dessas associações para obter nutrientes minerais desses solos inférteis. Poucas plantas não-micorrízicas, talvez nenhuma, sobrevivam nesses hábitats.

As micorrizas também podem exercer um efeito substancial nas relações hídricas das plantas. As MA em geral reduzem os efeitos negativos da seca sobre a planta hospedeira. É possível que este seja um efeito indireto do fungo na morfologia da planta e em seu *status* nutricional. Além disso, as finas hifas que se estendem do solo a partir das MA podem mudar a própria estrutura do solo, aumentando o deslocamento de água em direção às raízes e ajudando a unir as partículas de solo, diminuindo a erosão (o que é especialmente importante em areias e solos arenosos, como dunas litorâneas). Os fungos ECM formam estruturas miceliais longas e espessas chamadas de rizomorfos, que podem se estender por vários metros através do solo. Esses rizomorfos são capazes de carregar água rapidamente do solo até as raízes.

Um dos efeitos mais surpreendentes das micorrizas é a proteção da planta hospedeira contra doenças fúngicas e bacterianas, assim como contra o ataque de nematódeos. Tanto as ECM quanto as MA podem oferecer essa proteção. Os mecanismos dessa função protetora são diversos, em especial nas ECM. O fungo pode ou secretar compostos químicos letais aos patógenos diretamente na rizosfera, ou estimular a raiz a produzir tais compostos. A manta de ECM que recobre a raiz também pode protegê-la diretamente contra patógenos e invertebrados que a consumam.

Orquídeas e suas associações micorrízicas

As orquídeas podem ter uma relação especial obrigatória com fungos micorrízicos, dependendo destes para o crescimento e desenvolvimento normais. As sementes das orquídeas são excepcionalmente pequenas, sem armazenamento de reservas de alimento. A presença e atividade de fungos micorrízicos são necessárias para a germinação da semente e o desenvolvimento e crescimento iniciais da plântula. Especialmente quando a planta é jovem, o fungo pode supri-la de carbono e energia sob forma de carboidratos, em vez de recebê-los da planta. Algumas orquídeas nunca se tornam fotossintéticas e dependem das micorrizas ao longo de toda a sua vida para receber todos os nutrientes, incluindo os carboidratos. Não se sabe de onde esses fungos obtêm o carbono, mas eles podem adquiri-lo parasitando outras plantas ou decompondo a matéria orgânica no solo (ou seja, funcionando com saprófitos, como muitos fungos não-micorrízicos).

Não foram realizados estudos suficientes sobre as micorrizas das orquídeas (em particular nos trópicos, hábitat de sua moradia), que permitam entender plenamente a extensão e natureza dessa forma extrema de dependência das plantas. Apenas considerando o fato de as orquídeas constituírem o grupo mais amplamente diversificado de plantas no mundo, as micorrizas dessas plantas proporcionam um tópico interessante e importante para futuras pesquisas ecológicas e evolutivas.

Mutualismo ou parasitismo?

Você deve pensar: por que um fungo proporcionaria tantos benefícios para uma planta? Os fungos do solo são heterotróficos, como os animais, e tipicamente degradam a matéria orgânica ou parasitam seres vivos para sobreviver (outros são predadores, particularmente, de nematódeos do solo). As associações micorrízicas são uma maneira pela qual os fungos obtêm carbono e energia de uma planta hospedeira viva. Em geral, essas parecem ser associações mutualistas (embora o quão frequentemente isso ocorra ainda não se saiba), com as plantas suprindo os fungos de carboidratos obtidos pela fotossíntese e recebendo deles nutrientes minerais e outros benefícios.

Entretanto, como qualquer relação, essa não é inevitavelmente benigna. Um parceiro (a planta ou o fungo) pode se tornar parasita do outro, recebendo benefícios sem supri-los. Algumas vezes, os fungos micorrízicos não fornecem qualquer mineral ou outro benefício detectável a seus hospedeiros, e ainda continuam recebendo nutrientes da planta. Algumas vezes, apenas pequenas quantidades de nutrientes são fornecidas pelo fungo, e os nutrientes disponibilizados não são necessários ou não aumentam o crescimento da planta ou os benefícios gerados são suplantados pelo dreno de carbono e pela energia da planta. Algumas vezes, a planta proporciona pouco benefício ao fungo e, apesar disso, recebe benefícios dele, como é o caso das orquídeas (por, pelo menos, parte do tempo).

Em alguns casos, a planta pode ser capaz de descartar o fungo quando o fósforo está disponível, aceitando o fungo apenas quando este lhe for benéfico. O fungo, por outro lado, pode ser o membro controlador do par, não apenas determinando a associação, mas controlando o crescimento, o desenvolvimento e os padrões de alocação da planta, pela produção de hormônios que prevalecem sobre os sinais hormonais da planta. Tem-se observado que as plantas não-micorrízicas utilizam uma diversidade de mecanismos para rejeitar ativamente a infecção fúngica.

Os efeitos das micorrizas nas interações vegetais

Vimos que as micorrizas podem ter grandes efeitos sobre o crescimento das plantas e a interação planta-patógeno, mas a presença de micorrizas também pode alterar a interação entre plantas. De que maneira as interações planta-fungo nas micorrizas afetam as interações competitivas? Evelina Facelli e José Facelli (2002) estudaram como as micorrizas (MA) e a heterogeneidade de fósforo no solo surtiam efeito sobre as interações competitivas em populações experimentais de *Trifolium subterraneum* (trevo subterrâneo, Fabaceae). As plantas com micorrizas sofreram maior intensidade de competição relativa (ver Quadro 10A) e obtiveram média de biomassa de parte aérea maior do que aquelas sem micorrizas. A infecção micorrízica (a porcentagem do comprimento de raiz ao longo do qual os fungos de MA estavam estabelecidos) foi menor para as plantas que cresceram em densidade alta do que para as que creceram em densidade baixa; em outras palavras, uma maior competição intraespecífica reduziu o grau da simbiose micorrízica. A densidade de plantas também afetou os benefícios das micorrizas. Plantas com micorrizas cultivadas em densidade baixa obtiveram uma biomassa maior, ao passo que as plantas cultivadas em densidade alta tiveram a mesma biomassa, independentemente de possuírem ou não micorrizas. A existência de manchas de fósforo no solo acentuou as desigualdades de tamanho entre as plântulas, e as micorrizas aumentaram essa desigualdade de tamanho para plântulas cultivadas em densidades baixas (mas não para aquelas cultivadas em densidades altas). Os pesquisadores especularam que, em solos heterogêneos, as micorrizas podem alterar a estrutura das populações, porque as diferenças entre plantas, quanto à velocidade e ao grau com que a simbiose é estabelecida, poderiam fazer com que algumas delas assegurassem uma porção desproporcional de fósforo do solo ou de outros recursos.

Micorrizas e outras interações entre plantas e organismos do solo podem modificar as interações competitivas e influenciar a coexistência de espécies vegetais na natureza (Francis e Read, 1994; Bever, 2003). James Bever (2002) constatou que as micorrizas alteravam de maneira complexa as relações competitivas das plantas. Duas espécies campestres, *Panicum sphaerocarpon* (panicum, Poaceae) e *Plantago lanceolata* (tanchagem, Plantaginaceae) foram experimentalmente cultivadas com um conjunto de várias espécies de fungos MA. Houve grandes diferenças entre os fungos MA quanto a qual cresceu melhor com *P. lanceolata* e qual com *P. sphaerocarpon*. O mais surpreendente foi que cada espécie de planta se beneficiou mais com o fungo que cresceu melhor na outra espécie do que com o que cresceu melhor nela mesma – *P. lanceolata*, em particular, obteve maiores benefícios da espécie de fungo que cresceu melhor em *P. sphaerocarpon*, e o fungo que cresceu melhor em *P. lanceolata* beneficiou mais *P. sphaerocarpon* (embora *P. sphaerocarpon* não tenha, em geral, sido tão responsiva às micorrizas). Bever sugeriu que esse fenômeno seria um mecanismo que conduz à coexistência das espécies. À medida que cada espécie se tornasse mais numerosa, seus fungos micorrízicos aumentariam no solo, desfavorecendo seu próprio aumento posterior, mas ajudando sua competidora. Os ecólogos começaram a desvendar como as micorrizas afetam as interações competitivas entre plantas recentemente; este campo está maduro para ganhos e novas perspectivas de pesquisa. As micorrizas também têm importantes implicações para a ecologia aplicada. Por exemplo, a restauração ecológica de ecossistemas degradados pode depender da reintrodução dos fungos necessários ao estabelecimento das micorrizas (Bever et al., 2003; ver Capítulo 12).

Um outro fenômeno estranho e interessante associado às micorrizas é o potencial para interconexões entre duas plantas individuais diferentes através de hifas micorrízicas. Duas plantas infectadas pelo mesmo fungo micorrízico podem ser conectadas por um entrelaçado de hifas que se expande no solo. No Capítulo 10, examinaremos algumas das evidências para essas interconexões e seus efeitos. Ainda não sabemos se esse fenômeno é uma curiosidade rara ou uma ocorrência comum, ou quão importante ele é na determinação da composição de comunidades vegetais. Pouco conhecemos também sobre os efeitos de tais interconexões sobre a competição, ou quão comum e importante esses efeitos são na natureza. Pesquisas futuras sobre micorrizas certamente trarão muitas surpresas e expandirão nossa compreensão a respeito da ecologia vegetal.

Resumo

O solo é um produto complexo da interação entre organismos vivos e seus substratos terrestres. Ele inclui produtos alterados física e quimicamente, derivados de rocha ou materiais orgânicos, junto com ar e água. Os solos variam de uma região para outra e dentro de ambientes locais em muitos aspectos diferentes. Existe uma grande diversidade de propriedades e características dos solos, e essas diferenças afetam a vegetação que nele cresce, assim como o crescimento de plantas individuais.

A textura do solo descreve as proporções relativas de partículas de argila, silte e areia. Essas partículas diferem entre si quanto ao tamanho, à forma e à composição mineral e imprimem características distintas aos solos. O pH do solo também tem importante influência no crescimento vegetal e na ocorrência das plantas. Um dos fatores importantes que caracteriza solos locais é o perfil do solo, que consiste em horizontes frequentemente distintos ou de camadas de diferentes profundidades. Além dos fatores físicos responsáveis pelas propriedades do solo, a matéria orgânica é um componente crítico na determinação da estrutura do solo.

As plantas dependem do solo para obter água. Solos diferentes retêm quantidades distintas de água nos poros maiores e menores da sua estrutura. À medida que o solo seca após uma chuva, a água primeiro drena dos poros maiores e depois se desloca, por ação capilar, através dos poros menores e na película de água que circunda suas partículas, até as raízes das plantas. Por fim, à medida que o potencial hídrico do solo diminui, a água torna-se progressivamente menos disponível, causando a murcha e, por conseguinte, a morte, a não ser que mais água penetre no solo.

As plantas também dependem do solo para obter os nutrientes minerais essenciais para sua sobrevivência e seu crescimento. O nitrogênio e o fósforo são, em geral, os nutrientes minerais mais limitantes para as plantas. Ambos são necessários às plantas em quantidades razoavelmente grandes. A disponibilidade de nitrogênio depende de atividade bacteriana, incluindo a fixação simbiótica de nitrogênio. A disponibilidade dos dois nutrientes é bastante variável nos solos porque o nitrogênio se perde fácil e o fósforo costuma estar presente em formas não disponíveis às plantas. A eficiência no uso dos nutrientes é a razão entre a produtividade fotossintética e a concentração de um nutriente na planta. Ela difere muito entre as espécies e está relacionada à taxa fotossintética máxima, ao conteúdo de nutrientes na planta, à reabsorção de nutrientes da folha antes do seu desprendimento, da duração de vida das folhas e da massa foliar específica. Os tempos de vida das folhas variam de cerca de dois meses a quarenta anos. A maioria das espécies perenifólias tem folhas ou acículas que vivem de um a quatro anos. As espécies perenifólias são frequentemente encontradas em hábitats com solos pobres em nutrientes ou em ambientes sujeitos à seca.

A maioria das plantas depende de relações simbióticas com fungos que vivem sobre ou dentro de suas raízes, chamadas de micorrizas, para obter fósforo e outros minerais do solo. As plantas também podem obter outros benefícios dessas associações. A maioria das plantas terrestres possuem micorrizas e depende delas para sobreviver, crescer e se reproduzir em seus hábitats naturais. Dois dos mais importantes tipos de micorrizas são as ectomicorrizas (ECM) e as endomicorrizas, particularmente as micorrizas arbusculares (MA). As relações entre plantas e fungos micorrízicos são complexas e variáveis e importantes para o funcionamento de muitos ecossistemas.

Questões para estudo

1. Quais são os mecanismos específicos pelos quais a erosão do solo afeta as plantas? Por que a erosão do solo tem impactos ecológicos e econômicos tão profundos? Que práticas podem ser adotadas para reduzir ou impedi-la?
2. Mencione três países que possuam grandes áreas de molissolos, oxissolos ou ultissolos (solos tropicais antigos) e aridissolos.
3. Quais organismos vivem na rizosfera? A que reinos esses organismo pertencem?
4. Explique três contrastes entre as características de plantas perenifólias e plantas decíduas. Que papel a concentração do nitrogênio no solo exerce no favorecimento de estratégias perenifólias ou decíduas?
5. Indique três tipos diferentes de efeitos sobre as plantas resultantes de suas relações simbióticas com fungos micorrízicos.
6. Sob quais circunstâncias você especularia que as micorrizas podem se tornar danosas (parasíticas) ao parceiro vegetal? E ao parceiro fúngico?
7. Quais são algumas das maneiras pelas quais as micorrizas podem influenciar as comunidades?

Leituras adicionais

Referências clássicas

Lyon, T. L. and H. O. Buckman. 1922. *The Nature and Properties of Soils.* Macmillan, New York. [*Subsequent editions:* H. O. Buckman and N. C. Brady 1952,1960,1969.]

Current edition:

Brady, N. C. and R. R. Weil. 2001. *The Nature and Properties of Soils.* 13th ed. Prentice-Hall, Upper Saddle River, NJ.

Fontes adicionais

Jeffrey, D. W. 1987. *Soil-Plant Relationships: An Ecological Approach.* Croom Helm, London, and Timber Press, Portland, OR.

Pimentel, D. (ed.). 1993. *World Soil Erosion and Conservation.* Cambridge University Press, Cambridge.

Rendig, V. V. and H. M. Taylor. 1989. *Principles of Soil-Plant Interrelationships.* McGraw Hill, New York.

Schulte, A. and D. Ruhiyat (eds.). 1998. *Soils of Tropical Forest Ecosystems: Characteristics, Ecology, and Management.* Springer, Berlin.

II POPULAÇÕES E EVOLUÇÃO

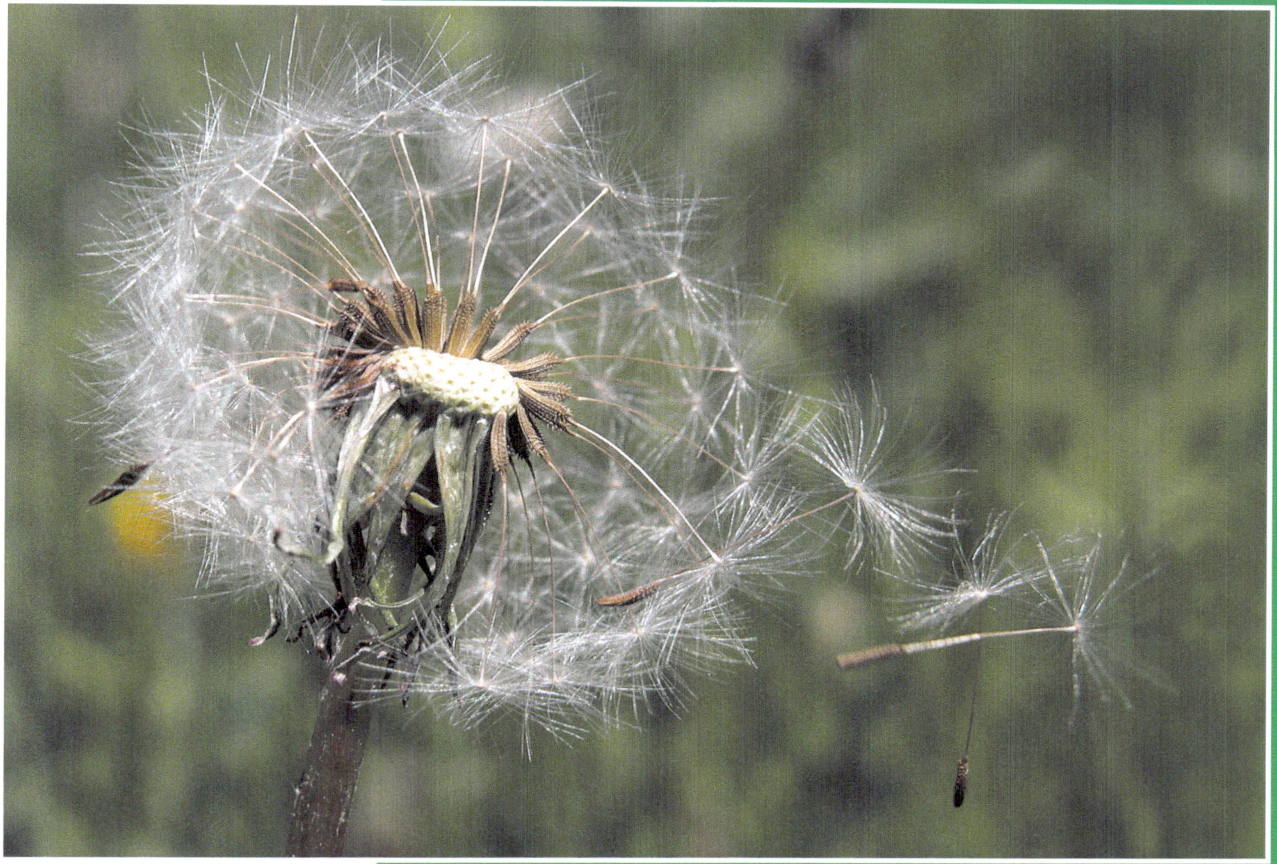

CAPÍTULO 5

Estrutura, Crescimento e Declínio Populacionais

Uma determinada população vegetal aumenta, decresce ou permanece estável numericamente? Qual é a sua composição genética? Como as plantas estão dispostas espacialmente na população? Perguntas dessa natureza são essenciais tanto para a ecologia básica quanto para a aplicada. Por exemplo, os biólogos estudiosos da evolução podem querer entender a ação da seleção natural sobre determinadas características das plantas, enquanto os silvicultores podem estar interessados em maximizar a sobrevivência de espécies arbóreas que foram atacadas por um besouro; os agricultores podem estar preocupados em controlar a invasão de ervas daninhas e os biólogos da conservação podem tentar evitar o declínio de uma espécie vegetal rara. Todos eles deveriam estar respondendo perguntas que, ao menos parcialmente, situam-se no domínio da "**dinâmica de populações**" – o estudo das mudanças nos números, na composição e na variação espacial dentro das populações.

Ao estudar esses problemas, examinamos as propriedades das populações, mas não dos seus indivíduos. Por exemplo, uma semente pode ser deslocada para uma certa distância de sua planta-mãe, porém a população possui uma distância média de dispersão. Um indivíduo germina e morre em dias específicos, mas uma população possui taxas de germinação e de mortalidade. A distinção entre as propriedades individuais e populacionais pode, às vezes, ser difusa; por exemplo, as taxas líquidas de transpiração e de fotossíntese de árvores em um dossel denso dependem de propriedades individuais e de propriedades da população, tais como número, tamanhos, espaçamento entre indivíduos. As populações não apenas apresentam propriedades que os indivíduos não possuem, mas as propriedades em nível de população podem ser mais do que a simples soma das propriedades dos indivíduos. Essas propriedades emergentes serão discutidas em detalhes no Capítulo 9.

Os ecólogos muitas vezes fazem a distinção entre fatores "**dependentes da densidade**" e "**independentes da densidade**" que afetam o crescimento populacional. Alguns fatores que afetam o crescimento populacional podem não depender da densidade da população (número de indivíduos por unidade de área). Por exemplo, se 90% das plântulas morrerem a cada ano por causa de secas sazonais, independentes do número de plantas no entorno delas, os ecólogos poderiam afirmar que essas secas atuam como um fator independente da densidade. Se a mortalidade aumenta além desse nível em locais com densidade alta (porque as plântulas competem por água), os ecólogos poderiam utilizar a denominação "mortalidade dependente da densidade" para descrever as mortes adicionais. A distinção entre os fatores demográficos dependentes e independentes da densidade frequentemente é adequada e, em todo caso, a independência de densidade é um bom ponto de partida para averiguar o crescimento populacional.

A maioria dos estudos demográficos de populações vegetais utiliza abordagens independentes da densidade. Embora muitos estudos estimem taxas de crescimento populacional, e essas taxas dependam da densidade, tais estimativas são utilizadas

Hal Caswell

somente como indicadoras do *status* atual da população e não como previsões do tamanho populacional futuro. Hal Caswell, um importante pesquisador de demografia teórica, estabeleceu uma analogia adequada: o velocímetro de um carro fornece uma informação importante sobre a velocidade em curso, mas seria pouco informativo se tivesse que prever quanto o carro terá percorrido em uma determinada distância em uma hora.

O conceito de densidade deve ser aplicado com cautela no estudo de plantas. Por exemplo, John Harper (1977) ressaltou que a densidade média de uma população não é o valor mais importante a ser medido quando se considera a competição entre plantas. Uma vez que as plantas são sésseis – enraizadas – elas em geral competem somente com os seus vizinhos próximos, não com plantas mais distantes da mesma população. Desse modo, quando se considera a competição, é necessário pensar em dependência da densidade em uma escala bastante localizada. Para outros fenômenos, outras escalas espaciais podem ser importantes; por exemplo, muitos patógenos podem se dispersar por distâncias consideráveis, de modo que a densidade média de uma área maior pode ser um valor útil para compreender o processo de enfermidade de uma população vegetal. Uma maneira mais geral de caracterizar esses diferentes tipos de fenômenos seria distinguir entre mudanças na população que dependam de interações entre indivíduos (tais como a competição) e mudanças que não necessitem tais interações.

Neste capítulo, enfocaremos a dinâmica populacional independente da densidade. Não há modelos gerais para crescimento populacional dependente da densidade (Buckley et al., 2001; Caswell, 2001). Os modelos existentes muitas vezes envolvem equações matemáticas complexas; os modelos independentes da densidade são, às vezes, boas aproximações desses modelos (Grant e Benton, 2000; Caswell 2001; Buckley et al., 2003). Nos Capítulos 10 e 11, discutiremos mudanças populacionais dependentes da densidade.

Algumas questões no estudo do crescimento populacional vegetal

O que controla o crescimento e o declínio de populações vegetais? A mudança no tamanho populacional é determinada pelos números de nascimentos e mortes, mais o número de indivíduos que imigram, menos o número de indivíduos que emigram. Por meio de censos regulares, os ecólogos geralmente obtêm dados sobre a mudança no tamanho populacional – contagem anual ou mesmo semanal de indivíduos. Se pensarmos no primeiro censo, ocorrido no tempo t, e o próximo censo ocorrido no tempo t+1, podemos descrever a mudança no tamanho da população como

$$n(t+1) = n(t) + B(t) - D(t) + I(t) - E(t)$$

Nessa fórmula, os n são os tamanhos da população durante os censos sequenciais. Por exemplo, $n(t)$ poderia ser o número de indivíduos de *Pinus ponderosa* (pinheiro ponderosa, Pinaceae) no primeiro ano de um censo e $n(t+1)$ o número no ano seguinte. B_t é o número de nascimentos durante o censo, D_t o número de mortes, I_t o número de imigrantes de outras populações e E_t o número de emigrantes da população.

A relação na equação pode parecer banal. A despeito de sua simplicidade, ela é um importante ponto de partida porque nos ajuda a enfocar alguns fatores importantes que afetam o crescimento populacional. Ela também destaca algumas diferenças relevantes entre populações vegetais e animais e alguns conceitos importantes em ecologia vegetal.

Essa equação implica vários processos equivalentes que podem afetar o tamanho populacional vegetal. Isso sugere que o mesmo crescimento populacional poderia ocorrer, por exemplo, pelo aumento no número de nascimentos ou pelo decréscimo no número de mortes. Contudo, como veremos em muitas passagens neste capítulo, a vida geralmente não é tão simples. Essa equação assume que todos os indivíduos de uma população são demograficamente equivalentes – têm as mesmas probabilidades de gerar descendentes, de morrer ou de migrar – o que não costuma ser verdadeiro. As plantas grandes de uma população em geral exercem efeitos diferentes das pequenas, assim como plantas velhas normalmente têm efeitos diferentes das jovens. Geralmente, a adição de x nascidos não equivale à redução do número de mortes por x. Porém, mais itens devem ser adicionados à equação.

O que entendemos por "nascimento" e "morte" em populações vegetais? A resposta depende do enfoque: se pensarmos em nascimentos e mortes de indivíduos geneticamente distintos (**genetas**) ou se os indivíduos podem ser fisiologicamente independentes, mas não necessariamente geneticamente distintos (**rametas**, Figura 6.10). Uma maneira adequada e direta de distingui-los é lembrar que cada novo geneta é também um novo rameta, mas o inverso não é necessariamente verdadeiro – um indivíduo novo (em potencial) fisicamente independente não é necessariamente um novo indivíduo genético.

Novos genetas são formados pela fecundação de um óvulo e a maturação da semente resultante (Figura 7.5). Em espécies vegetais que nunca se propagaram por clones (vegetativamente) – como a maioria das ervas anuais – cada geneta é um rameta único. Os ecólogos vegetais geralmente pensam em nascimento quando a semente está madura (ou seja, quando o embrião está totalmente formado) ou quando a planta-mãe desprende a semente. A germinação da semente não é considerada um evento de nascimento, porque as sementes já são novos indivíduos bem antes de germinarem – fisiologicamente independentes e (em geral) geneticamente distintos de seus pais. Além disso, as sementes muitas vezes vivem no solo por muito tempo, às vezes anos, antes da germinação. As populações vegetais possuem um **banco de sementes** quando estas persistem no solo de ano a ano sem germinarem

Muitas plantas podem ter propagação clonal, por meio da produção de estruturas que contêm tecidos capazes de produzir uma nova planta geneticamente idêntica à planta-mãe. Nessas espécies, cada geneta consiste geralmente em múltiplos rametas, alguns dos quais podem ser fisiologicamente independentes. Portanto, a discussão sobre taxas de nascimento e morte nessas populações vegetais significa que devemos primeiro decidir se estamos estudando a mudança no número de genetas ou de rametas. Os estudos do número de genetas utilizariam uma definição de nascimento como exposta anteriormente: os recém-nascidos consistiriam apenas em novas sementes. Os estudos do número de rametas contariam todos os novos indivíduos, incluindo novas sementes e novos brotos, porque todos eles são novos rametas. Qual é a melhor definição? Isso depende das perguntas propostas.

Essa distinção entre rametas e genetas afeta a maneira de pensar a respeito da dispersão entre populações (os termos $I(t)$ e $E(t)$). A maioria das plantas adultas é séssil, mas (considerando a definição anterior) as sementes são por certo plantas geralmente móveis. De modo semelhante, os grãos de pólen costumam ser plantas móveis (um grão de pólen, o gametófito masculino de gimnospermas e angiospermas, é multicelular e geneticamente diferente do esporófito que o produziu; ver Capítulo 7). Por isso, não deveria surpreender que a ecologia e a dispersão de grãos de pólen e sementes continuam sendo alvo de muitas pesquisas em ecologia vegetal. Porém, algumas plantas podem se dispersar igualmente por fragmentação clonal. Por exemplo, muitos cactos do gênero *Opuntia* (Cactaceae, Figura 5.1) perdem partes que são transportadas por animais ou por correntes de tempestades; essas partes podem enraizar e crescer e transformar-se em plantas maduras. Na outra extremidade do gradiente de umidade, a dispersão de fragmentos clonais de ervas marinhas do gênero *Zostera* (Zosteraceae) pode ser importante no estabelecimento de novas populações (Barrett et al., 1993). Como é possível que a maioria dos tecidos vegetais gerem indivíduos inteiramente funcionais, a dispersão por fragmentação pode ser um fenômeno comum.

A dispersão por fragmentação clonal tem uma outra implicação: a dispersão de sementes indica que um indivíduo imigrante para uma população deve ser emigrante de uma outra. Com a dispersão por fragmentação isso não é tão claro: enquanto um fragmento emigra, o restante do geneta do qual ele foi derivado pode permanecer no local. Entretanto, isso não significa que a dispersão por fragmentação seja "franqueada". Na verdade, isso tem uma consequência óbvia: o geneta em fragmentação é o conjunto de rametas menores. Uma vez que a sobrevivência e a fertilidade dos rametas geralmente dependem, ao menos em parte, do seu tamanho (biomassa), é possível que esse tipo de fragmentação clonal afete a sobrevivência do geneta como um todo. Como as dinâmicas populacionais de genetas e de rametas afetam-se mutuamente ainda é uma questão em aberto.

Figura 5.1 Muitos cactos do gênero *Opuntia*, em especial os cactos gigantes do oeste dos EUA (*chollas*), que possuem entrenós cilíndricos, dispersam-se parcialmente por fragmentação clonal; alguns dos fragmentos enraízam e estabelecem novos rametas. *Opuntia fulgida*, mostrada nesta foto, é conhecida como "cacto saltador", porque seus entrenós se destacam muito rapidamente; pessoas que se deslocam por entre estas plantas, incluindo os pesquisadores, têm surpresas não muito agradáveis! (fotografia de S. Scheiner)

Estrutura populacional

A seção anterior sugere uma conclusão importante: quando estudamos populações vegetais, geralmente necessitamos dar atenção não somente ao número total de indivíduos, mas igualmente às **classes de desenvolvimento** dos indivíduos e as frequências relativas de cada classe na população. As classes de desenvolvimento são em geral definidas pela combinação da idade (p. ex., de 5 a 10 anos de vida), pelo estágio da história de vida (p. ex., semente, plântula, juvenil, indivíduo adulto maduro), pelo tamanho (p. ex., classes de 0-2 cm, 2-4 cm, >4 cm de altura) ou por outras indicações de *status* (p. ex., suprimida, árvore do dossel). A **estrutura** de uma população é a descrição da frequência relativa de cada classe de desenvolvimento (Figura 5.2).

O conhecimento sobre a estrutura populacional é importante por duas razões. Em primeiro lugar, diferentes tipos de indivíduos exercem efeitos distintos sobre o crescimento populacional, de modo que os ecólogos precisam saber quais tipos de indivíduos estão presentes, assim como suas quantidades. Esse aspecto vale tanto para populações de plantas quanto de animais. Um bom

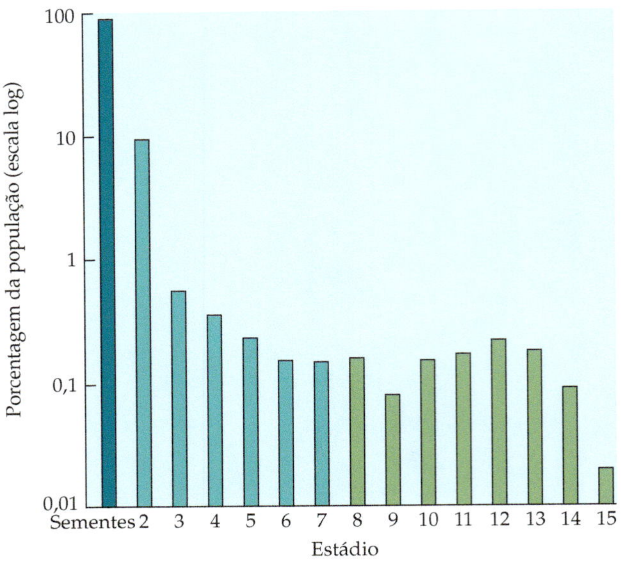

Figura 5.2 Estrutura de desenvolvimento de uma população de *Pentachlethra macroloba* (Fabaceae), uma espécie arbórea tropical, na ilha do Barro Colorado, Panamá. Os estádios de 2 a 7 são incrementos de 50 cm em altura. Os estádios subsequentes estão fundamentados no diâmetro à altura do peito (DAP): estádios 8 2 a 5 cm; 9, 5 a 10 cm; 10, 10 a 20 cm; estádios de 11 a 14, 20 cm de incremento cada; estádio 15, plantas acima de 100 cm. Assim, 88% da população são sementes e 9% são plântulas de 0 a 50 cm de altura (segundo Hartshorn, 1975).

exemplo é a espécie arbórea gigante *Sequoia sempervivens* (sequoia, Taxodiaceae). A adição de 100 sementes à população dessa espécie terá um efeito no crescimento bem diferente do que a adição de 100 indivíduos maduros. Se se tem interesse em realizar um censo, com certeza deve-se contar as sementes, as plântulas, os juvenis e os indivíduos adultos, distinguindo-se claramente cada classe de desenvolvimento.

A segunda razão diz respeito às plantas individualmente: os indivíduos vegetais podem variar em muitas ordens de grandeza em relação ao tamanho, à forma, ao *status* fisiológico, e, consequentemente, quanto a sua importância para o crescimento populacional. Os animais certamente também variam em tamanho e na contribuição ao crescimento populacional. Porém, como uma boa aproximação, podemos prever as **taxas vitais** – taxa reprodutiva e chance de sobrevivência – de humanos, cangurus ou de ouriços, se conhecermos a idade desses indivíduos. Portanto, muitas populações animais (em especial de mamíferos e aves) podem ser consideradas como tendo **estrutura etária**. Para descrever tais populações, necessitamos conhecer quantos indivíduos existem em cada classe de idade. Os métodos utilizados para o estudo dessas populações são **fundamentados na idade**, exigindo apenas informação sobre a estrutura etária da população. E populações com estrutura etária possuem uma propriedade conveniente: um urso com x anos de vida hoje poderá estar morto ou possuir x+1 ano de vida daqui a um ano.

Para muitas populações de plantas, o estágio de desenvolvimento desempenha um papel mais importante na determinação da aptidão demográfica do que a idade; em outras palavras, as populações de plantas estão em geral **estruturadas em estágios** de desenvolvimento (Figura 5.2). Isso parece óbvio no caso do esforço reprodutivo, porque o número de flores e frutos costuma depender do tamanho da planta. É comum a sobrevivência e o subsequente crescimento dependerem do que tamanho mais do que da idade da planta. Em geral, as plantas mais velhas são as maiores, mas na maioria das espécies vegetais há uma grande variação de tamanho para uma determinada idade (Figura 5.3). Com isso, para estudos de demografia vegetal, com frequência é mais útil empregar métodos **com base em estágios** de desenvolvimento do que métodos que tem como base a idade.

Por outro lado, podemos pensar que seja importante conhecer a idade cronológica por várias razões. A idade é muito importante dentro de um contexto evolutivo; por exemplo, se quisermos entender como a composição genética de uma população muda com o tempo, necessitamos saber as idades dos indivíduos. De modo similar, necessitamos da idade para estudar a evolução das características das histórias de vida dos organismos (ver Capítulo 8). Como veremos em vários exemplos adiante, a idade é, muitas vezes, um determinante significativo da sobrevivência e reprodução. Por fim, uma árvore que se torna localmente dominante no dossel de uma floresta aos 20 anos de idade é provavel que apresente uma estrutura do lenho diferente (e, portanto, diferente chance de sobrevivência) de outra que se torna dominante aos 100 anos de vida. Todavia, a idade sozinha não é um bom preditor de taxas vitais vegetais; em geral, necessita-se de informação sobre os estágios de desenvolvimento.

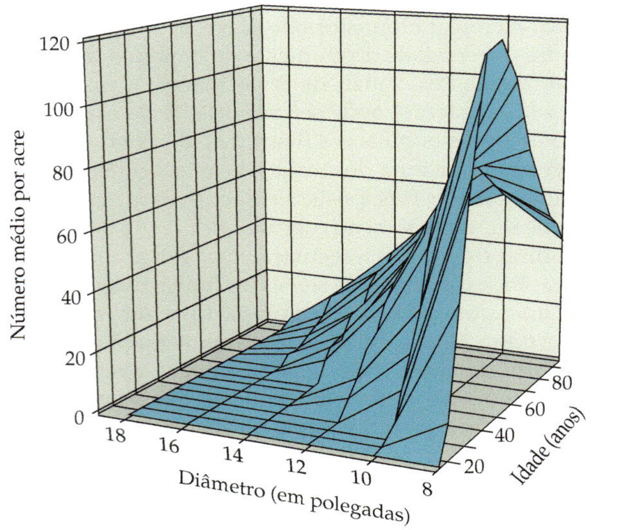

Figura 5.3 Relação média entre idade e tamanho em *Pinus palustris* (pinheiro-de-folha-longa, Pinaceae) no sudeste dos EUA. O gráfico mostra o número médio de indivíduos por acre de um determinado tamanho corporal, em relação à idade do estande. Essa espécie frequentemente cresce em grupos nos quais as idades são iguais (dados de Forbes, 1930).

Até a década de 1980 houve dúvida a respeito da importância relativa da idade e do estágio de desenvolvimento na demografia vegetal. Em livros-texto mais antigos, por exemplo, encontravam-se muitas vezes discussões sobre o problema da "demografia baseada na idade *versus* baseada em estágios de desenvolvimento". Hoje em dia está claro que, quando a idade cronológica é importante, ela geralmente o é apenas dentro de uma determinada classe de desenvolvimento (Caswell, 2001). Por exemplo, Susan Kalisz (1991) mostrou que em *Collinsia verna* (Maria-dos-olhos-azuis, Campanulaceae; Figura 5.4), uma espécie herbácea, a idade exerce um papel importante no banco de sementes: sementes de um ano de vida possuem uma chance diferente de germinação, quando comparadas a sementes de dois anos, além de uma chance diferente de sobrevivência como sementes viáveis. Da maneira semelhante, Margaret Cochran e Stephen Ellner (1992) verificaram que, na orquídea *Cypripedium acaule* (Orchidaceae; Figura 5.5), a sobrevivência de caules (subterrâneos) de ano a ano depende da idade e que a sobrevivência das plantas dormentes depende do tempo que elas permanecem nesse estágio.

Portanto, embora a idade possa ser importante, para as plantas ela é frequentemente um parâmetro impossível de determinar. Embora muitas espécies arbóreas de zonas temperadas produzam anéis de crescimento anuais fidedignos (Figura 12.11), a maioria das espécies herbáceas e arbustivas não produzem qualquer marca cronológica visível. A não ser que trabalhemos com indivíduos marcados de idades conhecidas, em geral não sabemos as idades de plantas (não obstante, veja o texto a seguir "Idade e estágio de desenvolvimento, uma Revisão").

Algumas estruturas populacionais específicas para plantas

Por que as plantas são mais variáveis do que os animais? A razão principal é a sua estrutura modular: um indivíduo vegetal é um sistema de unidades repetidas, como veremos no Capítulo 7. A modularidade significa que as plantas possuem padrões de crescimento muito flexíveis. Ela significa também que as plantas podem perder grandes partes de seus corpos e ainda assim permanecerem vivas. Em outras palavras, as plantas podem realmente diminuir de ano para ano. Elas também podem entrar em dormência por um ano ou mais. Por exemplo, em *C. acaule* (Figura 5.5), alguns indivíduos adultos em uma população podem não aparecer acima do solo num determinado ano (Cochran e Ellner, 1992; Kéry e Gregg, 2004).

Essa é a razão pela qual a estruturação em estágios dificulta os estudos dos ecólogos vegetais. Como mencionado anteriormente, é possível estimar que em um ano, todos os indivíduos que possuem a idade x, poderão estar ou mortos ou com x+1 ano. Porém, em muitas populações animais, os indivíduos nunca retornariam a estágios iniciais – as rãs nunca poderão se tornar novamente girinos. Há poucas "proibições" desse tipo nas espécies vegetais. Uma vez germinada, uma planta nunca voltará a ser uma semente, mas muitas espécies estabelecidas podem crescer, permanecer no mesmo estágio ou retroceder. Em estudo sobre a erva que aparece no chão de florestas, *Trillium grandiflorum* (trílio-da-neve, Liliaceae), Tiffany Knight (2004) descobriu que eram comuns as reversões aos estágios iniciais, e que muitas dessas reversões eram duas vezes mais comuns em plantas sujeitas à herbívora por cervos (Figura 5.6). Mesmo as árvores,

Figura 5.5 *Cypripedium acaule* (Orchidaceae), espécie de orquídea terrestre do leste da América do Norte. Após a germinação, um caule desenvolve-se abaixo do solo por, no mínimo, dois anos; subsequentemente, por ano, cada planta produz zero, uma ou duas folhas acima do solo, mas ela pode permanecer dormente por vários anos (foto cedida por J. Delphia).

Figura 5.4 A espécie *Collinsia verna* (Maria-dos-olhos-azuis, Campanulaceae) é uma planta anual da parte leste da América do Norte cujo banco de sementes tem estrutura etária. As plantas originadas de sementes de idades diferentes possuem chances de sobrevivência e de reprodução distintas (foto cortesia de S. Kalisz).

Trillium grandiflorum

Figura 5.6 Diagrama do ciclo de vida de *Trillium grandiflorum* (trílio-da-neve, Liliaceae), erva do chão de florestas no leste da América do Norte. Tal espécie é uma das primeiras a emergir e florescer na primavera (ver Capítulo 8). Os estágios utilizados no estudo foram germinantes (Germ), plântulas (SL), uma folha (1L), indivíduos pequenos com 3 folhas (S3L), indivíduos grandes com 3 folhas (L3L) e adultos reprodutivos (Rep). As setas indicam as possíveis transições; por exemplo, plantas germinantes podem tornar-se plântulas no tempo P_{21} ou podem morrer no tempo (1-P_{21}). Os dois primeiros estágios são também classes de idade – somente as plantas no seu primeiro ano de vida podem ser germinantes, passando assim para plântulas, ou morrendo neste período de vida. Contudo, as plantas nas classes S3L, L3L e Rep às vezes deslocam-se para classe imediatamente inferior (segundo Knight, 2004; fotografia cedida por J. Chase).

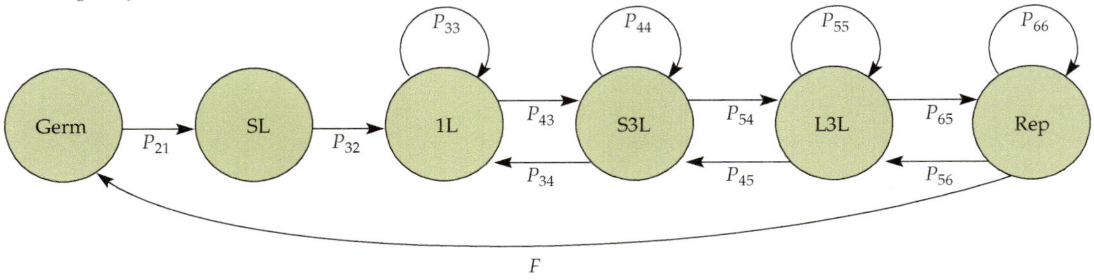

que muitas vezes pensamos estar sempre crescendo mais, perdem ramos e partes do tronco. Como consequência, os ecólogos necessitam observar atentamente os vários estágios de desenvolvimento das plantas e as possíveis variações entre eles.

Dados de estrutura populacional

Os indivíduos dentro das populações variam de muitas maneiras, incluindo tamanho, morfologia, *status* de desenvolvimento e *status* fisiológico. A variação no tamanho é uma causa importante da estrutura populacional em muitas populações vegetais. O tamanho pode ser medido de muitas formas como: biomassa, altura ou até número de módulos (p. ex., ramos, perfilhos em uma gramínea ou folhas). Para espécies arbóreas, o tamanho costuma ser medido por meio do **diâmetro à altura do peito** (**DAP**), definido como 130 centímetros acima do solo em alguns países, e 140 em outros (ver glossário). O *status* morfológico ou de desenvolvimento é geralmente importante na estruturação de populações: quantos indivíduos são sementes, quantas plântulas se tornaram estabelecidas e quantas plantas se tornaram reprodutivamente ativas? Na medida em que causa variação fenotípica, a variação genética é também um fator importante na estruturação de populações.

É comum existirem limitações reais em nossas capacidades de medir essas diferenças, de avaliar a sua importância na estruturação de uma determinada população e de realizar cálculos apropriados. Consequentemente, na maioria dos estudos ecológicos atuais, nos concentramos em apenas uma ou poucas categorias, embora saibamos que a realidade é mais complexa do que nossas análises demográficas.

Com a lista de variáveis, podemos pensar que estruturar uma população parece um pouco difícil, mas as categorias de tamanho, morfologia e idade são importantes para os estudos populacionais somente se pudermos mensurar diferenças entre os estágios de desenvolvimento. Por exemplo, pode ser fácil encontrar diferenças no tamanho entre 30, 60 e 90 cm de DAP para indivíduos arbóreos da mesma espécie. Contudo, poderia ser uma perda de tempo utilizar essas diferenças de tamanho como estágios de desenvolvimento, se as árvores de cada tamanho não diferem dos outros tamanhos em suas chances de sobrevivência, crescimento ou rendimento reprodutivo.

Estudo do crescimento e declínio populacionais

Uma população está crescendo ou diminuindo, e em que taxa? Essa pergunta parece fácil de responder: pegue o número de plantas no final do ano passado [chamado de $n(t)$] e o número deste ano [chamado de $n(t+1)$]. A taxa na mudança do tamanho da população será $n(t+1)/n(t)$. Se a população está crescendo, essa razão é maior do que 1 e, se está declinando, menor do que 1.

Infelizmente, a vida é simples só quando não houver uma estrutura populacional. É verdade que, se $n(t+1) > n(t)$, existem mais plantas. Porém, em uma população estruturada – ou seja, na maioria das populações vegetais – os indivíduos de diferentes classes contribuem de forma diferente para o crescimento populacional futuro. Isso significa que o seu efeito, a curto prazo, sobre a população pode diferir do seu efeito a longo prazo, e devemos ser capazes de examinar os dois tipos de efeitos.

Considere uma população de uma espécie arbórea de vida longa. As árvores mais velhas têm um período de senescência de várias décadas, em que não florescem mais, mas lentamente perdem ramos e sofrem o apodrecimento do cerne. Os indivíduos jovens não podem florescer até alcançar várias décadas de idade. Portanto, nem as árvores velhas nem as jovens são reprodutivas, sendo que umas 100 árvores muito velhas ou muito jovens simplesmente declinam numericamente à medida que algumas morrem. Agora imagine que as taxas anuais de sobrevivência são as mesmas entre as árvores jovens e velhas e compare uma população composta totalmente de árvores senescentes com outra totalmente formada por jovens. Num curto intervalo, as duas populações declinarão com a mesma taxa. Porém, ao longo do tempo, as árvores sobreviventes na população "jovem" alcançarão a maturidade e começarão a se reproduzir, acarretando o crescimento numérico da população. De modo contrário, a população "velha" desaparecerá. Por isso, estudos sobre o crescimento ou o declínio populacional vegetal devem levar em consideração a estrutura populacional, com suas consequências a curto e longo prazo.

Diagramas de ciclos de vida

Nas próximas seções, serão apresentados exemplos de espécies particulares, como *Coryphantha robbinsorum* (Cactaceae), descrita na Figura 5.7 e no Quadro 5D. Para entender como a estrutura populacional afeta o crescimento, há a necessidade de acompanhar os indivíduos por meio de cada classe, durante períodos de censo. Os **diagramas do ciclo de vida** proporcionam resumos informativos sobre transições entre estágios de desenvolvimento e se aproximam muito dos modelos matriciais discutidos na próxima seção. Cada círculo nos diagramas das Figuras 5.6 e 5.7 representa um estágio de desenvolvimento. Observe que alguns estágios estão definidos pelo *status* de desenvolvimento (p. ex., sementes e indivíduos dormentes), enquanto outros estão definidos pelo tamanho. As setas entre os círculos descrevem as "transições" entre os estágios – sobrevivência e reprodução – para todo o intervalo entre censos. Desse modo, para *C. robbinsorum*, a seta, que vai dos juvenis grandes aos adultos, representa a probabilidade de um juvenil grande em um censo tornar-se um adulto no próximo censo. As setas voltadas para o mesmo círculo (*self-loops*) referem-se à probabilidade de um indivíduo permanecer no mesmo estágio. Portanto, a seta de juvenis pequenos para juvenis pequenos na Figura 5.7 representa a probabilidade de um indivíduo desta classe permanecer nela por ocasião do próximo censo.

Na Figura 5.7, a seta que vai dos adultos aos juvenis pequenos necessita de uma interpretação mais cuidadosa, pois destaca uma lição importante sobre diagramas do ciclo de vida e seus modelos demográficos correspondentes. Essa seta refere-se ao número de juvenis pequenos produzidos pelos adultos. Cada indivíduo inicia sua vida como semente, havendo geralmente um período entre a maturação da semente e sua germinação (há poucas espécies vegetais **vivíparas**, que germinam direto da planta-mãe, e *C. robbinsorum* não é uma delas). Um diagrama biológico completo do ciclo de vida incluiria essas etapas. Porém, tentaremos descrever a demografia de um ciclo de vida a partir de um estudo de campo real. Uma vez que esta espécie não possui banco de sementes e os censos são anuais, nenhum indivíduo pertencente ao estágio de semente deveria ser contado, exceto quando o censo iniciasse por eles. Para representar a demografia de *C. robbinsorum*, necessitamos reconhecer

F= fertilidade efetiva = (número de sementes produzidas) × (chance de sobrevivência da semente) × (chance de germinação) × (chance de sobrevivência das plântulas ao primeiro censo) = (a taxa na qual os adultos produzem indivíduos juvenis pequenos, de um ano a outro)

Se quisermos estudar o estágio de semente, necessitaríamos realizar censos em épocas diferentes e mais frequentemente. Isso pode parecer um sofisma, mas o número de classes que incluirmos em um diagrama do ciclo de vida ou modelo matricial pode afetar bastante os cálculos subsequentes.

Coryphantha robbinsorum

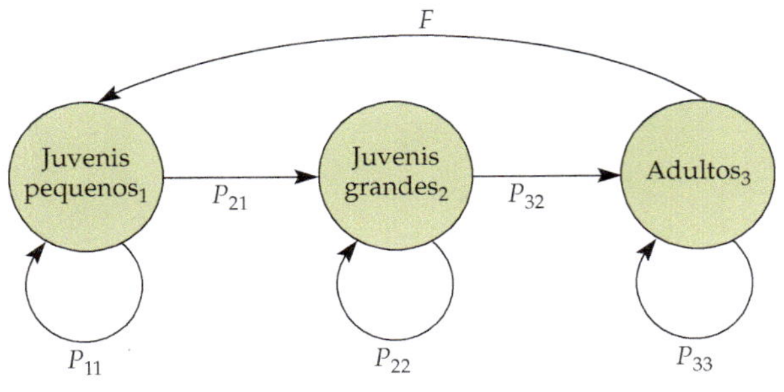

Figura 5.7 Diagrama do ciclo de vida de *Coryphantha robbinsorum* (Cactaceae), uma espécie ameaçada nas regiões do Arizona e Sonora, México. Como essa espécie não possui banco de sementes e as plantas foram contadas anualmente, o diagrama não incluiu o estágio de semente. A transição entre adultos e juvenis pequenos é, portanto, o resultado de (número médio de frutos por adulto) multiplicado por (número médio de sementes por fruto), multiplicado por (chance de uma semente sobreviver e germinar), multiplicado por (chance de uma plântula sobreviver até o primeiro censo) (ver Quadro 5D, para análise). (dados de Schmalzel et al., 1995; fotografia cedida por U.S. Geological Survey, Phoenix, AZ.)

Quadro 5A

Cálculos envolvidos na tabela de vida

Os cálculos mais importantes de uma tabela de vida são simples. Se marcarmos $n(t)$ plantas no tempo t e, depois, as recontarmos após um mês (tempo t+1) e encontrarmos $n(t+1)$ plantas, podemos estimar a probabilidade de sobrevivência como $p_1 = n(t+1)/n(t)$. Por exemplo, se inicialmente marcarmos 500 indivíduos e encontrarmos 450 vivos no próximo censo, podemos estimar a probabilidade de sobrevivência como 450/500=0,9.

O poder real da abordagem tabela de vida – e a parte que às vezes confunde os estudantes – procede da capacidade de calcular quantidades adicionais em períodos de censos múltiplos. Supondo que, ao recontarmos nossas plantas após um outro mês, encontramos 425 plantas ainda vivas. Podemos, então, estimar a probabilidade de sobrevivência do segundo mês como 425/450=0,94. Porém, também podemos estimar a **probabilidade de sobrevivência cumulativa** – a chance de sobrevivência do início do estudo até o novo censo. A probabilidade de sobrevivência cumulativa no tempo x é muitas vezes descrita como l_x, mas também pode ser vista como S_x. Para o primeiro intervalo de tempo, $l_1 = p_1$, mas para o segundo intervalo $l_2 = p_1 p_2$; neste caso, l_2 = 0,9 x 0,94 = 0,85). Em outras palavras, estimamos que 85% das plantas originais (500) ainda permanecem vivas.

Deve-se ressaltar que há outra maneira mais simples de realizar este cálculo: se dividirmos o número de vivos (425) pelo número inicial (500), também obteremos o valor de 0,85. *Atenção: esse procedimento é perigoso!* A razão é que em quase todos os estudos alguns indivíduos simplesmente não são mais localizados (p. ex., porque perde a marcação feita no início do estudo), morrem por alguma causa irrelevante para o estudo (p. ex., porque o pesquisador pisou em alguns dos indivíduos) ou morrem após o final do estudo. Como um indivíduo consiste em um ponto de recontagem, podemos reconhecer que o indivíduo não está morto (em qualquer sentido relevante para o estudo) antes de um tempo c, porém não sabemos o momento real de sua morte. Podemos incluir esses dados pontuais na tabela de vida calculando além do intervalo no qual c ocorre. Por exemplo, se o ecólogo acidentalmente danifica 10 plantas logo após a contagem, no primeiro mês de estudo, teríamos a mesma estimativa de p_1, porém quanto à p_2, a estimativa seria 425/440=0,966. Se aplicarmos esse valor de p para calcular a sobrevivência cumulativa, obteremos l_2=0,869, ao invés do valor de 0,85, pela simples divisão do número de vivos pelo número inicial de indivíduos. É sempre prudente calcular a sobrevivência cumulativa dessa maneira, ao invés usar o método aparentemente mais fácil (mas geralmente incorreto).

Para calcular uma tabela de vida completa, deve-se definir muitas variáveis (a letra x refere-se ao intervalo de tempo x):

n_x= número de indivíduos em risco de morte, após a contagem nos períodos amostrais,
d_x= número de mortos,
p_x= probabilidade de sobrevivência,
q_x= probabilidade de morte.

Essas definições nos levam a encontrar os valores da probabilidade de morte como $q_x = d_x/n_x$, e a probabilidade de sobrevivência como $p_x = 1-q_x$. A probabilidade de sobrevivência cumulativa é $l_x = p_1 p_2 \ldots p_{x-1}$. Podemos utilizar essa equação para estimar a contribuição média para a taxa reprodutiva dos indivíduos de idade x multiplicando l_x por F_x, onde F_x representa o número médio de sementes produzidas por indivíduos de idade x.

Por fim, podemos estimar a expectativa média de vida dos indivíduos da idade x. Para fazê-lo, calculamos o número médio de indivíduos vivos entre cada intervalo de n_x a n_{x+1}, somamos todos estes valores e dividimos pelo valor de n_x. Pela fórmula, primeiro calculamos $L_x = (n_x + n_{x+1})/2$. A expectativa média de vida é calculada, então, por

$$e(x) = \frac{\sum_{i=x}^{\infty} L_i}{n_x}$$

Como o valor corresponde à expectativa média de vida, ou seja, ao tempo de vida, devemos dividir a soma de todos os valores médios de vivos por todos os indivíduos vivos no tempo x.

Um exemplo da abordagem da tabela de vida é o estudo feito por Susan Kalisz (1991) para *Collinsia verna*. A autora conseguiu estimar a probabilidade de sobrevivência para cada estágio de desenvolvimento (semente, plântula, planta em hibernação, plantas com flores e com frutos), bem como a contribuição de cada estágio para a taxa reprodutiva da população:

Existem muitas referências bibliográficas sobre tabelas de vida e sua utilização. Uma introdução para as comparações estatísticas das tabelas de vida e seus tópicos relacionados pode ser encontrada em Fox (2001).

	Duração do estágio (meses)	n_x	l_x	q_x por mês	Número de sementes produzidas por estágio	Número médio de sementes produzidas por estágio (F_x)	Contribuição para taxa reprodutiva ($l_x F_x$)
Semente	5	13.742	1,000	0,119	0	0	0
Plântula	2	5.593	0,407	0,046	0	0	0
Planta em hibernação	5	4.335	0,316	0,025	0	0	0
Adulto com flores	1	2.582	0,189	0,112	0	0	0
Adulto com frutos	1	1.056	0,077	0,077	22.725	21,520	1,657

Quadro 5B

Utilizando o método de marcação e recaptura da ecologia animal

Em estudos de organismos móveis (tais como aves), um pesquisador captura um determinado número de indivíduos, marca-os e os solta. Em um período posterior, mais animais são capturados, alguns dos quais já estarão marcados. É feita a marcação dos novos indivíduos e todos são soltos novamente. Ao longo do tempo, o pesquisador realiza uma sequência de capturas de muitos indivíduos, representados como uma série de "1" e "0": 1 0 1 1 0 0 1 significaria que um indivíduo foi capturado nos momentos 1, 3, 4 e 7. Obviamente, embora o indivíduo não fosse capturado nos momentos 2, 5 e 6, sabemos que ele estava vivo. Como resultado, podemos calcular a probabilidade de recaptura de um indivíduo se ele permanecer vivo, assim como a probabilidade de sobrevivência em todos os intervalos de tempo. Os estudos mais antigos de populações animais enfatizavam a aplicação dessa abordagem para estimar tamanhos populacionais, em vez das probabilidades de sobrevivência.

O método de marcação e recaptura para plantas pareceria trivial, pois elas geralmente não se movem após serem marcadas. Porém, tem sido observado que indivíduos de algumas espécies podem desaparecer por um período de tempo, permanecendo dormentes abaixo da superfície do solo. Podemos utilizar o método de marcação e recaptura para estimar o número e a taxa de sobrevivência desses indivíduos "escondidos". No geral, a utilização desse método para plantas não difere do utilizado para animais, mas os ecólogos vegetais só recentemente começaram a incorporá-lo a seus estudos. Helen Alexander e coautores (1997) foram os primeiros a empregar esse método para estimar o tamanho populacional de uma espécie rara em pradarias no Kansas (EUA), *Asclepias meadii* (asclépia, Apocynaceae). Em um determinado ano, o número de manchas de plantas com flores (agregações de caules com flores) variou de 15 a 105 no local de estudo, mas a abordagem de marcação e recaptura possibilitou aos pesquisadores estimar o tamanho real da população em 175 a 302 manchas. Em estudos mais recentes, Marc Kéry e Katharine Gregg (2003, 2004) estimaram taxas de sobrevivência e a fração da população que estava dormente em várias populações das orquidáceas *Cleistes bifaria* (orquídea botão-de-rosa) e *Cypripedium reginae* (cipripédio).

A estimativa exata dessas variáveis utilizando abordagens de marcação e recaptura é confiável e sujeita a aplicações estatísticas, e dispõe-se de uma ampla e diversificada literatura sobre esses métodos (Lebreton et al. 1992; Kendall e Nichols 2002). Espera-se que esses métodos tenham uma maior aplicação na ecologia vegetal.

Uma vez feito o diagrama do ciclo de vida, podemos, então, utilizar dados de campo para estimar os valores das diferentes transições (Figuras 5.6 e 5.7). A sobrevivência é habitualmente estimada por métodos de tabela de vida (Quadro 5A). A **tabela de vida** é uma lista estimada de taxas vitais para uma **coorte** (um grupo que germinou, alcançou um tamanho específico, ou que entrou na pesquisa no mesmo período). Desenvolvidas originalmente como base para a segurança de vida, as tabelas de vida são hoje muito utilizadas em ecologia.

Um problema prático importante na estimativa de taxas vitais de plantas é que em muitas espécies é difícil separar os indivíduos, mesmo quando estes estão mapeados e marcados, e para alguns estágios – tais como os caules dormentes da orquídea *C. acaule* mencionada anteriormente – isso é praticamente impossível. Nos últimos anos, os ecólogos vegetais começaram a levar em consideração esse problema por meio de uma abordagem muito utilizada pelos ecólogos animais: a técnica de marcação e recaptura (Quadro 5B). Além disso, é muitas vezes impossível observar diretamente todas as transições utilizando os mesmo indivíduos. Por exemplo, é difícil valer-se dos mesmos indivíduos para estimar as taxas de sobrevivência e germinação de sementes, bem como suas etapas subsequentes, porque as sementes em geral não podem ser marcadas, e mesmo quando isso é possível, censos acurados habitualmente exigem a sua retirada do solo – o que com certeza altera as suas chances de sobrevivência ou germinação!

Em um amplo estudo sobre *Collinsia verna* (Figura 5.4), Susan Kalisz e Mark McPeek (1992) ressaltaram esse problema estimando as taxas de sobrevivência das sementes por meio de uma técnica destrutiva, independentemente de suas estimativas das taxas vitais de plantas encontradas sobre o solo. Eles conseguiram isso porque *C. verna* cresce em populações muito grandes, tornando-se possível selecionar aleatoriamente áreas para estudar separadamente a demografia acima e abaixo do solo.

Por outro lado, para a orquídea *Cypripedium acaule* (Figura 5.5), Margaret Cochran e Stephen Ellner (1992) foram forçados a fazer várias suposições a respeito da mortalidade em plantas e sementes dormentes. Seria mais satisfatório observar diretamente os eventos no subsolo, mas isso acarretaria a destruição das áreas de ocorrência dessa orquídea, reduzindo ainda mais suas populações, que já sofrem os efeitos da coleta clandestina. Não há soluções simples nem gerais para esse tipo de problema.

Modelos matriciais

Como as taxas de sobrevivência e fertilidade afetam o crescimento de uma população como um todo? Como essas taxas dependem de variáveis ambientais importantes (tais como a chance de herbívora ou fogo) e como isso se traduz em efeitos no crescimento populacional? Qual classe de desenvolvimento contribui mais para o crescimento populacional? Perguntas como essas são importantes em muitos contextos, incluindo a biologia

Quadro 5C

Construindo modelos matriciais

Para construir um modelo matricial a partir de um diagrama de ciclo de vida, consideremos o exemplo de *Coryphantha robbinsorum* (Figura 5.7). O diagrama nos informa que juvenis pequenos são produzidos por adultos a uma taxa *F*, que nesse caso é uma composição de vários fatores. Por conveniência, vamos numerar os estágios de 1 a 3, de modo que cada símbolo utilizado possa ser interpretado. Assim, n_1 significa o número de juvenis pequenos, n_2 o número de juvenis grandes e n_3 o número de adultos. Em cada transição há duas notações – a primeira refere-se ao estágio do ano e a segunda ao estágio do ano anterior. Portanto, P_{11} é a probabilidade de permanência como um juvenil pequeno, P_{32} é a probabilidade de um juvenil grande tornar-se um adulto, e assim por diante. Utilizando esses símbolos, podemos escrever uma equação para o número de juvenis pequenos no ano t+1:

$$n_1(t+1) = P_{11}\, n_1(t) + F n_3(t)$$

Em outras palavras, o número de juvenis pequenos deste ano é a soma dos novos juvenis mais os indivíduos que permanecem juvenis; isso significa que o número de adultos do último ano multiplicado pela produção de juvenis pequenos, mais o número de juvenis pequenos do último ano, multiplicado pela chance de eles sobreviverem neste estágio. Similarmente, o número de juvenis grandes é dado por:

$$n_2(t+1) = P_{21}\, n_1(t) + P_{22}\, n_2(t)$$

Ou seja, o número de juvenis grandes deste ano é uma função do número de juvenis pequenos do último ano vezes a chance destes tornarem-se juvenis grandes, mais o número de juvenis grandes do último ano vezes a chance de que eles permaneçam neste estágio. Por fim, o número de adultos é dado por:

$$n_3(t+1) = P_{32}\, n_2(t) + P_{33}\, n_3(t)$$

O número de adultos deste ano é o número de juvenis grandes do último ano vezes a chance de estes tornarem-se adultos, mais o número de adultos do último ano vezes a chance de que eles permaneçam vivos.

Um **modelo matricial de transição** é uma maneira resumida de escrever as mesmas fórmulas. A matriz reúne os coeficientes do modelo na ordem dos estágios (os *F's* e os *P's*) e os utiliza para multiplicar o vetor, composto dos números de indivíduos de cada estágio. Consequentemente, o modelo pode ser reescrito como:

$$\begin{bmatrix} n_1(t+1) \\ n_2(t+1) \\ n_3(t+1) \end{bmatrix} = \begin{bmatrix} P_{11} & 0 & F \\ P_{21} & P_{22} & 0 \\ 0 & P_{32} & P_{33} \end{bmatrix} \times \begin{bmatrix} n_1(t) \\ n_2(t) \\ n_3(t) \end{bmatrix}$$

No quadro 5D, mostramos como os dados das populações de *C. robbinsorum* podem ser utilizados para analisar este modelo geral. No quadro 5E, mostramos como multiplicar o vetor populacional pela matriz de transição – esse procedimento demonstra que a equação matricial permite chegar aos mesmos resultados obtidos pelas três equações apresentadas anteriormente (em Caswell, 2001, são indicadas mais regras gerais para a manipulação de matrizes).

---

da conservação (Em qual classe de desenvolvimento deveríamos concentrar esforços de proteção? O que é provável acontecer se houver uma mudança na frequência de fogo?), ecologia populacional (Qual classe tem mais probabilidade de limitar o crescimento populacional?) e evolução (Sobre qual classe a seleção natural pode ter efeito maior?).

Uma abordagem importante para responder perguntas como essas é utilizar as estimativas das taxas de sobrevivência e fertilidade para modelar as taxas de crescimento populacional, empregando métodos demográficos matriciais desenvolvidos nas duas últimas décadas. Esses modelos podem ser utilizados para responder como as mudanças nas taxas de crescimento se alteram em decorrência das mudanças na sobrevivência e fertilidade de cada classe de desenvolvimento. Todas as informações quantitativas necessárias para essas estimativas estão contidas no diagrama do ciclo de vida, mostrado nos Quadros 5C, 5D e 5E.

A razão principal de se utilizarem matrizes é que existem regras padronizadas para manipulá-las; essas regras tornam muito mais fácil chegar a algumas conclusões ecológicas importantes sobre a população. O **vetor populacional** é uma lista dos números de indivíduos em cada classe de desenvolvimento em um determinado período; ao multiplicar esse vetor pela matriz (ver Quadro 5E), é possível projetar a população para intervalos de tempo futuros (em geral, um ano). Se assumirmos (por enquanto) que as taxas de nascimento e de sobrevivência permanecem constantes (de modo que a cada ano multiplicamos o vetor populacional pela mesma matriz), podemos encontrar várias propriedades importantes da população:

- As taxas de crescimento populacional em períodos curtos e longos de tempo;
- A estrutura populacional futura, para qualquer intervalo de tempo;
- O valor reprodutivo de cada classe etária ou de desenvolvimento;
- A sensibilidade e a elasticidade do crescimento populacional a mudanças nas probabilidades específicas de sobrevivência e reprodução;
- A relação entre as idades dos indivíduos e seus estágios e várias maneiras de examinar a estrutura de classes ao longo do tempo.

Grosso modo, o **valor reprodutivo** de um indivíduo pertencente à classe x é a sua contribuição para o tamanho populacional futuro. Em outras palavras, o va-

Quadro 5D

Demografia de uma espécie de cacto ameaçada

Coryphantha robbinsorum é uma espécie de cacto pequeno, que ocorre em grupos e é encontrada em solos calcários, no sul do Arizona e Sonora, México. Robert Schmalzel e colaboradores (1995) marcaram plantas em três locais em uma colina e acompanharam seu crescimento, sua reprodução e sua sobrevivência por um período de 5 anos. Uma vez que os adultos (plantas que apresentaram flores no mínimo uma vez), juvenis pequenos (plantas com menos de 11 mm em diâmetro) e juvenis grandes apresentaram diferenças significativas na sobrevivência e reprodução, os autores utilizaram esses estágios e as sementes como classes de desenvolvimento.

O diagrama do ciclo de vida para a espécie está apresentado na Figura 5.7. Uma vez que *C. robbinsorum* não tem banco de sementes e os censos foram anuais, reanalisamos os resultados dos autores com um modelo que não considera o estágio de semente. Foi possível organizar os dados em matrizes para os três locais:

Local A (exposição a nordeste)	**Local B (exposição a sudoeste)**	**Local C (topo da colina)** A_{max}
$A_{\text{Local A}} = \begin{bmatrix} 0{,}672 & 0 & 0{,}561 \\ 0{,}018 & 0{,}849 & 0 \\ 0 & 0{,}138 & 0{,}969 \end{bmatrix}$	$A_{\text{Local B}} = \begin{bmatrix} 0{,}493 & 0 & 0{,}561 \\ 0{,}013 & 0{,}731 & 0 \\ 0 & 0{,}234 & 0{,}985 \end{bmatrix}$	$A_{\text{Local C}} = \begin{bmatrix} 0{,}434 & 0 & 0{,}560 \\ 0{,}333 & 0{,}610 & 0 \\ 0 & 0{,}304 & 0{,}956 \end{bmatrix}$

A análise destas matrizes revela que a população no local C está crescendo, com $\lambda = 1{,}12$. Nos outros dois locais, as populações estão estáveis ou declinando lentamente: $\lambda = 0{,}998$ no local A e $\lambda = 0{,}997$ no local B. A distribuição estável dos estágios difere entre os locais (Figura 5.8). O mais notável é a previsível raridade de juvenis grandes nos locais A e B. Estes locais também diferem nas taxas em que as populações alcançam a distribuição estável (Figura 5.9). As sensibilidades estão apresentadas na Tabela 5.2, as elasticidades, na Figura 5.10, e os valores reprodutivos, na Tabela 5.1.

lor reprodutivo é uma maneira de avaliar a importância demográfica relativa das diferentes classes de desenvolvimento. A **sensibilidade** informa como as mudanças absolutas (p. ex., como adicionar 0,01 a um termo de sobrevivência) na sobrevivência e fertilidade de cada classe afetam as taxas de crescimento populacional; a **elasticidade** nos revela como as mudanças proporcionais (p. ex., aumentar a sobrevivência em 1%) produzem tais mudanças na taxa de crescimento populacional. As estimativas de taxas de crescimento, valor reprodutivo, sensibilidade e elasticidade são, por isso, ferramentas importantes para a ecologia evolutiva, biologia da conservação e ecologia aplicada.

Analisando modelos matriciais

Como fazemos para obter todas as informações anteriores por meio dos modelos matriciais? Nesta seção, introduziremos algumas ideias importantes empregadas na análise de matrizes. O método básico utilizado para analisá-las depende de uma importante observação: se multiplicarmos

Quadro 5E

Multiplicando o vetor de uma população por uma matriz

Para entender como a equação matricial mostrada no Quadro 5C apresenta a mesma informação das três equações encontradas no mesmo quadro, é necessário saber multiplicar matrizes. Essa multiplicação é feita "linha por coluna". Para obter o primeiro elemento de um vetor de uma população para o próximo ano (o número de juvenis pequenos), utilize o coeficiente da primeira linha, primeira coluna (P_{11}), para multiplicar o primeiro elemento no vetor para esse ano [$n_1(t)$], para obter $P_{11}n_1(t)$. Depois, utilize o coeficiente da primeira linha, segunda coluna (0), para multiplicar o segundo elemento no vetor [$n_2(t)$], para obter, no caso, 0. Por fim, utilize o coeficiente na primeira linha, terceira coluna (F), para multiplicar o terceiro elemento [$n_3(t)$], para obter $Fn_3(t)$. Após, some esses três produtos para obter $n_1(t+1) = P_{11}n_1(t) + 0 + Fn_3(t)$, que é igual à primeira equação apresentada no Quadro 5C.

Para encontrar o segundo elemento no próximo vetor anual (o número de juvenis grandes), repete-se o mesmo processo, mas deve-se multiplicar cada um dos elementos vetoriais pelos coeficientes existentes na segunda linha da matriz.

Outra maneira útil de entender uma matriz é perceber que ela descreve as transições de um valor para outro. O elemento de uma matriz que está situado na linha i e coluna j, sempre se refere à transição do estágio j para o estágio i – ou seja, da coluna para a linha.

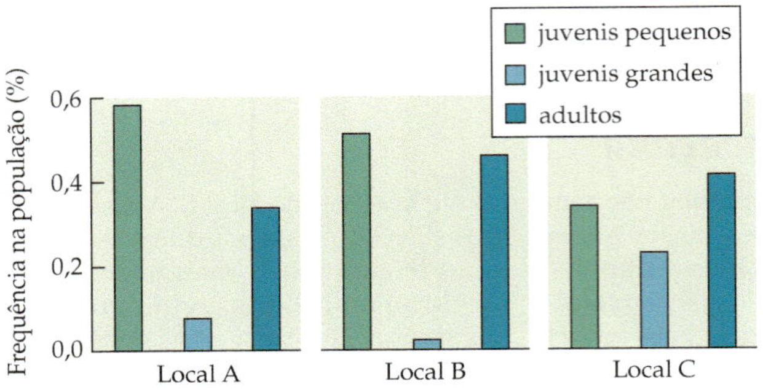

Figura 5.8 Distribuição estável das classes de desenvolvimento para o cacto *Coryphantha robbinsorum* em três locais de estudo, com base nos modelos matriciais do Quadro 5D. Os locais A e B (em encostas de uma colina) possuem estruturas populacionais estáveis similares. A estrutura estável no local C (no topo da colina) apresenta muito mais juvenis grandes. Neste local, 33% dos juvenis pequenos se tornam juvenis grandes, em comparação a apenas 1 a 2% nos outros dois locais. Este é também o principal fator que faz com que o valor de λ no local C seja tão maior (1,12), comparado aos outros dois locais (onde são menores de 1).

o vetor populacional pela matriz repetidamente (ver Quadro 5E), pouco depois a população alcança uma **estrutura estável** ou uma **distribuição de classes estável**, na qual a proporção de indivíduos em cada classe permanecerá constante a cada geração, embora a população permaneça crescendo (Figura 5.8). Isso implica que, uma vez alcançada sua estrutura estável, podemos multiplicar o vetor populacional por um número (uma grandeza escalar) e não pela matriz inteira, obtendo o mesmo resultado como se multiplicássemos pela própria matriz. Matematicamente, isso significa que, se obtivermos o valor de (letra grega lambda), com base na equação **Ax** = λ**x**, onde **A** é a matriz de transição e **x** é um vetor (neste capítulo, utilizamos notações matemáticas padronizadas: letras maiúsculas indicam as matrizes, como **A**, enquanto letras minúsculas são vetores, como **x**), será possível encontrar tais números (os valores para λ) por meio das matrizes de transição; isso é quase sempre realizado por computador. Os números envolvidos nessa operação são denominados **autovalores** ou **valores próprios**. Cada valor de λ tem um vetor populacional correspondente **x**, denominado **autovetor** ou **vetor próprio**. Para uma população com *N* classes, a matriz de transição terá *N* linhas e colunas e haverá *N* autovalores e autovetores, embora, às vezes, alguns desses estejam duplicados.

O valor de λ informa aspectos importantes a respeito de uma população. Se λ > 1, a população está crescendo, enquanto se λ < 1, ela está declinando numericamente. A população permanece em um tamanho constante apenas no caso especial em que λ = 1. Mas o que são esses autovalores e autovetores? Os autovalores são componentes da taxa de crescimento da população, e os autovetores são componentes da estrutura populacional. Um resultado muito importante é que um autovalor é sempre maior do que os outros para esse tipo de matriz. Como resultado, ao longo do tempo, a taxa de crescimento populacional aproxima-se desse valor (e, por isso, é denominada **taxa estável de crescimento**), e a estrutura populacional aproxima-se do autovetor associado (distribuição estável; Figura 5.9). Os autovalores são muitas vezes ordenados pelo seu tamanho, de modo que λ_1 via de regra refere-se ao maior autovalor (**dominante** ou **principal**) e λ_N ao menor. Quando os autores discutem o valor de λ sem qualquer informação adicional, eles geralmente estão se referindo ao autovalor dominante.

Mesmo quando a população não está ainda próxima da sua estrutura estável, seu crescimento pode ser previsto utilizando os autovalores e autovetores (Caswell, 2001). O tamanho populacional a qualquer momento no futuro pode ser descrito como uma soma ponderada dos produtos dos autovalores e autovetores:

$$\mathbf{n}(t) = c_1\lambda_1^t\mathbf{x}_1 + c_2\lambda_1^t\mathbf{x}_2 + \ldots = \sum_{i=1}^{N} c_i\lambda_i^t\mathbf{x}_i$$

onde os *c*'s dependem das condições iniciais (Caswell, 2001) e o x_i corresponde ao autovetor i. A elevação dos autovalores a uma potência (equivalente a repetidas multiplicações pela matriz) permite que os valores menores diminuam de importância relativa ao longo do tempo. Pesquisas recentes têm utilizado métodos matriciais para

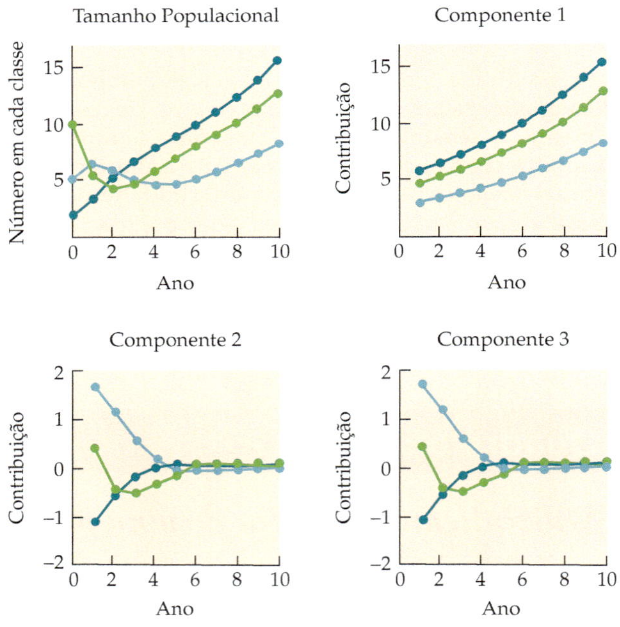

Figura 5.9 Crescimento das três classes de desenvolvimento para a população de *Coryphantha robbinsorum* no local C e a convergência para uma distribuição estável de estágios. O gráfico superior à esquerda apresenta o total para cada estágio. Nos demais são apresentadas as contribuições para cada par de autovalores e autovetores. Em torno do oitavo ano, a mudança de tamanho em cada classe fica em torno de 0,01 com λ = 1,12; somente o autovalor dominante contribui substancialmente neste ponto (segundo Fox e Gurevitch, 2000).

estudar as populações que estão longe de apresentar uma distribuição estável (Fox e Gurevitch, 2000).

Porém no mundo real as plantas vivem em ambientes variáveis

Neste momento você deve estar se perguntando se a abordagem em relação às plantas faz sentido. Afinal de contas, assumimos que a população experimenta taxas de sobrevivência e de natalidade fixas, o que, ao menos em um sentido demográfico, significa assumir um ambiente constante. Uma vez que um dos fatos mais óbvios em ecologia é a mutabilidade do ambiente, e fatores que afetam as populações (p. ex., as condições meteorológicas) podem ser completamente variáveis (ver Capítulo 17), pode parecer que as premissas usadas para essas análises levam a conclusões inválidas.

Não obstante, as matrizes e os diagramas do ciclo de vida são muito úteis, mas sua utilidade depende de como os resultados são interpretados. É possível utilizar esses modelos para dois propósitos muito diferentes: tentar prognosticar o crescimento real e a composição populacional em algum momento no futuro, ou pesquisar o que aconteceria com a população se as condições atuais persistissem. Esse último propósito geralmente faz mais sentido.

Seguindo esse raciocínio, a utilização de modelos matriciais representa um grande auxílio no estudo das variações anuais experimentadas pelas populações vegetais. Por exemplo, no estudo sobre a planta anual *Collinsia verna*, Kalisz e McPeek (1992) registraram que a população cresceu muito em um determinado ano, com λ estimado em cerca de 1,8, mas no ano posterior houve um decréscimo populacional, com λ estimado em torno de 0,41. Furacões provocam variações de ampla escala nas taxas de crescimento populacional de *Pinus palustris* (pinheiro-de-folha-longa, Pinaceae), mas os modelos matriciais têm mostrado que ocorre uma variação substancial nas taxas de crescimento mesmo em anos "normais", sem ocorrência desses fenômenos (Platt e Rathbun, 1993; Platt et al., 1988).

Por fim, o fato de se concentrar em autovalores e autovetores dominantes não significa que se esteja pesquisando fenômenos ecológicos de longa escala e apenas em um ambiente constante. Conforme mencionado anteriormente, o crescimento populacional de curto prazo pode ser analisado como uma soma ponderada dos autovalores e autovetores de uma matriz. Os autovalores e autovetores dominantes são parte dessa soma, de modo que, ao considerá-los, estuda-se sempre um componente principal do crescimento populacional de curto prazo (Caswell, 2001). Muitas matrizes de populações vegetais parecem se aproximar da distribuição estável em um tempo curto – geralmente dentro de 5 ou 10 anos (Figura 5.9). Isso pode acontecer somente se o autovalor principal for muito maior do que os demais – e, por isso, ele é um componente muito importante do crescimento populacional de curto prazo.

Portanto, não é preciso conhecer toda a história de uma população para entender as razões da sua estrutura atual. A estrutura reflete as taxas de sobrevivência e de natalidade da população mesmo quando as matrizes se mostram muito variáveis de ano a ano – devido, por exemplo, à variação nas condições ambientais (Tuljapurkar, 1990).

Capacidade reprodutiva em função da longevidade: a taxa reprodutiva líquida

Quantos descendentes um indivíduo produz durante o seu ciclo de vida? Para populações estruturadas pela idade, este valor é facilmente estimado a partir dos dados de uma matriz de transição, com alguns procedimentos matemáticos simples. Novamente, utilizamos l_x (ver Quadro 5A) como a probabilidade de sobrevivência de um indivíduo de um período de amostragem a outro. É importante destacar que para um grupo de indivíduos marcados l_x não poderá aumentar ao longo do tempo – se 1.000 indivíduos são contados ao nascerem, para cada censo subsequente o número de sobreviventes poderá ser o mesmo ou menor que esse valor. Podemos utilizar F_x para representar a fertilidade de um indivíduo que está na classe etária x (em alguns textos de ecologia, há outras notações utilizadas para fertilidade. Em textos de ecologia geral, a fertilidade pode ser representada por m_x. Tal símbolo é melhor utilizado para modelos com reprodução contínua. Neste livro, utilizamos a notação sugerida por Caswell, 2001). Na média da população, um indivíduo recém-nascido pode esperar ter l_xF_x de descendência na idade x, $l_{x+1}F_{x+1}$ de descendência na idade x+1 e assim por diante. Durante toda a sua vida, então, um indivíduo pode esperar ter a descendência R_0:

$$R_0 = l_1F_1 + l_2F_2 + \ldots + l_xF_x + \ldots = \sum_{i=1}^{\infty} l_iF_i$$

R_0 é chamado de **taxa reprodutiva líquida**. Em geral, esta taxa *não* é igual a λ, a menos que a população esteja em equilíbrio – quando ambos os parâmetros se igualam a 1.

R_0 é um parâmetro muito útil. Uma vez que ele se fundamenta na idade, não foi possível estimar esse parâmetro até os recentes avanços das análises que se baseiam nas matrizes estruturadas pelas classes de idade (ver "Idade e estágio de desenvolvimento, uma Revisão", a seguir).

Valor reprodutivo: a contribuição de cada estágio ao crescimento populacional

Indivíduos de estágios diferentes não têm contribuições equivalentes ao futuro crescimento populacional. Nas populações já mencionadas de *Coryphantha*, por exemplo, a maioria dos juvenis pequenos morre, enquanto a maioria dos adultos sobrevive por um período longo. Se um profissional quiser estabelecer uma nova população, poderia melhor introduzir *n* plantas adultas em vez de *n* sementes ou juvenis pequenos (se houver adultos suficientes e se puderam sobreviver ao transplante). Porém, como as sementes são mais fáceis de ser manuseadas, seria mais fácil introduzi-las, ao invés de adultos.

Ao invés de conjeturar quantas sementes ou adultos serão introduzidos, seria mais produtivo existir uma maneira de mensurar os diferentes efeitos dos indivíduos sobre o crescimento futuro da população. O valor reprodutivo das diferentes classes de idade ou de desenvolvimento nos dá precisamente a informação da qual necessitamos. O valor reprodutivo do estágio x é a contribuição média individual no estágio x para as gerações futuras, até o fim da vida. No Quadro 5F, desenvolvemos a ideia do valor reprodutivo para populações estruturadas por idades e, após, a extensão dessas ideias para populações estruturadas por classes de desenvolvimento.

Há algumas diferenças importantes entre populações estruturadas por idades e estruturadas por classes de desenvolvimento, quanto ao padrão do valor reprodutivo ao longo do ciclo de vida. Na maioria das populações estruturadas por idades, o valor reprodutivo ao nascer é muito

Quadro 5F

Valor reprodutivo

Primeiramente, devemos considerar que o valor reprodutivo pode ser estimado pela soma dos valores de R_0 sobre um intervalo mais curto – por exemplo, para um indivíduo de idade x, deve-se iniciar a soma em x ao invés de 1. Porém, isso não nos forneceria a informação de que necessitamos. A soma da reprodução média da idade x sempre dará um número menor do que a soma de todo o ciclo de vida – essa soma informa somente o número de descendentes que um indivíduo poderá ter ao chegar à idade x, ao invés do número esperado por toda a sua vida. Além disso, a soma por períodos mais curtos não considera o fato de que a população terá mudado seu tamanho no momento em que um recém-nascido alcança a idade x. Sua reprodução futura terá um efeito diferente sobre a população, em comparação com a reprodução atual, porque um recém-nascido que inicia seu ciclo de vida em algum momento no futuro fará parte de uma população maior (ou menor). Por isso, o cálculo do efeito dos indivíduos de idade x sobre o crescimento populacional futuro exige levar em consideração a chance de sobrevivência até idade x, assim como a mudança no tamanho populacional nesse intervalo.

Isso nos leva a uma segunda e mais precisa definição verbal do valor reprodutivo (VR):

$$\text{VR} = \frac{\text{proporção dos nascimentos futuros na população pelos indivíduos que estão, neste momento, com a idade } x}{\text{proporção da população, no mesmo momento, com indivíduos de idade } x}$$

O numerador e o denominador dessa expressão estão relacionados a R_0, mas eles também levam em consideração a taxa na qual a população está crescendo. Para observar como isso funciona, considere uma população com n indivíduos, crescendo a uma taxa λ. Um descendente único nascido de uma planta de idade x constitui agora $1/n$ da população. Um outro descendente único nascido no próximo intervalo de tempo constituirá $1/(\lambda n)$ da população, um nascido em dois intervalos de tempo depois constituirá $1/(\lambda^2 n)$ da população, e assim por diante. Numa população em crescimento, o último descendente gerado contribuirá em menor peso para a próxima geração do que os nascidos antes. O contrário é verdadeiro para uma população em declínio.

Portanto, para calcular o numerador na equação anterior – a proporção dos nascimentos futuros na população em relação aos indivíduos atualmente com a idade x – precisamos somar a reprodução futura esperada em cada classe de idade correspondente (de x até a morte), assim como no cálculo de R_0, só que necessitamos dividir cada elemento $l_i F_i$ por λ^i:

$$\text{numerador} = \sum_{i=x}^{\infty} \frac{l_i F_i}{\lambda^i}$$

O denominador desta equação – a proporção da população atual com indivíduos na idade x – pode ser encontrado utilizando-se um raciocínio semelhante. Indivíduos com idade x no presente foram primeiro registrados com uma idade x-1 anteriormente, e l_x da coorte original ainda estava viva naquele momento. Uma vez que a população tem crescido por um fator de λ^{x-1} desde então, temos:

$$\text{denominador} = \frac{l_x}{\lambda^{x-1}}$$

Reunindo o numerador e o denominador, a expressão geral para o valor reprodutivo (a contribuição esperada de um indivíduo de idade x para o crescimento populacional futuro) é

$$v_x = \frac{\lambda^{x-1}}{l_x} \sum_{i=x}^{\infty} \frac{l_i F_i}{\lambda^i}$$

(Goodman, 1982). Assim, toda a informação necessária para calcular o valor reprodutivo estará contida em uma matriz de transição ou em um diagrama do ciclo de vida.

Essas ideias se aplicam a populações estruturadas por classes de desenvolvimento. Podemos pensar no valor reprodutivo de uma árvore que possui 5m de altura, ou em uma semente dormente que está no solo. Porém, esse raciocínio deverá sugerir um problema: em um modelo estruturado por estágios de desenvolvimento é difícil calcular o numerador da primeira equação apresentada nesse quadro. Por exemplo, nossa árvore de 5m pode crescer continuamente, permanecer com essa altura por anos ou até encolher em algum momento.

Para contornar esse problema, existe uma maneira alternativa de calcular o valor reprodutivo. Para cada idade ou estágio, ele pode ser calculado como o **autovetor esquerdo** dominante do modelo matricial. Um autovetor esquerdo **y** de uma matriz **A** é definido como **yA**=λ**y**. Essa definição é paralela àquela para o autovetor (direito) que utilizamos anteriormente para discutir a distribuição estável de estágios (quando se referem a um autovetor de uma matriz sem qualquer denominação adicional, os pesquisadores geralmente pensam no autovetor direito).

baixo (porque a reprodução só ocorrerá em idades mais avançadas, e muitos recém-nascidos nunca chegarão à maturidade). Ele alcança o seu máximo próximo à idade da maturidade sexual e, após, decresce. Em populações estruturadas por classes de desenvolvimento, em que os indivíduos podem permanecer no último estágio por muito tempo – como em muitas populações vegetais perenes – não ocorre esse decréscimo.

Os dados sobre *C. robbinsorum* demonstram isso claramente. Os valores reprodutivos de cada estágio e em cada local de estudo são apresentados na Tabela 5.1. No local A, uma planta que se torna adulta contribui aproximadamente 19 vezes ou mais, em média, à próxima geração, assim como os juvenis pequenos o farão, mas apenas ligeiramente mais que, em média, contribuem os juvenis grandes. Nos três locais, o valor reprodutivo de um adulto é muito maior do que o de um juvenil pequeno, mas somente um pouco maior que o de um juvenil grande. Isso acontece porque poucos são os juvenis pequenos que sobrevivem até a reprodução, o que não acontece com a maioria dos juvenis grandes. O valor reprodutivo não decresce nos últimos estágios porque os adultos podem sobreviver por períodos indefinidos, conforme o esperado em populações vegetais estruturadas por estágios de desenvolvimento em que não há senescência. Essa informação é necessária para um gestor que quiser introduzir plantas para aumentar a população. Por exemplo, se transplantar um viveiro de plantas fosse prático, os dados sugerem que a introdução de juvenis grandes seria mais efetiva do que introduzir adultos, possibilitando menor custo, tempo e esforço no crescimento das plantas.

TABELA 5.1 Valor reprodutivo (v_x) para classes de desenvolvimento em *Coryphantha robbinsorum* em três locais distintos

Local	Juvenis pequenos	Juvenis grandes	Adultos
A	1	17,82	19,26
B	1	39,72	45,22
C	1	2,06	3,44

Nota: Estes valores reprodutivos foram calculados com base nos autovetores esquerdos dominantes das matrizes de transição no Quadro 5D, padronizados de modo que os pequenos juvenis tenham $v_1=1$.

Sensibilidade e elasticidade

Como o parâmetro λ se modifica à medida que mudam os elementos dos modelos matriciais? Temos já todas as informações de que precisamos para responder a essa pergunta, a partir dos autovetores de **A** e do valor reprodutivo de cada estágio. No Quadro 5G, mostramos como utilizar essa informação para calcular a sensibilidade de λ a mudanças em cada elemento da matriz.

Na Tabela 5.2, são apresentadas as sensibilidades de λ a mudanças nos elementos da matriz, nas três populações de *C. robbinsorum*. O elemento na linha *i* e coluna *j* representa a taxa na qual λ se modifica à medida que um elemento da matriz de transição **A** muda, com todos os outros elementos permanecendo constantes.

Quadro 5G

Como as mudanças nas probabilidades de transição afetam a taxa de crescimento populacional?

Denomina-se a_{ij} o elemento da matriz que está situado na linha *i* e coluna *j*. A sensibilidade de λ a mudanças em a_{ij} é:

$$\frac{\partial \lambda}{\partial a_{ij}} = \frac{v_i x_j}{\sum_{k=1}^{N} x_k v_k}$$

onde os *x*'s são os elementos do autovetor dominante (de modo que x_j é o elemento *j* do autovetor dominante), os *v*'s são os valores reprodutivos (de modo que v_i é o valor reprodutivo do estágio *i*) e simboliza uma derivada parcial. Em outras palavras, uma mudança pequena em a_{ij} (a taxa na qual os indivíduos do estágio *j* geram indivíduos do estágio *i*) causa uma mudança na taxa de crescimento de longo prazo. A magnitude dessa mudança é proporcional à importância relativa do estágio *j* na distribuição estável (x_j), multiplicado pelo valor reprodutivo (v_i) dos indivíduos do estágio *i*.

Se você esqueceu (ou não sabe) o que significa uma derivada parcial, pense nela como sendo uma simples derivada (ou seja, a taxa de mudança de um parâmetro sobre um curto período de tempo), mas na qual mantemos constantes todas as outras variáveis. Por exemplo, se $f = ax + by^2 + cxy$, então

$$\frac{\partial f}{\partial x} = a + cy$$

Em outras palavras, *f* modifica-se em função de *x* por meio de *a* (porque *a* multiplica *x* no primeiro termo da soma) mais *cy* (porque *cy* multiplica *x* no terceiro termo; estando momentaneamente *y* como valor constante). Utilizando essa lógica, conclui-se que a derivada parcial de *f* com respeito a *y* é

$$\frac{\partial f}{\partial y} = 2by + cx$$

A elasticidade (sensibilidade proporcional) de λ, com respeito às mudanças no elemento *ij* da matriz é

$$e_{ij} = \frac{\partial \ln(\lambda)}{\partial \ln(a_{ij})} = \frac{a_{ij}}{\lambda}\frac{\partial \lambda}{\partial a_{ij}}$$

(Caswell 2001). Em outras palavras, as elasticidades correspondem às sensibilidades vezes a_{ij}/λ. Portanto, quando um elemento da matriz é zero, sua elasticidade também será zero.

TABELA 5.2 Sensibilidades de taxas de crescimento de longo prazo (λ) às mudanças nas matrizes, para populações de *Coryphantha robbinsorum*

Local		Sensibilidades		
		Juvenis pequenos	Juvenis grandes	Adultos
A	*Juvenis pequenos*	0,0695	0,0085	0,0404
	Juvenis grandes	1,2391	0,1521	0,7203
	Adultos	1,3390	0,1643	0,7784
B	*Juvenis pequenos*	0,0230	0,0011	0,0206
	Juvenis grandes	0,9120	0,0435	0,8200
	Adultos	1,0383	0,0495	0,9336
C	*Juvenis pequenos*	0,1526	0,0999	0,1866
	Juvenis grandes	0,3138	0,2054	0,3837
	Adultos	0,5251	0,3437	0,6420

Nota: As sensibilidades e λ foram calculadas a partir das matrizes de transição do Quadro 5D. Cada registro mostra a mudança em λ resultante de uma mudança no elemento correspondente da matriz, enquanto outros elementos foram mantidos constantes. Por exemplo, no local A, uma unidade que aumenta em P_{11} aumentará λ a uma taxa de 0,0695.

As sensibilidades nos locais A e B são muito similares. Em ambos os casos, seria esperada a mudança maior em λ, se houvesse aumentos nas chances de sobrevivência das plantas juvenis pequenas, em comparação às demais classes de desenvolvimento. Por outro lado, o aumento na fertilidade – a taxa na qual as plantas adultas geram novos juvenis pequenos – teria pouco efeito em λ em ambas as populações. O local C (onde a população está em nítido crescimento) é um pouco diferente: o aumento em qualquer dos termos teria um efeito marcado em λ, embora os maiores efeitos seriam ainda alcançados pela sobrevivência crescente e não pela fertilidade.

Existe um problema potencial com as sensibilidades: elas comparam parâmetros que são medidos muitas vezes em escalas muito diferentes. Por exemplo, os termos da sobrevivência em um modelo matricial devem variar de 0 a 1, mas os termos da fertilidade podem às vezes apresentar algumas ordens de magnitude maiores. De forma similar, a sobrevivência para as plantas pequenas é frequentemente muito menor do que para os indivíduos maiores. Quando isso ocorre, um aumento pequeno de cerca de 0,01 representa uma *mudança proporcional* muito maior nos menores escores do que nos maiores. Um problema relacionado a sensibilidades é que os elementos na matriz podem apresentar valores "zero" por alguma razão biológica ou mesmo por definição. No exemplo de *C. robbinsorum*, é impossível os juvenis se reproduzirem (por definição) – mas a análise da sensibilidade ainda nos informa que λ poderia ser aumentada, se os valores fossem aumentados. Para tratar desses assuntos, podemos examinar a elasticidade, a mudança proporcional em λ causada por mudanças proporcionais em um elemento da matriz (ver Quadro 5G).

A Figura 5.10 apresenta o caráter da elasticidade para os dados de *C. robbinsorum*. Nos locais A e B os maiores efeitos proporcionais sobre λ seriam alcançados por meio do aumento da sobrevivência dos adultos. Todas as outras mudanças teriam efeitos muito pequenos sobre λ. No local C, λ seria ainda mais afetada pelo aumento na sobrevivência dos adultos. O aumento dos outros termos teria efeitos menores sobre λ, mas talvez não desprezíveis. Em todo o caso, parece claro que, nos três locais, um plano efetivo para conservar as populações deveria enfatizar a proteção das plantas já estabelecidas – especialmente as adultas – ao invés de aumentar sua fertilidade. Esse resultado é comum para espécies que apresentam fases longas de vida adulta.

As elasticidades possuem uma propriedade adicional que as torna úteis: todas as elasticidades de uma matriz somam 1. Consequentemente, elas podem ser interpretadas como a contribuição relativa de um dos elementos da matriz à λ (onde todos os outros elementos permanecem constantes). Isso significa que se pode comparar diretamente as elasticidades de diferentes matrizes com base em um mesmo diagrama de ciclo de vida. Por exemplo, no caso de *C. robbinsorum* no local C, a sobrevivência dos adultos foi a responsável por cerca de 55% de λ. Por outro lado, nos locais onde as populações estão reduzidas ou se repondo, a sobrevivência dos adultos contribui mais para a taxa de crescimento da população – 76% no local A e 92% no local B.

Respostas a experimentos com tabelas de vida

Muitas vezes, os ecólogos estão interessados em responder como as diferenças ambientais contribuem para alterar λ. Por exemplo, queremos conhecer não apenas como λ varia entre porções de florestas contínuas e fragmentadas, mas também quais os componentes produzem essa variação. Se possuirmos um conjunto de matrizes advindas de locais diferentes, podemos utilizar as **respostas a experimentos por meio das tabelas de vida** (LTRE, *life table response experiments*), um método desenvolvido por Hal Caswell (2001) para responder a esse tipo de questão.

Por exemplo, Emilio Bruna e Madan Oli (2005) estudaram *Heliconia acuminate* (Heliconiaceae), uma herbácea ocorrente na Floresta Amazônia próximo a Manaus (Brasil), como parte de um estudo mais amplo sobre as consequências da fragmentação da floresta pluvial tropical (Projeto Dinâmica Biológica de Fragmentos Florestais; Figura 16.13). Eles constataram que, em média, na floresta contínua, λ possuía um valor de 1,05, enquanto nos fragmentos de 10 a 1 ha, λ estava próximo a 1. Contudo, utilizando o método LTRE, verificaram que mecanismos diferentes causavam as reduções na taxa de crescimento populacional nos fragmentos de tamanhos diversos: nos de 10 ha, a redução foi causada pela diminuição na reprodução, enquanto nos de 1 ha as mudanças nas taxas de crescimento individual das plantas contribuíram para a redução na taxa de crescimento populacional. Em outro estudo,

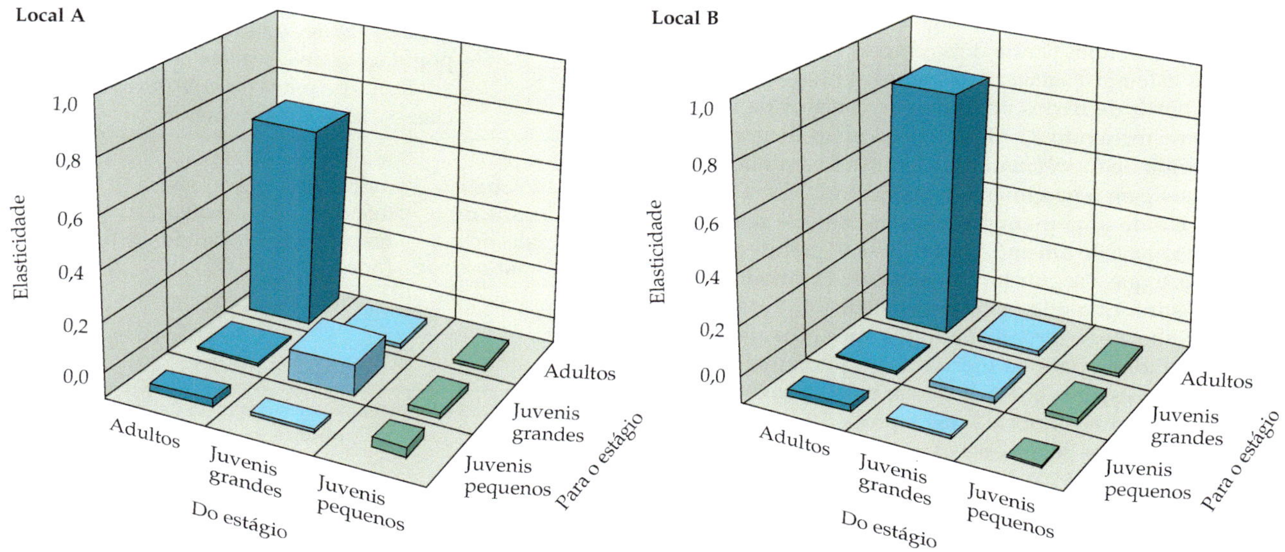

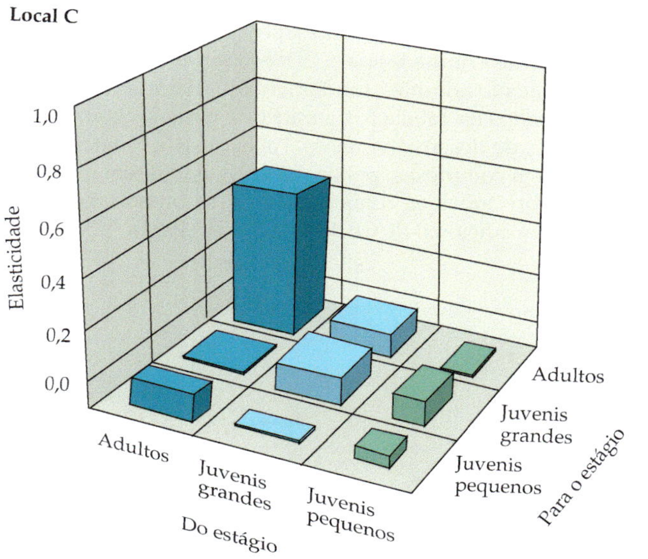

Figura 5.10 Elasticidades para três populações de *Coryphantha robbinsorum*, uma espécie de cacto ameaçada de extinção. Cada barra fornece a elasticidade para uma transição particular, correspondentes às matrizes apresentadas no Quadro 5D. Os valores descrevem a mudança proporcional na taxa de crescimento de longo prazo (λ), resultante de uma mudança proporcional em cada elemento da matriz, mantendo constantes todos os outros elementos da matriz. Eles somam 1 para qualquer análise realizada e podem, por isso, ser considerados como a descrição da importância proporcional de cada elemento para λ. Por exemplo, no local A, a sobrevivência dos adultos x os adultos (P_{33}) responde por 76% de λ e no local B responde por 92%. No local C, onde se espera que a população cresça rapidamente (λ = 1,12), a sobrevivência dos adultos x adultos responde por somente 55% para o valor de λ.

Ingrid Parker (2000) pesquisou o arbusto invasor *Cytisus scoparius* (giesta escocesa, Fabaceae) em vários locais perto de Seattle (EUA). Todas as populações apresentavam λ maior que 1, mas aquelas localizadas nos parques urbanos cresciam muito mais lentamente do que as localizadas em pradarias. Utilizando o método LTRE, a autora descobriu que a causa principal de diferença foi a maior chance de estabelecimento das plântulas no hábitat de pradaria.

Idade e estágio de desenvolvimento, uma revisão

Como mencionado anteriormente, a idade por si só é em geral um preditor pouco eficiente da demografia de populações vegetais, o que não significa que não seja importante. Contudo, exceto para aqueles casos em que sabemos que a idade exerce um papel direto e importante na demografia vegetal, tem sido difícil relacionar estágio de desenvolvimento à idade. Não obstante, às vezes é importante tentar relacioná-los. Por exemplo, ao propor ações de manejo para uma população ameaçada, há diversas perguntas importantes a serem respondidas: quanto tempo leva uma semente, em média, para alcançar a maturidade sexual? Qual a idade média de um indivíduo em um estágio particular de desenvolvimento? Qual é a chance de sobrevivência de um indivíduo viver *x* anos? Qual é a taxa reprodutiva líquida da população? Quanto tempo a população levará para se repor totalmente?

Até recentemente, essas perguntas em geral não seriam respondidas. Em um estudo pioneiro, Margaret Cochran e Stephen Ellner (1992) descobriram que tais questões têm respostas que são, ao menos em princípio, simples. Um modelo matricial com base em estágios de desenvolvimento inclui implicitamente informação a respeito da idade, porque prevê as transições entre estes estágios em um intervalo de tempo. Consideremos o exemplo de *C. robbinsorum*: um juvenil pequeno tem uma chance P_{11} de sobreviver até o próximo ano como um juvenil de mesmo estágio, e uma chance P_{21} de crescer até se tornar um juvenil do estágio grande, sobrevivendo até o próximo ano. Assim, sua chance de estar vivo para o próximo ano é simplesmente a soma de $P_{11} + P_{21}$.

Ao generalizar essa abordagem – somando todos os possíveis "caminhos" entre dois estágios – resulta que poderemos calcular *qualquer* parâmetro fundamentado na idade a partir de dados advindos de estágios de desenvolvimento incluindo R_0. Mesmo no simples diagrama do ciclo de vida de *C. robbinsorum*, há muitos caminhos possíveis que ligam o nascimento à maturidade. Uma dessas ligações é a de uma planta recém-nascida que se tornou juvenil pequena de um ano a outro, juvenil grande no próximo ano, e que a seguir tornou-se adulta. O modelo matricial nos informa que os recém-nascidos $P_{21}P_{32}$ seguem esse caminho até se tornarem adultos após dois anos. Outra possibilidade para os indivíduos é permanecer dois anos em cada estágio, antes de passar para a próxima fase; o modelo assim nos informa que a proporção $P_{11}P_{21}P_{22}P_{32}$ de recém-nascidos segue esse caminho até a maturidade. Cochran e Ellner (1992) desenvolveram métodos para somar todas as possíveis situações e, desse modo, estimar a informação quanto à idade a partir do modelo de estágios de desenvolvimento.

A Figura 5.11 apresenta as curvas de **sobrevivência** estimadas (probabilidade de sobrevivência do nascimento até uma idade determinada) para *C. robbinsorum*. Essas curvas e outros cálculos simples, fundamentados nas idades, estão demonstrados na Tabela 5.3, a partir de modelos com base nas classes de desenvolvimento. As expressões matemáticas parecem complexas, pois os cálculos envolvem muitas somas sobre todas as rotas possíveis, recomendando-se uma leitura adicional de Cochran e Ellner (1992).

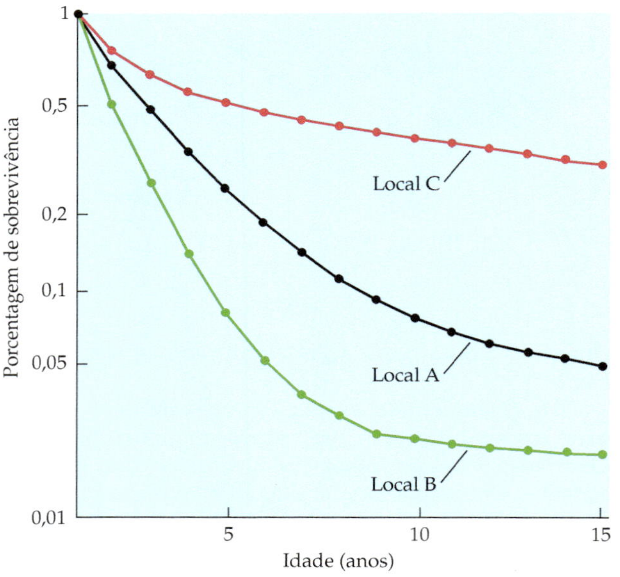

Figura 5.11 Curvas de sobrevivência de populações de *Coryphantha robbinsorum*, em três locais, que foram estimadas utilizando os modelos desenvolvidos por Margaret Cochran e Stephen Ellner (1992) para analisar os modelos matriciais apresentados no Quadro 5D. A sobrevivência é muito maior no local C, em comparação com os outros dois locais, em função da sobrevivência de 76% dos juvenis pequenos ($P_{11} + P_{21} = 0{,}76$), enquanto esses valores são 69% e 50% para os locais A e B, respectivamente.

TABELA 5.3 Alguns valores da estrutura etária de populações de *Coryphantha robbinsorum*, advindos de matrizes estruturadas por classes de desenvolvimento

Local	Probabilidade de alcançar a maturidade	Idade média no início da maturidade (anos)	Taxa reprodutiva líquida (R_0)	Tempo de geração[a]
A	0,05	10,7	0,92	42
B	0,02	6,7	0,81	72
C	0,46	5,3	5,84	27

Nota: Estes valores foram calculados por meio das matrizes apresentadas no Quadro 5D, utilizando o método de Cochran e Ellner (1992).

[a] μ_1, idade média na qual um grupo de recém-nascidos produzirá prole.

Essa abordagem também possibilita calcular a tabela de vida com base nas classes de desenvolvimento. Em populações estruturadas pela idade, a informação quanto à sobrevivência em uma matriz de transição é a mesma encontrada na tabela de vida. Porém, não é óbvio como se poderiam utilizar os dados de sobrevivência em uma matriz estruturada pelas classes de desenvolvimento, para prever uma quantidade tal como a fração de plantas recentemente germinadas que permanecerão vivas daqui a dez anos. Cochran e Ellner (1992), felizmente, forneceram fórmulas que possibilitam chegar a esses tipos de resultados.

Outras abordagens para modelar a demografia de plantas

O uso de matrizes pode ser muito mais sofisticado que os fundamentos ressaltados até aqui. Por exemplo, os modelos matriciais podem estar organizados de modo que incluam as informações sobre as aleatoriedades tanto ambiental quanto demográfica. Também podem ser abordadas questões de dependência de densidade. Isso exige cálculos matemáticos mais avançados dos que estão apresentados neste livro, utilizando-se também os autovalores e autovetores. Porém é importante saber que este método pode ser utilizado muito mais amplamente do que temos aqui discutido.

Um assunto que surge ocasionalmente é que as populações podem ser compostas de indivíduos que apresentam diferentes ciclos de vida. Por exemplo, a maioria dos indivíduos de *Argyroxiphium sandwicense* (Asteraceae, planta endêmica de Mauna Kea, conhecida popularmente como espada prateada; Figura 5.12) reproduz-se uma vez e morre (são semélparos; ver Capítulo 8). Porém, alguns indivíduos revertem o crescimento vegetativo após a floração ou florescem repetidamente (Powell, 1992). Um modelo matricial padronizado deveria demonstrar a probabilidade de floração repetida ao longo de toda a população, embora a maioria dos indivíduos nunca apresente essa característica. Uma abordagem para esse problema é tentar entender como cada tipo de ciclo de vida contribui para a taxa de

Figura 5.12 *Argyroxiphium sandwicense* (espada prateada, Asteraceae), presente no Havaí. Esta espécie é principalmente semélpara, reproduzindo-se somente uma vez em sua vida; contudo, raros indivíduos revertem o crescimento vegetativo após a floração, ou florescem repetidamente (fotografia cortesia de R. Robichaux).

crescimento populacional – método avançado denominado análise reversa (*loop analysis*) (van Groenendael et al., 1994). Por exemplo, Glenda Wardle (1998) comparou a importância dos ciclos de vida anuais *versus* bianuais (ver Capítulo 8) em *Campanula americana* (campânula, Campanulaceae) e mostrou que os indivíduos bianuais tinham um efeito muito maior sobre o crescimento populacional.

Há também situações nas quais os modelos matriciais não são a melhor escolha. Por exemplo, um modelo matricial pode ser enganoso se o arranjo espacial dos indivíduos demonstrar ser este um fator importante para a dinâmica populacional. Nesses casos, é adequado utilizar modelos que levem em conta a localização espacial para simular o nascimento, o crescimento e a mortalidade de indivíduos e suas interações com seus vizinhos. Entretanto, há um detalhe: para estimar com exatidão os parâmetros de tais modelos espacialmente explícitos fundamentados em indivíduos, são necessários muito mais dados do que aqueles utilizados em um modelo matricial. Uma série de modelos desenvolvidos por Stephen Pacala e colaboradores (Pacala e Silander, 1985; Pacala, 1986a,b, 1987) ilustra o poder dessa abordagem (os autores conseguiram prever com sucesso muitas características das dinâmicas das populações que eles estudaram) e algumas das dificuldades e limitações envolvidas (foram necessárias grandes quantidades de dados para estimar os parâmetros, além do auxílio de sofisticados *softwares* para a modelagem e análise do caráter de sensibilidade e elasticidade sobre as taxas de crescimento, com toda a dificuldade que envolve essas análises).

Concluindo, algumas populações vegetais estruturadas por classes de tamanho podem ser melhor modeladas com um método que trate o tamanho como variável contínua e não com abordagem matricial. Michael Easterling e colaboraddores (2000) sugeriram um método mais geral, análogo ao modelo matricial, mas que trata o tamanho como variável contínua. A matemática envolvida é um pouco mais complicada do que as abordagens matriciais, uma vez que utiliza cálculos integrais, mas esses podem ser estimados numericamente por computador. Os autores argumentaram que essa abordagem é mais natural do que a abordagem matricial e sugeriram que, como um bônus adicional, pode-se muitas vezes utilizar esse método com menos parâmetros do que os empregados em um modelo matricial. Um número crescente de estudos (Easterling e Ellner, 2000; Rees e Rose, 2002; Childs et al., 2003, 2004; Ellner e Ress, 2006) tem utilizado essa abordagem.

Estudos demográficos de espécies vegetais perenes

Uma pequena fração de espécies vegetais alcança idades avançadas. Alguns genetas do arbusto *Larrea tridentata* (creosoto, Zygophyllaceae), no Deserto de Mojave, foram estimados tendo cerca de 14.000 anos. Obviamente, é difícil estudar a demografia de populações em que alguns indivíduos vivem quase tanto quanto o tempo necessário para que a espécie humana tenha ocupado a América do Norte! Felizmente, a maioria das espécies vegetais não apresenta tais dificuldades extremas para estudos demográficos. Mais tipicamente, árvores e arbustos vivem por algumas décadas ou séculos. Porém, mesmo essas espécies são difíceis de estudar, uma vez que os pesquisadores estão ativos por somente algumas décadas.

Uma abordagem alternativa tem sido desenvolver modelos matriciais (ou similares) para espécies de vida longa com base em amostras da população. No estudo sobre *Trillium grandiflorum* (Figura 5.6), por exemplo, Tiffany Knight (2003, 2004) marcou indivíduos de cada classe e, após, os acompanhou, contando-os em momentos posteriores. Seria impossível seguir uma coorte inteira, uma vez que os indivíduos podem viver mais de 70 anos. William Platt e colaboradores (1988, 1993) estudaram populações do pinheiro-de-folha-longa (*Pinus palustris*) a partir da década de 1970. A variação anual nas condições ambientais – às vezes devida a grandes distúrbios, como furacões – tem se tornado um marco nesses estudos e parece desempenhar um papel importante na dinâmica dessas populações.

Existem poucos estudos, de longo prazo, de coortes de árvores marcadas. Robert Peet e Norman Christensen (1987) estudaram grandes parcelas de árvores estabelecidas no início do século XX, na reserva florestal da Universidade de Duke. É claro que tais estudos podem apresentar algumas fragilidades. As medições de sobrevivência são muitas vezes tomadas entre intervalos de tempo longos demais – como 10 anos ou múltiplos de 10. Sementes, plântulas e juvenis geralmente não são medidos. Por causa desses longos intervalos entre os censos, em geral subestimam-se as variações interanuais. Porém, mesmo com uma resolução não exata, as informações obtidas com tais estudos podem ser úteis.

Um método de estudar plantas de vida longa – utilizado em silvicultura e ecologia florestal – tem sido desenvolver tabelas de vida "estáticas". A ideia é utilizar a própria estrutura populacional atual como base para estimar a sobrevivência. Se há duas vezes mais indivíduos de um ano, por exemplo, em comparação a indivíduos de dois anos, isso indica que a probabilidade de sobrevivência entre essas idades é de 0,5. Porém, isso não é tão simples assim, e como consequência fazemos uma sugestão: nunca utilize tabelas de vida estáticas. O problema dessa abordagem é que ela tem três pressuposições cruciais: que a população possua uma distribuição estável de idades, que a matriz de transição permaneça constante por um período longo de tempo e que $\lambda = 1$. Consideremos o exemplo já dado: podemos concluir que, havendo duas vezes mais indivíduos de um ano em relação aos de dois anos, a probabilidade de sobrevivência de 0,5 é possível somente se as três pressuposições forem mantidas. Na realidade, a probabilidade de sobrevivência poderia ser muito menor que 0,5 se λ fosse muito maior; a recíproca também seria verdadeira.

Por exemplo, Joan Hett e Orie Loucks (1976) utilizaram uma tabela de vida estática para inferir as curvas de sobrevivência para várias populações de *Tsuga canadensis* (tsuga oriental, Pinaceae) e *Abies balsamea* (abeto balsâmico, Pinaceae), em Michigan. Primeiramente, eles mediram o tamanho das árvores e determinaram as idades de uma amostra de indivíduos por meio da contagem dos anéis anuais (nos adultos) ou das cicatrizes de gemas apicais (em plântulas e juvenis). Após, utilizaram a relação entre idade e tamanho para estimar a estrutura etária da população. Eles consideraram dois modelos para esses dados: um que assumia a mesma taxa de mortalidade para todas as idades, e outro que assumia taxas de mortalidade decrescentes com a idade. A Figura 5.13 mostra o ajuste desses modelos aos dados. Observando que os dados divergem sistematicamente das duas linhas de regressão, os pesquisadores, então, consideraram um modelo mais complexo no qual o padrão de mortalidade decrescente com a idade foi sobrepujado por uma função periódica. Esse modelo pareceu proporcionar o melhor ajuste (Figura 5.13D), e Hett e Loucks propuseram várias hipóteses que poderiam explicar essa oscilação aparente, incluindo ciclos populacionais e surtos periódicos de pragas.

Como o exemplo ilustra, tabelas de vida estáticas exigem fortes pressuposições que geralmente não podem ser justificadas. Essas pressuposições assumem que as taxas vitais são constantes, fato incomum para períodos longos. Muitos indivíduos no estudo da *T. canadensis*, por exemplo, viveram parte na última Idade do Gelo – um período de atividade solar baixa, temperaturas baixas e avanço de geleiras entre 1500 e 1850, interrompido por interlúdios re-

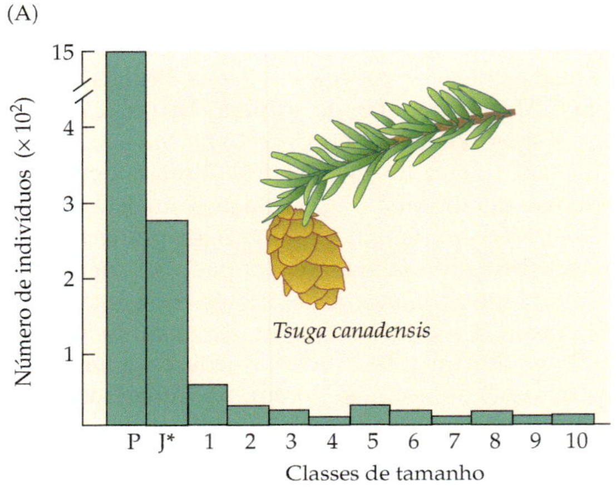

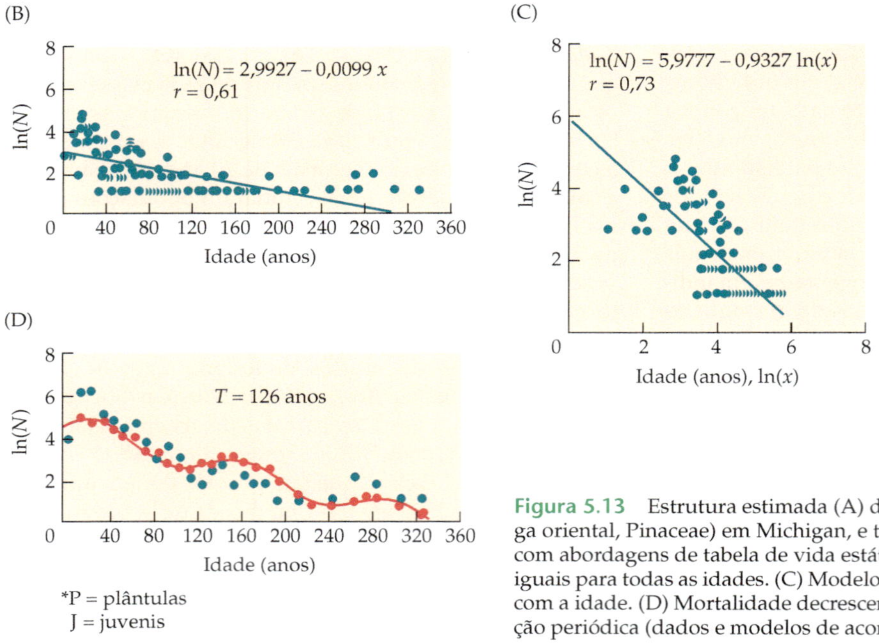

Figura 5.13 Estrutura estimada (A) de uma população de *Tsuga canadensis* (tsuga oriental, Pinaceae) em Michigan, e três modelos que tentam explicar os dados com abordagens de tabela de vida estática. (B) Modelo com taxas de mortalidade iguais para todas as idades. (C) Modelo que assume uma mortalidade decrescente com a idade. (D) Mortalidade decrescente com a idade sobrepujada por uma função periódica (dados e modelos de acordo com Hett e Loucks, 1976).

Jonathan Silvertown

lativamente quentes de 1540 a 1590 e de 1770 a 1800. Porém, essas críticas não serviriam igualmente para os outros modelos matriciais? A principal utilidade das matrizes é estudar as condições atuais da população e responder o que aconteceria se as condições permanecessem constantes. Por outro lado, a tabela de vida estática responde quais as condições constantes que poderiam gerar a estrutura populacional atual. Como Jonathan Silvertown (1982) ressaltou, muitos modelos completamente diferentes, com condições constantes ou não, podem ser de igual forma bem ajustados aos dados. As consequências das condições constantes podem ser calculadas, mas não existe uma resposta única para as questões levantadas pelas abordagens da tabela de vida estática.

Isso não significa que nunca é possível inferir questões ecológicas a partir de uma estrutura populacional. Por exemplo, se for verificado que uma população consiste em classes etárias muito separadas (como ocorre em muitas árvores florestais e cactos), é razoável sugerir que raramente ocorrem possibilidades de recrutamento bem-sucedido de novos indivíduos. Se houver também uma tendência das plantas de uma determinada classe etária estarem localizadas perto umas das outras, é razoável inferir que o processo de criação de oportunidades de recrutamento está caracterizado espacialmente em manchas. Por exemplo, muitas árvores florestais ocorrem em estandes de idades próximas porque eventuais relâmpagos criam clareiras para o recrutamento. Eventos de fogo – inferidos pelo exame das cicatrizes encontradas nas árvores e pela datação do carvão encontrado no solo – têm sido utilizados para estudar a frequência e severidade dessas perturbações. Embora métodos como esses não forneçam estimativas para os elementos de uma matriz, eles produzem claras inferências se bem conduzidos.

Vários pesquisadores têm tido ideias sobre a demografia de plantas de vida longa por meio de maneiras criativas de obter retrospectivamente dados a respeito da sobrevivência. Por exemplo, Deborah Goldberg e Raymond Turner (1986) foram os primeiros a usar mapas de parcelas, estabelecidas por Forrest Shreve na década de 1930 para documentar a sobrevivência de várias espécies de cactos e arbustos de deserto. Talvez os estudos mais incomuns sejam aqueles em que Rodney Hastings e Raymond Turner (1965; Turner, 1990; Turner et al., 2003) utilizaram pontos de referência para confrontar fotografias antigas (algumas do Século XIX) com novas e identificaram indivíduos sobreviventes de árvores, arbustos e grandes cactos de deserto (Figura 5.14).

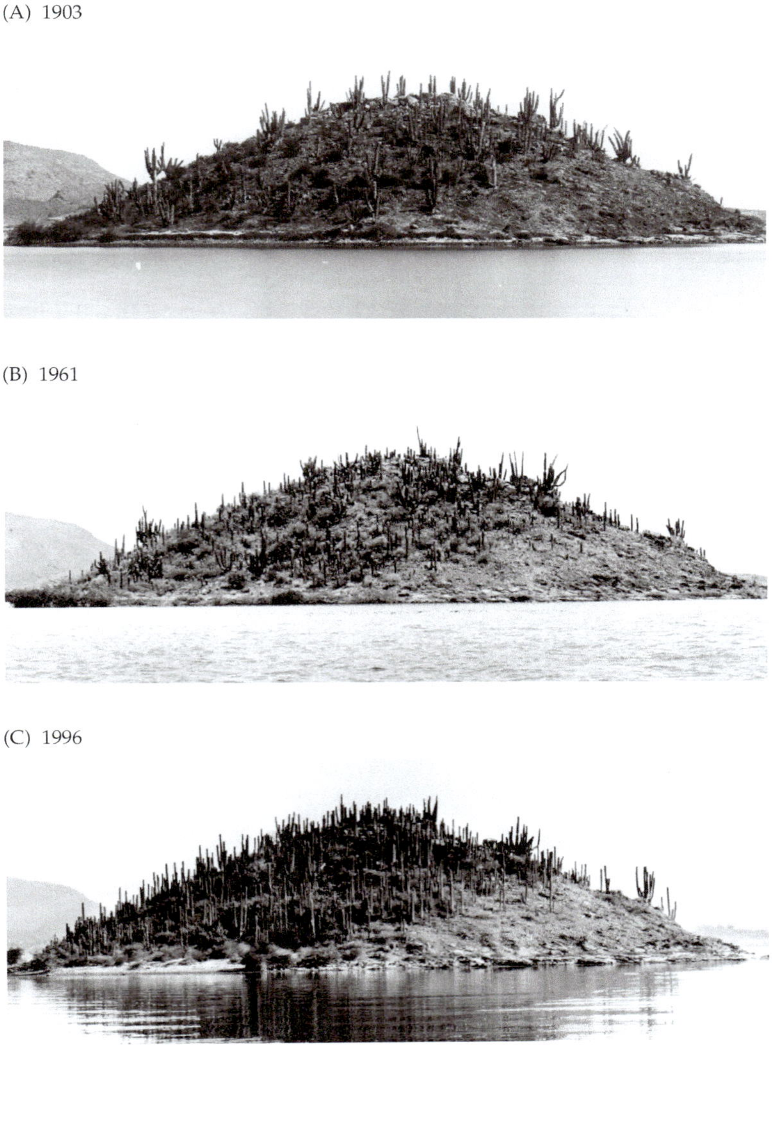

Figura 5.14 A comparação de fotografias antigas e novas proporcionou importantes ideias sobre a demografia de plantas perenes, bem como mudanças na vegetação em uma região árida. Empregada de modo pioneiro por Rodney Hastings e Raymond Turner (1965), a técnica exige pontos de referência para identificar os locais de fotografias antigas. Aqui, a sequência de fotografias mostra mudanças na população de *Pachycereus pringlei* (*cardón*, Cactaceae), na Ilha Melisas, Baia de Guaymas, Sonora, México. (A) Tirada em 1903, essa fotografia mostra uma população de indivíduos antigos e muito ramificados desse cacto. (B) Nessa fotografia, tirada em 1961, a maioria dos indivíduos velhos foi substituída por muito mais jovens, embora diversos indivíduos grandes ainda possam ser vistos na parte superior do local. (C) Nessa fotografia, de 1996, pode ser observado um estande denso do cacto (*cardón*); a maioria das plantas está muito maior do que em 1961. Três indivíduos grandes e velhos são ainda identificados na parte superior (fotografias cedidas por R. Turner).

Variações ao acaso no crescimento e declínio populacional

No mundo real, as taxas de crescimento populacionais variam por causa de fatores **estocásticos** (com variação ao acaso). Por exemplo, furacões e incêndios têm efeitos importantes nas taxas de crescimento de muitas populações de árvores florestais. Além disso, anos úmidos ocasionais podem ser cruciais para a persistência de algumas populações de plantas de deserto. Pelo acaso, é possível que populações pequenas de espécies ameaçadas sejam extintas: com todos os indivíduos tendo 50% de chance de sobrevivência, não seria surpreendente, em uma população suficientemente pequena, se todos morressem num dado momento.

Felizmente, muitas das ferramentas metodológicas descritas anteriormente podem ser modificadas para a utilização em um mundo variável. Primeiro, contudo, é importante deixar claro como a variação ao acaso afeta o crescimento populacional.

Causas da variação ao acaso

D. Lawrence Venable

O crescimento pode ser afetado pela variação ao acaso de duas maneiras. Primeiramente, no caso da **estocasticidade ambiental**, as taxas vitais podem variar como resultado de fatores ambientais que afetam todos os indivíduos em uma classe de desenvolvimento (ou mesmo toda a população) mais ou menos da mesma forma. Por exemplo, no deserto a variação de chuvas é muito alta. Em um estudo de cerca de 20 anos, no Deserto de Sonora, sobre plantas anuais de inverno (que germinam no outono e florescem na primavera), D. Lawrence Venable e Catherine Pake (1999) documentaram uma grande variação na **fertilidade realizada** (a chance de sobrevivência até a maturidade multiplicada pela fertilidade dos sobreviventes) de dez dessas espécies (Figura 5.15). Essa variação possibilita as flutuações nos tamanhos populacionais dessas espécies (Figura 5.16). É interessante observar que os anos com fertilidade realizada alta pareciam estar associados a eventos do El Niño (Figura 17.16).

Em segundo lugar, no caso da **estocasticidade demográfica**, a variação ao acaso nos destinos dos indivíduos (enquanto todos possuem as mesmas taxas vitais) reduz a taxa média de crescimento de longo prazo da população. Por exemplo, considere uma população de $n = 8$ plantas, com uma probabilidade de sobrevivência até o próximo ano de $p = 0,25$. Há chance de que a população no próximo ano não seja exatamente de 2, o produto de p e n, porque há o componente do acaso

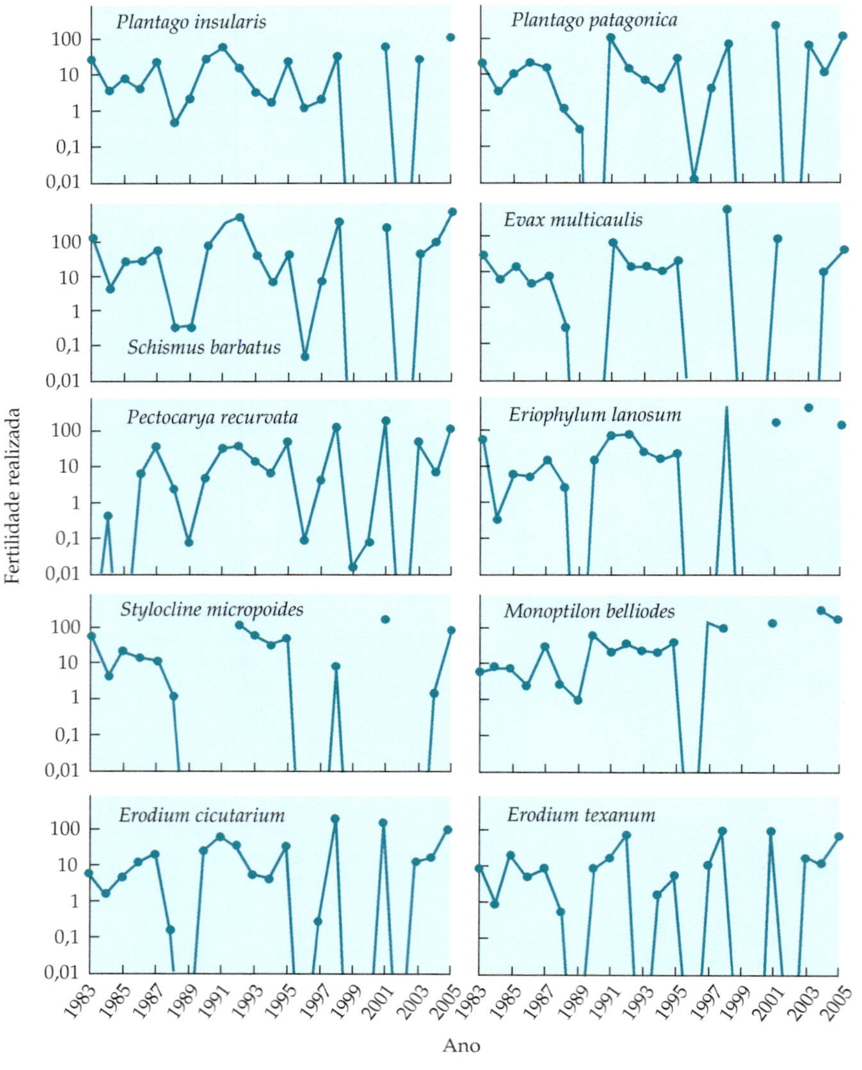

Figura 5.15 Efeito da estocasticidade ambiental sobre a fertilidade realizada de plantas anuais de inverno no deserto de Sonora. A fertilidade realizada consiste na chance de sobrevivência desde a emergência até a maturidade multiplicada pela fertilidade média dos sobreviventes. O aumento das precipitações pluviométricas devido ao fenômeno El Niño ocorreu em 1983, 1987, 1991, 1992, 1998 e 2001– anos de fertilidade realizada alta para a maioria das espécies. Com exceção de *Erodium cicutarium* e *Schismus barbatus*, todas as espécies são nativas na área de estudo (segundo Venable e Pake 1999; dados adicionais foram cedidos por D. L. Venable).

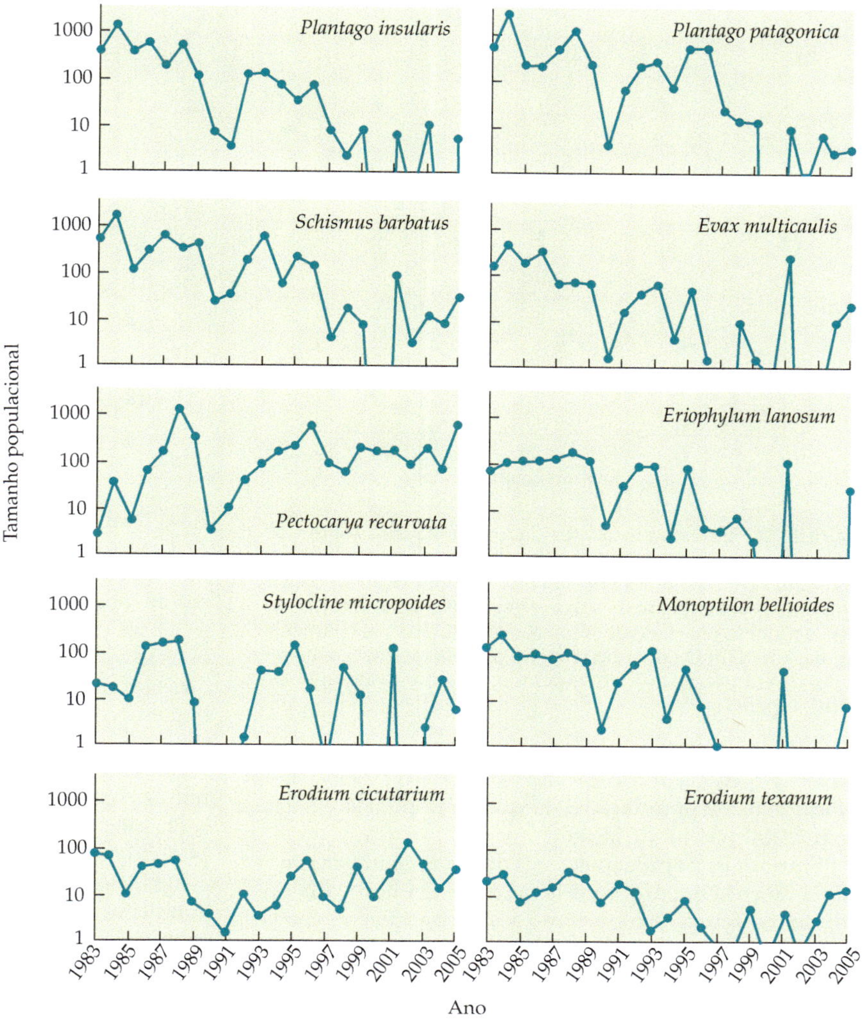

Figura 5.16 Flutuações no tamanho populacional de dez espécies anuais de inverno ocorrentes no Deserto de Sonora (segundo Venable e Pake, 1999; dados adicionais cedidos por D. L. Venable).

na sobrevivência (para ideias futuras, ver a discussão da deriva genética, com a qual a estocasticidade demográfica compartilha muitas propriedades, no Capítulo 6).

Algumas características importantes da estocasticidade demográfica são mostradas na Figura 5.17. Na Figura 5.17A é apresentado o número observado de sobreviventes em uma população hipotética, dada uma probabilidade de sobrevivência 0,25. Pode-se observar que existem mais valores extremamente baixos do que valores extremamente altos. Há uma razão para isso: mesmo em uma população de 1.000 indivíduos, é possível que, por chance, nenhuma planta sobreviva, mas nunca é possível que mais de 1.000 sobrevivam. Na Figura 5.17B é apresentado o desvio relativo das simulações em relação ao número esperado de sobreviventes. O desvio tende a ser maior em populações pequenas.

Ambas as formas de estocasticidade ocorrem em todas as populações. A estocasticidade ambiental pode ter efeitos substanciais em populações de qualquer tamanho. Como os exemplos anteriores sugerem, a estocasticidade demográfica é importante principalmente em populações pequenas.

Taxas de crescimento de longo prazo

O efeito mais importante da estocasticidade é reduzir a taxa média de crescimento de longo prazo de uma população. Imagine uma população de plantas anuais (sem um banco de sementes) que cresce a uma taxa de $\lambda_g = 1{,}01$, em anos favoráveis, e a uma taxa de $\lambda_b = 0{,}99$, em anos adversos. Para simplificar, imagine que anos favoráveis e adversos se alternem. Você pode se surpreender ao perceber que essa população está se extinguindo lentamente! Como isso é possível, quando a taxa média de crescimento é igual a 1? Isso ocorre porque a taxa de crescimento de longo prazo não representa uma média aritmética simples, mas é igual à raiz quadrada de 1,01 x 0,99, a qual é menor que 1. Por quê? O crescimento populacional é um processo multiplicativo: as sementes produzidas em anos favoráveis germinam nos anos adversos e vice-versa. A raiz quadrada nos fornece a média correta ao longo do tempo.

Dada uma taxa média de crescimento populacional, a variação dessa taxa entre os anos reduz a taxa de crescimento populacional de longo prazo. Considere um grupo de populações não-estruturadas – como as de plantas anuais sem bancos de sementes – com os possíveis valores de λ dados na segunda coluna da Tabela 5.4, assumindo que esses valores ocorrem com probabilidade igual. Para

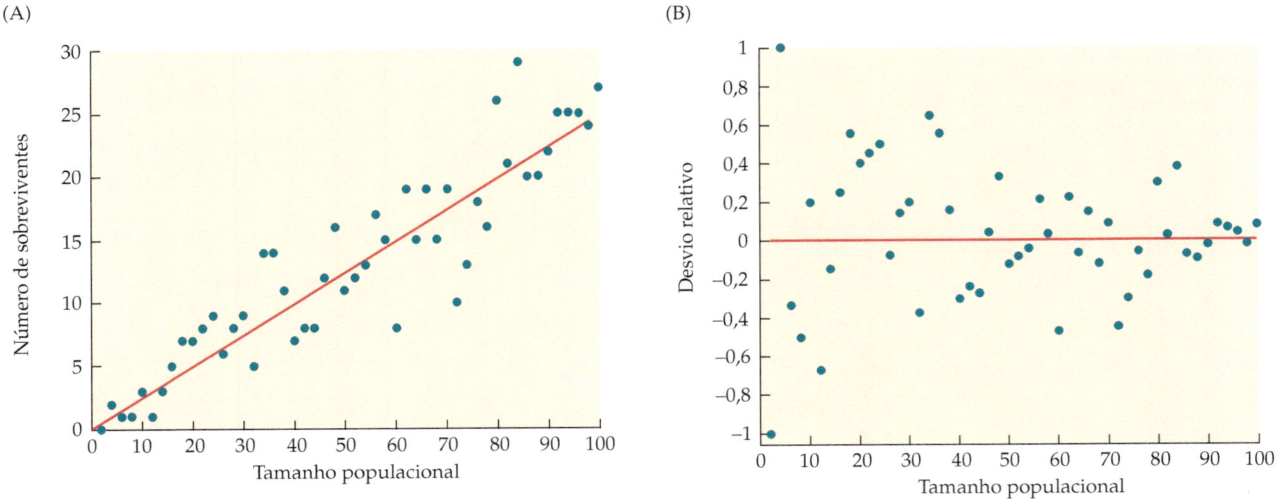

Figura 5.17 Efeito da estocasticidade demográfica sobre a sobrevivência. (A) Cada ponto significa o número observado de sobreviventes em uma única amostra de uma população hipotética, dada uma probabilidade de sobrevivência de 0,25. A linha representa o número esperado de sobreviventes: 0,25 vezes o tamanho populacional. (B) O tamanho relativo, para as mesmas amostras, do desvio em relação ao valor esperado: (*N* sobreviventes – esperados)/esperados.

as populações 1 a 3, o valor médio de λ é o mesmo, mas λ varia mais na população 3 do que na população 2, e na população 1 não há variação.

Embora as populações 1 a 3 possuam a mesma taxa média de crescimento, suas taxas de crescimento de longo prazo diferem. No próximo ano, a população 1, cuja taxa de crescimento não variou, será 1,03 vezes o seu tamanho atual, e em oito anos será $1,03^8 = 1,267$ vezes o seu tamanho atual. Se os dois valores diferentes de λ para a população 2 ocorrerem com igual probabilidade, esta população crescerá com taxa diferente, tal como 1,05 x 1,01 x 1,01 x 1,01 x 1,05 x 1,01 x 1,05 x 1,05. Nesse exemplo, a população 2 estará aproximadamente 1,264 vezes maior em oito anos – um pouco menos do que a população 1.

A taxa de crescimento de longo prazo de uma população não-estruturada é estabelecida pela **média geométrica** dos valores de λ, simbolizada como *a* e seus valores apresentados na quinta coluna da Tabela 5.4. A média geométrica de *n* valores corresponde a *n* raiz do seu produto. Ela tem uma propriedade importante: é certo que ela nunca excede a média aritmética, e é igual a esta somente se os números *n* são os mesmos, ou seja, se a variância de λ é igual a zero (para uma discussão sobre variância, ver Apêndice). Assim, para uma determinada taxa média de crescimento λ, o aumento da variância de λ sempre reduz o crescimento populacional de longo prazo.

Essa discussão deve ser interpretada da seguinte maneira: o aumento da variância de λ sempre reduz *a*, mas isso é verdadeiro somente se a taxa de crescimento médio λ permanecer constante. A população 4 possui uma média aritmética de λ maior e uma variância mais ampla, apresentando assim uma taxa de crescimento de período longo maior do que as populações 1 a 3. Por outro lado, a população 5 apresenta uma variância ainda maior, e a taxa de crescimento do período de tempo longo é a menor das cinco populações.

Esses exemplos devem ajudar a convencê-lo de que as condições médias e sua variação são importantes na determinação das taxas de crescimento populacional por períodos longos. Existem poucos estudos sobre esse tipo de variação de longo prazo. Contudo, há muitos relatos sobre plantas em ambientes bastante variáveis (tais como plantas anuais de desertos) que geralmente exibem mortalidade alta e fertilidade baixa, mas em um "ano bom" ocasional produzem vastas quantidades de sementes. Portanto, uma população pode apresentar taxa de crescimento positiva, mesmo enquanto declina durante a maioria dos anos. Esse tipo de variação anual desempenha papel importante na coexistência de espécies dentro das comunidades (ver

TABELA 5.4 As relações entre taxas de crescimento populacional iniciais e de longo prazo em um ambiente variável. A taxa de crescimento de longo prazo depende das médias e variâncias das taxas iniciais. Em populações não-estruturadas, a taxa de longo prazo é a média geométrica das taxas iniciais

População	Valores de λ	Média aritmética	Variância	Média geométrica
1	1,03	1,03	0	1,03
2	1,01; 1,05	1,03	0,0008	1,0298
3	1; 1,01; 1,05; 1,06	1,03	0,0009	1,0297
4	1; 1,01; 1,05; 1,07	1,0325	0,0011	1,0321
5	0,9; 1,01; 1,05; 1,17	1,0325	0,0124	1,0280

Capítulo 10). Tanto a média quanto a variância da taxa de crescimento são também importantes nas histórias de vida das espécies vegetais; no Capítulo 8, discutiremos como algumas espécies vegetais podem balançar (*"trade off"*) a média e a variância de suas taxas de crescimento.

Essas ideias gerais valem igualmente para populações estruturadas pela idade ou pelo estágio de desenvolvimento. Contudo, o cálculo da taxa de crescimento de longo prazo de a é mais complexo em tais populações estruturadas. Uma vez que a multiplicação das matrizes não é comutativa, a não é uma simples média geométrica das taxas de crescimento anuais estimadas, de modo que ela em geral não pode ser calculada pelos valores de λ advindos das matrizes individuais. Métodos que estimam a são discutidos por Caswell (2001).

Estudo do crescimento populacional variável

Para estudar os efeitos da estocasticidade ambiental, é necessário possuir os mesmos tipos de dados utilizados para estimar as taxas médias de crescimento populacional, registradas por um número de anos suficiente para estimar as variâncias e covariâncias dos elementos da matriz. Com tais dados, podem ser realizadas em computador simulações do crescimento da população sujeito à variação aleatória. Existem muitos estudos que registram as variações nos elementos da matriz (p. ex., Horvitz e Schemske, 1990; Bierzychudek, 1982). Todavia, poucos são os que apresentam períodos suficientes para fornecer boas estimativas de variância, sendo mais raros ainda os que proporcionam estimativas de correlação entre os elementos da matriz.

Mesmo uma população com $a > 1$ pode às vezes ser extinta devido à variação ao acaso. A **probabilidade de extinção** de uma população consiste na fração de populações replicadas sobre a qual há expectativa de extinção. Esse valor é estimado por simulações computacionais. A Figura 5.18 mostra as probabilidades de extinção para várias espécies de *Calochortus* (lírio-tulipa, Liliaceae) na Califórnia (USA). Observe que as probabilidades de extinção crescem à medida que a estocasticidade ambiental aumenta, sendo este aumento mais rápido em populações com valores de λ menores.

Um número crescente de modelos demográficos tem examinado o crescimento populacional no contexto de

(A)

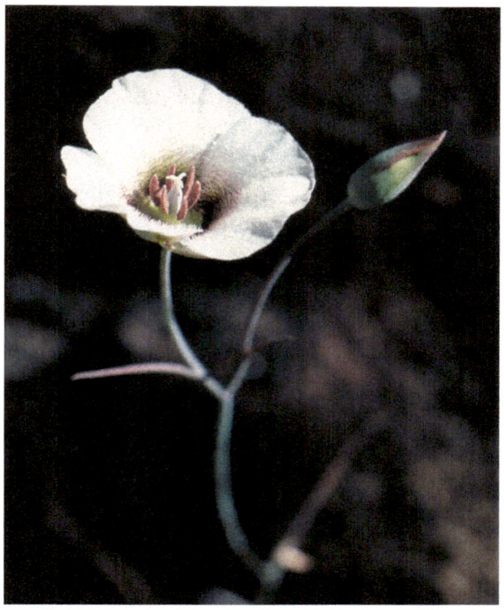

(B)

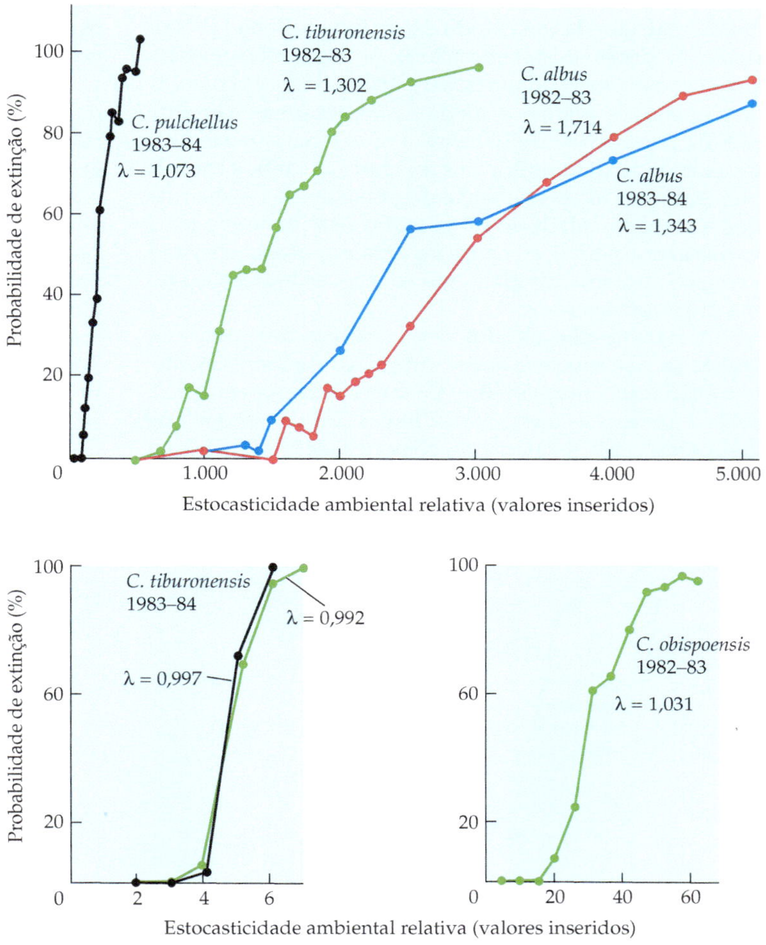

Figura 5.18 (A) *Calochortus howellii* (lírio-tulipa, Liliaceae) é endêmica do sudoeste do Estado do Oregon (EUA), especialmente em áreas com solo serpentina* (fotografia cedida por J. Sainz). (B) Probabilidades de extinção de várias populações de *Calochortus* spp. na Califórnia. A estocasticidade ambiental foi modelada levando-se em consideração 1% da variância/produção média de semente e 0,01% da variância/valores médios de outras taxas vitais, multiplicando, então, esses valores pelos números indicados nos eixos horizontais (segundo Menges, 1992).

* N. de T. Tipo de solo rico em magnésio e ferro.

perturbações, tal como o fogo. Por exemplo, Juan Silva e coautores (1990, 1991) estudaram *Andropogon semiberbis* (Poaceae), uma gramínea venezuelana de savanas que queimam quase todos os anos. Utilizando dados demográficos de parcelas submetidas a queimadas e de parcelas protegidas do fogo, os autores estimaram λ por multiplicação repetida das respectivas matrizes juntas. Eles estimaram *a* por meio de simulações estocásticas: para cada ano simulado, o programa computacional gerou um número ao acaso que determinou o uso da matriz para um ano com fogo e um ano sem fogo. Essas análises sugeriram que, se ocorre fogo em menos de 85% dos anos, a população será extinta. Eric Menges e Pedro Quintana-Ascencio (2004) utilizaram uma abordagem similar para encontrar uma frequência mínima de fogo para a manutenção de *Eryngium cuneifolium* (caraguatá de folha cuneiforme, Apiaceae) em comunidades de alecrim na Flórida.

Uma ideia intimamente relacionada à probabilidade de extinção é a de **população mínima viável** (**PMV**). A PMV é o tamanho mínimo necessário para que uma população tenha uma probabilidade *x* de sobreviver *N* anos. Tipicamente, a PMV é calculada com uma probabilidade de 95% e um período de 50 a 100 anos. As **medidas** de manejo para espécies ameaçadas exigem estimativas da PMV. Eric Menges (1992) estimou a PMV para a palmeira mexicana *Astrocaryum mexicanum* (*chocho*, Arecaceae) utilizando matrizes de um estudo extensivo de Daniel Piñero e colaboradores (1984; Figura 5.19). As populações sujeitas somente à estocasticidade demográfica poderiam começar com apenas 50 plantas e, ainda assim, ter uma chance de 95% de persistência de 100 anos. Populações sujeitas à estocasticidade demográfica necessitam tamanhos iniciais maiores para ter essa chance de persistência. À medida que a estocasticidade se torna maior (isto é, houve mais variação ano a ano), a chance de uma população chegar à extinção aumenta rapidamente com a diminuição do tamanho populacional.

A maioria dos estudos demográficos das plantas é realizada por apenas poucos anos e, consequentemente, tem enfocado valores médios de taxas de crescimento ($\bar{\lambda}$). Esses valores são úteis, mas é importante entender que $\bar{\lambda}$ superestima *a* (exatamente como a média aritmética é sempre maior do que a média geométrica, a menos que a variância seja zero). Hal Caswell (2001) estimou *a* para duas populações de *Arisaema triphyllum* (nabo selvagem, Araceae), estudadas por Paulette Bierzychudek (1982) no estado de Nova York. Nesse estudo, *a* e seu intervalo de confiança de 95% foram 1,2926 ± 0,0025 na população de Fall Creek e 0,8979 ± 0,0028 na população de Brooktondale. Cabe mencionar que essa é uma das poucas tentativas de estimar *a* em populações vegetais.

Resumo

Os estudos sobre mudanças em populações vegetais necessitam, inicialmente, definir o que é um indivíduo. Em plantas, diferentemente da maioria dos animais, genética e fisiologicamente os indivíduos são muitas vezes distintos, porque muitos indivíduos genéticos podem se reproduzir vegetativa e sexualmente. A definição "certa" de um indivíduo a ser estudado depende das perguntas a serem feitas.

As taxas reprodutivas e de sobrevivência em plantas geralmente dependem muito mais dos estágios de desenvolvimento (tamanho, estágio do ciclo de vida, *status* fisiológico) do que das idades. Uma parte importante dos estudos de populações vegetais é a identificação dos fatores que causam variação nas taxas de sobrevivência e reprodutiva. A maioria dos modelos populacionais utiliza os estágios de desenvolvimento para estudar as mudanças no tamanho populacional vegetal.

Os modelos matriciais são ferramentas úteis para estudar as mudanças no tamanho e na composição populacionais. Eles tornam esse estudo possível pela estimativa das taxas de crescimento e composição populacionais – uma maneira importante de examinar as consequências das condições demográficas atuais. O valor reprodutivo, que pode ser calculado a partir de uma matriz de transição, é apropriado na comparação da importância de diferentes classes de desenvolvimento para o crescimento populacional futuro. Agora é possível calcular valores fundamentados na estrutura etária (tal como a idade média da primeira reprodução) a partir de dados estruturados por classes de desenvolvimento.

As populações vegetais variam em suas taxas de crescimento. Uma das razões é a variação ao acaso no ambien-

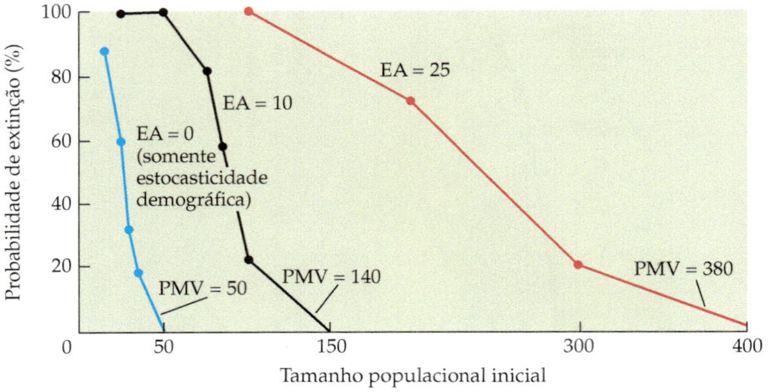

Figura 5.19 Resultados de uma simulação conduzida para estimar a população mínima viável (PMV) para uma população da palmeira mexicana *Astrocaryum mexicanum* (*chocho*, Arecaceae). A estocasticidade ambiental (EA) foi modelada utilizando-se os métodos descritos na Figura 5.18. A PMV é o menor valor dado ao tamanho populacional com probabilidade de extinção de 5% ou menos em 100 anos (segundo Menges, 1992).

te, que afeta todas as populações. A variação nas taxas de crescimento é também causada por eventos ao acaso envolvendo os indivíduos. Se os indivíduos têm uma chance de 50% de sobrevivência anual, é muito provável que a fração real de sobrevivência seja diferente desse valor. Esse tipo de variação ao acaso é muito importante em populações pequenas. As generalizações das abordagens de modelagens matriciais possibilitam estimar taxas de crescimento populacional por períodos longos, probabilidades de extinção e tamanho populacional mínimo viável.

Questões para estudo

1. Você está começando a estudar uma população de plantas quando se dá conta de que diferentes indivíduos ocorrem em condições ambientais diferentes. Sugira uma abordagem que ajude a decidir se estes indivíduos pertencem a uma só população ou a mais de uma.
2. Quais seriam algumas consequências de ignorar a estrutura populacional por ocasião da estimativa das taxas de sobrevivência e reprodutiva? E por ocasião do desenvolvimento de modelos demográficos?
3. Imagine que você está estudando uma espécie de árvore de vida longa e uma erva perene de vida curta. Em qual dos estágios dessas histórias de vida você espera ter as maiores elasticidades? Por quê?
4. Discuta as similaridades e diferenças entre um estudo demográfico que objetive a conservação de uma espécie rara e o que vise controlar uma espécie invasora.
5. Qual é a relação entre estudos demográficos e estudos de seleção natural?

Leituras adicionais

Referências clássicas

Harper, J. L. 1977. *Population Ecology of Plants.* Academic Press, London.

Hartshorn, G. S. 1975. A matrix model of tree population dynamics. In *Tropical Ecological Systems,* F. B. Golley and E. Medin (eds.), 41-51. Springer, New York.

Lefkovitch, L. P. 1965. The study of population growth in organisms grouped by stages. *Biometerics* 21:1-18.

Leslie, P. H. 1945. The use of matrices in certain population mathematics. *Biometrika* 33:183-212.

Fontes adicionais

Caswell, H. 2001. *Matrix Population Models.* 2nd ed. Sinauer Associates, Sunderland, MA.

Cochran, M. E. and S. Ellner. 1992. Simple methods for calculating age-based life history parameters for stage-structured populations. *Ecol. Monogr.* 62: 345-364.

Easterling, M. R., S. P. Ellner and P. M. Dixon. 2000. Size-specific sensitivity: Applying a new structured population model. *Ecology* 81: 694-708.

Ebert, T. A. 1999. *Plant and Animal Populations: Methods in Demography.* Academic Press, San Diego.

Tuljapurkar, S. and H. Caswell (eds.). 1997. Structured-Population Models in Marine, Terrestrial, and Freshwater Systems. Chapman & Hall, New York.

CAPÍTULO 6

Processos e Resultados Evolutivos

Na Parte I, à medida que exploramos as várias maneiras pelas quais as plantas interagem com o seu meio, tomamos contato com as características que permitem sua adaptação a diferentes ambientes. Muitas dessas características surgiram através do processo evolutivo por seleção natural. Por meio desse processo, apenas algumas consequências simples da biologia e das leis naturais resultaram na vasta diversidade da vida. Todas as espécies que formam as comunidades ecológicas surgiram por meio da evolução, e os processos ecológicos fornecem o contexto para ela. O ecólogo G. Evelyn Hutchinson enfatizou essa relação íntima em seu livro clássico, *The Ecological Theater and the Evolutionary Play* (1965)*. O entrelaçamento de evolução e ecologia é mais intenso no processo de seleção natural. Neste capítulo, resumimos os princípios e processos básicos de evolução e exploramos seus resultados.

Como sabemos que um atributo vegetal específico foi moldado pela seleção natural? Não é simples responder a essa pergunta. Há mais de um método para fazer isso e todos requerem a reunião de múltiplos tipos de informação. Historicamente, os ecólogos às vezes têm sido culpados ao admitirem que características dos organismos seriam ótimas e constituiriam sempre adaptações produzidas por seleção natural, sem documentar cuidadosamente se este seria, de fato, o caso. Tais pressuposições foram denominadas "panglossianas" por Stephen Jay Gould e Richard Lewontin (1979), em virtude da personagem do Dr. Pangloss no romance *Cândido*, de Voltaire. Na obra, o ingênuo Dr. Pangloss passa a vida declarando confiantemente a sua pressuposição que "tudo está para o melhor neste, o melhor dos mundos possíveis."

Algumas vezes os ecólogos construíram cenários para explicar quais processos podem ter levado a adaptações específicas e, depois, simplesmente aceitaram tais cenários sem comprovação. Por exemplo, algumas espécies vegetais produzem sementes com um tegumento pegajoso e mucilaginoso. Alguns ecólogos originalmente sustentaram que tal tegumento era uma adaptação para a dispersão; sementes presas sobre os pés de patos constituíam um cenário específico que eles propuseram. Tais cenários são denominados "apenas histórias"**, segundo o título do livro em que Rudyard Kipling narra contos-de-fada a respeito das origens de diversos animais. Hoje em dia, sabemos que, em muitas espécies, o tegumento tem mais a ver com a retenção de água pela semente do que com a sua dispersão.

---

* N. de T. O Teatro Ecológico e a Peça Evolutiva.

** N. de T. Em inglês lê-se "*just-so stories*", também chamadas "falácias *ad hoc*", termos usados em antropologia, ciências biológicas e sociais, os quais descrevem explicações narrativas não-verificáveis ou falseáveis para uma determinada prática cultural, para um atributo ou comportamento humano ou de outros animais.

O problema com "apenas histórias" construídas pelos cientistas não é que elas estejam necessariamente erradas, mas baseadas em evidências escassas ou em extrapolações infundadas daquilo que é conhecido. Por exemplo, embora não possamos justificadamente estabelecer que as sementes pegajosas tenham evoluído pelo processo de seleção natural atuante para aumentar o sucesso de dispersão de todas as sementes, isso tem sido documentado com evidências substanciais, baseadas em estudos criteriosos, de que as sementes pegajosas de algumas espécies, como *Phoradendron californicum* (erva-de-passarinho-do-deserto, Santalaceae), são de fato dispersadas por aves (Figura 7.14D).

Por isso, devemos ser cautelosos em aceitar ou descartar tais especulações adaptativas. As especulações são um primeiro passo indispensável na formulação de hipóteses para testar se um atributo origina-se por seleção natural. Considerando que os ecólogos são geralmente conhecedores dos organismos e sistemas que eles estudam, tais especulações muitas vezes se comprovam corretas. Porém, até que evidências sejam reunidas para uma sustentação consistente, essas suposições permanecem como especulações. Os exemplos dos resultados da seleção natural apresentados neste capítulo foram escolhidos porque são baseados em mais do que uma mera especulação. A maioria deles baseia-se em múltiplas linhas de evidências. À medida que examinamos cada um deles, discutimos o raciocínio que está por trás das conclusões referentes à moldagem do atributo por seleção natural.

Por que é tão difícil decidir se um atributo foi moldado por seleção natural? Embora a seleção natural seja um processo primordial na moldagem da forma e da função das plantas, outros processos também podem ser responsáveis pela expressão de atributos específicos. Em alguns casos, esses processos agem de comum acordo com a seleção natural. Os mamíferos têm coluna vertebral, porque são vertebrados e herdaram tal atributo de ancestrais vertebrados – não somente porque é útil tê-las; todos os vertebrados partilham desse atributo pela mesma razão. Igualmente, as células das angiospermas respiram, não porque isso é especialmente vantajoso para este grupo de plantas por si próprio, mas porque seus ancestrais possuíam esse atributo, que foi herdado e partilhado com um grupo muito mais amplo de organismos vivos.

A seleção natural é apenas um dos fatores que causam a mudança evolutiva. Outros processos podem agir conjuntamente com a seleção natural, contra ela, ou independentemente dela. A mutação, por exemplo, é uma fonte necessária da variação que a seleção natural requer. A migração de indivíduos de outros ambientes pode impedir a adaptação às condições locais em resposta à seleção natural. A deriva genética pode também causar mudanças nas frequências dos genes. Cada um desses três processos pode produzir resultados que poderiam, em princípio, ser assumidos como decorrentes da seleção natural. Ao estudar o processo de mudança evolutiva, estamos geralmente reconstruindo um evento histórico, de modo que nossas conclusões são quase sempre baseadas em inferência indireta, e não em observação direta. Todos esses fatores tornam a determinação da adaptação por seleção natural uma tarefa desafiadora.

Seleção natural

A **seleção natural** ocorre quando indivíduos com diferenças em seus atributos deixam diversos números de descendentes devido àquela variação. A evolução por seleção natural ocorre quando aquelas diferenças são **herdáveis** (têm uma base genética). **Atributos adaptativos** são os originados por meio do processo de evolução por seleção natural. O conjunto de atributos associado com a fotossíntese CAM (ver Capítulo 2), por exemplo, é adaptativo em climas quentes e secos, porque os indivíduos com tais atributos são capazes de deixar mais descendentes do que os que não os possuem. As plantas árticas têm estatura baixa, porque, por estarem próximas do chão, se mantêm mais aquecidas, crescem mais e, em última análise, deixam mais descendentes do que os indivíduos que não apresentam tais características de crescimento.

Os princípios da seleção natural foram pela primeira vez propostos por Charles Darwin em seu livro *On the Origin of Species by Means of Natural Selection**, publicado em 1859. A seleção natural é um dos quatro processos centrais da evolução. Os outros são a mutação, a migração e a deriva genética.

O que devemos ter em mente à medida que lemos sobre a evolução por seleção natural é que, embora muitas pessoas assumam que se trata de algo que ocorreu há muito tempo, ela acontece todo o tempo. Ela ocorreu há muito tempo, aconteceu no passado recente e continua a operar nas populações nos dias atuais. Em todas essas escalas de tempo, os cientistas estudam padrões de evolução por seleção natural e encontram evidências dela.

Variação e seleção natural

Um ponto de partida importante para qualquer discussão sobre evolução e seleção natural é a variação. A variação é onipresente na natureza. Quase todos os fenômenos naturais variam em algum nível. Esse princípio é expresso no provérbio "nenhum floco de neve é exatamente igual ao outro". Os seres vivos são muito mais complexos do que flocos de neve, com um potencial ainda maior para diferentes tipos e quantidades de variação. A variação entre os indivíduos é essencial para a seleção natural resultar em mudança evolutiva. A evolução requer dois tipos de variação: a fenotípica e a genética.

As plantas, assim como a maior parte dos organismos, variam fenotipicamente. O termo **fenótipo** refere-se a todos os atributos físicos de um organismo. Os atributos fenotípicos incluem a aparência externa (altura, tamanho e forma da folha, cor da flor ou número de frutos), as características da história de vida (como uma espécie anual), a anatomia macroscópica e microscópica (de tecidos a organelas), a fisiologia, e a bioquímica (como composição proteica). A variação fenotípica pode ser extensiva a atributos,

* N. de T. Sobre a Origem das Espécies através da Seleção Natural.

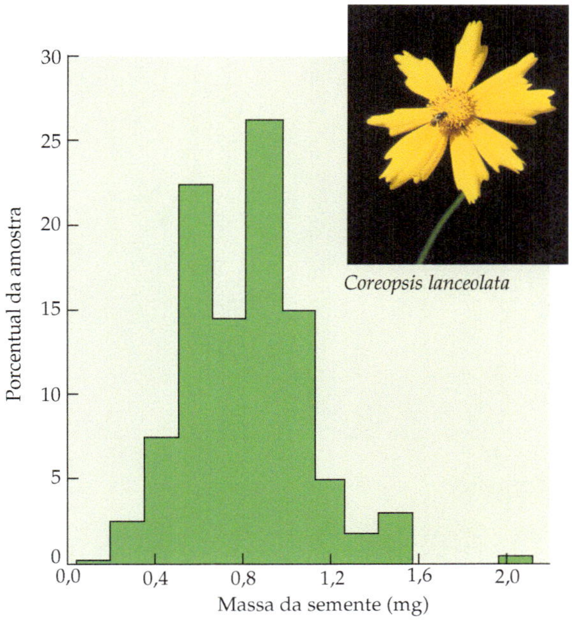

Figura 6.1 Variação na massa individual de sementes em uma população de *Coreopsis lanceolata* (Asteraceae) crescendo em uma duna interior ao sul do Lago Michigan (dados de Banovetz e Scheiner, 1994).

como o tamanho da semente – o qual pode variar em 20 vezes dentro de uma única população de uma espécie de flor-do-campo (Figura 6.1) – ou biomassa – a qual pode variar em várias ordens de grandeza em árvores. Outros tipos de atributos, como o tamanho da flor e a concentração de soluto nas células, tendem a variar muito menos entre indivíduos em uma mesma população. Outros atributos, como o número de pétalas ou a rota fotossintética, tendem a não variar dentro de uma espécie (ver Capítulo 2). Além disso, o padrão específico de crescimento e desenvolvimento exibido por uma planta individual depende de uma interação complexa entre seus genes e seu ambiente. Todas essas diferenças entre indivíduos resultam em variação fenotípica.

As diferenças fenotípicas entre indivíduos podem resultar de três tipos de variação: genética, ambiental e de desenvolvimento. O **genótipo** de um indivíduo é a informação contida em seu **genoma** – a sequência do seu DNA. Tal informação é expressa por meio de processos de transcrição do DNA para formar RNA e de tradução deste em proteína. A expressão gênica, e o desenvolvimento da planta como um todo, é controlada pela informação contida dentro do genoma por meio de vários mecanismos de retroalimentação. Uma semente contém toda a informação necessária para o crescimento e desenvolvimento da planta adulta. O desenvolvimento pode ser visto como o desdobramento da informação contida no genoma. A variação genética – diferenças entre os genomas dos indivíduos – pode resultar em variação fenotípica entre indivíduos.

Os indivíduos também experimentam ambientes diferentes à medida que se desenvolvem e crescem. O ambiente pode variar de muitas maneiras, mesmo em distâncias muito pequenas. Cada parte aérea de gramínea em um campo aparentemente uniforme, por exemplo, experimenta quantidades de luz, nutrientes do solo e herbivoria diferentes. O mesmo indivíduo genético pode apresentar um fenótipo muito diferente quando cresce sob condições ambientais distintas. Além disso, indivíduos com genótipos distintos podem responder diferentemente às mesmas condições ambientais. Essas variações fenotípicas em resposta ao ambiente são denominadas **plasticidade fenotípica** (Bradshaw, 1965). Contudo, dois indivíduos com genótipos idênticos crescendo em ambientes semelhantes não necessariamente serão parecidos ou funcionarão de maneira similar. Pequenas diferenças aleatórias em quando e como os genes são expressos, denominadas **erros de desenvolvimento**, podem levar a diferenças mensuráveis na planta adulta.

Fatores necessários à seleção natural

A seleção natural requer três condições para que ocorra mudança evolutiva: *variação fenotípica* entre indivíduos em relação a algum atributo; *diferenças de desempenho* (*fitness*) (alguns indivíduos devem deixar mais descendentes do que outros, como resultado de diferenças fenotípicas); e *herdabilidade* (as diferenças fenotípicas devem ter uma base genética). Se essas três condições são encontradas em um atributo dentro de uma população, então a frequência daquele atributo mudará, naquela população, de uma geração para a próxima; em outras palavras, ocorrerá evolução por seleção natural. A ecologia exerce um papel em todas as três condições.

As diferenças de desempenho abrangem diferenças na capacidade de acasalamento, **fecundidade** (o número de gametas produzidos), **fertilidade** (o número de descendentes produzidos) e **sobrevivência** (a chance de sobreviver). No Capítulo 5, examinamos as consequências desses fatores para a dinâmica numérica das populações; neste capítulo, visualizaremos suas consequências evolutivas.

O que causa diferenças de desempenho? As diferenças em desempenho entre os indivíduos podem ser decorrentes do acaso e, por isso, não estarem associadas a diferenças de atributos de modo consistente. Porém, muitas vezes estão associadas a diferenças em algum atributo entre indivíduos vegetais. A **seleção fenotípica** ocorre quando indivíduos com diferentes valores para o atributo apresentam diferenças consistentes em nível de desempenho. A seleção fenotípica é a parte do processo evolutivo mais estudada pelos ecólogos.

Uma maneira adequada e conveniente de se estudar o processo de seleção natural é subdividi-la em duas partes: aquela que ocorre dentro de uma única geração – seleção fenotípica – e a que ocorre de uma geração para a seguinte – a resposta genética (Endler, 1986). A seleção fenotípica consiste na combinação da variação fenotípica e das diferenças de desempenho. Essa parte é o que frequentemente concebemos como seleção natural. Porém, para a evolução ocorrer, a outra parte – a resposta genética – é igualmente importante. A **resposta genética** é a mudança ocorrida na

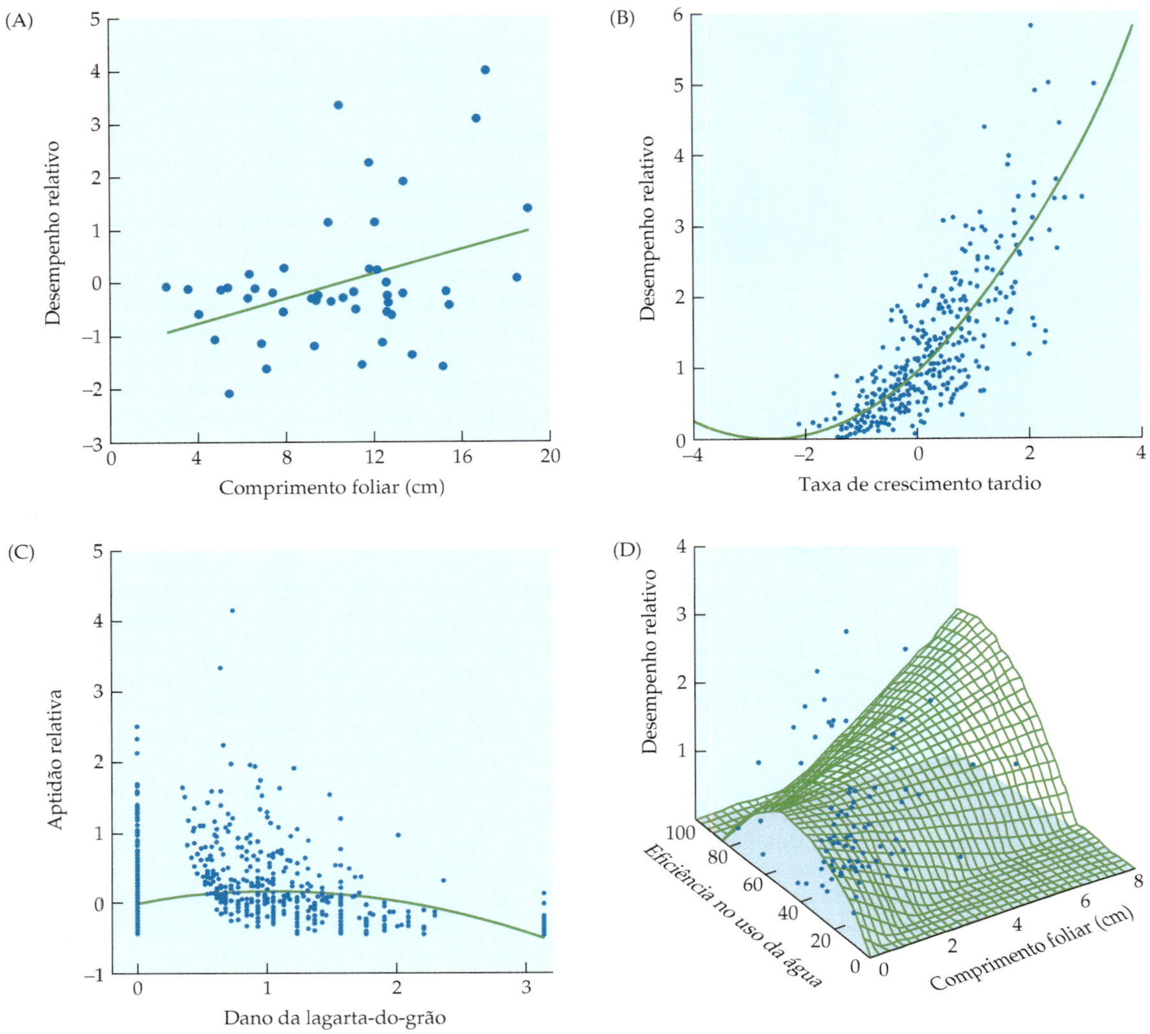

composição genética da população de uma geração para a próxima. A resposta genética depende da herdabilidade de um atributo. Se um atributo é herdável, e a seleção fenotípica favorece aquele atributo numa geração, a próxima geração terá uma proporção maior de indivíduos com o referido atributo.

Em uma população da gramínea *Danthonia spicata*, por exemplo, indivíduos com folhas mais longas apresentaram maior sobrevivência e fecundidade do que indivíduos com folhas mais curtas (Figura 6.2A). A variação no comprimento da folha está parcialmente sob controle genético. Desse modo, a próxima geração nessa população provavelmente teria, em média, folhas mais longas. De uma geração para a próxima, a mudança na população pode ser pequena. Porém, se o processo de seleção natural se estende por muitas gerações, a população pode se tornar muito diferente da população ancestral. Grande parte da variação entre as espécies deve-se a tais respostas evolutivas de longa duração à seleção natural.

Podemos caracterizar a seleção natural pela relação entre os valores dos atributos e o desempenho. A **seleção direcional** ocorre quando os indivíduos com os valores mais extremos (como as menores flores, as raízes mais longas ou a maior condutância estomática) para um atributo apresentam o desempenho melhor (Figura 6.2A,B). Nesse caso, a população continuará a evoluir em uma única direção ao longo do tempo, se nenhum outro processo interferir. A mudança principal será no valor médio do atributo na população, à medida que mais e mais indivíduos apresentem valores extremos no decorrer de muitas gerações. A **seleção estabilizante** ocorre quando os indivíduos com valores de atributo intermediários apresentam o desempenho melhor (Figura 6.2C). Sob seleção estabilizante, o valor médio do atributo não mudará, porém a variabilidade declinará à medida que cada vez menos indivíduos apresentem valores altos ou baixos para o atributo no curso de muitas gerações. A **seleção disruptiva** tem o efeito oposto: ocorre quando os indivíduos com valores (altos ou baixos)

Figura 6.2 As relações entre a variação fenotípica em atributos de plantas e as diferenças de desempenho (*fitness*) resultam em seleção fenotípica. Se também existir variação genética nesses atributos, então pode ocorrer a mudança evolutiva. (A) Seleção direcional para maior comprimento foliar na gramínea perene *Danthonia spicata* (Poaceae), em uma população natural crescendo em uma floresta de pinheiros brancos e carvalhos vermelhos ao norte do baixo Michigan. Como desempenho, foi considerado o número total de espiguetas produzidas por cinco anos, corrigido para estabelecer correlações com outros atributos (dados de Scheiner, 1989s). (B) Seleção direcional para maior taxa de crescimento ao final da estação de crescimento da planta anual *Impatiens capensis* (balsâmica-do-mato, Balsaminaceae), em uma população natural crescendo em uma floresta decidual em Wisconsin. O desempenho foi medido com o peso seco final da planta correlacionado com o número de sementes produzidas. A função de desempenho é curva, porém, ainda monotonicamente crescente (segundo Mitchell-Olds e Bergelson, 1990). (C) Seleção estabilizante para a quantidade de dano causado pela lagarta da espiga na planta anual *Ipomoea purpurea* (ipomeia, Convolvulaceae), em uma população experimental crescendo em um campo abandonado na Carolina do Norte. O desempenho foi medido como o número de sementes produzidas ao final da estação de crescimento (dados de Simms, 1990). (D) Seleção estabilizante para eficiência no uso da água e seleção direcional para menor tamanho foliar na planta anual *Cakile endentula* (Brassicaceae), em uma população experimental crescendo em uma praia ao longo do sul do Lago Michigan. O desempenho foi medido como o número de frutos produzidos ao final da estação de crescimento. A eficiência ótima no uso da água depende do tamanho da folha, o qual é um exemplo de seleção correlativa (segundo Dudley, 1996).

do atributo exibem desempenho melhor do que aqueles com valores intermediários. A **seleção correlativa** ocorre quando o padrão de seleção sobre um atributo depende do valor de outro (Figura 6.2D). A seleção correlativa pode resultar em conjuntos altamente coordenados de atributos e adaptações complexas.

Herdabilidade

Embora às vezes possa parecer que o mundo consiste em uma diversidade infinita de espécies, este não é o caso. É fácil imaginar organismos que poderiam existir, mas não existem, como unicórnios ou dragões. Por que não? Parte da resposta é que a base genética dos atributos restringe a evolução. Para que a evolução ocorra, deve haver variação genética apropriada. O que limita essa variação? Para responder a essa pergunta, devemos primeiramente entender o que significa a variação genética em um contexto evolutivo. Então, podemos explorar as maneiras pelas quais o ambiente interage com os genes para determinar aquela variação.

Semelhança entre parentes

A **herdabilidade** (h^2) é a quantidade de semelhança entre parentes atribuível aos genes partilhados. A descendência tende a parecer-se com seus pais e seus irmãos, porque o fenótipo de um indivíduo é determinado, em parte, pelo seu genótipo, e um indivíduo recebe seus genes de seus pais e partilha esses genes com seus irmãos. Consideramos um atributo como a altura de uma planta anual ao final da estação de crescimento. Poderíamos fazer o seguinte experimento com *Brassica campestris* (Brassicaceae): escolhemos pares de plantas, polinizamos um indivíduo com pólen do outro em cada par e cobrimos as flores para impedir que qualquer outra planta polinize aquele indivíduo. Assim, quando coletamos as sementes ao final da estação de crescimento, sabemos exatamente quem eram os pais. Antes que os pais morram, medimos suas alturas. Após, fazemos a semeadura, deixamos as plantas crescerem e medimos as suas alturas ao final da próxima estação de crescimento.

Então, registramos graficamente as alturas da prole em relação às alturas de seus pais (Figura 6.3). Nesse caso, constatamos que pais mais altos tendem a produzir prole mais alta. Por meio de uma técnica estatística denominada correlação (ver Apêndice), medimos essa tendência. Se a prole sempre correspondeu exatamente aos seus pais, a correlação entre a altura parental e a altura da prole seria 1,0. Se não houvesse nenhuma relação, a correlação seria 0,0. Em nosso exemplo, a correlação é 0,41 e a inclinação da linha, 0,21; há uma semelhança, porém parte da prole é mais alta do que seus pais, enquanto outra é mais baixa. Correlações negativas também são possíveis para alguns atributos em algumas espécies, embora sejam bastante incomuns.

Uma medida da herdabilidade de um atributo é a inclinação da linha de uma regressão dos valores do atribu-

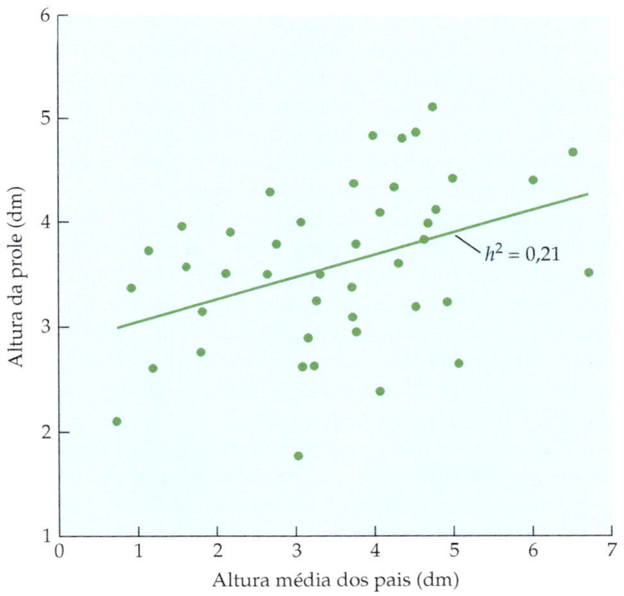

Figura 6.3 Diagrama de dispersão da altura da prole em relação à altura média dos pais na planta anual *Brassica campestris* (Brassicaceae), para indivíduos cultivados em casa de vegetação. A herdabilidade da altura nessa espécie (a inclinação da linha) é 0,21 (dados não-publicados, cedidos por A. Evans).

to da prole em função dos valores parentais. No exemplo anterior, por termos usado informação de ambos os pais, a inclinação é exatamente igual à herdabilidade. Se tivéssemos medido o atributo em somente um genitor, teríamos informação sobre apenas metade dos genes que contribuíram para a prole, e a inclinação seria, igualmente, metade da herdabilidade.

A outra maneira comum de medir a herdabilidade é examinar a correlação entre irmãos. Suposição: tomemos duas sementes de muitas plantas diferentes. Poderíamos promover a germinação das sementes e cultivar os pares de irmãos, medir suas alturas e construir um gráfico bastante semelhante ao da Figura 6.3, exceto que agora os eixos seriam as alturas dos dois irmãos e cada ponto representaria um par de irmãos. Novamente, a inclinação mediria a herdabilidade, com a relação exata, dependendo se as plantas partilhavam ambos os pais ou apenas um deles. Podemos fazer tal análise com primos ou com quaisquer indivíduos que sejam aparentados, desde que conheçamos o seu parentesco. Tampouco estamos restritos ao uso de pares de indivíduos. Diversas técnicas estatísticas podem ser usadas para medir a herdabilidade em grupos de plantas relacionadas com diferentes graus de parentesco.

Existe uma distinção crítica entre a herdabilidade de um atributo e se tal atributo apresenta uma base genética. A herdabilidade requer que diferenças fenotípicas entre os indivíduos devam-se, ao menos em parte, a diferenças genéticas entre eles. No Quadro 6A a seguir, descrevemos um caso em que a altura é geneticamente determinada. Neste exemplo, alguns indivíduos apresentam um genótipo de *AA*, alguns *Aa* e alguns *aa*. Ao invés disso, imagine que todos os indivíduos na população tenham o mesmo genótipo, *AA*. Assuma, contudo, que a altura também depende da quantidade de nitrogênio no solo. Se a população está crescendo em um campo que varia de local para local em relação ao nitrogênio do solo, então os indivíduos diferirão em altura. Contudo, nenhuma dessas diferenças fenotípicas serão causadas por diferenças genotípicas. Se medíssemos essas plantas, coletássemos suas sementes e cultivássemos a prole naquele mesmo campo, a correlação entre a altura dos pais e a altura da prole seria 0, e a herdabilidade da altura naquela população, 0. Todavia, ainda há um gene naquela população que determina a altura. Nesse caso, a herdabilidade da altura é zero, porque a variação fenotípica na altura se deve à variação em um fator ambiental, e não à variação no gene para altura.

Tal exemplo também demonstra que a herdabilidade de um atributo depende das frequências de seus alelos na população. Quando a frequência de *A* é 1,0 – todos os indivíduos apresentam o genótipo *AA* –, a herdabilidade do atributo é 0. Portanto, as estimativas de herdabilidade para o mesmo atributo diferem entre populações ou na mesma população medida em tempos diferentes. As estimativas de herdabilidade são sempre específicas para a população e o ambiente no qual são medidas.

Fazendo a partição da variação fenotípica

Uma outra maneira de ponderar a herdabilidade é considerar as várias fontes de variação fenotípica já descritas. Se medirmos a altura em uma população de plantas anuais, ela variará devido às diferenças no genótipo, no ambiente e também aos erros de desenvolvimento. A herdabilidade representa a porcentagem dessa variação, que é causada por diferenças genéticas. Matematicamente, podemos expressar essa ideia da seguinte maneira. Primeiramente, considere a variação fenotípica total, a qual simbolizamos como V_P. Por meio de uma combinação de técnicas experimentais e estatísticas, podemos determinar o quanto dessa variação (variância estatística; ver Apêndice) é atribuível a causas diferentes. A separação da variação em seus componentes é chamada partição de variância. No caso mais simples, poderíamos separar a variação fenotípica somente naquela parte que se deve à variação genética (V_G) e naquela parte que se deve a todas as outras causas (V_e):

$$V_P = V_G + V_e$$

Então, a herdabilidade seria $h^2 = V_G / V_P$, a porcentagem da variação fenotípica que se deve a diferenças genotípicas entre os indivíduos. Esse conceito é idêntico àquele de herdabilidade definido como sendo a semelhança entre parentes, representando apenas uma maneira diferente de medi-la.

Contudo, posteriormente, a variação genética pode sofrer partição. Em um organismo diploide, a **dominância** ocorre quando a expressão de um alelo depende das propriedades do outro alelo no mesmo loco. Tanto em organismos diploides quanto nos haploides, a **epistasia** ocorre quando a expressão gênica depende das propriedades dos alelos em outros locos. A quantidade de variação genética que é manifestada em uma população pode resultar de diferenças na expressão direta de alelos em um loco (variação aditiva, V_A), ou diferenças na expressão de combinações diferentes de alelos em cada loco (variação da dominância, V_D), ou, ainda, diferenças na expressão de combinações de alelos em locos distintos (variação epistática, V_I) (Quadro 6A). Novamente, por meio de vários procedimentos experimentais e estatísticos, podemos separar essa variação em suas causas:

$$V_G = V_A + V_D + V_I$$

Se a herdabilidade é calculada como apenas a porcentagem de variação fenotípica que se deve à variação genética aditiva ($h^2 = V_A / V_P$), então falamos de **herdabilidade senso estrito**. Se ela é calculada como a variação genética total (V_G), falamos de **herdabilidade senso amplo**. Tal distinção é importante porque a resposta de um atributo à seleção natural depende de sua herdabilidade senso estrito. Tanto sob seleção direcional quanto sob seleção estabilizante, toda a variação genética aditiva para um atributo sob seleção finalmente desaparecerá, a

Quadro 6A

Um sistema genético simples e a semelhança dos parentes

Este exemplo baseia-se no trabalho que Gregor Mendel realizou no século XIX com ervilhas de jardim (*Pisum sativa*, Fabaceae), ainda que os detalhes tenham sido modificados para fins ilustrativos. Embora o mesmo seja baseado em um sistema simples de um loco, quase todos os atributos de interesse ecológico baseiam-se em vários a muitos locos. Contudo, os mesmos princípios se mantêm, independentemente de quantos locos afetam um atributo.

Considere um sistema genético simples no qual a altura da planta é determinada por um único loco diploide. Assumimos que os indivíduos com genótipo *AA* são altos (100 cm) e aqueles com genótipo *aa* são baixos (20 cm). Também assumimos que não há qualquer efeito ambiental ($V_E = 0$ e $V_{GxE} = 0$) ou erros de desenvolvimento ($V_e = 0$).

Caso 1: aditividade estrita

Se indivíduos com o genótipo *Aa* apresentam um fenótipo exatamente intermediário entre os indivíduos *AA* e *aa*, então a variação genética é estritamente aditiva. Nesse caso, os indivíduos *Aa* seriam intermediários em altura (60 cm de altura). Como os efeitos dos alelos são estritamente aditivos, podemos prever os fenótipos da prole de um cruzamento. Se os pais forem altos, o cruzamento será *AA* x *AA* e toda a prole será alta. Se os pais forem baixos, o cruzamento será *aa* x *aa* e toda a prole será baixa. Se um dos pais for alto e o outro baixo (*AA* x *aa*), toda a prole terá 60 cm de altura (*Aa*). Essa também é a altura que obtemos calculando o valor médio dos fenótipos dos pais; o fenótipo médio da prole se iguala ao valor médio dos fenótipos dos pais. Se um dos pais tiver a altura de 100 cm e o outro 60 cm (*AA* x *Aa*), a metade da prole terá 100 cm de altura e a outra metade terá 60 cm de altura. Novamente, o valor médio dos fenótipos dos pais, 80 cm, é exatamente igual ao valor médio dos fenótipos da prole. Note que, para este cruzamento, nenhum genitor ou prole está realmente na altura média; a média é um descritor do grupo, não uma propriedade de qualquer indivíduo em particular. Um gráfico do fenótipo parental médio em relação ao fenótipo médio da prole (parte A da figura auxiliar) tem uma inclinação de 1,0, pois podemos prever perfeitamente o fenótipo médio da prole dado o nosso conhecimento dos fenótipos parentais.

Caso 2: dominância

Agora, assuma que *A* domine *a*, de modo que os indivíduos *Aa* tenham 100 cm de altura. Nesse caso, torna-se mais difícil prever o fenótipo da prole. Se ambos os pais forem baixos, toda a prole será baixa. Mas se ambos forem altos, os seus genótipos poderiam ser ambos *Aa*, ou ambos *AA*, ou um *AA* e o outro *Aa*. Nos últimos dois casos, toda a prole terá 100 cm de altura. Porém, se ambos os pais forem *Aa*, então 1/4 da prole será *aa* e, portanto, baixa. O fenótipo médio da prole será 80 cm (3/4 x 100 + 1/4 x 20), embora o fenótipo médio dos pais seja 100 cm. Se assumirmos que os dois alelos ocorrem com frequências iguais em nossa população, então um gráfico do fenótipo médio dos pais em relação ao fenótipo da prole terá uma inclinação de 0,67 (parte B da figura). A herdabilidade do atributo é menor do que 1,0, porque parte da variação genética é não-aditiva devido à relação de dominância. Em outras palavras, parte da prole difere fenotipicamente de seus pais devido aos efeitos de dominância; se eles não herdassem o alelo dominante de um dos pais, não seriam semelhantes a seus genitores. A exata herdabilidade de um atributo em uma população depende tanto do grau de dominância quanto das frequências dos alelos na população.

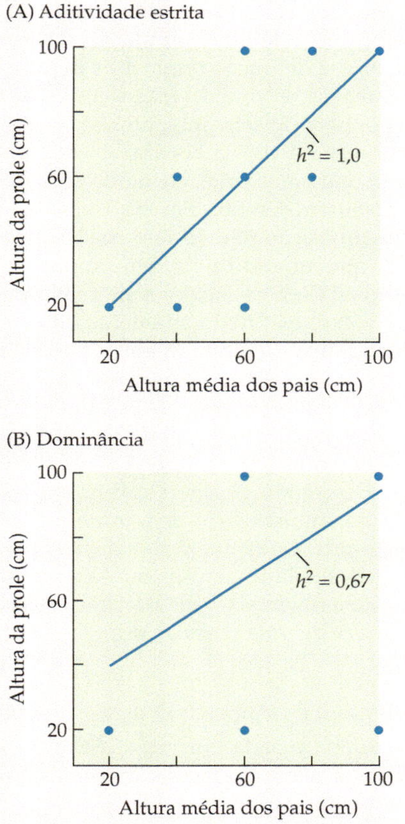

Diagrama de dispersão do fenótipo médio da prole em relação ao fenótipo parental médio para dois sistemas genéticos. A inclinação da linha de regressão é a herdabilidade do atributo. (A) Aditividade estrita; inclinação = 1. (B) Dominância completa; inclinação = 0,67. Essas herdabilidades assumem frequências iguais dos dois alelos na população.

menos que outros processos introduzam nova variação. A variação fenotípica pode permanecer, contudo, devido à plasticidade e aos erros de desenvolvimento.

Os valores de herdabilidade nos informam se há variação genética para um atributo em uma população e, se for o caso, se há uma pequena ou uma grande variação.

Em termos de evolução, a quantidade de variação genética pode impor uma restrição. Se não há variação genética ($h^2 = 0$), a restrição é forte. Não importa quanta seleção natural incida sobre um atributo, não haverá resposta genética. Se há um pouco de variação genética, a restrição é fraca; haverá uma resposta genética, mas pequena, e a evolução ocorrerá lentamente. Se há muita variação genética, não há quase nenhuma restrição à evolução.

Interações genótipo-ambiente

De que forma o ambiente influencia as medidas de herdabilidade? Aí, reside provavelmente a maior influência da ecologia de uma população sobre a variação fenotípica. Nossa definição original de herdabilidade assume que diferenças entre indivíduos com distintos fenótipos não dependem do seu ambiente. Isto é, assumimos que se um indivíduo é 10% mais alto do que outro quando cresce num dado ambiente, ele ainda será 10% mais alto em um ambiente diferente. Porém, o que acontece quando essa pressuposição não se sustenta? Suponhamos, por exemplo, que, quando uma determinada espécie de planta é cultivada sob condições sombreadas, todos os indivíduos são baixos e aproximadamente do mesmo tamanho; mas, quando ela é cultivada em um local ensolarado, alguns dos seus indivíduos são muito mais altos do que os outros devido a diferenças genéticas. Em outras palavras, as diferenças genéticas são aparentes em alguns ambientes, mas não em outros.

Esses tipos de diferenças na expressão gênica em função do ambiente são denominados **interações genótipo-ambiente**. Essas interações são os componentes genéticos da plasticidade fenotípica. Acrescentando efeitos puramente ambientais, uma partição completa da variação fenotípica de uma população é

$$V_P = V_E + V_{G \times E} + V_G + V_e$$

onde V_E é a variação causada pelo ambiente, $V_{G \times E}$ é a variação causada por interações genótipo-ambiente, e V_e agora se refere apenas à variação causada por erros de desenvolvimento (Figura 6.4).

A presença de variação resultante de interações genótipo-ambiente pode ter grandes efeitos sobre a herdabilidade. A herdabilidade não é simplesmente um resultado das diferenças genéticas entre indivíduos: essas diferenças devem resultar em diferenças fenotípicas. Alguns tipos de diferenças genéticas entre indivíduos nunca resultam em diferenças fenotípicas; por exemplo, alguns tipos de variação em regiões não-codificadoras do DNA não afetam o fenótipo. Em outros casos, depende do ambiente se diferenças genéticas resultarão ou não em fenotípicas. Quando está presente a variação nas interações genótipo-ambiente, a quantidade de variação genética expressa pode diferir entre ambientes. No exemplo dado, todas as plantas cultivadas tiveram alturas similares; em outras palavras, naquele ambiente as diferenças fenotípicas foram minimizadas. Se a herdabilidade da altura fosse medida somente na sombra, concluiríamos que foi muito baixa, pois a quantidade de variação fenotípica seria baixa. Por outro lado, se a herdabilidade fosse medida apenas no ambiente ensolarado, seria maior. Portanto, a evolução seria restringida no ambiente sombreado devido à ausência de variação herdável.

Covariação gene-ambiente

O termo final que deve ser incluído como responsável pela variação fenotípica total de um atributo em uma população é a **covariação gene-ambiente**, abreviada Cov(G,E). Uma relação não-aleatória entre quaisquer dois fatores é denominada covariação; podendo esta ser positiva ou negativa. A covariação está intimamente relacionada à correlação; uma é transformação matemática da outra. Nesse caso, estamos interessados na covariação entre os efeitos genéticos e ambientais sobre um atributo. Tal covariação é em geral encontrada na natureza porque os indivíduos geralmente não são distribuídos de forma aleatória nos ambientes. Isso é particularmente verdadeiro para plantas, pois as sementes em geral terminam próximas à planta-mãe (ver Capítulo 7).

Quando os atributos genéticos são associados positivamente a respostas ao ambiente, ocorre covariação positiva entre os efeitos genéticos e ambientais. Por exemplo, competidores mais vigorosos poderiam dominar pequenas manchas de solo rico. Nesse caso, plantas que são geneticamente capazes de crescer de forma mais rápida esta-

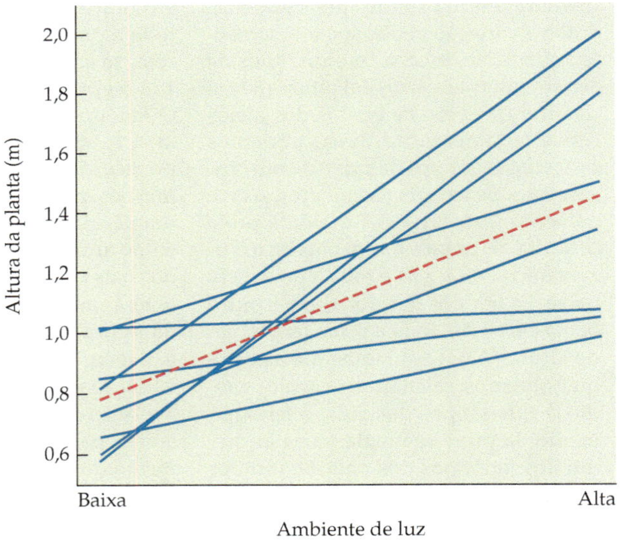

Figura 6.4 Um exemplo de plasticidade fenotípica e interação genótipo-ambiente para plantas crescendo em ambientes de luz plena e pouca luz. Nesse exemplo, as mudas foram extraídas de genetas individuais e cultivadas em cada ambiente. Cada linha contínua conecta as alturas médias para cada geneta nos dois ambientes. A linha tracejada conecta as médias gerais em cada ambiente e representa V_E. A variação nas alturas médias entre os genetas representa V_G. A extensão na qual as linhas sólidas não são paralelas representa $V_{G \times E}$.

rão também crescendo sob melhores condições, enquanto as de crescimento lento serão relegadas a condições mais pobres. Assim, diferenças genéticas na taxa de crescimento são exageradas por efeitos ambientais.

A distribuição não-aleatória de genótipos, por outro lado, pode agir para minimizar diferenças genéticas. A covariação negativa entre as influências genéticas e ambientais ocorre quando apresentam efeitos opostos. Considere uma população de arbustos na qual os indivíduos maiores produzem mais sementes. Se coletarmos as sementes de vários indivíduos arbustivos e cultivá-las sob condições ótimas num jardim, encontraremos uma correlação positiva entre o tamanho parental e o da prole. Em uma população natural, contudo, a maioria das sementes germinará na sombra da planta-mãe. Já que plantas maiores produzem muitas sementes, tais sementes crescem sob condições aglomeradas. Plantas geneticamente capazes de atingir tamanhos maiores (a prole dos arbustos grandes) crescem sob condições mais pobres, de modo que as influências genéticas e ambientais agem sobre o tamanho em direções opostas. Por isso, poderia haver uma covariação negativa.

Adicionando o termo para a covariação gene-ambiente à equação da variação fenotípica mencionada anteriormente, terminaremos com a equação final que descreve a variação fenotípica em uma população natural:

$$V_P = V_E + V_{G\times E} + V_G + \mathrm{Cov(G, E)} + V_e$$

Uma vez que V_P é o denominador no cálculo da herdabilidade, mudanças em quaisquer desses componentes afetarão a herdabilidade de um atributo. Assim, a ecologia de uma planta pode afetar todos os três componentes da seleção natural: a variação fenotípica através dos efeitos do desenvolvimento, as diferenças de desempenho através dos efeitos sobre a sobrevivência e a fecundidade, e a herdabilidade através de interações genótipo-ambiente e covariação gene-ambiente.

Padrões de adaptação

A seleção natural pode resultar em três diferentes padrões de adaptação. Primeiro, os indivíduos podem tornar-se especializados em atuar melhor em diferentes ambientes. Dentro de uma população, por exemplo, os indivíduos de um fenótipo poderiam ter as taxas mais altas de sobrevivência durante períodos de seca ou nos locais mais secos, enquanto os de outro fenótipo poderiam sobreviver melhor durante períodos mais úmidos ou em micro-hábitats com solos mais úmidos. Segundo, os indivíduos podem tornar-se fenotipicamente plásticos, mudando sua forma em diferentes ambientes, de modo a adequar o valor do atributo ao desempenho melhor, em cada conjunto de condições ambientais. Em resposta a mudanças na disponibilidade hídrica, por exemplo, indivíduos poderiam produzir folhas de diferentes tamanhos e formas. Esse padrão lhes permitiria alta sobrevivência durante as estações úmidas e secas. Por fim, todos os indivíduos em uma população podem convergir para um único fenótipo intermediário que responde bem, ou pelo menos em parte, a todos os ambientes. Esse último padrão é às vezes referido como uma estratégia de "pau-para-toda-a-obra".

A prevalência de um desses padrões de adaptação dependerá de uma complexa combinação de fatores, incluindo quão variável é o ambiente, como tal variação estará distribuída no tempo e no espaço, e quanta variação genética existe na população. Se o ambiente varia por curtos períodos de tempo, então a plasticidade fenotípica é frequentemente favorecida. Não raras vezes, concebemos a plasticidade fenotípica em relação aos atributos que se tornam fixados durante o desenvolvimento, como a forma da folha, mas ela também pode existir para atributos que são reversíveis, como alguns compostos químicos defensivos (ver Capítulo 11). Em plantas aquáticas de muitas famílias não-aparentadas, as folhas de uma mesma planta podem ser produzidas acima ou abaixo d'água. As folhas submersas são caracteristicamente frágeis e muito divididas, enquanto as emergentes (acima da superfície da água) em uma mesma planta possuem formas muito diferentes, em geral menos divididas ou inteiras (Figura 6.5). Na água, a difusão de CO_2 é muito mais lenta do que no ar, e as folhas submersas altamente divididas apresentam áreas de superfície aumentadas e uma camada limite menor (ver Capítulo 3), permitindo melhores taxas de captação de CO_2. Contudo, quando as mudanças ambientais ocorrem ao longo de períodos de tempo mais longos, provavelmente a plasticidade fenotípica é muito menos favorecida. Ao invés dela, a especialização é muitas vezes favorecida, gerando padrões – como as formas foliares contrastantes entre genótipos de *Geranium* e *Achillea,* discutidos mais adiante neste capítulo.

Tolerância a metais pesados

Examinemos um dos casos documentados de melhor de seleção natural e adaptação local em plantas. Muitos outros exemplos de adaptação são apresentados ao longo das Partes I e II, embora não examinamos em detalhe a evidência de que aqueles atributos sejam resultado de seleção natural. O exemplo, aqui, é também importante historicamente: ele foi a primeira demonstração de diferenciação genética em uma escala acurada em resposta à seleção por um fator conhecido no ambiente. O exemplo abrange um gradiente nas frequências de alelos ou outras características populacionais, resultante da diferenciação genética e da adaptação. Os gradientes podem ocorrer ao longo de distâncias muito curtas, assim como ao longo de escalas geográficas maiores.

Na década de 1960, A. D. Bradshaw e seus estudantes (p. ex., Jain e Bradshaw, 1966; McNeilly e Antonovics, 1968; Antonovics e Bradshaw, 1970) começaram a estudar a adaptação local de gramíneas a diferenças nas condições do solo em decorrência de contaminação por resíduos de mineração. Na Grã-Bretanha, o zinco e o cobre têm sido minerados por séculos. O solo deixado de lado a partir

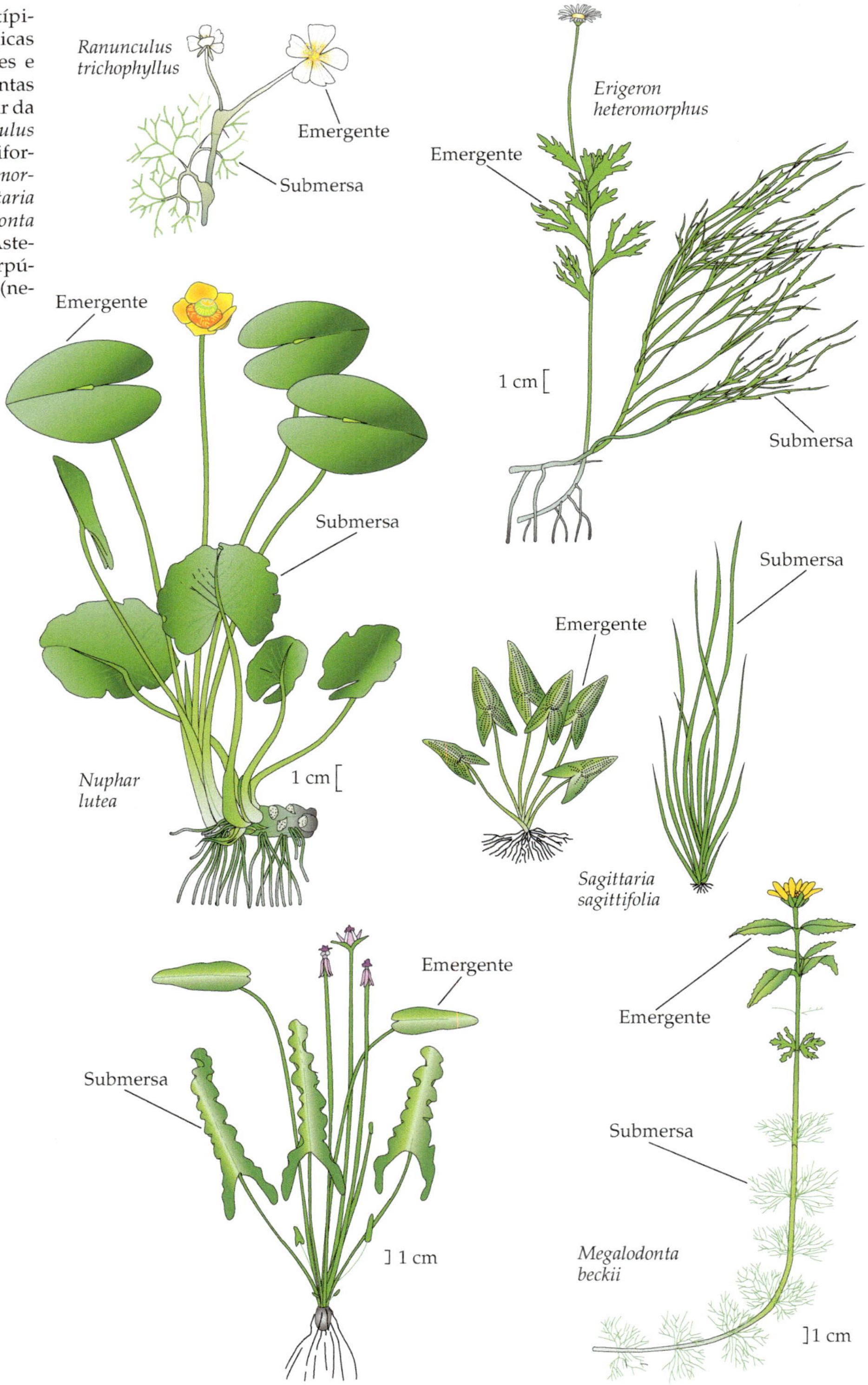

Figura 6.5 A plasticidade fenotípica resulta em diferenças morfológicas adaptativas entre folhas emergentes e submersas de várias espécies de plantas aquáticas. No sentido horário, a partir da parte superior, à esquerda: *Ranunculus trichophyllus* (ranúnculo-de-folha-filiforme, Ranunculaceae), *Erigeron heteromorphus* (pulicária, Asteraceae), *Sagittaria sagittifolia* (Alismataceae), *Megalodonta beckii* (cravo-de-defunto aquático, Asteraceae), *Ondinea purpurea* (niféia purpúrea, Nymphaeaceae) e *Nuphar lutea* (nenúfar amarelo, Nymphaeaceae).

das escavações e da extração do minério, conhecido como rejeito, era simplesmente despejado para fora das cavas das minas. Embora a maior parte do minério tenha sido removida, esses rejeitos ainda continham concentrações altas dos metais, demasiadamente baixas para justificar a sua extração, mas ainda suficientemente elevadas para serem tóxicas para a maioria das plantas crescendo sobre eles. Algumas plantas, contudo, conseguiram se desenvolver sobre os rejeitos – em particular, as gramíneas *Anthoxanthum odoratum* e *Agrostis tenuis*. Embora algumas das minas tenham sido abandonadas por apenas um século – provavelmente menos de 40 gerações para essas espécies perenes – os pesquisadores constataram que populações dessas gramíneas sobre os rejeitos de mineração eram tolerantes aos metais pesados, enquanto populações crescendo em pastagens adjacentes não eram. A tolerância aos metais pesados foi obtida pela evolução de mecanismos bioquímicos que impedem a captação de íons tóxicos. Essas diferenças na composição genética das populações ocorreram em distâncias muito curtas – dentro de um metro do limite da mina (Figura 6.6).

A natureza abrupta do limite genético ilustra vários aspectos do processo evolutivo. Em primeiro, os alelos para a tolerância aos metais pesados não se dispersaram para fora da população dos rejeitos de mineração. Por que? Experimentos foram realizados em uma casa de vegetação na qual plantas oriundas tanto dos rejeitos de mineração quanto da pastagem adjacente foram cultivadas em solo com e sem os metais pesados contaminantes. Como se esperava, as plantas da população da pastagem morreram quando cultivadas com metais pesados, geralmente ainda como plântulas. No entanto, quando cultivadas na ausência de metais pesados, as plantas da pastagem cresceram muito mais rapidamente do que as da população de rejeitos de mineração. Algo relacionado ao mecanismo de tolerância aos metais pesados reduziu o crescimento sob condições não-contaminadas. Essa interação é um exemplo de um ***trade-off***, uma redução no desempenho em um atributo de um organismo devido a um aumento no desempenho em outro atributo. Nesse caso, a tolerância a metais pesados e o crescimento em solos não-contaminados representam *trade-offs* entre si. Assim, diferentes alelos são favorecidos sobre os rejeitos de mineração e fora, e as populações divergiram geneticamente devido à seleção natural.

Outros atributos das populações também evoluíram como consequência dessa divergência. Todas as gramíneas são polinizadas pelo vento (Figura 7.6B), de modo que o pólen de pastagens adjacentes pode facilmente chegar aos estigmas das plantas que estão nos rejeitos de mineração e vice-versa. Constatou-se que a fronteira genética abrupta estava relacionada à direção do vento dominante, com a maior parte do genótipo "errado" sendo encontrada a sotavento. Se um indivíduo é polinizado por uma planta da outra população, então a sua prole será menos bem adaptada às condições locais, como indicado pela tolerância mais baixa das plantas cultivadas de sementes na Figura 6.6. O problema de polinizações "erradas" resulta em seleção por mecanismos que reduzam a polinização cruzada. Nessas populações, dois mecanismos estavam envolvidos na redução da polinização cruzada (Antonovics, 1968; McNeilly e Antonovics, 1968). Primeiro, os indivíduos sobre os rejeitos de mineração tenderam a florescer mais cedo do que aqueles na pastagem, com a diferença sendo maior para plantas presentes nas proximidades do limite dos rejeitos. Segundo, estas plantas tenderam a se autopolinizar mais do que as afastadas. Ambas as mudanças reduziram a chance de um indivíduo receber o pólen "errado" de plantas adaptadas a condições alternadas (solos tóxicos ou não-contaminados). Essas mudanças em padrões de cruzamento foram uma consequência secundária da seleção primária por tolerância a metais pesados, e agiram para reforçar a diferenciação genética das populações. Ao longo de um período de tempo suficientemente longo, tal reforço pode levar ao isolamento genético total das populações e, por fim, à especiação.

Tais estudos demonstram claramente, por várias razões, que as diferenças entre populações eram devidas à seleção natural. Primeiro, os investigadores demonstraram a presença de todos os três componentes de seleção natural necessários: variação fenotípica, diferenças de desempenho e herdabilidade. Segundo, verificaram que as previsões secundárias não foram confirmadas. A mudança no tempo de florescimento, por exemplo, foi uma consequência de seleção natural por tolerância aos metais pesados. Terceiro, os estudos constataram que o padrão de adaptação repetiu-se entre as populações das mesmas espécies em diferentes minas e entre diferentes espécies. Os padrões repetidos de diferenciação seriam bastante improváveis de terem ocorrido somente ao acaso. Por todas essas razões, concluímos que as diferenças na tolerância aos metais pesados entre populações sobre e fora os rejeitos de mineração devem-se à evolução por seleção natural.

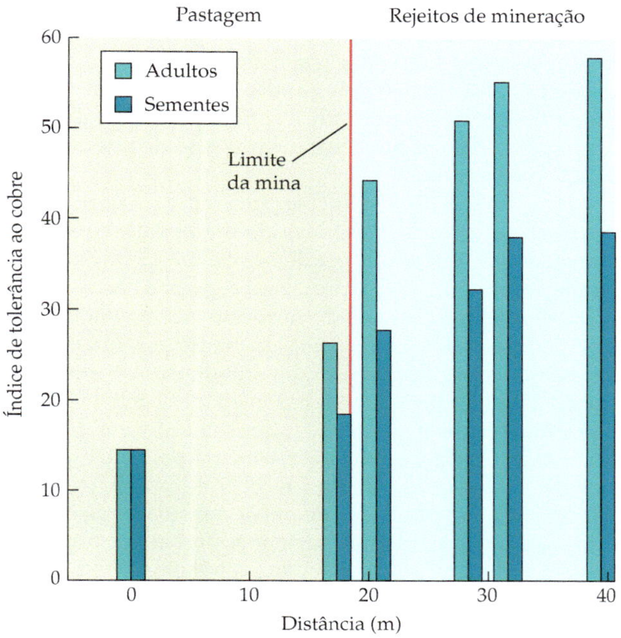

Figura 6.6 Capacidade dos adultos e da prole oriundos de sementes de *Agrostis tenuis*, coletadas em rejeitos de mineração e em uma pastagem adjacente não-contaminada para cultivo na presença de cobre. Um século após o abandono da mineração, a composição genética da população de gramíneas muda drasticamente no limite da mina, onde os alelos para enzimas que impedem a captação de íons tóxicos são repentinamente favorecidos (segundo McNeilly, 1968).

Plasticidade adaptativa

Em sua grande maioria, as plantas não são móveis. Essa observação, embora óbvia, tem profundas implicações para a evolução e adaptação das plantas. Se o ambiente se torna desfavorável em um local, um animal pode se deslocar para um mais favorável. Mas o que uma planta pode fazer?

Por não poderem se mover, as plantas devem ser capazes de tolerar a variação ambiental. Em geral, as plantas são muito mais plásticas do que os animais; por exemplo, embora os animais bem alimentados sejam mais altos e pesados do que aqueles com dietas mais pobres, as plantas crescendo sob condições ótimas podem ter ordens de grandeza maiores do que as geneticamente idênticas, porém crescendo sob condições menos favoráveis.

Nos exemplos mencionados, a plasticidade ajuda a planta a ter uma performance melhor quando as condições ambientais mudam. Porém, esse não é sempre o caso; de fato, a plasticidade pode levar a mudanças que não são nem vantajosas nem desvantajosas, ou mesmo a mudanças prejudiciais. Como testamos se a plasticidade é adaptativa em um caso específico qualquer? Podemos determinar as condições sob as quais a plasticidade é mais vantajosa? Diversas características das plantas variam com o ambiente. Embora parte dessa variação seja adaptativa, algumas mudanças na aparência e função da planta são meramente consequências inevitáveis de sua fisiologia, como apresentar folhas amarelas quando privadas de nitrogênio suficiente. A demonstração de que a plasticidade fenotípica é adaptativa requer, primeiramente, que haja mais de uma resposta possível a diferentes condições ambientais, e, segundo, que haja uma relação consistente entre plasticidade e aptidão. O estudo a seguir demonstra como se pode testar a hipótese de que a plasticidade é adaptativa.

Johanna Schmitt e seus colegas estudaram populações de *Impatiens capensis* (balsâmica-do-mato, Balsaminaceae) crescendo sob diferentes condições de luz (Schmitt, 1993; Dudley e Schmitt, 1995, 1996). Essa espécie é anual e cresce em florestas deciduais do nordeste e centro-norte dos EUA; cresce desde locais completamente ensolarados até em sub-bosques florestais, com frequência ao longo de cursos d'água, e pode alcançar densidades bastante altas.

Uma resposta típica ao adensamento em plantas é a elongação do caule. Essa estratégia permite à planta elevar-se sobre seus vizinhos, recebendo, assim, mais luz (Figura 6.7). Em situações de baixa densidade de indivíduos, contudo, as plantas permanecem baixas, porque a elongação tem custos, bem como vantagens. Mais recursos devem ser investidos em estruturas de sustentação do que em flores e sementes, e o caule alongado é mais fino, expondo a planta a maior perigo de tombamento. É possível que uma planta possa informar se está ou não crescendo próximo a outras plantas, e, desse modo, arriscando tornar-se sombreada por suas vizinhas? Se assim for, uma planta que se encontre nessa situação será beneficiada pela elongação do seu caule à medida que cresce. Se o fato de a planta estar crescendo em um ambiente com baixa densidade de indivíduos puder ser detectado por ela, pode ser melhor não alongar muito o seu caule. Sabe-se que a resposta de elongação é controlada pela razão entre as luzes vermelho e vermelho-distante que a planta recebe, detectadas por compostos químicos chamados fitocromos (ver Capítulo 2).

Figura 6.7 *Impatiens capensis* (Balsaminaceae) crescidas ao sol (razão vermelho:vermelho-distante alta) e na sombra (razão vermelho:vermelho-distante baixa). Plantas baixas e robustas são favorecidas em condições de baixa densidade, enquanto plantas altas e finas são favorecidas em condições de alta densidade (fotografia cedida por J. Schmitt).

Seria a resposta de elongação verdadeiramente adaptativa? Schmitt e colegas abordaram essa questão por meio da manipulação da forma das plantas e das condições de crescimento. As plântulas foram inicialmente cultivadas em uma casa de vegetação sob duas condições: (1) com filtros que bloqueavam a parte vermelha do espectro e (2) com controles de espectro completo que reduziam a luz à mesma quantidade, porém sem alterar a razão vermelho:vermelho distante. Esses tratamentos criaram dois conjuntos de plantas: uma forma alongada e outra curta e robusta (suprimida). Após, essas plantas experimentais foram transplantadas para uma floresta sob altas e baixas densidades. O desempenho foi medido pelo número total de cápsulas de sementes presentes ao final do verão. Conforme previsto pela hipótese de plasticidade fenotípica, a forma alongada apresentou desempenho

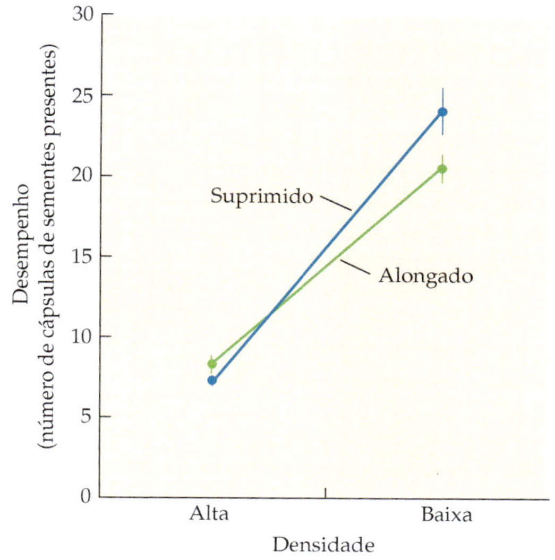

Figura 6.8 Teste da plasticidade adaptativa do alongamento do caule em *Impatiens capensis*. As plantas alongadas foram produzidas em uma casa de vegetação com filtros que bloqueavam a parte vermelha do espectro; as plantas suprimidas foram produzidas com controles de espectro total que reduziam a luz na mesma quantidade, sem mudar a razão vermelho:vermelho-distante. Os dois conjuntos de plantas foram, após, cultivados em uma floresta, sob baixa e alta densidades. As barras indicam um erro padrão (segundo Dudley e Schmitt, 1996).

melhor sob condições de alta densidade, enquanto a forma suprimida apresentou desempenho melhor sob baixas densidades (Figura 6.8).

O padrão de plasticidade também diferiu de maneira adaptativa entre populações crescendo em ambientes naturais diferentes. Os pesquisadores compararam três populações crescendo dentro de 1 quilômetro umas das outras, uma em clareira florestal e as outras duas sob o dossel da floresta. Eles cultivaram plantas de todas as três populações juntas em uma estufa. A população da clareira apresentou uma resposta de alongamento mais pronunciada do que as outras duas populações. Esse resultado é previsto com base na adaptação: na floresta, uma planta que se torna mais alta que suas vizinhas ainda estará na sombra. Por outro lado, em uma clareira, uma planta que sobrepuja as demais estará sob luz intensa. Para a população da clareira, portanto, é mais adaptativo ser plástica. Como no estudo sobre a tolerância aos metais pesados, os pesquisadores mostraram a existência de três componentes necessários à seleção natural: as plantas variaram quanto ao grau de plasticidade, diferenças na plasticidade levaram a diferenças de desempenho e foi demonstrado que a plasticidade era herdável. Por fim, mostraram que as diferenças na plasticidade entre as populações estavam na direção esperada, isso se a plasticidade estivesse evoluindo por seleção natural.

O termo "plasticidade" é usado pelos ecólogos em dois contextos diferentes. Já discutimos um dos contextos, qual seja, a plasticidade de um indivíduo. O outro é a plasticidade média de uma espécie. Consideremos uma espécie que é capaz de tolerar uma ampla gama de condições. Os ecólogos poderiam chamá-la de altamente plástica. Essa poderia resultar do fato de os indivíduos serem fenotipicamente plásticos ou porque os indivíduos são geneticamente variáveis em suas tolerâncias ambientais. Desse modo, uma espécie pode consistir em uma combinação de genótipos generalistas e especialistas, embora ao mesmo tempo falemos em espécies generalistas e especialistas. Em ecologia vegetal, a ideia de que a variação total em uma espécie pode resultar de alguma combinação de genótipos plásticos e não-plásticos remonta a um artigo influente escrito por Bradshaw (1965). Contudo, somente nos últimos 20 anos essas distinções começaram a ser mais reconhecidas (ver revisões de Schlichting, 1986; Sultan, 1987; West-Eberhard, 1989; Scheiner, 1993; Via et al., 1995; Pigliucci, 2001; DeWitt e Scheiner, 2003; West-Eberhard, 2003).

Um conceito importante relacionado é o do **nicho** de uma espécie (Grinnell, 1917), o qual descreve o limite de condições ambientais nas quais uma espécie pode viver. O nicho também pode ser usado para descrever o papel de uma espécie em uma comunidade, incluindo as suas interações com outras espécies. O nicho de uma espécie é determinado pela soma dos nichos de todos os indivíduos pertencentes àquela espécie (Figura 6.9); cada indivíduo pode ter um nicho amplo ou estreito. Quando falamos do nicho de uma espécie, tratamos de dois aspectos: o **fundamental** e o **realizado** (Hutchinson, 1957). O nicho fundamental é a amplitude de condições em que uma espécie é fisiologicamente capaz de se desenvolver; o nicho realizado é a amplitude na qual a espécie é efetivamente encontrada. Fatores como competição, herbivoria e ausência de polinizadores ou dispersores de sementes agem para reduzir o nicho realizado de uma espécie do potencial de seu nicho fundamental; esses fatores serão abordados mais detalhadamente na Parte III. Leibold (1995) oferece uma revisão ampla dos conceitos de nicho.

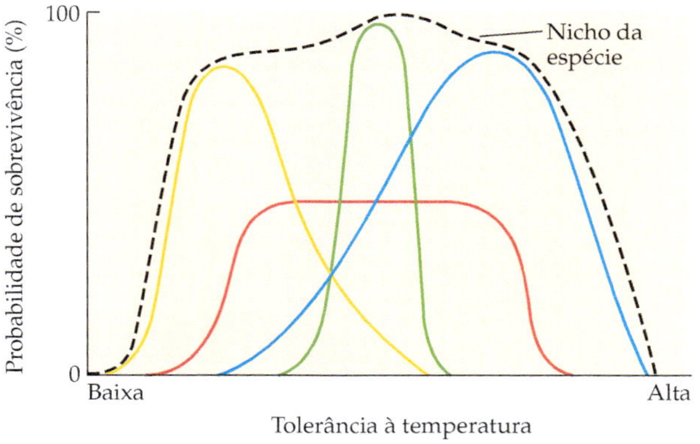

Figura 6.9 O nicho de uma espécie é a soma dos nichos de seus membros. Aqui, consideramos um aspecto de um nicho, a tolerância à temperatura. Nesse gráfico, cada curva contínua é a probabilidade de sobrevivência de um único indivíduo em função da temperatura. A amplitude térmica da curva é uma medida da plasticidade daquele indivíduo. A curva tracejada é o nicho da espécie.

Níveis de seleção

A seleção natural geralmente ocorre ao nível do indivíduo. Os indivíduos diferem em desempenho, e respostas genéticas à seleção natural são medidas pela observação de diferenças entre os indivíduos em uma população de uma geração para outra. Contudo, nenhum dos três componentes da seleção natural requer que os indivíduos sejam o único foco do processo. As plantas, em particular, apresentam formas de crescimento que podem resultar em outras unidades, como foco de seleção natural.

A primeira pergunta que devemos abordar é: o que é um indivíduo? Em muitas espécies vegetais, o indivíduo é óbvio. Há um tronco ou caule central que cresce, reproduz-se e morre. Porém, muitas outras plantas são **clonais**, existindo como um conjunto de unidades genéticas idênticas, possivelmente interconectadas, porém semiautônomas ou mesmo autônomas (ver Capítulo 7). Diversas gramíneas são bons exemplos. De uma semente de gramínea cresce uma planta que, em primeiro lugar, emite folhas para cima e raízes para baixo. Mais tarde, ela produz caules subterrâneos especializados denominados **rizomas**, os quais permitem à planta ou aumentar de tamanho ou se propagar por uma área maior. Novas folhas e raízes produzidas nos nós ao longo do rizoma são chamadas de **perfilhos**. A água e os nutrientes passam pelos rizomas até diferentes partes da planta. Contudo, uma vez que os novos perfilhos estejam suficientemente grandes, as conexões entre eles podem ser cortadas e cada perfilho pode sobreviver como uma planta independente. Mesmo se as conexões permanecerem, a transferência de água e nutrientes entre os perfilhos pode ser pequena.

Decidir exatamente o que constitui um indivíduo, então, não é simples. O ecólogo britânico John Harper propôs a seguinte distinção (Figura 6.10): um **geneta** é um indivíduo genético, o produto de uma única semente. Um **rameta** é uma unidade potencial com independência fisiológica de um geneta, como um perfilho de uma planta graminoide. Um único geneta pode consistir de vários rametas funcionando separadamente. Enquanto rametas individuais podem surgir e desaparecer, um geneta pode existir por um tempo longo. O álamo tremedor (*Populus tremuloides*, Salicaceae) é uma espécie arbórea que pode se expandir emitindo novos troncos a partir de suas raízes. Enquanto troncos individuais vivem comumente apenas 50 ou 60 anos, um geneta de *P. tremuloides* foi estimado ter mais de 10.000 anos de idade (Mitton e Grant, 1996; Figura 6.11). Outros exemplos comuns de plantas que crescem de forma clonal ou vegetativa são o *kudzu* (*Pueraria*, Oxalidaceae), os morangueiros (*Fragaria*, Rosaceae) e as taboas (*Typha*, Typhaceae).

John Harper

A seleção natural pode ocorrer sempre que os seus três componentes – variação fenotípica, diferenças de aptidão e herdabilidade – estejam presentes para um determinado atributo. Embora a maior parte da seleção ocorra ao nível do indivíduo, tem sido observada seleção em outros níveis (Lewontin, 1970). A seleção pode ocorrer, por exemplo, dentro de uma só planta. Mutações em gametas (oosfera ou célula espermática) produzem variação herdável. No entanto, nas plantas, **mutações somáticas** – mutações em células ordinárias formadoras do corpo da planta e não nos gametas – podem também provocar variação necessária à seleção natural. Se uma mutação somática ocorre em uma célula meristemática (Figura 7.1) que origina um novo rameta, isso pode resultar em variação genética entre os rametas dentro de um geneta. Se essas diferenças genéticas levam a diferenças fenotípicas que afetem o desempenho, então a seleção pode agir sobre os rametas. Além disso, tal mutação somática pode se tornar herdável, à medida que novos rametas floresçam e produzam gametas, potencialmente transmitindo aquela mutação para a próxima geração. A seleção pode também ocorrer acima do nível de indivíduo, entre populações ou entre espécies. Quando tentarmos determinar se uma característica específica de uma espécie vegetal é um resultado de evolução por seleção natural, devemos considerar a possibilidade de que a característica é um resultado de seleção em um nível diferente de indivíduo. Uma vez que a evolução ocorre por períodos de tempo muito longos, mesmo processos muito lentos ou de ocorrência muito rara podem ser importantes.

Outros processos evolutivos

Uma maneira de classificar processos que contribuem para a evolução é agrupá-los naqueles que acrescentam variação genética a uma população e aqueles que a eliminam. A seleção natural age para eliminar variação

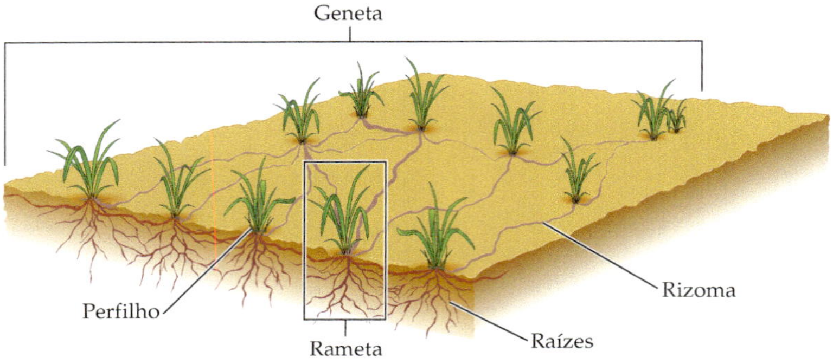

Figura 6.10 Diagrama de uma planta graminoide que cresce por propagação vegetativa. A planta inteira é um único geneta; cada perfilho é parte de um único rameta.

Figura 6.11 Este geneta de álamo tremedor, crescendo nas Montanhas Rochosas do Colorado, é estimado ter mais de 10.000 anos de idade (fotografia cedida por J. Mitton).

genética, à medida que os alelos que levam ao aumento do desempenho tornam-se fixados em uma população e outros são perdidos. Uma restrição importante sobre a evolução é a ausência de variação genética suficiente para a seleção natural agir. Para que a evolução por seleção natural continue, a variação genética deve retornar à população.

Processos que aumentam a variação

A fonte mais elementar de toda a variação genética é a **mutação**: a mudança nas sequências de DNA. A mutação inclui não apenas mudanças em pares de bases individuais (por exemplo, AT x GC), mas também supressões, inserções, rearranjos de partes de um cromossomo e duplicações de parte ou de todo um determinado cromossomo. Algumas mutações, como a substituição na terceira posição de um códon, pode não ter nenhum efeito sobre o fenótipo. Outras mutações, como as supressões, podem destruir a função de um gene. As duplicações de genes inteiros podem não ter nenhum efeito imediato sobre o fenótipo, mas podem permitir a evolução de uma nova função em uma das duas cópias. Para produzir uma mudança permanente em uma população, uma mutação deve ocorrer em gametas ou em células produtoras de gametas.

As mutações são eventos relativamente raros. As mudanças em pares de bases individuais ocorrem a uma frequência de 10^{-8} a 10^{-10} por par de bases por geração. Para um gene de tamanho médio, as mutações ocorrem a uma frequência de 10^{-5} a 10^{-7} por par de bases por geração. Em média, em uma dada população da maioria das espécies, um em cada dez indivíduos apresenta uma mutação nova em algum ponto do seu genoma a cada geração.

Uma outra fonte de variação genética é a **migração**, o movimento de indivíduos de uma população para outra, que pode introduzir novos alelos em uma população. A migração em plantas ocorre principalmente pelo movimento de esporos, pólen e sementes. Para plantas com sementes, o movimento do pólen é particularmente importante. O pólen pode ser carregado pelo vento por dezenas de quilômetros. O movimento das sementes tende a ser mais restrito, embora estudos sobre sementes dispersadas pelo vento revelem que a dispersão por distâncias razoavelmente longas seja comum. Um estudo sobre cinco espécies arbóreas canadenses, por exemplo, verificou densidades substanciais de sementes a quase um quilômetro de suas fontes (Figura 6.12). A dispersão por distâncias muito longas pode ocorrer por meio do deslocamento de animais. O movimento do pólen e das sementes é discutido em detalhes no Capítulo 7.

Como a expressão genética pode depender da presença de alelos em outros locos, combinações novas de alelos em locos diferentes podem criar variação nova. Por tal razão, o processo de reprodução sexual, que inclui *crossing-over**, meiose e recombinação, é uma importante fonte de variação genética nova.

Processos que diminuem a variação

Vários processos podem agir para eliminar a variação genética de uma população. Provavelmente, o mais impor-

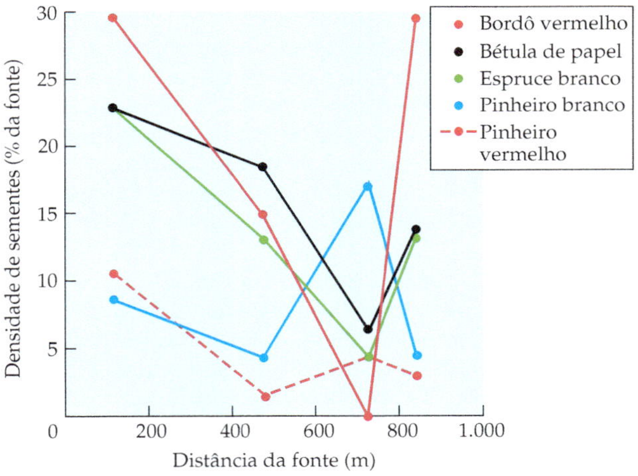

Figura 6.12 Densidades de sementes a distâncias variáveis de suas fontes, expressadas como uma porcentagem de sementes encontradas diretamente sob a árvore parental de cinco espécies (segundo Greene e Johnson, 1995).

* N. de T. *Crossing-over* é o processo por meio do qual dois cromossomos se pareiam e trocam sequências de seus respectivos DNAs. Isso ocorre geralmente durante a prófase 1 da meiose.

tante, depois da seleção natural, seja a deriva genética. A expressão **deriva genética** refere-se a mudanças em frequências genéticas devido a efeitos amostrais aleatórios. Podemos ilustrar a deriva genética com um exemplo simples: imagine uma população que consiste em plantas com flores amarelas e brancas. Nessa população, a cor da flor tem uma base genética. Em uma geração, somente devido ao acaso, mais sementes de plantas com flores amarelas chegam ao solo mais rico. Assim, quando as sementes germinarem e as plantas amadurecerem, as plantas com flores amarelas, em média, produzirão um pouco mais de sementes do que as com flores brancas. Na próxima geração, as frequências das duas cores das flores na população terão mudado, mas não devido à seleção natural. Em vez disso, a mudança na frequência do atributo deve-se ao estabelecimento aleatório das sementes.

A deriva genética pode ocorrer em muitos estágios da história de vida, incluindo meiose, polinização, germinação das sementes e maturidade. Na maioria das populações, as mudanças devido à deriva genética serão pequenas. Em geral, a deriva genética é importante somente em populações menores do que cem indivíduos; em populações superiores a mil indivíduos, os seus efeitos são habitualmente muito menores do que aqueles de outros processos evolutivos. Portanto, o tamanho populacional é um parâmetro crítico para a determinação de como a evolução prosseguirá (Figura 6.13).

A *Ipomoea purpurea* (ipoméia ou bons-dias, Convolvulaceae) fornece um exemplo dos efeitos do tamanho populacional sobre a deriva genética. Essa espécie é uma erva daninha anual de campos agrícolas no leste dos EUA. As suas flores variam de cor; alguns indivíduos apresentam flores azuis e outros, flores cor-de-rosa. A cor da flor é um atributo de um loco simples, e o azul é dominante em relação ao cor-de-rosa. Os principais polinizadores dessa espécie são abelhas, e o fluxo gênico entre populações se dá principalmente pelo pólen. As sementes são passivamente dispersadas e permanecem próximo da planta-mãe, embora ocorra dispersão de sementes por longas distâncias, provavelmente em conjunção com atividades agrícolas e horticulturais. As densidades populacionais variam entre os campos, e as distâncias entre as plantas variam de 1 a 6 metros.

Um estudo sobre cor floral foi iniciado por Michael Clegg e colaboradores (Ennos e Clegg, 1982; Brown e Clegg, 1984; Epperson e Clegg, 1986) para determinar os processos evolutivos responsáveis pela variação intra e interpopulações. O estudo enfocou padrões tanto dentro de campos quanto entre campos através dos Estados da Geórgia, Carolina do Sul e Carolina do Norte. A porcentagem de indivíduos com flores cor-de-rosa variou bastante de campo para campo, de 5%, em alguns campos, até 55%, em outros. Tal variação ocorreu ao longo de muitas distâncias diferentes, desde 50 metros (a distância mais curta entre os campos) até 560 quilômetros (a distância mais longa entre os campos). Os campos que se situavam próximos uns dos outros não eram mais similares quanto à frequência de tipos de cor do que campos distantes entre si. Esse padrão significa muito provavelmente que

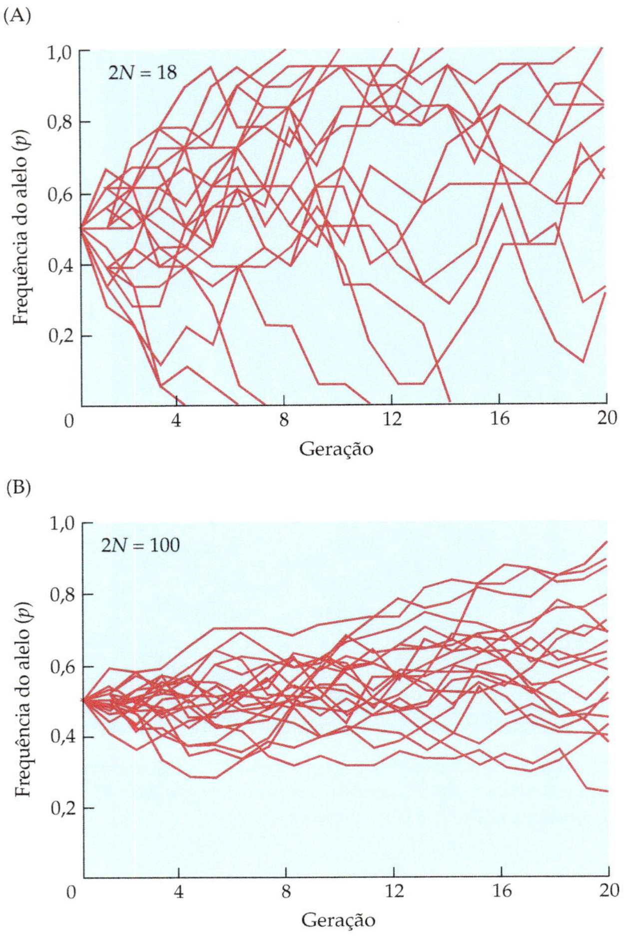

Figura 6.13 Mudanças em 20 gerações nas frequências gênicas devido à amostragem aleatória. (A) Uma frequência de alelos de $p = 0,5$ implica que há 9 cópias do alelo *A* e 9 cópias do alelo *a* nesta pequena população. (B) Uma frequência de alelos de 0,5 implica 50 cópias de cada alelo. O tamanho populacional muito maior em (B) resulta em menores oscilações nas frequências de alelos. À medida que o tamanho da população diminui, os efeitos da deriva genética aumentam.

a dispersão por distâncias longas ocorre por meio de atividades humanas.

Por outro lado, a distância afetou a similaridade entre plantas vizinhas dentro dos campos (Figura 6.14). Dentro de um campo, os pesquisadores encontraram agrupamentos de plantas; alguns tinham apenas plantas com flores cor-de-rosa, outros somente plantas com flores azuis e outros, ainda, tinham algumas plantas com flores cor-de-rosa e as demais com flores azuis. Em média, cada agrupamento continha de 10 a 15 plantas. Os polinizadores – abelhas – tendem a se deslocar até plantas próximas, de modo que os alelos tendem a se mover por distâncias muito curtas de uma geração para a outra. Os pesquisadores concluíram que o padrão de variação na cor das flores dentro dos campos resultou de uma combinação de deriva genética e migração por deslocamento

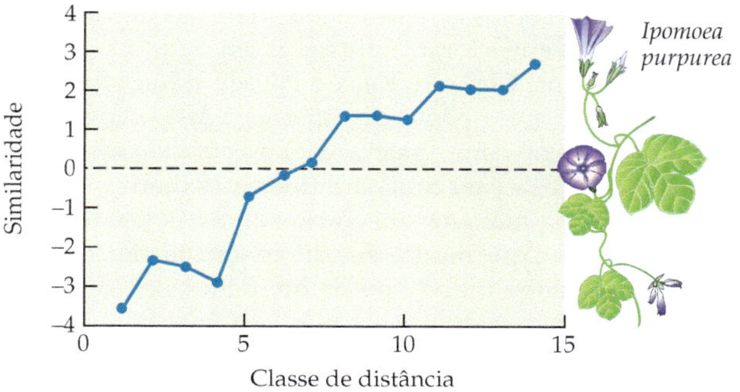

Figura 6.14 Autocorrelação espacial em agrupamentos de *Ipomoea purpurea* (ipoméia, Convolvulaceae) em um campo próximo a Athens, Geórgia. A similaridade é medida baseada na probabilidade que uma planta com flores cor-de-rosa tem de ser encontrada próxima a uma com flores azuis. Em curtas distâncias, a similaridade é negativa, indicando que plantas com flores cor-de-rosa tendem a ser encontradas próximas a outras com flores cor-de-rosa, e o mesmo ocorre para as com flores azuis. Por outro lado, em distâncias mais longas, agrupamentos dominados por plantas com flores azuis se alternam com aqueles dominados pelas com flores cor-de-rosa. O ponto no qual a linha cruza o zero indica o tamanho do agrupamento médio, aproximadamente 50 metros neste campo (segundo Epperson e Clegg, 1986).

de grãos de pólen. A amostragem aleatória fez com que as frequências dos alelos se tornassem diferentes entre os agrupamentos. A migração causou a similaridade entre os agrupamentos próximos, mas não foi suficiente para impedir que os agrupamentos mais distantes se tornassem diferentes. A **autocorrelação espacial** (similaridade como sendo uma função da distância) é uma característica distintiva da deriva genética, embora também possa ser causada por outros processos.

O tamanho populacional é de particular interesse para a conservação das espécies. Em uma espécie de distribuição ampla, mesmo que cada população seja pequena, a variação genética pode ainda ser mantida na espécie como um todo, enquanto haja alguma migração entre as populações. Se a espécie inteira está reduzida a uma única população ou a um pequeno número de populações, então a manutenção de variação genética pode se tornar difícil. A variação genética pode ser perdida rapidamente por causa da seleção natural e da deriva genética. Nova variação por meio de migração não estará disponível, já que todas as poucas populações conterão os mesmos alelos. Nova variação por meio de mutação será rara, pois a taxa de mutações novas em uma população depende do número de indivíduos. Em populações pequenas, se o ambiente muda de tal maneira que novos alelos aumentem o desempenho, aqueles novos alelos podem não estar presentes e a população pode se tornar incapaz de se adaptar às novas condições. Tais preocupações são ainda maiores atualmente, devido às mudanças causadas pelo homem no ambiente (ver Capítulo 21). O aquecimento global pode causar grandes mudanças em ambientes locais em apenas poucas décadas. Populações pequenas, incapazes de se adaptar, estarão diante da extinção.

Variação entre populações

Até agora, discutimos processos evolutivos que afetam a variação dentro de uma única população. Podemos também considerar como processos evolutivos afetam a variação entre populações. A seleção natural pode aumentar ou diminuir a variação entre populações. Se a seleção natural favorece valores diferentes de atributos em locais distintos, populações diferentes de uma espécie podem se tornar adaptadas às condições diferentes. Por fim, a espécie pode se dividir em duas. De modo contrário, se a seleção natural favorece os mesmos valores de atributos em locais diferentes, as populações tenderão a permanecer similares.

A mutação e a deriva genética tendem a aumentar a variação entre as populações. É bastante improvável que exatamente as mesmas mutações venham a ocorrer em populações diferentes. Pelo fato de a deriva genética ser aleatória, é improvável que populações diferentes experimentem exatamente as mesmas mudanças aleatórias. Essas tendências de divergência das populações serão maximizadas em populações pequenas.

A migração tende a diminuir a variação genética entre populações. A migração traz alelos para uma população, a partir de populações próximas. Esses alelos podem representar variação genética anteriormente perdida da população ou uma mutação que apareceu em outra população. Se as taxas de migração entre duas populações são suficientemente altas, as populações terão os mesmos alelos em frequências bastante semelhantes.

Todos esses processos – seleção natural, mutação, deriva genética e migração – podem agir juntos na determinação da evolução de um conjunto de populações. Imagine um conjunto de populações que seja inicial e geneticamente idêntica. Se as populações são relativamente pequenas, elas podem começar a divergir umas das outras por deriva genética e mutação. Um resultado é o aparecimento de alelos novos e também combinações novas de alelos em cada população. Essas mudanças podem resultar em várias consequências evolutivas. Primeiro, a seleção natural pode favorecer combinações diferentes de alelos em cada população, resultando em populações diferentes entre si. No entanto, taxas de migração suficientemente altas entre populações podem, às vezes, impedir que uma população desenvolva adaptações ao ambiente local. Portanto, outro resultado evolutivo possível é que todas as populações evoluam para as condições médias. Um terceiro resultado pode ocorrer se as populações diferem quanto ao grau de adaptação às condições locais. A população mais bem-sucedida pode enviar muito mais migrantes do que as outras populações. Por fim, todas as populações ficarão semelhantes àquela bem-sucedida.

Ecótipos

Os ecólogos e taxonomistas vegetais reconheceram, desde antes do tempo de Linnaeus, há mais de 250 anos, que o mesmo tipo de planta pode apresentar uma aparência diferente dependendo de onde está crescendo. No início do século XX, pesquisadores na Europa e nos EUA iniciaram trabalhos experimentais cuidadosos para melhor entenderem as causas de algumas dessas diferenças. Na Suécia, Göte Turesson (1922) coletou plantas pertencentes a várias dúzias de espécies de hábitats distribuídos pela Europa e as cultivou em um **jardim comum** em um único sítio na Suécia. Ele constatou que muitas das diferenças observadas quando as plantas estavam crescendo em seus hábitats naturais mantiveram-se quando cultivadas no mesmo ambiente. Turesson criou o termo **ecótipos** para descrever populações de uma espécie de diferentes hábitats ou locais que apresentam diferenças em aparência e função com base genética. Os ecólogos habitualmente empregam o termo "ecótipo" para se referirem a tais diferenças, que parecem ser adaptativas.

Quase ao mesmo tempo em que Turesson realizava seus experimentos na Suécia, Jens Clausen, David Keck, e William Hiesey (1940) executavam um trabalho similar na Califórnia. Esses pesquisadores estabeleceram três sítios de jardins comuns em altitudes baixas, médias e altas, desde a Carnegie Institution na Universidade de Stanford, ao sul de São Francisco, onde eles trabalhavam, até a Serra Nevada (as espetaculares montanhas que John Muir, o famoso conservacionista, denominou "cordilheira de luz"). As plantas de um grande número de espécies foram coletadas ao longo de uma **transecção** – uma linha ao longo da qual são tomadas amostras – que se estendia desde a costa continental da Califórnia até a parte mais alta da Serra Nevada, e de lá para baixo até a face leste árida das montanhas (Figura 6.15). As plantas propagaram-se vegetativamente e cópias geneticamente idênticas de vários indivíduos diferentes foram cultivadas em cada um dos três jardins comuns. Clausen, Keck e Hiesey estudaram mais intensamente dois grupos de espécies: várias espécies de *Achillea* (mil-em-rama, Asteraceae) e *Potentilla glandulosa* (potentilha, Rosaceae) com parentesco próximo.

Da mesma maneira que Turesson, esses pesquisadores constataram que muitas das diferenças na morfologia e na fenologia entre indivíduos de diferentes sítios estavam ainda presentes quando essas plantas foram comparadas nos jardins comuns (Figura 6.16). Indivíduos de *Achillea* de sítios de baixa altitude eram maiores do que os de altitudes mais elevadas, com folhas e escapos de inflorescências mais longos. As plantas de altitudes mais elevadas geralmente entravam em dormência mais cedo e começavam a crescer mais tarde do que as de sítios menos elevados e mais quentes. Essas plantas alpinas também tenderam a florescer mais tarde do que as de sítios de altitude baixa. As plantas em geral tiveram a maior taxa de sobrevivência e melhor performance no jardim sob as condições que

Figura 6.15 Parte da transecção de Clausen, Keck e Hiesey através da Califórnia, desde os sopés da Serra Nevada até o deserto da Grande Bacia, mostrando (abaixo) a altitude dos sítios dos quais as plantas foram coletadas e (acima) a aparência de indivíduos de *Achillea* quando cultivados em um jardim comum na Universidade de Stanford, próximo ao nível do mar. Os pequenos gráficos mostram a variação em altura entre os indivíduos de cada sítio, com os espécimes desenhados representando plantas de altura média, e as setas indicando a altura média da planta. Observe que as distâncias do mapa horizontal estão comprimidas (Clausen et al., 1948).

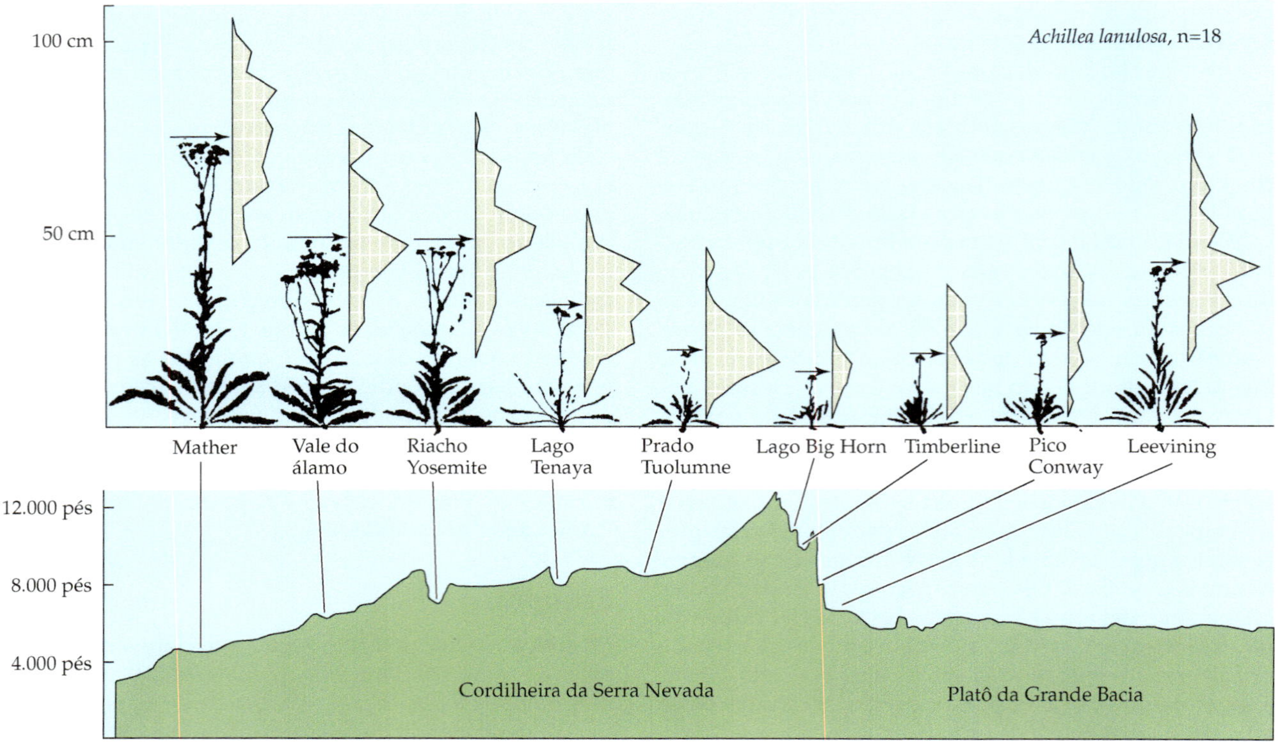

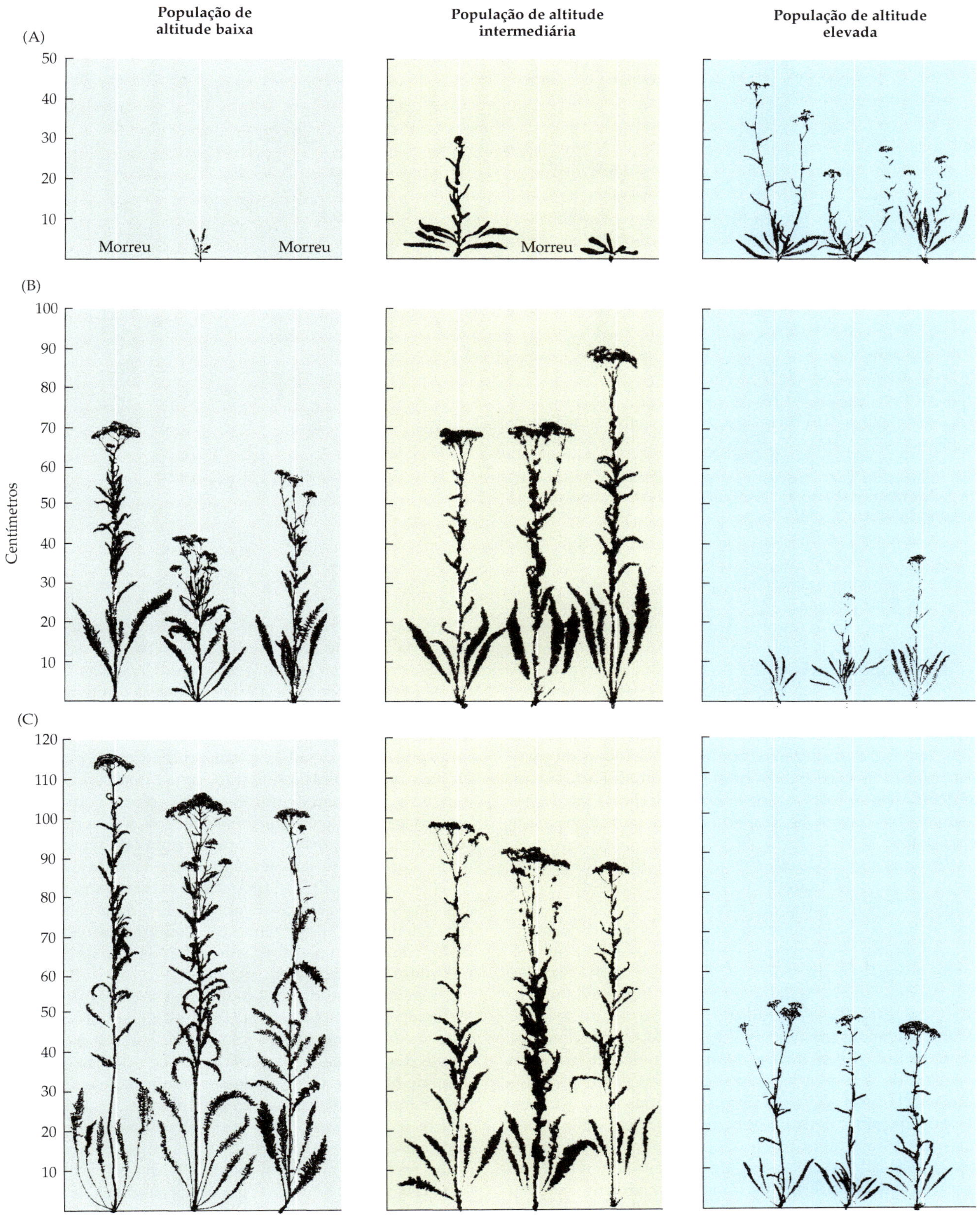

Figura 6.16 Exemplos de plantas (painéis verticais da esquerda para a direita) obtidas de clones de populações de *Achillea* de altitudes baixas, intermediárias e elevadas, quando cultivadas em jardins comuns de transplante em altitude elevada (A: Timberline, 2.100 m), altitude intermediária (B: Mather, 1.400 m) e elevação baixa (C: Stanford, Califórnia, 20 m) (Clausen et al., 1948).

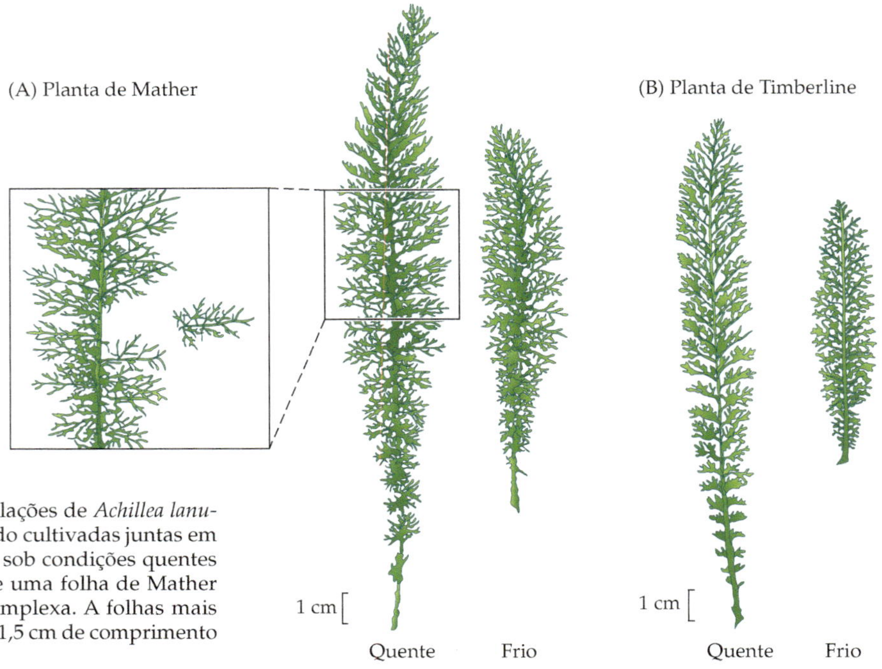

Figura 6.17 Folhas de plantas das populações de *Achillea lanulosa*, de (A) Mather e (B) Timberline, quando cultivadas juntas em ambientes comuns de casas de vegetação sob condições quentes e frias. Uma parte da porção mediana de uma folha de Mather está aumentada para mostrar a forma complexa. A folhas mais longas de Mather têm aproximadamente 11,5 cm de comprimento (segundo Gurevitch, 1992).

mais se assemelharam àquelas nas quais elas naturalmente cresciam (Clausen et al., 1948; Núñez-Farfán e Schlichting, 2005). Os pesquisadores observaram diferenças surpreendentes na aparência das folhas das plantas de diferentes sítios ao longo da transecção. As folhas de populações de altitude elevada foram não apenas menores mas também tenderam a apresentar uma densa pubescência cinza (um tapete de tricomas curtos sobre a superfície foliar) e exibiram uma forma muito mais compacta. As folhas de plantas de altitudes mais baixas eram lisas e verdes, e altamente **divididas** (apresentaram a lâmina dividida em partes pequenas e conectadas, fazendo a folha parecer bastante penada).

Muitos anos após esses estudos originais, Jessica Gurevitch e colegas (Gurevitch, 1988, 1992a,b; Gurevitch e Schuepp, 1990) retornaram aos sítios originais para realizar estudos adicionais sobre as mesmas populações que Clause, Keck e Hiesey estudaram. Como qualquer um que tenha visitado ou morado na Califórnia poderia esperar, muitos dos sítios originais onde as plantas haviam sido coletadas estão hoje sob o asfalto. Contudo, a Carnegie Institution ainda mantém os sítios em Mather e Timberline, onde dois dos jardins comuns originalmente estavam localizados, e as plantas dessas populações de altitudes intermediárias e elevadas foram coletadas para estudos. As populações diferiram geneticamente em suas características fotossintéticas. Houve, também, diferenças genéticas baseadas entre as populações tanto em relação ao tamanho quanto à forma da folha, especialmente no grau em que essas folhas complexas eram divididas. Como observaram os primeiros pesquisadores, a população de Mather apresentou folhas muito mais penadas e altamente divididas, enquanto as de Timberline eram mais compactas (Figura 6.17).

Poderia haver uma razão adaptativa para essas diferenças na forma foliar? Estudos sobre o balanço energético demonstraram que as folhas altamente divididas das plantas de Mather apresentaram uma camada limite mais fina com maior condutância de calor (ver Capítulo 3), o que aumentava a probabilidade delas permanecerem a temperaturas próximas a do ar. As folhas compactas das plantas de altitudes elevadas apresentaram uma camada limite mais espessa e uma menor condutância de calor; cálculos sobre o balanço energético sugeriram que essas folhas poderiam se aquecer, de forma considerável, acima da temperatura do ar. Portanto, no ambiente quente e seco das altitudes mais baixas, as folhas permaneceriam relativamente frescas, enquanto as plantas de atitude elevada poderiam ser capazes de se aquecer acima da temperatura congelante do ar, comum em seu ambiente, a fim de maximizar a fotossíntese e o crescimento.

Um outro estudo adotando uma estratégia similar foi realizado por Martin Lewis (1969, 1970), sobre *Geranium sanguineum* (Geraniaceae), uma espécie europeia amplamente distribuída. Essa espécie cresce em uma diversidade de hábitats. Como Turesson e outros pesquisadores observaram em outras espécies, as plantas dos sítios mais xéricos exibiram as folhas mais divididas com os lobos mais estreitos, enquanto as de sítios mais mésicos apresentaram folhas maiores e menos divididas (Figura 6.18). Lewis encontrou diferenças genéticas baseadas na forma e no tamanho de folhas entre plantas coletadas em um grande número de sítios diferentes na Europa. Foi observado um gradiente quanto à divisão foliar, com as folhas mais

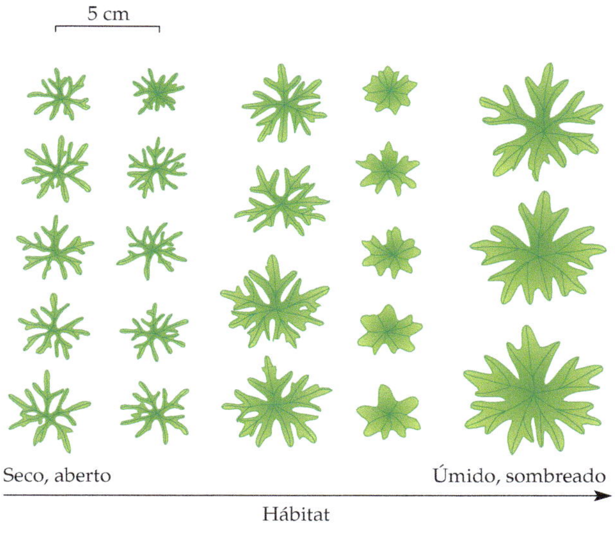

Figura 6.18 Diferenças na forma foliar entre indivíduos de *Geranium sanguineum* retirados de sítios em uma diversidade de hábitats do norte até o centro e leste da Europa, e, após, cultivados em um jardim comum. Os sítios variaram desde secos e abertos (alvar*, calcário xérico, esquerda), passando por intermediários (estepe, estepe lenhosa-bosque aberto, e topos de penhascos costeiros), até úmidos e sombreados (bosque, direita) (segundo Lewis, 1972).

divididas e oriundas de ambientes mais secos, e as folhas mais compactas procedentes de ambientes mais úmidos, próximos ao oceano. Um gradiente geográfico diferente no tamanho foliar correlacionou-se com a abertura do hábitat, com as plantas de folhas maiores em hábitats menos abertos e sombreados por árvores. Baseado em estudos sobre a fisiologia e o balanço energético, Lewis propôs a hipótese de que as diferenças no balanço energético das folhas devido às diferenças no tamanho e forma foliares levariam a diferenças nas temperaturas das folhas. As folhas mais divididas dos hábitats mais secos permaneceriam mais próximas à temperatura do ar, evitando assim o superaquecimento quando a seca força o fechamento estomático. Outras vantagens fisiológicas foram também previstas para as folhas de cada ecótipo em seus ambientes "lares".

Originalmente, acreditava-se que houvesse uma dicotomia estrita entre gradientes (*clines*) e ecótipos. Os gradientes representavam diferenças gradativas em atributos geneticamente determinados que são responsáveis por diferenças morfológicas e fisiológicas ao longo do espaço geográfico. Os ecótipos, ao contrário, representavam diferenças nítidas entre populações que são distintas geneticamente e em vários atributos fenológicos. A maioria dos ecólogos vegetais já não vê essa distinção como sendo muito útil. A variação genética responsável por diferenças morfológicas, fisiológicas e fenológicas pode ocorrer em muitas escalas diferentes, às vezes com distinções nítidas entre populações e, às vezes, com mudança gradual. O caráter abrupto da mudança depende da natureza dos processos evolutivos agindo sobre esses grupos de plantas: a seleção, a deriva genética e a migração moldam a taxa de mudança genética no espaço. Por conveniência, podemos escolher chamar populações distintas de "ecótipos" ou enfatizar a natureza gradual da mudança e evocar um gradiente. À medida que hábitats naturais se tornam cada vez menores e mais fragmentados, mais e mais casos de mudanças genéticas e fenológicas graduais em populações de plantas e animais ficarão isolados, lembrando, assim ecótipos, mesmo que tenham se originado como membros de um gradiente com variação contínua.

* N. de T. Alvar é um ambiente biológico que ocorre sobre planícies calcárias com solos rasos e pobres, ou mesmo inexistentes, e, consequentemente, com vegetação esparsa.

Especiação

Um resultado da evolução por seleção natural é a **especiação**, a produção de novas espécies. A especiação pode ocorrer quando duas ou mais populações da mesma espécie tornam-se isoladas umas das outras e se adaptam a diferentes condições ambientais por um longo período de tempo. Por fim, as respostas populacionais a diferenças na seleção natural em seus ambientes diversos podem resultar em populações que se tornaram tão diferentes que são **reprodutivamente isoladas**, significando que é possível que elas não mais se entrecruzem. A maioria dos biólogos considera o isolamento reprodutivo como significado de transformação de duas populações em espécies distintas – o que também pode ocorrer por outros processos além da adaptação por seleção natural. Não raras vezes, tal diferenciação acontece em populações que são geograficamente distantes umas das outras (**seleção alopátrica**) (Figura 6.19), mas também pode ocorrer em populações adjacentes (**seleção parapátrica**) ou mesmo dentro de uma única população (**especiação simpátrica**). Esses três modos de es-

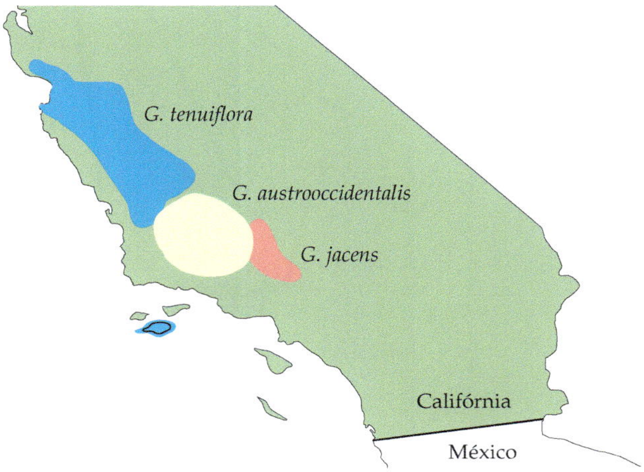

Figura 6.19 Amplitude geográfica de três espécies do gênero *Gilia* (Polemoniaceae). A explicação mais provável para este padrão de limites adjacentes é a especiação alopátrica em uma espécie originalmente de ampla distribuição.

peciação são comuns tanto às plantas quanto aos animais; contudo, as plantas passam por alguns processos de especiação singulares, como veremos brevemente.

O **conceito biológico de espécie** define uma espécie como um grupo de organismos que, de forma efetiva ou potencial, entrecruzam, e que são reprodutivamente isolados de outros grupos (Mayr, 1942). Desse modo, uma espécie forma uma unidade evolutiva dentro da qual, ao longo do tempo, as mudanças genéticas nas populações estão ligadas. Na maioria dos casos, espécies definidas dessa maneira são idênticas a espécies definidas pelos taxonomistas. As **espécies taxonômicas** são geralmente definidas por partilharem características morfológicas. No entanto, um problema quanto ao uso de critérios morfológicos para definir espécies é a existência de **espécies crípticas**, organismos que parecem pertencer à mesma espécie, mas reprodutivamente isolados uns dos outros. Em plantas, as espécies crípticas ocorrem entre poliploides (ver a seguir). Mais comuns são indivíduos que parecem ser diferentes, particularmente se procedem de diferentes lugares, porém são ainda capazes de entrecruzar. Se esses indivíduos estão conectados por outros que são morfológica e geograficamente intermediários, eles serão classificados como membros de uma mesma espécie.

Contudo, as barreiras reprodutivas entre as espécies não são sempre impermeáveis. A **hibridação** ocorre quando os membros de diferentes espécies no mesmo gênero se cruzam e produzem uma prole viável (Figura 6.20). ("Hibridação" tem um significado diferente para os agrônomos, que usam o mesmo termo quando se referem a cruzamentos entre diferentes cultivares dentro de uma única espécie.) A extensão da hibridação varia muito entre os gêneros. Na maioria dos gêneros, a hibridação é um evento muito raro, se é que ocorre. Por outro lado, alguns gêneros notoriamente formam, com frequencia, híbridos, incluindo *Quercus* (carvalhos, Fagaceae), *Crategus* (pilriteiro, Rosaceae) e *Atriplex* (Amaranthaceae). Em alguns casos, as identidades das espécies tornam-se muito difíceis de serem discernidas à medida que os limites se tornam indistintos, e nós chamamos um grupo de espécies hibridizantes como um **enxame de híbridos**. A hibridação parece ser muito mais comum em plantas do que em animais. Essa diferença pode se dever, em parte, à natureza mais passiva do cruzamento em plantas, as quais dependem do vento, da água ou de animais para terem seu pólen transportado de uma flor para outra. Os enxames de híbridos tendem a ser mais comuns em gêneros polinizados pelo vento.

Uma outra característica comum da evolução em plantas é a **poliploidia**: a duplicação do conjunto inteiro de

Figura 6.20 Hibridação entre espécies do gênero *Clarkia* (Onagraceae). Nomes em letras maiúsculas são seções do gênero. Os nomes em letras minúsculas são epítetos específicos, junto com os seus respectivos números cromossômicos haploides. As formas poliploides surgiram de hibridação entre espécies (segundo Lewis e Lewis, 1955).

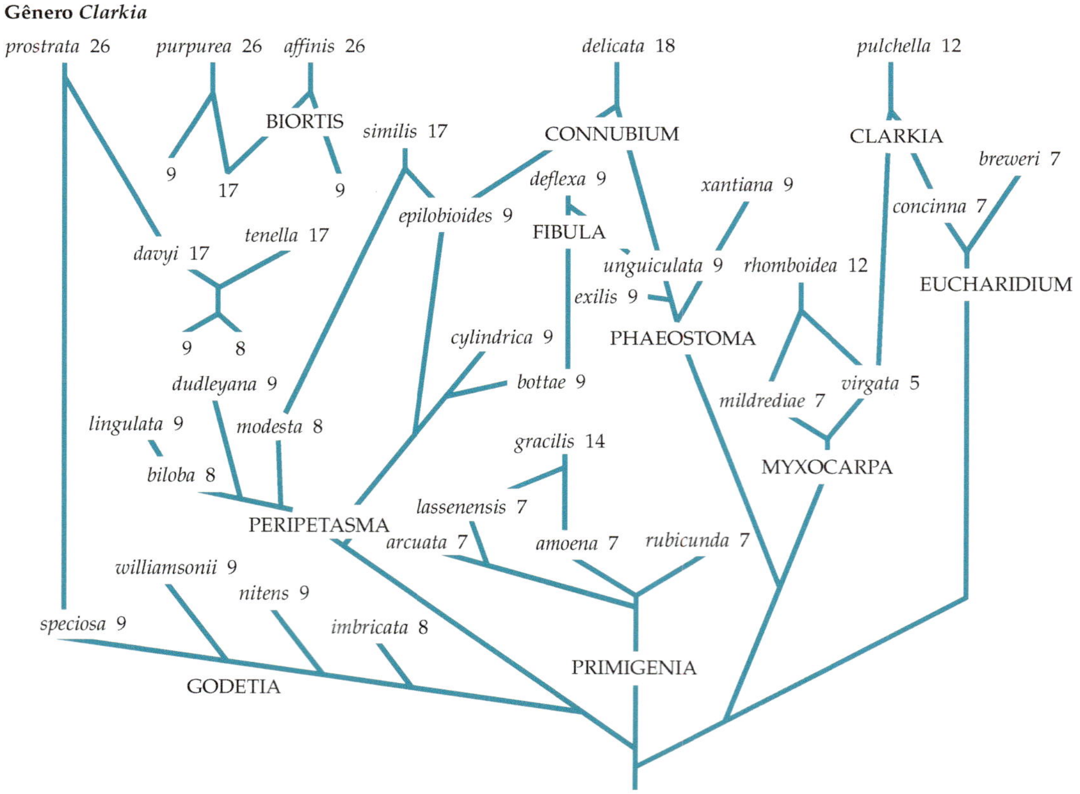

cromossomos, resultando em duas ou mais cópias do genoma em cada célula. A poliploidia pode ocorrer de duas maneiras. Primeiro, considere um indivíduo diploide ($2n$) que, por algum erro, produza pólen e óvulos sem meiose (a divisão de redução), resultando em gametas diploides com cromossomos $2n$ ao invés de gametas haploides com cromossomos $1n$. Se aquele indivíduo se autopolinizar, a sua prole será **tetraploide**, portando cromossomos $4n$. Contudo, tal duplicação não requer autopolinização; se dois indivíduos separados produzirem gametas não-reduzidos diploides e cruzarem um com o outro, resultará uma prole tetraploide. Esse processo é chamado de **alopoliploidia**, se os gametas vierem de indivíduos de diferentes espécies em conjunção com a hibridação. O mesmo é chamado de **autopoliploidia**, se ambos os gametas vierem de indivíduos da mesma espécie.

A poliploidia não precisa parar em $4n$; podem acontecer duplicações posteriores. O cruzamento com indivíduos $2n$ pode resultar em prole $6n$. Em *Atriplex canescens*, são conhecidos indivíduos variando entre $2n$ e $20n$. As samambaias, que são uma linhagem antiga, em geral apresentam números cromossômicos grandes. O grupo *Polypodium vulgare* (Polypodiaceae) apresenta indivíduos com $2n = 74$, 148 e 222. O número básico alto (74) é, sem dúvida, devido a eventos de poliploidia muito mais antigos. O número cromossômico mais alto conhecido em plantas é o da samambaia *Ophioglossum reticulatum* (Ophioglossaceae), em que $2n = 1260$. O sistema de desenvolvimento modular das plantas, ao menos em alguns táxons, é aparentemente capaz de lidar com essas mudanças de ploidia sem dificuldade. Uma consequência típica da poliploidia é um indivíduo maior ou mais vigoroso que seus pais, porém de resto similar em aparência. O maior tamanho acontece em parte porque o tamanho da célula é proporcional ao do núcleo; mais cromossomos resultam em um núcleo maior e, assim em uma célula maior.

Indivíduos com números de ploidia incomuns (p. ex., $3n$ ou $5n$) são também possíveis. Tais indivíduos não podem produzir gametas por meio de processos meióticos típicos, porque os cromossomos podem se parear indevidamente. Por um processo conhecido como agamospermia, algumas plantas podem produzir sementes sem fertilização ou meiose (ver Capítulo 7); os dentes-de-leão (*Taraxacum officinale*, Asteraceae) e os pomelos (*Citrus paradisi*, Rutaceae) são duas dessas plantas. (Às vezes, a polinização é necessária para iniciar o desenvolvimento da semente, embora a fertilização não ocorra.) As sementes produzidas por agamospermia contêm uma duplicata exata do genoma da planta-mãe. A agamospermia não está restrita a espécies com números de ploidia incomuns. Pela duplicação cromossômica ou hibridação, as espécies com números de ploidia incomuns também podem evoluir para adquirir números de ploidia uniformes.

A **aneuploidia**, ganho e perda de cromossomos individuais, é uma outra maneira comum na qual linhagens de plantas mudam seus números cromossômicos. A aneuploidia é especialmente comum em linhagens que já são poliploides. No gênero *Hesperis* (Brassicaceae), por exemplo, conhecem-se espécies em que $n = 7$, 14, 13, e 12. Nesse caso, a rota evolutiva mais provável foi primeiramente uma duplicação do número de cromossomos de 7 para 14, então uma perda subsequente de primeiro um e, após, de um segundo cromossomo.

Um resultado da poliploidia é o isolamento reprodutivo imediato. Uma prole $4n$ não pode cruzar com seus progenitores $2n$, exceto por meio de um novo e raro evento de hibridação. Assim, sob o conceito de espécie biológica, tal indivíduo poliploide é um membro de uma nova espécie. Para que aquela espécie se estabeleça, contudo, o indivíduo poliploide deve se reproduzir e a população, crescer. É somente porque a maioria das plantas produz tanto gametas masculinos quanto femininos, e autocompatíveis, que tais indivíduos podem se reproduzir. *Atriplex* fornece uma exceção interessante; como foi mencionado, esse gênero contém muitos híbridos e poliploides, ainda que seja dioico (gametas masculinos e femininos são produzidos em indivíduos diferentes). A despeito do isolamento reprodutivo causado pela poliploidia, os taxonomistas tendem a classificar indivíduos com diferentes números de ploidia como sendo da mesma espécie, se a sua aparência geral for similar – um caso em que a espécie taxonômica difere da espécie biológica.

Adaptação e especiação por meio de hibridação

A hibridação pode fazer mais do que criar isolamento reprodutivo. Ela pode também levar a novas combinações genéticas que são adaptadas a condições ambientais diferentes daquelas de ambas as espécies parentais. Uma restrição à especiação por hibridação é que o novo híbrido deve competir com as espécies parentais. Como o híbrido inicialmente será raro, a maioria dos cruzamentos ocorrerá com as espécies parentais. Se o híbrido for poliploide, esses cruzamentos não resultarão na produção de prole, ou esta será estéril (Levin, 2002). Se o híbrido for diploide, a prole poderá ser fértil, mas provavelmente será inundada geneticamente pelas espécies parentais e não conseguirá produzir uma nova espécie. O isolamento ecológico ou espacial do híbrido pode fornecer um escape dessa armadilha.

Loren Rieseberg e colegas (2003) estudaram a hibridação em girassóis selvagens, *Helianthus* (Asteraceae; Figura 8.3). *H. annuus* e *H. petiolaris* são bem distribuídos na América do Norte, o primeiro habitando solos argilosos que se tornam úmidos na primavera e secam posteriormente no verão, enquanto o último é encontrado em solos mais arenosos, com menor cobertura vegetal. As duas espécies hibridaram várias vezes entre 60.000 e 200.000 anos atrás, produzindo *H. anomalus*, *H. deserticola* e *H. paradoxus*, todas diploides. Em comparação com as espécies parentais, os híbridos apresentam distribuições geográficas muito menores e ocupam ambientes muito mais extremos: *H. anomalus* ocorre em dunas arenosas em Utah e norte do Arizona; *H. deserticola* é encontrada em solos arenosos secos no deserto de Nevada; e *H. paradoxus* limita-se a poucas marismas salobras no oeste do Texas e no Novo México.

Como os híbridos são capazes de habitar ambientes mais extremos que as espécies parentais? Poderíamos esperar que os híbridos fossem intermediários quanto ao fenótipo (ver Quadro 6A). Nesse caso, os genes das duas espécies parentais divergiram suficientemente para que novas dominâncias e interações epistáticas nos híbridos criassem os fenótipos extremos.

A adaptabilidade dos novos fenótipos híbridos foi demonstrada de duas maneiras: primeiro, os atributos dos híbridos foram comparados com aqueles de outras espécies que vivem nos mesmos hábitats ou em hábitats similares. *H. anomalus* apresenta sementes grandes, rápido crescimento de raízes e folhas suculentas, como outras espécies encontradas em dunas arenosas. *H. deserticola* floresce rapidamente e apresenta folhas estreitas, como outras espécies de deserto (ver Capítulo 3). *H. paradoxus*, como outras halófitas, pode reduzir os efeitos do sódio e de outros íons minerais por meio de exclusão ativa, sequestro interno e aumento da suculência foliar (Welch e Rieseberg, 2002; Lexer et al., 2003). Segundo, as espécies parentais e híbridas foram cultivadas em um jardim comum, no hábitat de cada um dos híbridos. Conforme o esperado, cada híbrido foi favorecido em seu próprio hábitat. Os pesquisadores examinaram a seleção sobre os genes associados com os atributos híbridos e constataram que aqueles genes foram selecionados positivamente nos hábitats esperados.

Uma limitação ao entendimento do processo de adaptação é o lapso de tempo desde que os eventos de interesse ocorreram. Desse modo, como Rieseberg e colegas sabem que os fenótipos extremos se originaram com a hibridação, ao invés de terem evoluído por seleção natural posterior? Eles recriaram os híbridos através do cruzamento das espécies parentais e verificaram que seus híbridos sintéticos apresentavam fenótipos similares aos naturais. Embora não provem que as combinações genéticas adaptativas surgiram durante o evento de hibridação, esses resultados fornecem forte evidência indireta para essa hipótese. Assim, o trabalho de Rieseberg mostra o potencial da hibridação em realizar novas combinações genéticas que levam à adaptação a novas condições ecológicas e à especiação. Resta determinar o quão comum esse processo é na evolução de novas espécies.

Resumo

A seleção natural é o processo evolutivo central que determina as formas dos organismos vivos. Ela ocorre por meio da interação de três componentes: variação fenotípica, diferenças de desempenho ligadas àquela variação e uma base genética para aquela variação. Todos os três componentes são necessários para ocorrer evolução por seleção natural. A ecologia de uma planta exerce um papel em todos os três componentes, influenciando o fenótipo ao afetar o curso do crescimento e do desenvolvimento, determinando diferenças de desempenho e influenciando a expressão dos genes.

A seleção natural age sobre a variação entre os fenótipos. Quase todos os atributos das plantas variam entre os indivíduos dentro de populações e espécies. A herdabilidade da variação significa que ao menos parte da diferença entre os indivíduos em uma população deve-se a diferenças genéticas. A herdabilidade é medida estudando-se a semelhança entre parentes. Os valores de herdabilidade dependem das frequências dos genes dentro das populações e de interações genótipo-ambiente, e eles podem ser afetados pela distribuição não-aleatória dos genótipos. Portanto, as estimativas de herdabilidade são específicas da população e do ambiente no qual são medidas.

A seleção natural é onipresente. Quantidades substanciais de seleção fenotípica têm sido encontradas em quase todos os casos em que ela foi investigada. A variação genética tem sido encontrada na maioria dos atributos. Assim, existem os componentes necessários para a seleção natural em geral. Essas observações são a base para as nossas conclusões de que a seleção natural tem moldado as características e a natureza das plantas que vemos ao nosso redor, embora aquele processo tenha ocorrido no passado, ou esteja ocorrendo na atualidade em taxas muito lentas para serem medidas diretamente.

Explicar a origem e a manutenção de atributos vegetais atuais não é um tema simples. Podemos observar uma planta e seu ambiente e fazer uma suposição consistente sobre os processos evolutivos que a moldaram. Porém, elevar aquela suposição ao nível da confiança científica pode ser difícil. Em alguma medida, todos os atributos são moldados por seleção natural. Contudo, outros processos como mutação e migração também são importantes na moldagem dos atributos. Ordenar os processos responsáveis por atributos atuais é difícil, porque diferentes processos podem gerar resultados semelhantes. Com frequência, os processos evolutivos operam muito lentamente por longos períodos de tempo, tornando sua observação uma tarefa difícil se levada em conta a curta duração da maioria dos estudos científicos estudos.

Não obstante, os biólogos evolutivos têm sido capazes de observar a seleção natural em ação e inferir o passado. A seleção fenotípica tem sido medida em dúzias de populações e espécies. Pelo exame de casos nos quais a seleção é forte (p. ex., tolerância a metais pesados), somos capazes de encontrar evidências de adaptação por seleção natural ocorrendo ao longo de apenas poucas centenas de anos. Muito da nossa evidência vem da observação de padrões atuais de variação entre populações e espécies. Essas observações variam de comparações entre populações vizinhas das mesmas espécies crescendo em ambientes diferentes, comparações entre populações separadas por grandes distâncias geográficas e até entre espécies sem parentesco próximo e separadas geograficamente.

Mutação e migração são importantes para suprir variação genética. A deriva genética pode agir de duas maneiras: diminuindo a variação genética em uma população e causando evolução na ausência de seleção natural. Portanto, nem toda a mudança evolutiva se deve à seleção natural, embora ela seja o processo evolutivo mais importante e chave para criar adaptações.

A soma desses processos evolutivos cria a incrível diversidade do mundo vivo que nos rodeia. Essa diversidade pode ser vista em escalas que variam de indivíduos e populações a espécies. Os ecólogos estudam essa diversidade para descobrir como ela corresponde ao mundo de hoje. A evolução fornece o contexto dentro do qual essa diversidade surgiu, enquanto a ecologia provê o contexto para a operação da evolução no passado, presente e futuro.

Questões para estudo

1. Como a evolução limita o escopo das previsões ecológicas, por exemplo, previsões a respeito da mudança climática global?
2. De que maneiras a ecologia de uma espécie afeta a sua evolução?
3. Que evidências você procuraria para determinar se um atributo de um organismo é o resultado de adaptação por seleção natural? Alguns tipos de evidência têm maior peso?
4. Na sua frente estão duas plantas da mesma espécie cujas folhas diferem em tamanho e forma. Explique todas as possíveis causas para essas diferenças. Desenhe um experimento para testar uma dessas explicações.
5. O Ato das Espécies em Perigo dos EUA* não aborda a preservação de variação genética dentro das espécies. Deveria?

Leituras adicionais

Referências clássicas

Clausen, J. D., D. Keck and W. M. Hiesey. 1940. *Experimental Studies on the Nature of Species.* I. *Effects of Varied Environments on Western North American Plants.* Carnegie Institute of Washington, Washington, DC.

Darwin, C. 1859. *On the Origin of Species by Means of Natural Selection.* John Murray London.

Dobzhansky, Th. 1937. *Genetics and the Origin of Species.* Columbia University Press, New York.

Stebbins, G. L. 1950. *Variation and Evolution in Plants.* Columbia University Press, New York.

Turesson, G. 1922. The species and the variety as ecological units. *Hereditas* 3:100-113.

Fontes adicionais

Endler, J. A. 1986. *Natural Selection in the Wild.* Princeton Úniversity Press, Princeton, NJ.

Futuyma, D. J. 2005. *Evolution.* Sinauer Associates, Sunderland, MA.

Hartl, D. L. and A. G. Clark. 1997. *Principies of Population Genetics.* 3rd ed. Sinauer Associates, Sunderland, MA.

Primack, R. B. and H. Kang. 1989. Measuring fitness and natural selection in wild plant populations. *Annu. Rev. Ecol. Syst.* 20: 367-396.

Provine, W. B. 1986. *Sewall Wright and Evolutionary Biology.* University of Chicago Press, Chicago, IL.

Travis, J. 1989. The role of optimizing selection in natural populations. *Annu. Rev. Ecol. Syst.* 20: 279-296.

Wilson, E. O. and W. H. Bossert. 1971. *A Primer of Population Biology.* Sinauer Associates, Sunderland, MA.

* N. de T. U.S. Endangered Species Act (http://www.natureserve.org/explorer/statusus.htm). A manutenção e disponibilização do site (em inglês) são de inteira responsabilidade de seu proprietário.

CAPÍTULO 7 Crescimento e Reprodução de Indivíduos

O crescimento e a reprodução de indivíduos são componentes críticos do crescimento (ou declínio) de populações. São, também, caminhos-chave nos quais as plantas interagem com outras, com animais e com o ambiente físico que as rodeia, por meio da captação de nutrientes, do uso de espaço, das relações de polinização e da dispersão de frutos e sementes. Os movimentos de grãos de pólen, sementes e frutos são os principais fatores responsáveis pela iniciação dos padrões espaciais em populações vegetais. A evolução de características reprodutivas específicas assinala episódios-chave na história de plantas terrestres. Como essas características evoluíram sob a influência da seleção natural? Quais são as consequências ecológicas da variação nessas características, em termos de expansão de populações, especiação e capacidade de espécies vegetais em invadir novos ambientes? As culturas geneticamente modificadas representam um perigo para os seus parentes selvagens? Iniciamos este capítulo enfocando o interior da planta, nos níveis anatômico e fisiológico. Após, fazemos a transição, considerando o crescimento e a reprodução da planta como um todo e de populações vegetais.

Crescimento vegetal

O crescimento de plantas é **modular**, ou seja, elas crescem adicionando aos seus corpos unidades repetidas. Tais unidades são chamadas de módulos. Podemos comparar o crescimento de plantas à construção de brinquedos pelas crianças, nos quais estruturas complexas são montadas pela adição de unidades simples repetidas. Como nesses brinquedos, no crescimento vegetal modular existem apenas alguns tipos de unidades repetidas; todas as estruturas vegetais são iterações dessas unidades.

Os papéis básicos do crescimento vegetal têm consequências importantes para a ecologia vegetal. Em especial, a capacidade de acrescentar (ou perder) módulos individuais significa que as plantas possuem muita plasticidade em seu tamanho e sua forma. Essa plasticidade afeta a sua capacidade de responder ao dano, de capturar recursos e de interagir com outras plantas. Muitas podem sobreviver à perda, por herbivoria, de grandes partes de seus corpos. Por outro lado, poucos animais poderiam sobreviver à perda similar de partes do corpo! Existem, também, muitas espécies vegetais que perdem regularmente porções da **parte aérea** (parte situada acima da superfície do solo e composta de caules e folhas) pela ação de fatores abióticos, como temperaturas muito baixas, seca e fogo, e mesmo assim, sobrevivem.

A adição de novos módulos depende da atividade de **meristemas**, que são grupos de células indiferenciadas (células que ainda não possuem funções especializadas) (Figura 7.1). No ápice de um caule ou ramo em crescimento localiza-se um **meristema apical**. O caule em crescimento é formado pela produção de novas células situadas atrás do meristema apical. Subsequentemente, essas novas células diferenciam-se em muitos tipos diferentes de tecidos constituintes da parte aérea, como epiderme, xilema, floema e parênquima. Dentro do meristema apical, determinadas células geram periodicamente um **nó** – um ponto de proliferação para o desenvolvimento de folhas ou flores. Os nós, por isso, são os locais onde folhas e flores estão presas ao caule. Em muitas plantas, o caule é visivelmente intumescido junto ao nó, e nesse local forma-se um primórdio (gema) para uma nova folha ou flor em potencial.

Os **entrenós** – segmentos de caule entre os nós – são formados em uma etapa separada. Ao gerar um nó, o meristema apical pode criar grupos de células denominados **meristemas intercalares**. Os entrenós crescem quando esses meristemas intercalares são ativados. Alguns vegetais possuem entrenós curtos ou mesmo imperceptíveis; eles apresentam pequena quantidade de células meristemáticas intercalares ou não as ativam. Entre os exemplos desses vegetais, denominados **plantas em roseta**, podem ser mencionados o repolho, o dente-de-leão, muitas espécies alpinas e muitas espécies herbáceas de pequeno porte. Em muitas dessas espécies, o início do florescimento ativa os meristemas intercalares e a planta se alonga (exibe *bolting*), devido à expansão dos entrenós.

Em cada nó, existe também um **meristema axilar** na **axila foliar**, o local de união de folha e o caule. Ao crescerem, os meristemas axilares crescem e podem se tornar ramos ou flores (que são, de fato, tipos especiais de ramos). Os meristemas axilares são geralmente inativos enquanto o meristema apical está intacto, porque esse meristema produz hormônios que inibem a proliferação de células nos meristemas axilares; tal fenômeno é denominado **dominância apical**. Se o meristema apical for removido – por exemplo, quando um herbívoro retira o ápice da planta –, os meristemas axilares ficam livres da dominância apical e muitos deles começam a formar novos ramos abaixo do dano. Essa resposta ao dano por crescimento modular é um modo importante pelo qual as plantas recuperam-se da herbivoria e continuam a crescer, embora, agora, de forma menos intensa.

Uma planta jovem ou um novo caule começa a crescer em tamanho pelo processo já descrito, denominado **crescimento primário**. Todas as gimnospermas e angiospermas dicotiledôneas perenes (e muitas anuais nesses grupos) continuam seu crescimento por um outro processo, denominado **crescimento secundário**. O crescimento secundário é um processo de crescimento em circunferência, pela produção de tecidos lenhosos (xilema secundário). Em um caule novo, os feixes vasculares estão separados entre si. Porém, à medida que o caule amadurece, os elementos condutores (e as células associadas) crescem próximos e coalescem, formando um cilindro que circunda a parte interna do caule. No sistema vascular, entre o xilema e o floema, encontra-se o **câmbio vascular**, que é responsável pelo crescimento secundário do caule. Nas raízes ocorre um processo similar. O xilema secundário, ou **madeira**, ti-

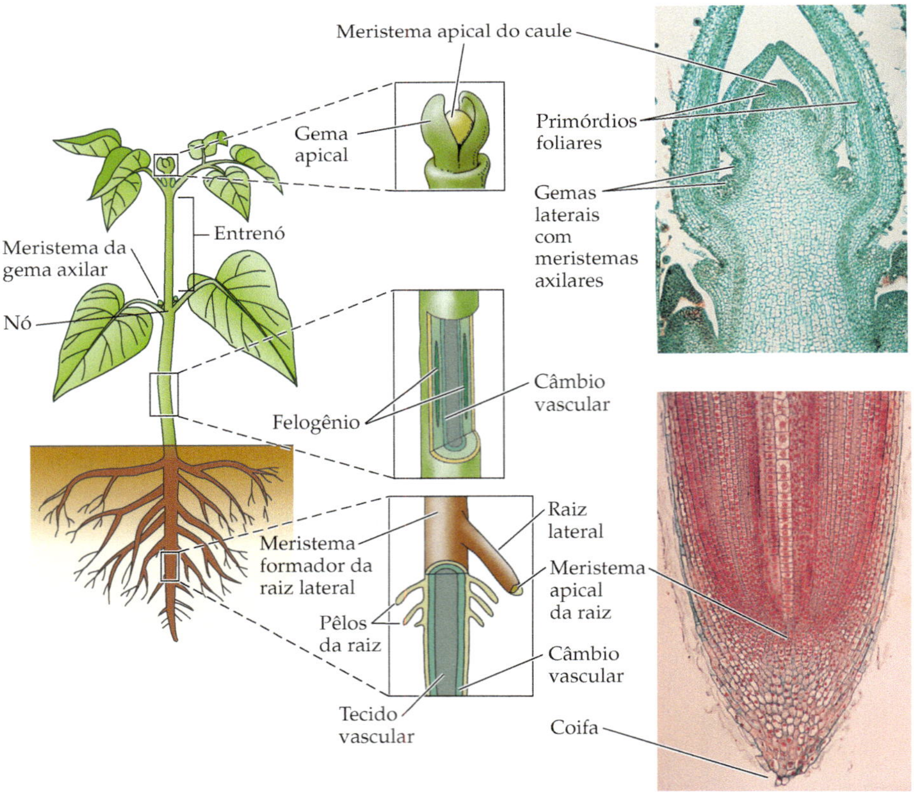

Figura 7.1 As estruturas básicas envolvidas no crescimento vegetal. No caule, o meristema apical produz uma gema – localizada na axila da folha, contendo um meristema axilar e as células primordiais para um novo ramo ou órgãos laterais (tais como folhas e flores). Os nós são os pontos no caule em que esses órgãos laterais (ou gemas) são presos. Os primórdios foliares expandem-se e tornam-se folhas. Os caules aumentam em circunferência pela divisão do câmbio vascular, o que constitui o chamado crescimento secundário (segundo Purves et al., 2001; fotografias de J. R. Waaland/Biological Photo Service).

picamente mais forte e melhor protegido do que o xilema primário, é uma fonte importante da resistência estrutural que possibilita a sobrevivência de plantas perenes por mais do que um período curto.

Em monocotiledôneas, o aumento em circunferência é mais complicado. As palmeiras, por exemplo, não possuem câmbio vascular, mas já no início da vida elas adicionam numerosas **raízes adventícias** (as quais se originam do caule), provocando um aumento em circunferência. Uma vez cessado esse processo, a circunferência da palmeira é estabelecida. Essa é a razão pela qual as palmeiras exibem a circunferência definitiva enquanto ainda continuam crescendo em altura.

Os meristemas apicais da raiz controlam o crescimento desse órgão. O meristema apical de uma raiz em crescimento está localizado atrás da coifa e é protegido por ela. A coifa é composta de células frouxamente unidas, que se desprendem à medida que o ápice da raiz em crescimento se expande no solo abrasivo. As raízes não possuem sistemas de nós, entrenós ou a maioria dos diferentes meristemas característicos de caules. As raízes ramificam-se quando células especiais diferenciadas retomam a divisão ativa e cada ramificação forma seu próprio meristema apical. Uma característica importante de raízes é a presença de pelos muito finos. A maior parte da absorção de água e nutrientes minerais ocorre mediante esses pelos (ou por meio de estruturas micorrízicas; ver Capítulo 4), mas cada pelo geralmente funciona por apenas alguns dias. Portanto, o crescimento continuado de raízes é muitas vezes importante para a absorção de água e nutrientes.

Ecologia do crescimento

Arquitetura vegetal e interceptação de luz

As plantas exibem uma grande diversidade de **arquiteturas** (disposições de partes regenerantes) e formas. As formas de crescimento vegetal podem refletir seus ambientes (pelo menos em três maneiras). Em primeiro lugar, a forma de crescimento é, em parte, um resultado de adaptações evolutivas à ocorrência de estações desfavoráveis. A Figura 7.2 mostra uma classificação de formas de crescimento perene amplamente usada. Cada forma tem consequências diferentes para a sobrevivência e retenção de recursos. *Ipomoea* (ipomeia, Convolvulaceae) é um excelente exemplo da evolução de uma diversidade de formas de crescimento. Algumas espécies mexicanas e centro-americanas desse gênero são árvores (isto é, fanerófitas) decíduas (caducifólias) na época seca, enquanto outras são trepadeiras com coroas de raízes suculentas e perdem folhas e caules durante a estação seca (isto é, criptófitas e hemicriptófitas). Mais para o norte, nos EUA, espécies de *Ipomoea* são trepadeiras anuais e herbáceas com outras formas.

A variação na forma vegetal pode também resultar da plasticidade fenotípica (ver Capítulo 6) em resposta às condições ambientais. Plantas crescendo em ambientes pobres em recursos frequentemente têm uma forma diferente das plantas da mesma espécie que crescem em micro-hábitats mais ricos. Em algumas espécies, tal variação reflete a adaptação evolutiva à variação no ambiente; em outras, no entanto, o fato de as plantas terem formas diferentes em locais pobres é um simples reflexo do estresse induzido por essas condições. Nem toda a plasticidade é adaptativa.

Algumas formas de plasticidade são adaptações que permitem aos indivíduos a aquisição de mais recursos, a dispersão mais efetiva ou o aperfeiçoamento da capacidade competitiva. Um dos exemplos melhor estudados de tal plasticidade é a arquitetura arbórea. Em muitas árvores florestais, os indivíduos sombreados possuem uma forma característica, diferente daquele da mesma espécie que alcança o dossel ou que cresce em uma clareira ou ao longo de uma borda de floresta. Muitas espécies exibem padrões de ramificação e crescimento que variam em resposta à disponibilidade de luz, e a interceptação de luz é muitas vezes um fator-chave que afeta a forma vegetal. As árvores nas florestas tipicamente desprendem os ramos inferiores que são sombreados e ficam abaixo do ponto de compensação da luz (ver Capítulo 2). Em alguns casos, as mesmas espécies retêm seus ramos inferiores quando crescem em locais abertos, porque esses ramos estão acima do ponto de compensação da luz sob tais circunstâncias. A maioria das espécies apresenta um padrão característico de **auto-**

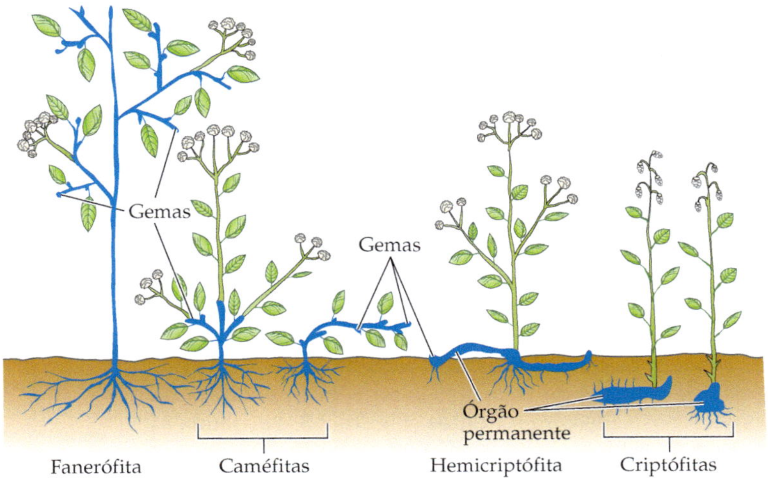

Figura 7.2 O sistema de classificação de Raunkaier das formas de crescimento perene é baseado na posição de gemas ou em partes regenerantes de uma planta. Os tecidos perenes são mostrados em azul; os tecidos decíduos, em verde. As quatro categorias são as fanerófitas, árvores ou arbustos eretos com gemas localizadas a mais de 25 cm acima da superfície do solo; caméfitas, arbustos com gemas a menos de 25 cm acima da superfície do solo; hemicriptófitas, ervas perenes com gemas junto à superfície do solo; e criptófitas, ervas perenes com órgãos permanentes abaixo da superfície do solo.

desbaste – desprendimento de ramos – que tende a manter os ramos acima do ponto de compensação da luz.

O **autodesbaste**, contudo, não é necessariamente uma resposta passiva exata ao sombreamento; ele pode também ser uma parte importante de estratégias vegetais para a competição. Quando as plantas crescem em parcelas densas (como em florestas), a seleção frequentemente favorece a alocação de recursos para os ramos superiores, em detrimento dos ramos inferiores. Isso acontece porque os ramos superiores não apenas obtêm mais luz, mas também podem sobrepujar os ramos vizinhos e privá-los de luz. Tal competição parece ter conduzido a evolução de árvores. As árvores são vegetais que investem a maior parte de sua biomassa na madeira (em vez de nas folhas ou na reprodução), a qual permite o crescimento vertical. A principal vantagem seletiva de produzir um tronco longo parece ser a superioridade competitiva.

As plantas de ciclo de vida mais curto não são lenhosas; as de ciclo mais longo, sim. Estas estão associadas à maior longevidade do que as ervas, porque as células do xilema, que constituem a madeira, e outros tecidos lenhosos, como as fibras impregnadas de materiais rijos (como a lignina), resistem ao ataque de herbívoros e patógenos e são muito mais resistentes ao decaimento pela ação de fungos. Entretanto, muitos outros fatores também afetam a longevidade. Existem alguns genetas herbáceos de vida muito longa, que sobrevivem além da vida de rametas individuais (embora algumas gramíneas não-clonais pareçam sobreviver por 50 ou 60 anos como plantas individuais). Há, também, algumas plantas anuais que possuem crescimento secundário e, por isso, devem ser consideradas lenhosas.

Crescimento de plantas clonais

Em plantas **clonais** – aquelas com numerosos rametas –, a forma de crescimento pode variar de maneiras mais complexas. A distribuição espacial de rametas pode variar, bem como o tamanho e a forma de cada rameta. Os dois fatores ecológicos mais importantes que afetam a distribuição espacial de rametas são a competição entre genetas (incluindo indivíduos de espécies diferentes) e a variação espacial na distribuição de recursos. Esses fatores não são necessariamente independentes entre si. Se os recursos (p. ex., nitrogênio disponível no solo) estão concentrados em manchas distintas, os genetas individuais estão sujeitos à seleção de suas capacidades de adquirir esses recursos e de impedir que seus vizinhos tenham acesso a eles.

Uma tentativa de classificar as formas de crescimento clonal foi a caracterização de Lovett Doust's (1981), na qual as plantas foram enquadradas como tendo crescimento do tipo "infantaria" ou "guerrilha". A ideia é que algumas plantas expandem-se como um clássico avanço de uma tropa, com os rametas firmemente agrupados em uma frente distinta (formação do tipo infantaria). Outras expandem-se como forças de guerrilha, geralmente por meio de estolões ou rizomas isolados que penetram no espaço dos seus competidores (Figura 7.3; ver também Figura 6.6). Embora Lovett Doust tenha destacado que essas categorias eram apenas pontos finais de um *continnum*, alguns ecólogos dedicaram um esforço considerável para tipificar as plantas clonais como espécies com crescimento do tipo infantaria ou do tipo guerrilha. Um problema com tal tipologia é a escala: as categorias são, de maneira subjetiva, determinadas com base no que os ecólogos individualmente consideram como sendo firmemente agrupado. Se esse tipo de metáfora for verdadeiramente útil, ele deve ser aplicado na escala da planta e da dispersão de recursos. Uma complicação importante é que as plantas utilizam múltiplos recursos e têm múltiplos competidores. É aceitável que uma espécie seja categorizada como tendo crescimento do tipo "infantaria" com relação à sua competição com outra espécie por um recurso determinado, e crescimento do tipo "guerrilha" quanto à sua competição com uma outra espécie por um outro recurso.

Por que as plantas clonais possuem padrões variáveis de dispersão espacial? Vários tipos de explicações têm sido investigados, nenhum dos quais mutuamente excludente. Essas explicações envolvem quatro fatores diferentes: a mecânica da expansão clonal; o grau com que as plantas exploram ativamente o ambiente em busca de manchas de recursos ("forrageio"); o grau com que as plantas crescem simplesmente seguindo a distribuição de recursos; e o

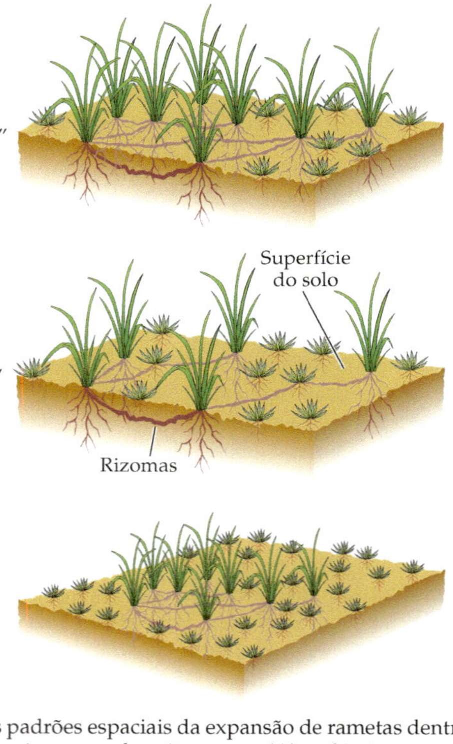

Figura 7.3 Os padrões espaciais da expansão de rametas dentro de um clone são, às vezes, descritos como (A) o clássico avanço de uma tropa de "infantaria", porque os rametas estão agrupados espacialmente, ou (B) do tipo "guerrilha", porque os rametas estão muito expandidos no espaço. Embora essa caracterização seja dicotômica, a distribuição espacial dos rametas de fato varia de maneira contínua. A caracterização desse espaçamento depende da escala: a imagem na parte C pode ser vista como um exemplo de um ou outro extremo, dependendo da posição do observador, se perto ou distante.

grau com que o clone está integrado como uma estratégia para minimizar a variação ambiental.

Parte da variação na dispersão espacial pode ser causada simplesmente por diferenças nos mecanismos biológicos de expansão clonal. No entanto, cada método de expansão pode potencialmente resultar em uma ampla gama de padrões de dispersão de rametas. A expansão por conexões vegetativas (não-sexuais), por exemplo, pode provocar o crescimento lento de uma mancha compacta de um geneta ou pode levar a uma estrutura mais difusa, com muitas manchas menores de rametas. A expansão de genetas pela dispersão de **plantinhas** (plantas pequenas originadas vegetativamente) ou sementes assexuadas (descritas abaixo) – unidades que, por óbvio, não são fisiologicamente integradas – pode também criar uma diversidade de padrões espaciais.

É também evidente que alguma variação na forma clonal pode ser uma resposta mais ou menos passiva à variação espacial na disponibilidade de recursos. Uma vez encontrada uma mancha rica em recursos (ou rica em toxinas), as raízes e os novos rametas tendem a seguir o gradiente de concentração de recursos crescentes (ou evitar o gradiente de toxinas crescentes). Amy Salzman (1985) mostrou que *Ambrosia psilostachya* (ambrósia americana, Asteraceae) era capaz de evitar, desta maneira, as concentrações de solo salino.

Esse tipo de crescimento clonal tem sido chamado de "forrageio", em analogia à maneira pela qual os animais procuram alimento. Entretanto, Colleen Kelly (1992) estabeleceu uma distinção adequada entre plantas que seguem passivamente um gradiente de recursos e aquelas que "buscam" de forma ativa novas manchas de recursos. Ela sugeriu que é possível distinguir as duas respostas nos casos em que o crescimento vegetal ocorre antes que qualquer recurso seja de fato obtido. Seus estudos revelaram que *Cuscuta europaea* (cuscuta, Convolvulaceae) – um parasita vegetal que se enrola no hospedeiro e lança tecidos de absorção para o interior dele antes que ocorra qualquer captação de recursos – não forrageia no seu sentido restrito. As cuscutas atacam distintas espécies de hospedeiros em taxas diferentes. É digno de nota que a taxa de ataque a cada hospedeiro foi prevista pelos modelos de forrageio ótimo derivados de estudos de comportamento animal (Figura 7.4). Kelly sugeriu que esse tipo de forrageio de sentido estrito pode ocorrer em muitas outras espécies vegetais. Outros pesquisadores empregam o termo "forrageio" para se referir a qualquer padrão de crescimento clo-

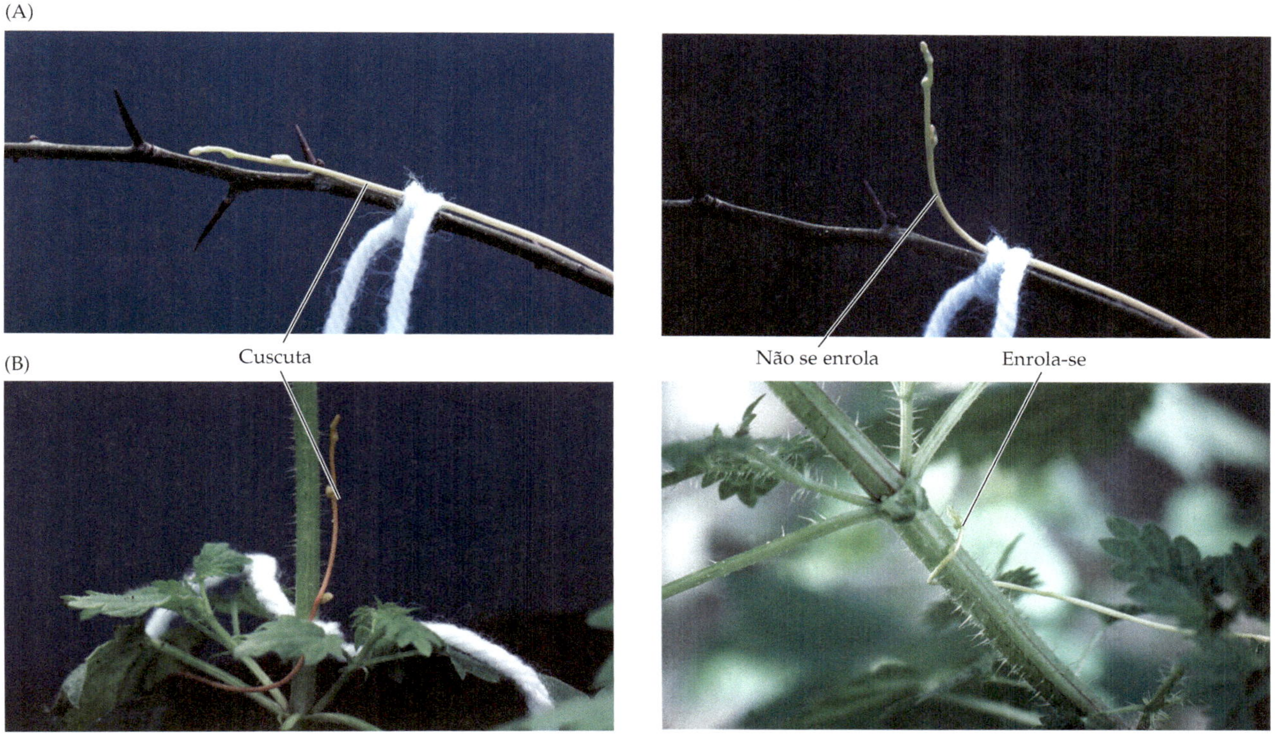

Figura 7.4 *Cuscuta europaea* (cuscuta, Convolvulaceae) é um parasito obrigatório. Como as outras espécies de *Cuscuta* (cerca de 400), *C. europaea* pode utilizar muitas espécies de hospedeiros, que variam qualitativamente como recursos. Para atacar uma planta hospedeira, o parasito se enrola nela e introduz tecidos de absorção no seu floema. A "decisão" de atacar um determinado hospedeiro é feita antes de qualquer captação de recursos e realiza-se em minutos de contato com o hospedeiro, conforme mostrado neste experimento. (A) Um filamento de cuscuta atado a um ramo (à esquerda) de *Crateagus monogyne* (pilriteiro, Rosaceae) não se enrola ao redor do seu hospedeiro (à direita); *Crateagus* é às vezes aceito como um hospedeiro, mas a cuscuta cresce pouco sobre ele. (B) Um filamento de cuscuta atado a *Urtica dioica* (urtiga, Urticaceae) se enrola nesta rapidamente; este parasito cresce bem sobre *Urtica*. As escolhas dos hospedeiros são previstas pelos modelos de forrageio ótimo oriundos da ecologia animal (fotografia cedidas por C. Kelly).

nal fenotipicamente plástico que pode ter um efeito sobre a aquisição de recursos espacialmente variáveis (de Kroon e Hutchings, 1995).

Um grande número de estudos tem demonstrado que as plantas clonais modificam rapidamente seus padrões de propagação sob diferentes condições. Andrew Slade e Michael Hutchings (1987), por exemplo, mostraram que um único geneta de *Glechoma hederacea* (hera terrestre, Lamiaceae), uma erva clonal britânica, modificou sua forma de crescimento (p. ex., número de rametas, número de ramos estoloníferos, comprimentos dos entrenós dos estolões) à medida que variaram a disponibilidade e o arranjo espacial de nutrientes. Esse tipo de resultado, embora importante, não informa se essas respostas são adaptações, isto é, se elas foram moldadas por seleção natural (Gould e Lewontin, 1979). O estudo de Mark van Kleunen e Murkus Fischer (2001) sobre as respostas de clones de *Ranunculus reptans* (ranúnculo reptante, uma erva circumboreal da família Ranunculaceae) à competição espacialmente variável de *Agrostis stolonifera* (*creeping bentgrass*, Poaceae) foi um passo na direção desse tipo de inferência. Eles constataram não apenas que *R. reptans* variou sua forma de crescimento (ângulo vertical do primeiro entrenó do estolão e comprimento específico do estolão) em resposta à competição, mas também que os genótipos variaram em suas respostas. Tal variação entre genótipos indica o potencial da população em responder à seleção sobre esses atributos; contudo, ela não informa se esses atributos foram estabelecidos por seleção no passado (ver Capítulo 6). É necessário realizar mais pesquisas antes de podermos saber até que ponto o modo de crescimento foi formado por seleção.

Por fim, as plantas clonais variam consideravelmente quanto ao grau de integração fisiológica. Rametas conectados por uma raiz ou um rizoma podem compartilhar água, carboidratos e outros nutrientes. Tal partilha pode beneficiar a planta de várias maneiras. Ela pode permitir a expansão de um geneta para micro-hábitats onde uma plântula não poderia sobreviver. O geneta pode crescer mais rápido através do aumento do número de rametas. Se houver diferenças ambientais em escala muito pequena (p. ex., maior disponibilidade de nitrogênio em um local e fósforo em um outro), elas podem ser equilibradas pela planta, levando às vezes ao aumento geral do vigor do geneta. Portanto, por si só, o fato de algumas plantas clonais permanecerem integradas não nos informa se essa integração proporciona uma vantagem em *fitness*, nem se ela foi formada por seleção. Conforme vimos sobre as respostas plásticas a variáveis ambientais, a hipótese de que o atributo é adaptativo precisa ser testada explicitamente.

Reprodução vegetal

O que é reprodução em uma planta? Pode parecer surpreendente iniciar uma discussão sobre reprodução perguntando o que ela é – afinal, temos uma ideia suficientemente boa do que a nossa própria reprodução envolve. Porém, a biologia de plantas indica que sua reprodução não é tão claramente definida. Por definição, a reprodução deve envolver a formação de um novo indivíduo. Todavia, conforme vimos no Capítulo 6, o conceito de um indivíduo não é tão bem definido em plantas como o é nos animais (especialmente vertebrados). Um geneta pode ser constituído de muitos rametas. Enquanto todos incluem a reprodução sexuada na categoria de reprodução, a produção de novos rametas é às vezes melhor considerada como reprodução assexuada e outras como crescimento, dependendo do contexto ecológico. Por exemplo, se nos ocuparmos da seleção natural em *Populus tremuloides* (álamo tremedor, Salicaceae), que forma clones gigantes (Figura 6.11), vemos o clone inteiro como o indivíduo e consideramos que a reprodução ocorre apenas quando novos genetas são formados. Porém, se estivermos interessados na expansão do álamo na montanha, pode ser apropriado pensar na espécie se reproduzindo de duas maneiras: mediante novos rametas (reprodução assexuada ou vegetativa) ou através de novos genetas (reprodução sexuada).

Reprodução vegetativa

A **reprodução vegetativa** (reprodução por crescimento vegetativo de um novo rameta) é extremamente comum entre as plantas. Trata-se de um exemplo de **apomixia**, um termo empregado para reprodução assexuada. Ela ocorre na maioria das herbáceas perenes, bem como em muitos arbustos e em algumas árvores, podendo assumir muitas formas. Com frequência, o resultado é um conjunto de rametas fisiologicamente integrados com outros rametas, ao menos no começo. Por exemplo, algumas plantas geram novos rametas pela emissão de raízes modificadas. *Fragaria* (moranguinho, Rosaceae) expande-se por **estolões** – ramos que se estendem junto à superfície do solo e geram rametas nos nós. *Eichhornia crassipes* (aguapé, Pontederiaceae), nativa na América do Sul, tornou-se uma planta indesejada em muitas regiões tropicais e subtropicais após a introdução pelo homem, devido à sua capacidade de propagar-se rapidamente através de estolões. Tornou-se um sério problema em muitos corpos d'água na África, no sul dos EUA e no norte da Austrália. Muitas gramíneas (bambus, por exemplo), gengibre e íris expandem-se por **rizomas**, caules subterrâneos horizontais dispostos nas proximidades da superfície do solo. Os densos rizomas tornaram *Hedychium gardnerianum* (gengibre-de-Kahili, Himalaia, Zingiberaceae) uma espécie invasora que desaloja muitas outras nativas do Havaí, onde foi introduzida. Outras, incluindo muitos representantes da família Liliaceae como os gêneros *Tulipa* (tulipa), *Allium* (cebolas) e *Narcissus* (narcisos), propagam-se por divisão de **bulbos** – caules subterrâneos em roseta que armazenam nutrientes. Muitas plantas lenhosas expandem-se pela formação de gemas sobre algumas raízes próximas à superfície do solo, muitas vezes chamadas de **suckers***. *Populus tremuloides* forma grandes clones, os quais se estendem por hectares no oeste e no norte da América do Norte.

Algumas espécies (como alguns cactos; Figura 5.1) expandem-se por **fragmentação clonal**, em que partes da

* N. de T. Popularmente, são empregados os termos "chupão" ou "ladrão" para identificar esse comportamento vegetativo.

planta se desprendem e são capazes de enraizar, formando novas plantas independentes; assim, os novos rametas não estão fisiologicamente integrados com outros rametas. *Elodea canadensis* (elodéia do Canadá, Hydrocharitaceae), uma planta comum em aquário, foi introduzida na Grã-Bretanha por volta de 1800. Em quase toda a Grã-Bretanha foram introduzidas apenas plantas com flores estamindas, de modo que a reprodução é necessariamente assexuada. *E. canadensis* propaga-se tão extensivamente que os canais britânicos tornaram-se muito obstruídos e cogita-se que essa espécie tenha contribuído para a predominância de ferrovias em relação aos barcos no comércio britânico (Simpson, 1984). Algumas plantas, como *Kalanchoe daigremontianum* (folha-da-fortuna, Crassulaceae), produzem plantinhas nas margens das folhas. Rametas fisiologicamente independentes são também originados em plantas que se reproduzem por **bulbilhos** (órgãos minúsculos semelhantes a bulbos, produzidos vegetativamente em inflorescências ou axilas foliares), que são formados acima da superfície do solo em monocotiledôneas, como *Agave* (agave, Agavaceae), *Allium* (cebolas e alhos, Liliaceae) e *Lilium* (lírios, Liliaceae), em dicotiledôneas, como *Polygonum viviparum* (Polygonaceae) e *Saxifraga cernua* (Saxifragaceae), além de pteridófitas, como *Cystopteris bulbifera* (Athyriaceae).

Sementes produzidas assexuadamente

A **agamospermia**, produção assexuada de sementes, também ocorre em muitos táxons vegetais (o termo "apomixia" é empregado para esse processo). Existem diversos mecanismos pelos quais pode ocorrer a produção assexuada de sementes, descritos por uma terminologia complexa (Gustafsson, 1946, 1947a, b). A maioria desses mecanismos envolve a meiose parcial sem uma divisão redutora, mas em alguns casos não ocorre meiose. Na maioria das vezes, a recombinação é impedida, de modo que os novos embriões são **clones** – duplicatas genéticas – das plantas sobre as quais são formados.

A agamospermia é bastante comum, ocorrendo em plantas bem conhecidas, incluindo membros da família Asteraceae, como o dente-de-leão (*Taraxacum*) e pilosela (*Hieracium*); plantas cítricas (Rutaceae); muitas espécies da família Rosaceae, como framboesa e espécies afins (*Rubus*), e potentilha (*Potentilla*); alguns ranúnculos (*Ranunculus*, Ranunculaceae); muitas gramíneas (Poaceae) e urtigas (*Urtica*, Urticaceae).

Ciclos de vida sexuais de plantas

Os ciclos de vida vegetais são fundamentalmente diferentes dos de animais, pois todas as plantas têm **alternância de gerações**. Elas exibem uma geração haploide produtora de gametas haploides, que se alterna com uma geração diploide produtora de esporos haploides. A alternância de gerações estabeleceu o estádio de diversificação e sucesso das plantas na terra. A maioria das plantas que vemos está representada pela geração diploide, porque esta é predominante em gimnospermas e angiospermas, as plantas mais abundantes no mundo moderno. Os indivíduos que de fato se cruzam são haploides. Em alguns grupos vegetais, como Bryophyta (dos musgos), contudo, a geração haploide é maior, de vida mais longa e dominante; os musgos que você encontra crescendo em florestas são haploides.

A geração haploide é chamada de **gametófito**, pois produz gametas. A geração diploide é denominada **esporófito**, porque produz esporos (células somáticas haploides). Apenas os gametófitos têm sexo (são masculinos ou femininos), que é refletido no tipo de gametas que produzem. Apesar disso, quando nos referimos a angiospermas, às vezes falamos, sem muito rigor científico, em planta (esporófito) masculina ou feminina, se o indivíduo produz esporos que resultam em apenas um tipo de gameta, ou masculino (pólen) ou feminino (sacos embrionários). A Figura 7.5 apresenta um panorama geral dos ciclos de vida vegetais; para uma discussão mais completa, consulte um texto introdutório de botânica ou biologia.

As características de cada uma das duas gerações vegetais restringem a gama de possibilidades para a outra geração (Niklas, 1997). Se os gametófitos vivem independentemente (como em musgos e hepáticas), eles conseguem viver somente em locais úmidos. Os gametófitos de vida livre devem ser suficientemente grandes para nutrir o novo esporófito, ao menos no começo, mas suficientemente baixos para permitir a transferência de gametas masculinos natatórios. Além disso, eles precisam estar perto um do outro, para que os gametas masculinos sejam levados de planta para planta. Se os esporófitos alcançarem grandes dimensões, eles causam a morte do gametófito parental, o que determina um limite de seu tamanho (como em pteridófitas). Por outro lado, os gametófitos que amadurecem dentro do esporófito (como nas espermatófitas) podem obter sua nutrição do esporófito. Essa disposição permite que os gametófitos sejam muito menores. Ela permite também que a reprodução se processe em ambientes secos e libera os gametófitos da restrição de precisarem estar próximos entre si para que a fertilização ocorra.

As plantas com as quais estamos mais familiarizados são os esporófitos de gimnospermas (como as coníferas) ou angiospermas (com flores e frutos). As estruturas reprodutivas de gimnospermas tipicamente são cones ou estruturas semelhantes a cones. As estruturas reprodutivas de angiospermas são flores. Dentro de um cone ou uma flor, o gametófito é produzido e ocorre a fertilização. Gimnospermas e angiospermas produzem sementes. Em angiospermas, a fertilização resulta no ovário maturando um fruto com sementes no seu interior. Portanto, embora nem todas as angiospermas exibam flores vistosas ou frutos comestíveis por humanos, todas elas produzem flores, sementes e frutos como estruturas reprodutivas básicas. As flores podem ser grandes e conspícuas ou pequenas e inconspícuas, dependendo muito dos mecanismos pelos quais a polinização ocorre em um grupo particular de plantas. Os frutos podem ser grandes ou pequenos, coloridos, doces e carnosos, ou secos e duros, tóxicos ou nutritivos, dependendo da evolução e da ecologia (especialmente os mecanismos de dispersão de sementes) das plantas que os produzem. A tremenda diversidade de espermatófitas e

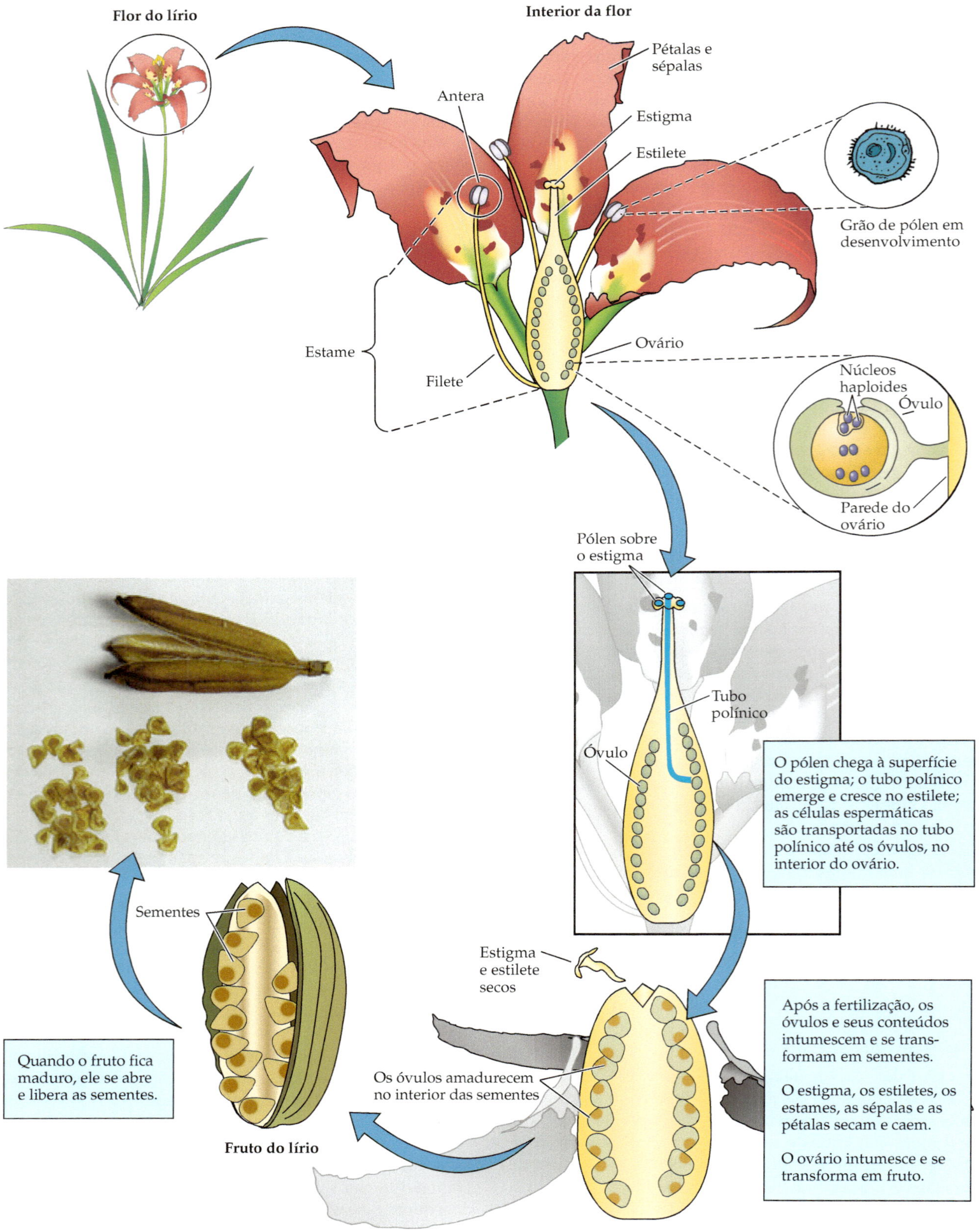
Flor do lírio
Interior da flor
Pétalas e sépalas
Antera
Estigma
Estilete
Grão de pólen em desenvolvimento
Estame
Filete
Ovário
Núcleos haploides
Óvulo
Parede do ovário
Pólen sobre o estigma
Tubo polínico
Óvulo
O pólen chega à superfície do estigma; o tubo polínico emerge e cresce no estilete; as células espermáticas são transportadas no tubo polínico até os óvulos, no interior do ovário.
Sementes
Estigma e estilete secos
Após a fertilização, os óvulos e seus conteúdos intumescem e se transformam em sementes.
O estigma, os estiletes, os estames, as sépalas e as pétalas secam e caem.
O ovário intumesce e se transforma em fruto.
Quando o fruto fica maduro, ele se abre e libera as sementes.
Os óvulos amadurecem no interior das sementes
Fruto do lírio

Figura 7.5 Reprodução em uma angiosperma típica, conforme ilustração para *Lilium catesbaei* (lírio, Liliaceae). As flores são as estruturas reprodutivas do esporófito. A meiose no interior do óvulo (tecido esporofítico no interior do ovário) leva a um megásporo unicelular haploide. O megásporo desenvolve-se por mitose no gametófito feminino, que tem 8 núcleos haploides em 7 células e é envolvido pelo óvulo. A célula com dois núcleos torna-se o endosperma, após a fertilização. A meiose no interior da antera (uma parte do esporófito) leva a um micrósporo unicelular haploide. O micrósporo transforma-se em um grão de pólen bicelular – o gametófito masculino. Quando um grão de pólen chega a um estigma, ele desenvolve um tubo polínico, que se estende ao longo do estilete e alcança os óvulos. Uma das células se divide, originando duas células espermáticas, que são transportadas no tubo polínico. Uma se funde com a oosfera, formando o embrião diploide, e a outra fecunda a célula média binucleada, transformando-se no endosperma triploide. O embrião e o endosperma se dividem por mitose, tornando-se multicelulares. O óvulo e seus conteúdos intumescem e tornam-se sementes. Portanto, uma semente contém três indivíduos genéticos diferentes: a casca diploide da semente (formada a partir de células no óvulo), o embrião diploide e o endosperma triploide. Algumas famílias de angiospermas apresentam variações deste padrão geral (fotografia cedida por K. P. Sommers).

a sua dominância dos hábitats terrestres se devem muito a essas estruturas reprodutivas, que permitem a elas independência da água para o cruzamento e a dispersão.

Em espermatófitas, o novo embrião (esporófito) começa a viver em uma estrutura protegida, a semente, que pode ser dispersada e, às vezes, permanecer dormente por um longo período. A flores às vezes atuam na atração de certos animais (e desfavorecem outros) como polinizadores. Os frutos, além disso, aumentam a proteção e a dispersão das sementes localizadas dentro deles. Por fim, a interação de diversos tipos de tecidos – do gametófito e do esporófito – permite a evolução de mecanismos que limitam os cruzamentos dentro dos genótipos. Em resumo, essas características dos ciclos de vida das plantas são básicas para a ecologia reprodutiva vegetal e para o sucesso evolutivo das espermatófitas, especialmente as angiospermas.

Quando certas células nas flores sofrem meiose, as células-filhas haploides resultantes são denominadas esporos, os quais crescem por mitose, transformando-se em **grãos de pólen** (também denominados microgametófitos) ou **sacos embrionários** (megagametófitos). Um saco embrionário geralmente consiste em sete células, uma das quais torna-se a oosfera. Ele se desenvolve dentro de uma estrutura esporofítica chamada **óvulo**, que se localiza no interior do **ovário**. Os esporos que se tornam grãos de pólen sofrem duas divisões mitóticas subsequentes. Uma divisão cria uma célula vegetativa e outra generativa. A última divide-se novamente, formando duas células espermáticas. Essas três células são haploides e compõem o gametófito masculino completo em angiospermas. Os grãos de pólen se desenvolvem em uma estrutura esporofítica denominada **antera**, localizada na extremidade de um pedúnculo chamado de **filete**; a antera e o filete constituem um **estame**.

O pólen germina após chegar a um estigma, a superfície receptiva do óvulo (Figura 7.5). No processo de germinação, a célula vegetativa cresce em um tubo polínico (Figura 7.5), que penetra no estigma e no estilete, e, por fim, alcança o ovário e um óvulo no seu interior. As células espermáticas são transportadas no tubo polínico, onde uma delas fertiliza a oosfera, formando um novo zigoto haploide. Este zigoto cresce e divide-se por mitose, formando os tecidos embrionários de um novo esporófito. Em quase todas as angiospermas, a segunda célula espermática fecunda uma célula especializada no saco embrionário dotada de dois núcleos. Essa célula triploide cresce e transforma-se em **endosperma**, que serve como fonte nutritiva primária para o embrião em desenvolvimento. Uma vez fertilizado, um óvulo passa a chamar-se **semente**. Nas angiospermas, essa semente cresce no interior de um **fruto**, que é o ovário maduro de uma flor produzida pelo esporófito materno. O tecido na casca da semente provém do óvulo. Desse modo, os tecidos do fruto e alguns dos tecidos da semente provêm do esporófito materno; apenas o embrião e o endosperma dentro da semente são novos indivíduos genéticos. Todas as angiospermas, de bambus ao arroz, trigo e milho (gramíneas, Poaceae) até o bordo (*Acer*), carvalho (*Quercus*), cítricas (*Citrus*), rosas (*Rosa* spp.), erva-lanceta (*Solidago* spp.) e ambrósia (*Ambrosia* spp.) possuem flores, frutos e sementes (que podem ou não ser coloridos e conspícuos); os detalhes podem diferir, mas o padrão geral é aquele ilustrado para *Lilium catesbaei*. Nas outras espermatófitas, as gimnospermas, os padrões básicos de desenvolvimento gametofítico e de desenvolvimento de sementes são similares, sendo constatadas, no entanto, algumas diferenças-chave: o gametófito feminino consiste em muito mais células, o endosperma inexiste e o desenvolvimento geralmente é mais longo.

Ecologia da polinização

Polinização pelo vento

Quando as pessoas, na maioria, pensam em flores e polinização, elas se lembram de flores vistosas que são visitadas por pássaros ou insetos. Porém, para um grande número de plantas, os grãos de pólen são transportados de uma flor para outra principalmente pelo vento. Existem duas maneiras rápidas de nos convencermos de que a polinização pelo vento é importante. Em primeiro lugar, quase toda a transferência de pólen em gramíneas, ciperáceas e a maioria das árvores de zonas temperadas (incluindo todas as coníferas, carvalhos, faias, bordos, olmos, salgueiros e muitas outras espécies) se dá pelo vento. Em segundo lugar, uma das queixas mais comuns na medicina humana (ao menos em países desenvolvidos) é a alergia ao pólen ("febre do feno" é um tipo) –, a super-reação de nosso sistema imune a proteínas estranhas em enormes quantidades de pólen no ar.

As angiospermas representam a maioria das espécies vegetais no mundo moderno e todas elas produzem flores. Enquanto muitas espécies polinizadas por animais produzem flores atrativas, as polinizadas pelo vento raramente são vistosas. Em geral, não há vantagem seletiva em produzir pétalas grandes, odores, néctar e pigmentos florais, todos de custo metabólico, se não houver necessidade de atrair polinizadores. De fato, com frequência há uma desvantagem em formar pétalas grandes e outros órgãos que interferem na transferência de pólen pelo vento. A família das gramíneas, por exemplo, é quase inteiramente polinizada pelo vento, e suas flores não apresentam pétalas e sépalas (Figura 7.6B). Muitas espécies polinizadas pelo vento possuem estigmas grandes e plumosos para aumentar a captura de grãos de pólen. Os grãos de pólen dessas plantas são leves e raras vezes pegajosos, enquanto nas plantas polinizadas por insetos eles frequentemente são pesados e pegajosos.

As plantas polinizadas pelo vento produzem grandes quantidades de grãos de pólen, porque elas não podem exercer muita influência sobre o destino deles. A quantidade de grãos de pólen produzidos pode ser expressa como a razão entre eles e os óvulos formados por um indivíduo ou uma população. As espécies polinizadas pelo vento tipicamente possuem razões pólen:óvulo mais altas do que as aparentadas polinizadas por insetos. Janet Steven e Donald Waller (2004), por exemplo, compararam diversas espécies de *Thalictrum* (talictro, Ranunculaceae). Eles verificaram que *T. sparsiflorum*, polinizada por insetos, tem uma razão pólen:óvulo de 4240, enquanto *T. alpinum*, *T. fendleri* e *T. dioicum*, polinizadas pelo vento, apresentam razões pólen:óvulo de 29.980, 16.880 e 54.380, respectivamente. Entretanto, é importante fazer duas advertências. Em primeiro lugar, embora seja verdade que, dentro dos grupos vegetais, as espécies polinizadas pelo vento tipicamente têm razões pólen:óvulo muito mais altas do que as aparentadas polinizadas por animais, um valor isolado da razão pólen:óvulo não necessariamente indica o mecanismo de polinização. A partir da razão pólen:óvulo para *T. sparsiflorum*, por exemplo, não se pode dizer que ela é polinizada por animais. Em algumas espécies, esta é uma alta razão pólen:óvulo, mas para *Thalictrum* ela é uma razão baixa. Em segundo lugar, em muitas espécies vegetais o pólen é transportado pelo vento e por animais. A presença de pétalas não impede a polinização pelo vento nem sua ausência significa que a polinização animal não seja necessariamente importante.

A transferência de grãos de pólen pelo vento é muito reduzida em hábitats protegidos, onde o movimento de ar é restrito. Portanto, a polinização pelo vento é mais comum em plantas de hábitats abertos. As árvores de florestas de clima temperado polinizadas pelo vento em geral florescem bem antes da emergência de suas folhas na primavera. Enquanto essa sincronização é às vezes explicada como um mecanismo para reduzir a quantidade de grãos de pólen estranhos recebidos pelos estigmas, é importante

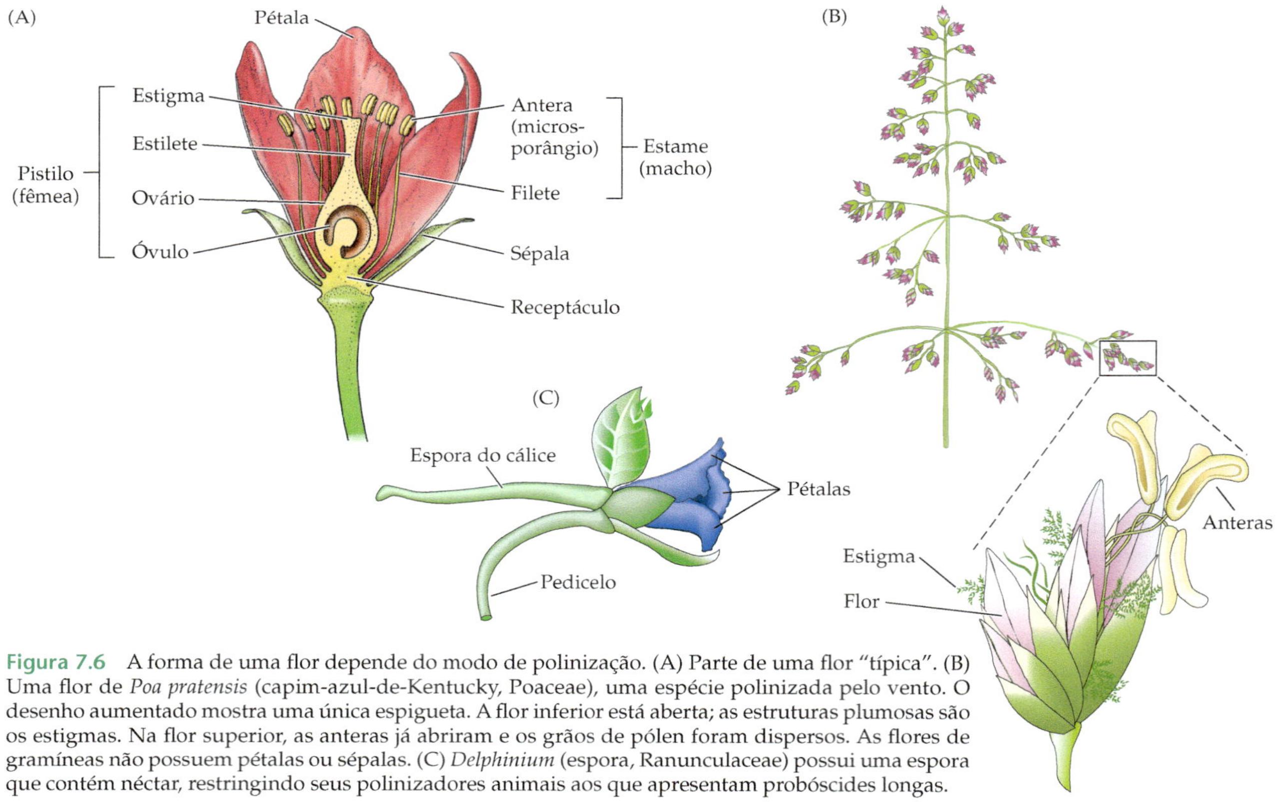

Figura 7.6 A forma de uma flor depende do modo de polinização. (A) Parte de uma flor "típica". (B) Uma flor de *Poa pratensis* (capim-azul-de-Kentucky, Poaceae), uma espécie polinizada pelo vento. O desenho aumentado mostra uma única espigueta. A flor inferior está aberta; as estruturas plumosas são os estigmas. Na flor superior, as anteras já abriram e os grãos de pólen foram dispersos. As flores de gramíneas não possuem pétalas ou sépalas. (C) *Delphinium* (espora, Ranunculaceae) possui uma espora que contém néctar, restringindo seus polinizadores animais aos que apresentam probóscides longas.

ressaltar que o movimento do pólen é geralmente maior quando as árvores ainda não têm folhas na primavera, que muitas vezes é a época do ano mais ventosa. O vento pode transportar grãos de pólen por longas distâncias. Em 5 de junho de 1998, alguns caçadores na *Repulse Bay*, no extremo norte do Canadá, ao longo do Oceano Ártico, relataram grandes quantidades de grãos de pólen nas margens de reservatórios (Campbell et al., 1999). Ficou comprovado que os grãos de pólen eram de *Pinus banksiana* (*jack pine*, Pinaceae) e *Picea glauca* (espruce-branco, Pinaceae), transportados em 1º de junho a partir de Quebec, mais de 3.000 km de distância!

É tentador pensar que a polinização pelo vento seja evolutivamente primitiva. Ela parece muito simples e rudimentar quando comparada a algumas das adaptações complexas que certas plantas apresentam para a polinização por animais. E é evidente que a adaptação a polinizadores animais tem sido uma força propulsora na evolução vegetal. No entanto, tanto os grupos ancestrais (como as gimnospermas) quanto os táxons evoluídos mais recentemente (como as gramíneas) exibem polinização pelo vento. Alguns destes têm originado táxons polinizados por animais, enquanto outros têm sido derivados de ancestrais polinizados por animais.

Atração de animais visitantes: dispositivos visuais

A existência de flores se explica apenas por uma razão: sexo. Tudo nelas tem a ver com sexo. Isso é óbvio em se tratando de partes florais que estão diretamente envolvidas na produção ou recepção de pólen ou no crescimento de sementes e frutos. Porém, isso é também verdadeiro para outras partes florais, como as pétalas, cuja função principal é influenciar a transferência de grãos de pólen.

Os animais visitam flores porque elas geralmente contêm recompensas – principalmente néctar, que é rico em açúcar e, às vezes, aminoácidos, e também grãos de pólen, ricos em proteínas. Muitas pessoas pensam na forma, na cor e no odor como características florais importantes para a atração de animais polinizadores – como avisos das recompensas que o animal pode esperar adquirir na flor. Contudo, a interação entre plantas e seus visitantes florais frequentemente envolve engodo recíproco, aviso falso e roubo. Conforme veremos a seguir, algumas plantas parecem avisar a presença de recompensas, mas não as entregam. Alguns animais visitam plantas e retiram recompensas, mas não polinizam as flores. Além disso, um atraente de uma espécie pode ser um repelente de outra.

As flores vermelhas brilhantes são chamativas (Figura 7.7). Embora a maioria das pessoas aprecie flores brancas, muitas vezes elas nos chamam menos a atenção do que as vermelhas. Os animais variam em sua capacidade de ver e discriminar as cores (Kevan, 1978). Por exemplo, nossos olhos percebem cores entre os comprimentos de onda de aproximadamente 380 nm (violeta) e 780 nm (vermelho profundo), e são mais sensíveis à cor azul (436 nm), à verde (546 nm) e à vermelha (700 nm). Os insetos, por outro lado, geralmente podem ver cores em comprimentos de onda mais curtos do que os humanos. As abelhas percebem comprimentos de onda principalmente de 300 a 700 nm. Assim, as abelhas são menos sensíveis do que os humanos à luz de onda longa e têm dificuldade de discriminar entre sombras que nós percebemos como vermelho. Porém, existem cores na faixa ultravioleta do espectro que as abelhas podem ver – aquelas entre 300 e 380 nm – e que são invisíveis para nós. Os olhos de aves são mais sensíveis a cores no meio do espectro e nas suas faixas vermelhas. Portanto, flores que são visualmente atrativas para abelhas podem não ser tão perceptíveis, atrativas ou facilmente distinguíveis para aves, e vice-versa. Muitas flores polinizadas por abelhas possuem tonalidades amarelas, enquanto as polinizadas por aves apresentam com frequência coloração vermelha ou laranja. As flores polinizadas por mariposas são geralmente brancas a amarelas claras, ao passo que as polinizadas por morcegos são, em geral, de coloração branca a castanha. As borboletas são frequentemente atraídas por flores amarelas ou azuis. Contudo, é preciso uma nota de advertência: muitas flores refletem a luz em diferentes comprimentos de onda. As que percebemos como, digamos, vermelhas podem ser facilmente distinguidas por abelhas, porque elas também refletem nos comprimentos de onda do azul.

A cor das flores desempenha um papel mais complicado na polinização do que as observações possam suge-

Figura 7.7 *Lobelia cardinalis* (cardeal, Campanulaceae) possui flores tubulares, de cor vermelha brilhante. Essa espécie herbácea, de ampla distribuição em áreas úmidas da América do Norte, é frequentemente polinizada por espécies de beija-flor (fotografia de S. Scheiner).

(A)

(B)

Figura 7.8 *Rudbeckia hirta* (margarida-amarela, Ranunculaceae) sob luz branca (A) e ultravioleta (B). O contraste da cor que vemos apenas sob luz ultravioleta é visível para abelhas em luz solar comum e serve como um guia do néctar (fotografias cedidas por T. Eisner).

rir. Muitas flores possuem cores contrastantes no **perianto** (conjunto de pétalas e sépalas). Por exemplo, a porção central da flor pode contrastar profundamente com o restante da flor, como em muitas espécies de Iridaceae. Na maioria das espécies estudadas, esses contrastes parecem ter uma das duas funções. Em alguns casos, o próprio contraste é o atraente para os polinizadores. Em outros, uma das cores funciona como um "guia do néctar" – primeiramente, os polinizadores são atraídos para a flor como um todo e, após, pelo contraste de cores, para as áreas que contêm nectários, anteras e estigma (Figura 7.8).

As cores das flores podem variar ao longo do tempo e numerosos estudos têm mostrado que essas variações fazem diferença na atração dos polinizadores. Em alguns casos, as flores mais velhas perdem a cor, embora existam algumas, como alguns cactos, que ficam mais escuras com o tempo. Essas mudanças na cor das flores parecem funcionar muito como guias do néctar. As flores velhas contribuem para a atratividade, mas, uma vez chegado à planta, a animal tende a ser atraído por flores jovens e frescas, as quais contêm néctar ou pólen.

Outras partes dos corpos vegetais também têm sido modificadas para atuar como atraentes. As **brácteas florais** – folhas especializadas encontradas abaixo de muitas flores – são muitas vezes coloridas e parecem atuar como um dispositivo de atração de animais. Um exemplo bem conhecido é *Euphorbia pulcherrima* (flor-de-papagaio, Euphorbiaceae), cujas brácteas vermelhas e folhas superiores são muito mais vistosas do que suas minúsculas flores amarelas. Muitas bromeliáceas apresentam folhas dispostas em cisterna (Figura 2.17A) e também são muito mais coloridas do que suas flores.

As flores são muitas vezes dispostas em agregações denominadas **inflorescências**. Existem muitos tipos de inflorescências, variando do capítulo das compostas (Asteraceae), passando pelos amentilhos de faias e carvalhos (Fagaceae), até alguns racemos frouxamente arranjados de plantas, como os ranúnculos (Ranunculaceae) (Figura 7.9). A terminologia que descreve as inflorescências é extensiva e um tanto obscura; para mais informações, pode-se consultar um texto de introdução à botânica ou de morfologia vegetal. A estrutura da inflorescência é importante na ecologia da polinização. A reunião de flores em uma inflorescência pode aumentar o tamanho do aparato atrativo sem alterar as próprias flores. É provável que a forma de uma inflorescência também afete o comportamento de polinizadores.

Atração de animais visitantes: odores florais e guias acústicos

Muitas flores possuem odores perceptíveis, que claramente atuam como atrativos. Por que ter odor e atrativos visuais? Em geral, é aceito que o odor age por distâncias muito mais longas do que os atrativos visuais, pois muitos animais são capazes de detectar concentrações extremamente baixas de moléculas no ar. Por outro lado, os odores são difíceis de localizar com exatidão. Uma vez posicionado na área geral de um conjunto de flores, é provável que ele as encontre mais rapidamente pela visão do que pelo olfato.

Figura 7.9 Algumas formas de inflorescências (disposições de flores em ramos). Uma divisão principal é entre (A) inflorescências determinadas (que têm uma flor na extremidade de cada ramo da inflorescência) e (B) inflorescências indeterminadas (que não têm). O primeiro caso apresenta um número máximo fixado de flores; a flor terminal normalmente floresce em primeiro lugar. No segundo caso, o florescimento geralmente começa na base e podem ser adicionadas novas flores pelo meristema apical, se houver recursos disponíveis. A distinção é muitas vezes ecologicamente importante, porque as plantas com inflorescências indeterminadas podem ajustar mais finamente sua produção de flores aos recursos disponíveis (fotografias cedidas por D. McIntyre).

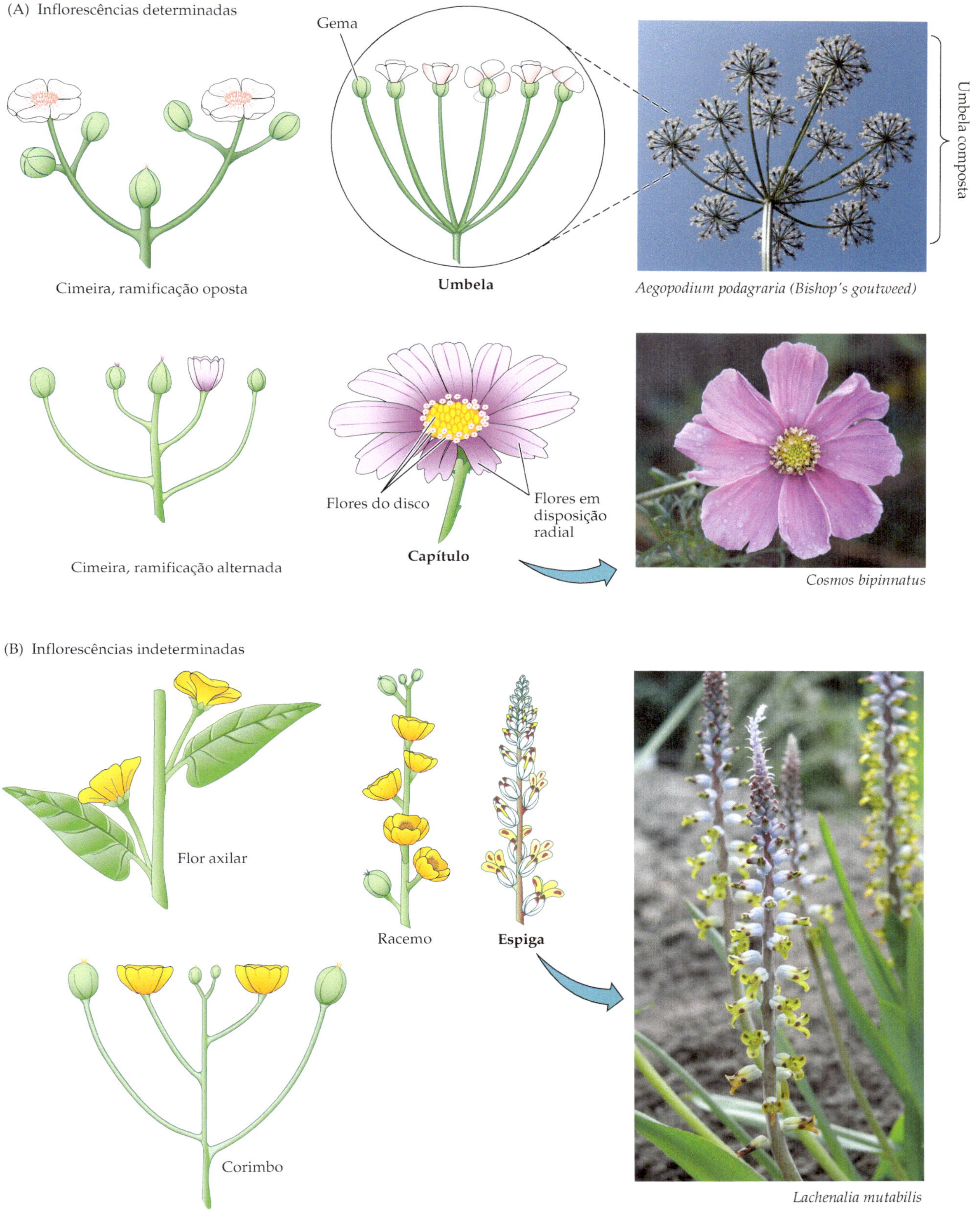
(A) Inflorescências determinadas
Gema
Cimeira, ramificação oposta
Umbela
Umbela composta
Aegopodium podagraria (Bishop's goutweed)
Flores do disco
Flores em disposição radial
Capítulo
Cimeira, ramificação alternada
Cosmos bipinnatus
(B) Inflorescências indeterminadas
Flor axilar
Racemo
Espiga
Corimbo
Lachenalia mutabilis

Muito menos é conhecido a respeito dos odores florais do que das cores, em parte porque a técnica de medição dos odores não está tão bem desenvolvida como as técnicas ópticas. Apesar disso, poucas generalizações podem ser feitas. Talvez a mais importante seja que os odores podem variar independentemente das cores. Os genes que produzem flores amarelas ou vermelhas geralmente não afetam o odor das flores. Todos nós ficamos surpresos em não constatar odor (agradável ou não) proveniente de uma flor visualmente atrativa. De modo semelhante, os polinizadores percebem separadamente os odores e as cores florais.

O segundo ponto para reflexão é óbvio: odores que atraem um grupo de animais podem repelir outros. Observações casuais das respostas de seres humanos, cães e moscas a diversos odores deveriam convencê-lo disso! As abelhas frequentemente são atraídas pelo que percebemos como odores doces, e os morcegos, pelos odores mofados. Muitas plantas, especialmente membros das famílias Apocynaceae e Araceae, têm odores similares ao estrume de animais ou tecido pútrido, que são fortemente atrativos para moscas e mosquitos que polinizam essas plantas. Algumas plantas possuem odores que imitam feromônios do acasalamento de insetos, fazendo com que os insetos masculinos visitem as flores e, às vezes, tentem acasalar com elas.

Possivelmente o mais incomum dos sistemas de atração de flores conhecidos seja o da trepadeira tropical *Mucuna holtonii* (Fabaceae), uma espécie polinizada por morcegos (von Helversen e von Helversen, 1999). A pétala superior é levantada quando a flor se abre. Essa pétala é côncava e funciona como um refletor de som – um guia acústico – refletindo os sinais emitidos pelo morcego e permitindo que ele reconheça a flor aberta. Para alcançar o néctar, o morcego precisa pressionar com o focinho a base da flor. Ao proceder assim, uma outra pétala, dotada de estames, abre-se bruscamente, lançando os grãos de pólen na parte traseira do morcego. Esta espécie vegetal é a primeira que se conhece possuir um guia acústico, mas outras espécies polinizadas por morcegos também podem tê-la.

Limitando visitas indesejadas

Muitas plantas exibem adaptações não exatamente para atrair certos visitantes, mas para repelir outros. Por que uma planta necessitaria limitar os visitantes? Uma vez retirado o pólen de uma flor por um animal visitante, o pólen precisa alcançar uma outra flor da mesma espécie para que contribua ao sucesso reprodutivo da planta que o produz. Se a próxima flor que o animal visita pertence a uma outra espécie, o grão de pólen provavelmente é depositado no lugar errado. Da perspectiva da planta, o melhor polinizador visita só uma espécie, garantindo que o pólen vá para o local certo. A limitação de visitantes a apenas um pequeno grupo de polinizadores aumentaria a chance de que a próxima planta visitada fosse da mesma espécie. Numerosos animais reconhecidos como não-polinizadores efetivos são, no entanto, atraídos pelas flores. Do ponto de vista do animal, a polinização é quase sempre uma consequência acidental da sua visita. Assim, muitas plantas foram submetidas à seleção para deter certos visitantes florais – mas, como todos sabemos por experiência pessoal, pode ser difícil se livrar de hóspedes indesejados!

As mudanças na forma floral são a principal maneira pela qual o acesso às flores é restrito. Considera-se que as primeiras flores foram polinizadas por insetos não-especializados para esse papel, como os besouros. Não é surpresa que as flores tipicamente polinizadas por besouros na atualidade sejam muitas vezes abertas e em forma de concha. Por outro lado, muitas flores são tubulares e algumas possuem esporas longas ou cones menores atrás do tubo da flor principal (Figura 7.6C), onde o néctar se encontra. Somente animais com probóscides longas (ou outras peças bucais longas), como aves, borboletas ou mariposas, podem alcançar o néctar e, portanto, polinizar essas flores.

Este tipo de recompensa que a planta oferece também restringe as visitas. Os besouros, por exemplo, são geralmente incapazes de utilizar o néctar, enquanto as aves, os morcegos e as abelhas o usam facilmente. Algumas abelhas-orquídea (família Euglossidae) coletam essências florais (raspando as células florais que secretam óleos produtores de odores) e as utilizam em dispositivos de acasalamento. Outras utilizam os óleos para a construção do ninho. O ajuste temporal da recompensa é igualmente importante: flores polinizadas por morcegos e mariposas geralmente produzem néctar à noite.

Os mecanismos como estes, naturalmente, não fornecem quaisquer garantias para a planta contra o desperdício de néctar e pólen. Estudos recentes têm evidenciado que muitas flores são visitadas por um grande número de animais que transferem pouco pólen. Em um estudo com *Calathea ovadensis* (Marantaceae), uma espécie herbácea tropical mexicana, Douglas Schemske e Carol Horvitz (1984, 1988) mostraram que mariposas e borboletas eram os visitantes mais comuns, mas as abelhas foram responsáveis pela maior parte da polinização. Entre as abelhas, os polinizadores mais eficientes revelaram-se de pouca importância, porque não eram comuns. Um caso extremo de desperdício de recursos é o que oferecem os "ladrões de néctar", animais que inserem suas peças bucais entre as pétalas, ou perfuram ou mastigam o lado da flor, retirando o néctar sem jamais entrar em contato com o pólen. Insetos muito pequenos, como certas formigas, podem também agir como ladrões de néctar, porque podem visitar os nectários sem entrar em contato com estames ou estigma.

Síndromes da polinização

A cor, o odor, o tipo de recompensa, o ajuste temporal das recompensas e das formas afetam as quantidades e os tipos de visitantes florais. Por isso, não é surpresa que certas combinações desses atributos muitas vezes parecem estar associadas a tipos particulares de polinizadores. Com base no que já foi dito, pode-se esperar que as flores polinizadas por abelhas sejam amareladas, de odor adocicado, suficientemente grandes para que o polinizador entre em contato com anteras e estigmas, e tenham produção diurna de néctar. Para as flores polinizadas por aves, a expectativa é que tenham cor vermelha ou laranja, apresentem copiosa

Quadro 7A

Plantas e polinizadores especializados

As relações das plantas com seus polinizadores variam de muito especializadas – com a planta dependendo de visitas de apenas uma ou poucas espécies de animais – até completamente generalizadas. Existem muitos casos interessantes de especialização e adaptação por plantas ou seus polinizadores. Na maioria, os animais não são tão especializados como as plantas, à medida que eles visitam e polinizam plantas por períodos mais longos do que o do florescimento de qualquer espécie vegetal.

As flores de *Yucca* (iúca, Agavaceae) são polinizadas exclusivamente por mariposas do gênero *Tegeticula*. As mariposas polinizam as flores de iúca enquanto ovopositam em um ovário e as larvas consomem uma fração de sementes desse ovário. Se muitos ovos forem depositados em um determinado ovário, a planta o abortará. Algumas iúcas abortam um número considerável de flores polinizadas.

Na família das orquídeas (Orchidaceae), os grãos de pólen estão aglutinados em estruturas denominadas **polínios** – seu tamanho torna relativamente difícil movê-los de uma flor para outra. Em algumas orquídeas epifíticas tropicais, as flores estão formadas de tal maneira que um inseto – geralmente uma abelha – precisa arrastar-se através de uma abertura especial para alcançar o néctar ou o óleo; assim procedendo, ele não pode evitar o contato com os polínios, que são transportados para o estigma da próxima flor visitada. Talvez o caso mais famoso seja o de *Ophrys* (primeiramente estudada por Charles Darwin, 1877), que tem um odor similar ao de feromônios produzidos por abelhas fêmeas para o acasalamento. Os machos visitam essas flores e "pseudocopulam" com elas, transferindo, assim, polínios.

Muitas plantas da família Araceae possuem flores mal-cheirosas que atraem mosquitos e moscas pequenas. Dois exemplos norte-americanos comuns são *Symplocarpus foetidus* (*couve gambá*) e *Arisaema triphyllum* (nabo selvagem). O caso mais extremo é o de *Amorphophallus titanum* (lírio vodu), uma espécie nativa de Sumatra. Essa espécie não apenas possui a maior inflorescência no reino vegetal, mas também tem o odor mais poderoso, assemelhado a uma combinação de peixe podre e açúcar queimado (nenhum dos autores teve oportunidade de senti-lo). Existem relatos de pessoas que desmaiaram por causa do odor. Muitas suculentas africanas da família do apócino (Apocynaceae, uma outra família em que frequentemente os grãos de pólen são aglutinados em polínios) são polinizadas por moscas. Essas plantas atraem moscas por terem flores com cheiro semelhante ao de carne em decomposição ou, em alguns casos, ao de estrume de animal.

As figueiras selvagens (*Ficus*, Moraceae) são polinizadas principalmente por vespas especializadas. As flores nessa família originam-se de uma maneira única: a inflorescência precisa ser perfurada por uma vespa para que as flores, localizadas no seu interior, sejam alcançadas pelo polinizador. A vespa, então, ovoposita no interior da inflorescência. Após a eclosão, os descendentes acasalam (em geral, há acasalamento entre irmão e irmã) e os machos ápteros morrem (de modo que todo o figo selvagem contém vespas mortas). À medida que saem da inflorescência, as fêmeas jovens são cobertas de pólen; quando visitam uma outra inflorescência para ovopositarem, a polinizam.

Como esses exemplos são fascinantes, é fácil sermos induzidos a uma impressão errada: conforme observado no texto, as plantas têm muito menos mecanismos especializados de atração de polinizadores.

Amorphophallus titanum (lírio vodu, Araceae), uma espécie nativa de Sumatra, possui a maior inflorescência do reino vegetal. A pessoa que aparece na fotografia é Hugo de Vries, um geneticista pioneiro e um dos responsáveis por divulgar junto aos biólogos o trabalho de Gregor Mendel (fotografia de C. G. G. J. van Steenis, arquivo Hugo de Vries, Faculty of Science, University of Amsterdam).

produção diurna de néctar (mas pouco odor) e possuam tubos ou esporas longos – e assim por diante. Tais associações de atributos florais com tipos particulares de polinizadores (geralmente, classes ou ordens taxonômicas) são denominadas **síndromes da polinização** (Faegri e van der Pijl, 1979). Em geral, considera-se que há correspondências entre essas síndromes e os conjuntos de atributos adaptativos de polinizadores – as interações entre plantas e polinizadores são vistas como mutualismos que coevoluíram (Howe e Westley, 1997). Alguns ecólogos que defendem a ideia das síndromes da polinização tratam os atributos florais como diagnóstico de polinizadores particulares: se as flores possuem os atributos X, Y e Z, então os polinizadores da planta pertencem ao táxon animal A.

Há pouca dúvida que muitas plantas e polinizadores coevoluíram – que as plantas têm influenciado fortemente a evolução de seus polinizadores e vice-versa. Alguns casos bem conhecidos oferecem evidências da estreita coevolução de pares particulares de plantas e polinizadores (Quadro 7A). Contudo, há também razões para crer que a intensidade e a generalidade de síndromes da polinização têm sido exageradas. Em uma crítica recente, Nickolas Waser e colaboradores (Waser et al., 1996) sugerem que animais fora dessas síndromes polinizam bastante – aves em "flores-abelha", abelhas em "flores-borboleta" e assim por diante. A principal crítica do uso da ideia da síndrome da polinização é que as síndromes representam mais tendências – e frequentemente algo fracas – do que leis. Os críticos têm sugerido que, ao se concentrar nessas tendências, os ecólogos podem estar omitindo variação importante. Eles têm argumentado também que, sob algumas condições amplas, pode-se esperar que plantas e polinizadores evoluam para se tornarem generalistas da polinização em vez de especialistas. Portanto, o enfoque nas síndromes nos levou a negligenciar essas interações generalistas entre plantas e polinizadores.

A polinização pode envolver algumas interações bastante complexas; alguns exemplos são apresentados no Quadro 7B. Enquanto os exemplos descritos, como a conexão peixe-planta, são certamente incomuns, é provável que existam muitas outras interações complexas envolvendo polinizadores.

Plantas aquáticas e polinização

Algumas angiospermas, como o nenúfar (*Nymphaea* ou *Nuphar*, Nymphaeaceae), vivem na água. Na maioria dessas plantas, as flores surgem acima da superfície da água, e os insetos ou o vento as polinizam. Porém, em espécies de cerca de 31 gêneros em 11 famílias, as flores surgem abaixo da superfície da água. Como na polinização pelo vento, é inerentemente improvável que os grãos de pólen na água encontrem estigmas receptivos. Além disso, marés e correntes provavelmente tornam imprevisível a dispersão dos grãos de pólen.

As plantas aquáticas geralmente reduzem essa imprevisibilidade transformando seus grãos de pólen em unidades de dispersão maiores (e, assim, aumentando a probabilidade de contato com um estigma), e, em muitos casos, dispersando-os principalmente junto à superfície da água (de modo que eles cumprem um trajeto bidimensional, em vez de tridimensional). Um exemplo notável é a planta de água doce do gênero *Vallisneria* (Hydrocharitaceae), representada na Figura 7.10. Nesse gênero, as flores estaminadas são lançadas na água e flutuam até a superfície. As pétalas curvam-se para baixo para manter a flor flutuando sobre a água e duas anteras estéreis funcionam como "velas" diminutas. Assim, as flores são carregadas pelo vento até encontrar flores pistiladas contendo óvulos, as quais são sustentadas na superfície por longos pedicelos. As flores pistiladas criam pequenas depressões na superfície da água; as flores estaminadas caem nessas depressões e polinizam as pistiladas.

Na maioria das espécies aquáticas, o grão de pólen é a unidade de dispersão, em vez da flor inteira. Em muitos casos, o pólen é pegajoso e tende a formar aglomerados que flutuam sobre a superfície até entrar em contato com flores pistiladas. A liberação de grãos de pólen em algumas espécies marinhas de submarés ocorre apenas perto de marés muito baixas (primavera), o que também aumenta as chances de contato entre grãos de pólen e estigmas. Em espécies com polinização inteiramente sob a superfície a água, como *Thalassia* (capim-de-tartaruga, Hydrocharitaceae), o pólen tende a ser alongado ou envolvido

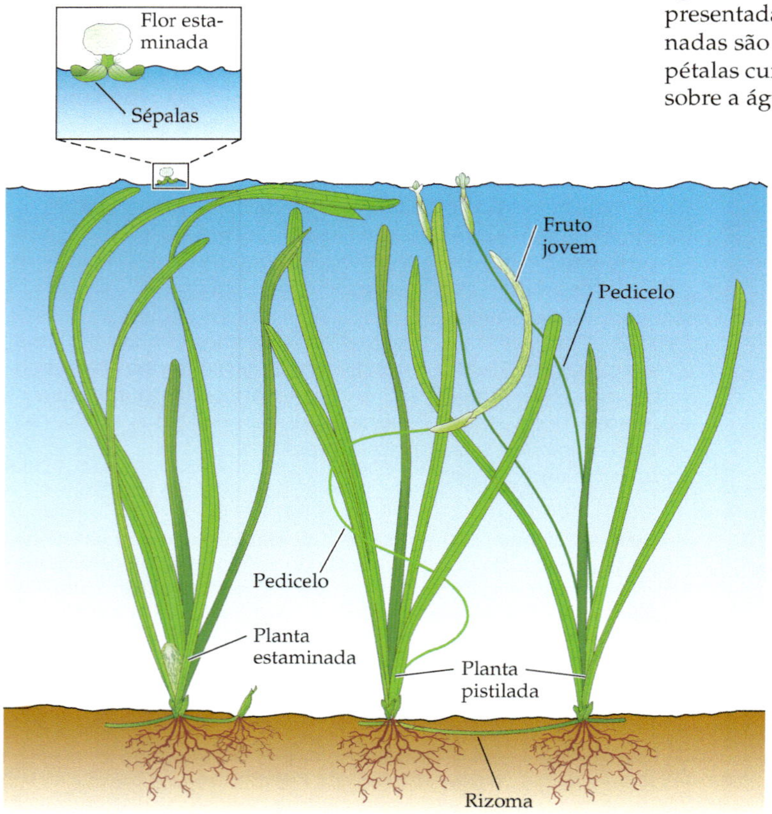

Figura 7.10 A planta aquática *Vallisneria* (Hydrocharitaceae) possui adaptações especiais para a polinização junto à superfície da água.

Quadro 7B

Algumas interações complexas entre plantas e polinizadores

Enquanto as plantas e seus polinizadores podem exercer forte pressão seletiva recíproca, eles estão também envolvidos em outras interações ecológicas. Características que afetam a polinização podem refletir na seleção natural, que resulta igualmente dessas outras interações. Sharon Strauss e colaboradores (2004) estudaram diversos casos de seleção complexa. Em um estudo com *Raphanus sativus* (rabanete selvagem, Brassicaceae), na Califórnia, eles verificaram que as plantas com cores de flores distintas tenderam a diferir quanto à capacidade de induzir a produção de compostos secundários que atuam na defesa contra a herbivoria (ver Capítulo 11). As plantas com flores amarelas ou brancas foram preferidas pelas abelhas polinizadoras, em relação às flores cor-de-rosa ou cor-de-bronze. No entanto, aquelas mesmas flores foram menos capazes de induzir respostas defensivas, resultando em dano maior pela herbivoria. As duas características são geneticamente ligadas, de modo que mudanças na cor da flor afetam as defesas e vice-versa. Em um estudo com *Brassica rapa* (mostarda-do-campo, Brassicaceae), Strauss e colaboradores (1999) usaram seleção artificial para criar uma população com concentrações altas de mirosinase, um composto defensivo, e outra com concentrações baixas. Aquela com concentrações altas foi muito mais resistente ao ataque de besouros-pulga e sofreu muito menos danos às flores. Entretanto, os polinizadores tenderam a despender mais tempo em flores de plantas com baixas concentrações de mirosinase; outros estudos têm mostrado que o sucesso da polinização em *B. rapa* aumenta com o tempo gasto pelos polinizadores. Portanto, herbívoros e polinizadores podem exercer seleção em direções opostas.

As interações entre plantas e polinizadores podem também estar envolvidas em um outro tipo de interação complexa, denominada **cascata trófica**, na qual os predadores reduzem o tamanho da população de sua presa, provocando ainda mais mudanças no próximo nível trófico. Um estudo recente de Tiffany Knight e colaboradores (2005) revelou uma interação indireta entre uma planta e um peixe. Eles estudaram a polinização de *Hypericum fasciculatum* (erva-de-são-joão, Hypericaceae) por abelhas nas margens de um conjunto de tanques na Flórida. Alguns continham peixes e outros não. Muitas das espécies de peixes predavam larvas de libélulas e as libélulas são importantes predadores de abelhas. Eles verificaram que *H. fasciculatum* crescendo nas margens de tanques com peixes receberam mais visitas de polinizadores. Um experimento com adição de grãos de pólen (ver Quadro 7C) revelou que as plantas crescendo junto a tanques sem peixes foram significativamente mais limitadas de pólen do que as outras, em situação oposta. Enquanto as interações entre peixes e plantas são incomuns, é provável que muitas outras interações entre plantas e polinizadores possam ser afetadas por cascatas tróficas.

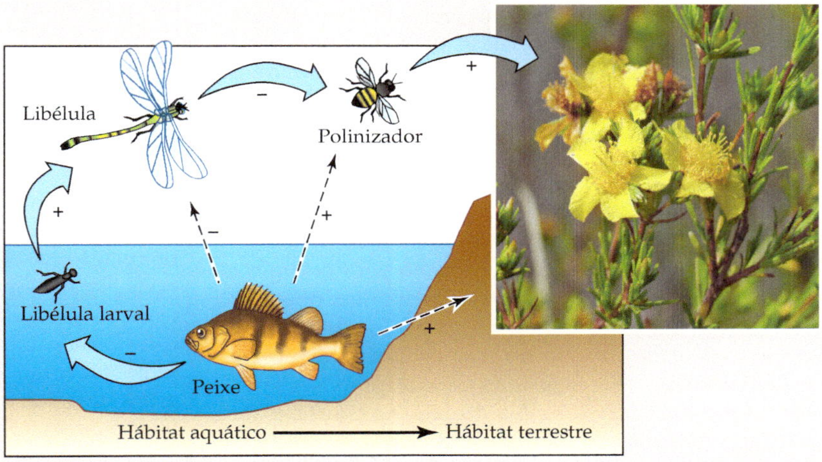

Os peixe e a *Hypericum fasciculatum* estão envolvidos em uma interação complexa. As setas azuis conectando organismos mostram interações diretas; as setas tracejadas mostram interações indiretas. Os sinais de mais e menos dão a direção do efeito – por exemplo, mais peixes significa menos larvas de libélulas, porém mais polinizadores e plantas (fotografia © S. Denton/www.simplegrandeur.com.).

por cordão de mucilagem, o que também aumenta as chances de contato com estigmas.

Um caso notável de alongamento do pólen é encontrado na espermatófita marinha do gênero *Zostera* (Zosteraceae). Neste processo, o pólen germina antes de ser liberado, formando um tubo polínico, que acentua bastante o comprimento do pólen e aumenta sua chance de contato com uma flor pistilada. As flores pistiladas de plantas aquáticas também exibem muitas características, como formas incomuns de estigmas, que contribuem para aumentar a probabilidade de contato com o pólen.

Quem cruza com quem?

As plantas têm vidas sexuais notavelmente complexas. Nesta seção, abordaremos os **sistemas de cruzamento** em plantas – fatores biológicos que governam quem pode cruzar com quem. A discussão sobre sistemas de cruzamento é, às vezes, confusa para os estudantes, até que eles percebam que ela compreende duas questões diferentes. A primeira envolve um processo: se as plantas apresentam autopolinização, polinizam outras com parentesco próximo, polinizam plantas não-aparentadas ou exibem uma combinação destas. A segunda questão envolve o estado genético da população como resultado desse processo: em cada lócus gênico existem muitos alelos ou apenas alguns que são cópias idênticas de um ancestral comum? De maneira confusa, os biólogos usam o termo "**endogamia**" para se referir ao processo de cruzamento entre parentes próximos e ao seu produto.

Algumas espécies apresentam obrigatoriamente **autopolinização** (os indivíduos podem polinizar apenas a si mesmos); outras, apresentam **polinização cruzada** (elas possuem mecanismos que impedem a autopolinização e, às vezes, os cruzamentos com outras espécies com parentesco próximo); outras, em parte exibem autopolinização e, em outra, polinização cruzada. Essa multiplicidade de padrões reprodutivos é acompanhada por uma diversidade de mecanismos. As condições sob as quais um padrão ou outro seria favorecido por seleção natural constituem uma área de pesquisa ativa, tanto teórica (p. ex., Charlesworth e Charlesworth, 1978; Barrett e Harder, 1996) quanto experimentalmente (p. ex., Carr e Dudash, 1996; Husband e Schemske, 1996; Vogler e Kalisz, 2001).

Sexo vegetal

A expressão sexual em plantas é complexa e variada. Alguns indivíduos são **cossexuais**, ou seja, simultaneamente masculinos e femininos. A forma mais comum de cossexualidade – e o tipo mais comum de expressão sexual entre plantas – é o **hermafroditismo***. Por exemplo, 75% das espécies vegetais da Restinga do Parque Nacional de Jurubatiba, no Brasil, são hermafroditas, e levantamentos em muitas outras regiões mostram proporções similares (Matallana et al., 2005). As plantas hermafroditas possuem **flores perfeitas**, pois contêm estames e estigmas funcionais. Na **monoicia**, as plantas possuem algumas flores apenas com estames funcionais (**flores estaminadas**) e algumas flores com estigmas funcionais (**flores pistiladas**); às vezes, também ocorrem flores perfeitas no mesmo indivíduo. Na **dioicia**, ao contrário, ao menos algumas plantas na população têm apenas flores pistiladas ou estaminadas.

Esses três sistemas de expressão sexual podem existir em combinação entre si. Na **ginomonoicia**, flores pistiladas e perfeitas ocorrem no mesmo indivíduo. Na **andromonoicia**, por outro lado, flores estaminadas e perfeitas ocorrem no mesmo indivíduo. A andromonoicia é muito mais comum do que a ginomonoicia. Na **ginodioicia**, alguns indivíduos na população possuem apenas flores pistiladas, enquanto outros apresentam ou flores perfeitas ou uma mistura de flores estaminadas e pistiladas. Por outro lado, na **androdioicia**, algumas plantas na população têm somente flores estaminadas, enquanto outras possuem ou flores perfeitas ou uma mistura de estaminadas e pistiladas. Todas essas combinações são incomuns, mas a ginodioicia é muito mais comum do que a androdioicia.

Uma outra forma de expressão sexual é o **hermafroditismo sequencial**: o começo da vida com um sexo (quase sempre masculino) e, após, a mudança para o outro. Em algumas hermafroditas sequenciais, a mudança não é instantânea e os indivíduos podem funcionar como hermafroditas por um tempo.

Algumas espécies cossexuais são autopolinizadoras (às vezes na mesma flor; às vezes apenas entre flores), enquanto outras não. Uma revisão recente (Vogler e Kalisz, 2001) de muitas centenas de estudos mostrou que cerca de 25% das plantas cossexuais polinizadas pelo vento são principalmente autopolinizadas; quase todas outras espécies cossexuais polinizadas pelo vento exibem, de forma pronunciada, polinização cruzada. Entre as espécies polinizadas por animais, há um padrão diferente: os números são quase uniformemente divididos entre espécies muito autopolinizadas, com polinização cruzada pronunciada e com misturas das duas situações (Vogler e Kalisz, 2001). Anteriormente, os ecólogos contavam com estimativas indiretas de autopolinização e polinização cruzada, utilizando os tipos de experimentos de polinização descritos no Quadro 7C. Na atualidade, usando marcadores genéticos, podemos medir diretamente as taxas de polinização cruzada até determinar os genitores de uma certa semente ou plântula (Smouse e Sork, 2004).

Digno de nota é que algumas dessas formas diferentes de expressão sexual podem ocorrer simultaneamente dentro de uma única população vegetal. A posse de um conjunto particular de órgãos florais não significa que uma população de hermafroditas necessariamente os use. Por exemplo, nem todos os indivíduos funcionam igualmente como estaminados e pistilados. Alguns indivíduos podem contribuir principalmente com pólen e produzir poucas sementes, atuando, em especial, como estaminados. Os grãos de pólen de outros indivíduos podem ser inviáveis ou incapazes de germinar, atuando como estritamente pistilados. Quando indivíduos que parecem ser hermafroditas, mas apresentam de fato um funcionamento unissexuado, falamos de **dioicia críptica**. Portanto, o sexo funcional de uma planta pode ser muito diferente do seu sexo físico aparente; em outras palavras, a razão entre os rendimentos reprodutivos estaminado e pistilado de um indivíduo pode ser muito diferente de 1.

Uma vez que esse tipo de variação pode afetar a composição genética de populações, não é surpresa que o sexo vegetal tenha despertado tanto interesse nas áreas de ecologia evolutiva, biologia da conservação e genética de populações. Eric Charnov (1982) desenvolveu a teoria básica que motivou muitos estudos sobre a evolução do sexo. A ideia central é a da maximização do *fitness*: em diferentes

* N. de T. O termo **hermafroditismo** é de uso corrente na literatura biológica (e botânica) e, por isso, optou-se por mantê-lo nesta tradução. Entretanto, cabe ressaltar que, em sentido estrito, esse termo é inapropriado quando aplicado a flores, pois, como componentes do esporófito (e não do gametófito), não possuem órgãos sexuais.

Quadro 7C

Experimentos de polinização

Muitas perguntas sobre ecologia reprodutiva vegetal podem ser respondidas com experimentos muito simples. Frequentemente, temos duas perguntas sobre uma determinada espécie: as plantas são autoincompatíveis? O pólen é um recurso limitante? Para resolver esses questionamentos, podemos fazer combinações variadas de três tipos de manipulações: cobrir flores ou inflorescências com saquinhos de filó (tecido reticular com malha muito fina) para excluir polinizadores, remover estames (emascular as plantas) e realizar a polinização manual. Os resultados desses tratamentos são, então, comparados com os de plantas não-manipuladas, o que nos permite estimar a taxa típica de formação de sementes. As flores ensacadas indicam quantas sementes nas plantas não-manipuladas resultaram de polinização cruzada. As plantas emasculadas mostram quantas sementes nas não-manipuladas resultaram de autopolinização. Se não obtivermos sementes de flores ensacadas, a polinização manual com pólen do mesmo indivíduo ou de indivíduos diferentes nos informa se a espécie é autoincompatível ou simplesmente necessita de animais para a polinização. Os dois tipos de manipulações (com ensacamento e emasculação) nos informam se a espécie é capaz de produzir sementes por agamospermia. Se houver maior produção no processo de polinização manual do que no natural, as plantas dessa espécie são limitadas pelo pólen.

cenários, o *fitness* pode ser maximizado pelo aumento da alocação de recursos para as funções estaminada e pistilada, ou pelo aumento da alocação para uma à custa da outra. A base genética de variação no sexo está compreendida em algumas espécies vegetais; existem casos bem conhecidos nos quais os controles são bem simples. Por considerar-se que a monoicia e a ginodioicia proporcionam duas rotas evolutivas separadas do hermafroditismo para a dioicia, esses sistemas de cruzamento têm sido o foco de muito mais estudos do que se poderia esperar, com base em sua relativa raridade.

A discussão sobre o sexo das plantas obviamente envolve muita terminologia. Para piorar a situação, disciplinas biológicas diferentes empregam esses termos para significar coisas um tanto diferentes. Os zoólogos em geral usam o termo "hermafrodita" no sentido de produção de órgãos sexuais masculinos e femininos pelo mesmo indivíduo (uma vez que não há análogo animal para uma flor). Os geneticistas empregam o termo "monoico" para dizer a mesma coisa. Tal terminologia não é imprecisa. Os cientistas têm em mente algo bem específico quando usam esses termos, mas cada subdisciplina exprime algo um pouco diferente. Na prática, isso em geral não representa um problema: é necessário estar ciente dessas diferenças e usar o contexto para determinar o significado da intenção do autor.

Competição por polinizadores e entre grãos de pólen

Como Oscar Wilde advertiu, "nada acontece em demasia". Muitas plantas parecem ter seguido essa advertência. Quase todas as plantas começam com muitos óvulos que jamais se tornam sementes viáveis. Esses óvulos em excesso podem existir por três razões: porque o pólen é um recurso limitante, porque as flores têm uma outra função ou porque a planta está se precavendo (produzindo mais óvulos do que podem geralmente ser maturados, porque, sob condições favoráveis incomuns, esses óvulos podem ser maturados). Aqui, consideraremos as duas primeiras razões; a terceira será discutida no Capítulo 8.

Para plantas polinizadas por animais, o pólen pode ser limitante devido a uma falta de polinizadores (ver Quadro 7C). Se existem mais flores do que polinizadores para visitá-las ou se os polinizadores são ineficientes na transferência de pólen, as plantas podem competir por polinizadores. Essa competição pode ocorrer entre plantas da mesma espécie e entre espécies em uma comunidade. Esses dois tipos de competição podem acarretar consequências diferentes para os padrões de florescimento, conforme veremos no Capítulo 8.

A competição por polinizadores entre indivíduos da mesma espécie é análoga à competição entre machos (ou fêmeas) para os acasalamentos dos animais. Quando primeiramente desenvolvido na década de 1980 – com destaque para Mary Willson (Willson, 1983; Burley e Willson, 1983) –, esse conceito foi alvo de algum ceticismo, porque a analogia entre grãos de pólen sobre um estigma e, digamos, aves masculinas competindo pela atenção de fêmeas parecia forçada para alguns botânicos. Entretanto, atualmente há grande informações evidenciando que os doadores de pólen, bem como os grãos de pólen, de fato competem. Alguns indivíduos em uma população podem ter muitos cruzamentos (muitos grãos de pólen), enquanto outros podem ter poucos. Essa variação resulta em **seleção sexual** – seleção por meio do sucesso diferencial no cruzamento. A maioria dos ecólogos especialistas em evolução considera a seleção sexual como uma subdivisão da seleção natural, embora o uso comum às vezes trate separadamente esta área da teoria da seleção.

Mary Willson

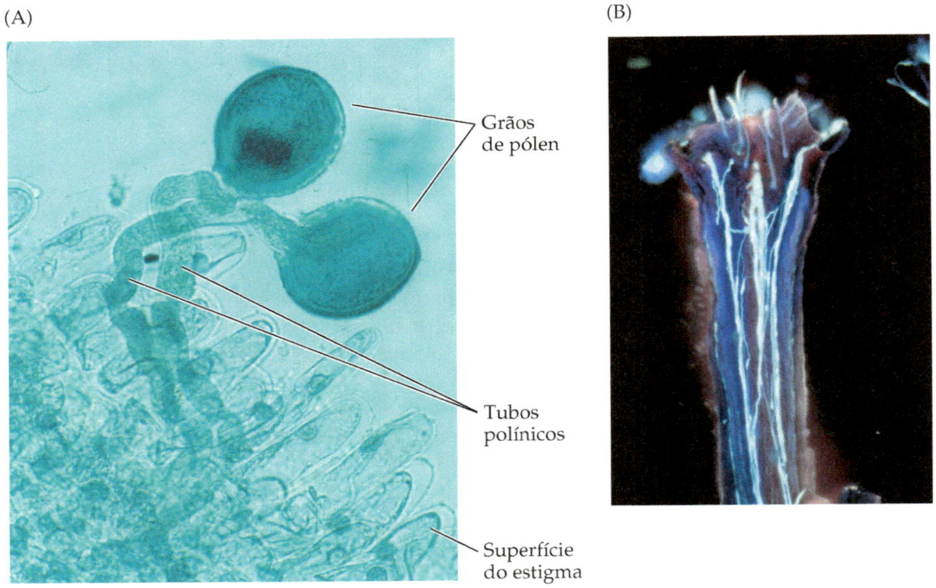

Figura 7.11 Quando os grãos de pólen germinam, seus tubos polínicos crescem, atravessam a superfície do estigma e crescem no estilete em direção aos óvulos. (A) Dois grãos de pólen germinados de *Erythronium grandiflorum* (lírio-de-geleira, Liliaceae) (fotografia cedida por A. Snow). (B) Tubos polínicos crescendo nos estiletes de *Shorea siamensis* (Dipterocarpaceae), uma espécie arbórea de floresta pluvial da Tailândia. Para visualizar esses tubos, a amostra foi corada com azul de anilina e observada sob luz ultravioleta com um microscópio de fluorescência (fotografia cedida por J. Ghazoul).

Existem duas amplas categorias de seleção sexual: competição entre indivíduos masculinos e escolha, feminina. Em plantas, pensa-se que a competição entre masculinos resulte em extremos de dispositivos florais, como inflorescências grandes em que a maioria das flores funciona apenas para atrair polinizadores. Essas flores são, portanto, funcionalmente masculinas (estaminadas); elas reproduzem-se somente por terem grãos de pólen que chegam aos estigmas de flores de outras plantas e não por serem autopolinizadas. Tal dioicia críptica é particularmente comum em leguminosas (Fabaceae) e em Bignoniaceae. A competição entre grãos de pólen após sua chegada sobre um estigma pode também resultar em seleção sexual. Existe uma disputa pelos óvulos à medida que os tubos polínicos crescem através do estilete (Figura 7.11). Estudos experimentais têm mostrado que, em algumas espécies, o esporófito materno "escolhe" seus polinizadores por meio de interações bioquímicas que afetam a germinação do pólen e a taxa de crescimento do tubo polínico, resultando em descendência mais apta (Marshall e Folsom, 1991). Alguns esporófitos maternos, como em *Cucurbita pepo* (abóbora, Cucurbitaceae), são também conhecidos por abortar seletivamente certas sementes antes que elas amadureçam (Stephenson e Winsor, 1986).

Dispersão do pólen e suas consequências

É comum um certo grau de endogamia em populações vegetais. A razão é simples: o maior número de cruzamentos ocorre entre plantas vizinhas, as quais tendem a ter parentesco, uma vez que a maioria das sementes não percorre distâncias longas.

A maioria dos grãos de pólen permanece perto do esporófito do qual se originou. Em espécies polinizadas por animais, existem muitas razões para tal padrão. Em primeiro lugar, a maioria das plantas exibe distribuição espacial agregada. Além disso, algumas manchas tipicamente recompensam mais os polinizadores do que outras; em geral, os polinizadores concentram-se nas manchas que oferecem mais recompensas, reduzindo a distância média percorrida entre as plantas. Por fim, a maioria dos grãos de pólen é transferida para a próxima flor visitada (Richards, 1986). Em *Lupinus texensis* (tremoço-azul, Fabaceae), por exemplo, a maioria dos polinizadores percorre menos que 0,6 metros entre as plantas, e mais do que 90% dos movimentos é de menos do que 1,2 metros (Figura 7.12A). O fluxo gênico não se equipara exatamente ao movimento do polinizador (novamente sugerindo que a visitação do polinizador não é equivalente à polinização), mas também diminui rapidamente com a distância da fonte.

O deslocamento do pólen pelo vento geralmente também resulta em mais grãos de pólen sendo distribuído junto à sua fonte, mas por razões diferentes. O vento geralmente sopra em rajadas curtas, a maioria das quais com velocidade baixa, de modo que os movimentos do pólen ocorrem predominantemente por distâncias curtas. Em árvores, o pólen é liberado em alturas variadas; quando liberado em alturas maiores, em geral percorre as distâncias mais longas (Richards, 1986). Entretanto, as árvores, na maioria, são estruturadas de modo a liberar uma quantidade pequena de pólen a partir de suas copas; portanto, a maioria dos grãos de pólen percorre distâncias curtas. Uma vez que a maioria das plantas é polinizada pelo vento (como as gramíneas), a maior parte dos grãos de pólen tende a ser depositada sobre plantas vizinhas. Em algumas populações, as plantas possuem características variáveis que podem afetar a distância percorrida pelo pólen. Em *Plantago lanceolata* (Plantaginaceae), Stephen Tonsor (1985) verificou que os indivíduos diferiram quanto à proporção de pólen produzido como grãos simples ou como aglomerados de dois, três ou até mais de cinquenta grãos. Um experimento utilizando um túnel de vento mostrou que os grãos simples percorrem

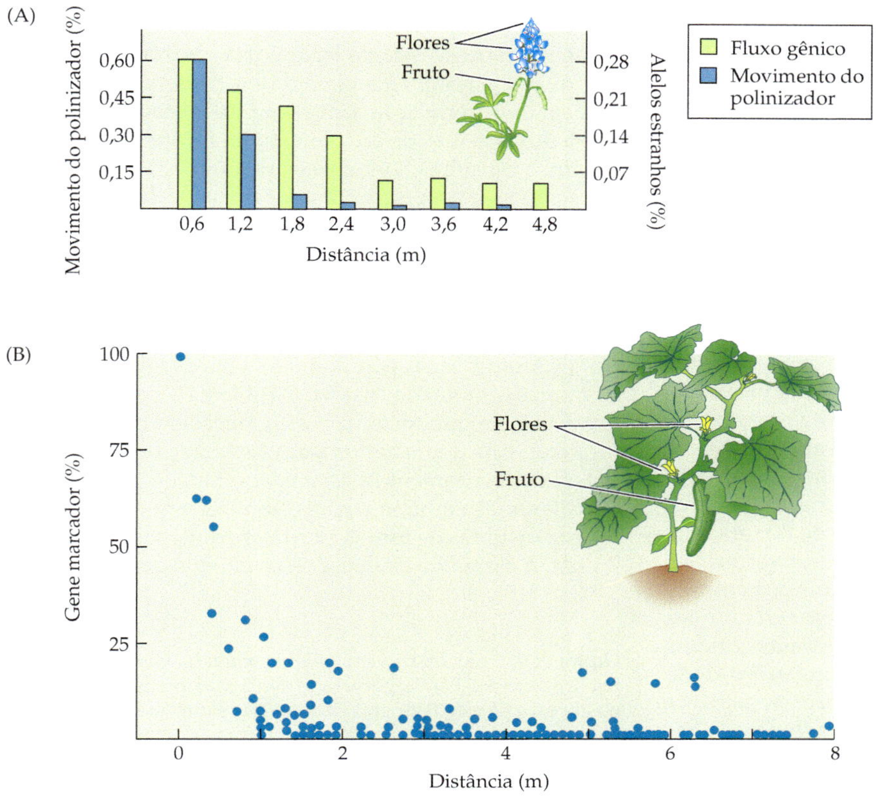

Figura 7.12 (A) As distâncias percorridas por polinizadores e o fluxo gênico em plântulas de *Lupinus texensis* (tremoço-azul, Fabaceae). Enquanto os padrões gerais de distribuição são os mesmos, o uso de apenas o movimento do polinizador para estimar o fluxo gênico o subestimaria, porque o pólen de uma flor pode ser depositado sobre a segunda ou terceira (e assim por diante) flor visitada (segundo Schaal, 1980). (B) Aparência de genes marcadores em plântulas de *Cucumis sativus* (Cucurbitaceae). A parte final das distâncias de dispersão é extensa; nesse caso, o pólen pode igualmente ser transportado de uma flor para outra (segundo Handel, 1983).

Figura 7.13 Variação na distância percorrida por aglomerados de pólen de *Plantago lanceolata* (Plantaginaceae) em um túnel de vento, em função do tamanho, em três experimentos. Em cada caso, uma planta foi colocada em uma extremidade do túnel de vento e fileiras de lâminas de vidro (usadas em microscopia) cobertas de vaselina foram dispostas, em intervalos de 20 centímetros, ao longo do piso do túnel. Cada linha representa o número de grãos solitários ou aglomerados que percorreram cada distância (segundo Tonsor, 1985).

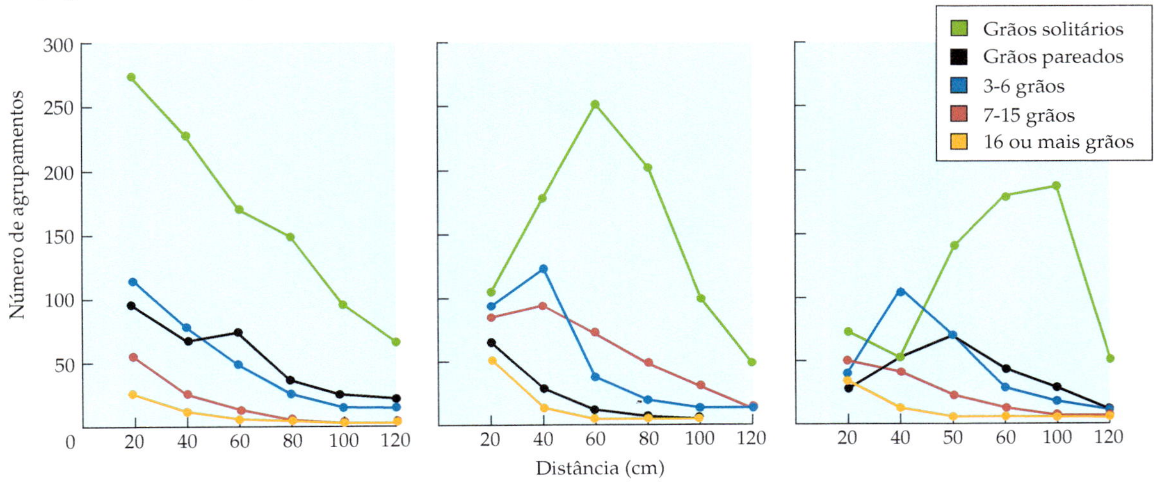

distâncias muito maiores do que aglomerados maiores (Figura 7.13). Desse modo, algumas plantas individuais têm mais probabilidade de cruzar com indivíduos distantes; para outras, a probabilidade de cruzamentos é maior com vizinhos bem próximos.

Cruzamento combinado

Plantas com fenótipos similares – por exemplo, com cores de flores ou épocas de florescimento similares – podem cruzar com uma outra mais frequentemente do que fariam por acaso. Esse fenômeno é denominado **cruzamento combinado** (***assortative mating***). No caso da época do florescimento, isso é especialmente óbvio: as primeiras flores têm mais probabilidade de cruzar com outras primeiras flores do que com as formadas mais tarde. O cruzamento combinado quanto à cor de flores com frequência ocorre porque muitos polinizadores têm preferências (às vezes sobre uma base individual) por cores. Uma abelha, por exemplo, pode deslocar-se principalmente de flor amarela para flor amarela ou de flor vermelha para flor vermelha.

Quando os indivíduos tendem a cruzar com outros com fenótipos dissimilares, dizemos que se trata de um **cruzamento combinado negativo**. Duas formas comuns deste fenômeno em plantas são a **autoincompatibilidade** (significando que os cruzamentos podem ocorrer somente entre indivíduos com certas diferenças genéticas) e a **heterostilia** (filetes e estiletes em alturas diferentes dentro da flor, de modo que os cruzamentos dentro dos mesmos morfos ocorrem com raridade (Figura 7.14). Essas situações de cruzamento combinado negativo obrigam a polinização cruzada.

Seleção dependente da frequência

A **seleção dependente da frequência** ocorre quando o *fitness* de um genótipo depende da sua presença comum ou rara em uma população. Um exemplo é observado na evolução dos sistemas de cruzamento de *Lythrum salicaria* (lisimáquia purpúrea, Lythraceae; Figura 13.3). Essa espécie é uma invasora em terras úmidas no norte da América do Norte (ver Capítulo 13). Ela ainda encontra-se em processo de invasão, o que a torna uma espécie ideal para estudar a evolução em ação. No estudo descrito aqui, os cientistas puderam observar diretamente a evolução de populações por um período de cinco anos.

Lythrum salicaria possui um sistema de cruzamento incomum, denominado tristilia. O estilete é a parte reprodutiva feminina que sustenta o estigma, sobre qual os grãos de pólen são depositados para fertilizar os óvulos. Tal sistema de cruzamento é assim denominado porque plantas diferentes em uma população possuem uma das três formas distintas de estilete: curto, médio ou longo (Figura 7.14A). A forma do estilete é determinada geneticamente.

Figura 7.14 (A) Tristilia em *Lythrum salicaria* (lisimáquia purpúrea, Lythraceae). Essa espécie tem três formas, ou morfos, diferentes de estame e estilete, um sistema que promove a polinização cruzada. Um indivíduo com um determinado comprimento de estilete pode cruzar somente com um indivíduo dos outros dois morfos. (B) Mudança na equabilidade do comprimento do estilete, durante um período de cinco anos, em 24 populações de *L. salicaria*. Um valor 1 de equabilidade indicaria que os três morfos foram igualmente frequentes. Com exceção de 4 populações, as frequências foram mais uniformes no quinto ano do que no primeiro, indicando que o morfo raro aumentou em frequência (B segundo Eckert et al., 1996).

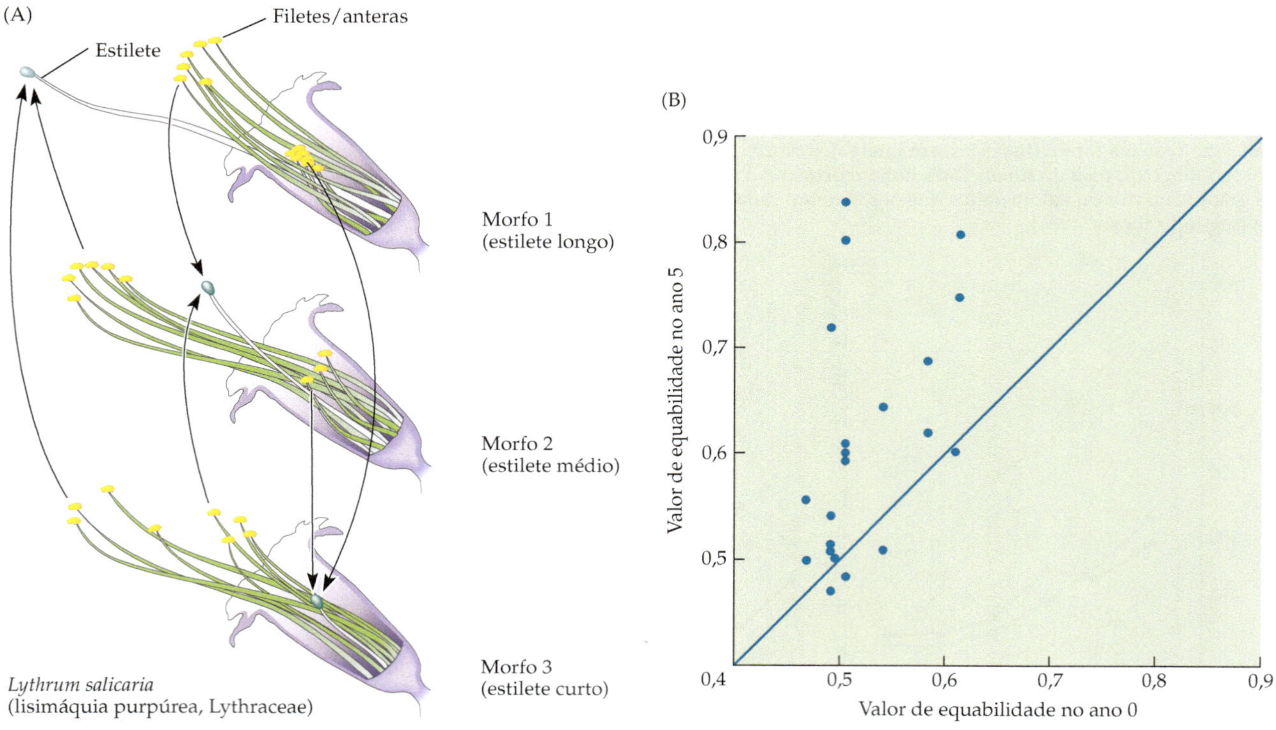

Os estiletes são adaptados a três comprimentos de filetes (o filete sustenta a antera, onde os grãos de pólen são produzidos). Um único indivíduo tem um comprimento de estilete e dois comprimentos de filetes. Tal sistema é uma maneira de forçar a polinização cruzada: os animais visitantes não transferem grãos de pólen entre indivíduos com o mesmo comprimento de estilete.

A seleção dependente da frequência acontece devido a esta incapacidade que os indivíduos têm de cruzar com outros do mesmo tipo morfológico. Imagine uma população de lisimáquia purpúrea de 99 indivíduos com estilete longo e um indivíduo com estilete curto. O indivíduo com estilete curto estaria apto a cruzar com todas as outras plantas na população, à medida que pode polinizar todas. As plantas com estiletes longos (filetes mais curtos) estariam limitadas a polinizar apenas um indivíduo com estilete curto. Desse modo, na próxima geração, os genes do indivíduo com estilete curto se destinariam a todas as 100 plantas (no seu próprio descendente, através de seus gametas femininos, e naqueles das outras 99 plantas, mediante seus grãos de pólen). Por outro lado, cada um dos indivíduos com estilete longo teria descendência através de, no máximo, 2 plantas (eles mesmos e a planta de estilete curto). Como resultado, os genes da planta com estilete curto aumentariam em frequência. Em geral, o tipo mais raro de cruzamento (aqui, aquele com o comprimento de estilete menos comum) desfrutará sempre esse tipo de vantagem reprodutiva. Por isso, a população de lisimáquia purpúrea continuaria a evoluir até que as três formas alcançassem frequência igual, com cada forma constituindo um terço da população.

Foi exatamente esse padrão de mudança evolutiva o observado por Christopher Eckert e colaboradores (1996). Eles inventariaram 24 populações de *L. salicaria* recentemente estabelecidas na província de Ontário, Canadá. Durante o estabelecimento de cada população, meramente por acaso, algumas formas alcançaram frequência alta, enquanto outras ficaram em frequência baixa. Em algumas populações, a forma com estilete curto foi rara; em outras, isto aconteceu com a forma com estilete médio; e em outras, a forma com estilete longo foi rara. Os pesquisadores previram que, ao longo do tempo, as populações evoluiriam para uma frequência igual das três formas. Eles testaram esta previsão retornando as populações a cinco anos antes. A previsão foi confirmada: com exceção de quatro casos, a forma mais rara aumentou em frequência (Figura 7.14B). Contudo, as populações, na maioria, ainda não estavam em equilíbrio, com cada forma constituindo um terço da população; para o equilíbrio, serão necessárias várias décadas. Entretanto, as populações evoluíram consistentemente na direção prevista, algo que seria altamente improvável ocorrer ao acaso.

Tal exemplo constitui uma situação rara, na qual a seleção natural é suficientemente forte para que possamos observá-la em ação em um período curto. Não é comum poder medir uma mudança consistente em populações naturais em apenas cinco anos. Parte da solidez desse estudo vem da mudança observada em muitas populações. Portanto, é bastante improvável que a mudança seja devida a qualquer outro fator que não a seleção natural.

Fatores que formam sistemas de cruzamento vegetal

Sob quais circunstâncias ambientais esses diferentes sistemas de cruzamento seriam favorecidos? Como os sistemas de cruzamento vegetal são complexos, parece que apenas poucos fatores importantes teriam sido decisivos em sua evolução. Entre esses fatores estão as consequências para o *fitness* da endogamia *versus* exogamia, o sucesso relativo das funções florais masculinas e femininas, a capacidade de ajustar a alocação de recursos às funções masculina e feminina, e a disponibilidade de polinizadores.

Quase sempre há um certo grau de endogamia entre vegetais, porque é provável que os indivíduos em uma população compartilhem ancestrais comuns. Como em uma pequena aldeia, todo mundo é primo de alguém. Porém, a endogamia forte ocorre quando as plantas exibem autopolinização ou cruzam principalmente com parentes próximos. Os atributos reprodutivos podem promover ou limitar tal processo.

Se a endogamia resulta em um decréscimo em *fitness* (**depressão endogâmica**), a limitação de cruzamentos com parentes representa uma vantagem. Os sistemas de autoincompatibilidade (SI, *self-incompatibility*) podem realizar essa limitação. Existem dois tipos gerais de sistemas SI. Tipicamente, os *loci* gênicos envolvidos na autoincompatibilidade são referidos como *loci S*, e os alelos individuais, numerados com S_1, S_2 e assim por diante. Na **SI gametofítica**, o genótipo haploide do grão de pólen no lócus *S* o impede de crescer no estigma e estilete de um esporófito compartilhando o mesmo alelo. Por outro lado, na **SI esporofítica**, o genótipo diploide do genitor do grão de pólen o impede de cruzar com qualquer outro esporófito compartilhando um ou outro de seus alelos *S*. Os dois sistemas atuam de maneira diversa por causa da diferença no tempo de expressão dos alelos *S*. Na SI gametofítica, muitos cruzamentos são "semicompatíveis": se o pólen de uma planta S_1S_2 for depositado sobre o estigma de uma planta S_1S_3, o pólen S_2 crescerá e poderá fertilizar os óvulos S_1 e S_3. Na SI esporofítica, o pólen de uma planta S_1S_2 não pode fertilizar quaisquer óvulos de uma planta S_1S_3 ou de uma planta S_2S_3. Portanto, enquanto a autofertilização não pode ocorrer sob um ou outro sistema, a SI esporofítica limita o cruzamento com mais tipos de plantas aparentadas do que a SI gametofítica.

A autopolinização e sementes sem dispersão frequentemente coocorrem. Se um determinado genótipo é bem-sucedido em um local particular, pode ser vantajoso produzir descendentes sem dispersão do mesmo genótipo. Isso pode ser parte do motivo de certas espécies vegetais possuírem algumas flores **cleistógamas** (que nunca se abrem, mas sempre apresentam autopolinização), mas a evidência é ambígua. Em algumas espécies, as flores cleistógamas estão localizadas nas proximidades do nível do solo; em gramíneas anuais do gênero *Amphicarpum* (Poaceae), elas encontram-se até mesmo sob a superfície do solo. Mais comumente, as flores são **casmógamas**, ou seja, abrem-se. Flores cleistógamas e casmógamas podem ser

TABELA 7.1 Razão entre o número de grãos de pólen e o número de óvulos produzidos por flor em espécies com sistemas de reprodução diferentes

Sistema de cruzamento	Número de espécies examinadas	Razão média pólen:óvulo (erro-padrão)
Cleistogamia	6	4,7 (0,7)
Autopolinização obrigatória	7	27,7 (3,1)
Autopolinização facultativa	20	165,5 (22,1)
Polinização cruzada facultativa	38	796,6 (87,7)
Polinização cruzada obrigatória	25	5859,2 (936,5)

Fonte: Cruden, 1977.

produzidas simultaneamente, como em muitas espécies herbáceas de zonas temperadas dos gêneros *Viola* (Violaceae), *Oxalis* (Oxalidaceae) e *Impatiens* (Balsaminaceae). Em alguns casos, a cleistogamia parece ser determinada ambientalmente. As flores do cacto do gênero *Frailea* (Cactaceae) são cleistógamas, exceto sob calor extremo, de modo que são consideradas autopolinizadoras facultativas. Em diversas plantas britânicas, incluindo *Lamium amplexicaule* (Lamiaceae) e *Hesperolinon* (Linaceae), as flores produzidas na estação seca são cleistógamas (Richards, 1986).

Os sistemas de reprodução sexuada em vegetais muitas vezes afetam fortemente o número de grãos de pólen produzidos por um indivíduo ou uma população, em relação ao número de óvulos (a razão pólen:óvulo). Conforme mostra a Tabela 7.1, espécies com autopolinização tendem a ter razões pólen:óvulo muito mais baixas do que as com polinização cruzada, e quanto maior a garantia de autopolinização – como na cleistogamia – mais baixa é a razão.

Aplicações da polinização e ecologia dos sistemas de cruzamento

Em muitos casos, os ecólogos motivam-se para estudar a polinização e os sistemas de cruzamento em plantas porque estão curiosos a respeito da biologia subjacente, ou porque estão interessados na seleção natural sobre atributos fortemente ligados ao *fitness*. Entretanto, verifica-se um grande número de estudos nos quais os ecólogos têm observado a polinização e os sistemas de cruzamento para propor outras perguntas de interesse amplo em ecologia e evolução. Tratam-se de estudos de especiação, de ecologia de paisagem e fragmentação de populações, de espécies invasoras e da possibilidade de propagação de genes de organismos geneticamente modificados (OGMs).

Muitas características relacionadas aos sistemas de cruzamento vegetais, como a cor e forma das flores e o período de florescimento (ver Capítulo 8), podem afetar fortemente a chance de encontro de dois indivíduos quaisquer e, assim, o fluxo gênico entre populações que diferem nessas características. Um exemplo admirável de como tal cruzamento combinado pode desempenhar um papel na especiação foi descoberto por H. D. "Toby" Bradshaw e Douglas Schemske e colaboradores (Bradshaw et al., 1998; Schemske et al., 1999; Ramsey et al., 2003; Bradshaw e Schemske, 2003). Em *Mimulus* (mímulo, Scrophulariaceae), uma simples mudança genética provavelmente desempenhou um papel importante no evento de especiação (ver Capítulo 6), separando *M. lewisii* de *M. cardinalis*. Normalmente, observam-se poucos cruzamentos entre essas duas espécies, as quais são geralmente polinizadas por mamangavas e beija-flores, respectivamente. Tendo mostrado que a cor da flor é fortemente influenciada por um lócus denominado *YELLOW UPPER* (*YUP*; Bradshaw et al., 1995, 1998), os pesquisadores utilizaram-se de um cuidadoso programa de reprodução, inserindo a forma *M. lewisii* do gene em *M. cardinalis* e vice-versa. *M. cardinalis* com o alelo *M. lewisii* teve flores cor-de-rosa escura (em vez de suas flores vermelhas normais) e recebeu 74 vezes mais visitas de abelhas do que M. cardinalis não-manipulada. Já *M. lewisii* com o alelo *M. cardinalis* teve flores de coloração amarelo-laranja (em vez de suas flores cor-de-rosa normais) e recebeu 68 vezes mais visitas de mamangavas do que *M. lewisii* não-manipulada.

As populações de *Quercus lobata* (carvalho-do-vale, Fagaceae), uma espécie arbórea característica e muito apreciada que cresce no Central Valley, Califórnia, têm sofrido um grave declínio em densidade, principalmente devido a reduções severas no recrutamento (Brown e Davis, 1991). Uma preocupação importante é a possibilidade de que populações remanescentes de *Q. lobata* se tornem reprodutivamente isoladas devido à fragmentação de hábitats (ver Capítulo 16) e comecem a sofrer de depressão endogâmica. Usando um conjunto de marcadores moleculares, Victoria Sork e colaboradores (Sork et al., 2002; Austerlitz et al., 2004; Dutech et al., 2005) estimaram que, na atualidade, a polinização ocorre principalmente entre árvores distantes de 50 a 88 metros uma da outra. Pelo estudo do número de genes compartilhados por adultos em distâncias variáveis, eles estimaram que, historicamente, a polinização aconteceu dentro de 353 metros. Como as evidências propõem que poucas bolotas* são dispersadas por distâncias longas, tais resultados sugerem que o fluxo de genes pela dispersão de grãos de pólen declinou bastante durante o século XX.

Uma outra consequência da fragmentação de hábitats pode ser a redução na disponibilidade de polinizadores. Taylor Ricketts (2004) estudou a polinização por abelhas de plantações de café (*Coffea arabica*, Rubiaceae) na Costa Rica. Os cafeeiros apresentam autopolinização, mas a polinização por abelhas aumenta a produção de frutos. Os sítios de estudo dentro de 100 metros de fragmentos florestais receberam mais visitas de abelhas nativas do que aqueles mais afastados. A abelha comum exótica *Apis mellifera* foi menos afetada pela distância dos fragmentos florestais, mas suas visitas variaram drasticamente de ano para ano.

* N. de T. Bolota é um tipo de fruto, característico de representantes da família Fagaceae, como espécies do gênero *Quercus*, por exemplo.

Tem havido muita preocupação a respeito das consequências do fluxo gênico entre culturas vegetais – especialmente culturas modificadas com DNA recombinante (com frequência denominadas "geneticamente modificadas" ou "culturas GM") – e seus parentes selvagens. A principal preocupação é a possibilidade de resultar "superinvasoras" de tal hibridização: por exemplo, uma cultura na qual foi inserido um gene de tolerância a herbicida poderia cruzar com uma espécie aparentada selvagem e transferir o gene da tolerância ao herbicida. Existem evidências (Ellstrand et al., 1999; Ellstrand, 2003) de que culturas vegetais frequentemente hibridam com seus parentes selvagens, fornecendo alguma base para tal preocupação. No entanto, curiosamente não há casos documentados de uma propagação transgênica (um gene transferido de uma espécie para uma outra) de uma cultura vegetal para espécies selvagens aparentadas, apesar do uso extremamente difundido de culturas GM na América do Norte. Já foram registradas mais de cem populações de ervas daninhas tolerantes a herbicidas, mas todas elas resultaram da forte seleção imposta às populações pela aplicação de herbicidas. Continua um acalorado debate – nos âmbitos científicos e de políticas públicas – a respeito do potencial de transferência gênica entre culturas GM e plantas selvagens. O principal argumento contra culturas GM é de cautela: uma vez que existe um potencial de transferência gênica e, em consequência, capaz de provocar graves problemas ambientais, os críticos argumentam que é sensato errar por precaução e limitar ou eliminar culturas GM. O contra-argumento mais forte é a probabilidade de tais híbridos sofrerem reduções graves em *fitness*, seja por causa da natureza das diferenças entre culturas e plantas selvagens, seja porque as características modificadas com DNA recombinante provavelmente levam à redução no *fitness* e, portanto, em geral serão selecionadas em sentido contrário em populações selvagens (Crawley et al., 2001; Stewart et al., 2003; Kelly et al., 2005). Os cientistas a favor do uso de culturas GM advogam medidas para reduzir a possibilidade de transferência gênica (Trewavas e Leaver, 2001; Stewart et al., 2003).

A hibridação entre espécies invasoras e seus parentes nativos é também um tema de muita preocupação. Diversas espécies de *Spartina* (capim-de-corda, Poaceae) são invasores preocupantes em marismas ao redor da Baía de São Francisco, Califórnia. Além de competir com muitos organismos vegetais e animais nativos (incluindo muitas espécies ameaçadas), elas alteram drasticamente os hábitats, cobrindo praias barrentas abertas e entupindo canais. Uma espécie nativa, *S. foliosa*, está ameaçada de extinção local devido à hibridação com a invasora *S. alterniflora*. Um problema relacionado é a possibilidade de produção de novos táxons vegetais invasores por hibridação. Existe bastante evidência de que isso aconteça em *Rorippa* (agrião-amarelo, Brassicaceae) na Alemanha. Walter Bleeker (2003; Bleeker e Matthies, 2005) estudou o processo de hibridação entre a nativa *R. sylvestris* e a invasora *R. austriaca*. Em alguns locais, os híbridos aumentaram o *fitness* em relação às espécies parentais, enquanto em outros locais o reduziram. Um híbrido, *R.* x *armoracioidies*, está se propagando no norte da Alemanha. Uma das plantas invasoras mais problemáticas na Austrália é a híbrida *Bryophyllum daigremontianum* x *B. delagoense* (cimbalária, Crassulaceae). Estudos com *Fallopia japonica* (Polygonaceae), uma erva-daninha de propagação rápida na América do Norte e Europa, sugere que a hibridação com duas espécies congenéricas pode ter sido importante na evolução de seu poder invasor (Bailey et al., 1995).

Ecologia de frutos e sementes

A maioria das plantas está enraizada no local e, em razão disso, a sua dispersão se dá por frutos, sementes ou estruturas relacionadas. Essas unidades de dispersão são, às vezes, referidas coletivamente como **diásporos**. Todas as angiospermas possuem frutos, os quais apresentam um enorme espectro de tamanhos, formas, número de sementes, características de outros tecidos, cores, odores e propriedades químicas. Um fruto é um ovário maduro, conceito que abrange os frutos de gramíneas, denominados **grãos**, embora contenham pouco material materno além da própria semente. Os frutos têm duas funções principais: protegem as sementes em desenvolvimento e podem afetar sua dispersão. Essas funções muitas vezes são conflitantes, e a variação na sua importância relativa leva à grande parte da variação nas características dos frutos.

Muitas características dos frutos são melhor entendidas como atributos que afetam o comportamento de animais consumidores de frutos e sementes. Por outro lado, as sementes, na maioria, são bastante nutritivas e, por isso, representam importantes alimentos para animais. Grande parte da ingestão calórica humana, por exemplo, é proveniente de grãos de gramíneas (p. ex., arroz, trigo e milho). Existe, portanto, uma vantagem seletiva para as plantas em proteger as sementes de ataques antes que elas se tornem maduras – do contrário, seus descendentes são simplesmente perdidos. Por outro lado, após a maturidade das sementes, existe muitas vezes uma vantagem seletiva em atrair animais consumidores para dispersá-las. As plantas apresentam maneiras variadas de equilibrar essas duas funções. Algumas sementes podem ser ingeridas por animais sem serem destruídas; por exemplo, enquanto o ser humano consome grandes quantidades de sementes de trigo e arroz, as de tomates passam através do seu sistema digestório sem qualquer perda de viabilidade.

Muitos frutos atraem **frugívoros** (consumidores de frutos) após a maturidade das sementes. Frutos imaturos tipicamente têm poucos atrativos quanto ao odor, sabor ou cor, podendo até mesmo ser repelentes. Além disso, em muitos táxons, os frutos imaturos contêm compostos que atuam como defesas; os animais que os consomem podem ficar doentes, especialmente se o consumo for em quantidades grandes (Herrera, 1982a, b). Esse tipo de experiência pode acontecer inclusive com seres humanos. À medida que amadurecem, entretanto, a maioria dos frutos muda de cor, começa a desprender odores atrativos e torna-se palatável, mediante a conversão de amidos em açúcares e outras transformações químicas e físicas.

Para que ocorra dispersão das sementes, o animal não deve gastar muito se alimentando em uma só planta. Se a

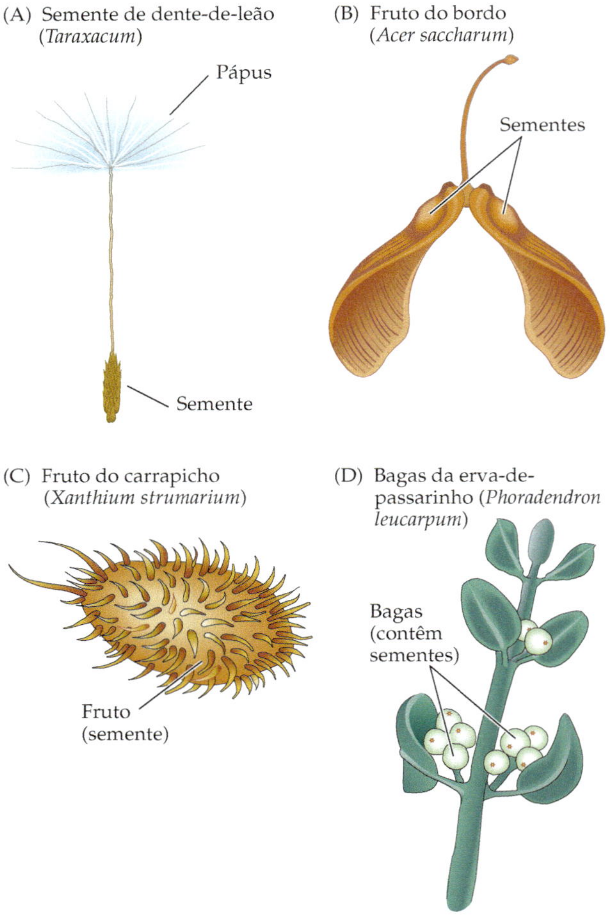

Figura 7.15 Muitos diásporos possuem estruturas que facilitam a dispersão por mecanismos especiais. (A) Alguns diásporos dispersados pelo vento, como os aquênios de *Taraxacum* (dente-de-leão, Asteraceae), flutuam no ar. (B) Outros, também dispersados pelo vento, como os de *Acer* (bordos, Sapindaceae), têm movimentos giratórios em direção ao solo. (C) Alguns dispersados por animais, como o fruto de *Xanthium* (carrapicho, Asteraceae), são transportados externamente, fixando-se ao pelo ou às penas de animais. (D) Outros diásporos dispersados por animais, como as bagas do parasito *Phoradendron* (erva-de-passarinho, Santalaceae), passam pelo intestino de um vertebrado antes de serem dispersados. As sementes de *Phoradendron*, dentro dos frutos, são revestidas por uma mucilagem pegajosa que rapidamente adere aos ramos de potenciais árvores hospedeiras; as aves frugívoras frequentemente friccionam suas cloacas sobre os ramos para retirar as sementes de seus corpos – portanto, plantando efetivamente as sementes.

planta e seus frutos forem demasiadamente atrativos para os animais, estes permanecem no mesmo local e não haverá dispersão das sementes. Como as plantas estimulam os frugívoros a se deslocarem? Em primeiro lugar, o amadurecimento dos frutos de um indivíduo pode não ser sincrônico. Por exemplo, bandos de aves ou grupos de macacos muitas vezes vão de uma árvore para outra, comendo apenas os frutos maduros. Em segundo lugar, se o fruto maduro permanecer suavemente tóxico, um animal comerá, de cada vez, apenas poucos frutos de uma determinada espécie.

Padrões de dispersão de sementes

As sementes podem ser dispersadas pelos animais, pelo vento ou, menos comumente, pela água. Os animais podem dispersar as sementes interna ou externamente. As sementes podem ser dispersadas isoladamente ou em grupos, bem como no tempo e no espaço. Todos esses fatores têm efeitos diferentes sobre os padrões de dispersão de sementes. Tais padrões são importantes, porque determinam a estrutura demográfica e genética de populações vegetais, a intensidade da competição intra e interespecífica, bem como os padrões de migração de espécies.

Existem dois modos de dispersão pelo vento: alguns diásporos flutuam no ar e outros exibem movimentos giratórios em direção ao solo. As sementes de dente-de-leão (Taraxacum, Asteraceae), que as crianças gostam de soprar, são o arquétipo do primeiro tipo (Figura 7.15A). Tal forma de dispersão é muito comum em plantas que colonizam hábitats perturbados. Muitas delas são anuais e sobrevivem por serem muito boas dispersoras, mas fracas competidoras. No próximo capítulo, discutiremos mais detalhadamente tais *trade-offs*.

Carol Augspurger

Os bordos (*Acer*, Sapindaceae) (Figura 7.15B) são um bom exemplo de plantas que produzem frutos com movimentos giratórios em direção ao solo. Claramente, a maioria dos frutos de bordos tem pouca probabilidade de percorrer distâncias, como as sementes do dente-de-leão. A maior parte das sementes de bordos cai muito perto da planta-mãe, embora algumas possam ser levadas a distâncias maiores. Carol Augspurger e Susan Franson (1987) mostraram que as formas dos diásporos podem ter um grande efeito sobre a distância que eles percorrem (Figura 7.16). Mesmo após a dispersão inicial, pode ocorrer um significativo movimento de diásporos pelo vento. Por exemplo, as sementes de *Daucus carota* (cenoura selvagem ou cenoura silvestre, Apiaceae) se dispersam muito tarde no outono e podem, então, ser transportadas pela neve no inverno.

A dispersão por animais envolve mecanismos mais diversificados e determina padrões de dispersão mais variados. Em espécies que contam com a dispersão animal por meio da frugivoria, as sementes têm cascas grossas e duras e são regurgitadas pelos animais ou passam através do seu sistema digestório, sendo eliminadas com as fezes (Figura 7.15D). Tal mecanismo não apenas dispersa as sementes, mas as supre de fertilizante. Alguns frutos contêm um laxante suave para apressar sua passagem pelo intestino, impedindo, assim, sua digestão e acelerando a dispersão. Algumas sementes requerem a passagem através do intestino de um animal para facilitar a germinação. Em outros casos, o fruto pode ser comido e as sementes,

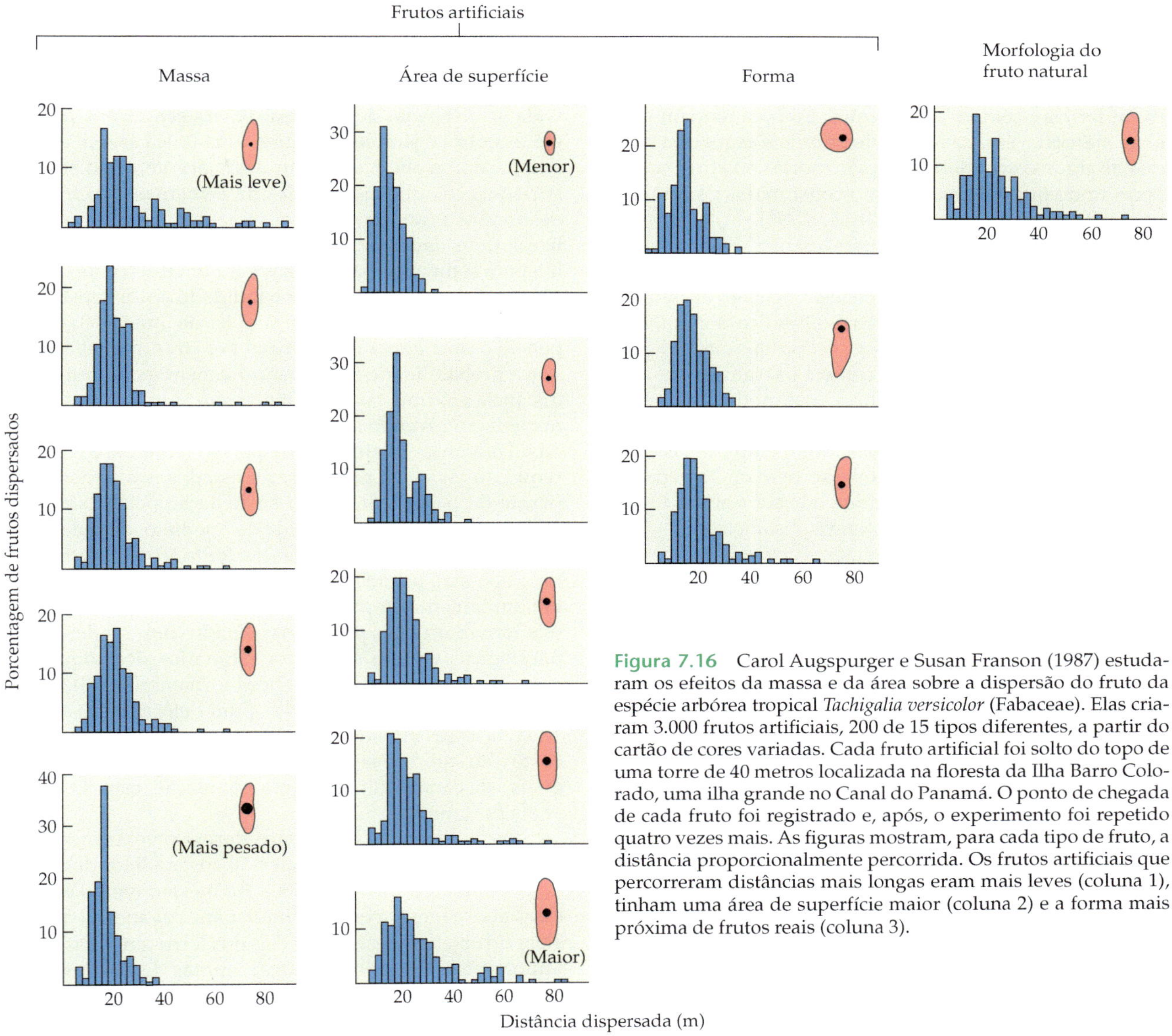

Figura 7.16 Carol Augspurger e Susan Franson (1987) estudaram os efeitos da massa e da área sobre a dispersão do fruto da espécie arbórea tropical *Tachigalia versicolor* (Fabaceae). Elas criaram 3.000 frutos artificiais, 200 de 15 tipos diferentes, a partir do cartão de cores variadas. Cada fruto artificial foi solto do topo de uma torre de 40 metros localizada na floresta da Ilha Barro Colorado, uma ilha grande no Canal do Panamá. O ponto de chegada de cada fruto foi registrado e, após, o experimento foi repetido quatro vezes mais. As figuras mostram, para cada tipo de fruto, a distância proporcionalmente percorrida. Os frutos artificiais que percorreram distâncias mais longas eram mais leves (coluna 1), tinham uma área de superfície maior (coluna 2) e a forma mais próxima de frutos reais (coluna 3).

cuspidas (como é o caso da melancia: *Citrullus lanatus*, Cucurbitaceae).

Um problema interessante sobre frugivoria foi descoberto na década de 70, quando os cientistas observaram que *Sideroxylon grandiflorum* (tambalacoque, Sapotaceae), nativa das ilhas Maurício, estava quase extinta. Havia apenas um punhado de indivíduos e todos aparentavam ter séculos de idade. As sementes dessa espécie têm cascas muito grossas, necessitando de **escarificação** (abrasão) para germinar. Uma hipótese inicial foi que grande parte dessa escarificação era proporcionada pela passagem através dos sistemas digestórios de dodôs (*Raphus cucullatus*, pombos grandes e sem vôo potente), que foram extintos no século XVII pela caça praticada por marinheiros europeus. Como consequência da extinção dos dodôs, foi lançada a hipótese de que as sementes eram incapazes de germinar. Uma pesquisa subsequente sugeriu um acusado alternativo: macacos introduzidos comiam rapidamente os frutos antes que eles amadurecessem, eliminando, assim, o recrutamento. Seja qual for a causa, a espécie permanece em risco de extinção.

Os **granívoros** (animais que consomem sementes ou grãos) às vezes atuam como importantes dispersores de sementes. Com a intenção de comer as sementes, os animais frequentemente as dispersam de forma acidental. Os que enterram sementes para uso posterior também atuam como dispersores, se não retornarem para consumi-las. Aves e mamíferos escondem assim as sementes. Por exemplo, as sementes de *Pinus albicaulis* (pinheiro-de-casca-branca, Pinaceae) nas montanhas do noroeste dos EUA e sudoeste do Canadá são dispersadas principalmente por aves granívoras, especialmente *Nucifraga columbiana* (*Clark's nutcracker*). As sementes dessa espécie não são liberadas dos cones quando maduras e ela depende das aves para retirá-las e dispersá-las. Essas aves liberam as sementes dos cones, removem-nas e enterram, armazenando de 1 a 15 sementes em cada um dos muitos esconderijos logo abaixo da superfície do solo. Mais tarde, elas retornam aos esconderijos e comem as sementes. Embora tenham excelente memória, essas aves ocasionalmente esquecem os locais de alguns esconderijos, ou são mortas ou afugentadas, permitindo que as sementes não-consumidas germinem e se transformem em árvores (Lanner, 1996).

Às vezes, o modo de dispersão animal pode ser sutil. Muitas espécies de formigas coletam sementes para alimentação. Em algumas espécies vegetais, entretanto, as sementes são presas a um corpo lipídico denominado **elaiossomo**. Em vez de comê-las, as formigas as transportam para seu ninho, retiram e comem os elaiossomos, deixando as sementes fora do ninho. Desse modo, a dispersão de sementes por animais pode resultar em um padrão altamente agregado, se muitas delas forem empilhadas como rejeito. Outras sementes se fixam ao pelo ou às penas de um animal (Figura 7.15C), o que pode ser um modo bastante efetivo de dispersão por longas distâncias.

Enquanto a maioria das sementes cai nas proximidades da planta-mãe, uma porcentagem pequena delas pode ser dispersada por longas distâncias, o que pode ter consequências demográficas importantes. Observe, no entanto, que uma longa distância para uma espécie pode ser curta para outra. "Dispersão por distância longa" significa que os indivíduos se distanciam da população-mãe o suficiente para que não possam interagir com indivíduos daquela população. Isso ajuda a ter uma ideia grosseira das distâncias verdadeiras envolvidas; para muitas plantas, a dispersão por mais de algumas centenas de metros pode afastá-las da sua população-mãe.

No Capítulo 20, discutimos a migração para o norte de árvores na América do Norte seguindo o recuo das geleiras. Estima-se que algumas espécies arbóreas migraram 400 metros por ano. Como são necessários muitos anos para uma árvore se tornar suficientemente grande para produzir sementes, esta taxa de migração deve ter dependido de eventos de dispersão por distâncias longas. Por isso, a parte final de uma distribuição de dispersão é importante, mas a estimativa da forma desta parte final apresenta alguns problemas estatísticos (Portnoy e Willson, 1993). Curiosamente, as espécies dispersadas pelo vento migraram mais rápido do que as por animais (ver Tabela 20.1); pode-se esperar o contrário, pois as espécies dispersadas por animais frequentemente parecem ter mais eventos de dispersão por distâncias longas.

Existem duas abordagens principais para estimar as propriedades da dispersão de sementes. A primeira envolve modelos mecanicistas de dispersão, geralmente pelo vento. Usando equações da aerodinâmica e dados de peso e forma de sementes, os ecólogos desenvolveram modelos que têm previsto com sucesso as distribuições de distâncias observadas percorridas por sementes (Greene e Johnson, 1989, 1996; Nathan et al., 2001). Uma limitação importante desses modelos é que, geralmente, eles precisam fazer suposições restritivas sobre o comportamento do vento – por exemplo, que as velocidades do vento são constantes e que não há turbulência. Como, via de regra, essas suposições não se sustentam, muitos ecólogos utilizam uma abordagem diferente, que consiste em saber qual descrição estatística é mais adequada à distribuição observada de distâncias de dispersão (Clark et al., 1998, 1999). A ideia central é simples: imagine uma única árvore em um amplo campo aberto. A partir dessa árvore, em distâncias variadas, coloque **armadilhas de sementes** – recipientes destinados a capturar sementes trazidas pelo vento – e utilize as densidades de sementes chegando em cada armadilha para estimar os parâmetros para um **núcleo de dispersão** (um modelo que dá a probabilidade de dispersão para cada distância). Um exemplo simples de um núcleo de dispersão é uma curva exponencial negativa, a qual assume que a probabilidade de dispersão x metros diminui com a distância em uma taxa constante; têm sido desenvolvidos núcleos envolvendo suposições biológicas mais complicadas. Diferentes núcleos de dispersão (com base em diferentes suposições) podem ser ajustados aos dados, para perguntar o que tem melhor sustentação pelos dados. Tal abordagem pode ser estendida de imediato, de uma única planta-fonte para muitas plantas-fonte (como árvores em uma floresta), usando uma abordagem de ajuste de modelo (amplamente empregada) que pergunta quais parâmetros tornariam mais prováveis os dados observados. Esses parâmetros podem ser agora estimados de modo mais exato, pois marcadores genéticos tornam possível rastrear uma dada semente de volta a um determinado adulto. Todavia, esses métodos têm limitações práticas, quanto ao custo e ao esforço necessários para "tirar as impressões digitais" de cada adulto em uma população, especialmente se ela for grande.

Recentemente, os ecólogos desenvolveram métodos para vincular núcleos de dispersão aos modelos demográficos (Neubert e Caswell, 2000). Ao mesmo tempo em que essas abordagens requerem matemática avançada que vai além do objetivo deste livro, elas nos fornecem duas ideias importantes. Em primeiro lugar, muitas discussões sobre a taxa de propagação de espécies invasoras têm assumido que, conhecendo algo sobre a dispersão de sementes, pode-se prever quais populações se propagarão rapidamente. Essa suposição está errada: a taxa de propagação depende do núcleo de dispersão e do modelo demográfico (ver Capítulo 5), e, às vezes, a variação de parâmetros demográficos tem um efeito maior sobre a taxa de propagação do que a variação dos parâmetros de dispersão. Em segundo lugar, em uma trajetória longa, a taxa de propagação depende principalmente do que ocorre na margem de uma população em expansão. Portanto, os esforços para promover a dispersão de uma espécie ameaçada ou controlar uma espécie invasora devem às vezes enfocar populações onde elas são menos densas.

A colonização de hábitats recentemente perturbados ou novas ilhas depende, necessariamente, da dispersão por distâncias longas. Uma vez estabelecida em tal hábitat, a dispersão de uma planta por distância curta é responsável pelo crescimento local da população. Por exemplo, as sementes de *Cocos nucifera* (coco, Arecaceae) se dispersam de ilha para ilha flutuando na água do mar – essa é uma das poucas espécies cujas sementes podem sobreviver a esta experiência. Em uma determinada ilha, no entanto, a maioria das sementes percorre distâncias apenas curtas, como se pode imaginar que seria o caso de tais sementes grandes (embora elas desloquem-se muito rapidamente da planta-mãe para o solo!).

Bancos de sementes

A dispersão no tempo, assim como no espaço, pode ser importante para algumas espécies vegetais. Uma vez enterrada no solo, a semente pode permanecer lá por anos ou décadas. O **banco de sementes** é a acumulação de sementes no solo; essa expressão é, às vezes, empregada para se referir às sementes de uma única espécie e, às vezes, para as sementes de uma comunidade inteira. As plantas de vida curta (como as anuais) tendem a ter sementes de vida longa, enquanto as sementes de plantas de vida longa (como as de árvores) e as grandes tendem a ser de vida curta, embora não se trate de uma regra rígida. Como consequência, as abundâncias de espécies no banco de sementes podem ter pouca relação com aquelas das plantas crescendo no mesmo local. Muitas espécies terrestres têm poucas sementes no solo. Outras podem existir, em um determinado tempo, apenas no banco de sementes. Espécies dispersadas pelo vento que se especializam em colonizar hábitats perturbados, por exemplo, podem permanecer acima do nível do solo apenas por poucos anos após a perturbação.

Os bancos de sementes também ocorrem acima do nível do solo em populações que possuem frutos ou cones serotínicos. Frutos ou escamas de cones **serotínicos** são vedados com resinas e abertos somente quando as temperaturas são suficientemente altas (Figura 12.3). Em geral, as temperaturas necessárias são alcançadas apenas durante uma queima. Portanto, as sementes são dispersadas somente sob condições adequadas para a germinação (solo mineral descoberto e aumento da disponibilidade de nutrientes) e são protegidas de animais granívoros em outros períodos (Groom e Lamont, 1997; Hanley e Lamont, 2000; Lamont e Enright, 2000). A serotinia é especialmente importante em muitas coníferas e em diversas espécies de Proteaceae australianas, como as dos gêneros *Banksia* e *Hakea*.

De fato, conhecemos muito pouco sobre o tempo em que as sementes de muitas espécies podem permanecer dormentes, porque as escalas temporais necessárias para tais experimentos são muito longas. Em 1879, William J. Beal iniciou um experimento famoso no Michigan Agricultural College (atualmente, Michigan State University). Ele estabeleceu um conjunto de 20 potes de vidro e em cada um colocou uma mistura de solo e 50 sementes de cada uma das 19 espécies de ervas daninhas comuns e de uma espécie cultivada. Após, enterrou os jarros destampados, mas com a parte superior para baixo. A ideia era permitir que a umidade, pequenos artrópodes, micróbios e outros organismos tivessem acesso às sementes, enquanto fosse impedida a entrada de novas sementes. Beal e seus sucessores retiraram um pote a cada 5 anos durante os primeiros 40 anos e, a partir daí, utilizaram intervalos de 10 anos, e testaram as sementes para saber se elas ainda eram viáveis (Priestley, 1986; Telewski e Zeevaart, 2002). Para 16 espécies, todas as sementes que germinaram o fizeram em um período de 50 anos, enquanto as sementes de 4 espécies continuaram a germinar após aquele período. Para duas dessas espécies – *Malva pusilla* (malva-de-folha-redonda, Malvaceae) e *Verbascum* spp. (Scrophulariaceae; verbasco comum, *V. thapsus*, e verbasco-traça, *V. blattaria*, não foram distinguidas) – ocorreu germinação de sementes de 120 anos de idade. Foram constatados também alguns padrões interessantes de germinação e dormência. Por exemplo, as sementes de *M. pusilla* germinaram após serem enterradas por 5, 20, 100 e 120 anos, mas não em outros intervalos de tempo. Como o experimento foi concebido para observar a longevidade máxima em vez da variação na taxa de germinação, não podemos estimar esta última. Contudo, a metade das espécies mostrou lacunas na germinação, com a observada em *M. pusilla*, embora não tão drástica, sugerindo que, em muitos casos, pode haver padrões complexos de dormência.

A existência de um banco de sementes pode ter consequências demográficas importantes para uma população. Ele pode também ajudar a proteger uma população contra a variação de ano para ano nas taxas demográficas (ver Capítulo 8). Os bancos de sementes podem também afetar a evolução de duas maneiras. Em primeiro lugar, eles tornam mais lenta a resposta à seleção mediante a manutenção de genótipos produzidos em anos anteriores. Em segundo, as taxas de mutação em sementes podem ser substanciais e os bancos de sementes podem, portanto, atuar como uma fonte de inovação genética (Levin, 1990).

Resumo

O crescimento e a reprodução são caminhos-chave nos quais as plantas interagem com os outros organismos e com o ambiente físico que as rodeiam, por meio da captação de nutrientes, do uso do espaço, das relações de polinização e da dispersão de frutos e sementes.

As plantas crescem pela adição de módulos repetidos, como folhas, flores e ramos. Este modo de crescimento leva à plasticidade, permitindo às plantas variarem seu padrão de crescimento em resposta à disponibilidade de luz ou outros fatores ambientais. Há muitas maneiras de usar essa capacidade, e as plantas clonais a usam para explorar de diferentes maneiras seus ambientes – às vezes, seguindo as concentrações de recursos e às vezes por meio um "forrageio" mais ativo.

As reproduções sexuada e assexuada são comuns em plantas. Esta é, em parte, vegetativa, mas, em parte, a partir de sementes. Entretanto, a maioria das sementes é produzida sexualmente e a evolução de grãos de pólen e sementes lançou a base para grande parte da diversificação das plantas. Muitas adaptações afetam a polinização, incluindo mudanças de tamanhos, formas, cores e odores de flores e de muitas características dos grãos de pólen. As mudanças nessas características têm provocado algumas adaptações florais notáveis e casos de coevolução com polinizadores específicos, embora a maior parte da polinização na maioria das espécies ocorra provavelmente por táxons animais generalizados.

As plantas possuem sistemas reprodutivos complexos. As causas principais dessa complexidade parecem ser que a endogamia às vezes tem consequências importantes no *fitness*, as funções florais masculinas e femininas podem ter diferentes taxas relativas de sucesso, e a capacidade de ajustar a alocação relativa de recursos às funções masculinas e femininas é frequentemente benéfica.

A dispersão de frutos e sementes é afetada por um grande número de características. Novamente, os animais podem ser importantes agentes de dispersão, embora as espécies dispersadas por animais precisem promover a dispersão de sementes e, ao mesmo tempo, evitar que elas sejam consumidas. Grande parte da dispersão de sementes é local, mas raros eventos de dispersão por distâncias longas podem ser demograficamente importantes. As sementes de algumas espécies permanecem por muitos anos dormentes no solo. Os movimentos de grãos de pólen, sementes e frutos são causas-chave dos padrões espaciais em populações vegetais.

Questões para estudo

1. As flores têm uma grande diversidade de formas; em algumas espécies, inexistem alguns órgãos florais (p. ex., pétalas) encontrados em outras espécies. Por que chamamos de "flores" todas essas estruturas variáveis e quais são as principais razões para essa variação?
2. As partes aéreas (caules e folhas) das plantas apresentam crescimento modular. Explique como isso se processa e discuta suas consequências ecológicas.
3. O que é depressão endogâmica? O que pode causá-la? Todas as plantas exibem depressão endogâmica? Por que ou por que não? Discuta os mecanismos que reduzem a endogamia e os mecanismos que a aumentam.
4. Algumas plantas clonais são integradas fisiologicamente por muitos rametas, enquanto outras não. Sob quais circunstâncias você esperaria que a seleção natural favorecesse a integração fisiológica e por quê?
5. Algumas plantas possuem mecanismos que promovem a dispersão de sementes e outras têm mecanismos que minimizam a dispersão. Sob quais circunstâncias você esperaria que a seleção natural favorecesse o aumento da dispersão e quando ela favoreceria a sua diminuição?
6. A maioria das espécies vegetais anuais possui grandes bancos de sementes interanuais, mas a maioria das árvores não os tem. Qual a sua opinião a respeito dessa diferença?

Leituras adicionais

Referências clássicas

Darwin, C. 1877. *The Various Contrivances by Which Orchids Are Fertilized*. John Murray, London.

Horn, H. S. 1971. *The Adaptive Geometry of Trees*. Princeton University Press, Princeton, NJ.

Fontes adicionais

Charnov, E. 1982. *The Theory of Sex Allocation*. Princeton University Press, Princeton, NJ.

Lanner, R. M. 1996. *Made for Each Other: A Symbiosis of Birds and Pines*. Oxford University Press, Oxford and New York.

Willson, M. F. 1983. *Plant Reproductive Ecology*. Wiley, Chichester, UK.

Willson, M. F. and N. Burley. 1983. *Mate Choice in Plants: Tactics, Mechanisms and Consequences*. Princeton University Press, Princeton, NJ.

CAPÍTULO 8 Histórias de Vida de Plantas

Por que as espécies vegetais possuem uma ampla variedade de padrões de ciclos de vida? As espécies **anuais**, como a maioria das ervas daninhas e plantas cultivadas, começam a se reproduzir dentro de um período relativamente curto após a germinação, produzem muitas sementes em um ou alguns eventos de reprodução e, depois, morrem no mesmo ano em que germinaram. Outras plantas – a gigante *Lobelia rhynchopetalum* (Campanulaceae; Figura 18.3A) das montanhas Bale, na Etiópia, *Argyroxiphium sandwicense* (espada-de-prata do Havaí, Asteraceae; Figura 5.12) e *Digitalis purpurea* (dedaleira, Scrophulariaceae; Figura 8.1) esperam por anos antes de alcançar um tamanho suficiente para a reprodução e, após, gastam seus recursos nessa função, produzindo sementes em um único evento antes de morrerem. As espécies **perenes**, incluindo plantas lenhosas como a maioria das árvores e arbustos e herbáceas floríferas de jardim, alcançam um certo tamanho mínimo antes de se reproduzirem (o que pode levar de meses a anos); elas produzem relativamente poucas sementes em cada florescimento, mas sobrevivem por um longo período e reproduzem-se muitas vezes durante seu tempo de vida. Organismos que se reproduzem em um único evento são chamados de **semélparos** (o termo botânico é **monocárpico**, pois a planta produz flores somente uma vez), enquanto aqueles que se reproduzem repetidamente são **iteróparos** (**policárpicos**).

O programa de nascimento, mortalidade e crescimento de uma planta é denominado **história de vida**. A variação nas histórias de vida das plantas evoluiu ao longo do tempo e tem consequências importantes para a dinâmica de populações. Neste capítulo, discutiremos programas de nascimento, mortalidade e crescimento ao longo do tempo de vida das plantas, além das causas e consequências da variação nesses programas – por exemplo, as implicações de ser perene *versus* ser anual. Discutiremos também a **fenologia**, o ritmo de crescimento e reprodução dentro de um ano.

Tamanho e número de sementes

A ideia de ***trade-offs*** causada pela limitação de recursos (o aumento de uma coisa necessariamente implica a diminuição de outra) é central na maior parte do pensamento sobre seleção natural nas histórias de vida. Para saber por que isso acontece, pergunte a você mesmo qual seria a história de vida vegetal mais favorável caso não fossem necessários *trade-offs*. Tal planta produziria quantidades ilimitadas de sementes, cada uma das quais com tamanho suficiente para maximizar sua chance de se estabelecer e crescer rapidamente. Novas coortes de sementes seriam produzidas continuamente. A própria planta cresceria rápido e viveria indefinidamente. É claro que essa combinação de características não é possível. Mesmo se substituíssemos as palavras "ilimitadas" e "indefinidamente" por números definidos, não seria possível para uma planta maximizar todos esses componentes adaptativos simultaneamente;

Figura 8.1 *Digitalis purpurea* (dedaleira, Scrophulariaceae) é uma bianual – planta perene monocárpica de vida curta. Essas plantas levam dois ou mais anos para alcançar a maturidade e, após, destinam enormes frações de seus recursos disponíveis para um único evento reprodutivo. Relativamente poucas espécies vegetais são estritamente bianuais; na maioria das assim chamadas, algumas plantas se reproduzem em dois anos e outras em mais tempo (fotografia cedida por K. Whitley).

seriam necessários *trade-offs*. Uma boa maneira de se pensar sobre tal fato é considerar o tamanho e o número de sementes.

O número de sementes por evento reprodutivo pode variar muito. Há algumas plantas que amadurecem somente em torno de uma dúzia de sementes por episódio de florescimento, tal como *Cocos nucifera* (coqueiro, Arecaceae). Uma árvore madura de choupo (*Populus fremontii*, Salicaceae), ao contrário, pode produzir dezenas de milhares de sementes por episódio; algumas orquídeas podem produzir centenas de milhares a milhões de sementes. Se a seleção natural favorece aqueles genótipos que deixam a maioria de representantes ao longo do tempo, por que nem todas as plantas produzem grandes números de sementes?

A maioria dos ecólogos vegetais que estuda essa questão tem focalizado a ideia de um *trade-off* entre o número de sementes que uma planta pode produzir e os tamanhos dessas sementes. As sementes maiores em geral contêm mais endosperma (ou outras reservas nutritivas) e, portanto, costumam ter uma probabilidade maior de se estabelecer com sucesso do que as sementes com menos recursos. Grandes quantidades de endosperma nas sementes de algumas plantas perenes de zonas áridas, por exemplo, permitem-lhes lançar raízes profundas rapidamente, aumentando suas chances de sobrevivência.

Desse modo, no ganho em valor adaptativo (*fitness*) por meio da maturação de sementes (frequentemente chamado de **valor adaptativo feminino**) existe um *trade-off* no uso de recursos finitos. A produção de mais sementes (porém menores) é provável que diminua as probabilidades de sucesso para cada semente, pois sementes menores, tipicamente, demoram mais para crescer. Por outro lado, é provável que haja retornos menores na formação de apenas uma semente. A chance combinada de sucesso de, digamos, duas sementes de tamanho médio pode ser maior do que a chance de sucesso de uma única semente grande. Portanto, a seleção natural que atua sobre as plantas maternas favorece aquelas que podem dividir os recursos entre as sementes de modo a otimizar o número de descendentes. Existe um único tamanho melhor de semente, ou é melhor produzir sementes dentro de uma amplitude de tamanhos? Qual é o melhor tamanho ou a melhor amplitude de tamanhos?

John Harper (1977) sugeriu que a variação no tamanho da semente é muito limitada na maioria das plantas, de acordo com dados disponíveis naquela época. Contudo, estudos nos anos de 1980 e 1990 revelaram muita variação na dimensão de sementes dentro de populações, mesmo quando a seleção natural estava atuando no sentido de restringi-la porque um tamanho particular era ótimo para uma determinada espécie (Mazer e Wolfe, 1992; Platenkamp e Shaw, 1993; Mojonnier, 1998). De fato, os indivíduos vegetais com frequência produzem sementes de tamanho bastante variado (Venable, 1985; Winn, 1991; Figura 6.1).

Utilizando um modelo gráfico, Christopher Smith e Stephen Fretwell (1974) mostraram que existe um único tamanho ótimo para as sementes (Figura 8.2), se as condições ambientais foram previsíveis. Mark McGinley e coautores (1987) mostraram que o tamanho variável de

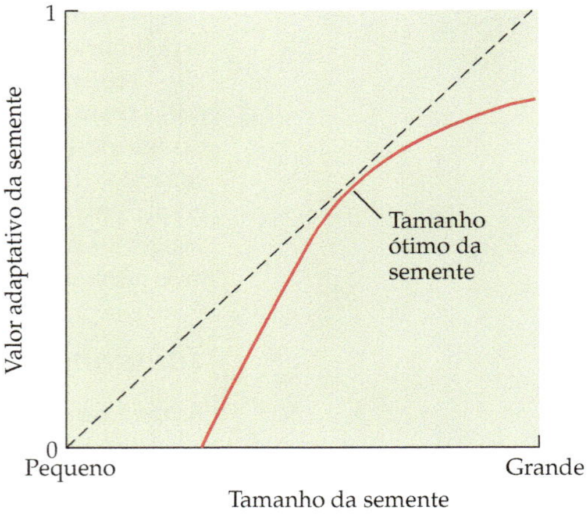

Figura 8.2 Modelo para encontrar o tamanho de semente que maximize o valor adaptativo (*fitness*) da planta-mãe. A linha contínua representa o valor adaptativo de sementes de diferentes tamanhos sob condições ambientais particulares. O aumento do tamanho das sementes aumenta o valor adaptativo até um certo ponto, a partir do qual diminui a produção de sementes maiores. Abaixo de um valor mínimo, as sementes não possuem valor adaptativo. O tamanho ótimo da semente é o valor da curva tangente à linha de 45 graus (segundo Smith e Fretwell, 1974).

sementes é favorecido quando o meio ambiente varia ao longo do tempo, e a média geométrica (ver Capítulo 5) é utilizada como critério de valor adaptativo. A média geométrica fornece a taxa média de crescimento populacional de longo prazo durante uma série de anos variáveis e é, portanto, a medida apropriada de valor adaptativo médio entre os anos. O tamanho da semente pode variar entre indivíduos em uma população ou em um único indivíduo. O motivo dessa variação poderia ser explicado pelo fato de as plantas terem sido modeladas por seleção natural para possuírem sementes variadas. Também poderia ser que as plantas não pudessem evitar tamanhos de sementes variados devido à natureza das flores que produzem (McGinley et al., 1987). Por exemplo, muitas espécies da família do girassol (Asteraceae) possuem capítulos com dois tipos de flores: as flores periféricas e as flores internas, as quais podem ser condicionadas a produzir sementes de tamanhos diferentes pela sua forma (Figura 8.3; Venable, 1985). As sementes dentro de uma vagem (fruto de leguminosas) podem diferir em tamanho, pois aquelas mais próximas à planta-mãe são capazes de armazenar mais recursos do que as mais afastadas (Silvertown, 1987). É importante perceber que outros fatores, além da seleção natural, determinam o resultado da evolução (ver Capítulo 6). Mesmo quando a seleção natural favorece um único tamanho de semente e quando ela é a força evolutiva dominante, pode não ser possível eliminar a variação no tamanho das sementes dentro ou entre plantas, pois essa variação é também determinada por fatores ambientais e de desenvolvimento.

Na determinação do tamanho da semente, há um conflito inerente entre o valor adaptativo do esporófito materno e o valor adaptativo das sementes individuais. A seleção natural que atua sobre as plantas-mãe favorece aquelas que deixam o maior número de descendentes, mas atua de forma diferente nas sementes: as sementes favorecidas são as que possuem o melhor tamanho individual – em geral, o maior. Uma analogia pode ser apropriada: se os pais possuem uma grande soma de dinheiro para deixar para seus filhos, eles podem garantir melhor o sucesso do maior número de descendentes dividindo o dinheiro igualmente entre as crianças, mas uma criança pode assegurar melhor seu sucesso obtendo a maior herança possível. Esse tipo de competição entre os descendentes – e conflito entre pais e descendentes – também ocorre em plantas.

As sementes individuais podem variar na sua eficiência em adquirir parte dos recursos do esporófito materno. Diferenças genéticas, efeitos de posição, diferenças no ritmo de fecundação ou variações ambientais podem determinar as diferenças no tamanho das sementes. A seleção sobre as sementes favorece o aumento da capacidade de adquirir recursos maternos, sempre que o ganho em valor adaptativo envolvido nessa ação exceda o próprio valor adaptativo inclusivo perdido na ação de privar os parentes desses recursos. Um **valor adaptativo inclusivo** de um indivíduo é a medida da soma dos genes que o indivíduo passa adiante com os genes que seus parentes passam adiante, os quais são compartilhados com o próprio indivíduo, sendo esse resultado ponderado pelo grau de parentesco. Por exemplo, se cada semente de um fruto é originária do mesmo pólen, a seleção favorece um crescimento no tamanho individual se houver um aumento no valor adaptativo dessa semente maior do que o valor adaptativo perdido por duas sementes irmãs, pois, em média, as sementes compartilham entre si a metade de seus genes.

Estudos clássicos sobre o tamanho de sementes foram conduzidos por Edward Salisbury na Inglaterra (1942) e Herbert Baker na Califórnia (1972). Ambos focalizaram a correlação entre tamanho de sementes e ambiente. Baker, por exemplo, concluiu que plantas com sementes maiores eram características de ambientes mais abertos, como desertos e dunas costeiras. Esses estudos estimularam muitas pesquisas, em parte porque os métodos que utilizaram tornaram difícil distinguir os efeitos da seleção dos efeitos da descendência comum. Por exemplo, o tamanho da semente pode ter consequências ecológicas diferentes em ambientes distintos, como Baker concluiu. Porém, pode ser também que os hábitats abertos tenham muitas plantas com sementes grandes simplesmente porque as

Figura 8.3 *Helianthus annuus* (girassol, Asteraceae), espécie anual comum na América do Norte, é amplamente cultivada pelas suas sementes, mas também possui muitas populações selvagens. Suas inflorescências (também chamadas de capítulos) são compostas de dois tipos de flores, cada um dos quais pode produzir uma única semente. As flores internas compõem o centro do capítulo, enquanto as flores periféricas – que possuem uma única pétala grande e quatro pétalas muito pequenas – ocorrem na parte externa do capítulo. Em algumas espécies dessa família, sementes produzidas por esses tipos diferentes de flores podem diferir em tamanho, forma e propriedades de dispersão e dormência (fotografia de S. Scheiner).

plantas que colonizaram esses locais provêm de táxons com sementes grandes. Em um extensivo estudo da flora das dunas de Indiana, na extremidade sul do lago Michigan (onde Cowles conduziu seus estudos pioneiros de sucessão; ver Capítulo 12), Susan Mazer (1989) conseguiu controlar estatisticamente esses dois tipos de efeitos. Ela constatou que o hábitat contribuiu com apenas 4% da variância no tamanho de sementes. Nas dunas de Indiana, a relação entre tamanho de sementes e hábitat é, portanto, amplamente causada pela história dos táxons que ocorrem em cada local.

Outro fator que pode afetar a seleção no tamanho e no número de sementes é a **granivoria** ou predação de sementes. Se uma fração substancial de sementes é comida por granívoros, há vantagens seletivas na redução do tamanho da semente e no aumento do seu número. Embora sementes muito pequenas possam ter chances reduzidas de se estabelecer, elas podem também ser demasiadamente pequenas para chamar a atenção dos granívoros. A "teoria do forrageio ótimo" ocupa-se em saber como se espera que os animais procurem, selecionem e manipulem itens alimentares. Essa teoria prevê que os granívoros não dedicariam atenção a sementes muito pequenas, e essa previsão é apoiada por muitas evidências empíricas. Além disso, os vertebrados predadores de sementes, como roedores ou aves, têm mais dificuldade de encontrar as sementes pequenas e amplamente dispersadas do que as poucas sementes grandes (entretanto, isso não é verdadeiro para fungos patogênicos de sementes).

O tamanho da semente pode também ser influenciado pela estratégia de dispersão. Se as sementes são dispersas pelo vento, então pode haver um tamanho ótimo para maximizar a distância percorrida. Não são apenas os recursos investidos na semente que importam, mas também os recursos investidos no diásporo como um todo (Figura 7.15). A variação no tamanho de diásporos pode garantir que as sementes sejam dispersas a distâncias diferentes da planta-mãe, resultando em menor competição entre os descendentes.

Nessa discussão sobre ecologia e evolução do tamanho e número de sementes, assumimos que há uma quantidade total fixa de recursos alocados para a reprodução em algum tempo. Quando isso é verdadeiro, o problema reduz-se ao *trade-off* entre o número e o tamanho de sementes. Essa suposição é apropriada para adquirir uma compreensão inicial. Mas é claro que tanto o ritmo de reprodução quanto a quantidade de recursos alocados para ela são muitas vezes geneticamente variáveis e evoluíram ao longo do tempo. Essa constatação leva ao problema mais abrangente da evolução de histórias de vida.

Estratégias de histórias de vida

Consideremos agora o problema mais abrangente: como a seleção atua na programação da reprodução e sobrevivência ao longo da vida da planta? Martin Cody (1966) sugeriu que, ao longo de suas vidas, os organismos devem aportar recursos em funções demográficas competidoras: sobrevivência, crescimento e reprodução. O valor adaptativo de um organismo depende de como ele realiza esse processo. Muitos estudos têm sido conduzidos a partir da pressuposição de que essas três funções demográficas realmente estão competindo por recursos. Contudo, tornou-se claro que esse nem sempre é o caso, porque as funções de partes do corpo da planta não correspondem de maneira simplista às três categorias demográficas. Entretanto, não há dúvida de que as características de história de vida estão sujeitas à seleção natural.

Figura 8.4 *Arabidopsis thaliana* (Brassicaceae) é um tipo de mostarda anual pequena. Nativa da Europa central, tornou-se naturalizada em grande parte da região temperada. *A. thaliana* possui um dos menores genomas conhecidos nas angiospermas e, por isso, é amplamente utilizada em estudos genéticos (fotografia cedida por K. Scheiner).

A *Arabidopsis thaliana* (Brassicaceae; Figura 8.4) é uma espécie europeia que atualmente encontra-se naturalizada em regiões de clima temperado. Talvez, ela seja melhor conhecida como a "mosca-da-fruta" da biologia molecular vegetal – ou seja, como um organismo modelo importante – por ter um genoma pequeno e reprodução rápida. Sob certas circunstâncias, alguns genótipos de *Arabidopsis* podem começar o florescimento três semanas após a germinação. Há também notável variação nos tempos de vida de *Arabidopsis*. Indivíduos de algumas populações selvagens europeias vivem um ano. *Arabidopsis* de outras populações podem ter duas gerações em um ano – uma das poucas plantas que possuem essa característica. Em algumas regiões com invernos brandos, como os estados de Kentucky e Carolina do Norte, localizados em latitudes médias dos EUA, *Arabidopsis* é anual de inverno – germina no outono, cresce lentamente durante o inverno e floresce na primavera. Onde os invernos são mais frios, como no nordeste dos EUA, a planta é anual de primavera – germina no início da primavera, cresce rapidamente e floresce no final da primavera ou início do verão. Há uma base genética para muito dessa variação em *Arabidopsis* (Kuittinen et al., 1997). Aqueles genótipos com as histórias de vida mais curtas têm sido por conveniência o foco da maior parte das pesquisas, mas ecólogos evolucionistas estão explorando as bases moleculares da variação na história de vida dessa espécie (Munir et al., 2000; Dorn et al., 2000; Weinig et al., 2002, 2003; Caceido et al., 2004; Olsen et al., 2004; Stinchcombe et al., 2004).

Muitas espécies com histórias de vida muito variáveis proporcionaram oportunidades de estudo das bases biológicas na variação de histórias de vida, bem como da seleção nas características de histórias de vida. Henk van Dijk e colegas estudaram a variação na história de vida de beterrabas da Europa ocidental (van Dijk et al., 1997; van Dijk e Desplanque, 1999; Hautekeete et al., 2001, 2002a,b). *Beta vulgaris maritima* (beterraba selvagem, Amaranthaceae) é iterópara, mas seu tempo de vida varia de dois a dez anos. Houve padrões geográficos nítidos para essa variação. As populações com vidas longas estavam localizadas na Holanda, Grã-Bretanha e Bretanha (noroeste da França), enquanto populações com vidas curtas ocorriam ao longo da costa do Mediterrâneo e na área continental do sul da França. Uma grande fração das plantas das populações continentais florescia no primeiro ano, mas plantas nas regiões mais ao norte necessitavam de **vernalização**, um período de temperaturas baixas antes de florescer. Muitos táxons estreitamente aparentados com *Beta* são em geral ou sempre semélparos. Grande parte dessa variação é geneticamente determinada e há muitas evidências de que essas características estão sob uma forte seleção natural.

Duração de vida

Muitos botânicos utilizam a expressão "história de vida" de uma maneira limitada para se referir somente à longevidade de uma planta e ao número de vezes que ela pode se reproduzir. Plantas anuais, como vimos, são aquelas em que o ciclo de vida vegetativo é completado em menos de um ano. As plantas individuais "nascem" como sementes; como muitas plantas anuais possuem bancos de sementes, significa que muitas anuais que você vê crescendo têm realmente mais de um ano. Em ambientes da zona temperada, muitas plantas anuais podem ser categorizadas como anuais de inverno (como *Arabidopsis* no sul dos EUA) ou como anuais de verão. Essas denominações podem ser confusas. As **anuais de inverno** germinam no outono, passam o inverno em estado vegetativo e florescem e morrem na primavera. As anuais de verão completam seu ciclo de vida acima do solo nos meses quentes. Anuais de inverno e de verão na mesma área podem diferir consideravelmente nas suas características de desenvolvimento e fisiológicas (Mulroy e Rundel, 1977). As anuais são muito comuns em certos ambientes, incluindo áreas recentemente perturbadas, desertos e muitas dunas. As herbáceas daninhas mais comuns são anuais.

As plantas semélparas possuem uma amplitude de durações de vida. As **bianuais** (Figura 8.5; ver também Figura 8.1) são plantas semélparas que florescem após dois ou mais anos. O termo em si é algo inapropriado, pois considera que a maioria das espécies bianuais alcança o tamanho para florescimento com mais de dois anos, e os indivíduos na maioria das populações bianuais varia neste respeito. As **perenes semélparas** são plantas que vivem por alguns anos antes de florescer. Não existe fronteira clara entre bianuais e perenes (Young e Augspurger, 1991), embora as bianuais frequentemente morram acima do solo no inverno (ou na estação desfavorável), persistindo somente sob o solo, enquanto perenes semélparas possuem estruturas aéreas substanciais durante todo o ano.

Figura 8.5 *Cirsium canescens* (cardo, Asteraceae) é uma planta bianual (fotografia cedida por S. Louda).

Estudos teóricos e empíricos apontam dois fatores que podem selecionar em favor de histórias de vida semélparas: um tamanho crítico para a reprodução e retornos decrescentes da retenção de recursos para eventos de reprodução subsequentes. As bianuais e as perenes semélparas de vida curta frequentemente ocorrem em hábitats de início de sucessão, onde o fechamento do dossel após muitos anos causa o decréscimo na qualidade do hábitat. As plantas semélparas de vida longa são características de hábitats relativamente improdutivos, mas persistentes, como desertos, muitos campos e regiões alpinas. Fatores como competição por polinizadores podem ser mais importantes na seleção pela semelparidade nessas circunstâncias.

Na discussão sobre semelparidade, interessa esclarecer quem é semélparo: o geneta ou o rameta. Os rametas monocárpicos podem ser favorecidos pela seleção quando a produção de inflorescências é muito dispendiosa e faz com que a planta leve muito tempo para adquirir recursos suficientes para florescer. Esse pode ser o caso quando as plantas são limitadas em relação ao pólen (ver Capítulo 7) e inflorescências grandes recebem desproporcionalmente muitas visitas de polinizadores (Schaffer e Schaffer, 1979). É importante não confundir rametas monocárpicos com semelparidade verdadeira: um geneta com rosetas monocárpicas, como uma agave (Figura 8.6) ou uma bromeliácea, pode reproduzir-se muitas vezes durante sua vida, enquanto uma planta semélpara (como a espada-de-prata do Havaí) possui uma história de vida mais arriscada, pois se reproduz apenas uma vez.

Na maioria dos hábitats, as plantas perenes são as que fornecem à paisagem sua aparência característica.

Figura 8.6 *Agave* (agave, Agavaceae) possui rosetas semélparas que florescem somente uma vez, mobilizando toda energia armazenada durante seu tempo de vida de algumas décadas para produzir uma inflorescência grande com centenas de flores. Entretanto, o geneta é iteróparo, porque a reprodução vegetativa antecede o florescimento (fotografia cedida por W. e M. Miller/ Ramblin' Cameras).

A categoria "perene" inclui uma grande diversidade de plantas. Algumas vivem por apenas alguns anos, enquanto outras vivem por séculos ou até mais tempo. Enquanto a maioria das plantas lenhosas vive pelo menos alguns anos, o oposto não é necessariamente verdadeiro. Algumas espécies herbáceas, como muitas plantas de tundra, vivem por séculos. Dentre as árvores florestais, há espécies que vivem por décadas e outras que vivem por séculos, coexistindo no mesmo tipo de hábitat. Em florestas de pinheiros no sudeste dos EUA, por exemplo, *Pinus palustris* (pinheiro-de-folha-longa, Pinaceae) pode viver por 300 anos ou mais, enquanto *Cercis canadensis* (olaia, Fabaceae) vive por apenas algumas décadas. Tipicamente, as espécies perenes de vida longa possuem sementes de vida curta e um banco de sementes pequeno ou inexistente. A maioria das perenes, entretanto, tem a capacidade de se tornarem dormentes como plantas vegetativas durante o inverno ou durante a estação seca. Em relação às plantas anuais, as plantas perenes possuem mais capacidade de suportar condições ambientais variáveis e adversas na sua fase acima do solo. Essa capacidade aumenta com a longevidade da espécie (árvores de vida longa de ambientes temperados, p. ex., provavelmente suportam mais o congelamento ou a seca do que herbáceas perenes de vida curta).

Como explicamos todas essas diferentes histórias de vida, assim como a variação dentro delas? Quais são suas consequências para o crescimento da população? Os esforços iniciais para obter explicações focalizaram a teoria da seleção *r* e *K*, enquanto pesquisas recentes centralizam-se em abordagens demográficas.

Seleções r *e* K

Na década de 1960, Robert MacArthur e seus estudantes e colegas desenvolveram suas ideias a respeito da evolução da história de vida, focalizadas no conceito de seleção *r* e *K*. Esse trabalho estimulou muitas pesquisas iniciais sobre a evolução das histórias de vida. O conceito de seleção *r* e *K* desempenha um papel pequeno na pesquisa atual sobre as histórias de vida. Contudo, continua a ser influente em escritos populares sobre ecologia, em livros-texto e em alguns aspectos da ecologia de comunidades, de modo que aqui o explicaremos brevemente.

Com base no modelo logístico de crescimento populacional, a taxa de crescimento *per capita* é

$$\frac{1}{N}\frac{dN}{dt} = rN\left(\frac{K-N}{K}\right)$$

onde r é a taxa intrínseca de crescimento populacional, K é a capacidade de suporte e N é o tamanho da população. Robert MacArthur e Edward Wilson (1967; MacArthur, 1972) sugeriram que, em densidades populacionais baixas, a seleção seria mais forte sobre características que aumentassem a taxa intrínseca de crescimento da população, r. Em densidades altas, eles sugeriram que a seleção seria mais forte sobre características que aumentassem o tamanho da população ou a capacidade de suporte, K. Essas conclusões sobre a força da seleção vieram a partir de uma simples questão: quando a população é pequena (ou grande), quais mudanças aumentariam mais a taxa *per capita* de crescimento populacional? MacArthur e Wilson argumentaram que há uma seleção mais forte para a produtividade do que para a eficiência em densidades baixas e *vice-versa* em densidades altas. As seleções para um aumento de r ou de K foram amplamente interpretadas como se fossem contrapostas uma à outra. Não há, entretanto, razão para que haja um *trade-off* entre r e K. O aumento nos dois parâmetros sempre aumenta a taxa de crescimento *per capita*, de modo que a seleção sob crescimento logístico sempre favorece o aumento tanto de r quanto de K (Boyce, 1984; Emlen, 1984). Utilizando a suposição de que densidades populacionais altas levam a uma menor sobrevivência de juvenis, Eric Pianka (1970) desenvolveu previsões detalhadas para populações animais, que foram estendidas posteriormente para as plantas. Uma pressuposição-chave no trabalho de Pianka foi que uma determinada população tende ou a colonizar hábitats recentemente perturbados (de modo que r esteja sob pressão de seleção mais forte) ou a estar perto da capacidade de suporte (de modo que K esteja sob pressão de seleção mais forte). De maneira ampla, Pianka previu, a partir dessa pressuposição, que a seleção *K* deveria favorecer uma reprodução retardada e uma prole reduzida, enquanto a seleção *r* deveria favorecer uma reprodução precoce e um aumento da prole. Essas são as previsões em que a maioria das pessoas pensa quando se refere à seleção *r* e *K*: ervas daninhas, por exemplo, são consideradas *r*-seletivas, enquanto árvores florestais são consideradas *K*-seletivas. Como Boyce (1984) frisou, as referências a "*r*-estrategistas" em geral significam organismos pequenos que se reproduzem rapidamente e são competidores inferiores, e, portanto, seriam favorecidos em hábitats perturbados. Já as referências a "*K*-estrategistas", em geral, subentendem organismos que possuem características opostas, embora essas caracterizações não sejam derivadas do modelo original.

Talvez o maior problema da teoria da seleção *r* e *K* seja que suas previsões são qualitativas e relativas, em vez de quantitativas, o que dificulta testá-la. É previsto, por exemplo, que plantas *r*-seletivas desenvolveram uma idade mais precoce na primeira reprodução e um número maior de sementes, quando comparadas às *K*-seletivas. Mas o que se poderia medir para testar isso? Plantas em uma comunidade podem ser classificadas como *r*-estrategistas ou *K*-estrategistas considerando-se quais se reproduzem em uma idade mais precoce, mas essa classificação pode ser diferente para a mesma espécie em outra comunidade ou em uma comparação entre uma das espécies com uma outra espécie. Além disso, essa classificação não informa se as diferenças entre espécies são realmente resultantes da seleção sobre a idade da primeira reprodução e, certamente, não diz se as diferenças fazem parte de uma estratégia para toda a história de vida.

Nossa compreensão contemporânea da importância de mudanças estocásticas na dinâmica de populações (Capítulo 5) e de perturbações (Capítulo 12) nos ajuda a entender uma falha conceitual profunda na teoria de seleção *r* e *K*. Sua ênfase na distinção entre plantas que vivem principalmente em hábitats perturbados (*r*-estrategistas) e as que vivem em hábitats estáveis (*K*-estrategistas), hoje em dia, parece ter sido mal colocada. Muitos hábitats "estáveis", como florestas maduras, mostraram-se dependentes de perturbações para sua manutenção (ver Capítulo 12). Noções prévias de comunidades clímax e equilíbrios estáveis mudaram drasticamente nos últimos anos, reduzindo a utilidade dessa teoria fundamentada no equilíbrio.

Modelo triangular de Grime

Philip Grime (1977, 1979) propôs uma extensão da teoria da seleção *r* e *K* focada em plantas. Seu argumento central foi muito simples: ele sustentou que as populações de plantas tendem a enfrentar pressões seletivas consistentes, principalmente de estresse fisiológico (definido como todos os fatores externos a uma planta que limitam seu crescimento; a maioria desses fatores é abiótica, mas o autor incluiu como um estresse o sombreamento por outras plantas) e perturbações. As plantas poderiam adaptar-se a três combinações dessas pressões. Grime sugeriu: ambientes que impusessem estresse baixo e pouca perturbação selecionariam para capacidade competitiva (seleção *C*); ambientes que impusessem estresse alto e pouca perturbação selecionariam para tolerância ao estresse (seleção *S*); e ambientes com estresse baixo e muita perturbação selecionariam para um hábito **ruderal** (ervas daninhas) (seleção *R*). Grime argumentou que não havia estratégia viável para plantas em ambientes com estresse alto e perturbação elevada. A teoria de Grime não derivou de algum modelo particular de crescimento ou evolução populacional, embora ele declarasse explicitamente que ela era uma generalização da teoria da seleção *r* e *K*.

J. Philip Grime

O modelo *C-S-R* é com frequência descrito pelo diagrama mostrado na Figura 8.7. Os *trade-offs* estão implícitos nesse diagrama. Imagine uma população inicialmente no ponto do eixo *C* com 25% de importância na competição; esse ponto também possui os valores de 75% no eixo *S* e 75% no eixo *R*. A seleção para o aumento da capacidade competitiva deslocaria a população ao longo do eixo *C*, mas necessariamente reduziria sua tolerância ao estresse e

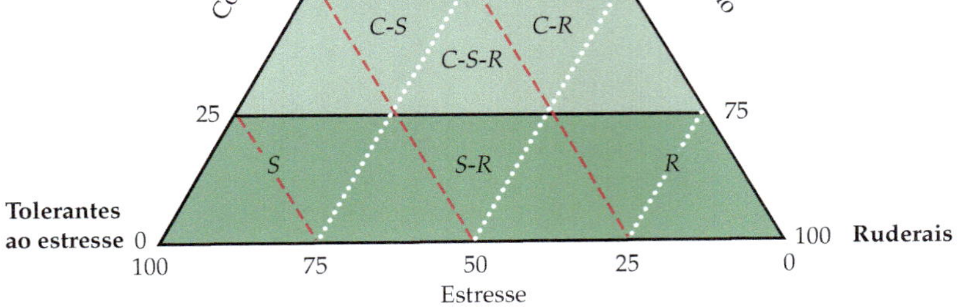

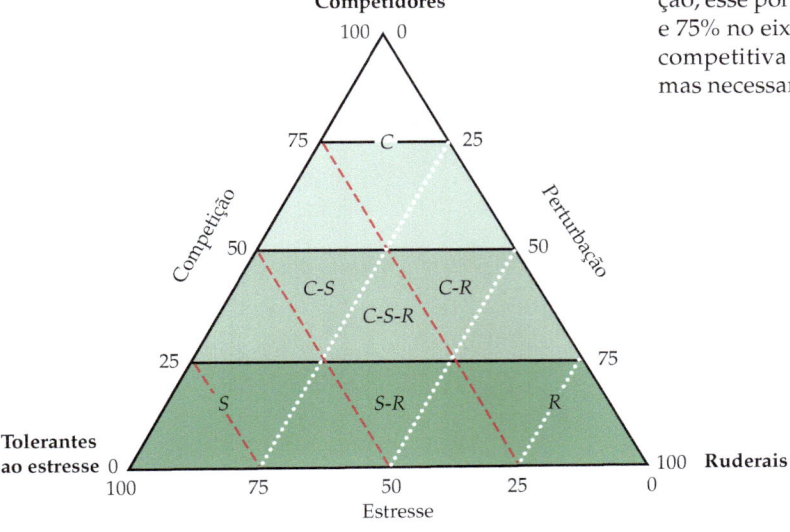

Figura 8.7 Modelo triangular, ou *C-S-R*, de Grime (1977). Cada lado do triângulo mede a importância de um fator determinante (competição, estresse ou perturbação), em relação ao seu valor máximo possível. Cada linha dentro do triângulo indica valores iguais de importância de cada um desses fatores seletivos. Populações vegetais em valores extremos de um dos fatores (os vértices do triângulo) são identificadas como competidoras, tolerantes ao estresse ou ruderais. As iniciais nas regiões internas são descritivas: por exemplo, plantas perto do centro possuem estratégias que refletem a seleção em todos os três fatores, enquanto aquelas à esquerda ("*C-S*") são submetidas à seleção *C* e *S*.

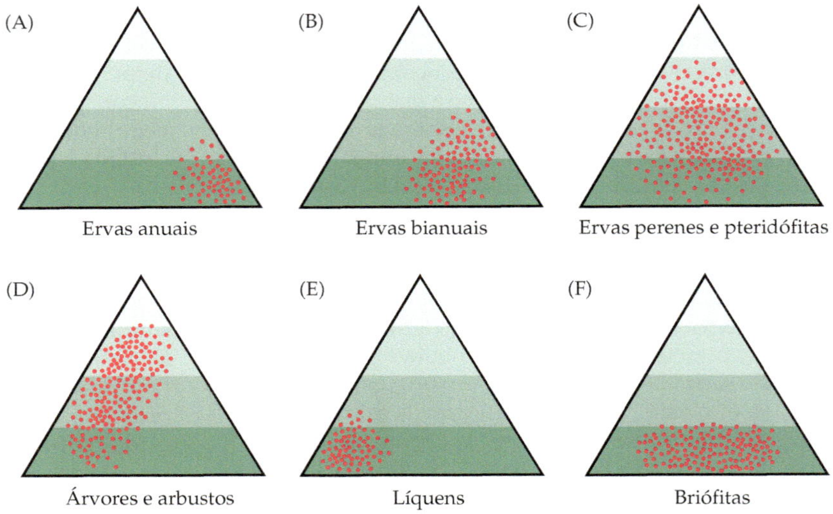

Figura 8.8 Caracterizações de Grime (1977) dos grandes grupos de plantas, de acordo com o seu modelo *C-S-R*. Ele argumentou que os líquens evoluíram principalmente como tolerantes ao estresse e anuais como ruderais, enquanto árvores e arbustos refletiriam cada combinação possível de forças seletivas fora dos valores extremos (os vértices).

ao distúrbio. Ou seja, no modelo *C-S-R*, as populações vegetais podem apresentar qualquer combinação de características associadas à seleção *C*, *S* e *R*. Grime sustentou que seria possível mapear grupos amplos de plantas – como briófitas ou árvores ou arbustos – em regiões do triângulo (Figura 8.8).

Um grupo bem conhecido de previsões da teoria *C-S-R* é mostrado na Tabela 8.1. Essas previsões, como aquelas da teoria da seleção *r* e *K*, são qualitativas e relativas e, por isso, não permitem um teste crítico. Na verdade, se as plantas em uma comunidade se ajustassem perfeitamente a essas descrições, isso não constituiria uma evidência de que a seleção atuou como Grime supôs no desenvolvimento de sua teoria. Como a teoria da seleção *r* e *K*, a teoria *C-S-R* enfatiza a importância relativa da competição em hábitats diferentes (ver Capítulo 10). Consequentemente, essa teoria recebeu uma quantidade razoável de atenção e gerou considerável controvérsia entre os ecólogos de comunidades vegetais, mas não teve muita influência no estudo da evolução da história de vida.

Tanto o modelo da seleção *r* e *K* quanto o modelo triangular são exemplos do pensamento tipológico que reduz um conjunto complexo de características e organismos a apenas algumas categorias. Tais modelos podem ser úteis como um meio de organizar o pensamento, desde que se perceba que o mundo é muito mais complexo e que as categorias dos modelos se aplicam somente a um subconjunto de espécies e características. Há muitas espécies que misturam e ajustam as peças das síndromes previstas por esses modelos, enquanto outras não se ajustam a qualquer esquema. Uma alternativa é não considerar os organismos e as síndromes integralmente, mas, em vez disso, focalizar características específicas, como o tamanho e o número de sementes. Quando procedemos assim, descobrimos as evidências dos *trade-offs* que formaram as bases desses modelos.

TABELA 8.1 Algumas características de plantas competitivas, tolerantes ao estresse e ruderais, descritas pelo modelo triangular de Grime

	Competitivas	**Tolerantes ao estresse**	**Ruderais**
Formas de crescimento	Ervas perenes, arbustos ou árvores	Líquens, ervas perenes, arbustos e árvores	Anuais
Produção de sementes	Pequena	Pequena	Grande
Taxa de crescimento potencial máxima	Rápida	Lenta	Rápida
Serrapilheira	Abundante, muitas vezes persistente	Pouca, muitas vezes persistente	Pouca, não-persistente
Longevidade da folha	Curta	Longa	Curta
Fenologia do florescimento	Florescimento perto da fase de produtividade máxima	Sem padrão	Florescimento no final do período favorável
Fenologia vegetativa	Produção de folhas coincide com produtividade máxima	Perenifólias; padrões variados	Breve período de produção de folhas na fase de produtividade máxima
Tempo de vida	Longo	Longo	Curto

Fonte: Grime, 1977.

Teoria demográfica da história de vida

Uma abordagem para a teoria da história de vida focaliza a demografia, examinando como o crescimento populacional é afetado pela variação na sobrevivência e fecundidade dos indivíduos em função dos seus tamanhos, das suas idades ou de outras características da história de vida. Sua utilidade pode ser vista na solução do "Paradoxo de Cole". Ao estudar as consequências dos programas de reprodução, Lamont Cole (1954) desenvolveu um modelo que comparava o valor adaptativo de um fenótipo perene com um fenótipo anual da mesma espécie. Se uma fração p das plantas sobrevive para se reproduzir a cada ano e produz F descendentes, então o valor adaptativo da planta perene é $\lambda_p = p(F + 1)$, enquanto o valor adaptativo da planta anual é $\lambda_a = pF$. Cole concluiu que plantas anuais necessitam somente aumentar seu resultado reprodutivo para uma nova plântula por ano, a fim de se igualar às perenes. Ele destacou que esse achado era paradoxal, porque a maioria dos organismos é perene, não anual, sugerindo que deve haver outras vantagens em ser perene.

Utilizando uma abordagem demográfica, Eric Charnov e William Schaffer (1973) destacaram uma falha no pensamento de Cole: seu resultado depende da suposição de que as taxas de sobrevivência e fecundidade independam da idade. Se o modelo for levemente modificado para dar às plantas de primeiro ano uma chance de sobrevivência diferente da oferecida às perenes mais velhas, o paradoxo desaparece. Charnov e Schaffer demonstraram isso da seguinte maneira: se a fração de plantas de primeiro ano sobreviventes é c, e as anuais sobreviventes produzem F_a sementes, enquanto as perenes sobreviventes produzem F_p sementes, então, $\lambda_p = cF_p + p$ e $\lambda_a = cF_a$. Portanto, as taxas de crescimento populacional dos dois fenótipos são dadas pela chance de os indivíduos sobreviventes se reproduzirem vezes sua fecundidade, caso eles realmente sobrevivam; para as perenes, essa taxa é aumentada pela chnace de sobrevivência de ano para ano. Por isso, as anuais possuem maior valor adaptativo somente quando $\lambda_p < \lambda_a$ – ou seja, quando $F_a > F_p + p/c$ – ou quando sua fecundidade excede a fecundidade das perenes mais as chances de sobrevivência dos adultos relativas às dos juvenis. Isso significa que, quando a sobrevivência dos adultos é muito maior do que a sobrevivência dos juvenis, o rendimento reprodutivo das anuais precisaria exceder o das perenes em uma quantidade considerável para que as anuais tivessem um valor adaptativo maior durante a vida – portanto, resolvendo o paradoxo.

Alocação reprodutiva

Se é importante saber quando e quantas vezes uma planta se reproduz em cada estágio ou idade da vida, a pergunta óbvia é como a seleção atua na alocação de recursos em cada estágio? Essa pergunta, especialmente com a adição da suposição de um *trade-off* entre reprodução e sobrevivência, tornou-se o foco de muitas pesquisas na evolução da história de vida.

A chave para abordar esse problema é o conceito de valor reprodutivo (ν; ver Capítulo 5). William Schaffer e Michael Rosenzweig (1977) mostraram que o valor adaptativo é maximizado a cada idade, se a soma da reprodução atual mais a reprodução futura ponderada pelo valor reprodutivo relativo,

$$F_i + \frac{p_i v_i + 1}{v_o}$$

for maximizada em cada idade. A fração de recursos alocados para reprodução na idade ou estágio i é o **esforço reprodutivo** naquela idade ou estágio. Schaffer e Rosenzweig analisaram graficamente a seleção nas histórias de vida plotando a reprodução atual e a futura em relação ao esforço reprodutivo.

A Figura 8.9 mostra duas alternativas simples. Na Figura 8.9A, as curvas para a reprodução atual (F_i) e para a reprodução futura $[(p_i \nu_{i+1})/\nu_o]$ são côncavas, de modo que a sua soma é maximizada quando o esforço reprodutivo é ou 0 ou 1 em qualquer idade ou estágio considerado. Essas curvas podem diferir para idades ou estágios diferentes. Uma vez que um esforço reprodutivo de 1 significa colocar

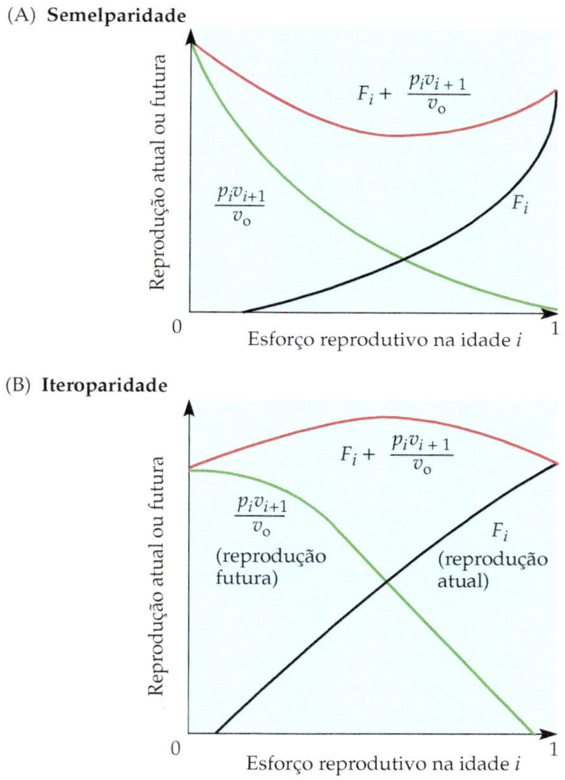

Figura 8.9 Seleção para semelparidade *versus* iteroparidade. O valor adaptativo é maior quando a soma (curvas vermelhas) da reprodução atual mais a reprodução futura é maximizada em cada idade. (A) A semelparidade é favorecida quando as curvas tanto para a reprodução atual quanto para a futura são côncavas – o valor adaptativo é maior quando o esforço reprodutivo é sempre 0 ou 1. (B) A iteroparidade é favorecida quando as duas curvas são convexas – o valor adaptativo é maior no esforço reprodutivo intermediário uma vez alcançada a maturidade (segundo Schaffer e Rosenzweig, 1977).

todos recursos na reprodução e nenhum na sobrevivência, esse gráfico descreve a seleção para uma história de vida semélpara. Na Figura 8.9B, ambas as curvas são convexas, de modo que a seleção favorece o esforço reprodutivo intermediário em cada idade, após o investimento na reprodução – uma história de vida iterópara. As combinações de diferentes formatos das curvas podem, portanto, descrever uma ampla variedade de histórias de vida.

O teste desse tipo de teoria se revelou difícil. Um problema destacado por Schaffer e Rosenzweig (1977) é que, em muitos casos, existe mais de uma história de vida ótima. Porém, há um problema mais profundo na mensuração real do esforço reprodutivo: como se pode determinar a fração de recursos usada na reprodução? Pouco se sabe sobre os processos de desenvolvimento e bioquímicos subjacentes à reprodução. Um estudo inicial (Hickman e Pitelka, 1975) constatou que a massa seca de partes da planta, exceto para alguns tecidos incomuns, é altamente correlacionada a seu conteúdo de energia. Esse resultado levou a centenas de estudos comparando massas secas de partes da planta sob circunstâncias variadas.

Mas como se determina que uma parte da planta é direcionada para a reprodução "atual" ou "futura"? Para flores e frutos, a escolha é clara, mas o mesmo não ocorre para órgãos como raízes. Uma tentativa de lidar com esse problema foi um estudo de Edward Reekie e Fakhri Bazzaz (1987). Esses investigadores mediram a quantidade de massa de raiz presente durante o florescimento de uma gramínea e a quantidade presente em outras fases, não encontrando diferença. Eles concluíram que nada da massa de raiz era direcionada para a reprodução.

Uma outra dificuldade para testar essa teoria é que as partes de uma planta não se relacionam de maneira simples com a demografia do organismo. Além disso, o esforço reprodutivo é uma razão. Como tal, não descreve unicamente a história de vida (Schaffer, 1983), porque há muitas histórias de vida diferentes que poderiam produzir, digamos, uma medida de 75% de alocação para reprodução em um tempo determinado. Por exemplo, uma população pode crescer vegetativamente durante 10 meses e, após, alocar 90% de seus fotossintatos para as flores e os frutos por dois meses; uma outra população pode crescer durante oito meses e em quatro meses alocar 50% de seus fotossintatos para as flores e frutos – quando medidas em 12 meses, ambas poderão ter 75% das suas biomassas em estruturas reprodutivas. Essa observação levou a modelos matematicamente mais sofisticados, como a teoria do controle ótimo, a qual pode lidar com o problema técnico de otimizar a alocação para a reprodução durante o tempo de vida. Entretanto, pouco trabalho adicional foi realizado nessa linha, pois previsões expressivas exigem que os modelos imitem os processos biológicos subjacentes de crescimento, desenvolvimento e alocação de recursos da planta. Esses problemas estão ainda sob investigação por pesquisadores em biologia molecular e celular, e o progresso nessa abordagem da teoria da história de vida dependerá de seus resultados.

Modelos matriciais (ver Capítulo 5) desempenham um papel importante em estudos teóricos e empíricos de histórias de vida. No caso simples do modelo de Charnov-Schaffer de histórias de vida de plantas perenes, o modelo original estabelecia que o número de juvenis e adultos (J e A, respectivamente) no ano seguinte seria $J_{t+1} = cF_p J_t + pF_p A$ e $A_{t+1} = cJ_t + pA_t$. Reescrito em forma matricial, fica

$$\begin{bmatrix} J_{t+1} \\ A_{t+1} \end{bmatrix} = \begin{bmatrix} cF_p & pF_p \\ c & p \end{bmatrix} \times \begin{bmatrix} J_i \\ A_i \end{bmatrix}$$

As análises desse modelo informam que a população irá crescer a uma taxa $\lambda_p = cF_p + p$, o autovalor dominante da matriz. Futuramente, a população será composta de F_p mais juvenis do que adultos. Nesse caso simples, é fácil de perceber as consequências de variar as taxas de sobrevivência e fecundidade. Por exemplo, o aumento da sobrevivência de juvenis c aumenta λ_p na taxa F_p. Com modelos mais realistas, não é tão fácil ter esse tipo de percepção visual. Contudo, os métodos descritos no Capítulo 5 tornam possível analisar completamente os efeitos da variação em qualquer taxa de sobrevivência ou fecundidade no crescimento ou na composição da população.

Dificuldades na medição das compensações (trade-offs)

Há um grande número de estudos que comparam espécies ou táxons superiores que mostram uma correlação negativa entre características como longevidade e fecundidade. Todavia, um número substancial de estudos em nível populacional – onde a seleção deve estar atuando nesses *trade-offs* – não só é incapaz de mostrar uma correlação negativa, mas frequentemente mostra o oposto. Na década de 1980, esse tipo de resultado levou alguns cientistas a argumentar que realmente não haveria *trade-offs*. O problema foi esclarecido quando Arie van Noordwijk e Gerdien de Jong (1986) salientaram que uma correlação positiva entre alocação reprodutiva e características relacionadas à sobrevivência, por exemplo, poderia de fato ser esperada, se a quantidade total de recursos disponíveis variasse entre os indivíduos. Eles sugeriram uma analogia adequada: para pessoas com determinada renda, a quantidade de dinheiro disponível para gastar na casa é negativamente correlacionada com a quantidade disponível para gastar em carros. Contudo, se você considerar os dados, constatará que pessoas com maiores despesas em casa também gastam mais em carros – porque elas ganham mais. Os *trade-offs* são reais, mas operam no contexto de acesso variável aos recursos.

Uma distinção crítica precisa ser feita entre características que devem ser negociadas, porque as leis físicas do universo obrigam, e características que são negociadas, porque a seleção moldou as espécies nessa direção. Um exemplo da primeira categoria é a alocação de recursos nas folhas *versus* flores: recursos limitantes (carboidratos, nitrogênio ou água) utilizados para produzir e manter folhas não podem também ser utilizados para produzir flores. Um exemplo possível da segunda categoria é um aparente *trade-off* entre velocidade de crescimento da madeira e sua dureza. Árvores de crescimento rápido, como o álamo tremedor (*Populus tremuloides*, Salicaceae), possuem madeiras frágeis, e os indivíduos arbóreos em geral vivem apenas 50 ou 60 anos. Consequentemente, o álamo tremedor tende a ser uma espécie de sucessão inicial (ver Capítulo 12). Não podemos dizer se o *trade-off* de taxa de crescimento *versus* densidade da madeira é inerente à bioquímica da madeira, ou se a mutação adequada simplesmente não aconteceu, ou se a seleção sempre favorece apenas a combinação dessas duas características.

Desse modo, precisamos saber mais sobre a variação entre indivíduos quanto à disponibilidade de recursos, bem como sobre os mecanismos determinantes da alocação de recursos para diferentes funções. Utilizando um modelo genético, David Houle (1991) mostrou que, mesmo quando existem *trade-offs*, as correlações genéticas entre características de história de vida poderiam evoluir negativa ou positivamente, dependendo dos detalhes genéticos. Esse achado salienta a importância de ampliarmos nosso entendimento sobre as bases biológicas das características das histórias de vida.

Variação entre anos

Consequências de ambientes variáveis

Como a variação no valor adaptativo entre anos pode ser reduzida quando ela ocorre aleatoriamente? Muitas plantas parecem conseguir isso pela dispersão do risco entre os anos. Para saber por que a variação entre os anos muda o valor adaptativo, compare uma espécie anual hipotética que sempre produz uma média de 1,5 semente por ano (ou seja, metade das plantas na população produz uma semente e metade produz duas) com outra espécie anual que produz uma média de 0,5; 1 e 3 sementes em anos secos, médios e úmidos, respectivamente. Se esses tipos de anos ocorrem com frequência igual (1/3), o número médio de descendentes da espécie variável será $0{,}5^{1/3} \times 1^{1/3} \times 3^{1/3} \times 1{,}14$, ou 0,36 (24%) menos do que o número produzido pela espécie invariável. Em geral, o aumento da variância do valor adaptativo entre os anos diminui sua média geométrica a longo prazo. Isso implica um *trade-off* entre a média e a variância no valor adaptativo: o ganho de valor adaptativo adicional em anos "bons" pode ser contrabalançado pela redução da média a longo prazo. Para os modelos matriciais, o problema é algo mais complexo, porque a ordem de multiplicação tem importância. As análises de modelos populacionais estruturados e não-estruturados (ver Capítulo 5) sugerem que a seleção, frequentemente, atua no sentido de aumentar o valor adaptativo por meio da redução em valor adaptativo entre os anos.

Exemplos da dispersão do risco incluem a distribuição da reprodução mais equitativamente entre os anos, o aumento da área na qual as sementes são dispersas e o aumento do tempo de dispersão por meio de bancos de sementes. Os bancos de sementes são, talvez, o mais bem estudado desses mecanismos (ver Capítulo 5). A maioria das plantas anuais tem bancos de sementes. Sem variação ambiental, a dormência da semente entre anos é oposta à seleção para germinar imediatamente, uma vez que sementes que permanecem dormentes no solo não podem reproduzir, mas aquelas que germinam podem. Muitos estudos (p. ex., Brown e Venable, 1991; Kalisz e McPeek, 1993) sugerem que os bancos de sementes desempenham um papel importante na proteção das populações da variação ambiental.

A incorporação da variação ano-a-ano nos modelos demográficos da evolução da história de vida pode mudar essas conclusões de várias maneiras. Mark Rees e colaboradores (1999) estudaram o efeito da variação ano-a-ano nas taxas vitais de seleção sobre o florescimento dependente do tamanho na espécie semélpara *Onopordum illyricium* (cardo ilírico; Asteraceae) no sul da França. Eles verificaram que a variação temporal aumentou o risco de atraso na reprodução e, portanto, selecionou para o florescimento mais precoce do que seria previsto com um modelo determinista.

Uma percepção-chave é que quase todas as histórias de vida das plantas possuem mecanismos que protegem as populações contra a estocasticidade ambiental (ver Capítulo 5). Pelo fato de as populações recrutarem novos indivíduos, em alguns anos e não em outros, as histórias de vida distintas são maneiras diferentes de estocar novos indivíduos, que podem ser bem sucedidos como proteção contra os anos adversos. Por exemplo, quase todas as plantas anuais mantêm um banco de sementes interanual como uma reserva de novos indivíduos, enquanto indivíduos com vida longa de uma população de árvores servem como um tipo similar de mecanismo de reserva. Considera-se que a variação nas condições sob as quais as populações podem recrutar com sucesso desempenha um papel importante na coexistência de espécies competidoras (ver Capítulo 10).

Germinação de sementes

Muitos fatores ambientais diferentes ajudam a desencadear a germinação. Em muitas plantas, a temperatura desempenha um papel-chave na regulação da germinação. Por exemplo, as plantas anuais de inverno no deserto de Sonora não germinam durante a estação chuvosa de verão, e o inverso é verdadeiro para as plantas anuais de verão. Em ao menos determinadas plantas, algumas membranas celulares nas sementes passam por transições de fase dependentes da temperatura, que deixam as células mais ou menos permeáveis à água, portanto, permitindo ou impedindo a **embebição** (absorção de água pelas sementes), dependendo da estação (Bewley e Black, 1985). Em muitas espécies, a luz também desempenha um papel-chave. Por exemplo, muitas espécies de ervas daninhas necessitam de luz para germinar; é por isso que muitas dessas espécies germinam após perturbações no solo. Há também espécies, tais como *Eschscholzia californica* (papoula-da-califórnia, Papaveraceae; Figura 8.10), nas quais a germinação é inibida pela luz.

Quando uma semente deveria germinar? Isso pode parecer óbvio: ela germinaria quando as condições fossem favoráveis. Mas as plantas podem utilizar as condições ambientais na época da germinação para prever as condições subsequentes – ou seja, as plantas podem desenvolver uma germinação preditiva? A resposta depende criticamente da previsibilidade do ambiente. Em um

Figura 8.10 *Eschscholzia californica* (papoula-da-califórnia, Papaveraceae) possui duas características incomuns e não-relacionadas em sua história de vida: a germinação de suas sementes é inibida pela luz, e ela é anual em algumas áreas e perene em outras (fotografia cedida por K. Whitley).

clima marítimo (Figura 17.15C), por exemplo, os verões costumam ser quentes e úmidos. A germinação no final da primavera em geral proporciona uma chance razoável de sobrevivência até a maturidade. As chuvas em ambientes desérticos, ao contrário, podem ser muito imprevisíveis (Figura 17.19), e muitas plantas que germinam não sobrevivem até a maturidade (Fox, 1989; Venable e Pake, 1999).

Em um estudo com *Plantago insularis* (tanchagem; Plantaginaceae), espécie anual que cresce no deserto de Sonora, Maria Clauss e Lawrence Venable (2000) encontraram uma correlação apenas fraca entre a chuva no período da germinação e a subsequente chuva durante a estação de crescimento. Essa correlação foi maior em locais mésicos (ou seja, os micro-hábitats mais favoráveis). Entretanto, seria esperado que populações em áreas xéricas (micro-hábitats mais desfavoráveis) experimentassem a seleção mais forte para serem capazes de prever quando uma chuva adequada estaria disponível. Clauss e Venable destacaram que a germinação preditiva pode ainda estar ocorrendo nessas plantas, mas, se for assim, trata-se de um fenômeno complexo. Por exemplo, chuvas pesadas no período da germinação preveem chuvas subsequentes em locais xéricos (mas não em mésicos) nos anos de El Niño (ver Capítulo 17).

A germinação preditiva pode envolver outros fatores além dos climáticos. Plantas anuais em bosques arbustivos propensos ao fogo na Califórnia são estimuladas a germinar por compostos presentes na fumaça (Keeley e Fotheringham, 1997). O fogo reduz a biomassa aérea e a densidade de competidores, e os minerais das cinzas adicionam nutrientes ao solo. Portanto, as condições presentes após o fogo são favoráveis ao crescimento de espécies anuais. Muitas espécies classificadas como ervas daninhas (ruderais) utilizam estímulos de perturbações recentes co se mo sinais para germinação.

Sincronismo na variação da produção de sementes (Mastreação)

Muitas plantas – especialmente as lenhosas – possuem variação grande e errática no tamanho de sementes produzidas entre os anos; essa variação é, em geral, sincronizada na maior parte das plantas de uma população. Esse sincronismo (***masting***) tem sido amplamente explicado como uma adaptação aos predadores de sementes (granívoros; ver Capítulo 11). Alguns ecólogos lançaram a hipótese de que, durante os anos de ocorrência desse fenômeno, o grande número de sementes sobrepuja a capacidade de granívoros de comer todas elas, permitindo que pelo menos algumas sobrevivam. Essa explicação foi questionada recentemente por outros ecólogos, os quais argumentam que outros fatores podem ser mais importantes na seleção desse sincronismo. Eles argumentam que o sincronismo pode ser mais facilmente explicado como uma adaptação à polinização pelo vento, a qual tem eficiência progressiva em densidades altas de pólen (Smith et al., 1990; Kelly et al., 2001).

Embora as duas hipóteses não sejam mutuamente exclusivas, há evidências crescentes de que muitas espécies polinizadas pelo vento são, de fato, limitadas em relação ao pólen e que o sincronismo pode ser uma resposta evolutiva para essa limitação (Kelly e Sork, 2002; Koenig e Ashley, 2003). Em um levantamento de 59 populações, de 24 diferentes espécies, Walter Koenig e coautores (2003) conseguiram estimar os efeitos separados da variação entre anos na produção de sementes de indivíduos e da tendência desses indivíduos de florescer em sincronismo. Eles constataram que essas duas quantidades variaram independentemente. A variação em nível de população entre anos dependeu mais da variação individual do que do sincronismo entre indivíduos. Esse resultado sugere que a seleção pode atuar separadamente na variabilidade individual e no sincronismo.

Em outro grande levantamento de estudos sobre a variação na produção de sementes, Carlos Herrera e coautores (1998) argumentaram que a distinção entre espécies síncronas e não-síncronas é falsa, porque há um *continuum* de variação. A maioria das plantas lenhosas iteróparas produz mais sementes em alguns anos do que em outros. Mesmo quando as relações filogenéticas são controladas, há um pouco mais de variação em espécies polinizadas pelo vento do que em espécies polinizadas por animais. Entretanto, os pesquisadores também encontraram mais variação entre anos em espécies dispersadas por granívoros ou por mecanismos abióticos (como vento ou água) do que naquelas dispersadas por frugívoros. O estudo

Carlos M. Herrera

recente de Koenig e colaboradores (2003) também mostrou que a variação entre anos acontecia em um *continuum* e não se concentrava somente em duas classes.

Quais são as causas fisiológicas da variação entre anos na reprodução, e como uma população consegue florescer sincronicamente? Elizabeth Crone e Peter Lesica (2004) estudaram o sincronismo na erva perene iterópara *Astragalus scaphoides* (astrágalo, Fabaceae) em três locais no Idaho e em Montana. Eles constataram que havia vantagens para o florescimento sincronizado nessas populações, mas essas vantagens variavam. Todas as populações experimentaram pelo menos um dos três efeitos como resultado do sincronismo – diminuição da herbivoria floral, aumento do conjunto de frutos e diminuição da granivoria por gorgulhos –, mas a importância desses efeitos diferiu entre as populações. Apesar do forte sincronismo reprodutivo dessas plantas (Figura 8.11), não houve correlação entre as condições meteorológicas e a produção de flores ou frutos. Contudo, os pesquisadores destacaram recentes modelos de Akiko Satake e Yoh Iwasa (2000, 2002), que sugerem uma explicação: se os indivíduos necessitam de mais recursos para florescer do que podem ser em geral adquiridos em um ano, as plantas podem ser facilmente forçadas a se reproduzir em anos alternados ou em intervalos mais longos (e, muitas vezes, irregulares). O sincronismo pode, então, ser alcançado por qualquer mecanismo que cause rendimento reprodutivo baixo em um determinado ano – ou condições meteorológicas pobres ou limitação de pólen – porque, se poucas plantas florescem em um determinado ano, elas gastam menos recursos e mais plantas irão se reproduzir no ano seguinte. Nesse cenário, o próprio sincronismo não precisa ser vantajoso para as plantas. Mark Rees e colaboradores (2002) chegaram a conclusões similares em um estudo com a gramínea alpina *Chionochloa pallens* (moita-da-neve, Poaceae) na Nova Zelândia. Os modelos de florescimento, que dependem apenas dos níveis de recursos internos ou apenas de estímulos meteorológicos, não conseguiram prever esse florescimento sincronizado da espécie, mas um modelo que incorpora tanto os recursos internos quanto os eventos meteorológicos prevê com sucesso o padrão de florescimento de *C. pallens*.

Fenologia: programações anuais de crescimento e reprodução

A **fenologia** – o ritmo de atividade de crescimento e reprodução em um ano – pode variar bastante entre espécies, populações e mesmo indivíduos. Em climas temperados, geralmente existem algumas plantas que florescem em todas as épocas entre a primeira e a última formação de gelo. Algumas espécies lenhosas são

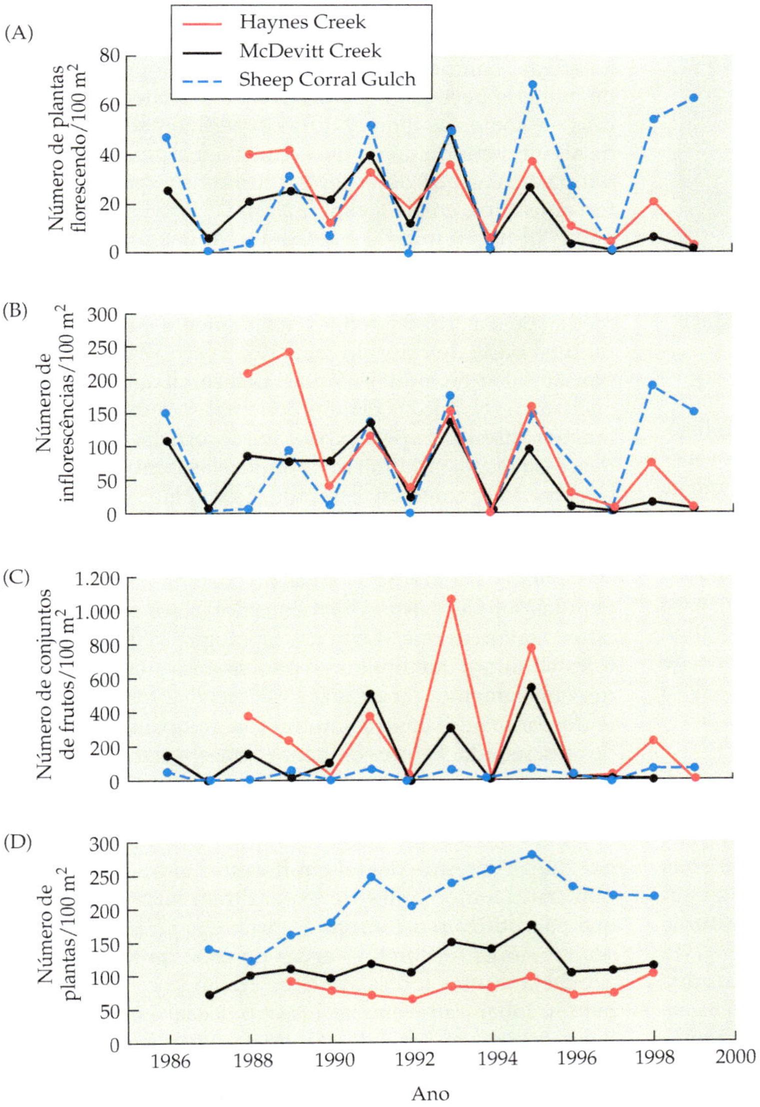

Figura 8.11 Sincronismo reprodutivo em três populações de *Astragalus scaphoides* em Idaho e Montana. As densidades de plantas que florescem (A) e inflorescências (B) exibem um forte sincronismo intra e interpopulacional; no conjunto de frutos (C), o sincronismo é menor. As nítidas flutuações na reprodução não refletem variação nas densidades de plantas (D) nessas populações (gráficos segundo Crone e Lesica 2004; fotografia cedida por E. Crone).

(A)

(B)

Figura 8.12 *Larix* (lariço, Pinaceae) é uma conífera decidual encontrada na taiga. (A) *L. kaempferi* (lariço-do-Japão) a 3.500 m de altitude no monte Fuji, Japão. (B) Um ramo de *L. laricina* (lariço-americano) em um pântano a 200 m de altitude no norte do Michigan (fotografias de S. Scheiner).

perenifólias, enquanto outras são decíduas (caducifólias). Existem exceções, mesmo em grupos onde todas as espécies costumam ser consideradas do mesmo tipo (como as coníferas, as quais consideramos perenifólias), como *Larix laricina* (lariço americano, Pinaceae; Figura 8.12), uma espécie decídua. Em geral, as fenologias são controladas pela sazonalidade – principalmente pela temperatura ou disponibilidade de umidade. As fenologias possuem uma relação mais complexa com polinizadores, dispersores de sementes e herbívoros, porque plantas e animais podem ser agentes de seleção recíproca.

Fenologia vegetativa

Em florestas deciduais temperadas, muitas plantas herbáceas do chão da floresta exibem expansões foliares e florais antes que as árvores de dossel comecem a expandir suas folhas. Como consequência, a maior parte do crescimento e da reprodução dessas plantas ocorre sob temperaturas mais baixas do que as experimentadas pelas árvores de dossel durante o mesmo estágio de vida. Muitos estudos mostraram que esse ritmo é, de fato, vantajoso para as ervas do chão das florestas. Quando o dossel se fecha, muito pouca luz solar – às vezes menos do que 1% – chega até o chão da floresta. Portanto, se retardassem seu crescimento e sua reprodução até o final da estação, ainda assim as ervas do chão da floresta seriam mais limitadas pela disponibilidade de luz do que pelas temperaturas baixas.

Na maioria das espécies de clima temperado, parece que a temperatura e o fotoperíodo (comprimento do dia) são os fatores principais que determinam as fenologias vegetativas. É importante perceber que a temperatura atua de maneira particular. Geralmente, é o número de **graus-dias** – a soma das temperaturas experimentadas ao longo de algum período de tempo – e não a temperatura de um dia particular que determina o ritmo de expansão foliar. Em anos frios, então, a expansão foliar (às vezes, denominada "brotação foliar") é atrasada. Muitas plantas, como muitos outros organismos, utilizam o fotoperíodo (ver Capítulo 2) como um preditor confiável da temperatura média. Se elas confiassem exclusivamente na temperatura, uma onda de calor no meio do inverno causaria a expansão foliar de muitas plantas. Utilizando a temperatura como um estímulo, as plantas podem responder a uma primavera antecipada pela expansão precoce das suas folhas, mas essa resposta é limitada porque elas também utilizam o fotoperíodo como um estímulo. Essas plantas, em outras palavras, respondem às flutuações do meio ambiente, mas o fazem de maneira cautelosa.

Como o exemplo das ervas do chão das florestas temperadas sugere, existem ao menos dois tipos principais de fatores seletivos que atuam nas fenologias vegetativas. Fatores abióticos que limitam o crescimento – como o ritmo de congelamentos ou secas sazonais letais – frequentemente determinam o começo ou fim (ou ambos) de episódios de crescimento. Fatores bióticos – em especial, competição por luz ou água – são também importantes na limitação do crescimento.

Essa observação levanta uma questão interessante: por que árvores de dossel em florestas temperadas esperam tanto tempo antes de expandirem suas folhas? Por que não utilizam o começo da primavera para aumentar seu crescimento, como as ervas do chão da floresta o fazem? Há muitas forças seletivas afetando o ritmo da expansão foliar. Em primeiro lugar, o dossel é elevado, e as temperaturas no topo das árvores podem ser consideravelmente mais baixas do que as no nível do solo. Assim, a expansão foliar nas árvores manifesta-se mais tarde, mas ela pode não ocorrer, realmente, muito mais tarde em termos de graus-dias. Segundo, os congelamentos tardios são uma ocorrência comum. As folhas das árvores são muito mais vulneráveis ao dano por congelamento do que aquelas das ervas do chão da floresta, pois estas últimas são parcialmente abrigadas pelas árvores e porque as temperaturas no nível do solo são mais elevadas. Terceiro, todas as enzimas metabólicas possuem faixas de temperaturas definidas, ao longo das quais podem operar e são mais eficientes em temperaturas particulares. As enzimas adaptadas a um pico de funcionamento em temperaturas altas provavelmente não serão eficientes no começo da primavera, de modo que é possível que a expansão foliar mais cedo reduza o crescimento anual total das árvores, em vez de aumentá-lo. Por fim, muitas árvores de zonas temperadas são polinizadas pelo vento, e a polinização ocorre enquanto a maioria dessas espécies está sem folhas. A presença de folhas no começo da estação provavelmente limitaria a transferência de grãos de pólen.

As fenologias das ervas do chão de florestas temperadas são, de fato, mais complexas do que tínhamos suposto. A maioria dessas plantas no nordeste da América do Norte possui fenologias como aquelas que descrevemos, mas há outras que são capazes de captar e utilizar a luz em outros momentos. Por exemplo, algumas espécies podem utilizar manchas de sol no chão da floresta durante os meses mais quentes (Figura 2.24). Outras utilizam a luz adicional disponível no outono, quando algumas espécies de dossel começaram a perder suas folhas (Mahall e Bormann, 1978).

Em hábitats mais quentes, geralmente é a disponibilidade de umidade que exerce o efeito mais forte sobre as fenologias vegetativas. Em florestas deciduais tropicais, em desertos, e em algumas florestas pluviais tropicais, as chuvas são sazonais. Onde essa sazonalidade é bem acentuada, muitas espécies são **decíduas por seca**, perdendo suas folhas durante esses períodos. O ritmo de expansão e queda foliares nessas espécies é uma resposta plástica ao meio ambiente ou uma estratégia evolutiva fundamentada em condições ambientais médias? Em grande parte, a resposta é "ambas". Existem algumas espécies que retêm suas folhas, se receberem um suprimento adicional de água, e outras as perdem no período habitual durante a estação seca, independentemente da disponibilidade de água. Há espécies que expandem suas folhas semanas antes das chuvas começarem e outras que o fazem somente após chuvas abundantes. Todas essas estratégias são características evolutivas. Talvez o caso mais extremo de uma fenologia de planta decídua por seca seja o de *Fouquieria splendens* (*ocotillo*, Fouquieriaceae). Essa espécie do deserto do sudoeste dos EUA e do México produz novos conjuntos de folhas sempre que a água está disponível, desde que as temperaturas sejam altas o suficiente. Portanto, ela pode ter quatro ou cinco conjuntos de folhas durante um ano.

Fenologia reprodutiva: fatores abióticos

Embora muitas vezes pensemos em flores como algo que vemos na primavera, as plantas podem florescer sob uma amplitude surpreendente de condições. *Ranunculus adoneus* (ranúnculo-da-neve, Ranunculaceae) é uma espécie de campos nevados de altitudes nas Montanhas Rochosas do Colorado (Figura 8.13). Essa erva perene começa a florescer enquanto ainda está sob a neve (Galen e Stanton, 1991). A anual desértica norte-americana *Eriogonum abertianum* (fagópiro-de-Abert, Polygonaceae; Figura 8.14) possui uma fenologia reprodutiva notavelmente variável: indivíduos podem florescer em uma ou duas das estações chuvosas separadas por até seis meses de seca (Fox, 1989). Nessas duas espécies, o período de florescimento é afetado por fatores físicos: temperatura e disponibilidade de luz em *R. adoneus* e temperatura e disponibilidade de umidade em *E. abertianum*. As duas espécies são incapazes de reproduzir-se no inverno – *R. adoneus* fica sob densa cobertura de neve, enquanto *E. abertianum* germina somente durante o frio inverno do deserto, de modo que ela costuma ser demasiadamente pequena para florescer nessa estação. Nos dois casos, existe aparentemente forte seleção para florescer em períodos que parecem ser incomuns.

Eriogonum abertianum pode florescer durante a primavera ou na estação chuvosa do verão, ou em ambas. Como a maioria das plantas, *E. abertianum* produz mais flores e frutos quanto maiores forem seus indivíduos – e eles se

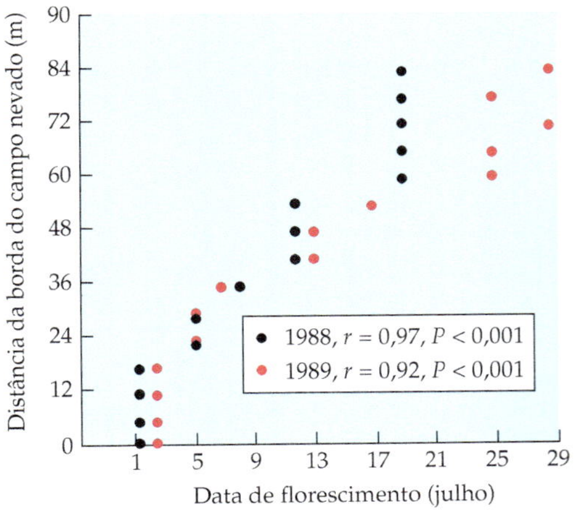

Figura 8.13 *Ranunculus adoneus* (ranúnculo-da-neve, Ranunculaceae) é encontrada em campos nevados das Montanhas Rochosas; ela começa a florescer enquanto ainda está sob a neve. O período de florescimento depende da posição da planta no campo nevado: plantas na borda desse campo tendem a florescer mais cedo (dados segundo Galen e Stanton, 1991; fotografia cedida por M. Stanton).

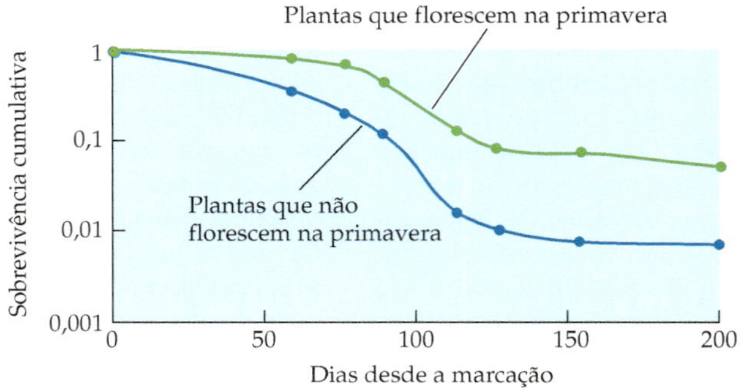

Figura 8.14 *Eriogonum abertianum* (Polygonaceae) é uma espécie anual dos desertos de Sonora e Chihuahua, do sudoeste dos EUA e do México. Seu período de florescimento depende do tamanho do indivíduo e da disponibilidade de umidade. Por isso, as plantas que florescem na primavera provavelmente sobrevivam à estação chuvosa do verão, quando a maioria das sementes está pronta para germinar. Esses dados são de uma população no Organ Pipe Cactus National Monument, Arizona, 1985 (dados de Fox 1989; fotografia cedida por K. Whitley).

tornam muito grandes somente após as chuvas de verão. O fato de muitos indivíduos, dependendo do local e do ano, morrerem antes do verão não necessariamente proporciona seleção suficiente para um florescimento precoce. Por exemplo, em um local, muito menos de 1% das plantas vivas na primavera consegue sobreviver e florescer no verão, mas elas contribuem com aproximadamente 25% das sementes produzidas (Fox, 1989).

Nas duas espécies, há variação substancial no período de reprodução dentro de uma população. Muito dessa variação parece estar mais atribuída à plasticidade fenotípica do que à variação genética dentro das populações (Fox, 1990a; Stanton e Galen, 1997). Isso é especialmente claro em *R. adoneus*. As plantas na borda do campo nevado florescem muito mais cedo, principalmente porque a neve derrete antes nesse local, de modo que elas recebem luz mais cedo no ano (Figura 8.13). Com *E. abertianum*, pequenas diferenças na umidade do solo provocam diferenças grandes no ritmo de reprodução. As plantas que alcançam tamanho suficiente e possuem acesso à umidade necessária começam a florescer na primavera; essas plantas têm uma chance maior de sobreviver ao verão chuvoso do que as plantas que não florescem nessa estação (Figura 8.14). A despeito dessa plasticidade, é claro que diferenças entre populações também refletem adaptações locais. Populações que experimentam risco maior de morrer antes do verão possuem mais indivíduos que florescem na primavera do que aquelas sob risco menor (Tabela 8.2), e as populações diferem geneticamente no período de florescimento, no tamanho ao florescerem, na quantidade total de sementes e na época de término do florescimento (Fox, 1990a).

É bem aceito que a limitação de umidade – e talvez outros tipos de estresses fisiológicos – tendem a induzir o florescimento em muitas plantas. Não há evidência desse efeito em plantas anuais (Fox, 1990b). Nas plantas perenes, o problema é mais complexo, porque as gemas florais são muitas vezes formadas um ou mais anos antes de abrirem.

TABELA 8.2 Frequências e tamanhos de classes de florescimento de diversas populações de *Eriogonum abertianum*

Local e ano	Plantas vivas na primavera que florescem nessa estação (%)	Altura média (erro-padrão) do nó mais alto		
		Florescem na primavera	Não florescem na primavera	*n*
Deserto de Chihuahua				
Portal, 1985	2,6	4,4 (0,58)	2,2 (0,05)	494
Portal, 1986	2,6	4,8 (0,43)	1,7 (0,03)	1.404
Sierra Vista, 1986	0,0	—	1,3 (0,04)	200
Deserto de Sonora				
Montes Tucson, 1986	56,7	2,8 (0,10)	1,7 (0,06)	201
Montes Waterman, 1986	31,0	4,2 (0,43)	2,0 (0,05)	200
Organ Pipe, 1985	21,3	2,5 (1,9)	1,5 (0,06)	150
Organ Pipe, 1986	23,1	3,1 (0,7)	1,7 (0,02)	1.382

Fonte: Dados de Fox, 1992.
Nota: Mais plantas florescem na primavera no deserto de Sonora (com chuvas em menor quantidade e menos previsíveis no verão) do que no deserto de Chihuahua. As plantas que florescem na primavera são maiores, em média, e têm mais chances de sobrevivência no verão (Figura 8.14), mesmo quando comparadas a plantas de mesmo tamanho (Fox, 1989). A disponibilidade de umidade, bem como o tamanho, influenciam fortemente a variação fenológica dentro das populações; as diferenças entre as populações de Portal e Organ Pipe, pelo menos, possuem uma forte base genética (Fox, 1990a).

Por isso, o efeito da seca ou outro estresse depende provavelmente do seu ritmo. A seca que ocorre quando as gemas estão se formando pode ter um efeito diferente da seca que ocorre quando as gemas estão abrindo.

O quão fortemente a fenologia reprodutiva está acoplada à vegetativa? Evidências em árvores de floresta temperada sugerem que seu acoplamento costuma ser fraco (Lechowicz, 1995). A razão principal é que as plantas podem armazenar recursos como fotossintatos, quando as condições são favoráveis, e remobilizá-los em outros períodos. Esse é o mecanismo que permite o florescimento de tantas árvores de clima temperado, quando elas estão desfolhadas.

Fenologia reprodutiva: fatores bióticos

Os fatores bióticos podem também influenciar a fenologia reprodutiva. Por causa das dificuldades intrínsecas em se estudar as interações entre várias espécies, muitos estudos dessas influências se fundamentaram em evidências circunstanciais – mas essas evidências, em alguns casos, são bastante fortes.

Se os polinizadores estiverem disponíveis apenas por pouco tempo, pode haver uma forte seleção para o florescimento durante a presença e atividade desses animais. Embora em princípio isso pareça claro, é importante perceber que tal seleção será forte somente se as plantas necessitarem de polinização animal e se o total de sementes for limitado pela disponibilidade de pólen. Algumas plantas que exibem principalmente autopolinização ainda precisam de animais para polinizar.

Muitos autores na década de 1970 inferiram que os esquemas de florescimento de comunidades inteiras eram estruturados pela competição por polinizadores. Eles concluíram que essa competição era um fator crucial no delineamento da fenologia, causando a evolução da separação nas fenologias entre espécies com sobreposição. Outros autores sugeriram que muitas espécies vegetais atuam como mutualistas por terem fenologias similares e, portanto, atrairiam em conjunto mais polinizadores do que uma espécie que florescesse sozinha.

É claro que ambos os fenômenos são possíveis, mas existem pouquíssimas evidências para qualquer dos dois. Estudos feitos por Robert Poole e Beverly Rathcke (1979) mostraram que muitas das alegações de fenologias observadas com fortes correlações entre espécies vegetais tiveram como base análises inapropriadas de dados. Por exemplo, muitos dos efeitos alegados desapareceram quando Poole e Rathcke consideraram o fato de que as estações limitam o período em que as plantas podem florescer. Se são analisados dados de zonas temperadas sem considerar o inverno ou dados tropicais sem considerar as estações secas, é fácil concluir de forma errada que muitos períodos de florescimento de espécies estão agrupados mais do que seria esperado pelo acaso.

Frugívoros (comedores de frutos) e granívoros (comedores de sementes) podem também exercer seleção considerável nas fenologias. Na maioria dos casos, entretanto, parece que as fenologias animais são mais dependentes das fenologias vegetais do que o inverso. Os animais podem também ser causas importantes de variações na fenologia reprodutiva. Por exemplo, a herbivoria (como muitos outros estresses, incluindo adensamento e seca) pode causar um atraso no período de florescimento de um indivíduo (Lyons e Mully, 1992).

Por fim, outras plantas podem influenciar a fenologia reprodutiva, tanto direta quanto indiretamente. O adensamento por vizinhos, por exemplo, pode agir no atraso do florescimento (Lyons e Mully, 1992). Tais atrasos, por sua vez, podem resultar em seleção para crescimento mais rápido ou florescimento precoce.

Resumo

As histórias de vida de plantas variam consideravelmente. As características da história de vida exercem fortes efeitos no valor adaptativo vegetal e, como consequência, evoluíram ao longo do tempo. Os estudos da evolução dessas características – tanto individualmente quanto como síndromes de características associadas – representam uma parte importante da ecologia vegetal.

Os *trade-offs* são considerados importantes na evolução das características das histórias de vida. Eles ocorrem por causa de algumas restrições básicas. Se a quantidade de recursos alocados para reprodução fosse ilimitada, uma planta poderia produzir um número infinito de sementes e torná-las tão grandes quanto fosse possível. Como os recursos são limitados, entretanto, há um *trade-off* entre o tamanho e o número de sementes. Um grupo importante de modelos tenta entender a direção da seleção natural ao perguntar que combinações de características (como tamanho e número de sementes) conferem o maior valor adaptativo para as plantas.

Há muitas tentativas de desenvolver teorias gerais para descrever como os *trade-offs* modelam as síndromes de características de histórias de vida. A teoria das seleções *r* e *K* e a extensão (desenvolvida por Grime) dessa teoria não levaram a testes críticos, visto que suas previsões são relativas. Os modelos de esforço reprodutivo ótimo também encontraram dificuldades quanto aos testes. Uma conclusão importante é que precisamos de mais informações sobre a biologia subjacente, para obter mais progressos no entendimento das restrições que governam a evolução da história de vida.

Quando se deparam com incertezas ambientais, as plantas em geral estão sujeitas a diferentes tipos de *trade-off*, porque a variação no valor adaptativo entre anos atua para reduzir o valor adaptativo de longo prazo. Muitas plantas parecem reduzir a variação interanual no valor adaptativo, dispersando o risco pelo envolvimento de características como a iteroparidade e os bancos de sementes. Flutuações anuais de grande amplitude no rendimento reprodutivo podem evoluir em consequência da granivoria, da limitação de pólen ou de grandes demandas de recursos para reprodução.

A fenologia, ritmo de eventos de crescimento e reprodução em um ano, também é afetada por *trade-offs* variados. Muitas plantas que vivem no chão das florestas crescem em grande parte quando as copas das árvores estão sem folhas ou têm capacidade de utilizar com eficiência pequenas quantidades de luz quando o dossel está pleno de folhas. O ritmo de florescimento envolve *trade-offs* entre a disponibilidade de recursos abióticos, como água e luz, e recursos bióticos, como polinizadores e frugívoros.

Questões para estudo

1. Por que tem sido tão difícil estudar a evolução da alocação reprodutiva? Quais tipos de dados tornariam esses estudos mais maleáveis?
2. Quando é provável que a dormência crescente de sementes seja favorecida pela seleção natural? Quando a variação na dormência deveria ser favorecida?
3. Algumas populações de plantas, principalmente semélparas (como a espada-de-prata do Havaí, discutida na Figura 5.12), apresentam alguns indivíduos iteróparos. Planeje um estudo com o objetivo de medir a seleção que atua sobre essa característica.
4. Como você planejaria um estudo (assumindo que custos e suporte técnico não sejam obstáculos) para testar a hipótese de um *trade-off* entre tamanho e número de descendentes?
5. Quais são alguns exemplos de dispersão de risco contra a variação ambiental, além dos bancos de sementes?
6. Algumas plantas – em especial arbustos com vidas longas – não parecem sofrer senescência (declínio do valor adaptativo com a idade). Por que isso ocorre?

Leituras adicionais

Referências clássicas

Baker, H. G. 1972. Seed mass in relation to environmental conditions in California. *Ecology* 53: 997-1010.

Cole, L. C. 1954. The population consequences of life-history phenomena. *Q. Rev. Biol.* 29: 103-137.

Fisher, R. A. 1930. *The Genetical Theory of Natural Selection*. Clarendon Press, Oxford.

Salisbury, E. J. 1942. *The Reproductive Capacity of Plants*. Bell, London.

Fontes adicionais

Roff, D. A. 2002. *Life History Evolution*. Sinauer Associates, Sunderland, MA.

Stearns, S. C. 1976. Life-history tactics: A review of the ideas. *Q. Rev. Biol.* 51: 3-47.

III COMUNIDADES E SUAS CAUSAS

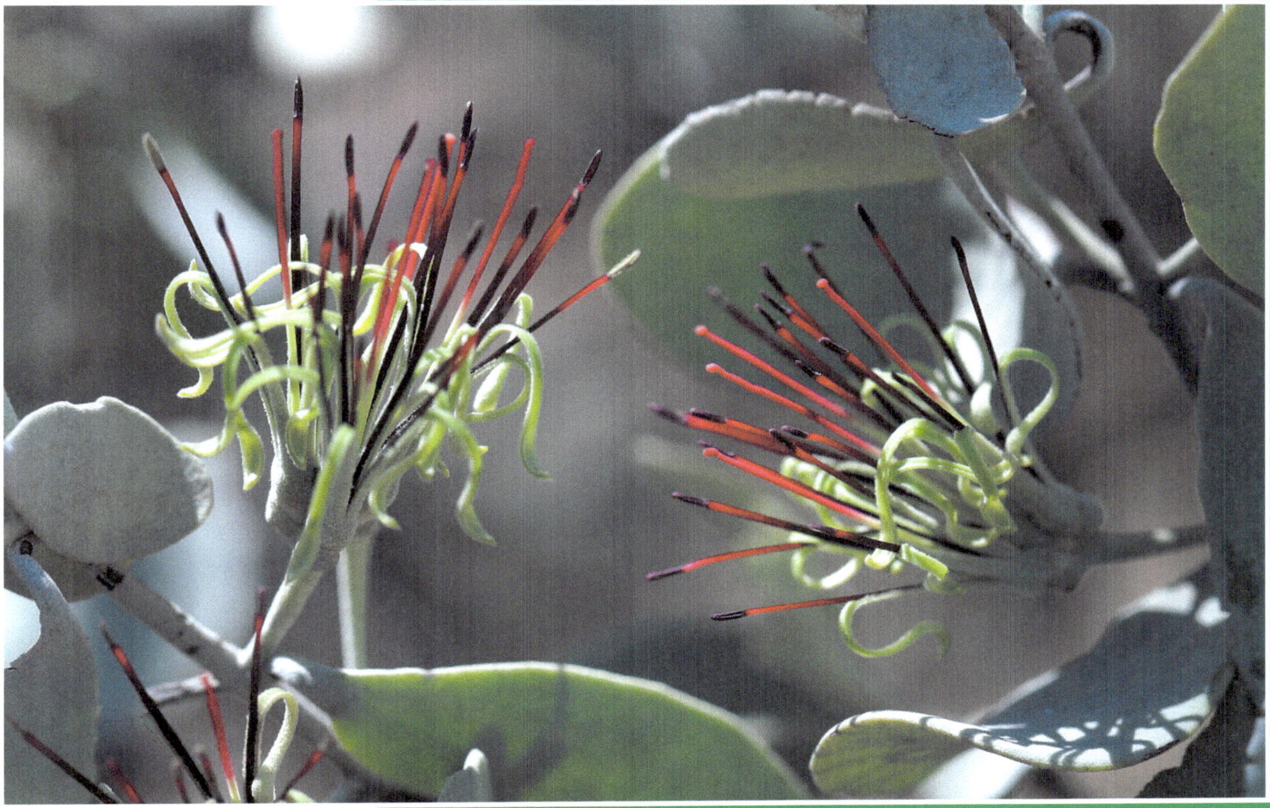

CAPÍTULO 9 Propriedades e Mecanismos das Comunidades

Ao subirmos uma das Montanhas Rochosas centrais, podemos iniciar em uma floresta dominada pelo pinheiro ponderosa (*Pinus ponderosa*); depois, logo nos encontramos entre pinheiros *lodgepole* (*Pinus contorta*); após, passamos pela floresta de espruces e abetos (*Picea engelmannii* e *Abies lasiocarpa*, respectivamente), e terminamos na tundra alpina. Cada área contém um conjunto muito diferente de espécies, ainda que algumas sejam encontradas em várias áreas distintas e que os limites possam ser difíceis de discernir. Em outros ambientes, como campos com manchas de solo serpentina (solos, derivados de rocha serpentina, pobres em nutrientes e por vezes ricos em elementos tóxicos; ver Quadro 14A), as diferenças na composição de espécies entre comunidades podem ser abruptas e drásticas. Os seres humanos também criam limites que definem comunidades. Um terreno devoluto é uma comunidade, assim como um parque no meio de uma paisagem urbana.

Nas partes anteriores deste livro, observamos as interações entre espécies vegetais com seus ambientes – uma causa da composição das comunidades. Na Parte III, examinaremos as propriedades das comunidades como um todo e os fatores causadores dessas propriedades. O que determina os limites das comunidades? As comunidades são entidades reais com suas próprias propriedades ou elas são apenas conjuntos aleatórios de indivíduos e populações? Como as espécies interagem umas com as outras para criar padrões em escala de comunidades? Este capítulo investiga o que é uma comunidade e discute métodos para descrever as comunidades. Os capítulos seguintes abrangerão alguns processos adicionais que criam padrões em comunidades: competição, herbivoria, perturbação, sucessão, dominância e invasões de espécies.

O que é uma comunidade?

Uma **comunidade** é um grupo de populações que coexistem no espaço e no tempo e interagem umas com as outras direta ou indiretamente. Por "interagir" entendemos que as populações afetam a dinâmica umas das outras. Essa definição de "comunidade" inclui todas as plantas, os animais, os fungos, as bactérias e outros organismos que vivem em uma área. Isso parece simples, porém os ecólogos com frequência empregam a terminologia de modo inconsistente e, infelizmente, o uso tradicional em ecologia vegetal algumas vezes difere daquele de ecologia animal. Por exemplo, falamos em "comunidades vegetais" mesmo que as plantas sejam apenas um subconjunto da comunidade – estamos ignorando os decompositores, herbívoros, patógenos, polinizadores e muitos outros organismos. John Fauth e colaboradores (1996) discutiram alguns caminhos para dissipar essa confusão terminológica (Quadro 9A). Às vezes, usamos a expressão "comunidade local" para enfatizar que nos referimos às plantas que crescem em um determinado lugar e não a um grupo de comunidades.

Um termo relacionado é **estande** (***stand***), oriundo da silvicultura e originalmente referindo-se um grupo de árvores crescendo juntas, embora, na atualidade, ele seja utilizado, não raras vezes, em referência a todas as plantas de um local, não apenas as árvores.

Dois termos intimamente relacionados e que no passado foram de amplo uso em ecologia vegetal têm sido recentemente incorporados a alguns esquemas modernos de classificação da vegetação (ver Tabela 15.3). Uma **associação** foi definida como um tipo particular de comunidade, encontrada em muitos lugares e com certa fisionomia e composição de espécies; o uso moderno não é muito diferente (por exemplo, a Tabela 15.3 refere-se à associação de junípero-sálvia em um bosque). O termo **formação** foi originalmente utilizado para designar uma comunidade clímax regional; o emprego moderno é geralmente mais específico, referindo a um subtipo fisionômico. Um termo similar é **comunidade tipo**, um grupo que compartilha as mesmas espécies dominantes.

Na prática, os limites de comunidades vegetais são em geral operacionalmente definidos com base em mudanças nas abundâncias das espécies dominantes, ou das mais comuns. A amostragem é então restringida dentro desses limites. Tipicamente, um número de comunidades locais ou estandes é utilizado para amostrar a presença e abundância das espécies, assim como das variáveis ambientais associadas. Com base nos dados de um número de estandes, pode ser caracterizada uma comunidade tipo, formação ou associação.

Apenas em casos especiais (p. ex., ilhas, reservatórios, florestas preservadas circundadas pelo desenvolvimento suburbano, lotes vazios), os limites das comunidades são facilmente definidos. Mesmo assim, o movimento dos organismos e o transporte de matéria pelo vento e pela água fazem seus limites difusos. Os ecólogos, por isso, têm frequentemente duas opiniões quando tratam de comunidades. Por um lado, reconhecemos que seus limites são difusos; por outro, muitas vezes necessitamos definir entidades discretas para conveniência das análises. Tipicamente, ecólogos vegetais definem uma comunidade com base na uniformidade relativa da vegetação e usam seu conhecimento sobre a biologia das espécies para decidir quando estão mudando de uma comunidade para outra.

Os ecólogos formados em outros países, educados em tradições históricas diferentes, tendem a ver as comunidades sob perspectivas também diferenciadas. Em particular, os ecólogos do continente Europeu foram historicamente influenciados pela abordagem florístico-sociológica, mais extensivamente desenvolvida por Josias Braun-Blanquet (ver Capítulo 15). Essa abordagem enfatiza a descontinuidade das comunidades. A maioria dos ecólogos de países de língua inglesa, ao contrário, tem sido mais fortemente influenciada pela história descrita nos parágrafos seguintes; como resultado, eles tendem a considerar as comunidades como combinações contínuas umas às outras. Estas maneiras distintas de pensamento estão cada vez menos evidentes, como resultado do aumento de viagens e da comunicação entre ecólogos do mundo todo.

História de uma controvérsia

Em ecologia vegetal, havia, e ainda há, uma gama de conceitos sobre a natureza das comunidades. Os extremos são algumas vezes rotulados como concepções gleasoniana e clementsiana, em alusão a Henry A. gleason e Frederic Clements, seus primeiros grandes proponentes no mundo de língua inglesa. Estes dois pontos de vista extremos diferem na importância que atribuem aos fatores bióticos *versus* abióticos e a previsibilidade *versus* casualidade dos processos que moldam a estrutura das comunidades. Hoje, a maioria dos ecólogos defende uma posição intermediária entre esses pontos de vista, e grande parte tem avançado além de ambos.

Frederic e Edith Clements

A visão de Clements representava a maioria das opiniões entre os ecólogos vegetais de língua inglesa durante a primeira metade do século XX. Segundo Clements, as comunidades vegetais eram entidades bastante organizadas constituídas por espécies mutuamente interdependentes. Em sua visão (Clements, 1916), as comunidades são **superorganismos** – a analogia a organismos individuais – que nascem, desenvolvem-se, crescem e finalmente morrem. A sucessão, segundo essa visão, é análoga ao processo de desenvolvimento e crescimento; sua trajetória e seu ponto final são altamente previsíveis (Clements, 1937). Duas das marcas do conceito de superorganismo foram a presença de muitas ligações estreitas entre espécies dentro de comunidades e a cooperação entre as espécies de uma comunidade em proveito das funções desta como um todo.

Mesmo no auge da influência de Clements, muitos ecólogos permaneceram com visões mais moderadas. Essa versão da ecologia clementsiana assegurou apenas que interações entre espécies, como competição, mutualismo e predação são importantes na determinação da estrutura de comunidades. O próprio Clements reconheceu os efeitos de fatores abióticos, como a história local e o solo, na determinação da composição das comunidades. Ele focalizou a natureza idealizada das comunidades, vendo-as espacialmente distintas, com um superorganismo complexo dando lugar a outro com um conjunto de espécies bastante diferente. Entretanto, sua ênfase foi a natureza e o desenvolvimento da comunidade como um superorganismo e não os limites entre comunidades. Alguns ecólogos da época aceitavam uma versão mais moderada dessa visão, a qual admite que comunidades não são inteiramente discretas, mas ainda as divide em grupos não-arbitrários com limites reconhecíveis.

Em notável contraste a Clements, Gleason acreditava que as comunidades resultassem de interações entre espécies individuais e o meio ambiente (fatores bióticos e abióticos) em combinação com eventos históricos ao acaso. Cada espécie tem tolerâncias peculiares e, assim, responde às condições ambientais a sua própria maneira (Gleason,

Quadro 9A

Comunidades, táxons, guildas e grupos funcionais

Uma série de termos bastante confusa tem sido desenvolvida para descrever comunidades. Algumas vezes, o mesmo termo é usado de maneiras diversas por ecólogos diferentes enquanto em outros casos termos diferentes são aplicados para o mesmo conceito. Aqui, descrevemos um esquema proposto recentemente para definir esses termos.

Este esquema define grupos de espécies baseados em três critérios: geografia, filogenia e uso de recursos, como demonstrado na figura que acompanha. A geografia neste esquema define **comunidades**, conjuntos de organismos vivendo em um mesmo lugar ao mesmo tempo. **Filogenia** é o padrão de relações entre espécies (ou táxons superiores), baseado na genealogia evolutiva. A filogenia define **táxons**, conjunto de organismos que compartilham um ancestral comum. O uso de recursos define **guildas**, conjunto de organismos que usam recursos bióticos ou abióticos de modo similar. O termo "guilda" é oriundo da ecologia animal, mas tem sido usado também por ecólogos vegetais.

Os ecólogos vegetais frequentemente usam a expressão **grupo funcional** para descrever um conceito relacionado à guilda. Os grupos funcionais podem ser definidos em uma diversidade de maneiras, dependendo da aplicação, mas essas definições são todas baseadas em um conjunto de atributos que identificam espécies funcionalmente similares. Por exemplo, Tammy Foster e J. Renée Brooks (2005) definiram cinco grupos funcionais de espécies vegetais em um hábitat arbustivo na Flórida, com base em atributos fisiológicos. Os atributos utilizados para identificar grupos funcionais podem ser escolhidos informalmente ou com base em algoritmos matemáticos formais. Os ecólogos têm usado o conceito de grupos funcionais em contextos variados, incluindo estudos de relações entre produtividade e diversidade (ver Capítulo 13), e esforços para reduzir o número de tipos de plantas que precisam ser consideradas em modelos climáticos globais. Lavorel e Cramer (1999) e Woodward e Cramer (1996) apresentam revisões extensivas recentes do conceito de grupos funcionais de plantas, bem como aplicações ecológicas. As intersecções dos conjuntos descritos pelos termos mencionados definem grupos mais restritos de espécies. A intersecção de geografia e filogenia define **assembleias**, grupos de organismos relacionados que vivem em um mesmo lugar. A intersecção de geografia e o uso de recursos define **guildas locais**. As árvores de uma floresta em Ontário são um exemplo de guilda local: elas incluem espécies sem parentesco próximo, como o bordo (*Acer saccharum*), uma angiosperma, e *hemlock* do leste (*Tsuga canadensis*), uma conífera. A intersecção de todos os três conjuntos define **reuniões** (***ensembles***). Espécies de gramíneas vivendo juntas em uma pradaria constituem uma reunião. As Asteraceae anuais do deserto *Great Sandy* da Austrália compõem outra reunião. Comunidades vegetais, como tradicionalmente definidas, são constituídas por uma combinação de reuniões, guildas locais e assembleias. Tipicamente, comunidades de plantas terrestres são definidas como todas as plantas vasculares que vivem em um dado espaço. A maioria das espécies deste grupo é produtor primário com requerimentos similares de recursos. Assim, por exemplo, todas as espécies de gramíneas em um sub-bosque florestal são uma reunião daquela comunidade. A combinação de todas as herbáceas e gramíneas do sub-bosque poderia constituir uma guilda local, assim como poderia incluir espécies sem parentesco próximo de monocotiledôneas, dicotiledôneas e, possivelmente, samambaias. Algumas angiospermas não são produtores primários, mas parasitos ou saprófitas; entretanto, tais espécies também são incluídas na comunidade vegetal, que pode, por isso, ser considerada uma assembleia, uma vez que ela inclui espécies que usam recursos diferentes. A comunidade verdadeira, evidentemente, inclui todas as espécies (p. ex., animais, fungos, bactérias), e não apenas plantas. Assim, a comunidade vegetal tradicionalmente definida é, na verdade, um subconjunto da comunidade total e tem propriedades de reuniões, guildas locais e assembleias.

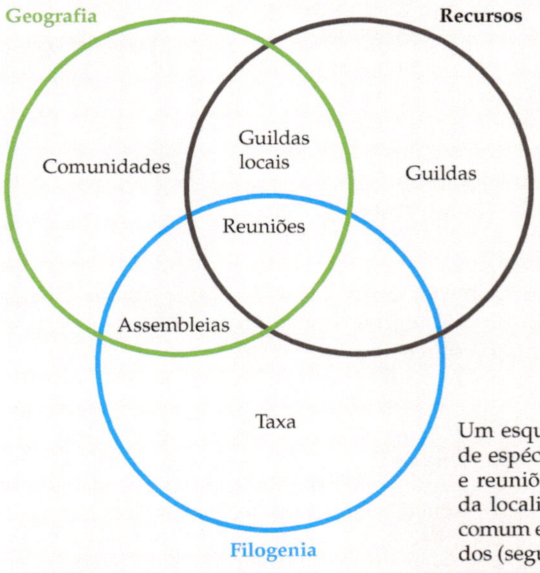

Um esquema para agrupar conjuntos de espécies em comunidades, guildas e reuniões, com base na combinação da localização geográfica, genealogia comum e uso de recursos compartilhados (segundo Fauth et al., 1996).

Monotropa uniflora (cachimbo-de-índio, Ericaceae) é um exemplo de uma angiosperma parasito, em vez de produtor primário. Ela obtém seu carbono de fungos micorrízicos, os quais, por sua vez, o obtêm de outras plantas (fotografia de S. Scheiner).

1917, 1926). A implicação dessa opinião foi que, ao longo de um gradiente ambiental, espécies diferentes poderiam ter seus limites em lugares diferentes. Nem comunidades nem superorganismos firmemente conectados, a definição de um grupo de espécies que vivem juntas em um determinado lugar como uma comunidade representava uma construção humana arbitrária.

Henry A. Gleason

De acordo com a visão de Gleason, dentro da amplitude de condições ambientais que a espécie pode tolerar, eventos ao acaso determinam quando uma espécie é realmente encontrada em um dado lugar. Na escala local, o acaso prescreve onde uma semente tem a oportunidade de surgir em um sítio particular. Em escalas mais amplas, eventos históricos ao acaso têm um papel maior na composição das comunidades. Por exemplo, espécies da família Cactaceae (os cactos) são encontradas em comunidades de desertos nas Américas, uma vez que a família se originou nessa região, enquanto os desertos de qualquer outro lugar não têm cactos (exceto onde tenham sido recentemente introduzidos pelos humanos). Além disso, a mistura de espécies varia de lugar para lugar, à medida que é feita uma observação ao longo da paisagem. O ponto de vista de Gleason pressupõe mudanças graduais na composição da comunidade em oposição às bordas abruptas entre comunidades, a não ser que os limites ambientais sejam abruptos. Um ponto de vista mais moderado reside no fato de que existem alguns tipos identificáveis de comunidades, mas que estas tendem a fundir-se em outros tipos de comunidades.

Os ecólogos seguidores de Clements não foram receptivos às ideias de Gleason. Embora o trabalho de Gleason tenha sido bem conhecido, ele não conseguiu influenciar muitos ecólogos vegetais até depois do falecimento de Clements, em 1945. O motivo da visão de Clements ter dominado por tanto tempo não é totalmente compreensível. Clements era conhecido por ter uma personalidade extremamente forte, capaz de dominar reuniões científicas. O número muito pequeno de ecólogos vegetais ativos durante a primeira metade do século XX pode ter sido uma razão suficiente. Gleason, percebendo o pouco interesse em suas ideias, abandonou seu trabalho em ecologia vegetal em 1930 e dedicou o resto de sua carreira à taxonomia.

Não antes da década de 1950, trabalhos separados, mas quase simultâneos, de John T. Curtis e Robert H. Whittaker convenceram numerosos ecólogos de que as ideias de Gleason estavam amplamente corretas. Curtis e seus estudantes mapearam a vegetação de Wisconsin e observaram como o ótimo e as amplitudes das espécies estavam distribuídas ao longo de gradientes ambientais (Curtis, 1959). A teoria de Clements prediz que o ótimo e a amplitude de espécies deveriam mostrar agrupamentos distintos, enquanto a teoria de Gleason prediz independência de ótimos e amplitudes. O estudo de Curtis encontrou justamente tal independência; cada espécie tinha um conjunto diferente de tolerâncias ambientais (Figura 9.1). Uma inovação-chave que contribuiu para esse estudo foi o desenvolvimento da ordenação, um conjunto de técnicas para descrever padrões em vegetação complexa – discussão detalhada no Capítulo 15.

Whittaker (1956) também demonstrou que Gleason estava certo sobre a natureza dos limites entre comunidades. Um dos padrões mais notórios que alguém pode encontrar ao passar por um gradiente de elevação é a notável substituição (*turnover*) de um tipo de comunidade por outro, à medida que a altitude aumenta. Whittaker percebeu que, se pudesse demonstrar que mesmo ao longo de tal gradiente a substituição de espécies fosse gradual, poderia fornecer evidências muito fortes para sustentar as ideias de Gleason, contrapondo o modelo de superorganismo de Clements. Whittaker o fez: demonstrou que a mudança na composição de espécies em comunidades florestais ao longo de um gradiente altitudinal nas montanhas *Great Smoky* em Tennessee era gradual, sem limites abruptos (Figura 9.2). Repetiu, então, o estudo em outras áreas, incluindo as montanhas Siskiyou, no Oregon, e as Santa Catalina, no sul do Arizona.

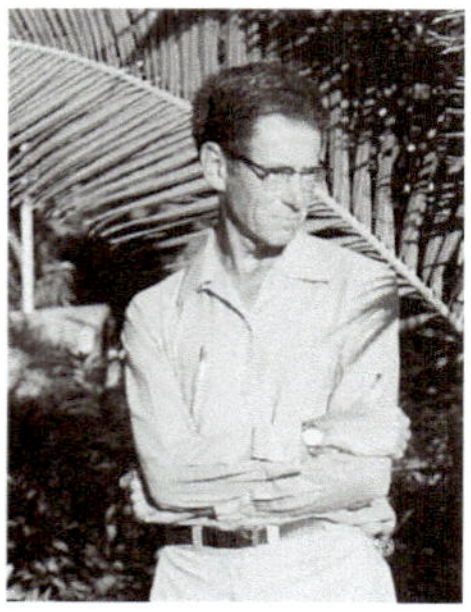

Robert H. Whittaker

Outra importante linha de evidências que afetou a opinião de muitos ecólogos foi uma série

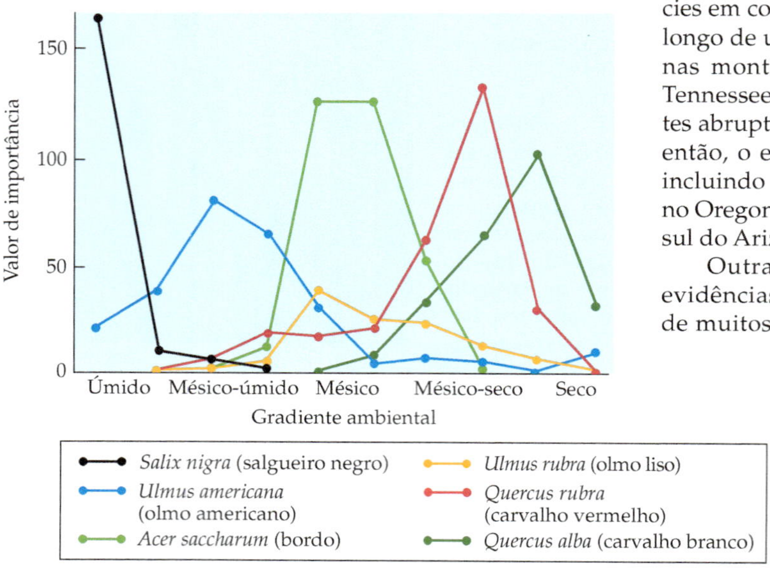

Figura 9.1 Mudança na importância de várias espécies arbóreas ao longo de um gradiente de umidade em Wisconsin. A importância foi medida pela soma dos valores de cobertura relativa, densidade relativa e frequência relativa das espécies de uma comunidade (segundo Curtis, 1959).

de estudos, iniciada na década de 1970, sobre a distribuição de espécies vegetais durante e após o período glacial mais recente (ver Capítulo 20). Muitas dessas abordagens contemplaram pólens fósseis de fundo de lagos. Uma das primeiras e mais influentes foi conduzida por Margaret Davis, que demonstrou que muitas espécies que coocorriam no presente nem sempre o faziam durante períodos glaciais; melhor: no passado, as espécies estavam distribuídas entre comunidades em combinações muito distintas das encontradas atualmente (Davis, 1981). Por exemplo, *Pinus strobus* (pinheiro branco oriental, Pinaceae), *Tsuga canadensis* (*hemlock* do leste, Pinaceae), *Castanea dentata* (castanheira americana, Fagaceae), e bordos (*Acer* spp., Sapindaceae; pólens de bordos que não puderam ser identificados até espécie) na atualidade são encontradas frequentemente juntas em florestas deciduais do leste da América do Norte. Entretanto, essas espécies arbóreas florestais nem sempre estiveram associadas no passado (Figura 20.11). O pinheiro branco e o *hemlock* do leste sobreviveram à glaciação Wisconsin (cerca de 75.000 a 12.000 anos antes do presente) em uma região ao leste das montanhas Apalaches; durante o mesmo período, as castanheiras e os bordos eram encontrados próximos à foz do Rio Mississippi (Davis, 1981), mais de cem quilômetros a sudoeste.

Atualmente, a maioria dos ecólogos vegetais adota uma posição intermediária entre os pontos de vista de Clements e Gleason, assim como divergem de ambas as visões em muitos aspectos. Há um amplo consenso de que as espécies se distribuem de modo individual e que a composição das comunidades varia gradualmente ao longo de gradientes ambientais. Mudanças abruptas são mais comumente encontradas quando há variações igualmente abruptas no ambiente. Entretanto, limites abióticos e entre comunidades nem sempre coincidem. Devido a processos como a dispersão de um hábitat para outro (ver Capítulo 16), uma população pode avançar até ambientes desfavoráveis. Mudanças abruptas também podem refletir eventos passados, como o limite de uma queimada ou uma parte de uma floresta que foi arada em algum período no passado. Portanto, as atuais fronteiras ambientais nem sempre coincidem com os limites passados. Os ecólogos ainda divergem com relação à importância relativa de processos abióticos e bióticos, e eventos aleatórios na determinação da estrutura de comunidades.

Os ecos da controvérsia entre as ideias de Clements e Gleason sobre comunidades continuam a influenciar os ecólogos formados nas escolas de língua inglesa da América do Norte e do Reino Unido. Temas afins foram debatidos entre ecólogos Europeus e Russos, mas não na mes-

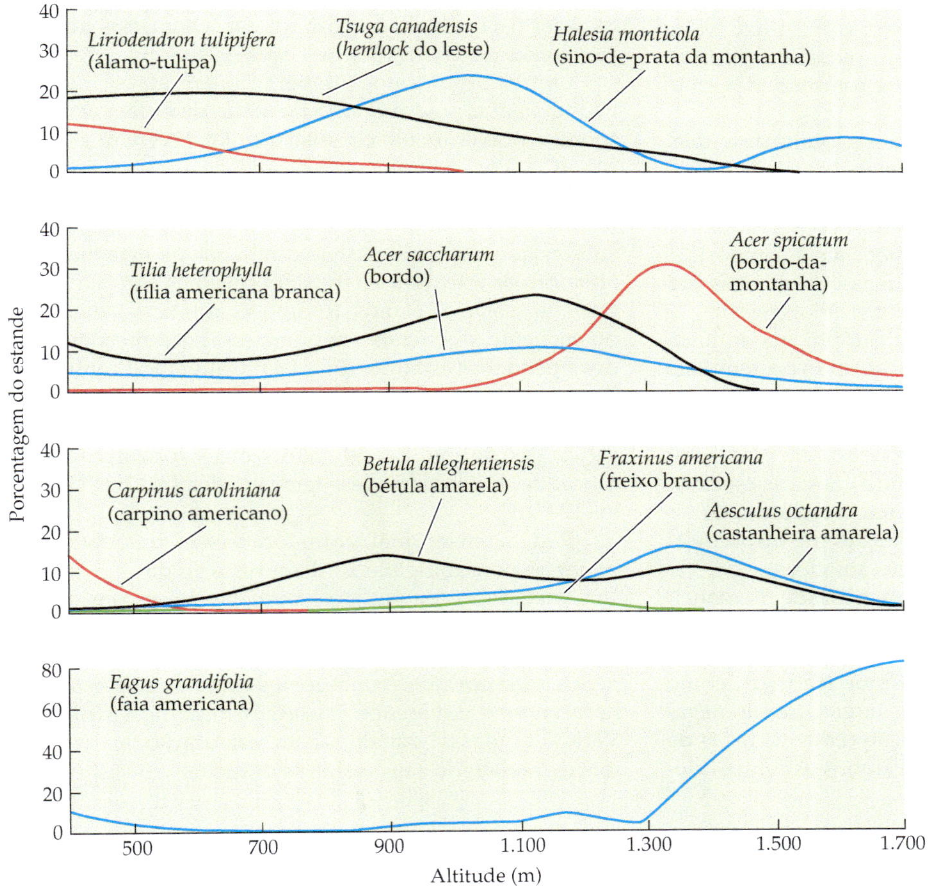

Figura 9.2 Mudanças na frequência de espécies vegetais ao longo de um gradiente altitudinal nas montanhas Great Smoky no Tennessee (segundo Whittaker, 1956).

ma amplitude com que foram discutidos em periódicos científicos americanos e britânicos; os ecólogos da Europa continental e da Rússia tinham interesses diferentes. Extremamente influenciados por Braun-Blanquet, eles deram prioridade aos sistemas de classificação de comunidades. Retornaremos às suas tradições no Capítulo 15. A diferença-chave é que a tradição europeia estava mais envolvida com a descrição de padrões do que com a análise de processos, evitando principalmente as discussões descritas aqui e no próximo capítulo.

Uma perspectiva moderna sobre temas controversos

As discussões primordiais envolvendo a natureza das comunidades vegetais centralizam-se, a grosso modo, nos padrões e nos processos. A base dessas discussões é teórica: o esforço em explicar os padrões, que inclui a busca pelos processos responsáveis (ver Capítulo 1). Os padrões e processos em comunidades são vinculados a teorias referentes à natureza das comunidades –como a teoria de superorganismo de Clements – que procura explicar os padrões e processos que são documentados.

As referentes aos padrões se preocupam em saber como as espécies e as comunidades estão distribuídas na paisagem. Os limites entre comunidades são graduais ou abruptos? Quão previsíveis são os padrões? As questões dos padrões são críticas, porque definem o estádio para o restante do debate. Uma vez identificados os padrões, as teorias podem ser construídas para explicá-los. Neste capítulo, examinamos maneiras para mensurar padrões dentro de comunidades; padrões entre comunidades serão tratados nos Capítulos 15 e 16.

As questões referentes aos processos focalizam a identificação de processos realmente funcionais em comunidades naturais e a determinação de quais desses seriam os mais importantes na definição dos padrões observados. Sabemos de muitos processos que influenciam a composição das comunidades, incluindo tolerâncias fisiológicas das espécies, da competição, da herbivoria, da biogeografia, da contingência histórica e de fatores aleatórios que influenciam a colonização. As partes I e II deste livro contemplam o modo de adaptação dos indivíduos vegetais ao seu ambiente físico local e a dinâmica de populações vegetais. As partes IV e V examinam como os processos em paisagens, regiões e continentes determinam onde vivem as espécies. Aqui, na parte III, queremos saber como a estrutura da comunidade é determinada pelas interações interespecíficas dentro de comunidades e pelos fatores abióticos.

As espécies interagem em uma variedade de maneiras que têm efeitos recíprocos positivos e negativos. No Capítulo 10, destacaremos as interações entre espécies vegetais que competem pelos mesmos recursos, como luz, água e nutrientes do solo. Essas interações são negativas (no sentido de que a competição reduz as taxas de crescimento populacional de um ou ambos os competidores), embora seus efeitos indiretos possam ser positivos, quando uma espécie suprime uma segunda, permitindo uma terceira prosperar. Uma segunda classe de interações negativas envolve herbívoros e patógenos. Os herbívoros podem criar grandes alterações na estrutura de comunidades, como quando elefantes transformam uma floresta em uma savana aberta, devido ao intenso pastejo. Os elefantes representam um exemplo de espécie-chave que modifica completamente a forma de uma comunidade. Os herbívoros também podem atuar de maneiras mais sutis; por exemplo, a introdução de um herbívoro pode modificar o balanço competitivo entre duas espécies vegetais (ver Capítulo 10). Os patógenos de plantas também podem ter efeitos drásticos: quando a praga-da-castanheira (*chestnut blight*, um fungo) invadiu a América do Norte, o resultado foi a supressão de uma espécie arbórea dominante das florestas do leste (ver Capítulo 12). Os patógenos de plantas também podem ter efeitos mais difusos e sutis, embora saibamos pouco sobre tais efeitos em comunidades naturais, pois a maioria dos trabalhos sobre patógenos vegetais tem focalizado as culturas agrícolas. Como a competição, herbívoros e patógenos podem ter efeitos indiretos importantes, incluindo alterações nas interações competitivas. Todavia, nem todas as interações entre espécies são negativas. A presença ou ausência de polinizadores apropriados pode determinar se uma espécie vegetal persiste em uma comunidade ou não, como vimos no Capítulo 7. Muitas plantas formam associações mutualistas com fungos, chamadas micorrizas, conforme abordados no Capítulo 4.

Outros organismos também podem afetar indiretamente plantas pela alteração no modo da ciclagem de nutrientes através de um ecossistema, como veremos no Capítulo 14. Por exemplo, uma espécie de minhoca europeia tem invadido florestas no nordeste da América do Norte, resultando em uma mudança drástica na vegetação de sub-bosque, não pelo pastejo direto das plantas mas pela alteração da estrutura do solo. Por fim, mas não menos importante, estão os efeitos dos fatores abióticos, como fogo ou enchente, que removem biomassa. Perturbações grandes e pequenas estão continuamente alterando comunidades vegetais por completo. Uma questão fundamental é se as comunidades são essencialmente estáticas, mantêm algum tipo de equilíbrio dinâmico ou estão sempre se modificando. Exploramos esse tema em detalhes nos Capítulos 12 e 13.

Pode-se dizer qual, entre todos esses processos, tem maior responsabilidade na determinação da estrutura da comunidade? A competição é frequentemente considerada o mais importante, pois todas as espécies vegetais necessitam da mesma lista de recursos: luz, água, nutrientes minerais. Não obstante, conhecemos muitos casos nos quais herbívoros e patógenos causaram mudanças drásticas. Várias décadas de trabalhos com restauração de pradarias têm demonstrado a necessidade de inclusão de esporos de fungos micorrízicos para estimular o estabelecimento das gramíneas. Todas as comunidades sofrem algum tipo de perturbação; o que é incerto é quanto tempo as comunidades despendem em um estado de perturbação antes de retornar às condições pré-distúrbio. Tendo em vista que todos esses processos interagem entre si, não é possível saber qual deles é o mais importante. Sua importância relativa depende das circunstâncias particulares. Enquanto ecólogos com frequência estudam esses processos separadamente, e os apresentamos em capítulos separados, algumas das questões mais desafiadoras e interessantes em ecologia de comunidades abrangem o modo como esses múltiplos processos atuam simultaneamente e combinados na determinação da estrutura comunitária.

Uma questão universal é o problema da escala. Recentemente, os ecólogos têm dedicado mais atenção à possibilidade de que diferentes padrões e processos podem existir e funcionar em escalas diferentes. Os processos importantes dentro de comunidades na escala de metros podem diferir daqueles que são importantes através de biomas na escala de centenas de quilômetros. Ao longo deste livro, observamos como a escala afeta os padrões e os processos encontrados, assim como as conclusões obtidas sobre a importância relativa de diferentes processos.

Na teoria original de superorganismo de Clements, a comunidade era uma entidade orgânica: uma entidade distinta com propriedades emergentes robustas. Espécies dentro de comunidades estavam firmemente vinculadas e interdependentes. Em contraste, na visão de Gleason, todas as propriedades em nível de comunidades eram simplesmente a soma das propriedades das espécies individuais. Determinar a veracidade da matéria requer a documentação de padrões (como fizeram Curtis, Whittaker e outros), a compreensão de responsáveis pela criação daqueles padrões e a proposição de explicações plausíveis para tais padrões e processos.

Para sabermos se as comunidades possuem propriedades emergentes, é preciso conhecer a importância relativa de processos bióticos e abióticos na sua estrutura, incluindo quão fortemente as espécies interagem dentro delas. (Atualmente, esse assunto é encarado de maneira um tanto diferente, em comparação a Clements ou Gleason, conforme veremos no Capítulo 12). As **propriedades emergentes** acontecem por meio de interações, como a competição, a predação e o mutualismo, que ocorrem entre as populações em uma comunidade (Quadro 9B). Caso esses processos tenham um papel importante na formação das comunidades, então estas têm pelo menos algumas propriedades emergentes. Porém, se se estruturam principalmente pelas tolerâncias de espécies individuais a fatores abióticos (como temperaturas mínimas) no ambiente, então propriedades comunitárias são amplos agregados de propriedades de espécies individuais. É importante observar que é possível reconhecer a importância das do tipo emergente sem aceitar a visão de superorganismo de Clements, caso se refutem as ideias de que as comunidades consistem em espécies adaptadas ao benefício mútuo e que todas ou a maioria das espécies em uma comunidade estão firmemente interligadas. Entre os ecólogos modernos, por exemplo, Eugene P. Odum, Howard T. Odum, Robert V. O'Neill e seus coautores têm enfatizado a ideia de que as comunidades e os ecossistemas possuem propriedades emergentes, mas nenhum deles adota a visão de superorganismo (E. P. Odum, 1971; H. T. Odum, 1983, 1988; O'Neill et al., 1986).

De modo geral, os ecólogos têm transferido sua atenção para trabalhos sobre os processos que estão por trás dos padrões encontrados em comunidades particulares. Esta mudança, do estudo de propriedades emergentes para o estudo de processos, é emblemática do balanço entre abordagens reducionistas (mecanicistas) e holísticas (emergentes), que caracterizaram a ecologia de comunidades no século passado. Nas décadas de 1980 e 1990, os ecólogos tendiam às abordagens reducionistas. Atualmente, há algum movimento de retorno aos estudos holísticos, sob o manto da macroecologia (Brown, 1995, 1999; Lawton, 1999).

Comunidades são reais?

Como temos visto, a extensão em que as comunidades são "reais" tem sido um tema controverso entre ecólogos vegetais durante boa parte do século passado. O centro do debate tem sido filosófico: que tipos de entidades são reais e quais são apenas construções mentais? Está claro que populações e espécies são entidades reais, mas comunidades também são entidades reais ou são meramente invenções humanas convenientes e arbitrárias? No passado, essas questões frequentemente enfocavam o problema dos limites – a identificação de onde uma comunidade inicia e outra termina. Muitos estudos têm mostrado que, exceto onde há descontinuidades físicas abruptas, as comunidades vegetais tendem a não apresentar limites discretos. Em um extremo, essa observação poderia ser interpretada como indicativo de que não há processos no nível de comunidades que vale a pena serem estudados.

Tal conclusão poderia estar errada; de fato, o debate está mal-interpretado. Em vez de focalizar os padrões, consideremos os processos e reformulemos a questão, perguntando se processos em nível de comunidade são importantes na estruturação do mundo vivo. Já discutimos vários processos responsáveis por interações entre espécies: competição (ver Capítulo 10), herbivoria (ver Capítulo 11) e mutualismo (tal como discutido no Capítulo 4). Todos esses são processos que ocorrem entre componentes participantes das comunidades (p. ex., populações). Se constituírem fatores significantes na estruturação de um sistema em especial, então podemos considerar que sistemas são como uma comunidade com propriedades únicas. Tal perspectiva elimina a necessidade de se preocupar tanto sobre a existência de limites claros entre comunidades.

Quadro 9B

Um olhar mais profundo em algumas definições: fatores abióticos e propriedades emergentes

Há muito os ecólogos têm feito a distinção entre os efeitos de fatores **abióticos** (não-vivos) e de **bióticos** (vivos) no ambiente. Os fatores bióticos típicos incluem competição e predação; fatores abióticos típicos, nutrientes do solo, microclima, tempo e influências climáticas gerais. O problema com essa terminologia é que a distinção entre fatores abióticos e bióticos está longe de ser clara, mais do que podemos imaginar. Como enfatizado nos Capítulos 4 e 14, o solo é um produto de organismos e suas interações com o ambiente. A disponibilidade de nitrogênio para as raízes de uma planta, por exemplo, depende das ações de muitos tipos diferentes de organismos do solo e das interações das plantas com tais organismos. De modo similar, o microclima – ou mesmo o clima global (ver Capítulo 21) é afetado pelos seres vivos. Não temos um bom substituto para o termo "abiótico", de modo que, ao usá-lo aqui no sentido de "coisas tipo clima e solo", reconhecemos que estas podem conter componentes bióticos maiores. Em escalas temporais curtas – ou seja, anos até décadas – é razoável tratar clima e solo como coisas que são efetivamente abióticas; mas, em escalas temporais mais longas, eles claramente contêm componentes bióticos.

Uma outra denominação que abrange uma investigação parecida é a de "propriedades emergentes". Um tema central do argumento sobre a natureza das comunidades é a questão se existem propriedades emergentes. Uma propriedade emergente é aquela encontrada em certo nível de organização como resultado de propriedades, estruturas e processos que são únicos àquele nível de organização. Propriedades emergentes podem ser contrastadas com as que são meros agregados de propriedades em um nível hierárquico inferior. As propriedades de uma molécula de água, por exemplo, não são simplesmente a união das propriedades dos átomos de hidrogênio e oxigênio; a molécula tem propriedades emergentes que resultam da forma de interação dos átomos de hidrogênio e oxigênio. Como um exemplo ecológico, considere a fotossíntese do dossel. Não podemos mensurar a taxa fotossintética do dossel inteiro de uma floresta apenas pela medida de taxas fotossintéticas de plantas individuais sob condições médias. Taxas fotossintéticas do dossel dependem de como os indivíduos interagem, incluindo sombreamento recíproco, interferência nos ventos e competição por CO_2. A taxa fotossintética do dossel é uma propriedade emergente da comunidade. Na prática, isso significa que a informação que um ecólogo ganha ao obter medidas fotossintéticas de uma única folha ou uma única planta (como aquelas feitas com um sistema moderno do tipo IRGA; ver Quadro 3A) vale somente para o funcionamento e a capacidade fisiológica naquela escala. Se o ecólogo quer uma estimativa da fotossíntese do dossel, precisa usar um método, como covariância *eddy* (Capítulo 14), em vez de tentar extrapolar as estimativas individuais para escalas mais abrangentes.

Podemos reconhecer sua existência se isso for funcional e, do contrário, ignorar.

O debate a respeito de comunidades serem entidades reais ou criações imaginárias significa mais do que apenas um exercício acadêmico. Por exemplo, a *The Nature Conservancy* (TNC), sediada nos EUA, toma decisões sobre a compra e as restrições no uso da terra, com base em classificações das comunidades presentes. Em colaboração com a *Natural Heritage Network*, a TNC tem destinado esforços substanciais na descrição e classificação de comunidades conforme o sistema de Classificação da Vegetação Natural dos EUA (USNVC – *U.S. Natural Vegetation Classification*) (ver Tabela 15.3; Maybury, 1999). As classificações de comunidades são geralmente incorporadas às leis de inúmeros lugares. No sul da Califórnia, por exemplo, o uso do solo é regulamentado de modo bastante diferente para comunidades de *coastal sage scrub* (vegetação costeira do tipo cerrado, com predomínio de sálvia) do que para "chaparral", apesar de ambas as definições apresentarem várias espécies iguais e de cientistas diferentes usarem um ou outro nome para categorizar o mesmo local.

Descrevendo comunidades

Determinar os processos mais importantes na formação de comunidades requer capacidade em descrevê-las e compará-las. Quais os tipos e como podem ser caracterizadas as propriedades das comunidades vegetais? Um conjunto de propriedades comunitárias compreende o número de espécies presentes e suas abundâncias relativas: riqueza e diversidade de espécies. Um segundo conjunto compreende a estrutura física da comunidade vegetal: sua fisionomia.

Riqueza de espécies

Uma das maneiras de descrever uma comunidade é baseando-se na lista de espécies que a compõe. A expressão **riqueza de espécies** corresponde ao número de espécies presente na lista. Uma vez que frequentemente temos informações sobre a biologia e a ecologia dessas, a lista pode indicar muitos outros tipos de informação, como o número de árvores ou herbáceas, ou o número de espécies de diferentes tipos taxonômicos.

Como alguém poderia obter tal lista? Um método simples e muito utilizado é estabelecer os limites de uma comunidade e, após, por meio dela, identificar e listar todas as plantas. Tal levantamento deveria ser feito várias vezes durante o ano, porque algumas espécies podem ser visíveis somente durante uma única estação. Plantas efêmeras da primavera, por exemplo, são perenes comuns em florestas decíduas temperadas, cujas partes aéreas estão presentes apenas durante um ou dois meses na primavera; durante o resto do ano elas existem apenas no solo, como cormos ou rizomas dormentes.

Embora a verificação e o registro de todas as espécies sejam úteis, esse método tem limitações. Para comparar comunidades, necessitamos de amostras comparáveis – caso contrário, poderíamos julgar que duas comunidades são "diferentes" simplesmente porque amostramos uma mais intensivamente do que a outra. A área amostrada pode ter um efeito determinante sobre o número de espécies encontradas. Esse tipo de efeito de amostragem é tratado melhor com o uso de métodos baseados em parcelas (*plots*): as parcelas, ou ***quadrats***, são demarcadas na comunidade e uma lista de espécies é obtida para cada uma delas. As parcelas podem ter formas diferentes, como quadrada, retangular ou circular. Elas podem estar aninhadas, contíguas, espaçadas ao longo de uma linha, dispostas em uma grade ou de modo aleatório. Esses diferentes arranjos podem ser empregados para formular diferentes tipos de perguntas ou controlar a variação que ocorre em diferentes escalas espaciais (Krebs, 1989).

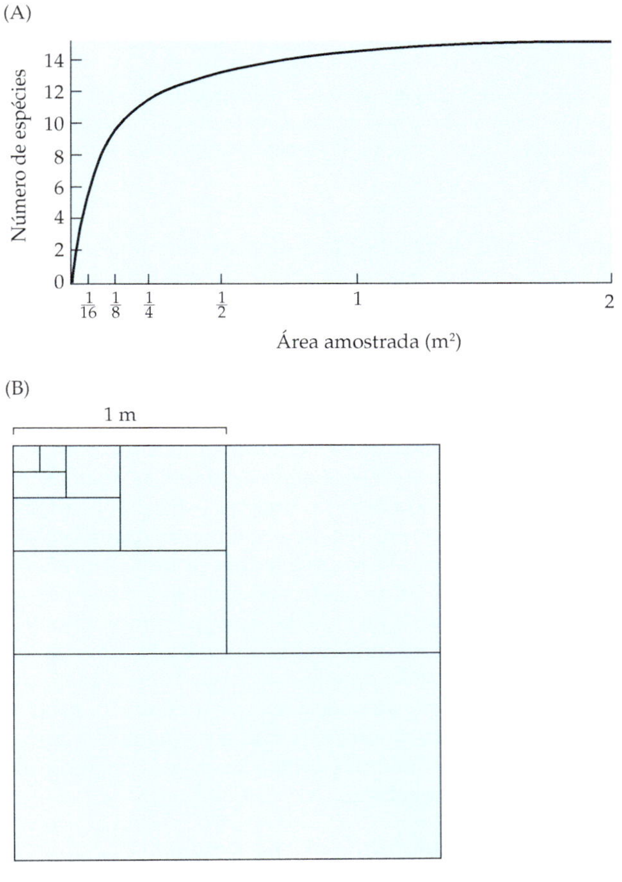

Figura 9.3 (A) Uma curva de espécie-área hipotética. (B) Um esquema de parcelas aninhadas, usado para determinar uma curva de espécie-área.

Ao observar como o número total de espécies encontradas aumenta à medida que as parcelas são combinadas, é possível examinar o efeito da área sobre a riqueza de espécies (de Candolle, 1855). A **curva de espécie-área** (Arrhenius, 1921; Gleason, 1922; Cain, 1934) descreve o aumento no número de espécies encontradas à medida que a área amostrada aumenta (Figura 9.3A; ver também Figura 16.2). Esse aumento ocorre por duas razões: em primeiro lugar, à medida que mais indivíduos são amostrados, a chance de encontrar novas espécies aumenta; segundo, uma área maior é ambientalmente mais heterogênea. Para uma determinada comunidade, se ela tiver um ambiente relativamente uniforme, diminui o número de novas espécies encontradas para cada parcela adicionada. Por fim, poucas ou nenhuma nova espécie são encontradas e a curva de espécie-área atinge um platô. Naturalmente, se a área se torna grande o suficiente para incluir novas condições ambientais, a curva começa a subir novamente.

Ao longo dos anos, os ecólogos têm estudado diferentes modelos matemáticos de curvas de espécie-área. Todas as curvas propostas (Tjørve, 2003) têm uma das duas formas básicas: algumas são côncavas (o número de espécies sempre aumenta com a área, mas em uma taxa decrescente) e algumas são sigmoides (o número de espécies aumenta com a área até certo limite assintótico). Exemplos de cada tipo de curva são mostrados na Tabela 9.1. Essa diferença na forma é importante se alguém deseja responder à pergunta "quantas espécies existem em uma comunidade?" Se a curva de espécie-área aumenta indefinidamente com o aumento da área, então a resposta depende inteiramente da área da comunidade. Entretanto, a "área" de uma comunidade é frequentemente arbitrária, tornando a pergunta sem sentido. Em vez disso, podemos reformular a pergunta para "quantas espécies contêm uma área de tamanho *x*?" Esse valor é conhecido como **densidade específica.** Se a relação de espécie-área for melhor descrita com uma função sigmoide, então essa pergunta permanece com sentido, pois a função tem um platô definido ou assintótico. A forma da curva espécie-área e os métodos de amostragem e análise utilizados são importantes para comparações da diversidade entre comunidades (ver Capítulos 15 e 16).

Um método alternativo para estimativa da riqueza de espécies é perguntar quantas são encontradas em uma amostra com certo número de indivíduos. Para alguns grupos funcionais, como árvores, cujos indivíduos são facilmente identificáveis, tal abordagem pode ser útil. Existe uma técnica matemática, chamada **rarefação**, para a pa-

TABELA 9.1 Exemplos de algumas funções matemáticas que têm sido propostas como descritores de curvas espécie-área

Função	Fórmula	Fonte
Funções côncavas		
Potência	$S = ax^b$	Arrhenius (1921)
Exponencial	$S = a + b\ log(x)$	Gleason (1922)
Monod	$S = a\left(\frac{x}{b+x}\right)$	Monod (1950), de Caprariis et al. (1976)
Exponencial negativa	$S = a(1 - e^{-bx})$	Holdridge et al. (1971), Miller e Wiegert (1989)
Regressão assimptótica	$S = a - bc^{-x}$	Ratkowsky (1983)
Função racional	$S = \frac{a+bx}{1+cx}$	Ratkowsky (1990)
Funções sigmoides		
Função logística	$S = \frac{a}{1+e^{-bx+c}}$	Archibald (1949), Ratkowsky (1990)
Modelo *Gompertz*	$S = ae^{-\alpha}$, onde $\alpha = e^{-bx+c}$	Ratkowsky (1990)
Função de valor extremo	$S = a(1 - e^{-\alpha})$, onde $\alpha = e^{bx+c}$	Williams (1995)
Morgan-Mercer-Flodin ou Hill	$S = \frac{ax^c}{b+x^c}$	Morgan et al. (1975)
Chapman-Richards	$S = a(1 - e^{-bx})^c$	Ratkowsky (1990)
Distribuição cumulativa de *Weibull*	$S = a(1 - e^{-\alpha})$, onde $\alpha = bx^c$	Weibull (1951), Rørslett (1991), Flather (1996)
Distribuição cumulativa β-P	$S = a\{1 - [1 + (x/c)^d]^b\}$	Mielke e Johnson (1974)

Fonte: Tjørve, 2003.

Nota: Todas as funções côncavas aumentam de maneira contínua, mas sempre em uma taxa decrescente. Como resultado, não há limite superior para o número de espécies. Todas as funções sigmoides aumentam continuamente, mas de modo assintótico, à medida que se aproximam de um limite superior. A variável independente (x) é a área; a variável dependente (S), o número de espécies; a, b, c e d são constantes ajustadas.

dronização das estimativas entre amostras com números diferentes de indivíduos e para estimativa do número de espécies muito raras que passaram despercebidas na amostragem (Krebs, 1989). Curvas construídas usando rarefação frequentemente são chamadas **curvas de acúmulo de espécies** (Heck et al., 1975). Essas técnicas foram inicialmente desenvolvidas e são mais utilizadas na ecologia animal, embora o seu uso tenha aumentado por ecólogos vegetais. Uma vez que os animais em geral se movem, medidas baseadas em área são menos proveitosas para ecólogos animais. Os ecólogos vegetais, por outro lado, tendem a enfatizar técnicas que utilizam área, pois a natureza clonal de muitas plantas pode dificultar a distinção de indivíduos (ver Capítulo 7). Em ecologia vegetal, a **massa seca** (a massa de uma amostra depois de ela ter perdido toda sua umidade e atingido uma massa constante), ou a **biomassa**, é frequentemente utilizada em vez do número de indivíduos.

Na verdade, como é determinado o número de espécies em uma comunidade? É possível usar curvas de espécie-área para determinar a área total necessária para a padronização da amostragem. Utilizando áreas iguais em diferentes estandes dentro de uma determinada comunidade, evitamos encontrar diferenças devido à intensidade de amostragem. Também podemos desejar comparar tipos diferentes de comunidades em um estudo, utilizando os mesmos métodos. Por exemplo, podemos amostrar uma comunidade de faia-bordo e uma de carvalho-nogueira norte-americana usando a mesma metodologia. Entretanto, para tipos muito diferentes de comunidades, como campos e florestas, necessitamos usar de tamanhos distintos de áreas amostrais e técnicas algo diferentes para a melhor determinação das características de cada uma.

Quão extensa uma área deveria ser amostrada? Queremos uma amostra que seja grande o suficiente para conter a maioria das espécies e que as diferenças sejam minimizadas devido ao efeito de uma amostragem aleatória, ou seja, onde as unidades de amostragem (parcelas) são dispostas ao acaso. Por outro lado, em termos práticos, não queremos que a área seja maior do que o necessário. Com relação à curva de espécie-área, queremos amostrar uma área total para uma dada comunidade que seja suficientemente grande para que a curva atinja o platô ou, caso não exista um, até onde a taxa de incremento proporcional ao aumento da área seja muito pequena. Em breve, retornaremos aos métodos utilizados especificamente em amostragem da vegetação.

Diversidade, equabilidade e dominância

A riqueza de espécies é apenas um aspecto da diversidade. Nem todas as espécies encontram-se em quantidades iguais: algumas são raras, algumas são comuns, mas não numerosas, e outras são muito abundantes. Imagine dois estandes florestais, ambos contendo um total de 100 indivíduos (ou 100 kg de biomassa), pertencentes a cinco espécies diferentes. Em um dos estandes florestais, há 20 indivíduos de cada espécie. No outro, uma espécie tem 60 indivíduos, enquanto cada uma das outras quatro tem 10 indivíduos cada. Essas duas amostras diferem quanto à propriedade denominada **equabilidade** (*evenness*) (Figura 9.4). A primeira, na qual todas as espécies estão representadas pelo mesmo número de indivíduos (ou a mesma quantidade de biomassa), é mais regular e assim tem um dos elementos essenciais para ser mais diversa do que a segunda. A diversidade de espécies de uma comunidade depende da sua riqueza e equabilidade: o maior número de espécies, com indivíduos (ou biomassa) mais regularmente distribuídos entre si, contribui para comunidades com maior diversidade. Uma maneira para refletir como a equabilidade contribui para a diversidade é considerar o seguinte experimento: apanhe ao acaso duas plantas de uma comunidade. Elas são membros da mesma espécie ou de espécies diferentes? Em uma comunidade bastante diversa, é mais provável que fossem de espécies diferentes.

No exemplo acima, a espécie da segunda comunidade, que apresenta o maior número de indivíduos, ou biomassa, é a **espécie dominante**. A primeira comunidade, com maior equabilidade, não apresenta nenhuma espécie dominante. Quanto maior a preponderância numérica de uma ou algumas espécies, menor tende a ser a diversidade da comunidade. Naturalmente, uma comunidade que tem uma espécie fortemente dominante e um grande número total de espécies acaba apresentando um valor elevado de diversidade, embora isso seja, em geral, pouco comum. Outras maneiras de caracterizar a variação da abundância entre espécies serão consideradas no Capítulo 14.

Há várias medidas e diversos métodos para expressar a diversidade de espécies (Tabela 9.2). Cada uma delas é mais apropriada para determinada situação, dependendo do aspecto da comunidade que se quer salientar; cada uma tem diferentes pressupostos, vantagens e limitações. Duas medidas de diversidade de espécies geralmente utilizadas (que combinam os efeitos de riqueza e equabilidade de espécies) são o índice de Shannon-Wiener e o inverso do índice de Simpson.

O índice de Shannon-Wiener é calculado como

$$H' = -\sum_{i=1}^{s} (p_i \ln p_i)$$

onde s é o número de espécies, p_i é a proporção de indivíduos encontrados na espécie i ($p_i = n_i/N$), n_i é o número de indivíduos da espécie i na amostra, e N é o número total de indivíduos amostrados. O índice assume que os indivíduos foram amostrados de uma população muito grande e que todas as espécies estão representadas na amostra.

O índice de Simpson mede a chance de dois indivíduos, escolhidos ao acaso em uma mesma comunidade, pertencerem à mesma espécie:

$$L = \sum_{i=1}^{s} p_i^2$$

onde a soma é maior que todas as espécies. Ambos os índices são comumente transformados de modo que o valor varie entre um mínimo de 1 até um máximo de S, o número total de espécies da amostra, quando todas as espécies são igualmente comuns. Para o índice de Shannon-Wiener, a transformação é exponencial ($e^{H'}$), e para o índice de Simpson ela é o inverso ($1/L = D$). A razão $J = e^{H'}/\ln S$, é denominada índice de equabilidade de Shannon e fornece uma medida de equabilidade.

Se L é a probabilidade de dois indivíduos de uma mesma comunidade, escolhidos ao acaso, serem da mesma espécie, então $(1 - L)$ é a probabilidade de eles serem de espécies diferentes. Tal valor é também conhecido como coeficiente *Gini*. Enquanto o coeficiente *Gini* tem sido usado como uma medida de equabilidade entre indivíduos de uma população, também pode ser utilizado como uma medida de equabilidade na comunidade (Lande, 1996).

Qual destes índices é mais eficaz? Essa questão tem sido o tópico de muitas discussões, as quais têm conduzido ao desenvolvimento de inúmeras formas de correção para **viés de amostragem** (*sampling bias*; é o desvio do valor estimado para a amostra em relação ao valor verdadeiro, devido a causas sistemáticas tendenciosas). Russell Lande (1996) demonstrou que o índice de Simpson pode ser estimado sem viés, mas que a estimativa

Figura 9.4 Amostras de duas comunidades diferentes. Na amostra da esquerda, todas as espécies têm o mesmo número de indivíduos; esta amostra tem maior equabilidade que a amostra da direita, embora as duas amostras tenham a mesma riqueza de espécies.

TABELA 9.2 Alguns índices de diversidade e equabilidade

Índice	Símbolo usual	Fórmula	Ênfase
Índices de número de espécies			
Densidade de espécies	Nenhum	$\frac{S}{(\text{área amostrada})}$	
Índice de Margalef	D_{Mg}	$\frac{(S-1)}{\ln N}$	
Índice de Menhinick	D_{Mn}	$\frac{S}{\sqrt{N}}$	
Índices de abundância proporcional			
Índice de Shannon-Wiener	H'	$-\sum[p_i \ln(p_i)]$	Espécies raras
Índice inverso de Simpson	D	$1/\sum p_i^2$	Espécies comuns
Índice de Pielou	HP	$\frac{\log_2\left(\frac{N!}{\sum n_i!}\right)}{N}$	Espécies raras
Índice de Brillouin	HB	$\frac{\ln N! - \sum \ln n_i!}{N}$	Espécies raras
Índice U de McIntosh	U	$\sqrt{\sum n_i^2}$	Espécies raras
Índice *D* de McIntosh	D	$\frac{N-\sqrt{\sum n_i}^2}{N-\sqrt{N}}$	Espécies comuns
Índice Berger-Parker	d	$\frac{N_{max}}{N}$	Espécies comuns
Índice de Cuba	DC	$S+1-\frac{\sum\left\|n_i-\frac{N}{S}\right\|}{2N}$	Espécies comuns
Estatística Q	Q	$\frac{\frac{1}{2}n_{R1}+\sum n_r+\frac{1}{2}n_{R2}}{\log\frac{R_2}{R_1}}$	Espécies raras
Índices de equabilidade			
Equabilidade de Shannon	J	$\frac{H'}{\ln S}$	
Equabilidade de Brillouin	EB	$\frac{HB}{\frac{1}{N}\ln\left(\frac{n!}{\left[\frac{N}{S}\right]!^{S-r}\left\{\left(\frac{N}{S}+1\right)!\right\}^r}\right)}$	
Equabilidade de McIntosh	EU	$\frac{N-\sqrt{\sum n_i^2}}{N-\frac{N}{\sqrt{S}}}$	

Definições de símbolos:
S = o número de espécies na amostra
P_i = a proporção de indivíduos na espécie i ($p_i = n_i/N$)
n_i = o número de indivíduos da espécie i na amostra
N = o número total de indivíduos amostrados
N_{max} = número de indivíduos da espécie mais abundante
n_r =o número total de espécies com abundância R
R_1 e R_2 são os quartis de 25% e 75% (em uma distribuição de frequências, os valores de 25% e 75%)
n_{R1} = o número de indivíduos da classe onde decai o R_1
n_{R2} = o número de indivíduos da classe onde decai o R_2
Nota: Mesmo que estes índices tenham sido originalmente definidos considerando o número de indivíduos, outras medidas, como cobertura ou biomassa, podem ser empregadas. Para mais informações sobre índices de diversidade, consulte Magurran (1988).

do índice de Shannon-Wiener requer, na verdade, o conhecimento do número real de espécies. Uma estimativa imparcial (sem viés) de D é $(1 - N) / (1 - NL)$. Essa ausência de viés é uma vantagem do índice de Simpson sobre o de Shannon-Wiener. A preferência por um desses índices para um determinado estudo depende, em parte, da ênfase que se quer dar: o índice de Shannon-Wiener é sensível a modificações nas proporções de espécies raras, enquanto o inverso do índice de Simpson é sensível a mudanças nas proporções de espécies comuns (Tabela 9.3). Se alguém conjetura, por exemplo, que alguns fatores ambientais tiveram efeito negativo sobre a diversidade da comunidade com o passar do tempo, por influenciar desproporcionalmente as espécies raras, reduzindo suas abundâncias ou as eliminando, então o índice de Shannon-Wiener deve detectar mais prontamente tais efeitos.

Apenas a comprovação de que uma comunidade tem maior diversidade que outra não é suficiente para concluir que as duas comunidades são realmente diferentes. É possível que as comunidades fossem, na verdade, idênticas e a diferença na diversidade poderia ser decorrente de eventos casuais de amostragem. Um pouco mais de informação, uma medida da acurácia do nosso parâmetro de diversidade, é necessário antes de fazer as comparações. Os métodos para estimativa da acurácia são descritos no Apêndice. A fórmula para estimar a variância para o índice de Simpson é dada por Lande (1996) e a variância para o coeficiente de Gini pode ser estimada com os métodos apresentados por Lande (1996) ou Dixon (2001). Informações mais detalhadas sobre tópicos relacionados aos efeitos de amostragem, efeitos do tamanho e da forma das unidades amostrais e à sensibilidade aos vários padrões de abundância podem ser encontradas em Greig-Smith (1964), Pielou (1975), Magurran (1988) e Krebs (1989).

TABELA 9.3 Uma comparação de três medidas de diversidade de espécies aplicadas para seis comunidades, cada uma contendo cinco espécies

	Comunidade					
	1	2	3	4	5	6
Espécie A	20	30	40	50	60	960
Espécie B	20	30	30	20	10	10
Espécie C	20	20	10	10	10	10
Espécie D	20	10	10	10	10	10
Espécie E	20	10	10	10	10	10
Tamanho da amostra	100	100	100	100	100	1.000
Riqueza de espécies	5	5	5	5	5	5
$e^{H'}$	5	4,50	4,13	3,89	3,41	1,25
D	5	4,17	3,57	3,13	2,50	1,08
J	1	0,93	0,88	0,84	0,76	0,14

Nota: O índice exponencial de Shannon-Wiener e o inverso do índice de Simpson diferem em como eles se modificam, assim como a equabilidade se altera da amostra 1 até a 6. Os valores se referem ao número de indivíduos, mas também poderiam representar biomassa.

Há outros métodos além do uso de índices para quantificar e comparar a diversidade entre comunidades. Esses métodos incluem abordagens gráficas baseadas na comparação de curvas de abundância (discutidas mais detalhadamente no Capítulo 13). Ainda, outras abordagens têm sido utilizadas, mas elas vão além do escopo deste livro.

Métodos de amostragem e parâmetros para descrição da composição de comunidades

Várias técnicas podem ser utilizadas para amostrar uma comunidade. A escolha para um determinado caso vai depender do tipo de vegetação a ser amostrada e do objetivo do levantamento. Os ecólogos vegetais influenciados pela escola de Zurich-Montepellier (a abordagem de Braun-Blanquet; ver Capítulo 15) tipicamente amostram e comparam múltiplas comunidades através da disposição de uma única grande unidade de amostragem – chamada um ***relevé*** – em cada estande. O *relevé* é demarcado de modo subjetivo, com a intenção de dispô-lo dentro de uma mancha de vegetação uniforme que seja representativa da comunidade. Que tamanho deve ter o *relevé*? Os ecólogos determinam o tamanho apropriado para um determinado tipo de comunidade através do uso de uma série de *relevés* aninhados em uma ou algumas comunidades, iniciando pelo menor e aumentando a área amostrada ao redor dele em uma sequência de incrementos (Figura 9.3B). Uma curva de espécie-área é construída e a área total é ampliada até a curva atingir um platô. O tamanho do *relevé* é, então, utilizado para amostrar as demais comunidades (caso tenham características e estrutura suficientemente semelhantes). Tendo em vista que botânicos europeus conduziram muitos dos primeiros levantamentos da vegetação nos trópicos, as únicas descrições quantitativas disponíveis para muitas dessas áreas foram obtidas a partir do método de *relevé*.

Os ecólogos de países de língua inglesa há muito introduziram a amostragem de um dado estande ou comunidade através da utilização de várias unidades amostrais menores, fazendo com que a forma e o tamanho delas sejam iguais ao longo de estandes ou comunidades. Tais unidades de amostragem podem ser dispostas de modo aleatório ou regularmente em uma grade dentro da comunidade. A vantagem em usar um número de unidades menores, ao invés de um único *relevé*, é que qualquer mancha pontual seria compensada ao longo de toda a amostra. Esse método também provém de uma medida da heterogeneidade local. O tema sobre disposição regular (sistemática) *versus* aleatória das unidades tem sido ardorosamente debatido e envolve considerações além do escopo deste livro (leitores interessados devem consultar as referências metodológicas ao final deste capítulo).

O tamanho e a forma das unidades também é assunto de controvérsia. Florestas na América do Norte são frequentemente amostradas utilizando-se unidades de 0,1 hectare. A área total amostrada deve geralmente ser determinada por meio da curva de espécie-área, como explicamos anteriormente. Quanto à forma da unidade de amostragem, tipicamente são utilizados quadrados, especialmente para áreas pequenas (< 4 m^2). A unidade é habitualmente demarcada com uma armação rígida, outrora feita de madeira ou alumínio, hoje em geral fabricada com canos de PVC. Unidades maiores também podem ser demarcadas no campo com estacas e fitas métricas, particularmente em florestas. Para áreas maiores, unidades circulares podem ser mais eficientes. Nesse caso, uma estaca é colocada no centro da unidade de amostragem, tendo uma corda ou uma fita métrica fixa em um suporte giratório no ápice da estaca. O raio desejado é marcado na corda e uma área circular é então delimitada. Esse método tem as vantagens de evitar o problema na precisão de ângulos de 90º para unidades quadradas ou retangulares e ter uma menor razão circunferência:área.

As condições ecológicas também podem impor a forma da unidade de amostragem. Por exemplo, caso alguém queira ter uma amostra em uma determinada curva de nível em uma encosta íngreme, uma unidade retangular estreita seria a mais apropriada. Um retângulo estreito também seria preferível em um hábitat irregular, caso se queira incluir uma maior quantidade de manchas nas amostras. Com um retângulo estreito, entretanto, a chance de erro na contagem é maior, porque mais plantas estarão próximas ao limite da unidade. É sabido que a forma e a disposição das unidades influenciam no número de espécies encontradas. Dependendo do padrão de heterogeneidade do ambiente, unidades retangulares podem conter mais espécies que unidades quadradas ou circulares de mesmo tamanho.

Um tema relacionado à amostragem de vegetação é o uso de **transecções**: áreas de amostragem muito longas e estreitas onde as abundâncias das espécies são determinadas. As transecções são frequentemente designadas para trajetos que ou atravessam ou são paralelos a gradientes de variação ambiental, dependendo do propósito da amostra. As transecções são particularmente adequadas na amostragem de áreas muito extensas. Um tipo de transecção é apenas uma linha. No método de intercepção, uma linha com um comprimento predeterminado (p. ex., 100 m) é disposta ao longo da comunidade e é determinada a proporção do comprimento da linha ocupada pela intercepção de cada espécie. Em uma floresta, uma fita pode ser suspensa horizontalmente em uma determinada altura: ao longo do comprimento da fita é registrada a cobertura das espécies do estrato superior (encontradas acima da fita) e das espécies do sub-bosque (encontradas abaixo da fita).

Outro método é transecção em faixa. Assim como no método de intercepção da linha, uma linha de um comprimento predeterminado é posicionada ao longo de uma comunidade. Em seguida, todos os indivíduos dispostos dentro de uma faixa com uma largura também predeterminada para ambos os lados da linha (p. ex., 0,5 m) são registrados (transecções em faixa também podem ser utilizadas para medir cobertura). Uma transecção em faixa, em outras palavras, é uma unidade de amostragem longa e estreita. Uma transecção pode abranger uma variação topográfica e edáfica maiores e, assim, para uma determinada área de amostragem, incluir mais espécies do que uma grade quadrada.

Unidades de amostragem e transecções podem ser utilizadas para estimar diversas medidas quantitativas baseadas na presença ou abundância de espécies nas amostras. **Frequência** é a porcentagem de unidades de amostragem onde a espécie aparece. Uma medida como esta tem a vantagem de ser obtida rapidamente, mesmo por uma única pessoa, pois não é necessário determinar quantos indivíduos de certa espécie ocorrem na unidade. Porém, ela é ineficaz para espécies muito raras ou para espécies com distribuição agrupada, além de ser pouco informativa para espécies muito comuns (aquelas que aparecem em todas as unidades).

Outra medida quantitativa é a **cobertura**: a porcentagem da superfície do solo coberta por uma determinada espécie. A cobertura pode ser medida como **cobertura basal** ou **área basal** – a área ocupada pela base de uma planta, como uma touceira de gramínea ou uma árvore com base definível –, ou como **cobertura do dossel** (ou **da copa**). Valores de cobertura podem computar mais que 100%, caso haja vários estratos de vegetação (p. ex., em uma floresta, as árvores podem cobrir 70% da superfície do solo, as ervas, 50% e os arbustos, 20%). A cobertura pode ser estimada de várias maneiras.

O método de estimativa de cobertura mais preciso e trabalhoso é o mapeamento da vegetação. Existem técnicas eficientes de mapeamento para indivíduos grandes – arbustos e árvores. Alternativamente, para vegetação herbácea, caso esta não seja tão densa e as espécies sejam distintas, uma fotografia pode ser tirada de cima. As áreas de cobertura são então determinadas usando programas de análise de imagem. O método de intercepção do ponto ou do quadro-ponto para quantificação da cobertura utiliza uma armação com uma grade de barbante ou uma armação com pinos pendentes em posição precisa. A identidade da planta em cada ponto onde os barbantes se cruzam ou onde um pino está suspenso é então determinada. O número total de "acertos" (pontos ocupados) por uma espécie é uma estimativa de sua cobertura, desde que pontos suficientes tenham sido amostrados. Em outras palavras, se uma espécie foi encontrada em 12% dos pontos, sua cobertura estimada seria de 12%.

As técnicas fotográficas e de intercepção do ponto são intensivas e demandam tempo, sendo mais vantajosas para áreas de amostragem pequenas. Para áreas maiores ou esforços menos intensivos, estimativas visuais são comumente utilizadas. Os seres humanos são capazes de discernir diferenças visuais na cobertura vegetal de cerca de 10%, de modo que é possível estimar dessa maneira. Classes de cobertura desiguais também podem ser utilizadas (Tabela 9.4). O uso de classes de cobertura foi estabelecido na amostragem de *relevé*. Para áreas extensas, caso apenas árvores sejam medidas, há novas técnicas de sensoriamento remoto (Quadro 15A).

Outra medida quantitativa é a **densidade**, o número de indivíduos de uma espécie por unidade de área. A densidade pode ser medida apenas para espécies com indi-

TABELA 9.4 Três sistemas diferentes para estimativa de cobertura pela categorização das estimativas em um número limitado de classes

Braun-Blanquet		Domin-Krajina		Daubenmire	
Classe	Faixa de cobertura	Classe	Faixa de cobertura	Classe	Faixa de cobertura
5	75-100	10	100	6	95-100
4	50-75	9	75-99	5	75-95
3	25-50	8	50-75	4	50-75
2	5-25	7	33-50	3	25-50
1	1-5	6	25-33	2	5-25
+	<1	5	10-25	1	0-5
r	<<1	4	5-10		
		3	1-5		
		2	<1		
		1	<<1		
		+	<<<1		

Fonte: Mueller-Dombois e Ellenberg, 1974.

víduos distinguíveis (p. ex., árvores) ou onde os rametas são tratados como indivíduos. Para plantas pequenas, são utilizadas unidades de amostragem e todos os indivíduos são contados. Para plantas maiores, especialmente árvores, podem ser empregados métodos sem área, como o de quadrantes centrados em um ponto. Para implementar esse método, um conjunto de pontos aleatórios é distribuído na comunidade, frequentemente ao longo de uma transecção. A área ao redor de cada um dos pontos é dividida em quadrantes de 90º, geralmente seguindo as orientações da bússola. Após, em cada quadrante, é medida a distância até o indivíduo mais próximo do ponto central. Essas medidas de distâncias são então convertidas em densidades. (Para os detalhes deste e de outros métodos relacionados, ver Greig-Smith, 1964, e Krebs, 1989.)

Tendo em vista que espécies diferentes podem estar representadas com maior peso em uma ou outra medida de abundância citada anteriormente, às vezes é conveniente combiná-las em uma medida ponderada, denominada **valor de importância (VI).** John Curtis e Robert McIntosh (1951) foram os primeiros a definir o valor de importância para uma espécie como a soma dos valores de cobertura relativa (isto é, cobertura daquela espécie dividida pela cobertura total de todas as espécies presentes), densidade e frequência das espécies relativas em uma comunidade. O valor de importância também pode ser definido pela combinação de outras medidas de abundância relativa, dependendo do que for mais relevante para um determinado estudo.

A biomassa é geralmente correlacionada com a cobertura. A cobertura, entretanto, é limitada a duas dimensões, enquanto a biomassa está correlacionada com propriedades tridimensionais, pois as plantas preenchem o espaço. Em alguns casos, ela é uma medida de abundância melhor que a cobertura. Para muitas espécies, a biomassa é uma medida mais adequada do que o número de indivíduos, pois estes dentro de uma população da mesma espécie frequentemente diferem em tamanho em diversas categorias de importância (considere uma plântula e uma árvore adulta de carvalho), e o efeito de um indivíduo dentro da sua comunidade geralmente depende do seu tamanho (ver Capítulo 10). A biomassa é, na maioria das vezes, determinada pelo corte de amostras da vegetação, mas em outras, pode ser estimada por métodos não-destrutivos. Para árvores, uma medida típica de biomassa é o diâmetro a altura do peito (DAP). O DAP é medido em uma altura padronizada acima da superfície do solo, frequentemente pela medida da circunferência, utilizando uma fita métrica, e após é feita a conversão para unidade de diâmetro. Para algumas espécies arbóreas, especial-

TABELA 9.5 Distribuição (porcentagem) das formas de crescimentos para várias comunidades representativas, com base no sistema de Raunkaier[a]

	Fanerófitas	Caméfitas	Hemicriptófitas	Criptófitas	Anuais
Média mundial	46	9	26	6	13
Floresta pluvial tropical	96	2	0	2	0
Floresta subtropical	65	17	2	5	10
Floresta temperada quente	54	9	24	9	4
Floresta temperada fria	10	17	54	12	7
Tundra	1	22	60	15	2
Floresta mesófila temperada amena	34	8	33	23	2
Bosque de carvalho	30	23	36	5	6
Campo seco	1	12	63	10	14
Semideserto	0	59	14	0	27
Deserto	0	4	17	6	73

Fonte: Whittaker, 1975, Tabela 3.2.
[a]As formas de crescimento de Raunkaier são definidas na legenda da Figura 9.2.

mente para as de importância econômica, a relação entre o DAP e a biomassa total já é conhecida. O pesquisador também pode determinar tal relação por meio do corte de uma amostra de indivíduos, caso necessário.

Fisionomia

Fisionomia é a forma, estrutura ou aparência de uma comunidade vegetal. O conhecimento da fisionomia de uma comunidade pode nos dar evidências sobre as adaptações de suas espécies dominantes às condições ambientais. O ecólogo dinamarquês Christen Raunkaier desenvolveu um amplo sistema para descrição fisionômica das comunidades. Ele classificou as espécies com base nas suas formas de crescimento e na localização das suas gemas (partes que conseguem sobreviver a uma estação desfavorável, como meristemas e bulbos) (Figura 7.2). De acordo com esse sistema, uma floresta tropical é formada quase exclusivamente de fanerófitas (Tabela 9.5). Uma comunidade de deserto é dominada por arbustos – caméfitas – e herbáceas anuais. Uma pradaria é dominada por gramíneas e ervas perenes – hemicriptófitas e criptófitas. Podemos usar tal sistema tanto para classificação geral de tipos de vegetação (propósito original de Raunkaier) como para fazer inferências sobre os fatores ambientais que condicionam as comunidades. A pradaria, por exemplo, é dominada por espécies cujos meristemas se encontram junto à superfície do solo ou abaixo dela, sugerindo que os acima do nível do solo são vulneráveis à lesão. Nesse caso, os fatores ambientais críticos são o fogo e o pastejo (ver Capítulos 12 e 18).

Uma característica importante de comunidades vegetais é a **estrutura vertical.** Uma comunidade florestal, por exemplo, pode se constituir de árvores do dossel, árvores do sub-bosque, arbustos e ervas. Uma floresta pluvial tropical pode ter cerca de seis camadas ou estratos diferentes de vegetação. Os campos podem consistir de uma mistura de ervas bem próximas à superfície do solo e gramíneas altas. Tais propriedades podem ser quantificadas de diversas maneiras. Uma **representação bidimensional** é um croqui da vegetação ao longo de uma transecção (Figura 9.5A). É também possível representar

Figura 9.5 (A) Representação bidimensional (altura e distância horizontal) de uma floresta pluvial tropical em Trinidad, British West Indies (segundo Beard, 1946). (B) Representação bidimensional diagramática de um bosque temperado. As letras na legenda podem ser usadas como "taquigrafia", para fornecer informações sobre a forma de vida, forma foliar, função e textura foliar das espécies. Por exemplo, Tmdh(v)zi indicaria uma árvore decídua, de estatura média, com folhas compostas, membranácea largas e cobertura descontínua (segundo Dansereau, 1951).

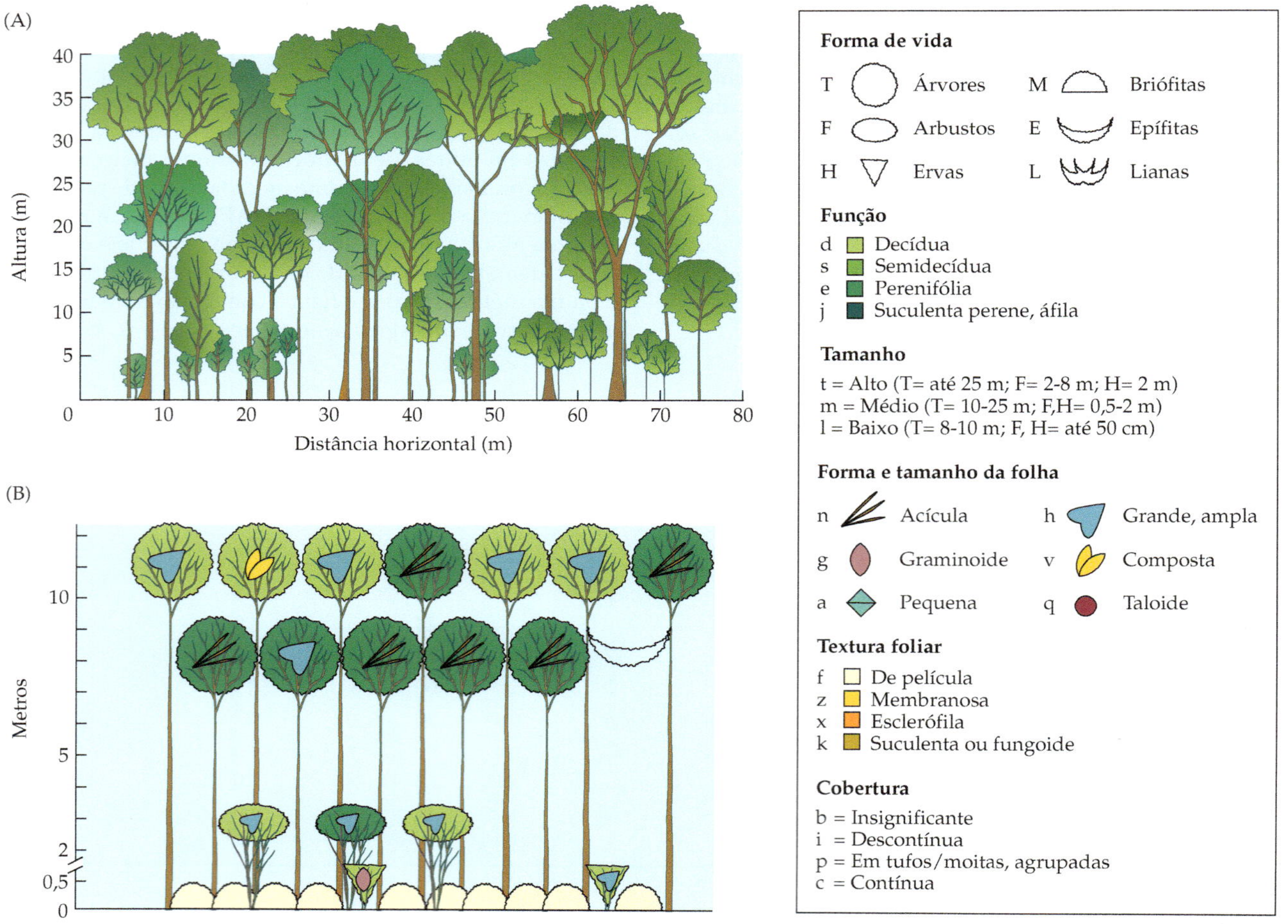

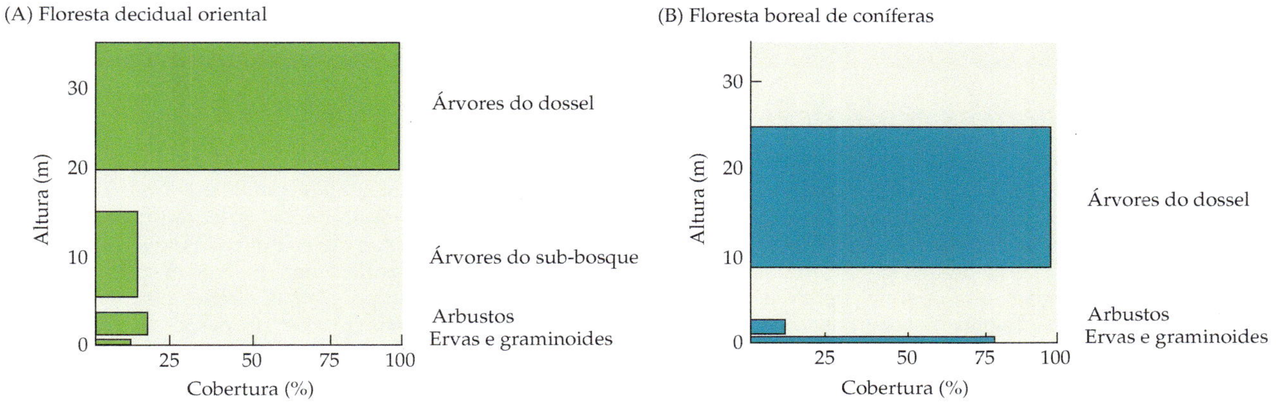

Figura 9.6 Perfis verticais de dois tipos florestais diferentes. Cada barra representa um estrato diferente da vegetação. A faixa de altura média de um estrato é dada pela largura de cada barra. A cobertura total daquele estrato é dada pelo comprimento da barra. (A) Típica floresta decidual oriental. (B) Típica floresta boreal de coníferas.

uma forma mais diagramática de tal croqui (Figura 9.5B). Os dados de representações bidimensionais ou de outros levantamentos podem ser utilizados para determinar o perfil vertical da comunidade. Juntamente com densidade, cobertura ou área basal, é medida a altura de cada indivíduo. Cada espécie ocupará uma faixa de alturas; frequentemente plântulas ou jovens de espécies arbóreas do dossel são consideradas em separado dos adultos. Pela combinação de espécies que ocupam o mesmo estrato, é possível produzir um gráfico que resume a distribuição da vegetação em estratos verticais diferentes (Figura 9.6). Esses dados também podem ser utilizados para comparar estatisticamente a estrutura vertical entre locais ou tipos de comunidades.

Estudos de longa duração

As medidas descritas acima são como fotografias instantâneas de uma comunidade em um único ponto no tempo. Porém, os processos ecológicos, como a sucessão (ver Capítulo 12) ou as respostas às mudanças globais (ver Capítulo 21), podem levar muitos anos, de modo que essas medidas podem ser inadequadas para descrever uma comunidade. As mudanças em uma comunidade podem ser graduais, à medida que o ambiente muda de um ano para outro, ou dramáticas, como após um furacão ou um grande incêndio. Consequentemente, uma amostra realizada em um único ano pode não ser muito significativa; em todo caso esse valor será otimizado a partir de outras amostras realizadas em outras épocas. Se desejarmos estudar os efeitos da variação ambiental, precisamos amostrar tal variação de maneira adequada; mesmo se estamos interessados apenas em conhecer o que acontece com a média, um único dado anual pode não ser uma "média".

Algumas das nossas mais importantes questões ecológicas podem ser respondidas apenas com estudos de longa duração (Leigh e Johnston, 1994). Um bom exemplo de tais questões é o efeito do aquecimento global. As mudanças previstas para temperatura e precipitação irão, em alguns casos, demorar décadas para se manifestar (ver Capítulo 21). De um ano para o outro, é esperado que essas mudanças sejam triviais em relação à variação anual normal. Pelo monitoramento das mesmas comunidades e indivíduos durante longos períodos de tempo, podemos ser capazes de detectar mais precisamente os efeitos de mudanças climáticas de longa duração.

Dentro de áreas de estudos de longa duração, as unidades de amostragem ou os indivíduos têm demarcações permanentes. As medidas repetidas – talvez de cobertura, produtividade, diversidade, fenologia, ou outras características populacionais, de comunidades ou ecossistemas – podem, então, ser tomadas de acordo com um conjunto de tabelas, frequentemente anuais, mas talvez em intervalos mais curtos ou mais longos. Em tais situações, métodos de amostragem não-destrutiva são geralmente preferíveis em detrimento aos destrutivos. Se estes precisam ser usados, devem ser conduzidos em locais predeterminados, de modo que, por exemplo, a amostra destrutiva não afete as futuras áreas amostrais.

A ecologia é uma ciência relativamente jovem, de modo que a maioria dos estudos que chamamos de "longa duração" tem menos de algumas décadas. Entretanto, há vários estudos que têm sido conduzidos por muito tempo. O experimento mais antigo em ecologia é o "Experimento Parque de Gramíneas" (*Park Grass Experiment*), sobre os efeitos da adição de nutrientes e roçadas em comunidades campestres na Estação Experimental de Rothamsted (atual Instituto para Pesquisas de Culturas – Rothamsted; *Institute for Crops Research*), no distrito de Hertford no Reino Unido, o qual tem sido conduzido desde a década de 1850. Estudos na ilha sueca de Öland, orientados por Eddy van der Maarel e conduzidos desde a década de 1960, incluem tanto descrições da dinâmica da vegetação como estudos experimentais de fatores mantenedores da diversidade de espécies. A dinâmica florestal tem sido foco de estudo na Floresta Experimental de Hubbard Brook, na Floresta Nacional de *White Mountain*, próximo de Woodstock, New Hampshire, desde 1963. Hubbard Brook é, atualmente, parte de uma rede de Pesquisas de Longa Duração que iniciou em 1980 (Quadro 9C).

Quadro 9C

A rede de pesquisas ecológicas de longa duração

A rede de Pesquisas Ecológicas de Longa Duração (LTER – *Long-Term Ecological Research*) é um esforço coletivo envolvendo mais de 1800 cientistas e estudantes, com o objetivo de investigar processos ecológicos que operam em escalas temporais longas. A rede promove sínteses e pesquisas comparativas através de sítios e ecossistemas, e entre programas de pesquisas associadas nacionais e internacionais. A Fundação de Ciência Nacional (*National Science Foundation*) estabeleceu o programa em 1980, para dar suporte à pesquisa de longa duração de fenômenos ecológicos nos EUA. Na atualidade, a rede consiste em 26 locais distribuídos nos EUA e na Antártica, representando diversas ênfases de pesquisa e ecossistemas, desde tundra Ártica (Lago Toolik, Alasca), florestas deciduais do sul (Coweeta, Geórgia), campos agrícolas (Estação Biológica de Kellogg, Michigan) e interfaces deserto-urbano (Fênix, Arizona). Além de promover estudos de longa duração, a rede também estimula estudos que integrem várias disciplinas: ecologia fisiológica, biologia populacional, ecologia de comunidades e ecossistemas.

Mundo afora, há poucos locais onde existem dados ecológicos e ambientais de longa duração, de modo que nossa compreensão de fenômenos ecológicos é fortemente baseada em ecossistemas norte-americanos e europeus. Por exemplo, sabemos muito sobre os impactos de furacões em florestas subtropicais e temperadas, mas muito pouco sobre tufões do Pacífico, apesar de eles afetarem mais florestas, com maior frequência. Interesses científicos globais em desenvolver programas de pesquisas ecológicas de longa duração estão se expandindo rapidamente, refletindo o crescente reconhecimento de sua importância em avaliar e resolver assuntos ambientais complexos. Em 1993, a rede americana LTER sediou uma reunião sobre redes internacionais de pesquisas de longa duração. Representantes de programas e redes científicas, que têm enfoque em pesquisas ecológicas em escalas temporais longas e escalas espaciais extensas, decidiram formar a rede Internacional de Pesquisas Ecológicas de Longa Duração (*International Long-Term Ecological Research* – ILTER). Eles recomendaram o desenvolvimento de um programa global para facilitar a comunicação e o compartilhamento dos dados. Assim, em outubro de 2005, 28 países, incluindo Mongólia, Hungria e México, formaram programas LTER nacionais e se integraram à rede ILTER. Outros estão efetivamente procurando estabelecer redes nacionais e muitos outros têm manifestado interesse no modelo.

Resumo

Uma comunidade é um grupo de organismos que coexistem no espaço e no tempo, interagindo. Os ecólogos há tempo têm debatido a importância relativa dos processos responsáveis pela estrutura de comunidades. Uma visão extrema considera que comunidades são entidades altamente previsíveis, nas quais as espécies são muito interligadas. Uma visão oposta considera que comunidades são agrupamentos de espécies ao acaso, cuja formação se dá por fatores abióticos e contingências históricas. O consenso em vigor encontra-se entre essas visões. Eventos determinísticos e casuais, processos bióticos e abióticos, todos são considerados importantes.

As comunidades podem ser descritas de várias medidas. A mais simples é a riqueza de espécies; o número de espécies em uma comunidade. Outros índices de diversidade específica levam em conta tanto o número de espécies quanto a abundância relativa de cada uma. Abundância relativa pode ser mensurada como o número de indivíduos, a frequência, a cobertura ou a biomassa, usando uma variedade de técnicas. A fisionomia, a forma geral da vegetação, é outra propriedade da comunidade que pode ser mensurada. Tais medidas são usadas para descrição de padrões de comunidades no tempo e no espaço. A descrição de padrões é o primeiro passo na determinação dos processos responsáveis pela formação das comunidades vegetais ao nosso redor.

Questões para estudo

1. Como divergiria a evolução vegetal, caso as comunidades fossem organizadas conforme teorizado por Clements ou por Gleason?
2. O termo "comunidade" é adequado, mas tem suas limitações. Explique o que é uma comunidade e como as limitações ao termo são atribuídas à dinâmica de populações.
3. Explique uma propriedade de uma comunidade que pode ser considerada emergente.
4. Qual a diferença entre riqueza e diversidade? Como diferem em seus efeitos sobre as propriedades da comunidade?
5. Se você fosse forçado a descrever uma comunidade utilizando uma única medida, qual você escolheria? Qual seria seu objetivo em fazer isso?

Leituras adicionais

Referências clássicas

Clements, F. E. 1916. *Succession.* Carnegie Institution of Washington, Washington, DC.

Curtis, J. T. 1959. *The Vegetation of Wisconsin.* University of Wisconsin Press, Madison, WI.

Gleason, H. A. 1926. The individualistic concept of the plant association. *Buli. Torrey Bot. Club* 53: 7-26.

Mueller-Dombois, D. and H. Ellenberg. 1974. *Aims and Methods of Vegetation Ecology.* John Wiley & Sons, New York.

Fontes adicionais

Krebs, C. J. 1989. *Ecological Methodology.* Harper Collins, New York.

Magurran, A. E. 1988. *Ecological Diversity and Its Measurement.* Princeton University Press, Princeton, NJ.

CAPÍTULO

10 *Competição e outras Interações entre Plantas*

Há mais de 150 anos os cientistas vêm estudando a competição vegetal, considerada um fator-chave que afeta quase todos os aspectos da vida vegetal. A competição teve um papel fundamental nos argumentos de Charles Darwin a favor da evolução por seleção natural. Em *A Origem das Espécies* (1859), Darwin escreveu:

> Todo ser que durante seu tempo de vida natural produz vários ovos ou sementes deve sofrer destruição durante algum período de sua vida, ou durante alguma estação ou ano ocasional, caso contrário, conforme o princípio do crescimento geométrico, sua quantidade tornar-se-ia tão desordenadamente alta que nenhum país poderia sustentar seu produto. Portanto, como são produzidos mais indivíduos do que é possível sobreviver, em qualquer situação é necessário lutar pela sobrevivência, tanto entre indivíduos da mesma espécie quanto entre indivíduos de espécies distintas, ou pelas condições físicas de vida. [...] Tendo em vista que a erva-de-passarinho é disseminada por aves, sua existência depende delas; em uma metáfora, pode-se dizer que há uma luta com outras plantas que produzem frutos, a fim de atrair aves para devorar e, assim, disseminar as suas sementes e não as sementes de outras plantas.

Além da competição, o resultado da "luta pela sobrevivência" pode depender de outros fatores, incluindo as adaptações das plantas aos seus ambientes abióticos (Capítulos 2-4), interações com herbívoros (Capítulo 11) e o acaso (Capítulo 6). Darwin estava primeiramente interessado no papel da competição em estabelecer as fases da seleção natural. Porém, a competição também tem muitos efeitos ecológicos. Na verdade, à medida que a seleção natural configura adaptações, também determina muitos aspectos relacionados às maneiras como as plantas competem.

A **competição** pode ser definida como uma redução no desempenho, devido ao uso compartilhado de um recurso que tem suprimento limitado. Outras definições enfatizam diferentes aspectos da competição, como os mecanismos de exploração de recursos, ou a definem de modo mais amplo, incluindo interações em que as plantas têm efeitos negativos umas sobre as outras, sem competir diretamente por recursos. A competição pode afetar indivíduos vegetais em todos os estágios de vida e seus efeitos podem ter um impacto maior sobre populações, comunidades ou paisagens, assim como sobre a distribuição e abundância de espécies em escalas ainda maiores.

Os ecólogos têm muitas perguntas sobre competição: quais são os mecanismos pelos quais as plantas interagem umas com as outras? O que determina o resultado da competição entre indivíduos diferentes? A competição é caracteristicamente mais intensa em alguns ambientes do que em outros? Quão importante é a competição, em relação a outros processos, no estabelecimento da estrutura de comunidades? Por quais recursos as plantas competem e as interações competitivas são diferentes para recursos distintos?

Embora os estudos de competição tenham uma história muito longa, recentemente cientistas começaram a reconhecer que as plantas interagem, formando um espectro de interações negativas a neutras até positivas. Às vezes, os mesmos indivíduos interagem de forma negativa em um dado momento e positivamente em outro. Alguns cientistas argumentam que a alelopatia – interações negativas moduladas por substâncias químicas, excretadas por ou lixiviadas de uma planta para dentro do seu ambiente, que resultam em efeitos negativos sobre as plantas vizinhas – pode ser importante, embora isso tenha sido muito debatido. No outro extremo do espectro de interações planta-planta, a facilitação – interações positivas entre plantas – atrai cada vez mais a atenção de pesquisadores, e aqui igualmente consideraremos alguns dos resultados dessas pesquisas.

Os ecólogos que estudam populações animais têm uma grande quantidade de argumentos sobre a importância da competição na determinação da estrutura e abundância de populações. Os ecólogos estudiosos de vegetais, por outro lado, em geral têm aceitado que os efeitos da competição são óbvios e difusos. As ervas daninhas frustram jardineiros e todos os anos agricultores despendem milhões de dólares em herbicidas para reduzir os efeitos da competição na produtividade de plantas de lavoura. De qualquer modo, devido à tamanha complexidade de seus efeitos, os pesquisadores têm discutido sobre todas as demais questões relacionadas à competição vegetal, desde como defini-la e medi-la até quando e onde ela é importante.

Começaremos este capítulo examinando o que se conhece sobre os efeitos da competição na sobrevivência e no crescimento de plantas individuais. Em seguida, observaremos os efeitos da competição em populações, na distribuição das populações e na composição das comunidades. Esses são os aspectos mais controversos da competição. Abordaremos alguns desses debates e examinaremos as evidências que os ecólogos têm reunido sobre a função e a importância da competição.

Competição em nível de indivíduos

O que determina a consequência da competição entre indivíduos diferentes? Conforme Darwin, a consequência da competição é uma das maiores manifestações da luta pela sobrevivência, e também pode determinar a distribuição e abundância de uma espécie. Além disso, a competição pode ter fortes efeitos na intensidade de variação dentro de uma população e, por isso, nos padrões evolutivos a longo prazo. Como indivíduos vegetais competem? Por que um indivíduo vence na competição enquanto outro perde? Examinaremos agora alguns dos mecanismos de competição entre indivíduos.

Os efeitos da competição sobre indivíduos vegetais têm sido extensivamente estudados. Os competidores podem reduzir a biomassa vegetal e a taxa de crescimento, bem como diminuir sua capacidade de sobrevivência e reprodução. Entre plantas de mesma espécie no mesmo ambiente, o número de sementes produzidas por uma planta está altamente correlacionado com a sua massa, de modo que competidores bem-sucedidos que acumulam mais massa frequentemente têm mais recursos para alocar na reprodução.

O crescimento vegetal é altamente plástico, conforme visto no Capítulo 7, e a massa, a altura, o número de folhas e o rendimento reprodutivo de um indivíduo vegetal podem variar em ordens de grandeza, dependendo das condições de crescimento. Quando crescem sem vizinhos próximos, as plantas geralmente são muito maiores que indivíduos similares rodeados por outros bem próximos, e frequentemente têm uma morfologia muito diferente (Figura 6.7).

Plântulas: densidade, tamanho, desigualdade e tempo de emergência

Muitos dos trabalhos a respeito de competição têm focalizado seus efeitos sobre plântulas. As plantas adultas da maioria das espécies produzem uma grande quantia de sementes, mas poucas dessas sementes sobrevivem e se tornam indivíduos maduros. As plântulas constituem a fase da história de vida mais vulnerável a vários riscos ambientais, desde secas e outros efeitos abióticos até predação e competição. A competição entre plântulas é geralmente intensa, e, como consequência, muitas plântulas morrem ou não conseguem atingir a maturidade. Sementes e plântulas são de grande interesse para ecólogos e biólogos evolucionistas, pois correspondem aos estágios de história de vida durante os quais vários padrões ecológicos são estabelecidos e uma intensa seleção natural pode operar.

Em um experimento clássico, M. C. Donald (1951) mostrou que plantas anuais de pastagens britânicas, semeadas de acordo uma ampla gama de densidades, tiveram um peso seco final total (ou "produção") notavelmente consistente em uma determinada área (Figura 10.1). Independentemente se as sementes eram dispostas de forma esparsa ou muito adensadas (acima de uma certa densidade mínima), a matéria seca total acima do solo foi constante no final da colheita. A produção total aumentou quando mais recursos foram fornecidos, mas a mesma relação se manteve. Enquanto o tamanho médio das plantas em densidades baixas foi relativamente grande, com o aumento da densidade ele tornou-se menor. Em uma reanálise desses dados, Tatuo Kira e seus colegas (Kira et al., 1953) demonstraram que o peso médio de plantas individuais diminuiu de maneira linear conforme aumentou a densidade de plantas, quando ambos foram expressos em escala logarítmica (Figura 10.2).

O tamanho médio de plantas pode ser, contudo, uma medida enganosa. As relações de tamanho entre indivíduos de mesma idade, plantados em monoculturas densas, têm sido bem estudadas em casas de vegetação e em alguns estudos de campo. Os tamanhos de plantas individuais em geral são extremamente desiguais em tais estandes. Tipicamente, alguns indivíduos grandes dominam a

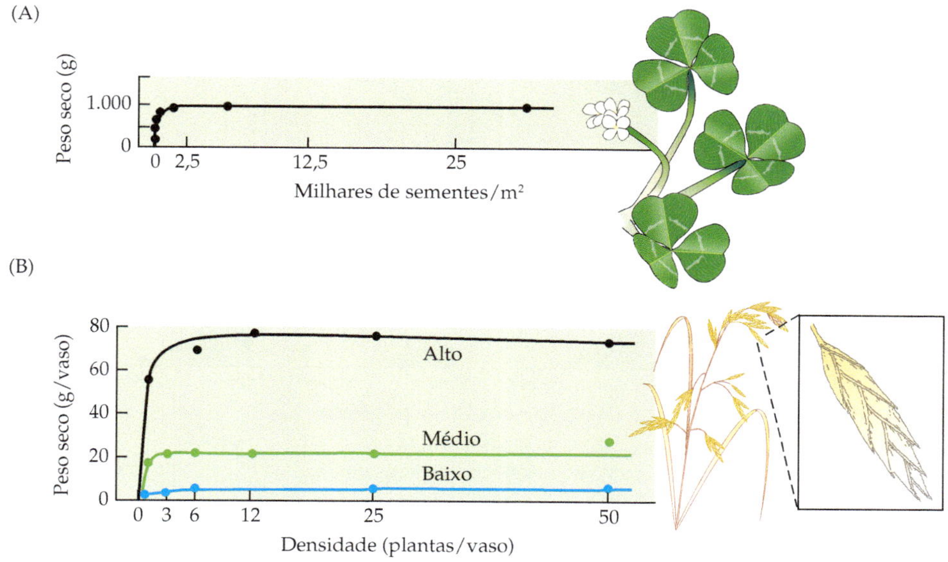

Figura 10.1 Relações entre produção de matéria seca (g) e densidade de plantas para duas espécies de forrageiras. (A) *Trifolium subterraneum* (trevo subterrâneo, Fabaceae), medido depois do florescimento (a densidade está expressa como milhares de sementes semeadas/m^2). (B) *Bromus unioloides* (Poaceae) em níveis baixo, médio e alto de fertilização com nitrogênio (a densidade está expressa como plantas/vaso). Observe que o eixo *x* está em escala geométrica em (A) e (B) (segundo Donald, 1951).

área disponível, enquanto a maioria permanece pequena. Essas distribuições de tamanhos altamente desiguais são denominadas **hierarquias de tamanho**, as quais têm implicações importantes para o desempenho vegetal (o qual é altamente desigual entre indivíduos), para a demografia populacional (a sobrevivência e fecundidade médias de indivíduos são completamente inexpressivas em tais populações) e mesmo para o tamanho populacional efetivo, pois a contribuição de plantas individuais para a próxima geração também é altamente desigual (livros-texto sobre biologia evolutiva fornecem uma explanação mais completa do tamanho populacional efetivo).

Conjetura-se que as hierarquias de tamanho são causadas por **competição assimétrica** (Weiner, 1990; Schwinning e Fox, 1995), na qual os indivíduos maiores têm efeitos negativos desproporcionais sobre seus vizinhos menores. Sugere-se que pequenas diferenças iniciais no acesso à luz são responsáveis pela desigualdade progressivamente maior no tamanho ao longo do tempo, à medida que os efeitos competitivos aumentam a magnitude dessas pequenas diferenças iniciais (Figura 10.3).

Embora as hierarquias de tamanho tenham sido constatadas em vários estudos de casa de vegetação e em algumas plantações de árvores, muito pouco é conhecido sobre elas em populações naturais. De fato, a evidência de alguns estudos de campo não sustenta a hipótese de competição assimétrica. Aaron Ellison (1987) raleou populações naturais densas de *Salicornia europaea*, uma suculenta anual de vegetação de marismas, para examinar os efeitos da densidade sobre a desigualdade de tamanhos no campo. Nessas populações, o grau de desigualdade de tamanho não teve relação com densidade, sugerindo que a competição assimétrica não foi responsável pela hierarquia de tamanhos. Como *S. europaea* é desprovida de folhas, parece provável que essas suculentas baixas altamente ramificadas sombreiam umas às outras nos densos estandes estudados por Ellison.

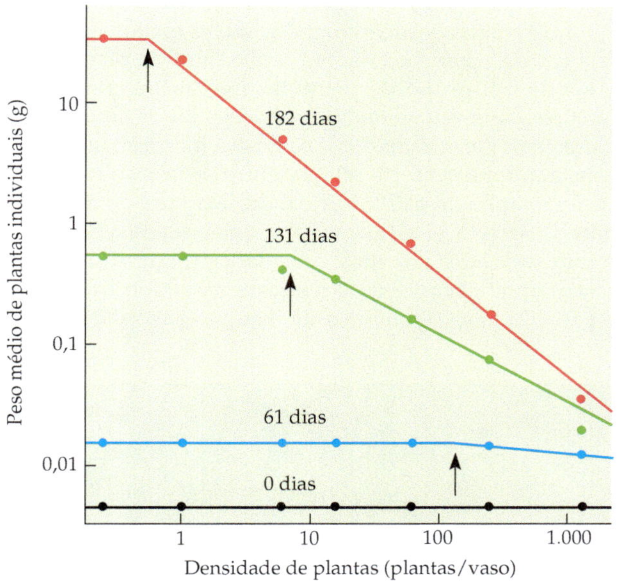

Figura 10.2 Peso médio por planta individual (g) para *Trifolium subterraneum* (trevo subterrâneo, Fabaceae) semeado conforme uma gama de densidades (expressadas com número de plantas/vaso) e colhido em 0, 61, 131 e 182 dias após a semeadura. Observe que ambos os eixos estão em escala $\log_{10}$. As flechas indicam as densidades onde as plantas começam a reduzir o crescimento umas das outras em diferentes idades. Nas primeiras colheitas, somente as semeaduras muito densas mostraram redução no peso médio das plantas, mas, na última colheita, com exceção da semeadura de menor densidade, todas demonstraram redução no peso relacionado à densidade. O declínio do peso com a densidade é linear em uma escala log-log (segundo Harper, 1977; dados de Donald, 1951, e Kira et al., 1953).

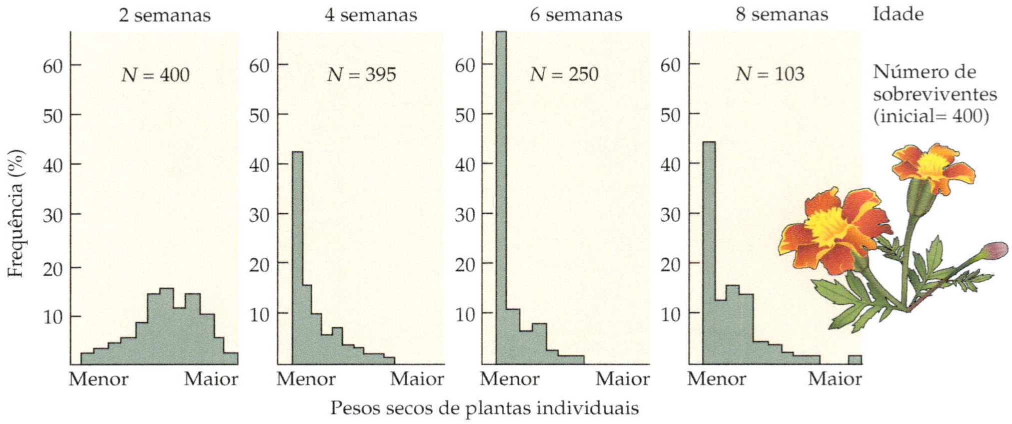

Figura 10.3 Frequências de pesos secos de plântulas individuais de *Tagetes patula* (cravo-de-defunto, Asteraceae), uma espécie anual cultivada em experimento em casa de vegetação durante 2, 4, 6 e 8 semanas. O número de plantas sobreviventes é mostrado no topo de cada gráfico. Em 2 semanas, a distribuição dos pesos secos está próxima a uma curva normal (sino), mas a distribuição torna-se notavelmente desigual (hierárquica) à medida que a população envelheceu, com muitas plantas pequenas e um número pequeno de indivíduos muito grandes. Com o passar do tempo, a morte retira da população os indivíduos menores (autorredução), de modo que, pela 8ª semana, a população está algo menos desigual do que na 6ª semana (segundo Ford, 1975).

Chester Wilson e Jessica Gurevitch (1995) examinaram a relação espacial do tamanho das plantas em um denso estande natural de *Myosotis micrantha* (miosótis, Boraginaceae), uma pequena anual invernal (Figura 10.4). Essas plantas têm tamanhos extremamente desiguais; havia um grande número de plantas muito pequenas, uma queda drástica no número de plantas nas categorias intermediárias e muito poucos indivíduos maiores. Os pesquisadores formularam a hipótese de que, se a competição assimétrica fosse a causa, os indivíduos grandes deveriam estar cercados por vizinhos pequenos subjugados. Em vez disso, eles constataram justamente o oposto. As plantas grandes tinham vizinhos imediatos grandes e plantas pequenas estavam associadas a vizinhos pequenos. A massa de plantas individuais também estava altamente correlacionada com a massa combinada dos vizinhos, de modo que a população formava um mosaico de manchas com plantas grandes e manchas com plantas pequenas. Contudo, as plantas sem vizinhos próximos eram muito maiores do que as com vizinhos, de modo que a competição provavelmente não afetou o tamanho das plantas. Os pesquisadores concluíram que seria improvável que a competição assimétrica fosse a causa da extrema hierarquia de tamanhos encontrada nessa população natural. Mais provável seria que a hierarquia de tamanhos fosse causada pela variação na densidade de plantas ou na distribuição desigual de recursos.

A competição assimétrica não é o único fator que pode causar o desenvolvimento de hierarquias de tamanho em populações vegetais. Além da variação local na densidade em escalas pequenas e de recursos irregulares, diferenças no tamanho das sementes e na ordem de emergência (velocidade de germinação) também podem contribuir para o desenvolvimento de hierarquias de tamanhos. Mais do que um desses fatores pode interagir na geração e manutenção das hierarquias de tamanho (Miller et al., 1994).

Muitos estudos têm quantificado os efeitos da ordem relativa de emergência sobre o tamanho de plantas. No meio de um grupo de plântulas que germinam juntas, uma pequena vantagem inicial pode conferir uma grande vantagem. Por exemplo, M. A. Ross e John Harper (1972) constataram uma forte relação entre ordem de emergência e tamanho de plântula, quando sementes de uma gramínea, *Dactylis glomerata* (capim-dos-pomares, Poaceae), foram semeadas em altas densidades (Figura 10.5). Eles levantaram a hipótese de que esse resultado foi devido à partição desproporcional de recursos absorvidos pelos

Figura 10.4 *Myosotis micrantha* (miosótis, Boraginaceae), uma espécie anual, crescendo em uma população natural no sul do estado de Nova York (fotografia de J. Gurevitch.)

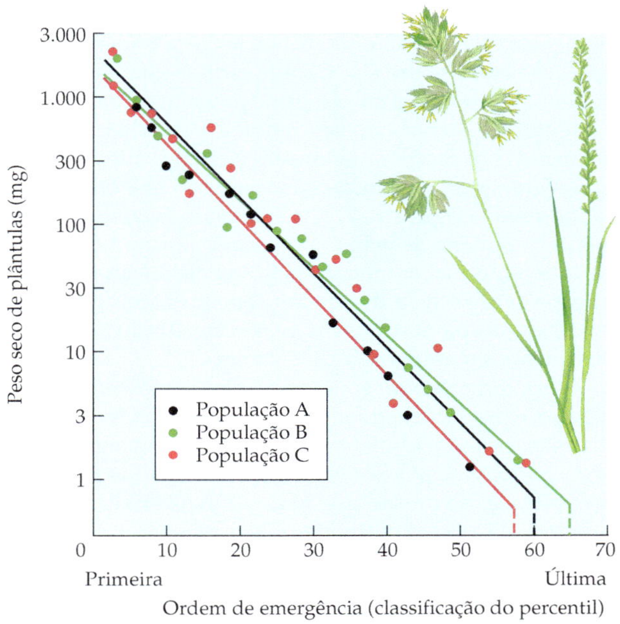

Figura 10.5 O efeito da ordem relativa de emergência (classificação do percentil) sobre o peso seco de plântulas (mg). Cada linha indica a relação (a regressão) para uma das três populações diferentes de *Dactylis glomerata* (capim-dos-pomares, Poaceae), em um experimento em casa de vegetação. As consequências em emergir mais cedo ou mais tarde do que alguns de seus vizinhos podem ser enormes: plântulas com a menor classificação do percentil – aquelas que germinaram e apareceram acima do solo primeiro – foram mais que 1.000 vezes maiores do que aquelas que emergiram por último. O peso seco das plântulas (mg) está no gráfico em escala logarítmica (segundo Ross e Harper, 1972).

indivíduos que emergiram antes. Entretanto, a germinação antecipada também pode ter desvantagens; caso não tenha, a seleção natural conduziria a uma "corrida armamentista" de sementes que sempre germinam antes (Miller, 1987). Por exemplo, a germinação antecipada em períodos de primavera pode resultar em maior probabilidade de mortalidade por geadas tardias.

Plântulas: densidade e mortalidade

Se sementes de plantas herbáceas (geralmente anuais) são dispostas em estandes monoespecíficos densos, as plântulas crescem até começarem a comprimir umas às outras. À medida que o adensamento se torna intenso, alguns indivíduos finalmente começam a morrer; como era de se esperar, as plantas menores e mais fracas sucumbem mais rapidamente. Assim, embora as plantas sejam altamente plásticas, em última análise essa plasticidade tem limites – caso contrário, não ocorreria mortalidade. Kyoji Yoda e colaboradores (1963) propuseram o que chamaram a **lei da redução –3/2** para descrever a relação geral entre a massa média por indivíduo e a densidade dos sobreviventes:

$$w = cN^{-3/2}$$

onde w é o peso seco médio por planta, c é a constante que difere entre espécies e N é a densidade. Quando expressa graficamente em uma escala log-log, a relação entre o peso seco médio e a densidade é linear, com uma inclinação de –3/2 (Figura 10.6). Uma possível explicação para essa relação é que o peso de uma planta é diretamente relacionado ao seu volume (uma medida cúbica), enquanto a densidade de plantas é determinada pela área (um termo quadrado).

Este tipo de mortalidade dependente da densidade é conhecido como **autoredução** (conforme práticas de raleio em jardinagem e silvicultura: removendo indivíduos menores ou mais fracos em plantações excessivamente densas). É importante entender que o termo "autoredução" não significa um autosacrifício voluntário e altruístico de indivíduos mais fracos para o bem geral (certamente não é o que está acontecendo!). Estandes plantados com maior densidade começam a experimentar a mortalidade mais cedo, junto com tamanhos menores de plantas individuais, se comparados com estandes plantados mais espaçadamente. Fatores que aumentam o tamanho de indivíduos, como maior fertilidade de solo ou tamanho inicial maior da semente, também aumentam a mortalidade: quanto maiores forem as plantas, menos indivíduos podem ser acumulados dentro de uma certa área. Assim, apesar disso parecer anti-intuitivo, fatores que favorecem o crescimento vegetal também podem contribuir para mortalidade mais alta.

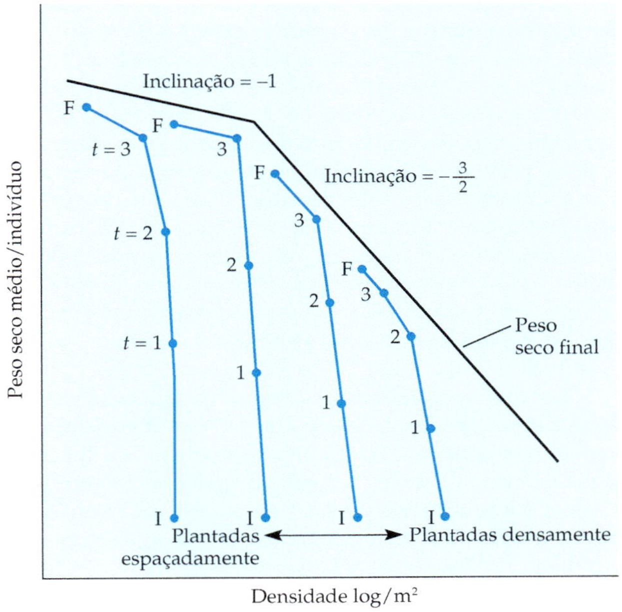

Figura 10.6 Efeitos de plantações em densidades diferentes sobre os pesos secos médios de indivíduos em idade de plântulas. Cada uma das linhas azuis representa uma plantação com densidade inicial diferente. O ponto mais baixo em cada linha é o peso seco inicial na germinação (I) e o ponto mais elevado é o peso seco final (F), com pesos mostrados em intervalos de tempo t = 1, 2 e 3 (segundo Kays e Harper, 1974).

A generalidade da lei de redução –3/2 tem sido assunto de importante debate. Não há dúvida de que ocorre mortalidade em estandes adensados; o que está em discussão é se o processo é tão regular que pode ser descrito por uma única relação numérica para todas as populações. White (1985) verificou que a lei de redução –3/2 parece se manter para algumas plantações florestais arbóreas e para outras plantas que crescem em monoculturas de mesma idade, mas muitos estudos de populações isoladas são criticados por apresentarem sérios problemas estatísticos (Weller, 1987, 1991; Lonsdale, 1990). Jonathon Silvertown e Jonathon Lovelt Doust (1993) argumentaram que a relação se mantém bem se a inclinação de –3/2 for considerada como um limite superior. Portanto, há dúvida se a lei de redução de –3/2 descreve adequadamente o processo de autorredução para todas ou a maioria das populações naturais, embora não haja dúvidas de que ela é comum na natureza. Um único exemplo de um estande monoespecífico de mesma idade fornece um ponto inicial útil para examinar a relação entre tamanho e mortalidade. Entretanto, uma vez que as inclinações de autorredução parecem variar entre as espécies e que poucos estandes naturais são monoespecíficos e com plantas de mesma idade, a aplicabilidade dessa lei para populações naturais pode ser limitada.

Mecanismos de competição por recursos

A maioria dos estudos discutidos até então enfocou as interações intraespecíficas entre plântulas. As plantas jovens comumente exibem as taxas mais altas de mortalidade, de modo que muitas vezes os efeitos da competição podem ser maiores durante os primeiros estágios da história de vida. Todavia, a competição também ocorre em outros estágios da história de vida, afetando mais do que a sobrevivência e o crescimento inicial. As plantas adultas podem ser sombreadas pelo crescimento exagerado de plantas vizinhas, provocando reduções no crescimento, na reprodução e, finalmente, na sobrevivência. Esse é provavelmente um mecanismo comum durante a sucessão de campos abandonados para florestas, por exemplo, em que plantas herbáceas são substituídas por arbustos e, finalmente, por árvores (ver Capítulo 12). As plantas podem também competir por polinizadores ou dispersores de sementes (ver Capítulo 7).

Por quais recursos as plantas competem e como a natureza desses recursos afeta o tipo ou o resultado das interações competitivas? As plantas competem pela luz, pela água e pelos nutrientes minerais do solo, por espaço para crescer e adquirir recursos, e pelo acesso a parceiros. As necessidades de espécies distintas por luz, água e nutrientes minerais básicos são relativamente similares (ver Capítulo 4), ao contrário dos recursos de que os animais necessitam, que podem diferir muito mais. Diferentemente da competição por recursos entre animais móveis, a maioria das interações competitivas vivenciadas por plantas ocorre muito localmente. A sombra de um vizinho reduz a capacidade fotossintética da planta, e as raízes de plantas que imediatamente a circundam podem absorver água e nitrogênio de que ela necessita para suas funções. Mesmo as plantas que estão a uma distância curta podem não ter qualquer efeito sobre ela. Consequentemente, a densidade sentida por uma planta é principalmente a das plantas presentes na mancha ao seu redor, e a densidade média de plantas nos campos ou florestas circunjacentes pode ser irrelevante para o grau de adensamento que ela de fato experimenta (Figura 10.7). Os efeitos dos vizinhos geralmente diminuem de maneira brusca conforme a distância. Uma exceção é a competição pela atenção de animais que transportam pólen e dispersam sementes (como Darwin percebeu); as plantas podem estar competindo pelos seus visitantes com outras plantas distantes.

Para compreender como as plantas competem por um recurso, é preciso entender como este é fornecido, como ele se desloca e como as plantas o adquirem. A quantidade de água disponível, por exemplo, depende da quantidade de precipitação, da profundidade do solo, da textura do solo e da abundância e das atividades das plantas, e, por isso, é afetada pela estação do ano, cobertura vegetal, fisionomia vegetal e outros fatores. A água se torna disponível em pulsos e a duração de um intervalo de estresse hídrico entre esses pulsos varia com o clima, a estação, a topografia e fatores os bióticos. Os nitratos nitrogenados estão ampla-

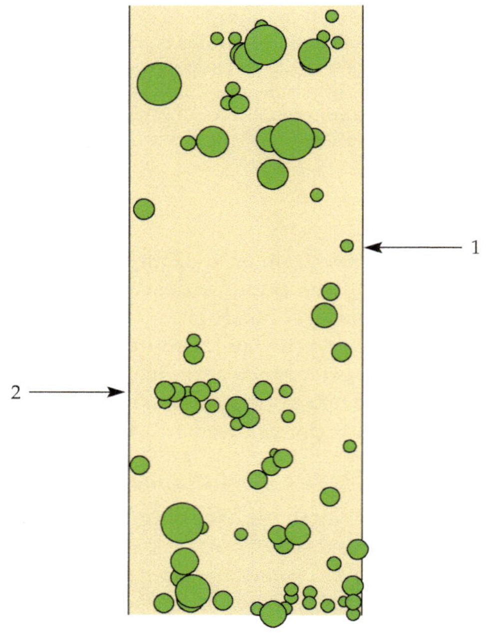

Figura 10.7 Uma transecção através de uma população natural de *Myosotis micrantha*. Cada círculo representa um indivíduo vegetal; o tamanho do circulo indica o tamanho relativo da planta. Plantas na mesma população podem sentir densidades relativamente baixas de vizinhos, como na parte da transecção mostrada em 1; ou densidades altas de vizinhos, como na parte da transecção mostrada em 2. Os eixos x e y não estão na mesma escala: a distância ao longo da dimensão vertical da região 1 até a 2 é aproximadamente 35 centímetros; a largura da transecção é de 20 centímetros (dados de Wilson e Gurevitch, 1995).

mente dissolvidos na água do solo, sendo em solução para as raízes ou lixiviados, tornando-se indisponíveis à medida que a água é drenada ou escoa para longe do alcance das raízes. O fósforo, ao contrário, é completamente imóvel no solo e fica disponível apenas para as raízes imediatamente adjacentes aos íons do nutriente. As atividades dos micro-organismos do solo podem ter efeitos consideráveis sobre a disponibilidade, a forma e a distribuição espacial do nitrogênio e de outros recursos minerais no solo.

As plantas podem responder à heterogeneidade de disponibilidade de recursos com o incremento de crescimento nas áreas onde os recursos estão disponíveis. Árvores florestais respondem a níveis mais altos de luz criados por clareiras no dossel provocadas pelo crescimento de ramos. Indivíduos jovens em uma clareira recente crescem rapidamente em altura. Alguns indivíduos de certas espécies respondem melhor às clareiras e a outras manchas de maior disponibilidade de recursos que outros, fazendo deles melhor competidores sob tais condições. Similarmente, massas densas de raízes podem se desenvolver em manchas ricas em nutrientes (Robinson et al., 1999). Tal proliferação de raízes pode maximizar as quantidades de nutrientes disponíveis à planta, podendo ser um importante componente do sucesso competitivo. A proliferação de raízes pode permitir ao indivíduo monopolizar suprimentos de nitrogênio quando plantas estão competindo em solos pobres, onde o nitrogênio é desigual (e ocorre em outras formas que não o nitrato, que é altamente móvel no solo). Raízes de espécies diferentes são conhecidas por diferir quanto às taxas de absorção de nutrientes, pelo menos sob condições laboratoriais, e essas diferenças podem afetar suas capacidades competitivas.

A luz é, sob certos aspectos, o recurso mais peculiar pelo qual as plantas competem. De certo modo, as plantas não competem por luz, porque independentemente de quanta luz elas absorvem, esse recurso infinito está sempre disponível e incide de maneira direta sobre suas copas. Não obstante, cada componente do desempenho das plantas – sobrevivência, crescimento, reprodução – pode ser diminuído pelo sombreamento dos vizinhos. As copas das plantas podem eliminar fótons muito efetivamente, reduzindo a luz no nível do solo em até menos de 1% da que incide em muitas comunidades. O ambiente pode ser muito escuro, não apenas para juvenis que crescem em um denso sub-bosque florestal, mas também para plântulas que emergem em um campo de gramíneas sombreadas por plantas herbáceas mais altas. Alguém pode argumentar que as plantas estão competindo pelo acesso à luz ou por espaços ensolarados e não pela luz propriamente dita, pois ela está disponível como suprimento ilimitado, enquanto o espaço não. Por outro lado, o espaço não é diretamente consumido como um recurso, enquanto a luz certamente é. Muito da energia suprida pelos raios solares provém do contato direto da fonte (embora reflexão e difusão sejam importantes em alguns hábitats), enquanto os recursos do solo estão normalmente disponíveis em três dimensões. A disponibilidade de espaço para a maioria das plantas – o plano na superfície do solo – é essencialmente bidimensional. A competição pela luz é, portanto, diferente da competição por recursos edáficos.

Um exemplo drástico de competição por luz é o crescimento de lianas sobre as árvores. Nos trópicos e subtrópicos, figueiras estranguladoras (*Ficus*, Moraceae) crescem sobre árvores, envolvendo e, finalmente, matando seus hospedeiros (Figura 10.8A). Em florestas temperadas no oeste dos EUA, árvores ao longo de bordas florestais ou clareiras algumas vezes são sucumbidas por lianas nativas ou invasoras exóticas (Figura 10.8B). Nem sempre é claro se as lianas encobrem e debilitam árvores saudáveis ou se elas cobrem apenas árvores já debilitadas por outros fatores, como insetos ou doença. Igualmente, não é bem conhecido se as árvores dispõem de mecanismos pelos quais podem se defender de lianas (como desprender a casca ou ramos). Uma vez cobertas por lianas, as árvores tornam-se muito mais suscetíveis à queda por vendavais e à morte. Tal vulnerabilidade provavelmente resulta tanto da debilidade do sistema de raízes, devido à perda de fotossintatos à medida que aumenta o sombreamento das folhas pelas lianas, quanto do enorme peso extra das lianas.

Uma abordagem geral para ponderar a respeito dos mecanismos de competição vegetal é considerar os efeitos das plantas sobre os recursos. A dimensão do esgotamento dos recursos pode ser usada como uma medida do efeito competitivo de uma espécie sobre outras (MacArthur, 1972; Armstrong e McGehee, 1980). O valor R^* é definido como a quantidade ou concentração média de um recurso remanescente no ambiente, depois de uma população de uma única espécie, que cresceu isolada, ter absorvido tudo que podia. Robert MacArthur (1972) primeiramente conjeturou que o resultado da competição deveria ser determinado pela "regra R^*": a longo prazo, em um ambiente constante, é previsto que a espécie com o menor R^* substitua competitivamente todas as outras. Mais tarde, David Tilman expandiu a aplicação da regra R^* e focalizou mais explicitamente suas implicações para a competição vegetal (MacArthur estava mais preocupado com a competição entre animais). A regra R^* tem sido objeto de apenas alguns testes experimentais (revisados por Grover, 1997, e Miller et al., 2005); a partir de 2004, oito estudos experimentais produziram resultados consistentes com a regra R^* e outros cinco não. Mais adiante, neste capítulo, retornaremos às perspectivas e previsões de Tilman sobre competição vegetal, quando discutiremos os *trade-offs* e as estratégias.

Segundo Craine e colaboradores (2005), o que realmente determina a competição pelos nutrientes do solo e, portanto, limita o crescimento das plantas na natureza não é o R^*, a concentração de nutrientes no solo em equilíbrio, mas a taxa na qual os nutrientes são capazes de alcançar as raízes por difusão. Em modelos baseados na competição por limitação de difusão, esses pesquisadores verificaram que o mecanismo de competição por nutrientes depende da taxa de difusão de nutrientes até a superfície das raízes; é a assimilação antecipada do suprimento de nutrientes que conduz à dominância competitiva e não a regra R^*, a

(A)

(B)

Figura 10.8 (A) Figueira estranguladora (*Ficus* sp., Moraceae): uma planta tropical que inicia sua vida como várias lianas que envolvem uma árvore, matam-na e, paulatinamente, unem-se para tornar-se uma árvore (fotografia cedida por J. Thomson). (B) *Pueraria lobata* (*kudzu*, Fabaceae), originária do leste Asiático, é invasora no sudeste dos EUA, onde cresce sobre árvores e arbustos, cobrindo-os (fotografia cedida de J. H. Miller, Serviço Florestal USDA).

redução da concentração de nutrientes na solução do solo. A assimilação antecipada ocorre por uma planta que amplia a zona de captura de seus próprios recursos às custas do vizinho com o qual ela está competindo.

Além da competição direta por recursos, outro meio pelo qual as plantas podem competir é por "chegar lá primeiro" – chegar em um micro-hábitat recentemente disponível antes de outros **propágulos** (sementes, unidades vegetativas reprodutivas ou outras unidades de dispersão) e tornar-se capaz de ocupar o espaço em detrimento de outras que chegarão depois. Peter Grubb (1977) formulou a hipótese de que diferenças entre espécies nas condições e circunstâncias requeridas para a germinação e o estabelecimento, o que ele denominou como **nicho de regeneração** de espécies, devem ser fatores importantes para a coexistência de espécies. Segundo ele, esse é um dos meios pelo qual algumas espécies dominam alguns hábitats por exclusão de outras espécies. No Capítulo 12, discutiremos perturbação, colonização e sucessão.

Peter Grubb

Tamanho e competição por recursos

Em competição, o maior é habitualmente o melhor. As plantas maiores em geral têm uma vantagem competitiva sobre as menores: elas podem afetar bastante seus vizinhos menores e serem muito pouco afetadas por eles. As plantas mais altas sombreiam vizinhos mais baixos, e as com um sistema de raízes mais amplo podem retirar mais água e nitrogênio do solo. As plantas maiores em geral absorvem mais recursos, produzem desproporcionalmente mais flores, atraem mais polinizadores e produzem mais sementes que vizinhos menores.

Todavia, a história não é tão simples assim: o tamanho pode ou não exercer um papel na competição vegetal, e a definição desse papel nem sempre é fácil. Plantas de tamanhos ou idades muito diferentes podem simplesmente não estar competindo (ou sim) de maneira distinta daquela de indivíduos mais próximos em tamanho ou idade. Uma árvore na floresta pode não estar competindo diretamente com uma planta herbácea de sub-bosque que está crescendo embaixo dela. As plantas de sub-bosque estão adaptadas para crescer na sombra, sendo as raízes da árvore e da herbácea frequentemente encontradas em profundidades muito diferentes, extraindo suprimentos distintos dos recursos do solo. Assim, pode-se assumir que plantas de formas de crescimento muito diferentes nunca competem? Nem sempre. Foi observado que algumas herbáceas perenes no sub-bosque florestal florescem apenas quando uma árvore do dossel cai, criando uma clareira. Uma jovem planta pequena, crescendo sob a copa de uma árvore, pode não ter um efeito competitivo mensurável sobre a árvore adulta, mas a sombra desta pode impedir que ela cresça. Se a árvore adulta fosse cortada, a planta jovem aumentaria rapidamente sua altura e biomassa. Porém, os silvicultores também têm verificado que a remoção de plantas do sub-bosque com herbicida pode provocar um grande aumento na taxa de crescimento de árvores adultas, presumivelmente porque há muitas plantas no sub-bosque e, juntas, elas interceptam água ou reduzem os nutrientes disponíveis às árvores. Portanto, ser maior às vezes é uma vantagem, mas nem sempre; a competição entre plantas menores e maiores é, em geral, altamente assimétrica (as plantas maiores têm efeitos muito maiores), mas este também nem sempre é o caso.

Outra complicação para entender os efeitos do tamanho das plantas sobre as interações competitivas é que as maiores podem se tornar suscetíveis a fatores que reduzem sua eficácia competitiva. Por exemplo, uma planta com maior superfície foliar pode perder mais água através da transpiração do que uma similar com menor superfície foliar. Consequentemente, a planta maior pode ser mais afetada durante um período de seca que seus vizinhos menores, aumentando sua probabilidade de morrer ou reduzindo sua eficácia competitiva futura.

Métodos experimentais para estudar a competição

Os ecólogos têm usado uma série de abordagens em ambientes controlados, jardins e populações naturais para medir os efeitos da competição e, em alguns casos, testar hipóteses em relação a seus efeitos sobre indivíduos, populações ou comunidades. Eles também têm utilizado uma série de métodos para quantificar os resultados desses experimentos (Quadro 10A). É importante compreender como os experimentos são conduzidos e como os dados são apresentados, pois esses fatores podem ter grandes efeitos sobre os resultados.

Experimentos em casas de vegetação e jardins

A maioria dos experimentos de competição vegetal tem sido conduzida em casas de vegetação. Tais testes oferecem as vantagens de condições relativamente controladas e manipulações precisas dos fatores de interesse. Entre suas limitações, estão a incerteza na extrapolação de seus resultados para comunidades naturais e vários artefatos de condições de casas de vegetação, incluindo vento e condições de umidade muito diferentes daquelas na natureza. Um artefato potencial importante é o amplo efeito que o crescimento em vasos tem sobre as relações hídricas e a estrutura de raízes da planta. Embora os mesmos tipos de experimentos conduzidos em casas de vegetação e câmaras de crescimento também possam ser realizados em jardins ou em vasos colocados no solo ou acima dele, em jardins ou comunidades naturais, esse procedimento é adotado com frequência, pois os objetivos de experimentos em casas de vegetação e no campo muitas vezes diferem. Entretanto, não há um limite preciso entre experimentos de casas de vegetação, jardins ou campo. Por exemplo, os avanços técnicos recentes têm ampliado nossas habilidades em manipular vários fatores ambientais em experimentos a campo, desde temperaturas do solo até o CO_2 atmosférico.

Os três delineamentos experimentais básicos são, não raras as vezes, utilizados em experimentos de competição em casas de vegetação: substitutivo (reposição), aditivo e série aditiva (Gibson et al., 1999). Os **delineamentos substitutivos** testam a força relativa da competição intraespecífica *versus* interespecífica por meio da alteração das frequências de dois competidores hipotéticos, ao mesmo tempo em que a densidade total é mantida constante (de Wit, 1960; Harper, 1977). Esses experimentos foram, por algum tempo, a ferramenta mais importante para estudos de competição vegetal, mas têm sido criticados por muitos motivos. Eles são sujeitos a limitações teóricas e estatísticas, sofrem de suposições restritivas e oferecem capacidade limitada para extrapolar seus resultados (Connolly, 1986). Talvez sua maior limitação seja que eles consideram apenas uma densidade total fixa de plantas, tornando impossível determinar as circunstâncias sob as quais seria esperado que cada população crescesse ou declinasse (Inouye e Schaffer, 1981).

Os **delineamentos aditivos** simples manipulam a densidade total dos vizinhos, geralmente por uma gama de densidades, enquanto mantêm constante a densidade da espécie-alvo (habitualmente um único indivíduo). Esses experimentos têm sido equivocados por confundir densidade com proporção de espécies e por também muitas vezes basear suas conclusões em uma única medida de produção final. Porém, eles oferecem uma série de vantagens por considerarem várias questões (Gibson et al., 1999). Por exemplo, Goldberg e Landa (1991; ver Quadro 10A) usaram um delineamento aditivo para comparar efeitos e respostas competitivas com base individual ou por unidade de biomassa.

Vários autores têm discutido as vantagens de delineamentos de **séries aditivas** ou "aditivos completos" (também denominados **experimentos de superfície de resposta**), nos quais as densidades e as frequências são variadas (p. ex., Firbank e Watkinson, 1985; Silvertown e Lovett Doust, 1993). Esses delineamentos oferecem mais informação que os aditivos simples, mas são maiores e complexos, e não têm sido muito utilizados, principalmente por estas razões. A informação ganha nem sempre compensa o esforço adicional e o custo envolvido. Experimentos de competição de múltiplas espécies são igualmente complexos e por vezes realizados.

Algumas outras abordagens experimentais têm sido utilizadas de vez em quando em estudos de competição em casas de vegetação. Experimentos nos quais competições das raízes e das partes aéreas são desvinculadas (Figura 10.9) podem ser úteis na determinação mais precisa das maneiras como os competidores se afetam reciprocamente. Delineamentos em leque foram criados para

Quadro 10A

Como a competição é medida e por que isso é importante

O modo como se mede a intensidade de competição afeta a interpretação dos resultados de estudos de competição vegetal. Algumas divergências sobre a natureza da competição entre plantas podem ser reconhecidas por diferenças na maneira como a competição tem sido estudada e medida (Grace, 1991, 1995). A interpretação dos resultados de um experimento de competição depende, até certo ponto, das unidades nas quais os resultados são expressos.

Goldberg e Werner (1983) fizeram uma distinção entre **efeitos competitivos** e **respostas competitivas** de uma planta sobre seus vizinhos. O reconhecimento desses dois componentes distintos de capacidade competitiva de plantas pode ajudar a compreender as maneiras como as plantas interagem. Surpreendentemente, as categorizações de efeitos competitivos e de respostas competitivas pode não ter correlação – uma espécie pode ser um excelente competidor de resposta, mas um pobre competidor de efeito (Goldberg, 1990). Os resultados podem ser calculados com base na área (como a biomassa total por unidade de área), ou por gramas de biomassa dos competidores, ou por indivíduos.

Uma das abordagens mais comuns para quantificar a intensidade competitiva é usar um índice, habitualmente uma razão que padroniza respostas através de espécies e ambientes de modo que elas possam ser comparadas em uma mesma escala. Um dos mais comuns é o **índice de competição relativa** ou intensidade de competição relativa, ICR:

$$\text{ICR} = \frac{P_{\text{monocultura}} - P_{\text{misto}}}{P_{\text{monocultura}}}$$

onde $P_{\text{monocultura}}$ e P_{misto} são as performances vegetais em monocultura (apenas uma espécie) ou em cultivos mistos (com duas ou mais espécies), sendo a performance geralmente quantificada como peso seco ou taxa de crescimento. Um outro índice de performance é o **índice de competição absoluto** ou intensidade de competição absoluta (ICA), que é simplesmente a diferença:

$$\text{ICA} = P_{\text{monocultura}} - P_{\text{misto}}$$

O uso desses dois índices diferentes como medidas dos resultados de um experimento pode conduzir a conclusões muito distintas.

Apesar de sua popularidade para medidas de intensidade competitiva, o ICR tem muitas limitações. As razões expressadas em uma escala aritmética têm propriedades estatísticas fracas e são assimétricas (a alteração do numerador afeta a razão diferentemente da alteração do denominador pela mesma quantidade). A ICA também é suscetível aos problemas conceitual e estatístico. Uma alternativa é usar a **razão em resposta logarítmica** (RRL):

$$\text{RRL} = \ln \frac{P_{\text{misto}}}{P_{\text{monocultura}}}$$

Esse índice tem a vantagem de expressar performance relativa a potencial, assim como o ICR, mas tem propriedades estatísticas melhores, incluindo simetria (Hedges et al., 1999). A RRL é muito similar à diferença nas taxas de crescimento relativas entre monocultura e cultivo misto, se os tamanhos iniciais das plantas são similares ou menores em comparação aos tamanhos finais.

Weigelt e Jolliffe (2003) discutem 50 índices diferentes usados para quantificar a competição vegetal e as considerações para utilizar na seleção e avaliação de um índice. O debate sobre a superioridade de qualquer um dos índices de competição baseia-se na suposição de que um índice pode representar precisamente as características essenciais de uma interação competitiva. Contudo, qualquer índice simplifica a realidade e, portanto, tem limitações inerentes (como acontece com índices que expressam qualquer tipo de relação, desde a diversidade de espécies até a performance da bolsa de valores). Qualquer tentativa para reduzir dados complexos em um único índice sofre pela perda de informação. Além disso, os índices de competição, não realisticamente, assumem respostas lineares à densidade dos vizinhos, e muitos resultados diferentes podem resultar no mesmo índice; tais índices tendem a ser fortemente influenciados pelo tamanho inicial da planta (Grace et al., 1992). Uma outra limitação expressiva é que, com a aplicação de tantos índices diferentes, fica difícil interpretar os resultados. Os progressos científicos dependem em parte da padronização, e a compreensão da competição vegetal pode ser impedida pela tremenda proliferação de abordagens e medidas para quantificar a competição.

Ao fazer comparações da intensidade de competição através de ambientes ou espécies, uma alternativa para o uso de índices é examinar diagramas das interações e testá-las estatisticamente, comparando o desempenho (por exemplo, biomassa) de maneira direta, sem converter em índices. Melhor ainda seria fazer o acompanhamento temporal do crescimento (ou outra medida de desempenho) das plantas competidoras, seguindo suas trajetórias gráfica e/ou estatisticamente, para determinar como a interação as afeta ao longo do tempo.

Podemos examinar algumas das implicações pelo emprego de diferentes maneiras de medir a competição, usando um exemplo hipotético. Imagine que um ecólogo está estudando duas espécies, A e B, que coocorrem. A espécie A apresenta a maior biomassa em uma área que está sendo estudada, enquanto a B apresenta apenas uma pequena proporção da biomassa. As parcelas são roçadas e as plântulas das duas espécies são cultivadas juntas, em parcelas experimentais. Por parcela, é cultivada uma plântula de cada espécie, cada qual pesando em média 1 grama. Depois de certo tempo, as plantas são colhidas e pesadas, apresentando os seguintes resultados (os números mostrados são as médias por parcela): (colocar as bolas e flechas do esquema)

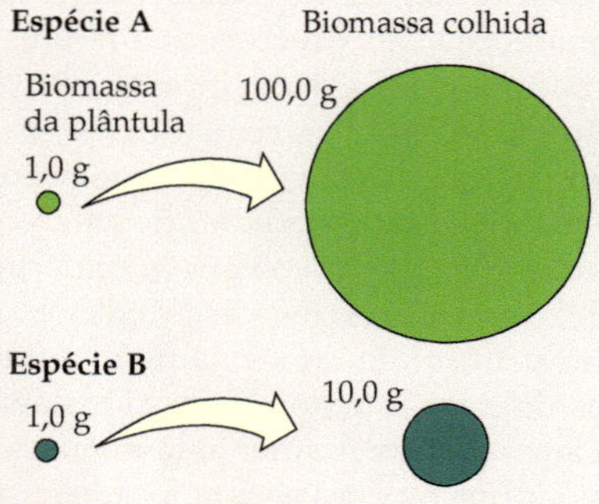

Quadro 10A *(continuação)*

Agora, imagine que um ecólogo deseja testar os efeitos hipotéticos de cada espécie sobre a outra. Plântulas solitárias são cultivadas sem vizinhos, para estimar como seria seu desempenho sem competição. Os resultados foram:

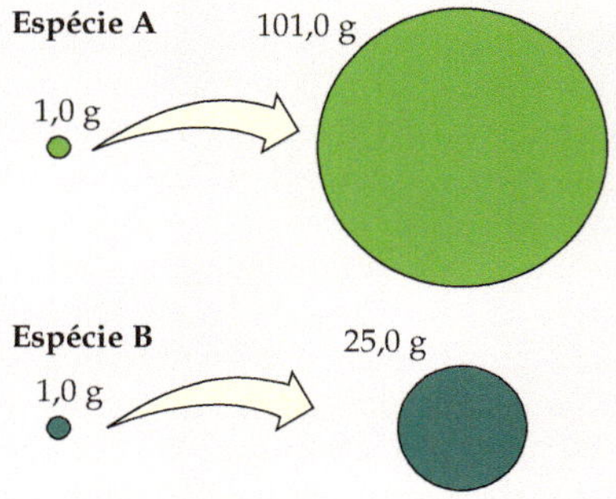

Para prosseguir, calculamos os logaritmos naturais de todos os valores de biomassa (ln 1,0 = 0; ln 10,0 = 2,30; ln 25,0 = 3,22; ln 100,0 = 4,61; ln 101,0 = 4,62). Como seria estimada a magnitude da competição? Primeiro, calculamos a **taxa de crescimento relativo** (TCR) sobre algum intervalo de tempo para cada espécie como

$$\mathrm{TCR} = \ln W_2 - \ln W_1$$

onde, W_2 é o peso seco no final do intervalo de tempo e W_1 é o peso seco no início desse intervalo (Hunt, 1990). (Poderíamos também ter escolhido usar uma taxa de crescimento absoluto como medida de desempenho.) Assim,

$$\mathrm{TCR}_{A,mono} = 4{,}62 - 0 = 4{,}62$$

$$\mathrm{TCR}_{A,misto} = 4{,}61 - 0 = 4{,}61$$

Neste caso, ICR para a intensidade da competição vivenciada pela espécie A, baseada na TCR como a medida de desempenho, é

$$\mathrm{ICR_A} = \frac{(4{,}61-4{,}61)}{4{,}62=0{,}002}$$

Com os mesmos cálculos, a intensidade da competição vivenciada pela espécie B ($\mathrm{ICR_B}$) é 0,28, refletindo o grande efeito da espécie A sobre a B e o efeito muito pequeno da espécie B sobre a A.

Alternativamente, um diagrama de interação usando TCR deveria parecer como este:

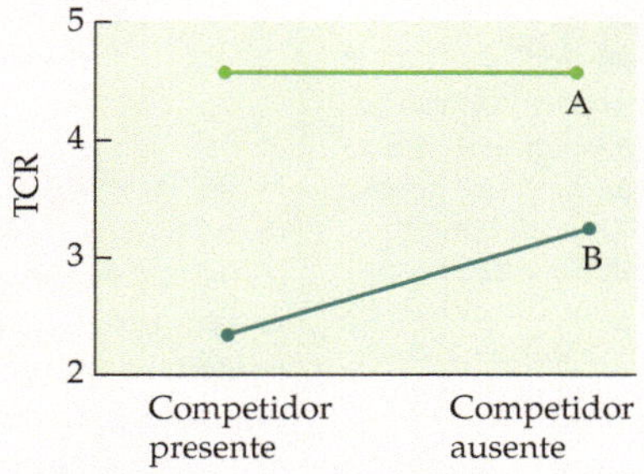

Esse gráfico reflete da mesma maneira o efeito muito pequeno de competição sobre a espécie A e o efeito muito maior sobre a B. Uma interação estatisticamente significativa confirmaria que a competição interespecífica tem um efeito maior sobre a B que sobre a A.

Connolly (1987) sugeriu o uso da diferença entre as taxas de crescimento relativo de duas espécies em cultivo misto, para prever a dinâmica da mistura. Tal índice, **índice de eficiência relativa** (IER), nesse caso é

$$\mathrm{IER} = \mathrm{TCR_A} - \mathrm{TCR_B} = 4{,}61 - 2{,}30 = 2{,}31$$

Grace (1995) sugere que a comparação do IER em cultivo misto e monocultura permite estimar interações competitivas e prever o "ganhador" em cultivo misto. Aqui, $\mathrm{IER}_{mono} = 4{,}62 - 3{,}22 = 1{,}40$; o maior valor de IER em cultivo misto indica que a espécie A é competitivamente dominante, sendo previsível que substitua B quando cultivadas juntas.

Se, como é normalmente feito, o ICR for calculado com base na biomassa final em vez da TCR, os resultados seriam

$$\mathrm{ICR_A} = \frac{101-100}{101=0{,}0099}$$

e

$$\mathrm{ICR_B} = \frac{25-10}{25=0{,}60}$$

mostrando menos da diferença entre as duas espécies em resposta à presença de competidores do que quando expressada na base da TCR. Alguém poderia não querer expressar ICR sobre a base de unidade de biomassa; se dividíssemos pela massa do competidor no final do experimento, pareceria que os efeitos competitivos das duas espécies, cada qual sobre a outra, eram muito similares. Medida como razão em resposta logarítmica (RRL), os valores são

$$\mathrm{RRL_A} = \ln(101/100) = 0{,}01$$

$$\mathrm{RRL_B} = \ln(25/10) = 0{,}92$$

Um problema aparece quando as diferenças absolutas e relativas distinguem-se. John Grace (Grace, 1995) dá o exemplo da espécie X alcançando 30 gramas em competição e 40 gramas sozinha, e a Y crescendo até 2,5 gramas em competição e 10 gramas sozinha. A diferença absoluta (biomassa quando sozinha – biomassa em competição) para a espécie X é maior que para a Y, mas o efeito proporcional da competição é maior para a última. Nesses casos, é especialmente importante estar ciente de que efeitos aditivos podem ser diferentes dos proporcionais, e que a ICA avalia os primeiros e a ICR, os últimos.

Um diagrama de interação desenhado a partir da biomassa final (não transformada) enfatizará comparações aditivas e dará resultados similares àqueles da ICA. Um diagrama de interação baseado nas taxas de crescimento relativo enfatizará diferenças proporcionais (assumindo que os tamanhos iniciais eram similares e pouco relativos aos tamanhos finais para ambas as espécies) e, por isso, dará resultados qualitativos similares àqueles da ICR, talvez com alguma informação a mais. A RRL também enfatizará diferenças proporcionais, como o ICR, mas, novamente, tem propriedades estatísticas melhores do que a ICR. Isso pode ser informativo mesmo na execução desses cálculos e diagramas, podendo ser utilizado o exemplo de Grace e serem assumidos vários tamanhos iniciais para as duas espécies.

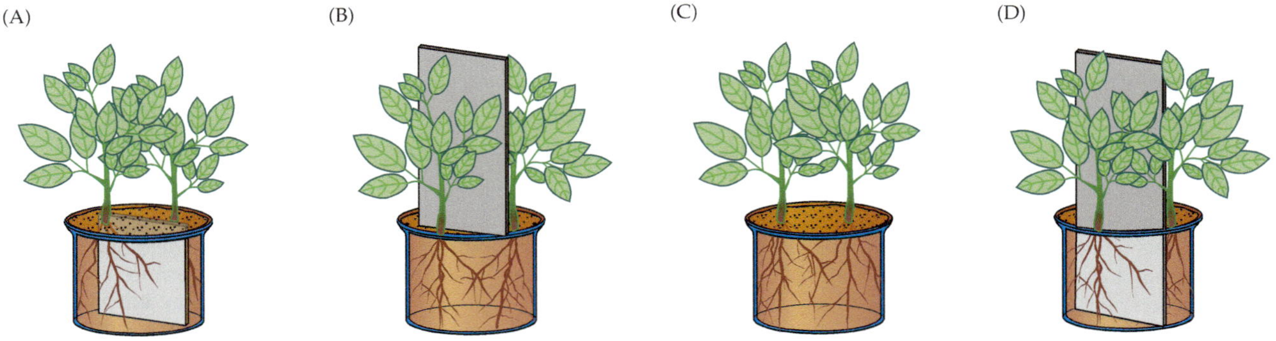

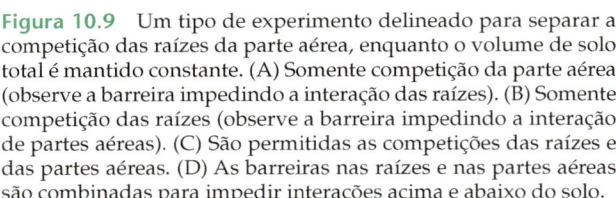

Figura 10.9 Um tipo de experimento delineado para separar a competição das raízes da parte aérea, enquanto o volume de solo total é mantido constante. (A) Somente competição da parte aérea (observe a barreira impedindo a interação das raízes). (B) Somente competição das raízes (observe a barreira impedindo a interação de partes aéreas). (C) São permitidas as competições das raízes e das partes aéreas. (D) As barreiras nas raízes e nas partes aéreas são combinadas para impedir interações acima e abaixo do solo.

estudar, de forma eficiente, os efeitos da densidade hexagonais, para testar os efeitos de frequências diferentes de vizinhos; delineamentos hexagonais e em leque testam densidade e frequência simultaneamente. Todos esses delineamentos consistem de plantas dispostas em padrões espaciais precisos para prover dados sobre efeitos da densidade e do espaçamento, e sobre efeitos das proporções entre competições interespecíficas e intraespecíficas. Experimentos assim têm sido criticados por apontarem sérios inconvenientes estatísticos, incluindo falta de independência entre amostras, viés estatístico e outras limitações (Gibson et al., 1999).

Jessica Gurevitch e seus estudantes (1990) compararam a intensidade da competição intra e interespecífica, por meio da quantificação da performance de plantas individuais que cresciam sozinhas (sem competição), com um número variado de vizinhos intraespecíficos ou com um número variado de competidores interespecíficos. Os efeitos da competição intraespecífica e interespecífica foram estimados a partir da redução no crescimento das plantas com vizinhos em comparação àquelas sem vizinhos. Nenhum índice foi calculado; em vez disso, o crescimento com ou sem vizinhos foi diretamente comparado. Os pesquisadores argumentaram que isso foi mais informativo para avaliar as respostas das plantas aos competidores, pela comparação das performances em competição intra-específica ou interespecífica com a performance na ausência de competição. Em uma abordagem mais convencional, a performance sem competidores não é medida (ver Quadro 10A) e os desempenhos em competições intra e interespecífica são estimados utilizando-se um índice como o ICR, calculando uma contra a outra em uma única razão. De acordo com Gurevitch e coautores, os efeitos dessas competições são, portanto, confundidos em tais experimentos.

Um experimento de jardim criativo e incomum foi conduzido por Deborah Goldberg e seus colaboradores sobre os efeitos da densidade em comunidades anuais de deserto em Israel (Goldberg et al., 2001). Eles coletaram bancos de sementes de dunas arenosas em áreas que diferiam em precipitação, produtividade e diversidade. Eles puderam incluir comunidades inteiras de plantas anuais em suas amostras de banco de sementes, peneirando a areia para coletar todas as sementes. Após, as amostras de toda a comunidade de plantas, representadas pelas sementes, foram cultivadas em densidades diferentes em um jardim seminatural montado. Os pesquisadores constataram efeitos robustos da densidade na emergência de plântulas, na sobrevivência até o final da estação de crescimento e no tamanho final das plantas. Entretanto, seus efeitos diferiram em cada um desses estádios da história de vida. Influência maior da densidade foram seus efeitos negativos na emergência de plântulas (germinação e sobrevivência muito breve). A densidade teve um efeito fraco, mas positivo, na sobrevivência, com menor chance nas parcelas de menor densidade (exploraremos algumas possíveis razões para tal resultado quando discutirmos a facilitação, mais adiante, neste capítulo). Ela teve um efeito negativo no tamanho final médio das plantas, embora ele não fosse tão forte ou tão consistente quanto o efeito negativo na emergência. Essa pesquisa salienta a importância do estudo dos efeitos da competição em mais de um estágio da história de vida.

Experimentos de campo

A competição tem sido amplamente estudada em experimentos de campo (revisado por Goldberg e Barton, 1992). A maioria dos experimentos de competição vegetal em comunidades naturais tem se preocupado com questões simples, que consideram se vizinhos afetam a biomassa, o crescimento ou algum outro componente de desempenho em uma única situação em um período particular; apenas alguns estudos têm abordado questões mais complexas. Ainda não sabemos se as espécies mais abundantes de uma comunidade são, em geral, aquelas competitivamente superiores, porque temos poucos dados que apontam para essa questão, apesar da sua importância central na compreensão do papel da competição na estrutura de comunidades.

O delineamento experimental mais comum em comunidades naturais envolve a retirada de todos ou alguns vizinhos de um indivíduo-alvo (Goldberg e Scheiner, 2001). As remoções de espécies diferentes ou grupos funcionais diferentes (p. ex., vizinhos lenhosos *versus* não-lenhosos) podem ser comparadas. Embora não haja razão pela qual as densidades de vizinhos não possam ser aumentadas em vez de reduzidas, esse procedimento raramente tem sido adotado em experimentos de competição vegetal, ainda que pudesse produzir resultados interessantes.

Outros experimentos manipulam a abundância de espécies-alvo ao longo de gradientes naturais de produtividade ou densidade de vizinhos, habitualmente por transplante de indivíduos em vegetação nativa. Em geral, apenas o crescimento de plantas adultas é medido em tais experimentos, embora alguns estudos tenham examinado respostas populacionais. A adição de sementes e a retirada de adultos foram utilizadas por Norma Fowler (1995), por exemplo, no exame da dependência da densidade de respostas demográficas em duas gramíneas perenes, *Bouteloua rigidiseta* e *Aristida longiseta*, no Texas. Ela constatou que a dependência da densidade de parâmetros demográficos para *B. rigidiseta* e *A. longiseta* foi fraca – a competição foi muito menos importante que outros fatores para a regulação populacional nessas espécies. Em outras abordagens experimentais, as espécies-alvo podem ser transplantadas para dentro de comunidades que diferem em composição florística em vez de produtividade ou densidade. Mais adiante, neste capítulo, retornaremos a esses experimentos de campo sobre competição, ao considerarmos as evidências dos efeitos da competição sobre a composição de comunidades e a coexistência de espécies na natureza.

Uma abordagem duradoura para estudar os efeitos da competição em florestas tem sido a de manipular a competição acima e abaixo da superfície do solo separadamente, pela criação de clareiras no dossel por meio do corte de árvores inteiras ou de ramos grandes, e pela abertura de trincheiras para impedir a competição de raízes (Coomes e Grubb, 2000). Abertura de trincheiras envolve cortes no solo em profundidades padronizadas (frequentemente cerca de 50 cm, mas às vezes mais profundos) ao redor de pequenas parcelas, para desfazer conexões de raízes com árvores e arbustos fora da parcela. As trincheiras são geralmente utilizadas em parcelas bem-definidas, onde o crescimento e a sobrevivência de plântulas são comparados com as mesmas medidas em parcelas sem trincheiras. Algumas vezes, o solo é removido das trincheiras e são colocadas barreiras (plástico, lâminas de metal, etc.) no local, para impedir o rebrote de raízes. Por exemplo, Ignacio Barberis e Edmund Tanner (2005) associaram a criação de clareiras com a abertura de trincheiras em uma floresta tropical semidecidual no Panamá, para estimar os efeitos da competição acima e abaixo do solo sobre plântulas de arbóreas cultivadas experimentalmente. Eles constataram que as clareiras aumentam bastante o crescimento das plântulas de quatro espécies arbóreas estudadas, mas que o emprego de trincheiras resultou em aumentos acentuados no crescimento apenas nas clareiras – isto é, as plântulas não responderam ao uso de trincheiras quando estavam sombreadas por um dossel (uma das quatro espécies não teve qualquer resposta ao uso de trincheiras).

Da competição interespecífica para a alelopatia e a facilitação

Além de competirem por recursos, as plantas podem interagir em uma ampla gama de maneiras. Começaremos esta seção examinando várias teorias sobre o que torna as plantas competidores inferiores ou superiores sob diferentes condições. Após, consideraremos as circunstâncias gerais que provavelmente tornam os resultados da competição mais ou menos importantes do que outros fatores ambientais na determinação da coexistência de espécies. Um tipo particular de interação negativa, a alelopatia – "guerra química" entre plantas – tem sido tema de muitos estudos e muitas controvérsias. Variadas interações positivas entre plantas, conhecidas coletivamente como facilitação, podem também influenciar tanto a aptidão individual como a estrutura da comunidade. Por fim, focalizaremos as evidências da alelopatia e a facilitação, bem como os sistemas nos quais elas têm sido estudadas.

Compensações (trade-offs) *e estratégias*

Por muitos anos, os ecólogos têm tentado identificar **estratégias** vegetais: conjuntos característicos de atributos que teriam mais sucesso em certos ambientes ou sob circunstâncias especiais. No Capítulo 8, já nos deparamos com os conceitos de *trade-offs* e estratégias no contexto de atributos de história de vida. A definição de estratégias úteis, via de regra, tem sido difícil, mas a ideia básica de estratégias continua aparecendo sob várias formas em ecologia vegetal e tem amplo apelo intuitivo (revisado por Grover, 1997). Esses conceitos também são relevantes para fazer previsões sobre interações competitivas e suas consequências. Certos atributos em geral melhoram os competidores ou há *trade-offs* que tornam alguns atributos vantajosos em certos tipos de situações competitivas, mas apontam uma desvantagem em outros? Essa é ainda uma outra área onde as previsões feitas por diferentes ecólogos têm uma longa história de nítidas divergências.

No início do século passado, John Weaver e Frederic Clements (1929) observaram que, em pradarias, gramíneas mais altas tinham uma vantagem competitiva. Alguns pesquisadores atuais também têm concluído que a altura de plantas, pelo menos em comunidades de herbáceas perenes, está geralmente associada à dominância competitiva (Keddy, 2001). Porém, atributos que conferem uma vantagem para indivíduos ou espécies que competem por luz podem não necessariamente ser vantajosos na competição por outros recursos, como é o caso dos nutrientes do solo.

Expandindo ideias primeiramente desenvolvidas por Robert MacArthur (1972), David Tilman e outros têm expressado pontos de vista sobre estratégias competitivas. Eles assumiram que há atributos vegetais que concedem uma vantagem competitiva, mas que tais são vantajosos apenas sob certas condições ou em certos ambientes. Esses atributos também têm vários custos. Em qualquer ambiente, eles conjeturaram que os melhores competidores sob as condições existentes serão dominantes. Por exemplo, plantas altas que sombreiam vizinhos são competidores superiores por luz e devem ser competitivamente superiores em comunidades férteis, de alta produtividade. Em comunidades sobre solos inférteis, com baixa produtividade, os competidores superiores por nitrogênio devem ser as espécies dominantes (Tilman, 1988). De acordo com essa teoria, a capacidade competitiva superior em solos inférteis depende da capacidade de reduzir os nutrientes do solo para um nível abaixo daquele que competidores podem existir e persistir naquele nível baixo de nutrientes.

Por outro lado, J. Philip Grime (1977) e outros têm argumentado que certos atributos, especialmente aqueles que conferem taxas de crescimento rápido sob condições favoráveis, são sempre associados à superioridade competitiva. Em ambientes favoráveis, de alta produtividade, esses competidores superiores sempre dominarão. Em ambientes desfavoráveis, com baixa produtividade, a capacidade competitiva não será vantajosa; em vez disso, características que conferem tolerância ao estresse, como folhas de vida longa com tempos médios de residência altos para nutrientes (ver Capítulos 4 e 14), determinarão a dominância e persistência de espécies (tema discutido em maior profundidade no Capítulo 8). Em hábitats perturbados, outros atributos, como a capacidade de dispersão, serão favorecidos. As teorias de Tilman e Grime fazem previsões nitidamente diferentes, em especial em relação aos atributos que são mais consistentes com o sucesso em ambientes pobres nutricionalmente, com baixa produtividade: capacidade competitiva para reduzir os nutrientes do solo a níveis abaixo dos quais os competidores não conseguem sobreviver e persistir naqueles níveis baixos (Tilman), ou características, como as altas taxas de retenção de nutrientes nas folhas que resultam em tolerância a condições desfavoráveis, em vez do sucesso em interações competitivas (Grime). Nos Capítulos 4 e 14, discutimos alguns dos dados sobre adaptações contrastantes a hábitats com baixa e alta fertilidade do solo e suas consequências em nível de ecossistemas.

Paul Keddy e colaboradores (Keddy et al., 1998) realizaram um grande experimento de jardim com espécies de terras úmidas canadenses, para testar a hipótese de correlação entre atributos de plantas com efeitos competitivos relativos (de cada espécie sobre outra com a qual ela estava competindo) e respostas competitivas (a competição vinda da outra espécie) (ver Quadro 10A). O efeito competitivo de uma espécie aumentou à medida que sua taxa de crescimento relativo aumentava. As respostas competitivas de espécies não foram relacionadas nem com a taxa de crescimento nem com efeitos competitivos, mas similares ao longo de uma gama de comunidades muito diferentes; isto é, a resposta de espécies foi consistente mesmo quando seus vizinhos foram muito diferentes. Esses resultados sugerem que espécies mais altas e de crescimento mais rápido têm efeitos competitivos superiores sobre vizinhos. Entretanto, um experimento em ecologia, mesmo bem feito, nem sempre pode resolver uma controvérsia. Permanece a dúvida em quão generalizados são tais resultados: não sabemos se essas conclusões valem para outros sistemas herbáceos de clima temperado ou se se mantêm em diferentes tipos de comunidades vegetais.

Em um teste de questões similares em Kwa-Zulu Natal, África do Sul, Richard Fynn e colaboradores (Fynn et al., 2005) compararam estratégias e capacidades competitivas de cinco espécies de gramíneas perenes. Essas gramíneas são comumente encontradas em sítios que diferem muito quanto à fertilidade do solo (assim como em outros fatores, como pastejo e fogo). Em uma comparação de duas dessas espécies conjeturadas como dominantes competitivos em solos de diferentes fertilidades, os pesquisadores encontraram uma inversão de superioridade competitiva em solos com baixos e altos níveis de fósforo. *Panicum maximum* (capim-guiné, Poaceae), uma gramínea alta de folhas largas, encontrada na natureza sobre solos férteis, foi competitivamente dominante em unidades experimentais com altos níveis de fósforo, quando crescia com *Hyparrhenia hirta* (grama colmagem, Poaceae), uma espécie alta de folhas estreitas, de solos inférteis (Figura 10.10). Entretanto, *H. hirta* foi o competidor superior, quando as duas espécies foram cultivadas juntas em unidades experimentais com muito pouco fósforo. (Incidentalmente, essas duas espécies de gramíneas são altamente invasoras em outros continentes e ilhas onde não são nativas; ver Capítulo 21).

O estudo de Fynn et al. (2005), portanto, oferece evidências para sustentar as previsões de Tilman, de que espécies diferentes deveriam ser competitivamente superiores em ambientes variados. Por outro lado, ele contrasta com os resultados de Keddy et al. (1998) para espécies de

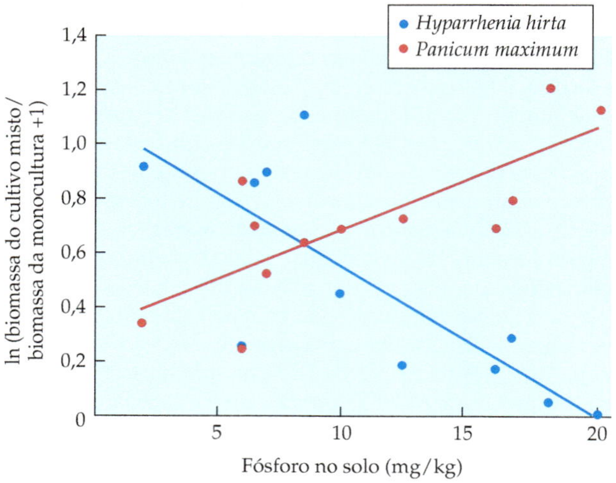

Figura 10.10 Razão da biomassa em competição intraespecífica para *Panicum maximum* (círculos vermelhos) e para *Hyparrhenia hirta* (círculos azuis), em solos com níveis de fósforo variando de valores muito baixos até mais elevados. No nível mais baixo de fósforo, *H. hirta* funciona relativamente melhor em comparação com *P. maximum*, e o oposto ocorre nos níveis mais elevados de fósforo (ver texto) (segundo Fynn et al., 2005).

terras úmidas canadenses, em que as mesmas espécies foram competitivamente dominantes sob uma ampla gama de condições ambientais. Contudo, deveríamos interpretar esses resultados com cautela. Os resultados do estudo com gramíneas da África do Sul de Finn et al., sob outras condições edáficas e para outros pares de espécies, foram muito menos consistentes, de modo que a generalização dos seus resultados pode ser limitada. A partir desses e outros estudos, ainda não está claro se há relações consistentes entre a capacidade competitiva, a fertilidade do solo e as estratégias vegetais, e nem se os padrões observados se mantêm para vários tipos diferentes de comunidades vegetais ou apenas para as comunidades de herbáceas perenes nas quais essas relações têm sido mais comumente testadas.

As alocações relativas para as raízes, os órgãos fotossintéticos, os caules e os órgãos reprodutivos são características que podem afetar as capacidades competitivas das plantas. A arquitetura da parte aérea exerce um grande efeito sobre o sombreamento dos vizinhos. A estrutura das raízes e sua distribuição no solo (incluindo a extensão lateral, a profundidade e o grau que elas preenchem do espaço) afetam a absorção de água e nutrientes, em relação à capacidade dos vizinhos em acessar esses recursos. As alocações relativas para estruturas não-lenhosas *versus* lenhosas e para estruturas perenes capazes de regeneração *versus* tecidos fotossintéticos ou reprodutivos também afetam as interações competitivas. Entretanto, é difícil fazer generalizações sobre como estratégias de alocação diferentes afetam os resultados da competição, porque suas consequências diferem para combinações diferentes de espécies e para ambientes distintos.

Pesquisas de Mark Westoby e colaboradores (Westoby, 1998; Westoby et al., 2002) têm tentado superar as objeções a esquemas estratégicos anteriores, por meio da proposição de planos objetivos e amplamente aplicáveis que possam ser utilizados para fazer comparações de espécies e comunidades vegetais mundo afora. Os esquemas estratégicos de Westoby são baseados na suposição de que há *trade-offs* ao longo de um número pequeno de eixos que definem atributos principais, facilmente quantificados, como área foliar específica, tempo de vida foliar, tamanho foliar, tamanho de ramos, altura do dossel, massa e número de sementes. Seu objetivo em desenvolver esses esquemas é similar ao das pessoas que buscam definir grupos funcionais de plantas (ver Quadro 9A): reduzindo a vasta diversidade de plantas terrestres a categorias conceituais, de modo que as plantas possam ser agrupadas de tal modo que se possa propor hipóteses testáveis e fazer previsões. Se a ecologia de cada espécie vegetal precisar ser descrita individualmente, seriam obtidos efetivamente progressos apenas muito limitados na compreensão da ecologia de qualquer unidade com múltiplas espécies, de comunidades vegetais e ecossistemas a biomas. Apesar dos resultados iniciais do trabalho desse grupo de pesquisa serem promissores, ainda não está claro se o objetivo é atingível.

Hierarquias competitivas

As opiniões diferentes a respeito da natureza de *trade-offs* e estratégias estão relacionadas a opiniões diferentes sobre a capacidade competitiva ser uma característica fixa de espécies vegetais ou variar de acordo com o ambiente onde vivem e com as outras espécies com as quais estão interagindo. Existem hierarquias competitivas consistentes entre espécies vegetais? Algumas são sempre competitivamente superiores e a ordem das hierarquicamente subordinadas é relativamente fixa? Essa visão está incluída nas ideias de Grime (1977), discutidas anteriormente. Alternativamente, segundo outros autores, a regra geral para as interações entre espécies em comunidades vegetais é que a dominância nas interações competitivas varia com as condições ambientais.

O debate sobre hierarquias competitivas é importante, porque toca em questões relacionadas à estrutura básica das comunidades vegetais. Se hierarquias competitivas consistentes ocorressem como uma regra geral, os ecólogos seriam capazes de prever as capacidades competitivas de espécies vegetais com base nos seus atributos, como a forma de crescimento e o tamanho (Herben e Krahulec, 1990; Shipley e Keddy, 1994). As explicações da diversidade de espécies necessitariam, então, compreender os fatores que impedem a exclusão competitiva, como perturbações (ver Capítulo 12).

Uma visão contrária é que a dominância competitiva varia entre ambientes. Se este for o caso, a composição de comunidades deveria ser determinada por um balanço entre dispersão, especiação e extinção (MacArthur e Wilson, 1967) ou pela distribuição de recursos, assumindo que as espécies diferem em suas vantagens competitivas ao competirem por recursos diferentes (Vandermeer, 1969). Os modelos que incorporam essa perspectiva, portanto, dependem da suposição de que hierarquias competitivas consistentes não ocorrem em todos os ambientes. Se a dominância competitiva se modifica em tipos de comunidades diferentes (como esses modelos preveem), uma compreensão da estrutura comunitária necessitaria de estudos sobre como diferem os nichos das espécies e como a história de vida ou outros *trade-offs* permitem uma existência estável.

Connolly (1997) destacou que a maioria dos dados que sustentam a existência de hierarquias competitivas é baseada em experimentos substitutivos de duas espécies (descritos anteriormente), os quais, segundo ele, são tendenciosos. A extrapolação dos resultados desses experimentos de casas de vegetação (sejam eles tendenciosos ou não) para comunidades vegetais naturais é limitada. Precisamos ter mais informações, em especial de experimentos de campo, antes de chegar a conclusões, como a da existência generalizada de hierarquias competitivas na natureza. Infelizmente, ao mesmo tempo em que há centenas de estudos de campo sobre competição vegetal, poucos têm tratado dessa discussão. Portanto, os dados sobre tal questão são ainda muito limitados, não permitindo chegar a qualquer conclusão confiável (Goldberg e Barton, 1992).

Alelopatia

As plantas afetam quimicamente seu ambiente de várias maneiras, alterando o balanço de nutrientes no solo, acidificando a rizosfera (ver Capítulo 4), secretando materiais e liberando partes. Tem sido sugerido que uma maneira de as plantas alterarem seu ambiente para obter vantagem sobre competidores é empregar uma "guerra química" com seus vizinhos, liberando toxinas que reduzem o crescimento de plantas adjacentes ou até mesmo matando-as. Tal fenômeno, denominado **alelopatia**, poderia ser uma maneira de as plantas garantirem acesso incontestável aos recursos. Isso é análogo à "competição por interferência" entre animais. Supõe-se que **aleloquímicos** são liberados de várias formas, incluindo exudatos de raízes e substâncias químicas lixiviadas pela água da chuva ou volatilizadas de tecidos vegetais vivos ou mortos. Muita pesquisa tem sido feita sobre alelopatia, objetivando caracterizar alguns desses compostos e seus modos de ação. Além disso, várias tentativas buscam explicar padrões observados em comunidades –como exclusão competitiva, correlação espacial negativa entre espécies (onde as localizações de indivíduos estão negativamente associadas a outro), dominância na comunidade e invasões rápidas – como consequência, pelo menos em parte, de alelopatia.

Todavia, nenhum desses padrões ecológicos tem sido conclusivamente ligado à alelopatia em experimentos de campo. As tentativas para explicar os padrões ecológicos observados em termos de alelopatia têm gerado grandes controvérsias ao longo de muitas décadas. Na atualidade, a maioria dos ecólogos vegetais usa o termo "alelopatia" para indicar os efeitos tóxicos diretos de compostos químicos liberados sobre plantas vizinhas (Harper, 1977; Inderjit e Callaway, 2003), mas o termo tem sido igualmente empregado para incluir efeitos indiretos, como efeitos de materiais excretados de plantas sobre micróbios do solo, que, por sua vez, afetam negativamente outras espécies vegetais. Os primeiros autores (p. ex., Rice, 1974) usavam o termo "alelopatia" para referir tanto efeitos positivos como negativos, quer diretos ou indiretos. Não há dúvidas de que as plantas podem exercer efeitos importantes sobre a química de seus ambientes; em vez disso, o que tem sido veementemente debatido é o grau de magnitude em que a alelopatia no sentido estrito (espécies vegetais produzindo compostos que têm efeitos tóxicos diretos sobre outras plantas) é responsável por causar padrões ecológicos na natureza.

Demonstrar a existência de alelopatia, muito menos sua importância, envolve muitos problemas práticos sérios. É difícil separar de forma conclusiva os efeitos de substâncias químicas supostamente alelopáticas de efeitos de outros fatores que afetam o desempenho e a distribuição de vizinhos, em especial competição por recursos e herbivoria; em qualquer evento, esses fatores não necessariamente agem separados na natureza (Inderjit e del Moral, 1997). Da mesma forma, é difícil detectar esses compostos no campo e determinar se eles são naturalmente liberados em quantidades suficientes para prejudicar plantas vizinhas. Para complicar ainda mais a situação, os compostos liberados pela planta podem ou não ser nocivos a elas próprias; é possível que seus produtos de degradação sejam os agentes efetivos. Não há dúvida de que muitas plantas contêm substâncias tóxicas que podem prejudicar outras quando extraídas e aplicadas naquelas plantas, mas esses compostos podem estar servindo estrita ou principalmente em funções anti-herbivoria, antibacteriana ou antifúngica. Para dificultar, alguns compostos vegetais podem estimular o crescimento microbiano, o qual pode reduzir a disponibilidade de oxigênio no solo e indiretamente prejudicar as raízes de outras plantas. Por fim, deve-se ser capaz de explicar como as plantas evitam a autotoxicidade: prejudicando a si mesmas, assim como a seus vizinhos.

Uma pesquisa inicial sobre alelopatia foi motivada pela observação de que, no chaparral da Califórnia (um ecossistema dominado por arbustos, encontrado em climas mediterrâneos; ver Capítulo 18), manchas de solo descoberto frequentemente circundam arbustos de certas espécies. Já as plantas herbáceas são abundantes justamente fora dessas áreas de solo descoberto que circundam os arbustos. Esses, especialmente *Salvia leucochylla* (sálvia púrpura, Lamiaceae) e *Artemisia californica* (artemísia californiana, Asteraceae) têm aroma pungente, indicando a liberação de substâncias químicas voláteis para o ambiente. No início da década de 1960, Cornelius H. Muller e seus colaboradores acreditavam que tinham encontrado evidências de alelopatia nessas duas espécies (Muller e Muller, 1964; Muller, 1969). Subsequentemente, eles atribuíram vários outros fenômenos ecológicos do chaparral à alelopatia.

Entretanto, em um experimento que testou as afirmações de Muller, Bruce Bartholomew (1970) encontrou uma explicação alternativa surpreendente para a ausência de plantas sob os arbustos supostamente alelopáticos. Bartholomew pôs pequenas cercas de arame nas áreas de solo descoberto sob os arbustos do chaparral para excluir pequenos mamíferos herbívoros. Dentro das cercas, apareceu um crescimento viçoso de plantas herbáceas. Aparentemente, os animais passavam mais tempo forrageando sob a cobertura dos arbustos, buscando proteção de predadores (em especial aves). Bartholomew concluiu que as zonas de solo descoberto foram criadas principalmente por herbívoros. Outros pesquisadores também levantaram questões técnicas e conceituais sobre a demonstração de alelopatia e sua importância na natureza nas décadas de 1970 e 1980 (p. ex., Harper, 1977; Newman, 1978; Stowe, 1979; Stowe e Wade, 1979). Cerca de uma década mais tarde, Jon Keeley e seus estudantes (Keeley et al., 1985) conduziram estudos adicionais sobre inibição alelopática no chaparral, tentando superar várias das limitações e críticas que afetaram o trabalho de Muller (por exemplo, avaliando os efeitos das supostas substâncias químicas sobre espécies cultivadas, como plântulas de pepino). Seus experimentos demonstraram que, das 22 espécies nativas testadas, 2 foram inibidas pela lixiviação das substâncias químicas supostamente alelopáticas, 11 não foram afetadas e plântulas de outras 9 espécies, na verdade, se beneficiaram das substâncias químicas. Keeley e seus coautores também constataram que o fogo foi de extrema importância nesse sistema, provendo o sinal inicial para a germinação de sementes de plantas herbáceas nativas. Essa longa e interessante saga dos processos da ciência em uma área controversa, incluindo o papel de personalidades científicas, é discutida com detalhes por Halsey (2004).

Uma outra área de pesquisas sobre alelopatia durante as décadas de 1960 e 1970 foi baseada na sugestão de que gramíneas dominantes poderiam inibir a sucessão para vegetação lenhosa por várias décadas, devido a interações alelopáticas com micro-organismos do solo (Rice, 1974). Essa pesquisa foi objeto de muitas das mesmas críticas metodológicas feitas a Muller.

Mais recentemente, dois pesquisadores bem conhecidos em alelopatia, Inderjit e Ragan Callaway (2003), dedicaram-se diretamente a vários desses problemas metodológicos. Eles argumentaram que demonstrar convincentemente a alelopatia requer a determinação das taxas de concentração e a liberação dos supostos aleloquímicos, ambas seguidas de experimentos em que apenas as concentrações desses compostos são manipuladas. Além disso, argumentaram que os experimentos precisam ser delineados para distinguir entre efeitos químicos tóxicos de um lado e efeitos microbianos ou em recursos de outro. Eles também destacaram a necessidade de ligação direta entre observações laboratoriais e em casas de vegetação com padrões no campo, enfatizando a importância de manipulações de efeitos químicos em escalas amplas. Essas ideias provavelmente ajudam a trazer rigor e clareza para este problema "obscuro" (Callaway e Ridenour, 2004).

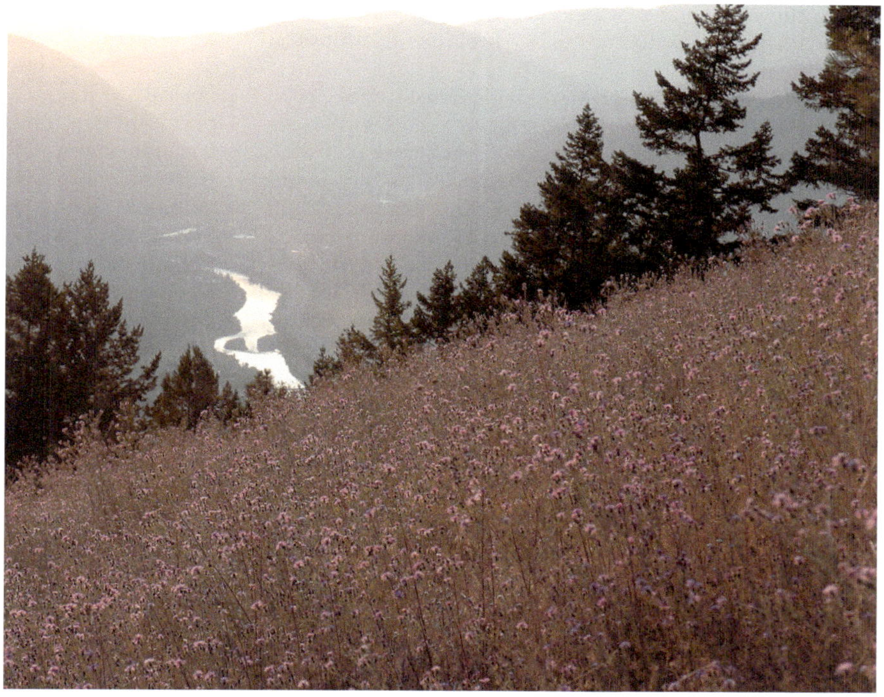

Figura 10.11 *Centaurea maculosa* (a espécie com flores rosa-púrpura cobrindo o primeiro plano da encosta), uma invasora amplamente difundida nas pastagens do oeste da América do Norte. (fotografia cedida por G. C. Thelen.)

Callaway e colaboradores formularam uma hipótese sobre a alelopatia como a principal causa de sucesso de duas importantes ervas daninhas invasoras nas pastagens norte-americanas. *Centaurea diffusa* (centáurea difusa, Asteraceae) e *Centaurea maculosa* (centáurea manchada; Figura 10.11), nativas da Europa e Ásia Menor, atualmente infestam milhões de hectares nos EUA. De cada uma dessas espécies foram isolados compostos encontrados em concentrações substanciais nos solos das pastagens que elas têm invadido e parecem não ter outra fonte (Callaway e Aschehoug, 2000; Bais et al., 2003). Em estudos laboratoriais usando as mesmas amplitudes de concentração demonstradas nos solos de pastagens invadidas, tais compostos têm efeitos tóxicos sobre plantas nativas das pastagens norte-americanas. Também se acredita que os compostos em questão promovem a absorção de nutrientes por *Centaurea*. Em uma interessante guinada da história, esses aleloquímicos têm efeitos apenas leves sobre plantas da Eurásia, das regiões onde as espécies de *Centaurea* são nativas (Vivanco et al., 2004), e as próprias plantas de *Centaurea* não são afetadas por esses compostos. Vivanco e coautores sugeriram que essas observações podem refletir adaptações evolutivas para tolerar esses compostos em ambientes nativos, mas ainda não em novos.

O caso da alelopatia como principal mecanismo para o sucesso da invasão de espécies de *Centaurea* no oeste da América do Norte ainda não está fechado. Um estudo recente de Amy Blair e coautores (Blair et al., 2005), usando uma nova técnica de análise para os compostos descritos para *C. maculosa*, não encontrou nenhuma quantidade mensurável dos compostos em solos invadidos pela centáurea, além de encontrar apenas um leve aumento na mortalidade em uma das espécies nativas, previamente relatada por sofrer 100% de mortalidade. Katharine Suding e coautores (Suding et al., 2004) estudaram competição e disponibilidade de recursos em um local fortemente invadido no Colorado, onde examinaram as respostas e os efeitos competitivos de *C. diffusa* e de três outras espécies, por meio da manipulação local de disponibilidade de nutrientes e densidade de plantas. Os autores verificaram que *C. diffusa* foi mais capaz de tolerar a competição que as outras três espécies estudadas, mas houve pouco efeito espécie-específico sobre o crescimento ou a sobrevivência de seus competidores. Por outro lado, seus experimentos não tentaram remover possíveis efeitos persistentes dos aleloquímicos remanescentes após a retirada das plantas, de modo que o estudo não testou diretamente a hipótese de alelopatia.

Vários estudos experimentais (Zabinski et al., 2002; Walling e Zabinski, 2004; Mummey et al., 2005) têm demonstrado que, onde é invasora, *C. maculosa* tem mais conexões micorrízicas do que as espécies nativas, e que tais conexões melhoram substancialmente sua capacidade em absorver fósforo, em detrimento das plantas vizinhas. Nesses experimentos, a *C. maculosa* e as espécies competidoras foram cultivadas em vasos, com uma rede fina separando as raízes das plantas de espécies diferentes, mas permitindo conexões micorrízicas entre elas (ver Facilitação, a seguir), ou com membranas que separam raízes e micorrizas. A *C. maculosa* cresceu mais e teve conteúdo mais alto de fósforo quando as conexões com micorrizas foram permitidas, porém as espécies nativas cultivadas com *C. maculosa* não tiveram qualquer crescimento extra na presença de micorrizas. É possível que o poder invasor de *C. maculosa* seja, ao menos em parte, devido à sua capacidade superior de usar a simbiose com micorrizas para obter fósforo. Esse mecanismo e a alelopatia não são necessariamente excludentes.

O que podemos concluir? Tem sido difícil demonstrar que a alelopatia exerça efeitos importantes na estruturação de interações de espécies na natureza (Inderjit e Callaway, 2003) e, apesar de esforços consideráveis, em experimentos de campo a alelopatia jamais foi demonstrada de modo inequívoco como sendo a causa de um padrão da comunidade. Serão muito valiosos novos estudos rigorosos de campo sobre efeitos da alelopatia em *C. maculosa* e outras espécies.

A questão mais relevante, entretanto, não é se a "alelopatia ocorre" ou mesmo se a "alelopatia explica padrões vistos em comunidades naturais". Considerando o número de espécies vegetais e o número de compostos que cada uma produz, não seria surpresa se alguns deles tivessem efeitos tóxicos sobre vizinhos ou mesmo se alguns desses efeitos tóxicos algumas vezes resultassem em padrões alterados de comunidades. O que precisamos saber é se aqueles efeitos são especialmente comuns, em relação aos de outros fatores (incluindo outras interações bióticas), na estruturação das comunidades. No contexto mais amplo, necessitamos perguntar (Inderjit e Weiner, 2001) "como as plantas mudam seus ambientes edáficos e como essas mudanças afetam suas interações tanto com indivíduos da mesma espécie como com competidores". Essa é uma questão amplamente desafiadora para futuros pesquisadores.

Facilitação

As plantas podem ter efeitos tanto positivos quanto negativos sobre vizinhos. Às vezes, os efeitos dos vizinhos são positivos por um tempo e tornam-se negativos em estágios posteriores da vida da planta. Os efeitos negativos e positivos podem até ocorrer simultaneamente; por exemplo, vizinhos podem aumentar a sobrevivência, mas diminuir o crescimento. Os ecólogos teóricos têm sido criticados por focalizar em demasia a competição entre plantas, ignorando facilitação – interações positivas entre espécies. Mark Bertness e Ragan Callaway (Bertness e Callaway, 1994) previram que interações positivas deveriam ser particularmente comuns sob condições de elevado estresse abiótico ou níveis altos de herbivoria. Sob condições em que o ambiente físico é favorável para o crescimento e há pouca herbivoria, eles previram que interações competitivas deveriam ser importantes na estruturação de comunidades. Desde que essas previsões foram feitas, muitas pessoas têm estudado interações positivas entre uma grande variedade de plantas em um amplo conjunto de comunidades, embora nenhuma concordância ainda tenha sido alcançada sobre o papel geral das interações de facilitação em relação à competição ou à herbivoria.

Os efeitos de vizinhos podem certamente diferir, dependendo de outros aspectos do ambiente. Suzanne Boyden e colegas (Boyden et al., 2005) estudaram as interações entre duas plantações de espécies arbóreas no Havaí. Eles constataram que, quanto ao crescimento e à sobrevivência, as árvores apresentam efeitos recíprocos complexos, variando desde intensamente competitivos até intensamente facilitativos, dependendo do N e do P no solo (Figura 10.12A-D). A sobrevivência de *Falcataria moluccana* (albízia molucana, Fabaceae), uma árvore fixadora de N, aumentou pela vizinhança de *Eucalyptus saligna* (eucalipto de Sydney, Myrtaceae) em solos com teor alto de N, mas os efeitos competitivos de *E. saligna* diminuíram a sobrevivência de *F. moluccana* em solos com teor baixo de N (Figura 10.12A). Por outro lado, a sobrevivência de *E. saligna* foi afetada apenas levemente pelas competições intraespecífica e interespecífica, e esses efeitos não variaram com os nutrientes do solo. O crescimento de *F. moluccana* aumentou pelas interações positivas com *E. saligna* em teor baixo de N, mas diminuiu pela competição com *E. saligna* em teor alto de N (Figura 10.12B). Os efeitos intra-específicos de *F. moluccana* sobre seu próprio crescimento foram de facilitação e aumentaram com a densidade coespecífica em baixos níveis de P no solo, mas foram competitivos e tornaram-se mais negativos com a densidade intraespecífica em solos com teor elevado de P (Figura 10.12D). *Eucalyptus saligna* exibiu efeitos intraespecíficos competitivos muito negativos sobre o crescimento, que não se alteraram pelos recursos do solo. Os mecanismos dessas interações ainda não são bem compreendidos, mas os autores especularam que conexões micorrízicas podem mediar interações complexas entre disponibilidade de recursos e competição na determinação do crescimento e sobrevivência nessas árvores.

As **plantas-berçário** (*nurse plants*) intensificam o estabelecimento de plantas juvenis em vários tipos de comunidades. Em geral, o "berçário" é uma planta adulta de uma espécie diferente e, com frequência, com forma de crescimento diferente da dos juvenis. Alguns dos exemplos melhor conhecidos ocorrem em desertos. Os arbustos e as gramíneas revelaram incremento na sobrevivência de

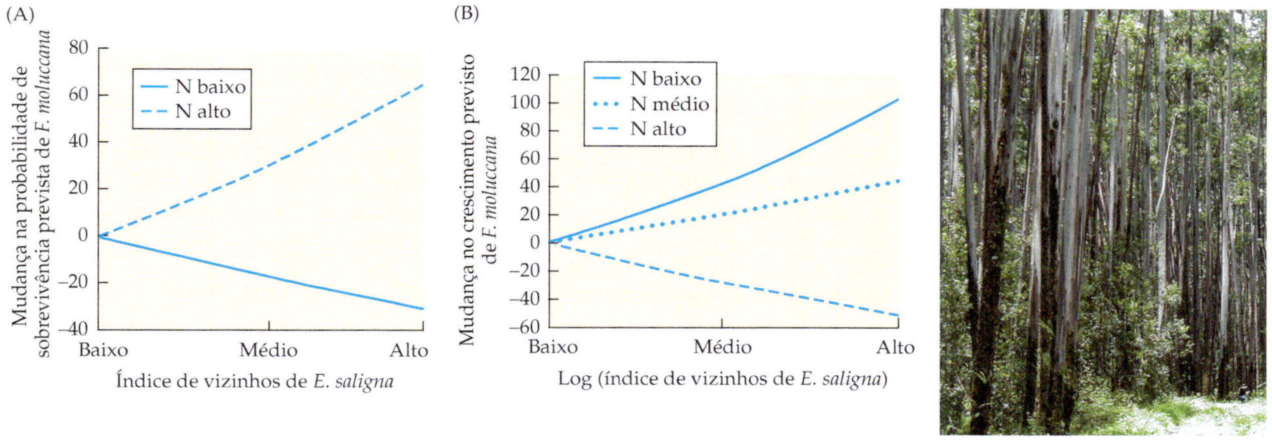

Eucalyptus

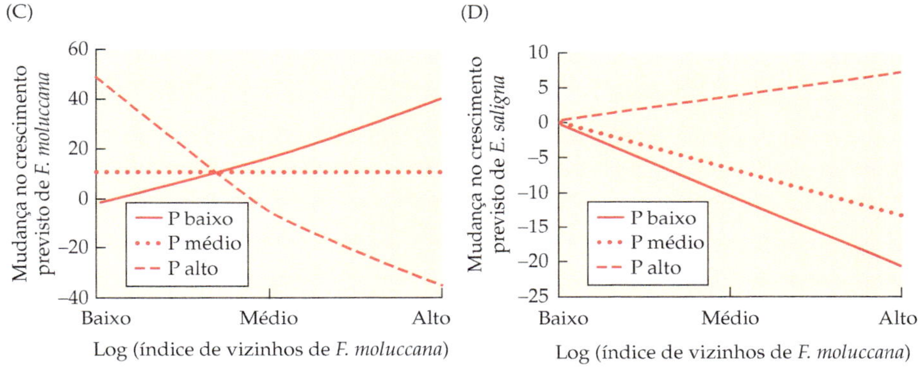

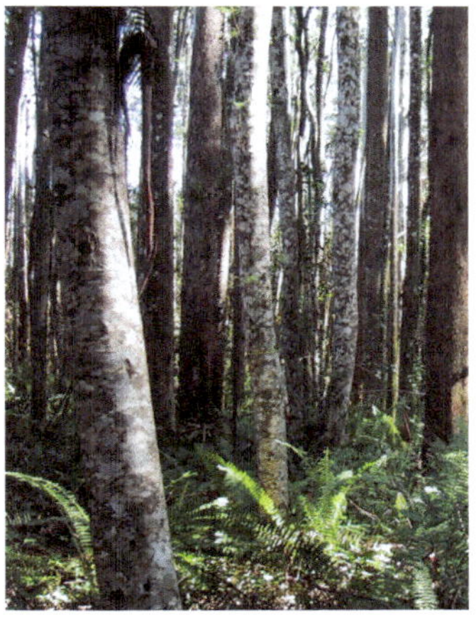

Falcataria

Figura 10.12 (A) Porcentagem de mudança de sobrevivência prevista para *F. moluccana* em níveis baixos e altos de N no solo, com baixa, média e alta densidade de vizinhos de *E. saligna*. (B) Mudança do crescimento previsto de *F. moluccana* em níveis baixo, médio e alto de N no solo, com densidades baixa, média e alta de vizinhos de *E. saligna*. (C) Mudança do crescimento previsto de *F. moluccana* em níveis baixo, médio e alto de P no solo, com densidades baixa, média e alta de vizinhos de *F. moluccana*. (D) Porcentagem de mudança no crescimento previsto de *E. saligna* em níveis baixo, médio e alto de P no solo, com densidades baixa, média e alta de vizinhos de *F.moluccana*. As mudanças previstas foram embasadas nas regressões logísticas múltiplas para todas as figuras (segundo Boyden et al., 2005; fotografias cedidas por S. Boyden).

plântulas e cladódios (unidades de reprodução vegetativa) em *Opuntia rastrera* (opúncia, Cactaceae) no Deserto de Chihuahuan (Mandujano et al., 1998). Os efeitos do cuidado foram atribuídos principalmente à proteção contra a herbivoria, mas também ao sombreamento. O grandioso cacto colunar *Neobuxbaumia tetetzo* (cardon, Cactaceae) no centro e no sul do México se estabelece com a ajuda do arbusto-berçário *Mimosa luisana* (Fabaceae). O cacto finalmente suprime e pode até matar a planta-berçário, como consequência da competição por água (Flores-Martinez et al., 1998). Nada disso acontece como um ato de afeto, crueldade ou mesmo coevolução; a planta que é beneficiada com proteção nos estágios iniciais recebe o benefício sem que haja uma escolha da planta-berçário em proteger ou não, e pode "gentilmente" retribuir à planta-berçário suprimindo-a ou, finalmente, matando-a.

Tem sido verificado que as plantas-berçário facilitam a germinação, o estabelecimento e o crescimento de plântulas em vários outros tipos de ambientes, além de desertos. Experimentos demonstraram efeitos importantes de facilitação sobre o rebrote de plantas herbáceas e lenhosas em ecossistemas arbustivos, no sul da Argentina, após queimadas severas (Raffaele e Veblen, 1998), onde plantas-berçário podem aumentar a umidade do solo pela redução da temperatura e intensidade luminosa. Em populações de *Pinus rigida* (*pitch pine*, Pinaceae) regenerando após queimadas intensas em terrenos arenosos da Ilha Longa no leste do estado de Nova York, o arbusto *Quercus ilicifolia* (carvalho arbustivo, Fagaceae) aumentou consideravelmente a sobrevivência de plântulas do pinheiro, porém, mais tarde, suprimiu o crescimento delas (Landis et al., 2005). Em altitudes elevadas, tal facilitação pode ser importante em áreas tão diversas quanto as Colorado Rockies (Wied e Galen, 1998), Andes (Cavieres et al., 1998) e florestas nebulares do Havaí (Scowcroft e Jeffrey, 1999), onde as plantas-berçário protegem plântulas da geada, reduzem o resfriamento radiante (ver Capítulo 2) e amenizam o estresse da seca do verão. Sobre um vulcão ativo no norte do Japão, tipos diferentes de arbustos têm efeitos opostos na facilitação de espécies herbáceas subjacentes. Manchas de um arbusto caducifólio em geral aumentam a germinação, o crescimento e a diversidade de vizinhos; mas manchas de um arbusto perenifólio inibem o estabelecimento de espécies herbáceas (Uesaka e Tsuyuzaki, 2004). Os arbustos caducifólios capturam sementes dispersadas pelo vento pertencentes a espécies rasteiras. Comparado com áreas adjacentes externas às manchas dos arbustos, os nutrientes e a umidade do solo são muito maiores embaixo de arbustos caducifólios e perenifólios, mas os níveis de luz diminuem, em especial sob arbustos perenifólios.

As plantas-berçário também podem facilitar o estabelecimento em dunas arenosas costeiras, atuando na estabilização do substrato e na moderação das condições, como vento, seca e flutuações térmicas (Martinez e Moreno-Casasola, 1998). Entretanto, os arbustos nem sempre atuam como facilitadores do crescimento de vizinhos. Marcelo Sternberg e colaboradores (Sternberg et al., 2004) não constataram efeitos de facilitação de arbustos em plantas anuais, em um sistema de dunas mediterrâneas em Israel. No estudo de Bartholomew (1970), discutido em seções anteriores, por abrigarem pequenos herbívoros, os arbustos tiveram efeitos negativos indiretos sobre plantas anuais localizadas abaixo deles.

Um tipo curioso de facilitação pode ocorrer por meio Y de associações de plantas com fungos em micorrizas (ver Capítulo 4). Sabe-se, por experimentos laboratoriais, que fungos micorrizícos podem formar conexões com mais de uma planta, até mesmo de espécies diferentes, e permitir a transferência de materiais entre essas plantas. Em muitas comunidades, conexões micorrízicas amplas, denominadas **redes micorrízicas em comum** (RMCs), são conhecidas por ligar indivíduos de muitas espécies vegetais diferentes. Pesquisas conduzidas sobre RMCs em comunidades naturais apresentam muitos desafios técnicos. Tem-se conjeturado que as RMCs têm o potencial de alterar interações competitivas, facilitar a sobrevivência de plântulas e juvenis, transferir carbono, nitrogênio, fósforo e água entre plantas, bem como alterar padrões de diversidade e dinâmicas comunitárias (Simard e Durall, 2004; He et al., 2003). Contudo, alguns autores advertem que é questionável se esses eventos realmente ocorrem e são importantes na natureza (Fitter et al., 1999).

Pesquisadores têm se interessado especialmente pela possibilidade de que RMCs permitem a facilitação entre árvores adultas e juvenis em florestas, porque tais interações positivas podem agir contra interações competitivas, com grandes implicações na sucessão e manutenção da diversidade. Nerre Awana Onguene e Thom Kuyper (Onguene e Kuyper, 2002) conduziram um experimento sobre o papel de micorrizas na mediação de interações planta-planta em florestas nos Camarões, oeste da África. Eles mostraram que, quando plântulas de *Paraberlinia bifoliolata* (*beli* africano, Caesalpiniaceae), espécie arbórea ectomicorrízica de floresta pluvial, cresciam próximas de árvores adultas da própria espécie ou outras, elas formavam micorrizas mais rapidamente do que quando cresciam isoladas de árvores adultas. As plântulas em contato com raízes de uma planta adulta tiveram sobrevivência e taxa de crescimento maiores do que plântulas que não estavam associadas a raízes de árvores adultas. Presumivelmente, as plântulas formaram RMCs e se beneficiaram pelo recebimento de materiais das árvores adultas (embora isso não tenha sido demonstrado). Houve variação considerável nos efeitos positivos associados a conexões com árvores adultas de espécies diferentes. Experimentos em uma floresta temperada na Nova Inglaterra revelaram interações ainda mais complexas, com RMCs de espécies ectomicorrízicas tendo efeitos positivos sobre o crescimento de juvenis de uma espécie ECM (ectomicorrízica), *Pinus strobus* (pinheiro branco, Pinaceae), e efeitos negativos sobre a sobrevivência de juvenis de uma espécie AM (*arbuscular mycorrhizae*; micorrizas arbusculares), *Acer rubrum* (bordo vermelho, Sapindaceae) (Booth, 2004).

Modelagem de competição e coexistência

Como é que tantas espécies de plantas – todas competindo pelas combinações dos mesmos recursos básicos – coexistem em várias comunidades? Os modelos de competição vegetal buscam explicar a imensa diversidade de vida vegetal por meio da identificação das circunstâncias sob as quais competidores podem coexistir. Alguns modelos também tentam explicar os mecanismos de interação entre competidores e as características de vencedores e vencidos. Muitos livros-texto básicos em ecologia usam um único modelo de competição, o modelo de Lotk-Volterra de competição entre duas espécies, para introduzir a discussão da maneira como as espécies competem. Enquanto alguns ecólogos vegetais defendem que essa abordagem é útil para a compreensão das consequências da competição local, outros acreditam que ela não é muito proveitosa para descrever a competição entre plantas, porque estas não vivenciam os efeitos médios da densidade do mesmo modo que os animais.

Em vez disso, ecólogos vegetais têm utilizado uma variedade de outras abordagens para modelagem de competição entre plantas. Uma classe de modelos admite que espécies vegetais têm, em média, diferenças consistentes na maneira de usarem os recursos. Por exemplo, algumas espécies têm raízes profundas e podem usar águas subterrâneas acumuladas por longos períodos de tempo, enquanto outras têm raízes superficiais e dependem mais da água disponível logo abaixo da superfície do solo. Tais modelos são denominados **modelos de equilíbrio**, porque questionam como diferenças médias em nichos determinam os resultados da competição. Em geral, eles buscam determinar quão diferentes os nichos das espécies precisam ser para impedir a exclusão competitiva em equilíbrio. Por outro lado, os **modelos de não-equilíbrio** enfocam a maneira como as plantas respondem à variação espacial ou temporal, a qual pode ser causada por perturbações e outras variações estocásticas no ambiente (ver Capítulo 8), ou por dinâmicas não-lineares (ver a seguir). Por exemplo, duas espécies podem ser capazes de coexistirem porque uma pode ser recrutada depois de queimadas ou furacões, enquanto o recrutamento da segunda espécie ocorre principalmente na ausência dessas perturbações. Para esses modelos, o enfoque nas condições médias a longo-prazo poderia obscurecer a importância da variação em condições ao longo do tempo.

Essas duas abordagens teóricas (modelos de equilíbrio e não-equilíbrio) usam suposições muito diferentes sobre os mecanismos pelos quais as plantas competem. Na maioria dos casos, contudo, os mecanismos postulados por esses modelos diferentes não são mutuamente exclusivos; ou seja, mais do que um mecanismo pode ajudar a responder pela coexistência de espécies competitivas em uma comunidade.

Modelos de equilíbrio

Andrew Watkinson e colegas desenvolveram um modelo que descreve competição em delineamentos experimentais aditivos e de superfície de resposta (Firbank e Watkinson, 1985; Law e Watkinson, 1987). Este modelo é uma extensão da equação da regra de auto-redução para cultivos mistos com duas espécies. Nesse modelo de duas espécies, a intensidade da competição é estimada pelos coeficientes α e β. Para a espécie A, o peso médio por planta em cultivo misto, w, é previsto ser

$$w_A = \frac{w_{mA}}{\left[1 + a_A(N_A + \alpha N_B)\right]^b}$$

e a mortalidade dependente da densidade é descrita por

$$N_{sA} = \frac{N_{iA}}{1 + m_A(N_{iA} + \beta N_{iB})}$$

onde os símbolos subscritos A e B especificam qual das duas espécies representa uma dada variável; w_m é o peso médio por planta na ausência de competição (isto é, w_{mA} é o peso médio para a espécie A na ausência de competição); a_A e b são parâmetros de desempenho; α e β são coeficientes de competição que medem o efeito médio de um indivíduo da espécie B sobre um indivíduo da espécie A, e vice-versa; e N_i e N_s são a densidade inicial e final (Firbank e Watkinson, 1990). As equações análogas são usadas para a espécie B.

Esse modelo expressa o peso médio para a espécie A como sendo igual ao peso médio na ausência de competição, dividido por 1 mais o efeito competitivo total de vizinhos. O termo $(N_A + \alpha N_B)$ dá o número padronizado de vizinhos, porque α nos permite igualar os indivíduos das duas espécies em termos dos seus efeitos sobre a espécie A. O aumento desse termo para a potência b permite à densidade ter efeitos não-lineares, e a quantidade total é multiplicada por a_A, o qual mede o efeito desses vizinhos padronizados sobre o peso médio.

A equação para números de indivíduos é similar. Como a mortalidade muda conforme a densidade, o número de indivíduos da espécie A no final do experimento será igual ao número inicial, dividido por 1 mais o número inicial padronizado de plantas de ambas as espécies (padronizadas usando β, o efeito por indivíduo da espécie A sobre a B), simultaneamente multiplicado pelo efeito dos vizinhos na sobrevivência da espécie A, m_A.

Law e Watkinson (1987) ampliaram esse modelo por meio do afrouxamento do requisito de um valor constante para os coeficientes de competição e permitindo a variação desses com a frequência e a densidade das duas espécies. O modelo deles descreve melhor do que prevê resultados competitivos, porque estes são determinados empiricamente pelo ajuste de parâmetros – os valores usados nas equações são determinados pelos resultados obtidos no experimento. Assim, enquanto esse modelo tem sido usado extensivamente para descrever interações competitivas, não fornece um conjunto de previsões testáveis sobre a coexistência de espécies.

Os modelos das consequências da absorção de recursos pelas plantas, em nível de comunidade, foram primeiro propostos por Robert MacArthur (1972), para contrastar com o modelo de competição de Lotka-Volterra. O último trata o crescimento de cada população como uma função das densidades das duas populações, enquanto o de MacArthur considera o crescimento populacional como uma função da disponibilidade de recursos; sucessivamente, a disponibilidade de recursos depende da taxa em que os recursos são supridos (digamos, pela lavagem química de rochas fosfatadas) e das taxas em que são absorvidos pelas espécies competidoras. Ele mostrou que a coexistência ocorre sob certas combinações de taxas de absorção e suprimento de recursos. Se a competição for por recursos múltiplos (p. ex., diferentes nutrientes do solo), uma coexistência estável é prevista quando populações de plantas são competitivamente superiores em razões diferentes de recursos essenciais (se várias outras condições também são encontradas). Essa teoria, popularizada por David Tilman (1982) e denominada modelo de razão-recurso, tem sido bastante influente em ecologia vegetal, mas suas previsões não são bem-sustentadas por testes experimentais. Na busca de explicações de padrões naturais de coexistência de espécies múltiplas, Tilman (1982) ampliou esse modelo para abranger a coexistência de mais que duas espécies, incluindo manchas com diferentes disponibilidades de recursos. Em uma revisão na literatura, Tom Miller e seus colaboradores (2005) verificaram que, embora mais de 1300 estudos sejam citados nos artigos centrais de Tilman, apenas 26 apresentam testes experimentais bem-delineados para as sete previsões teóricas do modelo razão-recurso (para um total de 42 testes). Uma previsão – de que a dominância de espécies deveria mudar com a razão de disponibilidade de recursos – foi apoiada por 13 dos 16 testes experimentais (muitos desses com espécies aquáticas em vez de plantas terrestres), mas havia muito poucos testes para começar a traçar conclusões sobre as outras seis predições. Para avaliar essa teoria, há necessidade de uma experimentação mais crítica que teste explicitamente as previsões do modelo.

Abordagens de não-equilíbrio para modelagem de competição

Em modelos de não-equilíbrio pode existir um equilíbrio, mas a coexistência de espécies não é determinada por condições em equilíbrio, ao contrário desses tipos de modelos. Em vez disso, o resultado da competição é determinado por dinâmicas estocásticas ou não-lineares. Os modelos não-lineares, por exemplo, podem ter um resultado completamente determinístico (inteiramente determinado pelos termos do modelo, com nenhum elemento aleatório), mas esse resultado pode não estar em um único ponto de equilíbrio, mas sim resultar em ciclos populacionais ou caos (um tópico técnico e matemático que é fascinante, mas além do escopo deste livro). Em **modelos estocásticos**, eventos aleatórios (como perturbações por flutuações climáticas) têm um papel-chave na determinação dos resultados competitivos. Essas abordagens de modelagem e as suas previsões contrastam bastante com aquelas de modelos de equilíbrio.

Alexander Watt (1947) introduziu a ideia de comunidades vegetais como um mosaico de manchas. Segundo ele, essas manchas são dinamicamente relacionadas entre si. Há uma tensão entre uma ordem previsível e eventos ao acaso que tendem ao rompimento de tal ordem, cuja atuação conjunta resulta na estrutura da comunidade. As interações competitivas têm um papel importante na visão de dinâmica de manchas de Watt (Figura 10.13). (Watt especificamente excluiu mudanças sucessionais deste modelo conceitual de manutenção de estrutura comunitária.)

Muitos pontos de vista contemporâneos sobre comunidades vegetais são notavelmente similares à perspectiva de Watt (Pickett e White, 1985). Baseado em dados que mostram alta previsibilidade em quais espécies substituem umas as outras em comunidades de deserto, Joseph McAuliffe (1988) usou um modelo de matriz de transição (matematicamente similar àqueles usados para analisar crescimento populacional; ver Capítulo 5) para prever a fração de cobertura de cada espécie a longo prazo. Eddy van der Maarel e coautores (van der Maarel e Sykes, 1993) ampliaram a perspectiva de Watt no "modelo de carrossel", que eles desenvolveram para descrever a dinâmica de espécies em uma escala muito pequena, em campos ricos de espécies na ilha de Öland, no sul da Suécia. Eles enfatizaram a mobilidade de plantas em pequena escala, como indivíduos, como partes de plantas que morrem e brotos que colonizam clareiras adjacentes, e como propágulos. O "carrossel" é o ciclo de substituição de espécies, que pode dar a volta rápida ou lentamente.

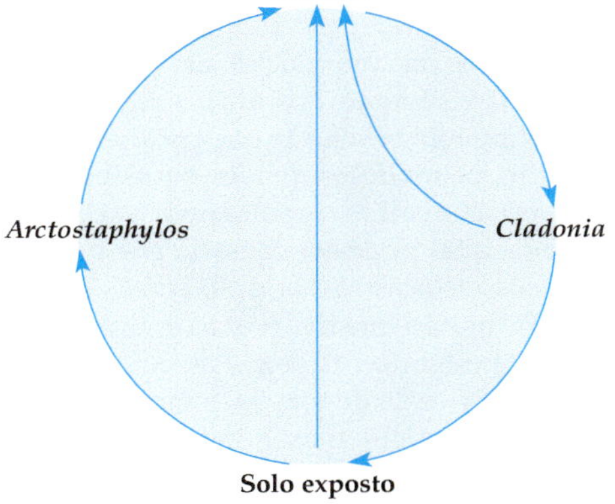

Figura 10.13 Modelo de dinâmica de vegetação de Watt em um *Dwarf Callunetum*. Essa comunidade vegetal, a cerca de 800 metros de altitude nas montanhas Cairngorm da Escócia, tem um padrão natural de faixas duplas de *Calluna* (urze, Ericaceae) e *Arctostaphylos* (uva-ursina, Ericaceae) separadas por solo exposto ao vento. Watt explicou a dinâmica desse padrão da seguinte maneira: os ramos jovens de *Calluna* excluem líquens, mas, à medida que o tempo passa, sua capacidade competitiva diminui e a área é invadida pela *Cladonia* (um líquen que forma tapete). Todavia, o vento constante impede que o tapete de *Cladonia* persista e, gradativamente, ele se desintegra, deixando o solo exposto. *Arctostaphylos*, então, invade por propagação vegetativa, ocupando finalmente toda a mancha. Com o tempo, os ramos jovens de *Calluna* se expandem a partir das margens, substituindo competitivamente *Arctostaphylos* (segundo Watt, 1947).

Eddy van der Maarel

Peter Sale, inicialmente de modo informal, introduziu o "modelo de loteria" como uma explicação para a coexistência de espécies de peixes em recifes de corais (Sale, 1977), mas essa abordagem foi depois utilizada para modelos de coexistência de muitos tipos diferentes de espécies, inclusive de plantas. Neste modelo, peixes de espécies diversas, recentemente recrutados, obtêm aleatoriamente um território alimentício sobre um recife, chegando primeiro como fundadores; essa "loteria" por espaço permite a manutenção da diversidade. Os modelos de loteria têm incentivado muitos ecólogos a refletir sobre a importância de variações espaciais e temporais na coexistência de espécies. Quando esse modelo foi matematicamente analisado de maneira integral (Chesson e Warner, 1981), tal abordagem começou a ter grande influência na opinião dos ecólogos. Ela tem estimulado muitas pesquisas empíricas e teóricas, em especial no que diz respeito a comunidades vegetais.

Avi Shmida e Stephen Ellner (1984) desenvolveram um modelo de loteria enfocando a heterogeneidade espacial em comunidades vegetais. Além de pressupor que o resultado da competição entre juvenis por espaço é determinado pelo acaso, o modelo deles incorporou competição assimétrica (juvenis não podem desalojar adultos) por microssítios, dispersão não-uniforme de sementes e heterogeneidade espacial e temporal em escala mais ampla (Figura 10.14). Um resultado importante foi que ele previu a coexistência de espécies sem determinar diferenças em hábitat ou uso de recursos (ou seja, sem diferenciação nos nichos das espécies).

Os modelos de autômatos celulares representam uma abordagem diferente para modelar espacialmente competições (Balzter et al., 1998). Autômatos celulares são simulações computacionais da dinâmica de espécies em uma grade regular e uniforme, na qual ocorrem interações entre indivíduos localizados em posições adjacentes. Esses modelos têm sido usados para uma diversidade de processos em várias escalas, desde interações moleculares espacialmente dependentes até o desenvolvimento de galáxias espirais, assim como para processos ecológicos espacialmente dependentes. Balzter et al. (1998) demonstraram a utilidade dessa abordagem para comunidades vegetais através de um modelo preliminar da dinâmica de três espécies de plantas – *Lolium perenne* (azevém, Poaceae), *Trifolium repens* (trevo branco, Fabaceae) e *Glechoma hederacea* (hera terrestre, Lamiaceae) – crescendo em um gramado durante um período de três anos. Essa abordagem pode ser valiosa na formulação de previsões sobre abundâncias de espécies e condições para a coexistência em um contexto espacialmente explícito.

As variações temporais e espaciais podem levar à coexistência de espécies? Peter Chesson e seus colaboradores demonstraram que, sob certas circunstâncias, a resposta é sim. Se o recrutamento (estabelecimento de plântulas) de espécies competidoras responde de maneira diferente às flutuações ambientais – de modo que, digamos, uma espécie se estabelece amplamente apenas em anos com verões quentes e úmidos, enquanto outras em anos com primaveras frias e chuvosas – as espécies podem ter uma coexistência estável. Esse fenômeno é denominado **efeito armazenador** (*storage effect*) (Warner e Chesson, 1985; Chesson e Huntly, 1989). O potencial reprodutivo da população é "armazenador" entre gerações e os **nichos temporais** diferentes das espécies permitem sua coexistência. Essa ideia de nichos temporais é similar à de Grubb (1977), de um nicho de regeneração (discutido anteriormente). A armazenagem pode ocorrer em qualquer população com estrutura etária, como plantas perenes ou anuais com banco de sementes, desde que haja variação temporal suficiente com períodos que favoreçam cada espécie. Muitos estudos com espécies anuais de deserto têm sugerido que o efeito armazenador pode ajudar a explicar a diversidade dessas comunidades (Ehleringer et al., 1991; Pake e Venable, 1995; Chesson et al., 2004).

Os modelos de loteria assumem que a competição é **difusa**, isto é, que muitas espécies estão competindo simultaneamente; desse modo, a competição entre qualquer par de espécies é presumivelmente fraca. A competição é muito mais intensa entre espécies com maior similaridade. Colleen Kelly e Michael Bowler estudaram as consequências da coexistência quando a competição é focalizada (duas espécies competem diretamente entre si) em vez de difusa (Kelly e Bowler, 2005). Utilizando um modelo de loteria, no qual uma espécie é mais sensível à variação ambiental do que outra, eles previram que a espécie menos comum (mais sensível) deveria ser espacialmente

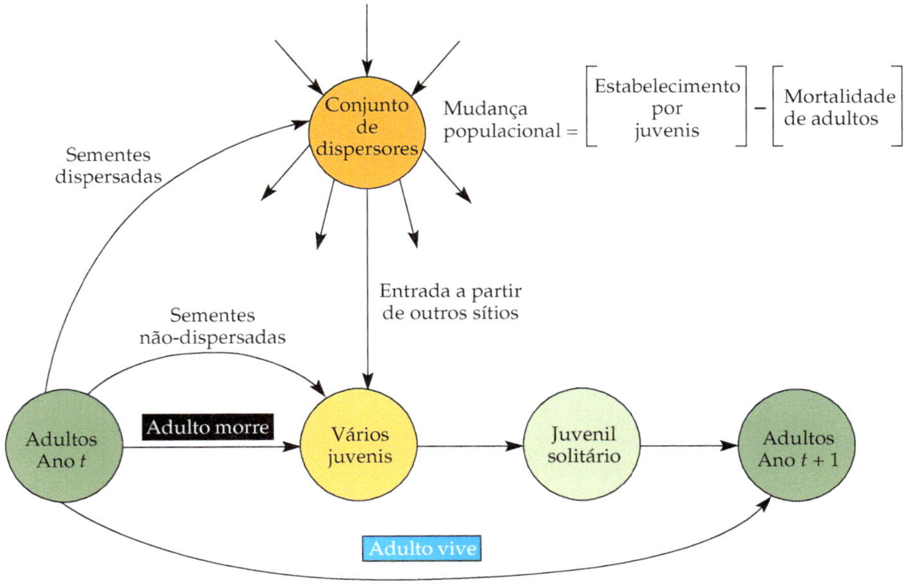

Figura 10.14 Um "modelo de loteria" do papel de ocupação de microssítios e dispersão em uma comunidade. O diagrama representa o que acontece dentro de um único microssítio durante um ano. Os adultos de dentro e de fora de uma população contribuem com sementes para o conjunto de dispersores. Algumas dessas sementes deixam a população, mas ocorre germinação de uma proporção das sementes que chegam e das sementes não-dispersadas, produzindo juvenis. As sementes produzem juvenis bem-sucedidos somente quando um adulto morre, porque eles não sobrevivem sob um adulto. Um juvenil pode crescer e tornar-se adulto no ano seguinte; um adulto pode morrer ou sobreviver como adulto no próximo ano (segundo Shmida e Ellner, 1984).

mais agregada. De acordo com seu modelo, pode ocorrer coexistência se a espécie mais comum for também a melhor competidora. Os resultados de estudos de muitos pares de espécies arbóreas aparentadas, em florestas secas tropicais no México, sustentam as duas previsões, assim como outras de seus modelos (Kelly e Bowler, 2002, 2005).

O **modelo neutro** (Hubbell, 2001) é um tipo de modelo de interação de espécies nitidamente diferente. Bastante adaptado de modelos de deriva genética (ver Capítulo 6), o modelo neutro começa com a suposição fundamental de que espécies coexistentes são ecologicamente equivalentes: a adição de um indivíduo de qualquer espécie competidora em uma comunidade provoca o mesmo efeito que adicionar um indivíduo de qualquer outra espécie (inclusive membros da mesma; Hubbell, 1978). Algumas ideias-chave no modelo neutro são derivadas da teoria de biogeografia de ilhas (ver Capítulo 16), na qual todas espécies de um *pool* regional são tratadas como se tivessem as mesmas chances de se dispersar até uma nova ilha e de se extinguir em uma ilha que já ocupassem. Se as espécies forem competitivamente equivalentes, a composição de comunidades de longo-prazo é determinada principalmente por especiação, ocorrência aleatória de extinções, lentas taxas de extinção média (devido à equivalência competitiva das espécies) e dispersão.

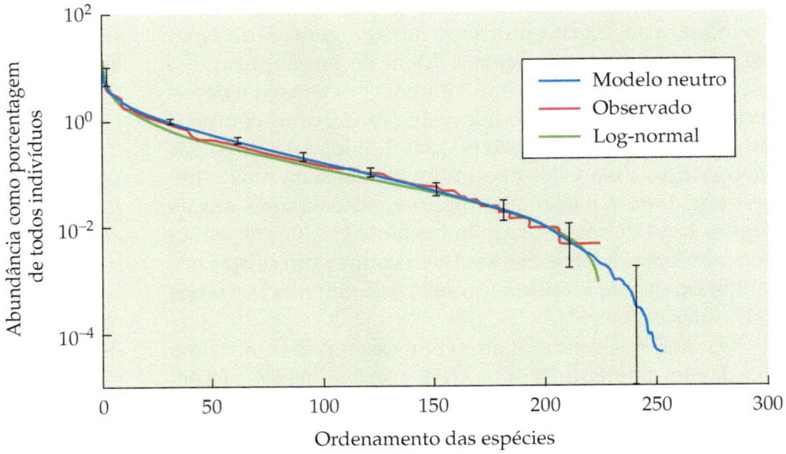

Figura 10.15 Curvas de abundância de espécies arbóreas observadas na Ilha Barro Colorado, Panamá, e o melhor ajuste da curva sob o modelo neutro e um modelo alternativo, que assume uma distribuição log-normal. As barras de erro indicam um desvio-padrão ao redor do valor previsto para o neutro. Ambos os modelos imitam os dados, mas o log-normal apresenta um ajuste melhor (segundo McGill, 2003).

As observações das abundâncias relativas de espécies arbóreas em florestas pluviais tropicais proporcionaram as motivações iniciais para o modelo neutro. Essas comunidades (ver Figura 13.1) normalmente têm muitas espécies raras e algumas comuns, conforme se observa quando as espécies são classificadas em ordem de abundância e a ordem é representada de forma gráfica em relação à abundância numérica real. O modelo neutro prevê exatamente tais curvas de abundância. O problema é que muitos modelos não-neutros também fazem previsões que são indistinguíveis a partir desse padrão (McGill, 2003; Figura 10.15). Vários ecólogos têm analisado seus conjuntos de dados sobre abundâncias relativas de espécies à luz do modelo neutro. Entretanto, têm havido consideráveis debates sobre sua utilidade (Clark e McLachlan, 2003; Volkov et al., 2004; Etienne e Olff, 2005; Purves e Pacala, 2005). Se as previsões de modelos são indistinguíveis entre si, é possível avaliá-las apenas testando diretamente suas pressuposições. Existem evidências consideráveis contra a pressuposição (central do modelo neutro) de que as espécies são competitivamente equivalentes em uma comunidade (Purves e Pacala, 2005).

Efeitos da competição na coexistência de espécies e na composição de comunidades

Como a competição afeta as plantas na natureza? A competição é caracteristicamente mais intensa em alguns ambientes e sem importância em outros, ou ela é importante na maioria dos ambientes? Qual o papel da competição na determinação da coexistência de espécies na natureza? Qual é o seu papel na determinação da composição de comunidades? Quão importante é a competição em relação a outras interações entre espécies, como herbivoria ou facilitação? Essas são algumas das mais importantes e interessantes questões a respeito da competição entre plantas, mas ainda não temos boas respostas para elas. Dentro de um tópico que gerou bastante controvérsia, essas questões parecem ser as mais vigorosamente debatidas, talvez porque reúnam todos os outros temas discutidos neste capítulo sobre os quais existem discordâncias. Existem evidências insuficientes para aceitar ou rejeitar qualquer uma das teorias gerais da organização de comunidades vegetais ou do papel da competição vegetal na determinação da composição de comunidades.

Ao tratar de questões sobre o papel da competição em comunidades, um passo necessário é distinguir entre a importância ou significância das interações competitivas e sua intensidade. A competição é *importante* ou ecologicamente significante em nível de comunidades se ela tiver um papel preponderante na determinação da composição da comunidade. As interações competitivas ecologicamente importantes têm um papel substancial na determinação da coexistência das espécies em uma comunidade. A competição pode ser *intensa* – isto é, ela pode exercer efeitos importantes sobre vários aspectos das performances individuais – sem ter muito efeito em nível de comunidade ou mesmo populacional.

Em um dos primeiros estudos experimentais de interações específicas, Arthur Tansley procurou determinar o papel da competição na distribuição de duas espécies de

Galium (garança, Rubiaceae), ambas herbáceas perenes pequenas (Tansley, 1917). *Galium saxatile*, a garança-do-urzal, é naturalmente encontrada sobre solos arenosos, enquanto *Galium sylvestre* (provavelmente a espécie hoje denominada *G. sterneri*), a garança-calcária, é encontrada principalmente sobre solos calcários, derivados de rochas calcárias. Tansley cultivou indivíduos de ambas as espécies, isolados e em conjunto, em grandes caixas de madeiras ao ar livre contendo um dos dois tipos de solo. Quando cultivada isolada em solo calcário, a garança-calcária cresceu normalmente, como esperado. A garança-do-urzal sobreviveu, mas cresceu lentamente e teve folhas amareladas, indicando a deficiência de nutrientes. Quando cultivada isolada em solo arenoso, esta garança-do-urzal cresceu vigorosamente, enquanto a garança-calcária sobreviveu, mas cresceu muito pouco. Quando as duas espécies foram cultivadas juntas em solo calcário, a garança-calcária sobrepujou a garança-do-urzal e a eliminou do cultivo misto. No solo arenoso, esta tornou-se dominante, mas não eliminou completamente aquela durante o curso do experimento. Segundo Tansley, ao mesmo tempo em que cada espécie parece estar adaptada ao seu tipo solo na natureza, a competição também têm um papel importante na determinação da restrição das duas espécies aos diferentes tipos de solo (no Capítulo 6, ver discussão de nichos fundamental e realizado).

Porém, nem sempre a competição explica a distribuição das espécies. M. B. Richards e colaboradores na University of Cape Town (Richard et al., 1997) examinaram a importância relativa da competição e adaptação ao tipo de solo entre seis arbustos da família Proteaceae, na África do Sul. Essas espécies crescem na vegetação de *fynbos* do sul da África, um sistema com uma diversidade surpreendente de espécies, incluindo muitos tipos diferentes de arbustos (ver Quadro 19A). Muitas espécies, aparente e ecologicamente similares, coexistem e há uma grande variação entre comunidades. Existem descontinuidades nítidas entre as comunidades, cada qual dominada por espécies diferentes. Richards e colaboradores perguntaram: qual o papel da competição na determinação de tais limites?

Esses pesquisadores escolheram três transecções ao longo das quais compararam as influências do tipo de solo e da competição interespecífica na determinação da distribuição das espécies. Cada transecção cruzava um limite nítido entre comunidades, onde havia uma transição de um tipo distinto de solo para outro. Cada transecção continha um par diferente de espécies; ao longo da transecção, uma espécie dominante substituía a outra. Em um experimento de três anos, sementes de ambas as espécies foram cultivadas em monocultura e em cultivo misto, em três sítios ao longo de cada transecção (os três sítios continham comunidades diferentes). A competição interespecífica teve efeitos negativos sobre o crescimento, porém esses efeitos não explicaram a distribuição das espécies ou a diferenciação abrupta das comunidades. A magnitude dos efeitos negativos da competição foi pequena, se comparada com a das diferenças no tipo de solo entre as comunidades. Em dois dos três sítios experimentais, a adaptação às condições edáficas afetou fortemente tanto o crescimento quanto a sobrevivência das plântulas. Por isso, os pesquisadores concluíram que o tipo de solo, e não a competição, deve ser o fator crítico na determinação da distribuição dessas espécies.

As interações competitivas podem mudar ao longo do tempo e a consequência final da competição pode ser diferente daquela que as observações iniciais sugerem. *Lythrum salicaria* (lisimáquia purpúrea, Lythraceae) é uma espécie invasora na América do Norte que parece estar substituindo as nativas de terras úmidas (Figura 13.3). Segundo alguns ecólogos, entretanto, são fracas as evidências de que *L. salicaria* realmente esteja substituindo espécies nativas. Tarun Mal e colegas (Mal et al., 1997) conduziram um experimento de campo com duração de quatro anos, para examinar a competição entre *L. salicaria* e *Typha angustifolia* (taboa, Typhaceae), uma espécie nativa dominante em terras úmidas. *T. angustifolia* foi, no princípio, competitivamente superior, mas, nos segundo e terceiro anos do experimento, as espécies estavam relativamente bem equilibradas. No quarto ano de estudo, *L. salicaria*, a invasora, tornou-se competitivamente dominante, substituindo *T. angustifolia*. Os pesquisadores atribuíram esse resultado às diferenças de estratégias da história de vida entre as duas espécies. *T. angustifolia* tem rizomas grandes com recursos substanciais armazenados, o que pode dar uma vantagem competitiva inicial. Porém, os custos altos para produzir novos rametos e os fortes efeitos repressivos de *L. salicaria* conduziram à subsequente substituição competitiva de *T. angustifolia*.

Competição ao longo de gradientes ambientais

Um dos assuntos mais críticos e controversos relacionados à importância da competição em comunidades vegetais é se existem tipos especiais de hábitats onde a competição é previsivelmente forte, determinando a composição das comunidades, ou fraca e sem importância. Os ecólogos concordam que a competição é intensa em hábitats produtivos, ricos em nutrientes, ao menos quando a perturbação e a herbivoria são baixas. Nesses ambientes, as plantas são capazes de desenvolver rapidamente grandes copas, sugerindo que a competição dá-se principalmente pela luz. Todavia, a intensidade relativa e a importância da competição em hábitats produtivos e improdutivos permanecem em debate.

Modelos conceituais de competição em hábitats com produtividades distintas

Grime (1977, 1979) propôs que a competição não é importante em hábitats improdutivos e que o sucesso nesses ambientes é amplamente dependente da capacidade de tolerar estresses abióticos (níveis baixos de nutrientes, seca ou frio, por exemplo), e não da capacidade competitiva. Ele argumentou, ainda, que em ambientes onde as perturbações frequentemente reduzem a biomassa vegetal a exclusão competitiva não ocorreria. As plantas dominantes em tais ambientes não seriam competitivamente superiores, mas sim possuiriam atributos que permitiriam sua resistência à perturbação ou à rápida recolonização da área após uma perturbação.

A maioria das discussões subsequentes focaliza ambientes improdutivos. Edward Newman (1973) discordou da caracterização de Grime, argumentando que a competição é importante tanto em ambientes com níveis baixos de recursos quanto com altos, mas que os recursos pelos quais as plantas competem diferem – luz em ambientes produtivos, nutrientes e água em ambientes improdutivos. Um trabalho posterior de Tilman (1987) reforçou e desenvolveu as ideias de Newman. Tilman argumentou que a competição em ambientes de produtividade baixa seria por recursos subterrâneos (principalmente nitrogênio), enquanto a competição em hábitats muito produtivos seria primordialmente por recursos acima do solo (luz). Rein Aerts (1999) reiterou os argumentos de Grime em parte, mantendo que a seleção em hábitats pobres em nutrientes favoreceria atributos que reduzem a perda de nutrientes, em detrimento daqueles que aumentam a capacidade de competir por nutrientes, resultando em taxas de crescimento lentas.

Keddy (1990) adaptou, para a organização de comunidades vegetais, a "teoria centrífuga de organização de comunidades" proposta por Rosenzweig e Abramsky (1986) para comunidades de roedores de deserto. O modelo centrífugo propõe a existência de um hábitat-núcleo (*core*), preferido por todas as espécies em uma região, presumivelmente com condições ideais de crescimento. Outros tipos de hábitats, chamados hábitats periféricos, são definidos por condições particulares negativas (estresse ou perturbação), às quais somente algumas das espécies estão adaptadas (Figura 10.16). A competição interespecífica é mais intensa, sugere Keddy, no hábitat-núcleo e mais branda nos hábitats periféricos, pois menos espécies são adaptadas às condições particulares de cada um deles. Portanto, os hábitats periféricos servem como refúgios, impedindo a exclusão competitiva. Em terras úmidas de Ontário, Canadá, por exemplo, todas as espécies preferem sítios com fertilidade alta e taxas baixas de perturbação (hábitat-núcleo), enquanto que hábitats periféricos são definidos por solos inférteis e perturbações, como efeito de degelo. O hábitat-núcleo é dominado por *Tipha latifolia*, ao passo que espécies diferentes dominam ao longo do deslocamento em direção às condições mais extremas em cada tipo de hábitat periférico.

Um dos problemas em tentar resolver o debate sobre a intensidade relativa e importância da competição em hábitats produtivos e improdutivos é que ambientes reais podem ser improdutivos por razões muito distintas.

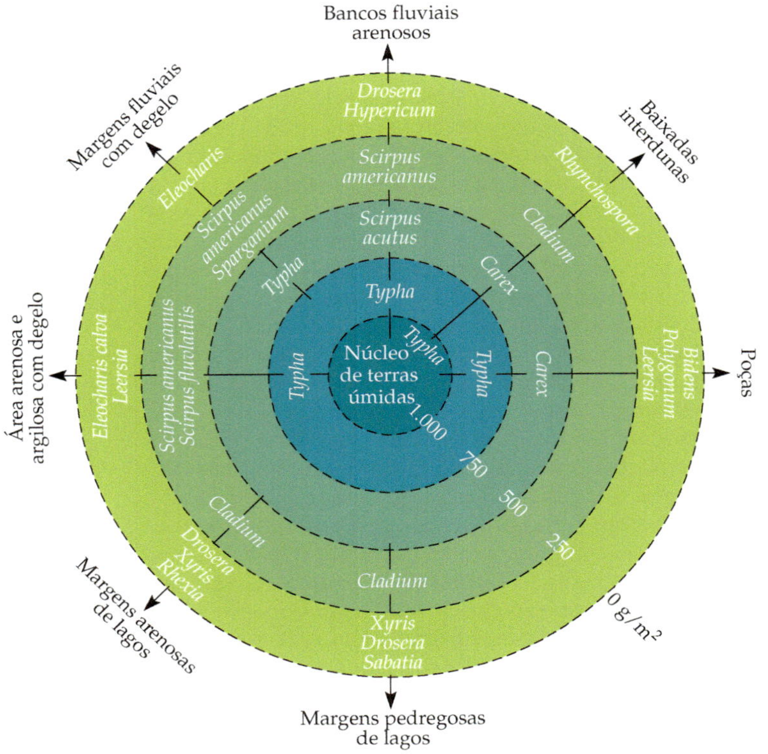

Figura 10.16 O modelo centrífugo de organização de comunidade vegetal, aplicado às distribuições de um número de espécies de terras úmidas em Ontário, Canadá. *Tipha latifolia* (taboa, Typhaceae) ocupa o hábitat-núcleo, enquanto outras tornam-se mais proeminentes ao longo do deslocamento em direção a condições mais extremas nos hábitats mais periféricos. Os anéis se referem a hábitats com produtividades diferentes (expressadas em g/m^2) e os nomes científicos indicam as espécies dominantes nos diferentes tipos de hábitat. Por exemplo, entre as comunidades com a produtividade mais baixa, *Xyris*, *Drosera* e *Sabatia* dominam em margens pedregosas de lagos, enquanto *Eleocharis calva* e *Leersia* dominam em áreas arenosas e argilosas submetidas ao degelo (segundo Keddy, 1990).

Várias das hipóteses sobre competição em ambientes improdutivos focalizam implicitamente os níveis baixos de nutrientes. Porém, o suprimento inadequado de água é um dos mais importantes fatores globalmente limitantes da produtividade. A baixa produtividade também pode ser motivada por temperaturas baixas, estações de crescimento curtas, solos salinos ou materiais tóxicos no solo que inibem o crescimento, como metais pesados.

Não apenas as plantas têm adaptações à seca, ao frio e aos metais pesados muito diferentes daquelas para fertilidade baixa, mas as interações das espécies sob cada uma dessas condições são também provavelmente muito diferentes. Goldberg e Novoplansky (1997) previram que os efeitos da competição em ambientes pobres em nutrientes iriam diferir substancialmente dos efeitos em ambientes com estresse hídrico. Eles chamaram a atenção no sentido de que a disponibilidade hídrica é pulsante: mesmo em ambientes hídricos, a água está livremente disponível por curtos períodos de tempo, mas há longos intervalos entre os pulsos, cuja água é parcial ou completamente indisponível. Eles formularam a hipótese de que o crescimento e a competição seriam limitados por períodos de disponibilidade alta de água (os pulsos) em ambientes áridos. O crescimento e a competição em solos pobres em nutrientes, ao contrário, não seriam limitados a pulsos de curta duração.

Evidências experimentais

Permanece contraditória e ambígua a evidência se a intensidade da competição varia ao longo de gradientes de produtividade. Wilson e Keddy (1986) compararam as capacidades competitivas de seis espécies dominantes em pontos diferentes, ao longo de um gradiente de produtividade sobre a margem do Lago Axe, Ontário. O gradiente ao longo do qual as plantas foram coletadas variou de praias perturbadas por ondas e pobres em nutrientes, com baixa produção de biomassa até sítios protegidos e ricos em nutrientes com vegetação densa. As plantas foram cultivadas em competição em potes plásticos nos sítios protegidos no campo, usando o substrato da extremidade favorável do gradiente (protegidos, ricos em nutrientes). Os pesquisadores verificaram que a capacidade competitiva (medida como resposta e efeito competitivos) foi correlacionada positivamente com a posição média ao longo do gradiente de produtividade (Figura 10.17). Eles interpretaram esses resultados como evidência de que as espécies com alta capacidade competitiva ocuparam sítios não-perturbados, ricos em nutrientes. Já as espécies com baixa capacidade competitiva foram deslocadas para sítios perturbados com solos pobres, onde a exclusão competitiva era impedida pela ação das ondas e pelo nível baixo de nutrientes no solo. Todavia, uma limitação desse estudo é que a competição não foi realmente quantificada ao longo do gradiente, mas apenas com substrato rico em nutrientes e em um único sítio sob condições algo artificiais. Desse modo, é incerta a validade da extrapolação desses resultados para competição ao longo de gradientes.

Gurevitch (1986) realizou um estudo de campo sobre compensação ao longo de um gradiente ambiental no sudeste do Arizona. Segundo sua hipótese, *Hesperostipa neomexicana*, uma gramínea C_3, era limitada ao topo árido de cadeias montanhosas pelas gramíneas C_4 competitivamente superiores. Isso é precisamente o oposto do que alguém poderia esperar, se a fisiologia estivesse determinando a distribuição de espécies, pois as do tipo C_4 seriam mais capazes de tolerar o calor desfavorável e as condições secas sobre cristas de cadeias montanhosas. Ela retirou os vizinhos ao redor dos indivíduos-alvo de *H. neomexicana* em três sítios ao longo de um gradiente, desde a crista de cadeias montanhosas até a encosta mais baixa e mais úmida. Constatou-se que a competição afetou o crescimento de plantas adultas, o florescimento, o estabelecimento de plântulas e a sobrevivência. Com a remoção dos competidores, o crescimento e o florescimento de indivíduos adultos de *H. neomexicana* foram maiores nas encostas mais baixas, onde sua abundância era menor. A competição teve efeito inferior sobre as taxas de crescimento populacional no topo da cadeia montanhosa, onde *H. neomexicana* era mais abundante, e efeitos progressivamente maiores

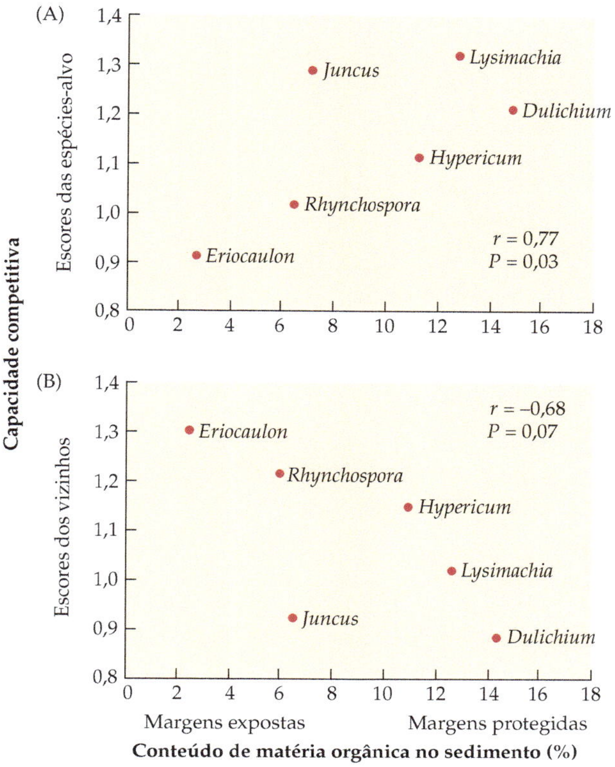

Figura 10.17 Capacidades competitivas de seis espécies vegetais de terras úmidas crescendo em um experimento de jardim. Essas espécies são naturalmente encontradas ao longo de um gradiente de margens lagunares expostas e pobres em nutrientes até sítios protegidos e ricos em nutrientes (mostrados no eixo *x*), correspondendo a sedimentos com matéria orgânica. (A) Capacidades competitivas expressadas pelos escores-alvo, definidos pelo crescimento relativo médio (aumento da massa seca) da espécie-alvo quando cultivada na presença de todas as espécies vizinhas; esse escore é similar à resposta competitiva. (B) Capacidade competitiva expressada pelos escores dos vizinhos, definida pelo crescimento relativo médio (aumento de massa seca) de todas as espécies vizinhas na presença da espécie-alvo; esse escore é similar ao efeito competitivo. Efeitos e respostas competitivos não foram positivamente correlacionados (segundo Wilson e Keddy, 1986).

encosta abaixo. Os efeitos maiores foram nos sítios mais baixos, onde *H. neomexicana* estava presente (Figura 10.18). Esses resultados sugerem fortemente que a competição foi o fator principal na determinação da distribuição de *H. neomexicana* ao longo desse gradiente de produtividade e de ambiente favorável.

Theodose e Bowman (1997) sugeriram a existência do padrão oposto, no qual a competição impediu uma espécie de uma área mais produtiva de crescer em um sítio pobre em recursos. A gramínea perene *Deschampsia caespitosa* (grama-cabeleira, Poaceae) é comum em prados alpinos úmidos na tundra de Front Range de Colorado, mas é rara em prados secos, os quais são dominados por uma ciperácea, *Kobresia myosuroides* (Cyperaceae). Os autores conjeturaram que *D. caespitosa* era impedida de crescer no ambiente seco pela competição com *K. myosuroides*. Um

(A)

	Crista da cadeia montanhosa		Encosta mediana		Encosta inferior		Baixada	
	Hes	C_4	*Hes*	C_4	*Hes*	C_4	*Hes*	C_4
Biomassa (g/m²)	140	16	76	111	1	282	0	Alta, não medida
Cobertura (%)	20,5	9,5	8,5	24,5	3,0	37,0	0	~100%

(B)

Hesperostipa:	Crista da cadeia montanhosa		Encosta mediana		Encosta inferior	
	Controle	Remoção	C	R	C	R
Plântulas/m²	4,55	9,36	0,58	2,04	0,10	0,35
Sobrevivência de plântulas	0,47	0,79	0	0,56	0	0,50
Crescimento $\left(\frac{\text{tamanho final}}{\text{tamanho inicial}}\right)$	0,77	1,97	0,69	2,58	1,38	4,28
Número de flores	1,50	13,30	4,10	28,70	35,50	58,90
Crescimento populacional (λ)	0,93	1,04	0,83	0,92	0,59	0,88

(C)

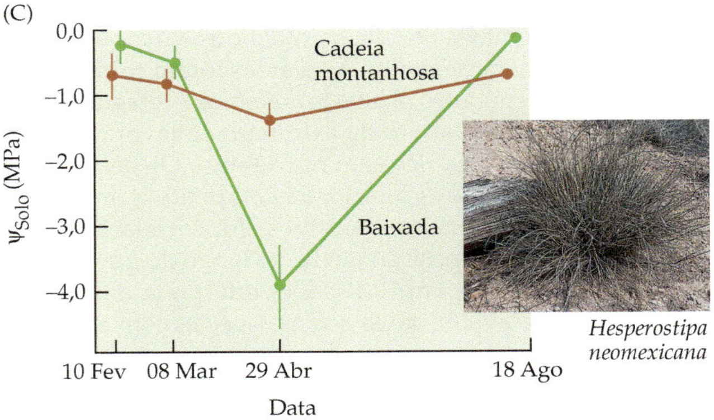

(D)

Figura 10.18 Resultados de um experimento de remoção que examinou os efeitos da competição sobre *Hesperostipa neomexicana*, em três posições topográficas em um campo do sudeste do Arizona (elevação 1.400 m). (A) Médias para biomassa e cobertura inicial (N = 40 plantas) de *H. neomexicana* e de gramíneas C_4 vizinhas (combinadas) em três sítios experimentais (crista da cadeia montanhosa, encosta mediana e encosta inferior) e na baixada, abaixo deles. O diagrama apresenta a cobertura e a distribuição de *H. neomexicana* (com folhas mais pálidas) e gramíneas C_4 em três posições topográficas. (B) Resultados experimentais dos tratamentos-controle (sem remoção) e com remoção (todos os vizinhos removidos) nos três sítios experimentais. São mostradas as médias de plântulas/m² (em 1980 mais 1981), a sobrevivência de plântulas, o crescimento de plantas adultas e o número de flores produzidas por planta adulta (N = 20) ao longo de 20 meses de experimento. (C) Potencial hídrico do solo na crista da cadeia montanhosa e na baixada a 15-20 cm de profundidade (onde a maioria das raízes se localiza) ao longo de um ciclo de seca até o retorno da umidade em 6 meses em 1980. (D) *Hesperostipa neomexicana* crescendo na encosta mediana no sítio experimental; as plantas estão floridas. (segundo Gurevitch, 1986; fotografias de J. Gurevitch).

estudo anterior tinha demonstrado que *K. myosuroides* era mantida fora dos prados úmidos pela espessura da neve no inverno.

Theodose e Bowman transplantaram indivíduos de cada espécie, bem como pares de plantas de ambas, para um prado seco, ora cortando a vegetação existente (principalmente *K. myosuroides*) no nível do solo, ora mantendo-a intacta. *D. caespitosa* teve uma sobrevivência maior em resposta ao corte da vegetação do que *K. myosuroides*, e a umidade do solo diminuiu substancialmente nas parcelas com vegetação intacta, se comparada com aquelas onde a vegetação fora cortada (Figura 10.19). Os pesquisadores concluíram que a competição interespecífica com *K. myosuroides* excluiu *D. caespitosa* dos prados secos devido à queda da umidade do solo abaixo do nível de tolerância à seca de *D. caespitosa*. *K. myosuroides*, com maior tolerância à seca, foi capaz de sobreviver durante os períodos de baixa umidade.

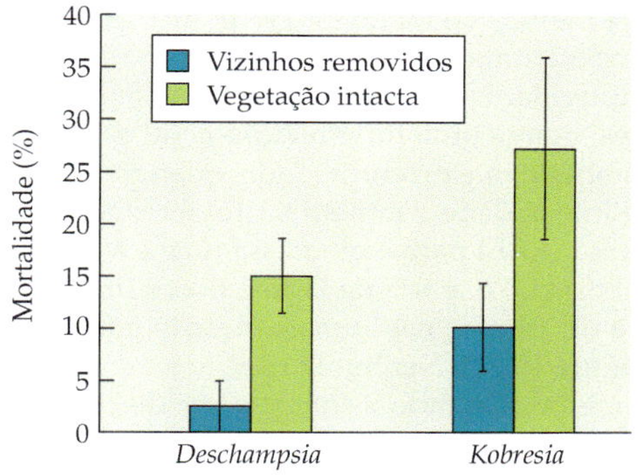

Figura 10.19 Mortalidade de *Deschampsia caespitosa* (Poaceae) e *Kobresia myosuroides* (Cyperaceae) em um prado seco, quando transplantadas para a vegetação intacta e com vizinhos cortados. Os valores indicam a mortalidade média (erro padrão ± 1), baseados em quatro parcelas, cada uma com dez plantas experimentais por espécie (segundo Theodose e Bowman, 1997).

Contudo, um problema detectado nessa conclusão é o de que a mortalidade de *K. myosuroides* (28%) foi, na verdade, mais alta que a de *D. caespitosa* (15%) na vegetação intacta. Além disso, a maioria dos indivíduos de *D. caespitosa* sobreviveu na vegetação intacta do prado seco. Por isso, é difícil argumentar convincentemente que a exclusão competitiva foi resultante da mortalidade alta de *D. caespitosa*. O crescimento desta em vegetação intacta também foi maior do que o crescimento de *K. myosuroides* e, em vegetação cortada, o crescimento de ambas as espécies foi mais ou menos igualmente afetado. (Esse é um bom exemplo, uma vez que é realmente importante observar os dados de um artigo, em vez de somente confiar no resumo do trabalho e nas conclusões consideradas.) Nada se sabe a respeito dos efeitos da competição sobre a reprodução ou o estabelecimento dessas espécies nesses ambientes. Desse modo, embora esse estudo demonstre claramente os efeitos intensos e estatisticamente significantes da competição nesses hábitats pobres em nutrientes, mais trabalhos precisam ser realizados para demonstrar conclusivamente que a competição conduz à exclusão de *D. caespitosa* nos prados secos.

Evidências de sínteses de pesquisas

Embora os resultados de estudos individuais sejam aparentemente contraditórios, existem várias tentativas para obter uma visão geral melhor sobre a competição em gradientes ambientais. Em um conjunto de dados transcontinental de experimentos de campo, a intensidade (difusa) de competição a partir de vizinhos foi avaliada em indivíduos transplantados de *Poa pratensis* (capim-azul-de-Kentucky, Poaceae; Figura 7.6), em 12 localidades na Europa, América do Norte e Austrália (Reader et al., 1994). Cada local continha uma gama de quantidades de biomassa aérea (um indicativo de produtividade). Os pesquisadores relataram os resultados utilizando dois índices de intensidade competitiva: a intensidade de competição relativa (ICR) e a de competição absoluta (ICA). Houve certo indicativo de que a ICA aumentou de acordo com o aumento da biomassa dos vizinhos, mas a ICR não mostrou qualquer relação clara com a biomassa dos vizinhos (Figura 10.20). Os pesquisadores concluíram que não houve evidência convincente para sustentar a hipótese de que a competição aumentou ao longo de um gradiente de aumento da biomassa de vizinhos, quando medida através de uma ampla gama de locais e de produtividades. Entretanto, considerando que existem fa-

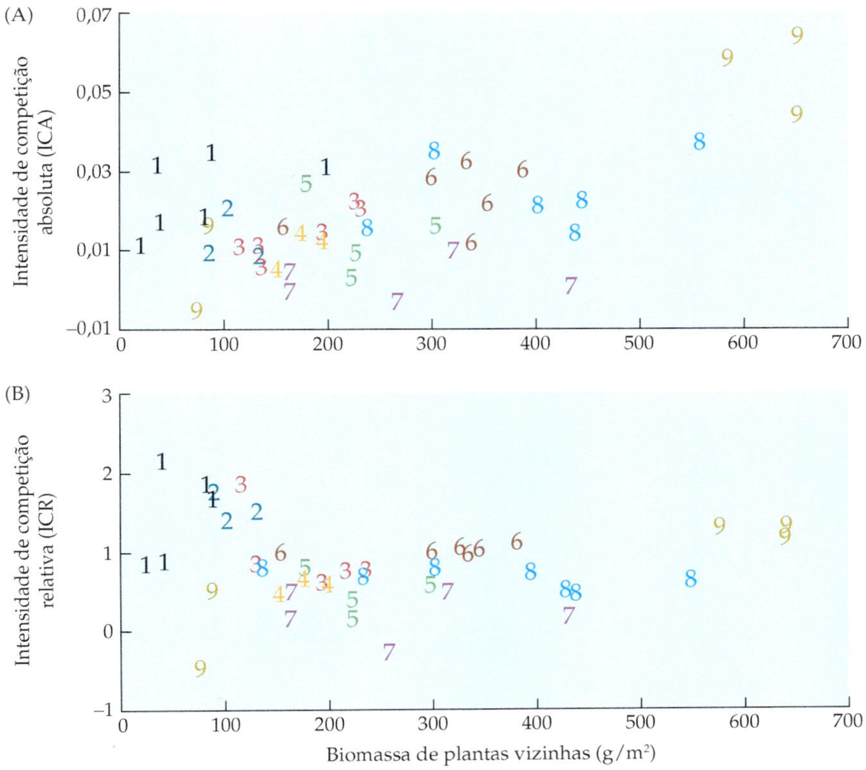

Figura 10.20 Resultados de um grande conjunto de experimentos de competição no campo em que o capim-azul-de-Kentucky (*Poa pratensis*) foi plantado em 44 parcelas em nove locais ao redor do mundo. Cada ponto representa uma parcela; os números indicam os locais particulares. Em cada local, a competição foi estudada sobre um gradiente de biomassa de vizinhos, de modo que havia mais do que um resultado experimental mostrado para cada local. A competição foi medida como (A) intensidade de competição absoluta (ICA) e (B) intensidade de competição relativa (ICR) (segundo Reader et al., 1994).

lhas na ICA e na ICR (ver Quadro 10A), outras abordagens para quantificar a intensidade competitiva podem oferecer interpretações diferentes dos resultados.

Em uma revisão sobre a competição de raízes baseada em experimentos de trincheiras em florestas mundo afora, concluiu-se que o crescimento de plântulas em solos úmidos e ricos em nutrientes foi largamente limitado por luz (e não pela competição de raízes por nutrientes); todavia, a competição por recursos abaixo do solo foi importante em solos inférteis e também em hábitats mais áridos (Coomes e Grubb, 2000).

Em uma abordagem mais quantitativa para sintetizar resultados de maior amplitude, a fim de alcançar conclusões mais generalizadas do que aquelas de um experimento individual, Goldberg et al. (1999) conduziram uma **metanálise**, ou síntese quantitativa, de 14 artigos reportando um grande número de resultados de experimentos de competição. A síntese examinou competição e facilitação entre plantas ao longo de gradientes de produtividade, usando biomassa da vegetação como um indicativo de produtividade. Os resultados da metanálise foram os seguintes: houve uma forte relação *negativa* entre intensidade competitiva e produtividade, quando a medida usada para intensidade competitiva foi a razão em resposta logarítmica (RRL) para a biomassa final e a sobrevivência (lembrando que a teoria de Grime prevê uma relação positiva e a de Tilman, nenhuma relação, conforme já discutido) (Figura 10.21). Nenhuma relação foi encontrada para o crescimento. Quando a intensidade de competição foi medida usando o ICR, não encontrou-se relação clara entre ICR e biomassa de vegetação, exceto, novamente, uma relação negativa para sobrevivência. É difícil interpretar esses resultados no contexto da atual teoria sobre o papel da competição em ambientes de produtividade diferente. No entanto, está claro que a hipótese de aumento da intensidade competitiva com o aumento da produtividade

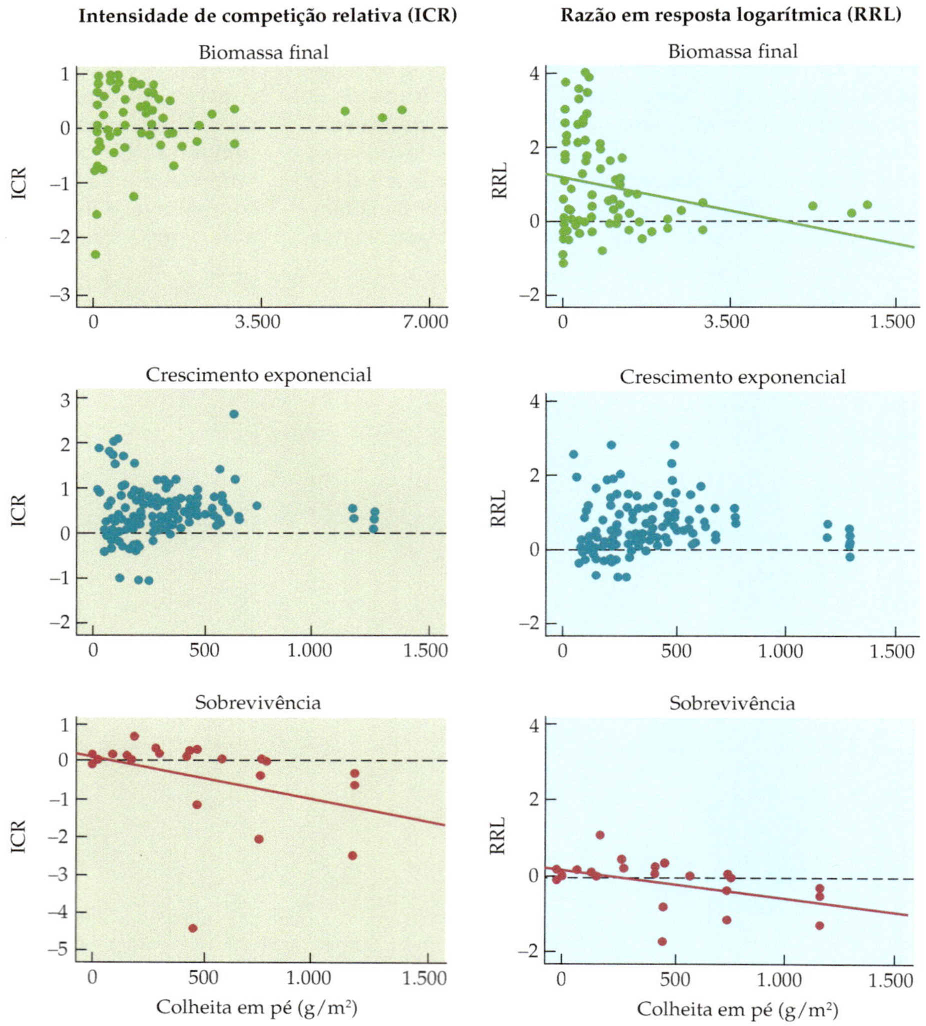

Figura 10.21 Valores para duas medidas de resposta a competidores – intensidade de competição relativa (ICR) e razão em resposta logarítmica (RRL) – em 14 estudos publicados separados sobre uma gama de produtividade de comunidades (estimada pela colheita em pé, g/m^2). As linhas de regressão são mostradas apenas onde houve uma relação estatisticamente significativa entre as variáveis. Os valores positivos de ICR e RRL indicam que está ocorrendo competição; os negativos indicam que vizinhos têm efeitos benéficos sobre a performance da espécie-alvo (segundo Goldberg et al., 1999).

não é sustentada por esses dados como um padrão geral, pelo menos quando a competição é medida usando esses índices.

Resolução de resultados distintos

O que explica a falta de concordância entre esses estudos e o que pode ser feito para alcançar uma compreensão melhor da importância da competição sobre uma gama de ambientes? O desenvolvimento de experimentos de uma maneira relativamente consistente por vários locais, como Reader e colaboradores fizeram, é um grande passo na direção certa, como é usado em técnicas de sínteses quantitativas modernas para reunir um grande número de estudos independentes, como Goldberg e seus colegas. Ficou claro com esses dois esforços de síntese que as conclusões podem variar muito, dependendo de como os experimentos são planejados, quanto tempo eles são mantidos, do que é medido e de como os resultados são analisados.

Algumas das inconsistências entre conclusões de pesquisadores diferentes são quase certamente resultantes desses artefatos. Mais profundamente, a maioria dos estudos sobre competição vegetal está voltada ao crescimento individual (ou outra medida das respostas de plantas individuais) em resposta à competição, em vez de estimar respostas populacionais. Comparações de ICR, por exemplo, não conseguem mostrar se a competição restringe o local onde uma espécie é encontrada; esse índice simplesmente não proporciona informação suficiente. Se a questão é o que limita a distribuição das espécies ou determina a composição de comunidades, estudar os efeitos em nível populacional é o único caminho para gerar uma resposta acurada.

Resumo

A competição entre plantas é definida como redução no desempenho, devido ao uso compartilhado de um recurso que tem fornecimento limitado. A competição tem sido estudada mais frequentemente entre plântulas do que em outros estágios da história de vida. Muitas vezes, a competição entre plântulas resulta não apenas na redução acentuada de tamanhos médios, mas também na distribuição de tamanhos altamente desiguais entre indivíduos. Essa distribuição é denominada hierarquia de tamanhos, que ao final se traduz em grandes diferenças na sobrevivência e reprodução.

Os recursos pelos quais as plantas competem abrangem a luz, a água, os nutrientes minerais, o espaço, os polinizadores e os dispersores de sementes. Mecanismos diferentes estão envolvidos na competição por recursos diferentes. Além disso, as plantas podem competir pela chegada aos hábitats recentemente disponíveis antes de seus competidores, com espécies que diferem quanto aos seus nichos de regeneração – suas capacidades em colonizar, com rapidez, espaços recentemente disponíveis. A maioria da competição por recursos ocorre entre indivíduos adjacentes. Portanto, a densidade local, e não a total de uma população ou comunidade, determina a intensidade de competição para um indivíduo. Indivíduos maiores em geral têm uma vantagem competitiva sobre seus vizinhos menores, embora existam casos de competição nos quais indivíduos menores afetam os maiores, não representando uma "vantagem" ser superior em tamanho. Muitos delineamentos experimentais diferentes têm sido utilizados para estimar a competição, incluindo várias maneiras de manipular densidades e frequências. Esses experimentos têm sido conduzidos em casas de vegetação, jardins com transplantes e populações naturais.

As estratégias vegetais, conjuntos característicos de atributos que supostamente são mais vantajosos sob uma série de circunstâncias especiais, podem exercer um papel nas respostas competitivas em ambientes diferentes. As estratégias em geral envolvem *trade-offs* em atributos que conferem vantagens sob condições diferentes.

A alelopatia – liberação de compostos químicos que afetam negativamente os vizinhos competidores – há tempo é considerada um importante mecanismo de interações vegetais. Ela tem sido tema de hipótese para explicar certas distribuições de espécies, mas, até o momento, as evidências experimentais no campo, comprovando que a alelopatia é importante na determinação de padrões em comunidades, ainda são limitadas.

As plantas podem ter interações positivas com vizinhos (facilitação), assim como negativas (competição por recursos e alelopatia). As plantas-berçário são indivíduos adultos de uma espécie que intensificam o estabelecimento de plantas de outras espécies; essa interação tem sido observada em desertos, bosques arbustivos e bosques, bem como em ambientes montanhosos. As redes micorrízicas em comum (RMCs) podem prover ligações fúngicas vivas entre plantas da mesma espécie ou de espécies diferentes em uma comunidade, o que parece permitir interações de facilitação entre plantas.

Os ecólogos têm utilizado diferentes abordagens para modelar competição entre plantas. Modelos de equilíbrio focalizam o papel das diferenças médias de nichos na determinação dos resultados competitivos, enquanto os modelos de não-equilíbrio enfatizam a importância da variação (ao longo do tempo, do espaço, ou de ambos), em recursos e nas interações competitivas, em governar a coexistência das espécies.

Entre os aspectos da competição vegetal que têm gerado debates entre os ecólogos, há a preocupação em saber se há hierarquias competitivas consistentes e fixadas em comunidades diferentes, se a competição é mais intensa em ambientes de produtividade alta do que em poucos produtivos, e quão importante é a competição em relação a outros fatores na distribuição de espécies e na composição de comunidades. As evidências têm sido mistas no que se refere às posições divergentes assumidas pelos pesquisadores em cada um dos casos, e ainda não há consenso geral sobre tais controversas.

Questões para estudo

1. Você decide testar a hipótese de que a facilitação entre duas espécies é um fator importante na capacidade delas em persistir em uma determinada comunidade de plantas. O que você faria nesse sentido?
2. No que diferem as pressuposições dos modelos de equilíbrio e não-equilíbrio? Quais são algumas das diferenças nas previsões feitas pelos modelos baseados em abordagens de equilíbrio e de não-equilíbrio? Qual é um ponto forte e uma limitação de cada abordagem?
3. Por que tem sido tão difícil demonstrar que a alelopatia é um fator importante na determinação da coexistência de espécies na natureza? Como você poderia delinear um experimento (ou um conjunto de experimentos) para separar os efeitos da alelopatia dos de competição por recursos limitantes?
4. Que evidência específica temos sobre a ocorrência de competição entre plantas na natureza? E sobre os efeitos da competição na natureza?
5. Nem sempre está claro se as lianas cobrem e enfraquecem árvores saudáveis ou se subjugam somente árvores já enfraquecidas por outros fatores. Elabore um estudo para determinar o que está ocorrendo e qual a importância dos efeitos negativos das lianas onde elas ocorrem (em relação a outros fatores).

Leituras adicionais

Referências clássicas

Grime, J. P. 1979. *Plant Strategies and Vegetation Processes.* John Wiley and Sons, New York.

Newman, E. I. 1973. Competition and diversity in herbaceous vegetation. *Nature* 244: 310.

Tansley, A. G. 1917. On competition between *Galium saxatile* L. (G. *hercynicum* Weig.) and *Galium sylvestre* Poll. (G. *asperum* Schreb.) on different types of soil. *J. Ecol. 5*:173-179.

Tilman, D. A. 1982. *Resource Competition and Community Structure.* Princeton University Press, Princeton, NJ.

Watt, A. S. 1947. Pattern and process in the plant community. *J. Ecol.* 35:1-22.

Fontes adicionais

Grace, J. B. and D. Tilman (eds.). 1990. *Perspectives on Plant Competition.* Academic Press, New York.

Grover, J. P. 1997. *Resource Competition.* Chapman and Hall, London.

Keddy, P. A. 2001. *Competition.* 2nd ed. Kluwer Academic, Dordrecht (Netherlands) and Boston.

CAPÍTULO 11

Herbivoria e Interações Planta-Patógeno

As plantas verdes são a base da maioria de todas as cadeias alimentares terrestres. Todos os animais (incluindo os humanos, é claro), em última análise, dependem das plantas para sua existência. Apesar disso, observações ocasionais parecem revelar um mundo verde repleto de plantas (não-consumidas). Por que o mundo é tão verde? Inversamente, sob a perspectiva das plantas, quais são as consequências da herbivoria?

Herbivoria é o consumo de toda a planta viva ou parte dela. Alguns ecólogos usam o termo "predação" quando um herbívoro come e mata um indivíduo. Os **predadores de sementes**, ou **granívoros**, são herbívoros que consomem sementes ou grãos, matando o indivíduo que está dentro. Os **pastadores** são herbívoros que comem gramíneas e outras plantas de pequeno porte, enquanto os **folívoros** comem folhas de árvores ou arbustos. Os **frugívoros** são herbívoros que consomem frutos, algumas vezes sem causar dano às sementes.

As plantas são consumidas por organismos de uma variedade de reinos: animais, fungos, bactérias ou mesmo outras plantas. A herbivoria pode ter efeitos ecológicos em nível de indivíduo, população, comunidade, paisagem (p. ex., em padrões de coexistência de espécies vegetais) e ecossistema (como na ciclagem de nutrientes). A herbivoria pode influenciar, também, a evolução das plantas. Ecológica e evolutivamente, alguns dos mais importantes herbívoros são mamíferos pastadores e insetos. No entanto, outros tipos de herbívoros, como aves, moluscos e nematódeos, podem ser muito importantes em determinados sistemas.

Neste capítulo, examinamos as consequências da herbivoria e das interações planta-herbívoro para a dinâmica de populações de plantas e para a estrutura de comunidades vegetais. A herbivoria pode afetar o padrão de crescimento ou o declínio de uma população vegetal? A presença de herbívoros – ou sua exclusão – pode ter um papel decisivo na determinação de quais espécies de plantas são capazes de coexistir em uma comunidade? Iniciamos examinando os efeitos da herbivoria sobre indivíduos, nas populações e nas comunidades, e abordaremos brevemente seus efeitos sobre a paisagem. Além disso, observaremos como as plantas se defendem contra herbívoros e como essas defesas evoluíram. Após, passaremos para as consequências evolutivas da herbivoria e das respostas das plantas. Por fim, faremos uma breve apreciação do que se sabe sobre o papel das interações planta-patógeno em comunidades vegetais.

Herbivoria em nível de indivíduos

O que os herbívoros causam nas plantas individualmente? Os herbívoros podem consumir uma planta toda, causando a morte do indivíduo. Ao comer as sementes, os granívoros – como formigas, roedores e aves – matam indivíduos de plantas. Alternativamente, os herbívoros podem comer (ou manipular) somente algumas das partes de uma planta, causando dano, removendo, ou destruindo essas partes, mas não necessariamente matando-a. O cervo, por exemplo, frequentemente restringe o seu consumo apenas a folhas mais jovens ou a partes de brotos. Os herbívoros também podem viver em uma planta ou dentro dela e consumir alguns dos seus recursos. Os insetos denominados afídeos, por exemplo, extraem açúcares dissolvidos e outros nutrientes diretamente do floema. Os micro-organismos patogênicos podem parasitar uma planta, diminuindo seus recursos ao longo do tempo. Algumas plantas parasitam outras plantas, explorando água, açúcares, proteínas e outros recursos para seu próprio uso.

Os efeitos da herbivoria sobre uma planta dependem, entre outros aspectos, de quais partes são consumidas. A remoção de raízes ou o dano causado a elas pode reduzir ou impedir a captura de água e nutrientes minerais pelas plantas, bem como torná-las mais vulneráveis a tombamento por vento, alagamento ou erosão do solo. O consumo de folhas reduz a área de superfície fotossintética, enquanto a retirada da seiva do floema pode reduzir a energia e os materiais disponíveis para crescimento e reprodução. O consumo de folhas, caules e ramos pode alterar as relações competitivas entre plantas vizinhas. A remoção de meristemas pode alterar a forma de crescimento da planta. O consumo de flores, frutos e sementes pode reduzir a contribuição potencial da planta para a próxima geração. Naturalmente, para o novo indivíduo de cada semente, o consumo significa a morte. Como alternativa, os frutos são, com frequência, consumidos sem danos às sementes, caso em que frugívoros podem dispersá-las para locais potencialmente favoráveis.

O estágio da história de vida no qual uma planta é atacada ou danificada também é importante. As plântulas são particularmente vulneráveis a herbívoros. Uma abocanhada do herbívoro pode matar uma plântula, mas tem pouco efeito sobre uma planta mais madura. É possível que o pastejo de gramíneas que recém iniciaram o florescimento afete criticamente sua capacidade de produzir sementes, enquanto o pastejo mais intenso após a liberação das sementes pode ter um efeito menor na dinâmica da população.

Existem duas respostas comuns adaptativas à herbivoria: resistência e tolerância. **Resistência** à herbivoria é a capacidade de uma planta de evitar ser comida; **tolerância** é a capacidade de minimizar reduções no desempenho (*fitness*) devido à herbivoria. J. E. Weltzen e colaboradores (1999) constataram um alto nível de tolerância em *Prosopis glandulosa* (algarobeira, Fabaceae): enquanto a herbivoria artificial (recorte) reduzia a produção de biomassa, a sobrevivência de plântulas desfolhadas cinco vezes ainda era de, no mínimo, 75%. A tolerância e a resistência à herbivoria frequentemente mudam o curso da história de vida de um indivíduo vegetal, à medida que as alocações de recursos e defesas são alteradas (Boege e Marquis, 2005). Mais adiante, neste capítulo, discutiremos os mecanismos de resistência.

Em média, quanto os herbívoros comem? Foi estimado que cerca de 10% das folhas de árvores de floresta são perdidas anualmente para os herbívoros (Coley e Barone, 1996). A herbivoria é maior em florestas tropicais secas, um pouco menor em florestas tropicais úmidas e menor ainda em florestas temperadas. Nos trópicos, folhas jovens tendem a ser comidas mais prontamente do que as maduras. Como seria esperado, existe uma grande variação entre espécies, locais e anos no grau de dano causado por herbívoros.

A herbivoria pode mesmo sempre ajudar as plantas a crescer e se reproduzir? Na década de 1980 e no início da de 1990, um grupo de cientistas postulou a existência de **supercompensação**, na qual as plantas aparentemente respondem à herbivoria crescendo mais (McNaughton, 1983). (Haveria **compensação**, se um crescimento extra de uma planta, esperado em resposta à herbivoria, não resultasse em uma diferença líquida entre indivíduos pastejados e não-pastejados.). Esses pesquisadores sugeriram que a supercompensação era devido à coevolução de plantas e herbívoros, particularmente gramíneas e herbívoros mamíferos. Pensava-se que a saliva e a urina do búfalo, por exemplo, continham substâncias que estimulavam o crescimento de gramíneas (Detling et al., 1980). Essas ideias eram bastante controversas e receberam muita atenção; parecia difícil para muitos ecólogos acreditar que o consumo por herbívoros fosse realmente algo bom para as plantas.

Embora houvesse evidências experimentais em favor da supercompensação tida como um todo, a ideia não era sustentada pelos dados disponíveis (Belsky, 1986; Belsky et al., 1993). Uma das possíveis explicações para os registros de supercompensação foi que os pesquisadores mediram apenas partes aéreas das plantas, enquanto as reservas subterrâneas poderiam ter sido esgotadas para estimular o crescimento aéreo observado. A herbivoria de longa duração pode resultar em esgotamento significativo dessas reservas subterrâneas, prejudicando, no final, a capacidade da planta de se recuperar de ataques subsequentes. Uma outra explicação foi a de que, em densos estandes de plantas, se os herbívoros comem somente folhas do estrato inferior, sombreadas e improdutivas, pode realmente não haver redução da capacidade fotossintética e, assim, não haver os efeitos negativos da herbivoria. Joy Belsky e colaboradores (Belsky et al., 1993) argumentaram que a supercompensação parecia ocorrer principalmente nos tratamentos experimentais mais favoráveis ao crescimento de plantas, como uma combinação de disponibilidade alta de nutrientes e competição reduzida. Hoje em dia, os ecólogos em geral acreditam que a herbivoria costuma danificar as plantas de maneira individual (Hawkes e Sullivan, 2001). Embora existam casos de supercompensação, a herbivoria, em média, reduz tanto o crescimento quanto o ganho reprodutivo; a adição de recursos aumenta ambos e não há evidências de uma interação entre os dois efeitos (Figura 11.1).

Uma observação interessante é que as respostas das plantas à herbivoria dependem, em certo grau, das suas formas de crescimento e filogenias. Por exemplo, monocotiledôneas com meristemas basais (como gramíneas) têm

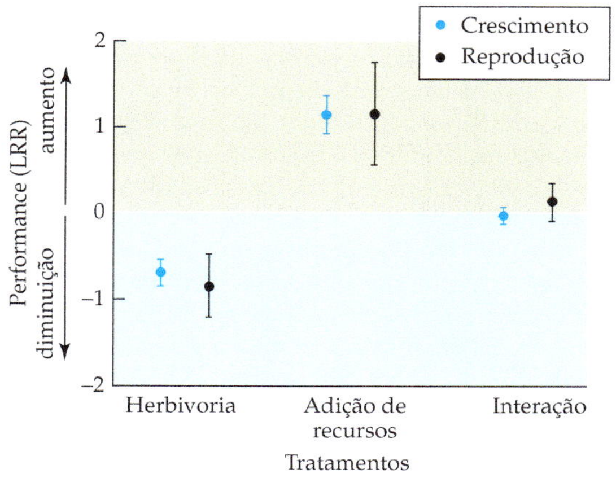

Figura 11.1 O efeito da herbivoria sobre o crescimento e a reprodução é, em geral, negativo. O gráfico mostra os efeitos médios da herbivoria no crescimento, em 82 estudos, e na reprodução, em 24 estudos. A performance vegetal é medida como o Logaritmo da Razão de Resposta (LRR), que é a performance nos experimentos com herbívoros (ou recursos) dividida pela performance em tratamentos-controle; as barras de erro são limites de confiança de 95%. A adição de recursos aumenta a performance vegetal, mas não há evidência de uma interação entre adição de recurso e herbivoria entre os estudos, uma vez que os limites de confiança para os termos de interação ultrapassam zero (segundo Hawkes e Sullivan, 2001).

mais rebrote após herbivoria sob condições de níveis altos de recursos, ao passo que dicotiledôneas herbáceas e plantas lenhosas rebrotam mais após herbivoria sob condições de níveis baixos de recursos. Infelizmente, a maioria dos estudos utilizou apenas medições de curta duração das respostas de plantas à herbivoria, e não medições de desempenho de toda a história de vida.

Herbivoria e populações vegetais

Uma questão bastante controversa e não resolvida é o quanto os herbívoros afetam a dinâmica de população de plantas. Dois argumentos diferentes têm sido propostos para explicar porque os herbívoros não deveriam ser importantes. A escola de pensamento "de cima para baixo" (*top-down*) (p. ex., Strong et al., 1984) argumenta que os herbívoros, por serem mantidos em densidades muito baixas por seus predadores, raramente exercem efeitos negativos sobre populações vegetais. A escola "de baixo para cima" (*bottom-up*) (Hairston et al., 1960; Slobodkin et al., 1967; Hairston e Hairston, 1993) argumenta que as populações vegetais são limitadas por fatores abióticos, como água, luz e nutrientes do solo, e não por herbívoros.

Por outro lado, outros autores argumentam que os herbívoros têm papel sobre o controle de populações vegetais. É bem provável que a herbivoria regule a dinâmica de populações vegetais em alguns casos, enquanto os processos "de cima para baixo" e "de baixo para cima" dominam em outros. Mais trabalhos são necessários para determinar não somente sob quais circunstâncias cada um desses processos é importante, como também quais fatores levam à predominância de um tipo de processo regulador ao invés de outros e quando suas interações tornam-se importantes.

Uma das situações mais óbvias na qual as populações vegetais são drasticamente afetadas por herbívoros é a morte, por insetos, de grandes estandes de árvores florestais. Explosões demográficas de larvas de lepidóptera podem causar desfolhamento massivo, resultando, em alguns casos, na mortalidade de árvores. Repetidos desfolhamentos de carvalhos no nordeste e meio-oeste dos EUA, por larvas de mariposas, causaram a mortandade de um grande número de árvores (Davidson et al., 1999; Figura 12.7). As árvores de áreas mais mésicas parecem ter maior probabilidade de morrer devido a um único episódio de desfolhamento por larvas de mariposas, em relação àquelas em locais mais xéricos.

Besouros da casca (família Scolytidae) representam uma causa importante de mortalidade de coníferas no oeste da América do Norte e no sudeste dos EUA (Figura 11.2; Powers et al., 1999). Enquanto a maioria dos besouros da casca habita galhos e troncos de árvores já estressadas, como aquelas danificadas por um raio, algumas espécies atacam e matam árvores saudáveis. Os besouros penetram nas árvores fazendo perfurações desde a casca até o câmbio (meristema formador do sistema vascular) e ali depositam seus ovos. Após a eclosão, a larva alimenta-se do câmbio, destruindo-o juntamente com o sistema vascular. As árvores de coníferas (especialmente *Pinus* spp.) em geral respondem ao ataque, secretando resina dentro do local lesado, sufocando o besouro e empurrando-o para fora do orifício. No entanto, um ataque massivo por um grande número de besouros parece reduzir a capacidade da árvo-

Figura 11.2 Os besouros da família Scolytidae causam grande dano a coníferas no oeste e sudeste da América do Norte. Essas larvas de *Dendroctonus pseudotsugae* estão no câmbio de um abeto-de-Douglas (fotografia cortesia dos Arquivos do Serviço Florestal USDA).

re de englobar os besouros com sua resina. Os estresses causados por seca ou lesões podem ter efeitos similares, no sentido de tornarem as árvores mais vulneráveis.

Os besouros da casca, responsáveis pela grande mortalidade de árvores na América do Norte, incluem o besouro mexicano, o besouro-do-pinheiro-do-oeste, o besouro-do-abeto, o besouro-do-bálsamo-do-oeste e o besouro-do-pinheiro-do-sul. Como seus nomes sugerem, besouros da casca são bastante seletivos, geralmente especializados em uma ou poucas espécies de coníferas. O besouro-do-pinho-do-sul, por exemplo, ataca principalmente *Pinus echinata* (pinheiro-de-folhas-pequenas, Pinaceae), *P. taeda* (pinheiro de Arkansas), *P. palustris* (pinheiro-de-folhas-longas) e *P. elliottii* (pinheiro-de-corte); o besouro-do-abeto, abetos. Os besouros têm fungos simbiontes parceiros que também atacam as árvores, provocando respostas bioquímicas específicas de suas plantas-alvo. Mais adiante, neste capítulo, retornaremos aos efeitos desses fungos simbiontes de besouros da casca.

Herbivoria crônica – herbivoria que ocorre durante períodos longos – pode ter efeitos consideráveis na demografia de plantas. Os indivíduos de *Pinus edulis* (pinheiro-de-pinhão) sujeitos à herbivoria crônica tiveram taxas de crescimento reduzidas, de forma alterada, além de produzirem quase exclusivamente cones masculinos (Whithan e Mopper, 1985). Em um estudo com *Eucalyptus*, em hábitats subalpinos, nas Montanhas Nevadas da Austrália, Patrice Morrow e Valmore LaMarche (1978) constataram que árvores tratadas com inseticida exibiam grandes aumentos no crescimento. Considerando as histórias de crescimento das plantas no seu local de estudo, eles concluíram que o crescimento foi suprimido pela herbivoria crônica. Esses resultados sugerem que a herbivoria crônica pode reduzir muito o desempenho ao longo da vida. Do mesmo modo, ao aspergir inseticida sobre plantas experimentais várias vezes em um ano, Nadia Waloff e O. W. Richards (1977) demonstraram que a herbivoria crônica, uma década reduziu a produção de sementes do arbusto britânico *Sarothamnus scoparius* (vassoura, Fabaceae) em cerca de 75%. De forma similar, em um estudo com *Cirsium canescens* (cardo, Asteraceae; Figura 8.5), uma espécie semélpara, Svata Louda e Martha Potvin (1995) excluíram herbívoros consumidores de inflorescências em plantas experimentais, o que provocou aumento no número total de sementes, na densidade de plântulas e no número de adultos em florescimento.

Herbivoria e distribuição espacial de plantas

A distribuição espacial de plantas também pode ser afetada, ou ao menos determinada, por herbívoros. O papel de roedores granívoros na distribuição de *Achnatherum hymenoides* (arroz indiano, Poaceae), uma gramínea perene com sementes grandes e nutritivas, foi estudado no deserto do oeste de Nevada. O arroz indiano é comum em solos arenosos, mas raro em hábitats rochosos adjacentes (Breck e Jenkins, 1997). A gramínea foi capaz de sobreviver e crescer em ambos os tipos de solo quando plantada experimentalmente, embora as plantas crescessem e se tornassem mais altas nos solos arenosos. No entanto, os roedores capturaram sementes somente nas áreas arenosas e esse comportamento de dispersão de sementes pareceu ser um importante fator na determinação da distribuição dessas plantas.

A distribuição do arbusto *Haplopappus squarrosus* (Asteraceae) na Califórnia é bastante afetada por granívoros. Svata Louda (1982) mostrou que *H. Squarrosus* era mais abundante em uma zona continental de transição entre os climas costeiro e interior, mas produzia mais sementes junto ao oceano (Figura 11.3). Esse padrão parece ser principalmente um resultado do aumento da granivoria em plantas que crescem nas proximidades do oceano.

Donald Strong e colaboradores desvendaram um complexo conjunto de interações que aparentemente são a base da dinâmica de população de um arbusto, *Lupinus arboreus* (tremoço, Fabaceae), ao longo da costa central da Califórnia (Strong et al., 1995, 1996). Grandes manchas dessa lenhosa perene periodicamente morrem e são subsequentemente regeneradas a partir de sementes, de modo que a população flutua ao longo do tempo. As plantas são mortas, em especial, por lagartas subterrâneas da mariposa-fantasma (*Hepialus californicus*), que perfuram as raízes. No entanto, um nematódeo matador de insetos, *Heterorhabditis hepialus*, com sua bactéria simbionte *Photorhabdus lu-*

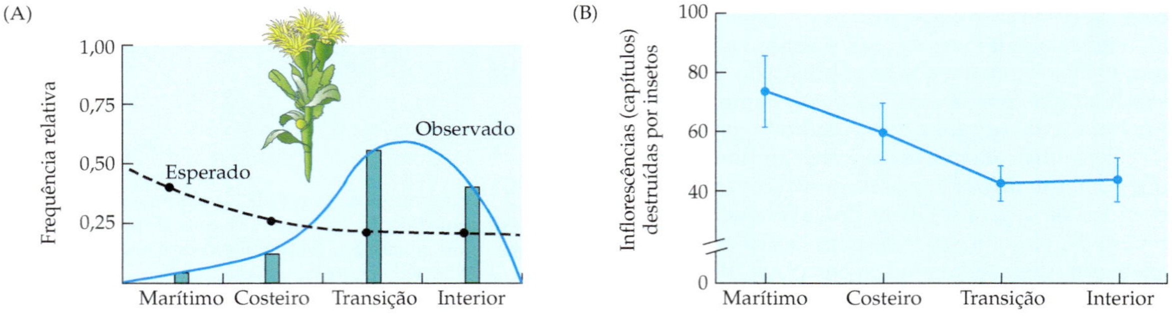

Figura 11.3 (A) Frequências relativas observadas (barras) e esperadas (linhas tracejadas) de *Haploppapus squarrosus* (Asteraceae) em um gradiente climático no Condado de San Diego, Califórnia. A distribuição observada é fundamentada na presença ou ausência de plantas ao longo de 15.250 segmentos de beira de estrada, cada um com 167 metros de comprimento. A frequência esperada é derivada assumindo-se que o tamanho relativo da população deveria ser proporcional à produção relativa de sementes. (B) Porcentagem de capítulos florais destruídos por insetos granívoros em cada zona climática; as barras de erro são intervalos de confiança de 95% (segundo Louda, 1982).

minescens, é um predador bastante efetivo das larvas da mariposa-fantasma. Como consequência, áreas dominadas por tremoços e intensamente colonizadas pelo nematódeo estão protegidas do ataque da larva, enquanto áreas sem o nematódeo sofrem perdas massivas periódicas. Outros poucos estudos registraram o controle de populações de plantas por herbívoros subterrâneos e, ao mesmo tempo, tal complexidade trófica.

Granivoria

A granivoria pode ter consequências importantes para as populações vegetais. Em algumas populações, os granívoros consomem uma grande fração das sementes. *Tachigali versicolor* (alazão, Fabaceae) é uma espécie arbórea monocárpica da América Central, normalmente com sementes grandes (500 a 600 mg). Em um estudo detalhado das sementes e plântulas produzidas por duas árvores adultas grandes, Kaoru Kitajima e Carol Augspurger (1989) verificaram que de 51% a 83% das sementes morriam antes da germinação, dependendo da árvore e da distância entre a semente e a planta-mãe. Os granívoros importantes eram o besouro-broca (que comia de 13% a 38% das sementes) e vertebrados (que comiam de 0% a 59% das sementes). As plântulas tiveram taxas de mortalidade baixas nos seus primeiros dois meses (de 24% a 47%, novamente dependendo da árvore e da distância em relação a ela). A mortalidade de plântulas foi devida, principalmente, à herbivoria (de 6% a 17% das plântulas) e às doenças (de 3% a 25% das plântulas).

As propriedades químicas das sementes podem dissuadir ou aumentar a granivoria. Algumas sementes contêm compostos que desestimulam fortemente os granívoros (a seguir, discutiremos tais compostos defensivos com mais detalhes). As sementes de *Erythrina* (corticeira, Fabaceae), por exemplo, contém compostos que são muito neurotóxicos em vertebrados; como consequência, elas raramente são devoradas.

Por outro lado, os estudos de granivoria por esquilos sobre carvalhos (Fagaceae) geraram algumas surpresas. *Quercus rubra* (carvalho vermelho, Fagaceae) e espécies aparentadas próximas possuem frutos (do tipo bolota) com altas concentrações de tanino, enquanto as de *Q. alba* (carvalho branco) e seus parentes próximos têm quantidades baixas de taninos. Poderia ser esperado, portanto, que esquilos cinzentos (*Sciurus carolinensis*) preferissem frutos de carvalho branco. No entanto, Peter Smallwood e Michael Steele (Smallwood et al., 2001; Steele et al., 2001) mostraram que a interação é mais complexa. As bolotas do grupo de carvalhos vermelhos permanecem dormentes até a primavera; as de carvalhos brancos germinam no outono e, por isso, são menos desejáveis de captura por esquilos no inverno. Embora possam comer bolotas de carvalho branco quando as encontram, os esquilos preferem coletar e esconder bolotas de carvalho vermelho em quantidade para o inverno. Além disso, quando escondem as de carvalho branco, os esquilos em geral retiram primeiro o embrião, impedindo-os de germinar. Desse modo, mais plântulas de carvalhos vermelhos do que de brancos emergem dos depósitos dos esquilos, os quais são mais efetivos como dispersores de carvalhos vermelhos – não porque evitam as bolotas de carvalho vermelho carregadas de tanino, mas porque realmente preferem coletá-las e estocá-las! Muitas plantas – em especial lenhosas – exibem, de um ano para outro, uma produção de sementes variável e imprevisível; essa variabilidade, em geral, é sincronizada entre a maioria das plantas em uma população. Esse fenômeno, denominado "mastreação" (*masting*), tem sido amplamente explicado como uma adaptação à granivoria. Vários ecólogos conjeturaram que, durante os anos de mastreação, o grande número de sementes sobrepuja a capacidade dos granívoros de comê-las, permitindo que, no mínimo, algumas delas sobrevivam. Essa explicação tem sido questionada por outros ecólogos, que argumentam que outros fatores (em particular, polinização pelo vento) podem ser mais importantes na seleção da mastreação (ver Capítulo 8).

Controle biológico

Controle biológico é o uso deliberado de herbívoros ou patógenos por humanos para controlar populações de espécies indesejáveis de plantas (ou outras espécies). Muitos agentes de controle biológico (como muitas das pragas de plantas que pretendem controlar) são trazidos de outros continentes. Exemplos bem-sucedidos oferecem modelos adequados de controle de populações de plantas por herbívoros. Um exemplo conhecido é a introdução da mariposa *Cactoblastis cactorum* na Austrália para controlar os espinhosos cactos invasores *Opuntia inermis* e *O. stricta* (Cactaceae). Os cactos alastraram-se cobrindo vastas áreas na Austrália, tendo sido considerados inúteis para o pastejo por ovelhas. A mariposa foi trazida da Argentina em 1925, onde suas larvas eram tidas como herbívoros especialistas dos cactos *O. inermis* e *O. stricta*. Por volta de 1935, as populações de cactos invasores foram dizimadas (Figura 11.4), permanecendo em baixas densidades a partir de então.

Infelizmente, o sucesso de *Cactoblastis* na Austrália foi ofuscado por problemas recentes com essa espécie na América do Norte. *C. cactorum* foi introduzida no Caribe, em 1957, para controlar espécies de *Opuntia* que se alastraram principalmente como resultado de sobrepastoreio de gramíneas perenes. A partir de lá, as mariposas invadiram a Flórida e propagaram-se rapidamente no sudeste dos EUA, onde ainda afetam diversas espécies nativas de *Opuntia* ameaçadas (Johnson e Stiling, 1998). Existe uma grande preocupação no sentido de que essa invasão se expanda para o sudoeste dos EUA e do México. As espécies de *Opuntia* são ecologicamente importantes em ambos os países e também economicamente importantes no México.

Um exemplo recente de um fenômeno similar foi a introdução de muitos insetos especialistas para o controle da erva-carapau (*Lythrum salicaria*), uma espécie introduzida, altamente invasora, que agora domina vastas áreas úmidas do leste e centro da América do Norte (Figura 13.3). Bernd Blossey e colaboradores descobriram que a erva-carapau é atacada por muitos insetos diferentes na Europa Central, onde é nativa. Os pesquisadores importaram populações

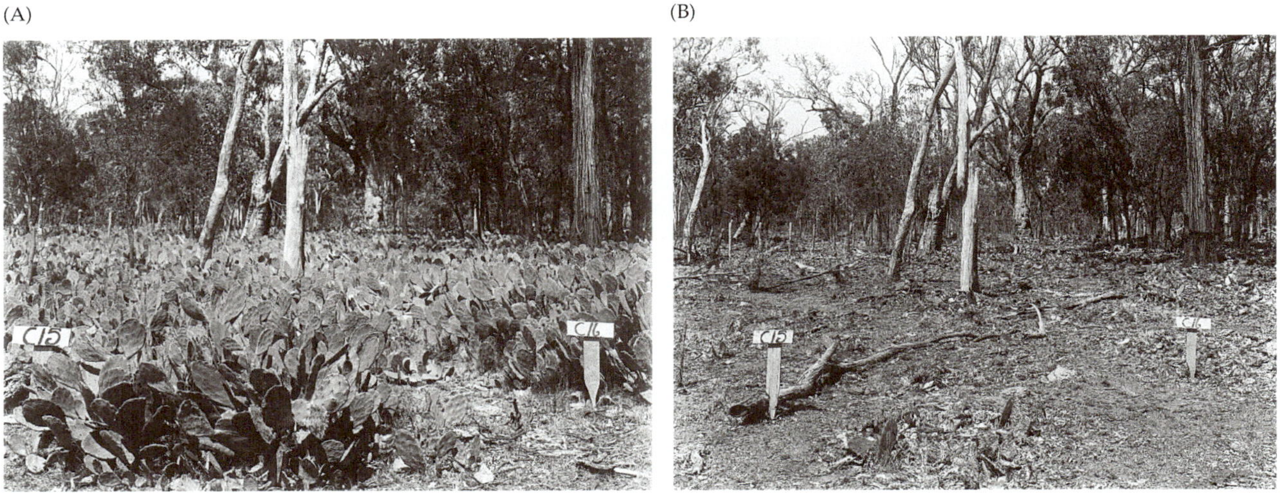

Figura 11.4 (A) Um denso estande de *Opuntia* em Queensland, na Austrália, antes da introdução de *Cactoblastis*. (B) O mesmo estande três anos depois (fotografias de A. P. Dodd e do *Commonwealth Prickly Pear Board*).

de um gorgulho explorador de raízes (*Hylobius transversovittatus*) e de dois besouros crisomelídeos que se alimentam de folhas (*Galerucella calmariensis* e *G. pusilla*) e os libertaram nos EUA e no Canadá em 1992 e 1993 (Blossey et al., 2001). Esses insetos, assim como outros hospedeiros específicos, libertados mais tarde, parecem estar eliminando com sucesso as densas populações de erva-carapau sem atacar outras, permitindo a recolonização de plantas nativas de áreas úmidas onde antes a erva-carapau mantinha formações monoespecíficas. A erva-carapau pode ser limitada por herbívoros em seu hábitat nativo. Na Europa, ela nunca alcança mais do que 5% em cobertura e permanece um componente de menor importância da vegetação de áreas úmidas, em contraste drástico com sua propagação na América do Norte, onde inexistiam seus herbívoros especialistas.

Uma importante questão, no entanto, é a extensão com que esses e outros agentes de controle biológico podem afetar espécies que não são seus alvos. Os insetos trazidos para controlar a erva-carapau foram caracterizados como "especialistas", uma vez que preferem *L. salicaria* em relação a espécies nativas norte-americanas. Contudo, esses insetos alimentam-se de espécies nativas quando há poucos indivíduos de erva-carapau disponíveis, gerando uma possibilidade de efeitos negativos sobre as nativas.

Um agente introduzido para controlar a planta exótica altamente invasora *Carduus nutans* (cardo almíscar, Asteraceae) e suas aparentadas no meio-oeste dos EUA provou ter sérios efeitos negativos sobre cardos nativos raros. *Rhinocyllus conicus* (gorgulho de capítulos) foi introduzido para controlar espécies de *Carduus* após estudos terem indicado que esse gorgulho prefere *Carduus* a cardos nativos do gênero *Cirsium*. No entanto, apesar de sua preferência pelo cardo almíscar invasor, estudos realizados por Svata Louda e seus colaboradores (Louda et al., 1997) mostraram que o gorgulho também está consumindo, e afetando negativamente, três espécies nativas de cardo – *Cirsium canescens*, *C. centaureae* e *C. undulatum*. Os níveis de infestação de *R. conicus* foram tão grandes quanto, ou maiores, sobre cardos nativos do que sobre exóticos; eles também foram maiores do que os níveis de infestação de insetos nativos sobre cardos nativos. As plantas infestadas produzem muito menos sementes. No caso de *C. canescens*, que já é pouco comum e tem hábitat restrito, esse novo herbívoro pode representar um perigo à persistência da população, à medida que se espera que a redução na produção de sementes diminua a taxa de crescimento populacional dessa espécie (Louda et al., 1997). *Cirsium canescens*, uma espécie nativa, até certo ponto pode realmente ser protegida pela manutenção de populações da invasora *Carduus* no mesmo hábitat, à medida que a invasora pode atrair os gorgulhos para longe do cardo nativo. No entanto, essa estratégia tem seus próprios riscos, pois, em algum momento, os gorgulhos podem "transbordar" sobre as nativas.

Esses estudos, juntamente com estudos empíricos recentes (Henneman e Memmott, 2001), fizeram com que muitos biólogos começassem a reconsiderar a segurança de controles biológicos em geral (Simberloff e Stiling, 1996). Embora o controle biológico tenha sido comprovado com êxito impressionante em casos como o de *Opuntia* na Austrália, o seu ponto forte – o fato de que os agentes de controle se dispersam e se reproduzem por si só – sempre o torna um risco potencial.

Efeitos da herbivoria em nível de comunidade

Consequências do comportamento herbívoro

Os herbívoros mostram suas preferências e exibem seu comportamento em relação ao que comem e a como e quando comem. Seu comportamento pode ter consequências profundas para a riqueza e a abundância das espécies de plantas. Um modo importante no qual o comportamento herbívoro pode afetar a composição de comunidades de plantas é até que ponto os animais comportam-se como generalistas *versus* especialistas em relação ao que consomem. Em uma das extremidades do espectro, um herbívoro generalista puro come plantas nas mesmas proporções em que elas estão presentes na comunidade. No outro extremo, um especialista puro come somente plantas (ou mesmo somente partes específicas da planta) de uma única espécie ou de um pequeno grupo de espécies proximamente aparentadas. Por isso, os herbívoros altamente especializados são, em geral, as escolhas mais desejáveis como agentes de controle biológico, para minimizarem efeitos sobre espécies que não são alvos.

A maioria dos herbívoros está em algum ponto entre esses dois extremos, preferindo determinados alimentos a outros, mas capazes de comer uma diversidade de plantas. Portanto, seria ilusório traçar um contraste estrito entre herbívoros especialistas e generalistas. No entanto, frequentemente acredita-se que herbívoros generalistas tendem a promover ou manter a diversidade, pois deixam espécies dominantes de crescimento rápido fora da competição com outras. Por outro lado, os efeitos dos especialistas dependem dos papéis que suas espécies forrageiras preferidas têm na comunidade. É provável que um herbívoro especializado em uma espécie vegetal potencialmente dominante terá um efeito na comunidade muito diferente daquele de uma espécie menos comum. Portanto, a herbivoria pode tanto aumentar quanto diminuir a diversidade da comunidade vegetal. O resultado depende não apenas dos padrões de consumo, mas também das interações entre herbivoria, competição vegetal e fatores abióticos, como umidade do solo e seus nutrientes, e níveis de luminosidade. Os efeitos da herbivoria podem variar espacial e temporalmente.

Nancy Huntly (1987) estudou o comportamento forrageador do ocótono (*Ochotona princeps*) e as consequências do seu forrageio para a comunidade vegetal. O ocótono, um parente dos coelhos, pequeno e territorialista, e um forte candidato ao título de "mamífero mais bonitinho do mundo", mora em declives pedregosos em altitudes elevadas no oeste da América do Norte. Eles forrageiam no entorno de suas tocas, são generalistas, mas preferem determinadas plantas a outras. Os ocótonos não hibernam; em vez disso, coletam montes de feno durante o verão para usar no inverno (Figura 11.5). Huntly excluiu experimentalmente parcelas de vegetação em distâncias diferentes das tocas de ocótonos. Ela constatou que os animais que forrageavam tinham grandes efeitos sobre a composição das comunidades vegetais próximas às suas tocas, onde eles passavam a maior parte do tempo, com efeitos diminuídos em campinas mais distantes do entorno.

Figura 11.5 Os ocótonos (*Ochotona princeps*), parentes de coelhos e lebres, são comuns em hábitats de altitude elevada no oeste da América do Norte. Eles se alimentam de quase todas as espécies de plantas que crescem no entorno das pilhas de pedra onde vivem. Por forragearem a partir de um local central – uma toca – seu efeito sobre a comunidade vegetal é forte, mas mais fraco em distâncias maiores a partir da toca. Como mostrado aqui, os ocótonos coletam pilhas de feno durante o verão para usar no inverno (fotografia cedida por C. Ray).

Competição aparente

Um tipo de interação entre plantas mediada por animais é a **competição aparente**. Trata-se de uma interação negativa entre espécies, dependente da densidade, que parece, em um primeiro momento, ser atribuída à competição por recursos, mas é, na verdade, devida a um predador comum ou herbívoro (Holt, 1977). A competição aparente pode ocorrer se, por exemplo, duas espécies atraem progressivamente a atenção de herbívoros, à medida que aumenta a sua densidade combinada. Desse modo, cada espécie sofreria pela presença e abundância da outra, mas por causa do herbívoro e não da competição.

A competição aparente entre plantas tem sido raramente demonstrada. Um estudo intrigante realizado por Laura Sessions e David Kelly (2002) mostrou que uma samambaia nativa da Nova Zelândia, *Botrychium australe* (língua-de-serpente, Ophioglossaceae) estava declinando muito devido à competição aparente com uma gramínea introduzida, *Agrostis capillaris*. A gramínea pode servir como um refúgio para uma lesma introduzida. A samambaia nativa sobrevive bem após o fogo. Contudo, o fogo também aumenta as populações da gramínea introduzida, o que leva a um aumento na densidade de lesmas. O aumento nas populações de lesmas após uma queimada provocou grande desfolhamento e a mortalidade da samambaia devido aos efeitos positivos da maior cobertura de gramíneas na população de lesmas.

Herbívoros introduzidos e domesticados

Uma das histórias clássicas na ecologia da herbivoria refere-se a coelhos, vegetação de campos calcários e doença dos coelhos, a mixomatose. Os campos calcários são comunidades vegetais muito diversas, encontradas em solos derivados de rocha calcária no sul da Inglaterra. Esses campos alternam-se com bosques e têm sido usados durante séculos para o pastejo de ovelhas e, no início do século XX, a pecuária de bovinos. Como fonte de alimento e para a caça esportiva, na Idade Média os coelhos foram trazidos para a Inglaterra, onde procriaram. Eles se expandiram, alcançando grandes números após aproximadamente 1850, devido, sem dúvida, a influências humanas diretas e indiretas, incluindo a redução de predadores. As densidades de coelhos variaram muito de um lugar a outro.

Quais efeitos os coelhos tiveram na vegetação de campos calcários? O pai da ecologia vegetal experimental moderna, Sir Arthur Tansley, observou que onde as populações de coelhos eram abundantes, o campo era tipicamente reduzido a uma altura de 1 a 2 centímetros, enquanto os campos pastejados por ovelhas tipicamente tinham de 5 a 10 centímetros de altura. Segundo ele, se o pastejo de ovelhas e a alimentação dos coelhos fossem evitados, os campos voltariam a ser florestas. Para testar os efeitos dos pastadores, Tansley cercou parcelas de vegetação para excluir coelhos e ovelhas (Tansley e Adamson, 1925). Inicialmente, houve um grande aumento no crescimento das plantas dentro dos cercados, e muitas que nunca tiveram sucesso reprodutivo fora dos cercados floresceram abundantemente dentro deles. Depois de algum tempo, contudo, as gramíneas perenes, o alimento preferido dos coelhos, cresceram e sombrearam espécies de dicotiledôneas menores. A biomassa total e a altura média da vegetação aumentaram de maneira substancial. Aumentou o domínio das gramíneas palatáveis, enquanto as espécies de plantas menos competitivas declinaram em abundância, mas não desapareceram na sua totalidade. Além disso, plantas não caracteristicamente encontradas nos campos calcários invadiram algumas das áreas não pastejadas. No entanto, não ocorreu a prevista colonização em larga escala por espécies lenhosas, talvez porque os cercados eram muito pequenos ou muito longe das fontes de sementes arbóreas.

Sir Arthur George Tansley

Esse experimento foi repetido involuntariamente 30 anos depois, em uma escala maior, quando uma doença viral de coelhos foi introduzida de maneira acidental na Grã-Bretanha e quase eliminou as populações de coelhos nos campos calcários e em outros lugares. Imediatamente após o extermínio da população de coelhos, em 1954, muitas espécies vegetais raras, que não eram vistas há anos, foram encontradas nos campos calcários (Thomas, 1960, 1963). Essas espécies eram pastejadas seletivamente por coelhos, nunca se tornando grandes o suficiente para florescerem e serem notadas, ou eram pastejadas assim que cresciam depois do estágio de plântula. Várias orquídeas raras e outras espécies chamativas, como *Helianthemum chamaecistus* (alecrim-das-paredes, Cistaceae) e *Primula veris* (prímula, Primulaceae) apareceram e floresceram em abundância. Algumas dessas espécies eram comuns há cem anos, antes do grande aumento no número de coelhos. Outras diminuíram à medida que os coelhos desapareceram ou porque foram eliminadas por competição ou porque eram favorecidas pelo nitrogênio da urina dos coelhos. Gramíneas altas tornaram-se mais proeminentes, e espécies lenhosas começaram a invadir. Quando as populações de coelhos se recuperaram da epidemia de mixomatose, no início da década de 1960, a vegetação voltou, em grande parte, ao seu estado anterior.

Imagens impressionantes dos efeitos do pastejo são proporcionadas por áreas limitadas por cerca, onde um lado é intensamente pastejado e o outro não-pastejado ou levemente pastejado (Figura 11.6). Como os ocótonos, os bovinos são generalistas seletivos, consumindo muitas espécies, preferindo algumas e evitando outras. Eles geralmente evitam as lenhosas e espinhosas, bem como aquelas com defensivos químicos tóxicos e nocivos. O gado pode se envenenar, por exemplo, ao pastejar plantas como *Digitalis* (dedaleira, Scrophulariaceae; Figura 8.1) e *Astragalus* (astrágalo, Fabaceae). O pastejo pelo gado pode ter efeitos drásticos na composição da comunidade, especialmente quando sua densidade é alta ou quando o pastejo ocorre em períodos do ano particularmente sensíveis para a recuperação e regeneração das plantas (p. ex., quando as sementes de gramíneas estão em maturação). Com o tempo, em especial sob pastejo intenso, as plantas preferidas, como gramíneas palatáveis e nutritivas, decaem em abundância e são substituídas por espécies menos comestíveis, mudando drasticamente a composição e a aparência da comunidade vegetal. O pastejo intenso provoca o

Figura 11.6 Duas áreas separadas por uma cerca, no norte do Arizona. A área à esquerda foi pastejada pelo gado; a à direita não foi pastejada (fotografia de S. Scheiner).

Figura 11.7 Os pequenos sacos brancos de ovos no lado inferior deste ramo de cicuta são um sinal de infestação pelo adelgídeo lanígero da cicuta (*Adelges tsugae*) (fotografia cedida por M. Montgomery, Serviço Florestal USDA).

aparecimento de manchas de solo nu, a invasão de ervas daninhas e a erosão intensa, especialmente em declives. A paisagem natural pode ser modificada, com ravinas profundas e barrancos substituindo encostas arredondadas cobertas de gramíneas, como consequência de danos de longo prazo às plantas que outrora mantinham o solo no lugar. A tendência é que esses problemas sejam mais graves em ambientes áridos, embora possam ocorrer até mesmo em hábitats mésicos. Outros animais pastadores, incluindo ovelhas e cabras, podem causar efeitos semelhantes. Os problemas causados por sobrepastoreio são comuns no oeste da América do Norte, mas também ocorrem na África, na região Mediterrânea e na Austrália, entre outros lugares. O sobrepastoreio por animais domésticos tem contribuído para transformar vastas áreas de campo em bosques arbustivos ou desertos.

Um inseto herbívoro introduzido, o adelgídeo lanígero da cicuta (*hemlock woolly adelgid*) (*Adelges tsugae*), atualmente está causando mudanças drásticas em florestas no leste dos EUA (Figura 11.7). Esse inseto, um especialista em cicutas, foi trazido da Ásia para o Noroeste do Pacífico em 1924 e deslocou-se para o leste dos EUA na década de 1950. Ele se espalhou rapidamente desde as florestas de New Hampshire até as montanhas da Geórgia e do Tennessee. As árvores são mortas dentro de alguns anos ao se tornarem infestadas por esses minúsculos insetos tipo afídeos e sugadores de seiva do floema. Pelo fato de as cicutas serem dominantes, ou o principal componente, em muitas florestas do leste, essa invasão de insetos está causando mudanças substanciais na composição da comunidade à medida que muitas árvores grandes são mortas, abrindo clareiras para a colonização por outras espécies.

Efeitos de herbívoros nativos

Tem sido demonstrado que pequenos mamíferos comedores de sementes e de vegetação afetam a estrutura da comunidade de plantas em muitos ambientes áridos. No bosque arbustivo semiárido do norte do Chile, Javier Gutiérrez e colaboradores (1997) utilizaram cercas e redes para excluir de forma seletiva pequenos mamíferos (principalmente o degu herbívoro, *Octodon degus*; Figura 11.8) em grandes parcelas experimentais e aves predadoras (em especial corujas) em outras parcelas (além de terem parcelas-controle não-cercadas). A exclusão dos degus resultou no aumento da cobertura de arbustos e gramíneas perenes, no aumento na diversidade de espécies perenes e na diminuição na cobertura de plantas anuais. Os pesquisadores verificaram alguns efeitos indiretos da exclusão do predador na vegetação (supostamente por permitir aumento de herbívoros). Eles também documentaram fortes efeitos do clima, bem como interações entre efeitos do clima e de herbívoros.

Enquanto áreas com vegetação árida e semiárida do Chile e da Argentina são especialmente a moradia de espécies de herbívoros e insetívoros, com poucos granívoros, em contraste impressionante, roedores comedores de semente dominam os desertos da América do Norte. James Brown e colaboradores (Brown e Munger, 1985; Guo e Brown, 1996; Brown et al., 1997) conduziram uma série de experimentos de longo prazo nos quais excluíram pequenos mamíferos diferentes (em particular roedores heteromídeos) e formigas de parcelas no Deserto de Chihuahua do leste do Arizona. Com o tempo, a remoção tanto de roedores quanto de formigas causou mudanças substanciais na composição de espécies vegetais. Onde os roedores foram retirados, as espécies com sementes grandes aumentaram e as com sementes pequenas decresceram. Onde

Figura 11.8 O degu (*Octodon degus*), um pequeno roedor, é o principal herbívoro nos desertos do Chile (fotografia cedida por L. Ebensperger).

as formigas foram removidas, encontraram-se resultados opostos.

Valerie Brown e colaboradores realizaram muitos experimentos de campo inovadores, para investigar os efeitos dos herbívoros nas comunidades vegetais. Um grande estudo, em um campo em sucessão inicial, que investigou como os efeitos de insetos que se alimentam de raízes poderiam diferir dos efeitos dos que comem folhagem, utilizaram inseticidas para matar tanto insetos de superfície como subterrâneos (Brown e Gange, 1992). Observaram que tanto a herbivoria por insetos subterrâneos quanto a que ocorre acima do solo tiveram efeitos consideráveis (mas diferentes) no tempo e na direção da sucessão. Nesse campo, os insetos de superfície eram, em grande parte, Hemíptera sugadores de seiva, que preferiam gramíneas perenes. Sua herbivoria suprimiu a colonização de gramíneas perenes, retardando a sucessão. A remoção dos insetos levou a um crescimento abundante das gramíneas, que logo sombrearam e substituíram as pequenas herbáceas dicotiledôneas, levando a uma diminuição acentuada na riqueza de espécies. Abaixo do solo, insetos mastigadores, das ordens Coleóptera e Díptera, alimentavam-se principalmente de raízes de dicotiledôneas. A redução dos números de insetos subterrâneos levou à persistência de dicotiledôneas anuais e a um grande aumento na colonização por dicotiledôneas perenes e, consequentemente, a um grande aumento na riqueza de espécies. Portanto, a presença comum desses insetos comedores de raízes acelera a sucessão pela redução das dicotiledôneas e pelo aumento da colonização do campo por gramíneas.

A herbivoria não é a única maneira pela qual os animais que se alimentam de plantas afetam a comunidade vegetal. Outros tipos de comportamento herbívoro também podem mudar o ambiente e têm grandes efeitos sobre as comunidades vegetais. Os mamíferos herbívoros, em especial, criam clareiras e manchas ao fazerem esconderijos e trilhas, e ao pisotearem a vegetação ao redor das fontes de água disponíveis. Pelo pisoteio repetitivo, rebanhos de gado domesticado podem causar danos consideráveis à vegetação ao longo de córregos e cursos d'água. Elefantes consomem e pisoteiam enormes quantidades de material vegetal. A cobertura das copas de árvores no Parque Nacional do Serengeti, no Quênia, por exemplo, foi reduzida para cerca de 50% pelos elefantes (Pellew, 1983).

Nem todos esses efeitos dos herbívoros são negativos. Nas pradarias de gramíneas altas no meio-oeste dos EUA, o bisão nativo cria depressões quando rola na poeira. Na primavera, essas áreas contêm pequenas poças temporárias de água; no verão, elas são habitadas por espécies anuais que, de outro modo, seriam excluídas pelas gramíneas perenes (Collins e Uno, 1983).

Grandes herbívoros também podem afetar as distribuições de plantas e a riqueza de espécies, por meio dos fortes efeitos que sua urina e defecação causam nos nutrientes do solo. Em um estudo no Parque Nacional Yellowstone, David Augustine e Douglas Frank (2001) compararam características do solo e da comunidade entre campos não-pastejados e campos pastejados por grandes herbívoros – alce, bisão e antilocabra. A riqueza e diversidade de espécies foram maiores nestes campos, especialmente em escalas muito pequenas (Figura 11.9).

Mesmo animais menores podem ter efeitos surpreendentes, especialmente quando alcançam números muito elevados. O ganso menor da neve procria nos pântanos costeiros de tundra da Baía de Hudson e da Baía James, no Canadá, durante o verão, migrando, no outono, para a Costa do Golfo de Louisiana e do Texas. Nas últimas três décadas, suas populações cresceram muito, com censos realizados no meio do inverno mostrando valores de aproximadamente 0,8 milhões em 1969 para cerca de 3 milhões em 1994. O seu uso do hábitat no inverno e no verão tem se expandido muito, tanto em área quanto em diversidade (Abraham e Jefferies, 1997). Muito desse crescimento populacional parece ser causado pela resposta dos gansos a mudanças na utilização da terra por humanos. A expansão de terras cultivadas e o uso de lavouras como fontes de alimento pelos gansos, tanto durante a migração quanto nos seus hábitats invernais, causaram a diminuição da mortalidade de adultos ao longo do inverno. As mudanças nas taxas de predação também podem ser um fator. No verão, grupos cada vez maiores de gansos retornam a cada ano para a tundra em excelentes condições nutricionais, capazes de criarem grandes números de jovens. Os gansos da neve são pastadores; contudo, eles também são capazes de matar plantas ao retirá-las pelas raízes ou pelos rizomas. Grandes grupos dessas aves podem ter efeitos surpreendentes na paisagem de tundra, não somente por mudarem a composição de espécies vegetais, mas também por dei-

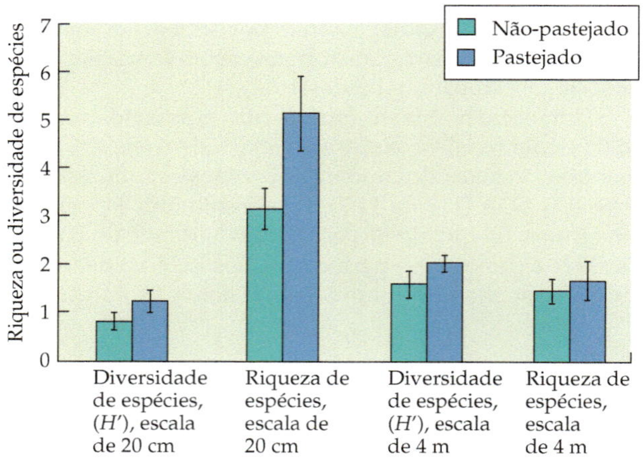

Figura 11.9 A diversidade de espécies vegetais, medida pelo índice de Shannon-Wiener (ver Capítulo 9), e a riqueza de espécies vegetais são maiores em campos pastejados do que em não-pastejados no Parque Nacional Yellowstone. O efeito foi maior nas comparações de quadros de 20×20 cm do que para os de 4×4 m, significando que os efeitos estavam ocorrendo em uma escala espacial muito pequena. Esse efeito de escala foi contrário às expectativas, porque se acreditava que a urina e a defecação por grandes mamíferos provocassem uma distribuição muito desigual do nitrogênio no solo e das taxas de mineralização do nitrogênio. A riqueza de espécies é o número médio de espécies por parcela na escala de 20 centímetros, e o número médio de espécies por parcela dividido por 10 na escala de 4 metros. As barras de erros indicam ±1 erro padrão (segundo Augustine e Frank, 2001).

xarem áreas inteiras desprovidas de vegetação. Estima-se que mais de um terço do ecossistema de pântano costeiro de tundra tenha sido bastante sobrepastejado, ameaçando outras 200 espécies de aves aquáticas que lá veraneiam. O ganso maior da neve, que veraneia no leste do Ártico canadense e migra para o sudeste dos EUA, está pronto para uma explosão populacional parecida, com efeitos semelhantes previstos para a vegetação no seu hábitat de procriação.

Generalidade

Quão gerais e importantes são os efeitos dos herbívoros sobre as comunidades vegetais? Eis uma questão controversa. Em um artigo conceitual clássico e muito citado, Nelson Hairston e colaboradores (1960) sugeriram que os herbívoros são mantidos em baixas densidades por seus próprios predadores, limitando seus efeitos sobre as plantas. Amplamente referido como hipótese HSS (retirada das iniciais dos autores), este ponto de vista tem sido controverso desde que foi proposto. William Murdoch (1966) argumentou que a lógica da HSS é circular. Argumentando que os herbívoros não devem ser limitados pelo alimento por não comerem todo o material vegetal disponível, Murdoch observou que poderia ser aplicada a mesma lógica para o nível trófico seguinte: por não comerem todos os herbívoros disponíveis, os carnívoros não deveriam ser limitados pelo alimento – exatamente o oposto do que fora argumentado por Hairston e colaboradores. Murdoch também argumentou que a hipótese HSS foi fracamente definida e, por isso, não-testável. Segundo Paul Ehrlich e L. Charles Birch (1967), a hipótese HSS depende da crença de que, pelo fato de persistirem, as espécies devem ser mantidas em um equilíbrio ou próximo dele – "balanço da natureza". Ehrlich e Birch argumentaram que, pelo contrário, a maioria das populações experimenta muita variação ambiental aleatória e, por isso, sofre grandes flutuações.

Nas décadas seguintes, pesquisas e debates foram estimulados por essas ideias; para fazer justiça a esse corpo de trabalho, seria necessário outro livro! No entanto, retringindo-nos à questão com a qual iniciamos – se a herbivoria é importante para as comunidades vegetais –, a resposta parece clara: herbívoros frequentemente têm grandes efeitos nas populações e comunidades vegetais. Em uma metanálise de estudos experimentais em herbivoria, David Bigger e Michelle Marvier (1998) concluíram que, em média, a herbivoria causa uma redução substancial na biomassa de plantas em comunidades naturais. Ao contrário das suposições de muitos ecólogos, os invertebrados, como os insetos, têm um efeito muito maior do que os vertebrados.

Defesas das plantas contra herbivoria

Por não poderem se mover, a maioria das plantas tem que "sentar e esperar" pelos herbívoros. Devido à sua imobilidade, a seleção natural agiu no sentido de torná-las capazes de se defender de danos devidos à herbivoria ou da morte causada por ela. A seleção pode resultar em plantas duras, menos palatáveis e que, em geral, melhor se defendem. Existem muitos tipos diferentes de defesas das plantas, assim como muitas maneiras de as plantas serem atacadas.

Defesas físicas

As defesas físicas e mecânicas das plantas incluem estruturas óbvias, como espinhos e acúleos, que provavelmente servem mais para desencorajar mamíferos coletores e aves, mas que pouco significam para deter insetos. Os **tricomas** (pelos) servem para muitas funções, incluindo proteção (Figura 11.10A). Os insetos são detidos pela pilosidade foliar e podem ser perfurados por alguns tricomas. Outros secretam compostos nocivos que podem impedir a ação de vertebrados ou secretam substâncias pegajosas que retêm os insetos. As espécies de *Urtica* (urtiga, Urticaceae) têm tricomas alongados (Figura 11.10B) e frágeis que se quebram quando tocados, deixando um fragmento pontudo que perfura a pele e injeta um fluido irritante doloroso. Tricomas desse tipo evoluíram independentemente em quatro famílias de plantas: Urticaceae, Euphorbiaceae, Loasaceae e Boraginaceae.

(A) (B)

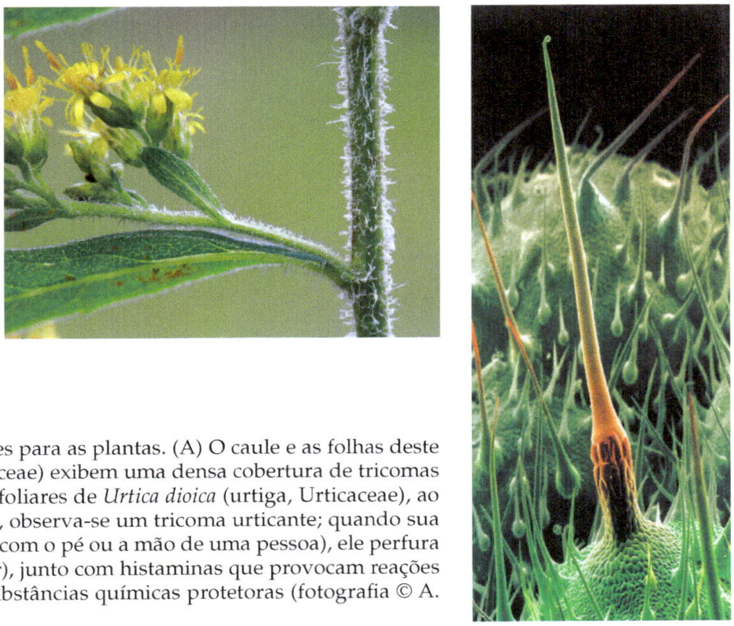

Figura 11.10 Os tricomas são defesas físicas importantes para as plantas. (A) O caule e as folhas deste indivíduo de *Solidago* (vara-de-ouro, erva-lanceta, Asteraceae) exibem uma densa cobertura de tricomas (fotografia de D. McIntyre). (B) Micrografia de tricomas foliares de *Urtica dioica* (urtiga, Urticaceae), ao microscópio eletrônico de varredura. Em primeiro plano, observa-se um tricoma urticante; quando sua extremidade é quebrada por alguma ação (p. ex., o toque com o pé ou a mão de uma pessoa), ele perfura facilmente a pele e injeta a acetilcolina (neurotransmissor), junto com histaminas que provocam reações alérgicas. Os tricomas mais curtos não possuem essas substâncias químicas protetoras (fotografia © A. Syred/Science Photo Library, Photo Researchers, Inc.).

Outras defesas físicas incluem materiais que dificultam a entrada no corpo da planta, como casca grossa em troncos e raízes, ou o revestimento duro que protege as sementes e alguns frutos, como as nozes. Várias células e tecidos que compõem o corpo da planta provavelmente também assumem funções de defesa, como a redução da perda de água e a proteção contra ataques de fungos. Nessa categoria, estão a grossa camada de **esclerênquima** (um tecido vegetal com paredes celulares lignificadas) em torno dos tecidos vasculares transportadores de alimento e água em caules jovens e a cutícula cerosa na superfície das folhas.

A dureza da folha representa um mecanismo importante de barreira para insetos mastigadores, mamíferos coletores e outros herbívoros, assim como interfere na digestibilidade dos tecidos. A dureza é principalmente um resultado do conteúdo, do tipo e da localização das fibras (células alongadas do esclerênquima), embora as **esclereides** (células curtas do esclerênquima, com paredes grossas, lignificadas e muito perfuradas) podem ser responsáveis pela dureza de algumas estruturas. A dureza também pode depender de outros tipos de células com paredes grossas, como os vasos e o **colênquima** (tecido de sustentação feito de células vivas alongadas, com paredes irregularmente engrossadas). As folhas recém-formadas e em expansão são consideravelmente menos duras do que as mais velhas. Isso acontece porque os tecidos estruturais responsáveis pela rigidez das folhas interfeririam em sua capacidade em crescer até o tamanho adulto definitivo, impedindo-as, assim, de alcançar a condição madura. Por esse motivo, folhas novas são vulneráveis ao ataque e podem depender de meios alternativos de proteção, como defesas químicas.

As gramíneas não são palatáveis para a maioria dos herbívoros generalistas, uma vez que elas sequestram grandes quantidades de sílica, que as tornam difíceis de serem mastigadas e digeridas (imagine-se mastigando pedaços de vidro ou grandes quantidades de areia). A sílica está armazenada em células epidérmicas especializadas, bem como em outras partes da planta. Outros poucos táxons também usam a sílica para desencorajar a herbivoria, incluindo cavalinhas (Equisetaceae) e palmeiras (Arecaceae),

Uma outra característica sugerida como atuante na defesa contra herbivoria é a qualidade nutricional do tecido da folha. A ingestão de folhas com pouco conteúdo de nitrogênio e água resulta em deficiência no crescimento e na sobrevivência dos herbívoros. As folhas com maior conteúdo de nitrogênio e água são em geral preferidas pelos herbívoros, em relação àquelas com baixo conteúdo (sendo iguais todas as outras características). Tal fato coloca um dilema evolutivo para as plantas: as enzimas, responsáveis pelo crescimento e pela fotossíntese, contêm nitrogênio. A redução da concentração de compostos que contêm nitrogênio, presentes nas folhas para desencorajar a herbivoria, poderia resultar em redução na fotossíntese e no crescimento.

O nitrogênio é quase sempre limitante para as plantas, mas é ainda mais limitante para os herbívoros. Para o seu funcionamento, os animais necessitam de muito mais nitrogênio do que as plantas, e eles mantêm concentrações muito maiores nos seus corpos. As plantas que crescem em solos com baixa disponibilidade de nitrogênio podem ter altas concentrações de carbono em relação ao nitrogênio em seus tecidos, o que reduz o seu valor nutritivo. À medida que as concentrações de CO_2 aumentam devido a emissões humanas (ver Capítulo 21), espera-se que muitas populações de herbívoros decresçam por causa da resultante diminuição nas razões carbono-nitrogênio e, consequentemente, no valor nutricional de muitas plantas. Estudos recentes de Peter Stiling e colaboradores (Stiling et al., 1999) mostraram que várias espécies de mineradores de folhas consumiram mais tecidos foliares de carvalho que cresciam sob condições enriquecidas de CO_2, mas exibiram taxas de mortalidade maiores (Figura 11.11).

Química secundária de plantas

As plantas podem dispor de um arsenal de armas químicas em resposta à herbivoria. Os ecólogos químicos

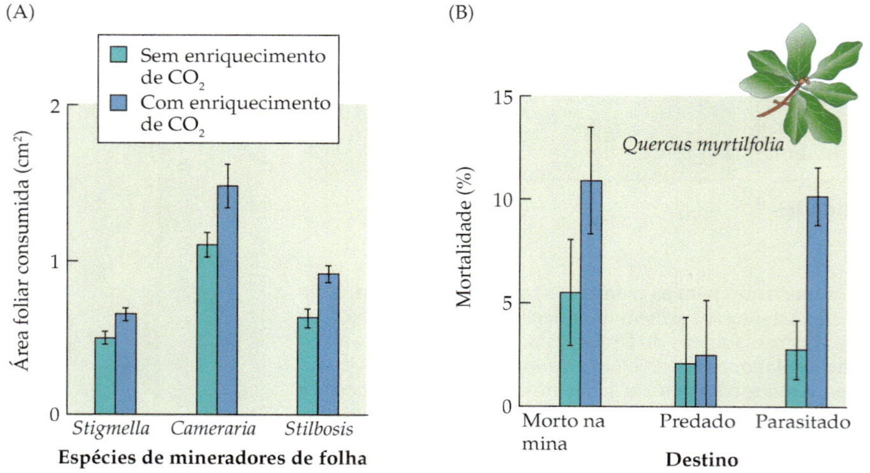

Figura 11.11 Experimento comparando a performance de mineradores de folhas dos gêneros *Stigmella*, *Cameraria* e *Stilbosis* em *Quercus myrtifolia* (carvalho murta, Fagaceae) crescidos sob condições com e sem enriquecimento de CO_2. (A) Os insetos removeram mais tecidos de plantas que vivem sob condições enriquecidas de CO_2 (as barras de erro indicam ±1 erro padrão.) (B) Todavia, os insetos que se alimentavam daquelas plantas tiveram maiores taxas de mortalidade por várias causas (as barras de erro indicam ±1 erro padrão) (segundo Stiling et al., 1999).

fazem a distinção entre **metabólitos primários** e **compostos químicos secundários** (ou **metabólitos secundários**). Os metabólitos primários (como açúcares, aminoácidos e DNA) são compostos necessários para as funções básicas da planta (como respiração celular e fotossíntese). Os compostos químicos secundários constituem um grande grupo que serve para uma ampla variedade de propósitos, incluindo defesa e atração de polinizadores, em vez de funções primárias. Os compostos químicos secundários são em geral encontrados somente em determinadas espécies ou grupos de espécies e, muitas vezes, em órgãos ou tecidos específicos. A distinção entre compostos primários e secundários é algo arbitrária; alguns metabólitos primários, por exemplo, são sempre usados para defesa. Até certo ponto, os termos são advindos de uma era passada, quando fisiologistas vegetais e bioquímicos acreditavam que os compostos químicos secundários eram produtos descartados e ignoravam suas funções ecológicas.

As três principais categorias de compostos químicos secundários são **fenóis**, **alcaloides** e **terpenos**. Essas categorias não são exclusivas, uma vez que algumas moléculas grandes contêm subunidades de mais de um tipo. Outros compostos defensivos incluem proteínas e aminoácidos tóxicos, inibidores de protease e compostos cianogênicos.

Os fenóis incluem uma grande diversidade de compostos químicos constituídos de um anel aromático ligado a um grupo hidroxila, –OH (Figura 11.12). Provavelmente, os compostos fenólicos de defesa mais importantes em angiospermas e gimnospermas sejam os **taninos**, que reduzem a digestibilidade dos tecidos vegetais. Eles são empacotados em vacúolos e estão presentes em altas concentrações nas folhas de muitas plantas lenhosas, como as de Fagaceae, Myrtaceae e Polygonaceae. Outro grupo importante de compostos fenólicos é o das **ligninas**, que impregnam as paredes celulares secundárias (lenhosas), dando a elas resistência estrutural, bem como fornecendo barreira ao ataque de herbívoros e patógenos. Outros fenóis incluem saponinas venenosas, bem como flavonoides e antocianinas, pigmentos que também dão cor a flores e frutos.

Os alcaloides são outro grupo amplo de compostos e incluem muito do que é usado como produto farmacêutico (Figura 11.13). Em torno de 10.000 alcaloides foram isolados e suas estruturas, analisadas. Os alcaloides são moléculas relativamente pequenas que contêm nitrogênio. Eles têm sabor amargo e muitas são tóxicas para herbívoros. Os alcaloides são em geral altamente específicos à espécie vegetal ou ao grupo de plantas onde são encontrados. Eles são, com frequência, efetivos em pequenas quantidades – como no caso da cocaína, nicotina e cafeína –, embora em alguns casos determinadas plantas ou partes da planta produzam altas concentrações de alcaloides.

Os terpenos são encontrados em todas as plantas, e um indivíduo pode conter muitos terpenos diferentes (Figura 11.14). Os terpenos desempenham uma grande variedade de funções nas plantas. Eles são constituídos de

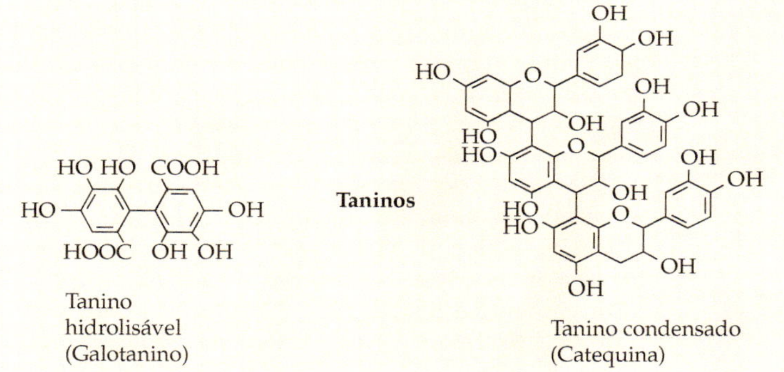

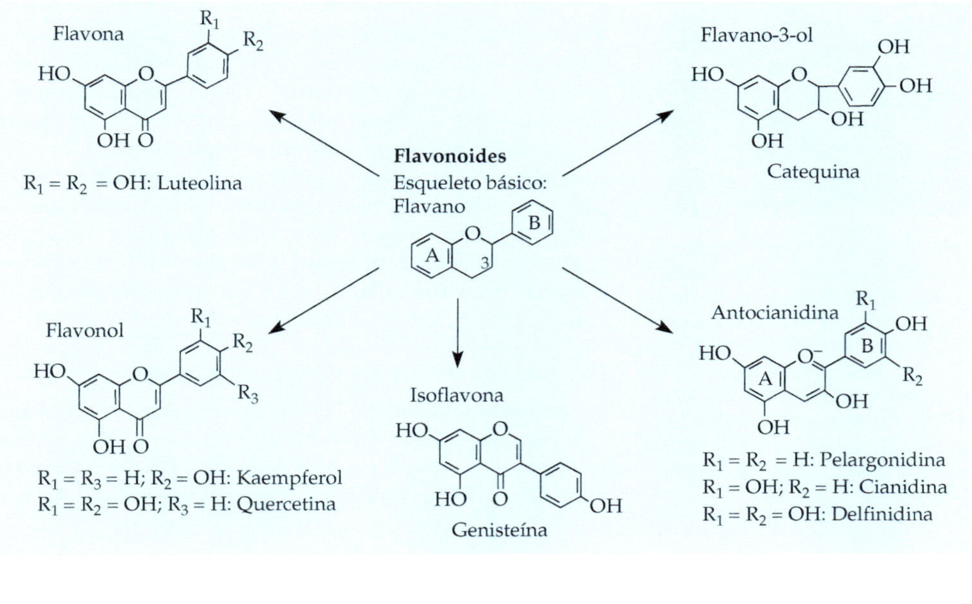

Figura 11.12 Os compostos fenólicos defensivos incluem taninos e flavonoides. Após as estruturas, são fornecidos exemplos de compostos específicos (segundo Larcher, 1995).

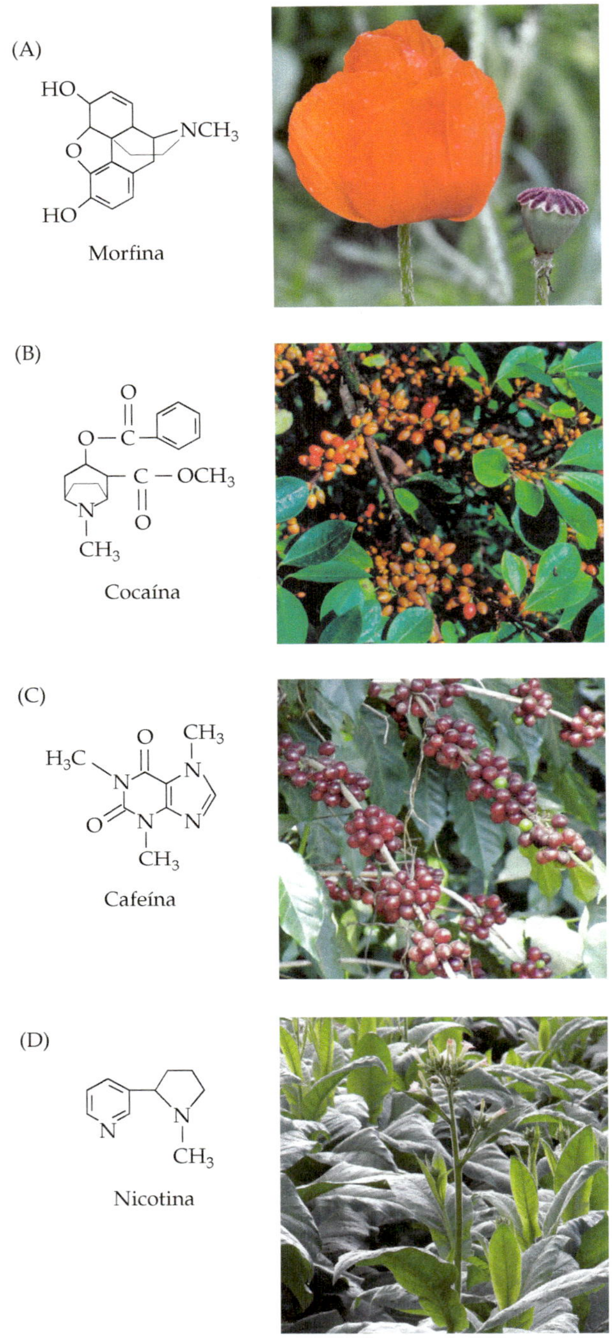

Figura 11.13 Exemplos de vários alcaloides de uso humano, e suas fontes. (A) O ópio vem da seiva leitosa (látex) de sementes de *Papaver somniferum* (papoula, Papaveraceae); a morfina é derivada do ópio (fotografia de D. McIntyre). (B) A cocaína é encontrada nas folhas de *Erythroxylum coca* (coca, Erythroxylaceae) (fotografia © G. Dimijan/ Photo Researchers Inc.). (C) A cafeína é encontrada nos frutos (bagas) de *Coffea* (café, Rubiaceae), bem como em muitas outras plantas (fotografia cedida por D. Cadmus). (D) A nicotina vem das folhas de *Nicotiana tabacum* (tabaco, Solanaceae) e outras espécies desse gênero (fotografia de D. McIntyre).

múltiplas unidades do hidrocarboneto isopreno (C_5H_8) e podem ser grandes ou pequenos, dependendo de quantas unidades de isopreno contêm. O composto isopreno é emitido à luz do sol pelas folhas de algumas espécies de plantas (como de *Eucalyptus*), às vezes em grandes quantidades, e podem servir para protegê-las de danos causados pelo calor. O **látex** (seiva leitosa), encontrado em membros das famílias das eufórbias (Euphorbiaceae) e apócinos (Apocynaceae), contem defesas terpenoides tóxicas. Os óleos responsáveis pelo gosto e odor característicos da menta (Lamiaceae) são terpenos; eles afastam os herbívoros e reduzem o crescimento de bactérias e fungos. Os glicosídeos cardíacos podem causar danos ao coração de vertebrados e são venenosos para muitos insetos; esses terpenos são produzidos por muitas plantas não-aparentadas, como as das famílias Scrophulariaceae (como *Digitalis*, dedaleira) e Apocynaceae (como *Asclepias*, asclépia, e *Apocynum*, apócinos). Os fitoecdisonas são terpenos que imitam hormônios de mudas de insetos e interferem no desenvolvimento larval desses animais; eles são produzidos por vários táxons, incluindo pteridófitas, cicadáceas e algumas gimnospermas.

Os representantes das Brassicaceae (família da mostarda) contêm compostos secundários característicos, principalmente glucosinolatos, que são repelentes efetivos da maioria dos herbívoros generalistas. Esses precursores do óleo de mostarda (responsáveis pelo "amargor" de muitas espécies cultivadas dessa família) desencorajam quase completamente mamíferos e insetos não-adaptados. No entanto, os glucosinolatos não são tão efetivos contra insetos herbívoros que se tornaram especializados nessa família, de modo que somente altas concentrações podem oferecer alguma proteção contra esses animais. Louda e colaboradores verificaram que os glucosinolatos podem não apenas afetar a interação entre as plantas e seus herbívoros, mas também controlar indiretamente a distribuição e abundância das plantas (Louda e Rodman, 1996). *Cardamine cordifolia* (agrião-bravo, Brassicaceae) é nativo das Montanhas Rochosas da América do Norte, onde cresce unicamente em bordas úmidas e sombreadas de floresta. O agrião-bravo pode ser excluído de locais ensolarados devido à maior vulnerabilidade à herbivoria crônica naqueles locais. Em uma série de experimentos, plantas cultivadas em locais ensolarados sofreram maior estresse hídrico que causava mudanças na sua bioquímica, incluindo redução nas concentrações de gucosinolatos. Consequentemente, aquelas plantas foram mais atacadas por insetos herbívoros e sofreram maior dano. Portanto, a herbivoria pode estar controlando a distribuição das plantas ao causar dano diferencial entre microhábitats.

Defesas constitutivas versus *induzidas*

As **defesas constitutivas** são as presentes em uma planta independentemente do dano do herbívoro. Elas podem estar presentes por toda a vida de uma planta ou mudar à medida que um indivíduo cresce e amadurece. As **res-**

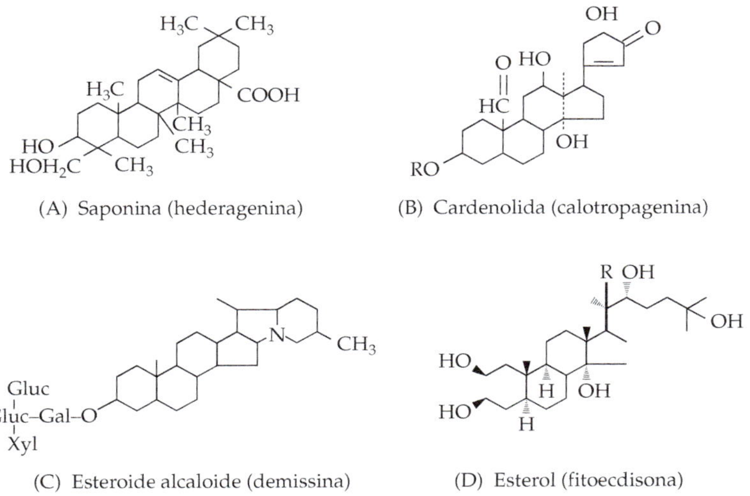

Figura 11.14 Os triterpenos têm importantes papéis nas defesas das plantas contra herbívoros. *Hedera helix* (hera, Araliaceae) contém a saponina hederagenina em suas folhas e frutos. (B) *Asclepias* (asclépia, Apocynaceae) contém o glicosídio cardíaco calotropagenina. (C) *Solanum demissum* (bataba, Solanaceae) produz o alcaloide esteroide demissina em suas folhas. (D) Vários táxons produzem fitoecdisonas, compostos que imitam hormônios de insetos e interferem na metamorfose desses animais (segundo Larcher, 1995).

postas induzidas são produzidas por um ataque de herbívoros. Se essas respostas servem para proteger a planta (ferindo ou não o herbívoro), são denominadas **defesas induzidas**; se elas têm efeito negativo sobre o herbívoro em ataque (defendendo ou não a planta), são denominadas **resistências induzidas** (Karban e Baldwin, 1997). As defesas químicas e físicas podem ser induzidas, embora a maioria das pesquisas nessa área relacione-se a respostas bioquímicas. As mudanças nas defesas físicas em resposta à herbivoria incluem a secreção adicional de mucilagem e fibra em várias espécies de *Opuntia* (opúncia, Cactaceae), que detêm insetos herbívoros, e um aumento nas concentrações de sílica em gramíneas, o que as torna mais rígidas para mastigação. A sílica de gramíneas ingeridas foi encontrada em excrementos fossilizados de dinossauros de 70 milhões de anos (Prasad et al., 2005).

Há muita discussão acerca dos relativos benefícios das defesas constitutivas *versus* indutivas (Karban e Baldwin, 1997; Lerdau e Gershenzon, 1997). Historicamente, a maioria das pesquisas sobre respostas das plantas à herbivoria tem enfatizado as defesas constitutivas, mas, no começo da década de 1980, o interesse nas defesas induzidas cresceu muito. A hipótese é que a herbivoria crônica deveria selecionar defesas constitutivas. Já as taxas médias baixas de ataque, com acessos intensos ocasionais de herbívoros, deveriam selecionar defesas induzidas, porque o custo da produção de compostos defensivos deveria tornar benéfico à planta a elaboração de quantidades efetivas menores desses compostos ao longo da sua vida.

Tem sido constatado que muitas classes diferentes de compostos químicos atuam como defesas induzidas. Ian Baldwin e colaboradores (Baldwin, 1998, 1991; Karban e Baldwin, 1997) têm contribuído muito para aumentar nossa compreensão a respeito do processo de indução. O ataque do herbívoro é comunicado através da planta por um grupo de hormônios vegetais denominados jasmonatos. Em alguns casos, as defesas químicas são induzidas por sinais altamente específicos, como a saliva de lagartas. Em outros casos, qualquer dano mecânico é suficiente. O alcaloide tóxico nicotina, por exemplo, é produzido em reposta ao dano mecânico nas folhas de *Nicotiana* (tabaco, Solanaceae). A nicotina imita o neurotransmissor acetilcolina, bloqueando o receptor desse em insetos e vertebrados. Em doses baixas, a nicotina estimula o sistema nervoso; em doses mais altas, é um sedativo capaz de causar paralisia e morte. Fumantes tornam-se viciados nos efeitos excitantes das doses baixas dessa potente toxina nervosa; lagartas ou mamíferos pastadores podem ser paralisados e mortos pela mesma toxina. Pequenas quantidades de nicotina estão presentes em plantas não-danificadas de tabaco. Depois do dano à folha, os níveis de nicotina podem aumentar de quatro a dez vezes, atingindo concentrações capazes de matar um herbívoro após uma única refeição.

A nicotina é sintetizada nas raízes do tabaco em resposta ao dano foliar, sendo transportada para as folhas via xilema. O sinal indicador de dano foliar, informando às raízes para produzirem nicotina, aparentemente é um hormônio transportado das folhas para as raízes através do floema. Um dano maior à folha induz a produção de mais nicotina. Pela natureza da resposta de longo prazo e do tempo necessário para a biossíntese, há necessidade de dez horas a vários dias para a nicotina alcançar seus níveis máximos. Quais seriam as vantagens da síntese subterrânea da nicotina, dada a vulnerabilidade da planta durante essa espera prolongada? Se a produção de nicotina fosse maior nas gemas, os herbívoros consumidores de folhas poderiam comprometer gravemente a capacidade da planta de se defender de um ataque futuro. O local da síntese desse composto defensivo é, assim, protegido abaixo do solo dos herbívoros consumidores de folhas. Mesmo que quantidades grandes de partes subterrâneas sejam danificadas ou destruídas, a planta pode continuar a se defender.

O exemplo clássico de uma defesa aparentemente induzida é a produção de glicosídeos cianogênicos por *Trifolium repens* (trevo branco, Fabaceae), quando as folhas são danificadas; essa resposta também pode ser induzida por danos causados pelo frio. De fato, esses compostos já estão presentes na planta, mas são ativados pela mastigação dos herbívoros. Os glicosídeos cianogênicos são repelentes efetivos contra lesmas, herbívoros vorazes em regiões com invernos brandos e úmidos. A capacidade de produzir esses compostos defensivos é controlada por dois genes, e as populações de trevo branco na Grã-Bretanha são polimórficas para o atributo (Dirzo e Harper, 1982a, b). Na presença de lesmas, as plantas com capacidade de produzir glicosídeos cianogênicos exibiram taxas de sobrevivência maiores do que as sem tal capacidade. Na ausência de lesmas, contudo, aquelas plantas reduziram o crescimento e a reprodução, comparadas com as acianogênicas (sem produção de cianeto). Conforme o previsto pela teoria evolutiva, áreas com altas densidades de lesmas tinham uma proporção maior de indivíduos cianogênicos, enquanto aquelas com menos herbívoros tinham uma preponderância de indivíduos acianogênicos.

Estudos com *Lepidium virginianum* (mastruço, Brassicaceae), de Anurag Agrawal (2000), mostraram que defesas induzidas foram efetivas contra um herbívoro generalista, mas não contra um herbívoro especializado naquela planta (Figura 11.15). Tendo sido proporcionada ou não a escolha dos itens alimentares, lagartas generalistas causaram substancialmente mais danos a plantas cujas defesas não foram induzidas. No entanto, lagartas especialistas causaram a mesma quantidade de dano em plantas induzidas e não-induzidas.

A produção de seiva por coníferas em resposta ao ataque por besouros da casca é outro exemplo de uma resposta induzida. Além da defesa física promovida pela resina pegajosa e sufocante, essa resposta tem uma função bioquímica. A seiva das coníferas contém quantidades substanciais de vários terpenos (monoterpenos e sesquiterpenos), bem como compostos fenólicos e outros que são particularmente tóxicos ao fungo simbionte que ataca com seu besouro parceiro. Raffa e colaboradores (1987, 1991) observaram que o ferimento mecânico de uma árvore causava a produção de pequenas quantidades de monoterpenos, enquanto árvores atacadas por fungos vivos respondiam com quantidades massivas de monoterpenos. As árvores responderam mais intensamente àqueles determinados fungos associados a espécies de besouro da casca, que as atacam com frequência.

Consequências evolutivas das interações planta-herbívoro

Você deve estar se perguntando, depois de ler sobre o arsenal de defesas que as plantas possuem, por que todos os herbívoros simplesmente não morrem de fome. Há vários motivos pelos quais isso não acontece. Primeiro, para sorte do resto do mundo biológico, as plantas não são bem defendidas de maneira uniforme. As populações, as espécies, os indivíduos, os estágios de vida e as partes da planta variam nas suas defesas, e as menos defendidas são frequentemente procuradas e requeridas como alimento. Em segundo lugar, alguns herbívoros desenvolveram vários meios de superar as defesas vegetais, levando ao que tem sido chamado de "corrida armamentista coevolutiva" entre plantas consumidas e seus prováveis consumidores.

O comportamento, a bioquímica e a morfologia dos herbívoros podem contribuir para sua capacidade de superar as defesas das plantas. Alguns insetos, por exemplo, são capazes de evitar cuidadosamente os laticíferos (células dotadas de látex tóxico em determinadas plantas). Surpreendetemente, alguns besouros crisomelídeos organizadamente cortam esses laticíferos "a montante" antes de começarem a se alimentar, evitando o fluxo dos compostos tóxicos para a folha que estão consumindo. Girafas, com suas bocas rígidas e línguas bastante longas, coletam livremente *Acacia* (Fabaceae) na savana africana, indiferentes aos espinhos pontudos e abundantes das plantas (Figura 11.16). No nordeste dos EUA, cervos de cauda branca avidamente consomem caules de *Smilax glauca* (salsaparrilha, Liliaceae), ao menos quando os talos são jovens, apesar de seus fortes espinhos em gancho; não está claro como o cervo evita ser "agarrado". É claro que não se pode sempre depender de amplas generalizações ao fazer predições sobre padrões de herbivoria. Deve-se entender a biologia da espécie envolvida.

Muitos herbívoros que comem folhas possuem simbiose com espécies microbianas que podem digerir celulose. Quase nenhum animal pode digerir celulose, o principal componente dos tecidos das plantas, mas várias espécies

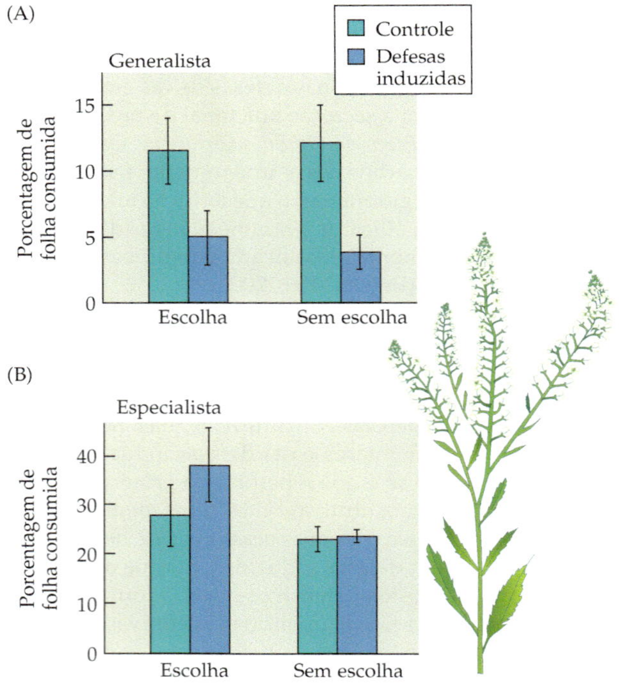

Figura 11.15 As defesas induzidas em *Lepidium virginianum* (mastruço, Brassicaceae) foram efetivas contra (A) lagartas de herbívoros generalistas (mariposas noctuídeas), mas não contra (B) lagartas da borboleta especialista *Pieris rapae* (Pieridae). As defesas foram induzidas ao permitir que um número fixo de larvas se alimentasse das plantas por muitos dias antes dos experimentos. A quantidade de dano foi a mesma, proporcionando ou não às lagartas uma chance de escolha de plantas induzidas ou não-induzidas. As barras de erro indicam ±1 erro padrão (segundo Agrawal, 2000).

Figura 11.16 Girafas forrageando ramos de *Acácia* (Fabaceae), apesar dos longos e pontudos espinhos que protegem essas plantas (fotografia cedida por E. Orians).

de bactérias sim. Os ruminantes (incluindo o cervo, o gado e os antílopes) dependem da fermentação bacteriana da sua comida, que ocorre em um compartimento especializado do estômago denominado **rume**; os animais recebem nutrição do material fermentado e da digestão de algumas bactérias. As bactérias digestoras de celulose são também simbiontes com outros grupos de mamíferos e, mais notavelmente, com cupins.

As gramíneas e os pastadores fornecem exemplos de adaptações mútuas de plantas e seus herbívoros. Enquanto muitos comedores generalistas de folhas são efetivamente desencorajados a comerem gramíneas, um grande grupo de mamíferos evoluiu para depender delas como fonte primária de alimento. Na maioria dos mamíferos, os dentes param de crescer quando adultos, mas aqueles que são adaptados a comer gramíneas possuem dentes que crescem continuamente. Como a sílica da gramínea erode seus dentes, um novo crescimento substitui o material gasto. As gramíneas, por sua vez, são bastante adaptadas para serem pastejadas. As gramíneas, como todas as plantas, crescem a partir de tecidos indiferenciados que se dividem de forma ativa, denominados meristemas (ver Capítulo 7). Os meristemas das gramíneas geralmente estão localizados no nível do solo, longe dos dentes dos pastadores. Desse modo, as plantas são capazes de recuperar rapidamente o tecido perdido para os pastadores, pelo menos sob condições ideais. O pastejo intenso, entretanto, pode resultar na destruição desses meristemas ou na retirada da planta pela raiz. Baixos níveis de recursos ou pastejos frequentes podem comprometer a capacidade das plantas de produzir novos tecidos das folhas.

Muitos herbívoros especialistas são capazes de desintoxicar ou sequestrar compostos secundários de suas plantas hospedeiras preferidas que poderiam repelir ou matar outros herbívoros. Há muito tempo sabe-se que, por exemplo, as lagartas da borboleta monarca (*Danaus*) são especialistas em asclépias (*Asclepias*, Apocynaceae) (Figura 11.17). O látex leitoso da asclépia contém cardenolídeos, que são altamente tóxicos para a maioria dos insetos e agem como venenos cardíacos em vertebrados. Enquanto a maioria dos herbívoros evita essas plantas, larvas da borboleta monarca são capazes de sequestrar as toxinas, acumulando-as em seus próprios corpos para se protegerem de aves predadoras.

No entanto, existe mais para contar sobre essa clássica história de ecologia evolutiva. Stephen Malcolm e Myron Zalucki (1996) verificaram que indivíduos de *Asclepias syriaca* (asclépia comum, Apocynaceae) rapidamente reforçavam seus níveis de cardenolídeos após serem atacados, mas imediatamente após diminuíam esses níveis. Os pesquisadores justificam que esse padrão especializado de indução permite às plantas matarem pequenas larvas de monarca que são sensíveis aos cardenolídeos. Porém, a diminuição subsequente reduz o suprimento de cardenolídeos para as lagartas maiores e mais velhas, capazes de sequestrar o composto químico. Outros insetos herbívoros especialistas também têm desenvolvido a capacidade de sequestrar compostos secundários de plantas e usá-los para sua própria proteção, como os besouros do pepino, que utilizam cucurbitacina para repelirem os predadores invertebrados.

Plantas parasitas

Mais de 4.000 espécies de 16 famílias parasitam outras plantas. As plantas parasitas tornam-se conectadas ao floema ou xilema de uma hospedeira e dela obtêm água, carbono, minerais e outros materiais. Elas reduzem o desempenho (*fitness*) da hospedeira, como os herbívoros. Embora as plantas parasitas raras vezes causem a morte

Figura 11.17 Uma lagarta de monarca em *Asclepias syriaca* (asclépia comum, Apocynaceae) (fotografia de S. Scheiner).

direta da hospedeira, elas podem reduzir sua capacidade competitiva e seu rendimento reprodutivo.

As plantas parasitas podem viver quase completamente dentro dos tecidos do hospedeiro, ou podem ser encontradas em abundância nas superfícies de folhas, ramos ou outros órgãos. Existem parasitos obrigatórios que podem sobreviver somente parasitando outras plantas e **hemiparasitos** que podem viver tanto como parasitos quanto independentemente. Os hemiparasitos podem ser fotossintéticos, suprindo algumas de suas próprias necessidades ou obtendo toda a sua energia e nutrição do hospedeiro. Por exemplo, *Castilleja indivisa* (castileia-indiana, Orobanchaceae; Figura 11.18), como muitas outras espécies dessa família, é um hemiparasito de raiz; essa família responde por cerca de 40% de todas as espécies parasitas.

As ervas-de-passarinho (viscos), nome comum para um grupo convergente de espécies de Santalaceae, Loranthaceae e Misodendraceae, constituem cerca de um quarto de todos os parasitos e 75% das espécies de parasitos obrigatórios. Elas frequentemente têm histórias de vida e hábitos de crescimento distintos. A erva-de-passarinho *Tristerix aphylla* (Loranthaceae) é chilena e vive dentro de um cacto colunar, *Echinopsis chilensis*; somente as flores emergem através do caule do cacto para se reproduzirem. Em partes da América do Norte, as ervas-de-passarinho são comuns em carvalhos, em algumas espécies de pinheiros (Figura 11.19) e algarobeiras. As ervas-de-passarinho em geral são dispersadas por aves. Na maioria das vezes, possuem sementes pegajosas e mucilaginosas, aderentes às aves, que então as transportam para outras plantas.

Outras famílias com parasitos ecologicamente importantes incluem as ervas-toura (Orobanchaceae) e as barbas-de-frade (Cuscutaceae; Figura 7.4). Algumas plantas parasitas, particularmente as barbas-de-frade e algumas ervas-de-passarinho, causam danos econômicos substanciais a plantações de árvores florestais, e muitas afetam

Figura 11.18 *Castilleja indivisa* (castileia-indiana), como muitas outras espécies de Orobanchaceae, é um hemiparasito capaz de viver independentemente ou nas raízes de outras plantas (fotografia cortesia da Secretaria do Estado do Texas NRCS USDA).

Figura 11.19 As ervas-de-passarinho constituem um grupo diverso de parasitos obrigatórios. Esta está crescendo sobre um pinheiro no Parque Nacional Yellowstone. A foto do início da Parte 3 (página 203) mostra *Amyema miquelii* (Loranthaceae), um parasito de eucaliptos na Austrália (fotografia cortesia de J. Schmidt/ Foto NPS).

populações de plantas selvagens, mas, em geral, elas não têm efeitos ecológicos importantes.

A disposição do parasito sobre plantas individuais é totalmente irregular dentro das populações. Em um dado local, poucos indivíduos podem ter uma alta carga de plantas parasitas, enquanto a maioria tem somente alguns ou nenhum. Uma hipótese para explicar esse padrão vem da observação de que aves especializadas nas sementes dos parasitas defendem fortemente árvores parasitadas. As aves podem depositar as sementes de volta naquelas árvores, criando um circuito positivo de retroalimentação, no qual os indivíduos parasitados, com o tempo, tornam-se ainda mais parasitados.

As plantas parasitas podem obter não somente nutrientes e água dos hospedeiros, mas, às vezes, obtêm igualmente defesas anti-herbívoros. Sharon Strauss (1997) sugeriu um modelo conceitual dos efeitos da herbivoria no desempenho das plantas (Figura 11.20). Suas ideias foram testadas em um estudo com *Castilleja indivisa*, uma espécie anual (Figura 11.18). Lynn Adler e colaboradores (Adler et al., 2001) cultivaram indivíduos de *Castilleja* em hospedeiros pertencentes a duas variedades diferentes de *Lupinus albus* (Fabaceae): uma produtora de alta concentração de alcaloides e outra de baixa concentração. Após, a metade dos indivíduos de *Castilleja*, de cada tratamento, foi borrifada com um inseticida, o qual tanto repeliu herbívoros como limitou polinizadores. Assim, o experimento consistiu em níveis altos e baixos de alcaloides de plantas combinados com pesticidas, ou sem eles. Os pesquisadores puderam estimar os efeitos da herbivoria no desempenho

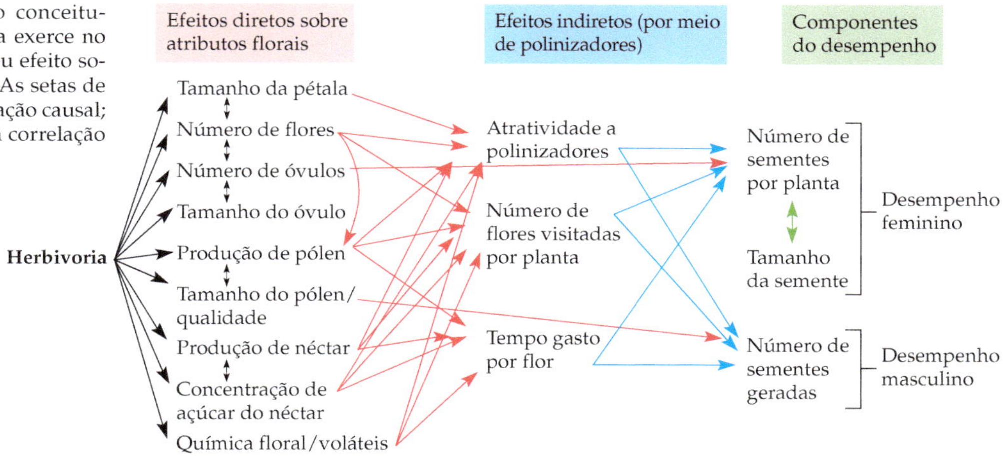

Figura 11.20 Um modelo conceitual do efeito que a herbivoria exerce no desempenho, por meio de seu efeito sobre as características florais. As setas de ponta única indicam uma relação causal; as de pontas duplas indicam correlação (segundo Strauss, 1997).

de *Castilleja* (medido como produção de sementes), direta e indiretamente por meio de seus efeitos na polinização. Eles constataram que os alcaloides, tirados pela *Castilleja* da variedade de *Lupinus*, produtora de quantidades altas de alcaloide, tiveram efeito positivo no desempenho da *Castilleja*. Tal efeito ocorreu porque os alcaloides reduziram a herbivoria sobre os botões, provocando uma produção maior de flores e resultando em taxas maiores de visitação por polinizadores.

Patógenos

As plantas sofrem de doenças assim como os animais. Os patógenos podem afetar todos os estágios da história de vida e atacar todas as partes da planta. Os fungos, o mofo da água, as bactérias e os vírus são os agentes infecciosos mais comuns em plantas. (Os mofos da água [Oomycota] foram inicialmente classificados como fungos, mas são, na atualidade, protistas mais proximamente relacionados às algas pardas.) As doenças das plantas podem matar indivíduos ou reduzir seu tamanho e desempenho. Seu aparecimento pode ser repentino, com efeitos graves nas populações; também podem ser crônicas, persistindo em uma população por décadas. Elas podem afetar todas as plantas de uma comunidade local ou toda a distribuição da espécie, ou, ainda, afetar apenas alguns indivíduos, deixando muitos outros intocados. Os fitopatógenos podem interagir com herbívoros de várias maneiras, talvez a mais importante seja quando insetos herbívoros atuam como vetores para transmiti-los.

Os fitopatógenos variam desde hospedeiro-específicos até generalistas, infestando uma grande diversidade de táxons; alguns patógenos necessitam ou podem utilizar dois ou mais táxons hospedeiros alternados. Os patógenos podem alterar a dinâmica de população de plantas e a composição das comunidades vegetais, e apresentar grandes efeitos indiretos igualmente em comunidades humanas (Quadro 11A). É possível, também, que os patógenos causem mudanças evolutivas nas populações. Eles podem aumentar a diversidade genética em populações e ser um fator de manutenção da diversidade de espécies nas comunidades (Gilbert, 2002). A ecologia das interações planta-herbívoro tem recebido muito mais atenção do que a das interações planta-patógeno, cuja ênfase tem sido o campo das ciências agrárias no estudo de doenças de plantas de lavoura. Em anos recentes, no entanto, tem aumentado a atenção à ecologia e à biologia evolutiva das interações planta-patógeno.

Efeitos de doenças em indivíduos vegetais

Patógenos diferentes atacam partes distintas das plantas e causam doenças em diferentes estágios do ciclo de vida. Os fungos são patógenos que provavelmente mais matam sementes, tanto no solo quanto na planta-mãe. Observou-se que, em Uganda, a árvore de floresta tropical *Strychnos mitis* (Strychnaceae) sofria quase 90% de mortalidade de sementes viáveis, embora o consumo e a passagem pelo trato digestivo de macacos reduzissem drasticamente essa mortalidade (Lambert, 2001). Com maior frequência, os fungos matam as sementes ainda nos bancos. Enquanto parece razoável assumir que quanto mais tempo as sementes permanecem no solo, mais vulneráveis elas serão ao ataque de fungos, essa suposição não foi bem investigada.

O estágio da história de vida no qual as plantas são provavelmente mais vulneráveis a patógenos é o de plântula. Uma doença chamada de "murchidão" é uma causa importante de mortalidade de plântulas em florestas tropicais (Augspurger, 1984, 1988), também ocorrendo em ecossistemas temperados (Packer e Clay, 2000). Os mofos da água, como *Pythium* e *Phytophthora*, são os principais causadores de murchidão, que pode ocorrer antes ou após a emergência das plântulas. As plântulas são atacadas na superfície do solo ou abaixo dela; à medida que o frágil tecido do caule colapsa, a plântula murcha e finalmente tomba. O patógeno, então, propaga-se, matando a plântula. Os patógenos da murchidão podem causar também o apodrecimento de raízes de plantas mais velhas. Muitos patógenos diferentes são conhecidos por atacar folhas e frutos. Os fungos, as bactérias e os vírus podem destruir o

Quadro 11A

Efeitos de doenças de plantas em humanos: a podridão da batata e sua escassez na Irlanda

As doenças às vezes podem matar um grande número de plantas rapidamente. *Phytophthora infestans*, o mofo da água que causa a podridão da batata, pode matar uma lavoura de batatas em poucos dias, desde que sob condições climáticas adequadas. Sabemos muito pouco sobre o motivo pelo qual um patógeno que esteve presente no ambiente repentinamente torna-se virulento. Em alguns casos, o patógeno é introduzido de algum lugar (como no caso da doença do olmeiro holandês e a podridão da castanheira na América do Norte). Em outros, como a podridão da batata, a propagação repentina da doença pode resultar de fatores ecológicos, como a resposta do patógeno ao clima, ou de uma mudança evolutiva no patógeno, mas não se sabe com certeza. É necessário que se realize mais pesquisa na área de ecologia de emergência de doenças.

A podridão da batata não somente causou a morte de um grande número de plantas, mas também, indiretamente, de um grande número de pessoas. Portanto, ela teve enormes consequências culturais, políticas e econômicas. A podridão da batata provocou uma intensa escassez de batatas na Irlanda de 1845 a 1848. Em uma semana, durante o verão de 1846, quase toda a produção de batatas foi destruída. Devido a fatores políticos e econômicos, grande parte da população da Irlanda tornou-se dependente de batatas (e, provavelmente, de um pequeno número de genótipos suscetíveis, porque as batatas propagam-se assexuadamente), que foram trazidas da América do Sul por volta de 1600. Aproximadamente 1 milhão de pessoas (cerca de 12% da população do país) morreram de fome e doenças que se seguiram à podridão, e outras milhões preferiram emigrar para os EUA e para o Canadá a enfrentar a inanição. Esses imigrantes deixaram uma enorme marca nos países que adotaram, particularmente em cidades como Nova York e Boston. Interessante foi que a podridão da batata também matou grandes proporções de lavouras nos EUA e no Canadá mais ou menos no mesmo período, mas as dietas e economias desses países eram muito mais diversificadas, e a doença não foi tão impactante.

tecido fotossintético, causando pontos descoloridos, reduzindo a área fotossintética da folha, o tamanho foliar ou o ganho reprodutivo e, às vezes, levando à perda de folhas e ao aumento do risco de mortalidade da planta, particularmente nas menores e mais jovens. A ferrugem da soja asiática é causada por um fungo, *Phakopsora pachyrhizi*, que infesta as folhas de muitas plantas cultivadas e selvagens de Fabaceae. Ele se propagou rapidamente por todo o mundo nos últimos anos e foi transportado até o sul dos EUA, a partir da América do Sul, pelo Furacão Ivan, em Setembro de 2004. A ferrugem da soja sobrevive somente no tecido verde, de modo que as infestações no meio-oeste são eliminadas a cada estação. No entanto, plantas selvagens como *Pueraria montana* (kudzu, Fabaceae), no sul dos EUA, são agora um reservatório permanente do fungo, a partir do qual as produções de grãos podem ser reinfestadas todo ano pelos esporos carregados pelo vento. Pouco se sabe sobre esse tipo de interação entre patógenos, plantas selvagens e cultivos, constituindo-se este um tópico importante para pesquisas futuras.

Os frutos também estão sujeitos a doenças. A bactéria *Xanthomonas axonopodis* pv. *citri* é um exemplo de tais doenças em frutos. O patógeno causa o cancro cítrico; os indivíduos de *Citrus* (Rutaceae) infectados perdem seus frutos e suas folhas prematuramente, de modo que essa doença pode ser devastadora para plantações de cítricos. Sem dúvida, patógenos semelhantes atacam plantas selvagens, embora tenham sido pouco estudados. Os frutos são, em geral, os mais vulneráveis ao ataque de vários patógenos quando o revestimento protetor é danificado por insetos ou por machucadura, embora alguns patógenos possam também penetrar no fruto ainda conectado ao pedúnculo. Os patógenos que atacam frutos podem causar a sua queda antes de estarem maduros ou podem deixá-los menos atrativos ou palatáveis para os dispersores de sementes.

As doenças da raiz e as podridões da base (doença que afeta a base do tronco das árvores) podem causar atrofia e morte em árvores maduras. Muitas dessas doenças são causadas por fungos ou mofos da água. O mofo da água, *Phytophthora cinnamomi*, que foi introduzido em florestas de *Eucalyptus* no oeste da Austrália, causou altos níveis de mortalidade em muitas espécies arbóreas. Muitos fungos nativos do oeste da América do Norte, incluindo a podridão laminar de raiz, *Phellinus weirii*, e a podridão de raiz e base por annosos, *Heterobasidion annosum*, podem matar rapidamente muitas coníferas maduras, resultando em mudanças impressionantes na estrutura da floresta. As doenças de raiz e podridões de base em geral invadem ferimentos criados por outras causas, como insetos perfuradores de madeira ("brocas"), e, então, deslocam-se pela árvore via câmbio ou cerne.

As plantas são também vulneráveis a doenças sexualmente transmissíveis, as "ferrugens". Essas doenças são causadas por diversos fungos de Basidiomycota, as quais afetam as flores e os frutos de muitas gramíneas (incluindo grãos economicamente importantes, como trigo, milho e cana-de-açúcar) e juncos. Infectam, também, plantas de outras famílias, incluindo Caryophyllaceae, Dipsacaceae, Liliaceae e Portulacaceae. As anteras de plantas infectadas com ferrugem, por exemplo, produzem esporos de fungo (transmitidos pelos polinizadores) ao invés de pólen (Fi-

Figura 11.21 Flores de *Saponaria ocymoides*, cujas anteras são infectadas com um fungo de mancha (observe sua aparência preta como fuligem). As anteras foram transformadas, produzindo esporos do fungo ao invés de pólen (fotografia cortesia de M. Hood).

gura 11.21). Essas plantas não podem mais reproduzir-se sexuadamente e, em vez disso, tornam-se agentes da reprodução dos fungos (Alexander et al., 1996; Jarosz e Davelos, 1995). Por exemplo, insetos visitadores de flores infectadas de *Silene latifolia* (candelária, Caryophyllaceae; Figura 13.6) propagaram o fungo da ferrugem de antera *Ustilago violacea* (Thrall e Antonovics, 1995).

Além das folhas, os mofos também podem atacar flores e outras partes da planta. Em alguns casos, eles alteram drasticamente a morfologia de partes florais. Por exemplo, Barbara Roy (1996) verificou que a infestação de uma espécie de *Arabis* (agrião, Brassicaceae) pelo fungo de mofo *Puccinia monoica* impede a reprodução da planta, por causar a produção de pseudoflores chamativas ao invés de flores normais. As pseudoflores recebem os polinizadores que carregam o fungo para outras plantas.

Um grupo importante de patógenos de plantas responsável por infecções sistêmicas (infecções na planta toda) é a classe Mollicutes, minúsculas bactérias sem parede celular, que incluem micoplasmas e espiroplasmas. Essas bactérias são patógenos importantes não somente de plantas, mas também de humanos, outros mamíferos e artrópodes; aqueles que afetam plantas são referidos coletivamente como fitoplasmas. Os patógenos podem causar uma diversidade de doenças que infestam tanto plantas herbáceas (como gramíneas) quanto lenhosas, incluindo as cultivadas e as selvagens. Os espiroplasmas (bactérias helicoidais móveis) podem ser transmitidos entre insetos e plantas (incluindo culturas importantes) e podem causar doenças em ambos. Os tipos mais comuns de doenças de plantas causadas por fitoplasma são as "amarelas". As plantas com essas doenças apresentam amarelecimento e definhamento das folhas. Essas doenças também podem provocar morfologia anormal, com muitos brotos axilares pequenos e ramificados, que crescem a partir dos nós, dando a eles uma aparência de cacho, chamada de "vassoura-de-bruxa" e impedindo o florescimento ou crescimento do talo ou ramo. (As vassouras-de-bruxa podem ser causadas por muitos fatores diferentes além dos patógenos, incluindo *sprays* salinos e plantas parasitas.) As flores infectadas podem mudar para estruturas semelhantes a folhas que não produzem frutos ou sementes. Ao fim, a planta pode morrer.

Outros patógenos sistêmicos são responsáveis por doenças conhecidas como cancros ou murchas. Os cancros começam com **necrose** (morte localizada de tecidos) da casca e do câmbio de caules e ramos, enquanto as murchas causam rompimento do xilema, mas ambos podem ser fatais. À vezes, esses patógenos podem propagar a morte de árvores maduras, como veremos a seguir. Uma categoria diferente de infecção sistêmica é causada por fungos endófitos, que vivem dentro das células da planta. Em alguns casos, esses fungos são tipos mutualistas que protegem as plantas da herbivoria e aumentam sua capacidade competitiva, mas podem também ser patogênicos (Saikkonen et al., 1998; Clay, 1990; Clay e Holah, 1999).

Respostas fisiológicas e evolutivas a patógenos

Algumas das defesas químicas contra herbívoros, já mencionadas, também servem como defesas contra patógenos fúngicos, bacterianos e virais. Os eventos hormonais que sinalizam danos por herbívoros parecem ser completamente diferentes das séries de eventos bioquímicos que sinalizam a invasão de patógenos, os quais são, em geral, mediados pelo ácido salicílico (em vez de jasmonatos).

As **fitoalexinas** são compostos secundários produzidos no local de uma infecção para matar mocróbios, e também atuam como defesas contra patógenos. Existem muitas classes diferentes de compostos químicos que funcionam como fitoalexinas, incluindo diversas defesas químicas já mencionadas. Por meio de mecanismos que não são completamente bem esclarecidos, as plantas também podem adquirir resistências localizadas e até sistêmicas aos patógenos. A resistência sistêmica observada em plantas é análoga à imunidade adquirida que os humanos desenvolvem para algumas doenças, embora seja muito diferente bioquímica, fisiológica e evolutivamente.

Uma defesa física contra a infecção é a **obstrução do floema** – o transporte nesse tecido é bloqueado em resposta ao dano, evitando o alastramento do agente infeccioso através do sistema vascular da planta. De maneira semelhante, em algumas plantas, as células de dentro e do entorno do tecido infectado morrem, fechando a área, de modo que a infecção não se propaga. Esse tecido morto reduz a área de superfície fotossintética e, por isso, pode diminuir a taxa de crescimento da planta.

As **patogenicidade** é a capacidade de um micro-organismo causar doença em um hospedeiro. A infecção por um patógeno depende de interações entre genes de resistência no hospedeiro e genes de virulência no patógeno. Os genes de virulência codificam produtos bioquímicos que podem ser reconhecidos pelos produtos dos genes de resistência no hospedeiro, evitando a infecção. Os patógenos sem genes de virulência para um determinado hospedeiro não são reconhecidos por este hospedeiro e são capazes de infectá-lo. A resistência a um patógeno é a capacidade de um potencial hospedeiro rejeitar a infecção por aquele, evitando a colonização pelo patógeno e o começo da doença. Os genes de resistência codificam proteínas que, acredita-se, atuam como receptores que reconhecem produtos bioquímicos específicos de genes de virulência em patógenos específicos. A modificação de um alelo de virulência para uma forma que evita o reconhecimento por um hospedeiro permite ao patógeno enganar as defesas do hospedeiro.

As substituições de hospedeiros – a capacidade de infectar novos táxons – podem ser resultantes de mudanças evolutivas no genoma do patógeno ou de mudanças ecológicas não-determinadas por mudança genética evolutiva (Parker e Gilbert, 2004). As interações planta-patógeno criam a dinâmica ecológica à medida que alguns genótipos de plantas e espécies sucumbem à doença, permitindo que táxons resistentes ocupem seus lugares. Elas também resultam em dinâmica coevolutiva, à medida que a seleção flutuante age sobre os patógenos e as plantas. Ambos os processos podem atuar na manutenção da diversidade genética entre indivíduos dentro das populações, bem como na diversidade de espécies no nível de comunidades, ambos os patógenos e as plantas. Uma vez que genes de resistência e alelos de virulência dessa mesma espécie de genes parecem ter custos, os polimorfismos são mantidos em hospedeiros e patógenos. Sem tais custos, as plantas deveriam evoluir logicamente para se tornarem resistentes a todos os patógenos; naturalmente, a predição cria a hipótese não-realista de que a variação genética existe para resistir a todos os patógenos possíveis. Por exemplo, alguns genes de virulência são necessários ao patógeno para promover o crescimento e a reprodução dentro do hospedeiro, de modo que não é possível a evolução de outras formas desses genes que não sejam reconhecidas pela planta.

Diferentemente da infecção inicial, a gravidade da doença é determinada por muitos atributos diferentes no hospedeiro e no patógeno. A **virulência** é usada tanto para significar a capacidade de um agente infeccioso produzir a doença como uma medida do grau de dano imposto por um patógeno em um organismo hospedeiro. Para colonizarem uma planta e nela se reproduzirem, os patógenos dependem de suas interações com ela. Eles produzem toxinas que quebram as paredes celulares e desintoxicam as defesas do hospedeiro. Os atributos fundamentados geneticamente que conferem tolerância a patógenos incluem muitas das mesmas defesas físicas que funcionam contra herbívoros — enzimas que decompõem paredes celulares dos fungos e que retiram toxinas de patógenos. A **tolerância** de um organismo doente é a capacidade de uma planta manter seu desempenho quando infectada por um patógeno.

Efeitos de patógenos em nível de populações e comunidades

Existe uma grande heterogeneidade espacial na incidência de doenças. Fatores físicos, como sombra profunda e solos úmidos, bem como fatores bióticos, como densidade e proximidade a congêneres, podem aumentar a incidência de ataques por patógenos fúngicos, tanto em plântulas quanto em plantas maduras. Uma explicação sugerida para a alta diversidade local em florestas pluviais tropicais é o efeito de predadores (insetos, mamíferos e aves) e patógenos (principalmente fungos e mofos da água) em sementes e plântulas. Daniel Janzen (1970) e Joseph Connell (1971, 1978) propuseram uma hipótese que oferece um arcabouço conceitual para essa ideia. A hipótese de Janzen-Conell, como agora é chamada, argumenta que, se inimigos naturais especialistas estão concentrados no entorno das plantas-mãe, sementes e plântulas coespecíficas próximas à mãe são mais propensas à morte. Consequentemente, haverá uma forte seleção de dispersão para longe da planta-mãe. Se apenas indivíduos heteroespecíficos sobrevivem nas proximidades de árvores maduras, isso resultará em uma alta diversidade à medida que as árvores maduras são finalmente substituídas por jovens pertencentes a outras espécies. Muitos estudos observacionais e experimentais foram conduzidos para testar essa hipótese. Laura Hyatt e colaboradores (2003) realizaram uma metanálise de testes experimentais da hipótese de Janzen-Connell em florestas tropicais e temperadas. Essa revisão quantitativa, que enfocou todas as causas de mortalidade de sementes e plântulas, incluindo vertebrados, insetos predadores de sementes e patógenos, encontrou sustentação apenas limitada para a hipótese. Considerando todos os estudos, eles verificaram que não havia um efeito geral da distância da árvore-mãe na sobrevivência e que o efeito não era significativamente maior em florestas tropicais do que em temperadas. Embora a sobrevivência de sementes não aumentasse com a distância, a sobrevivência média das plântulas nesses estudos aumentou com a distância a partir da planta-mãe.

Um dos exemplos mais bem conhecidos e drásticos de um patógeno alterando uma comunidade de planta é a doença do cancro, a podridão da castanheira. A castanheira americana (*Castanea dentata*, Fagaceae; Figura 11.22) era distribuída em áreas consideráveis das florestas decíduas do leste da América do Norte, mas tem sido virtualmente exterminada pela podridão. O fungo entra na árvore através de ferimentos causados por outros fatores e cresce sob a casca em direção ao câmbio, finalmente matando-o ao redor de toda a circunferência do tronco. Embora a árvore seja capaz de rebrotar a partir de sua base, os rebrotes também se tornam infectados e morrem. A doença é causada por um fungo, *Cryphonectria parasitica*, que apareceu primeiramente em 1904, na cidade de Nova York, aparentemente trazido da Ásia em linhagens de viveiros de castanheiras asiáticas infectadas. Em meados da década de 1920, o patógeno propagou-se para o território da castanheira americana. À medida que a infecção se expandia, as árvores que ainda restavam vivas foram cortadas, por sua valiosa madeira, antes que o fungo pudesse destruí-las, eliminando a chance de ocorrência de seleção para uma potencial resistência à doença.

Os efeitos indiretos desse patógeno alteraram profundamente a composição, as cadeias alimentares e a ecologia do ecossistema das comunidades nas quais a castanha era abundante. Na atualidade, muitos carvalhos (*Quercus*, Fagaceae) e outras espécies arbóreas dominam muitas dessas

Figura 11.22 Uma árvore de *Castanea dentata* (castanheira americana, Fagaceae) em pleno florescimento no norte do baixo Michigan, longe da sua área natural de ocorrência. Sem dúvida, este indivíduo foi plantado e somente a grande distância das populações naturais permitiu que ele evitasse a infecção pelo fungo da podridão e alcançasse o tamanho reprodutivo (fotografia de S. Scheiner).

florestas. As cadeias alimentares foram substancialmente modificadas em algumas florestas, à medida que uma espécie que tinha uma grande produção anual de castanha foi substituída por carvalhos, que têm uma grande frutificação por vários anos, seguida de anos com produção mínima. Esforços estão sendo desenvolvidos no sentido de procriar genes de resistência das espécies de castanheira asiática em viveiros de americanas, com o objetivo ambicioso de replantio em grande escala dos genótipos americanos resistentes (Burnham, 1988; Anagnostakis 1992; Kubisiak et al., 1997).

Os patógenos das plantas continuam a alterar as populações e as comunidades de plantas em uma escala muito ampla. A morte repentina de carvalhos é uma nova doença que se propaga rapidamente e que afeta espécies de *Quercus* e *Lithocarpus densiflora* (*tanoak*, Fagaceae), na Califórnia e no Oregon (Rizzo et al., 2005). Causada pelo mofo da água recém-descoberto, *Phytophthora ramorum*, ele já matou dezenas de milhares de árvores e está se expandindo rapidamente nas florestas da costa oeste dos EUA. As origens do patógeno ainda são desconhecidas. Nem todas as árvores são mortas, mas aquelas que sobrevivem parecem hospedar o patógeno, permitindo a propagação dele para mais longe. Existe uma grande preocupação no sentido de que ele expanda seus limites geográficos, devido à ampla distribuição de árvores hospedeiras apropriadas.

Interações mais complexas

Enquanto os insetos estão associados à propagação de muitas doenças, em alguns casos existe uma associação simbionte mais próxima entre um inseto e um patógeno. Os besouros da casca, como vimos anteriormente, estão associados a espécies de fungos que danificam suas árvores-alvo mais do que os insetos. Os fungos podem estar presentes na superfície dos insetos ou podem ser carregados por estruturas especializadas. Uma árvore é infectada com o fungo quando os besouros cavam um túnel para o câmbio. Os micélios fúngicos que se propagam causam a "doença azul", que destrói o sistema vascular da árvore, matando-a. Os insetos e os fungos parecem beneficiar-se mutuamente do seu ataque organizado à árvore. Os besouros da casca também são responsáveis por espalhar a doença do olmeiro holandês, murchaço causado pelo fungo introduzido *Ophiostoma ulmi* (parente próximo do fungo da mancha azul), que matou milhões de árvores de *Ulmus americana* (olmeiro americano, Ulmaceae) na América do Norte. Os besouros nativos da América do Norte e aqueles introduzidos na Europa estão envolvidos na propagação da doença (o fungo provavelmente foi introduzido da Ásia; o termo "holandês" deve-se ao fato de a doença ter sido primeiramente identificada na Holanda). O fungo mata as árvores pelo bloqueio do fluxo de água no xilema e pela produção de uma toxina.

Em um estudo de interação de patógenos que habitam o solo, herbívoros (fungos e nematódeos) e sucessão vegetal na Holanda, Wim van der Putten e Bas Peters (1997) verificaram que os patógenos facilitavam a substituição de espécies nas comunidades vegetais. Em dunas arenosas costeiras, a *Ammophila arenaria* (grama-da-areia, Poaceae) é substituída à medida que a duna fica estabilizada por outra gramínea, *Festuca rubra* ssp. *arenaria* (festuca-da-areia). Em uma série de experimentos, os pesquisadores constataram que os patógenos do solo reduziram muito a capacidade competitiva da grama-da-areia em relação à festuca-da-areia. Na ausência dos patógenos, a primeira não foi competitivamente inferior à segunda. Portanto, a interação entre competição e os efeitos dos patógenos pode ser responsável pelo declínio da grama-da-areia em dunas estabilizadas e sua substituição por festuca-da-areia. Outros fatores também podem afetar o progresso da doença em populações naturais. Janet Morrison (1996) observou que o genótipo da planta, o micro-hábitat e a diversidade da comunidade vegetal determinaram a taxa de infestação em *Juncus dichotomus* (junco-da-trilha, Juncaceae) por um fungo de mancha, na presença de vizinhos pertencentes a outras espécies, reduzindo as taxas de infecção.

Os patógenos também podem interagir com os efeitos de pastadores. Michael Bowers e Christopher Sacchi (1991) estudaram os efeitos da exclusão de herbívoros em um campo abandonado da Virgínia em estágio inicial de sucessão. Uma espécie vegetal dominante, *Trifolium pratense* (trevo branco, Fabaceae), aumentou em resposta à exclusão da herbivoria. No entanto, essas populações de trevo não-pastejado e de alta densidade tornaram-se bastante infectadas com o fungo *Uromyces trifolii*, causador da morte de muitas das plantas. Por outro lado, nas áreas pastejadas, a incidência de doenças foi muito menor. Como consequência, no ano seguinte à infecção, a densidade de indivíduos de trevo foi muito maior na presença de pastejo do que na sua ausência.

Resumo

As plantas representam a base de quase todas as cadeias alimentares terrestres e são consumidas por uma ampla gama de organismos heterotróficos. Além disso, as plantas podem ser infectadas por uma série de micro-organismos, muitos com efeitos patogênicos. A herbivoria – o consumo de material vegetal – pode tanto matar uma planta quanto reduzir seu crescimento e sua reprodução, dependendo da parte da planta que é consumida e do estágio da história de vida no qual ocorre a herbivoria. Às vezes, o consumo pode ser benéfico para a planta, como quando um animal ingere um fruto e dispersa as sementes, em vez de destruí-las. Ainda é uma questão de debate entre os ecólogos se outros tipos de herbivoria são sempre favoráveis às plantas por meio do mecanismo de supercompensação. As evidências empíricas sugerem que a herbivoria é, em geral, danosa para plantas individuais.

A despeito da herbivoria, o mundo parece bastante verde. Ainda não sabemos a dimensão na qual os herbívoros controlam a dinâmica de populações e a estrutura de comunidades vegetais em geral. A herbivoria pode modificar as abundâncias relativas e as distribuições das espécies vegetais. Os efeitos da herbivoria nas populações vegetais são diretos e óbvios em alguns casos, mas mais complexos e sutis em outros. Os herbívoros generalistas afetam as populações vegetais e a evolução de modo diferente dos herbívoros especialistas.

As plantas defendem-se contra herbívoros e patógenos de várias maneiras. Algumas plantas possuem folhas duras que resistem ao ataque, as quais são revestidas de tricomas defensivos, ou caules cobertos de espinhos. Outras possuem folhas pobres em nutrientes ou dotadas de substâncias que dificultam a digestão por herbívoros. Para se defenderem de herbívoros e patógenos, produzem substâncias tóxicas, como fenóis, alcaloides, terpenos, proteínas tóxicas, inibidores de protease e compostos cianogênicos; as fitoalexinas são substâncias químicas produzidas para resistir à ação de patógenos. As plantas desenvolveram essas defesas; herbívoros e patógenos desenvolveram contrarrecursos, embora não esteja clara a extensão da coevolução.

Os fungos, os mofos da água, as bactérias e os vírus causam doenças em plantas. Diferentes patógenos atacam em todos os estágios da história de vida das plantas e afetam sua totalidade, das raízes até as flores. Além de afetá-las individualmente, os patógenos podem ter efeitos complexos e de longo alcance em populações e comunidades vegetais e, indiretamente, em pessoas.

Questões para estudo

1. A partir das perspectivas de hospedeiro/vítima e consumidores, quais são as semelhanças e diferenças entre herbivoria, parasitismo e doença, em termos de indivíduo, populações e comunidades e respostas evolutivas?
2. Quais são as hipóteses que você pode construir para explicar os efeitos da mudança climática global nas doenças de plantas?
3. Como você testaria a hipótese de que as defesas induzidas e constitutivas contra herbívoros evoluíram em resposta aos diferentes processos seletivos? É possível pensar em uma maneira de se refutar essa hipótese?
4. Discuta os contrastes entre a alta especificidade de alguns compostos químicos defensivos e as defesas químicas vegetais mais gerais. Como essas características contrastantes afetam o valor e a importância desses compostos químicos para uso humano (ou especificidade *versus* generalidade é irrelevante para o uso humano desses compostos)?
5. As plantas parasitas evoluíram muitas vezes e existem várias espécies delas. No entanto, elas raras vezes são abundantes. Se a seleção natural favoreceu a evolução do parasitismo nas plantas, em muitos lugares e em muitas comunidades vegetais diferentes, por que os parasitos de plantas não são mais comuns ou mais abundantes?

Leituras adicionais

Referências clássicas

Burdon, J. J. 1987. *Diseases and Plant Population Biology.* Cambridge University Press, Cambridge.

Hairston, N. G., F. E. Smith and L. B. Slobodkin. 1960. Community structure, population control, and competition. *Am. Nat.* 44: 21-425.

Rhodes, D. and R. Cates. 1976. Toward a general theory of plant antiherbivore chemistry. *Rec. Adv. Phytochem.* 10: 68-213.

Tansley, A. G. and R. S. Adamson. 1925. Studies of the vegetation of the English chalk. *J. Ecol.* 13: 77-223.

Fontes adicionais

Coley, P. D. and J. A. Barone. 1996. Herbivory and plant defenses in tropical forests. *Annu. Rev. Ecol. Syst.* 27: 305-335.

Herrera, C. M. and O. Pellmyr (eds.). 2002. *Plant-Animal Interactions: An Evolutionary Approach.* Blackwell Science, Oxford.

Karban, R. and I. T. Baldwin. 1997. *Induced Responses to Herbivory.* University of Chicago Press, Chicago.

Rosenthal, G. A. and M. R. Berenbaum (eds.). 1992. *Herbivores: Their Interactions with Secondary Plant Metabolites.* 2nd ed. Academic Press, San Diego, CA.

CAPÍTULO 12 Perturbação e Sucessão

O mundo vivo está em um constante estado de fluxo. Em capítulos anteriores, observamos os processos de mudança em níveis individual (Parte I) e populacional (Parte II). Como vimos na Parte III, também ocorrem mudanças em nível de comunidade. As comunidades modificam-se à medida que as espécies presentes mudam, e conforme as populações mudam em número, estrutura etária ou de tamanho, resultando em mudanças na fisionomia e em funções ecossistêmicas. Neste capítulo, exploraremos padrões de mudanças em comunidades e suas causas. Também abordaremos uma série de outros aspectos de comunidades: a sua continuidade no tempo, previsibilidade e se elas atingem o equilíbrio.

O processo de sucessão tem sido central para ecólogos vegetais que estudam comunidades de plantas. As mudanças podem ser de dois tipos: cíclica, como a que ocorre ao longo do curso de um ano ou em resposta a flutuações climáticas (ver Capítulo 17), e direcional. A última é o foco deste capítulo. **Sucessão** é a mudança direcional na composição e estrutura da comunidade ao longo do tempo. O termo significa mudanças ao longo de períodos maiores do que uma única estação do ano, embora tendências de prazo muito longo, como as devido a mudanças no clima, não sejam consideradas como parte da sucessão.

A sucessão começa quando uma perturbação – um evento que remove parte ou tudo de uma comunidade – é seguida por colonização ou recrescimento de plantas em um sítio perturbado. O uso dos termos "perturbação" e "sucessão" pode conduzir a uma ideia errada, já que ambos incluem uma ampla variedade de processos e mecanismos. Neste capítulo, exploraremos tal variação.

Como exemplo de um tipo de perturbação e sucessão resultante, considere a mudança na comunidade vegetal após o abandono de um campo agrícola na Carolina do Norte, como estudado por Henry Oosting (1942) e sua aluna Catherine Keever (1950). No primeiro ano, uma diversidade de espécies provavelmente coloniza a área. As espécies dominantes são tipicamente aquelas de vida curta – anuais ou bienais, como *Conyza canadensis* (buva-canadense, Asteraceae) e *Gnaphalium purpureum* (macela-fina, Asteraceae). Durante alguns anos seguintes, essas espécies tendem a ser substituídas por herbáceas perenes como *Andropogon virginicus* (Poaceae) e *Aster ericoides* (áster branca, Asteraceae). Cerca de uma década após o abandono, arbustos como *Rubus* spp. (amoras silvestres e framboesas, Rosaceae) e *Rhus* spp. (sumagre, Anacardiaceae) e árvores como *Pinus taeda* (pinheiro-da-lama, Pinaceae) começam a dominar a área. Por fim, depois de 150 a 200 anos, os pinheiros são substituídos por espécies latifoliadas – *Quercus rubra* (carvalho vermelho, Fagaceae) e *Carya* spp. (nogueira, Juglandaceae). Caso não ocorra nenhuma perturbação subsequente, essas árvores latifoliadas permanecerão como espécies dominantes.

As discussões a respeito das causas e da natureza do processo sucessional são parte do debate sobre a natureza das comunidades (ver Capítulo 9). Uma visão extrema é que a sucessão é um processo ordenado e previsível, resultante das

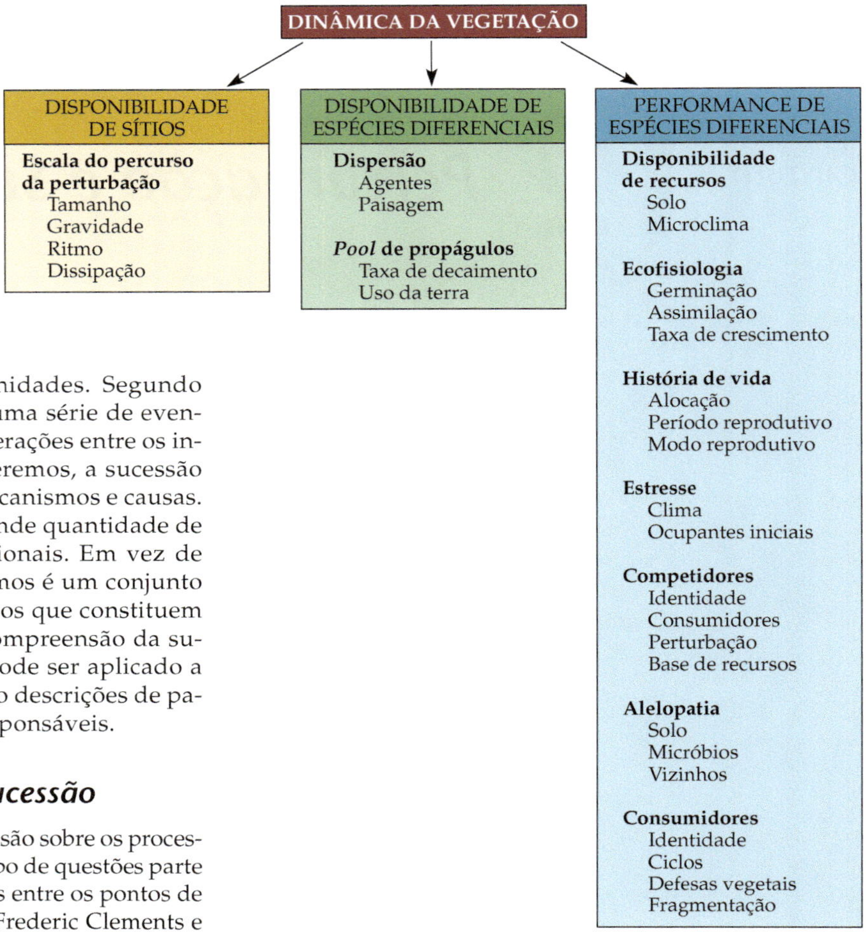

Figura 12.1 Esquema hierárquico para uma teoria de dinâmica de comunidades vegetais. Três processos principais afetam a dinâmica comunitária: características do sítio, disponibilidade de espécies e características das espécies. Cada um desses processos é, por sua vez, guiado por interações e condições particulares (segundo Pickett et al., 1987).

propriedades emergentes de comunidades. Segundo uma visão alternativa, a sucessão é uma série de eventos imprevisíveis que resultam de interações entre os indivíduos e o meio abiótico. Como veremos, a sucessão envolve muitos padrões distintos, mecanismos e causas. Os ecólogos têm acumulado uma grande quantidade de informações sobre processos sucessionais. Em vez de uma única teoria unificada, o que temos é um conjunto complexo de processos interconectados que constituem uma estrutura esquemática para a compreensão da sucessão (Figura 12.1). Esse esquema pode ser aplicado a sistemas particulares, proporcionando descrições de padrões de sucessão e dos processos responsáveis.

Teorias dos mecanismos de sucessão

Vários temas formam o núcleo de discussão sobre os processos responsáveis pela sucessão. Um grupo de questões parte diretamente das divergências marcantes entre os pontos de vista de comunidades defendidos por Frederic Clements e Henry A. Gleason (ver Capítulo 9). Em primeiro lugar, quais processos são responsáveis por mudanças sucessionais? Propriedades emergentes e interações entre espécies têm um papel importante, ou a sucessão é um mero desdobramento da história de vida de cada espécie independentemente das outras? Se as interações das espécies são importantes, elas ocorrem, em especial, sob a forma de mutualismos, ou a competição entre espécies é mais importante?

Em segundo lugar, quão previsível é a sucessão? Se duas áreas adjacentes, ou a mesma área em dois momentos diferentes, experimentassem sucessão, ocorreriam as mesmas mudanças, levando ao mesmo ponto final? **Clímax** é o ponto final determinístico hipotético de uma sequência sucessional. As comunidades vegetais que passam por sucessão em geral atingem um estado clímax estável? À medida que elas não o atingem, será principalmente porque perturbações extrínsecas (como tempestades) impedem o clímax ou em razão de dinâmicas internas (como ciclos populacionais) inerentes às comunidades?

Em terceiro lugar, a maioria das comunidades vegetais é estática e imutável ou está em um estado de equilíbrio dinâmico, ou encontra-se sempre em um estado de fluxo básico? Um equilíbrio estável implica que elas retornariam à mesma estrutura e composição após perturbações pequenas a moderadas, permanecendo naquele estado ao longo do tempo. A visão de Clements foi que comunidades são imutáveis. O equilíbrio dinâmico considera processos muito diferentes, mas sob determinados aspectos é um substituto moderno para a perspectiva de Clements.

A dicotomia Clements-Gleason, porém, não respondeu muitas outras questões que hoje consideramos relevantes para a compreensão da sucessão. Por exemplo, parece óbvio que alguém pergunte sobre o papel da competição (ver Capítulo 10) nos processos sucessionais. Entretanto, essa questão não se ajusta claramente à dicotomia Clements-Gleason, pois nenhum desses cientistas atribuiu um papel importante à competição na sucessão. Isso é especialmente curioso, uma vez que Clements escreveu extensivamente sobre competição, mas (dado seu ponto de vista de superorganismo) ele a considerou em um sentido diferente dos ecólogos modernos. De forma similar, nem Clements nem Gleason pareciam ter ideia da herbivoria como um fator importante que afeta a estrutura e a função de comunidades vegetais, ainda que eles certamente fossem bem advertidos disso. Portanto, mesmo que seja adequado iniciar nossa discussão com as diferenças históricas entre as visões de Clements e Gleason sobre sucessão, é um engano pensar que essas diferenças são tudo o que se deve considerar ao tentar unir uma visão contemporânea de processos sucessionais.

Como acontece muito em ecologia, a resposta a todas as questões colocadas anteriormente é que pode ser encontrada uma diversidade de padrões e processos em diferentes comunidades, e, até certo ponto, em épocas diferentes. Retomaremos essas questões depois de examinarmos os fatores que conduzem a mudanças sucessionais. Após, questionaremos se o clímax é um estado fixo, imutável – um ponto final no qual a comunidade permanece por todo o tempo, a não ser que uma catástrofe importante o mude.

As ideias iniciais sobre sucessão, como um processo previsível que conduz a um clímax estático, foram desenvolvidas nos anos de 1890 e no início do século XX, principalmente por meio dos trabalhos de Cowles (1899, 1911) e Clements (1916). Essas ideias foram a principal força em ecologia vegetal na América do Norte (e, até certo ponto, em todos os países de língua inglesa), até a metade do próximo século ou mais. O movimento contra essas ideias seguiu várias direções. Uma influente perspectiva nova sobre dinâmica de comunidades veio de Alex S. Watt (1947). De acordo com sua visão, uma comunidade vegetal é composta de um mosaico de manchas, e estas são dinamicamente relacionadas entre si (ver Capítulo 10). A estrutura comunitária resulta do balanço entre fatores previsíveis e imprevisíveis (o que hoje poderia ser visto como fatores que conduzem a comunidade em direção ao equilíbrio e a perturbações que rompem essa tendência). Watt foi cuidadoso em distinguir essa visão – de que a comunidade é um mosaico dinâmico de manchas – daquela de uma sequência sucessional na qual uma comunidade homogênea tende em direção a um ponto final determinístico. Ele enfatizou a onipresença de manchas em comunidades vegetais naturais e constatou que a persistência das manchas é uma característica essencial de comunidades vegetais.

Vários outros ecólogos da época compartilhavam dessa perspectiva. Durante várias décadas, a partir de 1910, R. T. Fisher estudou florestas antigas na Montanha Pisgah, em Nova Hampshire, incluindo florestas de latifoliadas e de coníferas. A dinâmica e o caráter de manchas dessas florestas antigas foram conclusivamente resumidos por Fisher em um prefácio de um estudo realizado por seus sucessores (Cline e Spurr, 1942, como citado por Dunwiddie et al., 1996):

> As florestas primitivas, então, não consistiam em estandes estagnados de superfícies arbóreas imensas, com pouca alteração na composição sobre vastas áreas. As árvores grandes eram comuns, isto é verdade, e áreas limitadas sustentavam estandes clímax (ou estandes pré-clímax), mas a maioria dos estandes estava em um estado de fluxo resultante da ação dinâmica do vento, do fogo e de outras forças da natureza. Os diferentes estágios sucessionais ocorriam associados aos efeitos da altitude, da orientação e de outros fatores locais, tornando a floresta virgem altamente variável em composição, densidade e forma.

De maneira interessante, em 22 de setembro de 1938, um furacão atingiu a área e arrancou muitas árvores dessa floresta, modificando subsequentemente a vegetação. Estudos realizados nessa área sugerem que tais perturbações infrequentes de larga escala são fatores importantes na dinâmica de comunidades florestais (Foster, 1988).

Na década de 1980, particularmente influenciados por trabalhos em florestas tropicais e por tendências mais amplas no pensamento ecológico, muitos ecólogos começaram a ver comunidades de plantas como mosaicos de manchas e não como entidades homogêneas. Em outras palavras, eles pararam de tentar produzir médias para toda a comunidade e voltaram o foco para escalas menores de clareiras e manchas (Forman e Godron, 1986; Pickett e White, 1985). Ao mesmo tempo, os ecólogos abandonaram a pesquisa por tipos idealizados, estáticos – como comunidades clímax – para aceitar conceitos de variabilidade e processos dinâmicos como essenciais para a verdadeira natureza de comunidades. Na década de 1980, essa mudança de perspectiva contrapôs-se a uma tradição muito diferente da Europa. Lá, a escola florístico-sociológica foi parte do desenvolvimento da ecologia de paisagem. A abordagem europeia florístico-sociológica enfocou a medição de padrões estáticos. Quando se uniu ao pensamento de ecólogos norte-americanos interessados em dinâmica de manchas, o resultado foi uma visão dinâmica que ajudou a colocar estudos sucessionais em uma estrutura de paisagem mais ampla. No Capítulo 16, discutiremos esses temas em maior profundidade.

Perturbação

Consideremos inicialmente os mecanismos que fundamentam as mudanças sucessionais. Tão complexo quanto as questões propostas anteriormente parecem ser, desde o início da década de 1980 surgiu entre os ecólogos um vago consenso ao menos em dois pontos cruciais. Primeiramente, a maior parte dos ecólogos atuais pensa que a maioria das comunidades não tende a equilíbrios estáveis. Em segundo lugar, os tipos diferentes de perturbações em uma faixa de escalas desempenham claramente papel crucial na ecologia de comunidades.

Peter White e Steward Pickett (1985, p.7) definem **perturbação** como um evento relativamente descontínuo no tempo, que causa mudanças abruptas na estrutura de ecossistemas, comunidades ou populações e mudanças na disponibilidade de recursos, de substrato ou no ambiente físico. As perturbações podem resultar na retirada de uma porção substancial da vegetação existente em uma área. Elas podem variar desde a destruição de uma única planta até a destruição completa de centenas de hectares de florestas ou pradarias. As fontes de perturbação incluem fogo, tempestades (vendavais, nevascas, tornados, furacões), deslizamentos de terra, terremotos, deslizamentos de lodo, erupções vulcânicas, enchentes, atividades de animais e doenças.

Steward T. A. Pickett

Devido à grande diversidade de perturbações e seus efeitos, é mais comum discutir tipos específicos de perturbação em vez de discutir a "perturbação" como um fenômeno único.

A classificação das perturbações pode considerar o fato de elas removerem completamente ou não a comunidade, incluindo todo o solo orgânico. Essas duas categorias de perturbação levam a duas categorias de sucessão. A **sucessão primária** ocorre quando as plantas colonizam uma superfície que não tinha sido previamente vegetada. Entre os exemplos estão o estabelecimento de comunidades vegetais sobre campos de lava, terrenos com sulcos expostos devido à retração de uma geleira, afloramentos rochosos, dunas de areia, praias recém-formadas e bancos de areia em rios, ou, em uma escala muito maior, ilhas recém-emergidas do mar. A sucessão primária também ocorre onde a atividade humana resulta em massiva perturbação do solo, como em minas devastadas, estradas destruídas por afloramentos rochosos e outros sítios deixados com solo indiferenciado do material parental (Walker, 1999). Um aspecto-chave da sucessão primária é que o processo inicia com o desenvolvimento do solo, o qual se forma à medida que a comunidade de plantas se desenvolve (ver Capítulo 4). Mais adiante neste capítulo, faremos uma abordagem conclusiva sobre a sucessão primária.

A **sucessão secundária** ocorre quando plantas colonizam uma superfície previamente ocupada por uma comunidade viva. Nesse caso, o solo existe e os propágulos vegetais, como sementes e rametas, estão prontamente disponíveis. O recrescimento florestal seguido de uma queimada catastrófica é um exemplo de sucessão secundária, bem como a colonização de uma área agrícola abandonada, chamada de **sucessão em campo abandonado**. Uma vez que bem estabelecido o solo, não há diferença fundamental entre as sucessões primária e secundária, desde que as fontes de plantas colonizadoras estejam prontamente disponíveis. Sob essas circunstâncias, os efeitos da perturbação são particularmente variáveis, dependendo da causa; embora uma queimada e um furacão removam a vegetação, seus efeitos serão muito distintos, resultando em diferentes pontos de partida e trajetórias sucessionais.

Visto que perturbações são características normais de todos os ecossistemas, os ecólogos frequentemente discutem o **regime de perturbação** de um ecossistema – as características das perturbações que ocorrem neste. Descrevemos também regimes de perturbação utilizando três características: intensidade, tamanho e frequência. A *intensidade* de uma perturbação é a quantidade de mudança que ela causa. Um fogo florestal (Figura 12.2), por exemplo, pode ser um leve **fogo de superfície**, que se expande sobre a superfície do solo ou da vegetação terrestre e destrói apenas plantas herbáceas ou arbustos pouco desenvolvidos, ou pode ser um intenso **fogo de copa**, que se propaga da copa de uma árvore para outra, matando a maioria das árvores do dossel, bem como a maioria dos arbustos e outra vegetação. O *tamanho* (extensão espacial) de uma perturbação é a quantidade de área afetada. Um vendaval, por exemplo, pode derrubar uma única árvore, enquanto um furacão pode fazer o mesmo com centenas ou mesmo milhares de árvores sobre uma região inteira de uma floresta. A *frequência* de uma perturbação – também chamada de **intervalo de recorrência** – demonstra o quão frequente, em média, ela ocorre em um local particular. Essas três características são frequentemente correlacionadas: perturbações pequenas e de baixa intensidade são em geral muito mais frequentes do que extensas perturbações intensas. Entretanto, esses fatores variam, dependendo do tipo de comunidade e perturbação. O ritmo da perturbação também pode ser importante. Por exemplo, uma queimada que ocorre no início da primavera, antes de as plantas estarem crescendo ativamente, pode ter efeitos muito diferentes de uma no final do verão, quando elas estão recém iniciando a dispersão de sementes (Biondini et al., 1989; Howe, 1995).

Clareiras

O tamanho de uma perturbação é fator importante nos tipos de espécies que podem colonizar um sítio perturbado. As perturbações criam **clareiras** em comunidades que podem ser preenchidas por espécies colonizadoras. Em qualquer comunidade podem existir clareiras de diversos tamanhos, de modo que a sucessão pode ocorrer em escalas variadas. Por exemplo, montes feitos por texugos (*Taxidea taxus*) nas pradarias da América do Norte têm entre 0,2 a 0,3 m^2 de tamanho. Um estudo de William Platt e Michael Weis (1977) verificou que, a cada ano, aproximadamente 0,01% da pradaria é revolvido pela criação de novos montes, os quais são colonizados por plantas adjacentes, cujas sementes têm capacidades limitadas de dispersão. Por outro lado, um incêndio florestal compacto que queima milhares de hectares pode não deixar fontes de sementes próximas. Nesse caso, os colonizadores iniciais serão sementes trazidas de longas distâncias pelo vento ou por animais, ou que permaneceram dormentes no solo.

Uma floresta também pode ser considerada um conjunto de manchas de tamanhos amplamente variáveis que tem experimentado perturbações de diferentes tipos e intensidades. O tamanho de uma mancha tem efeitos expressivos sobre a composição de espécies, a trajetória sucessional e os processos ecossistêmicos dentro daquela mancha. Em um estudo experimental sobre clareiras de tamanhos diferentes no sul dos Montes Apalaches, na Carolina do Norte, a radiação solar nas clareiras grandes foi duas a quatro vezes maior do que nas pequenas, e as temperaturas do solo e do ar foram muito superiores (Phillips e Shure, 1990). A biomassa em pé e a produção primária líquida aérea (ver Capítulo 14) foram três a quatro vezes superiores nas clareiras maiores do que nas menores. A riqueza de espécies também foi maior nas clareiras maiores, e a composição de espécies diferiu entre as clareiras de tamanhos diferentes. No Capítulo 13, retornaremos à questão de como a formação de clareiras e o seu tamanho influenciam a riqueza global de espécies em comunidades.

A opinião dos ecólogos sobre perturbação modificou-se bastante ao longo de algumas décadas passadas. Ecólogos antigos, por exemplo, consideravam as perturbações como sendo ocorrências incomuns – ou não-naturais – que rompiam os processos ordinários e ordenados de uma comunidade. A partir do último quarto do século passado,

(A)

(B)

(C)

Figura 12.2 (A) Fogo de superfície em uma floresta do norte inferior em Michigan, na qual foi queimada apenas a vegetação no nível do solo. (B) Fogo de copa no centro da Nova Jersey, em 1986, no qual foram mortas árvores inteiras. (C) Um fogo de copa ocorreu três anos antes dessa fotografia ter sido feita, matando a maioria das árvores maduras nessa floresta de espruces e abetos nas Montanhas Rochosas. Naquela ocasião, foram encontrados apenas ervas e arbustos pequenos (A, C, fotografias de S. Scheiner; B, fotografia de D. Burgess).

entretanto, a perturbação tem sido reconhecida com uma parte natural de muitas comunidades. Essa mudança de ponto de vista tem afetado a maneira como os ecólogos compreendem os mecanismos de coexistência entre espécies (ver Capítulo 10) e também tem alterado as práticas de manejo, como veremos na próxima seção.

Fogo

Em muitas comunidades, o fogo é a principal fonte de perturbação. As queimadas podem variar muito em intensidade, tamanho e frequência. Uma medida de intensidade do fogo é a quantidade de calor transferida por unidade de área por unidade de tempo. As queimadas florestais mais intensas podem liberar o equivalente a 500.000 kJ/m^2 em alguns minutos – calor suficiente para derreter uma máquina em bloco de alumínio. O fogo do Lago Mack (discutido a seguir) liberou aproximadamente 3×10^{12} kJ de energia, o equivalente a 90 temporais com relâmpagos, ou 9 vezes a energia da bomba atômica jogada em Hiroshima (Pyne et al., 1996). A velocidade com que o fogo se espalha é outro aspecto de sua intensidade. Os fogos de superfície podem mover-se rapidamente sobre uma área. Na América do Norte, em pradarias de gramíneas baixas, em um dia muito ventoso, uma queimada pode se mover a uma velocidade de 22 km/h – tão rápido quanto um velocista Olímpico – por períodos curtos. Os fogos de copa têm sido mensurados em 12 km/h.

A frequência do fogo é um determinante-chave da estrutura e composição da comunidade. Em pradarias mésicas, as queimadas podem reaparecer a cada 2 a 3 anos. Como veremos no Capítulo 17, essas queimadas frequentes destroem árvores colonizadoras e, desse modo, mantêm a pradaria como um campo. As comunidades do chaparral no sul da Califórnia queimam aproximadamente uma vez a cada 25 anos. A média do intervalo de recorrência do fogo em diferentes tipos de comunidades varia muito – desde uma a cada poucos anos até uma por século, ou uma por milênio (Tabela 12.1).

Muitas espécies vegetais têm adaptações ao fogo. Uma dessas adaptações é a localização dos meristemas

TABELA 12.1 Exemplos de regimes de fogo em vários tipos de comunidades na América do Norte

Regime de Fogo	Comunidades
Fogos naturais raros ou ausentes	Florestas costeiras do Pacífico Noroeste; regiões úmidas de florestas deciduais orientais; desertos do sudoeste
Infrequente, fogos de superfície de intensidade baixa, com um intervalo de recorrência de ±25 anos	Principalmente florestas deciduais orientais; bosques de pinheiro de pinhão-junípero do Sudoeste; alguns prados montanhosos nas *Rockies* e *Sierras*
Frequente, fogos de superfície de intensidade baixa com um intervalo de recorrência de 1 a 25 anos, combinados com fogos de superfície de intensidade alta, com um intervalo de 200 a 1.000 anos	Florestas de coníferas mistas da *Sierra*; florestas de pinheiros da zona montanhosa ocidental; florestas de pinheiros do sul-leste; pradarias de Nebraska e Oklahoma; pradarias de grama-serra nos *Everglades*, Flórida
Infrequente, fogos de superfície intensos com um intervalo de recorrência de +25 anos, combinados com fogos de copa com um intervalo de 100 a 300 anos	Florestas de pinheiros e florestas boreais na região dos Grandes Lagos; florestas de altitude baixa nas *Rockies*; florestas de sequoias da Califórnia
Frequente, fogos de superfície intensos e/ou de copa com um intervalo de recorrência de 25 a 100 anos	Principalmente florestas boreais; florestas ocidentais de altitude elevada; chaparral da Califórnia até o Texas
Infrequente, fogos de copa com um intervalo de recorrência > 100 anos	Florestas montanas da costa úmida noroeste; florestas subalpinas das montanhas ocidentais; florestas pluviais do Havaí

Fonte: Davis e Mutch, 1994.

(ver Capítulo 7) em um local protegido do fogo. As pradarias, onde o fogo retorna frequentemente, são dominadas por gramíneas e herbáceas, cujos meristemas localizam-se na superfície do solo ou abaixo dela. Uma queimada leve e rápida de superfície raras vezes prejudica esses meristemas, embora a parte aérea das plantas possa ser destruída. (As plantas com meristemas no nível do solo são protegidas de danos também por pastejo, que pode ter sido a primeira força de seleção atuando sobre essa adaptação; ver Capítulo 11.) Várias espécies arbóreas e arbustivas têm a capacidade de rebrotar de raízes, rizomas ou gemas debaixo da casca, caso as porções aéreas da planta sejam mortas ou gravemente danificadas pelo fogo. Exemplos dos áridos de pinheiros do leste dos EUA que frequentemente queimam são *Pinus rigida* (pinheiro-lança, Pinaceae) e *Quercus ilicifolia* (carvalho-espinhento, Fagaceae). Outras espécies com tais adaptações incluem *Eucalyptus* spp. (Myrtaceae), na Austrália, *Populus tremuloides* (álamo tremedor, Salicaceae), em elevadas latitudes ou altitudes na América do Norte, e *Adenostoma fasciculatum* (*chamise*, Rosaceae) no sul da Califórnia. Outras espécies, como *Quercus velutina* (carvalho negro), no leste dos EUA, e *Pinus ponderosa* (pinheiro ponderosa), no oeste dos EUA, possuem uma casca morta muito grossa que protege o câmbio do caule (tecido meristemático, situado logo abaixo da casca viva) durante um fogo de superfície. Além disso, à medida que crescem, essas espécies tendem a desprender seus ramos inferiores, os quais poderiam servir como uma "escada para o fogo", evitando que este se propague facilmente até o dossel.

Algumas espécies liberam sementes dos frutos ou cones após uma queimada. Alguns pinheiros têm uma característica chamada de **serotina**, com a qual eles retêm suas sementes em cones fortemente selados por muitos anos, liberando-as somente depois da exposição ao fogo. Os cones são selados por resina, que derrete durante uma queimada, liberando as sementes. Depois, essas árvores podem liberar muitos anos de produção acumulada de sementes. Os cones selados, por isso, servem como um banco de sementes aéreo. Para a germinação de muitas espécies serotinosas pode ser necessário um solo mineral aberto. Dentre as espécies de pinheiros com serotina estão *Pinus contorta* (pinheiro *lodgepole*), no oeste da América do Norte, *P. banksiana* (*jack pine*), no centro-norte da América do Norte, e algumas populações de *P. rigida* no leste dos EUA (Figura 12.3). A serotina também ocorre em táxons adaptados ao fogo e não-relacionados aos pinheiros, como várias espécies australianas de Proteaceae.

Pinus palustris (pinheiro-de-folha-longa) é uma árvore dominante nas florestas do sudeste dos EUA, onde queimadas de superfície são recorrentes a aproximadamente cada 3 a 5 anos. As plântulas jovens são especialmente vulneráveis a essas queimadas. Este pinheiro tem uma história de vida pouco comum que parece ser uma adaptação a essas queimadas frequentes: após aproximadamente o primeiro ano, as plantas jovens configuram-se como um pequeno tufo de acículas que cresce no nível do solo, parecendo muito com uma gramínea cespitosa (Figura 12.4). O meristema apical localiza-se logo abaixo da superfície do solo, onde ele não é prejudicado caso ocorra uma queimada de intensidade baixa. Durante esse período, as plantas desenvolvem um amplo sistema de raízes e geram um grande estoque de nutrientes. Por fim, quando sua reserva de nutrientes for suficientemente grande, elas crescem muito rápido. Em alguns anos, a árvore já está bem grande e possui uma casca espessa o suficiente para ser completamente resistente ao fogo. Portanto, seu padrão de crescimento minimiza o número de anos durante os quais ela é vulnerável ao fogo.

Caso as condições sejam favoráveis ao fogo, a probabilidade de uma queimada ocorrer aumenta com a **carga**

(A)

(B)

(C)

Figura 12.3 A serotina ocorre em algumas populações de *Pinus rigida* (pinheiro-lança, Pinaceae) nos áridos de pinheiros da Long Island, Nova York. (A) Abertura comum de cones de uma árvore típica, não-serotinosa. (B) Cones serotinosos, fechados, em uma árvore pertencente a uma população que queima frequentemente, com uma participação alta de serotina, a qual é um atributo geneticamente determinado. (C) Um cone serotinoso que abriu em consequência de uma queimada florestal, liberando suas sementes. (fotografias de J. Gurevitch.)

de combustível (*fuel load*) – a quantidade de material vegetal combustível em uma comunidade. Em pradarias, as gramíneas secam a cada inverno e essas plantas mortas, altamente combustíveis, acumulam-se ao longo do tempo. Esse acúmulo de material aumenta a probabilidade de queimadas com o tempo, assim como aumenta a intensidade do fogo quando ele finalmente ocorre. Da mesma forma, quando gramíneas exóticas invadem comunidades não-dominadas por gramíneas, elas podem contribuir com o aumento da frequência do fogo pela produção de combustível onde previamente não existia, o que, por sua vez, parece facilitar invasões de gramíneas mais adiante (D'Antonio e Vitousek, 1992). Em muitas florestas de *Eucalyptus* na Austrália, nos áridos de pinheiros do leste dos EUA e na vegetação de chaparral da Califórnia, e de outras partes do mundo, ocorrem processos similares de acúmulo de combustível. Aqui, o acúmulo é de pequenos ramos vivos, caules e folhas de espécies dominantes.

Em alguns outros tipos de comunidades, a probabilidade de queimadas não aumenta com o tempo. Nessas

Figura 12.4 Uma plântula de *Pinus palustris* (pinheiro-de-folha-longa, Pinaceae) se parece muito com uma gramínea cespitosa – por isso o termo "estágio de grama". O meristema apical localiza-se fora do alcance da vista, logo abaixo da superfície, onde está protegido do fogo. (fotografia © G. Grant / Photo Researchers Inc.)

comunidades, as condições ambientais, e não a disponibilidade de combustível, limitam a frequência e a intensidade do fogo. Em florestas boreais da América do Norte, por exemplo, a chance de uma queimada ocorrer em um dado estande é praticamente independente do tempo, após a última queimada naquele estande. Em geral, há combustível adequado para uma queimada, mas as condições climáticas somente às vezes conduzem a um incêndio florestal (Johnson, 1992). Curiosamente, uma chance remota e constante de queimadas também ocorre em estandes do chaparral da Califórnia que não queimam há tempo: aparentemente, uma vez que a carga de combustível atinge um nível crítico, a disponibilidade de combustível não afeta de forma inteira por muito tempo a chance de queimada (Johnson, 1992; Keely et al., 1999).

Algumas espécies de plantas são **pirogênicas** – isto é, sua serrapilheira de folhas e ramos finos acumulada tende a promover fogo mais do que se poderia esperar, com base apenas na massa desse material vegetal morto. Os exemplos incluem muitos *Eucalyptus*, alguns arbustos do chaparral e possivelmente alguns pinheiros, todos produzindo óleos e outras substâncias químicas inflamáveis. Mutch (1970) propôs que o caráter pirogênico pode ser uma adaptação evolutiva. Contudo, essa proposta permanece bastante controversa, à medida que as condições necessárias para tal atributo evoluir como uma adaptação direta ao fogo devem ser muito restritivas (ver Capítulo 6; Kerr et al., 1999). Independentemente de se o caráter pirogênico é uma adaptação evolutiva por si só ou um subproduto da seleção sobre outros atributos, as espécies pirogênicas restabelecem-se após uma queimada ou porque os adultos rebrotam, ou porque a população tem um banco de sementes (o qual pode estar localizado no solo ou em cones ou frutos serotinosos). Enquanto isso, as espécies competitivas são frequentemente mortas pelo fogo. Assim, essas plantas pirogênicas geram um ambiente que aumenta sua própria persistência (ou facilita sua invasão em uma nova comunidade).

O problema do aumento da carga de combustível com o tempo provocou um debate caloroso sobre a melhor maneira de manejar florestas nos EUA. Durante boa parte do século XX, a política governamental dos EUA foi a de suprimir o fogo tanto quanto possível. Como consequência, as cargas de combustível e a densidade de árvores jovens aumentaram. Por isso, quando ocorreram queimadas, em vez de serem leves fogos de superfície, elas geralmente se tornavam imensos fogos de copa, matando, com frequência, árvores adultas e ameaçando vidas humanas e propriedades. Na década de 1970, essa prática de manejo começou a mudar por duas razões. Em primeiro lugar, os problemas e perigos associados ao acúmulo de material combustível foram reconhecidos. Em segundo, devido à maior compreensão conquistada pelos ecólogos, as agências governamentais dos EUA reconheceram que a perturbação e o fogo são partes naturais de ecossistemas. Na ausência do regime natural de perturbação, muitas propriedades de uma comunidade podem mudar, inclusive, a composição de espécies. No sudeste dos EUA, por exemplo, na ausência de fogo, em algum momento no futuro, as florestas dominadas por latifoliadas substituem as florestas de pinheiro-de-folha-longa.

As novas práticas de manejo do governo dos EUA incluem a permissão de ocorrência de queimadas naturais florestais até exaurirem-se por si (caso não estejam comprometendo vidas e propriedades humanas) e a adoção de **queimadas prescritas** ou **controladas** para reduzir as quantidades acumuladas de combustível (para evitar uma queimada muito maior e incontrolável). Entretanto, essas duas práticas são controversas. As extensas queimadas naturais no Parque Nacional Yellowstone, no verão de 1988, que iniciaram naturalmente e não foram debeladas, tornaram, de maneira decisiva, a opinião pública contrária à política de deixar o fogo prosseguir sem controle. As queimadas prescritas também têm se tornado objeto de controvérsia.

As queimadas prescritas são planejadas por engenheiros florestais, e o fogo é ateado somente após uma avaliação cuidadosa sobre o tempo e outras condições. A maioria tem sido segura e efetiva em reduzir a quantidade de combustível e em facilitar a regeneração de espécies adaptadas ao fogo, como o pinheiro-de-folha-longa. Elas são utilizadas rotineiramente para manejar florestas em muitas regiões dos EUA e outros lugares. Entretanto, ocorreram equívocos ocasionais, apesar de grandiosos, nos quais o fogo controlado foi ateado sem as precauções apropriadas e tornaram-se queimadas naturais incontroláveis. Em 05 de maio de 1980, o fogo do Lago Mack, na Floresta Nacional de Huron, em Michigan, começou com uma queimada prescrita, provocada para ajudar a manejar comunidades de *Pinus banksiana*. Infelizmente, o fogo ficou sem controle. Em 12 horas, o fogo tinha queimado 10.000 ha; tragicamente, ele também matou um bombeiro e destruiu 44 casas (Pyne et al., 1996). Mais recentemente, uma queimada prescrita na primavera de 2000, nas proximidades de Los Alamos, Novo México, escapou do controle, atingindo centenas de hectares e destruindo várias dezenas de moradias; felizmente, nenhuma vida humana foi perdida.

Os manejos e os fogos florestais tornaram-se mais complexos e difíceis à medida que a suburbanização e o aumento de propriedades de férias e de moradia em locais retirados, em áreas de beleza cênica, levam ao aumento do número de moradias que invadem extensas áreas florestais, antes quase desabitadas. Esse foi o caso em Los Alamos, assim como em algumas das áreas devastadas por eventos de fogo natural (que iniciam por raios) que queimaram mais de 2,5 milhões de hectares no oeste dos EUA, durante um verão de La Niña muito seco, em 2000 (ver Capítulo 17). Além disso, incidentes como as queimadas do Lago Mack e de Los Alamos têm promovido controvérsias com relação à política de manejo de fogo. Muitas dessas discussões são fundamentadas por profundas discordâncias entre ambientalistas, corporações de exploração madeireira e madeireiros, sobre até que ponto o governo dos EUA deveria facilitar a exploração madeireira em florestas públicas. As indústrias de exploração madeireira propõem que seja permitido o raleio de florestas, a fim de impedir a ocorrência de incêndios graves. Os críticos dessa proposta argumentam que isso é justamente uma desculpa para continuar com a extensiva exploração de madeira em áreas públicas, pois o tipo de corte que atualmente é feito remove a maioria das árvores grandes, comercial e ecologicamente valiosas, deixando as árvores menores, que também são as mais vulneráveis ao fogo. Uma alternativa sugerida por alguns ambientalistas e engenheiros florestais é a retirada de árvores pequenas e juvenis, sem valor comercial e que mais comumente contribuem para queimadas catastróficas; essa proposta, entretanto, não tem sido adotada com entusiasmo pela indústria de exploração madeireira, pois não é lucrativa. Os resultados dessas controvérsias têm sido prolongadas batalhas judiciais, sem qualquer resolução clara no presente. Mesmo sem uma agenda política, econômica ou ambiental a considerar, existe também o problema de determinar qual regime de fogo é "natural" para uma dada comunidade florestal e a tentativa de se alcançar esse estado sem uma queimada natural catastrófica.

Vento

O vento pode ser outra fonte significante de perturbação. Em um extremo da escala, o vento pode derrubar um único ramo ou árvore. Tais **quedas pelo vento** variam desde a derrubada de galhos ou partes maiores de árvores até a perda de árvores isoladas ou grupos de árvores vizinhas. As quedas pelo vento são importantes em muitas florestas tropicais (Figura 12.5; Brokaw, 1985), onde árvores podem ser muito altas e frequentemente conectadas por lianas. Como consequência, quando uma árvore cai, geralmente derruba outras (Putz, 1983). Na floresta MPassa do Gabão, África, por exemplo, 51% das clareiras foram causadas pela queda isolada de árvores, sendo responsável por 38% do total da área de clareiras (Florence, 1981). As árvores que caíram em forma de dominó corresponderam a 14% das clareiras e 16% do total da área aberta. Uma vez formada uma clareira, árvores vizinhas tornam-se mais suscetíveis a serem derrubadas. Em MPassa, tais quedas de árvores adjacentes perfizeram 13% das clareiras e 36% do total da área aberta. Naquela floresta, o tempo médio entre a formação de uma clareira em uma mancha qualquer é de aproximadamente 60 anos, e o tamanho médio da clareira é de 3 ha. A queda de árvores nessas florestas é claramente uma fonte de perturbação muito importante.

Vendavais extremamente fortes, como furacões e tornados, apesar de raros, são importantes fontes de destruição pelo vento. Os furacões, tufões e ciclones são importantes nas regiões costeiras. No Caribe, por exemplo, os furacões passam por uma mancha qualquer de floresta, em média, a cada 15 a 20 anos. Esses vendavais podem ser importantes também em regiões temperadas. Uma ou duas vezes por século, no nordeste dos EUA, são registrados

Figura 12.5 Um indivíduo grande de *Dipteryx panamensis* criou uma clareira na floresta tropical da Estação Biológica La Selva, Costa Rica. Esta fotografia foi tirada aproximadamente um ano depois da queda da árvore (fotografia © G. Dimijian/Photo Researchers Inc.).

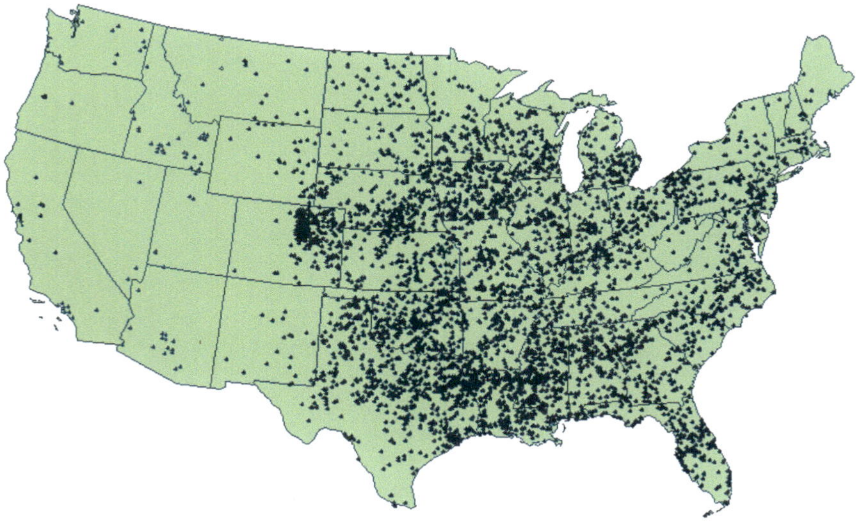

Figura 12.6 Localização de todos os tornados registrados nos EUA de 1981 a 1990. Os tornados são mais frequentes na região que se estende do leste do Texas e norte de Louisiana até Minnesota e Michigan, uma área algumas vezes denominada "Tornado Alley".

furacões suficientemente intensos para derrubar grandes extensões de floresta. Em 1938, um furacão derrubou 253.000 ha de floresta no centro da Nova Inglaterra (destruindo a maior parte da floresta de Pisgah, mencionada anteriormente). Os tornados representam uma outra fonte importante de destruição pelo vento, especialmente no meio-oeste dos EUA, em "Tornado Alley" (Figura 12.6). Nas florestas do norte de Wisconsin, vendavais catastróficos criam, em média, 52 manchas por ano, variando em tamanho de 1 até 3.785 ha, com um intervalo de recorrência de 1.210 anos (Canham e Loucks, 1984).

As clareiras e manchas criadas por todos esses tipos de destruição pelo vento são fatores importantes na dinâmica de comunidades florestais. A erosão do solo pelo vento também pode ser um fator importante de perturbação em comunidades mais abertas, de áreas áridas até campos anteriormente lavrados (Figura 4.6).

Água

No seu estado líquido, como inundação ou como agente erosivo sem inundação (incluindo a erosão dos solos), e no seu estado sólido, como neve e gelo, a água pode ser uma fonte importante de perturbação. As enchentes são mais representativas em hábitats **ripários** (áreas adjacentes a riachos e rios) e em áreas próximas a pântanos. Em muitos desses sistemas, as inundações anuais estão continuamente criando e destruindo hábitats. No Alaska, por exemplo, o salgueiro-de-banco-de-areia (*Salix exigua*, Salicaceae) cresce sobre bancos de areia ao longo de rios que são continuamente destruídos e formados novamente pelas inundações causadas pelo derretimento de neve. As tempestades de chuva torrencial também podem provocar deslizamentos de solo. Esses tipos de perturbações podem iniciar uma sucessão primária, pois elas tendem a criar novas superfícies, previamente não-vegetadas. De forma similar, as avalanches de neve são responsáveis por perturbações em regiões montanhosas temperadas. Nas montanhas rochosas canadenses, as avalanches removem 1% das florestas a cada inverno.

Tempestades de granizo são fontes importantes de perturbação em muitas regiões temperadas. Em florestas deciduais temperadas, como aquelas do sudeste dos EUA, elas são frequentemente responsáveis por muitas perturbações de pequena escala, como a remoção de ramos isolados de árvores. Tais perturbações criam novas manchas na floresta. As tempestades de granizo também podem causar perturbações de larga escala. Em janeiro de 1998, uma tempestade massiva de granizo cobriu grandes áreas de Nova York e da Nova Inglaterra, nos EUA, e em Ontário, Quebec e Nova Brunswick, no Canadá. Naquela tempestade única, aproximadamente 25% das árvores na região foram moderada a gravemente prejudicadas.

A combinação de perturbações por vento e por água pode ser importante em algumas comunidades, como nas florestas de vale estreito do sul dos Montes Apalaches (Runkle, 1985). Essas florestas bastante diversas ocorrem em áreas protegidas, próximas a riachos, em altitudes medianas. O fogo é muito raro nessas florestas; vendavais representam a principal fonte de perturbação. A maioria das clareiras é causada pela morte de árvores isoladas devido a tempestades de granizo, raios ou ventos fortes. A média das clareiras é pequena, cerca de 31 m^2, embora as clareiras possam medir até 0,15 ha quando várias árvores caem juntas. Em média, uma vez a cada 100 anos um determinado local experimenta uma perturbação causadora de clareira.

Animais

Na maioria das vezes, as perturbações causadas por animais são pequenas e frequentemente associadas à herbivoria (ver Capítulo 11). Algumas vezes, porém, os resultados da herbivoria podem ser bastante drásticos, como quando uma manada de elefantes retira a folhagem de um estande de árvores. Um único elefante pode consumir 225 kg de forragem por dia.

Mesmo pequenos animais como insetos, por exemplo, podem causar amplas perturbações durante explosões populacionais. A mariposa cigana (*Lymantria dispar*), por exemplo, foi trazida da Europa para Massachusetts em 1868, aproximadamente, em uma tentativa pouco prudente de estabelecer uma indústria de seda na América do Norte, a partir do cruzamento dela com a mariposa da seda. Ela escapou do cultivo e rapidamente se espalhou pelas florestas deciduais do leste da América do Norte; hoje, ela pode ser encontrada tanto no extremo oeste, no Oregon, quanto no extremo sul, no Arkansas. Durante

Figura 12.7 As lagartas da mariposa cigana (*Lymantria dispar*) desfolharam este indivíduo de *Fagus grandifolia* (faia americana, Fagaceae) em uma explosão populacional que ocorreu em Connecticut, em 1980. As árvores caducifólias nem sempre se recuperam desses ataques. (fotografia © J. Bova/Photo Researchers, Inc.)

Figura 12.8 A erupção de 1980 do Monte St. Helens, no Estado de Washington, criou quase 16 km^2 de superfície desnuda, levando à sucessão primária (fotografia cedida por U.S. Geological Survey).

uma explosão populacional, as lagartas de mariposa cigana podem desfolhar extensas áreas de florestas, sob certas circunstâncias, matando muitas árvores (Figura 12.7).

Vários outros tipos de atividades animais podem gerar perturbações (ver Capítulo 11). Animais de grande porte, como os bisões americanos, na América do Norte, e os búfalos africanos, na África, pastejam e também criam lamaçais. Na Área Natural de Pesquisas das Pradarias do Konza (ver Capítulo 1), os lamaçais de bisões são hábitats importantes para espécies anuais que não são encontradas em nenhum outro lugar na pradaria.

Terremotos e vulcões

Eventos sísmicos, como terremotos e erupções vulcânicas, conduzem à sucessão primária. A vazão das lavas vulcânicas pode criar novas ilhas no oceano ou cobrir áreas existentes. A erupção do Monte St. Helens, no Estado de Washington, em 18 de maio de 1980, criou uma superfície de solo desnudo com quase 16 km^2 (Figura 12.8; a seguir observaremos os padrões de sucessão que seguiram essa erupção). Os eventos sísmicos também podem ter efeitos indiretos ao desencadearem deslizamentos de terra. No Chile, uma série de terremotos devastadores em 1960 provocou milhares de avalanches de detritos, deslizamentos de terra e correntes de lama, que cobriram 25.000 ha, ou 2,8% da superfície terrestre da província de Valdivia (Veblen e Ashton, 1978).

Doenças

A propagação de doenças também pode ser uma fonte de perturbação. A praga-da-castanheira (*chestnut blight*, um fungo) foi introduzida na América do Norte no início do século XX, provocando a morte de árvores de castanheiras (*Castanea dentata*, Fagaceae; Figura 11.20) na maioria das florestas deciduais do leste da América do Norte. No Capítulo 11, são descritos outros exemplos de perturbações causadas por patógenos.

Seres humanos

Na atualidade, uma das mais importantes causas de perturbação em comunidades naturais é a atividade humana (ver Capítulo 21), incluindo as causadas por animais domésticos. Algumas vezes, as perturbações que causamos são acidentais ou ocorrem devido a danos casuais. Por exemplo, aproximadamente 35% dos fogos florestais nos EUA, representando 19% da área queimada, são devidos ou à negligência humana ou a incêndios criminosos.

Outras perturbações humanas são menos propositais. As indústrias de exploração madeireira removem anualmente grandes quantidades de árvores em florestas dos EUA, em uma combinação de **corte raso** (remoção de todas as árvores) e **corte seletivo** (remoção de algumas árvores de valor comercial, deixando outras). Após o corte raso, as companhias de madeira são legalmente obrigadas a replantar, substituindo as árvores que removeram. Entretanto, uma vez que as replantadas são tipicamente membros de uma única espécie de valor comercial, de crescimento acelerado, as florestas resultantes são muitas vezes drasticamente diferentes das comunidades florestais originais. Após o corte raso e o replantio, a maioria das florestas torna-se plantações compostas de uma única espécie arbórea, em geral com todas as árvores de mesma idade. Além disso, as vias de acesso dessas florestas industriais podem atuar como corredores para o movimento de espécies invasoras, ao mesmo tempo que criam barreiras para o movimento de outras espécies (ver Capítulo 16).

Em muitas florestas tropicais, o corte raso para extração de madeira e a retirada da vegetação para o estabelecimento de lavouras têm sido extensivos. No mundo, a destruição de florestas pluviais está hoje estimada em 1 ha por segundo (aproximadamente igual a dois campos de futebol americano), 87.000 ha/dia (uma área maior do que a cidade de Nova York) e 32 milhões de ha/ano (uma área maior do que a Polônia). Porém, não apenas as florestas destruídas sofrem perturbações. As áreas de florestas remanescentes também são afetadas, pois a fragmentação da paisagem modifica padrões de migração de espécies e tamanhos populacionais (ver Capítulos 16 e 21).

O pastejo por gado, ovelhas e cabras domésticos tem alterado drasticamente a composição de campos e a vegetação arbustiva sobre vastas extensões de áreas rurais áridas e semi-áridas ao redor do mundo (ver Capítulo 11), em muitos casos, acelerando muito a erosão do solo. Até mesmo o pisoteio associado a longas caminhadas recreativas pelo campo e outros usos de áreas selvagens podem ser substanciais em áreas com grande número de visitantes, ou em áreas que são especialmente vulneráveis, como desertos e tundra.

Colonização

Todos os processos sucessionais começam com propágulos. A sucessão primária difere da secundária nos tipos de propágulos envolvidos e em suas fontes. Em geral, na primária, todos os propágulos precisam ser sementes ou esporos transportados pelo vento ou pela água para a nova superfície desnuda. A dispersão animal exerce um pequeno papel na sucessão primária, porque relativamente poucos animais visitam sítios não-vegetados. Os primeiros a aparecer são espécies de musgos e líquens, que se especializaram em colonizar superfícies desnudas. Essas espécies tendem a ser de crescimento lento e possuir adaptações únicas que as capacitam a viver sob as condições difíceis encontradas em sítios de sucessão primária. Além das dificuldades impostas pela falta de matéria orgânica, nutrientes e pela estrutura do solo, outras condições, como ampla flutuação térmica e exposição a ventos fortes, tornam a sobrevivência difícil nesses sítios para a maioria da plantas.

A colonização por sementes dispersadas é também importante na sucessão secundária, mas os colonizadores geralmente diferem dos envolvidos na sucessão primária. Uma vez que o solo já está presente, muitas espécies de crescimento rápido podem se desenvolver em manchas recentemente disponíveis. Ao mesmo tempo em que as áreas recém-perturbadas, como clareiras, apresentam muitos desafios para indivíduos colonizadores, elas também oferecem numerosas vantagens. Os níveis de luz costumam ser altos, devido à falta de um dossel de plantas dominantes. O conteúdo de nutrientes do solo também pode ser elevado, tanto por causa da redução da competição como pela liberação de nutrientes de plantas ou partes de plantas em decomposição (p. ex., folhas de árvores do dossel mortas, derrubadas pelo vento). As espécies colonizadoras na sucessão secundária são frequentemente de crescimento muito rápido, com sementes pequenas dispersadas por vento, como *Taraxacum officinale* (dente-de-leão, Asteraceae). Essas espécies colonizadoras são em geral encontradas no local durante apenas um ano ou dois após a perturbação, antes de serem excluídas pela competição de outras espécies.

A falta de propágulos pode persistir por um longo período de tempo após uma perturbação. Na floresta pluvial tropical da bacia Amazônica do Equador, a riqueza de espécies arbóreas é, em geral, muito alta. Todavia, uma área da floresta tem sensivelmente menos espécies. Nigel Pitman e colaboradores (2005) concluíram que a menor riqueza de espécies nessa área deveu-se a um catastrófico evento de inundação ocorrido há cerca de 500 anos. Mesmo agora, nem todas as árvores da região colonizaram o local.

Os bancos de sementes do solo (ver Capítulo 7) podem ser uma fonte importante de propágulos para a sucessão secundária. Algumas espécies que se especializam em hábitats de sucessão inicial têm sementes capazes de permanecer dormentes por muitos anos e germinar sob condições específicas que sucedem uma perturbação. Em muitas herbáceas anuais e perenes de vida curta, a dormência de sementes somente é quebrada por exposição sufiente à luz, a qual ocorre apenas depois da perturbação do solo. Você já pode ter observado isso em um jardim: depois de remover a superfície do solo, muitas espécies espontâneas parecem surgir de maneira repentina. Outros estímulos também podem ser importantes; por exemplo, algumas sementes germinam em resposta aos compostos químicos da cinza ou fumaça do fogo.

A composição do banco de sementes do solo pode ser bastante diferente daquela da comunidade de plantas que cresce acima dele (Oosting e Humphreys, 1940; Livingston e Allessio, 1968). Em uma floresta montana de carvalhos e pinheiros, em Michigan, por exemplo, *Arenaria serpyllifolia* (arenária, Caryophyllaceae) era comum no banco de sementes da floresta, apesar de não estar presente na vegetação acima do solo. Por outro lado, *Coniza canadensis* (buva-canadense, Asteraceae), cujas sementes são dispersadas pelo vento, era uma das espécies mais comuns após o fogo, mas não estava presente no banco de sementes do solo (Scheiner, 1988). Uma clareira nessa floresta pode ser rapidamente colonizada por ambas espécies: *A. serpyllifolia* pelo banco de sementes e *C. canadensis* pela dispersão de sementes trazidas de outras áreas pelo vento.

Os propágulos vegetativos também podem ser uma fonte importante de recrescimento após perturbações. Os álamos (*Populus tremuloides* e *P. grandidentata*) das florestas temperadas setentrionais especializaram-se em crescer em hábitats de sucessão inicial. Essas espécies arbóreas podem propagar-se por "raízes gemíferas"; isto é, por meio do crescimento de novos caules originados de gemas de raízes subterrâneas. O fogo estimula sua tendência de produzir novos caules aéreos. Após uma queimada experimental no norte do Michigan inferior, havia 24.750 caules de álamo por hectare, e esses caules alcançaram, em média, a altura de mais de 1 metro em um único verão (Figura 12.9).

Determinando a natureza da sucessão

Os primeiros ecólogos pensavam a sucessão como uma progressão ordenada de comunidades **serais** (pré-clímax) levando a um ponto final previsível: estado de clímax estável. A partir da década de 1950, emergiram muitas ideias novas sobre sucessão. Os ecólogos ainda estão tentando classificar os padrões e processos da sucessão.

Figura 12.9 Perturbação e sucessão inicial em uma floresta no ▶ norte do Michigan inferior. (A) Este local teve corte raso e foi queimado em agosto de 1980. (B) Um ano após a queimada, o local está coberto por *Populus grandidentata* (álamo denteado, Salicaceae), com cerca de 1 metro de altura, que rebrotou de raízes em resposta ao fogo. (C) A mesma vista três anos após a queimada. (D) Local adjacente que teve corte raso e foi queimado 29 anos antes. O local ainda está dominado por indivíduos de *P. grandidentata*, agora totalmente crescidos. (E) Local adjacente que teve corte raso e foi queimado 47 anos antes. Outras espécies arbóreas começaram a entrar na comunidade, principalmente *Pinus strobus* (pinheiro branco ocidental, Pinaceae). (F) A floresta 70 anos depois da queimada. Os álamos estão diminuindo e começam a ser substituídos por *Acer rubrum* (bordo vermelho, Sapindaceae), *Quercus rubra* (carvalho vermelho, Fagaceae) e *P. strobus*. Jovens da última espécie são especialmente perceptíveis. (fotografias de S. Scheiner.)

(A)

(B)

(C)

(D)

(E)

(F)

Figura 12.10 Uma duna frontal ao longo da margem do Lago Michigan no *Big Point Sable*, Ludington, Michigan, em fotografia de 13 de setembro de 1916. À esquerda observa-se *Ammophila breviligulata* (grama-da-praia, Poaceae), e à direita situa-se *Prunus pumila* (cerejeira-da-areia, Rosaceae). O sistema de raízes dessas espécies estabiliza as dunas abertas (American Environmental Photographs Collection, AEP-MIS136, Department of Special Collections, University of Chicago Library).

Interações entre metodologia e compreensão

A capacidade de cientistas de compreender a natureza é afetada pelos métodos que eles utilizam para estudá-la. Em parte alguma isso é mais aparente do que nos estudos de sucessão. As mudanças nos métodos para estudar a sucessão têm afetado nossa compreensão a respeito do processo; inversamente, mudanças na compreensão da sucessão por ecólogos também têm fomentado mudanças nos métodos.

Uma dificuldade central de estudar a sucessão é que ela se trata de um processo geralmente muito lento – pode levar décadas ou séculos. Idealmente, almeja-se poder observar o processo sucessional inteiro em uma única comunidade, mas isso em geral não é possível. Um caminho tradicional para contornar essa limitação é por meio do estudo de uma **cronossequência** – conjunto de comunidades em diferentes idades desde uma perturbação. Os usuários da abordagem de cronossequência assumem que as diferenças entre essas comunidades representam o que ocorreria dentro de uma única comunidade ao longo do tempo. Henry C. Cowles (1899) introduziu e popularizou essa abordagem, a qual foi fundamentada em seus estudos de padrões de sucessão primária nas dunas e florestas, ao longo da margem sul do Lago Michigan (Figura 12.10). Cowles conjeturou que as dunas foram inicialmente colonizadas e estabilizadas por plantas com extensivos sistemas de raízes, como as gramíneas *Ammophila breviligulata* (grama-da-praia) e *Elymus canadensis* (centeio silvestre), e por pequenas plantas lenhosas, como *Prunus pumila* (cerejeira-da-areia, Rosaceae). Uma vez estabilizadas as dunas, Cowles afirmou que arbustos maiores, como *Salix glaucophylloides* (salgueiro-de-dunas, Salicaceae) e *Cornus stolonifera* (vime vermelho, Cornaceae), podiam colonizá-las. Por fim, árvores como *Tilia americana* (tília americana, Tiliaceae) entram na comunidade, convertendo-a em uma floresta. Ao final, segundo o cenário de Cowles, a floresta torna-se dominada por *Acer saccharum* (bordo sacarino, Sapindaceae) e *Fagus grandifolia* (faia americana, Fagaceae).

Henry Chandler Cowles

A abordagem de cronossequência tem como base três pressuposições importantes. Primeiro, ela assume que processos sucessionais são altamente previsíveis; isto é, que todas as comunidades similares passarão pela mesma sequência sucessional. Segundo, ela assume que o clima e outros aspectos ambientais, bem como o ***pool* de espécies** (as disponíveis para colonização), não sofrerão alterações durante toda a cronossequência. Contudo, sabemos que isso nem sempre é verdadeiro; por exemplo, novas espécies podem migrar para a região, a combinação de espécies pode mudar durante períodos de grande mudança climática (ver Capítulo 20) ou espécies podem tornar-se localmente extintas. Especialmente nos anos recentes, as espécies invasoras têm modificado trajetórias sucessionais (ver Capítulo 13). Por fim, a abordagem da cronossequência assume que comunidades de uma mesma macrorregião são suficientemente similares para serem consideradas parte da mesma sequência sucessional. Esse último pressuposto foi questionado durante a década de 1950, abalando o uso das cronossequências – um exemplo de como alterações conceituais orientam mudanças nos métodos.

Duas novas abordagens de pesquisa foram utilizadas para testar diretamente a primeira pressuposição de que o resultado da sucessão é altamente previsível – um exemplo de como os métodos algumas vezes conduzem a avanços conceituais. A primeira dessas abordagens foi o uso de estudos de longa duração (ou longitudinais), os quais fornecem dados que não estavam disponíveis aos primeiros ecólogos. Começando nos anos de 1920 e 1930, os ecólogos estabeleceram áreas de estudo permanentes que foram monitoradas por décadas ou mais. Os ecólogos dispõem, agora, da observação direta de sequências sucessionais longas e as compararam com aquelas previstas pelo método de cronossequência. Em um exemplo famoso de estudo na Carolina do Norte, Henry Oosting (1942), junto com sua aluna Catherine Keever (1950), usaram o método de cronossequência para prever que florestas de pinheiro no devido tempo produziriam comunidades dominadas por espécies latifoliadas. Essa hipótese foi testada utilizando-se parcelas de estudos de longa duração estabelecidas na Floresta Duke em

1934, continuamente monitoradas desde então. Os métodos de observação incluíram a etiquetagem de todas as árvores cujos caules tinham DAP (diâmetro à altura do peito) superior a 1 cm. Com base nesses estudos, Norman Christensen e Robert Peet (1980) determinaram que a sequência sucessional, segundo a hipótese de Oosting, estava correta. Um inconveniente para estudos de longa duração é que o tempo ainda é um fator limitante. Um único pesquisador pode examinar a sucessão por um período de décadas, mas não séculos. Além disso, esse método pode ser utilizado apenas em situações em que os sítios podem ser estabelecidos e monitorados sem perigo de perturbações humanas, e nas quais exista um esforço consagrado para manter o estudo por um período longo, pois investigadores, financiamentos e mesmo instituições mudam.

Uma segunda modificação na metodologia foi o aumento da utilização, na década de 1970, de experimentos com manipulação para estudar processos em comunidades. Até então, a ecologia de comunidades vegetais era uma disciplina essencialmente observacional, envolvendo a coleção e análise de dados quantitativos extensivos. Agora, os ecólogos começaram a testar explicações propostas para processos sucessionais, por meio da aplicação de diferentes tratamentos experimentais em comunidades e do estudo de suas respostas. Três dos mais amplos desses estudos nos EUA têm sido conduzidos em locais que são parte da rede de Pesquisas Ecológicas de Longa Duração (PELD; *LTER, Long-Term Ecological Research*) (ver Quadro 9C). No Capítulo 1, descrevemos um desses locais: a Área Natural de Pesquisa da Pradaria de Konza, no Kansas. Um segundo é Hubbard Brook, Nova Hampshire, onde Frank Bormann e Gene Likens (1979) usaram manipulações em uma bacia hidrográfica para estudar a sucessão. Um terceiro é a Cedar Creek Natural History Area, Minnesota, sede de um estudo em andamento de sucessão em pradarias estabelecido por David Tilman. As manipulações experimentais utilizadas nesses locais incluem a fertilização de parcelas com diferentes níveis de nitrogênio, a criação de parcelas de tamanhos diferentes e o estabelecimento de parcelas com conjuntos diferentes de espécies (ver Capítulo 14). O tempo é novamente um importante fator limitante nesses tipos de experimentos. Eles são apropriados especialmente para tratar de questões ao longo do tempo, de alguns anos até mais de uma década, em circunstâncias incomuns. Esse é o motivo pelo qual eles têm sido utilizados principalmente em comunidades como pradarias e campos abandonados, onde as mudanças sucessionais inicialmente procedem em passos relativamente rápidos.

Outro método extensivamente usado ao longo de anos para reconstruir a história de comunidades em particular é a **dendrocronologia** – o estudo dos anéis de árvores. Esse método é particularmente apropriado para retomar o estudo da sucessão onde os outros dois métodos o deixaram em aberto: ao longo de um período de séculos. Muitas árvores de zonas temperadas produzem anéis de crescimento anuais (Figura 12.11). Tomando uma amostra do lenho de uma árvore e contando os anéis, a sua idade pode ser determinada. O conhecimento das idades das árvores em uma floresta permite que se determine quando espécies diversas começaram a se estabelecer naquele local. Outras características dos anéis de árvores, como tamanho, aparência, composições química e isotópica podem fornecer informações adicionais sobre clima, solo e condições de crescimento em tempos pretéritos. No Capítulo 20, discutiremos outros métodos de determinação de mudanças não-sucessionais de longa duração em comunidades vegetais.

Figura 12.11 Anéis de crescimento anuais mostrados claramente nesta secção transversal do caule de um pinheiro branco (*Pinus strobus*) (fotografias cedidas por R. Grant.)

Mecanismos responsáveis por mudança sucessional

Com a utilização desses diferentes métodos, os ecólogos vegetais têm lentamente desvendado padrões sucessionais e os processos responsáveis por eles. A primeira teoria sucessional abrangente foi a de Clements (1916); ela foi parte do conceito do superorganismo, sua teoria geral sobre a natureza de comunidades vegetais (ver Capítulo 9). Na visão de Clements, algumas espécies tinham papel fundamental na preparação de um local para a posterior ocupação por outras espécies. As interações entre espécies foram vistas como benéficas para o funcionamento da comunidade como um todo. Algumas espécies ocorreram na comunidade durante um período limitado, antes de retirarem-se, permitindo que outras ocupassem seu lugar. Clements acreditava que essas espécies eram, de certo modo, destinadas a essa proposta. Atualmente, reconhecemos que as ideias de Clements foram profundamente não-darwinianas. Ele as desenvolveu em uma época em que a teoria de Darwin de evolução por seleção natural ainda era um tema de debates acalorados. Hoje, nenhum cientista aceitaria a noção da existência de uma espécie apenas para o bem da comunidade. Embora as interações mutualistas possam ser favorecidas pela seleção natural (Wilson, 1980), sua evolução é complexa, e seu papel na sucessão é muito mais limitado do que o considerado por Clements.

Então, como as populações de espécies sucessionais interagem umas com as outras? Para desenvolver um conjunto de hipóteses testáveis, Joseph Connell e Ralph Slatyer (1977) propuseram três mecanismos possíveis pelos quais pode ocorrer a sucessão. Enquanto os apresentamos como alternativas, lembre-se de que os três podem operar em qualquer comunidade e que eles provavelmente interagem entre si (Walker e Chapin, 1987). Primeiro, as espécies sucessionais iniciais podem **facilitar** a colonização e o crescimento de espécies sucessionais tardias. Essa hipótese considera a sucessão a partir de uma visão afim à de Clements, apesar de estar dentro de um contexto evolutivo e em uma configuração mais mecanicista. Segundo, um processo de **inibição** pode direcionar a sucessão. Uma espécie sucessional inicial pode inibir a colonização por espécies tardias por meio da monopolização de recursos, como luz, água ou nutrientes. A sucessão poderia finalmente ocorrer se as espécies tardias eliminassem, por competição, as iniciais. Por fim, um processo de **tolerância**, no qual as espécies nem ajudam nem inibem a colonização por outras espécies, pode determinar a sucessão.

Existem evidências para os três mecanismos. A facilitação é melhor demonstrada durante a sucessão primária. Algumas espécies são adaptadas a ganhar a vida sob condições de dificuldade. Líquens, por exemplo, podem crescer sobre rochas expostas. Eles fazem isso dissolvendo lentamente a rocha para obter nutrientes, iniciando, assim, o processo de formação do solo. Um outro exemplo de facilitação durante a sucessão primária ocorre ao longo de dunas marginais aos lagos, como as dos grandes lagos norte-americanos. Espécies como *Elymus canadensis* podem colonizar depósitos arenosos recentes, com níveis de nutrientes bastante baixos e baixa capacidade de retenção de água. Em áreas de ativa formação de dunas de areia (Figura 12.10), os sistemas de raízes fasciculados dessa gramínea atuam para estabilizar a areia. Uma vez estabilizada, outras espécies com sistemas de raízes menores são capazes de colonizar o local; o estabelecimento dessas espécies é, portanto, facilitado por *E. canadensis*.

A sucessão secundária em ambientes muito adversos também fornece exemplos de facilitação. No Deserto de Sonora, plântulas de *Parkinsonia microphylla* (palo verde, Fabaceae), uma espécie arbórea, sobrevivem com dificuldade em áreas abertas. Por outro lado, na sombra de arbustos como *Ambrosia deltoidea* (Asteraceae), elas crescem e se desenvolvem. Por causa desse papel na comunidade, *A. deltoidea* é denominada planta-berçário (ver Capítulo 10). De forma similar, *Carnegia gigantea* (saguaro, Cactaceae) germina e cresce sob *A. deltoidea* e *P. microphylla* (Figura 12.12), de modo que esta última modifica seu papel para tornar-se uma planta-berçário. Nesses exemplos, a posterior substituição de espécies sucessionais iniciais por tardias não é consequência de uma espécie ter cedido voluntariamente seu lugar para outra, como Clements sugeriu. A espécie tardia, ao final, eliminou por competição a inicial – de fato, há boas evidências de que os saguaros subsequentemente matam suas árvores-berçário. As espécies sucessionais iniciais persistem na paisagem, pois elas são capazes de colonizar e sobreviver em hábitats efêmeros.

Figura 12.12 No Deserto de Sonora, no Arizona, um cacto saguaro (*Carnegia gigantea*, Cactaceae) cresce à sombra de sua planta-berçário, o palo verde (*Parkinsonia microphylla*, Fabaceae), uma espécie arbórea. Tão logo tenha crescido o suficiente, o cacto não necessita mais de proteção e substituirá a árvore por ser mais competitivo por água (fotografia cedida por T. Craig.)

Inibição e tolerância são processos mais fáceis de se demonstrar e observar. A inibição acontece por competição por luz, água e nutrientes (ver Capítulo 10). Um ou mais desses recursos sempre está em quantidades limitadas em uma determinada comunidade. Em desertos, o recurso limitante frequentemente é a água. Em solos muito arenosos, o recurso limitante é com frequência o nitrogênio (ver Capítulos 4 e 14). No sub-bosque de uma floresta, o recurso limitante geralmente é a luz. A competição por esses recursos limitantes resulta em diminuição do crescimento e da reprodução. Portanto, a competição reduz a capacidade de uma espécie de colonizar e crescer em um local.

A competição é menos intensa se as espécies competitivas forem adaptadas a condições diferentes. Por exemplo, algumas espécies crescem melhor sob condições de elevada luminosidade, enquanto outras o fazem melhor sob condições de baixa luminosidade. Durante a sucessão florestal, os níveis de luz diminuem à medida que as árvores crescem e preenchem o dossel. Nesse caso, as espécies adaptadas à alta luminosidade tendem a ocorrer no início da sucessão (ou em clareiras de uma floresta madura), enquanto espécies adaptadas à intensidade luminosa baixa geralmente ocorrem em comunidades mais antigas. Em florestas temperadas do nordeste dos EUA, *Prunus pensylvanica* (cerejeira, Rosaceae), uma espécie que cresce melhor em condições de luminosidade elevada, ocorre no início da sucessão florestal. Por causa da necessidade de luminosidade elevada, suas plântulas não conseguem crescer sob seu próprio dossel. Em vista disso, os estandes dessa cerejeira são frequentemente colonizados por *Acer saccharum*, que pode crescer sob intensidades de luz muito menores. O crescimento sob essas condições é, na verdade, muito lento, e um juvenil do bordo sacarino nunca se torna uma árvore de crescimento pleno, caso cresça sempre à sombra de uma outra árvore. A estratégia do bordo sacarino é, mais exatamente, a de tolerância. Ele pode sobreviver, crescendo lentamente, sob condições de baixa luminosidade. Então, se uma árvore de dossel cair e criar uma abertura, um juvenil de bordo sacarino pode crescer rapidamente até preencher aquela clareira. Como o bordo sacarino já está em estágio juvenil, ele pode alcançar o dossel antes de quaisquer outras espécies arbóreas que germinem naquela clareira. Assim, a cerejeira inibe – diminui a velocidade – a colonização do bordo sacarino, enquanto este é capaz de colonizar devido à sua tolerância à baixa luminosidade.

Uma outra teoria aponta para um processo adicional importante na sucessão. Em 1954, Frank Egler descreveu dois cenários alternativos para sucessão (Figura 12.13). O primeiro, conhecido como **revezamento florístico**, foi amplamente uma visão clementsiana, em que comunidades integradas substituem umas às outras como em uma corrida de revezamento. Egler propôs um segundo cenário que considerou mais provável: a hipótese da **composição florística inicial**, a qual enfatizava o processo de colonização e as diferenças no ciclo de vida das espécies. Focalizando a sucessão em campos abandonados no leste dos EUA, Egler afirmou que todas as espécies alcançavam cedo um local no processo sucessional. Espécies sucessionais iniciais, como herbáceas anuais e perenes, dominavam o local porque cresciam rapidamente. As espécies arbóreas também chegavam cedo, mas não dominavam até muito mais tarde porque cresciam mais lentamente. Desse modo, na visão de Egler, uma sequência particular de sucessão é uma consequência direta da composição inicial de espécies da comunidade vegetal. Colocado de outro modo, essa teoria postulou que a sucessão é simplesmente um processo do desdobramento de diversas histórias de vida que se sucedem em taxas diferentes; as espécies nem facilitam nem inibem outras espécies. Nesse sentido, a teoria de Egler de composição florística inicial assemelha-se ao modelo de sucessão de tolerância de Connell e Slatyer.

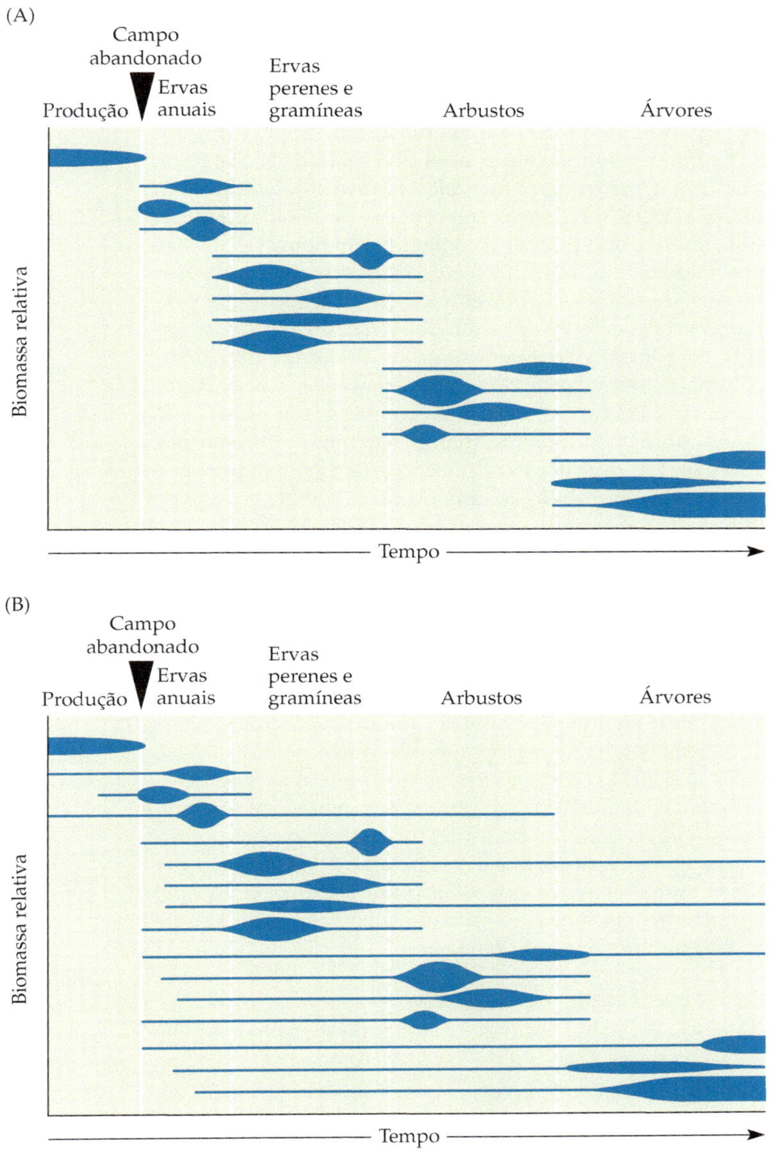

Figura 12.13 Teorias de sucessão de F. E. Egler (Egler, 1954), estilisticamente diagramadas para um campo abandonado hipotético na Carolina do Norte. Cada linha representa uma única espécie do tipo de vegetação indicado. Quanto mais espessa a linha, maior é a importância da espécie naquele dado período. (A) De acordo com o revezamento florístico, grupos de espécies substituem uns aos outros como os atletas em uma corrida de revezamento. (B) A modificação do revezamento florístico de Egler foi a teoria da composição florística inicial. Aqui, todas as espécies estão presentes no início da sucessão, o que é simplesmente um processo de desdobramento das suas diversas histórias de vida.

Diferenças na história de vida causam alterações na dominância em algumas comunidades. A *populus grandidentata* (álamo denteado) é uma espécie sucessional inicial encontrada em florestas montanas com solos pobres, na região dos Grandes Lagos norte-americanos (Figura 12.9). Ela é substituída por uma diversidade de espécies, incluindo *Quercus rubra* (carvalho vermelho). Esse padrão ocorre porque os álamos crescem muito rapidamente, o que significa que podem colonizar de maneira veloz, mas sua madeira não é muito forte, é suscetível a danos por ataques de fungos e por ventos fortes. Os indivíduos de álamo raras vezes vivem além de 60 ou 70 anos. Os carvalhos, ao contrário, crescem muito lentamente, produzindo uma madeira forte, densa, apreciada por construtores de móveis. Os carvalhos podem colonizar um estande de álamo muito rapidamente, mas eles não irão dominar por décadas. Em outros casos, porém, a dominância tardia é claramente o resultado de uma incapacidade da espécie de colonizar um local de sucessão inicial. Por exemplo, *Tilia americana* não pode colonizar dunas arenosas recentes. Ela necessita outras espécies para estabilizar as dunas e começar o processo de formação do solo.

Embora os modelos que descrevemos aqui sejam frequentemente apresentados como alternativos, na realidade, uma dada sequência sucessional pode envolver todos eles: facilitação, inibição, tolerância e composição florística inicial. Outros processos também podem exercer um papel. Todos esses modelos assumem que os processos primários que determinam a composição de comunidades vegetais são as histórias de vida de espécies individuais (ver Capítulo 8) e a competição (ver Capítulo 10). No entanto, sabemos que a herbivoria exerce um papel importante, embora ela não tenha sido bem estudada na sucessão (Horsley et al., 2003).

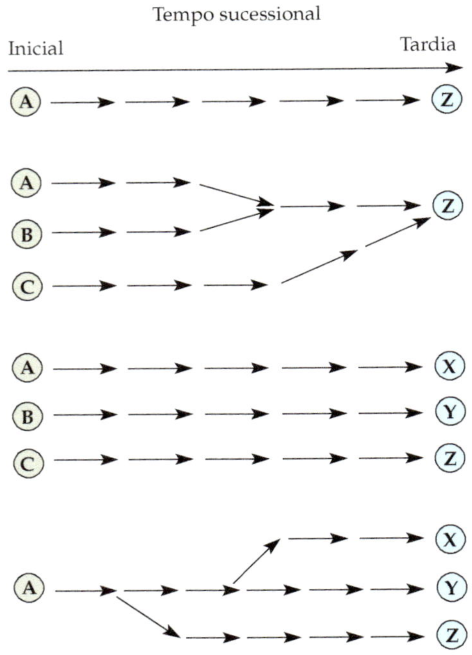

Figura 12.14 Trajetórias sucessionais previsíveis e imprevisíveis. (1) As ideias iniciais sobre sucessão consideravam todos os sítios em uma área como o começo de quase o mesmo ponto de partida e seguindo uma única trajetória previsível para o mesmo ponto final. (2) Pontos de partida diferentes podem, ainda, levar ao mesmo ponto final. Neste cenário, dominam os processos determinísticos, e o resultado é previsível. (3) Pontos de partida diferentes podem levar a diversos pontos finais imprevisíveis. (4) Mesmo pontos de partida semelhantes podem levar a diferentes e imprevisíveis pontos finais.

A previsibilidade da sucessão

Uma das contribuições mais importantes da teoria da composição florística inicial foi que ela chamou a atenção para os processos de colonização. Ao mesmo tempo em que as teorias pioneiras sobre sucessão viam a colonização como um processo importante, elas a consideravam como **determinístico** – um processo com um resultado fixo. A colonização, entretanto, é repleta de elementos aleatórios. Esses elementos incluem o tempo de chegada do propágulo, o número de propágulos que chegam em um sítio, se esses propágulos assentam em um **sítio seguro** (um local favorável para sua germinação e seu crescimento) e se as condições climáticas são favoráveis para seu estabelecimento quando eles chegam. Dois sítios idênticos podem experimentar sequências sucessionais diferentes devido a diferenças nesses eventos aleatórios. Portanto, a previsibilidade da sucessão é uma questão aberta. (Lembre-se de que o uso de cronossequências para estudar sucessão assume que esta é previsível e reproduzível.)

Uma maneira de considerar a previsibilidade da sucessão é dividindo-a em dois componentes: o ponto de partida da sucessão e o caminho (ou trajetória) que a sucessão segue até o seu ponto final (Figura 12.14). O ponto inicial engloba as condições físicas que sucedem uma perturbação e os propágulos que ou sobrevivem à perturbação ou chegam ao local. As primeiras ideias sobre sucessão viam todos os sítios em uma área como partindo aproximadamente do mesmo ponto inicial e, após, seguindo uma única trajetória para o mesmo ponto final. Entretanto, uma vez que reconhecemos a possibilidade de imprevisibilidade, três outros resultados são possíveis. As descrições a seguir assumem que as condições básicas (p. ex., clima, tipo de solo, inclinação, exposição) são similares entre os sítios.

Primeiro, os diferentes pontos de partida podem ainda conduzir ao mesmo ponto final. Embora as comunidades em sucessão inicial possam diferir consideravelmente em composição e a sequência sucessional exata possa diferir, todos os sítios em uma área podem, no final das contas, convergir para o mesmo tipo de comunidade. Nesse cenário, com o decorrer do tempo, os processos determinísticos dominam os aleatórios. Segundo, pontos de partida diferentes podem levar a diferentes pontos finais. Considerando pontos de partida diferentes, podem desenvolver-se sequências sucessionais diferentes. A hipótese de composição florística inicial se ajustaria a esse cenário. Aqui, os processos aleatórios dominam na composição de um estágio para uma determinada sequência sucessional, embora processos determinísticos assumam o controle daí em diante. Terceiro, mesmo pontos de partida similares podem conduzir a pontos finais diferentes. Nesse cenário, os processos aleatórios dominam todo o curso da sucessão.

Atualmente, dispomos de dados limitados para sugerir qual desses três cenários ocorre com mais frequência. A melhor evidência que temos está a favor dos dois primeiros cenários, sugerindo que os processos determinísticos dominam com o decorrer do tempo. Um estudo de comunidades de florestas pluviais tropicais na Bacia Amazônica do leste do Peru, por exemplo, constatou que, ao longo do tempo, a composição de espécies tendeu à convergência entre locais (Terborgh et al., 1996). De forma similar, no estudo de Oosting sobre sucessão em campos abandonados na Carolina do Norte, as áreas de idade similar tinham conjuntos muito semelhantes de espécies em sítios muito diferentes. Entretanto, outros fatores podem complicar a rota para convergência. Em um estudo de sucessão sobre lavas resultantes da erupção do Mount St. Helens, realizado 16 anos após a erupção, uma área que estava relativamente próxima a uma floresta intacta – uma fonte de muitos propágulos – mostrou evidências de convergência com a composição daquela floresta, enquanto uma área mais distante da floresta não o fez (del Moral, 1998). Portanto, as taxas de dispersão e as oportunidades afetam a trajetória sucessional. Nesse caso, porém, aceitando que o processo sucessional completo leva vários séculos, mesmo o sítio mais distante pode convergir, dado o tempo suficiente.

Evidências adicionais dos efeitos de longo prazo do ponto de partida são fornecidas examinando a sucessão sobre áreas previamente dominadas por atividades humanas. Histórias diferentes do uso da terra podem ter consequências de longo prazo para trajetórias sucessionais e levar a comunidades muito diferentes. Por exemplo, a sucessão florestal será diferente dependendo se a área em questão foi queimada ou cortada para madeira, ou usada como pastagem, ou arada para produção agrícola (Hall et al., 2002; Motzkin, 1996, 1999). Kerry Brown e Jessica Gurevitch (2004) verificaram que florestas derrubadas conduziam a perdas de longo prazo na diversidade de florestas tropicais, mesmo depois do restabelecimento florestal. Cortes repetitivos em florestas latifoliadas temperadas do nordeste dos EUA conduziram a um declínio no número de espécies devido a fatores como preempção do espaço por plantas invasoras, a limitação da dispersão de herbáceas e as mudanças permanentes para o solo (Bellamare et al., 2002).

Restauração de comunidades

A previsibilidade da sucessão é particularmente importante para ecólogos que tentam restaurar comunidades – por exemplo, restabelecer campos agrícolas em pradarias, ou locais de mineração a céu aberto em bosques. Considerando que a meta da restauração foi selecionada (por si só é um tópico complexo, mas que vai além do escopo deste livro), como os ecólogos procedem? Essa parece uma pergunta simples, e uma resposta igualmente simples seria plantar as espécies que dominariam a comunidade caso a meta fosse alcançada. No entanto, essa abordagem não é utilizada com frequência. Na maioria dos projetos de restauração, as espécies plantadas são aquelas que dominam em um estágio de sucessão inicial e, depois, aquelas do objetivo do projeto de restauração, pois as espécies sucessionais iniciais criam as condições ambientais necessárias para a persistência e o crescimento de espécies tardias. Como um exemplo simples, considere a restauração de uma área utilizada para mineração a céu aberto para uma floresta madura. Muitas das espécies arbóreas sucessionais tardias não se estabeleceriam em plena luz do sol, de modo que deve ser necessário primeiro plantar algumas espécies sucessionais iniciais. Claramente, o uso de processos de sucessão em esforços de restauração pode funcionar bem somente se a sucessão for razoavelmente previsível. A previsibilidade da sucessão em programas de restauração depende muito de dois fatores: condições favoráveis ao estabelecimento para o sucesso do objetivo (como sombra para espécies florestais) e garantia de uma fonte de propágulos das espécies desejáveis.

Quão importantes são as mudanças sucessionais para os solos no estabelecimento de condições favoráveis para o objetivo? Alguns casos são bem compreendidos. Nas pradarias de gramíneas altas na América do Norte, por exemplo, os solos nativos são relativamente pobres em nitrogênio, e muitas espécies vegetais da pradaria são adaptadas a eles (Morgan, 1997). Os sítios cultivados são fertilizados frequentemente (Wedin e Tilman, 1996; Baer et al., 2003), de modo que as plantas invasoras exóticas, adaptadas a teores elevados de nitrogênio, tendem a dominar as terras agrícolas abandonadas (Maron e Jeffries, 2001). Um método de restauração para mitigar os efeitos dos nutrientes adicionados ao solo é a "fertilização reversa" – adicionando ao solo grandes quantidades de material orgânico, que promovem a atividade microbiana e imobilizam grande parte do nitrogênio (Averett et al., 2002, 2004; Morgan, 1994; Baer et al., 2003). As plantas nativas de pradaria que crescem sob essas condições possuem concentrações mais baixas de nitrogênio nas folhas, o que, desse modo, reduz a taxa na qual o nitrogênio é ciclado através do solo (Wedin e Tilman, 1990; ver Capítulo 14).

Esses estudos sugerem que a história regional de uso da terra pode ter efeitos marcantes no processo de restauração. Jennifer Fraterrigo e coautores (2005) estudaram estandes de florestas nos Montes Apalaches, na Carolina do Norte, que foram usados para pastagem ou extração de madeira, mas que estão abandonados por mais de 60 anos, e os compararam a estandes de floresta madura. Eles constataram que a história de uso da terra teve efeitos fortes sobre a heterogeneidade espacial dos solos: pastagens antigas tiveram níveis similares de C, K e P, enquanto estandes de extração madeireira tiveram níveis de Ca aumentados e altamente variáveis. Essas mudanças na heterogeneidade espacial de nutrientes provavelmente têm efeitos marcantes nas comunidades resultantes, devido aos seus efeitos sobre as interações competitivas (ver Capítulos 10 e 16).

Como vimos, algumas mudanças sucessionais usadas em restauração envolvem manipulações das comunidades do solo – fungos, bactérias e microartrópodes. Um projeto de restauração, realizado por Roger Smith e colegas

(2003) em prados no Reino Unido, foi significantemente acelerado pelo plantio de leguminosas fixadoras de nitrogênio que promoveram o crescimento de fungos do solo. Julie Korb e coautores (2003) verificaram que a rarefação mecânica de estandes de *Pinus ponderosa* (pinheiro ponderosa, Pinaceae) no norte do Arizona, seguida por queimada, provocou aumentos substanciais na densidade de micorrizas arbusculares e acelerou o restabelecimento de gramíneas e ervas no sub-bosque florestal. Ainda há muito para ser aprendido sobre a restauração de comunidades do solo e suas interações com as comunidades de plantas acima do solo.

Nenhum programa de restauração pode recriar uma comunidade se não há fonte de sementes para algumas das espécies. A não ser que haja semeadura manual, as sementes precisam vir de remanescentes próximos das comunidades-alvo. Alguns princípios da teoria de biogeografia de ilhas (ver Capítulo 16) são proveitosos aqui: a colonização é mais provável a partir de remanescentes próximos ou de grandes Remnants. Se o estabelecimento e a persistência em um sítio dependem muito de quais indivíduos chegam primeiro (como no modelo de loteria; ver Capítulo 10), e as fontes de sementes são relativamente distantes ou pequenas, pode ser difícil prever o resultado da sucessão.

Sucessão primária

Há três razões principais pelas quais a sucessão primária pode ser bastante diferente de uma secundária. Primeiro, na sucessão primária, em geral, há pouco ou nenhum solo verdadeiro – o substrato não tem estrutura e nenhum componente orgânico substancial (Figura 12.15). A maioria das espécies é incapaz de persistir sob essas circunstâncias e pode colonizar o sítio apenas depois de um desenvolvimento substancial do solo. Portanto, uma questão-chave em vários cenários de sucessão primária é como as plantas colonizadoras iniciais afetam o desenvolvimento do solo. Uma segunda característica da sucessão primária é que, ao menos inicialmente, os propágulos (principalmente sementes e esporos) que chegam ao sítio têm pouca ou nenhuma interação com as populações residentes, pois estas inexistem no local. A competição inexiste ou tem pouca importância e a herbivoria pode ser drasticamente reduzida. Terceiro, dependendo da escala espacial da perturbação que inicia a sucessão, o ambiente físico (p. ex., temperatura à superfície do solo) pode ser muito mais variável e muito mais extremo na sucessão primária do que na secundária.

Provavelmente, o local melhor estudado de sucessão primária é na Geleira Bay, no Alaska (Cooper, 1923). William Cooper estabeleceu um estudo com parcelas permanentes em 1916, em áreas onde as geleiras tinham retraído há menos de 40 anos. Nesse sistema, o primeiro colonizador da superfície exposta geralmente é uma **crosta criptogâmica**, uma camada delgada de musgos, fungos, diversos organismos fotossintéticos unicelulares, líquens e bactérias fotossintéticas (cianobactérias). A crosta criptogâmica limita a erosão e ajuda a reter a umidade, as partes mortas da crosta fornecem a matéria orgânica inicial para a

Figura 12.15 Área de solo desnudo com rochas espalhadas, na base da Geleira Franz Josef, Nova Zelândia. Essa área ainda não foi colonizada por quaisquer plantas (fotografia cedida por L. Walker).

formação do solo, e as sementes dispersadas podem alojar-se em fissuras na crosta. O pequeno arbusto *Dryas drummondii* (Rosaceae) é tipicamente o próximo colonizador. Tal espécie apresenta simbiontes fixadores de nitrogênio em suas raízes e forma aglomerados densos de vegetação. Em algumas regiões da Geleira Bay, *Alnus sinuata* (almieiro, Betulaceae), uma outra planta com simbiontes fixadores de nitrogênio (ver Capítulo 4), também forma moitas densas. Não surpreende parecer que essas iniciais fixadoras de nitrogênio facilitam a colonização tardia de *Populus trichocarpa* (choupo-do-canadá) e *Picea sitchensis* (espruce Sitka, Pinaceae), as quais não fixam nitrogênio. O espruce tem muito mais sucesso como colonizador de moitas de almieiro do que de estágios sucessionais iniciais, sem dúvida em parte por causa do nitrogênio e da matéria orgânica presentes no solo e de fungos micorrízicos que os almieiros provêm. Alguns indivíduos de espruce são inibidos, enquanto outros são facilitados pela presença de crostas criptogâmicas, *D. drummondii* e almieiros, assim como por outros indivíduos de espruce (Chapin et al., 1994). Desse modo, tanto a facilitação quanto a inibição ocorrem nesse sistema. Locais diferentes na Geleira Bay seguem trajetórias sucessionais distintas; em especial, os almieiros não ocorrem em algumas áreas, principalmente devido à sua limitada capacidade de dispersão (Chapin et al., 1994).

A atividade vulcânica é importante em muitas partes do mundo, e fluxos de lava e depósitos de cinza criam substratos novos sobre os quais ocorre a sucessão primária. Embora as erupções vulcânicas possam ser perturbações massivas, é um engano pensar que elas sempre criam grandes áreas desprovidas de vida. Estudos de sucessão seguinte à erupção do Monte St. Helens mostraram que a maior parte do crescimento inicial e da propagação de populações vegetais foi dominada por "heranças biológicas" – raízes enterradas, pequenas áreas de plantas sobreviventes e sementes de declives próximos (Frenzen et al., 1986; Franklin, 1990; Halpern et al., 1990). Atualmente, esses focos de propagação de populações permanecem importantes na área. Ao redor do vulcão Kilauea no Havaí, correntes de lavas frequentemente resultam em pequenas ilhas de vegetação (*kipukas*), as quais são importantes fontes de propágulos para a colonização da lava (Figura 12.16).

O complexo vulcânico Krakatoa na Indonésia forneceu dados importantes sobre sucessão primária, por causa de seu tamanho e isolamento. Em 1883, o Krakatoa teve uma erupção tão violenta que a explosão foi ouvida a 3.500 km de distância. Após a erupção, apenas cerca de um terço da ilha original permaneceu acima do nível do mar, mas várias novas ilhas foram formadas a partir do material vulcânico ejetado. Sucessivas atividades vulcânicas foram acrescidas à área de terra. As primeiras descrições de Krakatoa relatam que a correnteza da erupção principal essencialmente "limpou" os seres vivos e que os colonizadores chegaram lentamente de fontes distantes. É impossível julgar se esse foi realmente o caso ou se os observadores não conseguiram ver as "heranças biológicas", as quais provaram ser importantes em estudos de outras regiões.

Figura 12.16 Campo de lava na ilha do Havaí, mostrando uma pteridófita jovem, *Cibotium glaucum* (hapu'u, Dicksoniaceae), que colonizou a superfície exposta. Esta espécie, comum sobre lavas relativamente recentes, é endêmica do Havaí (fotografia cedida por K. Whitley).

Pesquisas recentes no arquipélago Krakatoa, por Susanne Schmitt e Robert Whittaker (1996), sugerem que as limitações na dispersão podem ser bastante importantes. As espécies costeiras recolonizam as ilhas muito rapidamente, mas elas são dispersadas principalmente pela água. As espécies que crescem no continente colonizaram as ilhas muito mais lentamente. As dispersadas por vento, especialmente gramíneas, compostas e samambaias, predominaram entre os primeiros colonizadores continentais, criando campos. As plantas lenhosas começaram a colonizar as ilhas um tanto mais tarde; as florestas dominaram as ilhas na década de 1920. As trajetórias sucessionais foram similares entre as ilhas, mas também houve diferenças entre elas e entre sítios dentro delas. Essas diferenças parecem ocorrer devido a diferenças ao acaso na dispersão, bem como diferenças ambientais (Schmitt e Whittaker, 1996). A atividade vulcânica continuada, resultando no depósito pesado de cinzas sobre algumas ilhas, tem contribuído para aumentar as diferenças entre as ilhas ao longo do tempo.

Embora (por definição) a sucessão primária ocorra em áreas não-vegetadas, as distâncias de dispersão podem não ser suficientemente grandes para limitar a capacidade de espécies em particular colonizarem uma área perturbada. No Monte St. Helens e em Kilauea, remanescentes da vegetação anterior estavam espalhados por toda a área perturbada, onde serviram como fontes importantes de propágulos. A maior parte de outras sucessões primárias, como aquelas sobre novas praias e em bancos de areia em rios, ocorrem sobre áreas perturbadas menores, cujas distâncias de dispersão podem ser também menores.

Clímax revisitado

Antigamente, o conceito de clímax – a hipótese de um ponto final estático e determinístico para a sucessão – dominou o pensamento de ecólogos sobre sucessão. De acordo com essa ideia, uma vez alcançado o estado climácico, a comunidade pararia de mudar, a não ser que ocorresse uma perturbação que colocasse a comunidade de volta a um estágio seral anterior. Existem grandes dificuldades envolvidas nesse conceito, as quais têm se tornado incrivelmente aparentes com o passar dos anos.

A noção de um clímax sucessional foi delineada por Hult (1885) e desenvolvida ao longo de várias décadas seguintes (Clements, 1916). Um dos seus proponentes foi Frederick Clements. Suas ideias podem ter sido influenciadas pela filosofia grega clássica, uma parte fundamental da tradição intelectual do seu tempo, a qual enfatizava tipos idealizados na natureza. Os ecólogos da época viam o estado natural da comunidade como sendo imutável e a perturbação como um processo não-natural e externo. Contudo, como vimos neste capítulo, diversos tipos de perturbações são intrínsecas à maioria das comunidades.

À medida que em décadas recentes os ecólogos vegetais têm reconhecido esse fato, muitos têm questionado o conceito integral de clímax como o ponto final da sucessão.

O resultado é uma mudança conceitual, levando em consideração os padrões de estagnação e a mudança em diferentes escalas espaciais. Considere uma paisagem dotada de muitas comunidades diferentes, cada uma contendo muitas manchas diferentes. Uma única mancha pequena pode estar sempre em estado de fluxo conforme as populações mudam e uma espécie substitui outra (como no modelo de carrossel de van der Maarel; ver Capítulo 10). Nessa escala, as mudanças podem ser vistas como não-direcionais e sujeitas a fatores imprevisíveis, como clima e herbivoria. A comunidade como um todo, ao contrário, pode estar passando por um processo sucessional lento de gradual substituição de um conjunto de espécies por outro. Nessa escala maior, podem ainda ocorrer perturbações a aproximadamente cada século, revertendo o ciclo sucessional. Por fim, a paisagem inteira pode consistir em um mosaico de comunidades em diferentes estados ao longo do ciclo sucessional. Embora cada comunidade esteja mudando, a proporção da paisagem inteira em cada estágio sucessional permanece praticamente a mesma. Portanto, pode existir um equilíbrio dinâmico em escala da paisagem, embora nenhuma comunidade individual esteja em equilíbrio. No Capítulo 16, retornaremos a esse tema de hierarquias de escalas, quando discutirmos paisagens em detalhe.

Hoje em dia, os ecólogos vegetais reconhecem que a comunidade e as paisagens nunca atingem um estado constante e imutável. Em vez disso, as comunidades podem alcançar um equilíbrio dinâmico, se é que um equilíbrio é alcançado integralmente. As mudanças climáticas de longo prazo (ver Capítulo 20), a introdução ou a evolução de novas espécies, as transformações geomorfológicas, a formação de montanhas e os movimentos continentais indicam que o mundo está sempre em fluxo. Na melhor das hipóteses, essas mudanças ocorrem de modo suficientemente lento para que as comunidades e as paisagens estejam em quase-equilíbrio. Assim, a concepção de mudança ou de equilíbrio depende da escala considerada.

Neste capítulo e nos anteriores, dirigimos muitas questões sobre a natureza das comunidades. Começamos perguntando se as comunidades são entidades por si mesmas ou meras coleções de populações que casualmente coocorrem. Descrevemos muitas maneiras pelas quais as espécies interagem. Essas interações podem ser diretas ou indiretas, positivas ou negativas. Por exemplo, a competição por nutrientes comuns é uma interação direta e negativa. Ao contrário, a estabilização de uma duna de areia por *Elymus canadensis*, permitindo a colonização por outras espécies, é uma interação indireta e positiva. Essas interações ajudam a formar comunidades. A sucessão ocorre, em parte, por causa dessas interações. Portanto, uma comunidade é mais do que simplesmente a soma das suas espécies constituintes. A maneira como essas espécies interagem é também importante no estabelecimento da composição e da estrutura de comunidades.

Resumo

O processo de sucessão tem várias implicações para nossa compreensão sobre a natureza das comunidades. Todas as comunidades experimentam perturbações. Essas perturbações podem ser pequenas (um galho caindo de uma árvore, um texugo criando um monte) ou grandes (um fogo florestal, uma erupção vulcânica). Elas podem ocorrer a cada ano ou uma vez em um milênio. Podem também resultar de uma multiplicidade de fatores – fogo, vento, chuva, neve, animais, doenças. Após uma perturbação, novas espécies podem colonizar o local perturbado. Essas espécies, então, interagem umas com as outras, de modo que a comunidade muda ao longo do tempo, resultando no processo de sucessão. Uma diversidade de processos exerce papel na determinação de trajetórias sucessionais, incluindo: facilitação, inibição, tolerância e composição florística inicial. Em um determinado tipo de comunidade, a trajetória sucessional pode ser previsível e conduzir a um único ponto final. Caso as perturbações sejam relativamente raras, a comunidade pode alcançar um estado de equilíbrio dinâmico. Os primeiros ecólogos admitiam que um ponto final estático para a sucessão, chamado de clímax, era uma ocorrência comum em comunidades vegetais. Na atualidade, existem boas razões para pensar que mesmo um estado de equilíbrio dinâmico de longo prazo pode ser excepcional.

Questões para estudo

1. Descreva como a supressão do fogo poderia modificar a composição de uma comunidade.
2. Descreva a diferença entre sucessão e mudança devido à variação no clima ou na base geológica.
3. As ideias sobre perturbação e sucessão modificaram-se durante os últimos 100 anos. Quais são as implicações dessas diferentes ideias sobre como manejamos florestas? Quais efeitos essas diferentes estratégias de manejo podem ter sobre a diversidade de espécies?
4. As perturbações ocorrem em diferentes escalas espaciais. Como o tamanho de uma perturbação pode afetar a previsibilidade da sucessão?
5. Elabore um experimento que possa ser conduzido em uma comunidade florestal, em menos de 10 anos, e que pudesse testar diferentes causas de sucessão.

Leituras adicionais

Referências clássicas

Cowles, H. C. 1899. The ecological relations of the vegetation on the sand dunes of Lake Michigan. *Bot. Gaz. 27:* 95-117, 167-202,281-308,361-391.

Cooper, W. S. 1923. The recent ecological history of Glacier Bay, Alaska. II. The present vegetation cycle. *Ecology* 4: 223-246.

Oosting, H. J. 1942. An ecological analysis of the plant communities of Piedmont, North Carolina. *Am. Mide. Nat.* 28:1-126.

Fontes adicionais

Johnson, E. A. 1992. *Fire and Vegetation Dynamics.* Cambridge University Press, Cambridge.

Pickett, S. T. A. and P. S. E. White. 1985. *The Ecology of Natural Disturbance and Patch Dynamics.* Academic Press, Orlando, FL.

Pyne, S. J., P. L. Andrews and R. D. Laven. 1996. *Introduction to Wildland Fire.* 2nd ed. Wiley, New York.

CAPÍTULO 13

Abundância, Diversidade e Raridade Locais

Neste capítulo, enfocamos uma série de questões que despertam temas fundamentais em ecologia e têm implicações importantes para a ecologia aplicada e igualmente para a conservação: o que determina as abundâncias relativas de espécies em uma comunidade? As espécies abundantes são competitivamente superiores às menos comuns, ou elas são mais abundantes por outros motivos? Por que algumas espécies são raras, outras comuns e, ainda, outras invasoras? Nosso enfoque neste capítulo é principalmente em escala de comunidades. No Capítulo 19, retornaremos a alguns desses mesmos tópicos em escalas maiores.

As abundâncias de indivíduos dentro de espécies constituem apenas parte da história, entretanto G. Evelyn Hutchinson fez uma simples pergunta falaciosa no título do seu artigo de 1959, "Homenagem à Santa Rosália ou por que há tantos tipos de animais?" Os ecólogos ainda estão investigando as implicações dessa pergunta geral. O que determina o número de espécies que podem coexistir em uma comunidade? O número de espécies em uma comunidade pode ser determinado, em grande parte, por processos determinísticos, como competição, ou por processos ao acaso, como quais espécies são capazes de chegar na comunidade. Como as interações afetam a capacidade de uma nova espécie se tornar integrada à comunidade? Pode ser que fatores bióticos e abióticos tornem uma comunidade vegetal mais suscetível ou mais resistente à invasão de espécies exóticas.

Muitos esforços têm sido dedicados em saber como os processos que determinam abundâncias locais atuam em uma única comunidade. Mais recentemente, tem havido um crescente reconhecimento de que os processos regionais e de paisagem também podem ser importantes na determinação de números relativos de indivíduos por espécies, bem como o número de espécies nas comunidades. Neste Capítulo, examinamos a interação entre processos locais e regionais a partir de uma perspectiva local. No Capítulo 16, examinaremos os processos ao nível de paisagem que determinam a dinâmica de populações e distribuições de espécies; no Capítulo 19, consideraremos a abundância e a diversidade em escalas regional e global.

Dominância

Mesmo uma olhada superficial através de qualquer comunidade vegetal revelará que nem todas as espécies são igualmente abundantes. Tipicamente, ao menos em comunidades de clima temperado, a maioria dos indivíduos (ou biomassa) pertencerá a uma ou poucas espécies, enquanto muitas outras serão raras. As espécies mais conspícuas e abundantes (numericamente ou em termos de biomassa) em uma comunidade vegetal são chamadas **dominantes**. As dominantes são frequentemente usadas para caracterizar comunidades vegetais: um pântano de taboas, uma terra árida (*barren*) com pinheiros, uma floresta de carvalho-nogueira e uma "floresta" de saguaros são todas caracterizadas por suas espécies mais conspícuas ou abundantes.

As espécies dominantes são superiores competitivamente?

O termo "dominante" subentende superioridade competitiva. As espécies numericamente dominantes são também dominantes competitivamente? Embora os ecólogos em geral assumissem que esse era o caso, poucos testaram diretamente essa suposição. No Capítulo 10, já discutimos visões diferentes sobre a coerência das hierarquias competitivas. Aqui, examinamos o quanto a abundância numérica é determinada pela capacidade competitiva. Processos aleatórios, como quais espécies venham a ocupar um local primeiro, também podem contribuir para o padrão de abundância de espécies nesse local. Além disso, o padrão atual de abundâncias em uma comunidade pode ser temporário. Por exemplo, se em um local está ocorrendo sucessão após uma perturbação (ver Capítulo 12), uma espécie pode ser mais abundante que outra porque tende a dominar durante estágios iniciais da sucessão, mas pode ser substituída à medida que o tempo passa.

Timothy Howard e Deborah Goldberg (2001) usaram experimentos de campo e de jardim com herbáceas perenes, em um campo abandonado de Michigan, para testar se as hierarquias de capacidade competitiva estavam relacionadas às abundâncias das espécies observadas no campo. Eles verificaram que a capacidade competitiva no estágio de plântula e no crescimento inicial estava fortemente relacionada à abundância da espécie. Os efeitos de competidores adultos na germinação e no crescimento da plântula eram pequenos para a espécie mais abundante, *Poa compressa* (capim azul, Poaceae), e grande para a espécie menos abundante, *Achillea millefolium* (mil-em-rama, Asteraceae). Por outro lado, a capacidade competitiva ou a sobrevivência de plantas adultas tinham uma relação apenas limitada com a abundância da espécie. Outros pesquisadores, que examinaram os efeitos da capacidade competitiva em um único estágio do ciclo de vida (principalmente crescimento inicial da plântula), geralmente registravam relações positivas entre abundância e hierarquia competitiva.

Uma outra abordagem para saber se as dominantes numéricas são realmente do tipo competitivas é retirar a espécie dominante de uma comunidade e observar os efeitos na sua estrutura. Trabalhando em uma comunidade de um campo abandonado, Jessica Gurevitch (não publicado) constatou que a retirada da espécie dominante tinha efeitos diferentes, dependendo da espécie removida. A retirada de uma das dominantes, *Dactylis glomerata* (capim-dos-pomares, Poaceae), teve pouca influência em outras espécies, mas a remoção de uma outra, *Solidago rugosa* (vara-de-ouro de folha enrugada, Asteraceae), teve consequências drásticas. A retirada de *S. rugosa* de uma parcela resultou em um aumento na riqueza de espécies, ao permitir a persistência de algumas que teriam desaparecido no processo de sucessão no campo abandonado e ao propiciar o aumento da abundância de outras, superior ao que teriam em parcelas sem remoção. Esse achado subentende que a vara-de-ouro não era apenas numericamente dominante, mas também superior quanto à competitividade.

Outros pesquisadores também relataram respostas de comunidades à retirada de espécies dominantes. Por exemplo, Pua Kutiel e colaboradores (2000) constataram que a remoção de arbustos dominantes em dunas costeiras em Israel provocou um aumento da abundância de espécies anuais e, por isso, maior diversidade. David Wardle e colaboradores (1999) retiraram *Lolium perenne* (azevém, Poaceae), uma gramínea C_3, de um campo da Nova Zelândia, o que resultou em uma diversidade maior de espécies. A remoção de gramíneas C_4 não teve o mesmo efeito, supostamente porque nenhuma outra espécie na comunidade tinha uma fenologia semelhante à das gramíneas C_4.

Curvas de abundância

Uma maneira de descrever hierarquias de abundâncias relativas é o uso de **curvas de abundância** (Figura 13.1; também conhecidas como curvas de dominância-diversidade). As curvas de abundância proporcionam uma alternativa aos índices de diversidade (ver Capítulo 9) para expressar o número e as abundâncias relativas de espécies em uma comunidade (ou amostra, ou estande). Por serem representações gráficas, em vez de considerar tudo em um único número, elas evitam algumas das limitações dos índices de diversidade. As curvas de abundância podem fornecer um excelente contraste gráfico entre diferentes tipos de estruturas de comunidades – uma curva representando uma comunidade com um grau alto de dominância de uma única espécie e baixa riqueza de espécies terá um formato muito diferente daquela representando uma comunidade altamente diversa e sem forte dominância, com muitas espécies comuns e com um alto número total de espécies. Contudo, essas curvas são mais úteis para propósitos descritivos do que para comparações quantitativas.

Durante as décadas de 1960 e 1970, sugeriu-se que as curvas de abundância poderiam servir como indicadoras dos processos responsáveis pela estrutura da comunidade, mas tal esforço mostrou-se frustrante. Robert MacArthur (1960) propôs que a forma de uma curva fosse criada pela maneira em que as espécies dividiam a energia disponível em um sistema. Segundo a hipótese, cada espécie monopolizava uma fração aleatória daquela energia. Essa teoria é conhecida como o modelo vara-quebrada (*broken-stick*), porque o padrão resultante é o que seria obtido se alguém pegasse uma vara (representando a energia disponível) e a quebrasse em pedaços ao acaso (Figura 13.1, curva A).

Outros pesquisadores demonstraram, no entanto, que se poderia obter um padrão idêntico por meio de um processo estritamente determinístico. Dependendo das hipóteses usadas, podem ser geradas curvas de qualquer formato, mas tais suposições são difíceis de verificar. Assuma, por exemplo, que a espécie mais dominante pode se antecipar na obtenção de 50% da energia disponível no sistema, que a próxima espécie mais dominante pode se antecipar na obtenção de 50% da energia que sobra, e assim por diante. Esse processo determinístico produziria uma série geométrica (Figura 13.1, curva B). Por outro lado, se a dominância fosse determinada por muitos fatores independentes que afetassem espécies diferentes de maneiras diferentes, a curva seria log-normal (Figura 13.1, curva C).

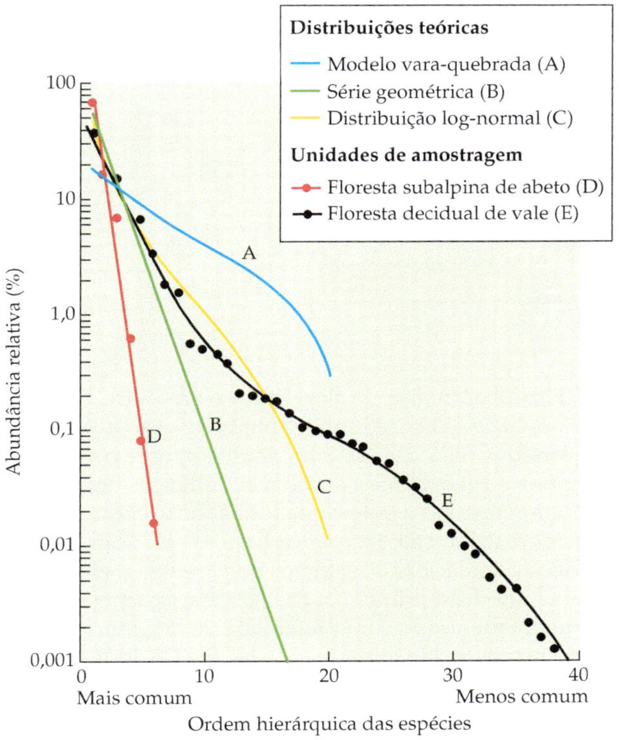

Figura 13.1 Exemplos de ambas as curvas de abundância, teórica e empírica. O eixo vertical é a abundância relativa de uma espécie – isto é, a porcentagem da comunidade que ela representa. Além do número de indivíduos, a abundância relativa poderia ser medida em termos de biomassa, cobertura, frequência ou uma combinação de medidas. Como muitas vezes é o caso, o eixo vertical é mostrado em uma escala logarítmica. O eixo horizontal ordena as espécies da comunidade em ordem hierárquica, da mais à menos comum. A mais comum tem posição 1 (lado esquerdo), a próxima espécie mais comum tem posição 2, e assim por diante. As curvas A-C representam três distribuições teóricas. As curvas D e E representam dois conjuntos de dados empíricos de comunidades de plantas vasculares nas *Great Smoky Mountains* do Tennessee: florestas subalpinas de abeto e florestas deciduais de vale (segundo Whittaker, 1975).

O problema em decidir entre essas alternativas (divisão aleatória, antecipação ou muitos fatores independentes) é que todos os três modelos (vara-quebrada, geométrico e log-normal) poderiam ser ajustados a qualquer conjunto de dados. Portanto, não é possível decidir qual processo é responsável por um determinado padrão de dominância pelo exame da forma da curva de abundância para uma dada comunidade. Em vez disso, os ecólogos direcionaram sua atenção para a solução de processos causadores dos padrões de dominância em comunidades diferentes.

Ocorrências rara e comum

As espécies diferem imensamente, não apenas quanto à sua abundância em qualquer lugar, mas também no número de lugares onde elas são encontradas. Algumas espécies têm uma distribuição geográfica ampla, enquanto outras são **endêmicas** (encontradas somente em um lugar). Todas as espécies são raras logo que evoluem; algumas se tornam comuns, enquanto outras permanecem raras. Uma compreensão da raridade e dos processos responsáveis por isso é essencial para a preservação de espécies em perigo e ameaçadas – as quais são definidas como raras, embora não necessariamente o sejam. Nem todas as espécies raras estão em perigo. Uma espécie pode ser rara e listada como em perigo em um Estado dos EUA, sendo comum em outro Estado. Nos EUA e em muitos outros países, a oficialização de uma espécie na lista como em perigo desencadeia muitas leis e regras referentes a como a espécie e seu hábitat devem ser protegidos. Portanto, o tópico sobre raridade é provido de consequências legais, políticas e econômicas.

Natureza da raridade

Embora uma espécie vegetal possa ser rara, comum ou invasora, essas categorias não são necessariamente características fixas dela. Um exemplo notável é o *Pinus radiata* (pinheiro Monterey, Pinaceae) (Lavery e Mead, 1998). Esse pinheiro, anteriormente uma espécie endêmica rara limitada a uma faixa estreita da costa da Califórnia, escapou das plantações de florestas industriais do hemisfério sul para tornar-se a principal praga invasora em muitos países. Em seu hábitat nativo, as árvores não têm propriedades desejáveis para exploração madeireira e não são cultivadas para fins comerciais. Muito do seu hábitat natural foi eliminado pelo homem e pelas populações remanescentes, que, embora protegidas, estão sofrendo um declínio devido a um fungo patogênico (cancro resinoso, *Fusarium subglutinans* f. sp. *Pini*) introduzido na Califórnia pelo sudeste dos EUA. Em plantações do hemisfério sul, contudo, os indivíduos do pinheiro Monterey crescem rapidamente, transformando-se em árvores grandes e retilíneas. O Chile, a África do Sul, a Nova Zelândia e a Austrália possuem as principais populações naturalizadas dessa espécie. Nesses países, suas distribuições geográficas e seus tamanhos populacionais excedem enormemente àqueles verificados em seu hábitat nativo. Depois de examinarmos alguns aspectos ecológicos das ocorrências rara e comum, retornaremos aos fatores que podem tornar uma espécie invasora.

Deborah Rabinowitz (1981) identificou três aspectos diferentes das distribuições de espécies: amplitude geográfica (grande ou limitada), especificidade de hábitat (amplo ou restrito) e abundância local (grande em certo lugar ou pequena em qualquer lugar; Tabela 13.1). Esses três aspectos resultam em oito combinações possíveis de características, sendo que uma determinada espécie poderia exibir qualquer uma dessas combinações. Somente uma das oito possíveis combinações – grande amplitude geográfica, ampla especificidade de hábitat e grande abundância local em certo lugar – é classificada como ocorrência comum. Cada uma das outras sete constitui alguma forma de raridade.

As ocorrências rara e comum são o resultado de processos que operam nas escalas local, regional e, em alguns casos, global. Diferenças locais nas abundâncias das es-

TABELA 13.1 Um esquema para descrever oito categorias de ocorrências comum e rara com base em três atributos

Amplitude geográfica		**Grande**		**Limitada**	
Especificidade de hábitat		**Amplo**	**Restrito**	**Amplo**	**Restrito**
Abundância local	**Grande em certo lugar**	Comum	Previsível (especialistas de hábitats)	Improvável	Endêmica
	Pequena em qualquer lugar	Esparso		Improvável	Rara em todas as contagens

Fonte: Rabinowitz, 1981.

pécies podem ou não ser refletidas em escalas maiores, e esses padrões podem mudar ao longo do tempo. Plantas que antes eram comuns podem diminuir em número, enquanto espécies raras podem, com o tempo, tornar-se comuns ou até dominantes, especialmente em ambientes novos ou modificados. Padrões locais e regionais podem ser independentes ou relacionados de muitas maneiras. Ao acaso, uma espécie pode ser introduzida em um novo local ao qual ela está bem adaptada e tornar-se altamente abundante, como ocorreu com o pinheiro Monterey. A partir daí, ela pode se expandir e tornar abundante em qualquer lugar, em uma região ampla. Nesse caso, eventos em uma escala local se propagaram para uma escala regional. Inversamente, processos em uma escala regional (como fluxo gênico entre locais; ver Capítulo 6) podem resultar em uma espécie adaptada a condições variáveis ao longo de uma ampla faixa geográfica. Um nível médio elevado de adaptação, juntamente com processos de metapopulação (ver Capítulo 16), pode resultar em espécies com abundâncias elevadas em todos os seus locais de ocorrência. Nesse sentido, os processos em escala regional podem determinar padrões em escala local.

Padrões de ocorrências rara e comum

Embora todas as possíveis combinações de padrões locais e regionais de ocorrência comum e raridade sejam concebíveis, quais realmente são encontradas na natureza? Com frequência, há uma relação positiva entre abundância e amplitude geográfica (Figura 13.2): espécies com tamanhos populacionais grandes tendem a ser expandidas, enquanto as com amplitudes geográficas pequenas tendem a ter tamanhos populacionais pequenos.

De maneira semelhante, espécies que podem viver em uma ampla variedade de tipos de hábitats tendem a ter distribuições geográficas amplas, porque em qualquer área é provável a ocorrência de algum hábitat conveniente. Embora essas relações sejam típicas, existem exceções. Algumas espécies são especialistas de hábitats e têm distribuições geográficas restritas, ainda que dominem nas comunidades em que são encontradas. Um exemplo é a menta, *Mentha cervina* (Lamiaceae), uma especialista das terras úmidas das montanhas do leste do Mediterrâneo. Apesar de ser encontrada em uma amplitude muito limitada na Espanha central, ela ocorre em densidades altas.

Em uma análise da flora nativa britânica, Deborah Rabinowitz e colaboradores (Rabinowitz et al., 1986) constataram que 36% das espécies eram comuns, com ampla distribuição geográfica e elevada abundância local. Quase 60% eram restritas a determinados hábitats, enquanto 15% tinham distribuição geográfica limitada e 7% tinham tamanhos populacionais máximos pequenos (Tabela 13.2A). Esse estudo foi o primeiro a analisar esses padrões e é frequentemente usado como referência para generalizações sobre raridade. No entanto, outros pesquisadores observaram que esses padrões variam, dependendo de como se olha para a flora. Um estudo de José Rey Benayas e colaboradores considerou todo o conjunto de espécies de plantas vasculares em um tipo de hábitat especializado – campos úmidos nas montanhas da Espanha central (Tabela 13.2B). Nesse estudo, a categoria mais frequente foi a de espécies com distribuições geográficas limitadas, especificidades restritas de hábitats e abundâncias locais pequenas. Em um outro estudo, Nigel Pitman e colaboradores (Pitman et al., 1999) examinaram três espécies em uma floresta pluvial tropical altamente diversificada no Parque Nacional Manú e na região do entorno, no leste do Peru (Tabela 13.2C). A maioria das espécies de árvores nesse estudo era localmente comum em, no mínimo, uma unidade de amostragem, sendo encontrada em uma ampla gama de hábitats (menos de 25% eram especialistas de hábitats); todas tinham distribuições geográficas amplas. Esse estudo contrasta fortemente com o de Rabinowitz e colaboradores sobre a flora Britânica, no qual muito mais espécies eram especialistas de hábitats (Ricklefs, 2000). Esses resultados podem ter implicações importantes para a conservação da biodiversidade tropical, porque, se a maioria das espécies é amplamente distribuída, seria mais fácil encontrar lugares para preservá-las.

Também podemos examinar a raridade a partir de uma perspectiva taxonômica. Um estudo de Mark Schwartz e Daniel Simberloff (2001) sobre raridade em plantas vasculares dos EUA e do Canadá verificou que grupos taxonômicos (gêneros, famílias, ordens e classes) com muitas espécies também tenderiam a apresentar números de espécies raras mais elevados do que a média, enquanto grupos menores teriam menos espécies raras do que o esperado. Esse padrão seria esperado se grupos grandes produzissem com mais probabilidade novas espécies por especiação alopátrica (ver Capítulo 6), na qual, em

(A)

(B)

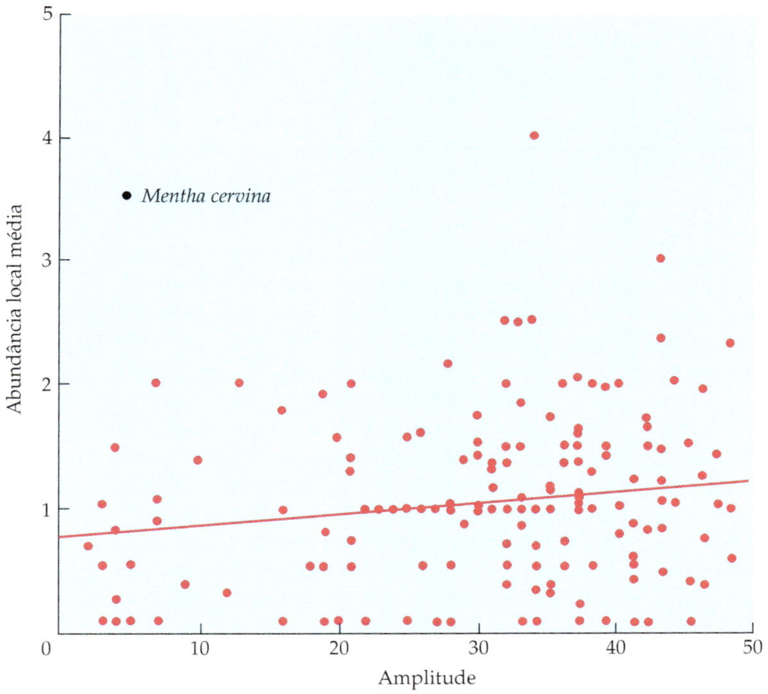

Figura 13.2 (A) Um campo nas montanhas da Espanha dominado por ciperáceas. A água superficial subterrânea torna esse campo substancialmente mais úmido do que a área do entorno, que é um bosque dominado por carvalhos perenifólios e gramíneas anuais (fotografia cedida por M. C. Sánchez-Colomer). (B) Correlação entre abundância local média e amplitude geográfica de plantas vasculares de campos úmidos montanos na Espanha ($r_S = 0{,}17$, $P < 0{,}01$). *Mentha cervina* é uma exceção à tendência geral de espécies com maior amplitude geográfica também terem abundância mais alta (dados de Rey Benayas et al., 1999).

média, as espécies novas seriam isoladas, teriam pequenas amplitudes de distribuição e também maior probabilidade de ser raras. Inversamente, grupos com taxas de extinção altas podem perder primeiramente suas espécies raras, de modo que grupos pequenos seriam mantidos apenas com espécies comuns.

Causas da raridade e da ocorrência comum

Por que uma determinada espécie é comum ou rara? Os padrões descritos anteriormente sugerem que a especialização ecológica pode ser uma causa importante da raridade. As espécies que são especialistas ecológicas tendem a ter abundâncias baixas e amplitudes geográficas pequenas. Essa observação levanta outra questão: por que existem especialistas ecológicas e generalistas ecológicas? A explicação tradicional é que existem *trade-offs* que resultam em ocorrência comum ou rara. De acordo com essa teoria, ao especializar-se, uma espécie pode explorar melhor um determinado nicho. A teoria prevê que a abundância local deveria ser negativamente correlacionada com o número de hábitats ocupados, porque uma especialista deveria ser bem-sucedida onde fosse encontrada, mas seria encontrada em apenas poucos lugares. No entanto, essa previsão é contrária ao que é tipicamente observado (ver Figura 13.2).

A teoria do "controle ambiental" ou "organismo superior" foi proposta e posteriormente elaborada por James Brown (1984, 1995) para explicar diferenças entre espécies em termos de abundância. Brown iniciou com a premissa de que as espécies variam em sua capacidade de explorar o ambiente. Tal premissa é construída sobre o conceito de nicho multidimensional de Hutchinson (1957). Um **nicho** é um conjunto de todas as condições e recursos que determinam a capacidade dos indivíduos de uma espécie de sobreviverem e se reproduzirem. Um **nicho fundamental** é um conjunto de condições e recursos que uma espécie poderia usar na ausência de competidores (ou, por extensão, predadores, patógenos e parasitos).

Brown assumiu que, para algumas espécies, os nichos fundamentais eram amplos, enquanto para outras, limitados. Ele propôs que o centro da amplitude geográfica de uma espécie é o lugar onde ela pode explorar a maior gama de combinações de recursos e, por isso, o número mais amplo de hábitats. Nessa região, ela deveria ocorrer com uma abundância alta. À medida que aumenta a distância a partir desse centro, as condições que favorecem a espécie tornam-se menos comuns, porque, segundo seu ponto de vista, as condições ambientais estão se deteriorando (uma vez que as variáveis ambientais tendem a ser

TABELA 13.2 Porcentagem de espécies que se enquadram em cada uma das oito categorias de ocorrências comuns e raras em três estudos

(A) Plantas vasculares das Ilhas Britânicas (*n* = 160)

Amplitude geográfica	Grande		Limitada	
Especificidade de hábitat	Amplo	Restrito	Amplo	Restrito
Abundância local grande	36	44	4	9
Abundância local pequena	1	4	0	2

(B) Plantas vasculares de campos úmidos montanos na Espanha (*n* = 220)

Amplitude geográfica	Grande		Limitada	
Especificidade de hábitat	Amplo	Restrito	Amplo	Restrito
Abundância local grande	14	7	12	13
Abundância local pequena	2	10	2	39

(C) Árvores de uma floresta pluvial tropical no Parque Nacional Manú, Peru (*n* = 381)

Amplitude geográfica	Grande		Limitada	
Especificidade de hábitat	Amplo	Restrito	Amplo	Restrito
Abundância local grande	68	19	0	0
Abundância local pequena	7	6	0	0

Fontes: (A) Rabinowitz et al., 1986; (B) Rey Benayas et al., 1999; (C) Pitman et al., 1999.

correlacionadas umas com as outras). Por isso, a especificidade de hábitat local da espécie diminui e sua abundância também. Por fim, o limite da sua amplitude geográfica é alcançado. Aquelas espécies que começam com um nicho amplo terão uma amplitude geográfica grande, enquanto as que começam com nichos limitados – isto é, com tolerâncias ambientais restritas – serão raras e terão uma amplitude geográfica pequena. Essa teoria apresenta semelhanças com a teoria centrífuga de organização das comunidades (ver Capítulo 10).

O maior problema com a teoria de Brown é que ela não leva em conta a persistência de atores inferiores. De acordo com a teoria, os atores superiores deveriam simplesmente sobrepujar os inferiores, substituindo-os. Muito provavelmente, ambos os mecanismos (a existência de *trade-offs* e das adaptações superiores de algumas espécies) desempenham um papel na determinação dos padrões de ocorrências comum e rara.

A evidência relacionada à teoria de Brown é confusa. Uma análise da abundância e a ocorrência de espécies vegetais em 74 locais ao longo do globo encontrou suporte para a teoria (Scheiner e Rey Benayas, 1994). Duas previsões da teoria foram confirmadas: primeiro, havia uma correlação positiva entre o número de manchas ocupadas por uma espécie e sua abundância local; segundo, a classe mais frequente em alguma determinada paisagem era aquela encontrada somente em um único local, especialmente em áreas de latitudes média e baixa.

Mark Burgman (1989), ao contrário, em um teste usando a flora da vegetação de *mallee*, do oeste da Austrália, não confirmou as principais previsões da teoria de Brown. Essa região tem um clima mediterrâneo e suas condições de solo são altamente variáveis. A vegetação da região é caracterizada por alta riqueza de espécies, com muitas espécies endêmicas, e é dominada por arbustos baixos e herbáceas perenes. A análise de Burgman refutou fortemente a teoria de "controle ambiental", de Brown. Ele não encontrou apoio para a hipótese de que espécies raras possuem nichos fundamentais menores do que as abundantes e amplamente distribuídas. No estudo de Burgman, as abundâncias baixas das plantas raras não eram causadas por tolerâncias ambientais limitadas, nem as abundâncias altas das plantas comuns eram atribuíveis a amplas tolerâncias ambientais. Burgman explicou assim esses resultados: mesmo que uma espécie possa tolerar uma ampla gama de condições ambientais, se essas combinações de condições e recursos forem encontradas apenas em áreas geográficas limitadas ou manchas, tal espécie será igualmente limitada.

A falha na teoria de Brown, portanto, seria a suposição de que a amplitude de variação das condições ambientais está positivamente relacionada à extensão geográfica da amplitude. Imagine, por exemplo, que uma espécie de planta possa tolerar uma ampla gama de texturas de solo, desde arenosos até margosos, mas que no ambiente em que é encontrada não existam solos arenosos, e sim algumas manchas com solos margosos e grandes áreas com solos argilo-margosos e argilosos. Então, mesmo que pudesse se desenvolver bem em muitos tipos de solos diferentes, naquele ambiente ela seria restrita a um pequeno número de manchas e, portanto, rara. As espécies raras, no estudo de Burgman, assim pareciam, porque, embora pudessem tolerar uma ampla gama de condições ambientais, seriam encontradas em poucos locais. Ao contrário, as condições toleradas pelas espécies comuns e amplamente distribuídas seriam encontradas em muitos lugares do oeste da Austrália.

Kevin Gaston (1994) e William Kunin (1997) listaram muitas hipóteses propostas para explicar o que a torna rara. Eles sugeriram que as explicações para suas causas imediatas enquadram-se em três categorias: especialização ecológica, carência de dispersão e acidente histórico. Embora várias tentativas tenham sido feitas para explicar por que as espécies tornam-se ecologicamente especializadas (Rosenzweig e Lomolino, 1997; ver também outros capítulos em Kunin e Gaston, 1997), as causas não são bem entendidas e é limitada a evidência que conecta a especialização com a raridade.

Nas floras da Grã-Bretanha e de Creta, Colleen Kelly (1996; Kelly e Woodward, 1996) pesquisou correlações ecológicas entre ocorrência comum e raridade. Ela perguntou se existem atributos especiais que permitem as grandes amplitudes geográficas. Ela observou muitos atributos, incluindo forma de crescimento, síndrome de polinização e mecanismo de dispersão. Somente a forma de crescimento (árvores eram mais comuns do que arbustos) e a síndrome de dispersão (plantas anemocóricas eram mais comuns do que plantas zoocóricas) explicaram a amplitude geográfica.

Espécies invasoras e a suscetibilidade das comunidades à invasão

Os ecólogos e ambientalistas ficaram alarmados com a tremenda propagação de espécies invasoras nas últimas poucas décadas, porque sua expansão é frequentemente associada à substituição de espécies nativas. Em muitos casos, as invasoras alteraram drasticamente os padrões de comunidades e de ecossistemas. Muitas definições para **espécie invasora** têm sido propostas, mas o termo geralmente se refere àquelas que se expandem rapidamente para fora do seu âmbito nativo. As invasoras podem ser nativas em uma região geral, mas na maioria das vezes são **exóticas** que estão longe dos seus hábitats nativos, muitas procedentes de outros continentes. Na maioria dos casos, elas não foram dispersas de forma natural, mas trazidas por pessoas, proposital ou inadvertidamente, para um novo hábitat. Uma grande proporção das plantas que se tornaram seriamente invasoras foi introduzida de forma deliberada, plantadas e cultivadas por pessoas (Figura 13.3). Entre 2.000 e 3.000 espécies de plantas exóticas foram introduzidas nos EUA, a maioria nos últimos 100 anos. As invasões afetam as comunidades vegetais de duas maneiras: pelos efeitos da expansão de plantas não-nativas sobre espécies nativas, comunidades e ecossistemas, e pelos efeitos de insetos herbívoros e patógenos invasores sobre as

(A) (B)

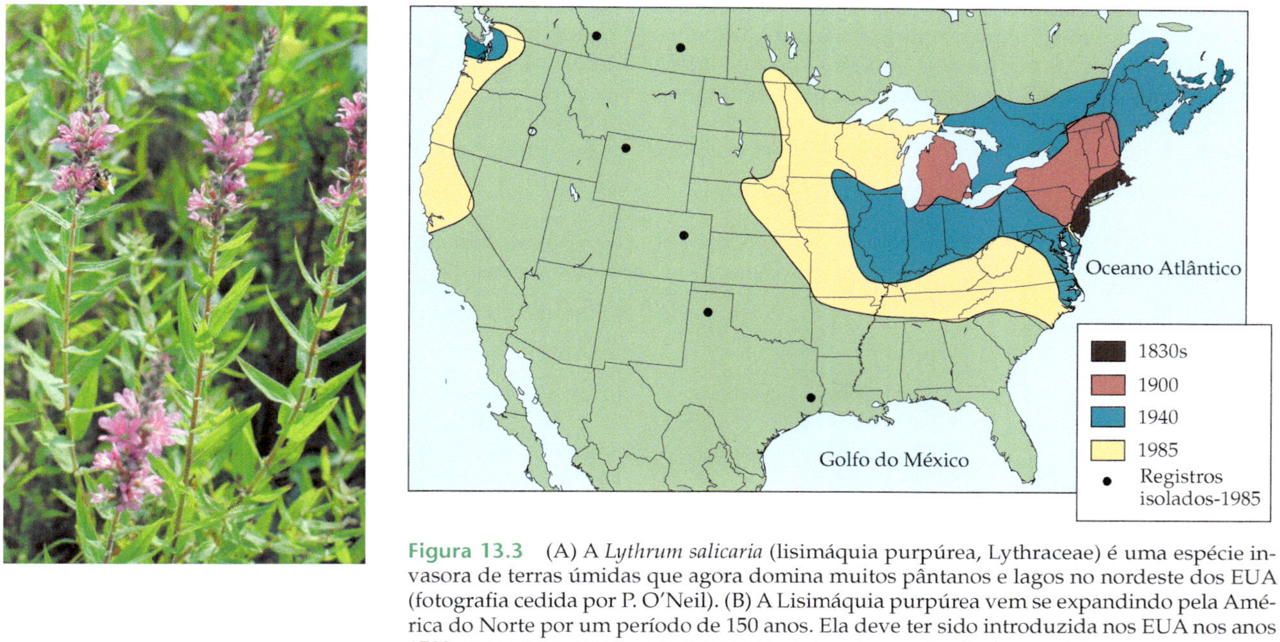

Figura 13.3 (A) A *Lythrum salicaria* (lisimáquia purpúrea, Lythraceae) é uma espécie invasora de terras úmidas que agora domina muitos pântanos e lagos no nordeste dos EUA (fotografia cedida por P. O'Neil). (B) A Lisimáquia purpúrea vem se expandindo pela América do Norte por um período de 150 anos. Ela deve ter sido introduzida nos EUA nos anos 1700, mas não começou a se propagar no primeiro meio século seguinte ou mais (segundo Thompson et al., 1987).

nativas (ver Capítulo 11). Os ecólogos estão preocupados com muitas questões relacionadas à invasão. Nesta seção, investigamos o que converte determinadas espécies em invasoras bem-sucedidas e quais fatores tornam uma comunidade suscetível ou resistente à invasão por espécies exóticas. No Capítulo 21, retornaremos aos efeitos ecológicos das espécies invasoras.

O caráter invasor está relacionado, mas não é exatamente igual ao caráter **daninho** ou **ruderal**. As ervas daninhas são geralmente definidas como espécies não-cultivadas, que se proliferam em ambientes agrícolas, interferindo na produção da lavoura, embora o termo tenha sido usado ocasionalmente em um contexto mais amplo. Tais ervas com frequencia são espécies exóticas, mas às vezes podem ser nativas que prosperam em condições de alta disponibilidade de nutrientes, luz e perturbação frequente do solo, aspectos típicos de campos cultivados. As espécies ruderais possuem atributos que permitem seu sucesso em hábitats temporários, incluindo campos cultivados e beiras de estrada, bem como em áreas sujeitas a perturbações frequentes, como deslizamentos de terra ou enchentes repentinas. A palavra "ruderal" deriva de "rude", no sentido de "selvagem" ou "grosseiro." Embora "daninha" e "ruderal" sejam com frequencia usadas como sinônimos, a primeira é tipicamente usada na agricultura e a última, em ecologia.

Por que algumas espécies tornam-se invasoras?

Por muitos anos, os ecólogos têm se empenhado em prever quais plantas poderiam se tornar invasoras. Charles Elton (1958) e Herbert Baker e Ledyard Stebbins (1965) abordaram essa questão há quatro décadas, tabulando as características e os atributos de espécies conhecidas como invasoras bem-sucedidas. Porém, a tentativa de prever o caráter invasor tem sido um exercício frustrante. Diferentes plantas invasoras possuem estratégias contrastantes; por exemplo, uma pode ter uma alta produção de sementes, enquanto a outra investe na propagação extensiva de rizomas. A maioria dos dados que tratam dessa questão se refere a observações qualitativas de organismos não-relacionados; tais observações são difíceis de comparar ou sintetizar por meio dos estudos. Além disso, dados de invasões frustradas são, naturalmente, indisponíveis, deixando-nos com apenas a metade da informação.

Mais recentemente, no entanto, tem havido progresso em compreender o que determinaria que algumas espécies vegetais se tornassem invasoras bem-sucedidas. Marcel Rejmánek e David Richardson (1996) quantificaram os atributos de 24 espécies de um mesmo gênero – os pinheiros –, 12 que são altamente invasoras e 12 que têm sido amplamente cultivadas no mundo todo, mas nunca se tornam invasoras. Como os pinheiros são estreitamente aparentados entre si e ecológica e fisiologicamente semelhantes em muitos aspectos, essa foi uma poderosa abordagem para isolar aquelas características que poderiam estar intimamente relacionadas ao caráter invasor. Os pesquisadores analisaram dez atributos da história de vida e identificaram três que estavam mais relacionados ao caráter invasor: a reprodução em idades mais jovens, as sementes menores e as grandes produções de sementes em intervalos mais curtos. Após, Rejmánek e Richardson aplicaram essa informação em 34 outras espécies de pinheiros que não estavam no conjunto de dados original, mas cujo *status* invasor era conhecido, e previram com precisão quais daquelas espécies seriam invasoras. Eles também ofereceram uma tentativa de conjunto de regras para prever o caráter invasor de plantas lenhosas (Tabela 13.3). Mack e colaboradores (2000) discutiram mais amplamente as tentativas (frequentemente inadequadas) dos ecólogos em prever o caráter invasor.

Por inúmeras razões, as plantas invasoras podem ter a capacidade de crescer rapidamente em um novo ambiente. Podem, ainda, escapar de herbívoros e patógenos que as controlam em seus ambientes naturais (ver Capítulos 5 e 11). As perturbações causadas pelo homem podem reduzir a competição com outras plantas, alterando a disponibilidade de recursos (p. ex., aumentando a luz e os nutrientes do solo) e permitindo o estabelecimento

TABELA 13.3 Regras incertas para prever quais sementes de espécies vegetais lenhosas provavelmente se tornem invasoras

		Oportunidades para dispersão por vertebrados	
Z*	**Tipo**	**Ausente**	**Presente**
> 0	Frutos secos e massa das sementes > 2 mg	Provável invasora	Muito provavelmente invasora
	Frutos secos e massa das sementes < 2 mg	Invasora provável em hábitats úmidos	
	Frutos carnosos	Invasora improvável	Muito provavelmente invasora
< 0	Todos	Não-invasora, a não ser que dispersada pela água	Possivelmente invasora

Fonte: Rejmánek e Richardson, 1996.

*$Z = 19{,}77 - 0{,}15 - 3{,}14 - 1{,}21S$, onde M = média da massa da semente (mg), J = período juvenil mínimo (anos), e S = intervalo mínimo entre grandes plantações (anos). Z é, portanto, uma função que integra muitos atributos de história de vida.

e a multiplicação das invasoras. "Nichos vazios" podem existir em comunidades novas, nos quais uma invasora pode ser capaz de se proliferar. Um arbusto invasor, por exemplo, pode ser bem-sucedido em uma floresta que não tem arbustos nativos. Por fim, as invasoras podem alterar as características do ecossistema, através de estratégias que favoreçam o seu próprio aumento subsequente (ver Capítulo 21).

Mark Williamson e Alastair Fitter (1996) propuseram a "regra dos dez" em uma tentativa de fazer (e explicar) generalizações estatísticas sobre o sucesso de invasoras. A regra dos dez estabelece que 1 em cada 10 espécies de plantas e animais trazidas para uma região escapará para aparecer em regiões selvagens; 1 em cada 10 dessas espécies que escapam se tornará naturalizada como uma população autosustentável sem cultivo, e, das espécies naturalizadas, 1 em cada 10 se tornará invasora. Regras desse tipo são atraentes, mas precisamos saber por que (e o quanto) elas se sustentam e quando ocorre sua insuficiência. Muitas invasões parecem seguir a regra dos dez, mas há exceções expressivas, sugerindo que ela deveria ser aplicada com cautela.

O processo pelo qual uma espécie faz a transição, da sua primeira introdução até o *status* de invasora, consiste de muitas fases (Mack et al., 2000). Muitas espécies invasoras possuem uma longa **fase de atraso** (***lag phase***, Figura 13.4) durante a qual suas quantidades são baixas e elas são praticamente imperceptíveis. Essa fase de atraso pode ser breve ou durar bem mais do que um século. Como a maioria das espécies introduzidas desaparece durante essa fase de atraso (ver a regra dos dez citada anteriormente), é difícil dizer, durante esse período, quais espécies introduzidas estão fadadas à extinção e ao *status* de invasora.

As populações de invasoras bem-sucedidas aumentam durante a fase de atraso, embora suas quantidades totais ainda sejam baixas. Muitas espécies vegetais invasoras são introduzidas não uma, mas inúmeras vezes e em inúmeros locais durante a fase de atraso. Em algum momento, contudo, a população começa a crescer rapidamente em quantidade e área ocupada; nesse ponto, as espécies se tornam invasoras. No final, a invasora alcança novos limites geográficos e ecológicos nos quais sua população se estabiliza.

O que torna uma comunidade suscetível à invasão?

Várias previsões têm sido feitas com relação aos fatores que tornam as comunidades vulneráveis à invasão. Alguns tipos de comunidades parecem ser altamente suscetíveis à invasão por espécies exóticas, enquanto outras parecem ter maior capacidade de resistir à invasão. No seu estudo clássico de revisão de invasões por plantas e animais, Elton (1958) sugeriu que as invasoras se estabeleceriam com maior probabilidade em comunidades perturbadas e pobres de espécies.

Embora a maioria dos ecólogos continue a acreditar que a perturbação é um fator crítico na promoção de invasões, existem evidências conflitantes sobre seu papel, e seus efeitos podem diferir entre as comunidades (Lodge, 1993). Em uma comunidade de campo nativo no Kansas, por exemplo, Melinda Smith e Alan Knapp (1999) mostraram que o aumento de perturbação (queimada anual) diminuiu fortemente a invasão por espécies exóticas.

Além disso, a perturbação claramente abrange mais do que um único fator; ela pode refletir mudanças em fatores tão diversos quanto microclimas da superfície do solo, relações predador-presa, disponibilidade de recursos e interações competitivas (Orians, 1986). Os dados rigorosos, apropriados para testar a importância da perturbação ou dos seus variados efeitos, continuam muito limitados (Lodge, 1993; Rejmánek, 1989). Ao examinar o papel da perturbação na promoção ou na inibição da invasão, a elucidação dos

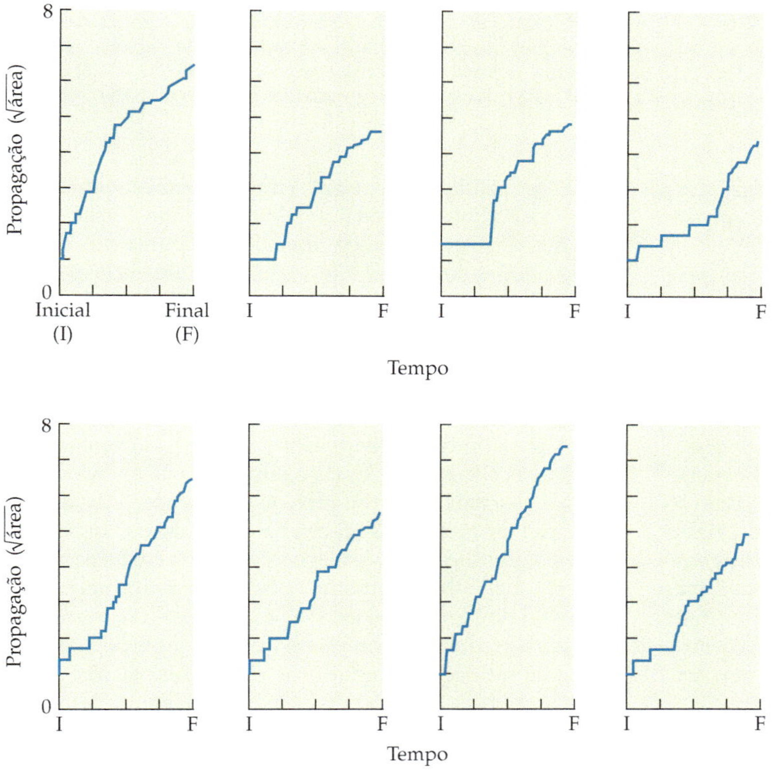

Figura 13.4 Alguns resultados de um modelo espacialmente explícito de simulação da propagação de uma espécie invasora em um novo ambiente. Nesse modelo, em cerca de metade do tempo, a taxa de propagação é inicialmente baixa e depois se torna mais rápida à medida que a espécie invasora começa a ocupar o novo hábitat mais plenamente. Esse padrão corresponde à fase de atraso vista em muitas invasões de plantas reais documentadas, na qual a taxa de propagação primeiramente é imperceptível, às vezes durante décadas ou centenas de anos, mas que, em algum momento, se torna muito rápida (resultados do modelo obtidos de Hastings, 1996).

efeitos de fatores específicos (como perturbação do solo, desmatamento ou fogo) é uma abordagem muito mais satisfatória do que agregar aqueles fatores em uma categoria geral.

Da mesma maneira, a afirmação de que as comunidades pobres de espécies são realmente mais vulneráveis à invasão é limitada e contraditória. Jonathan Levine e Carla D'Antonio (1999) avaliaram dados e teorias sobre a diversidade de espécies nativas como um fator em invasões biológicas. Eles verificaram que, enquanto as teorias clássica e recente previam que comunidades mais diversas seriam mais resistentes à invasão (p. ex., Elton, 1958; Tilman, 1999), os dados de estudos experimentais e descritivos eram ambíguos. Alguns estudos corroboraram essa relação prevista e outros a refutaram.

Dois estudos em campo mostraram relações negativas entre vulnerabilidade à invasão e diversidade de espécies e de grupos funcionais (Tilman et al., 1997; Symstad, 2000). Outros estudos recentes, contudo, mostraram o padrão oposto. Thomas Stohlgren e colaboradores (1999) estudaram a relação entre riqueza de espécies vegetais e invasões nas Montanhas Rochosas do Colorado e na Grande Planície Central do oeste da América do Norte, através de uma ampla faixa de tipos de comunidades vegetais (incluindo florestas, pastagens e campos) em uma gama de escalas espaciais. Eles concluíram que espécies exóticas invadiam primeiramente áreas com alta riqueza de espécies (Figura 13.5). Em uma amostragem em 184 locais distribuídos globalmente, Mark Lonsdale (1999) também encontrou uma relação positiva (em escala de paisagem) entre grau de invasão e riqueza de espécies nativas.

A mesma relação positiva entre riqueza de espécies nativas e invasão por exóticas é observada em sistemas diversos, como os *fynbos* da África do Sul (Higgins et al., 1999), as florestas montanas de faia da Nova Zelândia (Wiser et al., 1998), os campos das Grandes Planícies (Smith e Knapp, 1999) e as florestas no sul do Estado de Nova York (Howard et al., 2004). Em uma revisão global sobre invasões de plantas, Levine (2000) afirma que, em geral, as comunidades de plantas mais diversas são as mais prováveis de serem invadidas.

A variação na disponibilidade de recursos foi proposta como uma causa subjacente na associação positiva entre diversidade de espécies nativas e invasoras. Tal fator pode ser especialmente importante em sistemas com solos de baixa quantidade de nutrientes, como os de depósitos glaciais fluviais (p. ex., Long Island e Nova York) e solos muito antigos (p. ex., Austrália). Um estudo de comunidades florestais em Long Island demonstrou que as características do solo são críticas para a facilitação ou inibição da invasão por espécies exóticas (Howard et al., 2004). Havia uma forte relação positiva entre os níveis de nitrogênio e cálcio e invasões de plantas, e uma relação fraca, mas também positiva, entre níveis de fósforo e invasões. Esse estudo também constatou uma forte relação positiva entre diversidade de espécies nativas em florestas e o grau com que tais eram invadidas por espécies exóticas.

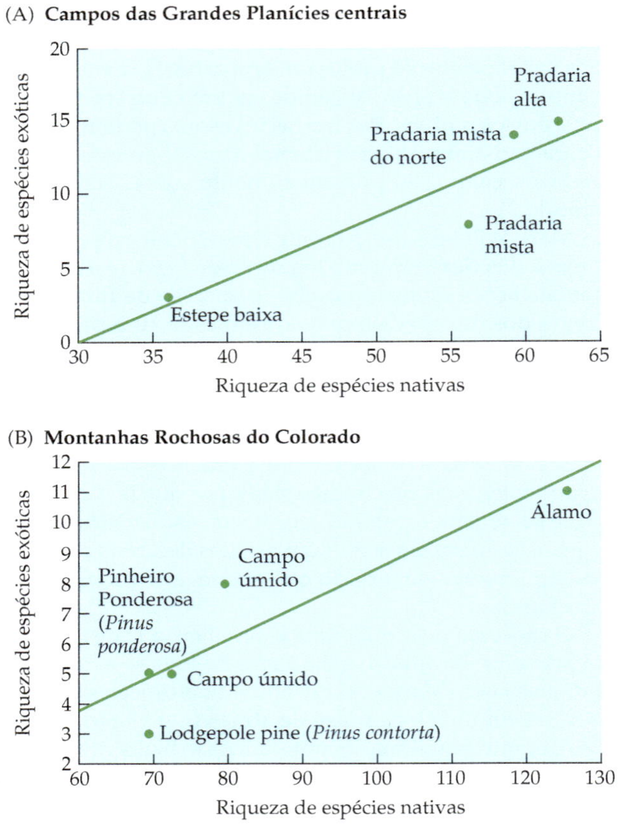

Figura 13.5 A relação entre riqueza de espécies nativas e riqueza de espécies exóticas nos campos das Grandes Planícies centrais (A) e nas Montanhas Rochosas do Colorado (B) da América do Norte. Os resultados são baseados em listas de espécies de parcelas de 1.000 metros quadrados em cada tipo de vegetação (Resultados das regressões lineares: campos: $r^2 = 0{,}85$, $P = 0{,}078$; Rochosas, $r^2 = 0{,}81$, $P = 0{,}038$.) (segundo Stohlgren et al., 1999).

Esses resultados repetem o trabalho experimental pioneiro de Richard Hobbs (1989) na Austrália, o qual mostrou que a perturbação sozinha não torna uma comunidade de plantas suscetível à invasão, mas que ela, associada à adição de nutrientes no solo, muito facilitava a invasão. Claramente, são necessárias mais informações, antes de podermos, em definitivo, responder o motivo pelo qual as comunidades vegetais diferem tanto nas suas probabilidades de se tornarem invadidas por espécies exóticas.

A possibilidade de invasão também pode estar relacionada a outros aspectos da composição da comunidade, como a ausência de herbívoros ou patógenos, os quais podem exercer profundos efeitos na estrutura da comunidade (ver Capítulo 11). As espécies invasoras com frequencia crescem mais vigorosamente após serem introduzidas em um novo ambiente (Baker, 1965). Uma explicação comum que emerge desse fenômeno é que inimigos naturais (p. ex., competidores, predadores e patógenos) que estão presentes em um ambiente nativo inexistem no ambiente novo (Lawton e Brown, 1986; Keane e Crawley, 2002; Mitchell e Power, 2003; Colautti et al., 2004). Lorne Wolfe (2002) testou essa ideia medindo a herbivoria e o ataque por fungos em *Silene latifolia* (candelária, Caryophyllaceae), em seu ambiente natural na Europa e na América do Norte. Ele encontrou uma diminuição drástica nas populações da América do Norte (Figura 13.6). Além disso, tais populações evoluíram de tal maneira que investiram menos em atributos defensivos, como tricomas. Em vez disso, elas cresceram mais rápido e produziram mais flores (Blair e Wolfe, 2004).

A eliminação dos efeitos de inimigos pode interagir com a disponibilidade local de recursos na determinação da possibilidade de invasão (Blumenthal, 2005). A razão pela qual esses dois fatores podem interagir é que as espécies que vivem em hábitats de alta disponibilidade de recursos tendem a ser altamente suscetíveis a inimigos (ver Capítulo 11). Essas espécies possuem tecidos com conteúdos altos de nutrientes, muito atrativos aos herbívoros. Ao mesmo tempo, elas tendem a crescer rápido e a investir pouco em defesas. Em seu ambiente natural, essas espécies são controladas pelos herbívoros. Em seu ambiente introduzido, no entanto, seu estilo de vida com crescimento rápido as torna altamente invasoras.

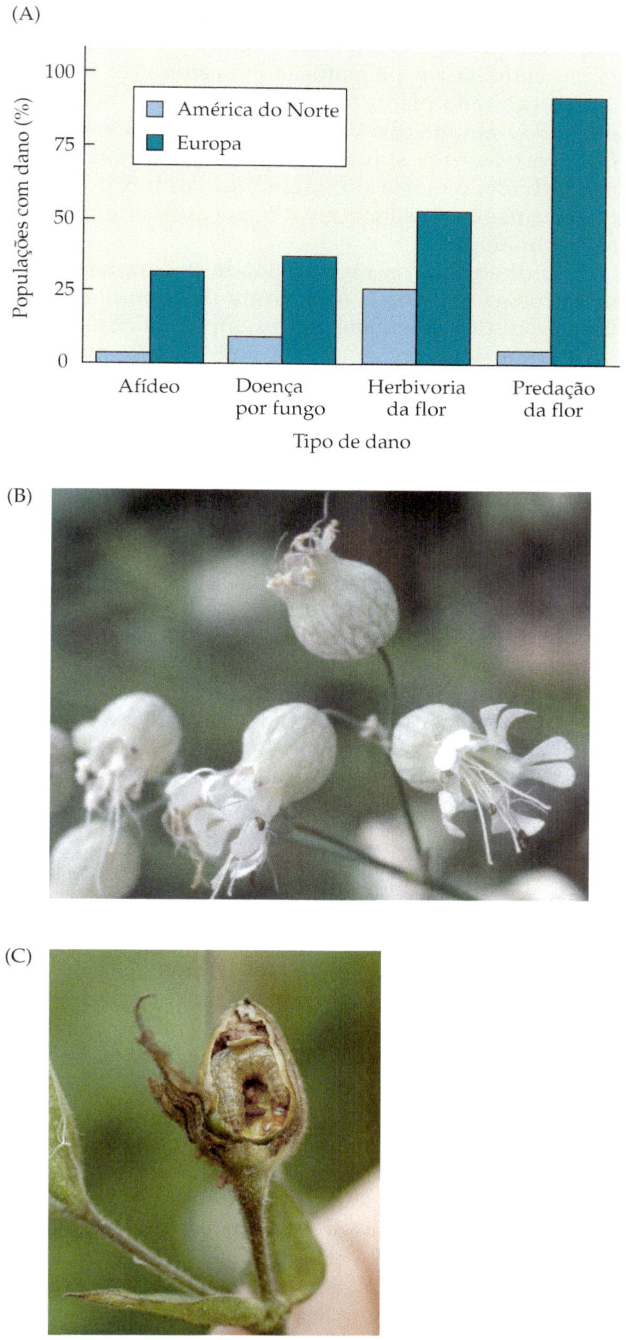

Figura 13.6 (A) Porcentagem de populações encontradas com afídeos que se alimentam de floema, com infecções pela ferrugem de antera *Microbotryum violaceum*, com herbivoria em partes de flores, ou com predação em frutos ou sementes em 50 populações europeias e 36 norte-americanas de *Silene latifolia*. Em todos os casos, o ataque do inimigo foi substancialmente menor nas populações da América do Norte ($P < 0,01$) (segundo Wolfe, 2002). (B) Flores de *S. latifolia* (fotografia de S. Scheiner). (C) Cápsula de *S. latifolia* parcialmente consumida por uma larva da mariposa *Hadena bicruris* (fotografia cedida por L. Wolfe).

Abundância e estrutura da comunidade

Como elucidado há pouco, as espécies podem ser raras ou comuns em uma comunidade; podem ser dominantes por muito ou pouco tempo, ou estar invadindo a comunidade. Se mudarmos o foco de espécies individuais para toda a comunidade de plantas, reconhecemos que as comunidades diferem muito no número de espécies presentes e no grau de dominância de cada uma. Em outras palavras, existem grandes diferenças de riqueza e diversidade entre comunidades. A biomassa total difere bastante entre comunidades, assim como a **produtividade** – a taxa de fluxo de energia através de um nível trófico. Quais são algumas das causas desses contrastes entre comunidades? Variações nesses diferentes aspectos têm relação de causalidade?

Várias hipóteses têm sido propostas para explicar as relações observadas entre abundâncias relativas das espécies e produtividade e diversidade das comunidades, e discutimos brevemente algumas dessas hipóteses aqui. Nos Capítulos 10, 11 e 12, examinamos algumas das causas da diversidade de espécies. As hipóteses explicando diferenças na diversidade local em escalas local e regional foram revisadas por Rosenzweig (1992), Huston (1994), Ricklefs e Schluter (1993) e Tilman (1982). Na Parte V, examinamos os padrões e as possíveis explicações para as diferenças na diversidade de espécies em escalas espaciais maiores.

Produtividade e diversidade

A produtividade pode afetar a estrutura da comunidade de várias maneiras. Se as taxas de herbivoria e decomposição diferem pouco entre as comunidades, a que contar com uma produtividade maior terá uma biomassa total ou **colheita em pé** maior (a biomassa viva total em uma área): cada planta será maior, ou mais abundante, ou ambos. Na maioria dos ecossistemas terrestres, essa forte correlação positiva entre produção permanente e produtividade marca o estágio para muitos processos importantes que resultam em diferenças estruturais entre as comunidades.

As diferenças na produtividade podem ter efeitos drásticos na fisionomia e estrutura da comunidade. Se uma produtividade maior, por exemplo, dá origem a indivíduos maiores, a comunidade pode ter árvores em vez de arbustos, ou arbustos em vez de herbáceas perenes. Examinaremos essas diferenças detalhadamente quando estudarmos os padrões globais de vegetação nos Capítulos 17 e 18. De maneira mais sutil, níveis maiores de produtividade podem levar a indivíduos maiores e mais vigorosos dentro de uma espécie, ou a uma mudança em uma determinada espécie com uma dada forma de crescimento que ocupa um local (p. ex., uma árvore grande como *Pinus strobus* (pinheiro-branco-do-leste), ao invés de uma pequena como *P. banksiana* (*jack pine*) ou até a substituição de espécies de pinheiros por angiospermas lenhosas).

As diferenças na produtividade também podem resultar em diferenças no número e na diversidade de espécies em uma comunidade. Por muitos anos, a natureza e as causas da relação entre produtividade e diversidade de espécies foram discutidas por ecólogos (posteriormente, neste capítulo, veremos o caso inverso do efeito do aumento da diversidade na produtividade). A natureza e o formato da relação entre produtividade e diversidade nas comunidades vegetais depende da escala espacial. Aqui, focalizamos a natureza dessa relação em escalas locais e regionais. No Capítulo 10, vimos como a competição afeta esta relação; enquanto no Capítulo 19 examinaremos os padrões observados em escalas espaciais maiores.

Frank Preston (1962a,b) argumentou que, quando a área total (ou, por extensão, seus recursos) disponível para sustentar espécies em uma dada região é pequena, o número de indivíduos da espécie mais rara será muito baixo, a fim de manter a existência dessa espécie nessa região. Portanto, à medida que a área disponível (ou recursos) aumenta, o número de espécies também aumentará.

David Wright e colaboradores (revisado por Wright et al., 1993) estenderam a teoria de Preston, para prever explicitamente que um aumento na produtividade deveria provocar um aumento na diversidade de espécies. Eles começaram sua argumentação assumindo que a produtividade maior reflete uma quantidade maior de energia disponível ao sistema, resultando em um número maior de indivíduos em um local. Se um local pode sustentar mais indivíduos, então mais espécies podem ter o número mínimo de indivíduos necessário para evitar sua extinção. Wright e colaboradores admitiram, contudo, que o formato da relação entre produtividade e diversidade poderia ser unimodal (uma curva de forma convexa), ou mesmo negativo, sob certas circunstâncias ou em escalas menores.

Se o aumento da produtividade resultasse em indivíduos maiores, por exemplo, em vez de um maior número de indivíduos, poderia não haver mudança no número de espécies, ou ele poderia até diminuir se os indivíduos maiores se adensassem sobre os menores. Tais declínios no número de indivíduos e na riqueza de espécies são tipicamente vistos após fertilização em campos abandonados e outras comunidades herbáceas (Figura 13.7).

Muitos autores afirmaram que, em escalas local e regional, geralmente existe uma relação unimodal, ou

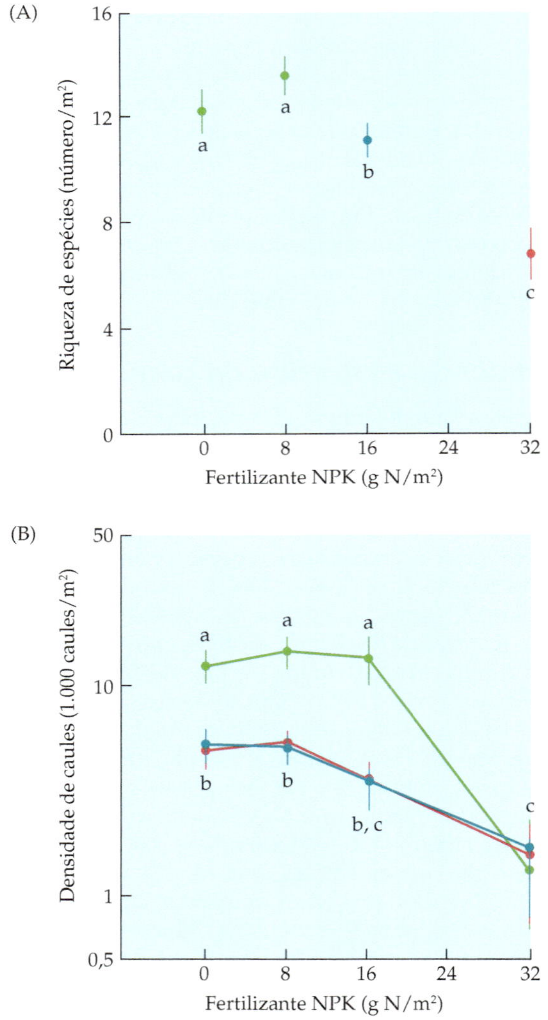

Figura 13.7 Resultados da fertilização experimental de 72 unidades de amostragem, em um campo abandonado no noroeste da Pensilvânia. Em maio e junho foi aplicado um fertilizante (NPK), com liberação lenta, e toda a biomassa acima do solo foi coletada e medida em setembro. (A) A riqueza de espécies decaiu cerca de 50% no nível mais alto do tratamento de fertilização. (B) A densidade de caules decaiu quase 80%, com o maior declínio no bloco experimental de densidade mais alta no nível mais baixo do tratamento de fertilização. Médias (as barras indicam ± erro padrão) com letras diferentes são significativamente diferentes ($P < 0,05$) (segundo Stevens e Carson, 1999).

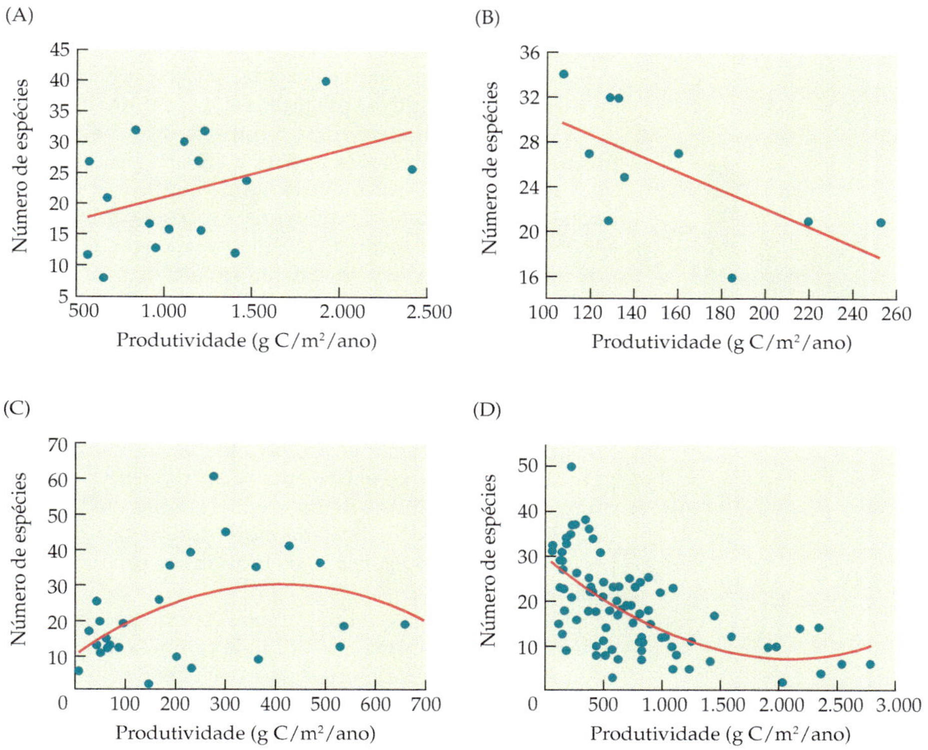

Figura 13.8 A relação entre produtividade e riqueza de espécies pode ter formas diferentes em comunidades distintas. Todas as relações são estatisticamente significativas. (A) Produtividade anual de biomassa acima do solo *versus* número total de espécies de árvores, arbustos e ervas em uma floresta decidual nas Montanhas Great Smoky (dados de Whittaker, 1966). (B) Produtividade anual de biomassa acima do solo *versus* número total de espécies herbáceas em um campo no oeste de Dakota do Norte (dados de Redmann, 1975). (C) Colheita em pé *versus* número total de espécies do estrato inferior em campos e florestas deciduais na Estônia (dados de Zobel e Liira, 1997). (D) Colheita em pé *versus* o número total de espécies herbáceas em um pântano no Reino Unido (dados de Wheeler e Shaw, 1991).

de forma convexa, entre produtividade e diversidade (p. ex., Grime, 1973; Whittaker e Niering, 1975; Huston, 1979; Tilman, 1982; Rosenzweig, 1992; Huston e DeAngelis, 1994). Isso significa que a diversidade fica elevada à medida que a produtividade aumenta acima de um máximo de produtividade intermediária, mas logo decresce com posterior aumento em produtividade. Utilizando escalas espaciais pequenas em comunidades herbáceas, James Grace (1999) revisou a evidência dessa relação e concluiu que os dados eram consistentes com tal padrão unimodal.

Gary Mittelbach e colaboradores (2001) conduziram uma ampla revisão da literatura sobre a relação entre produtividade e diversidade. Eles concluíram que enquanto os padrões unimodais são constatados em cerca de 40% das vezes, existem também muitos exemplos de padrões positivos, negativos e até em forma de U (Figura 13.8). Eles enfatizaram que a forma da curva da relação modifica-se em função da escala. Os padrões unimodais, por exemplo, são mais comuns em estudos que relacionam comunidades do que naqueles que consideram uma única comunidade (Figura 13.9). Quase todos os estudos da relação entre produtividade e diversidade foram desenvolvidos em uma única escala e quase nenhuma teoria incorpora explicitamente a escala. O tópico de escala e a relação produtividade-diversidade serão explorados no Capítulo 19.

Michael Rosenzweig (1971) chamou o padrão de declínio da diversidade sob alta produtividade de "paradoxo do enriquecimento". Esse padrão foi encontrado em muitos táxons diferentes, e não somente em plantas terrestres. Os ecólogos enfocaram esse paradoxo experimentalmente, através da fertilização das unidades de amostragem. Todos esses experimentos (revisados por Grime, 1973; Huston, 1979; Tilman, 1982) foram realizados em comunidades de plantas herbáceas, porque essas comunidades têm maior probabilidade de responder ao tratamento em um ano ou dois. Na maioria dos casos, uma diminuição da diversidade é verificada após a fertilização. No entanto, tal declínio ocorre mesmo quando locais de produtividade muito baixa são elevados a valores intermediários (Gough et al., 2000). Pode ser que tais declínios rápidos na diversidade deveram-se a mudanças na dominância competitiva entre as espécies (ver Capítulo 10), enquanto um aumento na diversidade requer a migração de novas espécies para a unidade de amostragem, um processo que demanda um tempo maior.

Muitas explicações têm sido sugeridas para os aumentos em diversidade observados à medida que aumenta a produtividade, de níveis muito baixos até moderados. Como mencionado anteriormente, uma das explicações é que mais energia ou recursos podem sustentar mais indivíduos, levando a um número maior de espécies (Wright et al., 1993). Uma outra é que pouquíssimas espécies estão adaptadas para sobreviverem às condições difíceis subjacentes da baixa produtividade da comunidade (como baixas temperaturas, baixa disponibilidade de água, solos inférteis, ou estações de crescimento curtas; Grime, 1973). De acordo com essa hipótese, à medida que as condições tornam-se mais favoráveis e a produtividade aumenta,

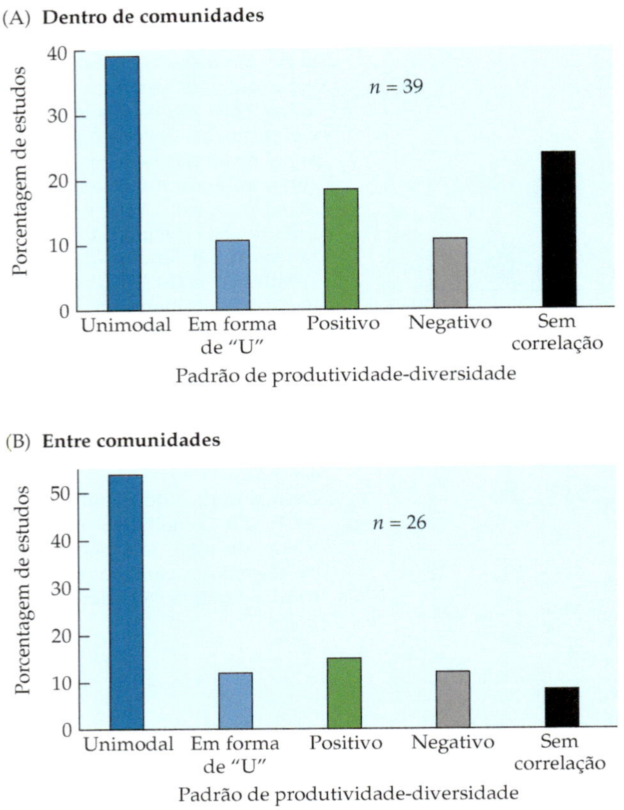

Figura 13.9 Porcentagens de estudos mostrando várias relações entre produtividade e riqueza de espécies vegetais em duas escalas ecológicas: (A) dentro de comunidades e (B) entre comunidades (dados de Mittelbach et al., 2001).

mais espécies são capazes de sobreviver, porque não são requeridas as adaptações especializadas necessárias para sobreviverem em condições estressantes. Outra explicação é que, em ambientes pobres em nutrientes, o melhor competidor para essa limitação do solo deveria ser o dominante, enquanto, em níveis intermediários de fertilidade (e produtividade), a heterogeneidade espacial de nutrientes no solo deveria levar à coexistência de múltiplas espécies devido às diferenças de nicho entre elas (Newman, 1973; Tilman, 1982; Tilman e Pacala, 1993).

Existem também muitas explicações contraditórias para o declínio na diversidade (muitas vezes registrado) sob alta produtividade (ver Tabela 19.4). J. Philip Grime (1973) propôs que as espécies altamente competitivas dominam os ambientes mais favoráveis e suprimem outras menos competitivas (Grime, 1973; ver Capítulo 10). David Tilman (1982; Tilman e Pacala, 1993) teorizou que, nos ambientes mais férteis e produtivos, as plantas deveriam ser muito maiores que em outros ambientes. Julie Denslow (1980) sugeriu que, pelo fato de hábitats de produtividade intermediária serem muito mais comuns do que aqueles com produtividade muito baixa ou muito alta, mais espécies devem ter evoluído para sobreviverem nas condições apresentadas por esses hábitats intermediários, e muito menos espécies deveriam estar adaptadas a condições de ambientes de produtividade muito alta ou muito baixa.

Como você pode deduzir, a questão da relação entre produtividade e diversidade é uma área de pesquisa ativa. Como mais de um processo pode contribuir para os padrões observados, com diferentes processos dominando sob circunstâncias distintas, é difícil esclarecer as causas dos padrões. Embora seja satisfatório alcançar uma conclusão, a solução de assuntos complexos como esses é que faz da ecologia uma ciência excitante e desafiadora.

Diferenciação de nicho, heterogeneidade ambiental e diversidade

Por que existe diversidade? Outra maneira de fazer essa pergunta é: dado que existe uma relação positiva entre o número de indivíduos e o número de espécies em uma comunidade, por que a adição de indivíduos leva a mais espécies em vez de apenas a mais indivíduos de uma única espécie?

Uma razão pela qual uma única espécie não substitui todas as outras em uma comunidade por meio da competição é que espécies distintas são mais bem adaptadas a condições diferentes. Não é possível ser melhor em tudo simultaneamente, e os ambientes são comumente heterogêneos tanto no espaço quanto no tempo. Adaptações a condições diferentes, combinadas com a variação ambiental, permitem às espécies dividirem o ambiente de várias maneiras. Espécies de sub-bosque, por exemplo, são capazes de tolerar baixa intensidade luminosa, enquanto as do dossel têm um desempenho superior sob condições de completa insolação. Em áreas de afloramentos e solos rochosos desiguais, algumas são capazes de dominar bolsões de solo mais profundo, enquanto outras são encontradas em solos mais rasos, em cumes e entre rochas. Algumas plantas são capazes de tolerar solos salinos, ou com metais pesados, enquanto outras são restritas a solos sem esses materiais.

A heterogeneidade temporal também pode oferecer oportunidades para a especialização. No Deserto de Sonora, que tem estação chuvosa tanto no inverno quanto no verão (ver Capítulo 17), algumas espécies anuais são especializadas em germinar em resposta às chuvas de inverno em dezembro, janeiro e fevereiro, e crescer nas temperaturas baixas da primavera. Elas florescem em março e morrem em maio. Outras germinam em resposta às chuvas de verão em julho e agosto, crescem nas temperaturas elevadas do verão, florescem em setembro e morrem em outubro. Por terem fenologias diferentes, esses dois grupos de espécies não competem entre si. Tal especialização leva à coexistência de espécies e, portanto, a uma maior diversidade na comunidade. A explicação da manutenção da diversidade de espécies com base na heterogeneidade ambiental e na diferenciação de nicho também pode depender de diferenças nas capacidades competitivas sob condições distintas (ver Capítulo 10).

Clareiras, perturbação e diversidade

As perturbações podem criar clareiras nas comunidades maduras, particularmente em florestas, como vimos no Capítulo 12. Os pesquisadores têm proposto duas razões diferentes pelas quais essas clareiras podem aumentar a diversidade da comunidade. A primeira é que algumas espécies podem ser especializadas em adquirir vantagem das diferentes condições oferecidas por clareiras de tamanhos diversos (a hipótese de partição de nicho). Se esse fosse o caso, certas espécies poderiam manter-se na comunidade maior por serem superiores na colonização e no domínio de pequenas clareiras, por exemplo, enquanto outras poderiam dominar clareiras intermediárias ou grandes, e outras, ainda, seriam encontradas em florestas intactas. A segunda razão por que as clareiras podem aumentar a diversidade total da floresta é baseada no acaso, ou em eventos **estocásticos** (aleatórios). De acordo com essa segunda hipótese, as plantas que dominam qualquer área aberta (sem vegetação) são aquelas que surgem tão logo essa clareira se forma, ou aquelas que têm propágulos próximos. A coexistência de espécies no caso de partição de nicho dependeria de interações competitivas, com espécies distintas sendo competitivamente superiores em diferentes tipos de clareiras. No caso de eventos estocásticos, a exclusão competitiva seria evitada, porque muitas espécies competitivamente inferiores seriam capazes de persistir ao acaso, em especial por estarem no lugar e no momento certos.

Nicholas Brokaw e Richard Busing (2000) revisaram a evidência do papel das clareiras na manutenção da diversidade de florestas tropicais e temperadas, e avaliaram os dados que corroboram essas duas hipóteses. Eles concluíram que as clareiras são, na verdade, muito importantes na manutenção da diversidade de espécies em florestas tropicais e temperadas. Eles não encontraram quaisquer diferenças no papel dessas clareiras em regiões temperadas e tropicais. A evidência apontou para um papel importante dos eventos estocásticos na permissão da coexistência de espécies em florestas. Existem claramente algumas espécies que são superiores a outras quanto à dispersão e ao crescimento rápido em clareiras (espécies pioneiras). No entanto, embora exista alguma evidência da diferenciação de nicho em diferentes tipos de clareiras, é muito mais fraca do que a do papel dos processos estocásticos, e a partição de nicho provavelmente não tem uma função importante na manutenção da diversidade em florestas. Outros estudos têm concordado com essas conclusões para as florestas tropicais e temperadas (p. ex., Brown e Jennings, 1998; Busing e White, 1997), embora Schnitzer e Carson (2001) tenham encontrado evidências de partição de nicho em clareiras de florestas tropicais.

As clareiras não são o único resultado da perturbação que pode afetar a diversidade. Se as perturbações reduzem a abundância, a distribuição ou a altura e expansão das dominantes, as espécies competitivamente inferiores podem ser capazes de coexistirem com elas.

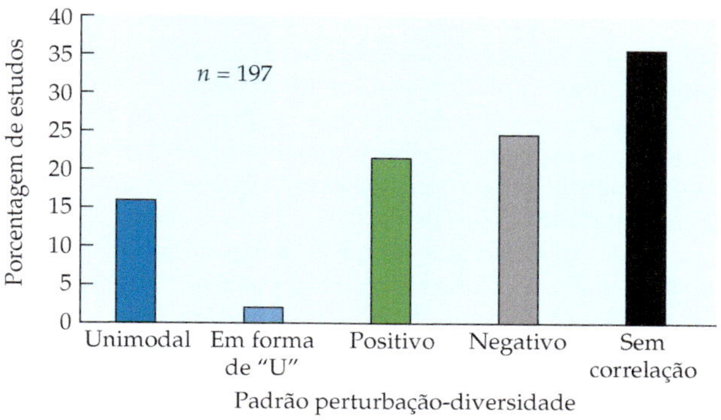

Figura 13.10 Porcentagem de estudos mostrando várias relações entre perturbação e riqueza de espécies (dados de Mackey e Currie, 2001).

Porém, se as perturbações são tão frequentes ou intensas, poucas serão capazes de sobreviver. Tal observação leva à formulação da **hipótese da perturbação intermediária** (Connell, 1978), segundo a qual a diversidade de espécies deveria ser maior em níveis intermediários de perturbação. De acordo com tal hipótese, a exclusão competitiva reduz a diversidade de espécies em níveis baixos de distúrbio. Quando as perturbações são muito frequentes, a maioria das espécies existentes é destruída, com tempo disponível insuficiente para a total recolonização antes da próxima perturbação. A hipótese da perturbação intermediária foi testada em muitos sistemas diferentes (não somente em comunidades vegetais), e um modelo conceitual tem sido desenvolvido e formalizado (revisado por Huston, 1994). Em um levantamento de 197 estudos, Robin Mackey e David Currie (2001) constataram que o padrão mais comum foi ausência de relação entre perturbação e diversidade, embora fossem frequentes as relações unimodais, positivas e negativas (Figura 13.10). Portanto, embora seja claro que a perturbação promove a diversidade em alguns casos, o que não sabemos é quão importante ela é em relação a outros fatores na determinação da diversidade.

Efeitos do aumento da diversidade

Na seção anterior, examinamos algumas evidências dos efeitos da produtividade na diversidade. A direção de causalidade também pode ser invertida: alguns ecólogos acreditam que a produtividade, assim como outras propriedades do ecossistema (ver Capítulo 14), deveriam ser incrementadas pelo aumento da diversidade. ("Diversidade", neste contexto, pode se referir à diversidade de espécies ou à diversidade de grupos funcionais). É fácil imaginar como isso pode ocorrer. Imagine, por exemplo, uma floresta sem espécies efêmeras de primavera; nenhuma espécie está crescendo ativamente no início da primavera. Se uma espécie efêmera de primavera for introduzida na floresta, ela não substituiria nenhuma das residentes; em vez disso, ocuparia um nicho vazio. Ela poderia capturar nutrientes que outras espécies herbáceas de crescimento tardio utilizariam. Mas, se a luz fosse limitante para aquelas espécies, o efeito da efêmera de primavera no crescimento das espécies tardias poderia ser pequeno em relação à quantidade de biomassa nova que seria adicionada à comunidade.

Essa ideia tem sido tema de debates calorosos entre ecólogos. Shahid Naeem e colaboradores (Naeem et al., 1996), David Tilman (1996) e outros têm sido grandes apoiadores da ideia de que um aumento da biodiversidade aumenta a produtividade, bem como afeta outras propriedades do ecossistema. Contudo, a ideia tem sido fortemente criticada por David Wardle e outros ecólogos (p. ex., Wardle et al., 1997, 2000), por muitas razões, especialmente pelas interpretações dos experimentos e dos dados de seus proponentes. Wardle e colaboradores argumentaram que o aumento da produtividade e outras propriedades do ecossistema atribuídas ao aumento da biodiversidade são principalmente resultantes de atributos de determinadas espécies dominantes e grupos funcionais presentes, ao invés do próprio aumento da diversidade. Recentemente, muitos dos protagonistas deste debate publicaram um artigo conjunto (Loreau et al., 2001), no qual eles concordam em quais eram as principais questões e nos tipos de dados necessários para as esclarecerem.

David Tilman

Testando os efeitos da diversidade nos ecossistemas

O efeito da diversidade na produtividade tem sido testado experimentalmente nas comunidades herbáceas (campos abandonados e pradarias). Na Europa, um grande experimento recente foi conduzido por um grupo de ecólogos (Hector et al., 1999). Eles realizaram semeadura das mesmas espécies em pares de sítios na Alemanha, na Grécia, na Irlanda, em Portugal, na Suíça, na Suécia e no Reino Unido. Entre as unidades de amostragem em cada sítio, eles variaram de espécies e o número de grupos funcionais. No final da estação de crescimento, contaram o número de espécies presentes em cada unidade de amostragem e coletaram toda a biomassa aérea para medir a produtividade. Eles verificaram que a maior diversidade estava relacionada à maior produtividade em todos os locais (Figura 13.11A). A maior parte desse efeito poderia ser atribuída a diferenças no número de grupos funcionais presentes em uma unidade de amostragem (Figura 13.11B). Outros testes experimentais dos efeitos da diversidade de espécies ou grupos funcionais nos ecossistemas têm sido realizados (p. ex., Tilman, 1996; Hooper e Vitousek, 1998; ver Capítulo 14), mas os resultados têm recebido interpretações muito diferentes (Wardle et al., 2000; Naeem, 2000). Assim como os efeitos da produtividade na diversidade, provavelmente os efeitos dessa imersão dependam, de alguma maneira ainda desconhecida, das escalas espacial e temporal.

Esses efeitos, se substanciados em outros sistemas, poderiam ter implicações importantes para os esforços de conservação. O fracasso na conservação de grandes regiões selvagens poderia levar a uma diminuição na diversidade de espécies vegetais (ver Capítulo 16). Se tal perda

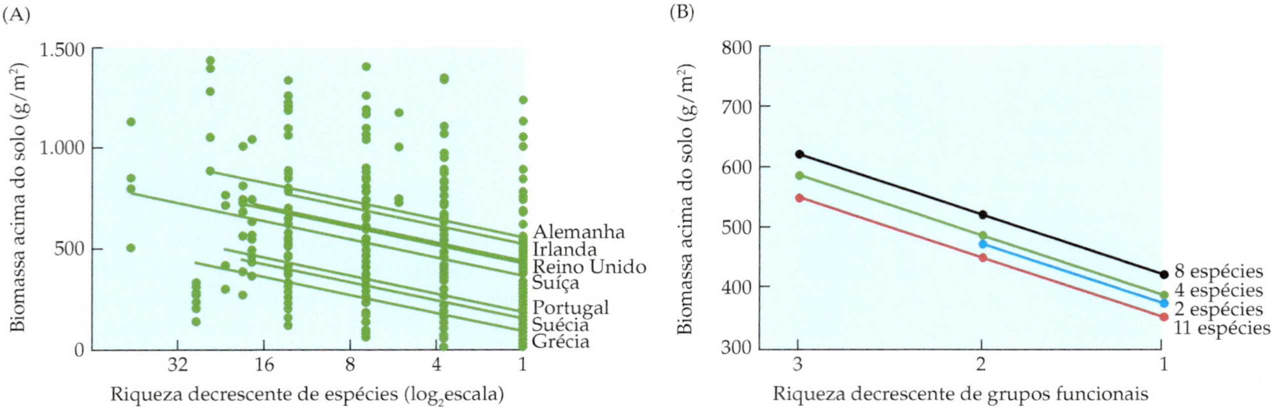

Figura 13.11 A relação entre diversidade vegetal e produtividade acima do solo em unidades de amostragem experimentais em sete locais da Europa. (A) Riqueza de espécies. Os pontos representam unidades de amostragem individuais; as linhas são inclinações de uma série de regressões. (B) A biomassa diminui à medida que a riqueza de grupos funcionais declina. Assembleias com 11 espécies ocorreram somente em um sítio na Grã-Bretanha, mas aquelas com 2, 4 e 8 espécies ocorreram em todos os sítios. Os pontos são valores médios de todos os sítios contendo um determinado número de espécies. Como o sítio da Grã-Bretanha foi menos produtivo, a biomassa acima do solo das 11 assembleias de espécies foi menor do que a média das outras assembleias (segundo Hector et al., 1999).

de diversidade levar a uma diminuição na produtividade primária, os efeitos poderiam potencialmente reverberar através da cadeia alimentar, levando a extinções de herbívoros e carnívoros.

Diversidade e estabilidade

Outra questão ainda controversa, de longa data na ecologia, é se a diversidade está relacionada à estabilidade das comunidades ao longo do tempo. A resposta depende de qual dos muitos significados de "estabilidade" se tem em mente. Na matemática, **estabilidade dinâmica** significa que um sistema tende a retornar ao seu estado original após uma pequena perturbação. Robert May (1973), usando um modelo matemático, previu que o aumento da diversidade teria um resultado oposto: após a perturbação, uma comunidade mais diversa teria menor probabilidade de retornar ao seu estado inicial do que uma menos diversa. Estudos teóricos subsequentes modificaram um pouco essa conclusão; o resultado teórico robusto é que a diversidade crescente em modelos ecológicos provavelmente nunca aumente a estabilidade dinâmica de uma comunidade, mas pode não diminuí-la.

Mais recentemente, vários ecólogos estudaram um tipo muito diferente de estabilidade: eles tentaram determinar se as comunidades mais diversas têm menos variação em produtividade de um ano a outro. A hipótese é simples: com maior número de espécies presentes, é mais provável que em um determinado ano qualquer, independentemente das flutuações ambientais, algumas espécies terão um "bom" ano. Em outras palavras, a capacidade de espécies distintas crescerem bem sob condições diferentes deveria significar que comunidades mais diversas variam menos em produtividade.

Em um estudo de comunidades de pradarias em Minesota, David Tilman e John Downing (1994; Tilman, 1996) verificaram que comunidades mais diversas (aquelas com um número maior de espécies) mantinham produtividade mais elevada, mesmo durante um período de seca (Figura 13.12). Algumas espécies eram mais adaptadas a baixas condições hídricas do que outras; em um ano seco, essas espécies constituíam uma porcentagem maior da biomassa total do que em outros anos. A sua biomassa aumentava quando a seca causava um crescimento deficiente de outras espécies. Os ecólogos debateram se esse achado representava uma propriedade emergente importante das comunidades (Tilman, 1997) ou uma inevitabilidade estatística da amostragem de grupos maiores de espécies (Doak et al., 1998).

Processos regionais

Neste capítulo, enfatizamos o papel dos processos locais na determinação da estrutura da comunidade. No entanto, a diversidade local, a dominância e as abundâncias podem ser determinadas não apenas pelas interações entre espécies em um local, mas também por processos regionais. Se uma espécie é comum por toda uma região, por exemplo,

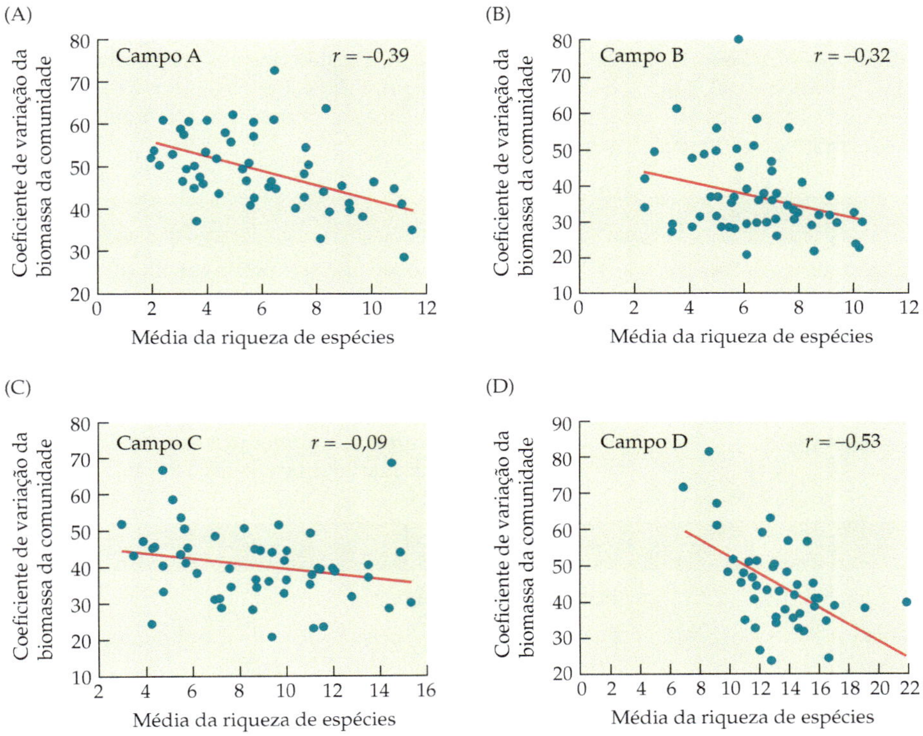

Figura 13.12 Relação entre riqueza de espécies vegetais e estabilidade da produtividade (variabilidade na biomassa total entre os anos) para parcelas de 4×4 m^2 em quatro campos de pradarias em Minnesota, de 1984 a 1994. Durante esse período, ocorreu uma seca muito intensa em 1987-1988 (segundo Tilman, 1996).

então um influxo contínuo de migrantes para o local deve manter suas densidades altas. No Capítulo 16, exploraremos tais processos de maneira detalhada, quando abordarmos modelos de metapopulações.

De maneira semelhante, o número de espécies encontrado em um local pode depender, em parte, do *pool* regional de espécies. Se compararmos o número de espécies de árvores nas florestas deciduais no leste dos EUA, da Europa e da China, por exemplo, constataremos um resultado curioso. Embora possamos encontrar locais com climas e solos quase idênticos, não encontraremos os mesmos números de espécies. A riqueza de espécies será mais alta na China, um pouco menor nos EUA e menor ainda na Europa. Essas diferenças locais refletem diferenças no *pool* regional de espécies. A Europa tem o menor número de espécies arbóreas por causa das extinções durante as glaciações do Pleistoceno. A China, por outro lado, tem a maioria das espécies porque sua zona temperada é adjacente às áreas de terras tropicais, que têm sido uma fonte de novas espécies ao longo do tempo geológico (Qian e Ricklefs, 1999). Essas diferenças regionais na riqueza de espécies são um resultado de processos de não-equilíbrio que operam em escalas de tempo muito longas. Atualmente, um dos grandes desafios da ecologia é determinar como os padrões locais e regionais estão ligados aos processos (Lawton, 1999). Nos Capítulos 16, 19 e 20, consideraremos este assunto com mais profundidade.

Resumo

Na maioria das comunidades, a maior parte das espécies é rara e somente algumas são comuns. As espécies mais conspícuas ou numericamente abundantes em uma comunidade vegetal são denominadas "dominantes". Os limitados dados disponíveis sugerem que as espécies numericamente dominantes tendem a ser competitivamente dominantes. As espécies podem ser raras de várias maneiras e por diferentes motivos, e o *status* de uma espécie como rara ou comum pode, às vezes, mudar de maneira drástica com o tempo. Espécies vegetais raras podem ser limitadas em termos de distribuição geográfica, tamanho da população local ou amplitude de hábitats ocupados. A especialização e as tolerâncias ambientais restritas constituem uma explicação comum, mas não-convincente, para a raridade de uma espécie.

Várias explicações também têm sido propostas para a capacidade de algumas espécies se tornarem invasoras quando introduzidas em ambientes novos. As próprias características das espécies e de sua situação em um novo ambiente foram usadas com sucesso variado para prever o caráter invasor. As características das comunidades que podem torná-las suscetíveis à invasão por espécies exóticas também foram propostas e, até certo ponto, testadas. Os resultados até agora permanecem controversos. Espécies invasoras possuem uma gama de efeitos sobre espécies, comunidades e ecossistemas nativos; esses efeitos são assunto de muita pesquisa em andamento e também de alguma controvérsia.

As mudanças na produtividade podem alterar a riqueza e a diversidade de espécies em uma comunidade. Um padrão comum é a relação unimodal (curva de forma convexa), na qual a diversidade é mais alta em produtividades intermediárias e menor nas produtividades baixa e alta, mas outros padrões também são frequentemente encontrados. A diversidade de espécies também pode estar relacionada à frequência e à severidade das perturbações. As clareiras criadas por perturbações são importantes na manutenção da diversidade de espécies em florestas temperadas e tropicais. A questão dos efeitos da diversidade de espécies nas propriedades dos ecossistemas ainda está sob intensa investigação e permanece altamente controversa.

Questões para estudo

1. Por que a raridade não é uma característica fixa de uma espécie?
2. Sob quais circunstâncias uma espécie caracterizada como endêmica, escassa ou "rara em todas as contagens" estaria em risco de extinção?
3. Qual índice é o melhor para medir a diversidade de espécies? Explique por que você não sabe.
4. Uma espécie exótica é sempre invasora ou o contrário? Discuta os cenários em que uma espécie poderia ser ou uma ou ambos.
5. Explique por que a variação ano a ano na produtividade pode ser reduzida nas comunidades que são mais diversas. O quanto essa ideia é semelhante à de que maior diversidade aumenta a estabilidade da comunidade, e o quanto difere dela?

Leituras adicionais

Referências clássicas

Hutchinson, G. E. 1959. Homage to Santa Rosalia, or why are there so many kinds of animals? *Am. Nat.* 93: 145-159.

Preston, F. W. 1962. The canonical distribution of commonness and rarity. *Ecology* 43: 185-215, 410-432.

Tilman, D. 1982. *Resource Competition and Community Structure.* Princeton University Press, Princeton, NJ.

Fontes adicionais

Huston, M. A. 1994. *Biological Diversity.* Cambridge University Press, Cambridge.

Rosenzweig, M. L. 1995. *Species Diversity in Space and Time.* Cambridge University Press, Cambridge.

IV ECOSSISTEMAS E PAISAGENS

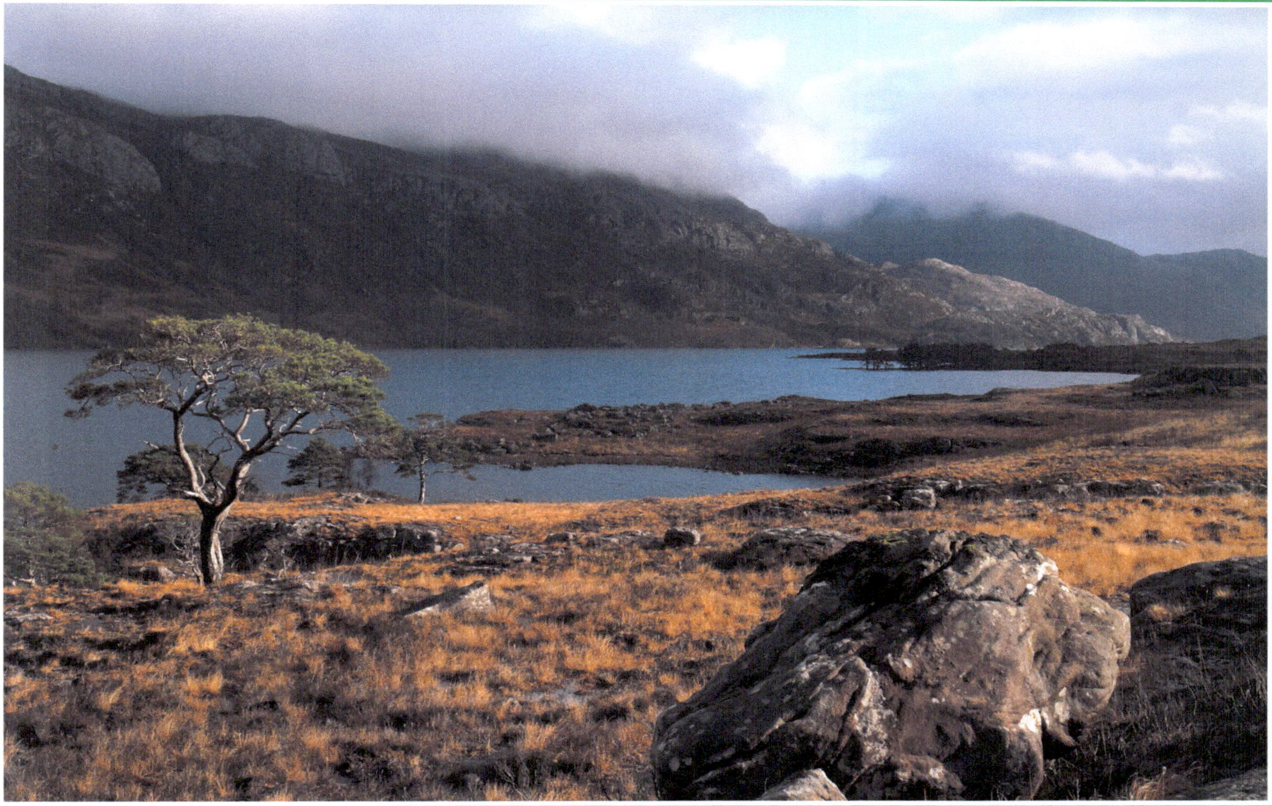

CAPÍTULO 14 Processos Ecossistêmicos

A ênfase deste capítulo é diferente em relação aos outros capítulos do livro. Aqui, consideraremos as plantas mais como agentes críticos dos ecossistemas do que como plantas em si. Um **ecossistema** consiste em todos os organismos que estão em uma área e todos os materiais abióticos e energia com os quais interagem; é um sistema ecológico delimitado. Em conjunto, todos os organismos vivos da Terra e seus ambientes físicos constituem a **biosfera**.

A palavra "ecossistema" foi cunhada por Sir Arthur Tansley (1935) para incluir o sistema completo de organismos vivos, de fatores físicos dos quais eles dependem e com os quais estão interconectados. Tansley também afirmou que ecossistemas podem existir ao longo de uma gama de escalas – o que é uma concepção bastante contemporânea. Disse, ainda, que "os [eco] sistemas que isolamos mentalmente não são apenas parte de sistemas maiores, são ao mesmo tempo sobrepostos, entrelaçados e interativos uns com os outros. O isolamento é parcialmente artificial, mas é o único modo em que podemos abordar os ecossistemas". Os estudiosos de ecossistemas levantam questões a respeito do papel de plantas como condutoras de energia e materiais nos ecossistemas, como agentes para a transformação de energia e materiais em formas diferentes. Investigam também os efeitos dos aportes e fluxos de energia e materiais sobre as plantas.

O que determina a produtividade das plantas e por que essa produtividade é tão distinta em diferentes lugares ao redor do mundo? Quais são os fatores mais importantes no controle do fluxo de energia e materiais nos ecossistemas? Quais são os elementos químicos mais importantes que afetam o crescimento e a decomposição de plantas, e como as quantidades relativas desses nutrientes afetam esses processos? Como processos ecossistêmicos afetam características de comunidades, como diversidade de espécies e interações planta-animal ou planta-micro-organismo, e são por elas também afetados?

Começaremos este capítulo lançando um olhar sobre **ciclos biogeoquímicos** em geral, utilizando o ciclo da água como exemplo. Em seguida, trataremos do ciclo do carbono em ecossistemas e seu papel nos processos biogeoquímicos, desde a decomposição até a produtividade (veremos novamente o ciclo do carbono no Capítulo 21, no contexto de mudanças climáticas). Posteriormente, reexaminaremos o ciclo do nitrogênio, introduzido primeiramente no Capítulo 4, e então passaremos ao ciclo do fósforo, com uma breve análise sobre como alguns outros elementos se movem através da biosfera. Antes de prosseguir com os ciclos biogeoquímicos, iniciaremos por considerar como as plantas crescem, ampliando o foco desde as plântulas até o ecossistema.

Ciclos biogeoquímicos: quantificação do pool *de nutrientes e seus fluxos*

Uma semente, com seu embrião e seus tecidos associados, contém quantidades muito limitadas de energia e materiais. As sementes geralmente são muito pequenas – ordens de magnitude menores do que as plantas nas quais se transformarão. O esporo que irá se desenvolver em uma pteridófita madura é ainda menor do que a maioria das sementes. À medida que o novo indivíduo cresce, tornando-se uma planta madura, ele transforma formas inorgânicas de carbono e outros materiais em moléculas orgânicas complexas, e armazena a energia captada de fótons de luz na forma de ligações químicas dessas moléculas (ver Parte I). Em sistemas terrestres, a maior parte dos materiais e da energia utilizados por heterótrofos – animais, fungos, bactérias e protistas – é transformada de formas orgânicas inutilizáveis em materiais orgânicos úteis para as plantas (bactérias fotossintetizantes, diatomáceas, algas verdes e vermelhas e outros organismos desempenham papel similar em sistemas aquáticos e, às vezes, no solo). Entretanto, a história é, na realidade, mais complexa, pois alguns dos materiais necessários às plantas devem primeiro ser transformados por micro-organismos em formas passíveis de serem usadas pelas plantas (ver Capítulo 4).

A quantidade de material transformado em formas orgânicas por uma planta individual pode variar entre frações de grama até toneladas (1 tonelada = 1.000 kg), dependendo do tamanho da planta e da substância que está sendo transformada. Na escala de ecossistema, a quantidade pode chegar a muitas toneladas de material. A **produtividade primária** terrestre – ou seja, a quantidade de carbono transformado de CO_2 em carbono orgânico pelas plantas terrestres, por unidade de área por ano – é tipicamente da ordem de 5 a 10 toneladas por hectare (quantidades bem menores são também fixadas por outros organismos). Em escala global, fluxos de carbono são da ordem de 10^{15} gramas por ano (gigatoneladas ou 10^9 toneladas).

Um dos principais objetivos da ecologia de ecossistemas é compreender o que regula os ***pools*** (reservatórios, quantidades armazenadas) e os **fluxos** de materiais e energia nos vários componentes bióticos e abióticos dos ecossistemas. Os *pools* e fluxos de alguns dos principais nutrientes minerais em um sistema de chaparral na Califórnia são apresentados na Tabela 14.1. Os *pools* e fluxos interconectam-se por meio do **tempo de *turnover*** (ou **tempo médio de residência**). O tempo de *turnover* é uma medida de quão rapidamente os materiais se movem através de um sistema. Ele pode ser utilizado para descrever sistemas em qualquer escala – uma planta individual, um ecossistema e até a atmosfera. O tempo de *turnover* é igual à massa total de um material dividida pelo seu fluxo de entrada ou de saída em um ecossistema. A fração perdida a cada ano, $-k$, é igual a 1/tempo de *turnover* em anos, e a quantidade remanescente depois de t anos como fração da quantidade inicial é e^{-kt}, assumindo-se que a taxa de fluxo seja constante. Os tempos médios de residência para diferentes materiais diferem bastante. Existem também grandes diferenças globais nos tempos de *turnover* para um mesmo material à medida que este passa por diferentes componentes da biosfera.

O tempo de retenção para materiais dentro de um determinado componente de um ecossistema ou da biosfera é inversamente relacionado ao seu tempo de *turnover*. O **tempo de retenção** é a extensão média de tempo que um material permanece em um componente do ecossistema. Os tempos de retenção para diferentes materiais em distintas partes da biosfera variam de muitos dias (para água em um pequeno reservatório, por exemplo) até milhares de anos (para a água nos oceanos, ou para alguns nutrientes minerais no solo). Eles nos informam como os nutrientes se movem através dos componentes da biosfera, e sua dinâmica nos informa como afetam os organismos vivos.

A abordagem de balanço de massa para calcular estoque de nutrientes é frequentemente utilizada para estudar a magnitude dos *pools* e fluxos. Expondo de forma simples, a abordagem de balanço de massa diz que:

$$\text{entradas} - \text{saídas} = \Delta\ \text{armazenamento}$$

Em outras palavras, se podemos mensurar tudo o que entra em um sistema e tudo o que dele sai, a diferença entre as duas quantidades deve refletir uma mudança, Δ, no material armazenado pelo sistema. A abordagem de balanço de massa permite o estudo de quantidades difíceis de determinar a partir de mensurações acuradas dos outros termos (Vitousek e Reiners, 1975).

Os estudiosos de ecossistemas também buscam prever o tamanho futuro dos *pools*, e a magnitude e direção dos fluxos. Os principais fluxos e *pools* de um material em um sistema são coletivamente chamados de **ciclos**; por exemplo, podemos elaborar um diagrama do ciclo global da água ou, em escala menor, o ciclo do nitrogênio ou do fósforo em um ecossistema florestal. A maioria dos nutrientes importantes para as plantas passa por ciclos biogeoquímicos, isto é, tanto reações biológicas quanto químicas estão envolvidas. Os ciclos da água e de diferentes nutrientes ocorrem em diferentes escalas temporais, variando de ordens de magnitude em tempos médios de residência e retenção. Os organismos, entretanto, apresentam estequiometrias relativamente fixas (razões de nutrientes em seus tecidos; ver Capítulo 4), mesmo que as taxas de suprimento possuam grandes diferenças entre os diferentes nutrientes. As diferenças de estequiometria entre plantas, micro-organismos, herbívoros e ambiente físico interagem com os tempos de *turnover* para regular a dinâmica dos ciclos de nutrientes (neste livro, introduziremos apenas brevemente os tópicos de estequiometria e biogeoquímica do N, C e P; ver Reich, 2005, para uma introdução mais completa a esse tópico). Logo, os organismos vivos podem tanto regular, como ser regulados pelos fluxos de certos materiais através da biosfera (Redfield, 1958).

O material contido em uma planta é composto principalmente de carbono (C) e oxigênio (O) (ver Tabela 4.2). O oxigênio disponível para partes das plantas acima do solo quase nunca é um fator limitante ao crescimento das plantas (o oxigênio pode, entretanto, ser limitante abaixo do solo, particularmente em solos inundados). No nível do mar, o carbono na forma de CO_2 é, em média, igualmente

TABELA 14.1 Ciclagem de nutrientes em um estande de arbustos de chaparral (*Ceanothus megacarpus*) de 22 anos, situado nas proximidades de Santa Bárbara, Califórnia

	Biomassa	N	P	K	Ca	Mg
Entrada atmosférica (g/m²/ano)						
Deposição	—	0,15	—	0,06	0,19	0,10
Fixação de nitrogênio	—	0,11	—	—	—	—
Entrada total	—	0,26	—	0,06	0,19	0,10
***Pools* (g/m²)**						
Folhas	553	8,20	0,38	2,07	4,50	0,98
Madeira viva	5929	32,60	2,43	13,93	28,99	3,20
Tecidos reprodutivos	81	0,92	0,08	0,47	0,32	0,06
Total vivo	6563	41,72	2,89	16,47	33,81	4,24
Madeira morta	1142	6,28	0,46	2,68	5,58	0,61
Serrapilheira superficial	2027	20,5	0,6	4,7	26,1	6,7
Fluxo anual (g/m²/ano)						
Demanda para produção						
Folhas	553	9,35	0,48	2,81	4,89	1,04
Novos ramos	120	1,18	0,06	0,62	0,71	0,11
Aumento da madeira	302	1,66	0,12	0,71	1,47	0,16
Tecidos reprodutivos	81	0,92	0,08	1,47	0,32	0,07
Total da produção	1056	13,11	0,74	4,61	7,39	1,38
Reabsorção antes da abscisão	—	4,15	0,29	0	0	0
Retorno ao solo						
Queda de serrapilheira	727	6,65	0,32	2,10	8,01	1,41
Mortalidade de galhos	74	0,22	0,01	0,15	0,44	0,02
Fluxo descendente	—	0,19	0	0,94	0,31	0,09
Fluxo em caules	—	0,24	0	0,87	0,78	0,25
Retorno total	801	7,30	0,33	4,06	9,54	1,77
Absorção (=incremento – retorno)	—	8,96	0,45	4,77	11,01	1,93
Perda por fluxo de riachos (g/m²/ano)	—	0,03	0,01	0,06	0,09	0,06
Comparações de *turnover* e fluxo						
Demanda das folhas/demanda total (%)	—	71,3	64,9	61,0	66,2	75,4
Queda de serrapilheira/retorno total (%)	—	91,1	97,0	51,7	84,0	79,7
Captura/reservatório vivo total (%)	—	21,4	15,6	29,0	32,6	45,5
Retorno/captura de nutrientes	—	81,4	73,3	85,1	86,6	91,7
Reabsorção/demanda (%)	—	31,7	39,0	0	0	0
Serrapilheira superficial/queda de serrapilheira (ano)	2,8	3,1	1,9	1,2	3,3	4,8

Fonte: Schlesinger, 1997; modificado de Gray, 1983 e Schlesinger et al., 1982.

disponível em qualquer parte da Terra (mas é consideravelmente menos disponível em grandes altitudes). Ainda assim, a produção de biomassa vegetal varia enormemente na superfície terrestre (ver Tabela 18.2). Quais são as causas dessa grande variação?

Resumidamente, a produtividade primária é determinada tanto por fatores climáticos (como umidade, luz, temperatura e extensão da estação de crescimento) quanto pelo suprimento de nutrientes essenciais para o crescimento das plantas. Examinamos alguns desses fatores na Parte I e consideraremos suas relações com os padrões globais de diversidade no Capítulo 19. Aqui, veremos os principais fatores que controlam a capacidade das plantas de obter nutrientes essenciais, assim como os papéis das plantas como condutoras dos fluxos desses nutrientes, como agentes controladores dos fluxos e como *pools* para o armazenamento dos nutrientes.

Alguns nutrientes essenciais são necessários para as plantas em quantidades relativamente grandes, mas sua disponibilidade é limitada (isso pode ser revisto na Tabela

4.2, que resume as funções de vários elementos minerais necessários ao crescimento e à reprodução das plantas). O nitrogênio (N) e o fósforo (P) estão nessa categoria; ambos são constituintes importantes de moléculas orgânicas essenciais, mas seu suprimento é limitado na maioria dos solos. Consequentemente, a disponibilidade de N e P controla a produtividade primária em muitos ecossistemas. Em contraste, no caso de determinados nutrientes disponíveis em maiores quantidades, como o enxofre (S) e o potássio (K), a taxa de ciclagem no ecossistema pode ser determinada pela produtividade primária (Schlesinger, 1997). Em ambos os casos, os organismos vivos têm um efeito importante na geoquímica – isto é, nos reservatórios e fluxos – desses importantes componentes da matéria viva.

Em contraste, a ciclagem dos elementos não-constituintes principais da matéria viva, como sódio (Na) ou alumínio (Al), é relativamente independente da ação dos organismos vivos (Schlesinger, 1997). Pelo fato de as plantas terem um papel tão importante nos ciclos locais, regionais e globais da água e de certos elementos químicos, é que incluímos esse tópico em um livro sobre ecologia vegetal. O grande papel que plantas – e seres humanos – têm na biogeoquímica global também possui implicações importantes para as mudanças globais, como veremos no Capítulo 21.

Ciclos de energia e materiais podem ser representados por diagramas que mostram fluxos e *pools* de um único elemento. Embora tais diagramas sejam convenientes para uma ilustração simples, é importante entender que os ciclos de vários materiais podem ser altamente interconectados e interativos, afetando o crescimento das plantas. O ciclo do carbono, por exemplo, tanto depende dos ciclos do nitrogênio e do fósforo, como os afeta fortemente (Shaver et al., 1992). Esses ciclos estão interconectados em função de seus mútuos efeitos sobre o crescimento de plantas, a composição de tecidos, a longevidade de folhas, a produção e a decomposição de serrapilheira. Essas interconexões determinam os tamanhos dos fluxos e dos *pools* de C, N e P. Os três ciclos são também simultaneamente afetados por fatores ambientais climáticos e locais, como temperatura, precipitação e disponibilidade de luz.

Existem grandes diferenças na magnitude dos *pools* e fluxos entre diferentes materiais e ecossistemas. Os fluxos de água e carbono, por exemplo, são muito maiores do que os de fósforo. Os *pools* de muitos nutrientes são bem maiores nas plantas vivas das florestas tropicais do que nas plantas da tundra. Geralmente, existem grandes *pools* de carbono estocado em solos de turfeira, uma quantidade substancial (mas bem menor) de carbono estocado no solo de campos e muito pouco carbono estocado no solo de desertos.

As fontes principais dos distintos nutrientes essenciais também diferem. A atmosfera é a fonte de N, O e C, embora as plantas obtenham N do ar apenas indiretamente. A atmosfera contém cerca de 78% de N e cerca de 21% de O. A concentração de CO_2 na atmosfera, embora crescente (Figura 21.2), é surpreendentemente baixa – cerca de um terço de 1% em média, ou aproximadamente 370 partes por milhão de volume (ppmv). Ainda assim, devido ao volume tão grande da atmosfera, o seu reservatório total de carbono é também muito grande. Grandes quantidades de carbono são armazenadas como íons carbonato (CO_3^{2-}) em rochas e dissolvidos na água do mar; carbono adicional está contido na biomassa viva e nos solos. A água líquida é a fonte de hidrogênio (H) e a principal fonte do oxigênio liberado para a atmosfera pela fotossíntese. O intemperismo de rochas é a principal fonte para a maioria dos outros elementos necessários às plantas (como Ca, Mg, K, Fe e P), enquanto S provem tanto da deposição atmosférica como do intemperismo de rochas (Schlesinger, 1997). Além das novas entradas (*inputs*) da atmosfera e do intemperismo de rochas, as plantas dependem da reciclagem de elementos pelo ecossistema.

Antes de prosseguir com a discussão de cada um dos ciclos, devemos examinar a questão da escala (ver Capítulo 16), à qual propositadamente damos pouca ênfase neste capítulo. Os estudiosos de ecossistemas tratam separadamente os ciclos locais, regionais e globais. Nossa ênfase aqui é o ponto em que a biogeoquímica interage mais fortemente com as plantas. Consideraremos aspectos da ecologia de ecossistemas de diversos elementos nos capítulos em que forem mais relevantes. A água move-se por amplas escalas (de regionais a hemisféricas) sobre a Terra. Aqui, enfocaremos os *pools* e fluxos de água em largas escalas. Carbono, nitrogênio e fósforo movem-se através das plantas e as afetam em diferentes escalas, desde a rizosfera até todo o planeta, sendo esses elementos considerados em várias escalas tanto neste como nos próximos capítulos. Os seres humanos podem influenciar os ciclos ecossistêmicos de nutrientes de formas dramáticas ou sutis, de escalas locais (p. ex., por meio de diferentes usos da terra ao longo da história; Fraterrigo et al., 2005) até a escala global, como veremos no Capítulo 21.

Tradicionalmente, os estudos sobre bioquímica de plantas concentram-se em como as plantas obtêm e usam nutrientes, em como a disponibilidade desses nutrientes influencia o funcionamento das plantas e nas consequências da estequiometria das plantas para competição, herbivoria e decomposição. Recentemente, houve grande incremento no esforço para compreender a estequiometria das plantas e seus ambientes em escalas espaciais (Reich et al., 1997; Wright et al., 2004) e temporais (Vitousek et al., 1995; Richardson et al., 2005) mais abrangentes, visando identificar padrões biogeoquímicos e suas consequências através de gradientes, desde a escala local, passando pela regional, até a global (Reich, 2005). Os esforços atuais para juntar dados globais sobre estequiometria de folhas e solos nos ajudaram a compreender as relações funcionais entre nutrientes, funcionamento das plantas e interações das plantas com herbívoros em uma gama de ecossistemas e escalas; eles serão importantes também para prever e remediar respostas de ecossistemas a perturbações de larga escala causadas pelos seres humanos.

Ciclo global da água

As plantas terrestres são os únicos seres vivos (exceto humanos) que têm um efeito substancial no ciclo global da água (Figura 14.1). A maior parte (96,5%) da água disponí-

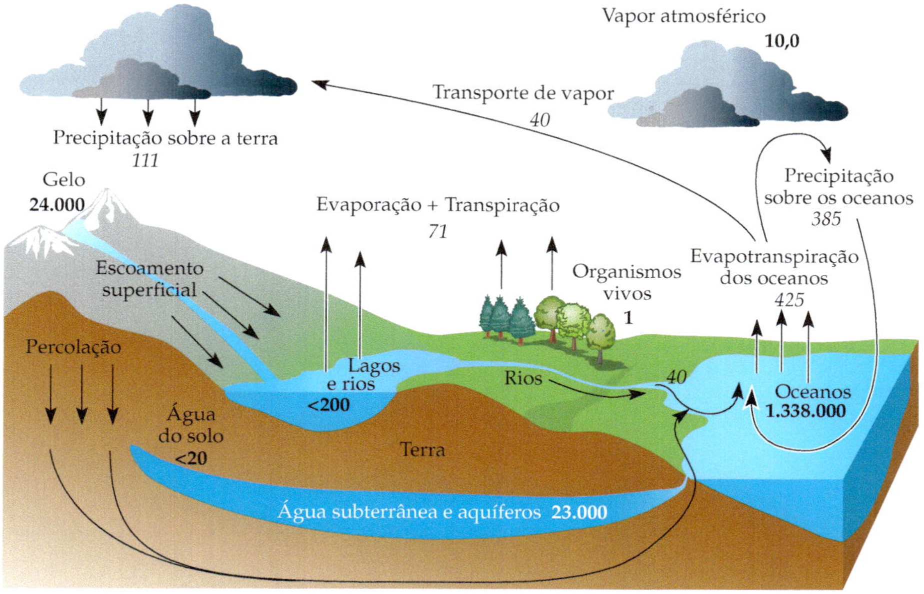

Figura 14.1 Ciclo global da água. Os números mostram os *pools* (em unidades de 1.000 km^3 de água, em negrito) mantidos em diferentes componentes do ecossistema global, e os fluxos através desses componentes (em unidades de 1.000 km^3/ano, em itálico). Note que a quantidade de água que deixa a terra para retornar aos oceanos (40.000 km^3/ano) é igual à quantidade que retorna ao ambiente terrestre como vapor originado dos oceanos. Os números fornecidos são aproximados, pois as estimativas variam consideravelmente entre diferentes autores (segundo Schlesinger, 1997 e Gleick, 1996; dados de Lvovitch, 1973 e Chahine, 1992).

vel no mundo (isto é, excluindo a água que a maioria dos organismos não consegue alcançar, como a que está em aquíferos profundos) está armazenada, não surpreendentemente, nos oceanos, ao passo que toda a água doce dos rios, lagos, gelo, atmosfera e do subsolo constitui o percentual restante. Os organismos vivos armazenam e metabolizam uma quantidade minúscula de água, porém essencial à vida. Entretanto, a quantidade de água que se move através das plantas por transpiração é grande e globalmente importante. A energia que controla a **evapotranspiração** (evaporação mais transpiração) provém da radiação solar. O ciclo da água é muito diferente dos ciclos de nutrientes minerais, pois a maior parte da água permanece quimicamente inalterada enquanto passa através dos componentes bióticos e abióticos da biosfera, havendo modificações apenas em seu estado físico (líquido, gasoso ou sólido).

O fluxo de água através das plantas pode também ser importante regionalmente. As plantas podem ser responsáveis por uma das principais parcelas de água para a atmosfera e para a precipitação regional, porém os efeitos das plantas sobre os padrões de precipitação local variam bastante. A precipitação na Califórnia, por exemplo, é oriunda principalmente da água evaporada do oceano Pacífico. Por outro lado, entre um quarto e metade da chuva que cai sobre a bacia Amazônica vem da evapotranspiração da própria floresta amazônica, sendo o restante proveniente de fora da região (Salati e Vose, 1984; Eltahir e Bras, 1994). A remoção de grandes áreas da Floresta Amazônica pode, portanto, resultar em diminuição da evapotranspiração, decréscimo da pluviosidade e aumento das temperaturas à superfície do solo (Lean e Warrilow, 1989; Shukla et al., 1990).

As plantas podem afetar indiretamente os fluxos de água pela interceptação da precipitação, isto é, redução do impacto da chuva que atinge o solo e diminuição do escoamento superficial sobre o solo. Se a vegetação for removida de um local – por exemplo, por desmatamento – o escoamento superficial e a erosão do solo podem aumentar acentuadamente, particularmente em áreas onde o terreno for acidentado ou montanhoso. Isso pode, por vezes, resultar em inundações e deslizamentos de lama, danificando ainda mais a vegetação e ameaçando vidas humanas e residências. Mesmo em regiões semiáridas, a remoção da vegetação pode resultar em precipitação diminuída, aumento do aquecimento do solo e desencadeamento de desertificação (Schlesinger et al., 1990; Dirmeyer e Shukla, 1996).

Na vegetação intacta, o balanço entre precipitação, evapotranspiração e escoamento superficial varia amplamente entre os biomas (Tabela 14.2). Em desertos e campos, toda ou quase toda água que entra no sistema como precipitação é perdida por evaporação e transpiração, restando quase nada para o escoamento superficial e a recarga de água subterrânea. Tanto as florestas tropicais como as temperadas geralmente perdem menos água por evapotranspiração do que recebem como precipitação, logo, uma quantidade considerável de água frequentemente escorre para os rios e riachos e percola para a água subterrânea. Na Terra como um todo, os rios carregam de volta para os oceanos cerca de um terço da precipitação que cai sobre os continentes. Enquanto a quantidade de chuva que cai sobre os oceanos é maior do que sobre os continentes (Figura 14.1), a evapotranspiração a partir dos oceanos é também muito maior do que a evapotranspiração nos continentes. O movimento líquido de vapor de água dos oceanos para a terra através da atmosfera é contrabalançado pelo escoamento de água na forma de água subterrânea e pelos rios. Enquanto apenas uma porção minúscula de água é armazenada como vapor na atmosfera, o fluxo desse vapor através dela é tremendo.

A **evapotranspiração potencial** (**ETP**) é a quantidade máxima de água que poderia ser perdida por evapotrans-

TABELA 14.2 Importância relativa dos caminhos que levam à perda de água em diversos ecossistemas terrestres

Bioma	Evaporação (%)	Transpiração (%)	Escoamento superficial e recarga de águas subterrâneas (%)
Floresta pluvial tropical	25,6	48,5	25,9
Floresta pluvial tropical	10	40	50
Floresta pluvial tropical	11	56	32
Floresta temperada	13	32	53
Campo temperado	35	65	0
Campo temperado	33	67	0
Campo temperado	55	45	0
Campo temperado	56	34	10
Deserto	28	72	0
Deserto	20	80	–
Deserto	73	27	–
Deserto	65	35	–

Fonte: Schlesinger, 1997.

piração em um dado local, caso a água estivesse livremente disponível no solo e a cobertura vegetal fosse de 100%. A ETP depende da energia disponível para evaporar a água, e essa energia depende da temperatura ambiente. A evapotranspiração real (ETR) é igual à quantidade de água que entra no sistema por precipitação menos a quantidade que é perdida por escoamento superficial e percolação para a água subterrânea (em relação a essas quantidades, a água armazenada em organismos vivos é mínima). Você pode ficar surpreso ao saber que a ETR pode ser muito maior por unidade de área do que a quantidade de água que seria perdida por evaporação de um corpo d'água aberto. Isso ocorre porque a área de superfície das folhas da qual a água evapora é frequentemente muito maior do que a superfície do solo – isto é, o **índice de área foliar** (**IAF**) é frequentemente maior do que 1,0 (a área de superfície das raízes que absorvem água é também muito maior do que a área superficial do solo no qual as plantas estão enraizadas). Em regiões que possuem longas estações secas, a ETP é muito maior do que a ETR, mas em florestas pluviais tropicais a ETP e a ETR são aproximadamente equivalentes. A evapotranspiração real é intimamente ligada a outros processos ecossistêmicos, em particular à produtividade, à decomposição e a outros processos que ocorrem no solo (Schlesinger, 1997). Isso não surpreende devido à dependência das atividades vegetais e microbianas em relação ao conteúdo de água do solo e à íntima conexão funcional entre a assimilação de carbono e a perda de água nas plantas (ver Capítulos 2 e 3).

O carbono nos ecossistemas

Produtividade

O carbono é a espinha dorsal das moléculas orgânicas (ver Capítulo 4). A produtividade é a taxa de transformação de carbono ou energia entre dois níveis tróficos, por unidade de área e por unidade de tempo. A produtividade primária é a taxa de transferência de carbono – via fotossíntese – de uma forma oxidada (CO_2), o carbono inorgânico atmosférico, para formas reduzidas, como os compostos de carbono orgânico dos organismos vivos. A produtividade é frequentemente medida em termos de quantidade de carbono transferido, pois a energia que nos interessa é capturada pelos compostos de carbono e neles armazenada. A fotossíntese conecta os ciclos da água e do carbono porque a água deixa as plantas por transpiração através dos mesmos estômatos pelos quais entra o carbono.

A energia total (ou carbono) fixada pelos produtores em um ecossistema é denominada **produção fotossintética bruta**, ou **produção primária bruta** (**PPB**). Uma vez que os organismos fotossintéticos utilizam parte da energia total fixada, a **produtividade primária líquida** (**PPL**) é igual ao total de energia capturada (PPB) menos as perdas pela respiração dos produtores primários. O termo "primário" indica que estamos interessados no primeiro nível trófico do sistema – isto é, na captura de energia solar e na fixação atmosférica de CO_2 por autótrofos – em contraste com a produtividade de herbívoros, carnívoros ou detritívoros. Na prática, a PPB e as perdas respiratórias por produtores primários são muito difíceis de mensurar diretamente na escala de um ecossistema, de forma que a maioria dos dados sobre produtividade é coletada como PPL.

A PPL varia bastante na superfície da Terra (Figura 14.2). As maiores quantidades de carbono são fixadas em ecossistemas quentes e úmidos. Uma quantidade muito menor de energia é fixada nos sistemas do ártico e menos ainda nos desertos (ver Tabela 18.2). Em uma variedade de ecossistemas da América do Norte, a PPL acima do solo varia por mais de duas ordens de grandeza (Figura 14.3A; Tabela 19.2). Mesmo se considerarmos apenas as florestas dentro daquele continente, pode haver quase igual amplitude de variação na PPL (Figura 14.3B). Em uma escala

Figura 14.2 Mapa global da PPL (produção primária líquida, abaixo e acima do solo) estimada para plantas terrestres, em toneladas/ha/ano do total de matéria orgânica seca. (N. I. Bazilevich, 1994. *Global Primary Productivity: Phytomass, Net Primary Production, and Mortmass.* Digital Raster Data on a 10-minute Cartesian Orthonormal Geodetic (lat/long) 1080x2160 grid. In: *Global Ecosystems Database Version 2.0.* Boulder, CO: NOAA National Geographical Data Center. http://ceos.cnes.fr:8100/cdrom-00b2//ceos1/casestud/ecoreg/datasets/b02/descript.htm.)

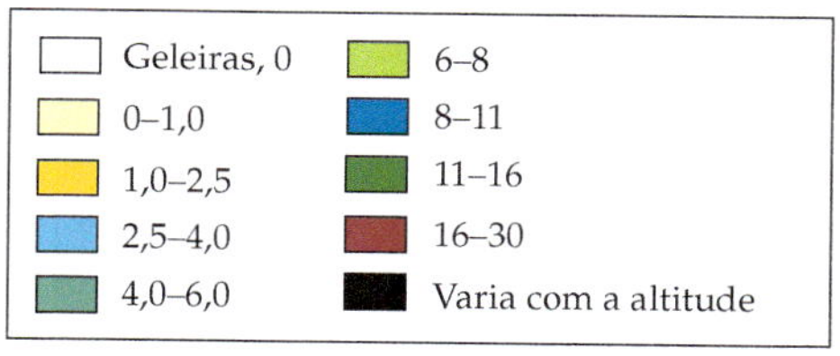

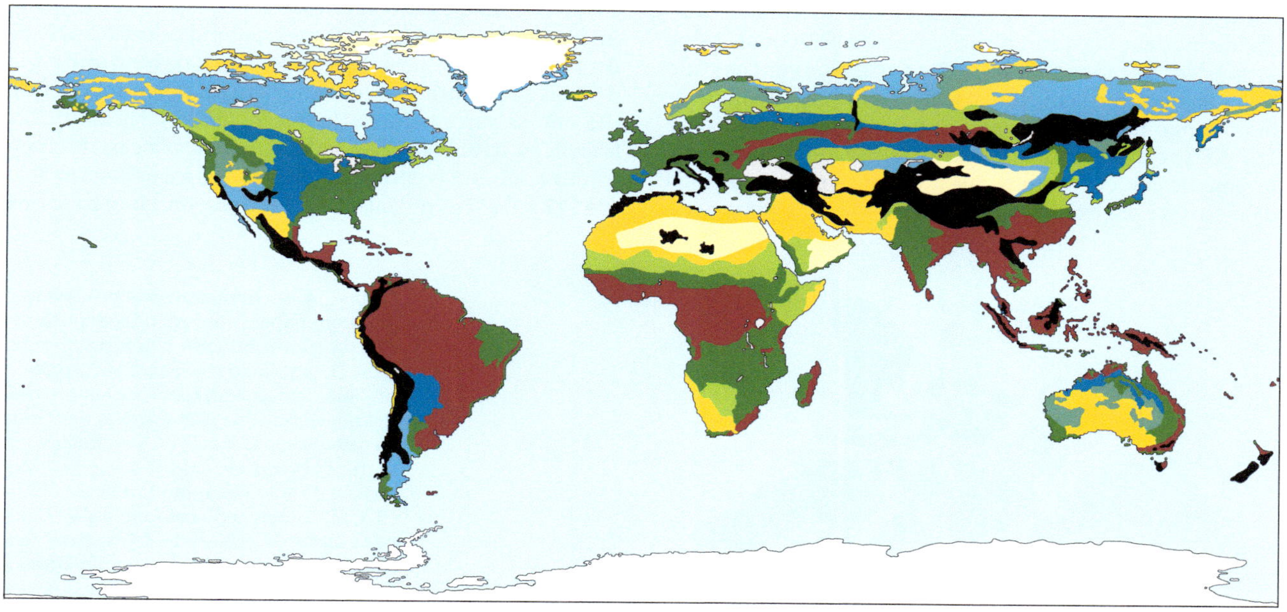

maior, na porção continental dos Estados Unidos, a PPL depende da latitude, do clima e da elevação.

A PPL nos ecossistemas terrestres é largamente limitada pelo clima, particularmente por temperaturas inadequadas e umidade insuficiente para o crescimento, e pela extensão da estação de crescimento (Figura 14.4). Além disso, a produtividade pode ser limitada tanto pela falta de nutrientes essenciais como pelo excesso de outros materiais no solo (p. ex., níveis tóxicos de sal ou íons de metais pesados). A PPL também pode ser afetada por fa-

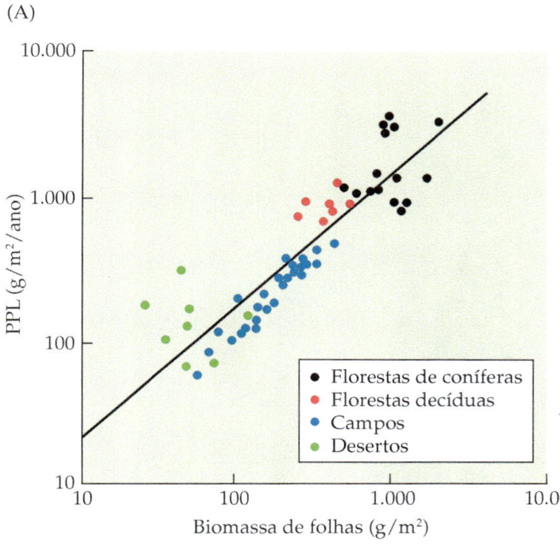

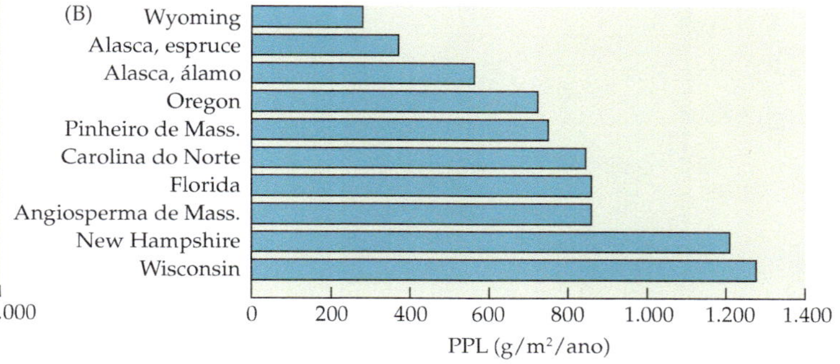

Figura 14.3 A produção primária líquida varia muito em escala continental. (A) PPL (acima do solo, em g/m^2/ano) em uma ampla gama de ecossistemas da América do Norte, de desertos a campos, de florestas decíduas a florestas de coníferas. A PPL está intimamente relacionada à biomassa de folhas. A escala de ambos os eixos é logarítmica, logo essas variáveis possuem uma amplitude de variação bastante grande (segundo Schlesinger, 1997). (B) PPL (acima do solo, em g/m^2/ano) em dez florestas da América do Norte. A PPL acima do solo nessas florestas varia de <300 g/m^2/ano a quase 1.300 g/m^2/ano, com uma mediana de cerca de 750 g/m^2/ano (segundo Waring e Running, 1998).

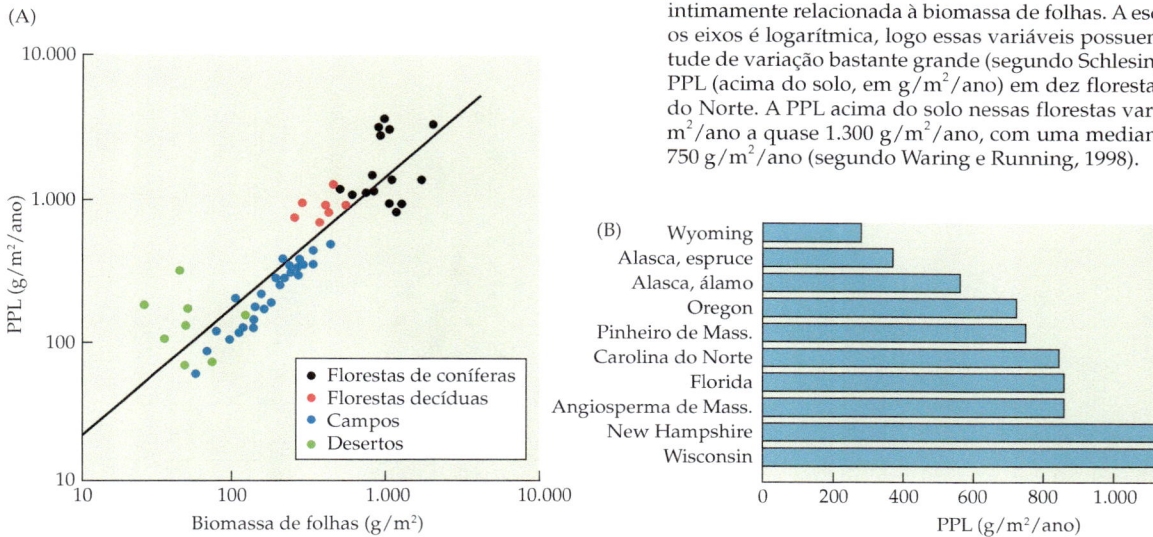

tores mais sutis, como diferenças na quantidade de tecido respiratório nas florestas em que predominam árvores jovens em relação a árvores mais velhas. Fatores climáticos ou edáficos (relacionados ao solo) podem influenciar as propriedades da vegetação, como o IAF e a biomassa total de folhas, que, por sua vez, influenciam a produtividade (Figura 14.5; ver também a Figura 14.3A). A produtividade pode também variar dentro de um dado sistema em função de mudanças na composição de espécies, como as que acontecem durante o processo de sucessão (ver Capítulo 12). Por exemplo, em florestas a produtividade aumenta ao longo da sucessão com o incremento do índice de área foliar e da biomassa; posteriormente, estabiliza ou até mesmo decresce, à medida que aumenta a proporção total da biomassa em tecidos lenhosos não-fotossintetizantes.

A produtividade pode variar consideravelmente mesmo entre locais adjacentes. Gaius Shaver e F. Stuart Chapin III (1991) compararam as relações entre produção e biomassa em quatro tipos contrastantes de vegetação de tundra no norte do Alaska, no sítio LTER (*Long Term Ecological Research*) de Lago Toolik (ver Quadro 9C). Os locais de estudo foram escolhidos para representar exemplos extremos de uma ampla variação de formas de crescimento de plantas em geral encontradas na tundra ártica, incluindo tundra com touceiras (*tussock tundra*), tundra ripária dominada por arbustos decíduos, urzal perenifólio e tundra úmida com ciperáceas (*wet sedge tundra*) (Figura 18.27). Shaver e Chapin observaram que os quatro locais diferiam muito em biomassa de plantas vasculares acima do solo (de 217 a 1.877 g/m^2), além de diferirem bastante na forma

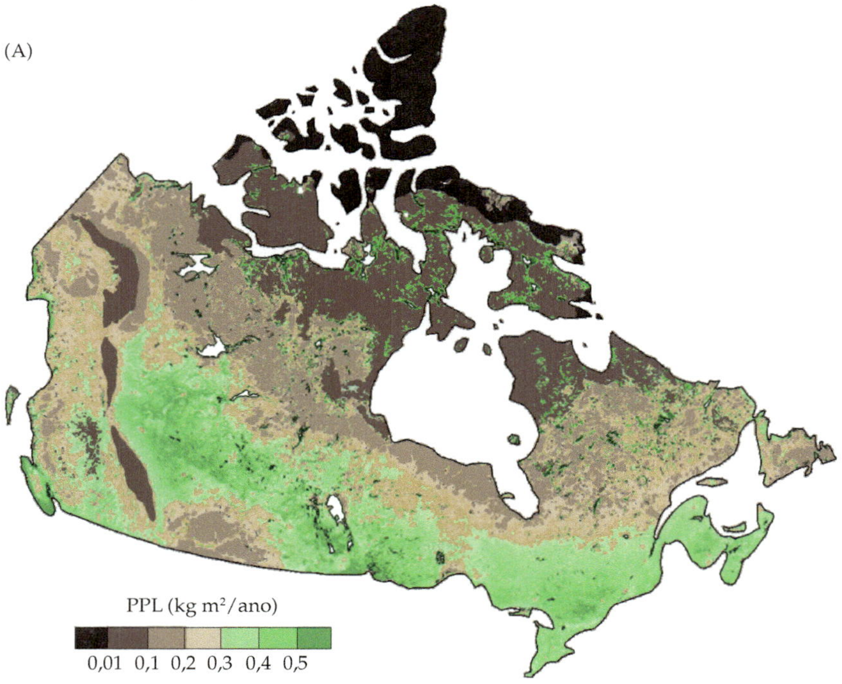

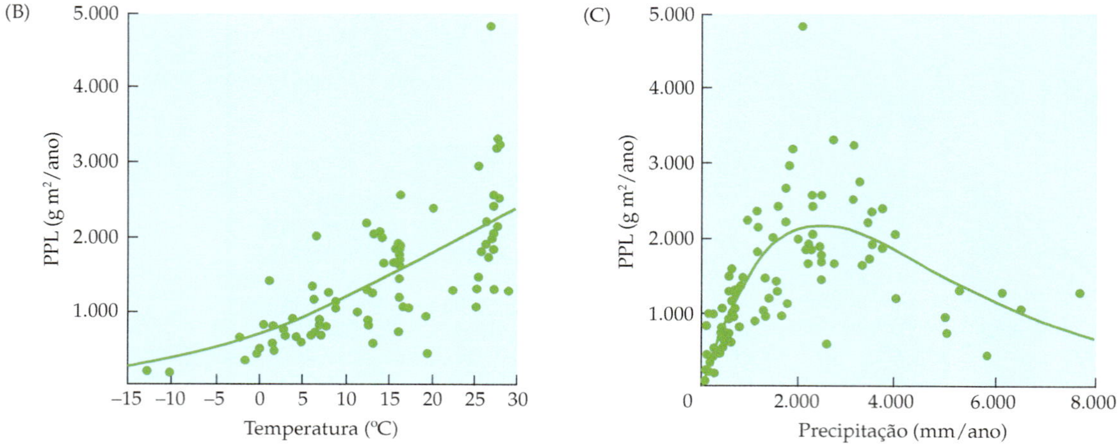

Figura 14.4 Temperatura e precipitação possuem papel primordial na determinação da produtividade primária líquida. (A) PPL (acima do solo em kg de carbono/m^2/ano) no Canadá, com base em um modelo de simulação com entrada de dados de satélite sobre índice de área foliar e cobertura vegetal, além de dados meteorológicos e de solo (segundo Liu et al., 1997). (B, C) PPL (acima do solo, em g /m^2/ano) para locais de diferentes continentes, em relação a (B) temperatura média anual e (C) precipitação em cada local ou em suas proximidades. A PPL é mais baixa em ecossistemas frios e secos (tundra, desertos) e mais elevada onde a temperatura é maior e a água está disponível às plantas ao longo de todo o ano (florestas pluviais tropicais). A PPL decresce sob níveis de pluviosidade extremamente altos, devido à falta de oxigênio no solo e à lixiviação excessiva de nutrientes (segundo Chapin et al., 2002).

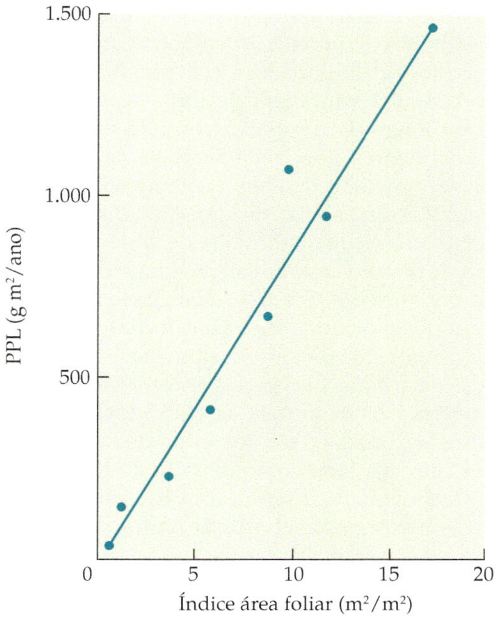

Figura 14.5 Relação entre a produção primária líquida acima do solo e o índice de área foliar (definido como a área total de uma das faces de todas as folhas por unidade de área do solo) para florestas no nordeste dos EUA (segundo Schlesinger, 1997).

de crescimento das plantas. A PPL de plantas vasculares acima do solo variou ainda mais (32 a 305 g/m^2/ano), sendo que o conteúdo de nutrientes e a demanda de nutrientes (como N e P) também apresentaram ampla variação nos locais de estudo. Entre plantas com diferentes formas de crescimento, houve diferenças drásticas na alocação de carbono e nutrientes para as várias partes da planta, assim como ampla variação nas taxas de substituição de folhas e na quantidade de recursos necessários para produzir cada folha.

Apesar dessas diferenças drásticas de biomassa total nos quatro locais estudados, em termos de biomassa total, PPL acima do solo e conteúdo de nutrientes na planta, Shaver e Chapin encontraram diferenças surpreendentemente pequenas nas relações entre nutrientes e PPL, incluindo a ciclagem de nutrientes (p. ex., taxa de *turnover* de N), a quantidade de nutrientes necessária para produzir um grama de biomassa e o *turnover* da biomassa total. As grandes diferenças na taxa de substituição de folhas e nos padrões de alocação, que foram tão evidentes entre as formas de crescimento, desapareceram no nível do ecossistema completo, porque locais ou formas de crescimento com rápida substituição de folhas apresentaram lenta substituição de caule ou rizoma. Portanto, em ecossistemas de tundra, o armazenamento de nutrientes, particularmente em caules e rizomas, compensa as diferenças na substituição de folhas e em recursos utilizados para produção de folhas. A ampla variação na substituição de folhas e no metabolismo, quando comparadas diferentes espécies e formas de crescimento, foi tamponada em nível de ecossistema pelos processos relacionados ao caule, os quais são dominantes porque possuem, sem dúvida, a maior biomassa e o maior reservatório de nutrientes.

Métodos para estimar produtividade

Mensurar a produtividade e conseguir prever sua magnitude são tarefas de grande valor comercial (p. ex., para determinar a produção de madeira em florestas plantadas). São ainda de grande importância para compreender ecossistemas locais e para entender e prever componentes do balanço global de carbono. Enquanto o conceito de produtividade pode ser simples, medi-la de fato traz à tona várias questões e implica resolver problemas não desprezíveis.

Para começar, se quisermos saber como a produtividade afeta a estrutura da comunidade, procuramos conhecer a produtividade potencial de um local (a máxima quantidade de carbono que poderia ser fixada nas condições abióticas locais) ou estamos interessados na produtividade real (a quantidade de carbono de fato fixada pela vegetação em um determinado período)? A produtividade real será sempre menor do que a produtividade potencial porque, por exemplo, nem todas as espécies de plantas são igualmente eficientes na fixação de carbono, e fatores como a competição podem limitar o crescimento de algumas espécies. Em geral, estamos mais interessados na produtividade real, a qual enfocamos aqui, embora fazer essa distinção seja importante para avaliar teorias sobre como a produtividade determina a diversidade de espécies (ver Tabela 19.4).

A produtividade primária líquida pode ser estimada de várias maneiras. No caso mais simples, devemos iniciar o ano de estudo com uma parcela de solo descoberto. Ao final do ano, medimos o **produto em pé** (massa total de plantas acima do solo) cortando todas as plantas, secando-as e pesando-as. Na prática, em ecossistemas de plantas herbáceas perenes, o produto em pé é colhido no início e no final da estação de crescimento em parcelas comparativas, com a diferença de massa fornecendo uma estimativa da quantidade de material produzido. As perdas por herbivoria e outros fatores devem ser estimadas para obter uma avaliação acurada da PPL. Uma maneira de estimar a magnitude de tais perdas é excluir herbívoros de outras parcelas comparativas mediante cercamento ou outros meios.

A colheita de material vegetal para medir produtividade possui duas limitações importantes. Em primeiro lugar, a colheita da biomassa em pé é um processo destrutivo. Esse método não seria muito adequado, por exemplo, em um local que desejássemos estudar durante muitos anos. Uma forma de lidar com essa limitação é medir a produtividade em várias parcelas onde a vegetação foi colhida, enquanto outras mensurações são feitas em parcelas adjacentes não-perturbadas.

Segundo, a colheita apenas das partes vegetais acima da superfície do solo ignora a produtividade abaixo, que é importante em muitos ecossistemas. Entretanto, é difícil mensurar a produtividade abaixo da superfície do solo.

Não é só o grande esforço para escavar as raízes, mas gera-se uma perturbação substancial na comunidade vegetal em estudo. Além disso, boa parte das raízes pode consistir em pelos muito finos e difíceis de separar do solo. Por essas razões, a produtividade abaixo do solo é frequentemente ignorada.

A razão de PPL abaixo e acima da superfície do solo varia muito nos ecossistemas. Vogt e colaboradores (1982), por exemplo, compararam a razão da PPL abaixo e acima da superfície do solo entre estandes florestais de *Abies amabilis* (abeto prateado, Pinaceae), nas Cascade Mountains do Estado de Washington; parte dos estandes tinha 23 anos de idade e parte tinha 180 anos. Na floresta jovem, a PPL abaixo da superfície do solo foi 45% do total; na floresta mais velha, o componente abaixo da superfície do solo foi de 75% da PPL total.

Para contornar essas limitações, os ecólogos frequentemente utilizam medidas indiretas de produtividade. Uma dessas abordagens depende do desenvolvimento de fórmulas que relacionem mudanças no tamanho da planta com mudanças na biomassa. Para muitas espécies de árvores, especialmente as de importância econômica, a relação estatística entre o aumento médio anual no diâmetro do tronco e o acúmulo anual médio de biomassa na madeira, nas folhas, nos ramos e nas raízes de grande diâmetro foram determinados por meio do corte e da mensuração de árvores. Tais relações alométricas são então utilizadas para calcular estimativas de PPL e para armazenamento de carbono e nutrientes nas diferentes partes das árvores e em diferentes estágios de desenvolvimento da floresta. A serrapilheira vegetal pode ser coletada para contabilizar a PPL acima da superfície do solo que não fica retida pelas plantas. Do mesmo modo, a biomassa e a produtividade são, às vezes, estimadas para plantas arbustivas e herbáceas do sub-bosque, relacionando estatisticamente a biomassa a aumentos em cobertura, com relações determinadas inicialmente para plantas que foram colhidas. Essas fórmulas alométricas são amplamente utilizadas por ecólogos florestais e empresas de silvicultura. Embora funcione para florestas bem estudadas, essa abordagem não é prática para muitos outros ecossistemas, pois uma fórmula é necessária para cada espécie na comunidade, e obter tal informação é caro e consome tempo.

Uma estimativa indireta e muito simples de produtividade pode ser obtida por extrapolação a partir de correlações observadas entre a evapotranspiração real (ETR) e a produtividade. A ETR tem sido indicada como variável simples, amplamente disponível e correlacionada à produtividade potencial, sendo útil para investigar padrões de produtividade em larga escala (Rosenzweig, 1968). Embora já tenha sido demonstrado que a ETR fornece estimativas razoavelmente boas da produtividade em uma grande variedade de climas, ela possui baixa capacidade para predizer a produtividade quando a precipitação e a temperatura são altas. Por ser inadequada como uma variável substituta da produtividade em regiões tropicais e porque os trópicos são responsáveis por grande parte da produtividade primária total da Terra, a ETR não é muito adequada para predizer a produtividade global.

Uma abordagem diferente para estimar a PPL a longo prazo, com base em análise de matéria orgânica do solo, foi sugerida por Jenkinson e colaboradores, 1999. Esse método possui a vantagem de fornecer uma estimativa da PPL ao longo de um período muito mais extenso do que normalmente é possível a partir de dados de colheita; além disso, o método também contempla tanto a produtividade acima como abaixo da superfície do solo. Estima-se a PPL pelo cálculo da quantidade de matéria orgânica que deve entrar no solo anualmente, a fim de manter o *pool* de matéria orgânica em estado estável. Essa entrada de matéria orgânica é oriunda de várias fontes, como material vegetal, fungos do solo, animais mortos e bactérias heterotróficas e carbono fixado por autótrofos do solo, como cianobactérias. As três medidas utilizadas são a massa do solo em cada camada, o seu conteúdo de carbono orgânico em cada camada, bem como a idade do carbono radioativo em cada camada do solo, com base em mensurações de ^{14}C (também é possível utilizar dados da biomassa microbiana, se disponíveis). Os dados são colocados em um modelo de simulação juntamente com a informação sobre o conteúdo de argila do solo e informações climáticas de longo-prazo. Esse método tem sido testado com sucesso em ambientes tropicais de campo e floresta. Suas limitações incluem a necessidade de um conhecimento razoável sobre o clima e as características do solo no local de estudo; a pressuposição de que o ecossistema encontra-se em estado estável e a necessidade de levar em conta a quantidade de carbono removida do sistema a cada ano por respiração, queima, desmatamento ou colheita. A existência de um grau considerável de erosão do solo também invalida as pressuposições desse método. Sob circunstâncias corretas, porém, ele pode ser um importante complemento para outras abordagens de mensuração da PPL.

Métodos de sensoriamento remoto (ver Capítulo 15) podem ser utilizados para estimar a PPL em escalas mais amplas do que outros métodos. Imagens que registram os diferentes comprimentos de onda da luz refletida pela superfície terrestre podem ser analisadas para fornecer uma estimativa da "quantidade de verde", ou seja, da quantidade de clorofila presente, pois a clorofila absorve (e reflete) a luz em comprimentos de onda específicos (ver Capítulo 2 e Quadro 15A). Uma vez que a quantidade de clorofila está relacionada à quantidade de material fotossintetizante vivo, essa informação pode ser usada para estimar a biomassa viva em um determinado local. Estimativas sucessivas de biomassa podem então ser utilizadas para obter uma estimativa de produtividade.

O **índice de vegetação por diferença normalizada** (NDVI, *normalized difference vegetation index*) mede a biomassa em pé, com base na reflectância de todos os comprimentos de onda do infravermelho próximo (NIR, *near-infrared*) e do visível (VIS):

$$NDVI = \frac{(NIR - VIS)}{(NIR + VIS)}$$

onde a reflectância é integrada por todos os comprimentos de onda relevantes. Foram desenvolvidas regressões relacionando o NDVI à PPL, pela relação dos valores de reflectância aos das colheitas reais da vegetação. O NDVI tem sido amplamente utilizado em muitos sistemas (Figura 14.6; Cook et al., 1989), e fornece boas estimativas da PPL relativa. A precisão pode ser aumentada, se medirmos o NDVI em vários momentos ao longo do ano. Se houver necessidade de uma medida absoluta de PPL, pode ser necessário calibrar as mensurações a partir de colheitas reais no nível do solo. O NDVI pode ser pouco preciso em comunidades com muitas camadas de vegetação. Novos métodos estão sendo desenvolvidos para resolver algumas das suas atuais limitações.

Outra abordagem para estimativa indireta da produtividade é utilizar técnicas fundamentadas em micrometereologia, que medem a concentração de CO_2 no ar. Essas técnicas tornaram-se crescentemente importantes na mensuração da produtividade (e de outras formas de interação planta-atmosfera) desde a década de 1980. O método da **covariância de vórtices turbulentos** (ou correlação de vórtices turbulentos, *eddy correlation*) é o mais utilizado. Essa técnica mede a **troca líquida do ecossistema** (NEE, *net ecosystem exchange*), que é a transferência líquida de CO_2 para dentro e para fora de um ecossistema.

Vórtices turbulentos (*eddies*) são parcelas de ar que se movem essencialmente como unidades discretas, dentro das quais as concentrações de gases são aproximadamente uniformes. Vórtices turbulentos carregam CO_2 para dentro e para fora de um ecossistema, que consiste em uma mistura complexa de fontes de carbono (como organismos que respiram) e sumidouros (drenos) (primordialmente, plantas fotossintetizantes). Durante a luz do dia, o sumidouro mais importante para o CO_2 em um ecossistema é, sem dúvida, a absorção por folhas fotossintetizantes. À medida que um vórtice turbulento entra em contato com certas superfícies, como folhas, seu movimento fica mais lento devido ao atrito. Nesse ponto, o CO_2 pode difundir-se para fora do vórtice turbulento, entrando na camada limítrofe da folha. Quando as condições são favoráveis, há uma transferência líquida de CO_2 do ar circundante para o ecossistema, devido à captura fotossintética realizada no dossel (isto é, a captura bruta menos as perdas por respiração no ecossistema). Durante a noite, haverá uma transferência líquida de CO_2 do ecossistema para o ar, devido principalmente à respiração das plantas e dos organismos do solo do ecossistema.

O uso do método da covariância de vórtices turbulentos exige mensurações intensivas da velocidade dos ventos locais, assim como da concentração local dos gases. Esse é um método em que a utilização de instrumentos e computadores é muito intensa. A maioria dos sistemas é montada em torres de instrumentos, as quais podem ser móveis ou permanentes, situadas geralmente em florestas (algumas já foram montadas em veículos aéreos). Por incluir todas as fontes e sumidouros de CO_2 do ecossistema, a NEE não se constitui em uma estimativa direta da PPL (p. ex., na NEE está incluída a respiração dos micro-organismos do solo). Ainda assim, a NEE é considerada uma medida adequada.

Decomposição e teias alimentares do solo

Todo o ser vivo, desde o organismo menos longevo até a árvore mais idosa, em algum momento morre. Se os **detritos** orgânicos – os corpos mortos e dejetos de organismos vivos ou que um dia foram vivos – não se decompusessem, a maioria dos processos ecossistêmicos pararia completamente e, desnecessário dizer, o acúmulo de corpos mortos e dejetos não seria uma visão agradável. Cedo ou tarde, a maior parte do carbono, outros materiais e parte da energia liberada pelo processo de decomposição são capturados por organismos vivos e utilizados novamente.

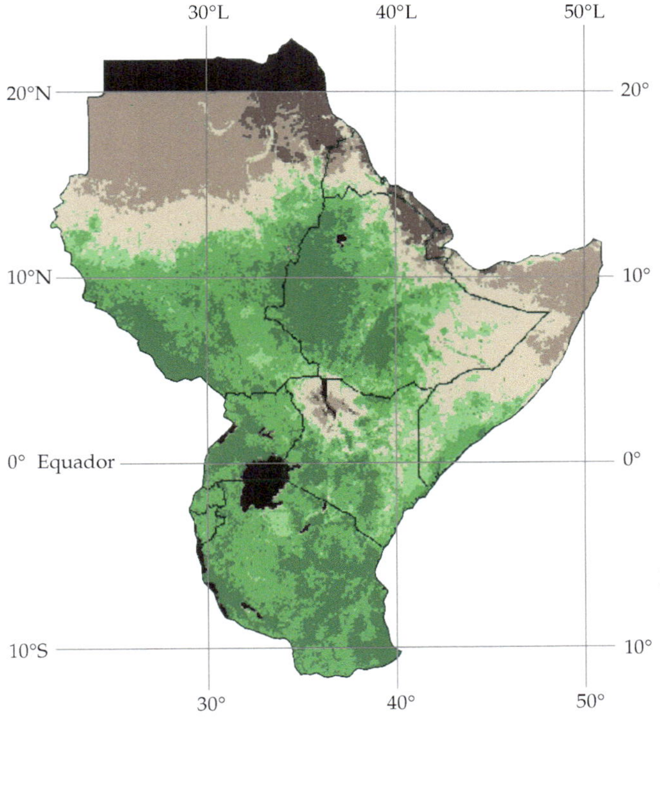

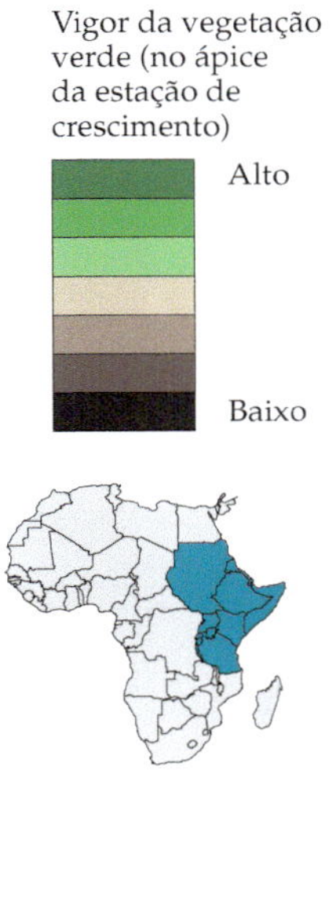

Figura 14.6 Mapa do "chifre" da África Oriental, indicando o NDVI máximo, o qual representa a biomassa verde durante o ápice da principal estação de crescimento, de 1982 a 1993. Dados como esses podem ser monitorados para identificar problemas incipientes na produção de alimentos, os quais poderiam potencialmente levar à fome ou a outros problemas. Os valores mais baixos estão nas áreas mais secas da parte norte da região, na ponta do "chifre" e em outras porções à leste (de U.S. Geological Survey, 1996).

Como são reciclados esses materiais que um dia foram parte de organismos vivos?

A decomposição transforma organismos mortos, suas partes separadas ou removidas (p. ex., folhas, casca, ramos e raízes) e fezes em matéria orgânica do solo e, por fim, em nutrientes inorgânicos, CO_2, água e energia. Os estágios iniciais da decomposição transformam esses materiais em matéria orgânica do solo. Mais adiante, a decomposição libera nutrientes por meio de uma série de processos coletivamente denominados **mineralização**, em que os micro-organismos liberam carbono como CO_2 e nutrientes em forma inorgânica. Os nutrientes podem ser então absorvidos diretamente pelas plantas ou absorvidos apenas depois que outras conversões ocorram. A mineralização da matéria orgânica resulta da conversão de moléculas orgânicas em CO_2 e energia; esse processo ocorre por meio da respiração celular dos micro-organismos e, sob uma perspectiva funcional dos ecossistemas, é uma reversão da produção primária fotossintética (embora os processos bioquímicos envolvidos sejam muito diferentes).

Em ecossistemas terrestres, a decomposição envolve tanto a alteração física como a química dos materiais originais, por meio da complexa teia alimentar que existe principalmente (mas não inteiramente) sobre ou logo abaixo da superfície do solo (Figura 14.7). A decomposição é um processo largamente aeróbio (que necessita oxigênio) e ocorre lentamente, quando ocorre, em solos inundados ou outros ambientes anaeróbios. Condições quentes e úmidas favorecem altas taxas de decomposição. Condições frias e secas inibem a decomposição, resultando no acúmulo de matéria orgânica. As taxas de decomposição também dependem de outros fatores, em especial das características físicas e químicas do material em decomposição (Figura 14.8).

A decomposição da serrapilheira é tipicamente baixa em solos pobres em nutrientes e em solos áridos. Por exemplo, dado que acículas de coníferas e folhas de carvalho se decompõem muito lentamente e tendem a acidificar o solo sob condições úmidas, a presença de grande número dessas árvores tende a favorecer plantas cujas características foliares reduzam a perda de nutrientes. Portanto, em solos pobres em nutrientes, a característica perenifólia tende a ser autorreforçada (Aerts, 1995). De fato, a dominância de coníferas em florestas boreais tem um papel-chave na acidificação e depleção de nutrientes no solo (ver Capítulo 4).

Ao consumir cadáveres de animais, os animais carniceiros iniciam o processo de decomposição de materiais de origem animal. Entre os carniceiros, estão incluídos grandes animais (como hienas e abutres) e insetos (como os besouros *Nicrophorus* e as larvas de dípteros, conhecidas como gusanos). Escaravelhos "vira-bosta" (Scarabeidae) são importantes consumidores de fezes de mamíferos, realizando essa função de forma extremamente eficaz em campos tropicais e em muitos outros ecossistemas.

A maior fonte de material para a decomposição é a serrapilheira vegetal, constituída de uma variedade de materiais – desde raízes mortas e folhas caídas, acículas e cascas, até troncos de árvores mortas. A serrapilheira deve ser quebrada em pequenos pedaços de matéria orgânica antes que possa ser efetivamente decomposta por micro-organismos. Esse processo de fragmentação da serrapilheira é largamente realizado por animais; também atuam processos abióticos, como congelamento e descongelamento. Grandes animais, de veados e ursos a roedores fossoriais (Geomydae) e *voles* (roedores silvestres da subfamília Arvicolinae), desmancham a serrapilheira quando procuram alimento na superfície do solo ou escavan-no.

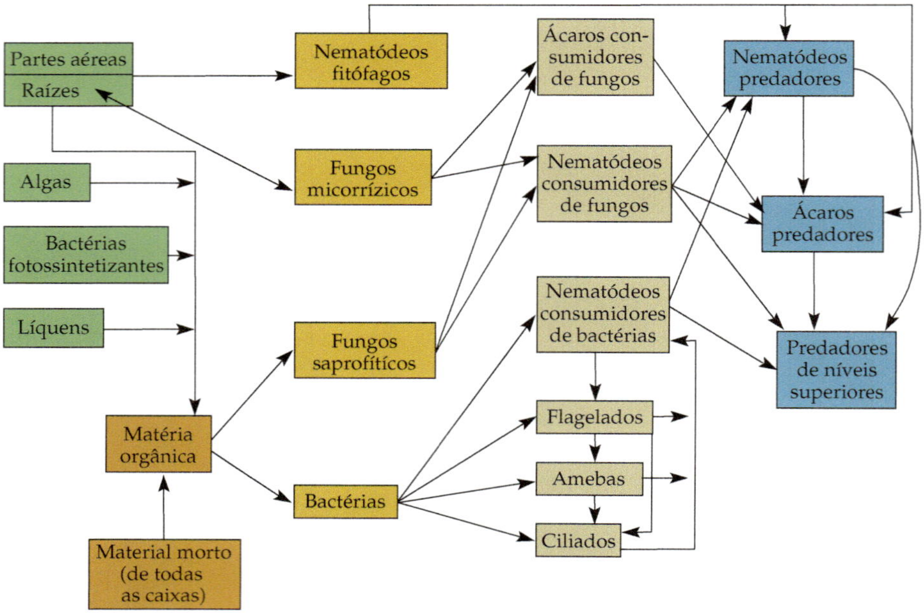

Figura 14.7 Diagrama de uma teia alimentar do solo. Os autótrofos (caixas verdes) que estão na superfície e nas camadas superiores do solo incluem plantas, com as partes fotossintetizantes acima do solo e as raízes abaixo, protistas unicelulares fotossintetizantes (diatomáceas e algas verdes) e cianobactérias (bactérias fotossintetizantes). Os heterótrofos incluem muitos tipos diferentes de bactérias, animais unicelulares (amebas, ciliados flagelados), micorrizas e fungos saprofíticos (decompositores), nematódeos, micro e macroartrópodos de solo, incluindo ácaros e diversos vertebrados (segundo Ingham, não-publicado, em http://www.soilfood-web.com).

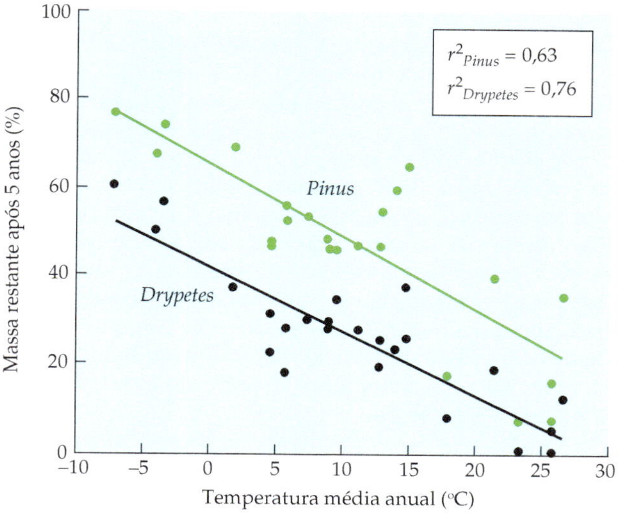

Figura 14.8 Taxas de decomposição das raízes de duas espécies de árvores com propriedades muito contrastantes: *Drypetes glauca* (Euphorbiaceae), uma angiosperma tropical, *Pinus elliottii* (Pinaceae) e uma gimnosperma de clima temperado. Bolsas (de rede) contendo material de raízes foram enterradas em 28 locais nas Américas do Norte e Central. As raízes de ambas as espécies se decompuseram mais rapidamente em locais cujas temperaturas anuais eram mais altas. As raízes de *Drypetes* decompuseram-se mais rapidamente do que as de *Pinus* em todas os locais (segundo Gholz et al., 2000).

Em escala intermediária, as minhocas ingerem e processam grande volume de solo, causando drásticas alterações físicas e químicas no solo e na matéria orgânica nele contida. Os cupins consomem material vegetal vivo e morto, digerindo a celulose por meio de protistas mutualistas e bactérias que habitam seu intestino posterior. Esses insetos podem estar entre os principais contribuintes para a dinâmica de ecossistemas tropicais.

Os menores animais multicelulares das teias alimentares do solo são insetos microscópicos e aracnídeos conhecidos como microartrópodes de solo, ou micro e mesofauna de solo (Figura 14.9). Esses organismos são particularmente importantes para o processo de decomposição, em especial em florestas. Entre eles, estão os Collembola (Colêmbolos; Figura 14.9A), que são insetos consumidores de fungos, e ácaros (Figura 14.9B), aracnídeos que se alimentam diretamente da serrapilheira, fungos e bactérias de solo. Os nematódeos (Figura 4.9C) são muito abundantes e críticos para as teias alimentares do solo, sendo herbívoros consumidores de raízes de plantas, carnívoros que predam animais do solo e consumidores de bactérias e fungos. Protistas unicelulares, incluindo ciliados e amebas, vivem no filme de água do solo, entre e ao redor das suas partículas, predando bactérias do solo. Devido ao seu consumo voraz de bactérias do solo e fungos, microartrópodos, nematódeos e protistas do solo são responsáveis por converter grandes quantidades de nitrogênio e fósforo microbianos em formas disponíveis para as plantas, bem como por liberar carbono microbiano na forma de CO_2 respirado.

Fungos **saprofíticos** dependem de matéria orgânica não-viva para obter carbono e energia. Eles são os principais decompositores de folhas mortas e outras plantas da serrapilheira, e respondem por aproximadamente metade da biomassa microbiana em solos de campos e por cerca de 90% em solos de floresta temperada. Fungos são heterótrofos que secretam enzimas digestivas externas poderosas, decompondo seu substrato. As finas hifas dos

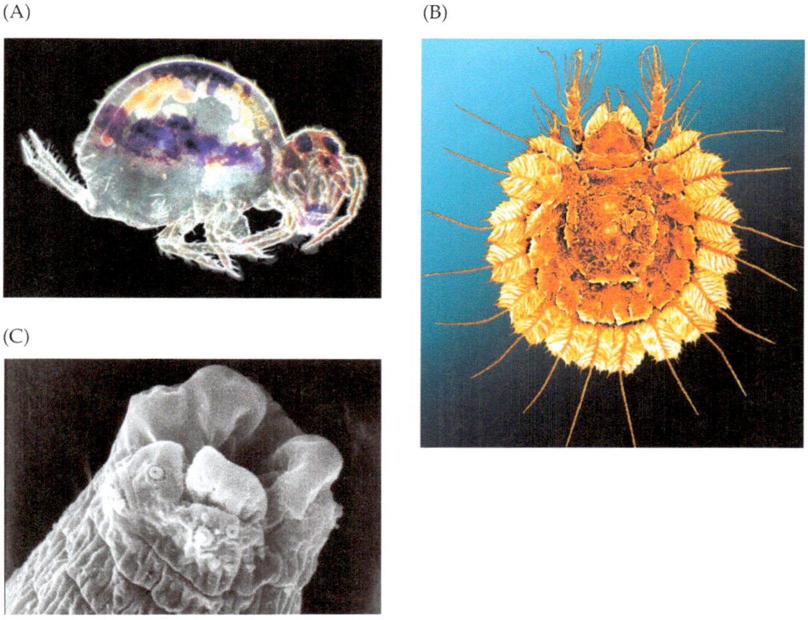

Figura 14.9 Alguns invertebrados importantes nas teias alimentares do solo. (A) *Sminthurinus elegans* (um colêmbolo; Collembola). Colêmbolos são insetos de solo muito comuns e diminutos, que consomem fungos. O indivíduo fotografado possui cerca de 3 mm de comprimento (fotografia cedida por K. Brocklehurst). (B) Um ácaro de solo (Cepheidae, gênero e espécie desconhecidos), originário de uma floresta pluvial subtropical de Queensland, Austrália. Esses aracnídeos diminutos (cerca de 2 mm) consomem hifas e esporos de fungos, além de algas, líquens e bactérias. Ácaros de solo são comuns em todo o mundo (cortesia de D. E. Walter). (C) Um nematódeo, *Acrobeloides nanus*, mostrando sua extremidade frontal (anterior). Essa espécie de nematódeo é provavelmente um dos invertebrados mais comuns do mundo. Vive em todos os continentes, incluindo as ilhas subantárticas. Em locais favoráveis suas populações podem alcançar mais de 1.000.000 de indivíduos por metro quadrado. Seu comprimento total é de cerca de 0,2 mm (cortesia de S. Boström).

fungos penetram os órgãos e tecidos das plantas, rompendo a cutícula defensiva para ter acesso ao interior, acelerando, assim, a decomposição. Entretanto, tanto as defesas estruturais das plantas, como a lignina e vários aspectos de defesas químicas, incluindo toxinas e níveis de pH, podem inibir a eficiência dos fungos. Tais diferenças em estrutura física e química das plantas contribuem para amplas diferenças nas taxas de decomposição entre diferentes espécies vegetais (Figura 14.8) e entre diferentes partes das plantas (folhas *versus* madeira, por exemplo). Os extensos micélios multicelulares que constituem um fungo podem obter carbono de uma fonte e nitrogênio de outra fonte distinta, aumentando ainda mais a capacidade de utilizar material vegetal morto como fonte de nutrientes e energia.

As bactérias desempenham papel essencial nas teias alimentares do solo e na ciclagem de nutrientes, embora geralmente não sejam muito importantes nos estágios iniciais da decomposição na maioria dos ecossistemas. As bactérias podem romper e decompor células vivas e mortas de plantas, animais, fungos e outras bactérias. Sua presença no solo é bastante variável no espaço e no tempo; elas são encontradas em maiores abundâncias sob temperaturas altas e quando água e nutrientes estão disponíveis. Elas estão frequentemente presentes nos poros do solo, na rizosfera e nos agregados que recobrem as partículas de solo (ver Capítulo 4). As bactérias movem-se passivamente através do solo, carregadas por água ou animais. Mais adiante, retornaremos às funções de vários grupos funcionais de bactérias.

O armazenamento de carbono

Ao longo do tempo, os ecossistemas tipicamente acumulam e armazenam carbono. A **produção líquida do ecossistema** (**PLE**) é o acúmulo líquido anual de carbono em um ecossistema (Odum, 1969). Nossas vastas reservas subterrâneas de carvão, por exemplo, resultam de períodos geológicos em que a PLE era elevada. A PLE é igual à PPL menos a respiração heterotrófica total (primordialmente devida a micro-organismos do solo). Durante o decorrer da estação de crescimento, a PLE é positiva porque a fotossíntese das plantas é muito maior do que a respiração heterotrófica. Já durante a estação de dormência das plantas (inverno ou estação seca) a fotossíntese é mínima, e a PLE fica negativa (Figura 14.10).

A PLE pode também ser definida como a PPB menos a respiração ecossistêmica total (a soma de toda a respiração autotrófica e heterotrófica), assumindo que nenhuma outra perda de carbono ocorra. Outras perdas de carbono podem resultar de lixiviação, de emissões voláteis das plantas, do fluxo de metano, de incêndios e da retirada de madeira. Erosão ou deposição, além de movimentos animais, também podem adicionar ou subtrair carbono do sistema. A PLE geralmente depende mais da extensão do tempo em que um ecossistema permanece sem ser perturbado do que da temperatura ou da umidade, e é geralmente pequena: ecossistemas não-perturbados tipicamente apresentam um pequeno acúmulo positivo de carbono a cada ano.

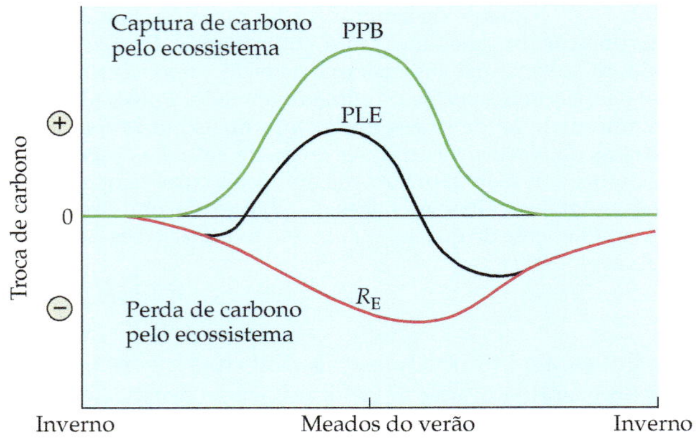

Figura 14.10 A produção líquida do ecossistema (PLE) é o acúmulo líquido de carbono por ano no ecossistema como um todo, incluindo os organismos vivos e a matéria orgânica do solo. Em um ambiente temperado típico, a PLE aumenta durante a primavera e atinge o ápice no meio do verão, quando a fotossíntese das plantas é maior do que a respiração total do ecossistema. A respiração do ecossistema (R_E) é mínima durante o inverno, mas aumenta na primavera, causando perdas ecossistêmicas de carbono maiores à medida que a temperatura do solo aumenta. As maiores perdas de carbono (a maior parte dos valores negativos) ocorrem no final do verão ou no início do outono. À medida que a PPB decresce no outono, a PLE também diminui, mesmo que as perdas devidas à respiração também estejam decrescendo (tornando-se menos negativas) (segundo Chapin et al., 2002).

Durante o desenvolvimento de um ecossistema após uma grande perturbação, a biomassa de tecido lenhoso em plantas de vida longa aumenta. O somatório de toda a matéria orgânica da vegetação viva (incluindo o material estrutural não-vivo na madeira), ou a biomassa-em-pé total, pode tornar-se muito elevado, particularmente em florestas mais antigas, onde o carbono se acumula gradativamente ao longo de muitos séculos. Em algum momento, a alocação de carbono para novos tecidos lenhosos será contrabalançada pelas perdas devido à morte de indivíduos e de partes das plantas, e o ecossistema não mais recebe biomassa-em-pé adicional. Depois dessa fase, a quantidade de carbono no ecossistema pode continuar a aumentar, visto que a matéria orgânica do solo continua a se acumular.

As proporções relativas e as quantidades totais de carbono armazenado em diferentes componentes do ecossistema variam muito entre sistemas, assim como as taxas de fluxo entre componentes dentro de ecossistemas. Por exemplo, em um sistema campestre, a taxa de *turnover* da serrapilheira não-decomposta pode ser duas ordens de grandeza maior do que a de ácidos húmicos nas porções inferiores do perfil do solo, ao passo que a quantidade de carbono armazenada nos ácidos húmicos é muito maior do que a armazenada na serrapilheira (Figura 14.11).

A PPL tende a estar intimamente ligada à respiração microbiana do solo, porque o carbono e a energia fixados pelas plantas são o substrato para a respiração dos micro-organismos, e também porque esta respiração libera nutrientes dos quais as plantas precisam para capturar

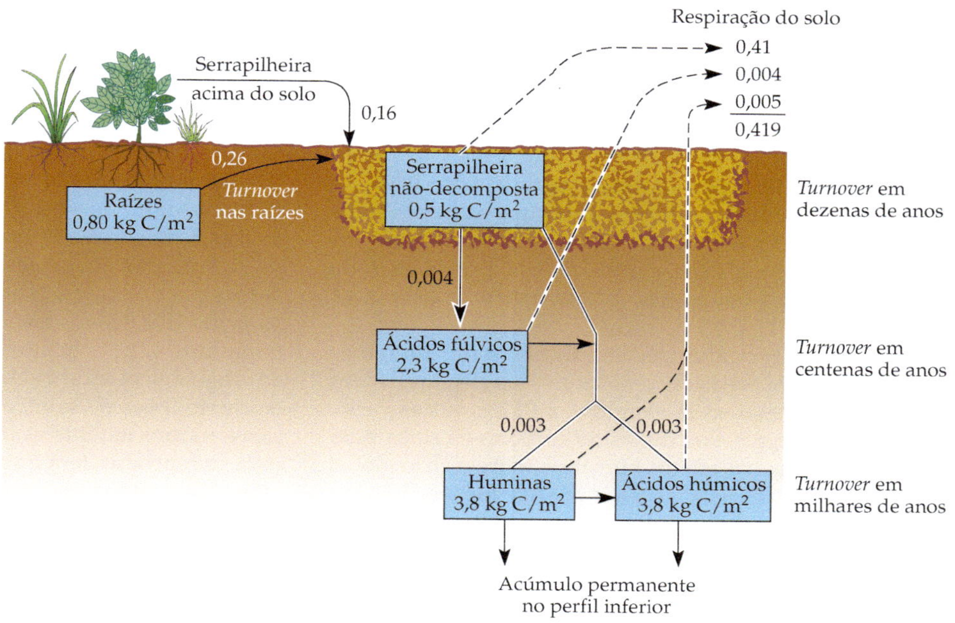

Figura 14.11 *Pools* de carbono em vários componentes do solo de um campo (em kg C/m^2/ano, nas caixas) e taxas relativas de *turnover* (em kg C/m^2/ano, os números próximos às linhas mostram as mudanças). O húmus do solo (matéria orgânica não-celular) inclui vários componentes (huminas e ácidos húmicos) cujo tempo médio de residência (*turnover*) é muito longo (segundo Schlesinger, 1997; dados de Schlesinger, 1977).

carbono pela fotossíntese (assim como para sobreviver e crescer). Em alguns casos, entretanto, não há uma ligação forte entre a PPL e as atividades microbianas do solo, sendo que a PLE aumenta ou diminui correspondentemente. Por exemplo, em turfeiras, o ambiente anaeróbio do solo limita gravemente a atividade microbiana, mas não limita muito a produtividade das plantas, resultando em alto acúmulo de carbono no solo e, portanto, em alta PLE. Perturbações como fogo ou extração de madeira podem resultar em perdas substanciais de carbono em um ecossistema. Essas perturbações removem a biomassa de plantas vivas e algumas vezes a matéria orgânica do solo, podendo alterar a PPL subsequente de maneiras complexas.

Modelos de ciclos ecossistêmicos de carbono

Modelos foram desenvolvidos para descrever e predizer fluxos e *pools* de carbono desde a escala de ecossistema até a escala global. Tais modelos tipicamente incluem os *pools* de carbono em diferentes frações do solo e da vegetação, assim como os fluxos de carbono da atmosfera para as plantas (PPL), das plantas para o solo e do ecossistema (plantas e solo) de volta para a atmosfera. Esses modelos variam desde altamente detalhados até muito grosseiros e gerais, necessitando diferentes entradas de dados e possuindo variados objetivos. Waring e Running (1998) discutem diferentes abordagens para modelagem de ecossistemas e comparam alguns dos principais modelos.

Um exemplo é o modelo CENTURY (Parton et al., 1988, 1993), que começou como um modelo de armazenamento de carbono em campos agrícolas, mas foi expan-

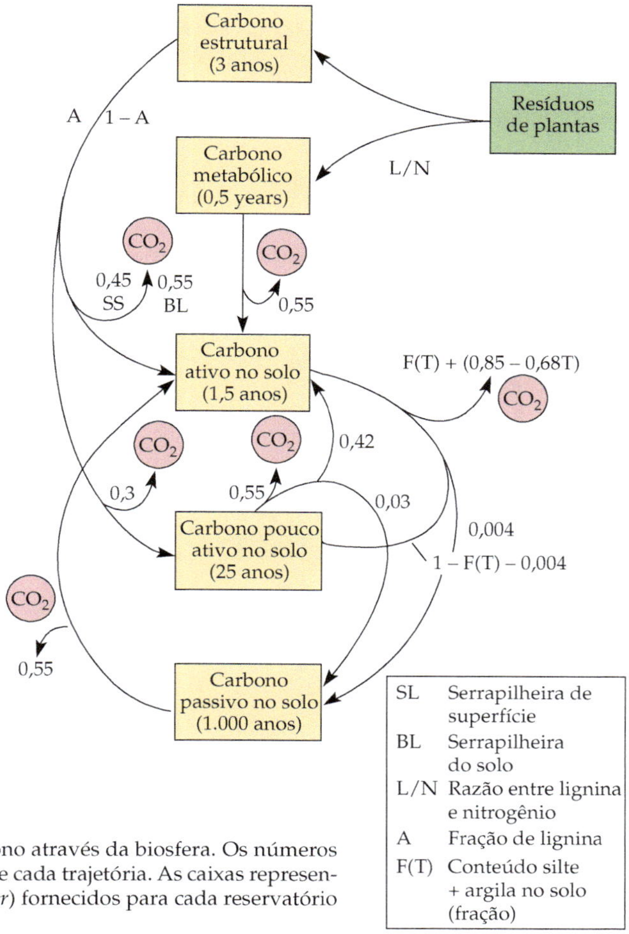

Figura 14.12 Diagrama do modelo CENTURY para fluxo de carbono através da biosfera. Os números fracionários indicam a proporção de carbono que se move ao longo de cada trajetória. As caixas representam os *pools* de carbono, sendo o tempo médio de residência (*turnover*) fornecidos para cada reservatório (segundo Parton et al., 1988).

dido para modelar a ciclagem de nutrientes em muitos outros biomas (Figura 14.12). É difícil quantificar precisamente os tamanhos dos vários *pools* em ecossistemas reais, e isso infelizmente torna trabalhoso avaliar a precisão de tais modelos. Embora se possa comparar a saída de um modelo (CO_2 total) a quantidades medidas reais, o modelo e os dados podem discordar, seja porque o modelo está fundamentalmente incorreto, seja porque as magnitudes estimadas dos *pools* desconhecidos estão incorretas. Por outro lado, a concordância entre dados e previsões pode decorrer tanto de um modelo preciso como de uma mera coincidência.

Os vários modelos em uso incorporam diferentes abordagens para predizer como fatores ambientais podem afetar os processos ecossistêmicos, a PPL e outras variáveis. A modelagem dos fluxos de carbono é crítica para compreendermos os efeitos humanos sobre o ciclo global do carbono e termos capacidade predizê-los (ver Capítulo 21), e grande esforço está sendo realizado para melhor quantificar os componentes desse ciclo.

O nitrogênio e o ciclo do nitrogênio em níveis ecossistêmico e global

Em contraste marcante com o ciclo da água, organismos vivos diferentes de plantas são importantes em diversas fases do ciclo do nitrogênio. Mesmo assim, a água e o nitrogênio são similares, por serem geralmente limitantes ao crescimento individual das plantas e à produtividade das comunidades e dos ecossistemas (Figura 14.13). As ciclagens da água e do nitrogênio estão também funcionalmente ligadas.

O nitrogênio possui um fluxo relativamente rápido através dos organismos vivos, acoplado a um grande reservatório global de baixo *turnover* – isto é, o N_2 que permanece na atmosfera. O nitrogênio entra na biosfera

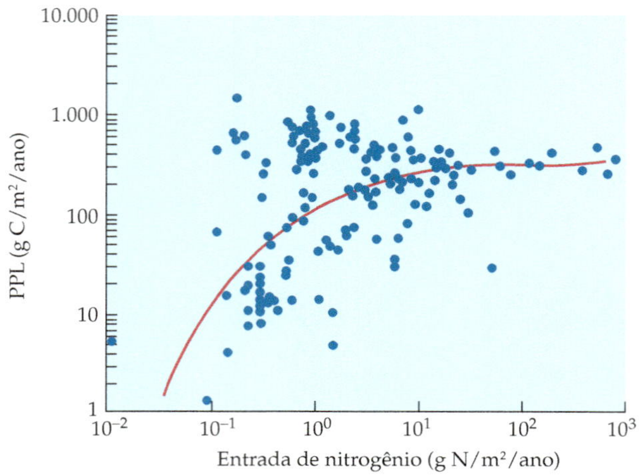

Figura 14.13 Produção primária líquida *versus* entrada anual de nitrogênio em vários ecossistemas terrestres, de água doce e marinhos. A PPL estabiliza após cerca de 10g N/m^2/ano (segundo Schlesinger, 1997).

a partir da atmosfera mediante o processo de **fixação de nitrogênio**. Posteriormente, é devolvido à atmosfera pelo processo de **desnitrificação** (e por outros meios, como incêndios). O balanço entre a fixação de nitrogênio e a desnitrificação mantém em equilíbrio a concentração de N_2 na atmosfera (Schlesinger, 1997). Dado que o nitrogênio é reciclado entre os organismos a uma taxa relativamente rápida, a produtividade primária não depende unicamente da fixação deste elemento.

Os organismos podem interagir de formas surpreendentes para alterar a ciclagem de nutrientes e o funcionamento dos ecossistemas, o que produz consequências importantes, pelo menos em escala local. Por exemplo, ao longo da costa do Pacífico, no noroeste da América do Norte, milhões de salmões retornam a cada ano para os rios e riachos em que nasceram, nadando corrente acima para se reproduzirem e então morrer. Ao realizarem tais migrações, reproduzirem-se e morrerem, os salmões transferem dos ambientes marinhos para os ecossistemas de água doce grandes quantidades de nutrientes contidos em seus corpos. Alguns desses nutrientes são também transferidos para os sistemas terrestres adjacentes: por exemplo, a captura de salmões por ursos pode resultar em uma substancial deposição local de fezes e urina de urso e, portanto, em um aumento do nitrogênio no solo e da produtividade das plantas (Schindler et al., 2003; Cederholm et al., 1999).

A fixação do nitrogênio

Muito poucos organismos – apenas um número relativamente reduzido de procariotos – possuem a capacidade de fixar N_2 atmosférico, criando NH_4^+ (amônia) pela quebra de ligações duplas que existem entre os dois átomos do N_2 gasoso. Esses micro-organismos fixadores de nitrogênio existem como formas de vida livre e como simbiontes nas raízes de algumas espécies de plantas, tal como descrito no Capítulo 4. As simbioses de fixação de nitrogênio mais comuns são aquelas existentes entre as bactérias do gênero *Rhizobium* e os membros das Fabaceae (leguminosas; Figura 4.14); e entre um actinomiceto, *Frankia*, e espécies de amieiro (*Alnus* spp.), *Ceanothus* e algumas outras espécies de árvores e arbustos. Organismos fixadores de nitrogênio de vida livre são encontrados no solo, no ambiente aquático e em ambientes anóxicos, como o lodo.

Um grupo particularmente importante de fixadores de nitrogênio de vida livre é o das cianobactérias (os micro-organismos antigamente conhecidos como algas azuis). Essas bactérias fotossintetizantes são abundantes como organismos de vida livre na superfície dos oceanos, na água doce e no solo. As cianobactérias são também parceiras importantes em diversas simbioses de fixação de nitrogênio (ver Quadro 4A). Líquens são associações simbióticas entre espécies fotossintetizantes e uma espécie de fungo. A espécie fotossintetizante pode ser uma cianobactéria ou espécies de Chlorophyta (algas verdes). Os líquens que contêm cianobactérias podem fixar nitrogênio.

Outra simbiose fixadora de nitrogênio é aquela entre *Azolla*, uma diminuta pteridófita aquática, e *Anabaena* (uma cianobactéria), encontradas em lavouras de arroz irrigado e outros sistemas aquáticos tropicais (Figura 14.14).

Figura 14.14 Terraços de cultura tradicional de arroz em Bali, Indonésia. O arroz tem um papel importante não apenas na dieta balinesa, mas também nas tradições rituais. Um importante componente da economia do nitrogênio na agricultura do arroz é a simbiose entre *Azolla*, uma pteridófita de água doce, e *Anabaena* uma cianobactéria fixadora de nitrogênio (Figura 4.13). (fotografia © Mediacolors/Painet Inc.)

Essa simbiose *Azolla*-cianobactéria pode ser uma importante fonte de nitrogênio em determinados ecossistemas, incluindo sistemas tradicionais de produção de arroz (onde é deliberadamente mantida pelos agricultores).

A fixação de nitrogênio utiliza grande quantidade de energia. Os simbiontes fixadores de nitrogênio obtêm essa energia na forma de carboidratos de suas plantas hospedeiras e, em troca, fornecem nitrogênio. Os fixadores de nitrogênio de vida livre (outros além de cianobactérias) devem obter carbono e energia a partir de outras fontes, como a matéria orgânica do solo. É necessário muito mais energia para uma planta suportar uma bactéria fixadora de nitrogênio do que para obter NH_4^+ do solo, desde que o NH_4^+ esteja disponível. Assim, as plantas capazes de suportar bactérias fixadoras de nitrogênio deixam de fazê-lo quando o nitrogênio é abundante, retirando-o diretamente do solo. Esse é o caso, por exemplo, em campos agrícolas fertilizados com nitrogênio.

Outras fontes de entrada de nitrogênio para organismos vivos

Além do N_2 atmosférico que é fixado por procariotos, o nitrogênio em formas mais disponíveis também existe em suspensão na atmosfera. Esse nitrogênio particulado pode entrar nos ecossistemas terrestres sendo depositado de várias maneiras diferentes. As principais formas de deposição são a deposição úmida de nitrogênio dissolvido na água da chuva, a deposição seca de nitrogênio em partículas e poeira, e a deposição via neblina ou nuvens do nitrogênio dissolvido em gotículas de água sobre a superfície das plantas (Figura 14.15). Uma grande variedade de formas de nitrogênio pode ser transferida às plantas por deposição, incluindo o nitrato (NO_3^-), a amônia (NH_4^+), o N orgânico e as formas gasosas (NH_3, HNO_3 ou NO_2).

Boa parte dessa deposição atmosférica de nitrogênio resulta de atividades humanas, tendo aumentado enormemente nas últimas décadas, com consequências ambien-

Figura 14.15 Ciclo global do nitrogênio mostrando alguns dos principais fluxos (10^{12} g N/ano, em itálico) e *pools* (apresentados nas caixas; unidades como indicado). A atmosfera é, sem dúvida, o principal reservatório de nitrogênio, mas as plantas vivas, a matéria orgânica do solo e o soterramento oceânico – a longo prazo – são também substanciais (dados de Schlesinger, 1997 e Taiz e Zeiger, 1998).

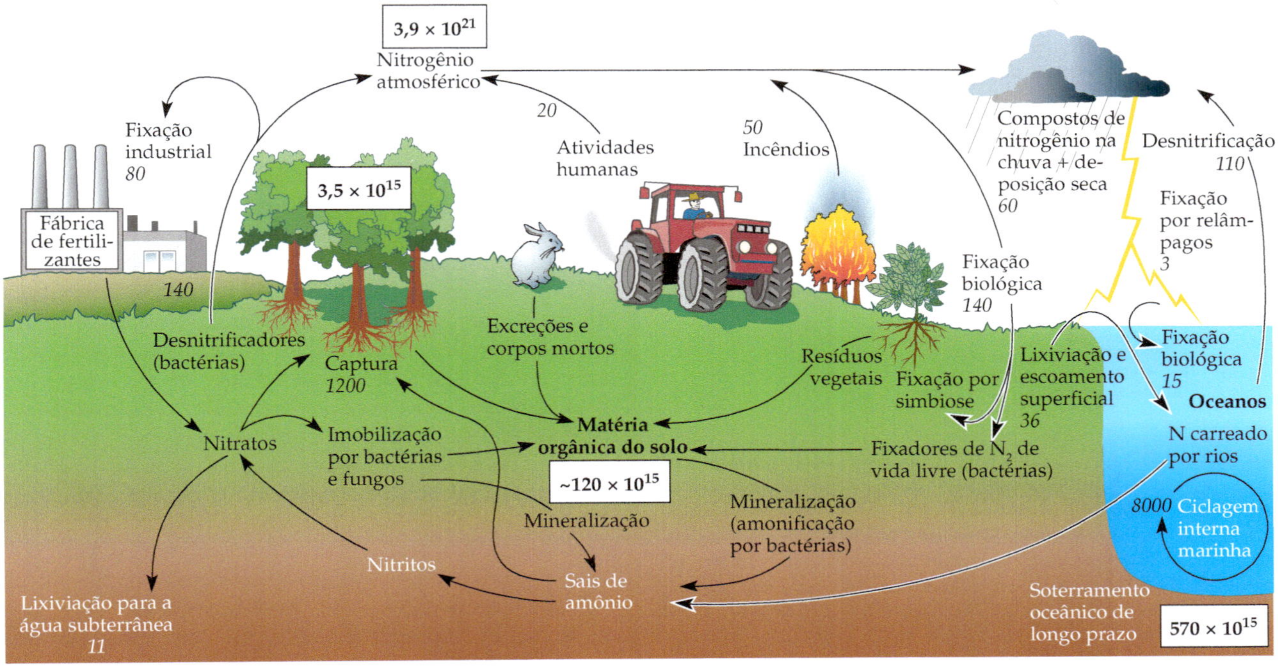

tais potencialmente graves (Vitousek et al., 1997). No leste dos EUA, por exemplo, a deposição atmosférica de N é atualmente 10 vezes maior do que era antes da industrialização, ao passo que na Europa setentrional e central a quantidade chega a ser 20 vezes maior. O nitrogênio entra na atmosfera principalmente a partir da queima de combustíveis fósseis, particularmente das emissões de veículos automotores e de fontes industriais. Os humanos também adicionam à biosfera cerca de 80 milhões de toneladas de nitrogênio por ano, pela fixação de nitrogênio atmosférico para produzir fertilizantes que são uma grande fonte do N encontrado na água superficial e subterrânea (Figura 14.16). A volatilização da amônia pelo gado doméstico (por flatulência e decomposição de esterco) é uma fonte substancial de N antropogênico, particularmente em alguns ecossistemas agrícolas, mas também possui efeitos em escala global.

A deposição de nitrogênio causada por humanos é altamente variável no espaço. O nitrogênio de centros urbanos industrializados é carregado pelos ventos predominantes até regiões próximas, onde se deposita. Por exemplo, boa parte da deposição de nitrogênio no nordeste dos EUA origina-se de termelétricas a carvão situadas nos estados do meio-oeste setentrional. Não surpreendentemente, a disposição de grandes quantidades de nitrogênio sobre os sistemas naturais pode ter efeitos marcantes sobre o funcionamento dos ecossistemas. Já se demonstrou que altas taxas de deposição de nitrogênio têm efeito disruptivo sobre florestas, riachos, águas costeiras e estuários (Aber, 1992; Aber et al., 1998) e podem levar a um declínio geral de florestas e a mudanças dramáticas na ecologia de riachos (Schlesinger, 1997).

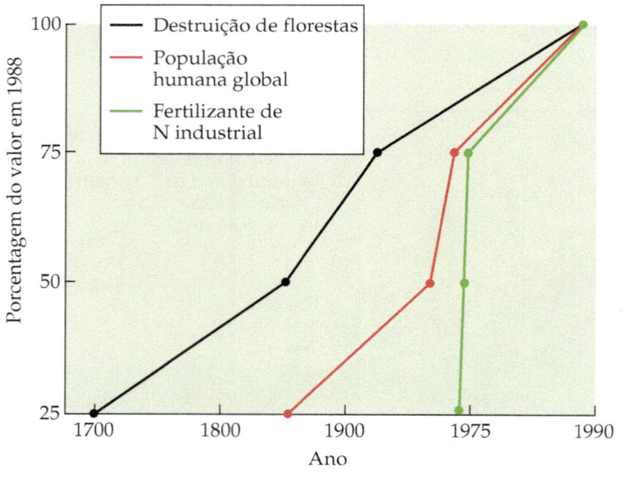

Figura 14.16 Mudanças globais na destruição das florestas, no tamanho populacional humano e na produção de fertilizantes industriais de 1700 ao final dos anos 1980. Os pontos representam os anos em que cada variável alcançou 25%, 50% e 75% do seu valor final. Observe que a escala de tempo não é linear. A produção industrial de fertilizantes de nitrogênio cresceu exponencialmente desde o final da década de 1940 (segundo Vitousek et al., 1997; dados de Kates et al., 1990).

A mineralização do nitrogênio

A maior parte do nitrogênio utilizado pelas plantas provém da reciclagem de N da biomassa em decomposição (Figura 14.15). Como vimos no Capítulo 4, a maioria das plantas não consegue obter nitrogênio, a não ser que este seja mineralizado em nitrato (NO_3^-) ou íons de amônia (NH_4^+). O processo de mineralização do N começa com a **amonificação**, por meio da qual o nitrogênio que está em compostos orgânicos, como proteínas e ácidos nucleicos, é liberado na forma de NH_4^+. Os íons NH_4^+ podem ser capturados diretamente por algumas plantas, ou podem passar pela **nitrificação** para nitrito (NO_2^-) e nitrato (NO_3^-) (Figura 14.17). A amonificação pode ser realizada por uma série de micro-organismos do solo, mas a nitrificação é realizada somente por **bactérias nitrificantes** especializadas (ou nitrificadoras) além de alguns poucos outros organismos.

Na amonificação, os micro-organismos heterotróficos liberam o N da matéria orgânica por meio da quebra de ligações químicas dos compostos de carbono, de forma a liberar íons de amônia completamente reduzidos (NH_4^+) ao longo de uma série de passos controlados por enzimas. O nitrogênio liberado por esses micro-organismos tem destinos variados, incluindo a utilização pelos próprios micro-organismos ou pelas plantas. Os íons de amônia não se movem prontamente no solo e tendem a ser capturados somente pelas raízes mais próximas. A taxa na qual a amonificação ocorre é determinada por uma variedade de fatores ambientais, em particular temperatura e umidade, além de características químicas do solo (como pH, entre outros fatores).

Em muitos solos, boa parte do NH_4^+ produzido por amonificação passa por transformações subsequentes ao ser oxidada para NO_2^- e NO_3^- por meio de processos de nitrificação. Bactérias do gênero *Nitrosomonas* (que convertem NH_4^+ em NO_2^-) e *Nitrobacter* (que oxidam NO_2^- para NO_3^-) são os dois nitrificadores mais importantes. Essas bactérias são quimioautotróficas e obtêm energia da oxidação de NH_4^+ ou do NO_2^- e fixam carbono do CO_2 atmosférico. Elas necessitam de oxigênio, isto é, são organismos aeróbios obrigatórios. Ambos os grupos de bactérias são em geral encontrados juntos no solo, razão pela qual normalmente não ocorre acúmulo de níveis elevados de NO_2^-. Há também alguns outros organismos que podem realizar a nitrificação. Eles pertencem a diferentes grupos heterotróficos, incluindo bactérias e fungos, os quais utilizam NH_4^+ para produzir NO_2^- ou NO_3^-, obtendo energia da quebra de compostos de carbono na matéria orgânica do solo. Esses organismos podem ser particularmente importantes em solos com pouco nitrogênio.

O fator limitante mais importante para as taxas de nitrificação é a quantidade disponível de NH_4^+. Os fatores que limitam a nitrificação, portanto, incluem tudo que afete a produção de amônia, assim como a sua imobilização, captura pelas plantas e captura por partículas de argila e matéria orgânica. As taxas de nitrificação também são afetadas por fatores que controlam o tamanho populacional e a atividade fisiológica das bactérias nitrificantes, particularmente o conteúdo de água do solo, mas também,

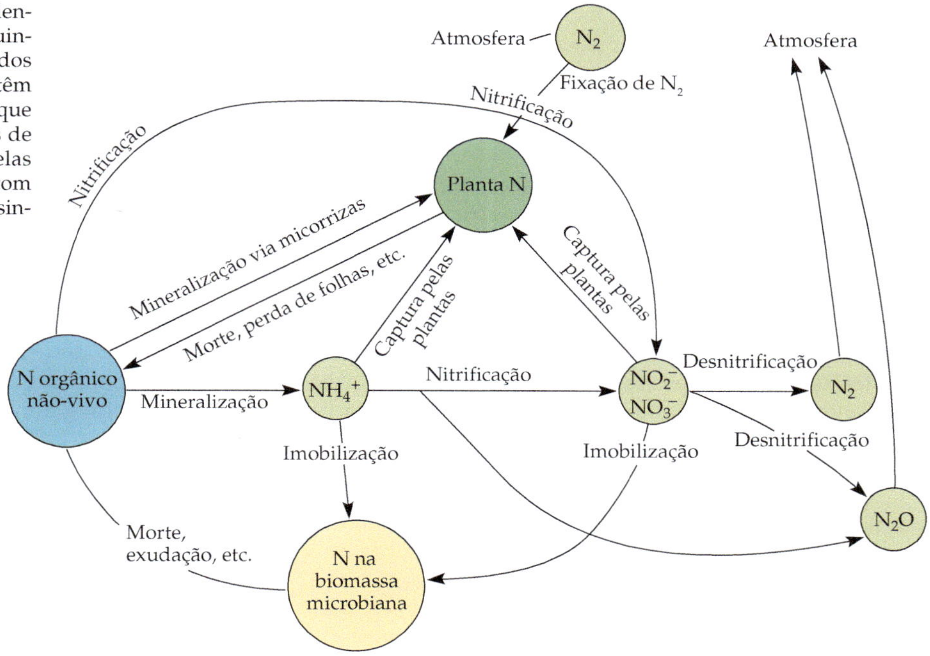

Figura 14.17 Ciclo do nitrogênio dentro de um ecossistema de solo, incluindo a sua superfície. São apresentados os principais componentes que contêm nitrogênio, algumas das formas em que o nitrogênio está presente e os tipos de transformação que ocorrem entre elas (segundo Waring e Running, 1998, com dados de Davidson et al., 1992, Schlesinger, 1997 e Drury et al., 1991).

em alguma medida, a temperatura, o pH, as características do solo e do material vegetal. O conteúdo de água é importante porque solos muito secos limitam o crescimento e a atividade das populações bacterianas, enquanto solos excessivamente úmidos ou inundados exercem poder limitante ao excluir o oxigênio do ambiente desses micro-organismos aeróbios.

A desnitrificação e lixiviação do nitrogênio

Diferentemente de íons amônia de carga positiva, os íons nitrato de carga negativa não se ligam prontamente aos minerais do solo e à matéria orgânica, sendo, por isso, altamente móveis na solução do solo. Os íons nitrato na solução do solo podem ser transportados a alguma distância das raízes, tanto por difusão molecular como por fluxo de massa (fluxo de uma grande quantidade de moléculas que se movem juntas como uma unidade). Por serem tão móveis, eles podem também ser facilmente lixiviados do solo para a água subterrânea e para o escoamento superficial, sendo, portanto, facilmente perdidos. Em alguns solos tropicais, entretanto, ânions podem ser adsorvidos em óxidos de alumínio e ferro positivamente carregados, evitando, assim, a lixiviação. A lixiviação do nitrato de fertilizantes e de dejetos animais pode ser uma importante fonte de poluição da água.

O nitrato também é perdido dos ecossistemas pelo processo de desnitrificação, que é a redução de NO_2^- e NO_3^- para vários compostos gasosos de nitrogênio, incluindo N_2 e N_2O. Este último é um importante gás do efeito estufa que pode contribuir para o aquecimento global (ver Capítulo 21). A composição de comunidades de bactérias desnitrificantes pode diferir bastante entre solos perturbados e não-perturbados, e tais diferenças podem refletir-se em diferentes respostas às condições ambientais e em diversas taxas de desnitrificação e produção de N_2O (Cavigelli e Robertson, 2000).

O fogo pode ser uma das principais causas da perda de nitrogênio em alguns ecossistemas. A maioria do N lançado na atmosfera durante um incêndio vem da própria vegetação, mas quantidades substanciais podem advir da queima de serrapilheira acumulada, sendo que o fogo em altas temperaturas pode queimar o perfil do solo, causando a volatilização de nitrogênio.

Taxas de decomposição e a imobilização do nitrogênio

À medida que a matéria orgânica do solo é decomposta por micro-organismos, boa parte do nitrogênio e do fósforo nele contidos é incorporada na biomassa microbiana viva (Figura 14.15). Após, essas moléculas são convertidas de volta à forma orgânica por micro-organismos, e podem ser recicladas uma ou mais vezes por eles, antes de serem finalmente liberadas para absorção pelas plantas, ligadas a partículas minerais ou à matéria orgânica do solo, volatilizada e perdida, ou oxidada. A razão de C para N nos tecidos vegetais varia de cerca de 25:1 até 150:1, mas essas razões são muito mais baixas em fungos (entre 4:1 e 15:1) e em bactérias decompositoras (3:1 a 5:1). Durante a decomposição, as razões C:N do solo (e também a C:P) diminuem à medida que a biomassa no material vegetal em decomposição é substituída pela biomassa dos fungos e bactérias vivos que crescem sobre ela. Quando ficam imobilizados devido à sua incorporação como moléculas orgânicas dos organismos vivos do solo, os nutrientes deixam de estar disponíveis para absorção pelas plantas. Essa **imobilização** biológica de nutrientes por micro-organismos não apenas torna os nutrientes indisponíveis para as plantas, como altera sua estequiometria em relação à encontrada na matéria orgânica do solo.

Por fim, os micro-organismos morrem e alguns dos nutrientes tornam-se novamente disponíveis para as plantas. Entretanto, a imobilização de nitrogênio por micro-organismos pode ser uma limitação de curto prazo muito importante para a absorção de nutrientes e o crescimento das plantas. Esse efeito pode ser particularmente forte quando os tecidos vegetais que entram em decomposição possuem razões C:N relativamente altas, ou quando são ricos em materiais (como lignina) que resistem à decomposição. Razões C:N elevadas e a presença de lignina e materiais similares resultam em taxas de decomposição mais lentas e em um período mais extenso de imobilização do N e do P. Por exemplo, folhas de plantas perenifólias e folhas de plantas nativas em ambientes pobres em nutrientes, tipicamente se decompõem de forma mais lenta do que as folhas de plantas decíduas e de locais férteis. As folhas de muitas espécies de carvalho, ricas em materiais física e quimicamente resistentes à decomposição, são incorporadas à matéria orgânica do solo de modo muito mais lento do que, por exemplo, folhas de bordo do mesmo local. As folhas de espécies fixadoras de nitrogênio decompõe-se mais rapidamente do que as de espécies coocorrentes não-fixadoras, havendo consequentemente uma menor imobilização de nutrientes do solo. Tecidos animais em decomposição possuem razões C:N muito mais baixas e tendem a decompor-se muito mais rapidamente do que tecidos vegetais.

A absorção do nitrogênio pelas plantas

O balanço entre NO_3^- e NH_4^+ no solo difere entre hábitats, principalmente como resultado de efeitos ambientais sobre a nitrificação. Enquanto a maioria das espécies apresenta maior capacidade de absorver NO_3^- do que NH_4^+, as plantas adaptadas a ambientes onde o nitrogênio do solo se encontra predominantemente na forma de NH_4^+ (isto é, onde a nitrificação está inibida, como em solos frios e inundados) podem apresentar preferência por absorver nitrogênio nesta forma. Na maioria das plantas, ambas as formas de nitrogênio são convertidas em grupos amino (NH_2^-) nas raízes, os quais são então anexados a vários compostos orgânicos (o NH_4^+ é tóxico quando se acumula no tecido das plantas). A conversão de NO_3^- para grupos amino é energeticamente dispendiosa, enquanto a conversão de NH_4^+ para NH_2^- necessita de muito menos energia. Entretanto, o NO_3^- é transportado para as raízes das plantas imediatamente por meio do fluxo de massa que ocorre na solução do solo, e a mobilidade mais baixa do NH_4^+ no solo pode exigir um gasto energético maior na forma de proliferação das raízes (Schlesinger, 1997).

A absorção do nitrogênio pode ser energeticamente dispendiosa para as plantas devido a diversas razões. A absorção do nitrogênio, tanto na forma de NO_3^- como de NH_4^+ é auxiliada por enzimas que gastam energia para transportar os íons através das membranas celulares das raízes. O crescimento ativo das raízes e a proliferação de raízes para áreas de solo onde o N está mais disponível também necessita de energia. Em ambientes onde o N está menos disponível, as plantas tendem a alocar mais biomassa para as raízes, tornando as razões raiz:parte aérea geralmente altas, comprometendo, assim, a capacidade da planta de capturar carbono.

A absorção de íons de carga positiva, como o NH_4^+ e muitos outros nutrientes do solo, como K^+, poderia potencialmente levar a um desequilíbrio de cargas elétricas nos tecidos das plantas. Para contrabalançar as cargas positivas, as raízes das plantas liberam íons hidrogênio (H^+) na solução do solo, acidificando-o. Quando as plantas absorvem NO_3^-, liberam íons de carga negativa, como ácidos orgânicos e HCO_3^-, para manter seu balanço de cargas. A liberação desses íons, por sua vez, afeta a química do solo e a disponibilidade de nutrientes para as raízes das plantas e para os micro-organismos do solo. Alguns íons (p. ex., Ca^{2+} e Na^+) são ativamente excluídos pelas raízes de algumas plantas em ambientes onde sua disponibilidade é muito alta.

Em alguns casos incomuns, as plantas obtêm nitrogênio de outras fontes que não o NO_3^- e o NH_4^+ da solução do solo. Plantas "carnívoras", nativas em turfeiras extremamente pobres em nitrogênio, podem obter nitrogênio de insetos em decomposição (Figura 14.18). Outras espécies podem absorver nitrogênio diretamente do solo na forma de aminoácidos.

As espécies de plantas também diferem amplamente em sua capacidade de reabsorver nitrogênio das folhas antes da senescência foliar (ver Capítulo 4). Por exemplo,

Figura 14.18 *Sarracenia purpurea* (planta carnívora, Sarraceniaceae), uma planta de turfeiras setentrionais. As turfeiras são muito pobres em determinados nutrientes, particularmente nitrogênio. Essa planta carnívora absorve quantidade substancial de nitrogênio a partir da decomposição dos insetos capturados em suas folhas modificadas em forma de jarro. Os insetos caem nesses "jarros", mas não conseguem sair por causa dos tricomas (pelos) que ficam voltados para baixo na superfície da folha, e acabam submergindo. A decomposição é realizada por uma comunidade de bactérias e invertebrados que vivem na água acumulada do "jarro" (fotografia de D. McIntyre).

como consequência da retenção de suas folhas por longos períodos e por terem baixas concentrações de nutrientes nos tecidos, plantas perenifólias tendem a ter taxas baixas de perda de nutrientes, particularmente de nitrogênio. Ou seja, essas plantas são exímias em reter os nutrientes que obtêm do solo. Essa capacidade parece conferir vantagens substanciais em solos inférteis (pobres em nutrientes).

O fósforo nos ecossistemas terrestres

Embora o fósforo seja necessário para o crescimento das plantas e funcione em quantidades menores do que outros macronutrientes (ver Tabela 4.2), é muito comum que o crescimento das plantas seja limitado pela disponibilidade de P. No Capítulo 4, já tratamos da disponibilidade de P no solo e de sua absorção pelas plantas. Aqui, discutiremos o P em nível global e de ecossistemas.

A maior parte do fósforo que cicla através dos ecossistemas é encontrada em micro-organismos, em matéria vegetal em decomposição e na matéria orgânica do solo – isto é, em material orgânico (Figura 14.19). Isso é curioso, já que a maioria do P em sistemas terrestres ocorre como minerais em rochas. O fósforo inorgânico dos solos é frequentemente complexado em outros minerais e fica relativamente indisponível para as plantas de forma direta (ver Capítulo 4, para uma discussão de como fungos micorrízicos e outros organismos podem obter fósforo orgânico).

A fonte original da maior parte do fósforo que entra na biosfera é o intemperismo de rochas que contêm minerais de apatita. Os minerais do grupo apatita são os únicos comuns na litosfera a conter uma quantidade substancial de fósforo. À medida que o intemperismo das rochas leva à formação dos solos, e à medida que os solos se desenvolvem e ficam maduros, boa parte do fósforo torna-se ligado ao interior de cristais de óxidos de alumínio e de ferro, dos quais não podem ser removidos pelos organismos. Em solos antigos, dominados por óxidos de alumínio e ferro (como aqueles comuns na África, na Austrália e em várias outras regiões tropicais), a falta de fósforo disponível é um dos fatores ambientais mais importantes a afetar as plantas. O P inorgânico pode também ser mantido em formas mais disponíveis na superfície de outros minerais por meio da adsorção de ânions e de outras reações. A complicada química de solo envolvida nessas reações depende do pH e de outros fatores. Logo, a mensuração precisa da quantidade de fósforo disponível para as plantas é geralmente difícil de ser feita.

Diferentemente dos ciclos globais do carbono, do nitrogênio e da água, o ciclo global do fósforo não possui um componente atmosférico importante (Figura 14.20), embora alguma quantidade seja transportada através da atmosfera pela poeira. A maior parte do fósforo utilizado pelos organismos tem sido reciclada em formas orgânicas por outros organismos, ainda que a sua fonte original seja o intemperismo das rochas. O fósforo de ligação orgânica é liberado na forma de PO_4^{3-} (ortofosfato) pelas raízes das plantas, por fungos (incluindo os que formam as micorrizas e os de vida livre), bactérias e algas. Todos esses organismos mineralizam o fósforo por meio da ação de fosfatases extracelulares (enzimas que clivam ligações éster). Esse processo é dispendioso, tanto energeticamente quanto em termos do nitrogênio investido nas fosfatases. Micro-organismos e plantas podem absorver o PO_4^{3-} que é liberado, mas se o ortofosfato não for logo absorvido, não permanecerá disponível no solo por muito tempo. De fato, ele se liga prontamente a partículas orgânicas ou a minerais do solo, tornando-se parcial ou completamente indisponível para as plantas.

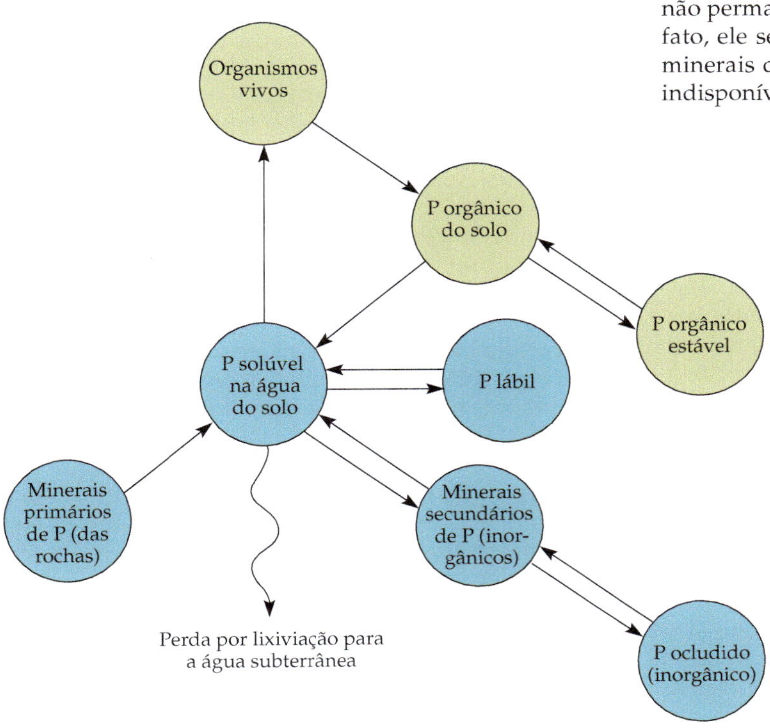

Figura 14.19 O fósforo de rochas minerais (fósforo primário) dissolve-se na sua solução, da qual pode ser absorvido pelas plantas e por outros organismos. Parte desse fósforo solúvel no solo é transformado em várias formas inorgânicas ou lixiviado, enquanto boa proporção é reciclada muitas vezes pelos organismos vivos. Por consequência, a vasta maioria do fósforo capturado pelas plantas não provém diretamente das rochas, mas sim da reciclagem através da biota. Os componentes biológicos estão representados em verde, e os geoquímicos em azul (modificado de Schlesinger, 1997; segundo Smeck, 1985).

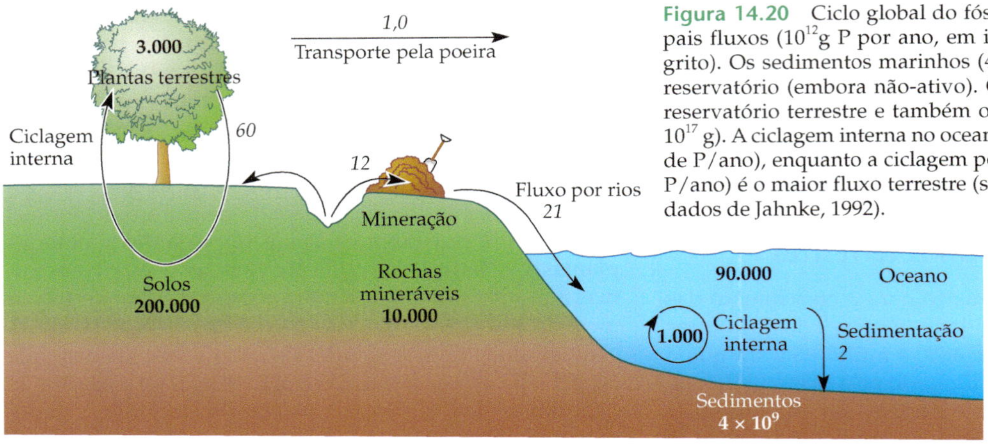

Figura 14.20 Ciclo global do fósforo, representando os principais fluxos (10^{12}g P por ano, em itálico) e *pools* (10^{12}g P, em negrito). Os sedimentos marinhos (4×10^{21} g) constituem o maior reservatório (embora não-ativo). Os solos representam o maior reservatório terrestre e também o maior reservatório ativo (2×10^{17} g). A ciclagem interna no oceano é o maior fluxo global (10^{15} g de P/ano), enquanto a ciclagem por plantas terrestres (60×10^{12}g P/ano) é o maior fluxo terrestre (segundo Schlesinger, 1997, com dados de Jahnke, 1992).

A ciclagem de nutrientes no ecossistema e a diversidade de plantas

Será que existe alguma relação entre as características das comunidades vegetais, como a diversidade, e os processos ecossistêmicos, como a ciclagem do nitrogênio ou do fósforo? Têm sido feitos esforços consideráveis recentemente para determinar e entender as potenciais conexões entre importantes propriedades das comunidades e dos ecossistemas (Loreau et al., 2001; Tilman et al., 1997; ver Capítulo 13).

David Hooper e Peter Vitousek (1998) propuseram-se a responder experimentalmente essa questão em uma área de campo na Califórnia. O campo localizava-se em solo serpentina (Quadro 14A). As plantas foram classificadas em quatro grupos funcionais que diferiam em fenologia (padrão de crescimento sazonal), razão raiz:parte aérea e outras características relevantes para a maneira como utilizam e ciclam N e P. Os quatro grupos funcionais eram ervas anuais de início da estação, ervas de final de estação, fixadoras de nitrogênio e gramíneas cespitosas perenes. As parcelas experimentais continham plantas de um único grupo funcional, ou combinações de grupos funcionais ou nenhuma planta. Nessas parcelas, os pesquisadores mediram os *pools* e fluxos de nitrogênio e fósforo, assim como outras variáveis ecossistêmicas.

Hooper e Vitousek observaram que, conforme sua hipótese inicial, a diversidade de grupos funcionais de plantas provocava o aumento do uso total de nutrientes, por causa de diferenças sazonais no crescimento das plantas e do uso diferencial de recursos pelos diferentes grupos funcionais. Entretanto, verificaram também que a riqueza de grupos funcionais não diminuiu a lixiviação de nitrogênio, embora muito mais nitrogênio fosse perdido na ausência total de plantas do que quando plantas de qualquer grupo funcional estivessem presentes. A retenção de nutrientes pelo ecossistema foi determinada quase tanto pelos efeitos indiretos das plantas sobre a atividade microbiana e sobre a subsequente retenção de nutrientes pelos micro-organismos, quanto pelos efeitos diretos da absorção de nutrientes pelas plantas. Os pesquisadores concluíram que a identidade de uma planta em particular explicava mais sobre a ciclagem de nutrientes pelo ecossistema do que poderia ser explicado apenas considerando-se o número de grupos funcionais presentes.

Processos ecossistêmicos de outros elementos

Examinamos anteriormente os principais processos ecossistêmicos de importância primordial para as plantas, isto é, aqueles que envolvem água, carbono, nitrogênio e fósforo. Naturalmente, outros nutrientes são necessários para o crescimento das plantas (ver Tabela 4.2). Aqui, discutiremos brevemente a ciclagem de dois elementos importantes, o enxofre e o cálcio, tanto como exemplos gerais, quanto pela influência que as atividades humanas exercem sobre seus ciclos.

Enxofre

O enxofre é necessário primariamente para construir os aminoácidos cisteína e metionina, importantes constituintes de várias proteínas. Assim como o nitrogênio, o fósforo e o carbono, o enxofre é ciclado biogeoquimicamente nos ecossistemas. O intemperismo de rochas que contenham minerais com enxofre (como pirita e gesso) é uma importante fonte para o enxofre que se tornará disponível para as plantas. A deposição atmosférica é também uma importante fonte de enxofre. Uma grande proporção do reservatório de enxofre dos solos existe como parte da matéria orgânica. Os íons sulfato inorgânico (SO_4^{2-}) ficam adsorvidos em partículas minerais do solo, em equilíbrio com o SO_4^{2-} que está dissolvido na solução do solo. A mineralização bacteriana e a imobilização do enxofre são análogas aos processos que ocorrem com o nitrogênio e o fósforo.

O enxofre é perdido dos ecossistemas de diversas formas. Além da perda de íons sulfato que ocorre por lixiviação, muitas plantas liberam enxofre orgânico volátil (particularmente H_2S), sendo que solos inundados anaeróbios também podem produzir grande quantidade de gases de enxofre por meio de redução bacteriana, lançando-os na atmosfera.

Quadro 14A

Solos serpentina

Importantes pesquisas ecológicas foram realizadas ao longo dos anos sobre diversos aspectos da ecologia da vegetação em solos serpentina (Kruckeberg, 1954; Whittaker, 1954; Hooper e Vitousek, 1998). Os solos serpentina são derivados de rocha serpentina, constituídas de silicato de magnésio de origem metamórfica. Esses solos são pobres em diversos nutrientes – particularmente cálcio, nitrogênio e fósforo – e podem ter pH muito baixo ou muito alto. São também característicos desses solos os elementos tóxicos, especialmente os metais pesados.

Áreas com solos serpentina ocorrem em muitos lugares do mundo, frequentemente em unidades de extensão limitada, ou "ilhas", cercadas por tipos de solos mais comuns (não-serpentina). Essas ilhas (às vezes chamadas de solos estéreis de serpentina) tipicamente sustentam comunidades vegetais distintas, que contrastam muito com a vegetação da região de entorno. Por exemplo, na Califórnia, a vegetação de serpentina típica apresenta-se como manchas de elevada riqueza de espécies, com muitas dicotiledôneas vistosas, rodeadas por campos de menor diversidade, situados em outros tipos de solo. A vegetação de solos serpentina pode conter muitas espécies endêmicas. As espécies das áreas circundantes são incapazes de tolerar os solos pobres e tóxicos, ficando excluídas das ilhas de solo serpentina. Além disso, Kruckeberg (1954) demonstrou que as espécies desse tipo de solo parecem ser excluídas das regiões de entorno por competição (de forma similar às observações de Bradshaw a respeito de plantas que crescem sobre rejeitos de mineração, discutidas no Capítulo 6).

Campos em solos serpentina no estado da Califórnia (cortesia de D. Hooper).

Em escala global, há um grande reservatório de enxofre dissolvido na água do mar. Na atmosfera, os gases que contêm enxofre têm vida curta e são encontrados em concentrações baixas. Entretanto, tempestades de poeira, *spray* marinho e erupções vulcânicas podem contribuir com grande quantidade de enxofre particulado para a atmosfera (além de certa quantidade de enxofre gasoso e em aerossóis). As atividades humanas são a maior fonte atual de emissão de dióxido de enxofre gasoso (SO_2) para a atmosfera, embora recentemente o controle da poluição atmosférica tenha diminuído de forma considerável a entrada anual a partir de fontes industriais. O SO_2 que entra na atmosfera reage com a água para formar ácido sulfúrico, o qual, juntamente com o ácido nítrico (originado de NO e NO_2 antropogênicos), é a principal causa da precipitação ácida (ver capítulo 21).

Cálcio

O cálcio é abundante na crosta terrestre, sendo um importante componente de rochas calcárias, gesso ($CaSO_4 \bullet H_2O$) e carbonato de cálcio ($CaCO_3$). O intemperismo dessas rochas libera íons (Ca^{2+}), que são carregados por rios até os oceanos; grandes *pools* de íons cálcio são encontrados na água do mar. Os invertebrados marinhos utilizam o cálcio para construir conchas de carbonato de cálcio; quando esses organismos morrem, seus restos formam denso sedimento. Por meio do soterramento, da metamorfose e da movimentação pela crosta, esses sedimentos marinhos acabam sendo transformados em rochas terrestres calcárias.

Os íons cálcio prontamente se dissolvem na solução do solo e são capturados pelas plantas de forma passiva no fluxo da transpiração. As concentrações de cálcio podem variar drasticamente entre diferentes tipos de solo, desde uma condição aparentemente limitante para o crescimento das plantas, até quantidades excessivas. Em regiões úmidas com solos de pH baixo, os íons cálcio podem ser muito lixiviados. Em comparação, em muitos desertos o cálcio acumula-se no solo. A água da chuva dissolve os íons cálcio e depois evapora, de forma que o cálcio se precipita e se concentra em camadas moles ou em camadas tão duras quanto cimento, chamadas de **horizonte cálcico** (também conhecido como *pan* – camada dura do subsolo

– ou *caliche*). A quantidade excessiva de cálcio nesses solos calcários de pH elevado pode ser ativamente excluída pelas raízes de algumas espécies vegetais.

Em um ecossistema, o cálcio contido na biomassa vegetal é devolvido ao solo por meio da queda de serrapilheira e sua subsequente decomposição, assim como pelo **fluxo descendente**, isto é, pela água da chuva que atravessa o dossel e se desloca para o solo, escoando sobre a superfície dos troncos das árvores e carregando íons dissolvidos lixiviados das superfícies vegetais. Certa quantidade de cálcio é carreada em forma particulada para a atmosfera e deposita-se com a chuva ou por deposição seca (Figura 14.21). Diferentemente do nitrogênio, que é reabsorvido antes da senescência das folhas (ver Capítulo 4), muito cálcio é perdido quando as folhas caem. O cálcio não pode ser facilmente reabsorvido, pois é, em grande parte, um componente estrutural de paredes celulares. Por isso, as plantas lenhosas necessitam repor a maior parte do cálcio perdido durante a senescência anual das folhas, utilizando o cálcio que foi reciclado no solo por decomposição.

A demanda de cálcio pelas plantas é geralmente muito alta, perdendo apenas para o nitrogênio (ver Tabela 4.2). O cálcio distingue-se por desempenhar tanto funções estruturais como químicas nos tecidos das plantas, incluindo a regulação do crescimento e respostas a estresse, a função estomática, a divisão celular e a síntese de paredes celulares, além de suporte estrutural das folhas e da madeira (McLaughlin e Wimmer, 1999). A diminuição da disponibilidade de cálcio pode levar à diminuição do crescimento e maior mortalidade em árvores de floresta – por exemplo, ao torná-las mais suscetíveis a patógenos.

Algumas evidências recentes sugerem que esteja ocorrendo uma depleção de cálcio em muitas florestas, com consequências negativas para a vitalidade florestal (Likens et al., 1998), embora outros pesquisadores discordem dessas constatações (Yanai et al., 1999). O potencial para depleção de cálcio é resultado de diversos fatores, incluindo o decréscimo da quantidade de cálcio na chuva e a remoção de cálcio dos ecossistemas junto à biomassa (pela exploração de madeira e outras atividades humanas). Mais importantes são os efeitos negativos diretos da deposição antropogênica de nitrogênio (particularmente na forma de HNO_3), que causa o deslocamento de íons cálcio do solo, fazendo com que sejam lixiviados para a água do mar e perdidos. Huntington (2000) estudou os fluxos de cálcio em florestas do sudeste dos EUA e observou que as perdas causadas pela retirada de madeira e pela lixiviação do solo eram frequentemente maiores do que as entradas por deposição atmosférica e por intemperismo de rochas, levando a uma grave depleção de cálcio no solo das florestas. Tais resultados sugerem que a depleção de cálcio poderia resultar em amplos problemas para aquelas florestas ao longo das próximas décadas.

Resumo

Os especialistas em ecossistemas estudam fluxos de energia e materiais, determinando o que regula os *pools* de materiais em vários componentes bióticos e abióticos dos ecossistemas. Nos ecossistemas terrestres, as plantas são os principais produtores primários: quase todo o carbono e a energia utilizados pelos heterótrofos são fornecidos direta ou indiretamente pelas plantas, e a maior parte dos materiais utilizados pelos heterótrofos é transformada em formas utilizáveis pelas plantas. Diferentes elementos possuem diferentes tempos médios de residência (*turnover)* e possuem distintas taxas de ciclagem na biosfera. O balanço de massa é frequentemente utilizado para contabilizar a magnitude de *pools* e fluxos de nutrientes. Os principais fluxos e *pools* de nutrientes são chamados de ciclos. Tanto reações químicas como biológicas estão envolvidas nos ciclos da maioria dos nutrientes importantes para as plantas. Os organismos possuem estequiometria relativamente fixa; as diferenças estequiométricas entre as plantas, os micro-organismos, os herbívoros e o ambiente físico interagem com os tempos médios de residência dos nutrientes para regular a dinâmica do ecossistema e os ciclos globais de nutrientes. As plantas terrestres e os humanos são os únicos organismos vivos que influenciam largamente o ciclo global da água. Os organismos vivos contêm e metabolizam quantidades muito pequenas de água em suas células, mas quantidades muito grandes movem-se atra-

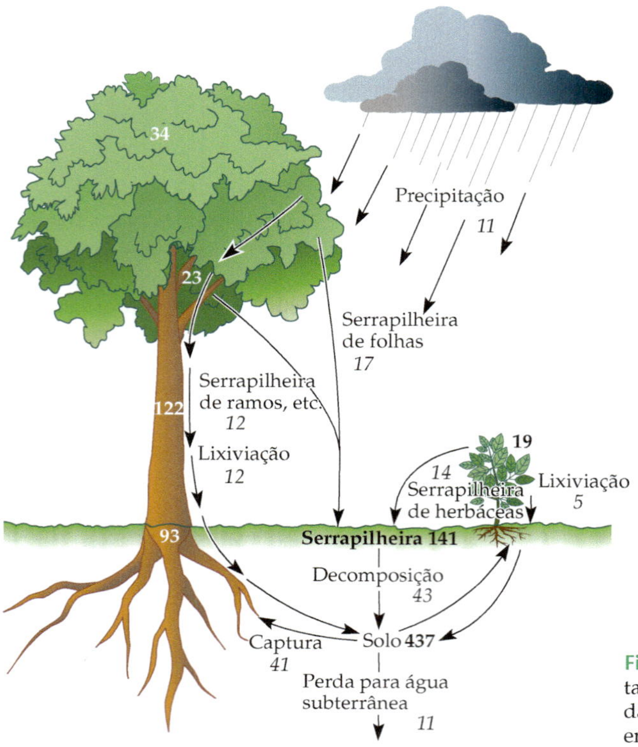

Figura 14.21 Ciclo local de cálcio dentro de um ecossistema florestal no Reino Unido. A quantidade de cálcio em *pools* (em negrito) é dada em kg/ha, e os fluxos anuais (setas, em itálico) são apresentados em kg/ha/ano (segundo Schlesinger, 1997 e Whittaker, 1970).

vés das plantas durante a transpiração. A quantidade de água que se desloca dos oceanos para a terra na forma de vapor e precipitação é compensada pelo fluxo superficial de água líquida que flui sobre a terra de volta aos oceanos. Quantidades muito pequenas de água são armazenadas como vapor d'água na atmosfera, mas o fluxo de vapor d'água através da atmosfera é muito grande.

A fotossíntese conecta os ciclos da água e do carbono porque a água deixa as plantas por transpiração através dos mesmos estômatos por onde entra o carbono.

A produção primária bruta (PPB) é a energia total (ou carbono) fixada pelos produtores em um ecossistema, enquanto a produção primária líquida (PPL) é a PPB menos as perdas por respiração dos produtores primários. A PPL varia bastante na superfície da Terra. Nos sistemas terrestres, a PPL é determinada primeiramente pelo clima, em particular pela temperatura e umidade, mas também é afetada por muitos outros fatores bióticos e abióticos. Os ecólogos medem e estimam a PPL usando vários métodos e tecnologias, desde mensurações diretas feitas em campo, até mensurações por sensoriamento remoto e estimativas com base em fatores climáticos. Um importante componente do funcionamento dos ecossistemas é a decomposição. A decomposição transforma organismos mortos, partes corporais perdidas e dejetos orgânicos em matéria orgânica do solo e, por fim, em nutrientes inorgânicos, CO_2, água e energia.

O ciclo do nitrogênio depende muito da atividade microbiana. O nitrogênio biologicamente disponível nos solos origina-se principalmente da fixação microbiana, e a decomposição de biomassa recicla o nitrogênio disponível no solo. O nitrogênio é frequentemente limitante para as plantas; aumentos em sua quantidade disponível podem produzir importantes efeitos sobre as taxas de crescimento vegetal. O uso de fertilizantes sintéticos por humanos praticamente dobrou a quantidade de nitrogênio biologicamente disponível no planeta, com sérias consequências para os ecossistemas terrestres e aquáticos.

O ciclo global do fósforo não possui um componente atmosférico importante, ao contrário dos ciclos da água, do carbono e do nitrogênio. A fonte original da maior parte do fósforo que entra na biosfera é o intemperismo de determinados tipos de rocha. O fósforo é limitante para o crescimento de plantas, em muitos ecossistemas, particularmente em solos antigos. O enxofre e o cálcio são necessários para o crescimento das plantas, e sua disponibilidade varia amplamente entre diferentes tipos de solo. As atividades humanas podem estar causando a diminuição do cálcio em alguns ecossistemas. Aumentar nossa compreensão a respeito dos ciclos biogeoquímicos é crítico, tanto para entender como as plantas e as comunidades vegetais mudam ao longo do tempo, quanto para compreender os desafios ambientais que se apresentam em função das mudanças antropogênicas.

Questões para estudo

1. Em qual componente da biosfera se encontra a maior parte da água doce (não-salgada) do mundo?
2. Examinando a Figura 14.1, procure provar de que a quantidade de água que se desloca dos oceanos para os ambientes terrestres continentais é contrabalançada precisamente pela quantidade de água que se move dos ambientes terrestres para os oceanos. Qual a quantidade de água que se desloca anualmente em cada direção? É sempre necessário que esses dois fluxos se compensem?
3. Como os micro-organismos do solo são afetados pelo aumento da deposição antropogênica de nitrogênio? Quais organismos de solo espera-se que sejam mais afetados?
4. A temperatura e a precipitação afetam a PPL. Por quê? Sob quais condições ambientais espera-se que mudanças na temperatura tenham grandes efeitos na PPL? Sob quais condições a alteração da precipitação seria mais importante na determinação da PPL?
5. Foi levantada a hipótese de que plantas invasoras podem alterar os processos ecossistêmicos por possuírem estequiometrias diferentes para N, P e C. Se essa hipótese fosse correta, de que forma as plantas invasoras poderiam alterar os processos ecossistêmicos?
6. Em que ecossistemas espera-se encontrar a maior ETR?

Leituras adicionais

Referências clássicas

Lindeman, R. L. 1942. The trophic-dynamic aspect of ecology. *Ecology* 23: 399-418.

Odum, E. P. 1960. Organic production and turnover in old field succession. *Ecology* 41: 34-49.

Redfield, A. C. 1958. The biological control of chemical factors in the environment. *Am. Sci.* 46: 205-221.

Tansley, A. G. 1935. The use and abuse of vegetational concepts and terms. *Ecology* 16: 284-307.

Vitousek, P. M. and W. A. Reiners. 1975. Ecosystem succession and nutrient retention—hypothesis. *Bioscience* 25: 376-381.

Fontes adicionais

Chapin, F. S., P. Matson and H. A. Mooney. 2002. *Principles of Terrestrial Ecosystem Ecology*. Springer, New York.

Schlesinger, W. H. 1997. *Biogeochemistry: An Analysis of Global Change*. 2nd ed. Academic Press, New York.

Waring, R. H. and S. W. Running. 1998. *Forest Ecosystems: Analysis at Multiple Scales*. 2nd ed. Academic Press, New York.

CAPÍTULO 15

Comunidades em Paisagens

As comunidades são como componentes de uma paisagem maior. As populações que formam uma comunidade estão ligadas a populações da mesma espécie em outras comunidades por migração (ver Capítulo 5). As comunidades também estão interligadas por movimentos de ar, água e nutrientes (ver Capítulo 14). A ecologia da paisagem é o estudo dessas relações de maior escala entre as comunidades. Neste capítulo e no próximo, examinaremos padrões e processos ecológicos que ocorrem no nível das paisagens. Neste capítulo, exploraremos métodos para examinar padrões de variação entre comunidades dentro de uma paisagem.

Como podemos descrever e quantificar objetivamente diferenças na composição e estrutura das comunidades? Como as espécies estão distribuídas entre comunidades? Podemos relacionar essas diferenças a variações no ambiente? Perguntas e análises desse tipo estão entre as mais antigas em ecologia vegetal. A comparação de comunidades ao longo de uma paisagem e a busca por causas ambientais para diferenças e similaridades remontam às origens da ecologia vegetal no fim do século XIX. Embora os avanços tecnológicos tenham aperfeiçoado a capacidade dos ecólogos de coletar e analisar dados complexos utilizados nessas comparações, muitas das questões básicas principais subjacentes pouco mudaram em mais de cem anos.

Comparação de comunidades

A primeira pergunta que podemos fazer é o quão diferentes entre si são as comunidades observadas em uma paisagem. No Capítulo 9, descrevemos várias formas de quantificar as características de comunidades. Tais características podem ser comparadas entre duas ou mais comunidades, também referidas como "estandes", (termo oriundo da engenharia florestal). As técnicas usadas para essas comparações dependem da natureza das variáveis comparadas. Se cada comunidade for descrita por uma única característica (como biomassa total ou altura média do dossel), são utilizados procedimentos estatísticos **univariados** (uma única variável dependente). Por outro lado, se cada comunidade for descrita por vários parâmetros (como uma lista de espécies), serão necessários procedimentos **multivariados** (variável dependente múltipla). Esses métodos diferem em suas pressuposições e propriedades matemáticas, e a escolha entre eles tem sido tema de muita discussão entre ecólogos.

Técnicas não-numéricas

Embora os métodos usados em ecologia de comunidades de plantas tenham mudado consideravelmente ao longo da última metade do século XX em resposta à crescente disponibilidade, à velocidade e ao poder de computadores e programas aplicativos, as perguntas continuam as mesmas. Uma das perguntas básicas é: quais comunidades de uma paisagem são mais semelhantes entre si? Mais adiante neste capítulo, mostraremos como podemos quantificar a resposta a essa pergunta. Porém, podemos abordar a pergunta de uma forma mais qualitativa, utilizando um método popular entre os ecólogos em meados do século XX.

Podemos começar, por exemplo, com um levantamento de cinco locais que contenham um total de dez espécies (Tabela 15.1A). A ordem dos locais e das espécies na Tabela 15.1A é arbitrária. Por ser um exemplo hipotético, em vez de nomes, utilizamos números para as espécies. Podemos então tentar mudar a ordem dos locais e das espécies, de modo que agrupamos os locais que compartilham mais espécies e reunimos as espécies que são encontradas juntas com mais frequência. A reorganização, mostrada na Tabela 15.1B, produziu alguns padrões, com um grupo de espécies compartilhadas pelos locais A e B aparecendo no canto superior esquerdo e um grupo de espécies compartilhadas pelos locais C e D no canto inferior direito, enquanto o local E compartilha espécies com ambos os grupos. As espécies 9, 2, 10 e 5 são compartilhadas por ambos os grupos, enquanto algumas espécies (8 e 4) podem ser consideradas indicadoras de cada grupo, uma vez que cada uma delas aparece em apenas um grupo. Com uma tabela bem maior, mostrando muito mais locais e espécies, esses padrões normalmente se tornam ainda mais evidentes.

Usando esse tipo de método de reordenação, ecólogos de comunidades de plantas tentaram discernir padrões de comunidades através das paisagens. Contudo, houve insatisfação em relação a esse método, pois ele é parcialmente subjetivo. Por exemplo, o local C compartilha mais espécies com o local A do que o local E, de modo que poderíamos reorganizar as colunas da tabela para que os locais A e C ficassem lado a lado. Além disso, decidimos que havia dois grupos de locais (A, B) e (C, D), apesar de haver uma considerável sobreposição de espécies compartilhadas por locais dos diferentes grupos. Para evitar esse tipo de subjetividade, os ecólogos desenvolveram diversas técnicas quantitativas.

Técnicas univariadas

As técnicas estatísticas univariadas são usadas sempre que um único tipo de medição é feita, como biomassa por unidade de área. Podemos, por exemplo, determinar a biomassa em dez parcelas (*quadrats*) dentro de cada uma das seis comunidades. Uma pergunta típica seria: "essas comunidades diferem em biomassa média por metro quadrado?" Existem muitas técnicas estatísticas para analisar este tipo de dados, como a análise de variância (ANOVA). Alguns livros de estatística descrevem esses métodos detalhadamente (p. ex., Sokal e Rohlf, 1995; Zar, 1999; Scheiner e Gurevitch, 2001; Gotelli e Ellison, 2004; Lindsey, 2004). No entanto, com mais frequência nos interessa comparar comunidades para as quais mais de uma variável foi medida (p. ex., a abundância de cada uma das espécies presentes).

Técnicas multivariadas

Todas as técnicas de estatística multivariada fundamentam-se nos mesmos enfoques e princípios básicos. Elas se

TABELA 15.1 Uso de dados de presença/ausência para analisar relações entre locais

(A) Dados típicos de presença/ausência[a]

	Locais				
Espécies	**A**	**B**	**C**	**D**	**E**
1	1	1	0	0	1
2	1	1	1	0	0
3	0	0	1	1	1
4	0	0	1	1	0
5	1	0	1	1	0
6	0	1	0	0	1
7	0	0	1	1	1
8	1	1	0	0	0
9	1	1	1	0	0
10	0	1	1	0	0

(B) Matriz reordenada[b]

	Locais				
Espécies	**A**	**B**	**E**	**D**	**C**
8	1	1	0	0	0
1	1	1	1	0	0
9	1	1	0	0	1
2	1	1	0	0	1
6	0	1	1	0	0
10	0	1	0	0	1
5	1	0	0	1	1
3	0	0	1	1	1
7	0	0	1	1	1
4	0	0	0	1	1

(C) Matriz dos valores de similaridade de Jaccard para dados em (A) ou (B)

	Locais				
Espécies	**A**	**B**	**C**	**D**	**E**
A	1,00	0,57	0,33	0,13	0,13
B	0,57	1,00	0,30	0,00	0,25
C	0,33	0,30	1,00	0,57	0,22
D	0,13	0,00	0,57	1,00	0,33
E	0,13	0,25	0,22	0,33	1,00

[a] A presença de uma espécie em um local é indicada por 1.
[b] Uma matriz reordenada procura agrupar locais que compartilham espécies e espécies que compartilham locais.

propõem a comparar o quão diferentes são os membros de um grupo de objetos (como estandes ou comunidades), com base nos valores obtidos para um conjunto de características medidas para todos os objetos. As técnicas matemáticas, então, organizam esses objetos em uma ou mais dimensões, a partir das diferenças que consideram todo o conjunto de características ao mesmo tempo.

A estatística univariada compara objetos (como amostras) em uma única dimensão, isto é, em uma linha. Os métodos multivariados necessitam mais de uma dimensão para expressar diferenças entre objetos. Comecemos com um exemplo univariado (unidimensional) simples. Imagine que queremos comparar três comunidades de plantas (A, B e C) com biomassas médias de 500 g/m^2, 725 g/m^2 e 625 g/m^2. Podemos ordená-las em função das biomassas médias (A C B). Outra forma de alcançar o mesmo objetivo é, primeiramente, determinar a diferença entre cada par de médias (d_{AB} = 225, d_{AC} = 125, d_{BC} = 100). Usando esta informação, determinamos que A e B são as mais diferentes, ou que a ordem é (A C B). Observe que $d_{AC} + d_{BC} = d_{AB,}$ porque há apenas uma forma de ordenar esses números do menor ao maior – eles ficam dispostos em uma linha. Embora o segundo método, utilizando diferenças, pareça mais complicado do que o primeiro, é exatamente o que se faz quando se usa ANOVA para determinar se grupos diferem entre si.

Com duas variáveis, o processso torna-se mais complicado, mas os princípios básicos são os mesmos. Suponhamos que também medimos a altura média da folhagem nas três comunidades e encontramos os valores A= 3,2 m; B= 3,5 m e C= 5,6 m. Em vez de um único número ou escalar indicando a diferença entre as duas comunidades locais, agora precisamos de uma lista ordenada de números ou um vetor (ver Capítulo 6) para representar tal diferença. Nesse caso, podemos usar o teorema de Pitágoras ($x^2 + y^2 = z^2$), onde x e y são as medidas dos lados do triângulo reto e z é a medida da hipotenusa. A medida da diferença entre cada par de comunidades é chamada de **distância euclidiana.** Se definirmos que x representa a biomassa média e que y representa a altura média da folhagem, então teremos que, para as comunidades A e B, x = 725 – 500, y = 3,5 – 3,2, e z = 225,0002 = d_{AB} (Figura 15.1). Da mesma maneira, d_{AC}= 125,0230 e d_{BC}= 100,0220. Agora, as distâncias não se somam porque os pontos não estão mais em linha reta. Unidades de medida não são utilizadas para expressar distâncias euclidianas, pois constituem uma combinação complexa das unidades de medida de cada variável descritiva.

Com apenas duas dimensões, é fácil fazer um gráfico e visualizar os dados. Mas o que acontece se tivermos muitas variáveis medidas para cada comunidade? Informações sobre presença e abundância de espécies são exemplos de como pode ser grande um conjunto de variáveis quantificadas para cada comunidade estudada. Suponha que os dois eixos da Figura 15.1 representem as abundâncias das espécies 1 e 2. Agora, imagine que acrescentamos um terceiro eixo que se projeta para fora da página, no qual a abundância da espécie 3 é representada.

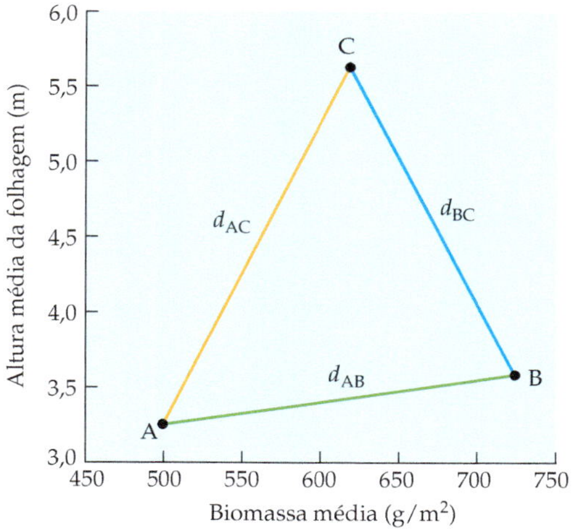

Figura 15.1 Distâncias euclidianas para três comunidades vegetais (A, B e C), que foram medidas em biomassa e altura da folhagem. As distâncias euclidianas entre os pontos que representam as comunidades são dadas por $d_{AB,}$ d_{AC} e d_{BC}.

Provavelmente não conseguiremos imaginar tão facilmente um quarto eixo para a abundância da espécie 4. Conjuntos típicos de dados, entretanto, não incluem apenas três ou quatro, mas dezenas ou centenas de espécies. Evidentemente, não podemos traçar um gráfico ou mesmo visualizar mentalmente tal objeto multidimensional. Em vez disso, recorremos a várias técnicas que reduzem um problema de n dimensões (n = número de espécies) para as duas ou três dimensões possíveis de serem visualizadas.

O primeiro passo é criar uma medida para quantificar o quão diferente cada comunidade é de todas as outras. Se as abundâncias da espécie 1 e da espécie 2 sempre crescem juntas, por exemplo, ou se a espécie 1 sempre aumenta quando a espécie 3 diminui, as variáveis relacionam-se monotonicamente. Se esses aumentos e diminuições também forem lineares (quando representados graficamente um em relação ao outro, os pontos caem em uma linha reta), podemos usar o equivalente multivariado da distância euclidiana. Essa medida é a correlação produto-momento de Pearson, que é o coeficiente de correlação habitual (ver Apêndice). No entanto, abundâncias de espécies normalmente não se inter-relacionam de forma tão simples.

Considere duas espécies com exigências de umidade de solo diferentes: a espécie 1 se dá melhor em solos úmidos, enquanto a espécie 2 se dá melhor em solos parcialmente úmidos. Partindo de solos muito secos para solos parcialmente úmidos, ambas as espécies cresceriam em abundância. Mas partindo de solos parcialmente úmidos para solos úmidos, a espécie 2 continuaria a crescer em abundância, enquanto a espécie 1 declinaria em abundância (Figura 15.2). As variáveis descritivas não estariam mais relacionadas de forma monotônica. Além disso, muitas das variáveis usadas para comparar comunidades não são contínuas. Dados sobre a presença e ausência de espécies, por exemplo – a informação incluída em uma lista de

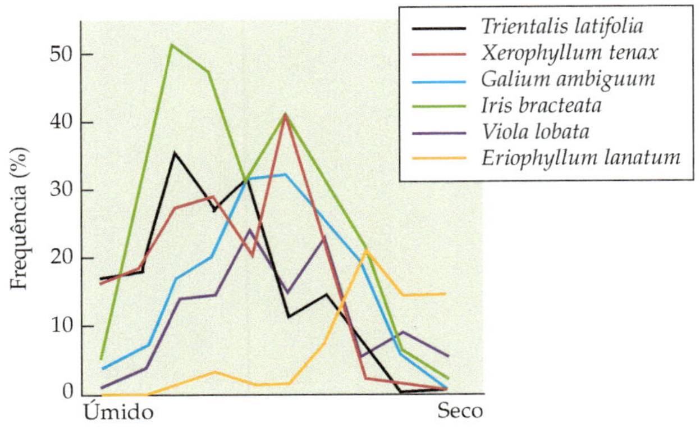

Figura 15.2 Padrões de abundância de espécies ao longo de um gradiente de umidade nas montanhas Siskiyou, Oregon (EUA). Como visto neste caso, é improvável que mudanças na abundância das espécies ao longo de um gradiente ambiental estejam relacionadas monotonicamente. A abundância das espécies foi medida como a percentagem de parcelas dentro de uma localidade na qual a espécie ocorria (dados de Whittaker, 1960; segundo Brown, 1984).

espécies – são dicotômicas, consistindo apenas em uns e zeros (ver Tabela 15.1A).

Para esse tipo de dados, os ecólogos criaram várias medidas de distância denominadas **medidas de similaridade**. Considere primeiramente aquelas empregadas para dados de presença e ausência. Para um determinado par de locais, podemos definir quatro tipos de espécies: as presentes em ambos os locais (*a*), as presentes no primeiro local, mas ausentes no segundo (*b*), as presentes no segundo local e ausentes no primeiro (*c*), e aquelas ausentes em ambos os locais (*d*). Esse padrão pode ser representado como segue:

	Primeiro local	
Segundo local	**Presente**	**Ausente**
Presente	*a*	*b*
Ausente	*c*	*d*

Para os locais A e B na Tabela 15.1, $a = 4$, $b = 1$, $c = 2$ e $d = 3$.

A medida de similaridade mais antiga e mais simples, inventada pelo ecólogo francês P. Jaccard, é o índice de Jaccard (Jaccard, 1901), que é a percentagem de espécies contidas em dois locais, e que são compartilhadas por esses locais:

$$S_J = \frac{a}{a+b+c}$$

Para os locais A e B, $S_J = 4 / (4 + 1 + 2) = 0{,}57$.

Ao longo dos anos, diversas medidas de similaridade foram criadas para dados de presença/ausência e de abundância (Tabela 15.2). Embora várias outras medidas de similaridade funcionem melhor em diferentes situações e com diferentes tipos de dados, para dados de presença/ausência, o índice Jaccard tem consistentemente apresentado o melhor desempenho, ou perto do melhor, na maioria das situações. Utilizando o índice de Jaccard, podemos agora passar para a segunda etapa, que é medir a distância entre cada um dos locais de estudo (Tabela 15.1C).

TABELA 15.2 Algumas medidas de similaridade usadas em estudos de ecologia vegetal

Índice	Fórmula	Índice	Fórmula
Índices de presença/ausência		***Índices de abundância***	
Índice de Jaccard	$S_J = \frac{a}{a+b+c}$	Percentagem de similaridade	$S_{PS} = \sum \lvert p_{1i} - p_{2i} \rvert$
Índice de Sørensen-Dice	$S_{SD} = \frac{2a}{2a+b+c}$	Percentagem assimétrica de similaridade	$S_{APS} = \frac{\sum (n_{1i} - n_{2i})}{\sum n_{1i} + \sum n_{2i}}$, para $n_{1i} \neq 0$
Combinação simples	$S_{SM} = \frac{a+d}{a+b+c+d}$	Similaridade mínima	$S_{MS} = \sum \min(p_{1i}, p_{2i})$
Índice de Ochioi	$S_O = \frac{a}{\sqrt{(a+b)} + \sqrt{(a+c)}}$	Índice de Bray-Curtis	$S_{BC} = \frac{\sum \min(n_{1i}, n_{2i})}{\sum n_{1i} + \sum n_{2i}}$
Similaridade assimétrica	$S_{AS} = \frac{b}{2a+b}$	Índice de Morisita	$S_M = \frac{2\sum (n_{1i} n_{2i})}{(\lambda_1 + \lambda_2) N_1 N_2}, \lambda_j = \frac{\sum n_{ji}(n_{ji} - 1)}{N_j(N_j - 1)}$

Definição dos símbolos:

a = número de espécies em ambos os locais
b = número de espécies apenas no segundo local
c = número de espécies apenas no primeiro local
d = número de espécies em nenhum dos locais
p_{1i} = proporção de indivíduos da *i*-ésima espécie da amostra 1 ($p_{1i} = n_{1i}/N$)
n_{1i} = número de indivíduos da espécie *i* na amostra 1.
N = número total de indivíduos amostrados
min (*x*,*y*) = o menor dos dois valores

Nota: Esses índices diferem nos fatores que enfatizam (p. ex., espécies raras *versus* comuns) e em sua robustez a desvios de pressupostos (Whittaker, 1972; Janson e Vegelius, 1981; Wolda, 1981; Austin e Belbin, 1982; McCulloch, 1985).

Padrões de paisagem

Ordenação: descrevendo padrões

Ordenação é o processo de obter informações como as que constam na Tabela 15.1C – pontos distribuídos em um espaço *n*-dimensional – e reduzi-las a um número menor de dimensões; em outras palavras, a ordenação é apenas uma redescrição quantitativa dos dados. Com frequência, os dados são representados como um gráfico bi ou tridimensional. Há muitas técnicas de ordenação, cada uma delas com seus defensores. Elas são normalmente conhecidas por seus acrônimos: OP (ordenação polar), ACP (análise de componentes principais), ACoP (análise de coordenadas principais), MR (média recíproca), ACD (análise de correspondência destendenciada), EMDN (escalonamento multidimensional não-métrico). Cada técnica usa abordagens matemáticas distintas e possui pressupostos, limitações e vantagens diferentes. Ainda que as técnicas tenham detalhes matemáticos distintos, todas elas fundamentam-se nos mesmos princípios básicos, e todas fornecem informações bastante semelhantes. As distinções entre esses métodos e detalhes fogem do objetivo deste livro, mas quem quiser explorá-los, encontrará o tópico tratado em profundidade por Legendre e Legendre (1998).

O processo de **redução de dimensões** – isto é, usar dados multivariados e reduzi-los a um pequeno número de dimensões – pode ser visualizado da seguinte forma: imagine uma representação física de dados tridimensionais como os mostrados na Figura 15.3, na qual cada eixo representa a abundância de uma espécie, e cada esfera representa um local diferente. Agora iluminamos o modelo com uma lanterna, de forma que sua sombra se projete em uma parede. Cada esfera (local) está agora representada por um ponto naquela parede. Reduzimos os dados de três para duas dimensões. Algumas informações foram perdidas durante o processo. Dois pontos que estavam, na realidade, afastados um do outro no modelo tridimensional, podem agora parecer próximos um do outro devido à forma com que as sombras se projetam. Podemos, porém, minimizar esse problema escolhendo cuidadosamente o ângulo a partir do qual lançamos a iluminação. É muito provável que as esferas não estejam distribuídas aleatoriamente no modelo. Elas provavelmente estão distribuídas em alguma outra forma compacta, como uma elipse alongada. Se lançarmos a iluminação de modo que fique em ângulos retos com o eixo longo da elipse, os pontos mais afastados no modelo original ainda estarão afastados na sombra.

Claro que, com dados reais, os pontos estarão distribuídos por um espaço *n*-dimensional muito mais complexo, e a "iluminação pela lanterna" é um conjunto de etapas matemáticas que determinam as coordenadas daqueles pontos no espaço bi ou tridimensional reduzido. A Figura 15.4 mostra ordenações dos dados da Tabela 15.1C utilizando duas técnicas diferentes; observe que ambas as técnicas produzem a mesma representação geral da relação entre os locais. Uma vez que os ecólogos geralmente estão mais interessados nos padrões gerais do que nas relações numéricas exatas entre locais, a escolha da medida de distância e da técnica de ordenação é muitas vezes uma questão de conveniência.

Os métodos estatísticos multivariados começaram a permear a ecologia de comunidades de plantas em meados da década de 1950, algumas vezes por importação de técnicas utilizadas em outros campos e outras por invenção independente. Talvez o trabalho de maior influência tenha sido o desenvolvimento da ordenação polar por J. Roger Bray em meados de 1950, quando era aluno de John Curtis (Bray, 1955; Bray e Curtis, 1957). De maneira independente, David Goodall (1954) mostrou como a análise fatorial (agora chamada de análise de componentes principais) poderia ser aplicada a levantamentos de comunidades.

Robert Whittaker desenvolveu uma abordagem geral denominada **análise direta de gradiente**, na qual o pesquisador escolhe eixos ambientais e ordena amostras de vegetação ao longo destes, examinando os padrões resultantes. Roger Bray e John Curtis adotaram uma abordagem diferente, chamada de **análise indireta de gradiente**, na qual as comunidades são ordenadas segundo sua similaridade

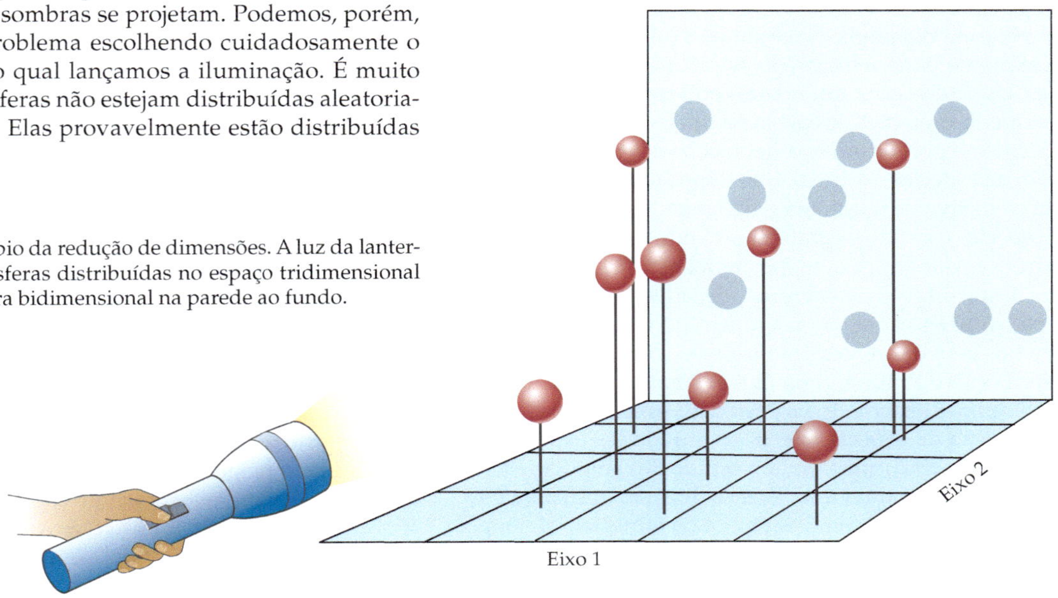

Figura 15.3 Princípio da redução de dimensões. A luz da lanterna faz com que as esferas distribuídas no espaço tridimensional projetem uma sombra bidimensional na parede ao fundo.

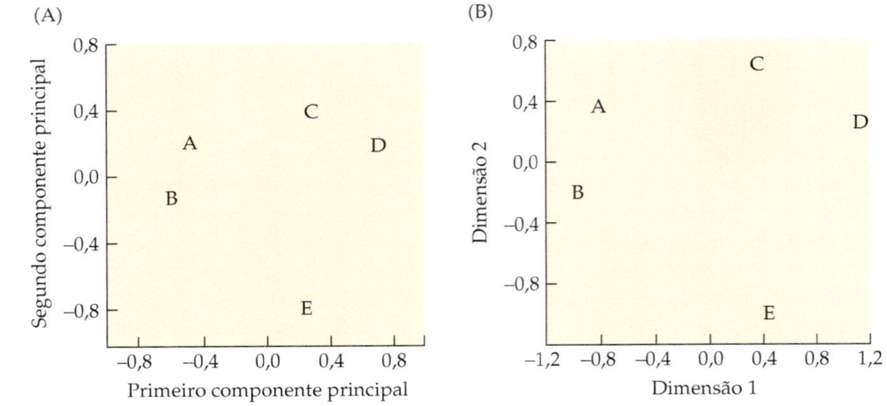

Figura 15.4 Ordenação dos dados da Tabela 15.1 usando duas técnicas de ordenação diferentes: (A) análise de coordenadas principais (ACoP) e (B) escalonamento multidimensional não-métrico (EMDN). Observe que as duas técnicas produzem o mesmo padrão geral de relações entre os locais.

quanto à composição de espécies, sendo então inferidos os fatores ambientais responsáveis pelos padrões resultantes. A última abordagem (uma forma de ordenação) tem a vantagem de ser mais objetiva, mas não pode ser usada para examinar padrões de vegetação ao longo de eixos ambientais específicos, cujo interesse se saiba previamente.

A ordenação e outros métodos relacionados foram aperfeiçoados por vários ecólogos nas décadas de 1960, 1970 e 1980, especialmente pelos alunos e colaboradores de Whittaker nos Estados Unidos (p. ex., Gauch e Whittaker, 1972), Michael Austin na Austrália (p. ex., Austin, 1977) e Cajo ter Braak na Holanda (p. ex., ter Braak, 1986). Durante o mesmo período, o desenvolvimento de técnicas multivariadas em sistemática (dentro da área então conhecida como taxonomia numérica; Sneath e Sokal, 1973) influenciou ainda mais o seu uso em ecologia. Os avanços de *hardware* e *software* nesta mesma época foram particularmente importantes na disseminação das técnicas multivariadas. Durante as décadas de 1960 e 1970, o uso desses métodos exigia a criação programas complexos, a fabricação de pilhas de cartões perfurados e o acesso a um computador *mainframe*.

Hoje em dia ainda é comum o uso dessas técnicas, especialmente para detecção de padrões e geração de hipóteses. Uma série de comunidades pode ser amostrada para documentar relações envolvendo um fenômeno ecológico específico – por exemplo, a deposição de nitrogênio, a invasão de espécies exóticas ou os danos por um patógeno – com o objetivo de relacionar o fenômeno com composições de espécies e variáveis ambientais entre comunidades. Os padrões revelados podem formar a base de experimentos para testar hipóteses sobre os mecanismos que causam os padrões. Esses métodos também podem ser utilizados para fins bem diferentes dos originais. Por exemplo, Rosemary Booth e Philip Grime (2003) empregaram a análise de componentes principais para descrever a mudança na composição de espécies de 36 comunidades experimentais, durante cinco anos, em um estudo de campo no Reino Unido. Eles aplicaram uma técnica de ordenação para medir as mudanças na composição da comunidade ao longo do tempo, em lugar do objetivo mais convencional de descrever comunidades naturais em uma paisagem.

Determinação das causas dos padrões

A ordenação pode descrever padrões de distribuição das espécies entre comunidades de uma paisagem. Mas quais são as causas desses padrões? Para comunidades vegetais, as principais causas de diferenças em composição de espécies são fatores climáticos, topográficos e edáficos (solo) – os fatores físicos que determinam as condições de crescimento das plantas (ver Parte I). Existem várias técnicas para determinar quais desses fatores são os mais importantes em um determinado conjunto de comunidades. Todas essas técnicas utilizam a mesma estratégia básica: procurar correlações entre distribuições de espécies e variáveis ambientais.

Considere um problema simples, como determinar as causas da variação na abundância de uma determinada espécie em dada paisagem. Uma estratégia de atacar esse problema é realizar a amostragem de alguns locais na paisagem. Medimos a abundância da espécie em cada local, e tomamos dados de diversas variáveis ambientais, como temperatura, precipitação, elevação, inclinação do terreno, aspecto, textura e nutrientes do solo (idealmente, os dados climáticos deveriam ter como base médias de longo prazo). Posteriormente, calculamos a correlação de cada variável ambiental com a abundância da espécie. Esse procedimento contém dois pressupostos: (1) que o padrão de distribuição das espécies é fundamentado em um equilíbrio, de longo prazo com o ambiente, estando o padrão atual próximo deste equilíbrio; e (2) que medimos as variáveis ambientais corretas.

Evidentemente, a existência de correlação não demonstra relação causa-efeito, mas uma correlação forte fornece uma evidência que sustenta uma possível causa do padrão observado. Contudo, o método recém descrito apresenta um problema: as próprias variáveis ambientais são correlacionadas entre si. Locais mais elevados, por exemplo, provavelmente possuem temperaturas mais baixas e velocidade de vento maior. Para lidar com essas correlações, os ecólogos usam vários métodos estatísticos. Um deles é uma técnica chamada de **regressão múltipla.** Essa técnica determina a regressão (ver Apêndice) da abundância de uma espécie com cada variável ambiental, ao mesmo tempo corrigindo as correlações entre as próprias variáveis ambientais. A limitação dessa técnica é que ela não pode corrigir correlações muito grandes. Por exemplo, se a abundância da nossa espécie diminuiu com a diminuição da temperatura, enquanto a velocidade do vento aumentou com a diminuição da temperatura, não poderíamos determinar se a causa da diminuição da abundância foi a temperatura ou a velocidade do vento. Essa análise teria reduzido os possíveis fatores responsáveis por diminuir a abundância, apesar de permanecer a possibilidade da causa real ser uma terceira variável não-mensurável que também esteja correlacionada com a temperatura ou a velocidade do vento.

Uma outra abordagem, bem diferente, é realizar experimentos especulativos (como cultivar a planta em câmaras de crescimento sob diferentes temperaturas) para reduzir ainda mais o número de possíveis causas e para testar hipóteses específicas (ver Capítulo 1). Embora esses experimentos sejam uma fonte de informações importante, eles têm suas limitações. Por serem frequentemente realizados em ambientes artificiais, como câmara de crescimento ou estufa, não podem dar conta da miríade de fatores abióticos e bióticos e suas interações na natureza. Interações competitivas, por exemplo, podem ser diferentes em temperaturas altas e baixas. Os experimentos manipulativos realizados em situação de campo são tecnicamente mais desafiadores, podem oferecer um teste mais realista da importância de um fator ambiental. Uma abordagem muito consistente é combinar vários tipos diferentes de experimentos e tipos de evidência; se os resultados do uso de muitos tipos de evidências diferentes concordarem, a conclusão é muito mais exata (Scheiner, 2004).

Os métodos recém-descritos examinam uma única espécie e uma ou poucas variáveis ambientais. Como poderíamos combinar informações sobre a composição de espécies de comunidades inteiras e variáveis ambientais? Fazemos isso usando métodos relacionados à regressão múltipla. Em vez de utilizar abundância das espécies como variável dependente, usamos a posição ao longo de um eixo de ordenação. Podemos ver como isso funciona com os dados de um estudo de florestas de *Pinus contorta* (pinheiro *lodgepole*, Pinaceae) nas Montanhas Rochosas do Canadá, feito por George La Roi e Roger Hnatiuk (1980). *Pinus contorta* é a espécie arbórea mais amplamente distribuída na América do Norte (Figura 15.5A). Em Alberta, no Canadá, onde o estudo foi realizado, *P. contorta* é a espécie dominante depois do fogo em florestas de média altitude (1.000 a 2.000 m). Nesse estudo, 63 comunidades foram amostradas nos Parques Nacionais de Banff e Jasper; as medidas incluíram o número e o tamanho de todas as árvores, a cobertura de todas as espécies do sub-bosque, a química do solo, a temperatura do solo, a umidade do solo, a elevação, e inclinação do terreno, bem como seu aspecto. A Figura 15.5B mostra esses estandes distribuídos ao longo de dois eixos ambientais: elevação e umidade. Uma vez que cada eixo consiste em uma única variável ambiental, o gráfico é uma forma de análise direta de gradiente.

Podemos seguir adiante e examinar as correlações entre as variáveis ambientais usando a **análise de correspondência canônica** (**ACC**) (ver Braak, 1986). Na ACC, cada eixo consiste em combinações de variáveis ambientais múltiplas. Na realidade, a ACC é um híbrido entre as análises direta e indireta de gradiente. Duas ordenações são

(A)

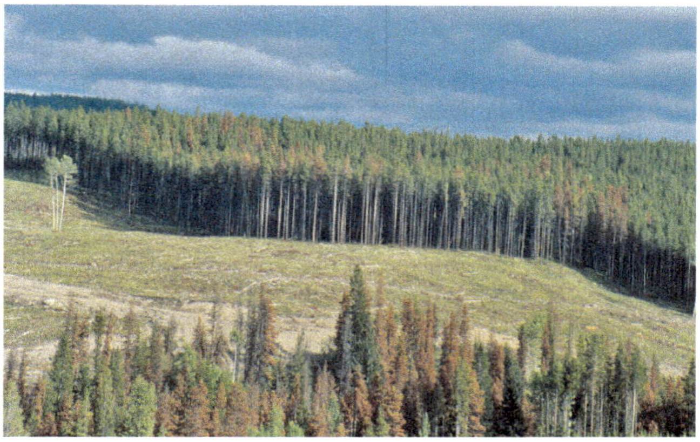

(B)

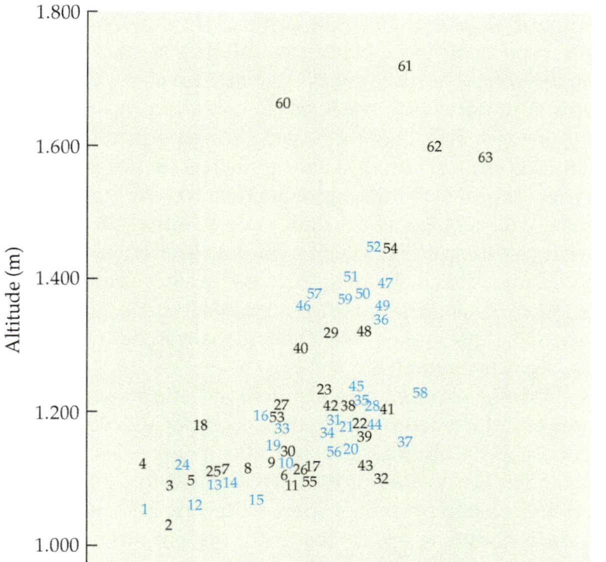

Figura 15.5 (A) As florestas de *Pinus contorta* (pinheiro *lodgepole*, Pinaceae) dominam a paisagem de altitudes médias nas Montanhas Rochosas do Canadá. Os cones abrem-se em reação ao fogo, e o resultado são estandes como este, perto de Allison Pass, British Columbia (fotografia cedida por J. Worrall.). (B) Análise direta de gradiente com 63 estandes de floresta de *P. contorta* nas Montanhas Rochosas do Canadá. Os estandes estão distribuídos ao longo de dois gradientes: umidade e elevação. Os números azuis indicam estandes no Parque Nacional de Banff; os números pretos indicam estandes no Parque Nacional de Jasper (segundo La Roi e Hnatiuk, 1980).

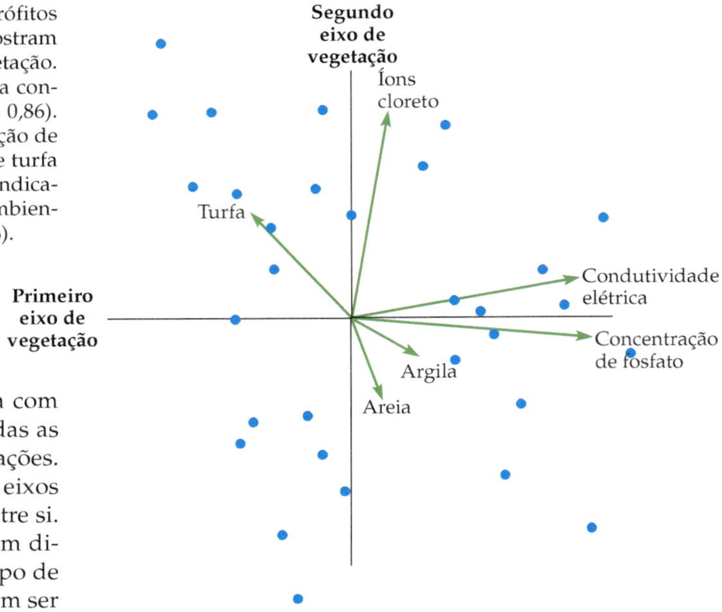

Figura 15.6 Análise de correspondência canônica de macrófitos aquáticos que crescem em diques na Holanda. Os pontos mostram a posição média de cada espécie ao longo dos eixos de vegetação. O primeiro eixo de vegetação é altamente correlacionado a condutividade elétrica (r = 0,83) e concentração de fosfato (r = 0,86). O segundo eixo de vegetação é correlacionado a concentração de cloretos (r = 0,86) e um pouco menos com a quantidade de turfa (r = 0,49) e areia (r = –0,40) no solo. Essas correlações são indicadas pela semelhança de alinhamento entre as variáveis ambientais (setas) e os eixos de vegetação (segundo ter Braak, 1986).

realizadas, uma com os dados das espécies e outra com os dados ambientais, sendo em seguida determinadas as correlações entre os eixos dos dois grupos de ordenações. Se tivermos sorte, o primeiro ou os dois primeiros eixos de cada grupo estarão altamente correlacionados entre si. Uma análise de macrófitos aquáticos que crescem em diques nos Países Baixos serve como exemplo desse tipo de análise (Figura 15.6). Assim como a ordenação, podem ser aplicadas várias medidas de distância, bem como várias técnicas de redução de dimensões e de correlação (Ludwig e Reynolds, 1985).

Tipos de dados

Descrevemos análises que podem usar tanto dados de presença/ausência como dados de abundância. Qual tipo de dados é mais apropriado? A resposta depende das questões relativas à escala de variação abordada. Diferentes tipos de variação são esperados em diferentes escalas. Por "escala" não queremos dizer extensão geográfica, mas escala ecológica – o grau de diferença ecológica entre as comunidades. Campos vizinhos, todos abandonados nos últimos cinco anos, apresentariam diferenças ecológicas de pequena escala. Todos os campos teriam condições de solo e composição de espécies similares. É mais provável que diferenças entre campos aparecessem como diferenças entre abundância de espécies do que diferenças em presenças de espécies. Por outro lado, se esses campos fossem incluídos em uma análise com manchas de floresta próximas ou campos abandonados há décadas, teríamos então uma escala ecológica bem maior. Nessa situação, dados de presença de espécies podem captar as diferenças entre comunidades. Extensão geográfica não é sinônimo de escala ecológica, mas quanto maior a extensão geográfica, mais provável é que uma gama maior de condições ecológicas seja captada na análise.

Pode-se esperar que um ecólogo simplesmente use todas as informações sobre todas as espécies. No entanto, a medição da abundância de todas as espécies pode esbarrar em limitações práticas. Nos desertos, as espécies herbáceas estão presentes apenas durante períodos curtos quando chove, e, em certos anos, podem simplesmente não aparecer. Em uma paisagem como essa, um estudo pode ser forçado a se concentrar em apenas espécies lenhosas – árvores, arbustos e cactos. Em florestas tropicais, onde a diversidade de espécies é enorme, e muitos epífitos situam-se nas copas das árvores, a maioria dos estudos concentra-se nas espécies arbóreas.

Em escalas maiores, dados de presença/ausência podem ser mais informativos do que dados de abundância, devido ao problema da relação sinal-ruído. Em grandes escalas, geralmente tentamos encontrar uma única ou poucas causas de diferenças entre tipos de comunidades muito diferentes. Porém, as abundâncias podem variar por várias razões, ligadas a fatores demográficos aleatórios (ver Capítulos 6 e 13). Embora essa variação seja de interesse em relação a outras questões, no presente caso ela age como "ruído" (variação aleatória) na análise, confundindo o padrão principal. Ao se utilizarem presenças e ausências em vez de abundâncias, reduzimos esse ruído. No entanto, se usarmos dados de presença/ausência, é importante incluir o maior número de espécies possível, especialmente espécies raras. A distribuição de cada espécie contém informações sobre o meio ambiente e seus efeitos na comunidade de plantas. Quanto mais espécies incluirmos na análise, mais informações teremos. Há uma redundância nessa informação, pois quanto mais espécies usarmos, mais confiança poderemos ter em nossas conclusões. Uma boa regra é que, em qualquer ordenação, o número de espécies incluídas deve ser, no mínimo, três ou quatro vezes maior do que o número de locais amostrados.

Classificação

Uma aplicação da análise de paisagem é a classificação de comunidades em agrupamentos maiores (Tabela 15.3). Essa classificação pode ser aplicada para propósitos de gestão de paisagem. Por exemplo, se quisermos preservar determinados tipos de comunidades, nosso esquema de classificação pode nos ajudar a escolher quais lugares preservar para alcançar esse objetivo. As técnicas de classificação são complementares às de ordenação. Na realidade,

TABELA 15.3 Exemplo de classificação para uma comunidade de plantas da América do Norte

Categorias fisionômicas	
Classe	Bosques
Subclasse	Principalmente bosques perenifólios
Grupo	Bosques perenifólios de folhas aciculadas
Subgrupo	Natural/seminatural
Formação	Bosques perenifólios de coníferas com copas arredondadas
Categorias florísticas	
Aliança	*Juniperus occidentalis*
Associação	*Juniperus occidentalis/Artemisia tridentata*

Nota: Essa classificação segue o sistema de Classificação Nacional de Vegetação proposto pela Ecological Society of America. A classificação utiliza um sistema dual no qual as categorias mais altas estão fundamentadas em critérios fisionômicos, e categorias mais refinadas têm como base critérios florísticos.

tomamos o padrão revelado pela ordenação e traçamos círculos ao redor de subconjuntos de pontos. Por exemplo, na Figura 15.4, poderíamos reunir os locais A e B em um grupo, os locais C e D em outro grupo, e o local E em um terceiro grupo. Poderíamos até formar grupos maiores a partir destes menores. O fato de termos criado agrupamentos não quer dizer que as comunidades formem tipos isolados; nossos diferentes grupos podem gradualmente misturar-se entre si. Ainda assim, para fins de planejamento, continuaria sendo adequado definir tipos de comunidades discretas.

Vários métodos podem ser usados para criar grupos. As duas principais técnicas de classificação são a monotética divisiva e a politética aglomerativa. Uma **análise monotética divisiva** começa considerando todos os locais e, posteriormente, dividindo-os em dois grupos em função da presença ou ausência de uma única espécie-chave. Cada um dos novos grupos é subdividido com base em novas espécies chave-exclusivas. O processo continua até que o número de grupos desejado é alcançado – um conjunto de grupos que pareça natural e útil – ou até que a divisão não seja mais possível. Portanto, "monotético" refere-se ao uso de uma única espécie como critério a cada etapa, e "divisivo" refere-se ao processo de divisão.

Uma **análise politética aglomerativa** funciona na direção oposta. Utilizando alguma medida de distância (como o índice de Jaccard), os dois locais mais similares são agrupados. Depois, os próximos locais mais similares são agrupados e assim por diante. O agrupamento pode envolver dois locais individuais, um único local com um grupo previamente criado, ou dois grupos. O processo termina quando todos os locais estiverem agrupados. Assim, "politético" refere-se ao uso de múltiplas espécies na medida de distância, e "aglomerativo" refere-se ao processo de agrupamento. Podem ser empregados diversos algoritmos de agrupamento e medidas de distância. O resultado é um dendrograma (Figura 15.7). Como na abordagem monotética divisiva, o gráfico é utilizado para representar esquemas de classificação naturais e apropriados (Figura 15.8).

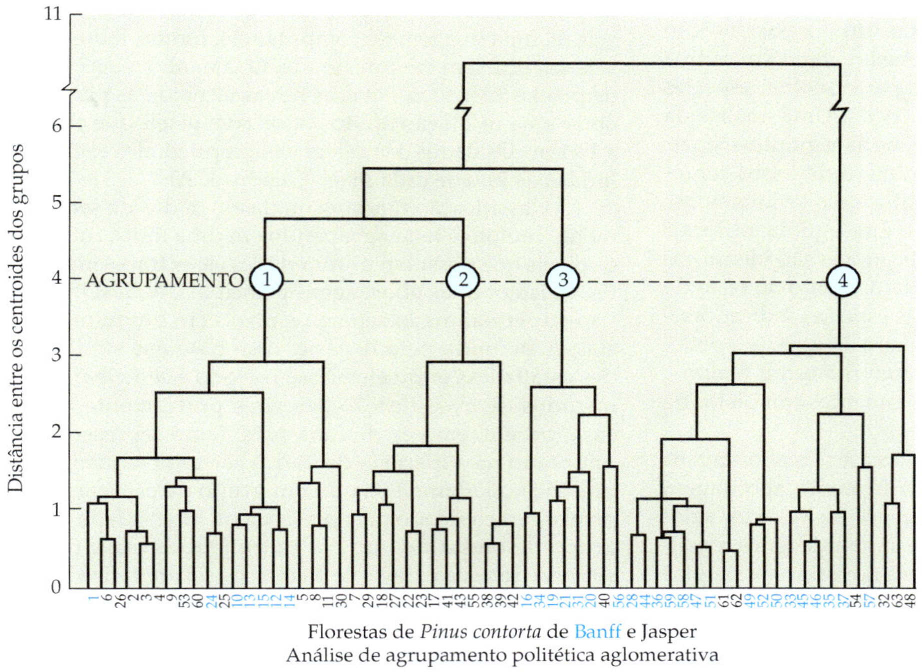

Figura 15.7 Dendrograma, produzido por uma análise de agrupamentos, usando um método politético aglomerativo para florestas de *Pinus contorta* na Figura 15.5 (segundo La Roi e Hnatiuk, 1980).

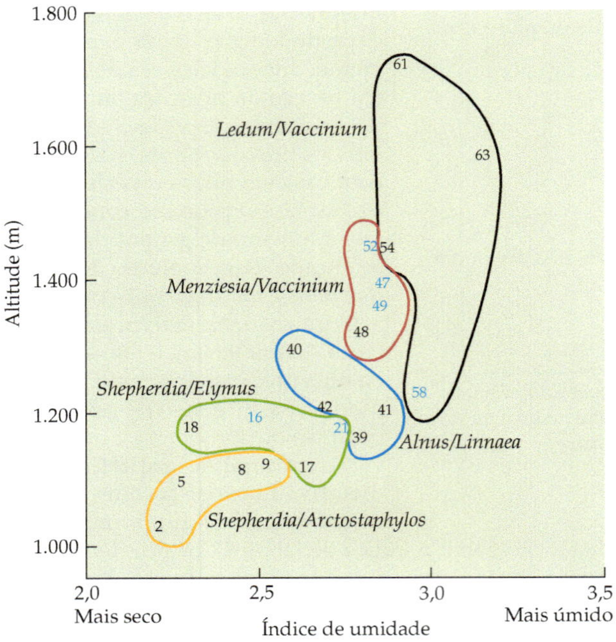

Figura 15.8 Classificação de um subconjunto dos estandes de *Pinus contorta* da Figura 15.5, usando uma combinação de técnicas que inclui a análise de agrupamentos mostrada na Figura 15.7 e uma análise de espécies indicadoras. Os grupos são denominados segundo as espécies dominantes. O número de grupos difere da Figura 15.7 em função das análises adicionais (segundo La Roi e Hnatiuk, 1980).

Um adendo útil à realização de classificações é a designação de **espécies indicadoras**. Uma espécie indicadora ideal é encontrada em todas as comunidades de um dado tipo, mas não em qualquer outro tipo de comunidade. O uso de espécies indicadoras torna a classificação de comunidades bem mais fácil. Assim como em outros procedimentos, há vários métodos para escolher espécies indicadoras (Dufrêne e Legendre, 1997). Uma análise da paisagem pode ser realizada conforme as seguintes etapas: primeiramente, é escolhido um número de locais representativos de uma paisagem e é realizado o levantamento completo das espécies de cada um. Em seguida, os locais são classificados, e as espécies indicadoras são identificadas. Posteriormente, é feito um levantamento no resto da paisagem, procurando-se apenas as espécies indicadoras. Buscando apenas um pequeno número de espécies, podemos examinar muito mais locais com o mesmo tempo e esforço que seriam gastos em levantamentos completos de espécies.

Essa diversidade de métodos leva a três abordagens para classificação de paisagens. A primeira abordagem fundamenta-se no uso de todas as espécies. Métodos aglomerativos politéticos são típicos dessa abordagem e constituem uma marca registrada da escola florístico-sociológica da Europa Central. A segunda abordagem tem como base o uso de espécies dominantes ou espécies indicadoras. Métodos monotéticos divisivos são típicos dessa abordagem e têm sido utilizados principalmente por ecólogos russos. A terceira abordagem sustenta-se na forma geral de vegetação e não na identidade das espécies. Nessa abordagem, todas as florestas deciduais latifoliadas, por exemplo, estariam classificadas juntas, mesmo que não possuíssem espécies em comum. Também é possível combinar essas abordagens. O atual Sistema Nacional de Classificação da Vegetação norte-americano (ver Tabela 15.3) combina aspectos da segunda e da terceira abordagens.

A abordagem mais apropriada depende da escala de classificação e de seu objetivo. Em escalas muito abrangentes (continentais ou globais), as classificações fundamentadas na fisionomia são mais úteis porque frequentemente procuramos semelhanças entre comunidades que transcendem as identidades das espécies. Nossa discussão sobre biomas globais no Capítulo 18 utiliza esse tipo de sistema. Em escala local, ao contrário, muitas vezes nos interessa saber como espécies intimamente relacionadas se distribuem entre as comunidades, de modo que qualquer das outras abordagens seria útil. Por outro lado, podemos querer enfatizar a continuidade entre amostras. Nesse caso, a ordenação é a mais apropriada.

O **sensoriamento remoto** é o processo que coleta dados a respeito de um objeto de interesse sem estar em contato direto com ele. É uma técnica especialmente útil para coletar e analisar informações ecológicas em larga escala, como na classificação da vegetação de grandes áreas. A coleta de dados é feita por aviões ou satélites, como o popular *Landsat Thematic Mapper*. Apesar de o número de satélites e dos dados por eles coletados ter sido bastante limitado no passado, hoje há um grande número de diferentes satélites na órbita da Terra, coletando vários tipos de dados. Esses satélites e aviões transportam câmeras especializadas que gravam de três ou quatro a centenas de comprimentos de onda. Uma paisagem é capturada em uma imagem formada por vários quadrados, chamados de pixels (como os pixels de uma imagem de computador). Juntos, todos os pixels se encaixam em uma grade. O tamanho mais comum de pixel é 30 x 30 m^2, mas as novas tecnologias permitem obter uma resolução muito maior, com pixels que chegam a 1 x1 m^2 Os dados consistem nas propriedades espectrais (ondas de luz) de cada pixel (Quadro 15A).

A classificação fundamentada em dados de sensoriamento remoto é feita agrupando em uma única categoria os pixels que possuem propriedades espectrais semelhantes. Existem duas abordagens principais. A **classificação não-supervisionada** separa os pixels em um número de classes definido pelo usuário, com base nas similaridades estatísticas entre eles. Esse método é semelhante aos métodos de classificação descritos previamente. Nesse caso, porém, em vez de cada pixel (aqui representando um ponto na superfície da Terra) ser caracterizado pela presença ou abundância de um grupo de espécies, cada pixel é caracterizado pela presença ou intensidade de um grupo de ondas de luz. Por outro lado, a **classificação supervisionada** exige que as classes sejam definidas explicitamente pelo usuário. Locais específicos na imagem (regiões de treinamento) são caracterizadas usando conhecimento de campo. Por exemplo, começa-se fazendo

Quadro 15A

Diferenciação da vegetação com base na qualidade espectral

(A)

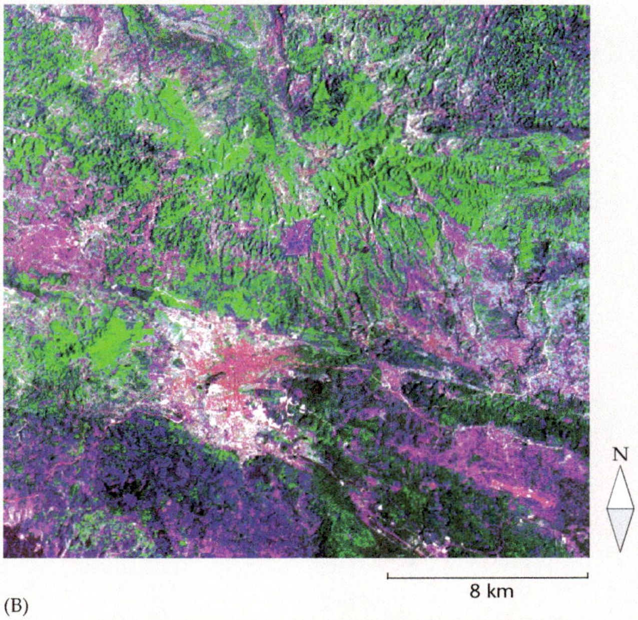

Desde a década de 1960, o sensoriamento remoto tem sido amplamente empregado para discriminar e mapear a cobertura vegetal e os tipos de comunidades. A discriminação é fundamentada nas respostas das distintas espécies de plantas às diversas regiões do espectro eletromagnético (micro-ondas, visível, infravermelho e radar) e às diferentes faixas dentro destas regiões. Assim, a faixa de 520 a 600 nm (verde) dentro da região de luz visível corresponde ao pico de reflectância verde da vegetação, que é útil para estimar o vigor da planta. A faixa de 630 a 690 nm (vermelho) corresponde à faixa de absorção da clorofila, importante para distinguir tipos de vegetação. A faixa de 1.550 a 1.750 nm (infravermelho refletido) indica o conteúdo de umidade do solo e da vegetação e também proporciona um bom contraste entre tipos de vegetação. Por exemplo, Luis Cayuela Delgado e colaboradores (2005), com base em faixas do espectro visível e infravermelho, classificaram uma paisagem tropical montanhosa, diferenciando área urbana, terras de agricultura e pastagem, e quatro tipos de floresta. Informações adicionais podem vir de comprimentos de onda de radar (0,1 a 70 cm), que fornecem informações sobre a densidade da vegetação, a arquitetura e os alagamentos. Hoje em dia, a tecnologia pode fornecer imagens captadas com sensores capazes de registrar assinaturas eletromagnéticas com muitas faixas e com resolução espacial muito alta (pixels 1 x $1m^2$), criando a possibilidade de contar árvores individuais (Foody et al., 2005). Uma nova técnica para medir/calcular a estrutura da vegetação é o perfilamento a *laser* (LiDAR), que consiste em disparar pulsos curtos de *laser* ao solo e medir o tempo que tais pulsos levam para retornar (Lefsky et al., 2002). O LiDAR pode "ver" através das folhas e produzir uma imagem tridimensional das várias camadas de uma floresta (Figura 9.6).

(B)

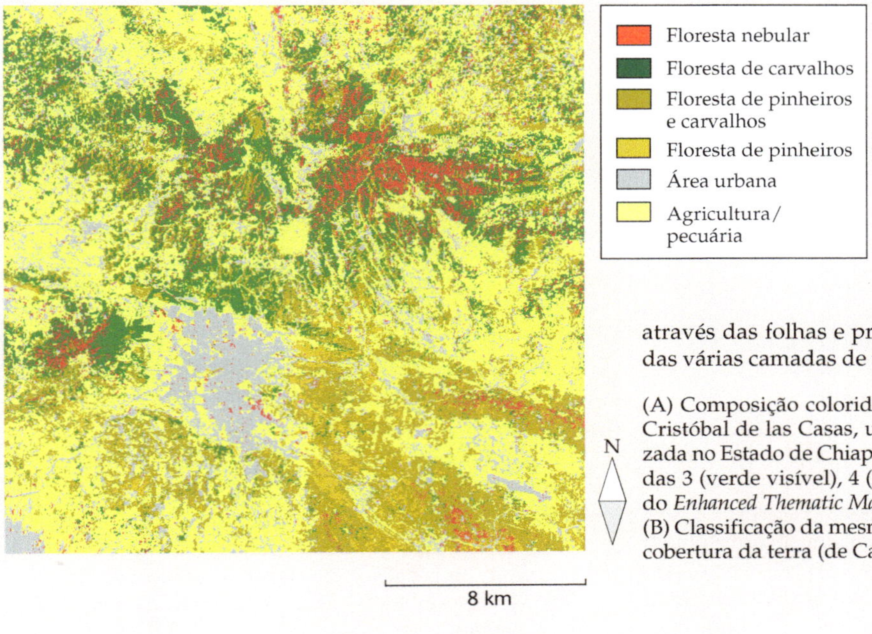

(A) Composição colorida da região ao redor da cidade de San Cristóbal de las Casas, uma região tropical montanhosa localizada no Estado de Chiapas, sul do México, feita a partir das bandas 3 (verde visível), 4 (magenta) e 5 (infravermelho refletido) do *Enhanced Thematic Mapper*. A resolução do pixel é 30 x 30 m^2. (B) Classificação da mesma paisagem que distingue seis tipos de cobertura da terra (de Cayuela Delgado et al., 2005).

listas de espécies para uma série de locais, que são então classificados em grupos que utilizam as técnicas descritas anteriormente. Os locais são também mapeados utilizando-se o Sistema de Posicionamento Global (GPS, *Global Positioning System*) e localizados na imagem do sensoriamento remoto. Esses locais, então, servem como regiões de treinamento. O melhor é ter várias regiões de treinamento por grupo para dar conta da inevitável variação entre locais. Seguindo qualquer dos métodos de classificação, a acurácia é avaliada por meio de operações de

verdade terrestre, nas quais um conjunto de locais selecionados aleatoriamente é examinado para verificar se a sua composição de espécies real equivale àquela prevista pela classificação por sensoriamento remoto.

Panorama sobre paisagens contínuas versus *discretas*

As comunidades tendem a misturar-se umas com as outras ou formam tipos discretos? A resposta a essa pergunta pode ser influenciada pela forma como se analisa dados de paisagem – por ordenação ou por classificação. A ordenação pressupõe que as paisagens consistem em uma continuidade de tipos de comunidades, enquanto a classificação assume que não. O domínio da ordenação como técnica analítica entre os ecólogos acadêmicos norte-americanos é um reflexo do atual consenso entre eles de que as paisagens são em sua maioria contínuas e provavelmente dominadas por um ou dois gradientes muito fortes. Entretanto, os pesquisadores norte-americanos dedicados à ecologia aplicada, por razões práticas, frequentemente empregam métodos de classificação para categorizar a vegetação.

A maioria dos sistemas e técnicas de classificação foi originalmente criada por ecólogos europeus e australianos (Mueller-Dombois e Ellenberg, 1974). A abordagem de Zurich-Montpellier ou florístico-sociológica foi desenvolvida pelo ecólogo suíço Josias Braun-Blanquet (1932). Embora os ecólogos que utilizam essa abordagem tenham reconhecido alguma continuidade entre comunidades, a abordagem florístico-sociológica enfatiza a descontinuidade. Os norte-europeus, inicialmente na Suécia, posicionaram-se com ainda mais firmeza pela descontinuidade no início do século XX. Mais recentemente, eles combinaram seus métodos com a abordagem florístico-sociológica. Os ecólogos russos participaram de muitos desses debates. Eles foram muito influenciados pelos ecólogos do norte da Europa e tinham opiniões similares sobre a descontinuidade de comunidades.

Hoje a ciência está se tornando cada vez mais globalizada em escopo e perspectiva, sendo cada vez mais difícil associar pontos de vista específicos a áreas geográficas determinadas. Por exemplo, em periódicos europeus como *Oikos*, *Journal of Vegetation Science* e *Plant Ecology*, podem ser encontrados artigos representando todas as tradições, publicados por ecólogos de todo o mundo.

Diversidade de paisagens

Imagine-se caminhando por uma floresta. Você para e conta o número de espécies ao seu redor. Caminha um pouco mais e para de novo. Conta novamente o número de espécies que encontra. Você está medindo a diversidade de espécies (ver Capítulo 9). Mas agora faz outra pergunta: quão diferente é a floresta de um lugar para o outro? Você encontrou basicamente as mesmas espécies durante a caminhada, ou encontrou espécies diferentes? As comunidades são compostas de proporções equivalentes de espécies comuns e raras, ou algumas comunidades possuem muito mais espécies raras do que outras? As respostas a essas perguntas nos dão informações sobre processos responsáveis por estruturar as paisagens e fornecem informações essenciais para decidir quantas comunidades e quais tipos precisamos preservar.

Diversidade de diferenciação

Qualquer unidade ecológica – seja ela uma simples parcela, uma comunidade, uma paisagem, seja um bioma – possui várias propriedades mensuráveis (Tabela 15.4). **Diversidade de inventário** é a diversidade de espécies encontrada dentro da unidade. **Diversidade de diferenciação** é a maneira em que as espécies estão agrupadas em subunidades. A diversidade de diferenciação é em geral mais estudada no nível da paisagem e, com frequência, denominada simplesmente de diversidade β.

Em um estudo na Espanha, as paisagens que se encontravam nas zonas de transição possuíam maior riqueza de espécies – tinham maior diversidade de inventário – do que paisagens fora daquelas zonas (Figura 20.5). Em outras palavras, as zonas de transição contêm uma mistura de espécies de duas floras biogeográficas diferentes. Essa mistura poderia ser potencialmente de dois tipos: ou um mosaico de diferentes tipos de comunidade de cada zona ou uma mistura de espécies de ambas as zonas dentro de

TABELA 15.4 Definições de alguns conceitos de diversidade

Diversidade de inventário

Medidas: densidade das espécies; índice de Shannon-Weiner; índice de Simpson

Escala espacial:

1. Diversidade pontual: A diversidade de uma amostra de um único hábitat pequeno ou micro-hábitat, dentro de uma comunidade considerada homogênea
2. Diversidade alfa (α): a diversidade de uma amostra representando uma única comunidade
3. Diversidade gama (γ): a diversidade de uma paisagem ou de um grupo de amostras que inclui mais de uma comunidade
4. Diversidade épsilon (ε): a diversidade de uma área geográfica mais ampla incluindo paisagens diferentes

Diversidade de diferenciação

Medidas: similaridade média, percentagem da riqueza das espécies; *turnover*

Escala espacial:

1. Diversidade beta (β): a diferença na composição de comunidade entre comunidades ao longo de um gradiente ambiental ou entre comunidades em uma paisagem
2. Diversidade delta (δ): a diferença em composição de comunidade entre comunidades entre regiões geográficas

Diversidade de padrão

Medidas: diversidade de mosaico; grau de aninhamento

Escala espacial: sem terminologia explícita

Fontes: Whittaker, 1977 e Scheiner, 1992.

comunidades individuais. As medidas de diversidade de diferenciação nos mostram qual deles é o padrão real.

A diversidade de diferenciação de um grupo de locais pode ser medida de várias formas. Uma medida é a similaridade média – por exemplo, a média dos valores na Tabela 15.1C. Essa medida indica se todas as comunidades da paisagem tendem a ter as mesmas espécies (uma similaridade média alta) ou se tendem a ter espécies diferentes (uma similaridade média baixa). Na Espanha, as paisagens de cada zona de transição tinham a mesma similaridade média das paisagens fora da zona, indicando que as espécies das duas floras biológicas estavam se misturando dentro das comunidades (Rey Benayas e Scheiner, 2002).

Uma segunda medida de diversidade de diferenciação é a percentagem da riqueza total de espécies:

$$\left(\frac{S}{S_{i\bullet}}\right)-1$$

onde S é o número total de espécies encontradas e $S_{i\bullet}$ é a riqueza média de espécies em cada amostra. Outra medida relacionada é a diferença entre a riqueza total de espécies de uma paisagem inteira (diversidade γ) e a riqueza de espécies média das comunidades individuais (diversidade α), onde $\beta = \gamma - \alpha$.

Uma terceira medida é a **substituição** (***turnover***) de espécies ao longo de um gradiente – ou seja, o número médio de espécies que aparecem e desaparecem quando passamos de uma comunidade à outra. A substituição pode ser estimada com dados de abundância ou de presença/ausência. Para tanto, é essencial que as amostras possam ser distribuídas ao longo de um único gradiente. A substituição é frequentemente calculada em conjunção com uma ordenação das amostras.

Diversidade de padrão

Um terceiro aspecto da diversidade é o arranjo de subunidades dentro de uma unidade ecológica, chamada de **diversidade de padrão.** Esses padrões podem ser de três tipos: espacial, temporal e de composição. **Diversidade de padrão espacial** é o arranjo de subunidades em um espaço físico (Turner, 1989). A mensuração de padrões espaciais começa geralmente com um mapa criado a partir de uma fotografia aérea ou por sensoriamento remoto por satélite. A partir desse mapa, podemos calcular medidas como tamanho das manchas, probabilidade do vizinho mais próximo (a probabilidade de dois tipos de hábitat serem adjacentes) e a dimensão fractal (medida da complexidade do padrão espacial). Esses aspectos do padrão espacial são de especial importância para a conservação de hábitats e o delineamento de reservas naturais. No Capítulo 16, exploraremos mais detalhadamente essas medidas.

A **diversidade de padrões temporais** é o arranjo de subunidades no tempo. As mesmas técnicas aplicadas para medir diversidade de padrões espaciais e diversidade de padrões de composição podem ser usadas, com a restrição de que todas as subunidades devem ser uma única área espacialmente definida, medida em tempos diferentes. A **diversidade de padrões de composição** é o arranjo de subunidades no espaço matemático definido pela matriz local-composição de espécies. Duas medidas foram desenvolvidas para quantificar a diversidade de padrões de composição: a diversidade de mosaico (Istock e Scheiner, 1987; Scheiner, 1992) e aninhamento (*nestedness;* Patterson e Atmar, 1986). A **diversidade de mosaico** é uma medida da complexidade da paisagem devida à variação em riqueza de espécies entre comunidades e à variação de ubiquidade e raridade entre espécies dentro da paisagem. Um valor alto para diversidade de mosaico indica uma paisagem com muitos gradientes ambientais e forte diferenciação entre comunidades, desde as que são ricas em espécies comuns até as que são ricas em espécies raras. Uma paisagem simples, ao contrário, é aquela dominada por poucas espécies e controlada por um ou poucos gradientes ambientais.

A China é mais rica em espécies do que os EUA, pois o leste asiático é rico em linhagens mais antigas (Latham e Ricklefs, 1993; Qian e Ricklefs, 1999; ver Capítulo 19). Essa grande riqueza de espécies poderia ser o resultado de duas maneiras diferentes de distribuição das espécies entre as comunidades. É possível que a maior riqueza de espécies no leste asiático deva-se a poucas comunidades especialmente ricas em espécies raras. No entanto, uma comparação entre tundras alpinas do leste asiático e do oeste da América do Norte mostrou que a diversidade de mosaico era a mesma nas duas áreas, indicando que espécies raras estavam distribuídas de maneira semelhante em ambas as regiões (Qian et al., 1999).

O **aninhamento** (*nestedness*) é a tendência de comunidades serem subconjuntos de outras comunidades. Em outras palavras, quando comunidades são altamente aninhadas, uma espécie rara será encontrada somente em comunidades que também contenham todas as espécies mais comuns. O padrão de aninhamento é crítico para decidir quantas comunidades devem ser protegidas para preservar a maioria das espécies (ver Capítulo 16).

Dois exemplos de **aninhamento** são apresentados na Tabela 15.5. No primeiro exemplo (Tabela 15.5A), o local A contém todas as oito espécies, o local B contém seis das oito espécies contidas no local A, e assim por diante, até o local I, que contém apenas uma espécie, a qual é encontrada em todos os locais. No segundo exemplo (Tabela 15.5B), o local A novamente contém todas as oito espécies e o local B contém sete daquelas oito. Mas agora, os locais C-E formam um subgrupo aninhado da paisagem, enquanto os locais F-I formam outro.

O aninhamento é uma condição frequente de comunidades de animais, especialmente comunidades de ilhas ou de hábitats semelhantes a ilhas, como topos de montanha (Wright et al., 1998). No entanto, comunidades de plantas dentro de uma paisagem geralmente não são aninhadas. Ao contrário, as espécies de plantas tendem a substituir umas às outras ao longo de gradientes. É rara a existência de comunidades de plantas que contenham todas as espécies em uma paisagem, como o local A no nosso exemplo,

TABELA 15.5 Dois exemplos de paisagens aninhadas

(1)

Espécies	A	B	C	D	E	F	G	H	I
1	1	1	1	1	1	1	1	1	1
2	1	1	1	1	1	1	1	1	0
3	1	1	1	1	1	1	0	0	0
4	1	1	1	1	1	0	0	0	0
5	1	1	1	0	0	0	0	0	0
6	1	1	0	0	0	0	0	0	0
7	1	0	0	0	0	0	0	0	0
8	1	0	0	0	0	0	0	0	0

(Local: A–I)

(2)

Espécies	A	B	C	D	E	F	G	H	I
1	1	1	1	1	1	0	0	0	0
2	1	1	1	1	0	0	0	0	0
3	1	1	1	1	0	0	0	0	0
4	1	1	1	0	0	0	0	0	0
5	1	1	0	0	0	1	1	1	1
6	1	1	0	0	0	1	1	1	0
7	1	1	0	0	0	1	1	0	0
8	1	0	0	0	0	0	0	0	0

(Local: A–I)

exceto quando as espécies são retiradas de uma escala espacial e ecológica muito pequena.

Resumo

Uma comunidade de plantas representa uma parte do conjunto das comunidades que formam uma paisagem. Para estudar esses grupos de comunidades locais, precisamos de métodos para compará-las e organizá-las dentro do contexto maior. As comunidades podem ser comparadas por meio de uma diversidade de medidas quantitativas. Propriedades de comunidades, como biomassa ou produtividade, podem ser comparadas aplicando-se as técnicas estatísticas univariadas e multivariadas usuais, como a análise de variância. Por meio do uso de informações sobre presença ou abundância de espécies, várias medidas de similaridade geral da vegetação podem ser calculadas.

As informações sobre similaridades entre comunidades podem ser ainda utilizadas para examinar padrões gerais entre grupos de comunidades. A ordenação é um método para organizar esses grupos em um espaço contínuo. Essas ordenações podem, então, ser usadas para buscar relações entre padrões de vegetação e variáveis ambientais. Outra abordagem para verificar relações em composição de espécies entre comunidades locais é a classificação. Há vários métodos disponíveis para classificar conjuntos de comunidades em grupos; esses métodos são particularmente úteis para fins de manejo e conservação.

A diversidade é outra propriedade que pode ser examinada na escala da paisagem. A maioria dos estudos de diversidade busca investigar a diversidade de inventário: o número de espécies presentes e suas abundâncias relativas. A variação entre comunidades também pode ser medida por meio da diversidade de diferenciação e da diversidade de padrões. Todas essas medidas de comunidades dentro de paisagens proporcionam maneiras adicionais de olhar o mundo. Usando essas medidas de padrões, podemos estudar os processos que moldam a vegetação do mundo.

Questões para estudo

1. Se Clements e Gleason tivessem que escolher entre ordenação e classificação, qual delas cada um escolheria e por quê?
2. Há perda de informação durante a ordenação e classificação. Essa informação é importante?
3. Em que tipos de hábitats as espécies indicadoras seriam úteis? Em que tipos elas não seriam úteis?
4. Os ecólogos cada vez mais utilizam sensoriamento remoto para mapear e analisar a vegetação. Como a nossa compreensão de padrões de vegetação e de comunidades de plantas pode mudar devido a essa mudança de metodologia?
5. Como a escolha entre ordenação ou classificação para analisar um grupo de comunidades poderia depender do tipo de hábitats?

Leituras adicionais

Referências clássicas

Bray, J. R. and J. T. Curtis. 1957. An ordination of the upland forest communities of southern Wisconsin. *Ecol. Monogr.* 27: 325-349.

Greig-Smith, P. 1980. The development of numerical classification and ordination. *Vegetatio* 42: 1-9.

ter Braak, C. T. F. 1986. Canonical correspondence analysis: A new eigenvector technique for multivariate direct gradient analysis. *Ecology* 1167-1179.

Whittaker, R. H. 1972. Evolution and measurement of species diversity. *Taxon* 21: 213-251.

Fontes adicionais

Legendre, L. and P. Legendre. 1998. *Numerical Ecology.* 2nd English ed. Developments in Environmental Modelling, Vol. 20. Elsevier, Amsterdam.

Ludwig, J. A. and J. F. Reynolds. 1988. *Statistical Ecology.* John Wiley & Sons, New York.

McCune, B. and M. J. Mefford. *PC-ORD: Multivariate Analysis of Ecological Data.* MjM Software Design, Gleneden Beach,OR.

CAPÍTULO 16 Ecologia de Paisagem

No capítulo anterior, analisamos comunidades como parte da paisagem, assim como padrões de composição de espécies e diversidade entre comunidades. Neste capítulo, deslocaremos nossa perspectiva de modo a considerar a paisagem como um todo. A Ciência envolve a procura por padrões e por processos que geram esses padrões (ver Capítulo 1). O que poderia parecer uma terceira atividade – a predição – depende de termos identificados os processos que explicam os padrões observados. Estes dois aspectos da ciência são especialmente visíveis na ecologia de paisagem.

Ecologia de paisagem é o estudo das distribuições espaciais dos indivíduos, das populações e das comunidades, bem como das causas e consequências desses padrões espaciais. Os ecólogos que estudam paisagens interessam-se particularmente pela escala espacial, tendo trazido esse tópico para a linha de frente do pensamento ecológico contemporâneo.

Embora suas raízes estendam-se até as origens da ecologia, a ecologia de paisagem ganhou sua identidade atual somente na década de 1980. A expressão "ecologia de paisagem" foi cunhada em 1939 por Carl Troll, um geógrafo alemão. Até 1980, esse campo do conhecimento ficou confinado principalmente à Europa, onde estava mais intimamente associado à abordagem florístico-sociológica de Braun-Blanquet e enfatizava padrões estáticos (Naveh e Lieberman, 1994). No início da década de 1980, Richard T. T. Forman (1995) e outros autores levaram a ecologia de paisagem para a América do Norte, modificando a tradição europeia pela adição da dinâmica e da escala (Turner, 2005). As raízes teóricas de alguns desses esforços retornam à década de 1960, à teoria de biogeografia de ilhas e à teoria de metapopulações. A coalescência da ecologia de paisagem nessa forma moderna fundamentou-se também em progressos contemporâneos no campo da geografia. Outras tendências que contribuíram para a emergência da ecologia de paisagem nas últimas duas décadas são o desenvolvimento da estatística e da modelagem espacialmente explícitas (Wagner e Fortin, 2005) e os avanços tecnológicos em sistemas de informação geográfica (SIG) e sensoriamento remoto.

Devido à sua relativa juventude, a ecologia de paisagem encontra-se ainda em fase de transformação. Novas perspectivas, novos métodos e novos avanços conceituais continuam a desenvolver-se (Fortin e Agrawal, 2005). Consequentemente, as conexões entre teoria e dados ainda são limitadas; há questões levantadas ainda sem resposta e relações que foram propostas, mas ainda não testadas. Embora tais ambiguidades possam ser frustrantes para estudantes, o estudo da ecologia de paisagem é uma oportunidade de se dedicar a um campo científico em um estágio muito dinâmico de evolução.

Muitos fenômenos ecológicos são melhor estudados no nível de paisagem. Por exemplo, incêndios de baixa intensidade podem formar um mosaico muito heterogêneo em escala local: árvores gravemente danificadas podem ser encontradas junto a árvores intocadas. À medida que a intensidade da queimada diminui, a heterogeneidade local de manchas *(patchiness)* reduz-se bastante (árvores vizinhas tendem a ter danos de queimada semelhantes), mas emerge um novo padrão espacial, pois incêndios intensos geram brasas que, deslocadas pelo vento, incendeiam materiais distantes do local de início do fogo. Os arranjos espaciais de indivíduos arbóreos, grupos de árvores, lagos, rios e topografia combinam-se para determinar a intensidade e dispersão do fogo. Portanto, ao estudar como os elementos estão dispostos em uma paisagem, podemos ter perspectivas singulares sobre a ecologia do fogo e as consequentes respostas das populações vegetais.

A ecologia de paisagem preocupa-se com questões de padrões e processos. Questões típicas sobre padrões são: de que forma indivíduos, espécies e comunidades se distribuem na paisagem? Quantos tipos de mancha existem em uma paisagem? Qual é o tamanho, a forma e a distribuição dessas manchas? Em última instância, porém, queremos saber quais são os processos responsáveis por tais padrões, e formulamos outras perguntas: como os padrões espaciais afetam os movimentos de indivíduos, matéria e energia entre manchas e através da paisagem? Os processos ocorrem no nível de paisagem (p. ex., migração) ou dentro de comunidades (p. ex., competição)? Como os padrões que observamos e sua interpretação variam com a escala? As primeiras gerações de ecólogos assumiam que os padrões não importavam, ou que poderíamos obter respostas razoáveis para questões ecológicas calculando médias ao longo das paisagens. Hoje, uma das principais questões de investigação para a ecologia de paisagem é saber quando os padrões importam e em que situações podemos ignorá-los. As respostas a essas questões possuem importantes implicações para conservação e manejo de paisagens. O delineamento de áreas naturais protegidas, por exemplo, é por vezes explicitamente fundamentado na teoria de ecologia de paisagens. Na verdade, as realidades políticas e econômicas frequentemente interferem em considerações científicas sobre o estabelecimento de áreas protegidas; entretanto, é importante saber o que temos como meta ao tomar decisões de manejo. No final deste capítulo, voltaremos ao tema da conservação e do manejo.

A expressão "ecologia de paisagem" pode ser enganadora – a ecologia de paisagem não trata necessariamente de escalas espaciais extensas (para humanos), mas de escalas que são extensas em relação a uma espécie ou um fenômeno de interesse, de modo que padrões espaciais sejam relevantes. Um estudo feito por Alan Johnson e colegas (1992), por exemplo, tratava do movimento de besouros em uma mancha de 10 m^2. Muitos estudos de ecologia de paisagem são realizados em escala de **bacia hidrográfica** – uma área que inclui um riacho ou rio e toda a terra que drena até ele. Embora para muitos ecólogos que investigam paisagens o foco se situe na escala de bacia hidrográfica ou de outros elementos da paisagem total, outros pesquisadores estão mais interessados em saber como os fenômenos ecológicos são afetados por mudanças de escala ou nos efeitos de padrões espaciais sobre propriedades ecológicas, qualquer que seja a escala espacial.

Padrões espaciais

Existem duas abordagens gerais para estudar padrões em nível de paisagem. Uma delas é a **abordagem espacialmente explícita**, que depende da determinação de uma disposição espacial particular de espécies e elementos da paisagem (p. ex., manchas de hábitat, fazendas, estradas, etc.). A outra abordagem, frequentemente chamada de **abordagem de média de campo**, objetiva descrever valores médios de parâmetros.

Para compreender essa distinção, considere a construção de uma curva de espécie-área (ver Capítulo 9). Imagine que façamos o seguinte: na paisagem apresentada na Figura 16.1, sobrepomos uma grade com parcelas de 10 x 10m de lado, e compilamos uma lista de todas as espécies de plantas vasculares que estão em cada parcela. Podemos então construir uma curva de espécie-área de duas formas diferentes (Figura 16.2). Utilizando a abordagem espacialmente explícita, iniciamos em um ponto da paisagem. Suponha que esse ponto é o canto inferior esquerdo de um campo. Nosso primeiro ponto de dados é o número de espécies na parcela ou *quadrat* 10 x 10m que está nesse canto. A seguir, expandimos nossa parcela para 20 x 20m e novamente contamos o número total de espécies. Esse número incluirá todas as espécies que estavam na parcela original mais quaisquer novas espécies que estejam na parcela maior. Repetimos essa operação em uma parcela de 30 x 30m. Inicialmente o número de espécies aumentará rapidamente. Mas, à medida que mais e mais área de campo é adicionada ao nosso lote crescente, o número de novas espécies diminuirá. A certa altura, é provável que paremos de encontrar novas espécies, e assim a curva se estabilizará. Se continuarmos levantando dados, entretanto, nossa área de amostragem alcançará a floresta vizinha ao campo. Agora, repentinamente, encontraremos um grupo totalmente novo de espécies, como árvores e ervas do chão da floresta. A curva de espécie-área novamente se inclinará com rapidez à medida que a área aumenta, estabilizando-se depois que a maioria das espécies florestais for amostrada. Esse padrão similar aos degraus de uma escada se repetirá cada vez que ultrapassarmos um novo limite entre comunidades.

Por outro lado, podemos construir a curva de espécie-área usando a abordagem de médias de campo, que ignora o arranjo espacial das parcelas. Primeiramente, calculamos o número médio de espécies para todas as parcelas 10 x 10 m. A seguir, tomamos todas as combinações possíveis de duas parcelas, determinamos o número total de espécies em cada par de parcelas e novamente calculamos a média (isso pode ser feito em alguns segundos por um computador pessoal). Continuamos o procedimento com todos os conjuntos de três parcelas, quatro parcelas e assim por diante. O resultado é uma curva suavemente ascendente. Quaisquer descontinuidades no ambiente, que na abordagem espacialmente explícita produziam um efeito de degrau, ficam suavizadas.

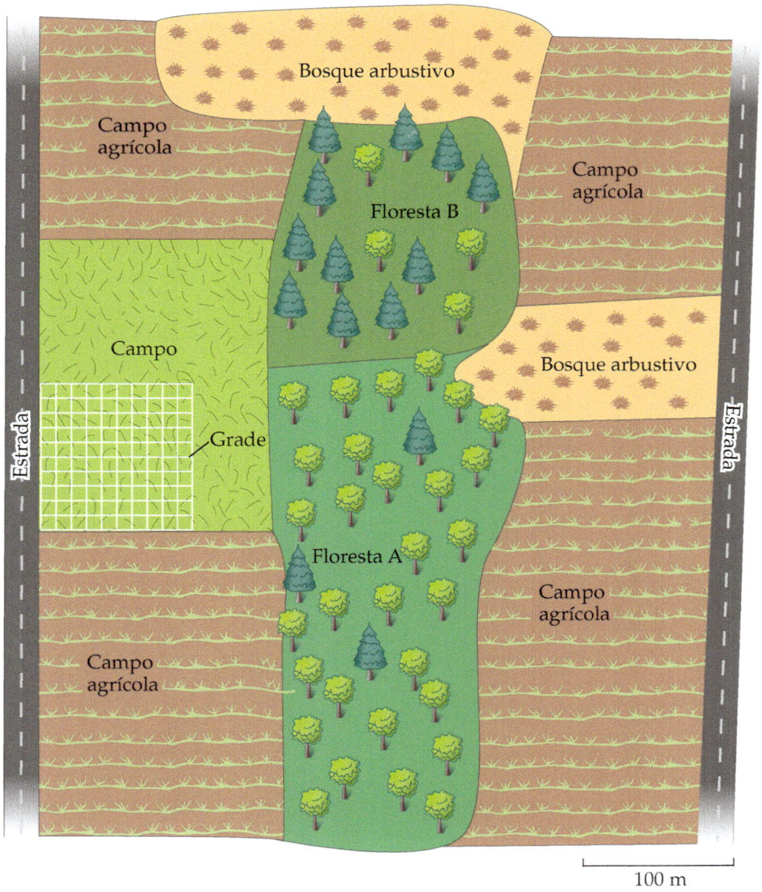

Figura 16.1 Diagrama de uma paisagem mostrando um mosaico de campos, florestas e bosques arbustivos. Para fins de amostragem, podemos sobrepor uma grade de 100 × 100 m que arbitrariamente divide a área em parcelas menores.

Qual dessas abordagens é preferível? A resposta depende das questões que se deseja investigar.

Seis tipos de curvas de espécie-área

As duas abordagens analíticas (espacialmente explícita e de médias de campo) podem ser combinadas com quatro diferentes esquemas de amostragem (Figura 16.3), produzindo seis tipos de curvas espécie-área (Scheiner, 2003) (Tabela 16.1). A curva em degraus mostrada na Figura 16.2 é um exemplo de curva do tipo I. Essa curva sempre está fundamentada em uma abordagem espacialmente explícita.

As curvas do tipo II e III, por outro lado, podem usar tanto a abordagem espacialmente explícita (curvas tipo IIA e IIIA) como a abordagem de médias de campo (curvas tipo IIB e IIIB). Para usar informação espacial na elaboração das curvas do tipo II, devemos utilizar parcelas (*quadrats*) adjacentes no cálculo da riqueza de espécies de pares de parcelas, *triplets* de parcelas, *quadruplets* de parcelas, etc. Em curvas de tipo III, devemos utilizar as parcelas mais próximas e não as adjacentes. Para utilizar a abordagem das médias de campo, em ambos os esquemas de amostragem, devemos usar *todos* os possíveis pares, *triplets*, *quadruplets*, etc. de parcelas, e não apenas as parcelas adjacentes (ou mais próximas).

Uma curva do tipo IV, como a curva do tipo I, é construída a partir de pontos individuais de dados. A diferença é que cada ponto de dados provém de uma amostra de uma única área. A curva do tipo IV é tipicamente elaborada a partir de amostras de ilhas ou hábitats insulares (p. ex., lagos, topos de montanha, manchas isoladas de floresta, continentes). As curvas do tipo IV estão associadas mais frequentemente a ilhas oceânicas devido a seu uso em conjunto com a teoria de biogeografia de ilhas (a qual discutiremos posteriormente neste capítulo).

Cada uma dessas curvas fornece estimativas diferentes de diversidade de inventário e de diversidade de diferenciação (frequentemente chamadas de diversidade α e diversidade β; ver Tabela 15.4). A diversidade de inventário (α) é medida como o valor da curva em qualquer área particular. Para a curva do tipo I, fornece apenas um único

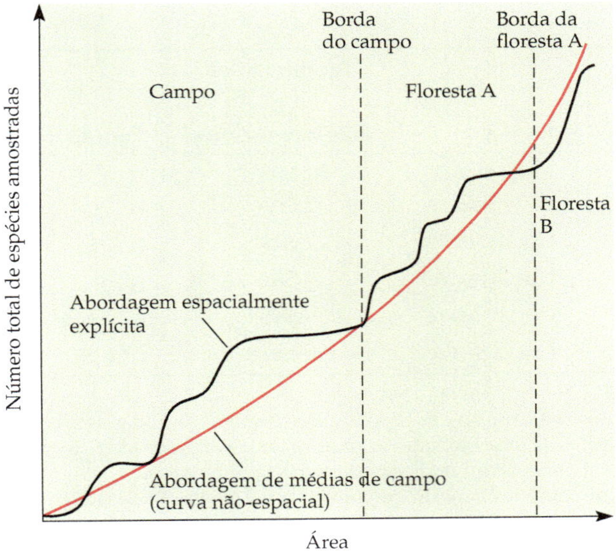

Figura 16.2 Duas curvas de espécie-área. Uma curva foi obtida por meio de um procedimento espacialmente explícito, que forma o padrão em degraus. Dentro de uma comunidade, o número de espécies encontradas se nivelará com o aumento da área. Entretanto, quando o limite de uma comunidade é atravessado, o número de espécies encontradas mais uma vez aumentará rapidamente. A outra curva, obtida por uma análise de média de campo não-espacialmente explícita, forma um padrão que cresce de forma suave.

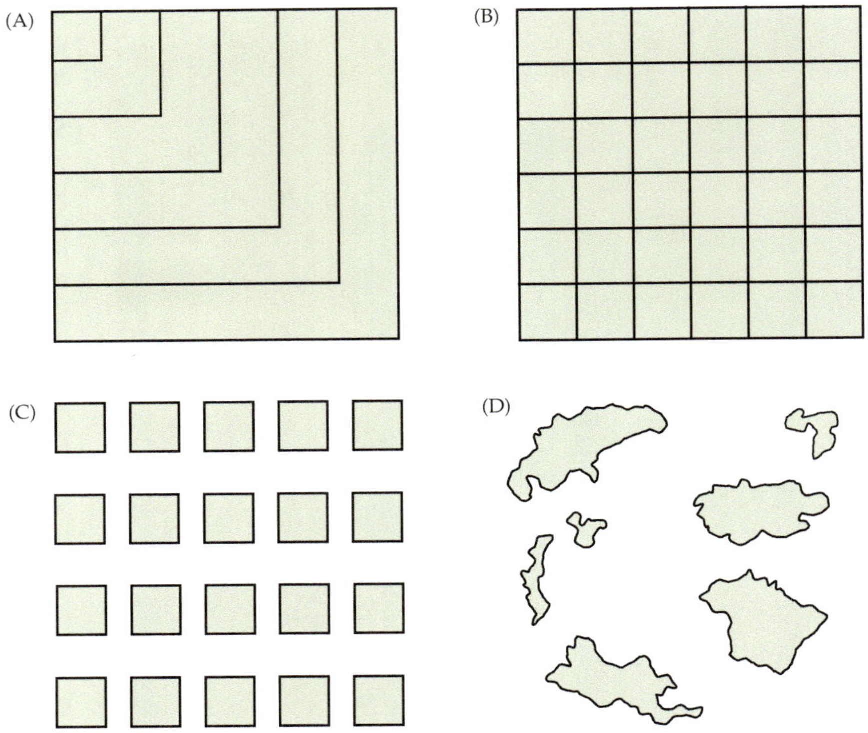

Figura 16.3 As curvas de espécie-área podem ser construídas a partir de quatro esquemas de amostragem geral: (A) parcelas estritamente aninhadas (curvas tipo I), (B) parcelas organizadas em uma grade contígua (curvas tipo II), (C) parcelas organizadas em uma grade regular, mas não-contígua (curvas tipo III), ou (D) áreas de tamanho variado, frequentemente ilhas (curvas tipo IV).

valor de riqueza de espécies para uma determinada área. Em contraste, as curvas do tipo II, III e IV medem a média da diversidade de inventário ($\overline{\alpha}$) de toda a amostra.

A curva de espécie-área fornece um tipo de medida de diversidade de diferenciação (β), que é a taxa de incremento da curva. Uma causa desse incremento é a heterogeneidade ambiental (Figuras 16.1 e 16.2). Assim como acontece com a diversidade α nas curvas tipo II, III e IV, a estimativa é uma média. Por exemplo, na curva do tipo IIB, a diversidade β seria uma função do tamanho da diferença ambiental de um lugar para outro – e de como essas diferenças ambientais resultam em diferenças na composição de espécies – considerando todas as possíveis distâncias entre os diferentes locais. As curvas do tipo III diferem de curvas do tipo II pelo fato de que o efeito de distância que cria a diversidade possui duas partes: diferenças em composição de espécies entre as áreas amostradas e diferenças devido às distâncias entre as parcelas.

TABELA 16.1 Seis tipos de curvas de espécie-área

	Método de construção			Propriedades		
Tipo	**Esquema de amostragem**	**Espacialmente explícito?**	**Método de análise**	**Forma**	**Não decrescente?**	**Função de [a]**
I	Aninhada	Sim	Pontos simples	Em degraus	Sim	α e β
IIA	Contígua	Sim	Médias	Curva suave	Sim	$\overline{\alpha}$ e $\overline{\beta}$
IIB	Contígua	Não	Médias	Curva suave	Sim	$\overline{\alpha}$ e $[\overline{\beta}]$
IIIA	Não-contígua	Sim	Médias	Curva suave	Sim	$\overline{\alpha}$ e $\overline{\beta}+$
IIIB	Não-contígua	Não	Médias	Curva Suave	Sim	$\overline{\alpha}$ e $[\overline{\beta}+]$
IV	Ilha	Não	Pontos simples	Curva suave	Não necessariamente	α* e β*

Fonte: Scheiner, 2003.

Nota: Os seis tipos de curvas de espécies-área diferem quanto ao método de construção e às propriedades resultantes. Todas as seis curvas são funções de diversidade α (a diversidade de espécies contidas dentro de uma unidade de amostragem) e diversidade β (o grau em que a composição das espécies muda de uma unidade de amostragem para outra), ainda que de maneiras diferentes.

[a] Uma barra sobre um símbolo indica que a medida é a média da amostra; colchetes indicam que a medida é a média de todas as distâncias; um sinal positivo indica que o efeito inclui a área entre as parcelas; um asterisco indica que a média também inclui variação no padrão de heterogeneidade ambiental.

No Capítulo 9, descreveremos os diversos modelos matemáticos que podem ser usados em curvas de espécie-área (ver Tabela 9.1). É ainda uma questão em aberto a maneira como os diferentes tipos de curva de espécie-área se relacionam com os muitos modelos matemáticos possíveis.

Definição de manchas

A unidade básica que utilizamos para investigar padrões espaciais é a mancha (*patch*). Uma **mancha** é qualquer área específica que pode ser definida arbitrariamente ou, como ocorre frequentemente, pode ser uma área que seja de certa maneira homogênea ou internamente consistente. Uma mancha pode ser definida por bordas que ocorrem naturalmente (p. ex., o limite entre um campo e uma floresta), mas não necessariamente. Por exemplo, cada uma das parcelas de 10 x 10m do exercício anteriormente descrito poderia ser considerada como uma mancha. Entretanto, se começarmos com manchas definidas de forma artificial, poderíamos querer agregá-las em unidades "naturais". Algumas vezes, isso é feito com base na **similaridade de composição** – ou seja, a extensão em que manchas adjacentes compartilham um conjunto similar de espécies em frequências de ocorrência similares (ver Capítulo 15). Naturalmente, manchas adjacentes em geral compartilham pelo menos algumas espécies, de modo que o ponto de corte para definir se duas manchas devem ou não ser agrupadas é arbitrário. Com frequência, essa decisão tem por meta produzir um número de manchas que seja possível manipular e interpretar.

Imagens de sensoriamento remoto tornaram-se um método popular para amostrar rapidamente áreas amplas. Neste caso, o tamanho mínimo da mancha é determinado pela resolução do equipamento de sensoriamento remoto. Uma resolução comum é a de 30 x 30m, embora tecnologias recentes cheguem à resolução de 10 x 10m e até mesmo de 1 x 1m. Nesse caso, a agregação de manchas é também fundamentada em similaridade, agora determinada pela resposta espectral e não pela similaridade de espécies (ver Quadro 15A). A resposta espectral limita nossa perspectiva da estrutura da paisagem, pois é uma medida indireta da composição da comunidade.

Agregar manchas e decidir qual o número de tipos de manchas é, por conseguinte, tanto uma arte como uma ciência. Muitas vezes isso depende da capacidade dos instrumentos de mensuração de distinguir entre diferentes tipos de mancha. No sensoriamento remoto, por exemplo, as medidas indiretas que usamos devem ser relacionadas à vegetação real por meio de um processo denominado **verdade de campo** (***ground-truthing***): o pesquisador sai a campo e determina empiricamente o que os aparelhos de sensoriamento remoto estão registrando. Duas comunidades com composições de espécies bem diferentes podem ser indistinguíveis a partir de sua resposta espectral. Logo, caso o sensoriamento fosse utilizado para classificar uma grande região, seríamos obrigados a agrupar essas duas comunidades em um único tipo de mancha.

Como a ecologia de paisagem sustenta-se no estudo de manchas, está também inevitavelmente sustentada em uma visão categórica de mundo. A oposição entre perspectivas categóricas e perspectivas contínuas da natureza tem sido uma fonte regular de controvérsia em ecologia vegetal. No Capítulo 9, exploramos a história dessa controvérsia, começando com as visões contrastantes de Clements e Gleason. É de certa forma irônico que, cerca de 50 anos depois de a visão de contínuo de Gleason ter sido declarada triunfante (pelo menos entre a comunidade de ecólogos de língua inglesa), uma abordagem categórica tenha surgido novamente para dominar estudos no nível de paisagem.

Quantificação das características e inter-relações das manchas

Uma vez definidas as manchas, podemos medir alguns de seus atributos. Para manchas individuais, podemos medir tamanho e forma. Uma mensuração típica de forma é a razão perímetro-área, que indica a quantidade de borda que uma mancha possui em relação ao seu interior. As bordas são ecologicamente importantes por uma série de razões. Em particular, bordas são a área focal para processos como o movimento de indivíduos ou de materiais entre o interior e o exterior da mancha.

Uma abordagem para quantificar formas, utilizada em ecologia de paisagens, é o cálculo da dimensão fractal de elementos da paisagem. Uma **dimensão fractal** é uma dimensão fracionária – por exemplo, algo entre uma linha unidimensional e uma superfície bidimensional, ou entre esta e uma área tridimensional. Por exemplo, à medida que uma linha (que é unidimensional) torna-se convoluta, ela passa a preencher o espaço e acaba por tornar-se uma superfície com duas dimensões. A dimensão fractal é, portanto, uma medida de complexidade ou grau de convolução de uma linha (tal como o perímetro de uma mancha ou a linha de costa de uma ilha) ou de uma superfície. A geometria fractal pode também ser utilizada para quantificar padrões de ramificação e fragmentação.

Suponha que você tenha um mapa muito amplo da linha costeira, mostrando detalhes muito refinados, e que você precise medir a extensão da linha de costa com uma régua sem marcação de unidades de medida. Portanto, a menor distância que você pode medir é o comprimento da régua. Uma régua pequena permitirá capturar melhor as reentrâncias da linha costeira do que uma régua grande. Consequentemente, ao utilizar a régua pequena você será capaz de mensurar uma maior extensão de costa do que se utilizasse uma régua grande. À medida que a linha costeira ou o perímetro de uma mancha torna-se progressivamente mais convoluta, o efeito do tamanho da régua torna-se maior. A magnitude do efeito de tamanho da régua é a dimensão fractal. Colin Pennycuick e Natasha Kline (1986) empregaram essa abordagem para comparar a densidade de ninhos da águia-careca em duas ilhas do Alasca que diferem em complexidade de linha costeira. Essa abordagem pode ser útil em vários problemas em ecologia vegetal.

Bruce Milne (1992) relacionou explicitamente os conceitos de dimensão fractal e de escalonamento ao quantificar o grau de fragmentação de hábitats em uma paisagem. Milne quantificou a dimensão fractal de uma região de campo no Novo México, mostrando que o hábitat cons-

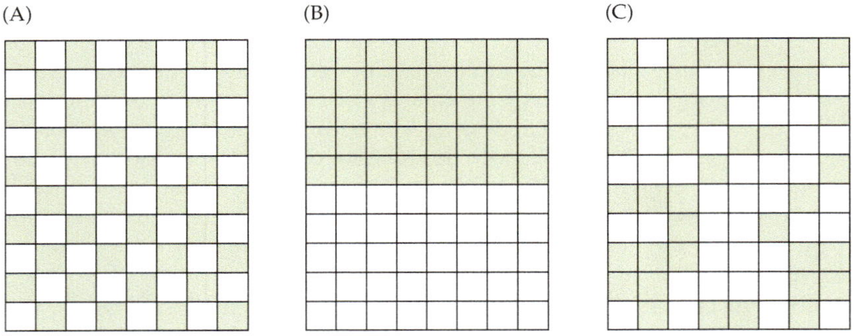

Figura 16.4 Três padrões diferentes de agregação de manchas em uma paisagem com dois tipos de mancha. (A) Dispersão máxima de manchas. (B) Dispersão mínima de manchas. (C) Dispersão aleatória de manchas.

tituía-se em mosaico de manchas. Além desse resultado simples, o pesquisador mostrou que o padrão de mosaico era dependente de escala. A dependência de escala implica que espécies diferentes podem perceber a paisagem de maneira distinta. Um besouro que vive em touceiras de gramíneas poderia perceber uma paisagem como sendo muito desconectada, ao passo que um antilocapra poderia perceber a mesma paisagem como uma única mancha grande. Algumas áreas da paisagem apresentavam alta conectividade em três escalas diferentes, de modo que aqui o besouro e o antilocapra poderiam perceber a paisagem de maneira similar. Outras áreas consistiam em manchas isoladas, que poderiam atrair espécies capazes de se dispersar com facilidade, mas que se estabelecem em uma única mancha (p. ex., pequenos roedores).

À medida que se interessam por ir além do nível de mancha individual, os pesquisadores podem examinar o arranjo de manchas na paisagem. Utilizando uma abordagem diferente da empregada por Milne, um pesquisador pode perguntar: manchas do mesmo tipo tendem a estar agregadas? Um padrão em "tabuleiro de xadrez", por exemplo, representa a máxima interdispersão de dois tipos de mancha em uma paisagem (Figura 16.4A). A agregação máxima de dois tipos de mancha implicaria que todas as manchas de cada tipo ficassem agrupadas em dois grandes conjuntos (Figura 16.4B). Uma medida dessa agregação é a conectividade. Se existirem mais de dois tipos de mancha, então outras medidas entram em jogo. Por exemplo, em uma paisagem com três tipos de mancha, uma mancha do tipo A poderia ficar inteiramente rodeada por manchas do tipo B, ou inteiramente rodeada por manchas do tipo C, ou metade por um tipo e metade por outro. Naturalmente, esses padrões de segunda ordem podem ficar muito complicados quando existirem muitos tipos de mancha. Podemos quantificar esses padrões como a **probabilidade do vizinho mais próximo**, isto é, a chance de dois tipos de manchas quaisquer serem vizinhas.

A frequência e o arranjo das manchas podem levar a **efeitos de limiar** (***treshold effects***), ou seja, mudanças abruptas nas propriedades dos sistemas (Turner, 2005). Quando um tipo de mancha é rara, as manchas são pequenas e isoladas, funcionando como ilhas. Quando um tipo de mancha é comum, as manchas são grandes, bem conectadas e funcionam como um sistema único. Por exemplo, Martha Groom (1998) estudou os efeitos de tamanho de mancha sobre a taxa de polinização de *Clarkia concinna* (Onograceae), uma espécie vegetal anual. Essa espécie é polinizada por várias espécies de abelhas, borboletas e vespas. Indivíduos em manchas com dez ou menos plantas recebiam muitas polinizações caso a mancha estivesse a não mais de 16m de outra mancha, mas a taxa de polinização caia abruptamente, para quase zero, em manchas mais isolados (Figura 16.5). Esse exemplo mostra que uma mudança drástica na maneira com que um organismo reage à paisagem pode ocorrer dentro de um espectro bem estreito. Praticamente todos os trabalhos sobre efeitos de limiar visaram animais e seus movimentos ou o movimento de nutrientes, embora alguns estudos tenham enfocado a dispersão de incêndios florestais (Turner et al., 1989).

Efeitos de padrões espaciais sobre os processos ecológicos

Levar em conta os efeitos espaciais pode conduzir a uma nova compreensão de processos ecológicos. Considere o caso das florestas montanas no oeste da América do Norte, onde três espécies arbóreas são encontradas ao longo de um gradiente ambiental: *Pinus ponderosa* (pinheiro ponderosa, Pinaceae) em baixas altitudes, *Abies concolor* (abeto branco, Pinaceae) em altitudes médias e *Pinus contorta* (pinheiro *lodgepole*, Pinaceae) em grandes altitudes. Todas as

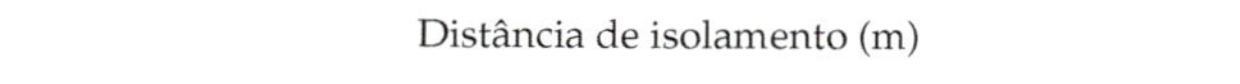

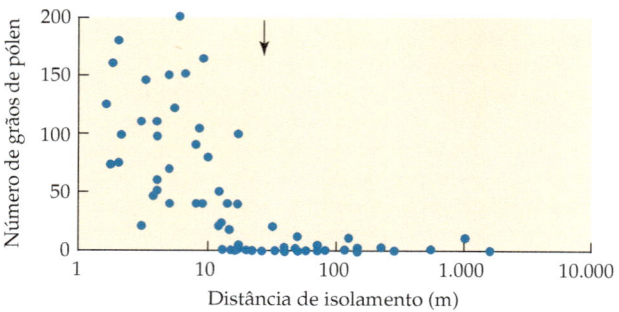

Figura 16.5 O efeito do isolamento das manchas (distância entre manchas) na taxa de polinização de *Clarkia concinna*. As manchas continham dez plantas ou menos. As setas indicam a distância limite na qual o movimento de polinizadores diminui abruptamente, resultando na deposição de muito menos grãos de pólen e em um número significantemente menor de sementes produzidas (segundo Groom, 1998).

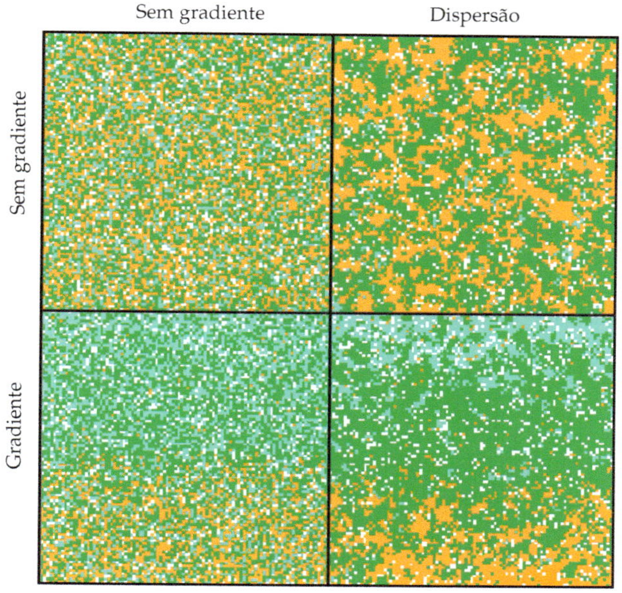

Figura 16.6 Modelo de simulação ilustrando os efeitos conjuntos de competição, tolerâncias ambientais e distância de dispersão de sementes sobre os padrões de distribuição de espécies. As espécies são *Pinus ponderosa* (laranja), *Abies concolor* (verde) e *Pinus contorta* (azul). Cada quadrado representa um estande de árvores, e a cor indica a espécie dominante. Cada painel é uma paisagem bidimensional. Nos dois painéis superiores, não há gradiente de altitude; nos dois painéis inferiores, o gradiente vai de quente e seco na parte inferior a frio e úmido no topo. Nos dois painéis da esquerda, não há dispersão de sementes, e a dominância é determinada pela competição e tolerâncias ambientais. Nos dois painéis da direita, as sementes dispersam-se para os quadrados adjacentes. Os resultados da simulação depois de 1.000 anos são mostrados. Onde não há gradiente de altitude e dispersão (painel superior esquerdo), as três espécies são encontradas em toda a paisagem. Onde não há gradiente e dispersão de sementes (painel superior direito), tanto *P. ponderosa* como *A. concolor* formam manchas locais onde cada uma domina; enquanto *P. contorta* está quase ausente da paisagem. Quando há um gradiente (painéis inferiores), são vistas diferenças nas distribuições altitudinais das espécies, enquanto a combinação de um gradiente e a dispersão de sementes produzem um padrão que imita a distribuição real das espécies (painel inferior direito) (segundo Urban, 2005).

três espécies crescem melhor em altitudes intermediárias, mas *A. concolor* cresce mais rapidamente do que as outras duas espécies, sendo, portanto, competitivamente superior. *Pinus ponderosa* é mais tolerante às condições secas das baixas altitudes, enquanto *P. contorta* é mais tolerante ao frio das altitudes mais elevadas. A fim de compreender os processos ecológicos que determinam a distribuição das espécies, Dean Urban (2005) criou um modelo de simulação no qual se poderia variar o gradiente ambiental e a distância de dispersão de sementes. Os resultados mostraram que a competição, a tolerância ambiental e a dispersão local de sementes se combinam para produzir os padrões observados (Figura 16.6).

De forma mais geral, porém, a importância da dispersão de sementes na determinação da comunidade e da estrutura da paisagem é ainda desconhecida (Levine e Murrell, 2003). Embora exista considerável volume de trabalho teórico sugerindo que a dispersão de sementes deva afetar a coexistência das espécies pela diminuição da exclusão competitiva mediante dispersão local e da relação custo-benefício entre competição e dispersão, poucos estudos demonstraram de fato que esses processos são importantes. Muito trabalho adicional é necessário para estabelecer a conexão entre teoria e dados.

Escala

Definições e conceitos

Quando estudamos um padrão ecológico, devemos estabelecer a escala na qual estamos conduzindo nossa análise. Entretanto, antes de examinarmos as implicações dessa afirmação aparentemente simples, devemos apontar uma diferença que pode potencialmente gerar confusão em como pessoas de diferentes campos do conhecimento discutem escala. Os ecólogos geralmente associam escala às dimensões físicas do fenômeno em estudo: um processo que ocorre ao longo de 10 km está em escala maior do que um que ocorra ao longo de 10 cm. Neste livro seguimos essa prática. Alguns pesquisadores que estudam ecologia de paisagem empregam as expressões "escala grosseira" e "escala refinada" para áreas físicas maiores ou menores, respectivamente (Forman e Godron, 1986). Contudo, cartógrafos e pesquisadores especializados em sensoriamento remoto utilizam uma terminologia exatamente oposta, em que a escala é o tamanho relativo no qual um objeto de tamanho padrão aparece em um mapa ou em uma fotografia. Logo, um mapa mundial possui uma escala muito menor do que um mapa regional (isto é, 1 metro fica muito menor em um mapa mundial). É, portanto, importante ser claro sobre como é empregado o termo "escala" (p. ex., Turner e Gardner, 1991), embora alguns ecólogos tenham defendido o abandono total do termo, substituindo-o por seus componentes (Csillag et al., 2000).

A **escala** é formada por vários componentes, dois dos quais são o grão (ou resolução) e a extensão. **Grão** é o tamanho da unidade primária utilizada em um estudo – por exemplo, uma parcela de 10 x 10 m ou uma área de 10 km^2 na qual uma espécie é contada. Embora o grão seja habitualmente a menor unidade que se pode distinguir, ou o nível mais refinado de detalhe espacial (ou temporal) que pode ser resolvido em um determinado conjunto de dados, para alguns tipos de dados é possível extrapolar para uma resolução menor; ao contrário, a agregação de dados resultará em um grão maior. **Extensão** é a amplitude total ao longo da qual um padrão é examinado. A extensão de um estudo pode ser uma região de 100 km^2 ou o globo terrestre inteiro. Por exemplo, um projeto de pesquisa na África central poderia ter o grão definido por lotes de 1 ha e uma extensão de 10.000 ha, ambos determinando juntos a escala da análise.

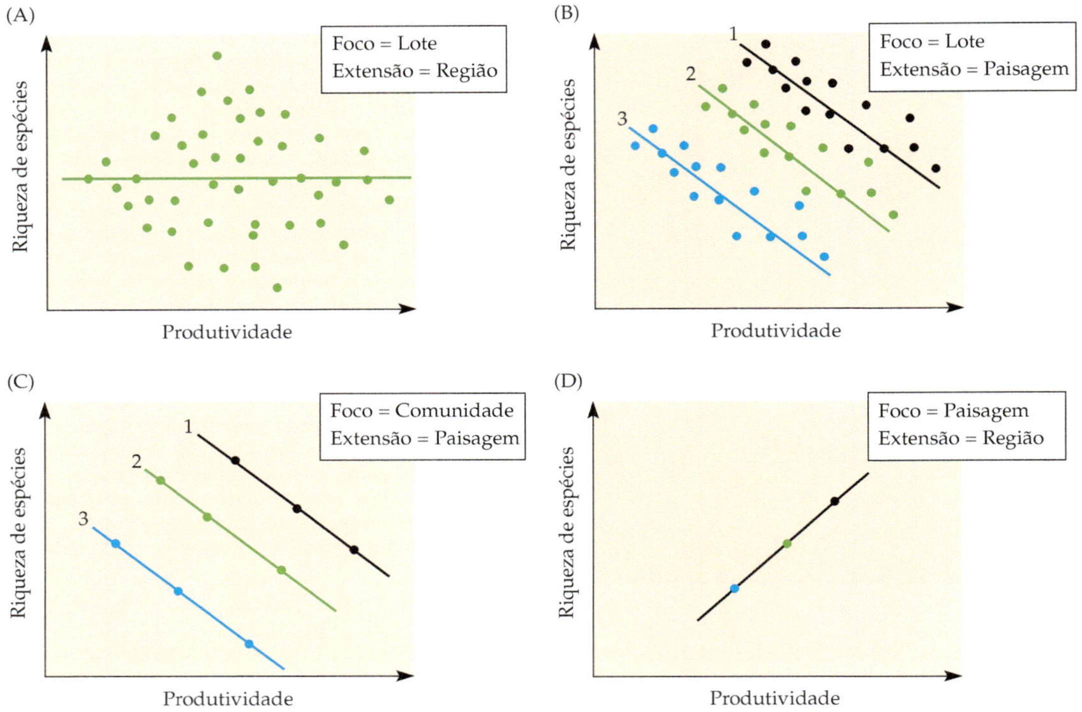

Figura 16.7 Ilustração de como a mudança do foco e a extensão do estudo podem alterar o padrão observado – nesse caso, a relação entre riqueza de espécies e produtividade. Cada diagrama representa a mesma região. Nesta região existem três paisagens, com três comunidades em cada paisagem e cinco lotes de amostragem em cada comunidade. Em todos os casos, a resolução do estudo permanece o lote. A riqueza de espécies é medida como o número total de espécies em cada lote. (A) Cada ponto representa um lote, de modo que o foco é o lote, e a extensão é toda a região. Uma análise da relação entre riqueza de espécies e produtividade resulta em uma declividade de zero, ou ausência de relação. (B) Cada ponto representa um lote, de modo que o foco é o lote. Cada paisagem é analisada separadamente, de modo que a extensão é a paisagem. Análises da relação entre riqueza de espécies e produtividade para cada paisagem resultam em uma declividade negativa. (C) Cada ponto representa a média dos lotes em uma comunidade, então o foco é a comunidade. Cada paisagem é analisada separadamente, de modo que a extensão é a paisagem. Análises da relação entre riqueza de espécies e produtividade para cada paisagem resultam em uma declividade negativa. (D) Cada ponto representa a média dos lotes em uma paisagem, de modo que o foco é a paisagem. A extensão é a região inteira e a relação entre riqueza de espécies e produtividade é positiva (segundo Scheiner et al., 2000).

Alguns pesquisadores reconhecem um terceiro componente da escala, chamado de **foco** ou **resolução**. Esses termos referem-se ao nível de amostragem ou à área representada por cada ponto de dados. Considere a análise de diversidade em uma área de 1 km^2 que está dividida em lotes de 1 ha. Esses lotes de 1 ha passam a ser o foco da nossa amostragem. Em cada lote distribuímos aleatoriamente dez parcelas de 1 m^2 e registramos as espécies contidas em cada uma delas. Esses dados podem ser analisados de duas maneiras: usando a riqueza de espécies média das 10 parcelas em cada lote de 1 ha (de modo que a resolução equivale a 1 m^2), ou usando o número total de espécies nas 10 parcelas situadas em cada 1 ha (de modo que a resolução equivale a 10 m^2). Em ambos os casos, entretanto, o foco é 1 ha, porque o lote de 1 ha é a unidade básica de análise. A mudança do grão, da extensão ou do foco de um estudo pode resultar em padrões essencialmente bem diferentes (Figura 16.7; ver também as Figuras 19.7 e 19.8).

Um exemplo da importância desses três componentes da escala para medidas de diversidade pode ser visto em uma análise de vários tipos de curva de espécie-área (ver Tabela 16.1). Em todos os tipos de curva, o grão é a área da parcela de amostragem. As curvas diferem, entretanto, com respeito ao foco e à extensão. Nas curvas tipo I e II, a extensão equivale à área total amostrada, enquanto nas curvas tipo III e IV a extensão é a área completa na qual as parcelas ou ilhas estão dispersas. Em relação ao foco, na curva de tipo I, este é sempre igual ao grão, porque o número de espécies estimado para uma dada área tem como base uma única amostra daquele tamanho. Em todos os outros tipos de curva, o número de espécies estimado para uma dada área é a média de todas as amostras; o foco, portanto, equivale à totalidade da extensão da amostra. Dessa forma, a alocação de parcelas espaçadas umas das outras (Figura 16.3C) pode ser utilizada para manipular o foco. É inclusive possível que o foco seja maior do que a extensão, caso a área amostrada seja considerada como representativa de uma área maior. Como a diversidade × é uma função da amostra inteira, o foco é sempre maior ou igual à extensão, independentemente do tipo de curva espécie-área. No capítulo 19, voltaremos ao tema dos efeitos de componentes da escala sobre os padrões de diversidade.

Processos e escala

A questão de escala é central para a compreensão de processos ecológicos. O mesmo processo pode funcionar diferentemente em escalas distintas. Por exemplo, o processo ecológico da herbivoria geralmente é um fenômeno muito localizado. Entretanto, os efeitos de uma manada de elefantes podem manifestar-se no nível de paisagem, e os de uma nuvem de gafanhotos no nível regional. A dinâmica de populações pode ser um fenômeno local, mas se a dinâmica de metapopulações estiver envolvida, então o fenômeno passa a ser também regional. O processo evolutivo da extinção pode ocorrer em escalas local, regional ou global; suas implicações nessas escalas distintas podem ser bem diferentes.

Jonathan Levine (2000, 2001) descobriu que, em diferentes escalas, processos distintos explicaram o sucesso de plantas invasoras. No norte da Califórnia, *Carex nudata* (Cyperaceae) forma touceiras (moitas) ao longo das margens de rios. Uma touceira cria um micro-hábitat que pode abrigar até 20 espécies de angiospermas e briófitas durante as cheias de inverno. Ao longo de um segmento de rio de 7 km, Levine observou que quanto maior a riqueza de espécies de uma touceira, maior a probabilidade de que ela fosse invadida pelas espécies não-nativas *Agrostis stolonifera* (*creeping bentgrass*, Poaceae), *Plantago major* (tanchagem, Plantaginaceae) e *Cirsium arvense* (cardo-do-canadá, Asteraceae). Esse padrão foi resultado de processos que operam em direções opostas em escalas menores ou maiores. Os processos de escala muito pequena – aqueles que ocorrem dentro de uma única touceira – foram investigados por manipulação experimental do número de espécies nativas e pela introdução de sementes das invasoras em touceiras individuais experimentais. Nessa escala reduzida, à medida que a riqueza de espécies aumentava, a germinação, a sobrevivência e o crescimento das invasoras decrescia. Por outro lado, na maior escala, de 7 km de rio, Levine constatou que as sementes de todas as espécies (tanto nativas como invasoras) moviam-se com o fluxo do rio, de modo que tanto a diversidade nativa como a frequência de invasão aumentavam à jusante. Portanto, embora em escalas muito pequenas a diversidade nativa contribuísse para a resistência da comunidade à invasão, em escalas maiores, outros fatores (nesse caso, o suprimento de sementes de invasoras) que se alteravam com a diversidade foram mais importantes, criando uma relação positiva entre a diversidade de invasoras e nativas.

Além disso, houve até mesmo a sugestão de que fatores que operam em escalas muito maiores seriam potencialmente importantes. No início do estudo, em 1998, o rio escolhido para o experimento foi um dos poucos cujas margens não haviam sido inundadas pelas cheias e, portanto, possuía um dos poucos trechos com touceiras de *Carex* disponíveis para estudo. No ano seguinte, os níveis de água caíram drasticamente, ameaçando a sobrevivência das touceiras de *Carex* nesse trecho de rio, ao mesmo tempo em que se recuperavam em outras localidades da região. Essa variação nas cheias locais está relacionada aos ciclos climáticos de 3 a 7 anos da Oscilação do Sul El Niño, que afeta as condições do tempo ao longo de todo o Pacífico (ver Capítulo 17). Não se sabe como essa variação temporal na vazão dos rios é afetada pela invasão. Entretanto, variações de cheia em nível de paisagem, ao longo de mudanças meteorológicas que ocorrem na escala de milhares de quilômetros, poderiam potencialmente influenciar o sucesso de invasoras por meio da criação de maiores oportunidades de invasão à medida que as touceiras são perturbadas por cheias seguidas de secas. Logo, o processo de invasão nesse sistema poderia ser influenciado por processos que ocorrem em uma gama de escalas espaciais e temporais, às vezes atuando uma em oposição à outra.

Hipóteses que procuram explicar padrões de larga escala podem ser fundamentadas em processos que operam em escalas menores ou na mesma escala que os fenômenos que tentam explicar. Se o processo subjacente à explicação opera em uma escala menor, então a hipótese deve incluir uma explicação sobre como os processos locais se transferem para áreas maiores (*scaling up*), ou então devem assumir que padrões em larga escala são simplesmente o somatório de padrões em pequena escala. A transferência de padrões para escalas maiores ou menores é um dos principais tópicos de pesquisa em muitas áreas diferentes da ecologia vegetal, desde a modelagem de fluxos de carbono (folha-dossel-ecossistema-globo) até a determinação das causas dos padrões de diversidade.

Escalas espacial e ecológica

Como podemos especificar uma escala e pensar sobre ela? É comum definirem-se escala de forma exclusivamente espacial, mas podemos comparar essa abordagem ao considerar escala em sentido ecológico. Este último significado de escala está relacionado ao conceito de hierarquia em ecologia. Utilizando uma definição estritamente espacial, por convenção, os ecólogos falam em escalas locais, de paisagem ou regionais, continentais e globais, usando a área para distingui-las. Por exemplo, escalas locais são frequentemente mencionadas como aquelas até 10^2 km^2; as escalas de paisagem ou regionais como estando entre 10^2 km^2 e 10^8 km^2 e as escalas continental ou global como sendo maiores do que 10^8 km^2. Em geral, é importante, entretanto, definir escala nos termos dos processos ecológicos particularmente envolvidos. Por exemplo, 10^2 km^2 pode ser aproximadamente a escala em que ocorre a dispersão local de pólen de pinheiros e algumas outras plantas de pólen anemocórico, porém é uma escala demasiadamente grande para pólen disperso por animais como formigas, besouros ou gambás australianos.

Em ecologia, frequentemente reconhecemos três tipos básicos de escala: dentro da comunidade, entre comunidades e entre biomas. É mais fácil examinar as distinções entre essas escalas começando por biomas, a maior escala. Os biomas são definidos por diferenças de fisionomia ao longo de grandes regiões (p. ex., estepes, savanas, florestas; ver Capítulos 17 e 18). Padrões que atravessam fronteiras entre biomas envolvem variações de tamanho fisiológico, morfologia e nicho ecológico das espécies dominantes – por exemplo, arbustos em relação a árvores. Dentro de biomas, mover-se entre comunidades pode resultar em mudanças mais sutis, ainda que igualmente importantes – por exemplo, de uma floresta dominada por árvores de crescimento rápido (*Carya*, hicória) para uma floresta dominada por árvores de crescimento lento (*Quercus*, carvalho). Mesmo dentro de uma única comunidade, como o campo da Figura 16.1, pode haver variação em fatores como condições do solo, história de uso da terra, micro-hábitat e atividade herbívora.

Essas duas formas diferentes de pensar sobre a questão de escala – a espacial e a ecológica – não são inteiramente independentes. Quanto mais nos movemos ao longo do espaço, maior a probabilidade de cruzarmos os limites de uma comunidade ou um bioma. Mas podemos também cruzar limites de uma comunidade ao longo de distâncias muito curtas, caso o ambiente se altere rapidamente. O distanciamento a partir da margem de um riacho ou lago, por exemplo, pode resultar em mudanças abruptas na quantidade de água no solo ou um quantidade de distúrbio devido à ação de ondas (Wilson e Keddy, 1986; Figura 10.16). Em regiões montanhosas áridas, com o deslocamento por apenas alguns quilômetros montanha acima, pode-se viajar do deserto à floresta temperada e à floresta boreal. Inversamente, ao se viajar através da taiga russa, é possível encontrar comunidades de florestas bastante similares espalhadas ao longo de muitas centenas de quilômetros.

Quantificação de aspectos de padrão e escala espaciais

Dada a complexidade do mosaico de fatores ambientais e interações bióticas que determinam os padrões espaciais em diferentes escalas, como poderíamos descrever ou quantificar esses padrões? Para tanto, os ecólogos desenvolveram métodos espacialmente explícitos e também não-espaciais. Métodos que não são espacialmente explícitos – ordenação e algumas abordagens estatísticas para quantificação da associação espacial – são mais antigos e foram discutidos no Capítulo 15.

Recentemente, uma técnica gráfica espacialmente explícita conhecida como **Sistema de Informação Geográfica** (**SIG**), tornou-se fundamental para a ecologia de paisagem. O SIG é um método de representar as relações entre diferentes tipos de informação ("camadas" ou *layers*, na terminologia SIG) sobre locais específicos. Por exemplo, podemos ter vários conjuntos de informações relacionados a cada local de uma paisagem (Figura 16.8). Um conjunto de informações pode ser a composição de espécies de cada mancha. Para cada mancha, podemos também ter informações sobre tipo de solo, concentração de nutrientes, profundidade do lençol freático, declividade e sobre a última vez que a mancha sofreu corte de árvores ou foi queimada. Poderíamos obter também dados socioeconômicos, como propriedade da terra, imposto territorial, o número de pessoas que vive na terra e a classificação legal que determina a forma como a terra pode ser usada. O SIG permite que essas variáveis sejam mapeadas isoladamente ou em qualquer combinação

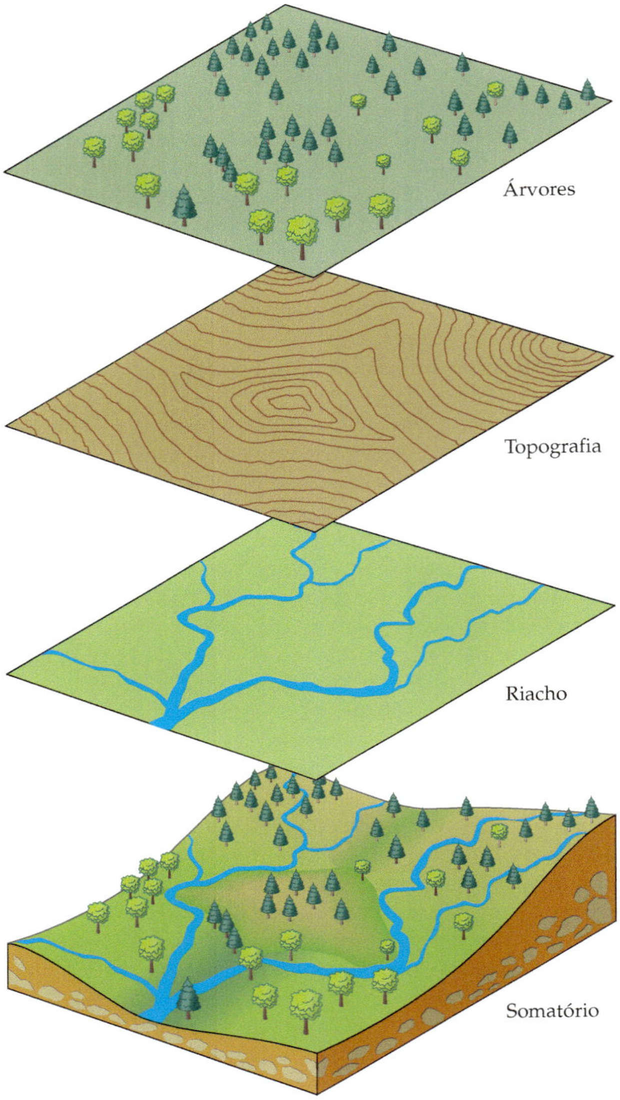

Figura 16.8 Um SIG é utilizado para examinar as relações entre vários tipos de informações, as quais são organizadas em camadas.

para obter-se uma ideia visual de potenciais padrões de correlação entre elas, de modo que possamos formular hipóteses relativas à causalidade. O SIG por si só não permite quantificar essas relações ou testar estatisticamente hipóteses sobre elas.

As relações espacializadas podem ser quantificadas usando estatística espacial. O campo da estatística espacial avançou muito desde o final da década de 1980 (Legendre e Fortin, 1989; Wagner e Fortin, 2005). Esses avanços incluem o uso de geoestatística, originária do campo da geologia de minas, e técnicas para o estudo da autocorrelação espacial, originária do campo da geografia (Liebhold et al., 1993; Liebhold e Gurevitch, 2002). Técnicas estatísticas mais antigas foram desenvolvidas para analisar e modelar a variação espacial em dados ecológicos (Pielou, 1977; Greig-Smith, 1983). Esses métodos foram úteis para distinguir determinados tipos de padrões espaciais, mas não levavam em conta os locais espaciais dos pontos de dados e apresentavam inúmeras limitações. As abordagens mais recentes contribuíram substancialmente para o atual entendimento dos aspectos espaciais das respostas dos organismos como indivíduos, populações e metapopulações (resumidas por Legendre e Legendre, 1998; Dale, 2000; Bélisle, 2005). Curiosamente, a estatística espacial é raramente usada por ecólogos em conjunção com o SIG. Assim como combinamos análise gráfica e estatística com outros tipos de dados, o SIG e a estatística espacial juntos constituem um conjunto de ferramentas extraordinário.

A **dinâmica hierárquica de manchas** é uma nova abordagem para examinar os efeitos de escala (Wu e Loucks, 1995). Nessa abordagem, uma mancha é vista como pertencendo a uma hierarquia de manchas sucessivamente maiores. Cada nível dessa hierarquia define uma escala. Os processos ecológicos ocorrem dentro das manchas, enquanto as ligações entre manchas são criadas pelo movimento de materiais e energia. O padrão de ligações define a camada seguinte na hierarquia e determina como os processos se propagam hierarquia acima. Por exemplo, a troca gasosa por uma única folha pode ser combinada com a de outras folhas de planta, determinando a dinâmica de gases em toda a copa de uma árvore que, por sua vez, pode ser usada para modelar uma parcela inteira de floresta.

Discutimos inúmeras questões envolvidas na descrição e no estudo de padrões na natureza. Como o leitor sem dúvida concluiu, não há uma maneira única de estudar ou mesmo descrever esses padrões (Levin, 1992). Examinar questões similares a partir de diferentes pontos de vista (tal como a escala espacial *versus* a ecológica, discutidas anteriormente), ou em diferentes escalas, pode levar a respostas muito diferentes. Isso pode ser frustrante quando são esperadas verdades simples, mas como vimos, considerar informações em mais de uma escala, apesar de difícil, também pode levar a novas percepções e a uma nova compreensão da biologia subjacente aos fenômenos estudados. Passaremos agora a analisar algumas abordagens do estudo dos processos responsáveis por alguns dos tipos de padrões que acabamos de examinar.

Em busca de uma base teórica para os padrões de paisagem: a teoria da biogeografia de ilhas

Nossa exploração de processos de paisagem começa com **arquipélagos**, ou cadeias de ilhas. A teoria de biogeografia de ilhas de Robert MacArthur e Edward O. Wilson (1967) foi desenvolvida para explicar padrões de presença e ausência de espécies em ilhas. Essa teoria foi importante para o desenvolvimento de boa parte da ecologia de paisagem atual.

Edward O. Wilson

Apesar da teoria inicialmente ter sido aplicada às ilhas oceânicas, muitos tipos de comunidades possuem propriedades similares às das ilhas. Uma definição inclusiva de **ilha** é qualquer área adequada para a sobrevivência e reprodução de uma espécie, circundada por um hábitat inadequado. Uma paisagem formada por lotes de floresta isolados é um grupo de ilhas do ponto de vista de uma planta herbácea que vive apenas no sub-bosque de florestas. Os topos de montanhas são ilhas para espécies alpinas. As plantas podem ser especializadas para a vida em tipos específicos de solo ou terreno, como solos serpentina (solos pobres e rasos, com vegetação esparsa; ver Quadro 14A) ou afloramentos rochosos, que também funcionam como ilhas. A teoria da biogeografia de ilhas tem, portanto, aplicações muito mais amplas do que ilhas oceânicas.

A ideia básica da teoria é bastante simples: o número de espécies de uma ilha é determinado pela taxa de imigração de novas espécies para a ilha e a taxa de extinção local de espécies nela (Figura 16.9). A taxa de chegada de novos indivíduos do continente determina a taxa de imigração – a taxa em que chegam novas espécies (esse uso da expressão "taxa de imigração" difere do seu uso em outros contextos, em que refere-se à taxa na qual chegam novos indivíduos). À medida que o número de espécies na ilha cresce, a taxa de imigração diminui, pois aumenta a probabilidade de que um indivíduo que chega seja membro de uma espécie já presente na ilha. A relação entre o número de espécies e taxa de extinção é um pouco mais complexa. Suponha que a ilha possa comportar um número total fixo de indivíduos. À medida que mais espécies se instalam na ilha, a população potencial de cada uma fica menor. A probabilidade de que uma espécie seja localmente extinta – desapareça da ilha – aumenta à medida que o tamanho de sua população diminui. Portanto, a taxa de extinção cresce à medida que o número de espécies aumenta. Se, além disso, considerarmos (como fizeram MacArthur e Wilson) que esses processos são relativamente constantes por longos períodos, então o número de espécies na ilha acaba atingindo um nível estável, dado pelo valor do eixo horizontal correspondente ao cruzamento das curvas de imigração e extinção.

Um *insight*-chave de MacArthur e Wilson foi que ilhas maiores podem comportar mais indivíduos e, consequentemente, as taxas de extinção nelas são menores. Além disso, ilhas mais próximas do continente têm taxas de imigração mais altas, pois é mais provável que indivíduos venham do continente (a fonte de espécies imigrantes). A partir do pressuposto de que as ilhas chegam a um equilíbrio em número de espécies, MacArthur e Wilson previ-

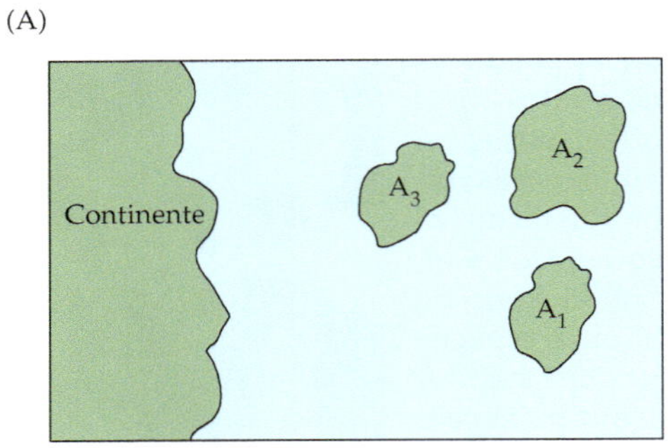

Figura 16.9 Teoria de biogeografia de ilhas. (A) Continente e arquipélago. As ilhas A_1 e A_2 estão à mesma distância do continente, sendo que A_1 e A_3 têm o mesmo tamanho. (B) O número de espécies de equilíbrio na ilha A_1 é determinado pelo balanço entre as taxas de imigração e extinção. (C) A ilha maior (A_2) terá uma taxa de imigração maior e uma taxa de extinção menor, resultando em um número maior de espécies em equilíbrio. (D) A ilha mais próxima (A_3) terá uma taxa de imigração mais alta, mas a mesma taxa de extinção, resultando em um maior número de espécies em equilíbrio.

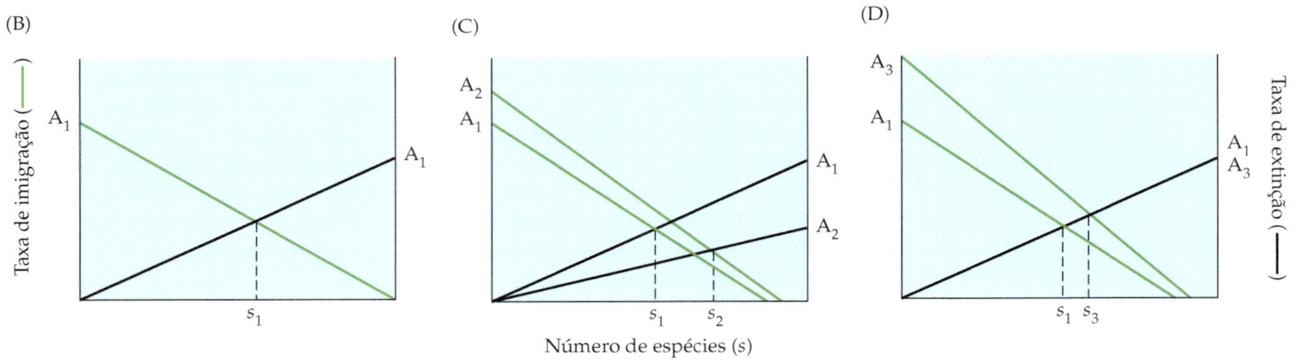

ram que o maior número de espécies seria encontrado nas ilhas grandes perto de continentes, e que o menor número seria encontrado em pequenas ilhas afastadas de continentes (Figura 16.9C, D).

Naturalmente, os arquipélagos verdadeiros são mais complexos: entre outras questões, imigrantes podem chegar não apenas do continente, mas também de outras ilhas. Outra limitação importante da teoria de biogeografia de ilhas é que ela trata todas as espécies como se fossem intercambiáveis. Claramente, não é este o caso. Mesmo espécies muito semelhantes têm ecologias muito distintas. MacArthur e Wilson reconheceram essa limitação, ao contrário de vários ecólogos que tentaram aplicar a sua teoria. É improvável que se sustentem as pressuposições de equilíbrio necessários para predizer o número de espécies, e estudos empíricos produziram poucas evidências para suportar as predições da teoria. Apesar dessas limitações, a teoria é útil. Ela proporciona um ponto de partida para examinar padrões e nos mostra uma maneira de pensar sobre o movimento de indivíduos em uma paisagem.

A teoria de metapopulações

A teoria de metapopulações, originalmente desenvolvida por Richard Levins (1969) e posteriormente expandida por Illka Hanski (1982, 1999), foi outro estímulo importante para a ecologia de paisagem. Em alguns aspectos, a teoria de metapopulações é similar à teoria de biogeografia de ilhas, mas aplicada a populações e não a grupos de espécies. Comece considerando um arquipélago afastado do continente. O tamanho da população de uma espécie em uma ilha qualquer é o resultado da dinâmica da população local mais imigração menos emigração (isto é, igual à primeira equação do Capítulo 5). A população de uma determinada ilha pode ser extinta, mas novos imigrantes de outras ilhas podem repovoá-la. O equilíbrio entre imigração e extinção determina o número de populações sobreviventes no arquipélago e o tamanho médio dessas populações e, portanto, o tamanho total da metapopulação. Como a teoria da biogeografia de ilhas, a teoria de metapopulações aplica-se a muitas situações além de ilhas oceânicas. As ideias de Levins foram, sem dúvida, influenciadas pelas do geneticista de populações Sewall Wright, que vislumbrou um processo muito parecido como parte de sua teoria evolutiva do equilíbrio instável (Wright, 1931, 1968). Os detalhes dos modelos metapopulacionais são discutidos no Quadro 16A.

A teoria de metapopulações pode ser aplicada para analisar tanto padrões de populações como de comunidades. A teoria prevê a distribuição de tamanhos populacionais de uma espécie dispersa em um conjunto de ilhas ou manchas e também prevê a forma como essa distribuição muda ao longo do tempo. Se assumirmos que as espécies possuem probabilidades de migração e extinção equivalentes, a teoria também prevê a distribuição dos tamanhos das populações entre espécies de uma comunidade, assim como a frequência de ocorrência das espécies entre comunidades. É possível criar versões mais complexas da teoria ao tornar menos rígidas as pressuposições de igualdade de espécies e manchas. Susan Harrison cunhou a expressão "dinâmica de metacomunidades" para ampliar a teoria de metapopulações e explicar padrões de comunidades (Harrison, 1999).

Quadro 16A

Modelos metapopulacionais

Os modelos metapopulacionais têm a forma geral

$$\frac{dp}{dt} = \text{taxa de imigração} - \text{taxa de extinção}$$

onde p é a percentagem de manchas ocupadas por uma dada espécie, $0 \leq p \leq 1$, e dp/dt indica a taxa de mudança em ocupação ao longo do tempo. Normalmente nos interessa resolver esta equação para p, que prevê a frequência de manchas ocupadas em uma paisagem. Evidentemente, a biologia de uma espécie determina suas taxas de imigração e extinção.

É importante perceber que nesses modelos as taxas de imigração e extinção podem não ser independentes uma da outra, e qualquer uma ou ambas podem depender da frequência de manchas ocupadas, p. É fácil ver como a taxa de imigração pode depender de p: o número de sementes que chega a uma mancha pode depender do número de manchas ocupadas na paisagem. A taxa de extinção pode também depender de p pela mesma razão: à medida que o número de sementes sendo dispersas aumenta (com o aumento de p), pode haver uma chance reduzida de extinção local. Esse fenômeno é chamado de **efeito resgate** (Brown e Kodric-Brown, 1977) porque novos imigrantes "resgatam" a população local da extinção.

Os ecólogos estudaram muitas formas desse modelo. Na versão mais antiga (Levins, 1969), a taxa de imigração depende da fração de manchas ocupadas, mas a taxa de extinção não:

$$\frac{dp}{dt} = ip(1-p) - ep$$

Ou seja, a taxa de imigração é uma função da probabilidade de imigração, i, multiplicada pela fração de fontes disponíveis de imigrantes, p, multiplicada pela fração de manchas disponíveis, $1 - p$. A taxa de extinção é uma função da probabilidade de extinção, e, multiplicada pela fração de manchas com populações que podem ser extintas, p. Se essas taxas se mantiverem constantes por um longo tempo, a fração de manchas ocupadas é, em última instância,

$$1 - e/i.$$

A incorporação do efeito resgate nos modelos faz com que a taxa de extinção também dependa de $(1 - p)$ (Hanski, 1982):

$$\frac{dp}{dt} = ip(1-p) - ep(1-p)$$

Nesse modelo, se $i > e$, todas as manchas serão ocupadas, e todas as manchas estarão vazias se $e > i$.

Outra alternativa adicional é que a imigração pode ser independente da proporção de manchas ocupadas. Gotelli (1991) refere-se à imigração independente de ocupação como **chuva de propágulos**, porque a imigração fornece uma "chuva" regular de novos indivíduos para cada população. Modelos de chuva de propágulos têm $i(1 - p)$ como termo de imigração. Todas as quatro combinações possíveis de taxas de extinção e imigração dependentes e independentes da imigração são concebíveis e representam os extremos de um modelo metapopulacional mais geral.

Uma conclusão importante que resulta da ampliação da dinâmica populacional para uma paisagem é que nem todas as populações locais precisam ser autossustentáveis. Uma **população sumidouro** (***sink***) pode estar continuamente a caminho da extinção, mas pode ser mantida pela imigração constante de uma **população fonte** (**source**). A ideia de populações fonte e sumidouro é importante porque enfatiza que populações locais nem sempre estão em equilíbrio. Portanto, testar teorias fundamentadas na pressuposição de equilíbrio pode ser enganoso. A teoria de biogeografia de ilhas, por exemplo, faz previsões Sem gradiente Sem gradiente com base em uma pressuposição de equilíbrio. Durante a década de 1960, especialmente em consequência da teoria de biogeografia de ilhas, o equilíbrio era com frequência a pressuposição dominante entre os ecólogos. Desde a década de 1980, o pêndulo tem oscilado na direção oposta, geralmente assumindo-se o não-equilíbrio ao menos em nível local. A perspectiva metapopulacional eleva em um nível, para a paisagem como um todo, a pressuposição de equilíbrio. Ainda que as populações individuais não estejam em equilíbrio, geralmente presume-se que a metapopulação como um todo esteja em equilíbrio, embora essa suposição não tenha sido testada.

Padrões metapopulacionais

Até que ponto a teoria de metapopulações funciona para a previsão de padrões de paisagem em comunidades de plantas? Os resultados variam. A questão fundamental é se populações de plantas têm taxas de migração e extinção suficientemente altas para que os processos metapopulacionais sejam um fator significante na determinação das distribuições de espécies e tamanhos de população. As diversas versões dos modelos de metapopulação fazem previsões explícitas sobre dois aspectos de distribuição das espécies (Tabela 16.2). Primeiro, se as taxas de extinção local dependem da frequência das manchas ocupadas, as espécies que ocorrem em grande número de manchas também terão populações grandes, quando presentes em uma mancha – uma correlação positiva entre ocupação e abundância. Se as taxas de extinção locais forem independentes da frequência de manchas ocupadas, a correlação será zero. Evidências de muitos estudos mostram que na maioria das espécies de plantas há uma correlação positiva entre ocupação e abundância (Figura 13.2; Brown, 1984; Scheiner e Rey Benayas, 1994). Assim, pelo menos alguns modelos metapopulacionais são consistentes com os dados disponíveis.

TABELA 16.2 Previsões sobre a correlação entre a frequência de manchas ocupadas, abundância de espécies e forma da distribuição de frequência a partir de quatro versões diferentes de modelos metapopulacionais

Modelo[a]		Previsões		
Imigração	**Extinção**	**Correlação**	**Distribuição**	**Fonte**
Dependente	Dependente	Positiva	Bimodal	Hanski, 1982
Dependente	Independente	Zero	Modelo de interior simples	Levins, 1969
Independente	Dependente	Positiva	Modelo de interior simples	Gotelli, 1991
Independente	Independente	Zero	Modelo de interior simples	Gotelli, 1991

[a] Os modelos são classificados pela dependência das taxas de imigração e extinção em relação à fração de locais que estão ocupados (ver texto para detalhes).

A segunda previsão da teoria de metapopulações não se aplica tão bem aos estudos sobre plantas. Se ambas as taxas de imigração e extinção dependem da frequência de manchas ocupadas, a ocupação de manchas por espécie deveria ter uma distribuição bimodal (Figura 16.10A). Em outras palavras, as espécies tendem a ser ou muito comuns ou muito raras, apesar de poderem mudar ao longo do tempo. Hanski (1982) cunhou as expressões "espécies-núcleo" para as espécies que são comuns em todas as comunidades de uma paisagem e "espécies-satélite" para as espécies raras. Essa versão da teoria é muitas vezes chamada de hipótese núcleo-satélite. Ocasionalmente, alguns ecólogos confundem a hipótese núcleo-satélite com a ideia de populações fonte-sumidouro; elas são bastante distintas entre si, uma vez que a primeira ideia refere-se a características de comunidades inteiras. A distribuição bimodal de ocupação de manchas da hipótese núcleo-satélite torna-se unimodal, se as taxas de imigração ou de extinção forem independentes da ocupação. Nesse caso, a moda está localizada em algum lugar no meio da distribuição (Figura 16.10B) – ou seja, espécies típicas serão relativamente comuns, com os valores exatos dependendo das taxas de imigração e extinção.

Uma série de estudos de comunidades de pradaria de gramíneas altas no estado de Kansas, feita por Nicholas Gotelli e Daniel Simberloff (1987) e Scott Collins e Susan Glenn (1990, 1991) encontrou evidência de que distribuição de ocupação de manchas seja bimodal em levantamentos feitos em uma escala de 1 km^2 ou menos (Figura 16.11). Entretanto, Samuel Scheiner e José Rey Benayas (1994) fizeram um levantamento de 74 paisagens variando em escala de 0,5 a 740.000 km^2 (média 755 km^2) e não encontraram evidências de distribuições bimodais. Assim, em escala média a grande, os dados para plantas terrestres não são consistentes com a hipótese de que processos metapopulacionais são importantes, mas eles podem ser importantes em escalas menores com cerca de 1 km^2 ou menos.

Por que a teoria de metapopulações é tão ineficiente na previsão de distribuição de espécies de plantas em grande escala espacial? Há duas razões, uma matemática e uma biológica. A razão matemática é simples: para utilizar uma matemática analiticamente tratável, modelos simples precisam assumir que a paisagem não tenha estrutura espacial – ou seja, que as manchas sejam todas equidistantes. Se as taxas de dispersão forem muito altas, isso representa uma aproximação razoável, mas poucos organismos, especialmente plantas, têm taxas de dispersão tão altas. No entanto, essa dificuldade pode ser facilmente resolvida, pois a estrutura espacial pode ser incorporada aos modelos de simulação computacional (p. ex., Holt, 1997).

A razão biológica é mais crítica (e talvez você já tenha percebido qual é): os modelos funcionam somente se as taxas de imigração e extinção forem suficientemente altas para influenciar a dinâmica da população local. As taxas de imigração devem ser grandes para gerar uma correlação positiva entre ocupação e abundância. Considere um conjunto de populações, cada uma delas variando entre 40 e 200 indivíduos na maior parte do tempo. Se 5 a 6

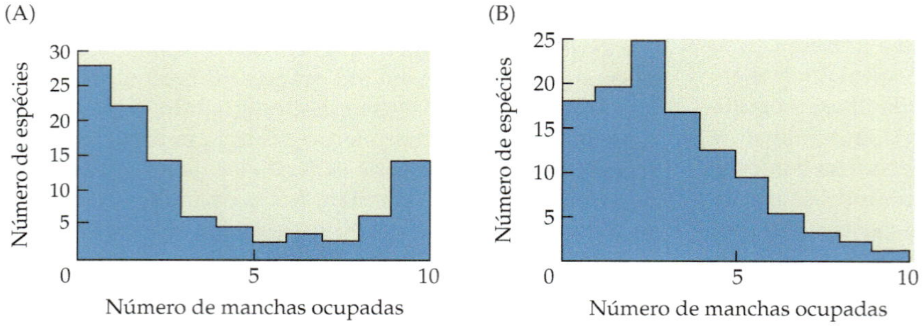

Figura 16.10 Duas possíveis distribuições de ocupação de manchas. (A) Ambas as taxas de imigração e de extinção dependem das taxas de ocupação das manchas. (B) Apenas uma ou nenhuma das taxas depende das taxas de ocupação das manchas (segundo Collins e Glenn, 1991).

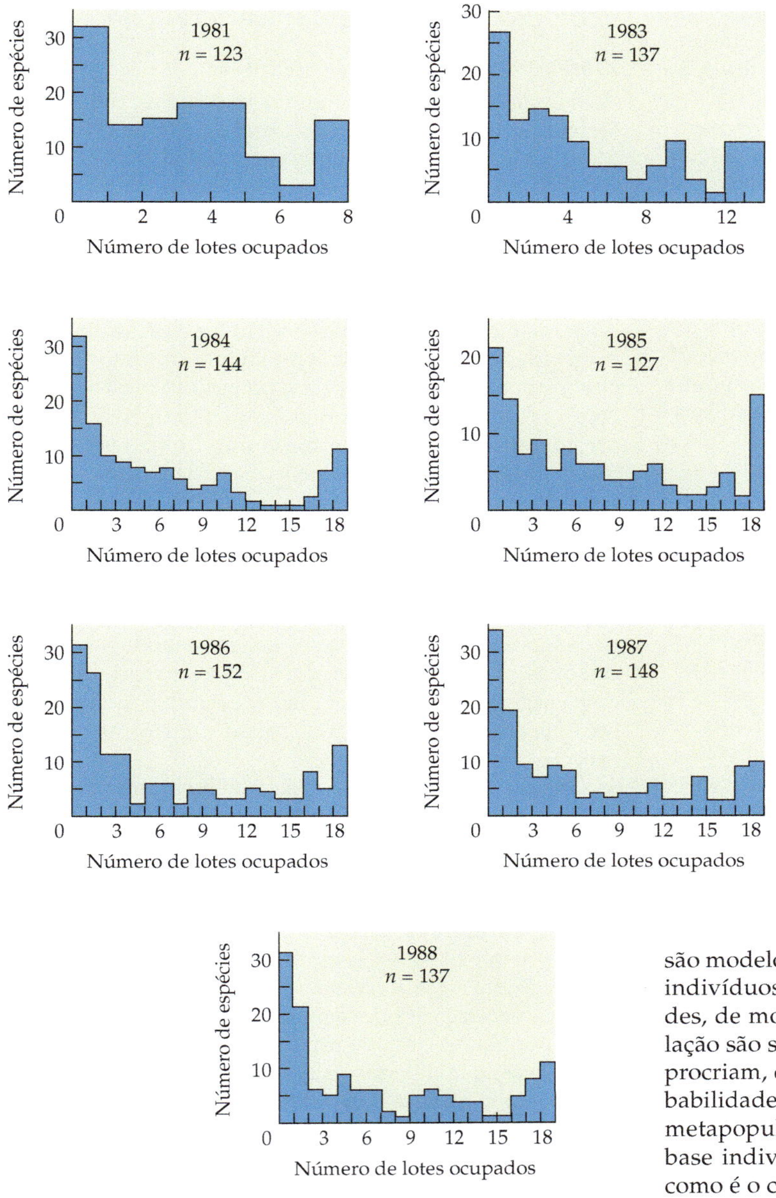

Figura 16.11 Distribuições de ocupação de manchas ao longo de oito anos na Área Natural de Pesquisas das Pradarias do Konza, Kansas. Oito lotes foram amostrados em 1981, 14 em 1983 e 19 de 1984 a 1988. *N* é o número total de espécies considerando todos os lotes. Cada lote consiste em parcelas de 20 a 10 m², um grão de 200 m² em uma extensão de 3.487 hectares (segundo Collins e Glenn, 1991).

indivíduos entram em cada população em qualquer geração – uma taxa de imigração baixa – esses indivíduos seriam muito poucos para afetar a dinâmica das populações ou mudar a probabilidade de um episódio de extinção. Por outro lado, se 50 a 60 indivíduos entrarem em cada população em qualquer geração – uma taxa alta de imigração – os indivíduos migrantes constituirão uma grande porção de cada população e terão uma grande influência na dinâmica demográfica e nas probabilidades de extinção.

Para a maioria das plantas, as taxas de imigração e extinção são provavelmente baixas demais para que os modelos metapopulacionais funcionem. Plantas perenes longevas dominam a maioria das comunidades vegetais. Para muitas dessas espécies, o estabelecimento de novos indivíduos é episódico, talvez ocorrendo somente uma vez a cada dez anos ou menos, quando surge o conjunto correto de condições. A teoria de metapopulações foi bem sucedida na previsão de padrões de abundância de insetos e pequenos mamíferos que têm períodos geracionais de um ano ou menos e que podem se deslocar por distâncias consideráveis. Para plantas, a teoria é provavelmente mais relevante para populações de plantas de estágios sucessionais iniciais, invasoras e anuais.

Lenore Fahrig (1998) recentemente desenvolveu um outro tipo de modelo metapopulacional, o "modelo de populações em mosaico". Esse é um **modelo com base no indivíduo** – isto é, consiste em simulações nas quais as propriedades de organismos individuais são modeladas explicitamente. Em contraste, outros modelos metapopulacionais são modelos de média de campo – assume-se que todos os indivíduos da população tenham as mesmas propriedades, de modo que somente parâmetros médios de população são simulados. No modelo de Fahrig, os indivíduos procriam, deslocam-se e morrem fundamentados em probabilidades individualmente definidas. Tanto os modelos metapopulacionais convencionais quanto os modelos de base individual podem ser espacialmente estruturados, como é o caso do modelo de Fahrig. Ele permite que a dinâmica da população ocorra dentro de cada mancha, com as taxas de imigração e emigração determinadas pela soma de ações individuais e não–predeterminadas.

Relações espécies-tempo-área

A natureza dinâmica das metapolulações afeta padrões de diversidade das espécies no tempo e no espaço (Adler et al., 2005; White et al., 2005). Imagine um conjunto de parcelas de amostragem nos quais as espécies presentes são registradas uma vez por ano. Com o passar do tempo, a migração trará novas espécies às parcelas, ao passo que a extinção local eliminará outras. Nesse caso, o número de espécies presentes em um único ano pode não mudar, apesar de o número total de espécies vistas ao longo de todos os anos continuar aumentando. Se for feito um gráfico do número total de espécies observadas em função do tempo, teremos uma relação muito parecida com uma curva de espécie-área (Figura 16.2).

Qual é a equivalência de tempo e espaço? Por exemplo, quantos anos seriam necessários para uma parcela de 100 m^2 incluir a mesma quantidade de espécies de uma parcela de 1.000 m^2? Peter Adler e William Laurenroth (2003) fizeram essa pergunta em relação às parcelas na Área Natural de Pesquisas das Pradarias do Konza, no estado do Kansas. Eles descobriram que, em média, durante um único ano, uma área de 1.000 m^2 continha cerca de 100 espécies e que seriam necessários cerca de 20 anos para observar o mesmo número de espécies em uma parcela de 100 m^2 (Figura 16.12). Entretanto, essa equivalência dependia da escala da observação. Em um único ano, uma parcela de 100 m^2 incluía cerca de 50 espécies e levaria apenas cerca de 8 anos para se observar a mesma quantidade em uma parcela de 10m^2. Por outro lado, em grandes escalas, seriam necessários 80 anos para observar em uma área de 10.000 m^2 o mesmo número de espécies que em uma área de 100.000 m^2 em um único ano. A razão disso é que, em grande escala, uma área de 10.000 m^2 contém as metapopulações de quase todas as espécies na paisagem, de modo que, ainda que as espécies se desloquem dentro da paisagem, em média a paisagem recebe muito poucas novas espécies imigrantes. Esse entendimento da dinâmica das espécies no tempo e espaço é fundamental nas decisões sobre a quantidade de terra necessária para preservar a diversidade das espécies, um tópico que veremos a seguir.

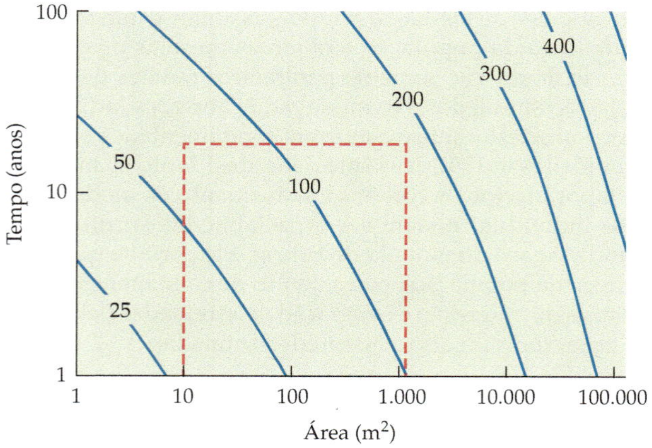

Figura 16.12 Riqueza de espécies na Área Natural de Pesquisas das Pradarias do Konza, Kansas, em função de área e tempo. Área e tempo são indicados em escala logarítmica. As linhas curvas são isopletas, indicando o número de espécies que seriam observadas para uma combinação específica de área e tempo. As linhas são fundamentadas em um modelo que utiliza dados de parcelas de 10 m^2. O quadro tracejado delimita as extensões de tempo e de espaço dos dados; a extrapolação para fora dessa extensão pressupõe que os parâmetros do modelo permanecem os mesmos (segundo Adler e Laurenroth, 2003).

Ecologia de paisagem e conservação

Planejamento de áreas protegidas

A ecologia de paisagem é muito importante para os esforços de conservação (Burgman et al., 2005). Por exemplo, a ideia de usar corredores para conectar unidades de conservação vem diretamente da ecologia de paisagem. Ainda que os objetivos dos esforços de conservação sejam muito variados (p. ex., em alguns casos a meta é a proteção de uma única espécie, enquanto em outros se busca a preservação de comunidades), considerações a respeito da paisagem são importantes para todos eles. Muitas áreas protegidas novas tentam salvar o maior número de espécies (ou comunidades) possível, lidando ao mesmo tempo com as realidades da propriedade de terra privada, pressões desenvolvimentistas e o uso público da terra. Áreas protegidas mais antigas, como é o caso de muitos parques nacionais em todo mundo, foram implementadas apenas para proteger a paisagem cênica. Com frequência, quando uma nova unidade de conservação é proposta, não há tempo ou dinheiro suficientes para que se faça uma análise detalhada da ecologia das populações de muitas espécies, ou mesmo das espécies mais vulneráveis. Em vez disso, os planejadores têm recorrido à teoria de ecologia de paisagem para encontrar diretrizes simples que possam ser aplicadas na esperança de salvar o maior número de espécies.

Na década de 1980, essa meta levou a uma discussão entre os ecólogos, conhecida como debate SLOSS ("*Single Large Or Several Small*"; literalmente, "uma grande ou muitas pequenas"). A questão central do debate era se (dada uma área total fixa) seria melhor criar uma área protegida muito grande ou várias pequenas unidades de conservação. E por que não criar sempre áreas protegidas grandes? Uma resposta é que a variação ambiental aleatória ou uma grande catástrofe poderiam potencialmente eliminar a única população de uma espécie. A teoria de biogeografia de ilhas, que defende as grandes unidades de conservação, não considera a variação ambiental. Portanto, havia argumentos razoáveis de ambos os lados do debate. Curiosamente, o debate SLOSS nunca foi resolvido no sentido intelectual; foi encerrado pela constatação de que na vida real, as alternativas de uma grande *versus* várias pequenas quase nunca se apresentam – a questão em disputa era discutível. A realidade política e econômica é que implementar uma única unidade de conservação grande pode ser caro e complicado, se não impossível. Comprar muitos lotes de terra pequenos e desconexos muitas vezes é bem mais fácil. O consenso a que se chegou foi o que se poderia esperar: preservar o máximo possível. De qualquer forma, o debate SLOSS trouxe questões de ecologia de paisagem para o primeiro plano no planejamento de áreas protegidas.

Fragmentação

Uma das maiores ameaças para muitos ambientes naturais, além da simples destruição, é a fragmentação de sistemas inteiros em pequenas partes (Figura 21.14). Mesmo áreas protegidas grandes podem ter seu interior mais longínquo cortado ou mesmo dividido por estradas e outras intrusões. Nosso entendimento a respeito das consequências da fragmentação não depende simplesmente da teoria; existem dados tanto descritivos como experimentais que documentam seus efeitos.

Uma das fontes mais importantes deste tipo de informação é o Projeto Dinâmica Biológica e Fragmentos Florestais (PDBFF), um ambicioso experimento de longo prazo que começou na década de 1980 e que ainda está sendo desenvolvido no Brasil. Esse estudo de cooperação bilateral – envolvendo o Smithsonian Institute dos EUA e o Instituto Nacional de Pesquisas da Amazônia (INPA) no Brasil – tem como objetivo examinar os efeitos da fragmentação das florestas devido à extensiva substituição da floresta tropical por terras de cultivo e pastagens no Brasil (Bierregaard et al., 1992). A área de estudo consiste em uma série de fragmentos florestais localizados em meio a terras desmatadas (Figura 16.13). Há quatro lotes de 1 ha, três lotes de 10 ha e dois lotes de 100 ha, que fornecem amostras replicadas. Lotes na floresta contínua circundante são utilizados como controle. Os lotes são monitorados para mudanças em composição e abundância de espécies de plantas e de animais.

O PDBFF aborda muitas questões além daquelas envolvidas no debate SLOSS. A versão mais simples de biogeografia de ilhas (na qual as taxas de imigração e extinção são uma função linear da área) prevê que o número total de espécies contidas em todo um conjunto de fragmentos não deve depender dos tamanhos de fragmentos individuais desde que a área total seja a mesma. Mas essa teoria simples ignora aspectos biológicos importantes. As taxas de imigração e extinção dependem das identidades das espécies envolvidas. Algumas espécies são melhores dispersoras e colonizadoras do que outras. As taxas de extinção podem ser mais altas em comunidades mais densas porque a interação entre as espécies intensifica a competição. Ambos os fatos resultam em curvas de imigração e extinção não-lineares (Figura 16.14). Essas não-linearidades significam que a mesma área total não resultará no mesmo número total de espécies. O tamanho preciso dos fragmentos torna-se criticamente importante. É impossível prever exatamente quais grupos de tamanhos de fragmentos maximizarão o número de espécies, pois isso depende das formas exatas das curvas. A tentativa de determinar essas formas nos leva de volta à posição de ter que determinar as exigências ecológicas das espécies envolvidas. No PDBFF, por exemplo, a taxa de mortalidade das árvores diminui com o tamanho do fragmento, mas não de forma linear; as taxas para fragmentos de 10 ha foram quase idênticas às dos fragmentos de 100 ha (Figura 16.15). No fim das contas, as taxas de mortalidade mais altas nos fragmentos menores resultarão em taxas de extinção mais altas.

A fragmentação pode, às vezes, afetar comunidades de maneiras inesperadas. Mary Cadenasso e Stewart Pickett (2001) quantificaram o movimento de sementes do exterior para o interior de várias florestas. Sementes transportadas pelo vento, incluindo as de espécies não-nativas invasoras, entraram nas florestas em números significativos, um achado importante, mas não inesperado. Bordas não-perturbadas há muito tempo, com vegetação mais densa e ramificada, no entanto, formaram barreiras de sementes muito melhores do que bordas recém-cortadas. Bordas mais antigas não só bloquearam a entrada de muito mais sementes na floresta, mas também mantiveram as sementes que entraram na floresta mais perto da borda, protegendo melhor o interior. Esses resultados implicam que os recentes aumentos de fragmentação das florestas, que estão criando novas bordas, contribuirão para exacerbar a dispersão de espécies invasoras no interior desses hábitats.

Trabalhando no PDBFF, Emilio Bruna e Madan Oli (2005) descobriram que os processos que controlam a dinâmica das populações dependem da área do fragmento. Durante seis anos eles coletaram dados demográficos re-

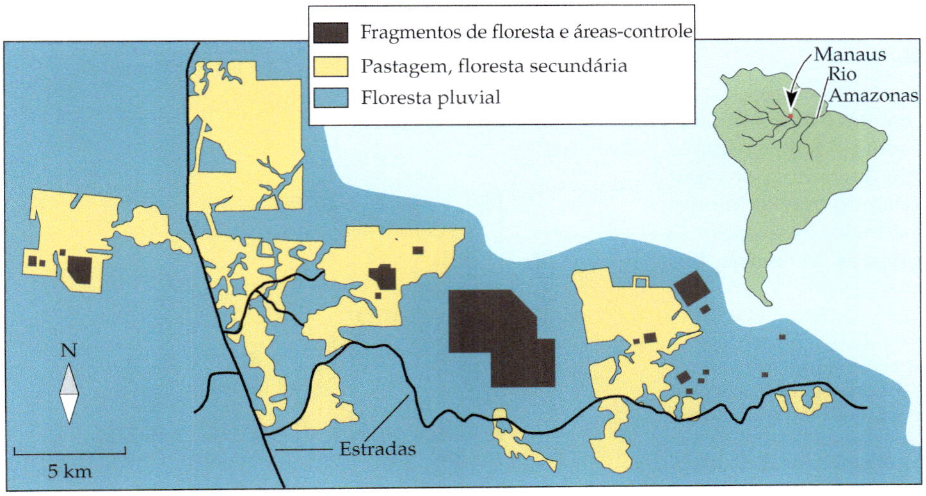

Figura 16.13 Projeto Dinâmica Biológica de Fragmentos Florestais, perto de Manaus, Brasil, na bacia amazônica (segundo Laurance et al., 1998).

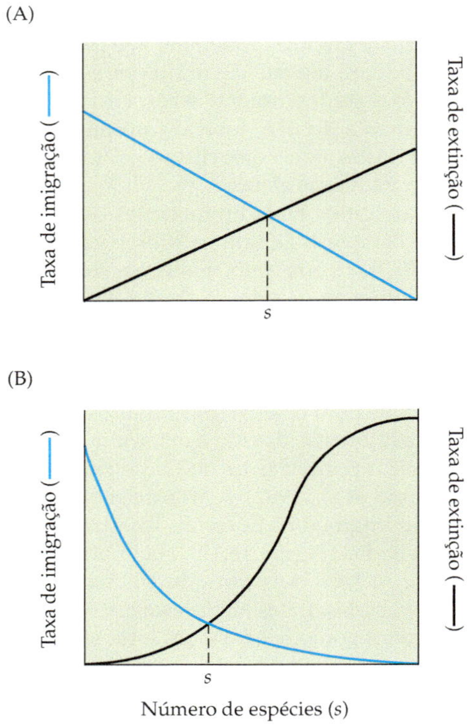

Figura 16.14 Ilustração de como a mudança na dependência das taxas de imigração e extinção da densidade das espécies afeta o número de espécies de equilíbrio em uma ilha ou em um fragmento de floresta. (A) Relações lineares, conforme previsto pela versão mais simples da teoria de biogeografia de ilhas. (B) Relações não-lineares. O formato das relações depende da biologia das espécies, como, por exemplo, o grau em que a força da competição depende da densidade das espécies. Dependendo dos formatos exatos das curvas de imigração e extinção, o número de espécies de equilíbrio aumentará ou diminuirá.

ferentes a uma espécie herbácea de sub-bosque, *Heliconia acuminata* (Heliconiaceae), e calcularam a sua taxa de crescimento populacional (λ, ver Capítulo 5). A taxa de crescimento populacional foi de 1,05 na floresta contínua e 1,00 nos fragmentos de 10 ha e de 1 ha, mas por razões diferentes. Nos fragmentos de 10 ha, a menor taxa de crescimento foi devida à pequena produção de sementes. No fragmento de 1 ha, as plantas cresceram mais lentamente e também produziram menos sementes.

A fragmentação de hábitats pode modificar não só os tamanhos, mas também a diversidade genética das populações locais. Populações pequenas – aquelas que estão em fragmentos de hábitats pequenos e isoladas de outras populações da mesma espécie – provavelmente perderão sua diversidade genética por meio do processo de deriva genética (ver Capítulo 6). Por sua vez, a diversidade genética reduzida (assim como o tamanho reduzido da população em si), pode aumentar as chances de extinção, pois a população não será capaz de evoluir em resposta às mudanças no ambiente. Uma vez que o próprio processo de fragmentação pode causar uma mudança ambiental, esse problema torna-se ainda mais importante. Por exemplo, em pequenos fragmentos do PDBFF, indivíduos de *Corythophora alta* (Lecythidaceae), uma espécie arbórea de dossel, são muito similares geneticamente, ao contrário do que ocorre em fragmentos maiores, em que o grau de relação genética é mais baixo (Hamilton, 1999). Como o movimento de sementes e pólen é limitado, é provável que haja um aumento de endogamia, levando a uma maior perda da diversidade genética.

Bordas, conectividade e aninhamento

Efeitos de borda – diferenças sistemáticas entre locais situados nas bordas de manchas de hábitat e locais situados no interior dessas manchas – também podem ser importantes para as plantas. A velocidade do vento, por exemplo, é maior na borda de uma floresta do que no interior, e lá as plantas estão expostas a uma maior dessecação. Se os ventos forem suficientemente fortes, as árvores nas bor-

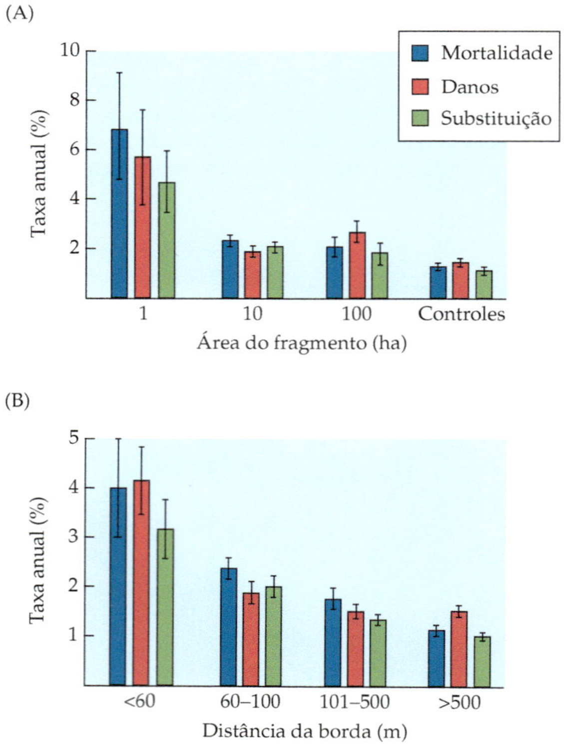

Figura 16.15 Taxas anuais (média ±1 erro-padrão) de parâmetros de dinâmica florestal para todas as árvores em cada fragmento do Projeto Dinâmica Biológica e Fragmentos Florestais. Substituição é a taxa em que as árvores são repostas. (A) Efeitos da área do fragmento (tamanho do fragmento). (B) Efeitos da distância da borda do fragmento (segundo Laurance et al., 1998).

das podem ter mais ramos quebrados ou podem ter uma maior chance de serem derrubadas. O efeito do vento tem sido particularmente importante nas parcelas do PDBFF. Próximo às bordas dos fragmentos, as taxas de danos e mortalidade de árvores foram três vezes mais altas do que no interior das florestas intactas (Figura 16.15B). Outros efeitos de borda incluem diferenças de luz disponível (e, portanto, na magnitude das mudanças de temperatura diurnas) e umidade entre borda e interior e, em alguns casos, diferenças de concentrações de CO_2. Também pode haver diferenças na presença ou atividade de herbívoros, polinizadores e dispersores de sementes entre borda e interior. Julieta Benitez-Malvido e Aurora Lemus-Albor (2005) constataram que a área das folhas danificadas por patógenos em plantas ao longo de bordas de florestas em Chiapas, México, era três vezes maior (1,85%) do que as plantas no interior da floresta (0,57%). Logo, o formato da mancha – especialmente a relação entre perímetro e área total – é um aspecto importante a ser considerado.

Nos últimos anos, os ecólogos começaram a voltar a atenção para vários aspectos da geometria da paisagem, como as distâncias entre manchas e o grau em que as manchas estão conectadas umas às outras. A **conectividade** é o grau em que uma paisagem facilita ou impede o movimento de organismos (Tischendorf e Fahrig, 2000). É uma função da organização física das manchas, assim como dos comportamentos dos organismos em resposta àquele padrão. Espécies diferentes podem perceber a conectividade de uma paisagem de maneira muito diferente umas das outras. Muita atenção tem sido dada à ideia de conectar manchas de hábitat com "corredores", principalmente no contexto de conservação da fauna. A dispersão entre manchas de hábitat, mesmo que ocorra ocasionalmente, pode ser um meio importante de conservação a longo prazo, uma vez que populações isoladas têm maior probabilidade de serem extintas.

Atenção muito menor é dada à conectividade em ecologia vegetal, provavelmente porque a maior parte das preocupações em conservação tem sido dirigida à fauna, especialmente vertebrados. Uma exceção é o trabalho de Janez Pirnat (2000), que usou SIG e amostragem de vegetação para estudar conectividade entre fragmentos de floresta em Ljubljana, na Eslovênia. Lá, as manchas florestais existem como florestas urbanas e parques, como florestas suburbanas nos limites da região metropolitana e como corredores florestais e fragmentos. A construção de estradas e a urbanização perturbaram essas conexões, ameaçando a dispersão de espécies de plantas florestais, colocando em perigo particularmente a manutenção da diversidade nas florestas urbanas, que são populações sumidouro para várias espécies de árvores. De forma similar, em muitas paisagens afetadas por fragmentação natural ou antrópica, desde grandes derramamentos de lava ou incêndios ao desenvolvimento das periferias das cidades, a disponibilidade de focos de dispersão – manchas de vegetação que podem servir como fontes de sementes para regiões sumidouro – pode ser de suma importância na manutenção e recuperação de populações de plantas.

O aninhamento de um conjunto de comunidades – o grau em que comunidades tendem a representar subgrupos de outras comunidades (ver Tabela 15.5) – é uma questão importante da biologia da conservação em nível de paisagem. Em um grupo de comunidades perfeitamente não-aninhadas, cada comunidade é composta de um único grupo de espécies; por exemplo, os grupos de espécies que crescem em uma floresta e em um lago vizinho não se sobrepõem. Ao contrário, em um conjunto de comunidades perfeitamente aninhadas, as menores manchas têm apenas espécies contidas nas manchas maiores. Portanto em um sistema perfeitamente aninhado, seria possível preservar a diversidade de todas as espécies preservando somente a mancha maior, enquanto em um sistema perfeitamente não-aninhado, seria necessário preservar cada mancha.

Uma simples aplicação da teoria de biogeografia de ilhas prevê que as manchas pequenas de uma paisagem incluem amostras aleatórias do grupo completo de espécies, com diferentes espécies aparecendo em manchas distintas. Entretanto, paisagens fragmentadas tendem a se tornar mais aninhadas com o passar do tempo: manchas pequenas muitas vezes contêm as mesmas poucas espécies porque essas espécies são as mais resistentes ou dispersoras mais eficientes. Comunidades animais tendem a ser altamente aninhadas (Wright et al., 1998), embora o mesmo não possa ser dito em relação a comunidades vegetais. A razão para isso é que os efeitos ambientais locais têm um papel importante na determinação da composição da comunidade de plantas, e as manchas tendem a diferir em parâmetros ambientais importantes. No PDBFF, novos imigrantes nos fragmentos foram principalmente indivíduos de espécies encontradas nas áreas perturbadas, e não as espécies do interior da floresta anteriormente encontradas no local. Portanto, houve uma grande alteração na composição de espécies dos fragmentos, que não foi simplesmente uma amostragem aleatória das espécies anteriores.

Resumo

A ecologia de paisagem é o estudo da distribuição espacial de indivíduos, populações e comunidades e das causas e consequências desses padrões espaciais. Há várias maneiras de descrever padrões espaciais. A maioria dessas maneiras lida com tamanhos, formas e organização das manchas. Outras medidas, como alguns tipos de curva de espécie-área, não são espacialmente explícitas. Há seis tipos de curvas de espécie-área que divergem quanto ao método de construção e às medidas resultantes das diversidades α e β. Em análises de paisagens, a mancha é a unidade básica. A conectividade e a organização espacial das manchas determinam importantes propriedades da paisagem.

Todas essas medidas enfatizam a importância da escala nos processos ecológicos. A escala tem vários componentes – grão, extensão e foco – e pode ter hierarquias espaciais e ecológicas. O modo de percebermos um padrão depende da escala na qual o analisamos. Nossa capacidade de medir padrões e examinar os efeitos da escala cresceu drasticamente nas duas últimas décadas, com o avanço dos métodos de sensoriamento remoto e o desenvolvimento de novas técnicas de análise como o SIG e a estatística espacial.

Os processos podem operar de maneira diferente conforme a mudança da escala. Movimento – seja de indivíduos, seja de materiais na forma de nutrientes – é um processo ecológico fundamental em paisagens. O movimento de indivíduos afeta a dinâmica populacional e a estrutura da comunidade. A dispersão de indivíduos é um componente crítico de duas teorias importantes que formam a base da ecologia de paisagem – a teoria de biogeografia de ilhas e a teoria de metapopulações. Dessas teorias surgiram outros avanços teóricos, como a dinâmica de manchas hierárquica. Entretanto, atualmente essas teorias têm sucesso limitado na explicação de padrões de comunidades vegetais.

A compreensão da dinâmica de paisagens e de suas consequências é importante para a biologia da conservação. As áreas protegidas podem ser planejadas para maximizar o número de espécies preservadas. A teoria de biogeografia de ilhas esteve no centro de um debate sobre se seria melhor criar uma unidade de conservação grande ou várias unidades pequenas. A fragmentação da paisagem leva a uma diminuição de conectividade entre manchas e ao aumento de bordas de hábitats. Essas mudanças na estrutura da paisagem podem ter efeitos importantes, frequentemente negativos, na estrutura e composição das comunidades, incluindo a perda de espécies e diminuição da diversidade genética das populações.

Questões para estudo

1. Manchas são naturais ou arbitrárias? Dê exemplos de cada tipo. Que tipo de dados você coletaria para responder a essa pergunta? Se as manchas forem arbitrárias, ainda assim serão úteis?
2. Como a teoria de biogeografia de ilhas pode explicar a diversidade de plantas nas montanhas? Como a teoria poderia ser modificada nessa situação?
3. Como a modificação do grão ou foco de um levantamento de comunidades de plantas pode mudar o formato da curva de espécie-área? O tipo de curva de espécie-área faz alguma diferença?
4. As áreas protegidas devem ter planejamento espacial diferente se estivermos interessados em preservar espécies polinizadas ou dispersadas pelo vento *versus* espécies que são polinizadas ou dispersadas por animais?
5. Por que as escalas espacial e ecológica não são congruentes?

Leituras adicionais

Referências clássicas

Hanski, I.1982. Dynamics of regional distribution: The core and satellite hypothesis. *Oikos* 38: 210-221.

Levins, R. 1969. Some demographic and genetic consequences of environmental heterogeneity for biological control. *Bull. Entomol. Soc. Am.* 15: 237-240.

MacArthur, R. H. and E. O. Wilson. 1967. *The Theory of Island Biogeography.* Princeton University Press, Princeton, NJ.

Simberloff, D. S. and E. O. Wilson. 1970. Experimental zoogeography of islands: A two-year record of colonization. *Ecology* 51: 934-937.

Fontes adicionais

Dale, M. R. T. 2000. *Spatial Pattern Analysis in Plant Ecology.* Cambridge University Press, Cambridge.

Dieckmann, U., R. Law and J. A. J. Metz. 2000. *The Geometry of Ecological Interactions.* Cambridge University Press, Cambridge.

Gotelli, N. J. 2001. *A Primer of Ecology.* 3rd ed. Sinauer Associates, Sunderland, MA.

Hanski, L 1999. *Metapopulation Ecology.* Oxford University Press, New York.

Naveh, Z. and A. S. Lieberman. 1994. *Landscape Ecology: Theory and Application.* 2nd ed. Springer, New York.

V PADRÕES E PROCESSOS GLOBAIS

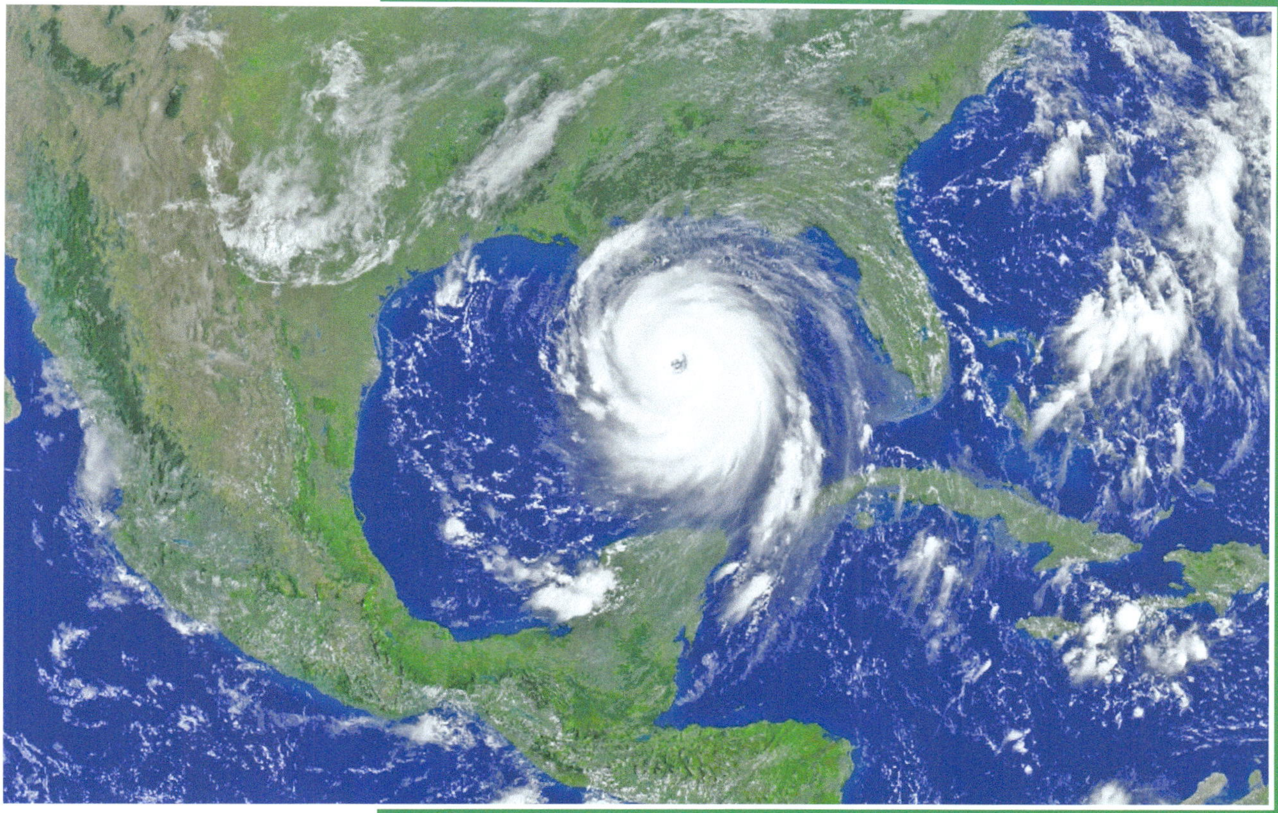

CAPÍTULO **17**

Clima e Fisionomia

Se percorresse qualquer distância considerável através de um continente ou do globo, você veria comunidades vegetais surpreendentemente diferentes. Em alguns lugares, veria árvores altas com folhas largas. Outros lugares teriam densa cobertura de gramíneas e nenhuma árvore, enquanto outros seriam residências com arbustos, principalmente. Alguns lugares teriam uma grande diversidade de plantas, enquanto outros teriam poucas espécies. Esses padrões de variação, tanto em diversidade total de plantas quanto em **fisionomia** – a forma geral da vegetação – são o tema da Parte V deste livro. Neste capítulo, consideraremos os fatores climáticos que controlam os padrões de vegetação e como eles levam à variação na forma da vegetação. Os capítulos subsequentes analisam padrões de forma da vegetação em larga escala e a diversidade de espécies ao redor do globo. Por fim (nos Capítulos 20 e 21), examinaremos padrões através do tempo geológico e investigaremos algumas previsões sobre o que poderá acontecer no futuro à medida que o clima global muda.

Clima e tempo

Qualquer tentativa de determinar as causas dos padrões da vegetação em larga escala deve iniciar com o clima. O **clima** refere-se à distribuição estatística de longa duração do tempo em uma determinada área (p. ex., Londres geralmente tem temperaturas frescas e muita chuva), enquanto o **tempo** refere-se às condições imediatas ou de curta duração (p. ex., esta semana ou este mês poderia ser extraordinariamente quente e seco em Londres). Embora o tempo tenha efeitos profundos sobre a função, o crescimento e a sobrevivência das plantas, é o clima que determina o tipo geral de vegetação em uma área (p. ex., floresta decidual latifoliada* *versus* deserto) e influencia padrões de diversidade em larga escala. Neste capítulo, descreveremos os padrões de variação climática ao redor do mundo (com atenção especial à América do Norte), explicaremos os mecanismos responsáveis por esses padrões e analisaremos como a variação climática traduz-se em variação na forma das plantas.

Nosso entendimento a respeito da conexão entre clima e vegetação foi forjado durante o século XIX, estimulado pela pesquisa do naturalista alemão Alexander von Humboldt. Ele foi o primeiro a sistematizar informação sobre os efeitos da altitude e pressão do ar sobre padrões de temperatura e precipitação. Ele foi também o primeiro a codificar nosso entendimento a respeito de como os climas costeiros diferem daqueles continentais. O primeiro mapa de temperaturas médias mensais mundiais foi publicado em 1848. Duas décadas depois, foi produzido o primeiro mapa de vegetação mundial. Ao longo das várias décadas seguintes, muitos naturalistas desenvolveram classificações das comunidades vegetais, observando as relações entre diferentes tipos de comunidades (como florestas e campos) e o clima em diferentes latitudes e altitudes.

---

* N. de T. Do latim *latus* = amplo, largo e *folium* = folha; significa "de folhas largas". Em inglês escreve-se *broad-leaved*.

Nosso entendimento sobre o tempo tem dependido muito da capacidade dos pesquisadores de reunir um grande número de medidas cobrindo uma extensa área geográfica. Antes da metade do século XVIII, ninguém percebera que o tempo se move de maneira previsível ao redor do globo – as notícias viajavam muito mais lentamente do que o tempo (McIlveen, 1992). Em 21 de outubro de 1743, Benjamin Franklin tentou observar um eclipse lunar na Filadélfia, mas foi impedido de vê-lo devido a uma tempestade. Mais tarde, ele foi surpreendido ao saber que o eclipse foi visível em Boston, e que a tempestade chegou lá no dia seguinte. Por meio de contatos com pessoas vivendo entre as duas cidades, ele foi capaz de reconstruir o movimento da tempestade. Foi o desenvolvimento da tecnologia de comunicação, contudo, que realmente mudou as ciências da meteorologia e climatologia. A invenção do telégrafo, em 1835 (com a primeira mensagem transmitida em 1844), tornou possível organizar um grande número de pessoas para observar e prever o movimento das tempestades. O advento das aeronaves e a tecnologia militar desenvolvida na Segunda Guerra Mundial estimularam o desenvolvimento de redes de estações meteorológicas e tornaram possível amostrar condições de tempo em altitudes elevadas na atmosfera.

Hoje em dia, meteorologistas, climatologistas e especialistas em questões atmosféricas reúnem informações sobre o tempo com a combinação de satélites, estações em terra e sondas na atmosfera superior. Enquanto antigamente a falta de poder computacional limitou a capacidade de processar tão imensa quantidade de dados, atualmente isso já não é uma limitação. Nos dias atuais, uma área de vigorosa pesquisa nesses campos consiste no desenvolvimento de modelos mais sofisticados de clima e tempo que possam prever tanto eventos de curta quanto de longa duração (ver Quadro 21A). Durante o maior período da história humana, por exemplo, os furacões golpearam sem aviso, mas, atualmente, alertas são enviados com muitas horas e até dias de antecipação. Estes modelos são também importantes em nossas tentativas de prever mudanças no clima devido aos efeitos do aquecimento global e de entender como diferentes fatores influenciam tais mudanças.

Os dois componentes primários do clima de uma região são a temperatura e a umidade. Primeiramente, dirigiremos a nossa atenção às médias de temperatura e precipitação de longa duração e aos efeitos dessas condições médias sobre padrões de vegetação. A variação em torno dessas médias também é importante, e analisaremos dois aspectos dessa variação: mudanças previsíveis (p. ex., é normalmente mais quente no verão do que no inverno) e desvios das condições médias (p. ex., determinado ano pode ser extraordinariamente seco na bacia Amazônica). A escala de tempo da variação é importante também, com temperatura e precipitação variando em escalas desde um único dia, uma semana, uma estação, um ano, uma década, até ciclos que demoram centenas de milhares de anos para se completarem. Investigamos esses padrões de variação, levamos em consideração as explicações subjacentes para a variação em padrões de precipitação e temperatura entre diferentes partes do globo e fazemos uma síntese de como essas diferenças climáticas modelam as comunidades vegetais.

Temperatura

Se você sentar ao ar livre em um dia ensolarado, poderá sentir a energia radiante do sol sobre a sua pele. A energia radiante do sol e a variação na sua quantidade, que alcança partes diferentes da superfície da Terra, é a causa primária da variação na temperatura, o primeiro dos dois principais fatores climáticos. **Calor** é uma medida da energia cinética total – a energia do movimento – das moléculas em uma substância, enquanto **temperatura** é uma medida da energia cinética média daquelas moléculas. (ver Capítulo 3 para uma revisão dos termos relacionados à energia nessa discussão). A energia radiante do sol aquece diretamente os objetos (como as plantas e o solo). Essa energia está primordialmente na faixa de ondas curtas do espectro eletromagnético (comprimentos de onda < 700 nm) e inclui a luz visível. À medida que os objetos são aquecidos pela luz do sol, eles emitem energia radiante de ondas longas (comprimentos de onda > 700 nm, incluindo radiação infravermelha) proporcionalmente à quarta potência da temperatura, tornando-se uma fonte secundária de aquecimento para objetos próximos. O aquecimento de objetos físicos pela luz do sol e sua lenta emitância de energia calorífica ao longo do tempo na forma de radiação de ondas longas (isto é, seu armazenamento e posterior liberação) criam latências na mudança de temperatura, que exploraremos mais detalhadamente a seguir. O transporte dessa energia calorífica de um lugar para outro por meio de correntes atmosféricas e oceânicas – processo chamado de convecção – é também um elemento-chave nos climas globais.

A temperatura em qualquer ponto sobre a superfície da Terra é determinada principalmente pela quantidade de energia radiante que recebe do sol. Por sua vez, essa quantidade é determinada em grande parte pelo ângulo da superfície da Terra naquele ponto em relação aos raios do sol, assim como pelas condições atmosféricas. Consideremos um ponto no nível do mar sobre o Equador ao meio-dia, durante os equinócios de inverno ou de verão, quando o sol está diretamente acima da cabeça. No topo da atmosfera naquele ponto, a Terra recebe aproximadamente 340 W/ m^2/ano, ou 2 *langleys* (ly) de energia por minuto (1 ly = 1 caloria/cm^2), de radiação de ondas curtas. Se considerarmos a quantidade de energia que atinge o topo da atmosfera da Terra como sendo 100%, podemos rastrear o que acontece com aquela energia (Figura 17.1). Quase a metade dela retorna ao espaço como radiação de ondas curtas, refletida pela superfície da Terra (6%) e pelas nuvens (17%) e espalhada pela atmosfera (8%). Quase a metade (46%) é absorvida pela superfície da Terra. O restante da energia que penetra na atmosfera é absorvida pelas nuvens (4%) e pelos "gases-estufa" (19%) na atmosfera. (Retornaremos à absorção de energia por gases-estufa em breve e a discutiremos mais minuciosamente no Capítulo 21.)

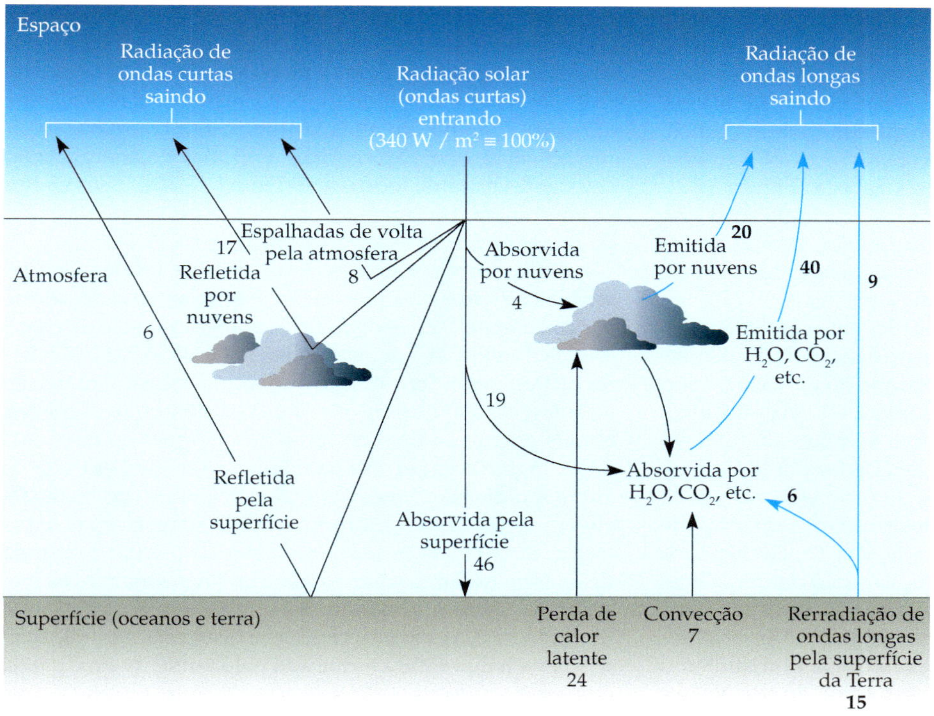

Figura 17.1 Balanço de energia radiante da Terra, expresso como a percentagem da energia que alcança o topo da atmosfera (340 W/ m^2/ano, ou 100%). Essa energia é refletida pela superfície da Terra e pelas nuvens e espalhada pela atmosfera, de modo que aproximadamente 31% retorna ao espaço. Do restante, 46% é absorvido pela superfície e 23% pela atmosfera, aquecendo ambas. A radiação de ondas longas (infravermelha, mostrada como números em **negrito**) é emitida pela superfície, aquecendo a atmosfera mais adiante, bem como sendo perdida para o espaço. Convecção e troca de calor latente também transferem energia calorífica da superfície para a atmosfera. A quantidade total de energia absorvida pela superfície, atmosfera, e pelas nuvens (na forma de radiação de ondas curtas) e a quantidade total que deixa o planeta (na forma de energia radiante de ondas longas, perda de calor latente, e convecção) estão em equilíbrio entre si. A quantidade total de energia que penetra o topo da atmosfera (como radiação de ondas curtas) é exatamente igual à soma da radiação de ondas curtas que sai (por reflexão e espalhamento) mais a radiação de ondas longas que sai, as quais conjuntamente somam 100%. (segundo Schlesinger, 1997).

A superfície da Terra emite energia na faixa de ondas longas do espectro, rerradiando 15% da energia inicial total que atinge a atmosfera superior e transferindo 24% adicionais como perda de calor latente e 7% por convecção para a atmosfera e as nuvens. O **efeito estufa** manifesta-se quando os gases-estufa na atmosfera reabsorvem radiação de ondas longas emitida pela superfície da Terra (Figura 21.3). O aquecimento secundário da superfície da Terra ocorre, então, por rerradiação a partir da atmosfera.

A reabsorção e a rerradiação de energia solar é crítica para a vida na Terra. Sem o efeito estufa, a Terra seria extremamente fria em todos os lugares, durante todo o tempo. O aquecimento secundário por energia de ondas longas a partir da atmosfera corresponde a dois terços da energia radiante total recebida na superfície. A energia de ondas longas total que sai da Terra e retorna ao espaço corresponde a aproximadamente 69% da energia recebida inicialmente, vinda da superfície da Terra, da atmosfera e das nuvens.

A energia que entra é equilibrada pela energia que sai. Desequilíbrios temporários resultarão no aquecimento ou resfriamento da Terra, porém eventualmente um novo equilíbrio será alcançado à medida que a emissão de radiação de ondas longas da Terra mude de acordo com a sua nova temperatura. Desse modo, a energia radiante de ondas curtas absorvida pela atmosfera e pela superfície da Terra (46% + 23%) é equilibrada pela energia de ondas longas (69%) emitida.

Variação de curta duração em radiação e temperatura

A combinação de radiação de ondas curtas e de ondas longas determina a temperatura ambiente na superfície da Terra. À medida que nos afastamos das condições descritas anteriormente, de máxima entrada de energia solar no Equador ao meio-dia, vários fatores agem no sentido de determinar a quantidade de radiação que entra e a subsequente temperatura. O mais importante é o ângulo do sol, o qual determina a quantidade de radiação de ondas curtas que entra. No decorrer do dia, a Terra gira sobre o seu eixo, e os raios do sol atingem a superfície em diferentes ângulos. O **ângulo de incidência** solar é o ângulo que um raio de luz solar forma com uma linha perpendicular à superfície. Quanto menor o ângulo de incidência – mais próximo de 0° a partir da horizontal – maior a área sobre a qual uma dada quantidade de energia solar se espalha. Consequentemente, quando a luz solar que entra está em um ângulo agudo, qualquer metro quadrado de superfície recebe menos energia do que receberia se o sol estivesse em um ângulo mais direto sobre a cabeça (Figura 17.2). Além disso, sob ângulos mais agudos, a energia solar que entra deve percorrer uma distância maior através da atmosfera e, desse modo, mais energia é absorvida pela atmosfera e menos alcança a superfície da Terra.

De forma similar, quando nos movemos rumo ao norte ou sul do Equador, o ângulo de incidência diminui, mesmo ao meio-dia. O ângulo real depende do período do ano e de quão distantes estamos do Equador. O eixo da Terra tem inclinação constante em relação ao plano no qual ela gira ao redor do sol. As estações são criadas por diferenças no ângulo de incidência ao longo da progressão anual da Terra em torno do sol, as quais determinam a quantidade de energia solar que entra (Figura 17.3A). Os Hemisférios Norte e Sul são inclinados em direção ao sol ou para longe dele, nos extremos opostos da trajetória da Terra em torno do sol, nos solstícios de dezembro e junho. Nos equinócios, em setembro e março, o eixo da Terra está alinhado com o plano sobre o qual ela gira em torno do sol. Nesses períodos, nenhum dos polos está inclinado em direção ao sol ou para longe dele, e o comprimento do dia e da noite são idênticos e iguais em qualquer parte do globo. Quando o sol está mais diretamente sobre a cabeça (a pino) no Hemisfério Norte ou Sul, é verão naquele hemisfério. No hemisfério oposto, ângulos solares agudos naquele período resultam na diminuição da entrada de energia radiante, e é inverno. Essa mudança no ângulo solar ao longo das estações é maior nos Polos e menor no Equador. Como resultado, há grandes mudanças na entrada de radiação no curso de um ano em altas latitudes. Em comparação, as regiões equatoriais apresentam entradas de energia solar constantes durante todo o ano (Figura 17.3B). Esses efeitos se combinam, produzindo padrões distintos de variação da temperatura ao redor do globo (Figura 17.4).

Outro importante aspecto do clima é a **latência** – retardo nos efeitos do aquecimento e resfriamento devido ao armazenamento de energia na atmosfera, no solo e no oceano. Por exemplo, em geral é mais quente durante à tarde do que ao meio-dia, embora o sol esteja mais baixo no céu e a energia solar que entra seja menor do que ao meio-dia, e mais quente ao final da tarde do que quando o sol está a um ângulo comparável na manhã, com igual entrada de energia radiante. O mês mais frio do inverno no Hemisfério Norte não é dezembro (quando o sol está mais baixo e os dias são mais curtos), mas janeiro, quando a entrada de energia radiante solar aumentou; inversamente, os meses mais quentes do verão são julho e agosto, não junho (quando os dias são mais longos e o sol está a pino). A latência na temperatura é causada pelo aumento gradual na temperatura do solo, do oceano e de outros grandes corpos d'água, e da atmosfera propriamente, à medida que o verão se aproxima, e pela liberação de calor (como energia radiante de ondas longas) por aquelas entidades no outono (e similarmente em relação ao dia e à noite).

Imagine um lugar qualquer em uma latitude temperada durante o solstício de inverno. A radiação solar que entra está no mínimo. À medida que a Terra gira em torno do sol e o ano decorre, o comprimento do dia aumenta e o sol está mais a pino. A terra absorve energia e começa a esquentar. A terra tem um determinado **calor específico** – a quantidade de energia calorífica requerida para aquecer 1 grama em 1°C. A água tem calor específico maior do que a terra, de modo que o oceano demora mais a aquecer

Figura 17.2 Diferenças no ângulo e na quantidade de radiação solar atingindo diferentes pontos da superfície da Terra. Os diagramas mostram a quantidade de radiação solar recebida em um único ponto, no curso de um dia no equinócio, quando nenhum dos hemisférios aponta em direção ao sol ou para longe dele. As mesmas diferenças poderiam ser aplicadas aos ângulos e às quantidades de radiação solar atingindo diferentes latitudes, em diferentes períodos do ano (Figura 17.3B).

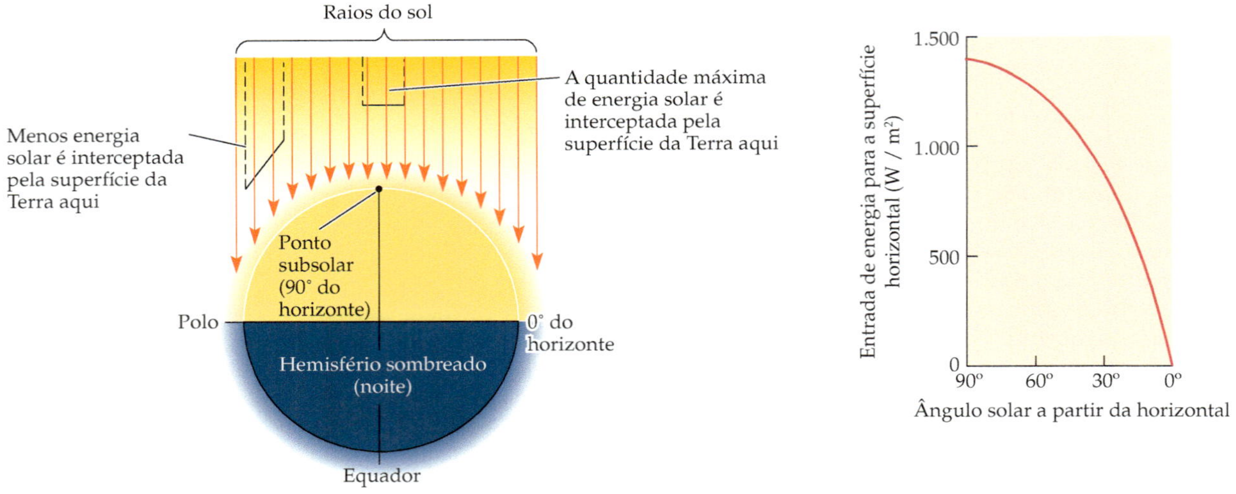

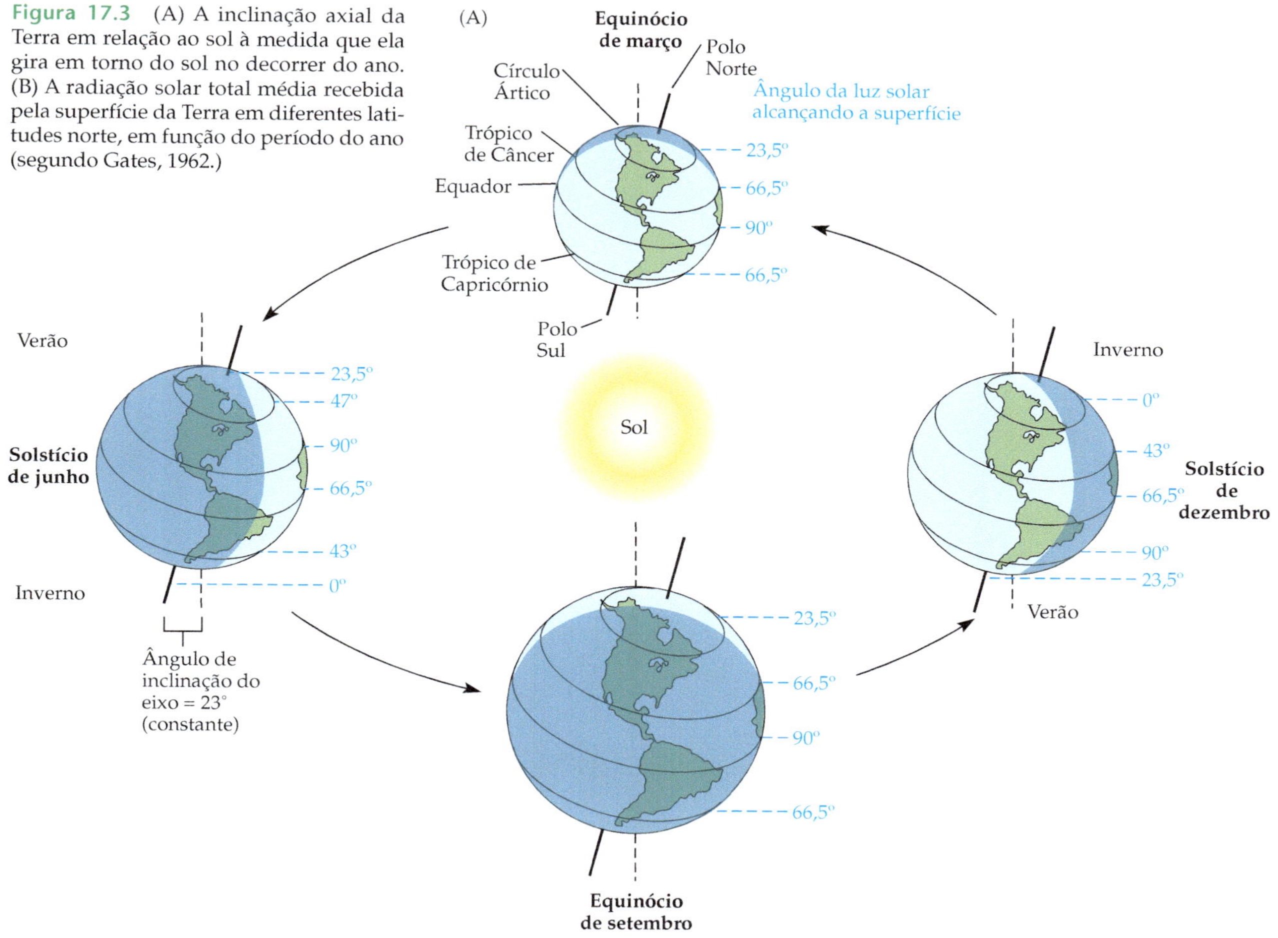

Figura 17.3 (A) A inclinação axial da Terra em relação ao sol à medida que ela gira em torno do sol no decorrer do ano. (B) A radiação solar total média recebida pela superfície da Terra em diferentes latitudes norte, em função do período do ano (segundo Gates, 1962.)

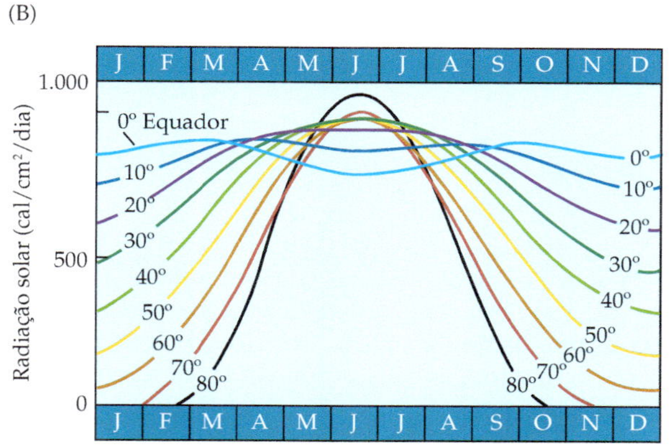

do que a terra próxima. O ar tem um calor específico bem mais baixo do que a terra e a água, e aquece mais prontamente do que ambos. À medida que esse ponto imaginário sobre a Terra atravessa o solstício de verão, e a radiação que entra começa a diminuir, a saída de ondas longas da terra agora aquecida e de corpos d'água próximos continua a aquecer o ar, mantendo a temperatura alta.

À medida que o aporte de radiação solar diminui, subsequentemente ocorre o padrão inverso: ar, terra e, finalmente, a água resfriam-se. Um calor específico alto resulta em resfriamento lento, da mesma forma que causa lento aquecimento. Ambientes costeiros, influenciados por corpos d'água adjacentes, como consequência resfriam mais lentamente do que aqueles no interior dos continentes, e assim experimentam temperaturas mais moderadas. A água ameniza as temperaturas elevadas do verão à medida que brisas terrais mais frescas reduzem o calor na terra por convecção. No outono, a água libera calor gradualmente, tornando o declínio de temperatura na terra mais lento por proporcionarem brisas aquecidas. Essas brisas podem parecer frias para uma pessoa, mas são quentes em relação ao terreno e ao ar sobre ele. Uma implicação sutil dessas latências para as plantas é que os períodos de radiação máxima e mínima não são os de maiores ou menores temperaturas, tanto diária quanto sazonalmente.

A magnitude da variação diária na temperatura – os limites de variação diurna e noturna – depende parcialmente das condições atmosféricas locais, particularmen-

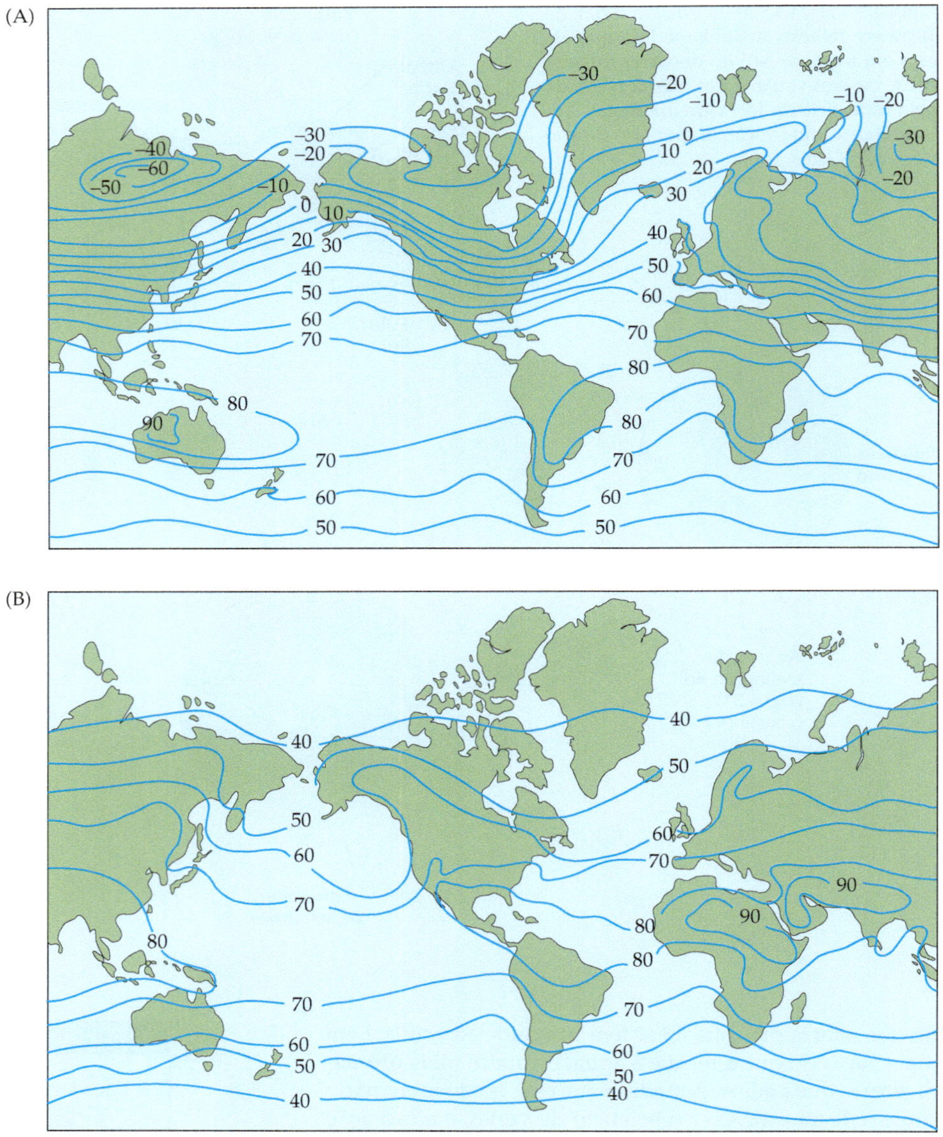

Figura 17.4 Temperaturas médias (Fahrenheit) ao redor do globo em (A) janeiro e (B) julho (segundo Rumney, 1968.)

te a quantidade de umidade no ar. Durante a noite, não há entrada de radiação de ondas curtas. Nós não congelamos imediatamente após o pôr do sol, contudo, porque o ar circundante age como um cobertor, retendo calor e liberando-o como radiação de ondas longas durante toda a noite. O ar úmido pode reter mais calor do que o ar seco, como veremos adiante. Um lugar como Tóquio, adjacente ao Oceano Pacífico, com ar tipicamente úmido, geralmente apresenta temperaturas noturnas apenas um pouco mais frias do que as temperaturas diurnas. Em comparação, Tucson, no Arizona, com ar muito seco, pode apresentar oscilações drásticas, com temperaturas noturnas 20°C ou mais frias do que aquelas que ocorrem durante o dia. À medida que a altitude aumenta, a densidade do ar diminui – o "cobertor" é mais fino. Como resultado, as áreas em altas elevações, como topos de montanhas, também tendem a apresentar grandes oscilações na temperatura entre o dia e a noite. Nos locais onde vivem, as plantas devem ser adaptadas para tolerar a variação na temperatura, assim como as condições médias.

Elevação e latitude afetam conjuntamente o clima. As regiões equatoriais recebem quantidades aproximadamente constantes de radiação solar no decorrer do ano e não apresentam nem invernos frios nem verões quentes. Porém, as regiões de alta elevação no Equador, como os Andes Equatoriais na América do Sul e o Monte Kilimanjaro na África, podem experimentar enormes oscilações de temperatura em cada período de 24 horas, próximas daquelas observadas entre o verão e o inverno em latitudes médias, embora obviamente ambos recebam muito mais radiação durante o dia.

Ciclos de longa duração

Além das variações diárias e anuais na radiação solar, existem também ciclos de longa duração. Um destes é o ciclo de mancha solar de 11 anos. Neste ciclo, a quantidade de radiação solar que alcança a Terra varia até 0,1%. Também é conhecido um ciclo de mancha solar duplo de 22 a 23 anos, associado a reversões do campo magnético solar. Esses ciclos provavelmente não afetam diretamente o crescimento das plantas ou as temperaturas locais. Mais exatamente, eles afetam a circulação atmosférica e os padrões de precipitação, resultando em efeitos indiretos sobre as plantas devido às mudanças nos padrões meteorológicos. A ligação entre o ciclo de mancha solar e o clima foi primeiramente estudado pelo astrônomo Andrew E. Douglass, o qual usou o monitoramento de longa duração de bons e maus anos para o crescimento das plantas, registrados em anéis de crescimento. Esse trabalho foi o precursor no campo da dendrocronologia (ver Capítulo 11).

Em escalas de tempo muito longas, existem várias formas diferentes de mudanças na órbita da Terra em torno do sol que influenciam o clima, conjuntamente chamadas de **efeitos de Croll-Milankovic** (Figura 17.5). O mais longo destes ciclos orbitais é um ciclo de 100.000 anos de mudança na forma da órbita da Terra em torno do sol, de uma trajetória quase circular para outra mais elíptica. Atualmente, a órbita é quase circular, de modo que a diferença entre o ponto de maior proximidade da Terra em relação ao sol (denominado periélio) e o de maior distância (o afélio) é de somente 3,5%. Quando a órbita se torna mais elíptica, a diferença entre o periélio e o afélio pode ser de até 30%. Obviamente, tais mudanças na forma orbital afetarão os limites de variação sazonal em latitudes temperadas e polares visto que mudará a quantidade de radiação solar que entra.

O próximo padrão de variação de longa duração é um ciclo de 41.000 anos no grau de inclinação do eixo da Terra de 22,1° a 24,5°; atualmente, a inclinação é de 23,5°. Essas mudanças na inclinação do eixo afetarão bastante o limite de variação sazonal, pois as alterações no ângulo do sol mudarão a quantidade de entrada de energia solar em qualquer ponto nas latitudes temperadas e polares.

Por fim, há uma oscilação de 22.000 anos do eixo da Terra. Essa oscilação é semelhante a que você veria sobre um pião que estivesse começando a reduzir a velocidade, de modo que o seu eixo não mais apontasse para cima, mas começasse a desenvolver movimentos circulares. O

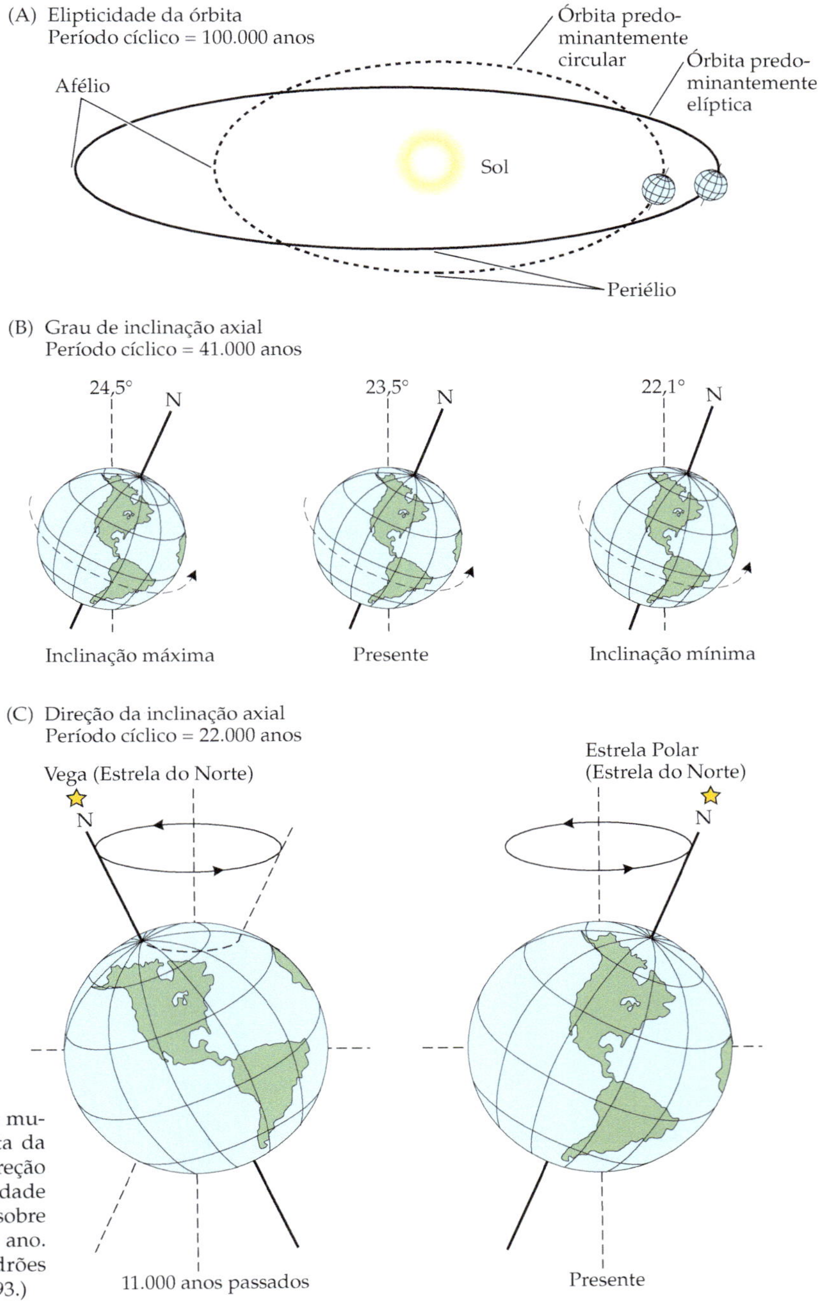

Figura 17.5 Os ciclos de Croll-Milankovic são mudanças periódicas na (A) elipticidade da órbita da Terra, (B) no grau de inclinação axial e (C) na direção da inclinação axial. Cada um deles afeta a quantidade de radiação solar recebida em diferentes pontos sobre a superfície da Terra, em diferentes períodos do ano. Estes ciclos interagem na determinação de padrões climáticos de longa duração (segundo Gates, 1993.)

resultado desta oscilação é mudar se o Hemisfério Norte ou o Sul estiverem apontados em direção ao sol durante o período de maior aproximação da Terra em relação a ele. A Terra está atualmente um pouco mais próxima do sol durante o solstício de inverno no Hemisfério Norte (o solstício de verão no Hemisfério Sul) do que no ponto oposto de sua órbita. As mudanças na direção da inclinação axial afetarão a intensidade da variação sazonal; por exemplo, os invernos no Hemisfério Norte são, hoje em dia, mais amenos do que os invernos no Hemisfério Sul, na mesma latitude.

Dessa forma, todos esses três ciclos modificam a sazonalidade e podem atuar juntos ou em oposição para maximizar ou minimizar a variação sazonal (Figura 17.6). Embora os efeitos possam ser pequenos, eles são suficientes para causar mudanças em larga escala e longa duração no clima da Terra, e podem ser responsáveis pelos ciclos de glaciação que a Terra experimentou durante os últimos milhões de anos (Figura 20.8). No Capítulo 20, examinaremos a mais recente destas glaciações e suas consequências.

Recentemente tem havido extenso debate sobre o aquecimento global, o aumento total nas temperaturas globais. Parte do debate origina-se de uma questão científica genuína: o recente aquecimento do clima é provavelmente causado pela adição humana de gases-estufa na atmosfera por atividades humanas ou ele reflete mudanças cíclicas naturais, e talvez alguma variação aleatória no tempo? Sem considerar os dados reais, qualquer uma das hipóteses (ou ambas) poderia ser plausível. As temperaturas mais quentes que experimentamos são parte de uma tendência de longa duração ou são meramente um evento passageiro que será revertido em breve? Se o aquecimento é parte de uma tendência, até que ponto ele se deve às ações humanas? Certamente, é muito difícil separar a variação natural no tempo e no clima de mudanças antropogênicas. Em todo caso, poderíamos bem questionar o que as respostas a essas perguntas significam para o futuro: o aquecimento observado é um arauto de um clima cada vez mais quente? No Capítulo 21, investigaremos este tópico mais profundamente.

Precipitação

Além da temperatura, o outro aspecto principal do clima é a umidade: **precipitação**, a quantidade e o padrão de chuvas e nevascas; e **umidade relativa**, o vapor d'água no ar como uma porcentagem da quantidade no ar inteiramente saturado à mesma temperatura. A precipitação claramente tem um efeito determinante principal sobre o tipo e a quantidade de vegetação encontrada em uma região. Os níveis de umidade também são ecologicamente importantes, pois a neblina (a qual ocorre somente sob umidade saturada) pode ser uma fonte crítica de umidade para as plantas em determinados hábitats e, mais genericamente, porque o ar úmido retém mais calor do que o seco. As moléculas de água na atmosfera são bastante efetivas na absorção de radiação de ondas longas e apresentam um alto calor específico. Portanto, o ar úmido age como um reservatório de calor armazenado. As nuvens também podem absorver e refletir a energia solar incidente. Muitos fatores determinam como a precipitação e o vapor d'água são distribuídos ao redor do globo e durante o ano.

Padrões globais

O ar quente é menos denso do que o ar frio e, por consequência, ascende, como uma peça de madeira flutuando

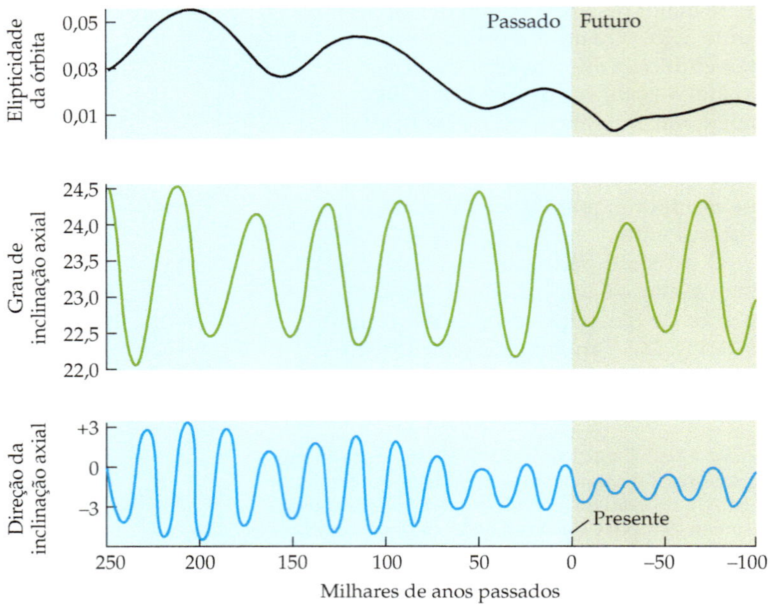

Figura 17.6 Ciclos de Croll-Milankovic passados e previstos. Algumas vezes os ciclos podem reforçar um ao outro, como, por exemplo, quando tanto a elipticidade quanto o grau de inclinação axial são grandes. Em outros momentos eles podem cancelar um ao outro (segundo Gates, 1993.)

sobre a água. Por essa razão, os balões de ar sobem, e é mais quente perto do teto de uma sala do que no piso. O ar quente também apresenta uma maior capacidade de reter umidade do que o ar frio. Pode-se notar isso ao observar a umidade condensando sobre um copo de bebida gelada em um dia quente e úmido. À medida que o ar próximo à superfície do copo resfria, a sua capacidade de reter umidade é reduzida, de modo que a umidade condensa como líquido sobre a superfície fria do copo.

Como explicado anteriormente, a radiação solar é mais intensa no Equador e o ar naquela região é aquecido. Esse aquecimento gera um padrão de ar ascendente em um cinturão ao redor da Terra, no Equador. Massas de ar quente tropical captam umidade da superfície da terra, tanto pela transpiração das plantas quanto pela evaporação do solo, e em grandes quantidades dos oceanos por evaporação. Essas massas ascendentes de ar quente e úmido estabelecem na atmosfera uma gigantesca esteira transportadora de umidade e energia.

Esse padrão de movimento do ar tem dois resultados: grandes quantidades de precipitação em regiões equatoriais e fluxo de ar em direção aos Polos em altas altitudes. O ar ascendente sobre o Equador começa a esfriar à medida que alcança altitudes mais elevadas. Por quê? A pressão do ar diminui com a altitude porque, à medida que um pacote de ar sobe, há menos atmosfera sobre ele empurrando-o para baixo. O ar quente ascendente, portanto, expande-se, pois gases sob baixas pressões expandem-se para ocupar um volume maior. O ar em expansão resfria-se à medida que energia é usada para empurrar as moléculas de ar adiante. O ar mais frio agora não pode reter tanta umidade quanto antes, e uma parte do vapor d'água que ele contém condensa. As nuvens formam-se e, por fim, tornam-se saturadas de umidade, a qual cai em forma de chuva. As regiões equatoriais consequentemente tendem a apresentar alta pluviosidade.

Acima dessas nuvens, a esteira transportadora de ar continua a se mover. A umidade continua a ser espremida do ar à medida que continua o processo de ascensão, resfriamento e condensação. O ar ascendente resfria à **taxa de lapso adiabático**, quando nenhum calor é trocado com as parcelas de ar circundantes. O ar saturado com umidade resfria a 5,4°C/1.000 m, a taxa de lapso adiabático saturado (ou úmido), enquanto o ar seco resfria mais rapidamente, à taxa de lapso adiabático de 9,8°C/1.000 m. A razão pela qual essas taxas diferem é que, à medida que o ar saturado com umidade ascende e resfria, a água que condensa do ar libera calor para ele – o oposto do que acontece quando uma superfície é resfriada por água em evaporação (perda de calor latente; ver Capítulo 3).

Por fim, terminado o processo de ascensão, resfriamento e condensação, o ar não pode subir mais na atmosfera. Porém, a contínua adição de ar novo ascendendo de baixo significa que essa massa de ar em movimento tem que ir a algum lugar. A massa de ar ascendente é, então, forçada a se mover para longe do Equador, em elevadas altitudes tanto em direção ao Norte quanto ao Sul. À medida que esse ar se desloca para longe do Equador, lentamente resfria ainda mais, já que agora ele está recebendo menos energia radiante. No momento em que ele alcança a latitude em torno de 30°, já se resfriou suficientemente para tornar-se mais denso e iniciar a descender. O ar em queda torna-se mais quente, revertendo o processo que ocorreu no Equador. Já seco, o ar reaquecido tem uma grande capacidade de reter umidade, mas contém pouco vapor d'água. Essas massas de ar em queda absorvem toda a umidade disponível e liberam pouco dela, gerando regiões intensamente áridas nas quais eles atingem a superfície da Terra. Isso explica por que os grandes desertos do mundo são encontrados principalmente em duas faixas, na latitude 30°N (o Saara, Arábico e o de Sonora) e 30°S (o Atacama do Chile, o Kalahari da África do Sul, e o Grande Deserto de Areia e o Grande Deserto Vitória, na Austrália).

Finalmente, uma vez que o ar atinge a terra, ele deve mover-se ou em direção aos Polos ou em direção ao Equador. O efeito Coriolis (Quadro 17A) faz o ar desviar-se para a direita (em relação à direção na qual ele está se movendo) no Hemisfério Norte, e para a esquerda no Hemisfério Sul. Para o ar que se move de 30°N e 30°S em direção ao Equador, este efeito cria os **ventos alísios** em ambos os hemisférios, os quais se movem de nordeste para sudoeste no Hemisfério Norte e do sudeste para o noroeste no Hemisfério Sul. As massas de ar que se movem em direção aos Polos a partir de 30°N também se desviam para a direita, enquanto as massas de ar que se movem em direção aos Polos a partir de 30°S se desviam para a esquerda. Esse padrão gera os **ventos do oeste** (ventos que se movem de oeste para leste) em ambos os hemisférios. Os antigos viajantes a bordo de navios movidos à vela, navegando entre a Europa e a América do Norte, tiraram vantagem desses padrões, permitindo aos ventos alísios levarem seus navios rumo ao sudoeste através do Atlântico em suas viagens de ida, e retornando à Europa com os ventos do oeste mais adiante, ao Norte. Esses padrões de massas de ar em movimento, em grande escala, exercem influência crítica sobre os climas mundiais porque transportam umidade e energia por grandes distâncias, influenciando as condições nas terras que cruzam.

As esteiras tridimensionais transportadoras de ar que ascendem no Equador, percorrem uma distância, caem de volta à Terra em 30°N e 30°S e que depois movem-se de volta para o Equador ao longo da superfície da Terra, são conhecidas como **células de Hadley** (Figura 17.7A). Elas movem não apenas o ar, mas também calor e umidade, para cima e para baixo na atmosfera e ao redor da superfície da Terra. Células similares (mas mais fracas) existem nas regiões temperadas e polares. O ar frio e denso desce nos Polos e ascende na latitude em torno de 60°, criando as células polares; regiões polares também tendem a ser muito secas. Entre 30° e 60° encontram-se as células de Ferrel mais fracas, que se acredita serem impelidas pelas outras duas células, entre as quais aquelas se encontram prensadas. Entre as várias células, há rios de ar que se movimentam rápido, denominados **correntes de jato**. A cor-

Quadro 17A

O efeito Coriolis

Você pode ter ouvido o mito persistente de que a água desce pelos vasos sanitários e ralos em sentido horário no Hemisfério Sul, mas gira no sentido anti-horário no Hemisfério Norte. Esse mito é falso (como sabemos, tendo pessoalmente conduzido o experimento), mas a base da sustentação – o **efeito Coriolis** – é verdadeiro. De fato, o padrão geral de circulação nos oceanos é horário no Hemisfério Norte, mas anti-horário no Hemisfério Sul. O entendimento do efeito Coriolis é fundamental para compreendermos vários padrões no clima e no tempo globais, incluindo as razões para os padrões gerais de circulação atmosférica e oceânica.

Uma maneira de resumir o efeito Coriolis é a seguinte: objetos que se movem em direção a ou para longe do Equador no Hemisfério Norte são desviados para a direita, e, no Hemisfério Sul, para a esquerda. Se você estivesse em Paris e lançasse um objeto exatamente para o norte, ele aterrisaria um pouco à nordeste. Se você lançasse um objeto exatamente para o sul, este aterrisaria um pouco à sudoeste. O inverso seria verdadeiro no Hemisfério Sul: um objeto lançado exatamente para o norte em Sydney, aterrisaria à noroeste, e um lançado exatamente para o sul aterrisaria no oceano, à sudeste. Massas de ar em movimento têm o mesmo comportamento: se elas estão no Hemisfério Sul, tendem a ser desviadas para sua esquerda, e se elas estão no Hemisfério Norte, tendem a ser desviadas para sua direita.

Por que esse estranho fenômeno ocorre? Embora soe inicialmente estranho, a superfície da Terra não gira na mesma velocidade em todos os lugares. Se você está parado sobre o Equador, em um dia o seu corpo terá viajado muito mais longe no espaço do que se você estivesse parado sobre o Círculo Ártico – isto deve ocorrer se você retornar ao mesmo lugar em 24 horas, pois há uma distância muito maior a percorrer no Equador do que no Círculo Ártico. Um objeto, ou uma massa de ar, movendo-se em direção ao Equador a partir de 30°N tem inicialmente a mesma velocidade rotacional do terreno de onde é "lançado"; à medida que a Terra gira sobre o seu eixo, o objeto move-se junto com a Terra à mesma velocidade da superfície do terreno. Assim que este objeto é disparado ou forçado para o sul em direção ao Equador, ele retém

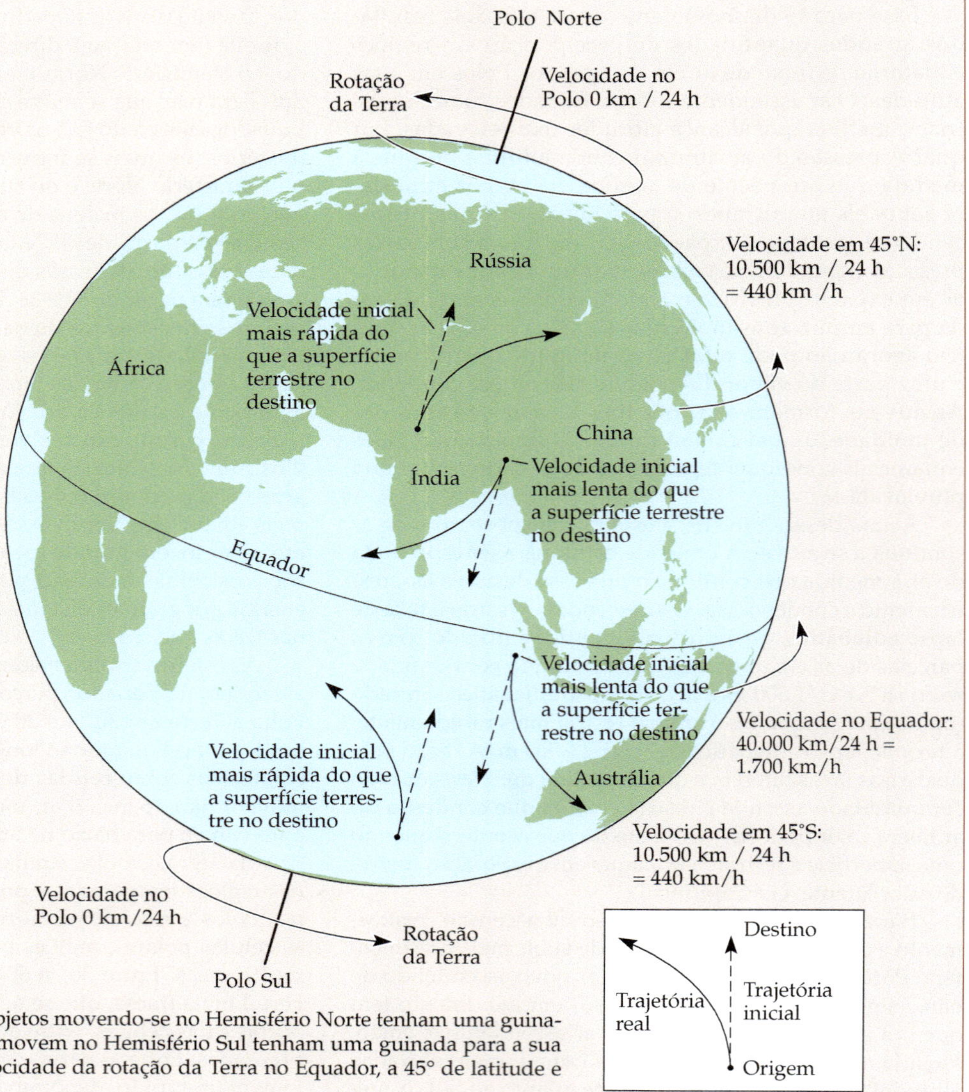

O efeito Coriolis faz com que objetos movendo-se no Hemisfério Norte tenham uma guinada para a sua direita, e os que movem no Hemisfério Sul tenham uma guinada para a sua esquerda. É apresentada a velocidade da rotação da Terra no Equador, a 45° de latitude e nos Polos.

Quadro 17A *(continuação)*

o seu movimento na direção da rotação da Terra, mas, à medida que se aproxima do Equador, ele está se movendo a uma velocidade *menor do que* a superfície da Terra abaixo dele. Em relação à superfície, ele será desviado para a sua direita (em direção ao sudoeste) à medida que a Terra se move sob ele. Uma massa de ar que se origina a 30°N e se move na direção oposta, rumo ao Polo Norte, terá uma velocidade rotacional *maior do que* aquela da superfície da Terra mais ao Norte, então ele, também, dará uma guinada à sua direita, sendo desviado para nordeste. O padrão análogo é encontrado no Hemisfério Sul, mas nele os objetos são desviados para a esquerda.

Uma outra forma de pensar sobre o efeito Coriolis é questionar se objetos são acelerados ou freados em relação à superfície da Terra, considerando a direção na qual a Terra está girando. A Terra gira no sentido anti-horário se você está observando-a do Polo Norte, ou no sentido horário se você está observando-a do Polo Sul. Os objetos movendo-se em direção ao Equador em qualquer um dos hemisférios guinam em direção oposta àquela da rotação da Terra porque estão relativamente mais lentos do que o solo no seu destino, enquanto aqueles se movendo em direção aos Polos são desviados na mesma direção da rotação da Terra porque são acelerados em relação à superfície do solo.
O efeito Coriolis significa que as massas de ar que se movem da latitude de 30° em direção ao Equador são desviadas para o sudoeste no Hemisfério Norte e para o noroeste no Hemisfério Sul – estes são os ventos alísios. Massas de ar que se movem da latitude de 30° em direção aos Polos são desviadas para nordeste no Hemisfério Norte e para sudeste no Hemisfério Sul – estes são os ventos do oeste. Sucessivamente, esses padrões eólicos são a maior razão pelas quais as correntes oceânicas se movem no sentido horário no Hemisfério Norte e no sentido anti-horário no Hemisfério Sul.

Concluímos, retornando à história dos vasos sanitários e ralos: por que eles não fazem o que é tão amplamente sustentado? É uma questão de escala: não há possibilidade da água que se move em direção aos Polos através da sua pia ser desviada para muito longe pela rotação da Terra – a menos que você tenha uma pia enorme!

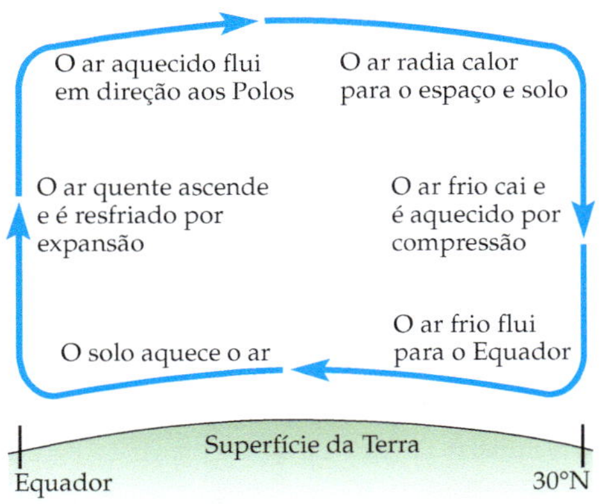

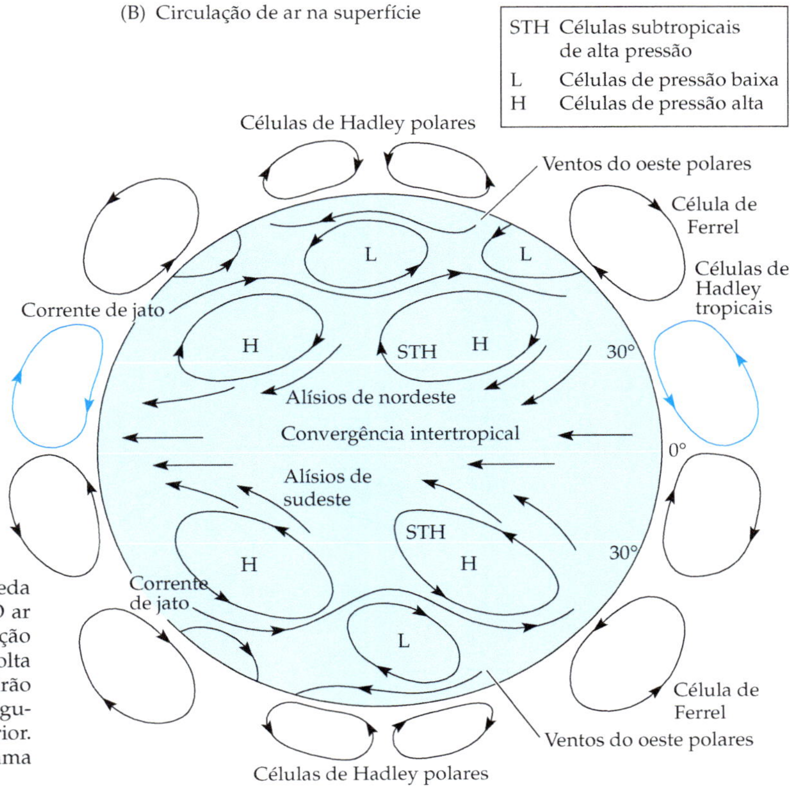

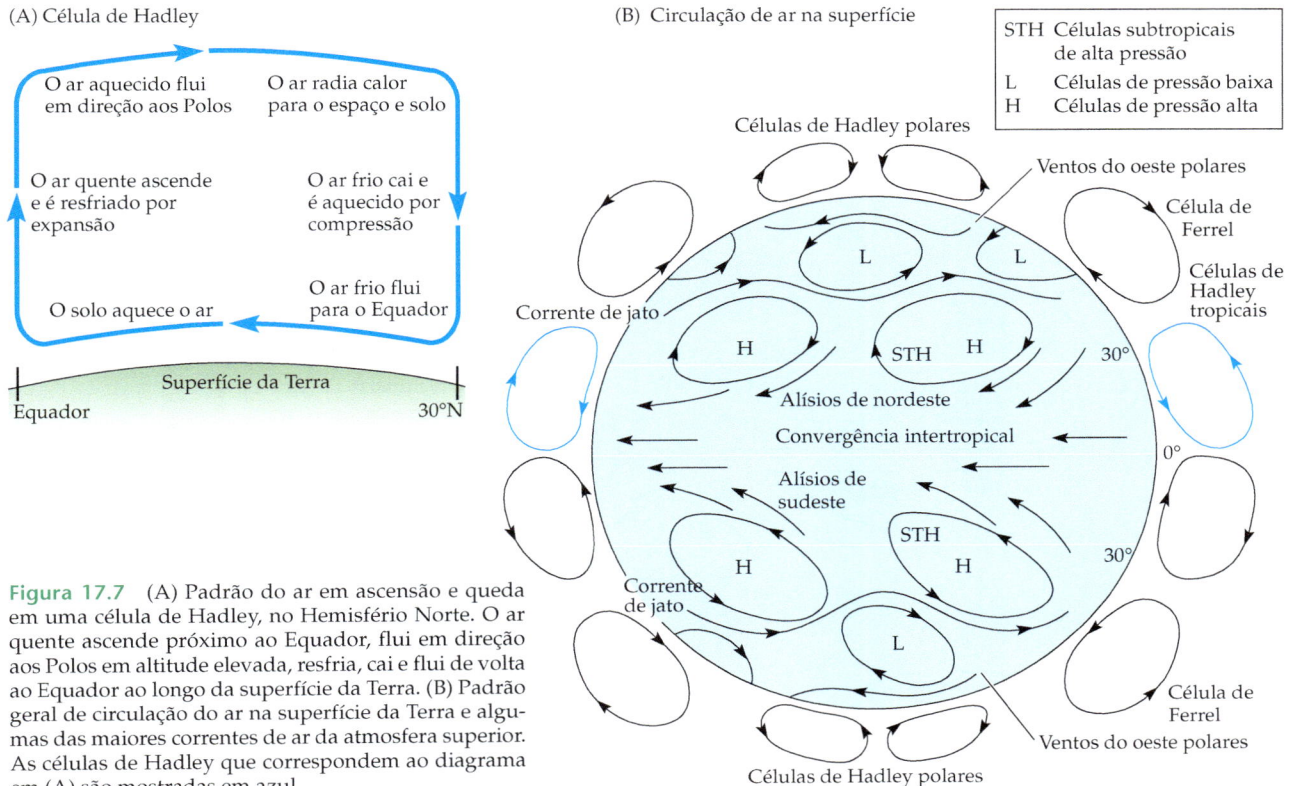

Figura 17.7 (A) Padrão do ar em ascensão e queda em uma célula de Hadley, no Hemisfério Norte. O ar quente ascende próximo ao Equador, flui em direção aos Polos em altitude elevada, resfria, cai e flui de volta ao Equador ao longo da superfície da Terra. (B) Padrão geral de circulação do ar na superfície da Terra e algumas das maiores correntes de ar da atmosfera superior. As células de Hadley que correspondem ao diagrama em (A) são mostradas em azul.

rente de jato polar, localizada entre as células polares e as de Ferrel no Hemisfério Norte, flui de oeste para leste a aproximadamente 10 quilômetros de altitude; ela define a frente polar onde o ar frio ao norte encontra ar quente ao sul, e enormes trocas de energia ocorrem com frequência na forma de tempestades em latitudes médias. A localização da corrente de jato polar e da frente polar associada muda com as estações, assim como se desloca dentro das estações, e é um fator determinante primário do tempo em latitudes médias. A corrente de jato subtropical entre as células de Hadley e de Ferrel é mais fraca. Os padrões gerais de circulação de ar são resumidos na Figura 17.7B.

O movimento de massas de ar na superfície na Terra é o principal fator determinante de correntes oceânicas de superfície (Figura 17.8), que, por sua vez, desempenham um papel importante nos climas terrestres. Devido ao alto calor específico da água, essas correntes são transportadores de energia calorífica ainda mais eficientes do que as massas de ar em movimento. Elas trazem água aquecida ou resfriada de áreas remotas para as costas de todos os continentes ao norte da Antártica e para a maioria das ilhas, adicionando ou removendo energia calorífica por onde passam, e, assim, desempenham uma influência predominante sobre regimes locais de temperatura e umidade.

Os ventos predominantes descritos anteriormente empurram massas de água, causando correntes que agem como rios cujas próprias temperaturas, salinidades e concentrações de nutrientes da água são bem definidas. Essas correntes oceânicas se movem por meio das águas oceânicas circundantes. Da mesma forma que os ventos que as empurram, essas correntes são desviadas para a direita no Hemisfério Norte e para a esquerda no Hemisfério Sul pelo efeito Coriolis.

Diferentemente das massas de ar, as correntes não podem ascender acima da superfície, de modo que, quando bloqueadas pelos continentes, são forçadas a seguir em direção ou ao norte ou ao sul (Figura 17.8). Esse efeito cria **vórtices**, enormes círculos de água, que se movem no sentido horário no Hemisfério Norte e no sentido anti-horário no Hemisfério Sul. Existem grandes vórtices nos Oceanos Atlântico Norte e Sul, Pacífico Norte e Sul, e Índico. Os vórtices levam energia calorífica tanto para os lugares por onde passam quanto destes para áreas distantes. A Corrente do Golfo no Atlântico Norte, por exemplo, traz águas tropicais para áreas a nordeste (Figura 17.9), aquecendo a ilha de Bermuda, o que resulta em climas bem mais quentes na Irlanda, Grã-Bretanha e em outras partes do norte e oeste da Europa do que estas regiões teriam com base apenas em suas latitudes. A Corrente do Peru traz águas gélidas da Antártica ao norte, ao longo da costa oeste da América do Sul, causando um efeito de resfriamento e aridez nessas regiões. Consideramos alguns dos efeitos dessas correntes quando abordamos a Oscilação do Sul El Niño e fenômenos relacionados mais adiante neste capítulo.

As correntes oceânicas de superfície não são as únicas esteiras transportadoras de água e energia que afetam os climas regionais e continentais. Pesquisas climatológicas recentes têm se preocupado em avaliar os padrões e efeitos de enormes correntes tridimensionais nos oceanos do mundo, as quais movem água, nutrientes e calor mais lentamente a grandes distâncias. A **circulação termo-halina**

Figura 17.8 As maiores correntes oceânicas do mundo.

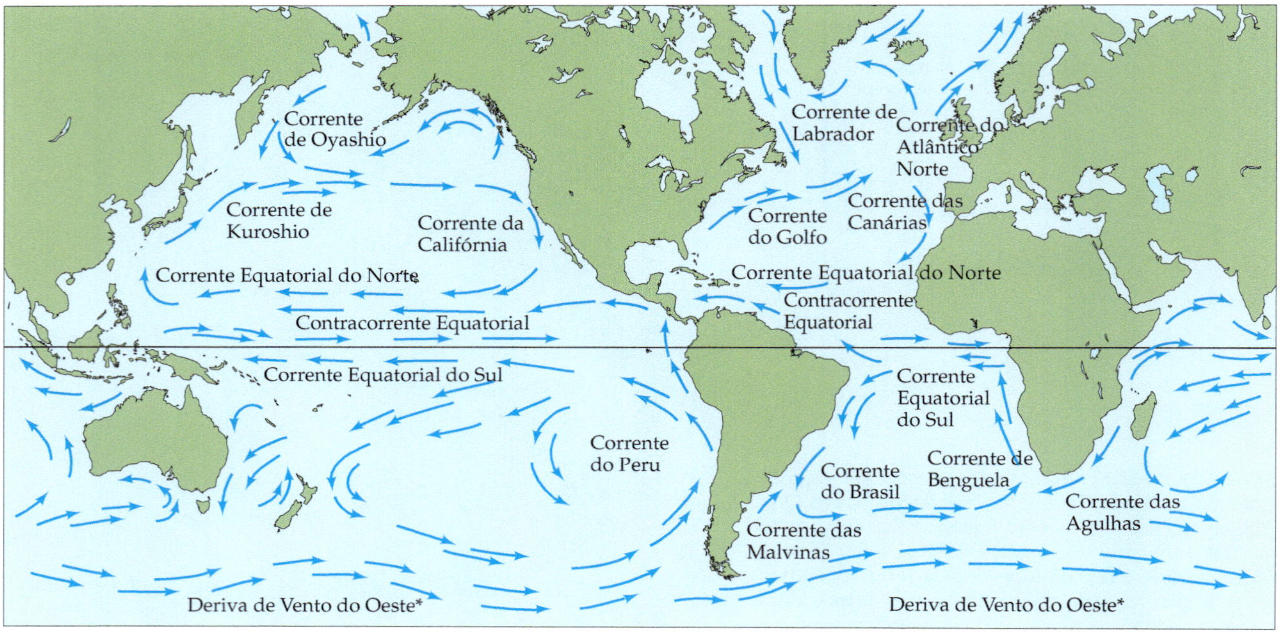

* N. de T. Os autores referem-se à Corrente Circumpolar Antártica.

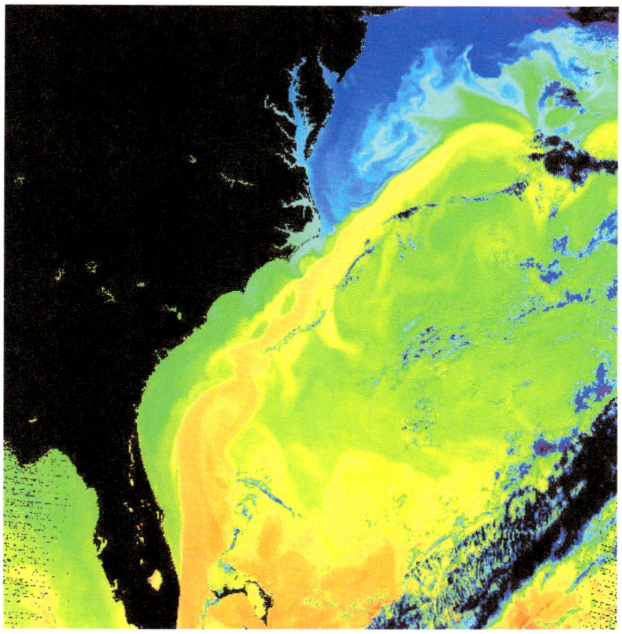

Figura 17.9 Imagem de satélite da NASA mostrando as águas quentes da Corrente do Golfo encontrando o litoral leste dos Estados Unidos. A Corrente do Golfo aparece como uma corda trançada laranja e amarela (indicando águas quentes) contra as águas frias verdes e azuis.

(**CTH**; *THC, thermohaline circulation*) é a circulação oceânica guiada por diferenças na densidade da água e move a água tanto ao longo da superfície dos oceanos quanto entre a superfície e as profundezas oceânicas (Broecker, 1991; Rahmsdorf, 2000). As diferenças na densidade de água são causadas por dois fatores: a água fria é mais densa do que a água quente, e a água salgada é mais densa do que a água doce. A água fria e densa desce até o fundo oceânico em lugares específicos, flui para adiante em profundidades médias e, depois, ascende novamente em outro lugar (Figura 17.10). No Oceano Atlântico, à medida que a água superficial afunda no Ártico e se move em direção ao sul pelas profundezas, as correntes de água superficiais são direcionadas de volta para aquelas áreas para substituir a água que desce. Essas porções superficiais da CTH contribuem para a Corrente do Atlântico Norte e somam-se à Corrente do Golfo impulsionada pelo vento. Os efeitos climáticos e a história de longa duração da CTH são atualmente objeto de muita pesquisa e algumas controvérsias, e o seu futuro é mais controverso ainda, como veremos no Capítulo 21. Contudo, é evidente que a CTH tenha sido bastante forte em alguns períodos da história da Terra e muito mais fraco em outras épocas, talvez contribuindo para grandes mudanças no clima.

Padrões em escala continental

Os padrões de precipitação em escalas locais e continentais são bastante afetados por dois fatores, além dos descritos há pouco: a distribuição das cordilheiras e a proximidade

Figura 17.10 Circulação termo-halina. As correntes superficiais são ilustradas em vermelho, e a circulação das águas das profundezas oceânicas, em azul. Os dois pontos principais onde águas frias e densas descem a grandes profundidades são mostrados como círculos amarelos.

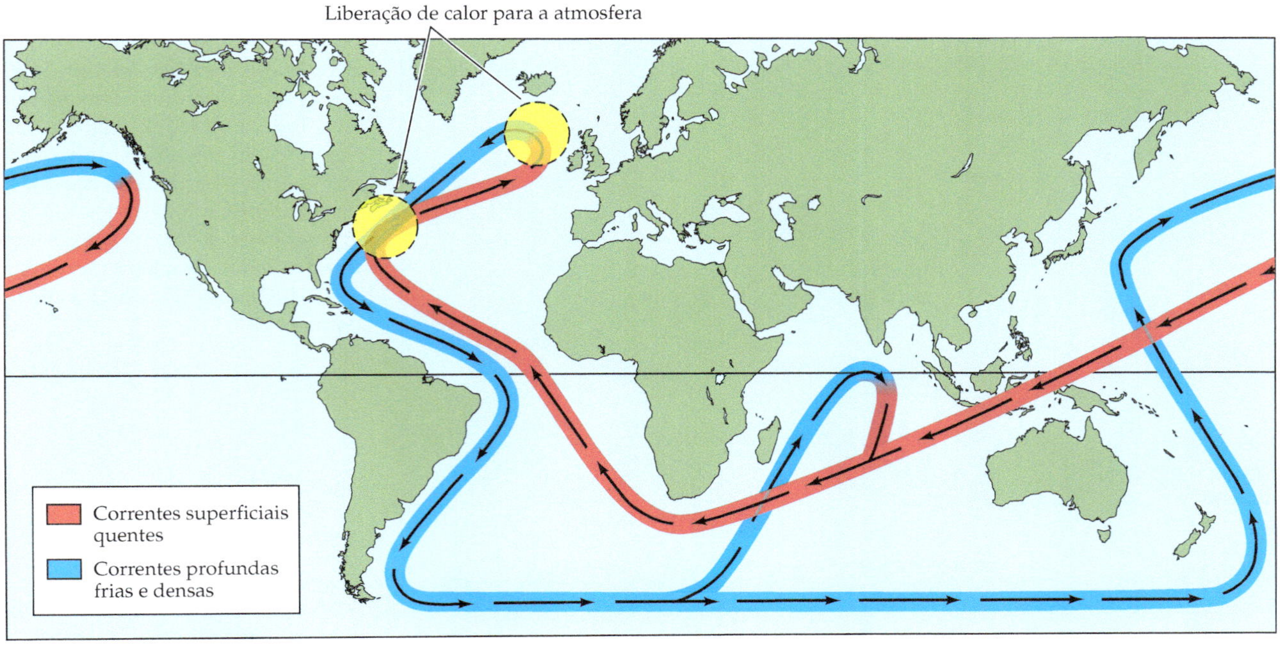

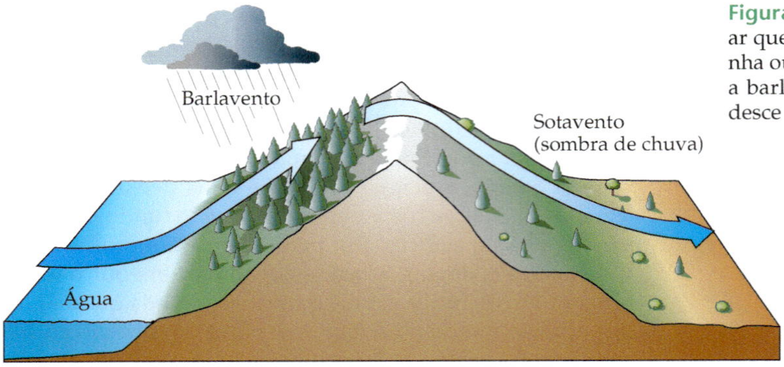

Figura 17.11 As sombras de chuva são causadas quando ar quente e úmido é forçado para cima e sobre uma montanha ou cordilheira, depositando altos níveis de precipitação a barlavento. A sombra de chuva é criada onde o ar seco desce a sotavento da montanha.

de grandes corpos d'água. Quando o ar em movimento sobre a superfície da Terra encontra uma cordilheira, ele não tem outro lugar para ir senão para cima. Este ar ascendente, como explicado anteriormente, resfria e perde umidade. Desse modo, as faces das montanhas a barlavento tendem a ser áreas de alta precipitação. Subsequentemente, o ar é empurrado sobre os cumes das montanhas e caem no outro lado. O ar em queda aquece novamente e (como o ar descendente na latitude 30°) tende a captar e reter umidade. Assim, as faces das montanhas a sotavento tendem a ser áreas de baixa precipitação. Essas áreas são conhecidas como **sombras de chuva** (Figura 17.11). Esse avanço do ar sobre as montanhas também explica por que os cumes das montanhas tendem a ser lugares ventosos.

As sombras de chuva ocorrem em muitas partes do mundo e em várias escalas. Uma das áreas mais secas do mundo, o Deserto de Gobi da Ásia central, está na sombra de chuva do Himalaia. Os pampas, os maiores campos de gramíneas em latitudes médias da Argentina, estão na sombra de chuva a leste dos Andes, causada pelos ventos de oeste predominantes. Mais além, ao norte na América do Sul, as massas de ar em movimento para noroeste através do Atlântico, carregadas de umidade, cruzam a Bacia Amazônica ao leste, e são forçadas a ascender quando alcançam os Andes em sua borda leste. Este padrão resulta em pluviosidade bastante elevada no lado leste dos Andes, em latitudes ao norte de 30°S, e aridez extrema no Deserto do Atacama, no lado oeste dos Andes.

Mesmo uma única montanha pode projetar uma sombra de chuva. Por exemplo, Mauna Kea, na ilha do Havaí, ergue-se a 4.200 metros acima do nível do mar. A face leste da montanha recebe cerca de 750 centímetros de chuva por ano. Apenas 50 quilômetros adiante na face oeste, menos de 50 centímetros de chuva caem em um ano (Figura 17.12). Esse padrão é repetido em ilhas do Caribe com montanhas suficientemente altas; por exemplo, a ilha de Porto Rico apresenta uma floresta pluvial em um dos lados de suas montanhas e condições semiáridas no outro lado.

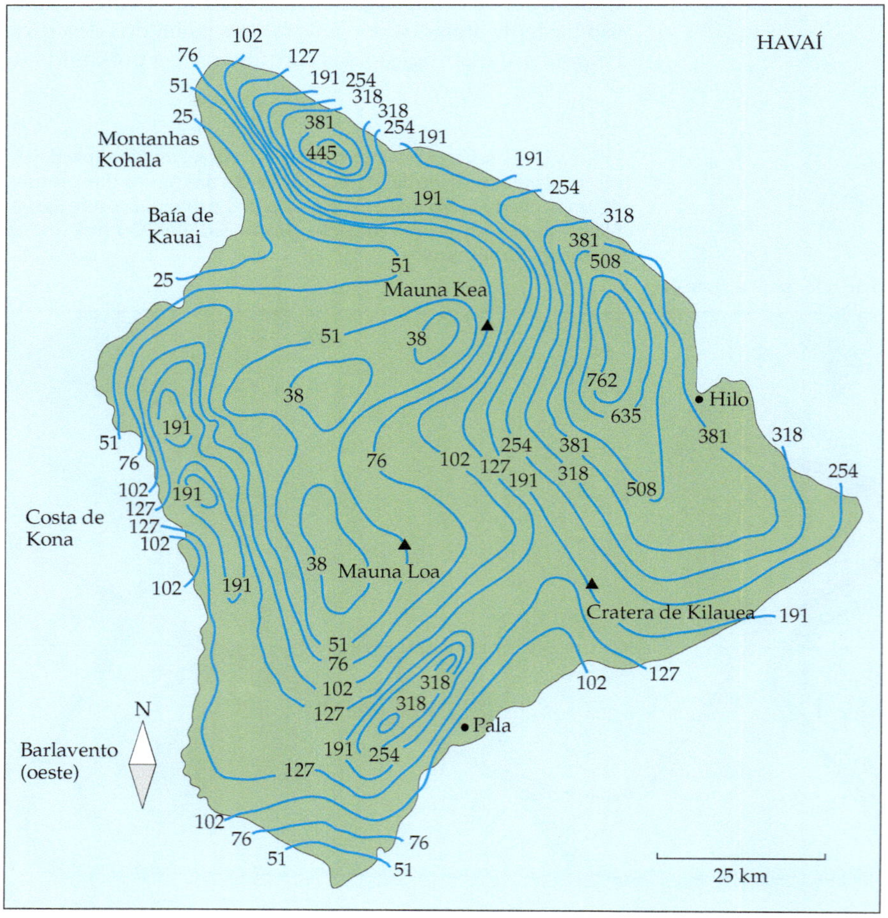

Figura 17.12 Padrões de precipitação sobre a ilha do Havaí. As curvas de nível indicam centímetros de chuva por ano. O lado do barlavento está a oeste. Mauna Kea e Mauna Loa são os dois maiores picos montanhosos da ilha (segundo Carlquist, 1980.)

As massas de ar podem ser afetadas de diversas maneiras por sua proximidade aos oceanos ou a outros grandes corpos d'água. O ar que passa sobre a água pode captar umidade e depositá-la sobre a terra em forma de chuva ou neve, ou a terra pode tender a perder umidade para o corpo d'água, dependendo da temperatura relativa do ar e da água. Um exemplo do primeiro fenômeno é o "efeito lago" em torno dos Grandes Lagos da América do Norte: tempestades de inverno tendem a depositar muito mais neve à medida que se movem para o leste dessa região, porque ganham umidade dos lagos. É por essa razão que Búfalo, no Estado de Nova York (na borda leste do Lago Erie), é bem conhecida localmente por sua pesada neve de inverno, enquanto a próxima Toronto, Ontário (no litoral norte do Lago Ontário, e assim fora do caminho de grande parte das tempestades provenientes dos lagos) recebe poucas nevascas.

Em uma escala maior, quando massas de ar resfriadas por correntes oceânicas frias se deslocam para baixas latitudes e encontram massas de terra aquecidas, o ar aquece à medida que estas passam sobre a terra, absorvendo umidade e evitando a precipitação. Se este ar dá uma guinada em direção ao litoral, pode até mesmo tender a perder umidade para o oceano, intensificando o efeito de secagem sobre a terra. Esse fenômeno ocorre em certo grau nas costas oeste de todos os continentes, as quais apresentam correntes frias em direção aos litorais. O Deserto do Atacama, na costa do Chile, por exemplo, é afetado pela fria Corrente do Peru e, consequentemente, é excepcionalmente árido. Em algumas áreas naquele deserto não chove por períodos de dez anos, embora em direção ao litoral haja massas de ar frio e nebuloso. A costa sul da Califórnia também apresenta índices pluviométricos limitados (embora sua vegetação seja chaparral* ao invés de deserto), pois a fria Corrente da Califórnia evita que massas de ar oceânicas liberem chuvas durante grande parte do ano. No inverno, a terra resfria o suficiente para permitir a chuva em alguns períodos. Mais além, ao norte, contudo, a terra é muito mais fria, e os ventos predominantemente frios e úmidos de oeste despejam grandes quantidades de precipitação, criando florestas pluviais temperadas em Oregon, no Estado de Washington e na Columbia Britânica. Mesmo lá, grande parte da chuva cai no inverno, quando o solo está mais frio.

Os padrões de circulação de ar e as características geográficas interagem para produzir padrões de precipitação em escala continental (Figura 17.13). Na América do Norte, por exemplo, as maiores cordilheiras (Apalaches, Rochosas e Serra Nevada) orientam-se no sentido norte-sul. Os sentido primordial do fluxo de ar em latitudes médias, como acabamos de ver, é de oeste para leste. Esses fatores se combinam para produzir um padrão distinto de precipitação através do continente.

* N. de T. Chaparral é um tipo de vegetação arbustiva típica da região da Califórnia.

Figura 17.13 Padrões globais de precipitação média anual (segundo Rumney, 1968.)

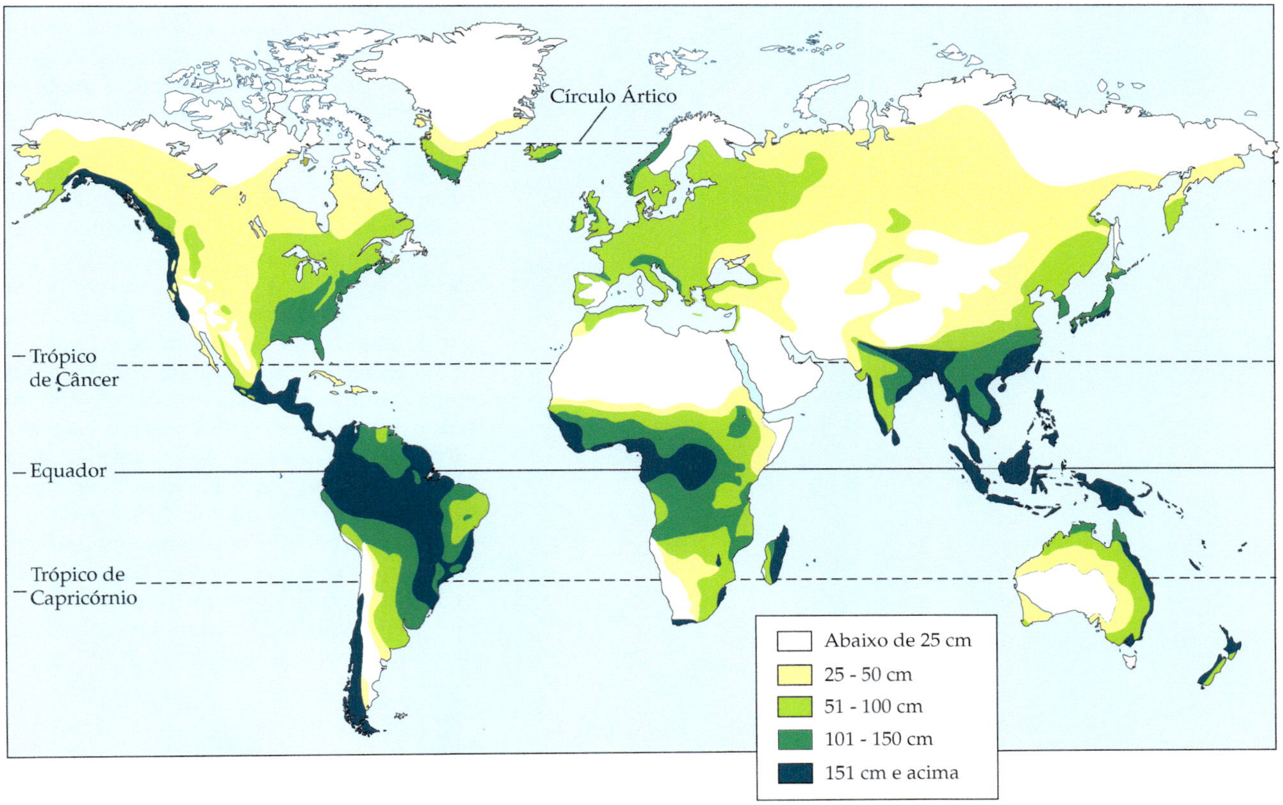

Ao longo da Costa Oeste, do norte da Califórnia, ao sul do Alasca, há uma região de alta precipitação onde o ar carregado de umidade vindo do Pacífico colide com cordilheiras (e o terreno é frio o suficiente para permitir precipitação, ao menos nos meses mais frios). A leste dessas montanhas é seco. O Deserto Intermontano de Nevada, por exemplo, está na sombra de chuva da Serra Nevada da Califórnia (Figura 17.14). Uma segunda área de precipitação relativamente alta ocorre no lado oeste das Montanhas Rochosas. A leste das Rochosas há outra sombra de chuva. Os níveis de precipitação gradualmente aumentam em direção à costa do Atlântico. A maior umidade no Meio-Oeste e Leste vem primordialmente do ar úmido que sobe do Golfo do México (Figura 17.15). As Montanhas Apalaches não são altas o suficiente para gerar uma sombra de chuva.

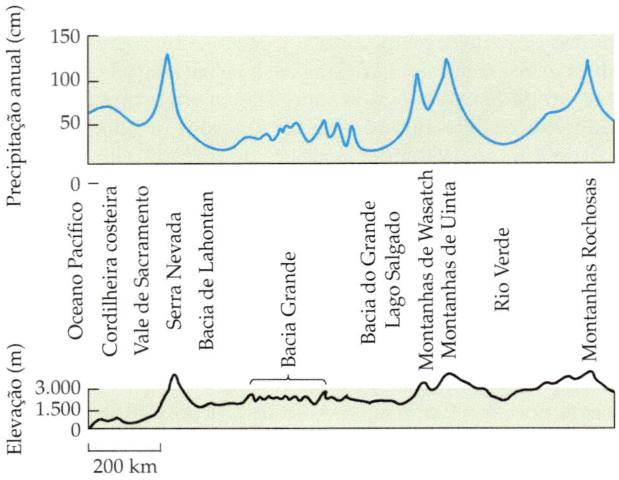

Figura 17.14 Transecções mostrando os padrões de elevação e precipitação através do oeste da América do Norte na latitude 40°N (da costa do norte da Califórnia, passando por Nevada e Utah, e terminando próximo a Boulder, Colorado) (segundo Anuário do Departamento de Agricultura dos EUA, 1941.)

Variação sazonal na precipitação

A variação na precipitação, como na temperatura, ocorre em várias escalas de tempo diferentes. Na escala de dias, a precipitação varia à medida que sistemas de tempo movem-se ao redor do globo. Esses sistemas de tempo são causados pelo movimento de áreas de alta e baixa pressão. A precipitação geralmente ocorre na borda de ataque de sistemas de alta pressão. Em média, esses sistemas demoram vários dias para se mover através de uma área, criando ciclos úmido/seco alternados. A variação semanal e sazonal em fenômenos de grande escala, como a posição da corrente de jato, causa variação em escalas maiores, tanto espaciais quanto temporais.

As escalas mais importantes de variação na precipitação são as sazonais e anuais. A variação anual na temperatura ajuda a impelir a variação na precipitação. Existem diversas formas distintas de padrões anuais de precipitação. Ao longo das margens continentais oeste ocorrem distintos padrões sazonais, com invernos chuvosos e verões secos (Figura 17.16A). Onde as temperaturas são quentes, o padrão é geralmente referido como um clima **Mediterrâneo**, já que é típico de áreas ao redor do Mar Mediterrâneo. Na América do Norte, climas Mediterrâneos são encontrados na costa sul e no centro da Califórnia; outras regiões que exibem esse padrão são o oeste da Austrália, sul do Chile e a extremidade sudoeste da África. Os climas **continentais** são encontrados no interior dos grandes continentes em latitudes médias, como no Meio-Oeste da América do Norte e na Rússia central. Nesse caso, a precipitação também é altamente sazonal, com a maior quantidade no verão, embora haja alguma precipitação ao longo do ano (Figura 17.16B). Os climas **marítimos** são geralmente encontrados ao longo das costas leste dos continentes. Nesse caso, a precipitação

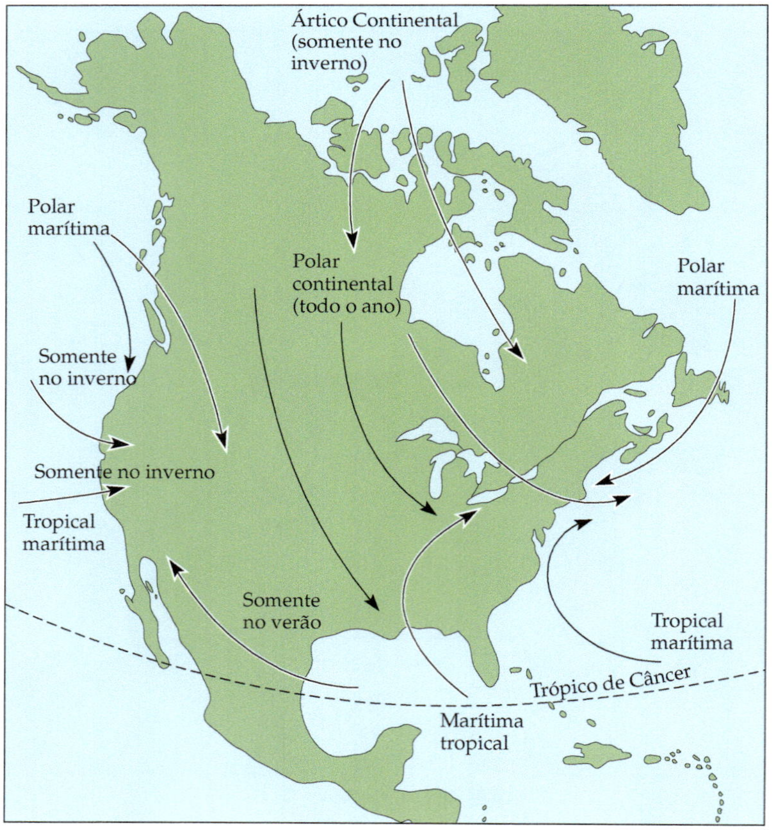

Figura 17.15 Principais massas de ar e suas direções de movimento em diferentes estações do ano na América do Norte (segundo Rumney, 1968.)

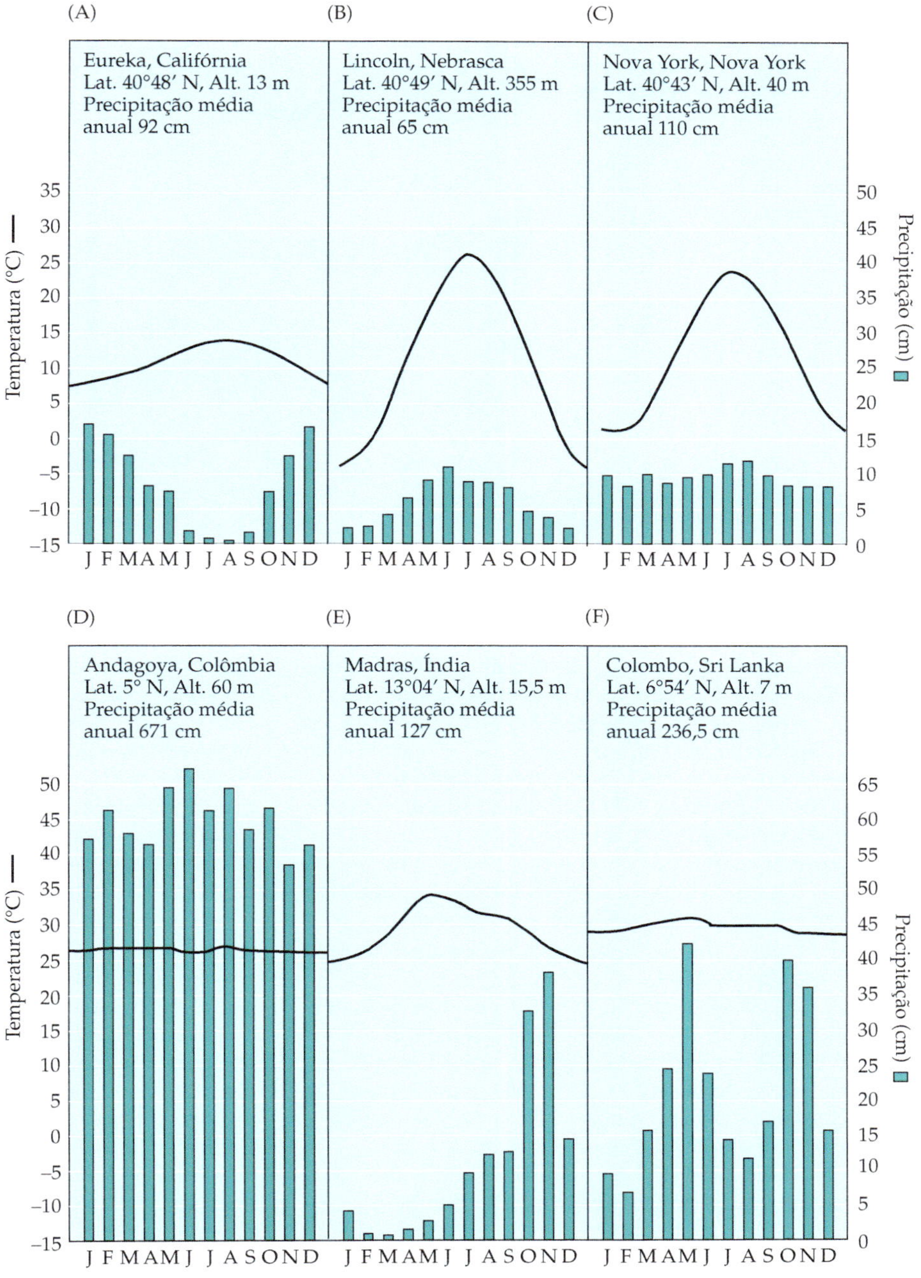

Figura 17.16 Temperatura e precipitação média mensal para vários locais ao redor do globo. (A-C) Padrões para três locais na latitude de aproximadamente 40°N na América do Norte. (A) Eureka, Califórnia, próximo à costa do Pacífico, apresenta clima Mediterrâneo. (B) Lincoln, Nebrasca, na região meio-continental das Grandes Planícies, apresenta clima Continental. (C) A Cidade de Nova York, próxima ao Oceano Atlântico, apresenta clima marítimo. (D-F) Três localidades tropicais com diferentes padrões de precipitação. (D) Andagoya, Colômbia, na América do Sul, apresenta precipitação constante ao longo do ano. (E) Madras, Índia, no sul da Ásia, apresenta uma estação chuvosa e outra seca. (F) Colombo, Sri Lanka, apresenta duas estações chuvosas distintas, separadas por períodos secos (segundo Rumney, 1968.)

é mais uniforme ao longo do ano, embora venha em forma de chuva no verão e neve no inverno (Figura 17.16C). Nas regiões equatoriais, as temperaturas são altas durante todo o ano. A precipitação nos trópicos pode apresentar um dos três padrões: precipitação relativamente constante durante todo o ano, uma estação quente e seca distinta, ou dois ciclos quente/seco em um ano (Figuras 17.16D-F; ver também Figura 18.8).

A oscilação do sul El Niño

Concomitantemente a esses ciclos semanais e anuais de precipitação, ocorrem também outros ciclos. Destes, o mais importante é um ciclo de 3 a 7 anos denominado **Oscilação do Sul El Niño** (**OSEN**; *ENSO, El Niño Southern Oscillation*). Em definição restrita, a OSEN determina os padrões de tempo em uma faixa entre 20°N e 20°S através do Oceano Pacífico. Contudo, a OSEN é bastante interconectada com outros efeitos atmosféricos e oceânicos globais. Juntos, os eventos da OSEN e seus eventos associados levam a algumas das mais drásticas flutuações globais no tempo, embora a força dos eventos e a magnitude de seus efeitos possam variar substancialmente.

Os efeitos da OSEN ocorrem em uma escala geográfica bastante ampla, influenciando as temperaturas e a

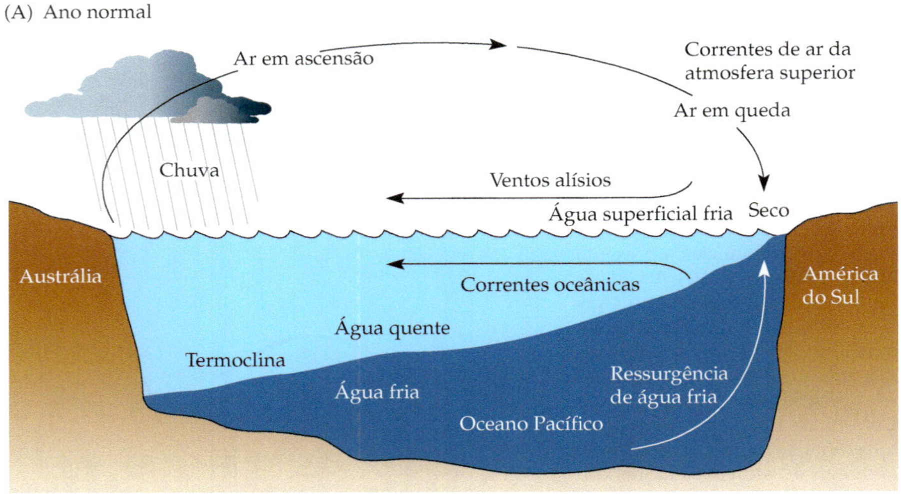

Figura 17.17 Eventos no Oceano Pacífico (A) durante um ano de La Niña e (B) durante um ano de El Niño. São mostrados eventos acima e abaixo da superfície do oceano, nas águas profundas abaixo da superfície e na atmosfera superior, bem como suas consequências para os padrões de pluviosidade.

pluviosidade da África à Austrália, através do Pacífico, e completamente as Américas do Norte e do Sul, afetando, segundo algumas estimativas, em torno de 75% do globo (entre os poucos lugares que *não* são muito afetados estão a Europa e o norte da Ásia, embora partes do sul da Ásia sejam fortemente afetadas). Notavelmente, os climatologistas começaram a reconhecer integralmente este fenômeno e a estudá-lo somente durante os anos de registro de El Niño de 1982–1983. O estudo da OSEN e o papel do Oceano Pacífico nesse ciclo transformaram o nosso entendimento a respeito dos padrões de tempo mundiais. Os climatologistas estão ainda aprimorando sua compreensão sobre todos os seus efeitos, os quais podem também estar mudando devido ao aquecimento global (ver Capítulo 21).

El Niño (literalmente, "o menino") é conhecido pelo termo em espanhol para menino Jesus, pois seus efeitos são observados fora da costa do Peru, tipicamente começando na época do Natal. El Niño é somente metade da OSEN; ele se alterna com anos de La Niña ("a menina"), durante os quais as condições são invertidas.

O coração de El Niño é um ciclo de condições oceânicas e atmosféricas do Pacífico tropical. Quando El Niño não está presente, fortes ventos alísios em ambos os hemisférios sopram a oeste através do Pacífico, empurrando fortes correntes oceânicas adiante na mesma direção (Figura 17.17A). A água que é empurrada para longe das costas oeste das Américas do Norte e do Sul é substituída por água muito fria e rica em nutrientes dragada do fundo oceânico. Essa ressurgência de água fria do fundo no Pacífico leste dá suporte a teias alimentares extremamente produtivas, assim como afeta os climas globais. Os ventos alísios empurram as águas superficiais quentes oeste adentro no Pacífico, até o norte da Austrália. A água quente aumenta a evaporação, trazendo chuva para as ilhas do Pacífico oeste e para o leste da Austrália e da Ásia.

Quando o ano de El Niño começa, os ventos alísios abrandam-se (Figura 17.17.B). Consequentemente, a ressurgência no Pacífico leste cessa, com repercussões negativas enormes para populações de peixes, mamíferos marinhos, aves marinhas e outros organismos que são em última análise dependentes da água rica em nutrientes das profundezas. Uma vez que essa água fria nunca atinge a superfície, a água superficial quente agora se estende através do Pacífico tropical de leste a oeste. As temperaturas na superfície no Oceano Pacífico central tornam-se em torno de 5°C mais quentes do que o normal, levando a drásticas diminuições de pluviosidade no Pacífico oeste e central. Como exemplo, o período de 1997 a 1998, de El Niño bastante intenso (Figura 17.18), resultou em seca extrema na Austrália, na Indonésia e no sul da África.

O ar quente e úmido agora ascende sobre o Pacífico leste, causando chuvas pesadas em regiões ordinariamente secas como o sul da Califórnia, norte do Chile e em direção ao norte das costas do Peru e do Equador. Essa chuva pode resultar em cheias intensas e grandes deslizamentos de terra. Por fim, uma mudança complexa em ventos de alta altitude a 12 quilômetros sobre o Pacífico força um jato de ar a se mover em direção ao leste, passar pela América Central, e através do Atlântico para a África, baixando a atividade de furacões no Atlântico e causando outros distúrbios nos padrões normais de tempo. As mudanças nos níveis superiores da atmosfera também forçam mudanças na corrente de jato nas latitudes médias do norte, expandindo os efeitos do El Niño sobre o tempo em uma parte muito maior do globo.

Subsequentemente, essas condições se invertem. Durante os anos de La Niña, na parte oposta da OSEN, ventos alísios fortes empurram as águas superficiais quentes oeste adentro no Pacífico, até o norte da Austrália. A evaporação intensifica-se no Pacífico oeste, reforçando mais os ventos alísios. Enquanto isso, o movimento das águas superficiais em direção ao oeste causa uma forte ressurgência de águas frias e profundas no Pacífico leste, ao longo da costa da América do Sul. A Contracorrente Equatorial, a qual flui contra os ventos predominantes, é relativamente fraca. Os efeitos sobre os padrões do tempo são essencialmente opostos àqueles em um ano de El Niño. Em algum ponto,

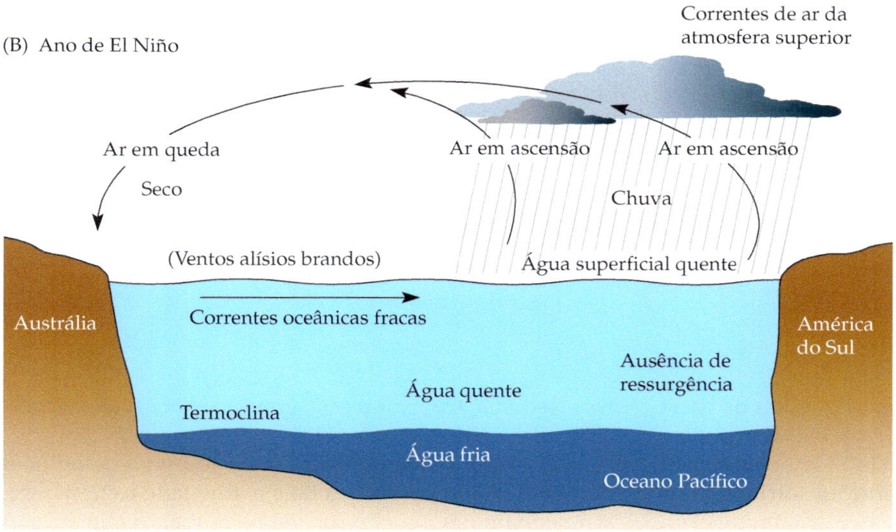

a realimentação positiva que mantém este sistema se inverte, e as condições de El Niño retornam novamente.

A OSEN é uma sucessão de eventos alternados. Não entendemos completamente o que dispara as mudanças entre as condições de El Niño e La Niña, mas a OSEN claramente depende de uma ação recíproca entre correntes oceânicas e ventos. As águas oceânicas estão sempre trocando energia (na forma de calor) com a atmosfera, embora aquelas mantenham muito mais calor, e movam calor ao redor do globo mais lentamente do que os padrões de ventos atmosféricos. Essa troca de energia calorífica com o oceano governa o movimento dos ventos, e os ventos dirigem as correntes oceânicas.

Como essas mudanças complexas nas interações atmosféricas e oceânicas afetam o tempo e as plantas em diferentes lugares? Na América do Norte, os eventos de El Niño podem estar ligados a invernos amenos ao longo da fronteira entre os EUA e o Canadá, a intensificação das tempestades de inverno ao longo da costa da Califórnia, a enchentes no sudeste dos EUA, a nevascas nas montanhas do sudoeste e à redução na atividade de furacões no Atlântico. La Niña pode apresentar também fortes efeitos sobre padrões de tempo na América do Norte, incluindo aumentos registrados na força e frequência de tornados no meio-oeste, furacões mais fortes e frequentes no Atlântico, seca e queimadas florestais no sudoeste.

Globalmente, o El Niño de 1982–1983 causou secas na África, Austrália e América do Sul. Os recifes de coral no litoral da Costa Rica, do Panamá, da Colômbia e das Ilhas Galápagos sofreram perdas drásticas (50%–97% de mortandade) devido ao maior aquecimento da água e à perda de nutrientes. No mesmo evento, 85% das aves marinhas da costa peruana morreram ou abandonaram seus ninhos; o mesmo destino sucedeu a quase todos os 17 milhões de aves marinhas que viviam na Ilha Christmas no Pacífico.

O El Niño de 1997–1998 foi ainda mais extremo, com a seca resultante exacerbando incêndios florestais na Indonésia e na Malásia e prejudicando as já ameaçadas flores-

Figura 17.18 Registro histórico da intensidade de eventos de El Niño (acima da linha média do gráfico) e de La Niña (abaixo da linha média) de 1950 a 2005, com base em um índice multivariado padronizado, que inclui as temperaturas da superfície oceânica, temperaturas do ar na superfície, características do vento e outras variáveis (segundo Centro de Diagnóstico do Clima NOAA-CIRES*, http://www.cdc.noaa.gov.)

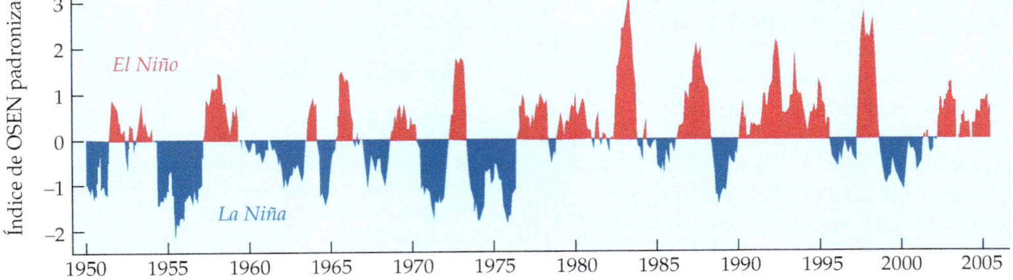

* N. de T. Sigla para Administração Oceânica e Atmosférica Nacional dos EUA.

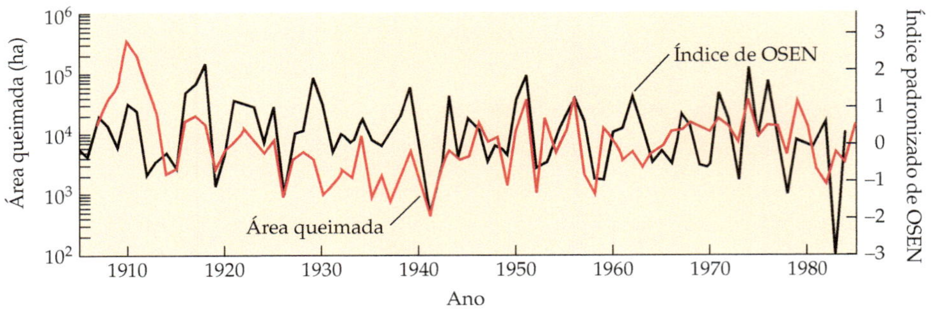

Figura 17.19 Área queimada anualmente no Arizona e no Novo México (linha preta) e índice multivariado padronizado de intensidade da Oscilação do Sul El Niño (OSEN) (linha vermelha) de 1905 a 1985 (segundo Swetnam e Betancourt, 1990.)

tas pluviais daqueles locais. As florestas pluviais da bacia Amazônica também sofreram seca extrema. Em muitos lugares, a intensidade não-usual deste El Niño em particular, combinada com as outras alterações sofridas pelas florestas tropicais (como derrubadas e fragmentação), causou dano muito maior do que quaisquer destes fatores teriam causado por si mesmos (Wuethrich, 2000). Outras áreas afetadas pela seca incluíram a Austrália e o sul da África, enquanto enchentes severas ocorreram no sul da Califórnia e nos desertos costeiros no norte do Chile e do Equador. No sudoeste dos EUA, períodos com tempo seco na primavera estão associados a incêndios florestais em grande escala (Figura 17.19).

Oscilações de curta duração como a OSEN estão inseridas em fenômenos maiores de longa duração. Ao longo dos últimos 5.000 anos, pode ter havido períodos de eventos mais frequentes de El Niño de 4.800 a 3.600 anos antes do presente (A.P.), em torno de 1.000 A.P. e após 500 A.P. Esses períodos parecem estar associados ao aumento nas enchentes no sudoeste dos EUA (Ely et al., 1993).

Previsibilidade e mudança de longa duração

Neste capítulo, descrevemos padrões de variação na temperatura e na precipitação. Esses padrões são geralmente regulares, com alguma previsibilidade. Entretanto, os feitos aleatórios atuam, introduzindo imprevisibilidade nestes padrões. O grau de imprevisibilidade é um determinante dos tipos de comunidades vegetais encontrados em diferentes locais (Figura 17.20). A incerteza é um determinante importante de algumas formas de adaptações. Por exemplo, é mais provável que a variação previsível favoreça a adaptação por plasticidade fenotípica (ver Capítulo 6), enquanto a variação imprevisível mais provavelmente favoreça adaptação por uma estratégia de "pau para toda a obra*".

A distinção entre padrões de mudança aleatória e previsível depende do tempo de vida da planta em relação à taxa na qual o clima muda. A OSEN, por exemplo, varia suficientemente em seus detalhes (p. ex., intensidade e extensão) de tal forma que para uma planta anual ela é efetivamente aleatória, enquanto para uma *Sequoia sempervirens* (sequoia, Cupressaceae), que vive por séculos, forma um padrão cíclico previsível.

Na escala de tempo mais longa – dezenas de milhões de anos – a deriva continental e a atividade tectônica desempenham um papel principal na mudança climática. A formação das montanhas, por exemplo, cria sombras de chuva. A expansão dos campos através do centro da América do Norte é associada ao soerguimento das Montanhas Rochosas durante o Eoceno, há 34 milhões de anos. À medida que os continentes derivam através da face da Terra, seus climas mudam. Nos últimos 100 milhões de anos, a Austrália vem se movendo em direção ao norte; como resultado, o seu clima tem mudado de predominantemente temperado e polar para predominantemente tropical e subtropical. As mudanças nas concentrações atmosféricas de CO_2, tanto naturais quanto antropogênicas, também têm exercido grandes efeitos sobre os climas globais, tanto no

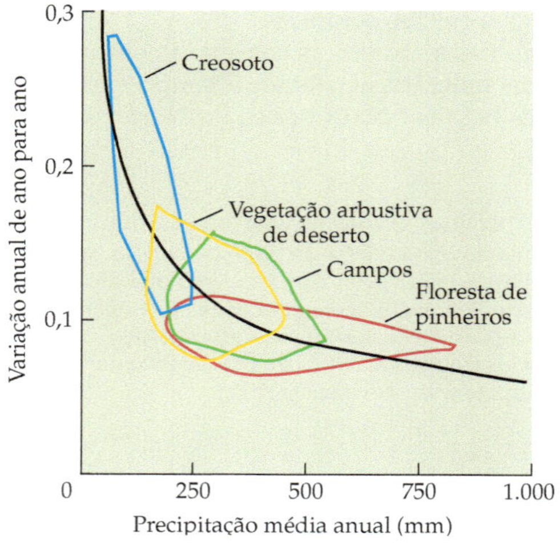

Figura 17.20 Associação entre a variação e previsibilidade da precipitação e presença de diferentes tipos de comunidades vegetais no Arizona. Áreas desérticas dominadas por creosoto (espécie arbustiva, *Larrea divaricata*) (Deserto de Sonora inferior) ou por vegetação arbustiva de deserto (Deserto de Sonora superior) apresentam baixas quantidades de precipitação e alta variação de ano para ano. À medida que a quantidade de precipitação aumenta e a variação diminui, as comunidades vegetais passam a ser dominadas por gramíneas e, depois, por floresta de pinheiros (segundo Davidowitz, 2002.)

* N. de T. No original lê-se *jack-of-all-trades*, uma expressão que indica uma pessoa com várias habilidades, porém sem destacar-se em nenhuma delas.

passado quanto no presente. Nos Capítulos 20 e 21, discutiremos detalhadamente os processos de longa duração.

Fisionomia vegetal através do globo

Um continente é um mosaico complexo de climas e formas de vegetação. Através de um continente, essa variação enquadra-se em padrões regulares. Aqui, introduziremos vários desses padrões gerais. O primeiro deles é um gradiente norte-sul na forma da vegetação devido à temperatura. Um segundo padrão principal é a variação de oeste para leste em resposta a mudanças na precipitação média. Tais padrões existem em todos os continentes devido às diferenças latitudinais na radiação solar e aos movimentos de sistemas de tempo descritos anteriormente neste capítulo. Ainda que nos concentremos aqui na América do Norte, e ainda que cada continente seja único, os princípios por trás desses padrões podem ser aplicados igualmente aos outros continentes. Essa variação será tratada em maior detalhe quando descrevermos os biomas do mundo, no próximo capítulo.

Florestas

As **florestas** são comunidades dominadas por árvores cujas folhas tocam umas as outras, resultando em um dossel fechado. Se viajássemos no leste da América do Norte em direção ao sul, do norte do Canadá para as Carolinas*, Geórgia e norte da Flórida, passaríamos por uma série de florestas bastante diferentes. A composição florestal é afetada tanto pelo clima quanto pelo solo; para enfocar os efeitos do clima, restringimos nosso exemplo a solos relativamente ricos encontrados no interior do continente (longe da planície costeira pobre em nutrientes).

Imediatamente ao sul da linha das árvores encontraríamos a taiga ou floresta boreal, dominada por coníferas, que são árvores perenifólias com folhas aciculadas**. A seguir, entraríamos em uma região dominada por árvores latifoliadas – angiospermas deciduais (caducifólias) que perdem as suas folhas no inverno – embora as coníferas ainda estejam presentes. Por fim, encontraríamos repentinamente florestas perenifólias latifoliadas, dominadas por angiospermas, que retêm suas folhas durante todo o ano. Em resumo, há uma transição de florestas perenifólias para florestas deciduais e de volta para florestas perenifólias, embora o tipo de árvores perenifólias mude de folhas aciculadas para latifoliadas, e de gimnospermas para angiospermas. Essas mudanças no tipo de árvore, em função da latitude, são amplamente determinadas por diferenças na temperatura sazonal. Naturalmente, essa descrição da nossa viagem imaginária é muito geral; até o momento, estamos ignorando muitos outros detalhes para nos concentrarmos nos efeitos da temperatura. Padrões similares são encontrados no leste da Ásia, à medida que viajamos da Coreia e norte da Rússia para o sul da China e além, em direção ao sudeste da Ásia.

Para entender por que essas mudanças ocorrem, invertamos nossa viagem. Iniciando no sudeste da América do Norte, as estações de crescimento são mais longas nas florestas perenifólias latifoliadas encontradas ao longo das costas do Atlântico e do Golfo. Essas áreas são classificadas como **subtropicais**, pois raramente experimentam temperaturas abaixo do ponto de congelamento. As florestas tropicais e subtropicais podem ser dominadas por angiospermas deciduais ou perenifólias. A sazonalidade na precipitação é o fator climático crítico que determina qual delas ocorre em uma determinada área. As áreas que recebem chuvas durante todo o ano são perenifólias, enquanto as áreas com períodos secos pronunciados são deciduais. Como sempre, há exceções a esse padrão geral. Por exemplo, muitas florestas no sudeste dos EUA são dominadas por um gênero particular de gimnospermas perenifólias de folhas aciculadas: *Pinus* (pinheiros). Essas florestas de pinheiros são tipicamente encontradas sobre solos muito pobres em nutrientes e sujeitos a queimadas frequentes. (Os efeitos dos nutrientes do solo sobre o tempo de vida das folhas são considerados no contexto de estratégias das plantas no Capítulo 8.)

Movendo-se para norte, a transição de florestas perenifólias latifoliadas para deciduais latifoliadas depende da probabilidade de temperaturas de congelamento (Figura 17.21). As árvores perenifólias latifoliadas são vulneráveis a geadas, por dois de seus efeitos. Primeiro, os tecidos foliares morrerão se permanecerem congelados. Segundo, o peso do gelo ou da neve sobre as folhas causará a sua quebra, ou, pior, quebrará ramos ou mesmo troncos. Uma tempestade de neve bastante incomum em Outubro de 1997 no meio-oeste e nas grandes planícies dos EUA, a qual ocorreu antes que as folhas caíssem, causou um grande dano às árvores deciduais, à medida que ramos e troncos se quebraram sob o peso dos dosséis carregados de neve. As coníferas altas e estreitas, como espruces (*Picea*) e abetos (*Abies*), deixam cair a neve mais eficazmente por meio de seus troncos. Logo, não é surpreendente que o limite das árvores perenifólias latifoliadas corresponda ao das temperaturas de congelamento.

Mais distante ao norte, a transição entre florestas deciduais latifoliadas e perenifólias de folhas aciculadas relaciona-se ao comprimento da extensão da estação de crescimento. Uma árvore perenifólia pode ter vantagem nos períodos curtos de condições favoráveis, contanto que haja umidade liquefeita suficiente no solo para suportar a transpiração (uma limitação principal para essas árvores). Aumentando a concentração osmótica da água intracelular (reduzindo, portanto, seu ponto de congelamento), as coníferas são capazes de evitar danos foliares motivados pelo congelamento. Os cristais de gelo formam-se somente entre as células (o que ocasiona pouco dano às membranas celulares); isto arrasta água para fora das células, o que aumenta ainda mais a concentração osmótica dentro destas. Por outro lado, uma árvore caducifólia necessita de tempo para produzir folhas novas na primavera, antes que possa começar a fotossintetizar. Quando as folhas

* N. de T. Os autores referem-se aos Estados americanos da Carolina do Norte e do Sul.

** N. de T. Em forma de agulha. Folhas típicas de coníferas, como as do gênero *Pinus*.

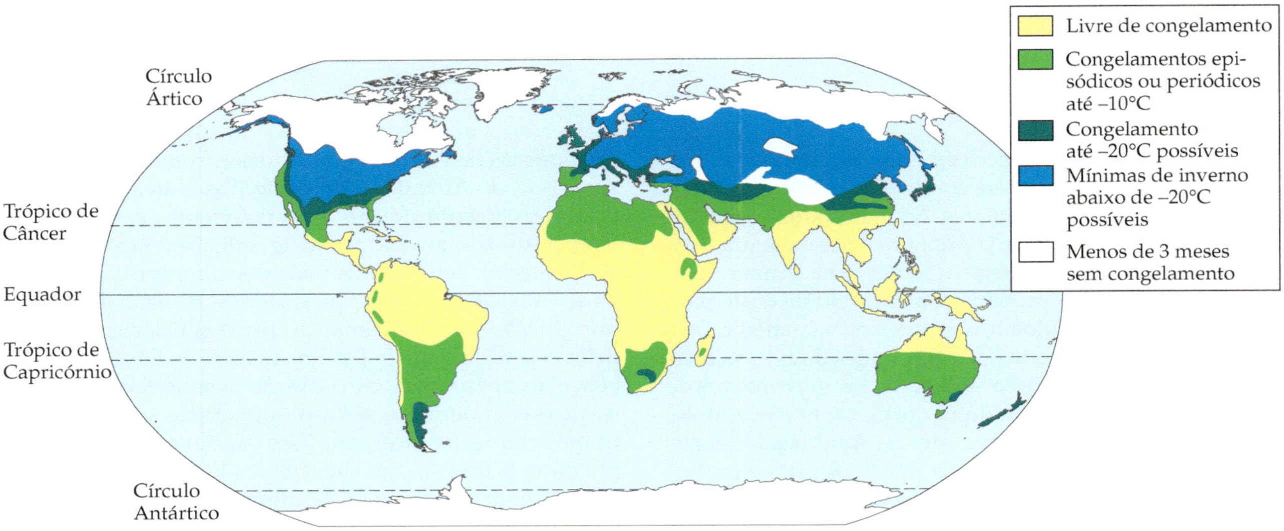

Figura 17.21 A ocorrência de temperaturas subcongelantes ao redor do globo (segundo Larcher e Bauer, 1981).

novas estão emergindo, elas são particularmente vulneráveis aos danos decorrentes do congelamento. Desse modo, a emergência foliar não ocorre até que a chance de uma geada tardia seja bem pequena. Seguindo-se a emergência foliar, a estação de crescimento deve ser longa o bastante para a árvore acumular carbono suficiente para sua manutenção, seu crescimento e sua reprodução. Assim, as árvores caducifólias estão aptas a sobreviver somente em regiões com uma estação de crescimento relativamente longa.

O lento enfolhamento das árvores caducifólias na primavera tem outro efeito sobre a forma das florestas deciduais: estas comunidades são muito mais complexas em estrutura e exibem maior diversidade de espécies do que florestas boreais. Pelo fato de o dossel ser decíduo, há períodos do ano em que grandes quantidades de luz penetram até o chão da floresta. Consequentemente, pode haver até quatro estratos de vegetação em florestas deciduais: espécies herbáceas junto à superfície do solo, arbustos pequenos, árvores pequenas e arbustos grandes e árvores do dossel. Na primavera, as florestas tornam-se verdes de baixo para cima, com cada estrato enfolhando um pouco depois do outro. Esse efeito de baixo para cima ocorre devido ao ar ser mais aquecido próximo do chão, especialmente no início da estação, antes que o dossel enfolhe e reduza o resfriamento convectivo. A diversidade de espécies e formas nas florestas deciduais, portanto, depende da variação sazonal na temperatura.

As árvores perenifólias de folhas aciculadas que dominam as florestas de coníferas do norte pagam um preço pela sua capacidade de suportar temperaturas de congelamento. Elas crescem muito mais lentamente do que as árvores perenifólias latifoliadas. Desde que a estação de crescimento seja suficientemente longa, árvores caducifólias em geral são mais competitivas do que árvores perenifólias de folhas aciculadas. A fronteira entre a floresta decidual e a floresta perenifólia de folhas aciculadas corresponde a uma linha de temperatura ao norte da qual a temperatura mínima durante o inverno cai abaixo de –40°C (Arris e Eagleson, 1989; comparar a Figura 17.21 e a Figura 18.1). Acima desta temperatura e abaixo de 0°C, os tecidos vegetais podem super-resfriar, o que significa que podem resfriar sem formação de gelo. A formação de cristais de gelo nos tecidos vegetais e animais são as fontes primárias de dano e lesão por congelamento.

Linha das árvores

A temperatura tem efeito direto sobre os tipos de vegetação que podem crescer em uma região. Um dos exemplos mais surpreendentes desse efeito é a **linha das árvores** alpina, um limite frequentemente abrupto onde as árvores são substituídas por uma vegetação baixa (Figura 17.22). A linha das árvores é mais evidente em cordilheiras altas, como a Serra Nevada e as Montanhas Rochosas na América do Norte, os Alpes na Europa, os Andes na América do Sul, ou o Himalaia na Ásia, todos com florestas que acabam abaixo do cume. Se você fosse subir tais montanhas, alcançaria um ponto no qual a floresta ficaria mais rala e as árvores tornar-se-iam mais baixas. Em algum ponto, as árvores desapareceriam inteiramente. Uma visão similar seria obtida nas linhas das árvores do Ártico ou da Antártica, em uma caminhada em direção ao Polo Norte na América do Norte ou na Eurásia, ou em direção ao Polo Sul, na extremidade sul da América do Sul.

As linhas das árvores são causadas por um complexo de vários fatores, incluindo os limites para o super-resfriamento, mencionados anteriormente, e outros detalhados no Capítulo 18. As temperaturas do solo são críticas: as linhas das árvores alpinas formam-se quando a temperatura média anual do solo cai abaixo de 5°C a 8°C (Korner e Paulsen, 2004). Além disso, a madeira irá se formar somente quando as temperaturas do ar estiverem acima de 10°C. Diferenças microambientais na temperatura podem levar

Figura 17.22 Linha das árvores a aproximadamente 1.200 metros no Parque Nacional da Montanha Rochosa, Colorado (fotografia de S. Scheiner).

Figura 17.23 Vegetação de *Krummholz* na linha das árvores no Parque Nacional da Montanha Rochosa, Colorado. Observe o tronco torcido da árvore (fotografia de S. Scheiner).

a efeitos interessantes, como a formação de ***Krummholz****** (Figura 17.23), uma forma arbórea peculiar encontrada na linha das árvores sobre montanhas em diferentes partes do mundo.

Acima da linha das árvores sobre o Monte Washington, em New Hampshire – o pico mais alto do leste da América do Norte – pode-se notar uma planta com aparência peculiar parecida com uma liana lenhosa prostrada que cresce junto ao chão (Figura 17.24). Se você a examinasse de perto, contudo, perceberia que trata-se de *Picea mariana* (espruce preto, Pinaceae), a espécie arbórea dominante na floresta próxima. Sementes dessas plantas, se germinadas bem mais abaixo na montanha, tornar-se-ão árvores altas! Esta forma de *krummholz* ocorre porque a temperatura perto da superfície do solo é apenas um pouco maior do que a do ar próximo – acima de 10°C já é suficiente para a formação da madeira (Teeri, 1969). A temperatura mais quente junto ao solo é resultado do reduzido resfriamento convectivo e da menor radiação de ondas longas emitida pelo solo, oriunda da energia que ele absorve da luz do sol.

Campos e bosques

Viajando de oeste para leste, partindo da sombra de chuva sobre a face leste das Montanhas Rochosas e atravessando o centro dos EUA, pode-se ver outra transição gradual na fisionomia da vegetação. Sua jornada inicia na pradaria** de gramíneas baixas, em meio a moitas de gramíneas (gramíneas cespitosas) de crescimento lento, com manchas de solo descoberto entre as moitas. Viajando para leste, a vegetação torna-se mais alta e densa, à medida que se alcança a pradaria de gramineas médias. Aqui, você poderá verificar poucas gramíneas cespitosas e mais gramíneas rizomatosas, assim como muitas dicotiledôneas.

No momento em que você chegar a Iowa, estará na pradaria de gramíneas altas. Além da vegetação mais alta, essas comunidades apresentam maior biomassa; além disso, são mais produtivas e mais diversificadas. As gramíneas destacam-se, mas há também muitas dicotiledôneas herbáceas cuja estatura se assemelha à das gramíneas. Essa alteração na estatura das plantas e na diversidade segue rigorosamente um padrão de pluviosidade crescente.

À medida que se continua em direção ao leste, mais e mais árvores são evidentes. Nas áreas dominadas por campos, as árvores agrupam-se ao longo de cursos de água. Mais ao leste, elas começam a marcar presença na

Figura 17.24 *Picea mariana* (espruce preto, Pinaceae) crescendo em forma de "liana" acima da linha das árvores sobre o Monte Washington, New Hampshire, o pico mais alto do leste da América do Norte (fotografia cedida por J. Teeri).

* N. de T. Do alemão: Krümm, "enroscada", "torcida" e holz, "madeira".

** N. de T. Pradarias são planícies vastas e abertas, cobertas de vegetação herbácea, encontradas na América do Norte. Os campos seriam a formação equivalente na América do Sul.

zona rural, tornando-se mais densas. Essas áreas são os **bosques**, dominados por árvores, porém sem um dossel fechado. Por fim, próximo da fronteira entre os Estados de Illinois e Indiana, você encontrará as florestas.

Essa transição de campos para bosques e, depois, para florestas é condicionada por mudanças tanto na quantidade quanto na sazonalidade de precipitação. A pluviosidade anual, por exemplo, é próxima a 80 centímetros tanto no meio do Kansas quanto a nordeste, no meio de Minnesota, embora o primeiro esteja no centro da pradaria de gramíneas altas e o segundo seja florestado. A diferença é que, no Kansas, a pluviosidade é muito mais sazonal, com a maior parte das chuvas ocorrendo na primavera e no outono; a temperatura é mais quente, e a chance de seca é maior.

Esta sazonalidade da precipitação e propensão à seca são a base de outro fator-chave: o fogo (ver Capítulo 12). Sob circunstâncias naturais, as pradarias de gramíneas médias e altas são submetidas a queimadas a cada três ou cinco anos, dependendo de condições climáticas e de acidentes geográficos. A cada ano, gramíneas secas e outros materiais vegetais acumulam-se até que haja combustível suficiente para sustentar uma conflagração, e que raios (ou a atividade humana) acendam um incêndio. As queimadas extensas são raras em pradarias de gramíneas baixas, pois não há material vegetal para sustentá-las. Plantas de pradaria são adaptadas a esses incêndios frequentes. Seus meristemas vulneráveis localizam-se junto ao nível do solo ou abaixo dele. Uma queimada descontrolada queimará as extremidades das plantas, porém elas prontamente rebrotarão, usando recursos armazenados abaixo do nível do solo. As árvores, contudo, têm seus meristemas nas pontas de seus ramos. Plântulas e juvenis são especialmente vulneráveis ao fogo. Os campos começam a dar lugar aos bosques onde a frequência das queimadas diminua o suficiente para que algumas árvores tenham tempo para crescer suficientemente em altura e tornarem-se resistentes ao fogo. Mesmo assim, esses bosques são dominados por espécies que apresentam casca espessa e tolerância ao fogo. Os bosques tornam-se florestas com dossel fechado onde os níveis de precipitação são altos o bastante para manterem baixa a frequência de queimadas.

Bosques arbustivos e desertos*

Os **bosques arbustivos**, uma outra forma fisionômica muito frequente, são dominados por plantas lenhosas com múltiplos caules e baixo crescimento. Os locais dessas comunidades são determinados por uma combinação de efeitos de temperatura e precipitação. Os bosques arbustivos são encontrados primordialmente em regiões secas a muito secas. Áreas com climas Mediterrâneos, por exemplo, contêm uma mistura de bosques arbustivos e arbóreos. O regime de distúrbio determina o tipo de vegetação que predomina em uma área. Em relação às árvores, o fogo em geral favorece os arbustos, os quais podem rebrotar prontamente após serem queimados. As plantas anuais também são muito comuns em bosques arbustivos e predominam especialmente em anos imediatamente subsequentes a incêndios. Outros distúrbios também podem favorecer os arbustos em relação às árvores. Hoje, o pastejo por animais domésticos é o fator mais importante de expansão e manutenção de bosques arbustivos nas regiões tropicais do mundo.

Outras regiões climáticas importantes com extensos bosques arbustivos são os **desertos**, onde a evapotranspiração potencial excede a real. A quantidade de precipitação e sua sazonalidade estão entre os fatores mais importantes que determinam quais tipos de plantas irão prosperar em ambientes muito secos (Figura 17.25). As precipitações de verão e de inverno representam fontes bastante diferentes de água para as plantas. Sob temperaturas de verão, a chuva molha somente a superfície do solo, em geral por apenas alguns dias. Sob temperaturas de inverno, a precipitação infiltra mais profundamente nas camadas do solo e lá permanece disponível durante todo o ano.

Invernos úmidos com verões secos favorecem plantas longevas com grandes áreas foliares e raízes profundas, como as árvores. Essas plantas quase não usam a água das chuvas de verão, mesmo quando ela está disponível. À medida que a quantidade de precipitação diminui no inverno, as plantas com maior biomassa de parte aérea em relação à quantidade de biomassa de raízes, como arbustos, são favorecidas. À medida que a precipitação de inverno diminui mais adiante, a precipitação de verão torna-se cada vez mais importante, favorecendo plantas com sistemas radicais mais superficiais e mesmo com menos material de raiz, como herbáceas anuais e perenes. Essas plantas são capazes de extrair água superficial rapidamente, antes que ela seja perdida por evaporação. Quando não há nenhuma água de inverno armazenada no solo profundo, somente plantas suculentas, como os cactos, que armazenam água e perdem-na lentamente, podem sobreviver entre os eventos de chuva de verão. Quanto mais frequentemente chover no verão, menor é a necessidade de armazenar água, e a comunidade torna-se cada vez mais herbácea. Se verões úmidos são acompanhados de invernos moderadamente secos, plantas herbáceas com raízes superficiais, como gramíneas ou anuais de verão, são favorecidas.

Esses efeitos da quantidade e sazonalidade da precipitação em desertos explicam as diferenças na fisionomia dos desertos quentes do oeste da América do Norte: o Mojave, o Sonora e o Chihuahua. O Deserto de Mojave (principalmente na Califórnia) recebe quase exclusivamente precipitação de inverno. O Deserto de Chihuahua, em seu sudeste (principalmente nos estados mexicanos de Chihuahua e Coahuila), recebe quase exclusivamente precipitação de verão, enquanto o Deserto de Sonora, situado entre os outros dois no Arizona e em Sonora, recebe tanto precipitação de verão quanto de inverno. Como resultado, ainda que todas as regiões apresentem muitos arbustos, o Deserto de Mojave é dominado por arbustos

* N. de T. O termo original é *shrubland*. *Shrub* significa arbusto e *land* significa lugar, terra.

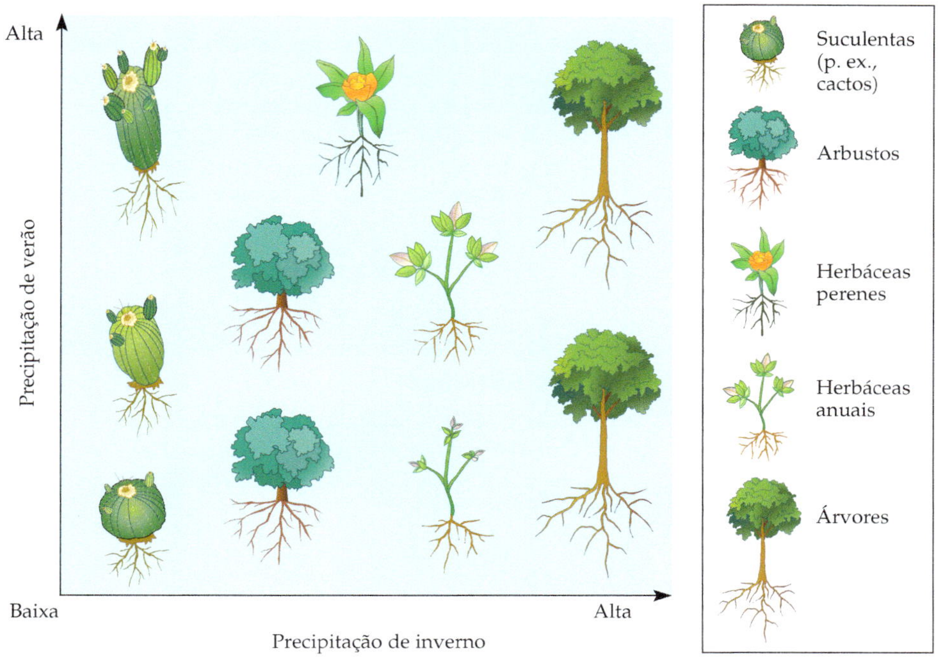

Figura 17.25 Tipos vegetais favorecidos por várias combinações de precipitação de inverno e verão em regiões temperadas (segundo Schwinning e Ehleringer, 2001).

baixos (muitos dos quais são caducifólios) e tem um número muito grande de espécies de plantas anuais, o Deserto de Chihuahua é dominado por arbustos perenifólios e gramíneas, e o Deserto de Sonora apresenta uma mistura de muitas formas de crescimento. Em todos esses desertos, contudo, coexistem várias formas de crescimento; e nenhuma forma de crescimento pode apropriar-se de toda a água disponível.

Resumo

O clima de uma área é determinado pela média, variabilidade e sazonalidade da temperatura e precipitação. A temperatura média é determinada pela quantidade de radiação solar recebida, a qual varia diária, sazonal e anualmente e no transcorrer de séculos. No Equador, os aportes de radiação solar são geralmente altos e uniformes durante todo o ano; por outro lado, aportes de radiação solar em latitudes elevadas variam bastante ao longo do ano. Em escalas de tempo muito mais longas – dezenas a centenas de milhares de anos – mudanças na órbita da Terra ao redor do sol e na inclinação do eixo da Terra também criam variação na radiação solar.

Os padrões de precipitação são causados pelo aquecimento e resfriamento diferencial da atmosfera em diferentes latitudes. No Equador, o ar quente em ascensão cria uma região de precipitação alta. Este ar tende a descer a 30° norte e sul do Equador, criando regiões de precipitação baixa naquelas áreas. Uma segunda área de precipitação baixa é encontrada próximo aos Polos. Estes padrões de movimentação do ar dão origem aos ventos predominantes que empurram as massas de água, criando correntes oceânicas que transportam energia calorífica tanto para as áreas atravessadas por elas quanto para longe delas.

Um outro padrão é causado pelo fluxo de ar através dos continentes e sua interação com as cadeias de montanhas. As áreas a barlavento das cordilheiras tendem a ser úmidas, enquanto as faces a sotavento tendem a ser secas. A disposição norte-sul das cordilheiras da América do Norte cria um padrão distinto de áreas úmidas e secas alternadas, dispostas de oeste para leste através do continente. A variação na precipitação ocorre em escalas de tempo de dias, estações, anos e décadas. Essa variação também contém um elemento de imprevisibilidade que é especialmente importante em climas extremos.

A combinação do clima médio de uma região, a variabilidade daquele clima e a previsibilidade daquela variação é que determina os tipos de plantas que crescerão ali. As árvores podem crescer somente onde a temperatura exceda 10°C por períodos suficientes de tempo. Temperaturas quentes e estações de crescimento longas favorecem árvores latifoliadas caducifólias em relação a árvores perenifólias de folhas aciculadas. Contudo, as árvores necessitam de altas quantidades de precipitação. Áreas de precipitação baixa são dominadas por arbustos ou gramíneas. As fronteiras entre os bosques arbustivos, bosques arbóreos e campos são em geral controladas por taxas de distúrbio, especialmente a frequência de queimadas. Por sua vez, a frequência de queimadas é controlada pelos padrões de temperatura e precipitação. Desse modo, um entendimento a respeito dos padrões climáticos ao redor do globo fornece a base para o entendimento dos padrões de vegetação.

Questões para estudo

1. Explique por que existem as estações.
2. Por que é mais frio nos polos, embora todos os lugares sobre a Terra recebam a mesma quantidade de luz solar por ano?
3. Por que existem áreas que não seguem o gradiente climático global? A sua resposta difere se a variável for temperatura ou precipitação?
4. Descreva três diferentes razões pelas quais uma região pode ser árida, e liste lugares da Terra que exemplificam cada uma das razões.
5. Por que padrões regionais de circulação do vento podem diferir daqueles esperados pelo Efeito Coriolis?

Leituras adicionais

Referências clássicas

Beard, J. S. 1955. The classification of tropical American vegetation-types. *Ecology* 36: 89-100.

Gates, D. 1962. *Energy Exchange in the Biosphere.* Harper & Row, New York.

Holdridge, L. R. 1947. Determination of world plant formations from simple climatic data. *Science* 105: 367-368.

Mather, L. R. and G. A. Yoshioka. 1968. The role of climate in the distribution of vegetation. *Ann. Assoc. Am. Geogr.* 58: 29-41.

Fontes adicionais

Heinrich, W. 1973, *Vegetation of the Earth in Relation to Climate and the Eco-Physiological Conditions.* Springer, New York.

Rumney, G. R. 1968. *Climatology and the World's Climates.* Macmillan, New York.

CAPÍTULO 18 Biomas

Nosso planeta apresenta um complexo padrão de climas, os quais, por sua vez, têm um papel importante na criação dos padrões complexos de vegetação e tipos de comunidades que nele encontramos. No capítulo anterior, analisamos o clima e sua influência na fisionomia das plantas. Aqui, analisaremos mais detalhadamente os padrões vegetacionais resultantes. Os ecólogos dividem estes padrões de grande escala em unidades denominadas **biomas**: regiões biogeográficas principais que diferem umas das outras na estrutura de sua vegetação e em suas espécies vegetais dominantes (Clements, 1916). Os biomas representam a escala maior na qual os ecólogos classificam a vegetação. Neste capítulo, examinaremos estes padrões em ampla escala, analisaremos sucintamente os principais biomas de mundo e teceremos breves considerações sobre algumas das maneiras pelas quais as atividades humanas os afetam.

Categorizando a vegetação

A classificação da vegetação mundial em biomas (Figura 18.1; Tabela 18.1) estabelece categorias adequadas que descrevem os principais aspectos da vegetação, como estrutura, função e adaptações. Os biomas não apenas nos dizem muito sobre os tipos de plantas que poderão ser encontrados crescendo em uma determinada área, mas também indicam algo sobre os tipos de animais e outros organismos que provavelmente nela ocorrem, bem como sobre os principais fatores ambientais limitantes para os seres vivos. Os biomas são fortemente determinados pelo clima, especialmente pela temperatura, pluviosidade e sazonalidade (Figura 18.2). Climas similares em diferentes partes do mundo contêm biomas semelhantes, embora seus detalhes difiram. Por exemplo, as florestas perenifólias temperadas são similares por serem dominadas por coníferas de folhas aciculadas na América do Norte, por faias* (latifoliadas) na América do Sul e por eucaliptos (latifoliados) na Austrália.

Os biomas são definidos pela fisionomia das plantas dominantes ou mais evidentes. Desse modo, reconhecemos diferentes tipos de florestas (p. ex., perenifólias ou deciduais, latifoliadas ou de folhas aciculadas), bosques arbustivos e campos. Contudo, não devemos deixar de lado as árvores da floresta: pode haver uma grande variação dentro de um determinado bioma. Em seu estudo sobre as comunidades de um único bioma, a floresta temperada decidual do leste da América do Norte, E. Lucy Braun reconheceu 12 diferentes sub-biomas principais e muitas variantes menores (Braun, 1950). Dentro de um bioma, pode haver manchas de vegetação que se revelam "não-pertencentes", como florestas ripárias encontradas ao longo de cursos d'água em regiões campestres e desérticas. A ocorrência dessas manchas nos lembra que o clima é

* N. de T. Faia é o nome popular de árvores do gênero *Fagus* (Fagaceae), nativas das zonas temperadas da Europa, América do Norte e Ásia. As árvores citadas pelos autores pertencem, na verdade, ao gênero *Nothofagus* (Nothofagaceae) e ocorrem em várias regiões do Hemisfério Sul.

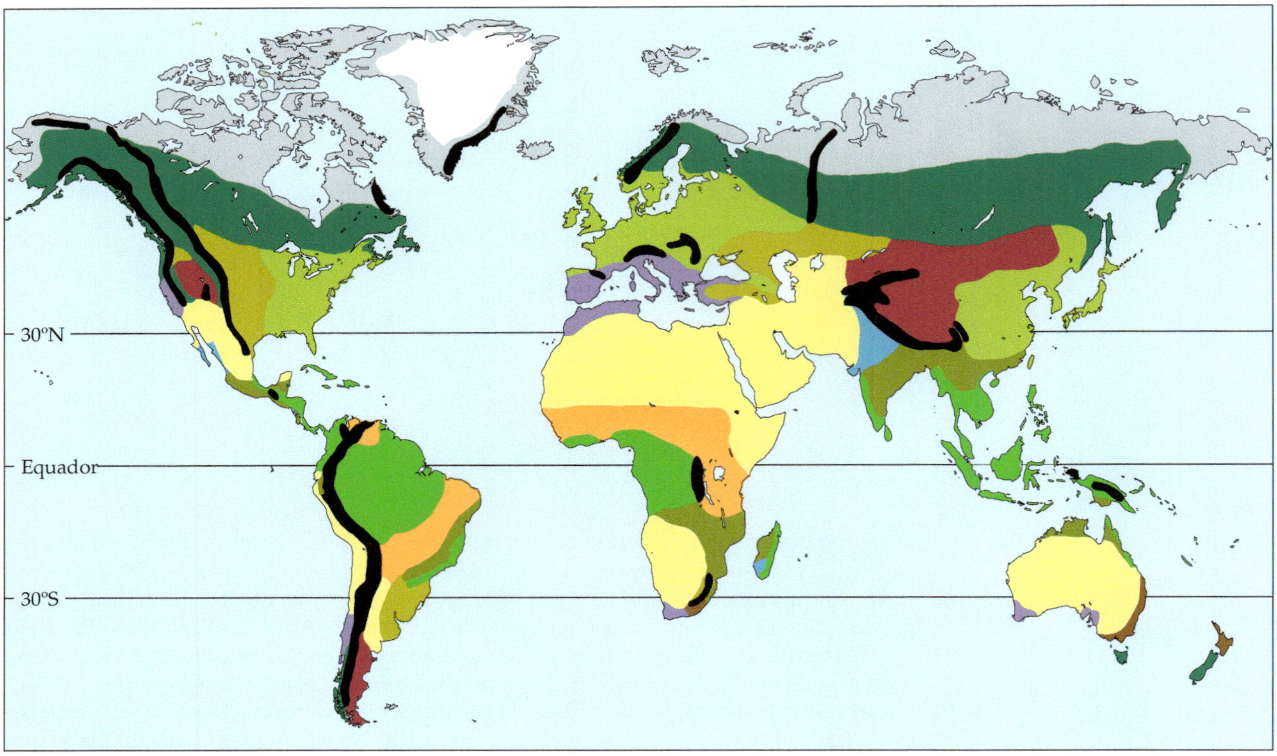

Figura 18.1 Principais biomas do mundo.

E. Lucy Braun

somente um fator determinante da vegetação. A variação local nos solos e na topografia, especialmente como esta afeta o microclima, pode influenciar o tipo de vegetação encontrada em uma área. Por sua vez, os animais que vivem em um dado bioma são determinados pela vegetação existente, assim como pelo clima e por outros fatores.

Os biomas têm mais utilidade como classificações descritivas (embora arbitrárias) do que como categorias quantitativas ou objetivas. Os limites entre biomas podem representar os limites de distribuição das espécies dominantes. Por outro lado, há outras espécies cujas distribuições podem transcender tais limites. Embora sobre um mapa tracemos limites bem nítidos para os biomas, na realidade esses limites são em geral imprecisos. De modo similar, as categorias que definimos ignoram o fato de que um local específico pode não se ajustar facilmente a qualquer bioma determinado. Além disso, diferentes cientistas poderiam incluir um lugar em biomas distintos. Alguns utilizam poucos agrupamentos mais abrangentes, enquanto outros usam um critério de separação de tipos de vegetação mais detalhado. As definições dos biomas apresentadas aqui podem não corresponder exatamente a outras encontradas em outros textos. Contudo, há um consenso geral sobre categorias e definições aproximadas dos biomas.

A conotação da expressão "floresta temperada" aqui empregada pode não ser idêntica à adotada em outro contexto, embora esteja próxima. Se você consultasse a literatura científica, encontraria muitas descrições diferentes de lugares chamados de florestas pluviais. Contudo, não há uma única definição rigorosa do termo – ele é, de fato, usado em referência a florestas que ocorrem em lugares

TABELA 18.1 Principais biomas do mundo: formas de crescimento dominantes e condições climáticas gerais[a]

Bioma	Forma de crescimento dominante	Angiospermas ou gimnospermas (dominante ou comum)	Temperatura	Umidade
Floresta pluvial tropical	Árvores perenifólias latifoliadas	Angiospermas	Quente	Úmida
Floresta montana tropical	Árvores perenifólias latifoliadas	Angiospermas	Amena	Úmida
Floresta decidual tropical	Árvores caducifólias e semiperenifólias latifoliadas	Angiospermas	Quente	Sazonalmente seca
Floresta espinhosa	Árvores caducifólias latifoliadas	Angiospermas	Quente	Seca
Bosque tropical	Árvores semiperenifólias latifoliadas e gramíneas	Angiospermas	Quente	Moderada
Floresta decidual temperada	Árvores caducifólias latifoliadas	Angiospermas	Sazonalmente fria	Moderada
Floresta pluvial temperada	Árvores perenifólias de folhas aciculadas	Gimnospermas	Sazonalmente fria	Úmida
Floresta perenifólia temperada	Árvores perenifólias de folhas aciculadas ou latifoliadas	Gimnospermas ou angiospermas	Variada	Variada
Bosque temperado	Árvores perenifólias de folhas aciculadas ou caducifólias latifoliadas e gramíneas	Ambas	Amena	Moderada
Taiga	Árvores perenifólias de folhas aciculadas	Gimnospermas	Fria	Moderada
Bosque arbustivo temperado	Arbustos perenifólios, ervas anuais	Angiospermas	Amena	Moderada
Campo temperado	Gramíneas perenes	Angiospermas	Sazonal	Moderada
Savana tropical	Gramíneas perenes	Angiospermas	Quente	Moderada
Deserto quente	Arbustos, suculentas, gramíneas anuais e perenes, ervas anuais	Angiospermas	Quente	Seca
Deserto frio	Arbustos	Angiospermas	Amena	Seca
Bosque arbustivo alpino	Arbustos caducifólios	Angiospermas	Fria	Moderada
Campo alpino	Gramíneas perenes	Angiospermas	Fria	Moderada
Tundra	Gramíneas perenes, ciperáceas, arbustos e ervas latifoliadas	Angiospermas	Fria	Moderada

[a] Outros fatores, especialmente a sazonalidade, também são importantes.

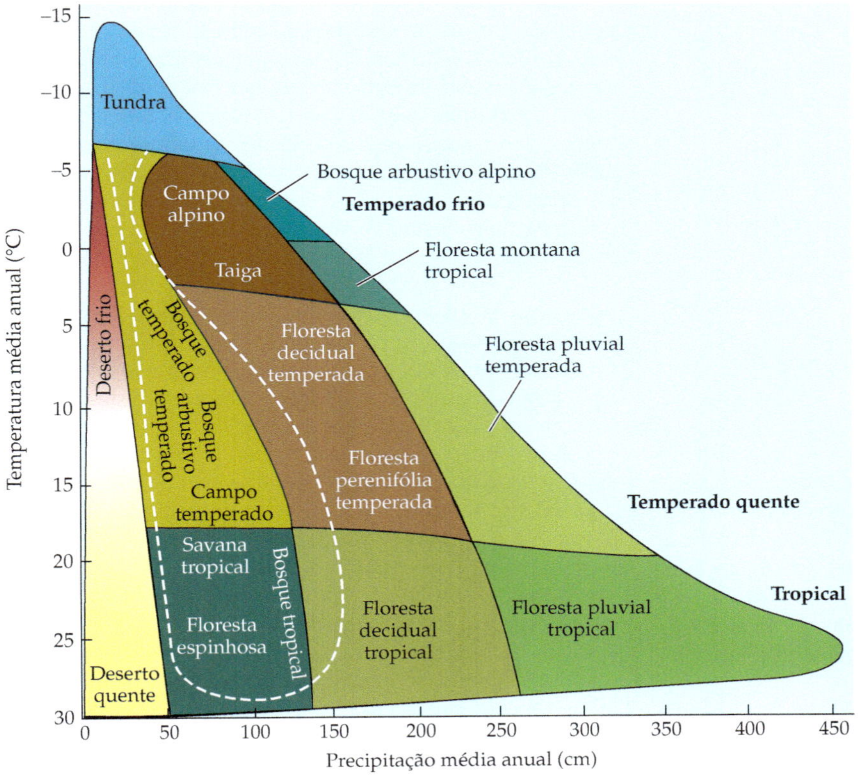

Figura 18.2 A distribuição dos biomas é determinada pelo clima, especialmente pela temperatura e precipitação médias anuais. Nas regiões dentro das linhas tracejadas, outros fatores – como fogo, pastejo e sazonalidade da precipitação – afetam fortemente o bioma presente. O clima também pode interagir com fatores como o tipo de solo para determinar a distribuição dos biomas (segundo Whittaker, 1975.)

onde a chuva é abundante e não há estação seca prolongada. As florestas pluviais tropicais ocorrem onde haja pluviosidade substancial ao longo do ano; florestas pluviais temperadas tendem a ocorrer onde haja pesadas chuvas de inverno e chuvas leves de verão, além de consideráveis nevoeiros de verão. A expressão "floresta pluvial" é, portanto, adequada como uma descrição geral, mas não como uma categoria rigorosamente definida ou entidade única.

Embora tenhamos enfatizado que, cientificamente, os limites entre os biomas (ou comunidades) são arbitrários, isso não é necessariamente verdadeiro sob o ponto de vista da lei. Na Austrália, por exemplo, às áreas designadas como "floresta pluvial temperada" é legalmente proporcionada uma medida de proteção maior do que a outras. Algumas florestas de eucaliptos de lugares muito chuvosos apresentam um sub-bosque representado floristicamente por uma floresta pluvial, a qual, na ausência de fogo, substituiria o dossel de eucaliptos em aproximadamente 300 a 500 anos. Porém, por serem dependentes de queimadas, alguns estados não as consideram legalmente florestas pluviais. Se a definição legal australiana fosse aplicada na América do Norte, as florestas de sequoias* da costa do Pacífico não seriam classificadas como florestas pluviais temperadas – categorização com a qual alguns cientistas norte-americanos têm concordado.

No Capítulo 9, trouxemos uma controvérsia centrada nas visões contrastantes de Frederic Clements e Henry Gleason sobre a natureza das comunidades. Clements via as comunidades como entidades altamente previsíveis, controladas primariamente por padrões climáticos em grande escala. Por outro lado, Gleason via as comunidades como imprevisíveis e variáveis, sujeitas aos caprichos da dispersão, às condições microclimáticas e às distribuições individualistas das espécies. Uma maneira de resolver esse conflito é reconhecer que cada cientista enfatizou uma escala espacial diferente. Clements enfocou padrões em nível de biomas. Nessa escala, podemos ver padrões regulares e traçar limites em nossos mapas. Gleason preocupou-se principalmente com padrões em níveis locais. Nessa escala, os limites não são distintos, e vemos principalmente a variação local. Ambas as perspectivas são válidas, porém cada uma nos mostra aspectos diferentes do mundo.

Biomas convergentes e evolução convergente

Por definição, um dado bioma (como floresta decidual tropical) sempre contém espécies que parecem similares (como árvores caducifólias). Essa similaridade de forma acontece por meio de três processos: um ecológico, um evolutivo e um na interseção entre ecologia e evolução. O processo ecológico é o **arranjo de espécies** (*species sorting*), o qual significa que as mesmas espécies ou aquelas intimamente relacionadas são encontradas em um determinado bioma porque aquela forma é bem adaptada àquele ambiente. Um exemplo são os campos dominados por espécies da família Poaceae. O processo evolutivo é a descendência comum, combinada à história biogeográfica dessas espécies aparentadas. Por exemplo, muitos desertos quentes nas Américas do Norte e do Sul contêm cactos porque a família Cactaceae surgiu na América do Norte.

O processo que combina ecologia e evolução é a **evolução convergente** – a evolução independente de características similares em táxons não-aparentados. Geralmente, esses atributos similares ocorrem por seleção natural, a qual é dirigida pela ecologia dos organismos (ver Capítulo 6). Um exemplo admirável de evolução convergente é encontrado entre as plantas alpinas das famílias Campanulaceae e Asteraceae. *Lobelia rhynchopetalum* cresce nas montanhas da Etiópia e *Espeletia pycnophylla* cresce nos Andes da América do Sul. Ambas exibem um aspecto incomum, atingindo até 2 m de altura, com um tronco espesso encimado por uma roseta de folhas (Figura 18.3). Sua altura é uma adaptação a grandes oscilações diárias na temperatura. Durante a noite, a temperatura junto ao solo pode cair abaixo do ponto de congelamento, pois o terreno perde grandes quantidades de energia radiante para o céu noturno muito frio. Porém, as partes superiores das plantas, a 2 m acima do chão, permanecem acima do ponto de congelamento devido ao aporte de energia radiante de ondas longas do solo (ver Capítulos 3 e 17). Assim, as flores e os meristemas sensíveis jamais experimentam temperaturas de congelamento. As duas espécies evoluíram de espécies herbáceas rasteiras, que viviam em elevações mais baixas.

Embora um determinado bioma mostre similaridades gerais de forma em diferentes lugares, devido a processos evolutivos e históricos, as características do bioma em um local podem diferir em detalhes daquelas do mesmo bioma em outro local. Considere o exemplo anteriormente mencionado das florestas perenifólias temperadas. A razão pela qual essas florestas são dominadas por eucaliptos somente na Austrália é que o gênero *Eucalyptus* surgiu durante o Cretáceo, no antigo continente que incluía a Austrália (Figura 20.5B) e nunca se dispersou para fora dele (Ladiges et al., 2003). Assim, a história biogeográfica pode criar tanto similaridades quanto diferenças entre os biomas. Um aspecto útil do conceito de bioma é que ele fornece um arcabouço para análise e separação dos efeitos de arranjo de espécies, evolução convergente, descendência comum e história biogeográfica.

A evolução convergente é uma importante peça de evidência de que um dado atributo é uma adaptação devido à seleção natural. Uma maneira de determinar se esse é o caso é perguntar: "Verificamos a repetição da mesma forma em ambientes similares?" A tolerância a metais pesados, por exemplo, tem sido encontrada repetidamente em populações de plantas que vivem em rejeitos de mineração, em diferentes locais (ver Capítulo 6). Mas como podemos saber se a forma de uma espécie ou de um grupo de espécies representa uma adaptação? Nas Cactaceae, todas as espécies são do tipo CAM (metabolismo ácido das crassuláceas, ver Capítulo 2). Quase todos os cactos

* N. de T. Na versão original lê-se *redwood forests*, em referência a tipos florestais dominados por várias espécies arbóreas com madeira avermelhada, especialmente *Sequoia sempervirens* (Cupressaceae).

(A) (B)

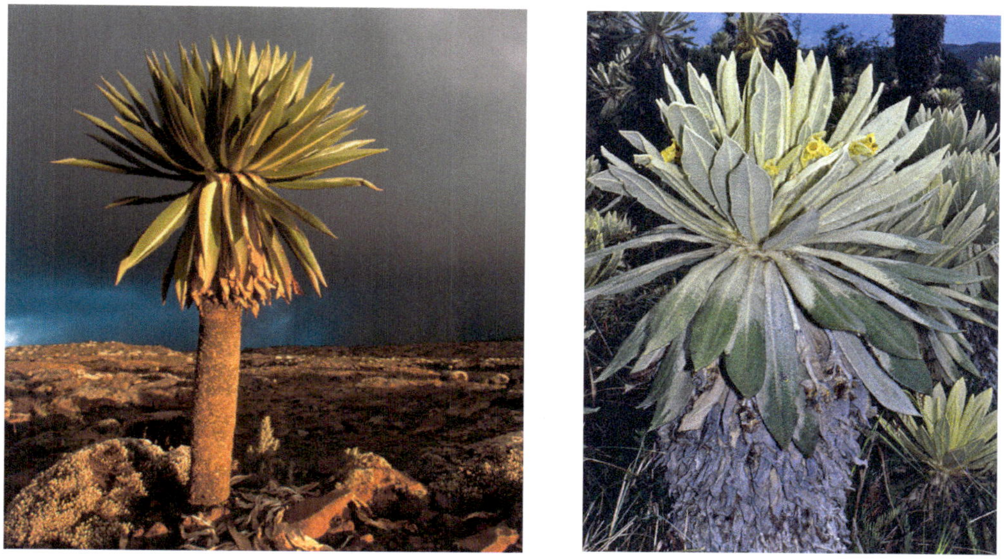

Figura 18.3 Exemplo de evolução convergente: duas espécies da tundra alpina com aparência similar. (A) *Lobelia rhynchopetalum* (Campanulaceae), encontrada nas montanhas Bale (Etiópia) (fotografia © M. Harvey / Alamy). (B) *Espeletia pycnophylla* (Asteraceae), encontrada nos Andes da América do Sul (fotografia de P. Jørgensen).

também crescem em ambientes ou microambientes secos. O metabolismo ácido das crassuláceas é uma adaptação à baixa disponibilidade de água? Uma explicação alternativa é que todas as espécies da família Cactaceae são do tipo CAM, não por uma estratégia adaptativa, mas somente porque os seus ancestrais exibiam esse metabolismo. A adaptação de espécies das Cactaceae a condições secas pode não ter nada a ver com a ocorrência desse tipo de metabolismo; essa associação poderia ser apenas uma coincidência.

Como separamos tais associações fortuitas das motivadas pela adaptação por seleção natural? Procuramos associações repetidas como a evolução convergente. Já que as plantas de muitas famílias não-aparentadas encontradas em hábitats e micro-hábitats áridos são do tipo CAM, e como esse tipo de metabolismo evoluiu independentemente em muitas delas, começamos a nos convencer de que ele oferece vantagens adaptativas nestes ambientes. Por conhecermos os mecanismos fisiológicos envolvidos, entendemos que este tipo de metabolismo resulta no uso restrito da água e na maior eficiência no uso da água em plantas que apresentam esta rota fotossintética. Essas múltiplas linhas de evidência tornam mais crível que tipo de metabolismo em questão é uma adaptação a condições secas.

Outro exemplo de evolução convergente é encontrado na morfologia de alguns cactos dos desertos das Américas do Norte e do Sul e em plantas da família Euphorbiaceae que crescem em regiões áridas do sul da África e da Ásia. Considere *Myrtillocactus geometrizans* e *Euphorbia lactea*; essas duas espécies vegetais se assemelham notavelmente (Figura 18.4). Ambas são áfilas, apresentam caules verdes fotossintéticos, exibem formas colunares, têm espinhos ao longo das costelas do caule e são do tipo CAM. Têm parentesco muito distante, de modo que suas características similares devem dever-se a eventos evolutivos independentes. Outros membros do gênero *Euphorbia*, muito mais proximamente aparentados a *E. lactea*, mostram-se muito diferentes; o gênero inclui espécies com amplas variedades de formas de crescimento, desde pequenas ervas anuais a arbustos e plantas grandes (a amplamente cultivada poinsétia, *E. pulcherrima*, é um membro desse gênero). Outra maneira pela qual sabemos que as similaridades extraordinárias entre *M. geometrizans* e *E. lactea* são resultantes de evolução convergente é que alguns dos atributos têm origens de desenvolvimento diferentes. Os espinhos dos cactos evoluíram de folhas, as quais podem ainda ser vistas em cactos primitivos. Por outro lado, os espinhos de *E. lactea* evoluíram de **estípulas** (apêndices dos pecíolos). A evolução independente de características tão similares somente por acaso é bastante improvável. Portanto, podemos confiar em nossa conclusão de que essas características são adaptações às condições em ambientes de deserto.

No restante deste capítulo, analisaremos padrões vegetacionais por meio de uma perspectiva de grande escala à medida que examinamos os principais biomas e notamos o que os distingue uns dos outros.

Florestas tropicais úmidas

Floresta pluvial tropical

A floresta pluvial tropical é um dos biomas mais diversificados e produtivos do planeta. Embora represente apenas 11% da superfície seca da Terra, ela responde por 30% da

Figura 18.4 Exemplo de evolução convergente: duas espécies de deserto de aparência similar. (A) *Myrtillocactus geometrizans* (Cactaceae), encontrado nos desertos do México (fotografia de D. McIntyre). (B) *Euphorbia lactea* (Euphorbiaceae), encontrada na Índia (fotografia de D. McIntyre).

produção primária líquida terrestre (Tabela 18.2) e contém talvez metade de todas as espécies atuais. Sua diversidade de espécies arbóreas pode ser tão alta quanto 300 espécies por 0,1 hectare. A diversidade animal também é alta, especialmente a de insetos e outros invertebrados.

As florestas pluviais tropicais são encontradas dentro de uma faixa que se estende da latitude 10°N até 10°S, nas elevações abaixo de 1 km, em áreas que recebem mais de 250 cm de chuva por ano, com alguma quantidade de chuva caindo todos os meses. As florestas pluviais mais extensas são encontradas na bacia Amazônica da América do Sul, nas regiões equatoriais do oeste da África e em partes do sudeste da Ásia. À medida que a precipitação se torna mais sazonal, esse bioma se transforma em florestas semiperenifólias tropicais dominadas por árvores latifoliadas, algumas das quais retêm suas folhas durante todo o ano enquanto outras as perdem sazonalmente.

As florestas pluviais tropicais são caracteristicamente multiestratificadas, com dois, três ou mesmo quatro estratos arbóreos (Figura 18.5). As árvores mais altas são as **emergentes**, as quais são muito espaçadas e apresentam geralmente mais de 40 m de altura, com copas em forma de guarda-chuva que se estendem acima do dossel geral da floresta. Abaixo delas está um dossel de árvores fechado, tipicamente com 30 a 40 m de altura. A luz é prontamente disponível no topo desse estrato, mas bastante reduzida abaixo dele. Sob o dossel fechado, pode haver um outro estrato arbóreo com menos de 20 m de altura. Sob essas árvores, há geralmente um estrato formado por arbustos e árvores jovens e, finalmente, um estrato herbáceo esparso.

O chão das florestas pluviais tropicais pode ser bastante escuro, com menos de 1% dos níveis de luz acima do dossel. Embora os filmes de Hollywood possam retratar as florestas pluviais tropicais como selvas com um emaranhado de plantas trepadeiras e espécies de sub-bosque, o sub-bosque costuma ser esparsamente vegetado, com plantas altamente especializadas, capazes de tolerar baixos níveis de luz (ver Capítulo 2). O interior de uma floresta pluvial foi comparado pelos primeiros exploradores europeus a uma catedral verde e eminente fracamente iluminada, com um espaço enorme alcançando um teto alto e abobadado. As "selvas" são a consequência de ambientes perturbados e altamente iluminados nas margens das florestas, ao longo de estradas, rios e em clareiras, ou onde o corte seletivo de árvores tenha desbastado o dossel.

Devido à distribuição vertical da luz dentro da floresta pluvial tropical, muito da sua produtividade se concentra nas partes mais altas do dossel. Plantas com formas de crescimento não-presentes na maioria das florestas temperadas contribuem muito para a diversidade das florestas tropicais. As **lianas** são trepadeiras lenhosas que se enraízam no solo. O grupo das **epífitas**, as quais crescem sobre outras plantas e não se enraízam no solo (Figura 18.5B), inclui muitas espécies de samambaias, orquídeas e bromélias. Lianas e epífitas são comuns em florestas tropicais devido aos níveis muito baixos de luz próximos ao solo; uma estratégia alternativa é crescer até o alto sobre uma árvore para ter acesso à luz.

A maioria das epífitas e lianas apresenta relações comensais (o hospedeiro não é nem beneficiado nem prejudicado) com as árvores sobre as quais elas crescem, a menos que a sobrecarga dessas plantas se torne tão grande que enfraqueça a árvore, possivelmente a derrubando. Algumas espécies não são tão benignas, contudo. As figueiras estranguladoras (*Ficus* spp., Moraceae) iniciam como um determinado número de plantas individuais separadas, que crescem sobre uma árvore hospedeira. Elas emitem raízes para baixo em direção ao chão da floresta, desenvolvem troncos espessos e copas e, gradualmente, envolvem e matam a sua árvore hospedeira (Figura 10.8A). As plantas individuais separadas, que constituem o estrangu-

TABELA 18.2 Produtividade primária dos principais tipos de bioma

	Área (x 10^6 km^2)		Produtividade primária líquida por unidade de área (g/m^2/ano)		Produtividade primária líquida global (10^{12} g/ano)		Biomassa por unidade de área (kg / m)		Biomassa global total (10^{12} g)	
Bioma	**Quantidade**	**% da área terrestre total**	**Amplitude normal**	**Média**	**Quantidade**	**% da produtividade terrestre total**	**Amplitude normal**	**Média**	**Quantidade**	**% da biomassa terrestre total**
Floresta pluvial tropical	17,0	11,4	1.000–3.500	2.200	37,4	32,5	6–80	45	765	41,7
Floresta decidual tropical	7,5	5,0	1.000–2.500	1.600	12,0	10,4	6–60	35	260	14,2
Floresta decidual temperada	7,0	4,7	600–2.500	1.200	8,4	7,3	6–60	30	210	11,4
Floresta perenifólia temperada	5,0	3,4	600–2.500	1.300	6,5	5,6	6–200	35	175	9,5
Bosque e bosque arbustivo	8,5	5,7	250–1.200	700	6,0	5,2	2–20	6	50	2,7
Taiga	12,0	8,1	400–2.000	800	9,6	8,3	6–40	20	240	13,1
Campo temperado	9,0	6,0	200–1.500	600	5,4	4,7	0,2–5	1,6	14	0,8
Savana tropical	15,0	10,1	200–2.000	900	13,5	11,7	0,2–15	4	60	3,3
Deserto	18,0	12,1	10–250	90	1,6	1,4	0,1–4	0,7	13	0,7
Tundra	8,0	5,4	10–400	140	1,1	1,0	0,1–3	0,6	5	0,3
Deserto extremo, rocha, areia e gelo	24,0	16,1	0–10	3	0,07	0,1	0–0,2	0,02	0,5	0,03
Terra cultivada	14,0	9,4	100–3.500	650	9,1	7,9	0,4–12	1	14	0,8
Pântano e marisma	2,0	1,3	800–1.500	2.000	4,0	3,5	3–50	15	30	1,6
Lago e riacho	2,0	1,3	100–1.500	250	0,5	0,4	0–0,1	0,02	0,05	0,003
Total terrestre	149,0			773	115			12,3	1.837	
Total mundial	510,0			333	170			3,6	1.841	

Fonte: Whittaker e Likens, 1975.

lador, em última análise se fundem a fim de que se torne uma árvore individual funcional. Desse modo, essa planta apresenta uma estratégia combinada de iniciar sua vida no alto do dossel como uma epífita, tornando-se enraizada no solo, o que permite um crescimento mais rápido, e, finalmente, tornando-se uma árvore e vencendo a competição por luz com outras espécies.

Florestas tropicais úmidas apresentam tipicamente solos altamente inférteis. Nas florestas pluviais tropicais, calor e umidade abundante contribuem para uma quantidade extraordinária de respiração do solo – não apenas pelas raízes, mas também por muitas formas de habitantes do solo, particularmente organismos decompositores. Quando se dissolve na água, o CO_2 produz ácido carbônico (é por isso que a água da chuva natural é sempre levemente ácida). A intensa respiração no solo nas florestas pluviais tropicais libera grandes quantidades de CO_2, muito do qual se dissolve no solo. O efeito líquido é que nutrientes iônicos, os quais se ligam às partículas do solo (especialmente à argila) com menos força do que os íons hidrogênio, tendem a entrar na solução do solo. Como resultado, são captados quase instantaneamente pelas plantas ou lixiviados pela chuva (ver Capítulo 4).

Como as florestas pluviais tropicais são tão produtivas, se os seus solos são tão pobres? Os fatores que contribuem para a sua produtividade alta são a disponibilidade de água durante todo o ano, as temperaturas elevadas e os dias longos que variam pouco durante o ano. Os nutrientes minerais necessários para o crescimento ocorrem em grandes quantidades nessas florestas, porém se encontram muito mais na biomassa viva do que no solo. Uma vez que a decomposição transcorre de maneira extremamente rápida nesses ambientes, a ciclagem dos nutrientes também é muito rápida. Como plantas de muitos locais onde há limitação de nutrientes, as de florestas tropicais apresentam alta capacidade de captar e reter nutrientes. A este respeito, as associações micorrízicas são particularmente importantes (ver Capítulo 4).

Os trópicos contêm não apenas uma grande proporção da biodiversidade do mundo, mas também uma grande parte da sua população humana. O maior crescimento nas populações humanas também se encontra nos trópicos, juntamente com pobreza e doenças associadas a condições de vida precárias. Todos esses fatores podem levar à rápida destruição das comunidades naturais pelas pessoas. Embora até recentemente grande parte da população humana nos trópicos fosse rural, ela vem se tornando progressivamente urbana. A cidade de Lagos, na Nigéria, por exemplo, com aproximadamente 13 milhões de pessoas, é uma das cidades com crescimento mais rápido no mundo. Infelizmente, essa urbanização não significa que haja menos pressão sobre os hábitats naturais; em muitos casos, o oposto é verdadeiro. Pressões econômicas, populacionais e políticas têm contribuído para a destruição de uma grande proporção das florestas pluviais do mundo (Tabela 18.3; ver Capítulo 21). A exploração vem não apenas de dentro dos países tropicais em si, mas também em grande medida de indivíduos e corporações com base nos EUA, na Europa e no Japão. Hoje em dia, todas as florestas pluviais tropicais estão ameaçadas pela extração madeireira e, de modo mais acentuado, pela abertura de clareiras para uma gama de objetivos, incluindo agricultura de subsistência do tipo derruba-e-queima e criação de gado em escala empresarial (ver Capítulo 21).

O corte de árvores e a abertura de clareiras para a criação de gado ou habitação humana podem surtir numerosos efeitos sobre as florestas pluviais. Por estarem em maior parte retidos na biomassa, os nutrientes são removidos em quantidades substanciais do sistema pelas atividades de derrubadas, queimadas e agricultura. Os solos remanescentes são em geral muito pobres em nutrientes e podem rapidamente adquirir uma textura semelhante à do cimento ou tornarem-se gravemente erodidos. Essas mudanças podem tornar a agricultura impossível em um curto período de

TABELA 18.3 Perda global de florestas pluviais tropicais

	Área (x 10^6 km^2)		
Região	**Original**	**Remanescente**	**% perdido**
América Central/ do Sul	8,0	5,8	28
Ásia/Ilhas do Pacífico	4,4	2,2	39
África	3,6	1,2	66

(A)

(B)

Figura 18.5 (A) Interior da Floresta Pluvial de Rara Avis, na Costa Rica (fotografia © D. Perlman/EcoLibrary.org). (B) Epífitas são comensais simbióticos (ver Quadro 4A) que crescem sobre as superfícies de outras plantas e são comuns na maior parte das florestas pluviais tropicais. Numerosas bromélias epifíticas (Bromeliaceae) podem ser vistas sobre os troncos de várias árvores nesta floresta em Porto Rico. (fotografia cedida por J. Thomson).

tempo – em outras palavras, os objetivos pelos quais a floresta foi removida não são sustentáveis. A remoção da floresta pluvial de áreas suficientemente extensas pode afetar drasticamente os níveis de pluviosidade regional. Quando a floresta está presente, a chuva é rapidamente absorvida e transpirada de volta para a atmosfera. Quando as árvores da floresta são retiradas, a chuva escorre pela superfície do terreno, o que conduz ao aumento da erosão, especialmente em encostas. Mesmo quando a destruição não é tão drástica, como em florestas com corte seletivo, espécies de plantas exóticas podem invadir as florestas perturbadas, ameaçando a regeneração das espécies nativas.

Embora a destruição de hábitats seja o fator-chave que ameaça a biodiversidade tropical, outras atividades humanas, do comércio ilegal de espécies raras, tais como orquídeas e papagaios trazidos para os EUA e a Europa, até a caça de chimpanzés e outros primatas para a iguaria chamada de "carne-de-floresta"* nas cidades africanas, também ameaçam espécies animais e vegetais nessas florestas. Tais formas de destruição das florestas não são particularmente novas; ricos colecionadores de orquídeas da Inglaterra e Alemanha no século XIX destruíram florestas tropicais inteiras para garantir que seus competidores não pudessem coletar essas plantas. Contudo, a escala de dano nos dias atuais é menor do que no passado, mas, naturalmente, a destruição é cumulativa.

Floresta montana tropical

As florestas montanas tropicais – também chamadas de florestas de elfos ou florestas nebulares nas altitudes mais elevadas – são as vizinhas das florestas pluviais de elevações maiores (Figura 8.6). Elas são denominadas florestas nebulares porque geralmente estão envoltas em névoas, e grande parte da umidade disponível para as plantas vem da deposição da condensação. Elas são mais frias do que as florestas pluviais tropicais porque se localizam em elevações maiores. As árvores são tipicamente mais baixas, e ocorrem muitas epífitas engrinaldando os seus galhos. Contudo, a diversidade total é menor do que nas florestas pluviais, porque há menos lianas. Essas florestas são encontradas em elevações médias nas montanhas da África, América do Sul, América Central e Nova Guiné.

* N. de T. Na versão original, lê-se *bushmeat*, uma prática de caça bastante comum nas florestas densas da África subsaariana. Tal prática consiste em caçar qualquer animal que não seja tradicionalmente considerado como comida, porém seja aceitável especialmente por ambientes pobres das cidades.

Florestas estacionais tropicais e bosques

Quando as pessoas pensam em ecologia das regiões tropicais, elas tipicamente consideram as florestas pluviais, especialmente quando têm em mente a diversidade e a conservação de espécies. No entanto, muitas regiões tropicais são consideravelmente mais secas do que as florestas pluviais, e muitas dessas florestas são também ricas em espécies. As florestas estacionais tropicais, com suas espécies associadas, estão sendo perdidas muito rapidamente. De fato, essas florestas estão desaparecendo mais rapidamente do que as florestas pluviais, pois ocorrem geralmente em solos muito melhores para o cultivo agrícola. As regiões tropicais secas abrigam uma gama de biomas que variam de florestas deciduais até florestas espinhosas e bosques.

Vários fatores geográficos determinam a localização das florestas estacionais tropicais e dos bosques. Primeiro, elas tendem a ocorrer relativamente junto aos Trópicos de Câncer e Capricórnio, em vez de próximos ao Equador. Esse padrão é um resultado do deslocamento, ao longo do ano, da **convergência intertropical** – a latitude à qual os

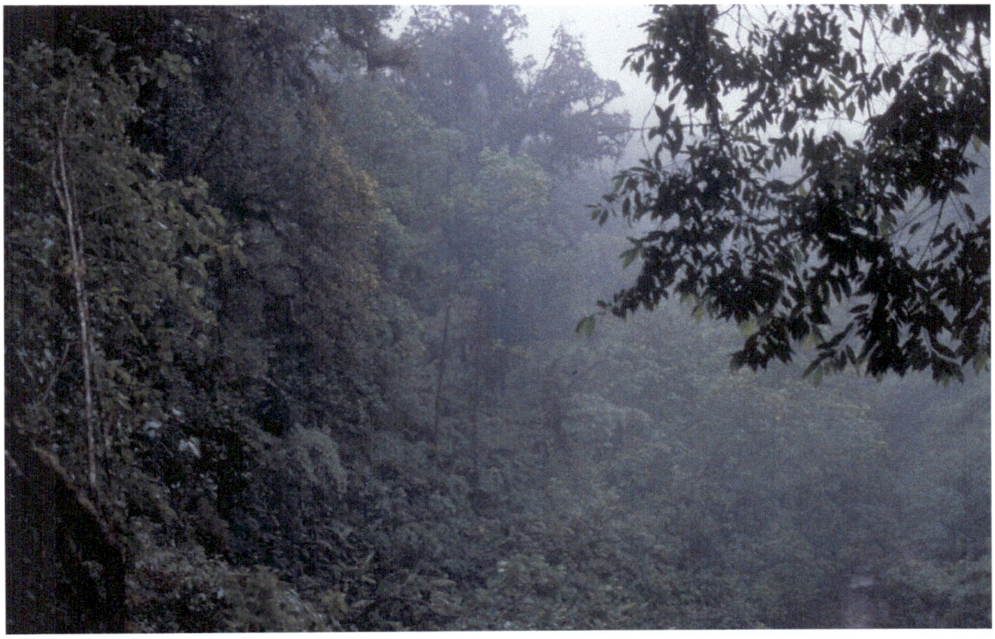

Figura 18.6 Floresta montana tropical no Parque Natural La Paz Waterfall Gardens, Costa Rica (fotografia de S. Scheiner).

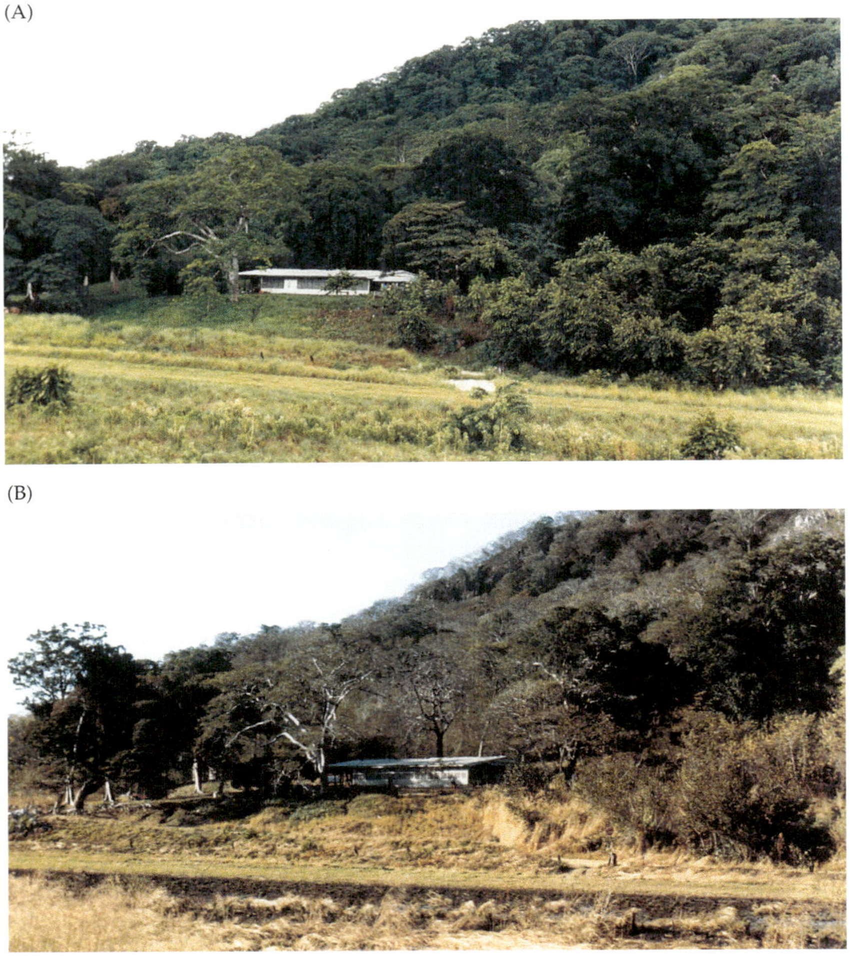

Figura 18.7 (A) Floresta decidual tropical no Parque Nacional de Palo Verde, Costa Rica, durante a estação chuvosa. (B) A mesma vista na estação seca, quando várias árvores estão sem folhas (fotografias cedidas por D. L. Stone).

ventos alísios dos Hemisférios Norte e Sul tendem a convergir (Figura 17.7), causando uma grande quantidade de chuvas. A convergência intertropical está geralmente próxima dessas latitudes somente uma vez por ano, embora passe sobre o Equador duas vezes por ano. Como resultado, a pluviosidade nessas latitudes é altamente sazonal, enquanto mais próximo ao Equador há uma distribuição mais uniforme das chuvas ao longo do ano (Figura 17.16). Em segundo lugar, as florestas secas e os bosques tendem a ocorrer nas sombras de chuva das cordilheiras (Figura 17.11) e nas encostas oeste dos continentes. Por exemplo, no lado leste (caribenho) da cordilheira na Costa Rica encontra-se floresta pluvial tropical, ao passo que no lado oeste (Oceano Pacífico) ocorre floresta decidual tropical.

Floresta decidual tropical

As florestas deciduais tropicais, também chamadas de florestas secas tropicais, abrangem uma gama de tipos de comunidades, de completamente deciduais até semiperenifólias (Figura 18.7). As árvores são **caducifólias por estiagem**, o que significa que perdem as suas folhas durante a estação seca. Essas comunidades são encontradas em áreas tropicais que apresentam períodos úmidos e secos pronunciados e onde uma vez foram especialmente extensas, na Índia e no sudeste da Ásia; elas ocorrem nas Américas Central e do Sul e em outros lugares. Dependendo da latitude, pode haver uma única estação úmida e outra seca, ou duas de cada (Figura 18.8). Embora a maior parte da atividade fotossintética e do crescimento das plantas seja observada na estação úmida, a estação seca é frequente quando ocorre o florescimento. Pode haver vantagens em florescer na estação seca tanto para plantas polinizadas por animais quanto para as plantas polinizadas pelo vento. A ausência de folhas torna as flores mais conspícuas para os polinizadores, e o pólen e a recompensa do néctar podem ser uma das poucas fontes

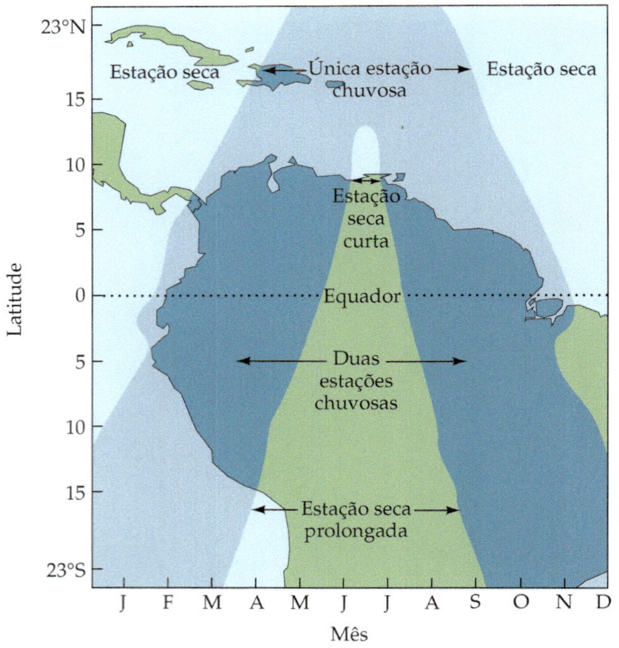

Figura 18.8 A duração e o número de estações chuvosas depende da latitude. Próximo ao Equador, há duas estações úmidas e duas estações secas a cada ano, enquanto mais adiante nas direções norte e sul há uma única estação chuvosa no verão e uma única estação seca no inverno. A época de ocorrência das estações ao norte e ao sul do Equador é invertida.

Figura 18.9 Floresta espinhosa na ilha de Madagascar, próxima da costa leste da África. Esta fotografia foi tirada depois de pesadas chuvas em dezembro. De agosto a novembro – a estação seca – as árvores encontram-se ressecadas e marrons (fotografia de N. Garbutt / Indri Images).

de alimento disponíveis a eles. Similarmente, o pólen dispersado pelo vento pode viajar com menos obstruções.

As florestas deciduais tropicais são semelhantes na forma e estrutura gerais às florestas pluviais, com uma riqueza de espécies um pouco menor do que as últimas em algumas áreas. As localidades com menores quantidades de chuva apresentam dosséis mais baixos e menos espécies. As populações humanas são em geral bastante grandes nesses biomas, os quais enfrentam as mesmas ameaças que as florestas pluviais tropicais.

Floresta espinhosa

Áreas tropicais mais secas sustentam as florestas espinhosas (também denominadas bosques espinhosos), assim chamadas pelos armamentos ameaçadores de muitas das plantas que ali vivem (Figura 18.9). Esses armamentos costumam ser o resultado de evolução convergente. As florestas espinhosas são comuns da América do Sul ao México, incluindo aquelas sobre solos calcários nas Índias Ocidentais e na América Central, assim como na Ásia (Mianmar, Índia e Tailândia), África continental e em Madagascar. Elas apresentam estações úmidas e secas pronunciadas, e a pluviosidade anual total pode chegar à metade da observada nas florestas deciduais tropicais. Tais comunidades são geralmente dominadas por espécies de *Acacia* e outros membros lenhosos da família da ervilha (Fabaceae). Essas plantas apresentam folhas divididas em muitos folíolos pequenos, os quais auxiliam na minimização da perda de água. A diversidade é consideravelmente menor do que em florestas pluviais tropicais e florestas deciduais tropicais, mas pode ser bastante alta em comparação à de sistemas temperados. Como nas florestas deciduais tropicais, as árvores são tipicamente caducifólias por estiagem. Plantas suculentas são também comuns, especialmente nas áreas mais secas. À medida que o clima se torna mais seco, essas comunidades variam de bosques arbustivos desérticos a savanas tropicais.

Bosques tropicais

As florestas são dominadas por árvores cujas copas se tocam. Nos bosques, ao contrário, as árvores encontram-se afastadas umas das outras, embora a sua densidade possa variar de compactamente espaçada (Figura 18.10) a esparsa. Os bosques tropicais são encontrados em áreas com climas fortemente sazonais, como as florestas deciduais tro-

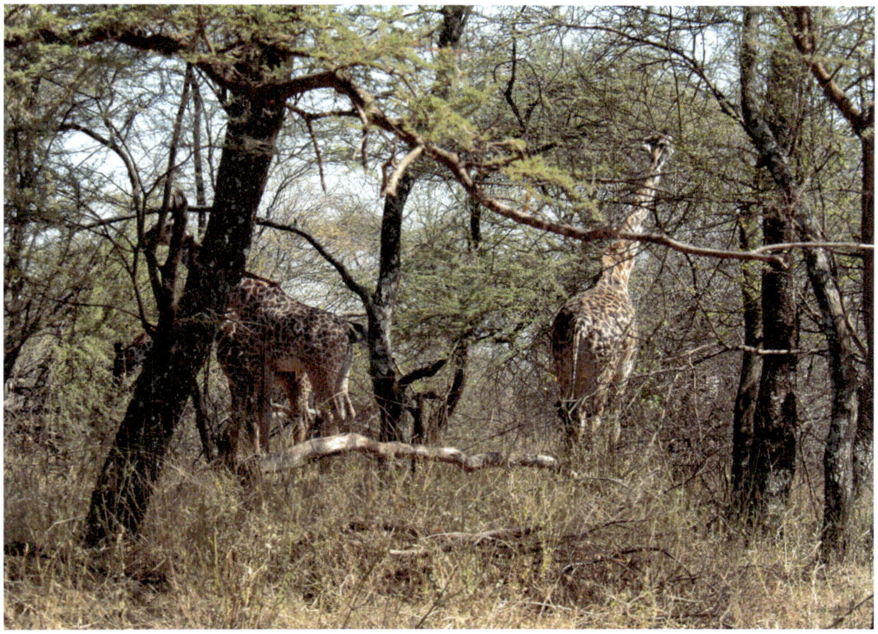

Figura 18.10 Bosque tropical na Tanzânia. As girafas forrageiam entre árvores próximas umas das outras (fotografia © D. Perlman / EcoLibrary.org).

picais, mas que são mais secas ou apresentam solos menos favoráveis. Eles ocupam áreas do Brasil e do interior da parte sul da África (*miombo**), além do norte da América do Sul, das Índias Ocidentais, do norte da Austrália, de Mianmar e de outras partes do sudeste asiático.

As árvores em bosques tropicais variam de 3 a 7m de altura. A maioria das árvores e arbustos apresenta folhas grandes, espessas e semiperenifólias, e casca grossa, adaptada ao fogo. Muitas das árvores são membros da família Fabaceae, como nas florestas espinhosas. As palmeiras também são comuns, enquanto plantas suculentas e espinhosas são raras. Os bosques tropicais africanos – assim como as savanas – são ricos em espécies de grandes mamíferos (Figura 11.16), incluindo manadas de elefantes, girafas, gnus e seus predadores, como leões e hienas.

Floresta decidual temperada

As florestas deciduais temperadas são encontradas em três áreas disjuntas do Hemisfério Norte: leste da América do Norte, leste da Ásia e Europa (Figura 18.11). Essas florestas crescem sobre solos jovens formados a partir da glaciação mais recente; no Hemisfério Sul essas florestas inexistem, provavelmente devido à ausência de tais solos. As florestas deciduais temperadas são encontradas em áreas de climas continentais ou marítimos, com verões quentes e úmidos e invernos frios e, às vezes, com presença de neve, com a pluviosidade anual variando entre 50 e 250 cm, distribuída por todo o ano. A diversidade e a produtividade são geralmente moderadas nessas florestas, mas apresentam uma faixa de variação razoavelmente ampla. Na América do Norte e na Ásia, este bioma é conhecido pelas brilhantes cores vermelhas, laranjas e douradas de suas folhas no outono, antes que caiam no inverno. As árvores dominantes têm de 18 a 30 m de altura. As estações de crescimento variam de muito curtas, nas partes em altitudes elevadas mais ao norte do bioma, a muito longas, em suas porções mais ao sul.

Os gêneros das árvores dominantes comuns às florestas deciduais temperadas em todos os três continentes incluem *Quercus* (carvalho), *Acer* (bordo), *Fagus* (faia), *Castanea* (castanha), *Ulmus* (olmeiro), *Tilia* (tília), *Juglans* (nogueira) e *Liquidambar* (liquidâmbar). Esse compartilhamento de gêneros entre diferentes continentes se deve à sua dispersão no Hemisfério Norte e é um exemplo de história biogeográfica modelando a composição dos biomas. Diferentes espécies destes gêneros ocorrem em cada continente. A diversidade dos tipos florestais locais em todos os três continentes pode ser bastante grande, dependendo dos detalhes de topografia, clima, solos e regimes de distúrbio. Na América do Norte, por exemplo, as florestas deciduais do leste consistem em muitos diferentes subtipos florestais (Braun, 1950; Greller, 1988).

Em latitudes e altitudes mais elevadas, as florestas deciduais temperadas às vezes transformam-se em florestas mistas decidual-perenifólias. Um exemplo é a floresta latifoliada (*hardwood forest*) do norte, compostas por *hemlock* e pinheiro branco, encontrada no norte dos EUA (especialmente ao redor dos Grandes Lagos), estendendo-se para o sul nas elevações superiores das Montanhas Apalaches. Os representantes arbóreos dominantes nessa floresta constituem uma mistura de espécies perenifólias de folhas aciculadas e caducifólias latifoliadas. Em outros locais no bioma de florestas deciduais temperadas, manchas de comunidades dominadas por pinheiros podem ser encontradas onde o solo é especialmente raso ou infértil, ou onde haja frequência alta de fogo. Se tais áreas são suficientemente grandes, elas podem ser classificadas separadamente como floresta perenifólia temperada.

A diversidade de árvores nas florestas deciduais temperadas é geralmente moderada, com 5 a 30 espécies arbóreas dominantes em quaisquer locais. Contudo, as florestas deciduais temperadas do sudeste dos EUA são um centro de diversidade de plantas, com a maior diversidade de espécies arbóreas da América do Norte, assim como uma alta diversidade de pteridófitas e angiospermas caducifó-

* N. de T. *Miombo* é uma palavra de origem africana que se refere ao nome popular de espécies do gênero *Brachystegia* (Fabaceae), típicas dos bosques ocorrentes no sul do continente africano.

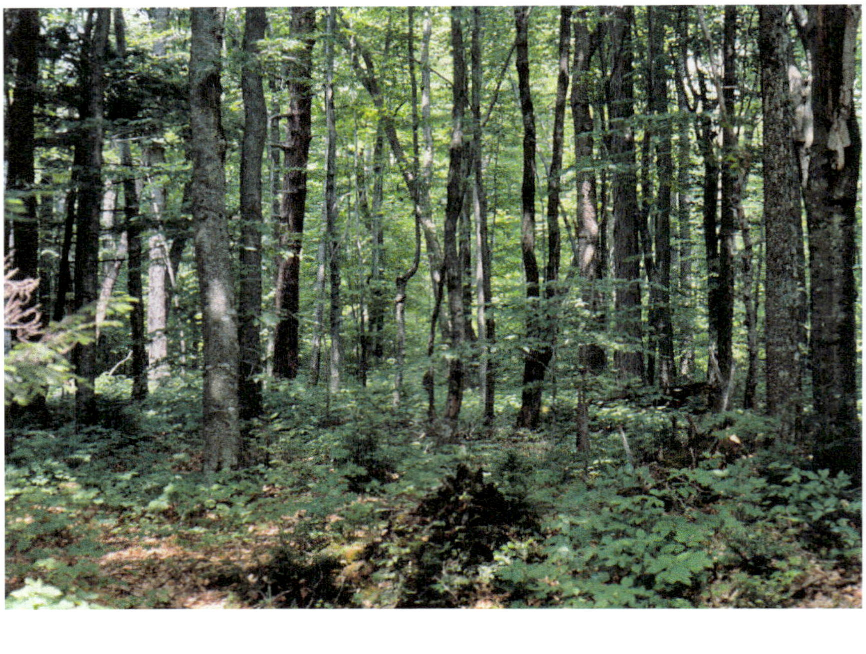

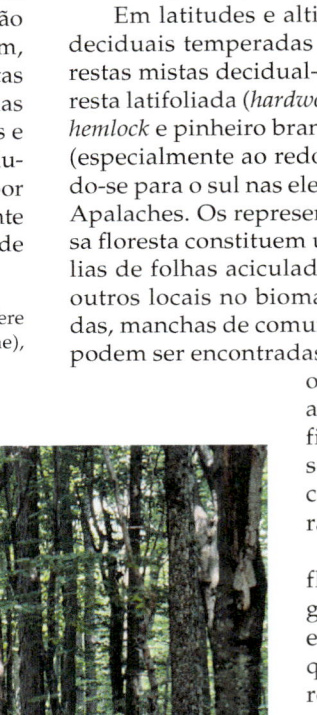

Figura 18.11 Floresta decidual temperada em Michigan, aqui dominada pela faia americana (*Fagus grandifolia*, Fagaceae) e pelo bordo (*Acer saccharum*, Sapindaceae) (fotografia de S. Scheiner).

lias e arbustivas. Por exemplo, existem em torno de 3.000 espécies de plantas no sul da região dos Apalaches. Essas florestas escaparam da glaciação, e algumas áreas têm sido continuamente vegetadas por 200 milhões de anos. Nelas, o gênero dominante é *Quercus* (carvalho, Fagaceae). Outras árvores de dossel comuns incluem numerosas espécies de *Carya* (nogueira, Juglandaceae), *Acer* (bordo, Sapindaceae), *Aesculus* (castanheira-da-índia, Sapindaceae) e *Magnolia* (Magnoliaceae), assim como *Tilia americana* (tília, Tiliaceae), *Liriodendron tulipifera* (tulipeiro, Magnoliaceae) e *Betula lenta* (bétula negra, Betulaceae). No sub-bosque são comuns árvores como *Cornus florida* (Cornaceae), e grandes arbustos como *Kalmia latifolia* (Ericaceae) e *Rhododendron* spp. (rododendro perenifólio e azáleas caducifólias, Ericaceae). Em áreas mais úmidas, como enseadas ou margens de corpos d'água, *Tsuga canadensis* (Pinaceae) é encontrada, enquanto os pinheiros são comuns nas partes altas mais secas. A anteriormente dominante *Castanea dentata* (Fagaceae; Figura 11.21) foi devastada pela praga-da-castanheira (*chestnut blight*) durante o período inicial do século XX e vem sendo intensamente substituída por várias espécies de carvalho em seus antigos hábitats.

As florestas deciduais temperadas estão ameaçadas por uma variedade de fatores. Algumas das maiores cidades do mundo (como Londres e Nova York) ocorrem em terrenos que foram cobertos por florestas deciduais temperadas, embora extensas áreas deste bioma ainda existam. Na Europa, a poluição do ar, incluindo precipitação ácida e deposição de nitrogênio, tem sido a principal causa de estresse fisiológico nas árvores das florestas e do declínio florestal geral (ver Capítulo 21). No mundo todo, o corte de árvores tem sido uma causa determinante de destruição das florestas por centenas de anos, assim como o desenvolvimento para cultivo das terras e uso residencial. Em alguns lugares, as florestas têm sido destruídas, enquanto em outros, como o leste dos EUA, florestas secundárias têm-se regenerado em vastas regiões. Em algumas áreas do mundo (como partes do Japão e México), as únicas florestas que escaparam ao corte se encontram em locais inacessíveis ou muito íngremes. A construção de estradas e expansão dos subúrbios são ameaças renovadas a muitas florestas secundárias na América do Norte. A invasão por espécies vegetais exóticas também é uma ameaça a este e a muitos outros biomas em todo o mundo (ver Capítulo 21).

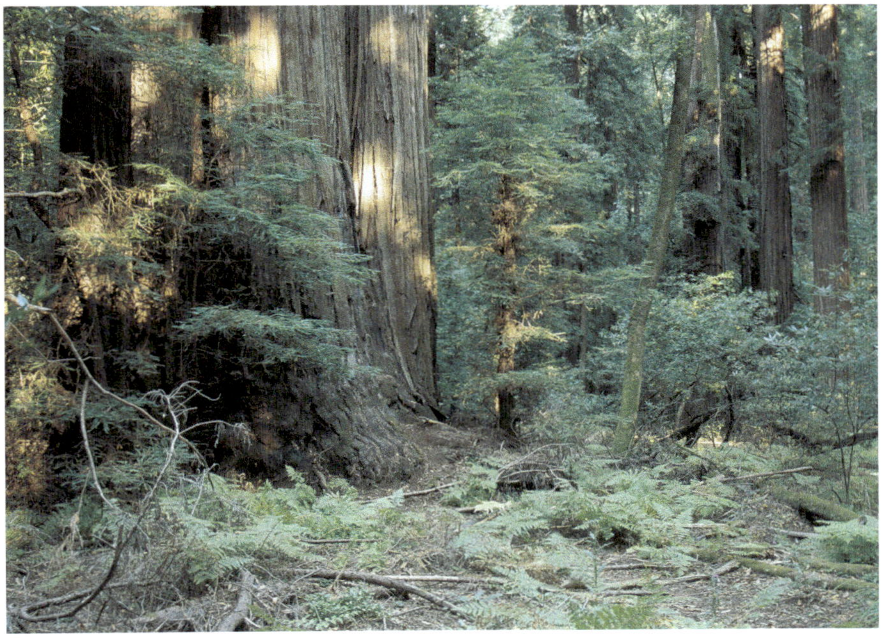

Figura 18.12 Floresta pluvial temperada primária no Parque Estadual das Sequoias Henry Cowell, Califórnia (fotografia © D. Perlman / EcoLibrary.org).

Outras florestas e bosques temperados

Floresta pluvial temperada

No sul do Chile e ao longo da costa noroeste da América do Norte (Figura 18.12) estão localizadas substanciais florestas pluviais temperadas. Outras menores ocorrem na costa oeste da Nova Zelândia, nas costas sudeste e sudoeste do continente australiano e na ilha da Tasmânia. Na Noruega, permanecem fragmentos, e, em outras partes da Europa, como a Escócia, há muitos séculos essas florestas foram completamente destruídas (Figura 18.13). Climaticamente, essas regiões são todas similares: sob influências marítimas, as temperaturas permanecem frias, e há abundantes chuvas no inverno e nevoeiros no verão. A produtividade e a decomposição são extremamente altas em algumas dessas florestas, em grande parte devido às temperaturas amenas e ao extenso período de chuvas, o que resulta em uma estação de crescimento bastante longa. Diferentemente das florestas pluviais tropicais, contudo, a diversidade de espécies neste caso pode ser bastante baixa. Na América do Norte, essas florestas são dominadas por coníferas de folhas aciculadas. Por outro lado, no Chile, na Nova Zelândia e na Austrália, as florestas pluviais temperadas são dominadas por árvores latifoliadas, como *Nothofagus* (Fagaceae*), embora coníferas como as da família Podocarpaceae também desempenhem um importante papel em algumas dessas florestas do Hemisfério Sul.

As florestas pluviais temperadas contêm algumas das árvores mais altas do mundo, incluindo as sequoias gigantes da Califórnia (*Sequoia sempervirens*, Cupressaceae) e alguns dos eucaliptos da Austrália, com alturas exceden-

* N. de T. Na verdade, o gênero *Nothofagus* pertence à família Nothofagaceae.

Figura 18.13 As Terras Altas da Escócia foram desnudas de suas florestas pluviais temperadas há séculos e mantidas como campos pelo pastejo de bovinos e ovinos. O estande florestal visto aqui é o resultado de um esforço de reflorestamento iniciado há várias décadas (fotografia © M. Boulton/ Alamy).

do os 100 m. Nem todas as florestas desse tipo contêm árvores de tamanha estatura, contudo, as florestas costeiras de espruce-de-Sitka (*Picea sitchensis*, Pinaceae) do Alasca apresentam árvores similares em altura àquelas das florestas deciduais temperadas. Algumas dessas florestas (incluindo as florestas de sequoias) dependem de incêndios ocasionais para sua regeneração.

As florestas pluviais temperadas são mais ameaçadas por seu valor econômico do que pelo crescimento populacional humano, já que a maior parte delas não se encontra próximo a centros de população humana. Por causa das retiradas permanentes de madeira, muitas dessas florestas na costa oeste do Canadá e dos EUA têm sofrido corte raso para obtenção de madeira, resultando em altas taxas de erosão e perda de diversidade de espécies. Devido à alta taxa de crescimento potencial arbóreo, algumas dessas áreas têm sido replantadas com monoculturas de árvores para atividade madeireira, resultando em plantações com diversidade baixa no lugar das florestas pluviais temperadas naturais primárias. Os estandes florestais remanescentes de florestas primárias têm sido foco de conflitos longos e sem tréguas entre ambientalistas e madeireiros. As florestas pluviais temperadas primárias da América do Norte estão desaparecendo mais rapidamente do que as florestas pluviais tropicais, quase inteiramente como resultado de operações madeireiras comerciais (Figura 18.14).

Figura 18.14 Floresta pluvial temperada primária em Oregon está sendo submetida a "corte raso". Todas as árvores serão derrubadas para a exploração comercial da madeira (fotografia cedida por S. Hillebrand / U.S. Fish and Wildlife Service).

Figura 18.15 Em seu estado natural, as florestas perenifólias temperadas estão entre os hábitats mais ameaçados no mundo. Aqui é mostrado o Parque Estadual Hartwick Pines, na região central de Michigan. Como último estande remanescente de floresta de pinheiro branco em Michigan, o parque abriga a maior árvore de pinheiro branco do mundo (*Pinus strobus*, Pinaceae) (fotografia de S. Scheiner).

Floresta perenifólia temperada

A floresta perenifólia temperada é uma categoria abrangente que inclui florestas de tipos bastante diferentes. Todas elas se localizam em áreas que apresentam climas sazonais pronunciados e são mais secas do que áreas com florestas deciduais temperadas, devido à precipitação baixa ou aos solos que não retêm a umidade adequadamente (Figura 18.15). Essas florestas geralmente experimentam temperaturas relativamente amenas, mas apresentam intensos ciclos de umidade e seca (como nas partes mais úmidas da região do Mediterrâneo, no sul da Califórnia e no sul da Austrália), ou exibem maiores amplitudes térmicas e climas continentais mais secos (como nas montanhas do oeste dos EUA). Nas suas margens mais secas, as florestas perenifólias temperadas geralmente se tornam bosques temperados ou comunidades dominadas por arbustos, como o chaparral. As árvores podem ser latifoliadas ou de folhas aciculadas, porém suas folhas são retidas durante todo o ano. As árvores com folhas **esclerófilas** (duras, perenifólias, relativamente pequenas, arredondadas e espessas) são comuns especialmente em áreas com temperaturas amenas. Nas regiões mais frias, em geral predominam as florestas de folhas aciculadas, incluindo as florestas de pinheiros e abetos nas latitudes médias na Serra Nevada da Califórnia e as florestas mistas de coníferas e faias no Chile e na Nova Zelândia. Estas últimas, dependendo das proporções relativas de árvores perenifólias de folhas aciculadas e latifoliadas caducifólias, poderiam ser classificadas como florestas deciduais temperadas.

As florestas de folhas aciculadas temperadas são encontradas em áreas do leste dos EUA e oeste da Europa, onde a seca devido aos solos arenosos, a fertilidade baixa dos solos ou os solos rasos sobre afloramentos rochosos favorecem os pinheiros em relação às árvores caducifólias. Exemplos são os "áridos de pinheiros" e "bosques de pinheiros" das planícies costeiras do leste e do sul dos EUA. Essas florestas são dominadas por *pitch pine* (*Pinus rígida*), em partes do leste da planície costeira e sobre afloramentos rochosos ao longo da costa leste, e por *gleaf pine* (*Pinus palustris*) e *slash pine* (*Pinus elliottii*) da Virgínia, ao leste do Texas, juntamente com vários carvalhos (*Quercus* spp.) arbóreos e arbustivos e arbustos ericáceos baixos. Todas essas florestas experimentam queimadas frequentes e, em extensão variável, dependem do fogo para sua manutenção e regeneração. Muitas das espécies dessas florestas apresentam diversas adaptações ao fogo (ver Capítulo 12). Nessas florestas, as taxas de produtividade e decomposição são tipicamente baixas. A diversidade pode variar consideravelmente; enquanto muitas apresentam diversidade baixa, as florestas de *P. palustris* incluem alguns dos sistemas mais ricos em espécies da América do Norte.

No sudeste dos EUA, as florestas dominadas por pinheiros são atualmente mais extensas do que há várias centenas de anos. Áreas originalmente caracterizadas como florestas latifoliadas foram abertas para o cultivo agrícola, o que esgotou os nutrientes do solo. Quando as plantações foram abandonadas durante convergências de economia recessiva e tempo ruim, do século XIX até a Grande Depressão da década de 1930, as florestas retornaram, porém são agora dominadas por pinheiros e diferem bastante das florestas originais. Já que várias espécies de pinheiros podem ser rapidamente cultivadas para extração de polpa, hoje em dia muitas florestas com essas espécies são mantidas neste estado por corte e práticas silviculturais, nada permanecendo da diversidade ou estrutura natural. Queimadas periódicas em áreas não-manejadas podem também ajudar a manter a dominância dos pinheiros. Os pinheirais naturais remanescentes, especialmente aqueles dominados por *P. palustris*, estão entre os ecossistemas mais ameaçados dos EUA. Muitas dessas áreas estão sendo hoje urbanizadas.

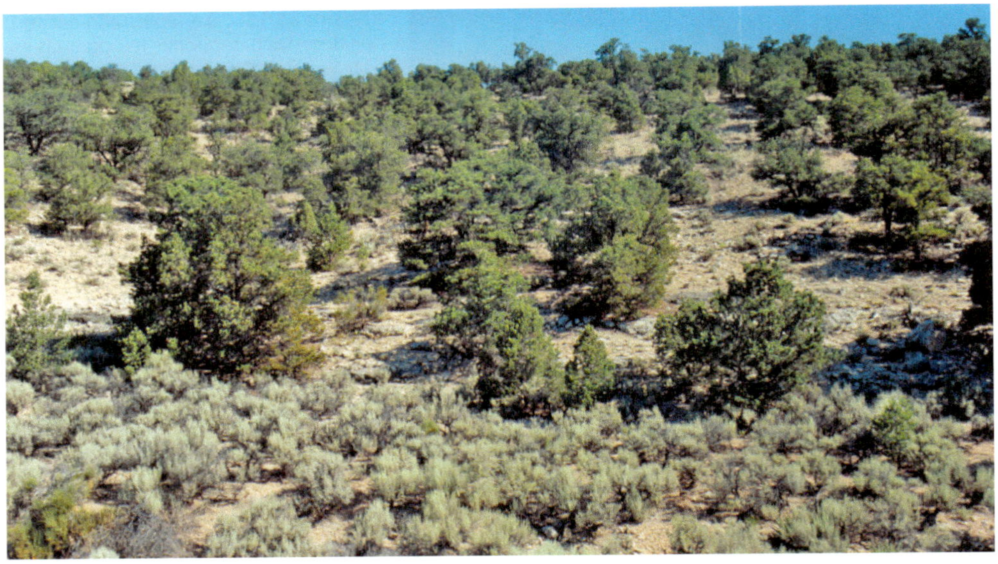

Figura 18.16 Bosque de *pinyon*-junípero no norte do Arizona (fotografia de S. Scheiner).

Bosque temperado

Os bosques temperados, como seus equivalentes tropicais, ocorrem nas margens mais secas das florestas e geralmente formam zonas de transição entre florestas e campos ou bosques arbustivos. A diversidade e produtividade são menores em bosques do que em florestas deciduais. Os bosques temperados variam de copas arbóreas quase contínuas até muito abertas, com árvores esparsas (Figura 18.16). As espécies de árvores podem variar de perenifólias de folhas aciculadas, latifoliadas esclerófilas, até árvores latifoliadas caducifólias com alturas de 3 a 7 m. Na América do Norte, os bosques de coníferas são extensos na área entre as Montanhas Rochosas e a Serra Nevada, onde são dominadas por várias espécies de pinheiros de pinhão* (*Pinus*) e juníperos (*Juniperus*). Os bosques de carvalhos (*Quercus*) e de pinheiros e carvalhos ocorrem do Estado de Washington ao Vale Central da Califórnia, e através de áreas do sudoeste dos EUA e norte do México, a leste do Texas. Eles também são comuns ao redor do Mar Mediterrâneo (onde são novamente dominados carvalhos) e na América do Sul, África e Austrália.

Taiga

A taiga é um extenso cinturão florestal composto primordialmente por coníferas, o qual cobre uma enorme região do subártico circumpolar (Figura 18.17). Vegetação similar é encontrada globalmente em muitas regiões subalpinas. O nome "taiga" vem da palavra russa para "floresta boreal", o qual é outro nome para este bioma. A taiga é um dos maiores biomas do mundo, abrangendo aproximadamente 12 milhões de km^2 e ocupando 8% da superfície terrestre. Ele representa em torno de um terço da área florestada do mundo, estendendo-se do Alasca e Canadá à Escandinávia, Rússia, China, Mongólia, e a partes do Japão e da península da Coreia. Na América

Figura 18.17 Taiga no Refúgio Nacional de Vida Selvagem de Koyukuk, Alasca (fotografia cedida por U.S. Fish and Wildlife Service).

* N. de T. Em inglês lê-se *pinyon pine*. Refere-se a espécies de pinheiros que produzem diásporos comestíveis, tradicionalmente consumidos pelos índios norte-americanos, e hoje amplamente difundidos no restante da população americana. Os equivalentes na América do Sul seriam os pinhões produzidos pelas coníferas do gênero *Araucaria*.

do Norte, as florestas boreais também podem ser encontradas nas elevações altas das Montanhas Apalaches, Montanhas Rochosas e da Serra Nevada; elas são encontradas em regiões montanhosas similares através da Eurásia. Nas suas margens mais ao norte ou nas elevações superiores, essas florestas se abrem em bosques, *muskeg* (pântanos de musgos do norte) ou bosques arbustivos varridos por ventos.

Os climas da taiga são amplamente continentais, com invernos longos e intensamente frios (até seis meses abaixo do congelamento), e verões quentes e curtos (com somente 50 a 100 dias sem gelo). A precipitação é baixa (38 a 50 cm por ano), porém o clima é úmido devido às taxas de evaporação muito baixas. Extensas áreas dessa região foram cobertas pelo gelo durante a glaciação mais recente. Distúrbios recorrentes são características importantes da paisagem e incluem incêndios florestais, queda de árvores devido a tempestades e desfolhamento de grandes áreas por ataque de insetos. As taxas de produtividade e a decomposição tendem a ser muito baixas, e os solos são geralmente muito ácidos.

As florestas boreais apresentam baixa diversidade de espécies e geralmente são dominadas por apenas poucas espécies de coníferas arbóreas. Quatro gêneros de árvores dominam a maior parte da taiga circumpolar: *Picea* (espruce), *Abies* (abeto), *Pinus* (pinheiro), e *Larix* (lariço). (Os lariços estão entre as poucas espécies de coníferas caducifólias.) O sub-bosque de uma floresta boreal é tipicamente sombreado, com poucas espécies. Árvores e arbustos latifoliados caducifólios são dominantes comuns nos estágios iniciais tanto da sucessão primária quanto da secundária, com *Alnus* (amieiro), *Betula* (bétula) e *Populus* (álamo) particularmente comuns. Em muitas partes do Canadá e do Alasca, por exemplo, as espécies dominantes são *Picea glauca* (espruce branco) e *Picea mariana* (espruce negro), com menor número *Abies balsamea* (abeto balsâmico), *Larix laricina* (lariço), *Pinus banksiana* (*jack pine*), *Pinus contorta* (*lodgepole pine*), *Populus tremuloides* (álamo tremedor), *Populus balsamifera* (choupo balsâmico) e *Betula papyrifera* (bétula de papel).

Pelo fato de as taxas baixas de decomposição provocarem o acúmulo de turfa (ver Capítulo 14), a taiga é um "reservatório de carbono líquido", exercendo uma função crítica no balanço de carbono global pela absorção de aproximadamente 700 milhões de toneladas de carbono por ano, o equivalente a cerca de 75% das emissões anuais da China. Extensas áreas de taiga permanecem como primárias, ou ao menos estão intactas e relativamente não-perturbadas. A taiga da Rússia e do Canadá constitui mais da metade das florestas primárias remanescentes no mundo. Uma vez que as populações humanas são pequenas na taiga, a ameaça principal a essas florestas é a exploração comercial para madeira, polpa e papel. Na Suécia, por exemplo, a extração comercial de madeira em grande escala e o replantio com monoculturas de espécies de interesse madeireiro ao longo de um século têm transformado muitas florestas boreais em plantações com baixa diversidade. A mudança climática, a mineração e as perfurações de petróleo e gás também ameaçam muitos ecossistemas de taiga.

Bosque arbustivo temperado

Os bosques arbustivos temperados (Figura 18.18) são encontrados em regiões com climas Mediterrâneos, os quais apresentam invernos frios e úmidos e verões quentes e secos. Eles ocorrem entre as latitudes 30° e 40°, nas costas oeste dos continentes, adjacentes às correntes oceânicas

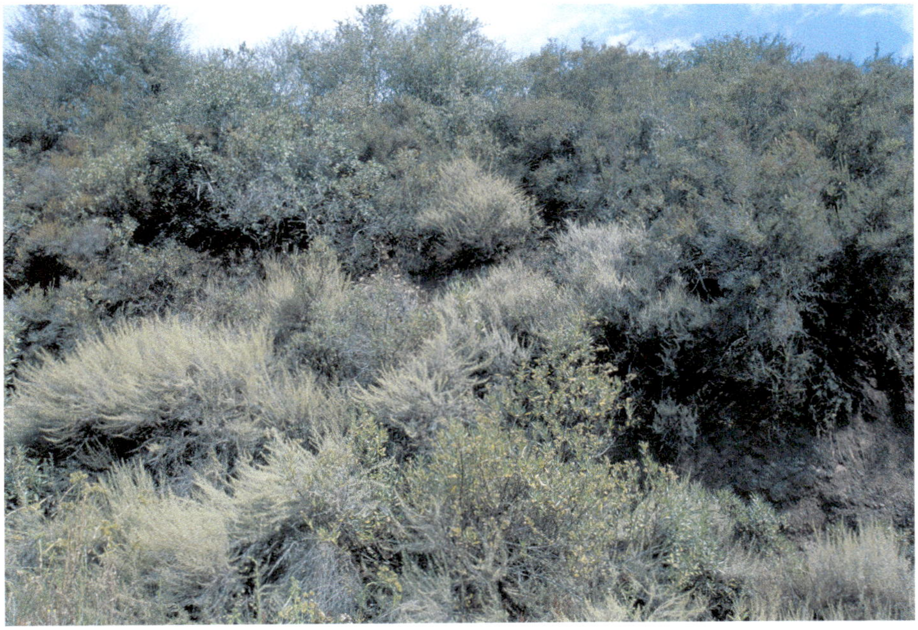

Figura 18.18 Bosque arbustivo temperado (chaparral) na Califórnia. A vegetação de chaparral tal como a mostrada está sujeita a queimadas periódicas (fotografia © D. Perlman / EcoLibrary.org).

frias próximas ao litoral. Essas regiões são muito isoladas umas das outras em diferentes continentes, resultando na ocorrência de muitas espécies endêmicas. Mundialmente, os nomes deste bioma diferem: *garriga* e maquis no Mar Mediterrâneo, *fynbos* na região do Cabo, na África do Sul, *matorral* no centro do Chile, *kwongan* no sudoeste da Austrália e chaparral na costa sul da Califórnia. A diversidade de espécies varia de baixa a excepcionalmente alta, mais notavelmente no *fynbos* (ver Quadro 19A). Todos esses tipos diferentes de bosques arbustivos temperados são dominados por arbustos esclerófilos perenifólios (Figura 18.19). Muitos membros da flora arbustiva são altamente aromáticos, incluindo diversos membros da família da menta (Lamiaceae) (p. ex., sálvia, alecrim, tomilho e orégano). Muitos deles contêm óleos altamente inflamáveis.

A precipitação anual total em bosques arbustivos temperados varia de 40 a 100 cm por ano e é muito concentrada nos poucos meses da estação fria. As temperaturas vão de baixas a elevadas, moderadas pela proximidade do oceano e por nevoeiros causados pelas correntes oceânicas frias. Há uma estação de crescimento curta e previsível, quando a umidade e temperatura do solo são suficientes para o crescimento; a maior parte do crescimento e florescimento das plantas ocorre entre o final do inverno e a primavera. Muitas das plantas são adaptadas à seca. Os incêndios são frequentes, conforme os habitantes dos subúrbios da Califórnia, que expandem suas moradias sobre este bioma, vêm descobrindo com consternação. Além dos arbustos dominantes, ervas anuais são bastante comuns, especialmente nos anos imediatamente após os incêndios.

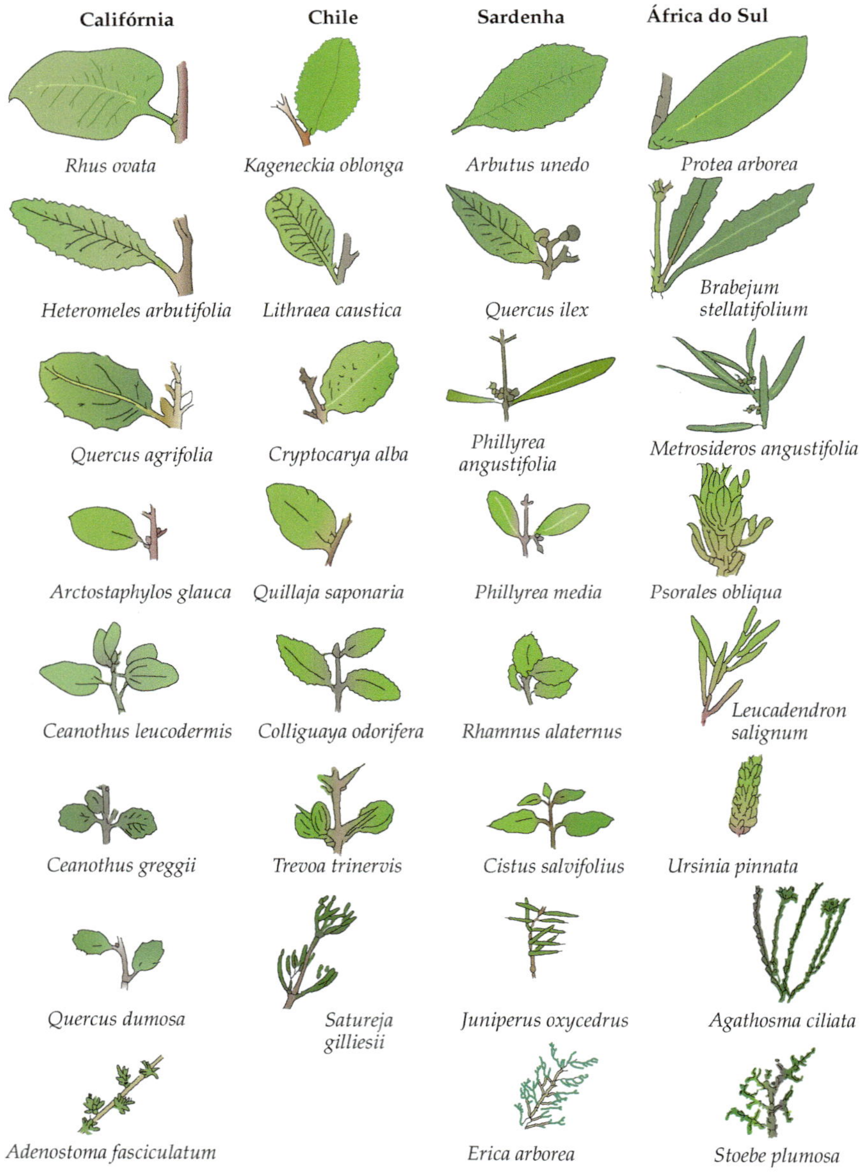

Figura 18.19 Exemplos de como a evolução convergente, descendência comum e história biogeográfica levaram à similaridade de morfologia foliar em quatro áreas amplamente disjuntas com biomas de bosque arbustivo temperado. As folhas nos bosques arbustivos temperados tendem a ser esclerófilas: duras, perenifólias, relativamente pequenas, arredondadas e espessas. As folhas ilustradas aqui são de espécies do sul da Califórnia, na América do Norte (chaparral), do norte do Chile, na América do Sul (*matorral*), da ilha da Sardenha, no Mar Mediterrâneo, e da África do Sul (*fynbos*). Em alguns casos, diferentes espécies de um mesmo gênero são encontradas em diferentes áreas (como *Quercus*, na Califórnia e na Sardenha), exemplo dos efeitos da descendência comum e história biogeográfica. Em outros casos, espécies não-aparentadas encontradas na mesma área apresentam folhas similares (como na Califórnia, com espécies do gênero *Quercus* que são membros da família Fagaceae e espécies do gênero *Ceanothus* que são membros da família Rhamnaceae), exemplo de evolução convergente (segundo Cody e Mooney, 1978).

Há milênios, os bosques temperados têm sido afetados pelo homem, por meio da criação de gado e do uso do fogo. A própria região Mediterrânea, como conhecemos da literatura grega clássica, foi antigamente florestada por espécies perenifólias como carvalhos, pinheiros, cedros, alfarrobas e oliveiras selvagens. Muitos cientistas acreditam que os bosques arbustivos da Califórnia, da mesma maneira, tornaram-se muito mais extensos como resultado da queima deliberada pelos indígenas norte-americanos, como uma ferramenta de manejo, assim como pela criação de gado pelos colonos espanhóis (Woodward, 1997). Os continentes diferem em relação aos tamanhos das populações humanas que vivem nos bosques arbustivos temperados, bem como quanto à natureza dos efeitos humanos sobre eles. As populações humanas não são grandes nem seu crescimento é acelerado na maioria das regiões de bosques arbustivos, embora, na Califórnia, a suburbanização e o desenvolvimento acoplados ao crescimento rápido da população sejam as principais ameaças ao chaparral. O bosque arbustivo da Austrália apresenta uma população humana baixa, mas em alguns lugares ocorre a limpeza do terreno para agricultura. A região do *fynbos* é especialmente ameaçada por espécies invasoras de plantas e animais.

Campos

Campo temperado

Os campos temperados (Figura 18.20) são conhecidos por muitos nomes, como pradaria (América do Norte), estepe (vastas partes do norte e centro da Rússia), *veldt* (África do Sul), pampas (América do Sul) e *puszta* (Hungria). Eles são geralmente encontrados em climas continentais secos, com invernos frios e secos, e verões de quentes a muito quentes, com pluviosidade mais alta. Os campos são os maiores biomas da América do Norte; antigamente, eles cobriam 266 milhões de hectares (35%) dos EUA. As gramíneas podem ser baixas, especialmente nas áreas mais secas, ou altas. *Andropogon gerardii* (*big bluestem*), espécie dominante das pradarias de gramíneas altas do centro da América do Norte, pode crescer até 2,5 m de altura. As gramíneas mais altas e a maior produtividade ocorrem nas partes mais à leste do bioma campestre da América do Norte, com a altura e a produtividade diminuindo para oeste.

A invenção do arado de aço por John Deere, em 1837, resultou na conversão de quase toda a pradaria de gramíneas altas na América do Norte, e muito da pradaria mista a oeste, em lavouras. Hoje em dia somente poucas pradarias remanescentes estão preservadas, e a única espécie de gramínea alta que provavelmente será vista é o milho (*Zea mays*, a qual não ocorre na natureza, mas foi criada por seleção humana e cruzamentos na Mesoamérica pré-espanhola). Em Illinois, por exemplo, ainda existe menos de 1% da pradaria original. No mundo todo, os campos convertidos em plantações para o cultivo de grãos são geralmente descritos como "celeiros" de seus países.

A pluviosidade é bastante sazonal na maioria dos campos temperados, levando à seca sazonal. Em algumas áreas de campo, a precipitação total seria suficiente para sustentar árvores, se a chuva fosse distribuída mais uniformemente ao longo do ano. Em muitos campos, o fogo é o fator-chave na exclusão de árvores e arbustos. Todas

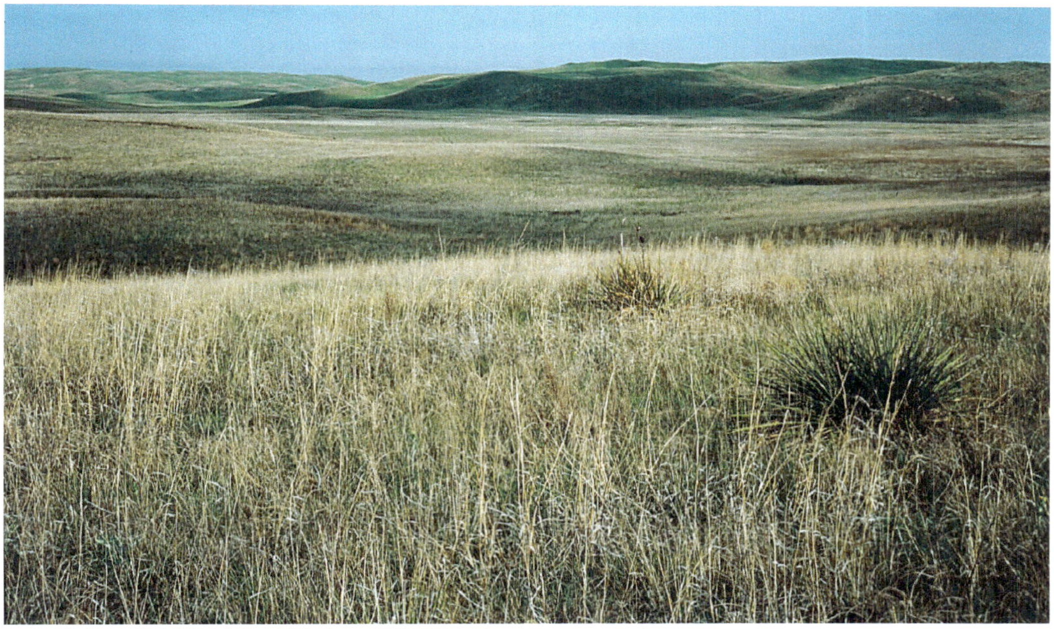

Figura 18.20 Pradaria de gramíneas altas no estado de Nebrasca, na região central dos EUA. É fácil de ver porque este bioma é às vezes poeticamente referido como "um mar de gramas" (fotografia © R. e J. Pollack / Biological Photo Service).

as regiões de pradaria dos EUA a leste do Rio Mississipi são mantidas pelo fogo; evidências sugerem que os índios norte-americanos usavam o fogo para manter esses campos em áreas que, de outra forma, seriam de floresta decidual temperada.

Os efeitos do homem sobre os campos temperados são extensos. A supressão do fogo tem levado à invasão de muitos campos por plantas lenhosas. A caça de grandes pastadores nativos praticada pelo homem, como ao bisão na América do Norte, também tem favorecido plantas lenhosas como arbustos, que são vulneráveis ao pastejo. A alta densidade de gado doméstico também exerceu efeitos expressivos. A principal diferença entre o bisão e o gado é que enquanto o bisão estava sempre se deslocando, permitindo a recuperação das pastagens, o gado é mantido permanentemente em um único lugar por longos períodos. A introdução e a expansão de espécies de plantas não-nativas invasoras na América do Norte tem também resultado em mudanças drásticas nos campos, em nível de comunidades, ecossistemas e paisagem.

Enormes regiões de campos temperados têm sido convertidas em lavouras irrigadas. Geralmente, essa agricultura intensiva não é sustentável a longo prazo. Por exemplo, grande parte das Grandes Planícies norte-americanas é irrigada com água do aquífero de Ogallala, localizado sob a parte sul da região. Essa água não estará disponível para sempre; o aquífero está sendo consumido muito mais rapidamente do que é recarregado. No decorrer de muitos anos, a irrigação provoca a salinização do solo, pois a água, quando evapora, deixa para trás depósitos minerais concentrados. Além disso, os custos do bombeamento da água aumentam com o tempo, à medida que o lençol freático baixa. A agricultura irrigada já se tornou insustentável em partes das Grandes Planícies, e os tipos de problemas que estão sendo ali enfrentados se expandirão para outras regiões no futuro. Enquanto isso, o campo nativo desapareceu e não pode substituir as lavouras irrigadas – e a mudança ocorreu em apenas duas ou três gerações. Os esforços dos ecólogos para restaurar os ecossistemas campestres têm alcançado resultados variados, desde os que, otimisticamente, parecem ser restaurações bem sucedidas de longa duração até fracassos completos. A restauração bem sucedida de pradarias e outros campos até suas situações originais requer muito dinheiro, trabalho e tempo, além de depender de uma gama de condições; portanto, é improvável fornecer soluções factíveis para além de algumas áreas muito limitadas. Por outro lado, o retorno da estrutura e função do ecossistema, embora com uma comunidade muito diferente, é muito mais fácil de alcançar.

Os distúrbios antropogênicos em campos podem ter efeitos interativos, como foi visto no desaparecimento dos campos de vale da Califórnia. O Vale Central da Califórnia foi um vasto campo perene, com extensas áreas úmidas e leitos de rio férteis. Os exploradores espanhóis escreveram que, em anos úmidos, era impossível andar a cavalo pelo Vale de Sacramento devido à densidade e altura da vegetação, assim como por extensas terras úmidas (*wetlands*). Essa vegetação desapareceu inteiramente nos dias atuais, tendo sido substituída por gramíneas mediterrâneas anuais baixas (e algumas ervas exóticas). A conversão em lavouras irrigadas, embora importante, não foi a razão principal para essa mudança. Interações entre seca, densidades altas de bovinos e ovinos domésticos não-nativos, além da introdução de plantas exóticas, contribuíram para o desaparecimento dos campos perenes. A forma de crescimento em moitas (touceiras) das gramíneas nativas propicia espaços abertos que permitem o estabelecimento de plantas invasoras. As gramíneas nativas também se desenvolvem pouco sob pastejo pesado e denso. Quando os EUA tomaram posse da Califórnia, então território mexicano, e os pastejadores foram introduzidos nas décadas de 1850 e 1860, a balança começou a inclinar-se para a incursão bem-sucedida de espécies vegetais exóticas. O fato de a área estar então sofrendo uma seca prolongada também influenciou em favor das plantas invasoras anuais.

Savana tropical

As savanas tropicais são campos perenes que podem apresentar dossel arbóreo aberto ou arbustos esparsos. "Savana" é uma variação de origem espanhola do termo usado pelos índios norte-americanos para designar "planícies". Como os campos temperados, as savanas ocorrem em áreas com estações secas e úmidas distintas, que seriam de florestas estacionais ou bosques, se as condições de solo ou distúrbios não limitassem o estabelecimento de árvores de dossel. A pluviosidade gira em torno de 75 a 125 cm por ano, com um inverno seco que dura ao menos cinco meses. Os distúrbios são causados em grande parte por pastejo ou queimadas frequentes, ou ocasionalmente por outros fatores como a saturação do solo (devido à sua impermeabilidade). As savanas tropicais mais extensas encontram-se na África e no Brasil (cerrado); outras são encontrados na América Central, Austrália e no sudeste da Ásia.

As savanas são dominadas por gramas perenes altas de 1 a 2 m de altura, tipicamente entremeadas com árvores ou arbustos resistentes à seca e ao fogo. As savanas de palmeiras, eucaliptos e acácias são exemplos deste tipo de vegetação, cada um denominado por suas árvores esparsas do estrato superior. As savanas apresentam uma ampla gama de características. A maioria possui uma diversidade de espécies razoavelmente alta. As taxas de decomposição, mais baixas do que as observadas em florestas tropicais, são ainda assim geralmente muito altas, e os solos são bastante variáveis. As savanas de acácias do leste e sul da África constituem-se em um mosaico de comunidades locais criadas e mantidas pelo fogo e pastejo, sendo preservadas no Quênia, na Tanzânia, no Zimbábue, em Botswana, na Namíbia e na África do Sul. As famosas Planícies do Serengueti, na Tanzânia, são savanas de acácias que se desenvolvem sobre areias vulcânicas ricas em nutrientes, embora a maior parte da vegetação de savana ocorra em solos nutricionalmente pobres. Os Llanos da bacia do Orinoco na Venezuela e Colômbia são savanas de gramíneas mantidas pela cheia anual do Rio Orinoco, a qual resulta em longos períodos de água parada que impede o estabelecimento de árvores. O cerrado do Brasil apresenta um dossel aberto de árvores baixas com uma forma retorcida bem característica; seus solos ácidos e pesadamente lixiviados são ricos em íons tóxicos de alumínio e pobres em nutrientes. Essa região apresenta muitas espécies endêmicas e sua diversidade total de espécies aproxima-se daquela observada em florestas pluviais tropicais. As savanas de pinheiros da América Central ocorrem sobre areias quartzosas secas e pobres em nutrientes. As savanas do sudeste asiático são geralmente consideradas como criadas e mantidas pelo homem por meio de queimadas frequentes.

O pastejo pode combinar-se com o fogo para estabelecer e manter a vegetação de savana. No leste da África, os elefantes descascam as árvores e, mais drasticamente, as derrubam, abrindo bosques para a invasão da vegetação herbácea. A presença de gramíneas aumenta a atratividade da área para outros animais pastadores, como antílopes e zebras, os quais comem e pisoteiam plântulas de espécies arbóreas, impedindo a regeneração dos bosques. Somente árvores e arbustos espinhosos podem se estabelecer neste ambiente, levando à criação de uma savana de acácias (Figura 18.21).

A maior diversidade de ungulados (mamíferos com cascos) do mundo é encontrada nas savanas da África, incluindo búfalos, girafas, elandes, impalas, gazelas, órixes, gazelas-girafa, gnus, zebras das planícies, rinocerontes, elefantes e javalis africanos. As vastas manadas de herbívoros sustentam carnívoros que incluem leões, leopardos, chitas, chacais e hienas. Em contraste, poucos mamíferos ou aves neotropicais (centro e sul-americanos) estão restritos às savanas, embora as capivaras (um enorme roedor semiaquático) sejam típicas dos llanos, e os tamanduás sejam comuns nas savanas sul-americanas. Os cupins são habitantes particularmente notáveis de todas as savanas tropicais (Figura 18.22); esses detritívoros são importantes para a formação do solo. Os porcos-da-terra (*aardvarks*) e os pangolins, ambos comedores de cupins habitantes de savanas, estão entre os mamíferos mais peculiares da Terra.

Figura 18.22 Algumas savanas tropicais e bosques secos tropicais mantêm grandes colônias de cupins, cujos cupinzeiros podem dominar visualmente a paisagem. Aqui, um cupinzeiro construído por *Nasutitermes triodiae* (cupim-da-catedral) na região do "topo final" do Território do Norte, na Austrália. Os cupinzeiros desta espécie de cupim, que se alimenta de plantas herbáceas, podem alcançar de 5 a 6 metros de altura. Os cupins construtores de cupinzeiros são frequentemente os herbívoros dominantes em regiões tropicais pobres em nutrientes, com chuvas altamente sazonais (fotografia cedida por K. Whitley).

Como muitos outros biomas, as savanas tropicais estão ameaçadas pelo crescimento da população humana. Na África, o maior desafio para a preservação de grandes herbívoros é encontrar formas nas quais eles possam coexistir com o homem. Além do problema de invasões de propriedades, os elefantes, por exemplo, estão em risco quando vagam fora das reservas naturais e as pessoas os alvejam para evitar que destruam cultivos de alimentos vitais. Os planos de conservação que incluem incentivos econômicos e a participação dos habitantes locais nas tomadas de decisão, e não apenas de especialistas em conservação, seriam provavelmente estratégias mais bem sucedidas para a preservação destes e de outros sistemas naturais.

Figura 18.21 Savana no Parque Nacional de Tarangire, Tanzânia. O pastejo por animais, como as zebras, mantém o campo por meio da redução da regeneração de árvores (fotografia © D. Perlman/EcoLibrary.org).

Desertos

Deserto quente

Os **desertos** e os semidesertos ocupam extensas áreas do oeste da América do Norte, da Austrália, da Ásia e da África. Os desertos ocorrem onde a evapotranspiração potencial excede a evapotranspiração real – em outras palavras, onde a água pode ser perdida para a atmosfera a uma taxa maior do que aquela que seria normalmente disponibilizada para as plantas. Tipicamente, isso significa que as regiões desérticas recebem menos de 25 cm de precipitação por ano, porém alguns números podem ser enganosos; por exemplo, as regiões costeiras do sul da Califórnia recebem menos chuva do que esse valor, mas não são desérticas porque as correntes frias próximas ao litoral atuam para reduzir a temperatura e aumentar a umidade relativa. Assim, San Diego, na Califórnia, que tem clima Mediterrâneo, tipicamente recebe por ano menos chuva do que Tucson, Arizona, no Deserto de Sonora.

Os desertos quentes são encontrados em dois cinturões centrados nas latitudes 30°N e 30°S. O bioma dos desertos quentes inclui os desertos de Mojave, Sonora e Chihuahua na América do Norte, os desertos do Saara, Kalahari e Namíbia na África, o Deserto Arábico na Ásia, o Deserto de Atacama na América do Sul, e os desertos da Austrália. Todas essas áreas exibem ciclos sazonais úmido/seco, embora alguns dos desertos mais secos possam experimentar períodos de muitos anos sem qualquer pluviosidade mensurável.

Tipicamente, a precipitação no deserto chega em um único período durante o ano. Na América do Norte, o Deserto de Mojave recebe quase toda a chuva no inverno, enquanto o Deserto de Chihuahua recebe chuvas predominantemente no verão. O Deserto de Sonora é o único entre os desertos do mundo a apresentar dois períodos de chuva: uma estação chuvosa de inverno e outra estação chuvosa de verão, com outonos e primaveras bastante secos separando-as. Como consequência, o Sonora é o mais verde entre os desertos do mundo (Figura 18.23), com as maiores biomassa permanente e produtividade, além de possuir uma das maiores diversidades florísticas.

Como regra, quanto mais baixa for a pluviosidade média anual, maior será a variação na quantidade e distribuição da pluviosidade anual. A "estação chuvosa" na maioria dos desertos é um período no qual a chuva é mais provável, embora não seja incomum haver muito pouca chuva em uma determinada estação chuvosa. Consequentemente, os organismos de deserto devem estar adaptados não apenas à umidade limitada e às altas temperaturas, mas também à ausência de previsibilidade de chuva (ver Capítulo 3). Em um dos extremos de adaptação, as plantas anuais passam a maior parte de suas vidas como sementes resistentes à dessecação, vivendo apenas brevemente como organismos fotossintéticos quando as condições são mais favoráveis. No outro extremo, arbustos suculentos e perenifólios apresentam tecido fotossintético que está sempre exposto à dessecação potencial. Os arbustos que perdem as folhas por causa da seca têm uma estratégia intermediária, expondo pouco tecido perdedor de umidade durante os longos períodos secos. Em parte devido à imprevisibilidade da pluviosidade, as suculentas são menos abundantes ou ausentes nos desertos mais quentes; elas são características de desertos com pluviosidade relativamente maior e previsível. No Vale da Morte, na Califórnia, extremamente quente e seco, as plantas anuais representam a forma de crescimento dominante. A outra forma de crescimento comum no Vale da Morte é a dos arbustos caducifólios por estiagem. No Deserto de Sonora, ao contrário, plantas suculentas como cactos, agaves e iúcas* são abundantes e diversificadas.

Uma vez que as espécies anuais predominam em desertos quentes, em geral as suas sementes são relativamente abundantes no solo e, consequentemente, há muitos animais **granívoros** (comedores de sementes), em especial roedores, formigas e aves. O sul do Arizona, por exemplo, possui a maior diversidade de roedores do mundo e quase a mais alta diversidade de formigas granívoras. Embo-

* N. de T. As iúcas são ervas perenes, arbustos e árvores do gênero *Yucca* (Agavaceae) que ocorrem naturalmente nas Américas do Norte e Central e nas Índias Ocidentais.

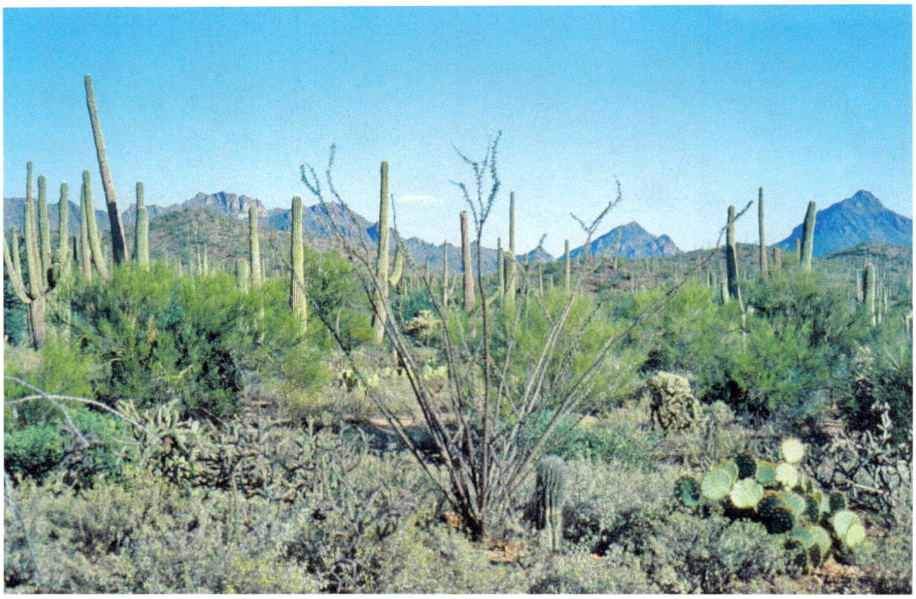

Figura 18.23 Deserto de Sonora nos arredores de Phoenix, Arizona (fotografia de S. Scheiner).

ra sejam abundantes, as sementes das plantas desérticas anuais geralmente não têm uma boa dispersão. Muitas espécies de plantas de deserto apresentam adaptações que limitam a sua capacidade de dispersão. As áreas de onde as plantas foram retiradas frequentemente não são recolonizadas por décadas ou mesmo por séculos.

Os desertos são áreas de grande interesse para a agricultura, pecuária e exploração mineral, e estão se tornando cada vez mais importantes igualmente para recreação. Por quase toda a história e pré-história, populações humanas em desertos foram muito pequenas. Nas últimas décadas, contudo, tem havido rápidos crescimentos populacionais em algumas áreas desérticas. O explosivo crescimento de cidades de desertos, como Phoenix, no Estado do Arizona, tem apontado para os imensos efeitos das atividades humanas sobre os sistemas naturais de tais áreas. Os aquíferos subterrâneos estão sendo esgotados pelas populações urbanas e pelo uso agrícola, e as águas superficiais (como as do Rio Colorado, no sudoeste dos EUA) enfrentam demandas muito pesadas. A agricultura irrigada pode levar à salinização do solo em desertos, da mesma forma que nos campos. Esse processo é considerado a causa do colapso de diversas civilizações antigas no sudoeste americano. Técnicas ambientalmente danosas de extração de petróleo e mineração são fontes adicionais de distúrbios graves nos sistemas bióticos de muitos desertos. O sobrepastejo, tanto pelo gado doméstico quanto por ungulados selvagens, tem vastos efeitos sobre muitos desertos. O pastejo intensivo perturba o solo e aumenta as taxas de evapotranspiração devido à redução da cobertura vegetal. O uso de veículos *off-road* para o lazer, comum na paisagem dos desertos americanos (assim como em outras regiões), é altamente destrutivo para a vegetação frágil. Como a vegetação é responsável por segurar o solo em seu lugar, a remoção dela pelo pastejo e por outras atividades humanas leva à perda de solo e à erosão grave.

Deserto frio

Os desertos frios são encontrados em áreas de sombra de chuva no centro dos continentes. Os maiores são os desertos Cazaco-Zungariano e de Gobi, na Ásia Central, e o deserto Intermontano ou da Grande Bacia, na América do Norte (Figura 18.24). Diferentemente dos desertos quentes, os desertos frios experimentam temperaturas de congelamento em parte do ano, embora possam ser muito quentes no verão. Nos desertos frios, a precipitação é geralmente concentrada no inverno. São dominados por arbustos e espécies herbáceas e apresentam poucas das espécies de suculentas encontradas em alguns desertos quentes, pois a maioria dessas plantas é vulnerável aos danos causados pela formação de cristais de gelo. Os desertos frios também possuem poucas espécies anuais porque a umidade é disponível principalmente na forma de degelo, justamente quando as temperaturas estão muito baixas para o rápido crescimento. Há também possíveis razões históricas para a escassez das espécies anuais. Na Grande Bacia da América do Norte, por exemplo, existem poucas espécies anuais nativas, porém a invasão bem sucedida da gramínea anual europeia *Bromus tectorum* é uma evidência de que as anuais podem viver bem ali. A maior parte das ameaças antropogênicas aos desertos quentes também está presente nos desertos frios.

Vegetação alpina e ártica

Campo e bosque arbustivo alpinos

Os bosques arbustivos alpinos (Figura 18.25) estendem-se, no sentido ascendente, além da linha das árvores sobre as montanhas altas e são geralmente entremeados com campos alpinos. A vegetação nessas áreas pode incluir tanto o que definimos como arbustos – plantas lenhosas com múltiplos caules e de baixa estatura – e plantas de aparência

Figura 18.24 A artemísia (*Artemeisa*, Asteraceae) domina esta paisagem de deserto frio em Wyoming (fotografia de J. Gemme).

Figura 18.25 Bosque arbustivo alpino (páramo) nas Montanhas de Talamanca da Costa Rica (fotografia © D. Perlman/EcoLibrary.org).

bizarra, que apresentam forma rosetada e podem crescer até 3 a 5 m de altura (Figura 18.3). Os bosques arbustivos alpinos são encontrados em todos os continentes, exceto na Austrália e na Antártica. Na América do Sul, eles constituem uma grande parte da vegetação de altitudes elevadas denominada páramo. **Urzal** é o nome de um tipo de vegetação dominado por arbustos ericáceos de baixa estatura; em algumas partes do mundo, os bosques arbustivos alpinos consistem em grandes extensões de vegetação de urzal. Ao norte da zona temperada, os arbustos são tipicamente *Salix* (salgueiro) e *Betula* (bétula).

Acima da linha das árvores, em áreas montanhosas ou em áreas com drenagem de ar frio, os campos alpinos são o principal tipo de comunidade (Figura 18.26). Esses campos são em geral dominados por **ciperáceas** (*sedges*, Cyperaceae), plantas filogeneticamente relacionadas às gramíneas e similares a elas quanto à forma de crescimento. Essas comunidades podem também conter arbustos esparsos, árvores anãs e plantas herbáceas perenes baixas com formas que lembram pequenas almofadas, variando, assim, gradualmente entre bosques arbustivos alpinos e tundra. Os campos também podem ser encontrados nas regiões alpinas e árticas, onde as árvores foram suprimidas por pastejo (Figura 18.27).

Áreas alpinas temperadas e tropicais diferem em alguns aspectos importantes. As regiões alpinas temperadas apresentam invernos longos e frios, durante os quais o solo é congelado e uma profunda camada de neve cobre grande parte da vegetação por longos períodos. O degelo geralmente marca o início da primavera. Ao contrário, as regiões alpinas tropicais, especialmente em montanhas muito altas, apresentam um forte ciclo térmico diário, como se toda a noite fosse inverno e toda a tarde fosse verão. O crescimento continua durante todo o ano, e o solo não congela (ao menos não profundamente nem

Figura 18.26 Campo alpino no Parque Nacional das Montanhas Rochosas, Colorado (fotografia de S. Scheiner).

Figura 18.27 Campo ártico em Ervik, Stadt, Noruega. O pastejo mantém esta área como campo. A espécie florescendo no primeiro plano é *Primula veris* (Primulaceae), característica desses campos costeiros ricos em espécies (fotografia cedida por V. Vandvik).

por longos períodos de tempo). Todas as regiões alpinas apresentam um aporte de energia solar muito alto porque a atmosfera é mais tênue do que no nível no mar, de modo que há menos atmosfera para filtrar (isto é, absorver e espalhar) a luz solar que entra. A luz do sol é particularmente intensa nas regiões alpinas tropicais porque o ângulo da radiação solar incidente é mais direto sobre os trópicos. Os altos níveis de radiação ultravioleta resultantes podem prejudicar os processos bioquímicos das folhas (e podem causar queimaduras graves em humanos).

A área total ocupada por vegetação alpina de todos os tipos é pequena. A precipitação é geralmente limitada nessas áreas, e a produtividade e diversidade de espécies são também baixas. O clima severo, as encostas íngremes e a baixa produtividade das regiões alpinas combinaram-se para manter os tamanhos das populações humanas reduzidos desde a pré-história até o presente, embora várias culturas diferentes, como as dos Incas e dos povos tibetanos, tenham se desenvolvido e prosperado em regiões montanhosas altas. Mesmo pequenas populações humanas, contudo, podem exercer efeitos significativos sobre os hábitats alpinos. As temperaturas baixas significam que muitos processos, como o crescimento vegetal, a formação do solo e a decomposição, sejam bastante lentos. Como resultado, atividades humanas como a mineração e a pecuária (a forma primária de atividade rural nessas regiões) podem exercer efeitos de muito longa duração.

Tundra

A **tundra** é encontrada em áreas onde as temperaturas são demasiadamente baixas para o crescimento de árvores. Há vastas áreas de tundra ártica no norte da América do Norte e da Eurásia. No Hemisfério Sul, a presença da tundra é restrita à pequena superfície terrestre existente nas latitudes elevadas – somente umas poucas áreas na Península Antártica e nas ilhas vizinhas são referidas como tundra. As condições nos topos das montanhas altas, incluindo vento e frio extremo, criam a tundra ártica.

A tundra ártica apresenta invernos longos, escuros e geralmente muito frios, bem como verões curtos com até 24 horas de luz solar. O solo descongela a cada verão até uma profundidade de somente 25 a 30 cm, resultando em ***permafrost****, uma camada de solo permanentemente congelada abaixo daquela profundidade, a qual limita bastante o crescimento de raízes. As árvores são excluídas da tundra ártica por uma combinação de fatores, incluindo o *permafrost* e o frio extremo. As temperaturas abaixo de 40°C matam quase todos os tecidos vegetais aéreos, impedindo o estabelecimento de plantas longevas, como as árvores. Outro fator limitante do crescimento de árvores é que a vegetação emergente sobre a neve no inverno experimenta não somente o frio extremo, mas também ventos fortes, especialmente em áreas alpinas. Os solos da tundra são em geral jovens e pobremente diferenciados (em geral inceptissolos**; ver Tabela 4.1), pois a maior parte dos sítios de tundra ártica estiveram cobertos por gelo no passado recente. A decomposição da serrapilheira costuma ser lenta devido às temperaturas baixas e, consequentemente, à baixa atividade microbiana, e secundariamente às condições anaeróbias em muitos lugares.

As tundras alpinas e árticas exibem similaridades e diferenças. Ambas têm estações de crescimento curtas, e a tundra alpina (ao menos em áreas temperadas, embora

* N. de T. O termo *permafrast* poderia ser traduzido literalmente como "permanentemente congelado".

** N. de T. Os **inceptissolos** constituem uma ordem de solo, de acordo com a Taxonomia de Solos do Departamento de Agricultura dos EUA (*USDA Sail Taxonomy*, disponível em http://soils.usda.gov/technical/classification). São solos que se formam rapidamente pela alteração de matéria-prima original, não acumulando argila, ferro, alumínio e matéria orgânica.

não nos trópicos) está sujeita ao frio intenso no inverno. Nos dois tipos de tundra, a maior parte da precipitação ocorre sob forma de neve, de modo que há longos períodos durante os quais as plantas são incapazes de captar umidade; em muitos locais (como a tundra alpina em latitudes médias no oeste da América do Norte), a seca é comum durante o verão. As tundras alpinas e árticas diferem bastante quanto a outros fatores, incluindo duração do dia, pressões atmosféricas, pressões parciais de gases como o CO_2, exposição aos raios ultravioleta e condições de solo.

Muitos gêneros e espécies encontrados na tundra alpina do Hemisfério Norte são também encontrados na tundra ártica. *Oxyria digyna* (azeda-da-montanha, Polygonaceae) é uma planta encontrada tanto em áreas árticas quanto alpinas do oeste e leste dos EUA e na Europa. Um estudo comparativo de populações árticas e alpinas desta espécie, realizado por Hal Mooney e Dwight Billings (1961; Billings e Mooney, 1968), concluiu que cada população é adaptada a condições locais específicas. Comparadas às plantas árticas, as alpinas apresentaram menor conteúdo de clorofilas nas folhas, taxa respiratória mais alta e menor ponto de saturação de luz. As espécies de tundra alpina evoluíram muitas vezes de espécies locais de terras baixas (Figura 18.3). Nos Andes altos, por exemplo, há muitas espécies de bromélias de altitudes elevadas, grupo que normalmente associamos a florestas tropicais.

As formas de crescimento características de plantas de tundra são arbustos baixos, arbustos mais altos ao longo de rios, herbáceas perenes, gramíneas e ciperáceas, musgos e líquens. Dependendo da topografia, dos solos e de outros fatores, ocorrem distintas comunidades vegetais na tundra. A tundra de moitas é dominada por gramíneas e ciperáceas (notavelmente por *Eriphorum vaginatum*), arbustos caducifólios e arbustos perenifólios, em abundância aproximadamente igual. As terras baixas ripárias são dominadas por salgueiros relativamente altos (1 a 4 m) e outros arbustos. A tundra úmida dominada por ciperáceas baixas e rizomatosas (< 20 a 30 cm) cobre áreas planas com drenagem restrita, formando uma expansão sobre a planície costeira ártica do Alasca, assim como em outras áreas. Os solos tipicamente degelam somente até 25 ou 30 cm, e o ciclo congela-degela frequentemente cria no solo um padrão característico em forma de cunha. Os solos da tundra úmida de ciperáceas apresentam conteúdos de matéria orgânica muito altos e podem ser cobertos com água durante o verão, porque o *permafrost* impede a drenagem.

A diversidade de espécies vegetais na tundra é bastante baixa. Muitos gêneros (como *Salix*) e mesmo algumas espécies (como *Dryas octopetala*, *Eriophorum vaginatum* e *Oxyria digyna*) são comuns no Ártico circumpolar (Figura 18.28), e comunidades similares são encontradas ao longo de extensos faixas territoriais. As densidades e a riqueza de espécies de populações animais também são baixas. Contudo, a tundra ártica proporciona hábitats críticos tanto para espécies características dessa região, como os lemingues, quanto para outros, como lobos, que têm sido reduzidos a pequenos números em outras regiões.

Figura 18.28 A vegetação desta tundra ártica ao longo de Glacier Bay, no sul do Alasca, é dominada por espécies de *Dryas* (Rosaceae) (fotografia cedida por L. Walker).

Entre os grandes mamíferos componentes da fauna ártica, destacam-se os ursos marrons, ursos cinzentos, ursos polares, lebres raquete-de-neve, linces, alces e renas; mamíferos marinhos, como as morsas e várias espécies de focas e baleias, são nativos ou dependem em grande escala de hábitats do Ártico. A tundra ártica serve como uma área de nidificação para muitas espécies de aves, especialmente aquelas associadas a áreas úmidas.

Os tamanhos e as densidades das populações humanas na tundra são extremamente baixos (inferior a 1 pessoa/km^2), embora o homem habite os ambientes árticos e os explore desde os tempos pré-históricos. A despeito dessas reduzidas densidades populacionais, o homem tem impactado desproporcionalmente os ambientes árticos, e as temperaturas baixas significam que a poluição persistirá por muito tempo. Pequenos distúrbios no solo podem perdurar por muito tempo. Na tundra ártica, um distúrbio pode resultar no derretimento do *permafrost*, levando à subsidência e compactação do solo. Talvez o mais ameaçador de todos os efeitos antropogênicos seja o aquecimento global, com maior intensidade prevista para as regiões polares (ver Capítulo 21).

Resumo

Biomas são extensas regiões que diferem entre si na fisionomia de sua vegetação. Eles são marcadamente determinados pelo clima – temperatura, pluviosidade e sazonalidade – e, em menor proporção, pelas propriedades dos solos. Embora os limites dos biomas sejam definidos arbitrariamente, o conceito de bioma permanece adequado, desde que fique claro que se trata de uma categorização descritiva. De modo geral, os cientistas concordam na classificação dos biomas. Um aspecto importante do conceito de bioma é que ele proporciona um arcabouço para a análise e a separação dos efeitos do arranjo das espécies, evolução convergente, descendência comum e história biogeográfica.

Os biomas são classificados com base na dominância de árvores (florestas e bosques), arbustos, capins e outras espécies herbáceas. A florestas são classificadas pela presença de árvores perenifólias ou caducifólias, latifoliadas ou de folhas aciculadas. As gramíneas predominam onde as condições se tornam muito áridas para árvores; os campos podem ser tropicais, temperados, alpinos ou árticos. Os arbustos dominam sob uma variedade de condições, incluindo as muito quentes ou secas para vegetação herbácea, com precipitação pronunciadamente sazonal, em algumas regiões muito frias ou como resultado secundário de sobrepastejo ou supressão do fogo.

Todos os biomas são fortemente afetados pelo homem. Alguns, como as florestas deciduais temperadas, podem se recuperar relativamente rápido dos distúrbios antropogênicos visto que muitas de suas espécies logo se dispersam e crescem rapidamente. Outros, como os desertos quentes, recuperam-se com dificuldade e crescem lentamente. A recuperação total de outros, como as florestas tropicais, é difícil devido à destruição do solo e à extinção de espécies nessas comunidades extremamente diversificadas. A recuperação de todos os biomas danificados ou degradados é limitada pela ocupação continuada, destruição de hábitats e mudança climática global.

Questões para estudo

1. Ao observar duas plantas de espécies diferentes, você constata que suas folhas são semelhantes em forma e tamanho. Explique todas as causas possíveis dessas semelhanças.
2. Nem todos os ecólogos classificam os biomas da mesma forma. Como você mudaria as categorias apresentadas neste capítulo? Justifique suas mudanças.
3. Muitos biomas estão sendo nitidamente afetados pelo homem. Sobre quais biomas os efeitos de longo prazo serão provavelmente maiores? Por quê?
4. Todos os biomas são encontrados em mais de um continente. Quais biomas têm a maior probabilidade de conter as mesmas espécies e os mesmos gêneros em continentes diferentes? Por quê?
5. Quais são os sete principais tipos de biomas? Quais são as condições ambientais primárias que resultam em cada tipo?

Leituras adicionais

Referências clássicas

Braun, E. L. 1950. *Deciduous Forests of Eastern North America.* Blakiston, Philadelphia, PA.

Rübel, E. 1936. Plant communities of the world. In *Essays in Geobotany in Honor of William Albert Setchel,* T. H. Goodspeed (ed.), 263-290. University of California Press, Berkeley.

Schimper, A. F. W. 1903. *Plant-Geography upon a Physiological Basis.* Clarendon Press, Oxford.

Tansley, A. G. 1939. *The British Islands and Their Vegetation.* Cambridge University Press, Cambridge.

Fontes adicionais

Bowden, C. 1993. *The Secret Forest.* University of New Mexico Press, Albuquerque.

Lomolino, M. V, B. R. Riddle and J. H. Brown. 2005. *Biogeography.* 3rd ed. Sinauer Associates, Sunderland, MA.

Davis, M. B. 1996. *Eastern Old-Grozvth Forests.* Island Press, Washington, DC.

Reisner, M. 1993. *Cadillac Desert: The American West and Its Disappearing Water.* Penguin Books, New York.

CAPÍTULO **19**

Diversidade Regional e Global

Aproximadamente um quarto de milhão de espécies vegetais são conhecidas no mundo todo, e pode haver ainda muitas espécies não-descritas. Admiravelmente, algumas partes do mundo apresentam muito mais espécies do que outras. Algumas florestas tropicais apresentam cerca de 1.500 espécies de angiospermas (incluindo 750 espécies de árvores) em 1.000 hectares – em Bornéu indonésio, os pesquisadores registraram mais de 400 espécies arbóreas em uma área de 0,75 km^2! Por outro lado, as regiões ao norte do Canadá e da Rússia podem apresentar somente umas poucas dúzias de espécies vegetais espalhadas em centenas de quilômetros quadrados. Por que algumas regiões do mundo têm muito mais espécies de plantas do que outras?

Neste capítulo, descreveremos padrões regionais e globais de riqueza de espécies e discutiremos o progresso no entendimento de suas causas, reunindo conceitos introduzidos em outros capítulos. No Capítulo 9, introduzimos as ideias de diversidade de espécies e de curvas espécie-área. Os padrões de diversidade em escala local foram discutidos no Capítulo 13. Medidas e padrões de diversidade de espécies entre comunidades foram considerados nos Capítulos 15 e 16. Aqui, analisaremos padrões em duas outras extensões, entre comunidades dentro de uma região e na maior extensão possível: através de continentes e do globo inteiro. Em cada escala, examinaremos algumas das hipóteses que têm sido propostas para explicar os padrões observados. Algumas dessas hipóteses têm sido agora desconsideradas, outras explicam os padrões observados ao menos em parte e, ainda, outras estão sendo debatidas vigorosamente pelos ecólogos. Nenhuma explicação pode responder por todos os padrões de diversidade de espécies observados. Ao invés disso, os ecólogos buscam estimar a importância relativa dos vários fatores que contribuem para a biodiversidade em diferentes lugares e ao longo do tempo. Nos Capítulos 17 e 18, vimos como um desses fatores – o clima – determina os padrões fisionômicos das comunidades e a distribuição dos biomas. Aqui, veremos como o clima, dentre outros fatores, influencia a diversidade biológica.

O entendimento de padrões de diversidade é importante para a conservação. Uma proporção cada vez maior do planeta é ocupada por ambientes dominados pelo homem, como fazendas, habitações e áreas industriais. Nosso domínio da paisagem deixa as áreas selvagens a cada ano mais reduzidas e altera aquelas que permanecem. Florestas primárias e outras comunidades vegetais relativamente intocadas estão diminuindo em extensão. Com as mudanças no uso da terra e nas características de hábitats naturais remanescentes vem uma acelerada taxa de extinção de espécies (ver Capítulo 21).

Se desejarmos preservar a diversidade de espécies e de comunidades, precisamos entender os padrões atuais de diversidade e os processos que sustentam tais padrões. Devido ao fato de as plantas estarem na base de quase todas as teias alimentares terrestres (as únicas exceções são as teias alimentares anaeróbias), a diversidade de animais, fungos e micróbios é frequentemente ligada à diversidade vegetal. Desse modo, os temas discutidos neste capítulo têm implicações tanto práticas quanto teóricas.

Padrões de riqueza de espécies em grande escala

Os cientistas tornaram-se pela primeira vez cientes dos padrões de riqueza de espécies em grande escala em decorrência das viagens de exploração e colonização empreendidas pelos europeus nos séculos XVIII e XIX. Seus navios muitas vezes transportavam botânicos e zoólogos como participantes da tripulação, sendo a viagem do *Beagle* (1831-1836) a mais famosa, na qual Charles Darwin atuou como naturalista. Esses naturalistas registravam as plantas e animais que encontravam, coletavam espécimes e as adicionavam ao crescente catálogo de espécies descritas. No século XVIII, Carl Linnaeus deu nome a mais de 9.000 espécies de plantas terrestres; hoje há aproximadamente 300.000 espécies de plantas identificadas, das quais em torno de 90% são angiospermas.

A partir desses registros, logo se tornou evidente que as regiões tropicais eram tipicamente muito ricas em espécies, regiões polares eram muito pobres em espécies, e regiões temperadas tinham números intermediários de espécies (Figura 19.1; Barthlott et al., 2005). Por exemplo, o Brasil tem mais de 56.000 espécies de plantas identificadas, os EUA têm aproximadamente 18.000 e o Canadá tem em torno de 4.200. Este padrão é muito antigo, remetendo, no mínimo, ao período Cretáceo (Crane e Lidgard, 1989; ver Capítulo 20), e similar a gradientes em outros táxons (Willig et al., 2003). A riqueza de espécies nas regiões tropicais é provavelmente subestimada porque muitas dessas áreas ainda não foram completamente investigadas. Mesmo na América do Norte, que tem sido estudada por botânicos há centenas de anos, novas espécies de plantas são identificadas a uma taxa de aproximadamente 60 por ano. Essas plantas ocasionalmente são encontradas sob nossos pés – por exemplo, em 1997, uma nova espécie, a mostarda *Lesquerella vicina* (Brassicaceae), foi descoberta pelo botânico James Reveal, no quintal do seu vizinho em Montrose, Colorado.

Uma explicação para o gradiente latitudinal geral de riqueza de espécies pode ser a mais antiga dentre as principais hipóteses ecológicas (Hawkins, 2001). Entre 1799 e 1804, o barão Alexander von Humboldt viajou através do

Figura 19.1 Padrões globais de riqueza de espécies de plantas vasculares (número de espécies por 10.000 km^2). A maior riqueza de espécies é encontrada em florestas pluviais tropicais e florestas sazonais tropicais; a menor riqueza de espécies é encontrada em desertos e na tundra (segundo Barthlott et al., 1996; Mutke e Barthlott, 2005).

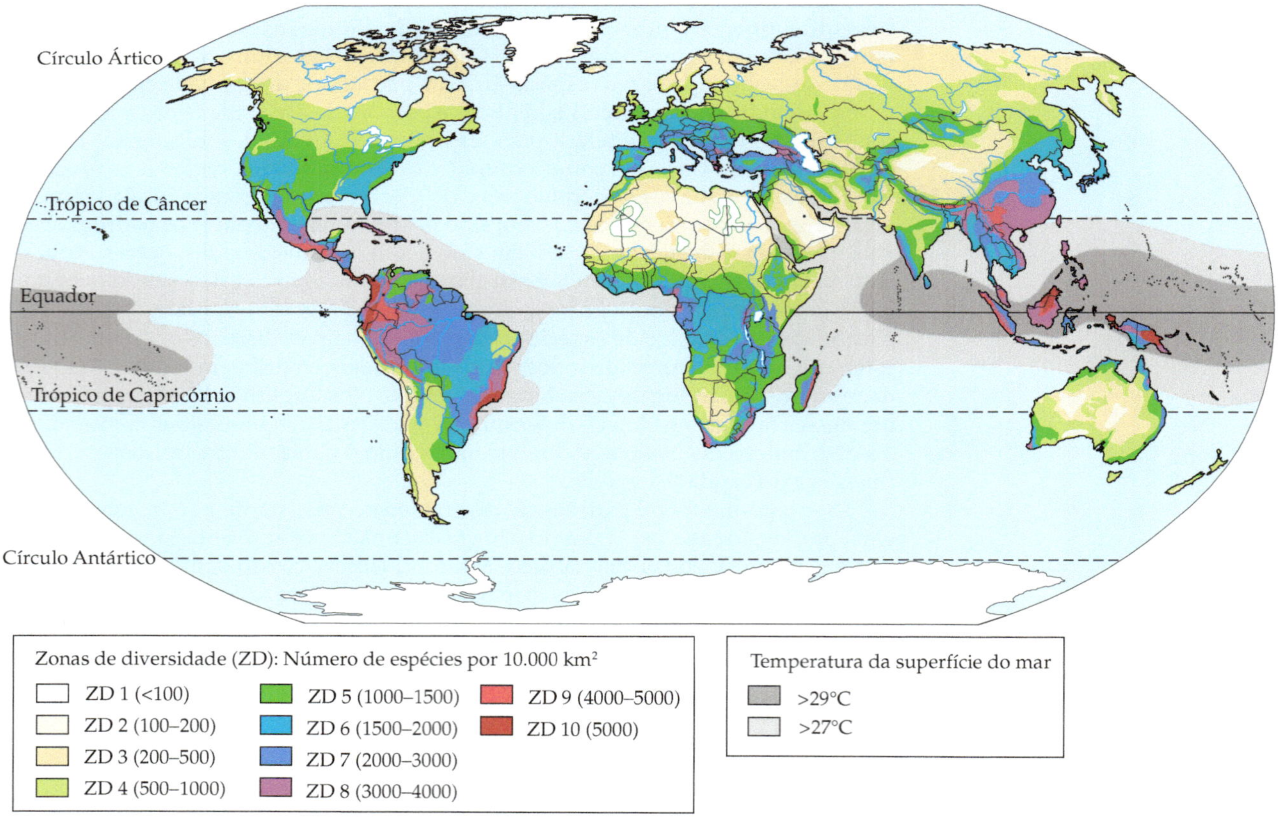

México, da América Central e do noroeste da América do Sul. Subsequentemente, ele publicou uma série de ensaios sob o título *Ansichten der Natur* ("Aspectos da Natureza"), nos quais descreveu um gradiente global na diversidade das espécies. Ele postulou que este padrão devia-se às diferenças climáticas, especificamente temperaturas de inverno e efeitos do congelamento.

Além do gradiente latitudinal, muitos outros padrões de diversidade têm sido observados em escalas regional e global. A riqueza regional de espécies de um grupo taxonômico específico pode ser muito similar ou extremamente diferente da riqueza de espécies daquele grupo em hábitats semelhantes em outras partes do globo (Schluter e Ricklefs, 1993). Comparações entre regiões do Hemisfério Norte com condições similares mostram que há muito mais espécies de plantas no leste da Ásia do que na Europa, enquanto a América do Norte apresenta um número intermediário. Em cordilheiras altas, há tipicamente mais espécies em elevações intermediárias do que em outros locais (Figura 19.2). Dentro dos continentes, há gradientes longitudinais de riqueza de espécies; na floresta boreal da América do Norte, a riqueza de espécies dentro de sítios é mais alta no centro do Canadá do que nas regiões leste e oeste (Figura 19.3). Na zona temperada, entre as latitudes 35° e 60°, há um pico de riqueza de espécies dentro de comunidades (Scheiner e Rey-Benayas, 1994).

Fatores gerais que afetam a diversidade

Níveis de explicação

Como os ecólogos têm tentado explicar as causas da variação na diversidade de espécies ao longo de gradientes

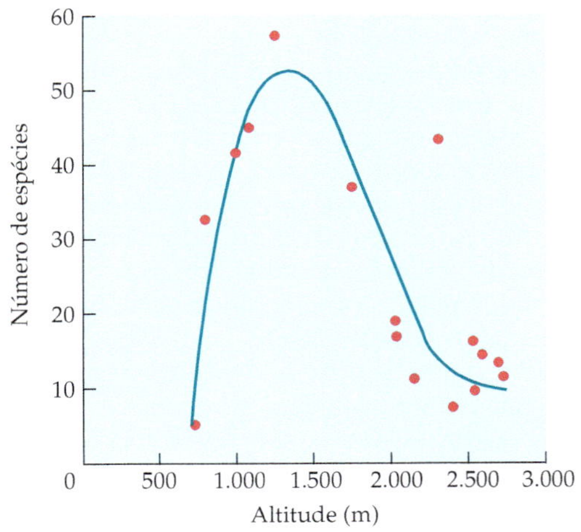

Figura 19.2 Riqueza de espécies vegetais ao longo de um gradiente altitudinal nas Montanhas Santa Catalina, no sul do Arizona. As duas comunidades em baixas e altas elevações – o Deserto de Sonora e florestas boreais, respectivamente – estão em ambientes extremos, resultando em pico de diversidade nas altitudes intermediárias (segundo Brown, 1988; dados de Whittaker e Niering, 1975).

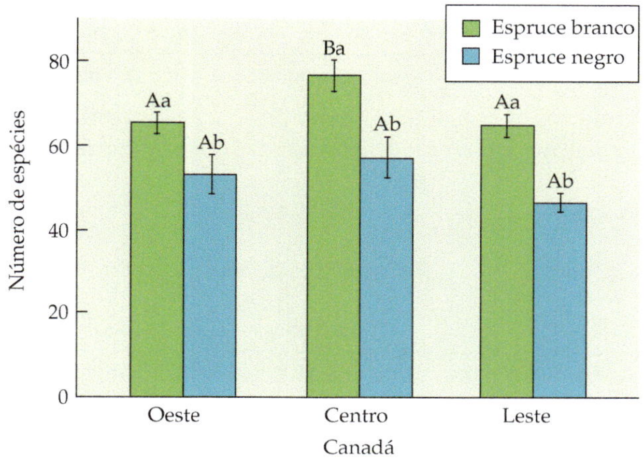

Figura 19.3 Número de espécies (média ± erro padrão) em parcelas de 30 x 30 m^2 em comunidades de floresta boreal no Canadá. A riqueza de espécies é maior na região central, especialmente em comunidades de espruce branco. Barras com letras maiúsculas diferentes indicam diferenças estatisticamente significativas entre regiões dentro de tipos de comunidades. Barras com letras minúsculas diferentes indicam diferenças estatisticamente significativas dentro de regiões entre tipos de comunidades (dados de Qian et al., 1998).

geográficos e ambientais? Os processos usados para explicar um padrão diferem em relação às escalas temporal e espacial daquele padrão (Tabela 19.1). Em escalas de tempo curtas a médias – até séculos ou milênios – os processos ecológicos dominam. As propriedades fisiológicas e ecológicas de cada espécie resultam no arranjo das espécies entre as comunidades dentro uma região – por exemplo, as espécies adaptadas a condições secas e úmidas são arranjadas em áreas altas e úmidas, respectivamente. Em escalas temporais mais longas, essas propriedades, juntamente com a história de cada espécie, ajudam a determinar a distribuição das espécies nas escalas regional e continental. Nas escalas temporais ainda mais longas, fatores ecológicos e históricos afetam a distribuição das espécies através do globo. Nas escalas temporais de milênios a centenas de milhares ou milhões de anos, predominam processos evolutivos (adaptação, isolamento, especiação e extinção). Alguns processos, incluindo expansões e contrações da área de distribuição e extinções de populações e espécies, podem acontecer por longos períodos de tempo ou muito rapidamente. O homem e seus efeitos sobre o ambiente têm acelerado muito esses processos para algumas espécies (ver Capítulo 21).

O conjunto de processos que governam a diversidade também difere dependendo da escala espacial. Em escalas locais – dentro de comunidades – a complexidade física do hábitat e as interações entre as espécies são de importância primordial para determinar a riqueza de espécies. Essas interações abrangem competição, herbivoria e mutualismos (ver Capítulos 10 e 11). À medida que a nossa escala se expande para o nível de paisagem ou conjuntos de comunidades, processos metapopulacionais podem tornar-

TABELA 19.1 Arcabouço hierárquico para os processos que influenciam a biodiversidade

Escala espacial	Escala temporal	Escala ecológica	Exemplos de fatores importantes
Local	1–100 anos	Dentro de comunidades	Microambiente, interações bióticas, distúrbio
Paisagem	100–1.000 anos	Entre comunidades	Tipo de solo, topografia, altitude, dinâmica de metapopulações, distúrbio
Região	1.000–10.000 anos	Bioma	Gradientes climáticos, história glacial recente, migração
Continente	1–10 milhões de anos	Província biogeográfica	Ciclos climáticos, surgimento de montanhas, especiação, extinção
Global	10–100 milhões de anos	Globo	Tectônica de placas, mudança no nível do mar

Fonte: Whittaker et al., 2001; Willis e Whittaker, 2002, modificado.

se progressivamente importantes. Esses processos incluem a migração entre comunidades e extinção dentro de comunidades (ver Capítulo 16). Por fim, em escalas continentais a globais, a migração e a extinção em resposta à mudança climática tornam-se importantes. A seguir e no Capítulo 20, discutiremos um exemplo – a migração seguindo a retração glacial mais recente.

Processos evolutivos também operam em todas essas escalas, embora em intervalos de tempo mais longos. Em escalas espaciais pequenas, a adaptação local é muito comum (ver Capítulo 6). Em resposta à competição com outras espécies, uma população pode evoluir para ocupar um nicho ligeiramente diferente, reduzindo, desse modo, a competição e aumentando a diversidade local. De forma similar, uma população pode desenvolver uma defesa contra um herbívoro que permita a ela ocupar um novo hábitat. Em escalas regionais, esses processos de adaptação podem levar à formação de novas espécies. Se a nova espécie é suficientemente diferente, ela pode coexistir no mesmo hábitat ou na mesma paisagem com a espécie da qual ela evoluiu, aumentando a riqueza de espécies naquela paisagem. Em escalas continentais a globais, à medida que surgem novas espécies, elas podem migrar para novas regiões, de modo que a riqueza de espécies aumenta em um conjunto inteiro de regiões.

Algumas explicações propostas para padrões de diversidade de espécies assumem que a sua distribuição está em equilíbrio com as condições ecológicas atuais, enquanto outras explicações não. Se uma determinada explicação assume ou não que a diversidade está em equilíbrio, isso depende, em parte, da sua escala. Dentro de uma única comunidade, por exemplo, o distúrbio pode aumentar a riqueza de espécies (ver Capítulo 12); esta é uma explicação de não-equilíbrio. Porém, em uma escala maior, através de comunidades de uma paisagem ou região, o distúrbio em comunidades específicas, equilibrado pela migração entre as comunidades, pode determinar a riqueza de espécies (ver Capítulo 16). Essa é uma explicação de equilíbrio, embora o equilíbrio seja dinâmico.

Modelos nulos

Um ponto de partida útil para avaliar hipóteses é construir um **modelo nulo** (Harvey et al., 1983). Utilizados por todas as ciências, os modelos nulos descrevem os padrões que emergiriam se apenas um conjunto especificado de processos aleatórios estivesse operando. Um modelo nulo difere um pouco de uma hipótese nula. As hipóteses nulas são usadas em testes estatísticos (ver o Apêndice) e são geralmente fundamentadas na pressuposição de que somente processos aleatórios – em particular erro de medição – afetam um sistema. Uma hipótese nula é tipicamente expressa como se não houvesse diferença entre dois ou mais grupos de observações. Os modelos nulos geralmente são mais elaborados. Um modelo nulo questiona "o que esperaríamos ver, se o processo de interesse *não* estivesse operando?"

Dois modelos nulos são comumente evocados em análises de padrões regionais e globais de riqueza de espécies. O primeiro, chamado de hipótese das áreas de distribuição restritas (*bounded ranges hypothesis*), foi proposto separadamente por Robert Colwell e George Hurtt (1994; Colwell et. al., 2004) e por Michael Willig e S. Kathleen Lyons (1998). Desenvolvido como uma possível explicação para o gradiente latitudinal da riqueza de espécies animais, essa hipótese emprega um argumento geométrico simples. As áreas de distribuição das espécies são limitadas pelos Polos Norte e Sul; quando ao mais, as espécies podem surgir em qualquer lugar. A disposição aleatória das áreas de distribuição das espécies sobre um globo uniforme resultaria em muitas faixas de distribuição sobrepostas ao longo do Equador, criando, portanto, um pico na riqueza de espécies nas regiões tropicais e diminuições na riqueza de espécies em direção aos Polos.

Devido ao fato de o modelo de áreas restritas de distribuição não incluir quaisquer processos ecológicos – somente geometria – ele serve como uma condição controle útil, contra a qual se pode comparar padrões observados. Por exemplo, observou-se que o modelo é responsável por parte do padrão latitudinal de riqueza de espécies de morcegos no Novo Mundo (Willig e Lyons, 1998; Lyons e Willig, 1999). A riqueza real de espécies foi mais alta nos trópicos e mais baixa nas latitudes elevadas do que fora previsto pelo modelo. Outros processos, portanto, são necessários para explicar o padrão como um todo. Assim, um modelo nulo fornece um ponto de partida útil para se descobrir onde os padrões interessantes estão e quais aspectos destes exigem explicações. Até o momento, nenhuma análise desse tipo foi realizada com plantas.

O modelo de áreas de distribuição restritas pode ser usado em outras escalas, além da do globo inteiro. Ele tem sido aplicado também a padrões de riqueza de espécies dentro de continentes e pode ser aplicado a qualquer sistema que tenha limites bem definidos, em que as faixas de distribuição das espécies sejam truncadas por uma mudança abrupta no ambiente, como quando um continente encontra um oceano. Uma pressuposição fundamental deste modelo nulo é que a área de distribuição de uma espécie pode ser tratada como um objeto sólido que pode estar posicionado aleatoriamente sobre um globo ou continente. Essa pressuposição é razoável, desde que o grão na análise seja grande o suficiente; por exemplo, quando a predição diz respeito à riqueza de espécies na escala de dezenas de quilômetros quadrados, mas não na escala de metros quadrados.

Um segundo modelo nulo, denominado **modelo neutro de biodiversidade e biogeografia**, foi proposto por Stephen Hubbell (2001). Este modelo prediz padrões locais e regionais de riqueza e abundância de espécies utilizando pressuposições simples de taxas de especiação, dispersão e extinção aleatória. Um modelo nulo porque se assume que todas as espécies são ecologicamente equivalentes, e foi derivado da teoria de biogeografia de ilhas (ver Capítulo 16) e de modelos de deriva genética (ver Capítulo 6).

Do mesmo modo que o modelo de áreas de distribuição restritas, este modelo pode servir como uma condição controle contra a qual se pode verificar a presença de outros processos ecológicos. Por exemplo, um estudo sobre a diversidade de árvores em florestas tropicais realizado por Richard Condit e colegas (2002) concluiu que padrões de β diversidade no Panamá, Equador e Peru não eram consistentes com este modelo. Da mesma forma que com todos os modelos nulos, uma ausência de ajuste dos dados não significa que o modelo está errado, apenas que processos adicionais podem estar operando. Nesse caso em particular, uma análise adicional feita por Joost Duivenvoorden e colegas (2002) concluiu que a distância espacial – uma variável-chave no modelo neutro – foi responsável por somente 10% da variação na β diversidade. Quatro variáveis ambientais – elevação, precipitação, idade da floresta e tipo de substrato rochoso – foram responsáveis por apenas 7% da variação, enquanto a combinação de distância espacial e variáveis ambientais foram responsáveis por 24%. Ainda, 59% da variação permaneceu não-explicada. Claramente, muito mais fatores necessitam serem examinados.

A observação de que um modelo (seja ele nulo ou de outra natureza) parece ajustar-se bem a um conjunto de dados não implica que ele descreva de forma acurada os processos subjacentes que geraram os dados, pois muitos processos diferentes podem ser capazes de gerar padrões similares. Por exemplo, o modelo neutro prediz com acurácia as curvas de ordenamento da abundância em muitas comunidades, mas muitos modelos não-neutros fazem predições muito similares (McGill, 2003; Purves e Pacala, 2005).

A importância da energia disponível

Evidências sugerem a energia disponível, ou como tal energia é transformada em biomassa (produtividade), como uma causa primordial dos padrões de riqueza de espécies vegetais em escalas regionais e globais (Hawkins et al., 2003). Além de ser uma explicação para o gradiente latitudinal de riqueza de espécies, a energia disponível é também a base da porção ascendente da relação entre produtividade e diversidade nos vários modelos discutidos a seguir neste capítulo. A hipótese da energia disponível (Connell e Orias, 1964; Wright, 1983; Wright et al., 1993) fundamenta-se em uma noção simples: produtividade crescente significa que mais energia está disponível para o crescimento e a reprodução e que, por isso, mais indivíduos podem viver na mesma área (ver Capítulo 13). Três mecanismos – disposição aleatória, extinção local e especiação – então levam de mais indivíduos a mais espécies. A disposição aleatória (também denominada amostragem passiva) cria uma relação entre o número de indivíduos e o número de espécies em uma área local, se a riqueza local de espécies é determinada pela amostragem aleatória de um *pool* regional de espécies (Coleman, 1981; Coleman et al., 1982) ou metacomunidade (Hubbell, 2001). À medida que o número de indivíduos em uma área local aumenta, o número de espécies também deve aumentar, pois a probabilidade de incluir uma espécie rara aumenta devido unicamente ao acaso. A extinção local – a pressuposição de que qualquer população local persistirá somente acima de um determinado tamanho mínimo (ver Capítulo 5) – é um componente da teoria da biogeografia de ilhas (ver Capítulo 16). Em extensões espaciais maiores, alguns mecanismos de especiação assumem uma relação positiva entre o número de indivíduos e a taxa de especiação (VanderMeulen et al., 2001).

A energia disponível em um sistema é uma função do clima – primeiramente temperatura e precipitação – ao mesmo tempo que é modificada pela disponibilidade de nutrientes no solo (ver Capítulo 14). Um modelo de Eileen O'Brien (1998) propôs que a riqueza de espécies vegetais é uma função da disponibilidade crescente de água e energia, modificada pela temperatura, de modo que sob temperaturas muito altas a água e a energia tornam-se menos disponíveis, à medida que a temperatura ótima é excedida. Desse modo, a relação total entre a riqueza de espécies e as variáveis climáticas é unimodal, ou em forma convexa. Este modelo produz estimativas razoáveis de riqueza de espécies de plantas lenhosas em escalas continentais quando comparado a dados da África, da América do Sul, dos EUA e da China (O'Brien, 1998; Field et al., 2005). A relação convexa gerada por esse modelo poderia parecer conflitante com a relação estritamente monotônica entre a riqueza de espécies e a produtividade postulada pela hipótese da energia disponível. Essa discrepância pode ser resolvida, contudo, pelo reconhecimento de que o modelo salta do clima para a riqueza de espécies e ignora o passo intermediário que envolve a utilização da energia pelas plantas individuais – a produtividade. Assim, o modelo de O'Brien realmente propõe uma relação unimodal entre

TABELA 19.2 Modelos de gradientes de diversidade e seus componentes e mecanismos

		Proposições				
Modelo	**Mecanismo**	**1: Tipo de gradiente**	**2: Mecanismo relacionando o número de indivíduos e o número de espécies**	**3: Heterogeneidade ambiental**	**4: Tipo de compromisso**	**Referências[a]**
Apropriação do espaço	A diversidade é mais alta sob produtividades intermediárias porque, sob maiores níveis de produtividade, os indivíduos são maiores, levando a menos indivíduos.	Produtividade	Disposição aleatória	N/D	Tamanhos dos corpos dependentes de densidade	1, 2
Instabilidade dinâmica	A diversidade é mais alta sob produtividades intermediárias porque maiores níveis de produtividade levam a maiores oscilações nos tamanhos populacionais, aumentando a chance de extinção	Produtividade	Extinção local	N/D	Taxa de crescimento *versus* dinâmica caótica	3, 4
Competição por recursos e heterogeneidade de recursos	A diversidade é mais alta sob produtividades intermediárias em comunidades vegetais terrestres, porque sob baixos níveis de recursos a competição é por nutrientes do solo, enquanto sob altos níveis de recursos a competição é por luz. Espécies diferentes têm melhor desempenho em cada um dos extremos do gradiente e somente sob níveis intermediários de recursos ambos podem coexistir.	Produtividade	Extinção local	Espacial	Capacidade competitiva por diferentes recursos	5, 6, 7
Covariância temporal	A diversidade de espécies é mantida porque os ciclos populacionais são negativamente correlacionados. Sob produtividades muito altas, a correlação negativa é eliminada, levando à exclusão competitiva.	Recurso	Extinção local	Temporal	Taxa de crescimento *versus* capacidade competitiva	8, 9
Energia	A diversidade aumenta com a quantidade de energia disponível. O suprimento energético crescente leva à maior disponibilidade de recursos e, assim, a maiores tamanhos populacionais. Com mais recursos disponíveis, mais espécies podem coexistir. Populações maiores têm taxas de especiação mais altas e probabilidades de extinção mais baixas.	Produtividade	Disposição aleatória	N/D	N/D	10, 11
Distúrbio e competição	A diversidade é mais alta sob produtividades intermediárias porque baixos níveis de recursos favorecem espécies que podem competir por recursos, enquanto sob altos níveis de recursos o distúrbio continuado favorece as espécies que podem crescer rapidamente. Espécies diferentes têm melhor desempenho em cada extremo do gradiente, e somente sob níveis intermediários de recursos ambos os grupos podem coexistir.	Produtividade e distúrbio	Extinção local	N/D	Capacidade competitiva *versus* taxa de crescimento	12, 13
Limitação de transporte	A diversidade é mais alta sob produtividades intermediárias porque aí é onde a heterogeneidade de hábitats é maior.	Produtividade	Local	Extinção espacial	Capacidade competitiva por recursos com diferentes raios de efeitos	6, 14

TABELA 19.2 *(continuação)*

		Proposições				
Modelo	**Mecanismo**	**1: Tipo de gradiente**	**2: Mecanismo relacionando o número de indivíduos e o número de espécies**	**3: Heterogeneidade ambiental**	**4: Tipo de compromisso**	**Referências[a]**
Convexa	A diversidade é mais alta sob produtividades intermediárias porque as espécies diferem em sua capacidade de se adaptarem para ser boas competidoras, crescer rapidamente ou tolerar estresses. Essas condições variam ao longo de um gradiente. Diferentes espécies têm melhor desempenho em cada extremo do gradiente, e somente sob níveis intermediários de recursos todos os grupos podem coexistir.	Produtividade, estresse e distúrbio	Extinção local	N/D	Capacidade competitiva *versus* taxa de crescimento *versus* tolerância ao estresse	15, 16
Razões entre predador e vítima	A diversidade é mais alta sob produtividades intermediárias porque, sob níveis mais baixos de recursos, a competição é maior, enquanto sob altos níveis de recursos a herbivoria é maior. Espécies diferentes têm melhor desempenho em cada extremo do gradiente, e somente sob níveis intermediários de recursos ambos os grupos podem coexistir.	Produtividade extinção	Local	N/D	Intensidade de competição *versus* intensidade de herbivoria	9, 17
Herbivoria *versus* competição	A diversidade é mais alta sob produtividades intermediárias porque sob níveis mais baixos de recursos a competição é maior, enquanto sob altos níveis de recursos a herbivoria é maior. Espécies diferentes têm melhor desempenho em cada extremo do gradiente, e somente sob níveis intermediários de recursos ambos os grupos podem coexistir.	Produtividade	Extinção local	Espacial	Capacidade competitiva *versus* resistência à herbivoria	18, 19
Competição intertáxon	A diversidade é mais alta sob produtividades intermediárias porque o recurso limitante difere em cada extremo do gradiente. Espécies diferentes têm melhor desempenho em cada extremo do gradiente, e somente sob níveis intermediários de recursos ambos os grupos podem coexistir.	Produtividade extinção	Local	N/D	Especialização a diferentes recursos em nível de clado	20, 21
Hábitat disponível	A diversidade é mais alta sob produtividades intermediárias porque os hábitats intermediários são mais comuns, então estes são os hábitats onde houve a maior oportunidade para as espécies evoluírem.	Produtividade	Especiação	N/D	Adaptação a diferentes recursos	20, 22
Taxas de especiação	A diversidade é mais alta sob produtividades intermediárias porque a diferença máxima entre as taxas de especiação e as taxas de extinção ocorre em tais hábitats.	Produtividade	Especiação	N/D	Taxa de especiação *versus* taxa de extinção	23
Taxas evolutivas	A diversidade é mais alta sob produtividades intermediárias porque a maioria das espécies evolui à taxa máxima sob estas condições.	Produtividade	Especiação	N/D	Capacidade competitiva *versus* deriva genética	23
Compromissos adaptativos	A diversidade é mais alta sob produtividades intermediárias porque há mais tipos de adaptações bem sucedidas sob estas condições.	Produtividade	Especiação	N/D	Adaptação a diferentes recursos	23

TABELA 19.2 *(continuação)*

		Proposições				
Modelo	**Mecanismo**	**1: Tipo de gradiente**	**2: Mecanismo relacionando o número de indivíduos e o número de espécies**	**3: Heterogeneidade ambiental**	**4: Tipo de compromisso**	**Referências[a]**
Temperatura e taxas evolutivas	Os trópicos são mais diversificados porque ali os táxons apresentam taxas mais altas de especiação devido a temperaturas mais quentes, as quais diminuem os períodos de cada geração, aumentam as taxas de mutação e a velocidade da seleção.	Temperatura	Especiação	N/D	N/D	24
Interações bióticas e taxas evolutivas	Os trópicos são mais diversificados porque ali os táxons apresentam taxas mais altas de especiação devido a interações bióticas mais intensas.	Temperatura	Especiação	Espacial	N/D	25

Fonte: Scheiner e Willig, 2005.

[a] Oksanen 1996; 2, Stevens e Carson, 1999; 3, Rosenzweig, 1971; 4, Wollkind, 1976; 5, Tilman, 1982; 6, Tilman, 1988; 7, Abrams, 1988; 8, Chesson e Huntly, 1988; 9, Rosenzweig, 1995; 10, Connell e Orias, 1964; 11, Wright, 1983; 12, Huston, 1979; 13, Huston e Smith, 1987; 14, Huston e DeAngelis, 1994; 15, Grime, 1973; 16, Grime, 1979; 17, Oksanen et al., 1981; 18, Leibold, 1996; 19, Leibold, 1999; 20, Rosenzweig e Abramsky, 1993; 21, Tilman e Pacala, 1993; 22, Denslow, 1980; 23, VanderMeulen et al., 2001; Rohde, 1992; 24, Rohde, 1992; Currie et al., 2004.

o clima e a produtividade, a qual então resulta em uma relação unimodal entre o clima e a riqueza de espécies.

Contribuições das diversidades α, β e γ

Os fatores que determinam o número de espécies em uma região podem ser separados em dois componentes: o número de espécies em cada uma das áreas menores que compõe a região e quão diferentes são as espécies de uma dessas áreas para outra. Os ecólogos usam uma sigla para se referirem aos três tipos de diversidade: diversidade γ para o número de espécies na região maior; diversidade α (ou diversidade do inventário), para o número de espécies em cada uma das áreas menores; e diversidade β (ou diversidade de diferenciação), para as diferenças na composição de espécies entre as áreas menores (ver Tabela 15.4). Na Figura 19.4, resumimos essas relações e os processos gerais que geram os padrões de diversidade. Este modelo conceitual não pretende abranger todos os processos que determinam os padrões de diversidade. Em vez disso, do mesmo modo que um modelo nulo, um modelo conceitual geral fornece um arcabouço ao qual processos adicionais podem ser acrescentados para responder a circunstâncias especificas (Willig et al., 2003).

Este modelo reúne várias das peças descritas nas seções anteriores. A energia disponível contribui para a diversidade α ao permitir a mais indivíduos existirem em uma área. Restrições geométricas às áreas de distribuição das espécies contribuem para a diversidade γ como um determinante do tamanho do *pool* de espécies regional. A área exerce dois papéis. Primeiro, uma área maior pode manter mais indivíduos, e, como foi explicado na seção anterior, mais indivíduos podem resultar em mais espécies. Adicionalmente, uma área maior provavelmente contém mais tipos de ambientes, levando a mais espécies, como foi explicado na discussão sobre curvas espécies-área (ver Capítulo 16). Então, as diversidades α e β contribuem para a diversidade γ. Além disso, o tamanho do *pool* regional de espécies (diversidade γ) afeta a diversidade (α) local, conforme indicado pela seta de duas pontas entre estes dois componentes. Mais adiante neste capítulo, exploraremos esta relação.

Diversidade ao longo de gradientes ecológicos

A diversidade muda ao longo de diversos tipos de gradientes ecológicos, como distúrbios, salinidade, tempera-

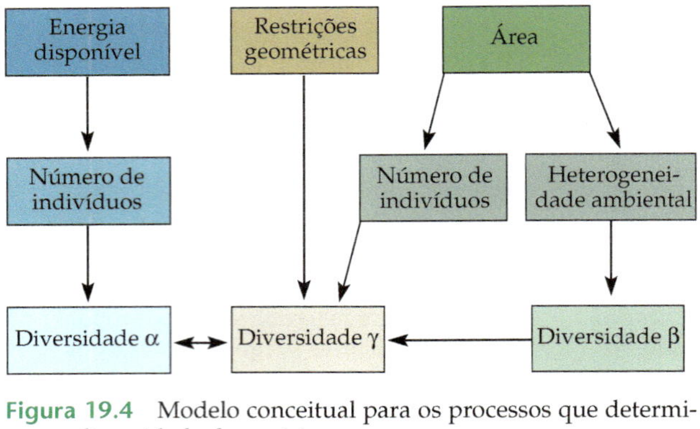

Figura 19.4 Modelo conceitual para os processos que determinam a diversidade de espécies.

tura ou sucessão. Além da disponibilidade de energia, sobre cuja importância os ecólogos estão de acordo, há uma miríade de processos operando em uma variedade de escalas. Por exemplo, a relação entre a riqueza de espécies e a produtividade pode ser positiva, negativa, convexa ou em forma de U (Figura 13.8). Esta complexidade sugere que estão envolvidos processos somados à produtividade.

Vários modelos têm sido propostos para explicar os muitos padrões de diversidade ao longo de gradientes ecológicos (Tabela 19.2). Os modelos são aparentemente contraditórios, e muita tinta vem sendo derramada para debater sobre eles (p. ex., Grime, 1973, 1979; Huston, 1979; Tilman, 1982; Rosenzweig, 1992; Huston e DeAngelis, 1994; Grace, 1999; Waide et al., 1999; Mittelbach et al., 2001). Recentemente, Samuel Scheiner e Michael Willig (2005) propuseram uma teoria única e unificada que pudesse abranger todos estes modelos. A sua teoria unificada tem como base quatro proposições:

Proposição 1: Há uma variação em algum fator ambiental, a qual causa variação no número de indivíduos, criando um gradiente na densidade de indivíduos. Esta proposição é parte de todos os modelos de gradiente de riqueza de espécies, embora esteja frequentemente implícita. O fator ambiental poderia ser um recurso ou alguma condição, tal como estresse ou distúrbio. Se existe o gradiente com respeito a um único recurso limitante, então cada espécie se restringe mais do que restringe outras espécies, minimizando assim a exclusão competitiva e criando um gradiente de riqueza. Do contrário, a riqueza de espécies seria a mesma em todos os lugares. Se há múltiplos recursos associados ao gradiente, o recurso mínimo (limitante) domina (a lei do mínimo de Liebig; van der Ploeg et al., 1999), porém a identidade deste recurso pode ser espécie-específica e mudar ao longo do gradiente.

Proposição 2: Em um ambiente uniforme de área fixa, mais indivíduos levam a mais espécies (Fisher et al., 1943; Preston, 1962a,b; Srivastava e Lawton, 1998), como explicado anteriormente.

Proposição 3: A variância do fator ambiental dentro de um sítio aumenta com a sua média para os sítios de igual área. A proposição de que a média e a variância das características ambientais são positivamente relacionadas se fundamenta, em parte, no reconhecimento de que a maior parte dos fatores ambientais são limitadas pelo zero (isto é, apresentam um mínimo teórico). Tal limitação predispõe a uma relação positiva, embora esta não necessariamente exista empiricamente. Se a magnitude de um fator ambiental é zero, ou próximo a zero, em uma das extremidades do gradiente, então a variância forçosamente aumentará inicialmente se a média aumentar. Um acréscimo continuado na média permitirá o acréscimo continuado da variância, a menos que também exista um limite superior (p. ex., saturação de água no solo). Aumentos na heterogeneidade ambiental levam a aumentos no número de espécies porque estas se especializam em relação às diferentes condições ambientais e superam competitivamente outras espécies dentro daquele espaço ecológico. Portanto, uma gama mais ampla de condições ambientais facilita a coexistência de um maior número de espécies.

Proposição 4: Todas as relações não-monotônicas (isto é, convexas ou em forma de U) entre a riqueza de espécies e os fatores ambientais ao longo de um gradiente exigem compromisso na performance do organismo ou nas características da população com respeito ao gradiente ambiental. Muitos modelos postulam tal compromisso, embora difiram a respeito das especificidades do compromisso invocado. Todos os modelos partilham a proposição básica de que um ponto de inflexão surge como uma consequência de dois mecanismos agindo de comum acordo, mas em diferentes direções. Um compromisso em geral invocado é entre a capacidade competitiva por dois recursos distintos. Outros compromissos incluem capacidade competitiva *versus* tolerância a estresse e capacidade competitiva *versus* capacidade de colonização.

Todos os modelos abrangem as primeiras duas proposições, enquanto alguns incluem uma ou as duas últimas proposições. Nem todas essas proposições se sustentam em todas as circunstâncias e nem todos os mecanismos são mutuamente exclusivos. Embora os mecanismos possam ser mutuamente exclusivos em um caso especifico, eles não são universalmente exclusivos, e podem não ser exclusivos mesmo em um cenário particular. Além disso, devido às diferenças entre as histórias evolutivas das linhagens, cada uma apresenta diferentes conjuntos gênicos e processos de desenvolvimento, de modo que cada linhagem terá diferentes restrições.

Produtividade e escala

A forma da relação entre a riqueza de espécies e a produtividade frequentemente varia com a escala, tornando mais difícil a compreensão dos mecanismos subjacentes. A escala tem três componentes – grão, extensão e foco –, e os padrões de diversidade podem variar como uma função de cada um deles (ver Capítulo 16, para uma descrição dos componentes de escala). O exame desses diferentes padrões pode fornecer informações sobre os processos responsáveis por eles. Uma dificuldade em testar teorias e modelos de padrões ecológicos através de uma região ou do globo é a nossa incapacidade de conduzir experimentos manipulativos (ver Capítulo 1). Ao invés disso, os ecólogos fundamentam-se em comparações entre padrões observados com aqueles preditos pelos modelos. Os ecólogos podem testar melhor esses modelos expandindo o escopo dos padrões estudados para incluir os efeitos de escala.

Os efeitos de escala sobre padrões de diversidade têm sido estudados principalmente quanto à relação entre a produtividade e a riqueza de espécies. A maior de tais análises foi uma revisão dos efeitos da extensão feita por Gary Mittelbach e colegas (2001). Eles avaliaram tanto os efeitos da extensão geográfica (a área examinada total;

Figura 19.5) quanto da extensão ecológica (dentro de comunidades *versus* entre comunidades; Figura 13.9). Eles constataram que, em todas as extensões, ocorreu uma variedade de padrões, embora o padrão mais comum tivesse forma convexa (Figura 13.8C). Na maior extensão espacial, foram igualmente comuns os padrões de forma convexa e os positivos.

Os efeitos do grão e do foco têm sido menos estudados. A exploração mais compreensiva até o momento sobre os efeitos do grão, da extensão e do foco foi conduzida por Samuel Scheiner e Sharon Jones (2002), usando dados sobre a vegetação de Wisconsin, originalmente coletados por John T. Curtis e seus estudantes, na década de 1950 (Curtis, 1959; Figura 19.6). O estado de Wisconsin proporciona um estudo de caso atrativo dos efeitos de escala sobre os padrões de biodiversidade-produtividade, porque o estado se situa na intersecção de três biomas principais, com a floresta decidual do leste em direção ao sudeste, a floresta de cicuta (*hemlock*) e pinheiro branco do norte em direção ao leste e a pradaria de gramíneas altas para oeste.

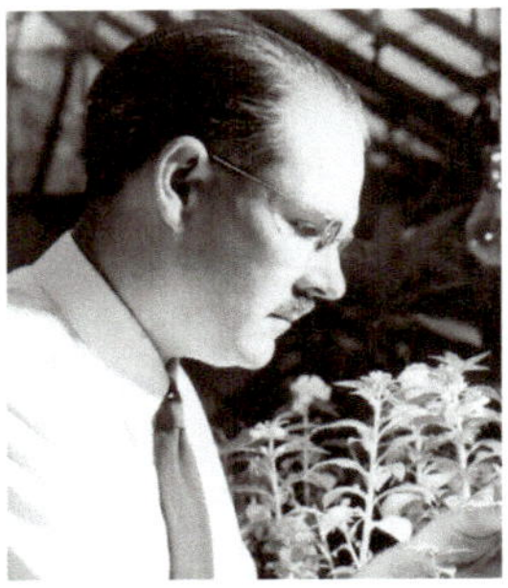

John T. Curtis

Em sua maior extensão – o estado como um todo – a relação entre produtividade e riqueza de espécies de plantas vasculares terrestres apresentou forma de U (Figura 19.7A), com a riqueza de espécies sendo mais baixa em produtividades intermediárias – um padrão um tanto fora do comum. Padrões não-lineares (forma convexa ou em U) são mais frequentemente associados a escalas que perpassam mais de um tipo de comunidade ou bioma, o que é consistente com os múltiplos biomas abarcados por esta extensão. A relação é estatisticamente significativa a despeito, obviamente, da grande quantidade de variação em torno da linha de regressão. A variação deve-se à combinação do erro na estimativa da produtividade e de outros, os quais não são considerados como fatores que afetam a diversidade. Tal variação a partir de múltiplas causas é comum a dados ecológicos.

Primeiro, para examinar os efeitos da extensão geográfica, Scheiner e Jones variaram o tamanho da área amostrada. Na amostragem de áreas muito pequenas (7,5 x 7,5 km^2), a relação entre produtividade e riqueza de espécies tinha forma convexa – isto é, a riqueza de espécies era mais alta em níveis intermediários de produtividade (Figura 19.8A). Aumentando a área amostrada, esta relação muda. Em extensões intermediárias, houve uma relação negativa entre a produtividade e a riqueza de espécies, enquanto na maior extensão – o estado inteiro – a relação teve forma de U.

Uma segunda análise tratou dos efeitos da mudança no tamanho do grão (o tamanho da unidade de amostragem representada por cada ponto dos dados) (Figura 19.8B). O tamanho do grão foi manipulado pela combinação de dados de sítios adjacentes, iniciando com dois sítios, depois três sítios e assim por diante. Nos menores tamanhos de grão, a relação entre a produtividade e a riqueza de espécies teve forma de U; em tamanhos de grão intermediários, a relação tornou-se negativa, enquanto no maior tamanho de grão a relação teve forma convexa.

Uma terceira análise examinou os efeitos da mudança de foco (calculando a riqueza média de espécies através de unidades maiores). Quando o cálculo da média foi feito utilizando-se unidades geograficamente definidas, o padrão mudou da forma de U para negativo. Por outro lado, quando o cálculo da média foi feito usando-se unidades ecologicamente definidas (tipos de comunidades), a relação em forma de U tornou-se ainda mais forte (Figura 19.7B). Michael Jennings e colegas (2005) fizeram uma análise similar em comunidades vegetais do noroeste dos EUA. Eles verificaram que a relação geral teve forma convexa e, como em Wisconsin, essa relação tornou-se mais forte quando mudaram o foco pelo cálculo das médias dos sítios através de tipos de comunidades.

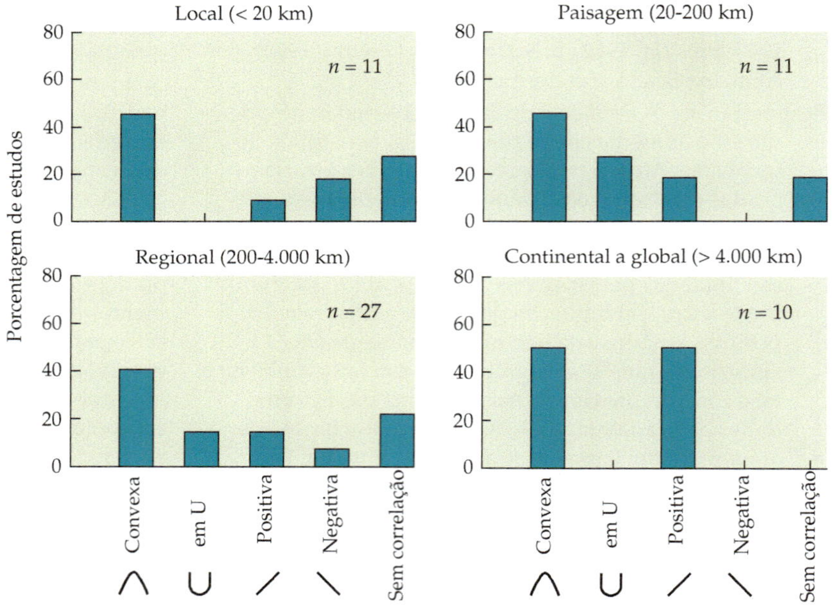

Figura 19.5 Porcentagem de estudos mostrando diversas relações (convexa, em forma de U, negativa, positiva) entre produtividade e riqueza de espécies de plantas vasculares em diferentes escalas geográficas. A escala geográfica é fundamentada na maior distância entre os sítios em um conjunto de dados. Os tamanhos das amostras (n) referem-se ao número de conjunto de dados (segundo Mittelbach et al., 2001).

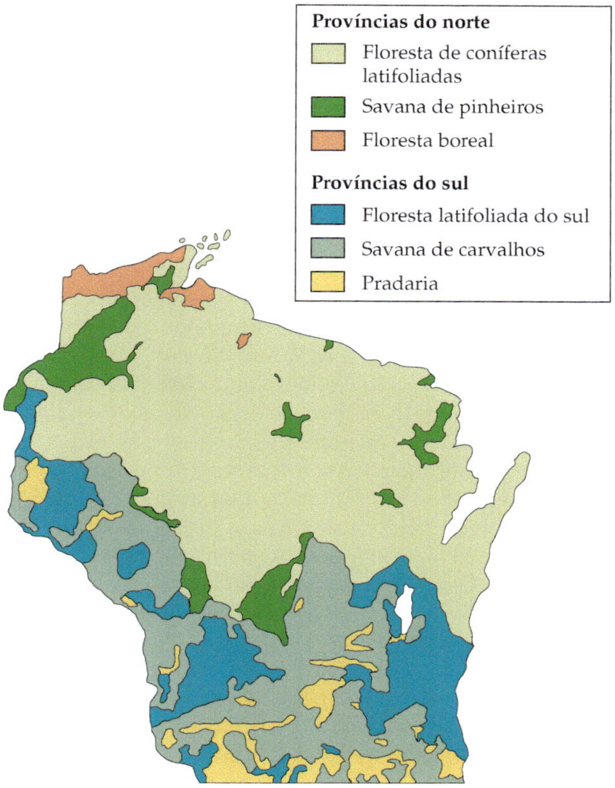

Figura 19.6 Estado de Wisconsin, mostrando as divisões e províncias ecológicas definidas por Curtis (segundo Curtis, 1959).

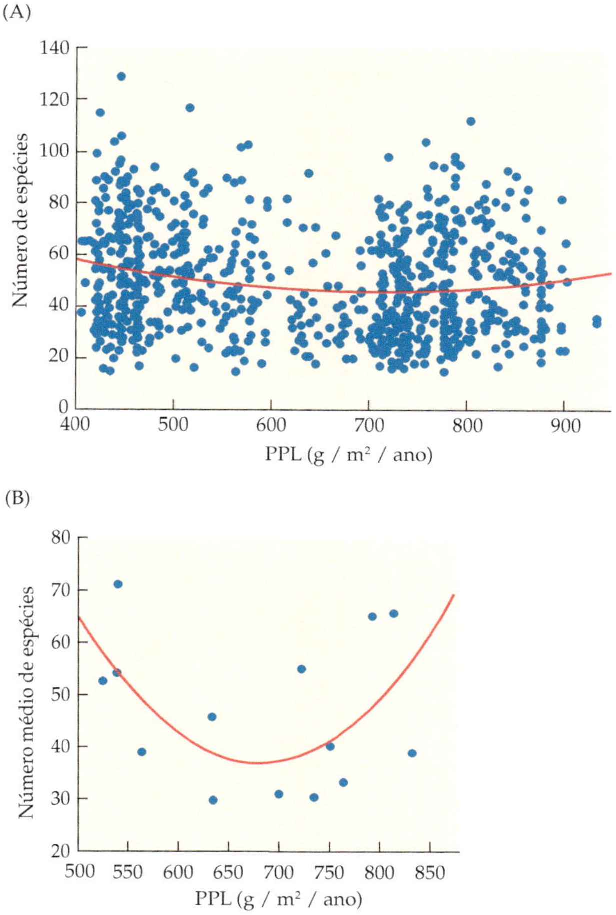

Figura 19.7 (A) Relação entre a riqueza de espécies de plantas vasculares terrestres e a produtividade primária líquida para 901 sítios pelo estado de Wisconsin. (B) A mesma relação com base em médias de riqueza de espécies e de produtividade em 19 tipos de comunidades (dados de Scheiner e Jones, 2002).

Essas análises mostram que, mesmo para um único conjuntos de sítios, não existe uma relação única entre a produtividade e a riqueza de espécies. A relação depende da escala da análise, com efeitos diferentes dos distintos componentes de escala. No centro dessa complexidade, a produtividade aumenta de um modo linear em relação à área, mas a riqueza de espécies não (Figura 16.2). São necessários muito mais estudos para que os ecólogos possam entender os processos responsáveis pelas curvas espécie-área e como elas se relacionam com outros fatores, como a produtividade.

Diversidade ao longo de gradientes latitudinais

Uma tendência do homem diante de padrões recorrentes de diversidade latitudinal é buscar explicações simples e unificadoras para esses padrões. Se, por exemplo, encontrássemos uma única explicação para o gradiente temperado-tropical de riqueza de espécies em vários continentes, provavelmente teríamos uma compreensão mais profunda do que se tentássemos explicar os padrões em diferentes continentes separadamente pelo estudo de detalhes das floras e pelas as histórias de cada continente.

Mais de 30 teorias têm sido propostas para explicar os padrões latitudinais de riqueza de espécies. Aqui, enfocamos apenas os mais sustentáveis, os que estão sendo debatidos na literatura ou têm sido comumente citados. Muitas teorias adicionais foram descartadas ou não são relevantes para as plantas, ou os dados são insuficientes para testá-las (ver Willig et al., 2003 para uma discussão mais completa).

Uma série de explicações

A energia disponível ou a produtividade tem sido demonstrada como o fator que mais afeta os gradientes latitudinais de riqueza de espécies vegetais (Scheiner e Rey-Benayas, 1994; O'Brien, 1998; Hawkins et al., 2003; Field et al., 2005). Já discutimos os processos subjacentes a essa relação.

Uma teoria simples e hoje em dia controversa é comumente chamada de hipótese da área. Ela propõe que os trópicos são mais ricos em espécies porque a área terrestre total tropical é maior do que a área terrestre total temperada (Terborgh, 1973; Rosenzweig, 1995). Esta hipótese contém tanto componentes ecológicos quanto evolutivos. Eco-

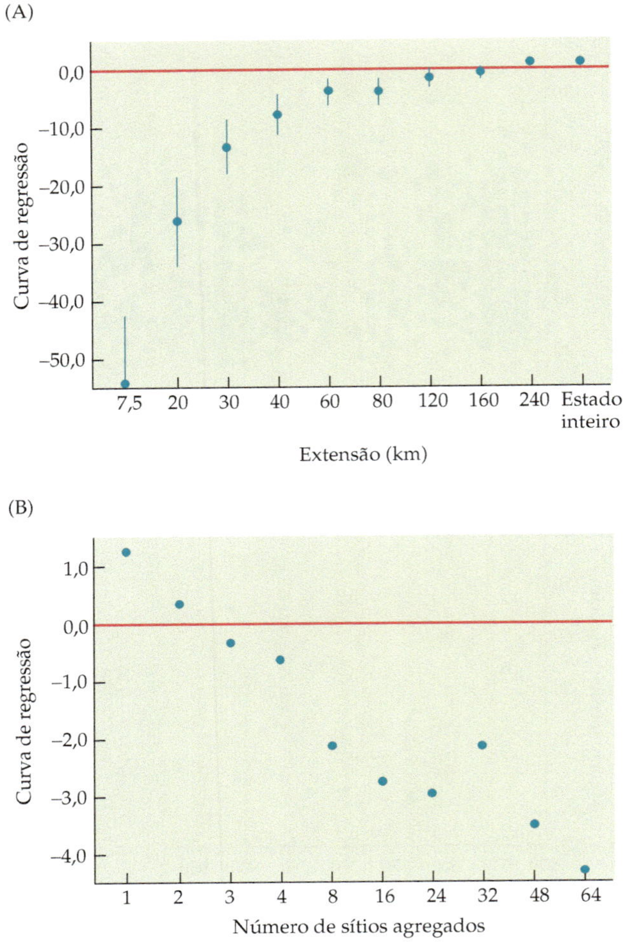

Figura 19.8 Efeitos da mudança (A) na extensão e (B) no grão dos dados sobre a relação entre a riqueza de espécies de plantas e a produtividade pelo estado de Wisconsin. O gráfico mostra a quantidade média da curva de regressão de 1.000 amostras escolhidas aleatoriamente. A curva negativa indica relação convexa; a curva positiva indica relação em forma de U. As barras de erros mostram o intervalo de confiança de 95%. (dados de Scheiner e Jones, 2002).

logicamente, podemos deduzir que à medida que a área aumenta, a heterogeneidade espacial também aumenta. Já que os trópicos abrangem uma área maior, eles contêm mais tipos de hábitats e, portanto, mais espécies. Além disso, ao longo do tempo evolutivo, uma área maior proporciona mais oportunidades para o isolamento geográfico e, portanto, promove taxas mais altas de especiação alopátrica. Michael Rosenzweig e Klaus Rohde conduziram um vigoroso debate sobre o tema (Rohde, 1992; Rosenzweig, 1995; Rohde, 1997; Rosenzweig e Sandlin, 1997; Rohde, 1998). Os dois ecólogos concordam que a área exerce algum efeito, mas discordam sobre a importância do efeito da área em relação a outros fatores, como produtividade. Embora seja relativamente fácil identificar quais fatores são importantes em padrões de diversidade, é muito mais difícil designar os níveis exatos de importância. Michael Willig e Cristopher Bloch (2006) conduziram uma análise do efeito da área sobre a riqueza de espécies de morcegos do Novo Mundo e não encontraram efeito da área; nenhuma análise similar foi realizada para plantas.

Uma outra explicação simples para os padrões latitudinais de riqueza de espécies, especialmente em ambientes mais extremos, é a diferença nas oportunidades para o crescimento. Em altitudes e latitudes muito altas, as condições são tão desfavoráveis que poucas espécies são fisiologicamente capazes de persistir ali. No cume do vulcão Mauna Kea no Havaí (4.700 m de elevação), há uma espécie de gramínea, com apenas uns poucos indivíduos em um hectare. O clima, com ar muito frio e pouca precipitação, indica que o solo é pobremente desenvolvido. Não surpreendentemente, há poucos organismos de qualquer tipo neste ambiente, embora a riqueza de espécies vegetais seja bastante alta nas encostas inferiores da montanha, especialmente no lado úmido da ilha (Figura 17.12). Um argumento análogo explica porque a diversidade de espécies é tão baixa na Patagônia Argentina, fria e árida, no extremo sul da América do Sul, e tão maior na bacia Amazônica, próximo ao Equador, e porque a riqueza de espécies é mais baixa na tundra canadense do que nas florestas pluviais da América Central. Infelizmente, esta explanação simples explica uma parte pequena do resto do gradiente latitudinal (ou altitudinal) de riqueza de espécies. São necessárias explanações mais complexas.

Uma outra explicação para o aumento da riqueza de espécies em direção ao Equador é que as comunidades nos trópicos são mais antigas do que aquelas próximas aos Polos (Fischer, 1960). Se as comunidades nos trópicos permaneceram intactas por tempo mais longo, os organismos naquelas comunidades deveriam ter tido mais oportunidade para se diversificarem em muitas espécies. Tem sido proposto que, dado o tempo suficiente, haveria mais especiação nas comunidades temperadas e polares, ou mais migração de espécies de baixas latitudes para altas, e o gradiente latitudinal poderia lentamente desaparecer. Uma ideia relacionada é que as comunidades tropicais experimentaram menos extinções, pois experimentaram menos flutuações climáticas e, em particular, nunca foram submetidas à glaciação (Sanders, 1968).

Essas explicações, as quais invocam tempo e estabilidade climática, parecem persuasivas em um primeiro momento, porém apresentam um número de fraquezas graves. Por exemplo, há bastante evidência de que houve tempo suficiente para as espécies de plantas tropicais migrarem para as regiões temperadas e polares (ver Capítulo 20). Adicionalmente, um grande número de evidências torna claro que as comunidades tropicais foram fortemente afetadas por flutuações climáticas durante as glaciações recentes, embora não tivessem sido cobertas por geleiras. De forma similar, a existência de gradientes altitudinais, para os quais a latência na migração não pode ser a explicação, enfraquece esta hipótese.

Em contraste com a noção de que a estabilidade climática nos trópicos levou a uma maior riqueza de espécies, alguns ecólogos têm proposto o argumento oposto, sugerindo que a especiação e a coexistência de espécies

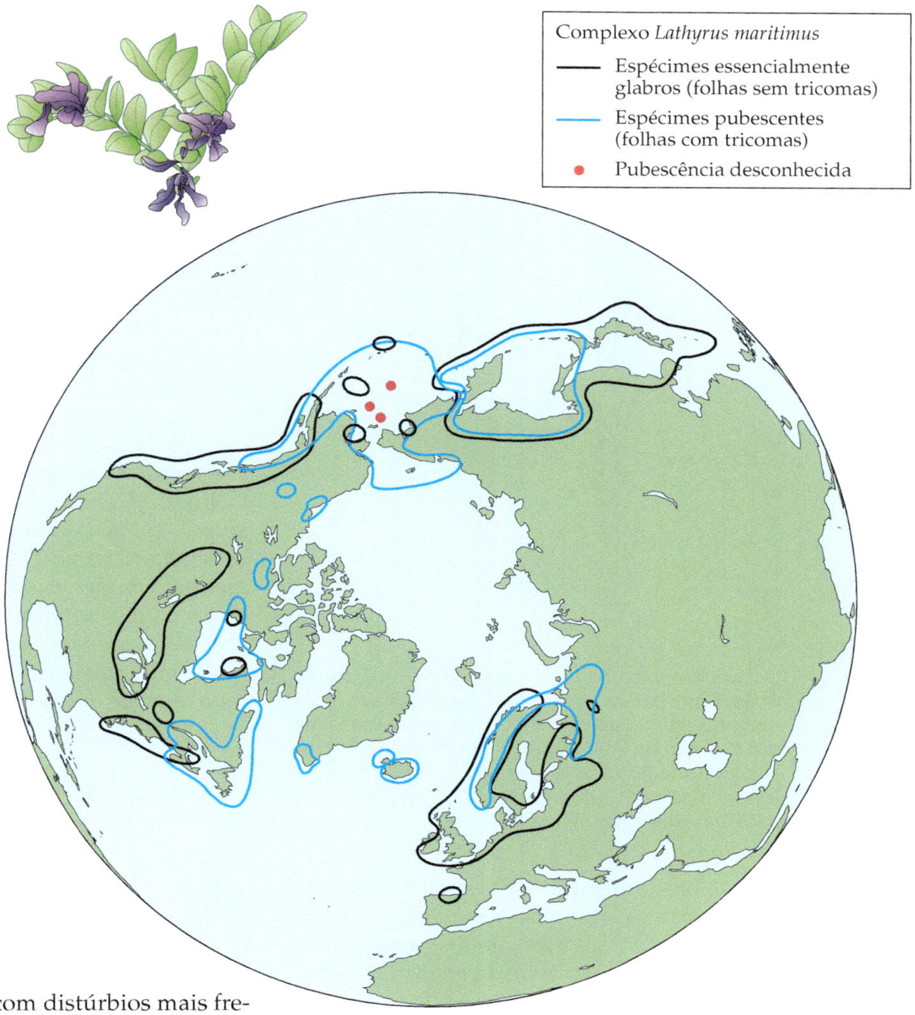

Figura 19.9 Distribuição do complexo *Lathyrus maritimus* (Fabaceae) ao redor da região polar do Hemisfério Norte. As populações desta espécie em diferentes regiões diferem morfologicamente, em especial quanto à presença de tricomas nas folhas. Os tipos morfológicos distintos podem ser espécies diferentes ou espécies incipientes. A distribuição circumpolar deste complexo de espécies é típica de muitas espécies e gêneros polares e boreais.

são mais prováveis de ocorrerem com distúrbios mais frequentes. Uma razão para acreditar que tal relação existe é que o distúrbio pode reduzir a chance de exclusão competitiva. Entretanto, não há qualquer evidência de que as comunidades tropicais difiram das temperadas em relação à frequência de distúrbios. Além disso, tal como foi originalmente formulada, esta hipótese não é clara quanto à extensão dos efeitos dos distúrbios que resultam nos padrões observados; esses distúrbios locais deveram-se ao vento ou ao fogo (ver Capítulo 12), ou distúrbios extensos foram causados por variações nas áreas de distribuição das espécies em resposta à mudança climática? A hipótese do distúrbio poderia explicar diferenças na riqueza de espécies entre sítios locais, mas não a grande diferença da riqueza de espécies entre o Brasil e os EUA.

O distúrbio poderia também aumentar a riqueza de espécies por meio de efeitos evolutivos. Por exemplo, as taxas de especiação poderiam ter sido maiores nos trópicos devido às repetidas contrações e expansões da floresta pluvial tropical durante as repetidas glaciações. O isolamento geográfico, o qual teria sido aumentado por essas variações, reconhecidamente promove especiação (ver Capítulo 6). Contudo, tanto as espécies de clima temperado quanto as de clima tropical deveriam ter estado sujeitas a tipos similares de isolamento durante os recorrentes períodos de glaciação e aquecimento. Este padrão de especiação resultaria em espécies dentro de um gênero que teriam áreas de distribuição adjacentes ou sobrepostas, um padrão que encontramos nas distribuições das espécies nas regiões boreais e polares do norte (Figura 19.9). No Capítulo 20, veremos como padrões gerais de especiação e diversidade são afetados por mudanças climáticas de longa duração.

O papel da β diversidade

Em um estudo sobre padrões globais de riqueza de espécies, Samuel Scheiner e José Rey-Benayas (1994) constataram que a maior diversidade β ocorreu nas latitudes 30°N e S, onde se localizam os grandes desertos do mundo (Figura 19.10). Embora as regiões tropicais apresentem as maiores riquezas de espécies em nível local (diversidade α), as mesmas espécies são geralmente encontradas por toda uma região. Dentro dos trópicos, contudo, a diversidade β varia. Richard Condit e colegas (2002) verificaram que a diversidade β foi substancialmente mais alta nas florestas tropicais do Panamá do que no oeste da Amazônia.

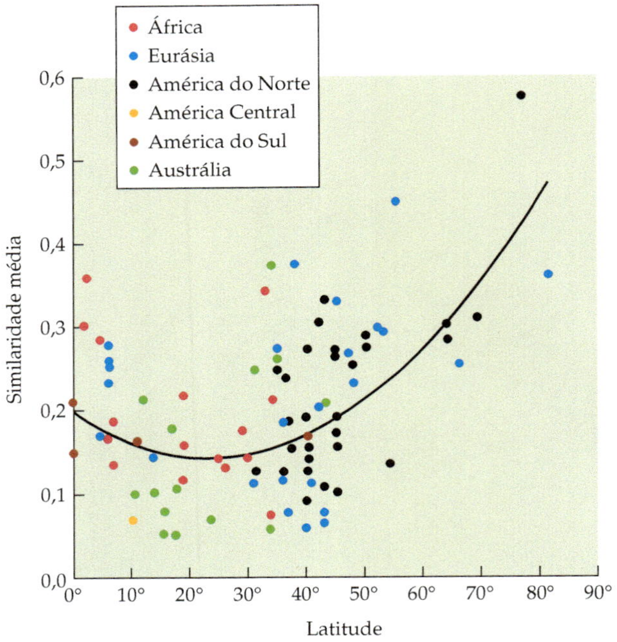

Figura 19.10 Padrão global na diversidade β de espécies de plantas vasculares. Cada ponto representa a similaridade média entre os sítios em uma paisagem específica. A latitude é fornecida em graus absolutos, de modo que os hemisférios Norte e Sul estão sobrepostos. As similaridades médias mais baixas indicam que sítios distintos em uma paisagem diferem mais na composição de espécies (segundo Scheiner e Rey-Benayas, 1994).

De maneira interessante, dois tipos muito diferentes de ambientes estressantes – os desertos quentes e a fria tundra ártica – exercem efeitos bastante distintos sobre a diversidade β. Nos desertos quentes, a diversidade β é alta, significando que a composição de espécies pode ser muito diferente em distâncias bastante curtas. Por outro lado, na tundra ártica, as mesmas poucas espécies são encontradas em todos os lugares, por regiões bastante extensas. Scheiner e Rey-Benayas especularam que, embora ambos os ambientes sejam estressantes, seus fatores ambientais limitantes diferem em dois aspectos importantes: na extensão de sua heterogeneidade ambiental e na extensão através da qual as plantas competem por eles. A água (o fator limitante nos desertos quentes) pode variar bastante em disponibilidade por distâncias muito curtas e pode ser objeto de intensa competição (ver Capítulo 10). Temperaturas baixas e uma estação de crescimento curta (condições limitantes na tundra ártica), ao contrário, são iguais por toda a parte e não são recursos pelos quais as plantas competem.

Diferenças continentais

Se compararmos regiões similares no leste da Ásia, América do Norte e Europa, descobriremos que a Ásia tem a maior parte das espécies de plantas, enquanto a Europa tem a menor. Este padrão se mantém através de uma gama de táxons. Por exemplo, se avaliarmos o número de espécies de árvores de todas as famílias, o leste da Ásia tem o maior número de espécies, a América do Norte tem um número intermediário, e a Europa tem o menor número. Estes padrões também são robustos em níveis taxonômicos superiores: as mesmas relações se mantêm para ordens, famílias e gêneros de árvores (Latham e Ricklefs, 1993).

O que pode explicar esses padrões? A primeira explicação se fundamenta em diferenças nas taxas de extinção de espécies. Uma diferença-chave entre a Europa e as outras duas regiões tem a ver com um acidente da topografia. Os Alpes, a principal cordilheira da Europa, dispõe-se na direção leste-oeste, enquanto a maioria de todas as principais cordilheiras do leste da Ásia e da América do Norte se dispõe na direção norte-sul. Durante os períodos de glaciação, as zonas climáticas são empurradas para o sul. Na época da glaciação mais recente na América do Norte, por exemplo, a borda da camada de gelo estava em Wisconsin, e as florestas boreais estendiam-se para o sul até a Costa do Golfo (ver Capítulo 20). À medida que as zonas climáticas se moviam para o sul, as plantas adaptadas àqueles climas as seguiam. As porções ao sul dos EUA forneceram refúgios para muitas espécies. Na Europa, entretanto, os Alpes criaram uma barreira para migração em direção ao sul. As espécies que eram adaptadas às condições mais quentes foram incapazes de migrar sobre os cumes das montanhas para escapar do frio, e extinguiram-se. À medida que as

TABELA 19.3 Número de espécies lenhosas de vários gêneros que se extinguiram na Europa durante o Pleistoceno, mas ainda são encontrados na América do Norte

Gêneros	Número de espécies
GIMNOSPERMAS	
Chamaecyparis	3
Sequoia	1
Taxodium	2
Thuja	2
Torreya	2
Tsuga	4
ANGIOSPERMAS	
Asimina	3
Carya	11
Diospyros	2
Lindera	2
Liquidambar	1
Liriodendron	1
Magnolia	8
Morus	2
Nyssa	3
Persea	1
Robinia	4
Sabal	3
Sapindus	2
Sassafras	1

Fonte: Niemelä e Mattson, 1996.

geleiras retrocederam, as espécies da América do Norte e da Ásia que tinham retrocedido para o sul migraram para o norte novamente. Porém, na Europa aquelas espécies desapareceram e, portanto, não puderam recolonizar as áreas temperadas recentemente livres de gelo.

O resultado final desses eventos, repetidos durante cada período de glaciação e aquecimento do Pleistoceno, é a diversidade de espécies bastante reduzida na Europa (Tabela 19.3). As comunidades temperadas e boreais do norte na América do Norte contêm aproximadamente 50% mais espécies de plantas vasculares do que seus equivalentes europeus (em torno de 18.000 contra 12.000: Niemelä e Mattson, 1996). Annik Schnitzler e colegas (2005) compararam florestas temperadas de planícies de inundação dos vales dos rios Mississipi e Reno e encontraram menos espécies, gêneros e famílias na Europa. Evidências fósseis apóiam esta explicação: as florestas europeias anteriores ao Pleistoceno apresentavam riqueza de espécies muito maior do que as atuais (Latham e Ricklefs, 1993). Esta explicação é um exemplo de contingência histórica: o padrão de diversidade é o resultado de uma sequência particular de eventos históricos em um lugar específico, não de um processo geral ou fundamental que explica todos os padrões em questão.

A diferença entre as floras da América do Norte (particularmente da parte leste do continente) e do leste da Ásia é também atribuída ao resultado de uma história particular, mas que vem operando em uma escala de tempo mais longa e é dependente de taxas de evolução – o surgimento de ordens, famílias e espécies – em vez de extinção (Latham e Ricklefs, 1993; Qian e Ricklefs, 1999; Ricklefs et al., 2004). A China e os EUA têm aproximadamente o mesmo tamanho e contêm uma gama de condições ambientais semelhantes. Apesar disso, a China contém 60% mais espécies de plantas vasculares (29.188 contra 17.997). Muito dessa diferença é causada pelo fato de que as famílias vegetais na China geralmente apresentam mais espécies do que as mesmas famílias nos EUA.

Hong Qian e Robert Ricklefs (1999) lançaram a hipótese de que essas diferenças na riqueza de espécies são em grande medida resultantes de relações geográficas em escala continental. O sul dos EUA é separado das regiões tropicais por água pelo leste e pelo sul, e por condições muito secas pelo oeste. O sul da China, ao contrário, é conectado diretamente às regiões tropicais e subtropicais. As regiões temperadas, segundo Qian e Ricklefs, foram repetidamente invadidas por espécies das áreas tropicais e subtropicais adjacentes. Essas espécies, então, sofreram uma irradiação adaptativa nas regiões temperadas. O que torna este argumento especialmente peremptório é a evidência de que as maiores diferenças na riqueza de espécies entre os dois continentes são encontradas em grupos taxonômicos mais antigos, com fortes afinidades tropicais. A este respeito, a Europa sofre da mesma limitação da América do Norte, porque o Mar Mediterrâneo e o espaço árido do norte da África criaram uma barreira entre a Europa e as floras tropicais e subtropicais. Portanto, uma coincidência da geografia parece ter sido grandemente responsável pelas diferenças na evolução das espécies por períodos longos, assim como pelas taxas de extinção em uma escala de tempo ecológico mais curta.

Outros padrões geográficos

Diversidade de espécies e padrões de sobreposição

Há muitas vezes um aumento na riqueza de espécies em **zonas de transição** – áreas de contato entre comunidades, regiões ou biomas. Esse aumento ocorre porque a zona de transição contém espécies de ambas as áreas adjacentes a elas (Schmida e Wilson, 1985). Por exemplo, o pico de

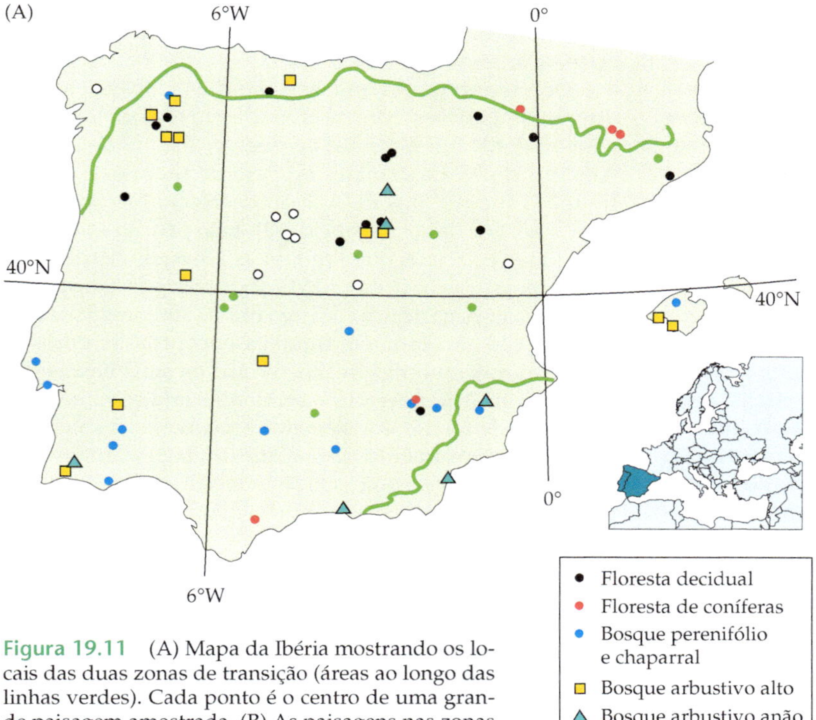

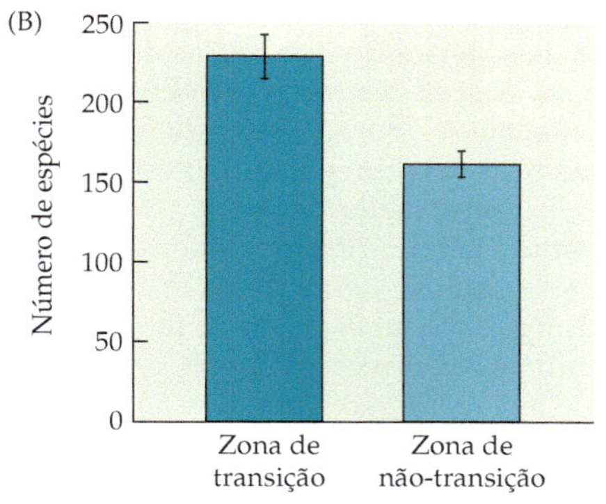

Figura 19.11 (A) Mapa da Ibéria mostrando os locais das duas zonas de transição (áreas ao longo das linhas verdes). Cada ponto é o centro de uma grande paisagem amostrada. (B) As paisagens nas zonas de transição contêm mais espécies (média ± 1 erro padrão) do que aquelas em outros locais na Ibéria (dados de Rey-Benayas e Scheiner, 2002).

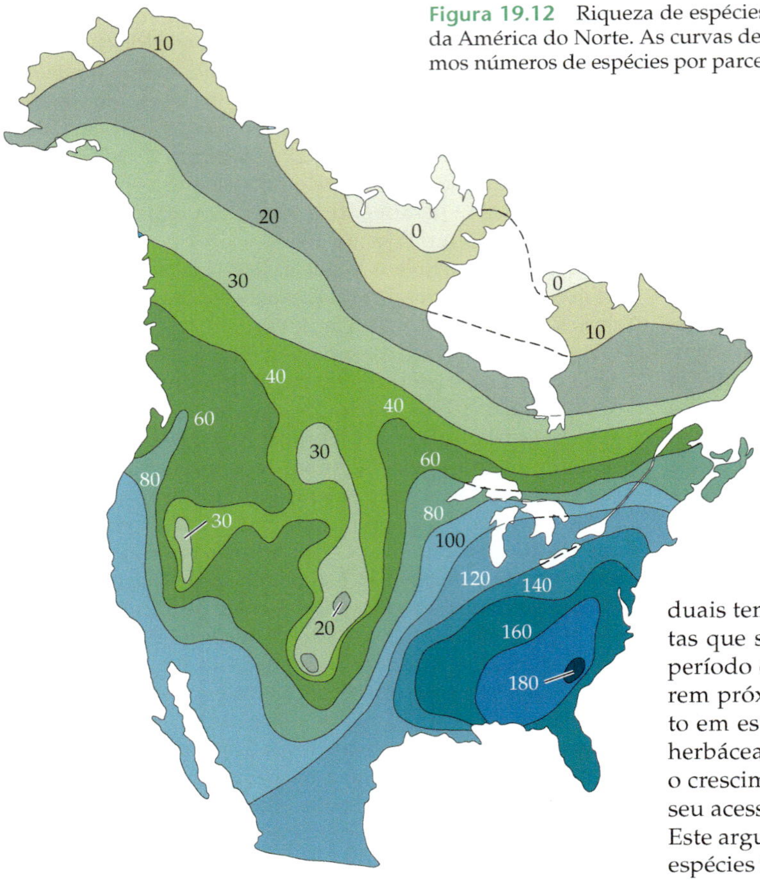

Figura 19.12 Riqueza de espécies arbóreas medidas em parcelas de 2,5° x 2,5° ao longo da América do Norte. As curvas de nível conectam pontos com aproximadamente os mesmos números de espécies por parcela (segundo Currie e Paquin, 1987).

riqueza de espécies de plantas terrestres nas latitudes médias da América do Norte está associado à área ao redor dos Grandes Lagos, na região biogeográfica denominada floresta latifoliada de cicuta-pinheiro branco do norte (Scheiner e Rey-Benayas, 1994). Essa região é uma zona de transição entre a floresta boreal ao norte e a floresta decidual do leste ao sul.

José Rey-Benayas e Samuel Scheiner encontraram um padrão similar na Península Ibérica, onde há duas zonas de transição (Figura 19.11A). Uma zona de transição ocorre ao longo da costa do Atlântico e da cordilheira dos Pirineus, onde a flora Euro-Siberiana entra em contato com a da região mediterrânea. A outra é encontrada no sudeste, na região adjacente à África. Essas duas áreas apresentam mais espécies do que outras na Ibéria, porque ali é onde a maioria das espécies apresenta áreas de distribuição sobrepostas (Figura 19.11B); desconhecem-se as causas desses picos na sobreposição de áreas de distribuição.

Dentro da floresta boreal da América do Norte, há um padrão longitudinal de riqueza de espécies, como mencionado anteriormente (Qian et al., 1998). As diferenças na composição de espécies ao longo desta transecção longitudinal estão aparentemente relacionadas à migração que seguiu a mais recente glaciação (ver Capítulo 20). A maior riqueza de espécies no meio do continente pode ser devida à sobreposição das áreas de distribuição das espécies causada por diferentes rotas, a partir do leste e do oeste, seguidas por plantas cujas áreas de distribuição estão se expandindo para norte a partir de refúgios no sudeste e sudoeste, após a retração glacial. Esta explicação é uma versão longitudinal da hipótese das áreas de distribuição restritas.

Enquanto o efeito da zona de transição explica parcialmente o pico na riqueza de espécies na América do Norte, uma explicação adicional pode ser encontrada avaliando-se padrões de sazonalidade. As paisagens em latitudes médias com as maiores riquezas de espécies apresentam climas continentais altamente sazonais. Essa sazonalidade permite a coexistência de espécies com padrões distintos de história de vida. Em muitas florestas deciduais temperadas, por exemplo, há um conjunto de plantas que são ativas somente no início da primavera. Esse período é suficientemente quente para as plantas crescerem próximas ao chão, mas muito frio para o crescimento em estratos mais altos. Consequentemente, as plantas herbáceas do sub-bosque podem usar esse período para o crescimento, antes que as árvores enfolhem, cortando o seu acesso à luz. A sazonalidade cria esse nicho temporal. Este argumento é análogo àquele que diz que a riqueza de espécies tropicais é alta devido à heterogeneidade espacial; neste caso, contudo, a heterogeneidade cria oportunidades no tempo, em vez de no espaço.

Do mesmo modo que com padrões globais, existem diferentes padrões continentais de riqueza de espécies para distintos subconjuntos de plantas. Para as árvores da América do Norte, o maior número de espécies é encontrado no sudeste dos EUA, com decréscimos constantes para o norte e oeste (Figura 19.12). Este padrão é causado por climas extremos que limitam as áreas de distribuição das espécies. Jason Pither (2003) mostrou que as espécies arbóreas da América do Norte com as maiores áreas de distribuição são também aquelas encontradas onde as temperaturas mínimas de janeiro são as mais baixas (Figura 19.13). A temperatura ambiental mínima que uma espécie pode tolerar é fortemente relacionada à sua resistência ao congelamento. Um efeito similar, porém menor, foi verificado para a precipitação mensal: espécies capazes de suportar condições secas apresentam maiores áreas de distribuição.

O padrão de riqueza de espécies para as árvores da América do Norte contrasta com o padrão para a flora como um todo, a qual mostra um pico em torno dos Grandes Lagos. Não existe para árvores o pico na latitude média, presumivelmente porque a partição do nicho sazonal ocorre entre espécies com diferentes formas de crescimento e, logo, não seria esperado para árvores, as quais pertencem mais ou menos a uma única forma de crescimento. Portanto, os padrões de riqueza de espécies podem diferir

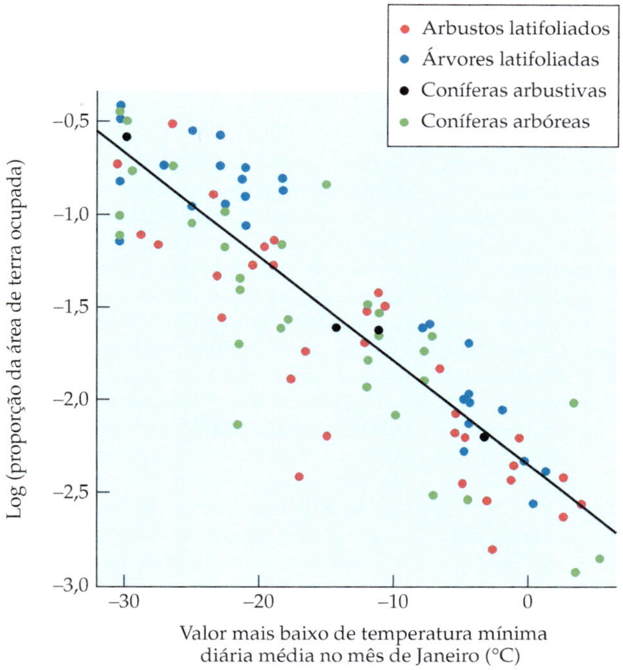

Figura 19.13 Relação entre o valor mais baixo de temperatura mínima diária média abrangido pela área de distribuição geográfica de uma espécie e o tamanho de sua área de distribuição, indicada pela proporção da área ocupada por arbustos latifoliados, árvores latifoliadas, coníferas arbustivas e coníferas arbóreas (segundo Pither, 2003).

entre a comunidade vegetal como um todo e um único grupo funcional.

Endemismo, centros de diversificação e isolamento

Todos os padrões que discutimos até então envolvem mudanças graduais na diversidade de espécies, sobre grandes extensões espaciais. A diversidade também pode variar de uma maneira fragmentada, na qual algumas regiões apresentam muitas espécies em comparação com regiões adjacentes. Muitas vezes, essas diferenças são resultantes de processos evolutivos. Por exemplo, pode haver alta diversidade de espécies em uma região porque nela uma linhagem específica apresenta uma grande irradiação evolutiva. Os cactos, por exemplo, são especialmente diversificados no centro e sul do México porque a família originou-se ali.

O isolamento geográfico promove especiação, como vimos no Capítulo 6. As ilhas são casos óbvios de tal isolamento. Madagascar é uma ilha bastante grande próxima da costa leste da África, a qual se separou deste continente há 90 milhões de anos. Durante esse período, diversas espécies ali evoluíram isoladamente. Madagascar é atualmente um dos lugares de maior diversidade florística na Terra, com aproximadamente 10.000 espécies de plantas nativas, das quais aproximadamente 80% são **endêmicas** (não são encontradas em nenhum outro lugar). De modo similar, as ilhas do Pacífico do Havaí, na Nova Zelândia e na Nova Caledônia permanecem isoladas há milhões de anos, e todas apresentam uma riqueza de espécies bastante alta e elevadas proporções de plantas endêmicas (Tabela 19.4).

Mesmo áreas continentais podem apresentar espécies endêmicas. Plantas endêmicas raras podem estar restritas a hábitats incomuns, como áridos serpentinos* (ver Quadro 14A). Em alguns casos, uma espécie pode ser endêmica em uma área por resultar de especiação recente e não haver se dispersado para outras áreas. Outra possibilidade é que as espécies podem ser impedidas de se dispersarem de seu lugar de origem. Se as taxas de especiação são altas em uma região e as espécies não podem se dispersar, aquela região se tornar rica em espécies e com um grande número de espécies endêmicas.

O problema geral de explicar a variação nas taxas de especiação é um dos maiores desafios da biologia evolutiva. Afora o isolamento geográfico, há pouca concordância sobre os mecanismos de especiação. Os fatores que têm sido aventados como causas de altos níveis de especiação ou endemismo em plantas incluem a proteção contra

* N. de T. No original, lê-se *serpentine barrens*. A vegetação do tipo *barren* é composta por plantas dispostas esparsamente, com baixa diversidade de espécies. O termo serpentino refere-se a um tipo de solo derivado de rochas ultrabásicas, em especial por um tipo de rocha denominada serpentina.

TABELA 19.4 Diversidade de gêneros e espécies vegetais e porcentagem de endemismo na flora nativa de algumas ilhas isoladas e grupos de ilhas

Ilhas	Área (km^2)	Gêneros totais	Gêneros endêmicos	Espécies totais	Espécies endêmicas	Endemismo (%)
Cuba	114.914	1.308	62	5.900	2.700	46
Hispaniola	77.914	1.281	35	5.000	1.800	36
Jamaica	10.991	1.150	4	3.247	735	23
Porto Rico	8.897	885	2	2.809	332	12
Galápagos	7.900	250	7	701	175	25
Havaí	16.600	253	31	970	883	91
Nova Zelândia	268.000	393	39	1.996	1.618	81
Nova Caledônia	17.00	787	108	3.256	2.474	76

Fonte: Gentry, 1986.

Quadro 19A

Os fynbos e a região capense da África

Os *fynbos* são uma pequena região na parte mais ao sul da África que apresenta alguns dos maiores níveis de diversidade vegetal da Terra. A sua vegetação é tão distinta que alguns cientistas elevaram-no ao status de um bioma singular. O seu caráter distintivo foi reconhecido no início do século XX pelo botânico alemão Adolph Engler, que o classificou (incluindo as comunidades vegetais circundantes na região Capense da África; Figura 21.14) como a menor das seis divisões florísticas do mundo*. Os *fynbos* são lar de aproximadamente 8.000 espécies, umas 5.000 das quais são endêmicas. Eles apresentam uma concentração extremamente alta de espécies vegetais, com 1.300 espécies por quilômetro quadrado e até 121 espécies por metro quadrado. A última estatística aponta para uma característica verdadeiramente notável dos *fynbos*: a sua alta diversidade em escalas espaciais pequenas a médias.

Derivada da expressão holandesa *fijn bosch* ("arbusto fino"), os *fynbos* são designados pelas plantas graminoides com folhas estreitas e pelos arbustos perenifólios esclerófilos com folhas finas, pequenas e enroladas que ali dominam (Figura 18.19). A formação apresenta clima mediterrâneo, com invernos frios e úmidos e verões quentes e secos. Como outras vegetações mediterrâneas, os *fynbos* são adaptados a queimadas frequentes (as quais ocorrem predominantemente no fim do verão). Os solos são inférteis, ácidos, arenosos e muito antigos. A topografia é diversificada, com montanhas areníticas, vales escarpados gerados por dissecção**, afloramentos calcários, áreas planas de folhelhos*** e planícies costeiras.

Os *fynbos* são definidos pela presença de representantes da família Restionaceae (juncos do Cabo). As restionáceas têm forma ligeiramente graminoide e substituem as gramíneas nos *fynbos*. Ericaceae (as urzes – em geral plantas arbustivas de baixa estatura tipicamente encontradas sobre solos ácidos) é outra importante família vegetal dos *fynbos*; o gênero *Erica* alcança pico de diversidade aqui, com aproximadamente 600 espécies, enquanto há menos de 30 espécies no restante do mundo. Outras plantas características dos *fynbos* são os membros de Proteaceae e Asteraceae; mais de 1.000 espécies dos *fynbos* pertencem à família Asteraceae, mais de metade delas endêmicas. Há um grande número de representantes de Iridaceae com flores particularmente belas, incluindo muitas cultivadas como ornamentais. Diferentemente da vegetação de muitos outros lugares, os *fynbos* tipicamente não têm nenhuma espécie ou grupo de espécies dominantes.

Várias comunidades locais de plantas distintas ocorrem como parte dos *fynbos* e da região Capense circundante, com nomes como o Karoo Suculento e o Karoo Nama, os *Fynbos* Montanhosos e o Renosterveld (bosques arbustivos com folhas pequenas). Os animais são bem menos diversificados do que as plantas na região Capense, embora haja espécies raras e endêmicas em muitos táxons animais, incluindo peixes, répteis, mamíferos, aves e muitos grupos de insetos. Mais drástico do que tudo podem ser as interações muito especializadas entre animais e plantas, das quais muitas espécies de plantas dos *fynbos* dependem para a reprodução e dispersão de suas sementes. *Protea acaulis* e muitas outras proteáceas são totalmente dependentes de pequenos roedores para

* As seis divisões florísticas categorizadas por Engler são a Capense, Antártica, Australiana, Neotropical (regiões tropicais do Hemisfério Oeste), Paleotropical (regiões tropicais da África e Ásia) e Holártica (todo o Hemisfério Norte ao norte do trópico).

** N. de T. ***Dissecação*** refere-se a um processo erosivo de um terreno plano que gera uma paisagem aparentemente "montanhosa"; porém, neste caso, não há orogênese.

*** N. de T. No original, lê-se *shale flats*. *Shale* significa folhelho, uma rocha sedimentar que possui grãos do tamanho de argila. Distingue-se dos argilitos por possuir lâminas finas e paralelas esfoliáveis, enquanto os argilitos apresentam aspecto mais maciço.

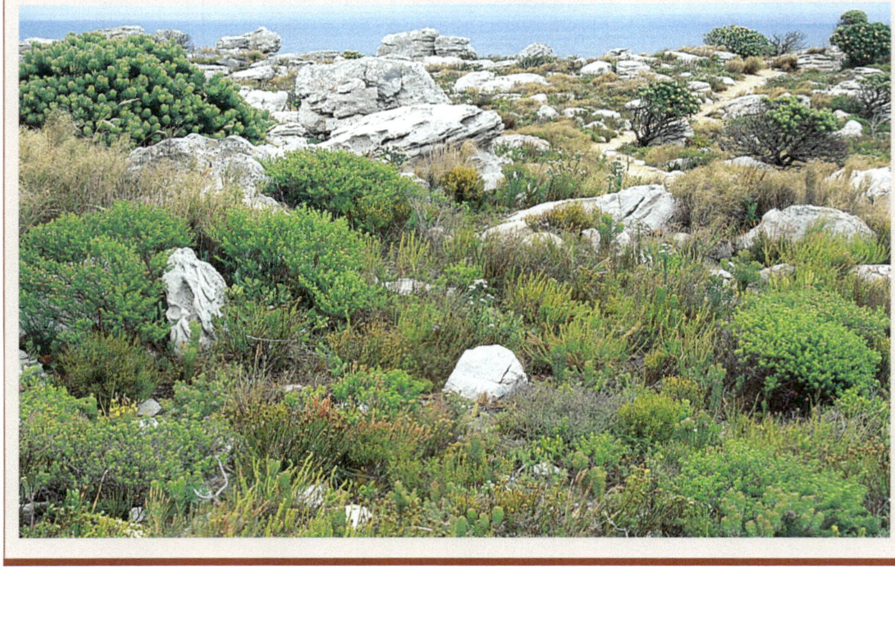

Paisagem dos *fynbos* de terras baixas. Os *fynbos*, uma região de aproximadamente 46.000 km^2 (aproximadamente o tamanho dos estados de Maryland e Massachussets juntos), exibem um clima mediterrâneo e paisagens que vão de áreas semelhantes a urzais, mostradas aqui, até regiões montanhosas íngremes. A vegetação é altamente endêmica, com muitas espécies encontradas somente nesta diminuta região (fotografia cedida por E. Orians).

Quadro 19A *(continuação)*

a polinização. Suas flores são mantidas próximas do chão e produzem um forte odor que imita as leveduras. Os roedores bebem o néctar acre, carregando o pólen sobre seus focinhos para a próxima planta. As formigas são importantes dispersores de sementes para muitas plantas dos *fynbos*, como as do gênero *Callistemon* (escova-de-garrafa, Myrtaceae). As sementes dessas plantas são presas a estruturas especiais denominadas elaiossomos, os quais oferecem uma recompensa alimentar para as formigas que dispersam suas sementes.

A grande diversidade observada nos *fynbos* é um fenômeno geologicamente recente. Até aproximadamente 5 milhões de anos, a região Capense era coberta de florestas subtropicais. À medida que o clima se tornou mais frio e seco, bosques arbustivos mediterrâneos expandiram-se pela região Capense, vindos do norte. Grande parte da diversificação da flora dos *fynbos* ocorreu durante a grade flutuação climática dos últimos 2 milhões de anos, em que períodos glaciais se alternaram com períodos mais quentes.

Por que esta pequena região abriga tantas espécies de plantas? Como elas evoluíram e como coexistem? Por que os *fynbos* são tão ricos em espécies quando a maioria dos bosques arbustivos mediterrâneos apresenta baixa diversidade vegetal? Acredita-se que os solos pobres e ácidos sejam um fator importante na evolução dessa diversidade assombrosa – mas os solos pobres e ácidos dos áridos de pinheiros da América do Norte são invocados para explicar a diversidade muito baixa de espécies vegetais naquele caso. Os solos dos *fynbos* são muito antigos, em comparação aos solos bastante jovens dos áridos de pinheiros, mas a idade do solo não é um parâmetro confiável para correlacionar com diversidade. Uma outra hipótese é que o terreno com alta dissecção e variabilidade da região do Cabo criou muitas oportunidades ecológicas para a especialização. A evolução da especialização ecológica pode ocorrer em curtas distâncias, se a seleção é suficientemente forte, mesmo se algum fluxo gênico ainda ocorra. Desconhece-se ainda se este fenômeno responde por parte da diversidade da flora dos *fynbos*. Um estudo futuro sobre os *fynbos* pode conter a chave de muitos mistérios fundamentais para o nosso entendimento da evolução vegetal.

(A)

(B)

(A) Entre as espécies endêmicas dos *fynbos* estão as mutualistas *Protea magnifica* (*queen protea*, Proteaceae) e o seu polinizador, *Promerops cafer*, o papa-açúcar do Cabo. (B) Esta pequenina *Protea* é uma das plantas de baixa estatura dependentes de pequenos roedores para sua polinização (fotografias cedidas por C. e J. Oertel / finebushpeople.co.za).

Tragicamente, os *fynbos* enfrentam sérias ameaças. Em torno de 1.700 espécies vegetais estão ameaçadas de extinção na região Capense. Muitas espécies dos *fynbos* são altamente localizadas, e há também muitos centros bastante locais de diversificação e endemismo. A Cidade do Cabo situa-se sobre dois centros de endemismo, e sua expansão ameaça várias centenas de espécies. A agricultura e o avanço de lavouras comerciais fertilizadas ameaçam os *fynbos* de terras baixas. Mudanças antropogênicas nos regimes de queimadas ameaçam muitas espécies por toda a região dos *fynbos*.

A maior ameaça à flora dos *fynbos*, contudo, é a invasão de espécies exóticas. A hakea sedosa (*Hakea sericea*), adaptada ao fogo, é um membro da família Proteaceae do sul da Austrália, trazido à África do Sul como planta de cerca-viva e para lenha por volta de 1830. Ela logo escapou ao cultivo e se tornou uma ameaça principal à vegetação dos *fynbos*. Moitas desse arbusto ou pequena árvore desenvolvem-se em matagais densos e impenetráveis, os quais eliminam as espécies nativas, alteram o regime de fogo e exaurem as reservas de água do solo. Outros invasores devastadores incluem *Pinus radiata* (pinheiro Monterey, Pinaceae, ver Capítulo 13), originário da costa da Califórnia, outras espécies de pinheiros da Europa, e *Acacia cyclops* (Fabaceae) e *Acacia saligna* da Austrália. *Iridomyrmex humilis* (formiga argentina) é uma espécie de formiga invasora, oriunda da América do sul e muito agressiva, que está eliminando as espécies nativas de formigas, das quais muitas plantas dos *fynbos* dependem para a dispersão de suas sementes, ameaçando a regeneração de diversas espécies vegetais.

Por fim, especialmente a mudança climática global está ameaçando a sobrevivência de ecossistemas altamente restritos, como os da região Capense, e de espécies com distribuição muito limitada. Os *fynbos* situam-se na borda mais ao sul do continente africano; se o clima esquenta e as espécies dirigem-se em direção aos polos, não há nenhum lugar para elas se deslocarem além das profundezas salgadas.

herbivoria, baixa produtividade, existência de muitas barreiras topográficas locais, diversidade de hábitats, baixa frequência de distúrbios maiores e isolamento. O caso dos estarrecedores níveis de diversidade de plantas encontrado nos *fynbos* da região Capense da África do Sul ilustra vários desses tópicos e as dificuldades em explicá-los (Quadro 19A). Tais centros de diversificação também são importantes para a conservação, como veremos no Capítulo 21.

Relações entre diversidade local e regional

A maior parte dos estudos sobre as causas da diversidade tem enfocado em padrões locais de diversidade (ver Capítulo 13) ou sem padrões regionais ou globais, com poucos estudos buscando conectar as duas escalas. Recentemente, os ecólogos começaram a fazer esta conexão, embora não sejam ainda bem compreendidos os papéis de processos em grandes e pequenas escalas e a maneira pela qual interagem para determinar a diversidade local e regional.

Uma pergunta que podemos formular é se a riqueza local de espécies é estabelecida pelo número de espécies disponíveis no *pool* regional ou se é determinada por processos de ação local. Podemos testar estas duas hipóteses amostrando uma série de regiões, medindo tanto o número total de espécies em cada região quanto o número de espécies em um pequeno subconjunto daquela região, e, então, plotar a riqueza local como uma função da riqueza regional de espécies (Figura 19.14A). Se a riqueza local de espécies é determinada pelo tamanho do *pool* regional, então deveríamos observar uma relação linear, na qual um maior *pool* regional de espécies leva à ocorrência de mais espécies localmente. Por outro lado, se processos locais, como competição, limitam o número local de espécies, a relação deveria ser côncava; em algum momento, o acréscimo de espécies ao *pool* regional deveria ter pouco ou nenhum efeito sobre a riqueza local de espécies. Em uma análise das comunidades vegetais da Estônia, Meelis Pärtel e colegas (1996) constataram que a riqueza local era uma função da riqueza regional de espécies, com nenhum nivelamento da relação na riqueza regional mais alta (Figura 19.14B). Até o momento, poucos estudos quantificaram essa relação, e uma resposta geral a esta questão aguarda mais pesquisa.

Alguns ecólogos têm tentado examinar os mecanismos que ligam as riquezas local e regional de espécies. Jonathan Shurin e Emily Allen (2001) modelaram as condições sob as quais as interações entre as espécies locais (competição e predação) contrastam com padrões regionais na determinação da riqueza de espécies, tanto na escala local quanto na regional. Seu modelo incluiu tanto processos determinísticos de equilíbrio em escala local quanto processos estocásticos de não-equilíbrio em escala regional. Eles constataram que a predação expande os limites ambientais nos quais os competidores podem coexistir em um nível regional, promovendo níveis mais elevados de riqueza regional de espécies pelo impedimento da exclusão competitiva em alguns locais (ver Capítulo 10). O efeito dessas interações sobre a riqueza local de espécies foi dependente do contexto regional e das capacidades das espécies de se dispersarem entre os sítios locais (ver Capítulo 16). Portanto, há uma relação recíproca entre as escalas local e regional: a retroalimentação entre os processos nas duas escalas resulta em interações como predação, o que leva ao aumento da riqueza de espécies em ambas as escalas. Como com qualquer mecanismo que se mostra plausível por meio de modelagem, o desafio atual é determinar se este mecanismo é importante na natureza. Atualmente, existe um fraco consenso sobre a importância relativa de vários mecanismos em diferentes sistemas ou sobre as maneiras pelas quais eles podem comumente interagir (Caswell e Cohen, 1993; Lawton, 1999).

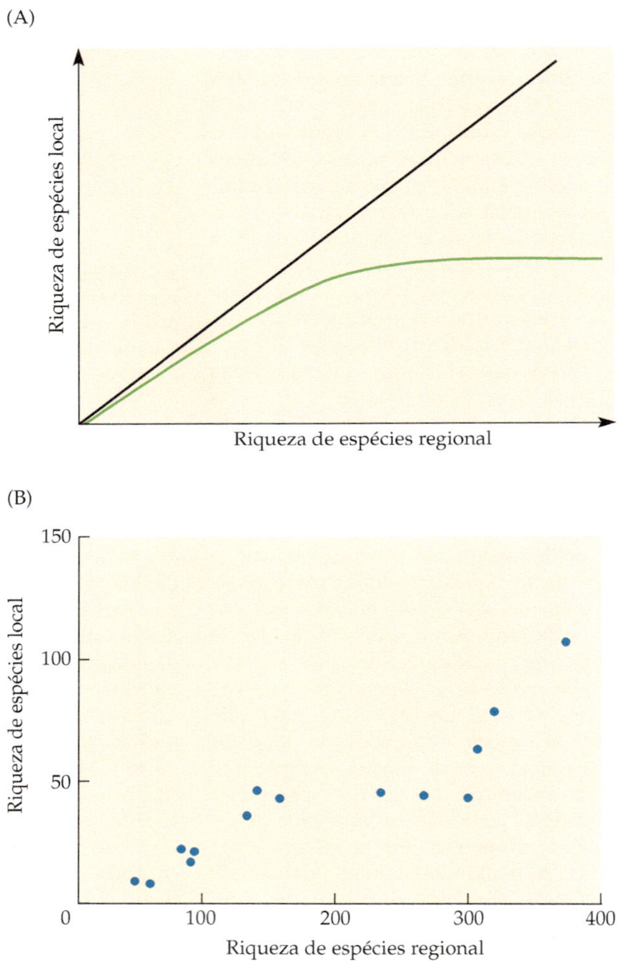

Figura 19.14 (A) Duas relações possíveis entre o tamanho do *pool* regional de espécies e a riqueza de espécies local. Se a riqueza local depende somente do tamanho do *pool* regional, então a riqueza local deve aumentar com a riqueza regional (linha preta). Se a riqueza local depende adicionalmente de processos locais, então, em algum momento, o acréscimo de espécies ao *pool* regional não deve resultar em qualquer espécie a mais localmente (linha verde). (B) Relação entre riquezas regional e local de espécies para 14 comunidades vegetais na Estônia, incluindo campos, bosques arbustivos e florestas (segundo Pärtel et al., 1996).

Dados ruidosos e limites metodológicos

Nossa capacidade de determinar as causas de padrões de diversidade em grande escala é dificultada pelas limitações dos dados disponíveis. Todas as análises em grande escala são fundamentadas em estudos observacionais (ver Capítulo 1), os quais podem assumir uma de quatro formas: (1) um único estudo em grande escala, (2) a compilação de dados de múltiplas fontes em um único estudo; (3) a combinação de múltiplos estudos que usaram o mesmo protocolo; e (4) a combinação de dados de estudos que usaram protocolos diferentes, particularmente por meio do uso de meta-análise. Todas as quatro formas têm seus usos em circunstâncias distintas.

Após experimentos manipulativos, a maioria das pessoas consideraria que um único estudo observacional em grande escala forneceria o tipo de dados mais confiável. Neste caso, toda a informação é reunida por um único indivíduo ou por uma equipe de indivíduos com base em um protocolo pré-definido. Tais métodos são comuns em estudos de produtividade e diversidade, os quais podem variar em tamanho, desde escalas muito pequenas até regiões inteiras. Por exemplo, Avinaom Danin (1976) examinou relações de produtividade e diversidade em comunidades de plantas herbáceas nos desertos de Israel. Utilizando parcelas de 0,1 m^2 espalhadas por uma distância linear de menos de 5 km, ele contou o número de espécies em cada parcela e, depois, removeu toda a parcela para medir a biomassa viva total. Essencialmente o mesmo protocolo foi seguido por Michael Huston (1980), em um estudo sobre diversidade de árvores em sítios de 0,1 ha separados por até 350 km, na Costa Rica, embora neste caso a biomassa viva fosse estimada em vez de medida diretamente.

Tais estudos, embora extremamente valiosos, apresentam limitações quando tratamos de temas que se estendem até a escala do globo inteiro. Seria impossível conduzir um estudo como este em escala global. Além das horas necessárias com pessoal, seria impossível reunir a competência técnica taxonômica adequada. Diversas outras estratégias podem ser usadas em grandes escalas.

Vários estudos adquiriram a forma de estudos únicos em grande escala, com base na compilação de dados de fontes diversas. Por exemplo, no estudo realizado por David Currie e Viviane Paquin (1987) sobre padrões de riqueza de espécies arbóreas em parcelas de 1/4° x 1/4° através da América do Norte (Figura 19.12), os dados sobre diversidade vieram de mapas de distribuição publicados. Nesse caso, a produtividade em si não foi medida nem estimada. Ao invés disso, os pesquisadores usaram variáveis climáticas como a evapotranspiração real (ver Capítulo 14) em substituição à produtividade.

O estudo sobre diversidade vegetal em Wisconsin, conduzido por Scheiner e Jones (Figura 19.7), deu um passo além. Os dados de diversidade vieram das amostragens de áreas feitas por John T. Curtis durante a década de 1950 e posteriormente publicados como *The Vegetation of Wisconsin* (Curtis, 1959). Os dados de produtividade vieram de um modelo climático global (BIOME-BGC; Kittel et al., 1995). Este modelo estima a PPL (produtividade primária líquida) em uma grade de 1/2° x 1/2° através dos 48 estados continentais dos EUA*. Para estimar a produtividade dos locais amostrados, os pesquisadores interpolaram os valores de saída do modelo a partir dos quatro pontos da grade circundantes.

Observe a mudança nestes dois últimos estudos em ralação aos exemplos anteriores de estudos observacionais. Em ambos os casos, os estudos dependeram de dados primários coletados por outros. Em ambos os casos, ao menos alguns dos dados fundamentaram-se em interpolações de observações reais: os dados de distribuição para Currie e Paquin e as estimativas de produtividade para Scheiner e Jones. Além disso, Scheiner e Jones usaram estimativas de modelos de produtividade, enquanto Currie e Paquin usaram substitutos para a produtividade. Portanto, todas essas observações tiveram diversos passos removidos pelos cientistas que as usaram. Isso as torna menos válidas? Não, porque em todas as etapas, os erros associados ao processo podem ser quantificados e avaliados. Além disso, os resultados podem ser comparados com aqueles de outros tipos de estudos. Em relação ao estudo de Wisconsin, Scheiner e Jones puderam escolher entre três modelos climáticos globais diferentes. Eles fizeram sua escolha com base na comparação entre as estimativas de produtividade de cada modelo, as estimativas de produtividade fundamentadas em dados de sensoriamento remoto e estimativas para tipos de comunidades similares publicadas. Tais estudos em grande escala só podem ser feitos com essas combinações de dados. No caso do estudo de Wisconsin, muitos dos sítios amostrados por Curtis já não existem mais como comunidades naturais. No sul de Wisconsin, especialmente, muitos são hoje habitações e hipermercados. Já que Curtis não mediu produtividade quando fez sua amostragem, a única forma de estimar tais dados é por meio de modelos climáticos globais.

O próximo passo nesse catálogo de estudos observacionais é combinar dados de múltiplos estudos. Esta categoria é distinta das anteriores porque tanto os dados de diversidade quanto os de produtividade foram coletados juntos em cada estudo, em vez de separados. A vantagem é que ambos os tipos de dados foram reunidos na mesma escala e ao mesmo tempo (aproximadamente). A desvantagem é que os dados foram reunidos por diversos investigadores, adicionando, portanto, potenciais ruídos aos dados. Novamente, existem diversas variantes desta forma de estudo.

Na situação ideal, todos os investigadores utilizariam exatamente o mesmo protocolo para a coleta de dados em seus estudos. Forneceríamos um exemplo, mas não sabemos de nenhum caso assim. Se a literatura fosse suficientemente esquadrinhada, múltiplos estudos usando protocolos bastante similares poderiam ser encontrados. Contudo, eles certamente seriam discrepantes o suficiente em outros aspectos, como os biomas estudados, a extensão geográfica amostrada ou o ano de amostragem. Ao invés disso, os ecólogos encaram a tarefa de tentar combinar dados de

* N. de T. Exclui os estados do Alasca e Havaí.

estudos diversos. Isto pode ser feito utilizando-se vários tipos de padronização. Uma dessas análises foi feita por Katherine Gross e colegas (2000), que examinaram relações entre diversidade e produtividade em campos e bosques arbustivos da América do Norte. Os dados vieram da rede de sítios de Pesquisa Ecológica de Longa Duração (PELD; *LTER, Long-Term Ecological Research*) (ver Quadro 9C). Por esta razão, em sua maior parte, todos os dados de produtividade foram coletados da mesma forma. O maior obstáculo foi padronizar os dados de riqueza de espécies, porque parcelas de tamanho diferentes foram usadas em alguns sítios. A padronização foi feita por meio da extrapolação da curva espécies-área para cima ou para baixo (ver Capítulo 16).

Outra forma de padronização é usada em meta-análise (Gurevitch et al., 2001). Os resultados de cada estudo são convertidos no tamanho do efeito. Para estudos que comparam duas médias, o tamanho do efeito é a diferença nas médias dividida pelo desvio-padrão agrupado (ver Apêndice). Para relações contínuas, podem ser usados coeficientes de regressão padronizados. A combinação de estudos é obtida pelo aumento do nível de abstração. Na verdade, estamos atualmente questionando o padrão qualitativo geral e não os detalhes do padrão quantitativo.

Em alguns casos, não é possível a meta-análise. A meta-análise necessita informação suficiente para computar uma métrica padronizada. Mittelbach e associados (2001; Figuras 13.9 e 19.5) não foram capazes de realizar tal análise. A sua análise fundamentou-se em 172 estudos a partir da literatura. Esses estudos usaram uma grande variedade de protocolos, medidas de produtividade e diversidade, tipos de organismos e escalas. Neste caso, uma meta-análise não faz sentido porque não é claro se mesmo um coeficiente de regressão padronizado poderia estar medindo o mesmo fenômeno na mesma escala. Em 17 estudos, os pesquisadores não calcularam um coeficiente padronizado porque não tinham informações suficientes. Apesar disso, não quiseram descartar esses estudos. Eles recorreram a um método mais antigo, pejorativamente chamado de "contagem de votos" pelos estatísticos envolvidos no desenvolvimento de métodos para meta-análise. Eles contaram os estudos que apresentavam relações estatisticamente significativas com forma convexa, em U, positivas e negativas. As perguntas que eles formularam foram simples: existem padrões na relação entre produtividade e riqueza de espécies? Estas mudam em função da escala? Um método de contagem de votos é às vezes adequado para responder tais perguntas gerais e qualitativas. Os pesquisadores também fizeram algumas análises usando coeficientes padronizados para subconjuntos de dados, visando testar a consistência de suas conclusões mais gerais.

Resumo

A explicação de padrões em grande escala da riqueza de espécies vegetais – quais regiões apresentam muitas espécies e quais apresentam poucas – têm sido um esforço em marcha, desde antes de a ecologia ter se desenvolvido como uma disciplina distinta. Hoje em dia estes temas têm sido tomados de uma nova urgência, à medida que a mudança global e a destruição de hábitats aumentaram a necessidade de se preservar áreas de alta riqueza de espécies. Precisamos saber por que as espécies estão onde estão, se formos predizer os efeitos da mudança global e preservar tantas espécies quanto possível.

Um dos padrões conhecidos há mais tempo e melhor estabelecido é um gradiente latitudinal na riqueza de espécies: mais alta nos trópicos, intermediária em zonas temperadas e mais baixa em regiões polares. Há também gradientes longitudinais, como um pico na riqueza de espécies no centro do Canadá.

O efeito da produtividade – maior produtividade por causa da maior disponibilidade energética, a qual permite a coexistência de mais espécies – é provavelmente a causa primária de padrões em grande escala de diversidade de espécies. É claro, contudo, que esta não é a única explicação. Muitas hipóteses diferentes têm sido propostas para explicar os processos por trás desses padrões. A pesquisa atual está tentando penetrar nessa selva de ideias. Embora estejamos aptos a descartar algumas hipóteses, outras permanecem. Uma explicação provável para a ausência de solução desse problema é que nenhum processo por si só responde por todos os padrões observados. Pelo contrário, diferentes processos são importantes sob circunstâncias distintas e em diferentes escalas. Alguns desses processos incluem as histórias ecológicas e evolutivas de regiões específicas e interações entre processos locais e regionais que determinam a diversidade.

Nosso trabalho agora é tentar encontrar as regras que definem as circunstâncias sob as quais esses processos operam e determinar quando e como dois ou mais deles podem funcionar conjuntamente. Investigações sobre como os padrões de diversidade mudam em função da escala são peças importantes deste quebra-cabeça. A avaliação rigorosa das hipóteses apresentadas neste capítulo é um primeiro passo importante em todos esses esforços.

Questões para estudo

1. A relação entre a produtividade e a riqueza de espécies muda em função do grão, do foco e da extensão. Por quê?
2. Como o endemismo afeta os padrões de diversidade vegetal em grande escala? Discuta a influência dos distintos componentes de escala sobre esse efeito.
3. Discuta o que um modelo nulo representa e como modelos nulos são usados para testar fenômenos ecológicos.
4. Planeje um estudo para testar ao menos duas das teorias para o gradiente global na riqueza de espécies de plantas. O estudo deve durar no máximo cinco anos e custar não mais do que 500.000 dólares.
5. Construa um modelo conceitual para a diversidade ao longo de um gradiente ambiental que inclua ao menos três dos modelos listados na Tabela 19.2.

Leituras adicionais

Referências clássicas

Curtis, J. T. 1959. *The Vegetation of Wisconsin.* University of Wisconsin Press, Madison.

MacArthur, R. H. 1965. Patterns of species diversity. *Biol. Rev.* 40: 510-533.

Pianka, E. R. 1966. Latitudinal gradients in species diversity: A review of concepts. *Am. Nat.* 100: 65-75.

Fontes adicionais

Huston, M. A. 1994. *Biological Diversity: The Coexistence of Species in Changing Landscapes.* Cambridge University Press, Cambridge.

Lomolino, M. V., D. F. Sax and J. H. Brown (eds.). 2004. *Foundations of Biogeogmphy: Classic Papers with Commentaries.* University of Chicago Press, Chicago.

Ricklefs, R. E. and D. Schluter (eds.). 1993. *Species Diversity in Ecological Communities: Historical and Geographical Perspectives.* University of Chicago Press, Chicago.

Rosenzweig, M. L. 1995. *Species Diversity in Space and Time.* Cambridge University Press, Cambridge.

CAPÍTULO **20**

Paleoecologia

Nos capítulos anteriores, estudamos os padrões globais de vegetação e diversidade e como tais padrões resultaram de processos ecológicos e evolutivos. Contudo, o mundo está em constante mudança, e o quadro apresentado naqueles capítulos é apenas uma "fotografia" da realidade atual. O mundo mudou bastante em diferentes momentos do passado. Atualmente, se você estiver parado sobre um ponto na zona rural do norte de Illinois, verá lavouras de milho em toda a sua volta. Há apenas 150 anos, a cena teria sido uma pradaria ondulada. Há mais tempo – há 20.000 anos – você estaria sobre a tundra, com a luz do sol cintilando imensas geleiras ao norte. Retroceda ainda mais e poderia estar no meio de uma floresta densa ou em um pântano dominado por pteridófitas arborescentes.

Neste capítulo, discutiremos algumas dessas mudanças de longo prazo nas comunidades vegetais, os métodos científicos usados para entendê-las e algumas de suas implicações. O conhecimento sobre o passado tanto edifica o nosso conhecimento sobre o presente quanto fornece dados fundamentais para o manejo dos ecossistemas atuais (Swetnam et al., 1999). Naturalmente, em um único capítulo não podemos cobrir toda a história da Terra ou mesmo das plantas terrestres. A ecologia de períodos muito antigos é ainda pouco conhecida. O campo da **paleoecologia** – o estudo da ecologia histórica – depende muito de inferências a partir das espécies e comunidades atuais e de analogias com estas. O nosso entendimento a respeito do passado muito distante é particularmente frágil devido à escassez de fósseis daqueles períodos e porque muitas espécies ancestrais não apresentam análogos modernos. Contudo, esse conhecimento está aumentando rapidamente. O desenvolvimento de novos métodos, como o uso das razões entre isótopos de carbono para identificar plantas C_3 e C_4 e a criação de extensas bases de dados computadorizadas do registro fóssil, tem tornado a paleoecologia um campo de pesquisa ativo e vigoroso.

Neste capítulo, primeiramente examinaremos diversas eras e períodos geológicos (Figura 20.1), especialmente os que representam épocas de mudança significativa para as comunidades vegetais. Após, avaliaremos detalhadamente os últimos 20.000 anos. Devido à quantidade de detalhes envolvidos, enfocaremos a América do Norte. A história desse período recente é hoje em dia bem conhecida e proporciona uma percepção especial sobre as comunidades vegetais e biomas atuais. No último capítulo deste livro, voltaremos nossa atenção ao futuro da Terra.

Figura 20.1 Escala de tempo geológico (os números estão em milhões de anos). Embora a era Cenozoica seja tradicionalmente dividida nos períodos Terciário e Quaternário, um novo sistema atualmente a divide em dois períodos com durações mais equivalentes, o Paleogeno e o Neogeno (segundo Stanley, 2005).

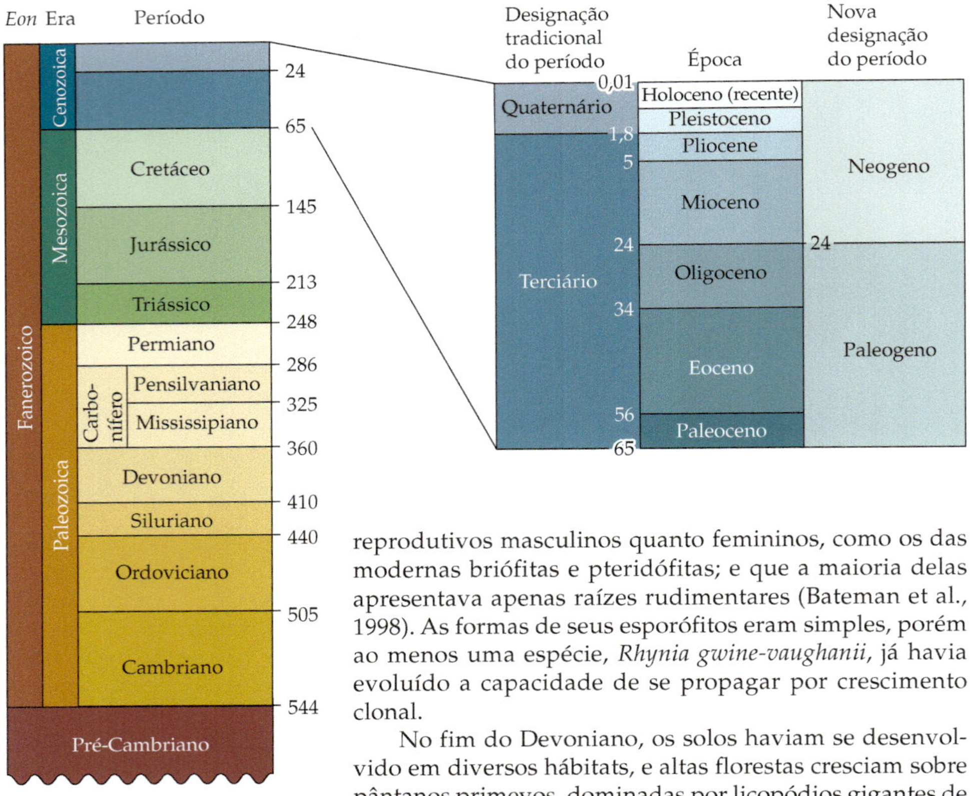

A era Paleozoica

As evidências fósseis mostram que as plantas invadiram a terra pela primeira vez na era Paleozoica, entre os períodos Ordoviciano superior e Siluriano. No Capítulo 3, discutimos alguns dos desafios evolutivos que elas enfrentaram para alcançar esta transição maior. As plantas terrestres descendem das Charophyta, um grupo de algas verdes, filamentosas e ramificadas. Atualmente, muitas algas verdes crescem ao longo das costas litorâneas, onde estão sujeitas ao dessecamento diário à medida que as marés sobem e descem. Indubitavelmente, estas foram as condições sob as quais as plantas terrestres evoluíram. A invasão das plantas mudou drasticamente os ambientes terrestres, preparando o palco para duas (e independentes) principais invasões animais (por artrópodes e vertebrados), assim como para toda a subsequente evolução vegetal.

Durante os períodos Siluriano e Devoniano, a paisagem terrestre foi completamente transformada. Este período viu um aumento constante na complexidade morfológica e ecológica, tanto das plantas quanto dos animais, e a consequente irradiação espetacular dos principais filos. No início do Siluriano, a única vegetação consistia em esteiras rentes ao chão, dominadas por plantas relacionadas às hepáticas (Figura 20.2), em áreas superúmidas. Com base na evidência fóssil, podemos inferir que essas primeiras plantas eram mantidas mecanicamente pela pressão de turgidez; que seus gametófitos produziam tanto órgãos reprodutivos masculinos quanto femininos, como os das modernas briófitas e pteridófitas; e que a maioria delas apresentava apenas raízes rudimentares (Bateman et al., 1998). As formas de seus esporófitos eram simples, porém ao menos uma espécie, *Rhynia gwine-vaughanii*, já havia evoluído a capacidade de se propagar por crescimento clonal.

No fim do Devoniano, os solos haviam se desenvolvido em diversos hábitats, e altas florestas cresciam sobre pântanos primevos, dominadas por licopódios gigantes de até 40 metros de altura (Figura 20.3). À medida que os sistemas radicais se desenvolveram, as plantas terrestres se diversificaram e se expandiram para as terras altas mésicas e mais secas. Pelo fim desse período, muitos dos principais filos de plantas vasculares – Psilotophyta (*whiskferns*), Lycopodophyta (licopódios, Figura 20.4), Sphenophyta (cavalinhas) e Pteridophyta (samambaias) – evoluíram,

Figura 20.2 A *Marchantia* é uma hepática, planta avascular. As estruturas de 3 centímetros de altura no centro são os órgãos reprodutivos do gametófito feminino (esquerda) e do masculino (direita). As plantas terrestres primitivas podem ter tido forma similar (fotografia de S. Scheiner).

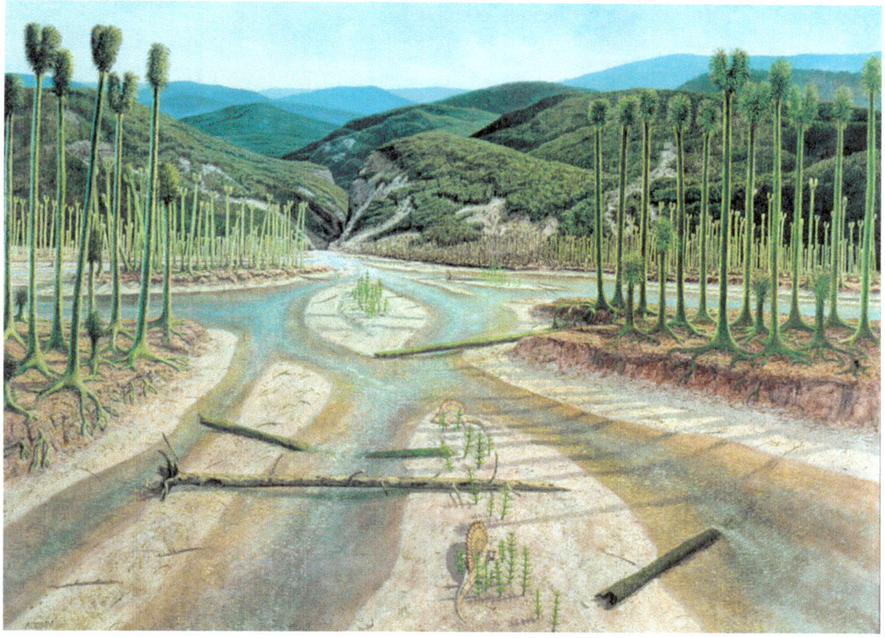

Figura 20.3 Como seria uma floresta há 300 milhões de anos, no que hoje é o Colorado. Um mar raso situa-se a leste, e rios entupidos com o fluxo de cascalho vindo das montanhas fluem para o mar. As margens dos rios são colonizadas por florestas de árvores-escamosas (*Sigillaria*, Lycopodophyta) e cavalinhas gigantes. As árvores formam um dossel bastante reduzido com pouca sombra. Elas apresentam troncos verdes, e mesmo suas raízes superficiais são verdes; a árvore toda pode fotossintetizar. As florestas de coníferas primitivas crescem no terreno mais elevado dos sopés montanhosos e das montanhas (quadro de Jan Vriesen, cedido pelo Museu da Natureza e Ciência de Denver).

assim com as plantas com sementes (Bateman et al., 1998). Hoje em dia, os primeiros três desses grupos crescem somente como pequenas plantas de sub-bosque. Por outro lado, as samambaias crescem tanto como pequenas plantas em todo o mundo quanto como grandes árvores em áreas tropicais e subtropicais. Uma tendência consistente durante esse período foi a dominância crescente da geração esporofítica (diploide). À medida que o esporófito se tornou maior e mais longevo, o gametófito ficou menor e mais efêmero.

Podemos especular sobre os processos seletivos que criaram essa diversificação. A evolução do tecido vascular permitiu às plantas crescerem em altura, e esta capacidade provavelmente disparou uma "corrida armamentista". Há geralmente pouca vantagem em uma planta tornar-se muito alta, a menos que provavelmente ela seja sombreada por seus vizinhos (Figura 6.7). Se uma espécie em uma comunidade é mais alta do que outras, ela vencerá os seus vizinhos na competição por luz. A seleção natural favorecerá então os indivíduos de outras espécies que podem crescer ainda mais. Esse processo continua até que outras restrições equilibrem a seleção por altura. A seleção por maior altura, assim como outras pressões seletivas, resultaram na evolução do lenho, o qual por sua vez possibilitou a evolução da grande diversidade de formas arbóreas e arbustivas. A evolução das raízes, por outro lado, foi provavelmente governada por uma combinação de fatores abióticos, assim como pela competição por nutrientes e água. Como resultado dessas adaptações, as plantas foram capazes de se propagar a partir de áreas úmidas, expandindo-se por fim sobre praticamente toda a superfície da Terra que não estivesse coberta por água ou gelo.

À medida que as plantas se diversificaram, as interações bióticas vieram provavelmente a desempenhar um papel cada vez mais importante em sua evolução. Muitas das interações ecológicas que vemos atualmente evoluíram há muito tempo. Essas interações abrangem as simbioses micorrízicas e a herbivoria durante o Devoniano,

Figura 20.4 *Lycopodium obscurum* (Lycopodiaceae) é um licopódio, uma planta vascular de aproximadamente 10 centímetros de altura. Ele apresenta caule, mas não raízes e folhas verdadeiras (fotografia de S. Scheiner).

bem como a polinização e a dispersão de sementes exercidas por animais durante os períodos Carbonífero e Permiano.

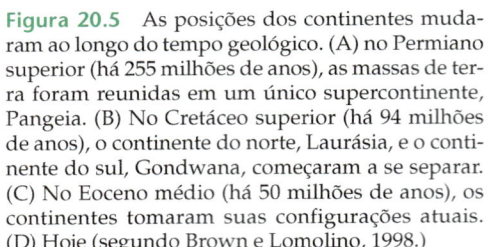

O período Carbonífero é assim chamado devido às enormes quantidades de carbono fóssil – petróleo e carvão – que foram depositadas durante aquela época. Os depósitos de carvão foram gerados principalmente a partir de restos de plantas de áreas úmidas, incluindo pteridófitas e outras plantas produtoras de esporos, assim como por gimnospermas primitivas (DiMichele et al., 2001). As fontes orgânicas de petróleo são menos conhecidas; elas parecem ser primordialmente plâncton autotrófico e heterotrófico, mas podem incluir também plantas de áreas úmidas. À medida que os climas mudavam no Carbonífero superior – tornando-se principalmente mais secos – as plantas com sementes começaram a dominar a paisagem. Essa mudança na vegetação foi rápida, resultando em uma composição de espécies quase completamente diferente em um determinado local, com as plantas de terras altas rapidamente substituindo as das terras baixas úmidas.

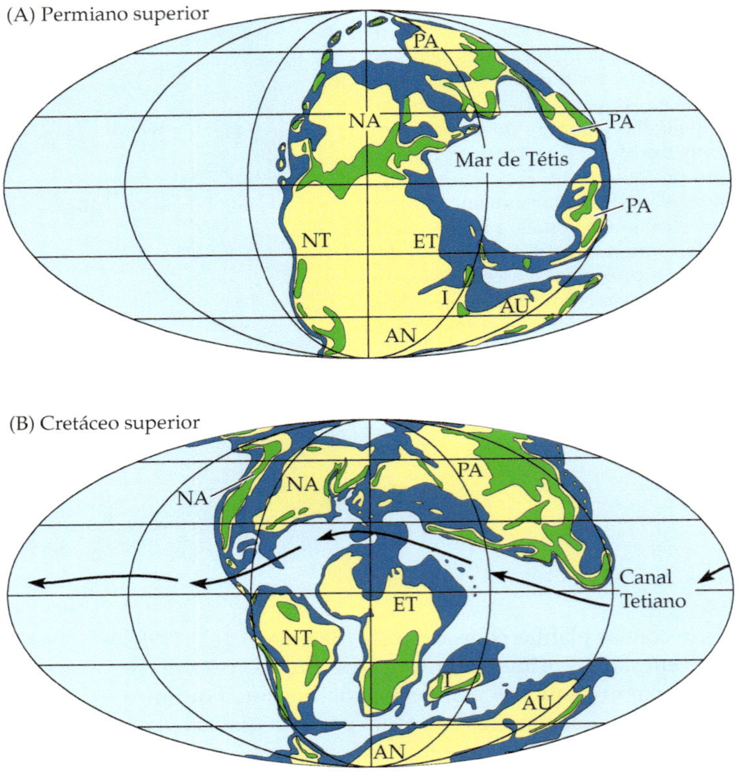

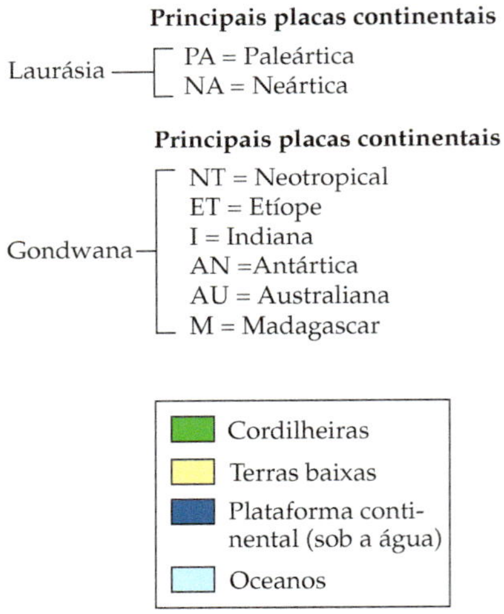

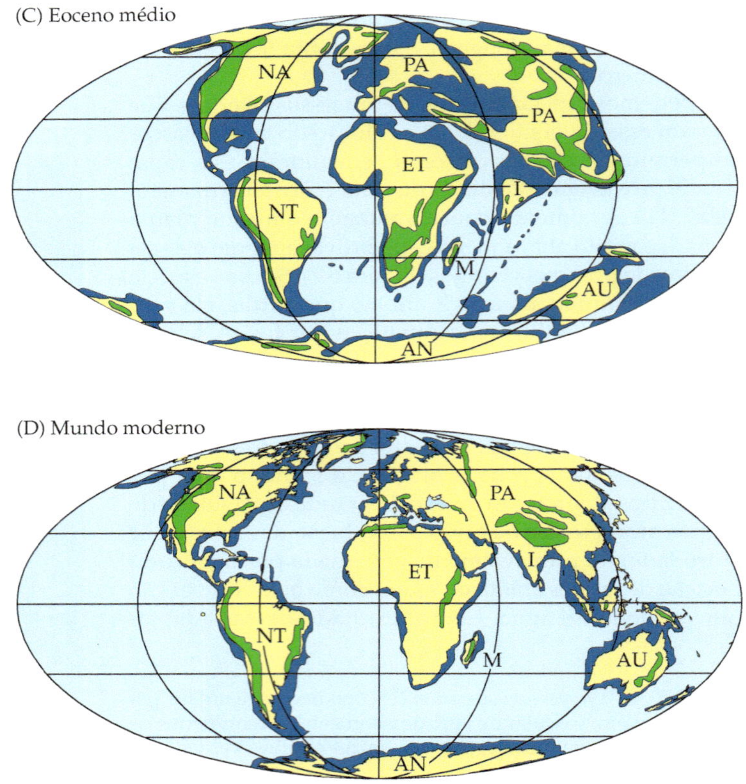

Figura 20.5 As posições dos continentes mudaram ao longo do tempo geológico. (A) no Permiano superior (há 255 milhões de anos), as massas de terra foram reunidas em um único supercontinente, Pangeia. (B) No Cretáceo superior (há 94 milhões de anos), o continente do norte, Laurásia, e o continente do sul, Gondwana, começaram a se separar. (C) No Eoceno médio (há 50 milhões de anos), os continentes tomaram suas configurações atuais. (D) Hoje (segundo Brown e Lomolino, 1998.)

A era Mesozoica

A dominância das gimnospermas

No início da era Mesozoica, todos os continentes estavam reunidos em um único supercontinente, a **Pangeia**. Eles foram separados e reposicionados pela tectônica de placas desde aquele período (Figura 20.5). A coalescência da Pangeia, juntamente com o aumento na concentração de CO_2 atmosférico e a temperatura, levaram a climas predominantemente tropicais, maior sazonalidade e aridez amplamente difundida. Quaisquer benefícios dos níveis elevados de CO_2 podem ter sido mais do que contrabalançados pela combinação de temperaturas altas (oriundas do efeito estufa) e pluviosidade baixa ou sazonal.

Ao fim do período Jurássico, há 150 milhões de anos, a Pangeia separou-se em dois grandes continentes, Laurásia ao norte e Gondwana ao sul. No final do período Cretáceo, por sua vez, estes continentes sofreriam separação, resultando nos continentes atuais. O Oceano Atlântico veio a surgir no início do Cretáceo, primeiramente com a separação da América do Norte e Eurásia há aproximadamente 130 milhões de anos e, após, com a separação da América do Sul e da África, há cerca de 90 milhões de anos. Como consequência desses movimentos continentais, áreas que um dia foram ilhas se tornaram costeiras. As áreas costeiras são mais úmidas e menos sazonais do que regiões intracontinentais (ver Capítulo 17). Desse modo, as condições gerais para o crescimento vegetal tenderam a melhorar durante os períodos Jurássico e Cretáceo.

Podemos considerar a história das plantas terrestres como a dominância sucessiva de três grupos principais. As pteridófitas (samambaias) e pteridospermas (pteridófitas com sementes) dominaram a flora durante o Paleozoico superior, quando os climas eram quentes e úmidos. A despeito da similaridade de nomenclatura, as pteridófitas e as pteridospermas não têm parentesco próximo; as **pteridospermas** constituem um grupo extinto que superficialmente lembrava as samambaias, porém se reproduzia por sementes em vez de gametófitos de vida livre.

Com o aumento da aridez e da **continentalidade** – a influência das massas de terra sobre o tempo, neste caso devido à formação da Pangeia – durante a primeira metade do Mesozoico, a flora tornou-se dominada por coníferas, cicadófitas e outras gimnospermas, e as pteridospermas foram gradualmente extintas. Famílias, gêneros e espécies sem flores do Mesozoico persistentes até hoje abrangem *Osmunda* (um gênero de pteridófita), *Ginkgo biloba* (ginkgo, Ginkgoniaceae), *Sequoia* (um gênero de conífera que atualmente inclui a sequoia gigante da Califórnia) e *Araucaria* (um gênero de conífera do Hemisfério Sul, representado atualmente por diversas árvores florestais importantes, como *A. excelsa*, o pinheiro da Ilha de Norfolk do Pacífico Sul, *A. araucana* e o *pehuén** do sul dos Andes na América do Sul). As angiospermas vieram para dominar a flora terrestre durante o Cretáceo.

O Cretáceo inferior foi um período de temperaturas elevadas e muito pouca diferença entre as estações. Os níveis atmosféricos de CO_2 eram aproximadamente entre 3 e 4 vezes mais altos do que são atualmente (Figura 20.6), contribuindo para temperaturas mais elevadas por meio do efeito estufa (ver Capítulo 21). O clima quente e a pronta disponibilidade de CO_2 fizeram do Cretáceo inferior um período geralmente favorável ao crescimento vegetal. No Cretáceo superior, contudo, essas condições favoráveis de-

* N. de T. *Pehuén* é o nome popular da *A. araucana* no Chile e na Argentina. Em inglês, a espécie é conhecida como *monkey-puzzle tree*, que significa literalmente "árvores quebra-cabeça de macaco".

Figura 20.6 (A) Concentrações estimadas de CO_2 atmosférico nos últimos 500 milhões de anos. As áreas sombreadas acima e abaixo da linha são os limites superiores e inferiores da estimativa. As barras pretas indicam os períodos em que o clima da Terra esteve relativamente frio; as barras sombreadas indicam períodos relativamente quentes. Os níveis de CO_2 atmosférico diminuíram de forma geral nos 175 milhões de anos decorridos (segundo Rothman, 2002). (B) Concentrações estimadas de CO_2 atmosférico nos últimos 450 milhões de anos, medidas a partir do ar retido em núcleos de gelo da Antártica. Ao longo deste período, os níveis de CO_2 variaram, porém não houve tendência nem para cima nem para baixo (segundo Barnola et al., 1999.)

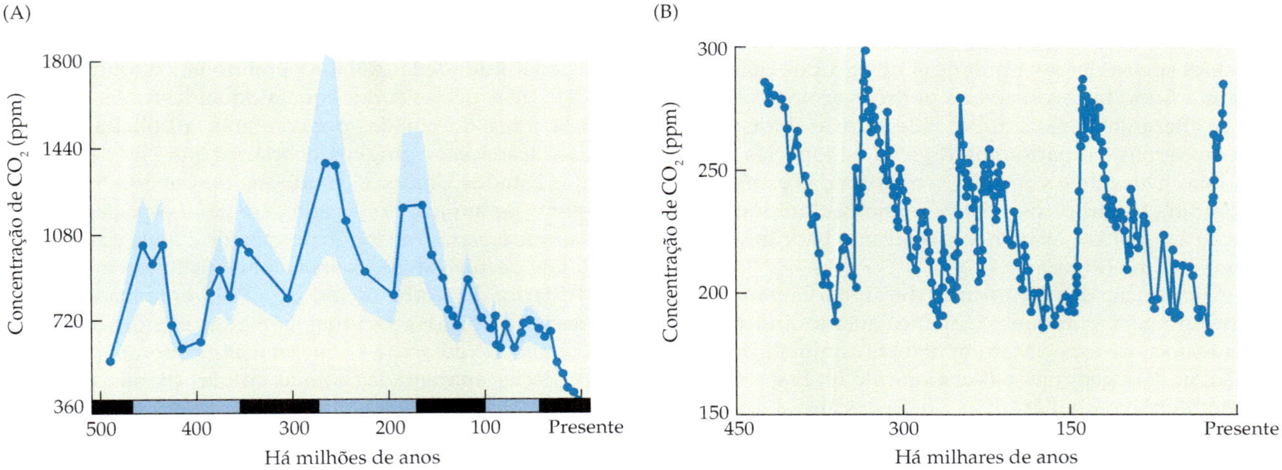

clinaram gradualmente, com os climas tornando-se muito mais sazonais e existindo grandes diferenças térmicas entre o Equador e os Polos.

Em alguns aspectos, as comunidades vegetais do Mesozoico eram similares às atuais. Havia biomas diferentes dominados por árvores, arbustos ou ervas. Contudo, as árvores eram predominantemente coníferas; por outro lado, as florestas tropicais e diversas florestas temperadas atuais são dominadas por angiospermas, com as florestas de coníferas sendo encontradas principalmente nas zonas temperadas e boreais. As savanas são um exemplo particularmente interessante de como os antigos biomas diferiam dos de hoje. As savanas atuais são dominadas por gramíneas acompanhadas por angiospermas arbóreas espalhadas. No Mesozoico, em vez de gramíneas, as samambaias compunham a maior parte da cobertura vegetal, enquanto as árvores eram principalmente gimnospermas.

Se considerarmos a distribuição moderna das samambaias, poderíamos pensar nelas como um grupo em sua maior parte tropical, pois são mais abundantes e diversificadas nos trópicos. De forma interessante, a maioria das famílias de samambaias atuais originou-se em regiões temperadas úmidas (acima da latitude de 30°N e S) durante o Mesozoico (Skog, 2001). Durante esse período, essas plantas inexistiam nos trópicos. A dispersão à longa distância dos esporos permitiu às famílias de samambaias espalharem-se amplamente nas regiões temperadas, de modo que, durante grande parte do Mesozoico, muitas famílias eram encontradas nos Hemisférios Norte e Sul. Apenas mais tarde elas se expandiram para os trópicos.

A divisão de Pangeia e a ascensão das angiospermas

A ascensão das angiospermas foi um evento crítico na história das plantas. Alguns poucos registros fósseis sugerem uma origem tão remota quanto o Triássico para esse grupo, mas essa interpretação é controversa e não bem sustentada por evidências atuais. O certo é que as angiospermas inicialmente se diversificaram nos trópicos e pela metade do Cretáceo superior, expandiram-se por todo o mundo (Crane e Lidgard, 1989). Este grupo hoje em dia responde por aproximadamente 75% de todas as espécies de plantas terrestres e por um nível de diversidade vegetal nunca visto na Terra.

A despeito dessas mudanças nos grupos que dominaram a flora da Terra, alguns padrões ecológicos gerais não se alteraram. Uma similaridade entre as floras antigas e as modernas é o padrão de riqueza de espécies através do globo. Durante o Cretáceo, a maioria das espécies era encontrada nos trópicos, com os números diminuindo em direção aos Polos – exatamente o mesmo padrão verificado hoje em dia (Figura 19.1).

A separação dos continentes durante o Cretáceo tanto contribuiu para a mudança climática quanto ajudou a acelerar as taxas de especiação em plantas e animais por meio do isolamento geográfico (ver Capítulo 6). Essas mudanças ambientais auxiliaram as angiospermas a se expandirem, proliferarem e se diversificarem. A sua ascensão, por sua vez, criou profundas mudanças na estrutura das comunidades. Primeiro, a natureza das comunidades animais passou por uma drástica transformação. Os insetos começaram a se diversificar naquele período; atualmente o seu número de espécies sobrepuja o de qualquer outro grupo de animais. Em alguns casos, como a diversificação dos lepidópteros (borboletas e mariposas), o período da irradiação dos insetos pode ser relacionado diretamente à irradiação evolutiva das angiospermas.

A evolução da flor – uma característica chave das angiospermas – abriu novas possibilidades para relações mais especializadas entre plantas e polinizadores. A polinização dos táxons mais antigos de plantas vasculares dependia principalmente do vento (como nas coníferas) ou de besouros (como nas cicadáceas), os quais consumiam principalmente grãos de pólen e apenas ocasionalmente transferiam um pouco deles para outras plantas. Aliada à diversificação evolutiva das flores vieram as recompensas de néctar. Com a diversificação floral em formas, cores e odores, as recompensas aumentaram a confiabilidade dos insetos em levar o pólen para os estigmas receptivos de outras flores da mesma espécie. Atualmente, alguns dos exemplos mais bem conhecidos de mutualismos são aqueles entre as flores e seus polinizadores. De modo similar, a evolução dos frutos abriu novas possibilidades para interações entre as plantas e os animais dispersores de suas sementes (e os predadores de sementes).

Outra diferença importante entre as angiospermas e os grupos que as precederam é que elas incluem muitas espécies herbáceas e lenhosas pequenas que frequentemente apresentam crescimentos e histórias de vida mais rápidos. Nas coníferas, a maturação das sementes pode demorar de seis meses a três anos, enquanto quase todas as angiospermas podem amadurecer as suas sementes em apenas semanas ou meses. De forma mais geral, as angiospermas abrangem uma gama extremamente diversificada de arquiteturas vegetais, histórias de vida e modos reprodutivos.

No fim do Cretáceo, as florestas tropicais eram encontradas no que é hoje o sudeste da América do Norte. Essas florestas tinham dosséis abertos com coníferas relativamente altas similares a *Sequoia* e *Metasequoia* (Taxodiaceae), com um sub-bosque consistindo em uma diversidade de angiospermas, incluindo palmeiras rosetadas. Naquele período, o meio da América do Norte era coberto por um vasto mar raso. As áreas a oeste do mar eram cobertas por uma comunidade latifoliada perenifólia, com uma diversidade de espécies como aquela do sudeste. As florestas temperadas, dominadas por coníferas latifoliadas perenifólias, cicadáceas e gingkos, cobriam o que é hoje o noroeste dos Estados Unidos e o sudoeste do Canadá. Naquelas florestas, as angiospermas eram em geral espécies caducifólias que cresciam ao longo dos cursos d'água e em outros hábitats perturbados. As áreas mais distantes, a noroeste da América do Norte – acima de 60°N – eram cobertas por florestas latifoliadas deciduais com uma mistura de coníferas (como Taxodiaceae e *Gingko*) e angiospermas, incluindo espécies aparentadas com as bétulas (Betulaceae) e os olmeiros (Ulmaceae). Os climas mais amenos do Cretáceo permitiram a existência dessas comunidades latifoliadas onde atualmente se encontram a taiga e a tundra.

O limite Cretáceo-Terciário (K-T)

A era Mesozoica chegou ao fim há 65 milhões de anos. Existe forte evidência de que um grande asteroide (10 ± 4 quilômetros de diâmetro) atingiu violentamente o que é agora o Mar do Caribe, próximo à atual Península de Iucatã. O choque do asteroide vindo do sudeste arremessou na atmosfera grandes quantidades de escombros para o norte. Esses escombros finalmente assentaram-se no terreno, formando um estrato geológico distinto que marcou a transição entre os períodos Cretáceo e Terciário, conhecido como o limite K-T.

Como esse impacto do asteroide levou à imensa mudança global – incluindo a extinção dos dinossauros – ele ainda se constitui uma área de ativa pesquisa e controvérsia. De acordo com uma hipótese, os escombros lançados pelo impacto podem ter sido suficientemente densos para escurecer o céu por um tempo suficientemente longo para inibir bastante a fotossíntese. Outra evidência sugere que o impacto radiou calor suficiente para desencadear incêndios enormes e generalizados, que duraram vários anos. Os escombros remanescentes na atmosfera a partir do impacto e os incêndios provavelmente levaram ao resfriamento drástico das temperaturas mundiais por um período de anos a décadas. Também foi aventada a hipótese de que o rompimento do ciclo global do carbono causado pelo impacto provocou enormes oscilações nos climas globais durante milhões de anos seguintes. Hoje em dia, é geralmente aceito que este evento está amarrado à extinção dos dinossauros, junto com 70% das espécies marinhas que existiam naquele tempo.

Na América do Norte, a flora do Paleoceno continha muito menos espécies do que a flora do Cretáceo superior. Na parte sul do continente, quase 80% das espécies de plantas existentes foi extinto, enquanto as florestas polares apresentaram uma taxa de extinção de 25%. Mesmo em locais tão distantes do impacto, como a Nova Zelândia, um estudo recente sobre grãos de pólen e esporos fósseis constatou que uma flora diversificada, composta por gimnospermas, angiospermas e pteridófitas, foi abruptamente substituída por outra consistindo em um pequeno número de espécies de pteridófitas (Vajda et al., 2001). A recuperação ocorreu de forma gradual ao longo de mais de um milhão de anos, com a eventual evolução de muitas novas espécies, em particular, de angiospermas.

A era Cenozoica

No Eoceno inferior, as temperaturas globais começaram a cair, seguindo os níveis decrescentes de CO_2 atmosférico. Na América do Norte, as Montanhas Rochosas e a Serra Nevada continuaram a se soerguer, criando uma sombra de chuva no meio do continente (ver Capítulo 17). Juntamente com o surgimento das montanhas no Himalaia, essas mudanças geológicas levaram ao resfriamento do clima global. O resfriamento foi mais intenso no Hemisfério Sul: o Polo Sul esteve coberto por gelo durante o Oligoceno, mas não o Polo Norte. Esse resfriamento pode ter sido reforçado por outro efeito: o surgimento intenso de montanhas durante esse período resultou no intemperismo de grandes quantidades de rochas. As reações químicas durante o intemperismo removeram o CO_2 da atmosfera (Ruddiman e Kutzback, 1989). Contudo, as temperaturas permaneceram suficientemente altas para que durante o Mioceno a vegetação fosse tropical mesmo em grandes latitudes.

Essas mudanças climáticas tiveram importantes consequências ecológicas. No Oligoceno, as florestas latifoliadas perenifólias no meio da América do Norte espaçaram-se em bosques tropicais e savanas. As gramíneas, originadas no Paleoceno, iniciaram uma ampla propagação durante o Mioceno. Os pastadores, por sua vez, evoluíram de ancestrais que comiam folhas de árvores ou arbustos. Mais notavelmente, os cavalos evoluíram na América do Norte durante este período. (Subsequentemente, os cavalos migraram para a Eurásia pelo estreito de Bering, entre o Alasca e a Sibéria, e foram extintos na América do Norte há 10.000 anos. As atuais manadas selvagens na América do Norte descendem de cavalos trazidos pelos conquistadores espanhóis há apenas 500 anos.)

A queda nos níveis de CO_2 pode ter exercido um segundo efeito importante sobre a ecologia das plantas, além da mudança na temperatura. Estudos sobre as razões entre isótopos de carbono de plantas fósseis mostram que as angiospermas C_4 evoluíram inicialmente de ancestrais C_3 durante o Oligoceno. As plantas C_4 são mais eficientes do que as plantas C_3 na captação de CO_2 (ver Capítulo 2), especialmente sob baixas concentrações de CO_2. Durante o Mioceno superior, os campos tropicais e subtropicais dominados por gramíneas C_4 expandiram-se bastante, especialmente entre 8 e 7 milhões de anos atrás. A sua expansão frequentemente tem sido explicada como resposta à queda nas concentrações de CO_2 atmosférico. Contudo, a diminuição de CO_2 já se tornara substancial no Mioceno inferior, em torno de 16 milhões de anos antes. Esse retardo no avanço dos campos de plantas C_4 permanece sem explicação. Alguns pesquisadores têm sugerido que a alteração climática, em vez de mudanças nas concentrações de CO_2 atmosférico, poderia ser o fator mais importante no surgimento dos campos de plantas C_4 (Pagani et al., 1999).

Podemos avaliar mudanças muito mais recentes na distribuição das gramíneas C_3 e C_4 em resposta a mudanças climáticas para entender o que poderia ter acontecido durante o Mioceno. Estudos sobre fósseis de 10.000 anos, em dois leitos lacustres no México e na Guatemala, sustentam a hipótese de que os climas mais secos foram responsáveis pelo avanço local de gramíneas C_4 (Huang et al., 2001). As concentrações atmosféricas de CO_2 eram iguais em ambos os sítios e, assim, podem ser descartadas como a causa das diferenças na vegetação. No sítio mexicano, as gramíneas C_3 se expandiram à medida que o clima local se tornou mais chuvoso, ao fim da glaciação mais recente; no sítio da Guatemala, as gramíneas C_4 avançaram à medida que o clima local se tornou mais seco. Estudos sobre campos no sul da África também sugerem que a proporção relativa de plantas C_3 e C_4 varia de acordo com o clima (Scott, 2002).

De que modo a vegetação da Terra mudará em resposta ao atual aumento dos níveis de CO_2 atmosférico? Este aumento favorecerá o avanço de plantas C_3 em detrimento das plantas C_4 (ver Capítulo 21)? Parece provável que a resposta dependerá de como as mudanças na concentração de CO_2 afetarão os climas regionais.

Métodos em Paleoecologia

Como sabemos tanto sobre a história das comunidades vegetais? Os estudos sobre o passado utilizam uma variedade de técnicas. O estudo dos fósseis é de importância primordial. A partir desses restos de folhas, caules, flores, pólen e outras partes das plantas podemos reconstruir as comunidades e os climas do passado (Prentice et al., 1991).

As fontes de fósseis dependem do hábitat onde eles foram formados. Uma vez que a maior parte da matéria orgânica se decompõe rapidamente, condições **anóxicas** – livres de oxigênio – são ideais para a sua preservação. Em hábitats não-marinhos, essas condições são em geral encontradas no fundo de lagos e turfeiras. Sedimentos formados em lagos e turfeiras são as fontes primárias de **macrofósseis**, como folhas, flores, caules e sementes. Para obter informação sobre centenas de milhares ou milhões de anos passados, dependemos de fósseis de rochas densas, nos quais o material orgânico foi substituído por material não-orgânico. O material de períodos mais recentes pode ainda ser orgânico. As turfeiras, dotadas de águas altamente ácidas que decaem lentamente, são em especial adequadas a este respeito.

Os fósseis podem ser extraídos de lagos e turfeiras por meio da remoção de um testemunho dos sedimentos do fundo. Um tubo ou cano longo, aberto embaixo, é empurrado para dentro dos sedimentos, e o testemunho é então cuidadosamente extraído. Fatias finas do testemunho são examinadas; os fósseis, se presentes, são identificados e a idade das fatias é estimada por datação isotópica.

Além de macrofósseis, esses testemunhos fornecem grãos de pólen (Figura 20.7) e outros **microfósseis**. Os grãos de pólen frequentemente são transportados pelo vento até uma turfeira ou lago, onde se depositam no fundo. Como o pólen pode viajar por distâncias longas, os testemunhos de sedimentos de lagos e turfeiras fornecem um perfil da comunidade em uma ampla área ao redor do corpo d'água. Os macrofósseis, ao contrário, geralmente fornecem um quadro limitado às plantas que crescem imediatamente nas adjacências da área estudada.

A **palinologia** – o estudo de esporos e grãos de pólen – apresenta forças e fragilidades como método para estudar o passado. Uma força é que o pólen é prontamente preservado, e que grandes quantidades dele costumam ser encontradas. Uma fragilidade é que nem todas as espécies estão presentes ou igualmente representadas, ou mesmo são identificáveis. Apenas o pólen de espécies polinizadas pelo vento se acumula em quantidade em lagos e turfeiras; o pólen trazido por animais é amplamente ausente. Portanto, amostras-testemunho de sedimentos apresentam um viés para árvores – porque a maioria das árvores da zona temperada é polinizada pelo vento – e grupos herbáceos polinizados pelo vento, especialmente gramíneas e ciperáceas.

O nível de identificação do pólen varia entre os táxons. Por meio do pólen algumas árvores podem ser identificadas até o nível de espécie. Em diversos gêneros, contudo, apenas subgêneros podem ser distinguidos. Por exemplo, entre os pinheiros (Pinaceae), o pólen de *Pinus resinosa* (pinheiro vermelho) e *P. banksiana* (*jack pine*) não pode ser separado, embora possa ser diferençado daqueles de *P. strobus* (pinheiro branco). Em grupos como o das gramíneas, o pólen pode ser identificado somente até o nível de família. A despeito dessas limitações, a palinologia tem sido a chave para se reconstruir as comunidades e os padrões de migração em regiões temperadas.

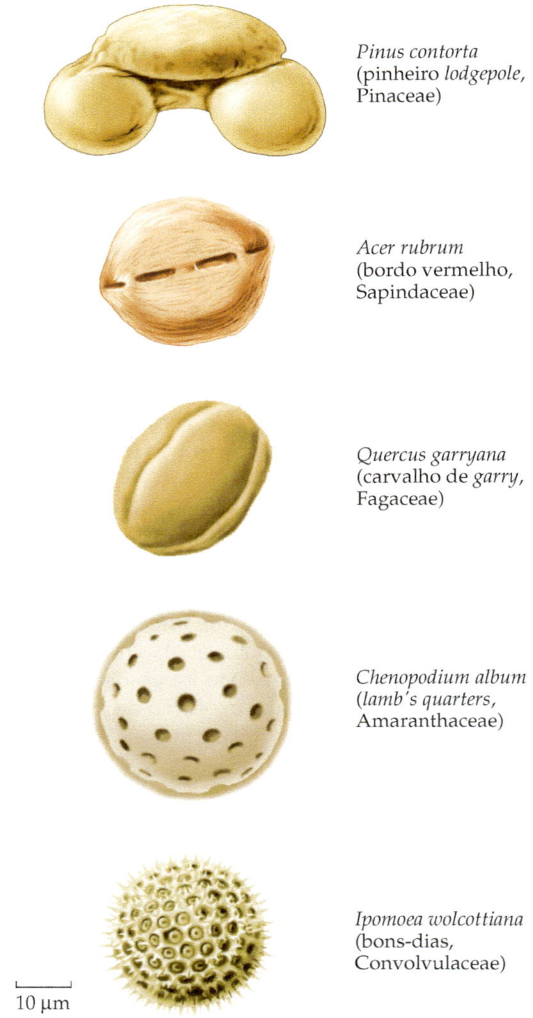

Figura 20.7 Os grãos de pólen preservados em sedimentos podem ser usados para identificar as espécies vegetais presentes em alguma época do passado (segundo Pielou, 1991).

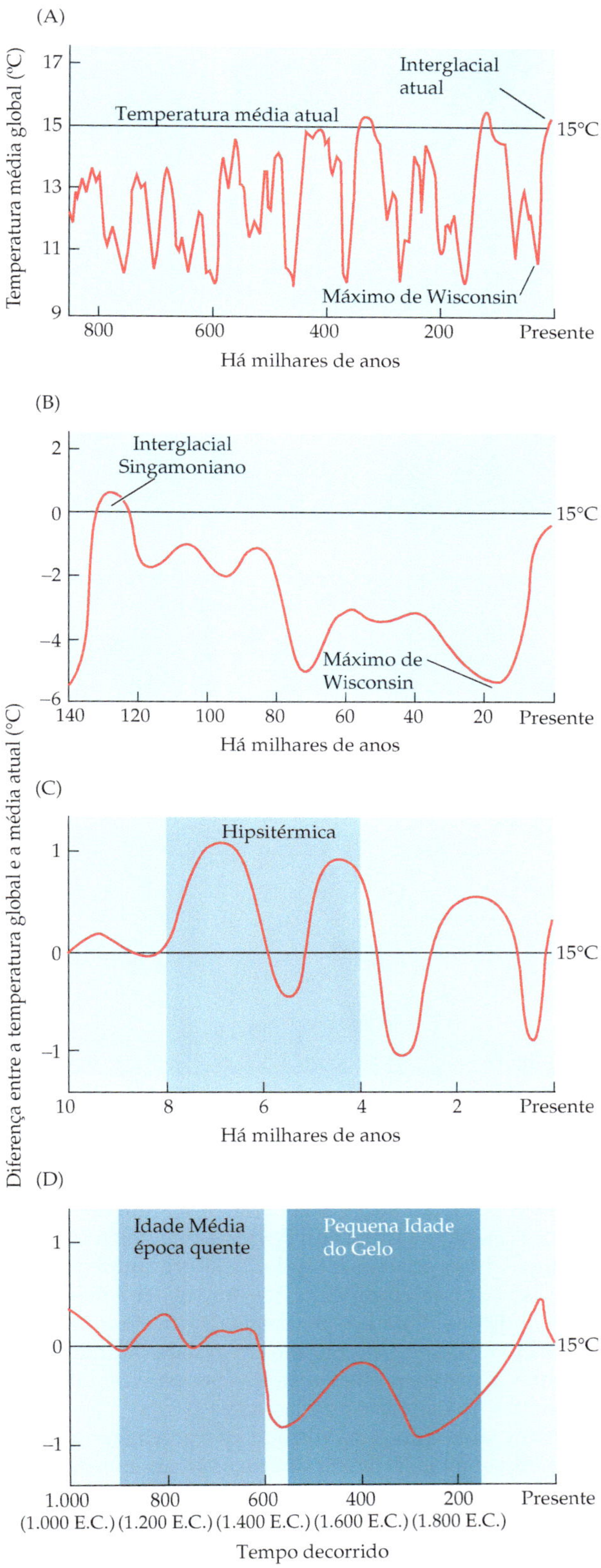

A secagem é outra maneira pela qual o material vegetal pode ser preservado. Este meio de preservação tem propiciado o estudo de macrofósseis em regiões áridas da América do Norte, onde vivem representantes do gênero *Neotoma* (ratos-empacotadores; *packrats*). Como o nome sugere, esses roedores coletam grandes quantidades de material vegetal e as armazenam em suas tocas. Eles urinam sobre o material vegetal e o aglutinam com sais minerais. A urinação fornece uma substancial refrigeração evaporativa para o toca e, incidentalmente, proporciona excelentes condições para a preservação do material vegetal. Os acúmulos dos ratos-empacotadores são chamados de **monturos** (***middens***). Um determinado sítio de tocas pode ser usado por séculos por sucessivas gerações de ratos-empacotadores, com os seus monturos crescendo por vários metros. Em um clima seco, um monturo fossilizado pode ser preservado por milhares de anos. Amostras de monturos de ratos-empacotadores podem ser datadas por radiocarbono e o material vegetal identificado, permitindo aos pesquisadores reconstruir as mudanças na comunidade vegetal do entorno do sítio da toca (Cole, 1985; Betancourt et al., 1990; Cole e Arundel, 2005).

O passado recente

Deixamos agora o passado distante e saltamos à frente até um ponto há apenas 20.000 anos do presente, quando uma grande parte do Hemisfério Norte estava coberta por geleiras. Durante os 2 milhões danos anteriores, durante o Pleistoceno, a Terra experimentou uma série de grandes glaciações. Partindo de aproximadamente 850.000 anos passados, houve períodos graduais de formação das geleiras, seguidos por mudanças abruptas para tempos mais quentes e curtos períodos de retração glacial (denominados interglaciais) (Figura 20.8A). Cada um desses períodos alternados de tempo frio e quente durou cerca de 100.000 anos. Esses ciclos eram causados principalmente por mudanças no ângulo e grau de inclinação do eixo da Terra (ver Capítulo 17). Os vários avanços e retrações glaciais recebem diferentes denominações. Na América do Norte, o mais recente avanço glacial é chamado de **glaciação de Wisconsin**, designado por um dos locais de sua extensão mais ao sul (Figura 20.9). Como cada avanço glacial destruiu a maior parte dos registros dos avanços anteriores, enfocamos aqui a glaciação de Wisconsin, para a qual existem os melhores dados.

O último período de aquecimento iniciou há aproximadamente 12.000 anos. Desde aquela época, a temperatura global média aumentou, apresentando um pico mais ou menos há 7.000 anos, e depois declinou (Figura 20.8B,C). Não fosse pelas atividades humanas que estão causando

Figura 20.8 Temperaturas globais médias através do tempo geológico em vários períodos: (A) 850.000 anos decorridos; (B) 140.000 anos decorridos; (C) 10.000 anos decorridos; (D) 1.000 anos decorridos (segundo Gates, 1993).

Figura 20.9 A maior extensão das geleiras continentais durante a glaciação mais recente em (A) América do Norte e (B) Eurásia (segundo Mayewski, 1981 e Siegert et al., 2002).

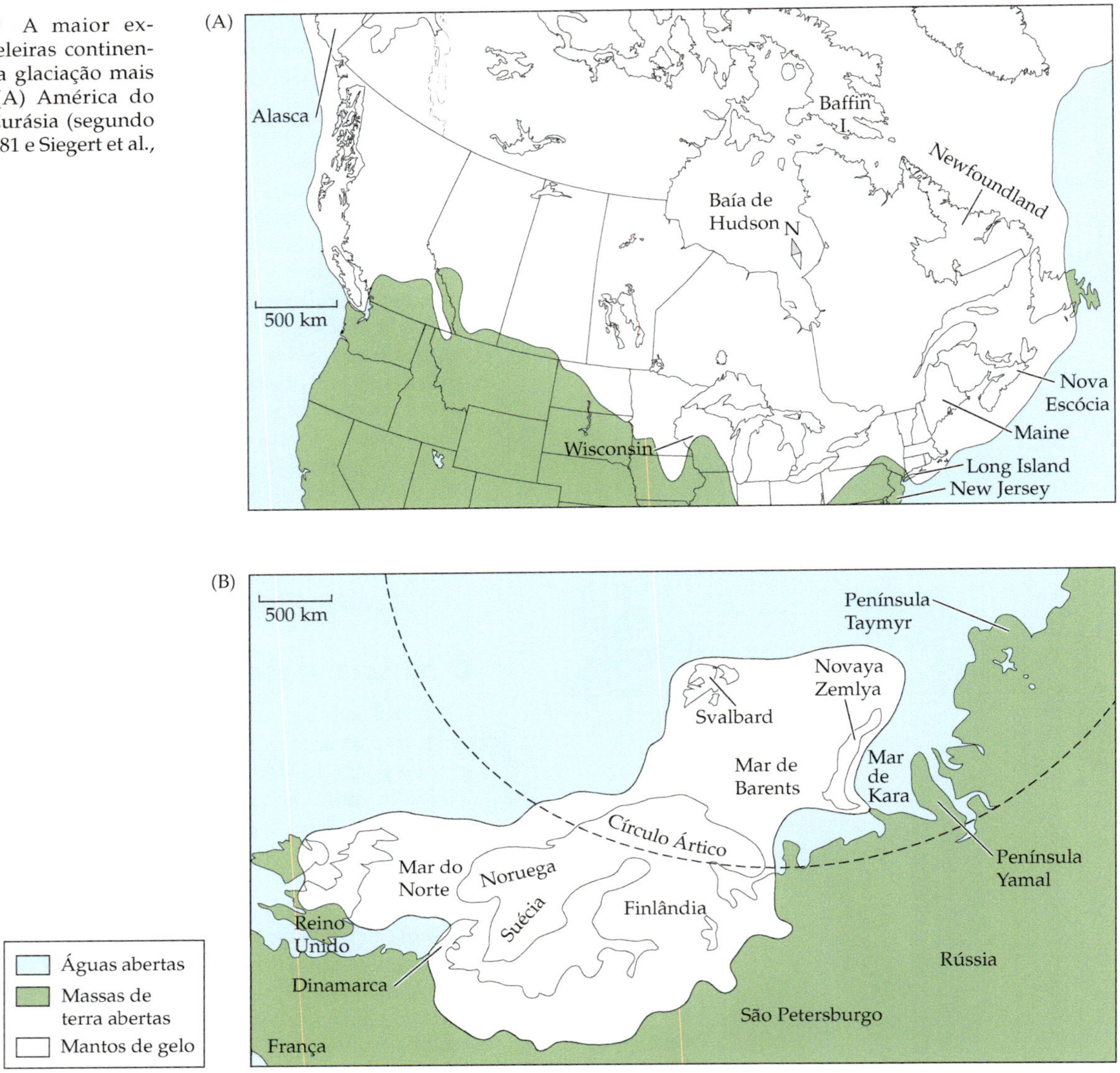

um novo período de aquecimento global, provavelmente veríamos o crescimento de geleiras nos próximos poucos milhares de anos.

O que toda essa mudança climática significa para as plantas? À medida que as geleiras avançaram e se retraíram, as plantas em latitudes norte migraram através dos continentes, seguindo as zonas climáticas em movimento. Nos trópicos, a mudança climática resultou na contração das florestas e expansão dos campos. Nosso estudo sobre essas mudanças na distribuição das plantas tem levado a um novo entendimento sobre as causas dos padrões de diversidade através do globo, assim como a novas percepções sobre a natureza das comunidades vegetais.

No máximo glacial

No máximo da glaciação de Wisconsin, grandes geleiras continentais estendiam-se para sul até 40°N na América do Norte e 50°N na Eurásia, embora geleiras menores fossem encontradas em regiões montanhosas como as Montanhas Rochosas na América do Norte, os Himalaias na Ásia e os Alpes na Europa. Poucas geleiras se formaram no Hemisfério Sul, exceto na Antártica, devido à pouca área de terra continental nas grandes latitudes, embora algumas geleiras existissem na cordilheira dos Andes, na América do Sul. Condições climáticas regionais mantiveram algumas regiões livres de geleiras mesmo em grandes latitudes; por exemplo, algumas regiões costeiras permaneceram livres de geleiras no Canadá e no Alasca.

Com tanta água imobilizada nas geleiras, os níveis dos mares eram mais baixos do que os atuais entre 85 e 130 metros, resultando em áreas costeiras muito mais extensas do que as do presente. De especial importância para as plantas foi a costa sudeste da América do Norte, a qual serviu como refúgio para as espécies empurradas para o sul pelas geleiras, e o estreito de Bering, que conecta o Alasca à Sibéria, o qual foi uma importante rota de migração para plantas e animais entre a América do Norte e Eurásia. (Foi por esta rota que os humanos provavelmente alcançaram pela primeira vez a América do Norte.)

Ao sul das geleiras, e em outras áreas livres de geleiras como o leste da Sibéria, havia vastas faixas de tundra e ***muskeg*** – um hábitat de turfeira graminoide com coníferas mirradas e espalhadas. As espécies arbóreas da taiga e das florestas temperadas que hoje cobrem essas áreas eram então encontradas muito mais adiante ao sul. No sudeste da América do Norte, ao longo da planície costeira, havia florestas de árvores caducifólias como *Quercus* (carvalho), *Carya* (hicória), *Fagus* (faia) e *Acer* (bordo). Ao longo dos trechos ao sul do vale do Rio Mississipi havia florestas de coníferas dominadas por espécies de *Picea* (espruce), *Thuja* (cedro), *Abies* (abeto) e *Larix* (lariço).

A descoberta dessas distribuições remete a uma importante questão da ecologia de comunidades vegetais: se as comunidades são unidades altamente coordenadas ou se são simplesmente conjuntos de espécies coexistentes (ver Capítulo 9). As assembleias de espécies que existiam há 20.000 anos, no máximo da glaciação mais recente, não têm equivalentes modernos. Por exemplo, *Tsuga canadensis* (*hemlock* do leste, Pinaceae) e *Acer saccharum* (bordo, Sapindaceae) são codominantes em florestas atuais ao redor dos Grandes Lagos. Ainda durante o máximo glacial, a primeira espécie de árvore era encontrada principalmente ao longo do Rio Mississipi, enquanto a última era encontrada a várias centenas de quilômetros a oeste ao longo da Costa do Golfo e de partes continentais do Texas. No final da década de 1970 e no início da década de 1980, estudos palinológicos sobre a distribuição das espécies do passado e o mapeamento das migrações do norte, em resposta ao aquecimento global, demonstraram que a composição de espécies das comunidades vegetais tem sido rearranjada muitas vezes. Esses dados demonstram que as comunidades não são unidades altamente coordenadas, além de mostrar que elas raramente atingem equilíbrio na composição de espécies ou na estrutura das populações (Davis, 1981).

Estudos dos refúgios onde as espécies vegetais sobreviveram durante o máximo glacial também apontam para importantes causas nas diferenças contemporâneas entre as comunidades vegetais da América do Norte e da Europa. Como mencionado no Capítulo 19, as comunidades temperadas e boreais do norte da América do Norte contêm aproximadamente 50% mais espécies de plantas vasculares do que suas equivalentes europeias. Esta diferença deve-se às muitas espécies europeias que se extinguiram durante o Pleistoceno (ver Tabela 19.3), mas que sobreviveram na América do Norte, pois foram capazes de alcançar refúgios.

Essas mudanças climáticas globais também afetaram os trópicos, embora estes não estivessem cobertos por geleiras. A maioria dos estudos sobre paleoecologia tropical tem enfocado eventos na bacia Amazônica. Embora os detalhes exatos do que aconteceu ainda estejam sob ativo estudo, os pesquisadores concordam que o clima na bacia Amazônica durante o máximo glacial foi mais frio do que no presente. Até recentemente, costumava-se considerar que o clima era também marcadamente mais seco – de fato, pensava-se que a precipitação era o principal fator determinante da distribuição das plantas tropicais durante aquele período (Graham, 1999). Contudo, uma revisão recente sugere que a evidência de menor pluviosidade durante o máximo glacial é equivocada (Burnham e Graham, 1999).

Anteriormente, quase todos os paleoecólogos acreditavam que os ciclos de glaciação e aquecimento criavam de forma alternada florestas altamente conectadas e uma mistura de fragmentos florestais separados por savanas e campos. Alguns ecólogos formularam a hipótese de que essas mudanças na cobertura florestal nos trópicos contribuíram para a alta diversidade de espécies em regiões tropicais (ver Capítulo 19). Os dados atuais não sustentam essa hipótese. Comparações entre grupos taxonômicos que deveriam ter sido altamente afetados por esta fragmentação (como os mamíferos terrestres) e grupos menos provavelmente afetados (como as aves) não têm encontrado diferenças nos números de espécies que evoluíram. Alguns estudos recentes sugerem que as florestas na bacia Amazônica podem mesmo não ter se tornado fragmentadas. Estudos de grãos de pólen depositados na boca do Rio Amazonas sugerem que, nos últimos 50.000 anos, as florestas dominaram a região (Haberle, 1999; Colinvaux e De Oliveira, 2001). Contudo, um estudo recente sugere um mecanismo alternativo que poderia ter fragmentado a bacia Amazônica: aumentos no nível do mar durante os períodos interglaciais podem ter separado a área em duas ilhas principais e um certo número de arquipélagos menores (Nores, 1999).

As migrações humanas tiveram importantes efeitos diretos e indiretos sobre as comunidades vegetais. Indiretamente, a chegada do homem altera a comunidade animal, incluindo os herbívoros. A invasão humana na Austrália há cerca de 50.000 anos coincidiu com a extinção de todos os mamíferos, répteis e aves terrestres que pesavam mais de 100 quilogramas, assim como vários daqueles que pesavam entre 45 e 100 quilogramas (Roberts et al., 2001). Há 30.000 anos é possível que os humanos já tivessem chegado à América do Norte; certamente entre 12.000 e 15.000 anos passados eles já habitavam a região. Essa migração humana está ligada a uma grande extinção da maioria das espécies de grandes mamíferos no Novo Mundo, há aproximadamente 10.000 anos (Martin e Klein, 1984).

Uma extinção em massa similar dos grandes mamíferos ocorreu em Madagascar, seguindo-se à chegada do homem, há cerca de 2.000 anos. David Burney e colegas (Burney et al., 2003) utilizaram os padrões de abundância dos esporos de fungos presentes nas fezes para inferir sobre a extinção de grandes herbívoros, nos 200 anos que se seguiram à chegada do homem. Eles especularam que a ausência de grandes herbívoros levou a um acúmulo de biomassa nos campos, savanas e ao longo da borda das florestas, tornando essas comunidades cada vez mais inflamáveis. A mudança nos regimes de queimadas transformou as savanas em desertos espinhosos e campos de gramíneas baixas.

As extinções de animais podem criar armadilhas para os ecólogos que estudam as plantas do presente, buscando entender as comunidades vegetais. Hoje em dia, se você viajar pelos desertos do oeste dos Estados Unidos, encontrará diversos arbustos com afiados acúleos e espinhos. Apesar disso, excetuando-se as espécies introduzidas, como o gado, os cavalos e os asnos, há somente poucos pastadores grandes, como o muflão-das-montanhas (*Ovis canadensis*), o antilocapra (*Antilocapra americana*) e o cervo-mula (*Odocoileus hemionus*). Somente após estudar o registro fóssil seria possível perceber que essas plantas evoluíram durante um período no qual a América do Norte tinha muitos grandes pastadores nativos, como cavalos, camelos, elefantes e preguiças gigantes, todos agora extintos.

O homem também altera diretamente as comunidades vegetais. As queimadas extensas e frequentes, características de grande parte da Austrália moderna tiveram início mais ou menos no período da invasão humana, possivelmente devido ao uso do fogo pelos povos aborígines para atender objetivos diversos. Esses objetivos incluíam a caça acompanhando a queimada, a promoção do crescimento de suas plantas preferidas e a promoção de populações animais que preferem áreas abertas. Usando as razões distintivas de isótopos de carbono de plantas C_3 e C_4 (ver Quadro 2B), um estudo recente de Gifford Miller e colegas (Miller et al., 2005a) examinou as dietas da ave herbívora *Dromaius novahollandiae* (emu) e seu parente extinto muito maior *Genyornis newtoni*, por meio de cascas de ovo fósseis. Ambas as espécies mudaram as suas dietas de plantas predominantemente C_3 para plantas C_4, aproximadamente no mesmo período da invasão humana, à medida que os campos foram substituindo os bosques após a introdução do fogo. Concluindo que tal mudança deveria também ser encontrada em outros herbívoros, os pesquisadores estudaram dentes fósseis de *wombats** (*Vombatus ursinus*) e encontraram uma mudança semelhante. Um estudo de simulação, realizado por membros da mesma equipe de pesquisa (Miller et al., 2005b), sugeriu que a introdução do fogo na Austrália pode ter aumentado o albedo e o calor superficial o suficiente para causar uma mudança climática regional, impedindo a penetração das chuvas de monções na maior parte do continente, levando-o à desertificação.

Retração glacial

O clima começou a esquentar aproximadamente há 20.000 anos, e as geleiras retraíram-se, no início lentamente e após mais rapidamente, há cerca de 14.000 anos. Por vários milhares de anos, à medida que o gelo derretia, grandes lagos (muito maiores do que os atuais Grandes Lagos) dominaram o interior da América do Norte. As áreas que haviam estado sob gelo se tornaram tundra e, depois, florestas ou campos (Figura 20.10).

Durante esse período de aquecimento, as árvores migraram para o norte. No entanto, cada espécie de árvore teve um padrão de migração próprio (Figura 20.11). Muitos desses padrões foram decifrados por Margaret Davis, que usou amostras de pólen coletadas de lagos e turfeiras por todo o leste da América do Norte. Entre as espécies que se moveram mais rapidamente estava *Pinus strobus* (pinheiro branco, Pinaceae), que migrou a uma velocidade média de 400 metros por ano. Em comparação, *Ulmus* (olmeiro, Ulmaceae) moveu-se a uma taxa de 250 metros por ano e a vagarosa *Castanea dentata* (castanheira americana, Fagaceae) moveu-se a meros 100 metros por ano (Tabela 20.1).

Margaret Davis

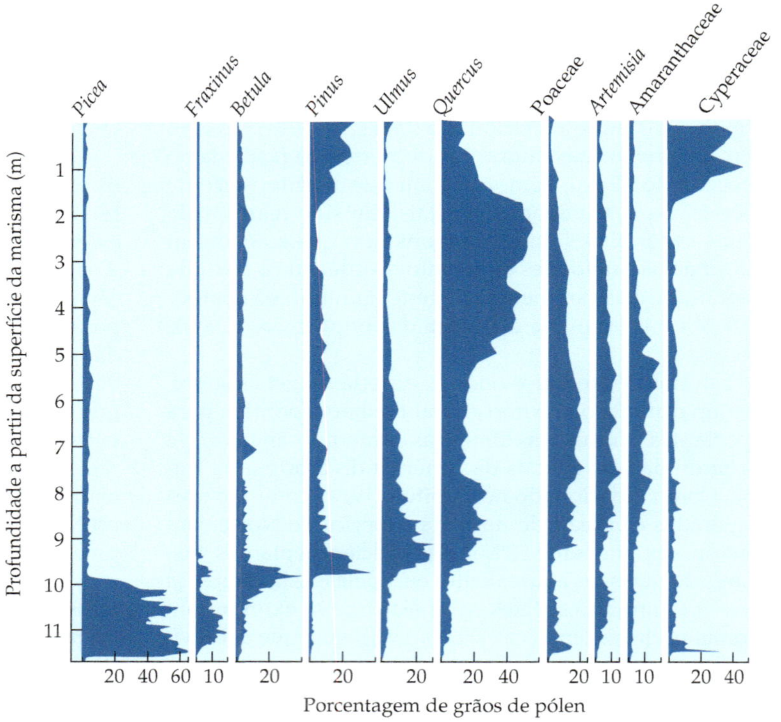

Figura 20.10 Exemplo de um diagrama de pólen para Kirchner Marsh, Minnesota. As amostras mais profundas são as mais antigas. Há cerca de 20.000 anos, essa área era dominada por *Picea* (espruce) e *Fraxinus* (freixo). Estes foram seguidos por uma sucessão de espécies: *Betula* (bétula), *Pinus* (pinheiro), *Ulmus* (olmeiro) e *Quercus* (carvalho). O subsequente decréscimo dos carvalhos e o aumento nas gramíneas (Poaceae) indica a existência de uma vegetação de bosque. Hoje, essa área encontra-se novamente dominada por pinheiros misturados com carvalhos, mas agora com um sub-bosque de ciperáceas (segundo Grimm, 1988).

* N. de T. *Wombats* são marsupiais australianos pertencentes à família vombatidae. Têm a aparência de um pequeno urso de patas pequenas.

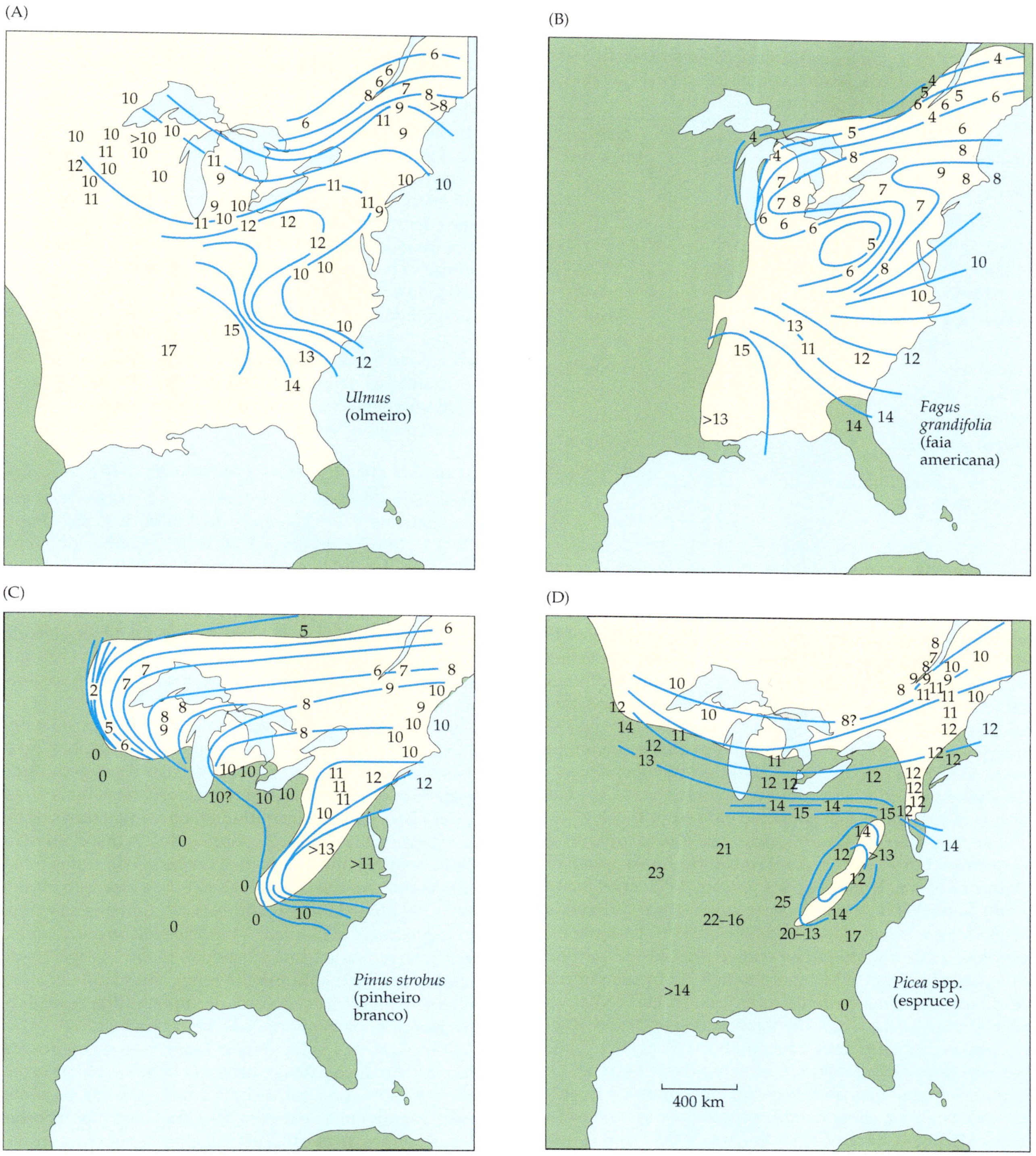

Figura 20.11 Exemplos de padrões de migração para árvores da América do Norte com base em registros polínicos. As curvas de nível indicam o período de chegada em um local (em milhares de anos decorridos). A área verde mostra a distribuição atual. Em alguns casos, o pólen pode ser identificado em nível de espécie; em outros, apenas até gênero. (A) *Ulmus* spp. (olmeiro, Ulmaceae). (B) *Fagus grandifolia* (faia americana, Fagaceae). (C) *Pinus strobus* (pinheiro branco, Pinaceae). (D) *Picea* spp. (espruce, Pinaceae) (segundo Davis, 1983).

TABELA 20.1 Velocidades médias de expansão da área de distribuição de árvores do leste da América do Norte, a partir da mais recente retração glacial

Espécie	Velocidade (m / ano)	Agente dispersor
Pinus banksiana/resinosa	400	Vento
Pinus strobus	300–350	Vento
Quercus spp.	350	Animais
Picea spp.	250	Vento
Larix laricina	250	Vento
Ulmus spp.	250	Vento
Tsuga canadensis	200–250	Vento
Carya spp.	200–250	Animais
Abies balsamifera	200	Vento
Acer spp.	200	Vento
Fagus grandifolia	200	Animais
Crustanea dentata	100	Animais

Fonte: Davis, 1981.

Poderíamos imaginar que espécies dispersadas pelo vento e por animais teriam migrado em velocidades aproximadamente iguais e que, entre os animais, as aves teriam movido as sementes mais rapidamente do que os mamíferos. Contudo, a Tabela 20.1 mostra claramente que sementes dispersadas pelo vento em geral viajaram muito mais rapidamente do que as dispersadas por animais. As sementes de *Quercus* (carvalho) constituem uma exceção, pois são dispersadas predominantemente por pequenos mamíferos no leste da América do Norte. As espécies dispersadas por aves (de *Fagus* e *Castanea*, por exemplo) foram, na verdade, as que migraram mais lentamente para o norte.

A migração de uma espécie não é uma progressão constante. Por exemplo, a migração de *Fagus grandifolia* (faia americana, Fagaceae) nos últimos 7.000 anos incluiu tanto períodos de rápida expansão quanto períodos de relativa estabilidade (Woods e Davis, 1989). Durante esse período, a faia migrou para o norte e para oeste a partir da Península Inferior de Michigan para a Península Superior de Wisconsin. Uma parte do retardo é atribuída à barreira representada pelo Lago Michigan; a dispersão de longas distâncias por gaios azuis* ou pombos-passageiros** pode ter sido responsável pelo rompimento dessa barreira. Outros inícios e paradas podem ter sido respostas a flutuações climáticas. A faia chegou em Wisconsin no litoral oeste do Lago Michigan há aproximadamente 6.000 anos, porém não avançou para oeste e norte por uns 1.500 a 2.000 anos, provavelmente devido às temperaturas baixas do inverno.

A migração depende do estabelecimento bem sucedido das plântulas. Quando olhamos de perto a fronteira de uma migração, encontramos uma colcha de retalhos de populações, na qual o estabelecimento e o avanço são altamente dependentes das condições locais (Lloyd, 2005). Margaret Davis e seus colegas (1998) estudaram o avanço do *hemlock* do leste para uma área a oeste da Península Superior de Michigan. Quatro comunidades dominadas pelo pinheiro branco foram invadidas pelo *hemlock* do leste há cerca de 3.000 anos, por um período de 800 anos. Nos 2.000 anos seguintes, mudanças climáticas causaram a ascensão do lençol freático, e o solo tornou-se mais úmido. O *hemlock* do leste passou a ser a espécie dominante, e o pinheiro branco desapareceu de todos os sítios com exceção de um. Por outro lado, quatro outros sítios próximos, inicialmente dominados pelo bordo e pelo carvalho, nunca foram invadidos pelo *hemlock* do leste, possivelmente porque a maior disponibilidade de nitrogênio no solo e os níveis mais altos de luz na primavera sob o dossel caducifólio permitiram às plântulas do bordo superarem competitivamente o *hemlock*. Portanto, os detalhes exatos dos padrões de migração podem ser altamente contingentes em relação às condições locais e a quais espécies conseguem chegar primeiro.

* N. de T. *Cyanocitta cristata* (Passeriformes, corvidae).

** N. de T. *Ectopistes migratorius* (Columbiformes, Columbidae).

Flutuações climáticas no passado recente

Flutuações climáticas mais curtas estão sobrepostas aos ciclos glaciais e interglaciais de longa duração (Figura 20.8D). O período entre 1500 e 1850, conhecido como a "Pequena Idade do Gelo", foi de baixa atividade solar, temperaturas baixas e avanços glaciais (interrompidos por interlúdios relativamente quentes em 1540 a 1590 e 1770 a 1800). Essas flutuações de curta duração também deixam sua marca nas comunidades vegetais e muitas vezes ajudam a explicar aspectos enigmáticos da distribuição atual das espécies.

Os **campos montanhosos** gramináceos – picos montanhosos sem árvores – na parte sul das Montanhas Apalaches são peculiares no sentido de não ocorrerem onde se esperaria encontrá-los, sobre as montanhas mais altas. Em vez disso, eles são encontrados sobre montanhas de altura intermediária, mas não sobre todas. A inspeção mais próxima mostra que a linha das árvores sobre estas montanhas ocorre em torno de 1.500 metros, a elevação onde a floresta decidual dá lugar à floresta de coníferas nas montanhas próximas mais altas. A hipótese inicial era de que o solo nessas montanhas não fosse adequado às espécies de coníferas. Porém, nenhuma diferença em relação às montanhas próximas foi encontrada, e coníferas arbóreas plantadas nos campos montanhosos cresceram bem.

O mistério foi solucionado assim que os efeitos da mudança climática e dos padrões de migração foram considerados. À medida que o clima aquece e esfria, as zonas climáticas movem-se para cima e para baixo nas encostas das montanhas, e as espécies vegetais seguem tal movimento. Durante a glaciação mais recente, os campos montanhosos estiveram cobertos por florestas de coníferas. À medida que o clima se aqueceu, a borda inferior da área de distribuição das espécies de coníferas moveu-se para cima até que estivesse mais alta do que os topos das montanhas. Nesse período, as montanhas foram inteiramente cobertas por florestas deciduais. Após, o clima começou a esfriar novamente. A borda superior da área de distribuição das espécies de arvores caducifólias moveu-se para baixo, abaixo dos topos das montanhas. Agora, contudo, não restavam coníferas arbóreas sobre as montanhas para substituí-las, deixando os topos nus – dominados por gramíneas e ervas latifoliadas. Nas montanhas mais altas, as espécies coníferas ainda estavam presentes, de modo que elas simplesmente migraram de volta para baixo. Dado o tempo suficiente, a migração de longa distância poderia fazer as coníferas retornarem a esses cumes montanhosos.

Esse padrão de migração vertical foi ainda mais importante no sudoeste americano. Essa região apresenta muitas montanhas altas, platôs e outras características verticais, de tal forma que durante o Pleistoceno grande parte da migração consistiu em mudanças altitudinais. Durante os períodos de máxima glaciação, o clima esteve mais frio e úmido, e as florestas de pinheiros e bosques de *pinyon*-junípero avançaram sobre a paisagem. Grandes lagos pontuaram a paisagem no que é hoje o deserto da Grande Bacia. Os seus remanescentes podem ser vistos hoje através do Grande Lago Salgado e dos Planos Salinos de Bonneville. Durante os períodos interglaciais (como o presente), as áreas de baixa elevação tornaram-se mais quentes e secas, e o bosque arbustivo do deserto tornou-se dominante nessas áreas.

Estudos sobre estes padrões no Grand Canyon, em Arizona, têm revelado um fenômeno importante denominado **latência vegetacional**. Tais latências ocorrem quando mudanças na vegetação acontecem mais lentamente do que a velocidade com que o clima muda. Usando evidências de monturos de ratos-empacotadores, Kenneth Cole (1985) descobriu que, à medida que o clima esquentava, as espécies desapareciam localmente de acordo com o deslocamento para cima da borda inferior de suas áreas de distribuição. Entretanto, essas espécies não eram substituídas imediatamente; demorou séculos para que as novas espécies se estabelecessem (Figura 20.12). Os estudos sobre a migração na região dos Grandes Lagos descritos anteriormente também encontraram evidência de latência vegetacional, com espécies demorando de 1.000 a 2.000 anos para alcançarem e dominarem as áreas após o clima ter-se tornado propício para elas. Os estudos sobre a vegetação do Grand Canyon também reforçam a noção de que cada espécie vegetal tem uma velocidade própria de migração, com as comunidades vegetais mudando ao longo do tempo à medida que as combinações de espécies mudam. (Cole 1990).

As espécies vegetais também podem sofrer adaptação evolutiva em resposta à mudança climática. A rápida mudança climática – do tipo que está ocorrendo

(A)

(B)

Figura 20.12 Uma área próxima à cratera sul do Grand Canyon no Arizona, a 1.500 m de altura. (A) Hoje, essa área é um bosque arbustivo desértico de *Ephedra viridis* (chá-de-mórmon, Ephedraceae), *Coleogyne ramosissima* (*blackbrush*, Rosaceae), e *Opuntia engelmannii* (cacto *prickly pear*, Cactaceae), com poucos juníperos (*Juniperus* sp., Cupressaceae) ao longo dos topos de penhascos. (B) Imagem reconstruída do mesmo sítio, como se pareceria há 20.000 anos, com base em plantas fósseis de monturos de ratos-empacotadores. As encostas inferiores sustentam um bosque de juníperos, *Artemisia tridentata* (artemísia, Asteraceae) e *Atriplex canescens* (*shadscale*, Amaranthaceae). Nos caramanchões sombreados dos penhascos cresce *Pseudotsuga menziesii* (abeto-de-Douglas, Pinaceae) e *Abies concolor* (abeto branco, Pinaceae), com poucos indivíduos de *Pinus flexilis* (pinheiro flexível, Pinaceae) ao longo do topo dos penhascos (Cole, 1985 e Cole e Arundel, 2005; fotografia e reconstrução cedidas por K. Cole).

agora em resposta à crescente concentração de CO_2 atmosférico – impõe uma seleção natural muito intensa sobre as populações. Estudos sobre espécies arbóreas apontam para a conclusão de que a adaptação e a migração ocorrem simultaneamente (Davis e Shaw, 2001); estas não são respostas alternativas à mudança climática. Serão as populações vegetais capazes de enfrentar o desafio das mudanças climáticas atuais por meio da mesma combinação de adaptação e migração? Respostas evolutivas são limitadas pela quantidade de variação herdável dentro de uma população (ver Capítulo 5). A migração é limitada tanto pela biologia de dispersão (p. ex., o vento move as sementes de pinheiro somente para longe) quanto por mudanças antropogênicas no uso da terra, que representem barreiras ao movimento da espécie. Juntos, estes fatores sugerem que as taxas de extinção provavelmente aumentarão como consequência da atual mudança climática global.

Resumo

As comunidades vegetais que vemos hoje não são entidades estáticas; elas são o estado atual de um sistema dinâmico que muda de maneira complexa. Essas mudanças ocorrem em escalas de tempo ecológico e evolutivo. A menos que reconheçamos isso, podemos estar seriamente equivocados a respeito das causas dos padrões ecológicos. Entre os ecólogos vegetais, a apreciação da natureza dinâmica das comunidades cresceu durante o século passado. Hoje em dia, temos um entendimento muito melhor sobre as origens das comunidades vegetais modernas, embora muito ainda permanece ser descoberto, especialmente sobre as eras Paleozoica e Mesozoica.

A era Paleozóica testemunhou o estabelecimento das plantas sobre a terra e as origens de vários padrões básicos de diversidade das comunidades e das plantas. O início da era Mesozóica vislumbrou a dominância das primeiras plantas com sementes, as pteridospermas e as gimnospermas. Uma explosão de novas formas e padrões ocorreu no Cretáceo, com a diversificação das angiospermas.

Durante o Cenozoico, as angiospermas continuaram a evoluir, e as modernas espécies e comunidades surgiram de modo mais reconhecível. Essas mudanças foram governadas pela mudança ambiental, causada principalmente pela deriva continental, pelo soerguimento de montanhas e por variações na órbita da Terra. Igualmente importante foi a evolução de interações bióticas como competição, herbivoria e polinização. A evolução dessas interações criou efeitos de retroalimentação, estimulando mudanças posteriores.

As atuais comunidades vegetais temperadas foram modeladas principalmente por padrões de glaciação durante os últimos 2 milhões de anos. A última retração glacial iniciou há cerca de 12.000 anos, com as temperaturas primeiramente subindo, atingindo um pico em torno de 7.000 anos atrás e, depois, caindo. Juntamente com essas mudanças climáticas vieram as migrações de espécies, resultando em mosaicos cambiantes de espécies e comunidades através da paisagem. Hoje em dia, essas mudanças estão acontecendo a um passo ainda mais vertiginoso, porém elas são agora governadas primordialmente por mudanças ambientais causadas pelo homem – o tema do próximo capítulo.

Questões para estudo

1. Se você criasse uma classificação de biomas para as comunidades vegetais durante o período Permiano, quão diferente ela seria de uma classificação moderna?
2. Os níveis atuais de CO_2 são muito mais baixos do que em quase todo o tempo da história da Terra. Quais as implicações disso para as respostas ecológicas e evolutivas diante do rápido aumento atual nos níveis de CO_2?
3. Se Clements e Gleason tivessem sido capazes de ler o trabalho de Margaret Davis, quão diferente teria sido o debate entre eles?
4. Que razões poderiam explicar por que motivo, seguindo-se ao fim da mais recente glaciação, as espécies dispersadas pelo vento migraram para o norte mais rápido do que as dispersadas por animais? Como você testaria as suas hipóteses?
5. Durante a glaciação mais recente, as espécies arbóreas existiram em diferentes combinações em relação às atuais. Como isso poderia ter mudado a classificação dos biomas feita naquele tempo?

Leituras adicionais

Referências clássicas

Davis, M. B. 1981. Quaternary history and the stability of forest communities. In *Forest Succession Concepts and Applications*, D. C. West, H. H. Shugart and D. B. Botkin (eds.), 132-153. Springer, New York.

Krasilov, V. A. 1975. *Paleoecology of Terrestrial Plants: Basic Principles and Techniques.* Wiley, New York.

Fontes adicionais

Betancourt, J. L., T. R. V. Devender and P. S. Martin (eds.). 1990. *Packrat Middens: The Last 40,000 Years of Biotic Change.* University of Arizona Press, Tucson.

Graham, A. 1999. *Late Cretaceous and Cenozoic History of North American Vegetation.* Oxford University Press, New York.

Niklas, K. 1997. *The Evolutionary Biology of Plants.* University of Chicago Press, Chicago, IL.

Pielou, E. C. 1991. *After the Ice Age.* University of Chicago Press, Chicago, IL.

CAPÍTULO **21**

Mudança Global: o Homem e as Plantas

A Terra está passando por um dos mais rápidos períodos de mudança de sua história, e várias dessas mudanças são causadas pelo homem. O ciclo global do carbono e as alterações que o homem vem causando são centrais para algumas das mais drásticas e importantes dessas mudanças.

Uma das principais consequências das alterações no ciclo do carbono é o contínuo aumento das temperaturas médias. Algumas das outras mudanças previstas no tempo incluem mudanças nos ciclos das chuvas, de modo que algumas áreas ficarão mais úmidas e outras mais secas; mudanças na sazonalidade das chuvas em muitos lugares, e a intensidade crescente das tempestades, possivelmente incluindo chuvas torrenciais e furacões mais intensos. Essas mudanças podem afetar a maior parte dos organismos vivos.

Como vimos, o ciclo global do carbono está intimamente entrelaçado com a ecologia das plantas. As plantas tanto conduzem quanto respondem ao ciclo do carbono. À medida que as condições para o crescimento das plantas mudarem sobre a face do globo, mudanças drásticas – algumas previsíveis, mas outras imprevisíveis – afetarão sistemas agrícolas e ecossistemas naturais em todos os biomas. A distribuição de plantas e animais será alterada, as comunidades naturais apresentarão composição de espécies diferentes daquelas que possuem hoje, algumas espécies serão extintas, e algumas comunidades naturais declinarão ou desaparecerão completamente. Das mudanças na distribuição das espécies também resultarão novas comunidades. O homem e as instituições humanas (como as economias nacionais) serão igualmente afetados por essas mudanças, tanto diretamente, pela mudança nos padrões meteorológicos e pelo aumento nos níveis do mar, quanto indiretamente, pelas alterações na produtividade agrícola (para melhor ou pior, dependendo do lugar).

A mudança global antropogênica (causada pelo homem) abrange muito mais do que modificações nos padrões meteorológicos e as consequências das mudanças no clima. Outras mudanças globais causadas pelo homem ao longo dos últimos 150 anos incluem padrões de uso da terra bastante alterados e um grande e continuado declínio na diversidade de plantas e animais que vivem na Terra. Para considerarmos adequadamente o papel das plantas e as consequências para elas neste grande drama global, devemos fazer uma digressão além do nosso foco nas plantas, para avaliarmos mais de perto as ações das pessoas.

O carbono e as interações planta-atmosfera

O ciclo global do carbono

O tópico sobre a captação do carbono pelas plantas foi introduzido no Capítulo 2, e no Capítulo 14 examinamos em detalhe como este elemento se desloca através dos ecossistemas. Em uma revisão resumida, as plantas captam o carbono na forma de CO_2 da atmosfera e o incorporam em compostos orgânicos, usando a energia da luz solar. O carbono move-se através das teias alimentares do ecossistema via consumo das plantas e de partes das plantas por outros organismos e pelas ações dos decompositores. O carbono orgânico acumula-se nos ecossistemas por um tempo, tanto em organismos vivos quanto na forma de matéria orgânica do solo. O carbono retorna à atmosfera primordialmente através da respiração dos organismos do solo. Agora, ampliamos nosso foco para uma escala global, examinando os *pools* e fluxos de carbono em ambientes terrestres, a atmosfera e os oceanos (Figura 21.1).

Sem dúvida, o maior *pool* de carbono ativo (o *pool* que interage diretamente com os organismos vivos ao longo de escalas temporais menores do que milhares de anos, sobre ou junto à superfície da Terra) é aquele dissolvido nas águas oceânicas. (Os *pools* substanciais de carbono contidos em rochas, petróleo e gás natural não são considerados parte do ciclo global natural do carbono porque, sem a intervenção humana, a maior parte daquele carbono não estaria envolvida nos fluxos globais de carbono.) A maior parte desse carbono marinho é encontrada em águas oceânicas profundas, e a troca desse carbono com a atmosfera (a sua renovação) ocorre lentamente – em média, uma molécula de carbono permanece no oceano por 350 anos. As águas superficiais trocam CO_2 com a atmosfera de forma muito mais rápida. Em média, demora aproximadamente 11 anos para uma molécula de CO_2 na atmosfera ser dissolvida na superfície do oceano e, após, liberada novamente. Anualmente, um pouco mais de CO_2 é dissolvido do que liberado, de modo que os oceanos hoje atuam como um depósito líquido de carbono.

Outro *pool* substancial de carbono é encontrado na matéria orgânica do solo. Um grande fluxo de CO_2 para a atmosfera vem da respiração dos organismos do solo, principalmente micro-organismos (Schlesinger, 1997). A atmosfera e as plantas vivas contêm os dois outros principais *pools* ativos de CO_2, com um pouco mais de carbono armazenado na atmosfera do que nas plantas. (Muito pouca matéria orgânica é armazenada nos animais vivos, pois a biomassa total dos animais é pequena em relação ao estoque global de carbono.)

A produção primária bruta – o fluxo total de CO_2 para as plantas terrestres vivas – remove anualmente a maior quantidade de carbono da atmosfera. Aproximadamente metade desse carbono retorna à atmosfera por meio da respiração das plantas terrestres, de modo que a PPL terrestre global (produção primária líquida: ver Capítulo 14) oscila em torno de 60×10^{15} g C por ano. O fitoplâncton marinho – em especial as cianobactérias – trocam CO_2 diretamente com as águas marinhas superficiais e apenas indiretamente com a atmosfera. A PPL nos oceanos é estimada em aproximadamente $35–50 \times 10^{15}$ g C por ano, ou um pouco menos do que a das plantas terrestres. A maior parte do carbono fixado pelo fitoplâncton marinho é captada por bactérias heterotróficas e pelo zooplâncton em águas superficiais. Grande parte do CO_2 captado pelas bactérias é rapidamente transformada novamente em formas inorgânicas e liberada na água, enquanto o zooplâncton cons-

Figura 21.1 Ciclo global do carbono. Os números mostram os valores para os principais *pools* globais (em unidades de 10^{15} g C, em negrito) e fluxos (em unidades de 10^{15} g C/ano, mostrado em itálico) entre componentes da terra, dos oceanos e da atmosfera. Observe que as plantas terrestres capturam aproximadamente o dobro de carbono liberado anualmente e armazenam quase tanto carbono quanto a atmosfera. A Terra contém aproximadamente 10^{23} g de carbono no total; a maior parte desse carbono está depositada em rochas sedimentares. Apenas cerca de 10^{18} g de carbono estão contidas em *pools* ativos, como mostrado aqui; o maior desses é o carbono inorgânico dissolvido marinho. COD, carbono orgânico dissolvido; CID, carbono inorgânico dissolvido; PPB, produção primária bruta; R_P, respiração das plantas (segundo Schimel et al., 1995 e Schlesinger, 1997).

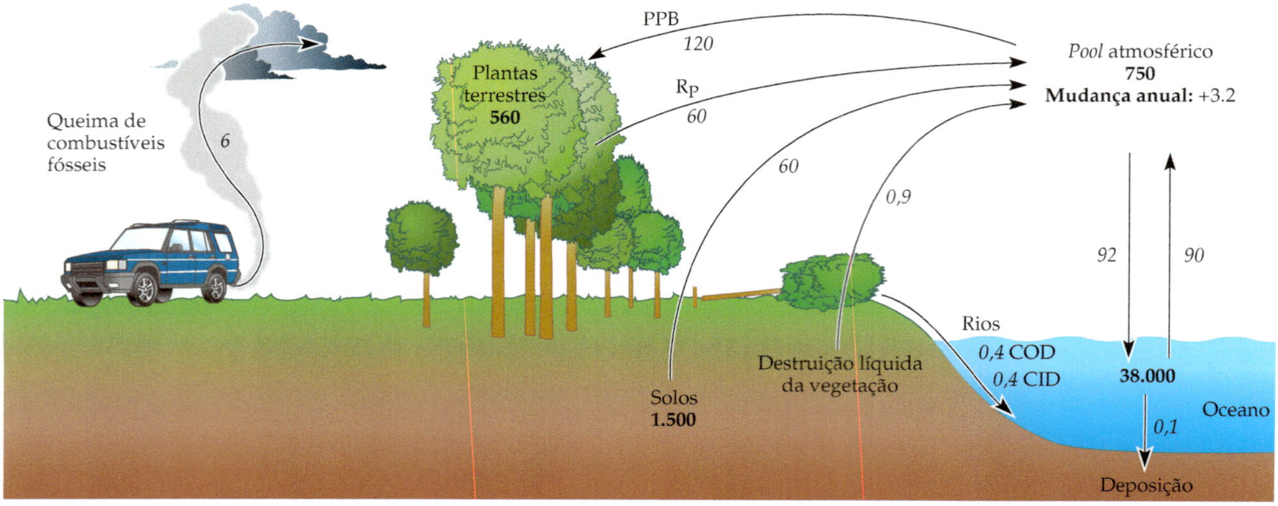

titui a base das teias alimentares marinhas. Somente uma pequena proporção da PPL por fim deposita-se no fundo oceânico, onde é incorporada aos sedimentos. O *pool* total de carbono em organismos marinhos em um dado período é muito pequeno, embora a taxa de renovação (*turnover*) do carbono neste *pool* seja bastante rápida.

Esses fluxos de CO_2 são naturais, embora possam ser afetados por atividades humanas. Contudo, dois importantes fluxos adicionais no ciclo global de carbono são inteiramente antropogênicos, ao menos em suas escalas atuais. Esses dois fluxos acrescentam CO_2 na atmosfera e resultam do corte e de incêndios de extensas áreas florestais e da extração e queima de combustíveis fósseis, incluindo petróleo, gás natural e carvão. A consequência imediata desses fluxos adicionais é que as concentrações atmosféricas de CO_2 estão subindo. Antes da Revolução Industrial do século XIX, o CO_2 representava 280 ppmv (partes por milhão por volume) da atmosfera. Na superfície terrestre, a concentração de CO_2 está hoje em dia em torno de 370 ppmv, em média, e, se continuarmos nossas práticas atuais, em 2065 poderá atingir o dobro dos níveis pré-industriais – 560 ppmv (Figura 21.2). Esses níveis mais altos de CO_2 têm efeitos diretos sobre as plantas, bem como efeitos indiretos mediados por mudanças no clima. Primeiramente, discutiremos esses efeitos e, após, examinaremos as fontes de carbono que o homem está adicionando à atmosfera.

Efeitos diretos do aumento do CO_2 sobre as plantas

As plantas e outros organismos fotossintéticos usam o CO_2 atmosférico na fotossíntese; o carbono atmosférico é, desse modo, a base para a maioria das teias alimentares na Terra. Para plantas C_3, isto é, a maioria dos fotossintetizantes – a concentração de CO_2 na atmosfera está subótima (ver Capítulo 2). Portanto, é razoável assumir que o aumento dos níveis atmosféricos de CO_2 poderia agir no sentido de aumentar a produtividade vegetal. Níveis elevados de CO_2 podem também aumentar a eficiência do uso da água e dos nutrientes (ao menos para plantas C_3), afetar a química foliar (e, assim, as taxas de decomposição da serrapilheira foliar) e alterar os padrões de alocação de carbono no corpo da planta. Uma vez que espécies vegetais distintas respondem diferentemente ao aumento dos níveis de CO_2, mudanças globais nas concentrações de CO_2 atmosférico podem mudar as interações competitivas intra e interespecíficas das plantas, provocando mudanças na composição da comunidade. Diferenças genéticas entre os indivíduos quanto à capacidade de tirar vantagem do CO_2 elevado poderiam mudar os rendimentos reprodutivos relativos dos indivíduos, alterando, assim, a futura composição genética das populações vegetais. Níveis elevados de CO_2 poderiam também alterar os ciclos do carbono em ecossistemas locais pela modificação das taxas de produtividade e decomposição e mudar a ciclagem do nitrogênio e de outros processos em nível ecossistêmico. Segundo

Figura 21.2 Aumentos nas concentrações atmosféricas de CO_2. (A) Aumentos recentes no CO_2 atmosférico (em partes por milhão por volume, ppmv) registrados no observatório de Mauna Loa, no Havaí. Este local foi escolhido porque não está sujeito à variação nos níveis de CO_2 que poderia ser encontrada próximo a fontes de emissões antropogênicas, mas os resultados são similares àqueles encontrados em diversos outros sítios. Os valores mensais reais são mostrados por pontos de dados; a linha serpenteada é resultante da variação sazonal devido ao decréscimo quando a vegetação terrestre do hemisfério norte está fotossintetizando mais ativamente no verão e ao aumento quando esta está fotossintetizando menos ativamente no inverno. A tendência de longa duração é mostrada pela linha colorida, a qual foi estatisticamente suavizada com base em valores mensais. Dados entre 1958 e 1974 são da Instituição Scripps de Oceanografia*, e entre maio de 1974 até 2001 da Administração Oceânica e Atmosférica Nacional dos EUA.** (segundo Keeling e Whorf, 2001, atualizado em 2005). (B) Tendência nas concentrações de CO_2 nos dois últimos séculos, determinada por bolhas de ar em testemunhos de gelo da Antártica; os dados relativos aos valores desde 1990 são de valores atmosféricos medidos em Mauna Loa (segundo Vitousek, 1992 e Keeling e Whorf, 2001, atualizado em 2005).

* N. de T. *Scripps Institution of Oceanography* (http://www.sio.ucsd.edu).

** N. de T. *U.S. National Oceanic and Atmospheric Administration* (http://www.noaa.gov).

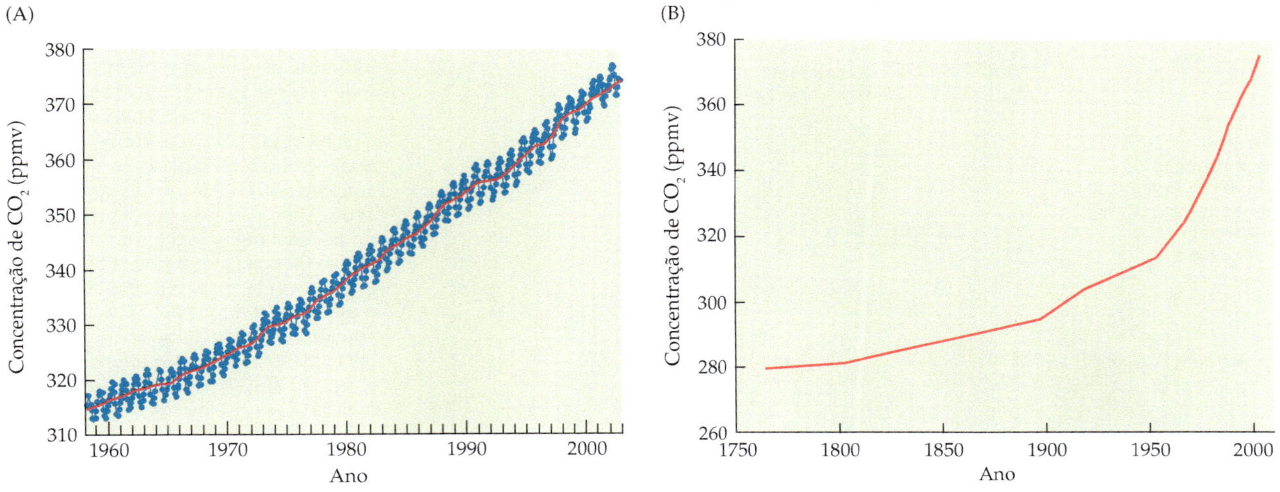

previsão de alguns ecólogos, embora inicialmente deva haver respostas positivas acentuadas aos níveis mais altos de CO_2, elas serão seguidas por ajustes e redução nas respostas ao longo do tempo, através de uma amplitude de escalas de indivíduos a ecossistemas. Estão em andamento pesquisas sobre as respostas fisiológicas e biogeoquímicas ao aumento nos níveis de CO_2.

Tem sido previsto que plantas C_3 devem crescer mais vigorosamente sob níveis elevados de CO_2, ao contrário das plantas C_4 (ver Capítulo 2), as quais devem enfrentar, portanto, maior desvantagem competitiva em um mundo enriquecido em CO_2. S. J. E. Wand e seus colegas (1999) realizaram uma meta-análise dos resultados de estudos publicados sobre as respostas à elevação no CO_2 de gramíneas não-cultivadas. Os pesquisadores mostraram que, em todos os estudos, tanto as gramíneas C_3 quanto as C_4 apresentaram em média taxas fotossintéticas mais altas em resposta a níveis elevados de CO_2 (33% e 25%, respectivamente). A biomassa total aumentou para as gramíneas C_3 e C_4 (em 44% e 33%, respectivamente), e a eficiência foliar no uso da água foi também maior em ambos os tipos de gramas. Esses resultados surpreendentes mostram que a presumida desvantagem competitiva das espécies C_4 sob níveis mais altos de CO_2 pode não ocorrer.

Em uma análise de experimentos a respeito dos efeitos de níveis elevados de CO_2 sobre árvores (todas com fotossíntese C_3), Peter Curtis e Xianzhong Wang (1998) constataram que tanto a fotossíntese quanto o crescimento total aumentaram substancialmente quando os níveis de CO_2 foram elevados ao dobro dos níveis atmosféricos atuais, embora condições estressantes, como baixos níveis de nutrientes no solo, tenham reduzido esses efeitos. Além disso, eles não encontraram nenhuma evidência de que as árvores pudessem consequentemente se aclimatar aos níveis mais elevados de CO_2. É provavelmente seguro dizer, portanto, que muitas plantas apresentariam respostas diretas positivas aos níveis mais elevados de CO_2 atmosférico, incluindo taxas fotossintéticas mais altas, maior crescimento e perda de água reduzida, se nada mais fosse alterado. Contudo, como veremos na próxima seção, os efeitos indiretos da mudança climática sobre as plantas, as comunidades e os ecossistemas, os quais devem resultar dos níveis elevados de CO_2, provavelmente tornarão menores esses efeitos diretos.

Mudança climática global antropogênica

O efeito estufa

As moléculas de dióxido de carbono na atmosfera são altamente efetivas em relação à absorção de radiação infravermelha (ou de ondas longas) (Figura 17.1). Comprimentos de ondas visíveis da luz solar passam através da atmosfera sem serem absorvidos por ela, aquecendo a superfície da Terra. A superfície da Terra re-radia parte daquela energia na região de ondas longas do espectro. Uma parte dessa energia rerradiada é absorvida e capturada pela atmosfera, particularmente pela água e por moléculas de CO_2 (Figura 21.3). Essa energia recapturada aquece a atmosfera, que aquece em seguida a superfície. A energia de ondas longas que não é capturada pela atmosfera escapa para o espaço.

O dióxido de carbono na atmosfera é uma parte natural do ciclo do carbono. Por que, então, ele ameaça mudar os climas globais? O problema é o grande aumento na concentração de moléculas de CO_2 na atmosfera. Quanto maior o número de moléculas de CO_2 na atmosfera, maior a quantidade de radiação de ondas longas capturada, e mais calor é retido na superfície da Terra. O dióxido de carbono é denominado **gás-estufa**, pois, como o vidro em uma estufa (de plantas), ele deixa a energia da luz visível penetrar na atmosfera, porém impede que a radiação de ondas longas escape, aquecendo, assim, a superfície da

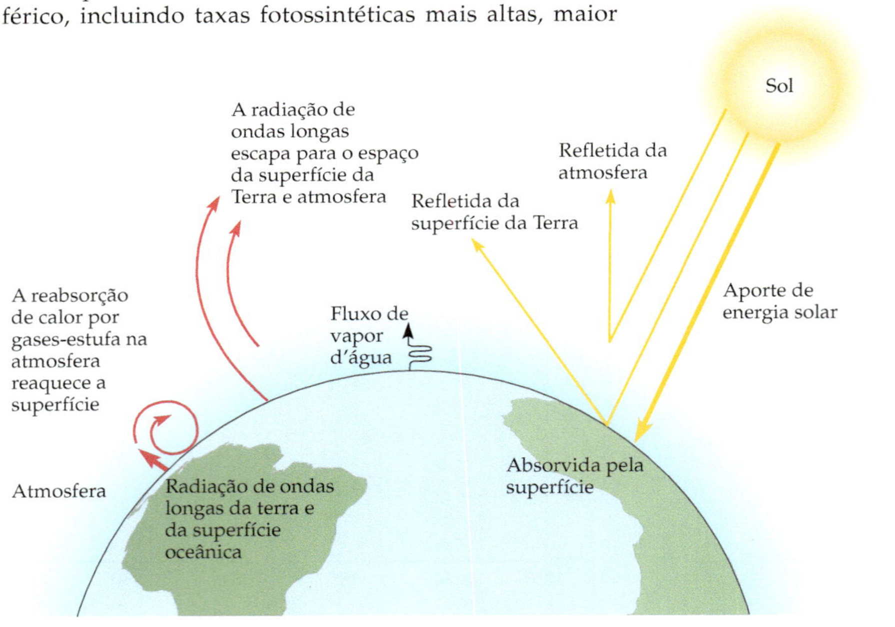

Figura 21.3 O efeito estufa. Aproximadamente 70% da energia radiante de ondas curtas incidentes é absorvida pela superfície da Terra; a restante é refletida pela superfície e pela atmosfera. Em torno de metade da energia absorvida aquece a superfície da Terra. Uma parte daquela energia é radiada pela superfície na forma de energia radiante de ondas longas (primariamente infravermelha). A maior parte daquela energia radiada é reabsorvida por gases atmosféricos, os quais então a rerradiam de volta para aquecer posteriormente a superfície da Terra. Uma pequena porção da energia de ondas longas escapa da atmosfera para o espaço. A outra metade da energia absorvida pela superfície da Terra é usada na evaporação da água, a qual adiciona vapor d'água na atmosfera e inicialmente resfria a superfície. Quando o vapor d'água se condensa para formar nuvens, a energia do calor latente removida da superfície da Terra é transferida para a atmosfera, levando à criação de tempestades e liberando precipitação.

Terra. O **efeito estufa** é o aquecimento da superfície e da atmosfera da Terra devido à retenção de calor pelos gases-estufa na atmosfera. O efeito estufa é natural e necessário para a continuação da vida na Terra – sem ele, a temperatura média da superfície terrestre seria de –18°C (0°F), ao invés de sua temperatura real de 14°C (57°F). Contudo, o uso mais popular do termo "efeito estufa" refere-se à elevação das temperaturas, resultante dos aumentos no CO_2 atmosférico e outros gases-estufa causados por atividades humanas. É este aumento no efeito estufa que está levando à mudança climática global.

O vapor d'água é o gás-estufa mais abundante, seguido pelo CO_2. Ambos ocorrem naturalmente na atmosfera. O dióxido de carbono é o gás-estufa antropogênico mais importante, pois ele é adicionado à atmosfera nas quantidades mais elevadas, porém não é o único; vários outros gases são também contribuintes substanciais para a mudança climática global. (Os efeitos antropogênicos sobre o vapor d'água são complexos e não completamente entendidos; eles não são considerados contribuintes importantes para o aumento do efeito estufa.) Além do CO_2 e do vapor d'água, quatro dos mais importantes gases-estufa são metano (CH_4), óxido de nitrogênio (N_2O), ozônio (O_3) e fluorcarbonetos clorados (CFCs). Os primeiros três ocorrem naturalmente, mas o homem tem elevado bastante as suas concentrações na atmosfera.

O metano (Figura 21.4) é liberado em grandes quantidades por vazamentos durante a perfuração e o transporte de gás natural, por procariotos anaeróbios nos rumes do gado e pelo lixo em decomposição em aterros sanitários e depósitos de lixo. Outra fonte significativa de emissões antropogênicas de metano é a decomposição em lavouras de arroz irrigado alagadas. O metano liberado de depósitos de lixo pode ser capturado e usado como uma fonte energética, mas raramente o é; essa atividade poderia reduzir a queima de combustíveis fósseis (ver a seguir), assim como diminuir as emissões desse gás-estufa para a atmosfera. Aumentos no óxido nítrico são largamente gerados como um subproduto da agricultura comercial, à medida que ele é liberado pela degradação microbiana de fertilizantes nitrogenados; a produção de náilon é outra fonte substancial de N_2O. O ozônio é produzido na atmosfera inferior (a troposfera), por meio de uma série de reações químicas em áreas com elevada poluição do ar, especialmente na forma de hidrocarbonetos voláteis e monóxido de carbono na presença de quantidades altas de NO. Parte do ozônio é produzida também naturalmente, a partir de compostos de hidrocarbonetos voláteis emitidos pela vegetação e por incêndios florestais. CFCs são compostos artificiais usados primordialmente como refrigerantes e propulsores. Embora tratados internacionais recentes tenham reduzido drasticamente a sua produção, esses compostos são tão quimicamente estáveis que as moléculas já presentes na atmosfera persistirão por um longo período.

Embora o homem produza quantidades muito menores desses quatro compostos do que de CO_2, esses outros gases-estufa são absorvedores muito mais potentes de radiação infravermelha. O metano captura mais de 20 vezes a quantidade de calor por molécula, comparado ao dióxido de carbono, enquanto o óxido nitroso absorve 270 vezes mais. As emissões de dióxido de carbono são responsáveis por aproximadamente dois terços da intensificação antropogênica do efeito estufa, com a maior parte da restante gerada pelo CH_4 (em torno de 19%), CFCs (10%) e N_2O (6%).

Muitas pessoas, eventualmente, confundem a intensificação do efeito estufa com o problema do buraco na camada de ozônio na atmosfera. Estes são dois problemas diferentes, embora relacionados. O "buraco na camada de ozônio" refere-se à perda de partes da camada de ozônio protetora localizada a grande altitude na estratosfera (a parte da atmosfera que fica entre 10 e 50 km acima da superfície da Terra), causada primordialmente por uma clas-

Figura 21.4 Aumentos nas concentrações atmosféricas de metano, um dos principais gases-estufa. (A) Níveis de metano (CH_4) atmosférico (em partes por bilhão por volume, ppbv) durante os últimos 3.000 anos (observe que o eixo *x* expressa tempo em escala logarítmica). As concentrações foram medidas de bolhas de ar armazenadas em testemunhos de gelo da Groenlândia e da Antártica, ou de amostras de ar históricas e atuais (segundo Schlesinger, 1997; Cicerone e Oremland, 1988). (B) Emissões antropogênicas globais de metano de todas as fontes entre 1860 e 1994 (segundo Stern e Kaufmann, 1998).

(A)

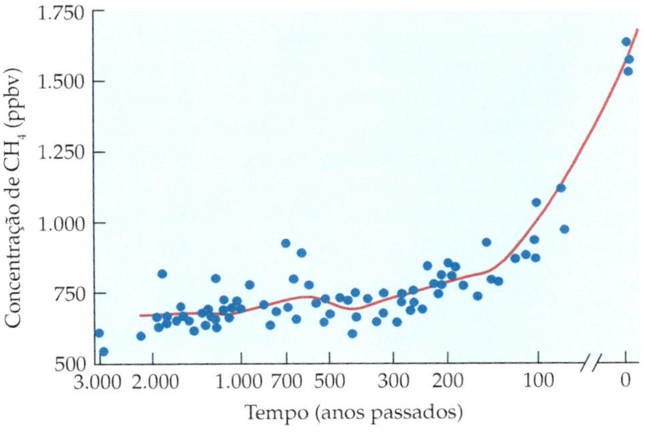

(B)

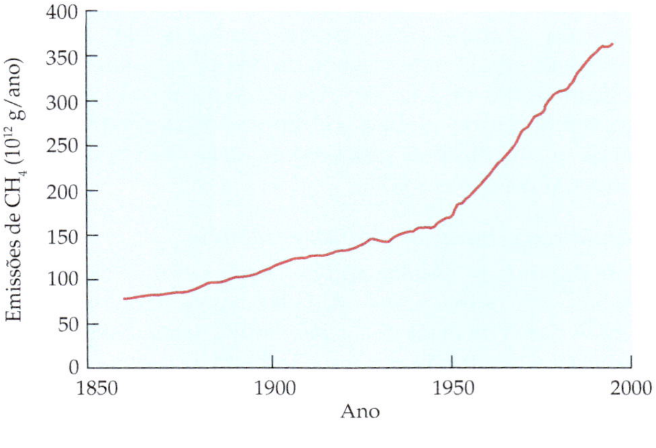

se de compostos artificiais chamados de hidrocarbonetos halogenados (incluindo CFCs e produtos químicos relacionados). Ordinariamente, a camada de ozônio estratosférica absorve grande parte da radiação ultravioleta (UV) de alta energia que chega do sol, impedindo-a de atingir a superfície da Terra. Os hidrocarbonetos halogenados destroem as moléculas de ozônio na estratosfera, permitindo que mais radiação UV alcance a superfície da Terra. Esse efeito tem sido particularmente grave em altas latitudes no Hemisfério Sul. O resultante aumento na radiação UV impõe risco de danos a diversos organismos, incluindo o homem. O buraco na camada de ozônio é, assim, a interrupção no ozônio estratosférico que leva ao aumento na radiação UV danosa, enquanto o efeito estufa acentuado é o produto de gases que capturam calor na atmosfera, provocando mudanças nos climas globais. O buraco na camada de ozônio está conectado ao efeito estufa e ao problema do aquecimento global, especificamente porque os CFCs atuam tanto como destruidores do ozônio estratosférico quanto como gases-estufa, e, de maneira mais geral, porque ambos são mudanças antropogênicas na atmosfera da Terra com consequências importantes para organismos e ecossistemas, incluindo o homem.

Há quanto tempo conhecemos o efeito estufa e o crescente aquecimento global devido aos níveis mais altos de CO_2 atmosférico? O primeiro cientista que publicou uma previsão de que o CO_2 proveniente da queima de combustíveis fósseis levaria à mudança climática global foi o químico sueco Svante Arrhenius, em 1896. Na década de 1930 foi confirmado que as concentrações de CO_2 na atmosfera estavam realmente aumentando, e na década de 1950 houve medições precisas da magnitude desse aumento. A previsão do aquecimento global, devido aos aumentos antropogênicos nos gases-estufa, era um tema presente na comunidade científica na década de 1970. A maioria dos cientistas aceitou que o aquecimento global causado pelo homem já estava ocorrendo na década de 1990. Não há mais qualquer controvérsia real sobre a ocorrência do aquecimento global, porém um pequeno número de cientistas não aceita a conclusão geralmente sustentada de que os aumentos nas concentrações de CO_2 são responsáveis pelos aumentos nas temperaturas globais. Há, contudo, concordância geral de que a adição de gases-estufa na atmosfera deve, em última análise, aquecê-la.

Svante Arrhenius

Mudança climática global: evidência

Está claramente evidenciado que as concentrações de CO_2, metano e de outros gases-estufa têm aumentado na atmosfera. A partir da física dos gases-estufa, sabemos que esses aumentos resultarão em uma Terra mais quente. Porém, qual é a evidência real de que a Terra já está esquentando ou de que as mudanças climáticas têm resultado de aumentos nas concentrações dos gases-estufa? Tempo e clima são fenômenos complexos, e a variação natural pode confundir e mascarar tendências gerais (ver Capítulo 17), de modo que isolar os efeitos de qualquer fator em particular pode ser difícil. Por exemplo, além de quaisquer efeitos gerados pelo aquecimento estufa, a costa do Alasca é também fortemente afetada por ciclos de El Niño (ver Capítulo 17) e um tipo similar de flutuação climática natural, a Oscilação do Ártico, a qual alterna entre fases mais quentes e mais frias ao longo de décadas. Este é um motivo importante de tanta demora em se definir claramente os efeitos do CO_2 nas mudanças climáticas do passado e do futuro. Hoje em dia, contudo, o peso de evidência está tão grande que há pouca dúvida científica de que a Terra está rapidamente se tornando mais quente, mesmo que ainda permaneçam um tanto incerto a magnitude exata desse efeito e as dimensões dos aumentos no futuro. Vamos dar uma olhada breve em algumas das linhas de evidência científica que têm sido acumuladas sobre a mudança climática global induzida pelo homem.

Ao longo das últimas centenas de anos, a temperatura média da superfície da Terra aumentou em 0,8°C (± 0,2°C). Três quartos dessa mudança (0,6°C) vêm ocorrendo ao longo dos últimos 30 anos, e os aumentos nas temperaturas vêm se acelerando (Figura 21.5). Desde 1980, a Terra experimentou 21 entre os 22 anos mais quentes do século vinte. Os cinco anos mais quentes até hoje registrados ocorreram desde 1998 (1998, 2005, 1998*, 2002, 2003 e 2004, nesta ordem; os registros escritos começaram em 1880 [Centro Nacional de Dados Climáticos** 2005]). Algumas regiões experimentaram aquecimento muito maior, enquanto outras não esquentaram tanto, ou até mesmo esfriaram. O maior aquecimento ocorreu nas latitudes norte (entre 40°N e 70°N através da Eurásia e América do Norte); Alasca, Canadá, Sibéria, Escandinávia e Península Antártica experimentaram as maiores mudanças; 2005 foi o ano mais quente registrado no Hemisfério Norte. As temperaturas de verão no Hemisfério Norte em décadas recentes têm sido as mais elevadas dos últimos milhares de anos. As temperaturas noturnas estão aumentando mais do que as temperaturas diurnas, levando a reduções nas diferenças entre dia e noite em muitos lugares.

Além das medições diretas de temperaturas crescentes, dados indiretos também mostram evidência de aquecimento global geral. O nível dos mares já subiu globalmente, entre 10 e 20 centímetros nas últimas centenas de anos, em grande parte devido à expansão da água aquecida. As geleiras estão se retraindo em todo o mundo (Figura 21.6). No verão de 2005, a calota de gelo do Ártico tornou-se 20% menor do que havia sido entre 1979 e 2000 (Figura 21.7), e o início do degelo de primavera em suas bordas tem ocor-

* N. de T. No original, o ano de 1998 é repetido.

** N. de T. *National Climatic Data Center* (http://www.ncdc.noaa.gov/oa/ncdc.html).

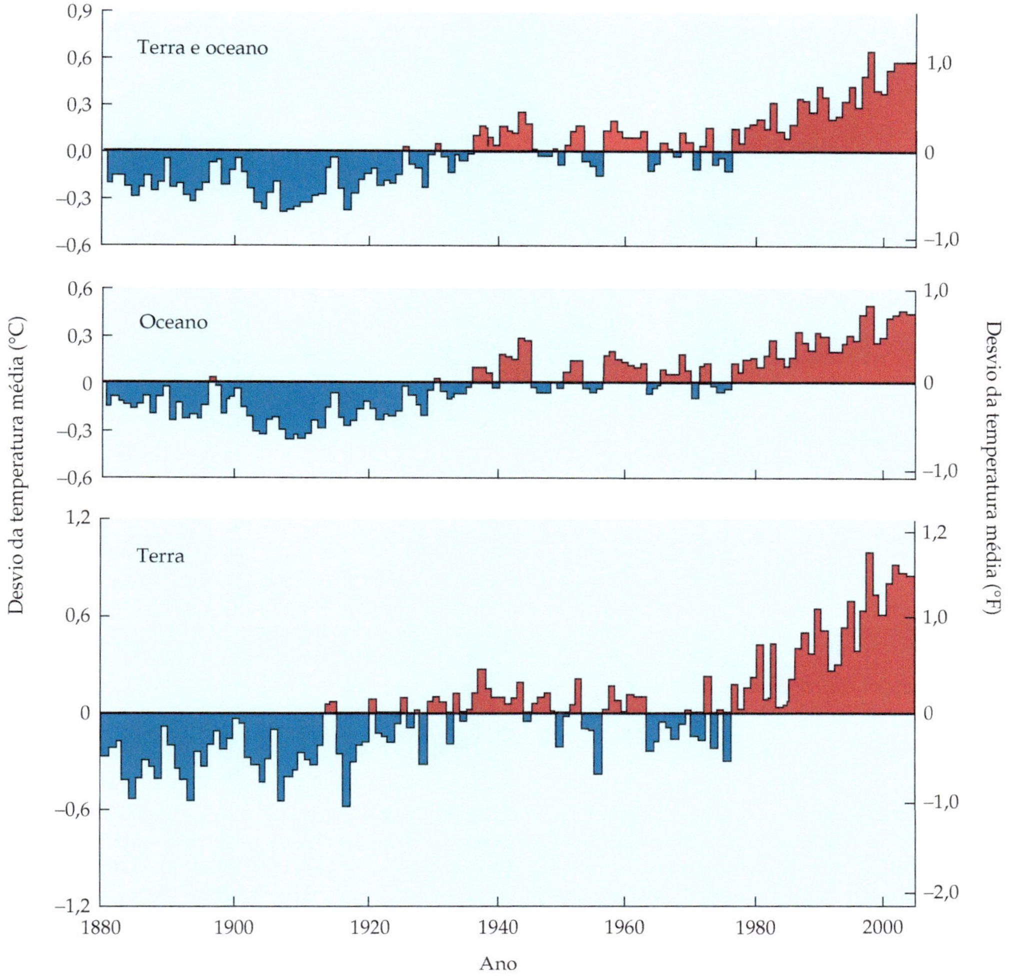

Figura 21.5 Aumentos de temperaturas nos últimos 125 anos, expressos como diferenças entre os valores de temperaturas médias anuais e de longo prazo (°C), para toda a Terra (terra e oceano), os oceanos do mundo e as superfícies terrestres do mundo. As temperaturas globais ao longo dos últimos 25 anos têm estado consistentemente acima das médias de longo prazo, e a maior parte dos anos mais quentes registrados ocorreu recentemente. Os aumentos na temperatura têm sido maiores em terra do que nos oceanos, embora as temperaturas estejam subindo bastante em ambos. As temperaturas médias de longo prazo foram calculadas de dados registrados por milhares de sítios de observação terrestres e oceânicos ao redor de todo o mundo, para todo o período dos dados, e por interpolações para as áreas que não foram monitoradas (dados de T. C. Peterson, Centro Nacional de Dados Climáticos dos EUA. / NOAA, Outubro de 2001, atualizado em 2005; disponível em http://www.ncdc.noaa.gov/img/climate/research/anomalies/triad-pg.gif.)

rido cada vez mais cedo (Instituto Goddard*). A perda do gelo de verão parece estar se acelerando, com perdas no-

* N. de T. *Goddard Institute for Space Studies* (http://www.giss.nasa.gov/).

Figura 21.6 Geleira derretendo e se retraindo rapidamente na Península Kenai, Alasca, no verão de 1997; o poste marca a posição da geleira em 1978 (fotografia © Y. Momatiuk e J. Eastcott / Photo Researchers, Inc.).

(A) Mínimo de banquisas em 1979 (B) Mínimo de banquisas em 2005

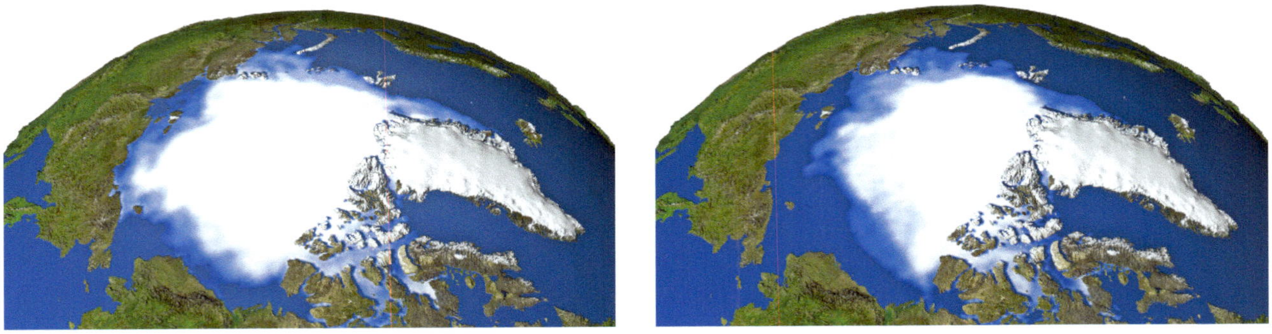

Figura 21.7 Tem havido um declínio drástico na extensão das banquisas do Ártico entre (A) 1979 e (B) 2005. Estas imagens de satélite mostram o gelo em setembro, quando ele está em seu mínimo no ano (de http://www.nasa.gov/centers/goddard/news/topstory/2005/arcticice_decline.html).

Quadro 21A

Modelando o clima

Como os cientistas sabem quais valores de temperatura, precipitação e outras variáveis meteorológicas e climáticas ocorreram no passado, especialmente no passado distante? Há registros diretos destas variáveis – medições feitas e registradas ao redor do mundo – assim como registros indiretos de diversos tipos.

Registros instrumentais da temperatura, pluviosidade, queda de neve, umidade e pressão do ar na superfície da Terra têm sido mantidos com qualidade razoável em muitos lugares, por um período de ao menos cem anos. Porém, alguns lugares carecem de dados, inteiramente ou relativos aos primeiros anos. Para os anos recentes, existem dados de satélites e balões meteorológicos na atmosfera superior. Há também excelentes dados recentes para as temperaturas oceânicas globais.

Indicadores físicos, biológicos e químicos oferecem informações a respeito do tempo e do clima em tempos passados. Esses indicadores abrangem medições de anéis de árvores que vivem há centenas ou milhares de anos, sedimentos no fundo de lagos e oceanos, ar armazenado em antigos testemunhos de gelo e faixas de densidade anual em corais longevos.

Como os cientistas fazem previsões sobre os climas futuros? Os cientistas atmosféricos usam complexos modelos computacionais de simulação, chamados de Modelos de Circulação Geral ou Modelos Climáticos Globais (MCGs), que incorporam os dados existentes sobre tempo e clima, bem como o que é conhecido a respeito dos principais processos que determinam o clima, a fim de prever a mudança climática. Esses modelos climatológicos têm sido construídos usando amplamente dados físicos e não dados biológicos, ao contrário dos modelos ecológicos discutidos no Capítulo 14, embora eles possam incorporar alguns efeitos da vegetação. Uma vez construído um modelo, podem ser introduzidas mudanças em algum fator – tal como nos níveis de CO_2 na atmosfera – para ver de que forma o clima poderia se afetado em diferentes partes do globo.

Muitos cientistas precisam trabalhar juntos para construir um MCG, e existe apenas um pequeno número de MCGs principais. Esses modelos incorporam grandes quantidades de dados conhecidos e fazem previsões sobre temperaturas, pluviosidade, cobertura de neve, nível do mar e outros fatores climáticos. Pesquisas recentes nesta área têm incluído esforços para incorporar dados de satélite mais acurados sobre o balanço de radiação na Terra nos MCGs (Wielicki et al., 2002). Esses esforços têm revelado uma variação maior nos fluxos de radiação entre a superfície da Terra e a atmosfera do que fora anteriormente cogitado existir, particularmente nos trópicos. As diferenças na nebulosidade parecem ser responsáveis por essa variação; as nuvens tanto aumentam a reflexão da radiação solar incidente (efeito de resfriamento) quanto reduzem a radiação infravermelha para o espaço (efeito de aquecimento). Um conjunto complexo de retro-alimentações entre a superfície da Terra e a atmosfera pode afetar o grau de nebulosidade.

As previsões com base em MCGs são incertas devido às limitações do que é conhecido, assim como às incertezas a respeito de quais ações humanas serão tomadas (p. ex., se as emissões de CO_2 serão reduzidas). Contudo, esses modelos estão sendo continuamente refinados e aperfeiçoados, tornando-se progressivamente acurados e detalhados. Eles oferecem um conjunto razoável de previsões que nos ajudará a antecipar a mudança climática global.

táveis no verão de 2005. O *permafrost* em áreas continentais do Ártico está derretendo também. As mudanças na Antártica são mais complexas; as banquisas* estão se partindo e se rearranjando, mas a sua extensão total não está diminuindo.

Outros aspectos dos climas globais podem também estar mudando, embora a evidência dessas mudanças seja ainda controversa e objeto de intenso debate. Como em vários padrões meteorológicos, é difícil isolar ciclos e variações naturais daqueles induzidos pelo homem. Duas mudanças de especial interesse são o aumento na intensidade das tempestades e condições extremas de tempo e o aumento nos eventos de Oscilação do Sul El Niño (ver Capítulo 17). Ambas as mudanças estão ligadas à mesma causa: o aumento das temperaturas oceânicas. Águas oceânicas mais quentes fornecem mais energia para alimentar a força das tempestades. Recentemente, evidências sugerem que os furacões podem estar se tornando mais poderosos (Emanuel, 2005; Webster et al., 2005). A relação entre as tempestades e o aquecimento global continuará a ser do maior interesse para meteorologistas, ecólogos e o público em geral.

* N. de T. **Banquisa** ou **banco de gelo** é água do mar congelada, que começa a se formar a −2°C, originando uma camada delgada que se quebra facilmente.

Mudança climática global: predições

Acabamos de analisar algumas das mudanças reais no clima da Terra que estão associadas ao efeito estufa intensificado. Que tipos de mudanças são previstos? Os cientistas do clima utilizam uma variedade de medidas diretas e indiretas para documentar mudanças climáticas. As predições sobre possíveis semelhanças dos climas futuros são feitas com a construção e o refinamento de complexos modelos de simulação computacionais (Quadro 21A).

Uma reação comum das pessoas às predições de aquecimento global em regiões de invernos frios é que dias mais quentes no inverno seriam, na verdade, mais agradáveis e bem-vindos. O que poderia estar errado em ir jogar

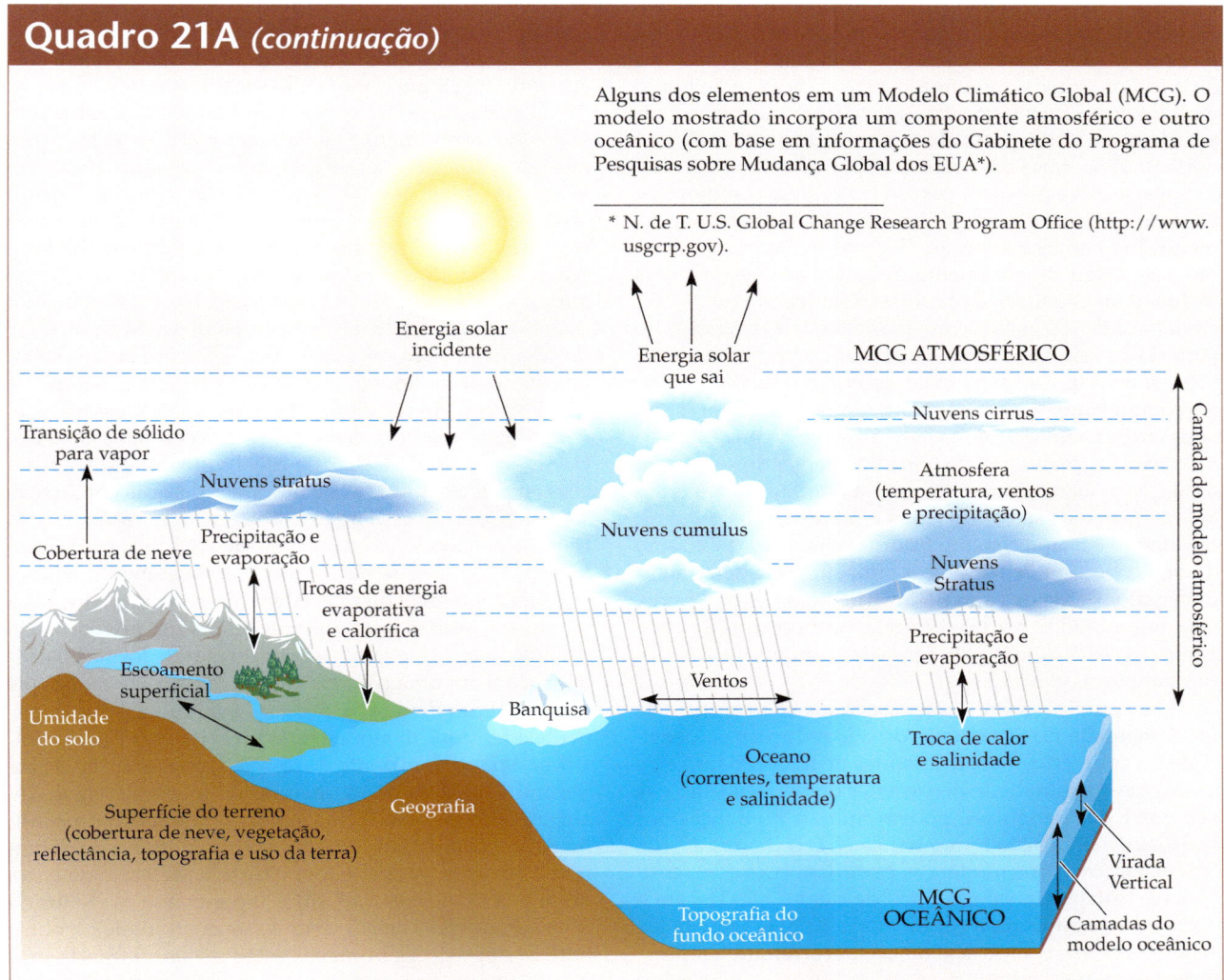

Quadro 21A *(continuação)*

Alguns dos elementos em um Modelo Climático Global (MCG). O modelo mostrado incorpora um componente atmosférico e outro oceânico (com base em informações do Gabinete do Programa de Pesquisas sobre Mudança Global dos EUA*).

* N. de T. U.S. Global Change Research Program Office (http://www.usgcrp.gov).

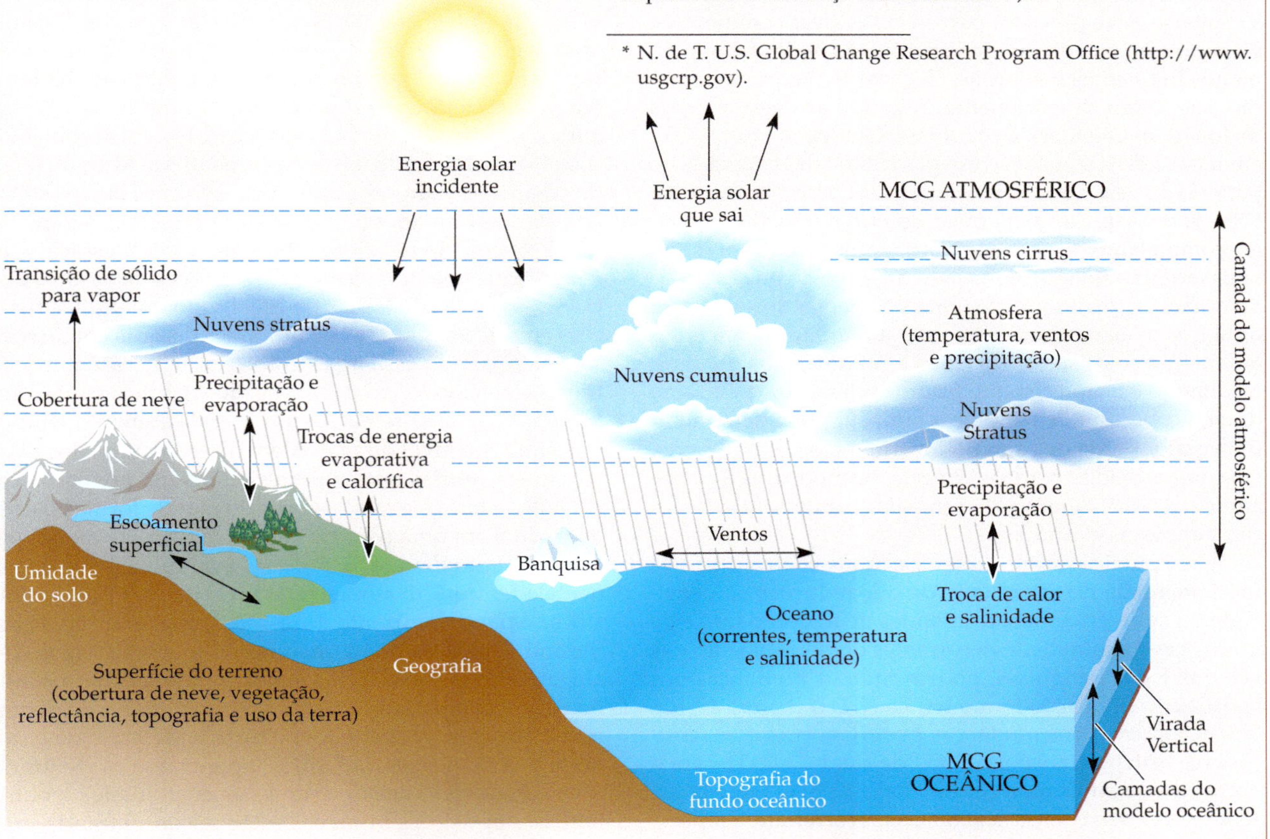

bola ou lavar o seu carro ao ar livre no meio do inverno? Para responder esta questão, precisamos considerar de forma mais ampla o que a mudança climática global pode acarretar.

Uma variedade de mudanças é prevista como resultado do efeito estufa acentuado. Se calcularmos uma média global, as temperaturas provavelmente subirão entre 1,4°C e 5,8°C ou mais pelas próximas centenas de anos. Para termos uma ideia do quão grande uma mudança como essa poderia ser, consideremos que durante o mais recente máximo glacial, há 20.000 anos, as temperaturas estavam menos de 6°C mais frias globalmente do que estão hoje (Figura 20.8). Ou consideremos que a temperatura média ao longo do ano é somente 3°C mais alta em Milão, na Itália, do que em Londres, na Inglaterra, e 4°C mais alta em Charlotte, Carolina do Norte, do que na Cidade de Nova York. Obviamente, o que poderia parecer ser um pequeno aumento na temperatura média pode significar um clima bastante diferente.

Todavia, esses aumentos de temperatura não serão uniformemente distribuídos ao redor do globo. Prevê-se que as mudanças nos padrões de circulação atmosférica e oceânica afetarão diferentemente temperatura, pluviosidade e outros fatores climáticos em lugares distintos. As áreas continentais provavelmente aquecerão muito mais do que os oceanos e áreas muito ao norte aquecerão muito mais do que outros lugares. O aquecimento no verão é esperado como sendo particularmente intenso no centro e no norte da Ásia. Mais dias quentes e períodos longos de calor intenso estão previstos para todas as áreas continentais, além de aumento da umidade média. As ondas frias serão menos frequentes e intensas. Geleiras e calotas continuarão a se retrair drasticamente. Segundo análises recentes de Jonathan Overpeck e coautores (Overpeck et al., 2005), em menos de 100 anos haverá perda total de banquisas no período do verão no Ártico. Poderia ser a primeira vez em 800.000 anos que a calota polar do norte viria a desaparecer completamente no verão. As banquisas refletem muito mais radiação solar de volta para o espaço do que as águas do oceano, a quais absorvem mais a energia do sol. À medida que as banquisas derretem, quantidades crescentes de energia solar são absorvidas e retidas pelos oceanos, resultando em aquecimento futuro acelerado. Porém, a reduzida cobertura de banquisas também pode determinar uma maior perda de calor no inverno pelo oceano aberto, em comparação às perdas pelo gelo, de modo que as retroalimentações resultantes da perda das banquisas do Ártico são complexas e incertas.

Uma predição surpreendente e muito controversa está fundamentada no argumento de que reduções na densidade da água do Ártico, resultantes do aquecimento e de mudanças na salinidade decorrentes do derretimento das geleiras e das banquisas, podem induzir mudanças nos padrões de circulação termo-halina (CTH) (Figura 17.10). Potencialmente, tais mudanças poderiam provocar reduções na "esteira transportadora" de calor da CTH para o norte e oeste da Europa (Jacob et al., 2005; O'Hare et al., 2005). Caso isso comece a acontecer, ocorreriam temperaturas muito mais baixas em partes da Europa, ao contrário do que poderia ser esperado. Há uma grande parcela de incerteza nessas predições, e como em relação a muitos outros padrões climáticos, a separação das mudanças decorrentes de ciclos naturais daquelas geradas por fatores induzidos pelo homem é assustadoramente desafiadora. Harry Bryden e coautores (2005) verificaram que o transporte de água quente pela esteira transportadora da CTH para o Atlântico Norte tem declinado desde 1957. Permanece em aberto em que medida essa mudança poderia afetar os climas da Europa, e se este é o início de uma tendência importante ou meramente uma flutuação temporária.

Os modelos de mudança climática global também preveem mudanças nos padrões de pluviosidade. No extremo norte ao redor do globo, são esperados aumentos substanciais na pluviosidade anual. São previstos aumentos na precipitação de inverno na África tropical e nas latitudes médias no Hemisfério Norte e aumentos na pluviosidade de verão no sul e no leste da Ásia. São previstas reduções de pluviosidade na Austrália, América Central e no sul da África, particularmente no inverno. Áreas centrais dos continentes ficarão mais secas, com implicações importantes para as regiões "celeiros" do mundo (ver Capítulo 18). Padrões temporais também mudarão de forma esperada, com a pluviosidade tornando-se mais variável de ano para ano quase em todos os lugares, resultando no aumento das enchentes em alguns anos e das secas em outros.

O aumento no nível dos mares é um dos efeitos previstos do aquecimento global com maiores implicações para os sistemas naturais e as sociedades humanas. Prevê-se que o nível dos mares aumentará entre 11 e 77 centímetros globalmente, no começo devido principalmente à expansão térmica continuada da água, mas por fim também ao derretimento das geleiras continentais. Se esse aumento ocorrer conforme o previsto, haverá alagamento costeiro generalizado. Embora aumentos médios no nível dos mares tenham provavelmente enormes efeitos sobre os sistemas humanos e naturais, os problemas realmente catastróficos são mais prováveis quando as ressacas elevam drasticamente o alcance desses níveis mais altos dos mares ao longo de linhas de costa vulneráveis. Os furacões empurram grandes quantidades de água em direção à costa. Quando essa água golpeia a água rasa junto ao litoral, como ao longo das costas do Atlântico e do Golfo nos EUA, há uma ressaca – um grande aumento temporário local no nível do mar. Além disso, no leste dos EUA (como em muitas outras partes altamente povoadas do mundo), a terra eleva-se a partir do mar de forma bastante gradual em uma planície costeira ampla, de modo que o alagamento devido às ressacas avança bastante continente adentro. Um aumento no nível do mar pode intensificar o dano decorrente de ressacas, pois a adição de até mesmo 50 centímetros a uma ressaca moverá as águas do alagamento por distâncias maiores no interior do continente, em comparação a regiões onde o limite continente-mar é abrupto, como ao longo de grande parte da costa oeste dos EUA. Emanuel (2005) aponta que os efeitos de níveis mais elevados do mar serão combinados a outro fato: as populações humanas estão se concentrando progressivamente em regiões costeiras do mundo, tornando-as mais vulneráveis a esses efeitos. As consequências do aumento do nível dos mares serão sentidas desde nações insulares com elevações próximas ao nível do mar, como as Maldivas, até regiões costeiras altamente povoadas, de Bangladesh até a China, passando pelas cidades costeiras dos EUA.

Consequências bióticas da mudança climática

Potencialmente, as mudanças regionais e globais no clima exercem extensos efeitos sobre as plantas, embora parcialmente previsíveis. Os detalhes dessas mudanças ainda não são conhecidos, mas partes do quadro maior estão começando a ganhar foco. Algumas espécies, alguns ecossistemas e tipos de vegetação se beneficiarão dessas mudanças e se expandirão, enquanto outros perderão terreno, declinando ou desaparecendo (Figura 21.8). Embora haja modelos que fazem predições específicas a respeito de regiões específicas, enfocamos aqui a natureza geral das mudanças que esperamos e discutimos algumas das mudanças que já estão ocorrendo.

(A) Distribuição atual dos biomas

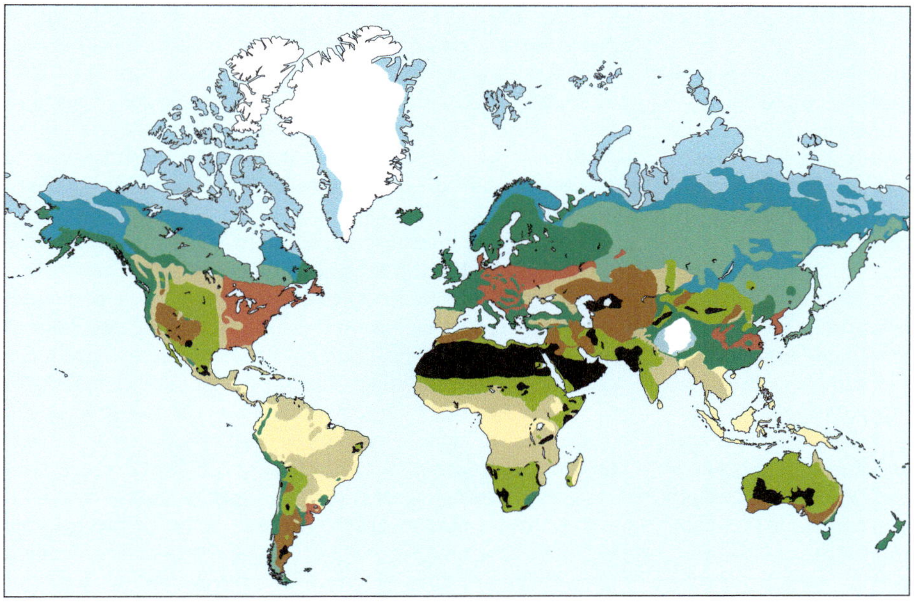

(B) Distribuição prevista, 2070-2099

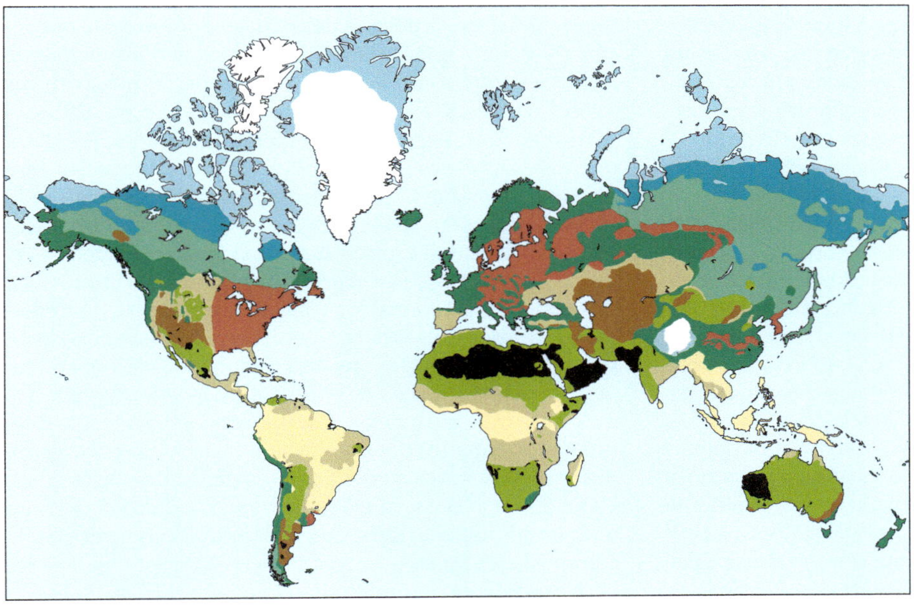

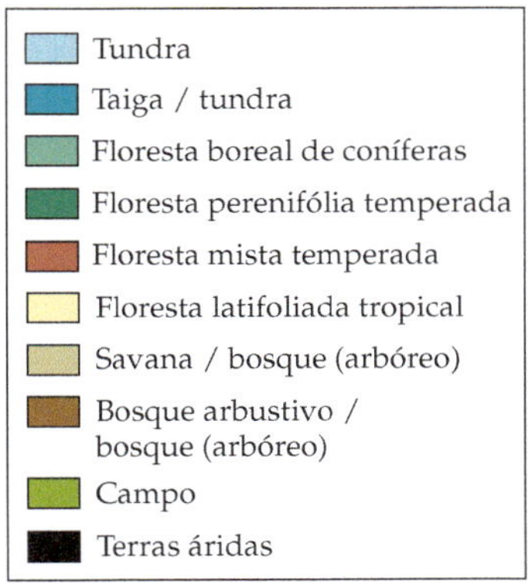

Figura 21.8 (A) Distribuição atual dos biomas do mundo, a partir de dados climáticos atuais usando o modelo SSPAM (Sistema Solo Planta Atmosfera Mapeado). (B) Distribuição alterada dos biomas prevista para 75 a 100 anos, com base em um conjunto de cenários de aumentos globais do CO_2. De acordo com esse modelo, os primeiros estágios do aquecimento global provocarão aumentos na produtividade e densidade das florestas no mundo todo, à medida que a elevação dos níveis de dióxido de carbono aumenta o crescimento das plantas. No entanto, as temperaturas elevadas continuadas escassearão os recursos hídricos, produzindo com o tempo estresse induzido pela seca e mortandade da vegetação em larga escala, com aumentos de incêndios florestais associados (com base nos modelos de Neilson 1995 e dados de http://www.fs.fed.us/pnw/corvallis/mdr/mapss).

O crescimento, a reprodução e a alocação de nutrientes das plantas são provavelmente afetados por climas alterados. As interações entre as plantas e outras espécies – competidores, herbívoros e patógenos – provavelmente também mudarão. Por exemplo, plantas dependentes de interações mutualistas com polinizadores ou dispersores claramente sofrerão, se as mudanças ambientais reduzirem ou eliminarem aqueles animais. A mudança climática previsivelmente alterará a ciclagem ecossistêmica de vários nutrientes importantes. Tem sido demonstrado que a respiração do solo e as taxas de mineralização do nitrogênio, por exemplo, aumentam substancialmente quando os ecossistemas são aquecidos experimentalmente (Rustad et al., 2001). Alguns modelos de mudança climática predizem aumentos na frequência e intensidade das queimadas em diversos ecossistemas.

São esperadas mudanças na distribuição de muitas espécies vegetais, resultando em alterações na localização das comunidades vegetais e em diferentes combinações de espécies que crescerão juntas nas comunidades do futuro. Diversos estudos têm demonstrado que tais mudanças já estão ocorrendo em uma ampla gama de espécies e sistemas ecológicos. Camille Parmesan e Gary Yohe (2003) avaliaram estudos sobre os efeitos da mudança climática global em 1.700 espécies de plantas e animais. Eles relataram que houve mudanças significativas na faixa de distribuição de, em média, 6,1 km por década em direção aos polos (ou 6,1 m por década para cima em relação à altitude) em todas as espécies, e uma aceleração da fenologia primaveril, em média, de mais de 2 dias por década. Em uma meta-análise de 143 estudos sobre as respostas de plantas e animais à mudança climática global, Terry Root e colegas concluíram que já ocorreram impactos significativos e mensuráveis de mudança climática através de uma ampla gama de táxons (Root et al., 2003). Especificamente, eles verificaram uma ampla resposta de mais de 5 dias por década em relação à antecipação das fenologias primaveris, um tanto maior do que foi encontrado por Parmesan e Yohe. No entanto, as duas análises foram consistentes na previsão dos mesmos tipos de mudanças, na mesma direção esperada. Um estudo complementar de registros de datas de floração de 385 espécies de plantas britânicas mostrou que 16% iniciaram a floração mais cedo na década de 1990, em relação às quatro décadas anteriores (Fitter e Fitter, 2002).

Em alguns ecossistemas, os aumentos em produtividade resultantes de níveis mais elevados de CO_2 podem ser exacerbados por climas mais quentes e estações de crescimento mais longas. Outros ecossistemas serão afetados por secas mais intensas, as quais anularão os efeitos positivos de níveis mais elevados de CO_2 sobre a fotossíntese e o crescimento. Segundo as previsões, as mudanças nos regimes de temperatura e pluviosidade terão consequências importantes nas regiões agrícolas: algumas áreas altamente produtivas ficarão improdutivas, enquanto algumas regiões sem tradição agrícola serão altamente produtivas. Por exemplo, segundo as expectativas, a produtividade agrícola diminuirá no meio-oeste dos EUA e aumentará no cinturão de grãos do centro do Canadá. As culturas vegetais estabelecidas em áreas específicas podem mudar substancialmente, com os cinturões de grãos deslocando-se e culturas sensíveis ao congelamento sendo implantadas em latitudes mais altas.

Como vimos, os níveis atmosféricos de CO_2 têm flutuado amplamente no decorrer da história da Terra (Figura 20.6), da mesma forma que os climas regionais e globais (Figura 20.8). Os biomas e as espécies que os habitam mudaram dramaticamente ao longo dos éons. Muitas espécies de plantas têm-se deslocado à medida que o clima tem mudado. Após a glaciação mais recente na América do Norte, por exemplo, as espécies moveram-se para o norte, para recolonizar áreas que emergiram sob as geleiras à medida que as temperaturas esquentaram (Figura 20.10). A maior diferença entre as mudanças climáticas globais do passado e aquelas que estão ocorrendo agora é que as mudanças atuais ocorrem a taxas muito mais rápidas – bastante maiores, conforme previsão dos ecólogos, do que as taxas em que muitas espécies podem migrar ou se adaptar. Alguns aspectos do clima também estão em processo de alteração, além do que tem sido experimentado na Terra em milênios.

A redução e fragmentação de hábitats provavelmente tornam mais difícil a migração de espécies em resposta à mudança climática. Parques e reservas que hoje protegem populações, espécies ou comunidades em perigo podem se tornar refúgios ineficazes: à medida que as condições climáticas mudam, tais refúgios podem não ser mais propícios a esses organismos ou sistemas. Se as espécies são incapazes de alcançar novos hábitats favoráveis, ou se o hábitat em ambientes agora favoráveis não é protegido, essas espécies desaparecerão. As espécies não se moverão em conjunto, mas migrarão (ou não conseguirão migrar) individualmente (Figura 20.10). Como resultado, muitos tipos de vegetação e de comunidades podem desaparecer e serem substituídos por novas combinações de espécies com novas propriedades.

As espécies florestais árticas e boreais, sujeitas ao maior grau de mudança climática, podem não encontrar nenhum lugar para ir à medida que o aquecimento reduz a extensão de hábitats favoráveis. É possível que espécies alpinas, forçadas a se deslocarem para altitudes mais elevadas, enfrentem problemas similares. Relata-se que diversas espécies de plantas estão se deslocando para altitudes mais elevadas em áreas montanhosas, incluindo árvores que estão se estabelecendo acima das linhas das árvores atuais. Na Europa, a atual riqueza de espécies vegetais em 30 picos nos Alpes aumentou 70% em relação aos mais antigos registros históricos acurados, aparentemente como resultado da colonização por espécies de altitudes mais baixas; ao mesmo tempo, as geleiras ali têm perdido entre 30% e 40% de sua área de superfície. Da mesma forma, borboletas, aves e outras espécies que interagem fortemente com plantas têm-se movido para altitudes mais elevadas e rumo aos polos (revisado por Hughes, 2000). Einar Heegaard e Vigdis Vandvik (2004) inferiram que um importante fator determinante da composição de comunidades da vegetação alpina na Noruega foi o efeito do tempo de derretimento da neve sobre o resultado das interações competitivas entre as espécies vegetais. Eles previram que, à medida que o aquecimento global altera o tempo de derretimento da neve, esta mudança alterará os padrões de dominância, de modo que a exclusão competitiva, em vez da simples intolerância às condições mais quentes, eliminará muitas das espécies alpinas adaptadas às condições nas altitudes mais elevadas.

As reduções na disponibilidade de hábitat à medida que a altitude aumenta, associadas ao fato de as espécies serem forçadas para cima pelo aquecimento, provavelmente resultam em extinções ao menos regionais de algumas espécies alpinas. Tais mudanças na vegetação dos Picos de São Francisco, no norte do Arizona, foram modeladas por Joyce Marie Francis (1999). Atualmente, essa vegetação varia de bosques arbustivos de lamiáceas na base das montanhas, para florestas de *Pinus ponderosa* (pinheiro ponderosa, Pinaceae) nas elevações médias, e para florestas de espruces e abetos, até a tundra no cume. Os efeitos previstos da mudança climática abrangem o avanço substancial de bosques arbustivos de lamiáceas, o deslocamento das florestas de *Pinus ponderosa* para altitudes mais elevadas e a perda das florestas de espruces e abetos e da tundra (Figura 21.9).

Deslocamento dos limites de distribuição, contrações e expansões dos limites de distribuição e posteriores mudanças em padrões fenológicos provavelmente ocorram à medida que as mudanças continuem a acontecer não apenas nas temperaturas médias, mas também na duração das estações de crescimento, no tempo de derretimento da neve ou mesmo na existência de geleiras permanentes, na duração da seca e de eventos de calor extremo, em regimes de fogo e na disponibilidade de umidade no solo em diferentes períodos do ano. Além disso, a ecologia dos organismos em todos os níveis, de populações a ecossistemas, será afetada por mudanças em muitos desses fatores ao mesmo tempo. Devido aos efeitos combinados de estresses múltiplos, as espécies atualmente ameaçadas ou em perigo correm maior risco de serem extintas, e outras espécies se tornam potencialmente ameaçadas.

Por fim, mudanças em acidentes geográficos provavelmente tenham efeitos substanciais sobre a vegetação nos níveis regionais e de paisagem e sobre a persistência global de grupos específicos de espécies dependentes de hábitats afetados. Aumentos no nível dos mares e pluviosidade crescente já causaram em muitas costas marítimas a intensificação de alagamentos, danos por tempestades e erosão (Figura 21.10). Estes processos devem se acelerar nas próximas décadas. Ambientes de água doce, próximos de áreas costeiras, podem ser afetados pela incursão de água salgada. Ecossistemas costeiros altamente diversificados e produtivos, como marismas e manguezais, estarão sujeitos a efeitos negativos e às vezes desastrosos (incluindo erosão e submersão). Pequenas ilhas próximas do nível do mar podem desaparecer completamente à medida que o oceano sobe, levando junto as suas espécies de

(A)

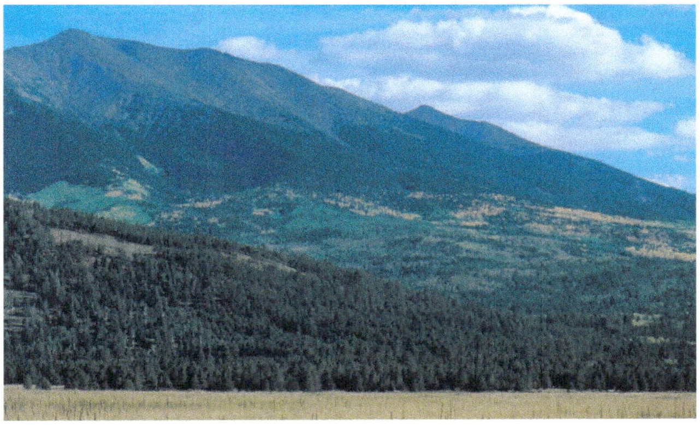

(B) Vegetação atual

Vegetação prevista

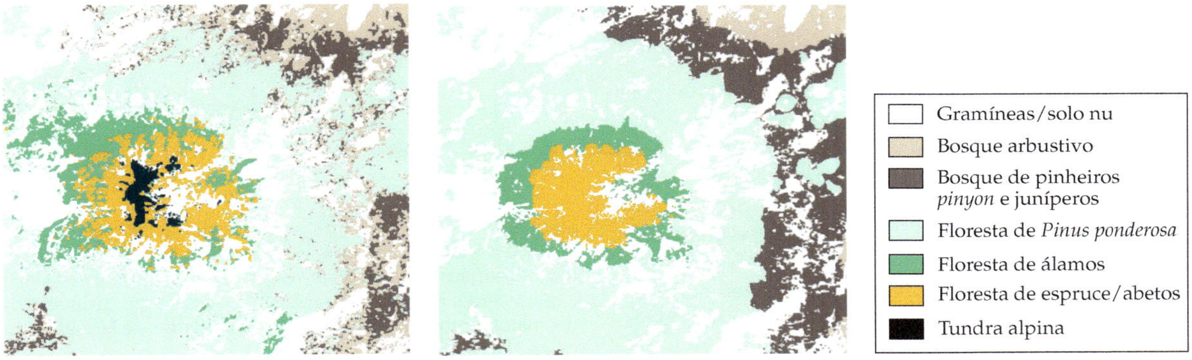

Figura 21.9 (A) Os Picos de São Francisco são uma cadeia de montanhas vulcânicas no norte do Arizona. O ponto mais alto está a 3.850 metros de elevação (fotografia de S. Scheiner). (B) Padrões de vegetação atuais e previstos para os Picos de São Francisco. Atualmente, existe uma pequena área de tundra alpina no ponto mais alto, com florestas de espruces e abetos em elevações um pouco mais baixas. As elevações intermediárias são dominadas por florestas de *Pinus ponderosa*. As elevações mais baixas são cobertas por bosque arbustivo de lamiáceas e bosque de pinheiros *pinyon* e juníperos. As mudanças previstas baseiam-se em um modelo climático global (ver Quadro 21A). As temperaturas em elevação resultarão no avanço dos bosques arbustivos de lamiáceas, no deslocamento das florestas de *Pinus ponderosa* para as elevações maiores e na perda das florestas de espruces e abetos e da tundra (segundo Francis, 1999).

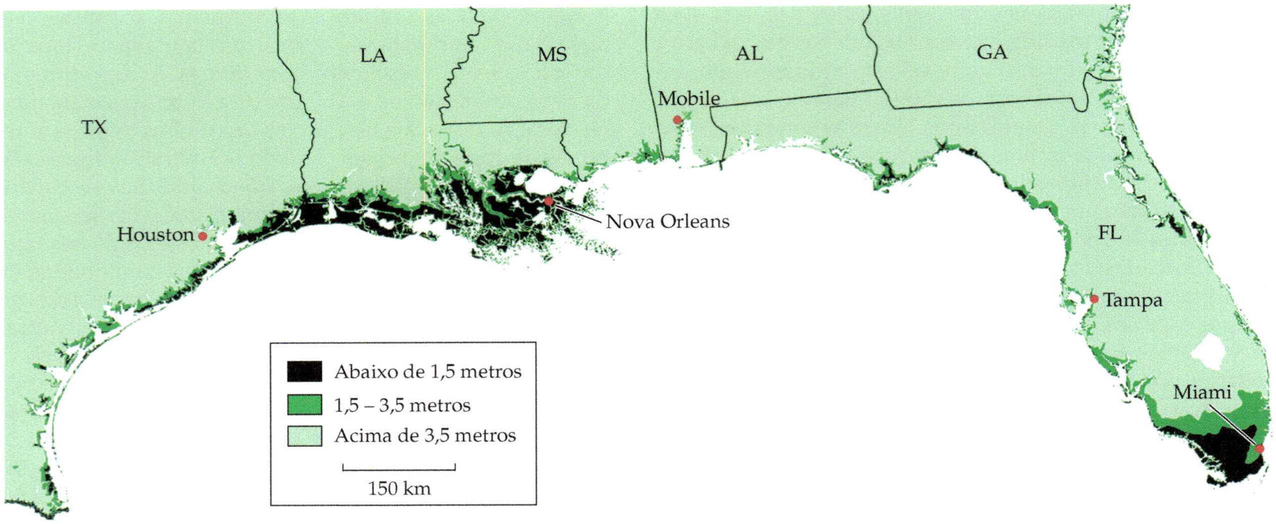

Figura 21.10 Terras vulneráveis ao aumento no nível do mar ao longo da Costa do Golfo, sul dos EUA. O mapa mostra as terras abaixo das curvas de nível de 1,5 m e 3,5 m (elevações acima do nível do mar em 1929), as quais estão vulneráveis sob diferentes modelos da futura mudança climática. Um aumento médio no nível do mar, suficiente para inundar as terras na curva de nível de 1,5 m em marés altas, parece ser provável de ocorrer nos próximos 120 anos, mas tem menos de 1% de chance de ocorrer nos próximos 60 anos; em agosto de 2005, ressacas de tempestades do Furacão Katrina inundaram as áreas costeiras mostradas na Louisiana e no Mississipi (centro do mapa). O nível do mar subiu em torno de 20 centímetros desde 1929. Aproximadamente 58.000 km^2 de terra ao longo das costas do Atlântico e do Golfo estão abaixo da curva de nível de 1,5 m. Após um período de vários séculos, os terrenos acima da curva de nível de 3,5 m estariam vulneráveis com o aumento no nível do mar. O aumento nos níveis dos mares ameaçará, alterará drasticamente ou destruirá diversos ecossistemas costeiros, como marismas de alta produtividade em muitas áreas e os Everglades na parte sul da Flórida (segundo Titus e Richman, 2001).

plantas e animais endêmicas e raras (assim como os lares das pessoas que lá vivem). Mesmo longe das linhas de costa, aumentos na intensidade das tempestades, por vezes somados aos efeitos do desmatamento, deverão provocar grandes distúrbios nas comunidades vegetais, por causarem alagamentos nos vales dos rios, deslizamentos de terra e avalanches em encostas íngremes.

Efeitos antropogênicos sobre o ciclo global do carbono

Onde se origina o carbono antropogênico responsável por essas mudanças climáticas? Os aumentos no CO_2 atmosférico são causados principalmente por dois fatores: o desmatamento (destruição das florestas) e a queima de combustíveis fósseis (Figura 21.11). Onde esses impactos estão acontecendo e o que os está causando? Para investigar por inteiro estas questões, precisaríamos discutir não apenas a ciência envolvida, mas também as bases sociais, políticas e econômicas das emissões antropogênicas de CO_2. Estes tópicos podem ser tratados somente de forma limitada em um livro-texto de ecologia vegetal. Aqui, mencionamos alguns dos fatores que podem estar envolvidos, com o objetivo de sugerir algumas direções possíveis a serem tomadas em suas reflexões e leituras futuras sobre este assunto.

Desmatamento

Embora as árvores naturalmente acumulem carbono na madeira e liberem-no quando finalmente morrem, as atividades humanas estão acelerando dramaticamente a taxa na qual este processo acontece. O corte de uma árvore afeta os níveis atmosféricos de CO_2 de duas maneiras. Primeiro, se a árvore não for substituída por outra, o CO_2 que ela capturaria permanecerá na atmosfera, ao invés de ser fixado. Segundo, se a árvore for queimada ou deixada para se decompor, grande parte do carbono acumulado ao longo de sua longa vida – que pode ser de décadas ou séculos

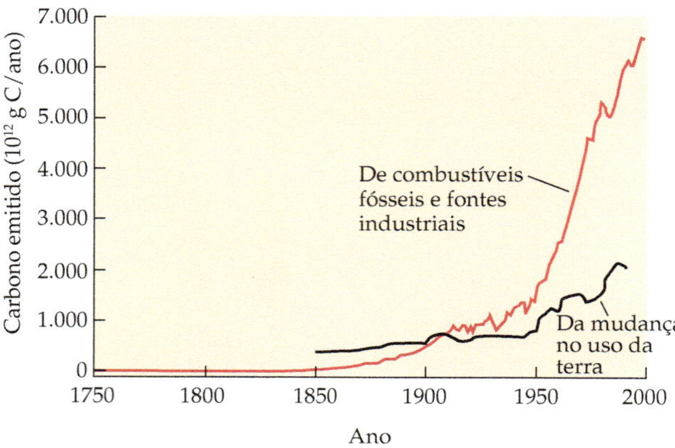

Figura 21.11 Emissões de carbono para a atmosfera (em 10^{12} g C/ano) a partir da queima de combustíveis fósseis e de outras fontes industriais, de 1750 até o presente, e fluxo de carbono para a atmosfera a partir da mudança no uso da terra (principalmente desmatamento), de 1850 até o presente (dados de Houghton e Hackler, 2001; Marland et al., 2001).

para árvores de dossel – é liberado para a atmosfera de forma repentina ou em tempo relativamente curto. Plantas herbáceas, por outro lado, não acumulam carbono, porém o reciclam rapidamente entre o solo e a atmosfera.

Se as árvores são cortadas para construir objetos que permanecem intactos por um longo tempo (um bom violino, talvez, ou uma construção que dure um longo tempo, ao invés de toalhas de papel), então uma parte do carbono que estava em seu lenho será preservada por décadas ou mesmo séculos, ao invés de ser imediatamente liberada para a atmosfera (embora o carbono nas raízes, nos ramos e nas folhas que restam quando o tronco é removido seja decomposto rapidamente). Se as árvores são cortadas para fazer jornal, publicidade via correio, pauzinhos-de-comer descartáveis ou outros itens com curta vida útil, a destinação pós-descarte daqueles itens (se incinerados, armazenados em aterro sanitário ou reciclados) determinará o destino do seu carbono. O destino do carbono orgânico no solo da floresta dependerá de um certo número de fatores, incluindo o que acontece com a terra após a derrubada da floresta.

Se novas árvores são plantadas no lugar de uma floresta derrubada, as novas árvores acumularão carbono, e a produção líquida do ecossistema (ver Capítulo 14) provavelmente será positiva. Se a floresta é substituída por construções e concreto, obviamente não haverá produção. A remoção de florestas e sua substituição por terras agrícolas, plantações de árvores, estacionamentos ou depósitos de lixo têm enormes implicações ecológicas, além de efeitos sobre o ciclo do carbono. Mais para o fim deste capítulo, faremos breves considerações sobre estas implicações.

Dois fatores agem diretamente para se opor à emissão de CO_2 para a atmosfera causada pela destruição florestal: a regeneração da floresta e taxas fotossintéticas mais altas devido ao efeito da "fertilização" proveniente de concentrações mais elevadas de CO_2 na atmosfera. Em alguns casos, a regeneração da floresta tem sido dramática. Extensas partes do nordeste dos EUA, por exemplo, foram pesadamente desmatadas e preparadas para a agricultura nos séculos XVIII e XIX. O abandono posterior dessas fazendas levou à regeneração de grandes áreas de floresta secundária, o suficiente para atuar como um depósito de carbono substancial. Contudo, recentemente essas terras têm se tornado, uma vez mais, fontes ao invés de depósitos de CO_2 atmosférico. Isto acontece devido ao fato de que agora muitas dessas florestas atingiram a maturidade, e a sua taxa de acumulação de carbono está declinando, bem como por causa do reincidente desmatamento para extração de madeira e para o desenvolvimento suburbano.

O corte de árvores para lenha e a queima de árvores para preparar a terra têm sido fontes antropogênicas de ingresso de carbono na atmosfera por toda a história humana. Estas atividades eram suficientemente limitadas antes de 1800, aproximadamente, para ter pouco ou nenhum efeito mensurável sobre as concentrações de CO_2 atmosférico (Figura 20.6B). Entretanto, este já não é mais o caso, e os efeitos dessas atividades são especialmente intensos em florestas tropicais. Hoje, cerca de $1{,}1 \times 10^{15}$ g C são emitidos para a atmosfera a partir da queima de florestas tropicais a cada ano, e quase o dobro desta quantidade é liberada por todas as atividades de desmatamento. Um total bruto de $3{,}4 \times 10^{15}$ g C é produzido pela destruição da floresta tropical, se a decomposição do material não queimado for incluída (Fearnside, 2000). A emissão líquida total de carbono para a atmosfera resultante de mudanças no uso da terra nos trópicos (particularmente pela destruição das florestas) é igual à aproximadamente 29% das emissões antropogênicas globais totais oriundas de toda a queima de combustíveis fósseis e mudanças no uso da terra (Fearnside, 2000). O corte raso em florestas tropicais têm sido realizado por pessoas que vivem em países tropicais e por corporações cujos proprietários são pessoas de países desenvolvidos. Corporações sediadas no Japão, na Europa e na América do Norte são ativas no desmatamento tropical.

Todavia, nem todo o desmatamento tem ocorrido nos trópicos. Os países desenvolvidos têm removido extensas áreas de suas próprias terras florestadas. Um exemplo são as florestas pluviais temperadas do noroeste dos EUA e da Columbia Britânica no Canadá, as quais nos últimos 25 anos têm experimentado desmatamentos em grande escala e corte raso (Figura 18.14). (Onde essas florestas primárias são replantadas como plantações de árvores ou sofrem sucessão secundária, as árvores jovens servirão uma vez mais como depósitos de CO_2, embora a remoção das florestas primárias tenha outros efeitos ecológicos.) Uma razão importante pela qual a destruição florestal atualmente está concentrada em países em desenvolvimento é que as florestas em países ricos industrializados já foram alteradas ou destruídas. Tanto a Europa quanto o Japão, por exemplo, apresentam muito poucas áreas que não foram fortemente afetadas pelo uso do homem. No Japão, virtualmente todas as áreas de terras baixas são cultivadas ou ocupadas por estruturas humanas; há extensas florestas nas encostas das montanhas, porém a maioria dessas florestas é regularmente cortada. Nos Alpes Suíços, o gado é criado mesmo sobre alguns dos picos mais altos. Na Espanha, as elevações mais altas contêm algumas das maiores diversidades de espécies vegetais, não porque aquelas áreas sejam inerentemente mais ricas em espécies, mas porque as áreas de terras baixas mais produtivas são intensamente usadas para a agricultura.

Queima de combustíveis fósseis

A queima de combustíveis fósseis fornece a segunda maior contribuição antropogênica de CO_2 atmosférico. O carbono contido nos combustíveis fósseis acumulou-se ao longo dos éons, à medida que foi captado da antiga atmosfera por organismos agora extintos há muito tempo. Imensas quantidades de carbono na forma de combustíveis fósseis estão agora sendo tomadas das profundezas da Terra e liberadas em um piscar de olhos geológico. O *pool* extraível – a porção hoje economicamente viável de ser removida – de carbono contido nos combustíveis fósseis da Terra é de aproximadamente 4×10^{18} g C, o que representa cerca de um décimo do *pool* ativo total de carbono na ou próximo da superfície da Terra. A queima de combustíveis fósseis libera em torno de 6×10^{15} g C por ano (Figura 21.1).

Um pouco mais da metade deste carbono permanece na atmosfera; o restante penetra nos oceanos ou não é atualmente contabilizado. Apenas na metade do século XX a quantidade de carbono liberada na atmosfera pela queima de combustíveis fósseis tornou-se maior do que aquela oriunda do desmatamento ou da queima de florestas, mas hoje aquela representa aproximadamente 70% de todo o CO_2 antropogênico liberado.

As emissões de dióxido de carbono diferem enormemente entre os países do mundo, tanto na quantidade total liberada para a atmosfera em cada país, quanto cada pessoa é, em média, responsável pela produção (Figura 21.12). As emissões totais mais altas por país vêm dos EUA, mas a China está próxima em segundo lugar, com emissões crescendo mais rapidamente; em 20 anos, prevê-se que as emissões de carbono da China ultrapassarão as dos EUA. As emissões dos EUA têm crescido rapidamente nos últimos cem anos, enquanto as da China têm crescido de modo exorbitante desde o final da década de 1960. Os EUA têm uma população razoavelmente grande e taxas muito mais altas de uso energético por pessoa. A China tem uma população enorme, mas a quantidade de energia usada por pessoa tem sido bastante modesta, embora esteja crescendo substancialmente.

Os dez países com maiores emissões totais de carbono de combustíveis fósseis em 2003, em ordem decrescente, são EUA, China, Rússia, Japão, Índia, Alemanha, Canadá, Reino Unido, Coréia do Sul e Itália. Essa lista contém uma mistura de países desenvolvidos e em desenvolvimento na América do Norte, Europa e Ásia. A maioria dos países industrializados da Europa tem alcançado aumentos de eficiência energética e, consequentemente, diminuíram tanto as emissões per capita quanto as emissões totais. Aumentos per capita nos países em desenvolvimento como a Índia, com populações grandes e rápido crescimento, têm levado a aumentos vertiginosos nas emissões totais destes países. Por outro lado, as diminutas e erráticas emissões de países como o Congo são um reflexo de desastres, guerras, privações e miséria humana. Para outros países, as emissões baixas podem refletir uma pequena população e/ou significar a existência de poucos automóveis e caminhões, indústria incipiente e agricultura pouco mecanizada. (Às vezes, as taxas médias de emissão por pessoa estão sujeitas a vários artefatos e anomalias, devendo, por isso, ser interpretadas com cautela.)

A contribuição antropogênica para o CO_2 atmosférico, portanto, é altamente desigual. A combinação de uma alta taxa de emissão per capita com uma população razoavelmente grande faz dos EUA a maior fonte de entrada de carbono antropogênico na atmosfera. Até hoje, os EUA contribuíram com aproximadamente 30% do aumento antropogênico no CO_2 atmosférico, e atualmente adicionam 25% do carbono emitido por ano. Embora apenas 5% da população mundial viva nos EUA, ela é responsável por 25% do uso diário global de petróleo (em torno de 3 bilhões dos mais de 12 bilhões de litros usados globalmente por dia), e por cerca de 25% do consumo energético mundial.

A atual taxa de emissão de CO_2 pelos EUA pode ser explicada por fatores como seu alto padrão de vida, a necessidade de aquecimento domiciliar durante o inverno em grande parte do país ou demandas de transporte na extensa área geográfica coberta pelo país? Não completamente. A taxa de emissão per capita dos EUA é muito maior, por exemplo, do que a da Suécia, um país mais frio e com um padrão de vida comparável. As emissões dos EUA são também mais altas do que as da Austrália e da Argentina, as quais têm igualmente populações dispersas em extensas áreas geográficas. Um argumento em defesa das taxas de emissão dos EUA é que, embora seja respon-

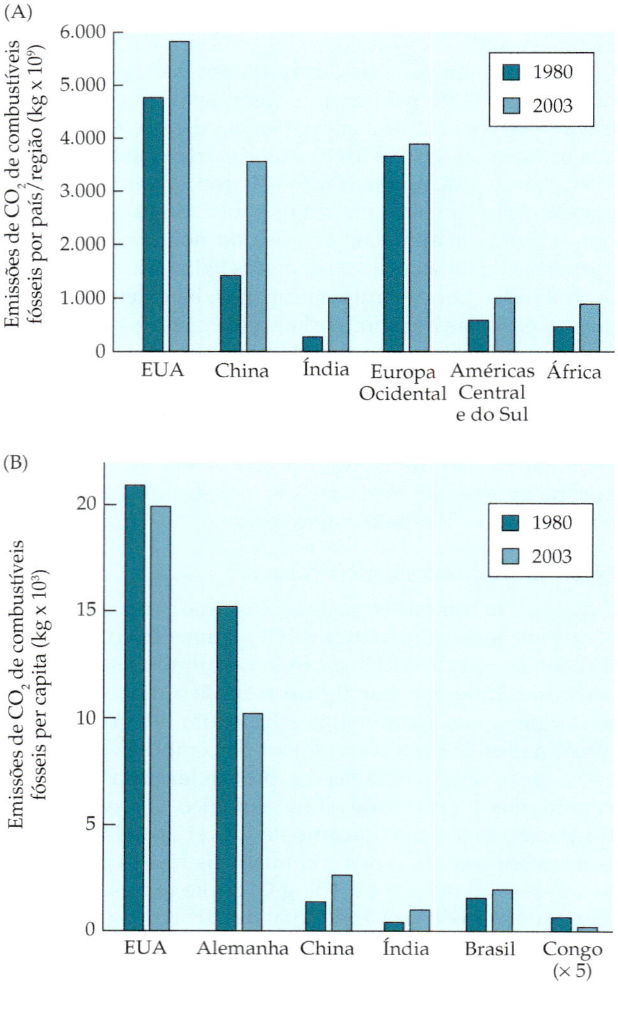

Figura 21.12 Emissões de dióxido de carbono resultantes da queima de combustíveis fósseis. (A) Emissões totais (em 10^9 kg CO_2/ano) nos EUA, na China, na Índia, na Europa Ocidental, nas Américas Central e do Sul e na África, em 1980 e em 2003. (B) Emissões per capita (em 10^3 kg CO_2/ano) em vários países: EUA, Alemanha, China, Índia, Brasil e Congo, em 1980 e 2003. Os dados para o Congo são multiplicados por 5, para serem visíveis. Os dados para a Alemanha abrangem os totais combinados para a antiga República Democrática da Alemanha e para a República Federal da Alemanha em 1980 (dados do Departamento de Energia, Administração de Informação Energética dos EUA.: http://www.eia.doe.gov/emeu/iea/carbon.html).

Quadro 21B

Atividades humanas diárias e a geração de CO_2

A cada momento que respira, você libera CO_2 na atmosfera. Naturalmente, a quantidade varia de pessoa para pessoa, dependendo do peso do indivíduo, do nível de atividade, da razão entre gordura e músculos e outros fatores. Em média, cada pessoa respira 365 kg de CO_2 por ano.

Porém, a respiração humana não está realmente adicionando CO_2 à atmosfera. Como com todos os animais e culturas agrícolas anuais, o carbono respirado vem do carbono retirado da atmosfera pouco tempo antes. O uso humano de combustíveis fósseis, contudo, aumenta as emissões de CO_2 para a atmosfera. A quantidade de CO_2 removido da atmosfera por uma árvore madura anualmente é de aproximadamente 9 kg; com base nesta figura, são necessárias 1.400 árvores para usar o CO_2 produzido por um grande veículo

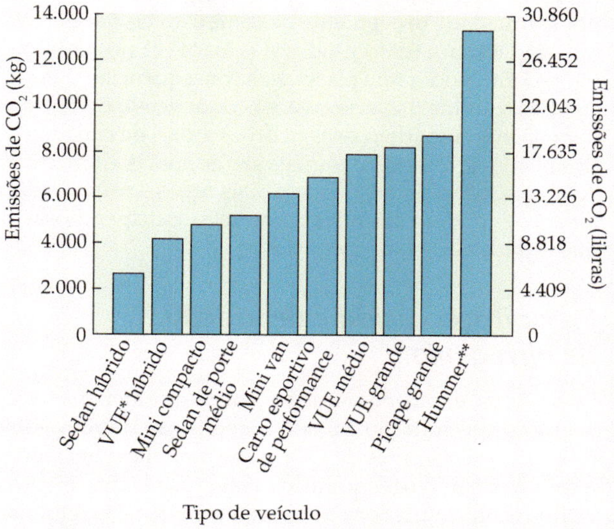

Emissões anuais de CO_2 de vários tipos de veículos. Estes valores se fundamentam nas estimativas de milhagem da Agência de Proteção Ambiental dos Estados Unidos***, assumindo-se 45% de rodagem em estradas, 55% de rodagem na cidade, 15.000 milhas anuais (24.000 km) e transmissão automática, exceto para o *Hummer H2*, que é isento de publicar estes valores; estimativas para aquele veículo foram de 9/12 cidade/estrada, com base em uma revisão de valores postados na Web. Os cálculos tiveram como base os seguintes modelos (da esquerda para a direita): Toyota Prius, Ford Escape, BMW Mini Cooper, Nissan Altima, Dodge Caravan, Ford Explorer, Porsche 911 Carrera S, Chevrolet Suburban, Dodge Ram MegaCab e Hummer H2. As estimativas são baseadas em eficiências de uso de combustível publicadas.

* N. de T. VUE = Veículo utilitário esportivo.

** N. de T. O *hummer* é um veículo originalmente de guerra, que acabou caindo no gosto dos consumidores norte-americanos e virou sucesso de vendas entre os VUE.

*** N. de T. U.S. EPA (Environment Protection Agency, http://www.epa.gov).

Quantidades aproximadas de CO_2 produzido por ano por diversas atividades humanas

Atividade/Utensílio	CO_2/ano, em libras	CO_2 / ano, kg
Torradeira	61	28
Máquina de lavar roupas (usando água fria)	225	102
Cafeteira elétrica	243	110
Máquina para cozinhar arroz	243	110
Computador com monitor de tela plana	337	153
Forno de micro-ondas	439	199
Computador com monitor TRC****	590	268
Lâmpada de 60W, 12 horas / dia	591	268
Viagem de ida-e-volta Nova York/São Francisco, vôo comercial	985	447
TV, 24" (61 cm), convencional	728	330
Geladeira, nova, eficiente no uso de energia	1.125	510
TV, 37" (95 cm), LCD	1.313	596
Condicionador de ar (janela)	1.439	653
Refrigerador, antigo (pré 1990)	2.024	918
Secadora de roupas	3.205	1.454
Máquina de lavar roupas (usando água quente)	3.374	1.530
TV, 50" (127 cm), plasma	3.612	1.638
Forno convencional + fogão	7.422	3.366
Aquecimento domiciliar, gás natural	9.068	4.113
Aquecimento domiciliar, óleo combustível	21.000	9.525
Produção de 1 kWh de eletricidade		
Gás	1,135	0,515
Carvão	2,249	1,020
Petróleo	1,672	0,758
Vento, geotérmica, solar, biomassa, hidrelétrica	Essencialmente sem emissões de carbono	
Nuclear	CO_2 emitido da mineração e do transporte do combustível e dos resíduos; sem emissões diretas	
Metano recapturado de aterros sanitários	Redução líquida de gases-estufa emitidos para a atmosfera.	

Nota: Assume-se que os utensílios serão supridos com eletricidade gerada por usina alimentada a carvão, menos quando indicado em outros casos. As horas de uso por ano fundamentam-se em estimativas de uso típicas nos EUA (dados não-publicados, J. Gurevitch).

**** N. do T TRC = Tubo de raios catódicos.

Quadro 21B *(continuação)*

utilitário esportivo. O gráfico auxiliar mostra os níveis de emissão de CO_2 de vários tipos de veículos.

Os veículos motorizados, contudo, são apenas uma fonte de carbono antropogênico proveniente de combustíveis fósseis. A tabela auxiliar fornece as quantidades aproximadas de CO_2 liberado para a atmosfera por outras atividades humanas comuns, em ordem crescente. Todos os números são aproximações gerais, feitas usando-se várias pressuposições; a quantidade de CO_2, na verdade, varia à medida que as condições mudam. O objetivo destes números não é fornecer valores exatos, mas fazer comparações gerais entre diferentes atividades.

sável por uma grande proporção das emissões antropogênicas de carbono, este país também fornece o maior número de bens e serviços aos mercados do mundo. Porém, a União Europeia produz uma quantidade quase tão grande de bens e serviços, embora consuma quantidades substancialmente menores (16%) dos combustíveis fósseis do mundo (Figura 21.12A). Além disso, nos EUA as taxas de consumo de combustíveis fósseis por unidade do produto nacional bruto (uma medida da produtividade econômica) por pessoa são também muito altas.

O que está produzindo todo este carbono antropogênico? Os norte-americanos usam quase 1,3 bilhões de litros de petróleo *por dia* em seus veículos particulares. Os norte-americanos dirigem mais caminhonetes (picapes, veículos utilitários esportivo e minivans) do que carros para transporte pessoal; essas caminhonetes, em média, usam muito mais petróleo do que os carros e, consequentemente, emitem mais CO_2 (Quadro 21B). O transporte de todos os tipos (tanto comerciais quanto individuais) é responsável por aproximadamente de um quarto a um terço das emissões totais dos EUA. O restante vem de fontes industriais e comerciais (em torno da metade do total) e residências (aproximadamente um quinto do total). O Quadro 21B lista algumas atividades humanas comuns e suas resultantes emissões de carbono de combustíveis fósseis.

Os combustíveis fósseis são utilizados para produzir eletricidade, e o uso dessa eletricidade indiretamente resulta em emissões de carbono. Diferentes combustíveis fósseis liberam quantidades muito distintas de carbono para cada unidade de energia gerada – o carvão, por exemplo, produz muito mais carbono atmosférico para a mesma quantidade de rendimento energético do que o gás natural. Outras fontes energéticas não produzem nenhum carbono, quando usadas para gerar eletricidade: energia nuclear, energia hidroelétrica, energia solar, energia eólica e geotérmica não liberam carbono diretamente. Contudo, elas podem causar outros problemas ambientais, e as emissões de carbono são produzidas por algumas atividades conectadas a essas fontes energéticas, como a mineração de urânio para usinas nucleares.

É fácil perceber, a partir do Quadro 21B, que mesmo aumentos modestos no uso per capita de combustíveis fósseis podem ter consequências graves para as emissões totais de um país, se o mesmo tiver uma grande população. Se 1 entre 10 pessoas na China comprasse e usasse um novo aparelho elétrico para cozinhar arroz (como é comum em países asiáticos mais industrializados, como Coreia do Sul e Japão), $1{,}4 \times 10^{10}$ kg a mais de carbono seriam adicionados à atmosfera por ano. Se 1 em 10 pessoas nos EUA acrescentasse uma TV de plasma de tela grande às suas habitações (não improvável), as emissões totais anuais aumentariam em aproximadamente 5×10^{10} kg. (Estas estimativas assumem que esses usos se somam aos atuais padrões de uso, ao invés de substituírem outros utensílios que dependem de combustíveis fósseis.) Se cada família na Índia e na China tivesse um refrigerador alimentado por eletricidade proveniente de combustíveis fósseis – certamente um aumento modesto e razoável no padrão de vida – bem, você pode projetar as consequências.

Sem dúvida, haveria custos econômicos e de outra ordem na mudança de nossos padrões atuais de consumo de combustíveis fósseis. Mas quais são as nossas alternativas? As consequências das nossas atuais ações – ou a ausência de ação – podem ser mais complexas e dispendiosas do que muitos podem ter previsto.

Precipitação ácida e deposição de nitrogênio

Dois outros fenômenos antropogênicos que afetam as plantas são a precipitação ácida e a deposição de nitrogênio. Com níveis crescentes de CO_2, essas mudanças antropogênicas nos ciclos biogeoquímicos afetam as plantas, mas seus efeitos ocorrem predominantemente em escalas regionais. Contudo, por afetarem tantas regiões diferentes e por terem consequências tão profundas, os mencionaremos aqui. A poluição ocasionada por nitrogênio, liberada na atmosfera por ações antropogênicas, retorna para a terra tanto por **deposição úmida** (precipitação ácida) quanto por **deposição seca**. A precipitação ácida tem sido causa de preocupação ambiental por décadas, enquanto a deposição de nitrogênio tem despertado atenção geral somente em anos recentes. Ambos são estreitamente relacionados entre si.

A **precipitação ácida** diz respeito ao tipo de precipitação que é mais ácido do que o normal. A precipitação normal é levemente ácida porque o CO_2 dissolvido nas gotas d'água na atmosfera forma ácido carbônico. A precipitação ácida é causada principalmente por dois componentes comuns da poluição do ar, SO_2 e NO_x (o qual inclui NO e NO_2), produzidos pelas emissões industriais e dos automóveis. Estes gases sofrem reações químicas na atmosfera, formando ácido sulfúrico (H_2SO_4) e ácido nítrico (HNO_3). Em solução, estes ácidos produzem chuva e neve altamente acidificada (com pH bastante baixo).

A precipitação ácida danifica a vegetação diretamente por meio de danos na folhagem e em outras partes das plantas. Os efeitos indiretos causado pela acidificação do solo e de águas superficiais têm consequências negativas ainda maiores para as plantas. A liberação de íons nocivos ao crescimento vegetal no solo acidificado pode causar reações tóxicas. Mais amplamente, à medida que os solos se tornam mais ácidos, a lixiviação de cátions pode reduzir a disponibilidade de nutrientes ou causar desequilíbrios nas razões de diferentes nutrientes, com efeitos prejudiciais para muitas espécies de plantas (ver Capítulo 4). Mortandades de *Acer saccharum* (bordo, Sapindaceae) em Quebec, Canadá, têm sido atribuídas a deficiências de K e Mg no solo, causadas por chuva ácida. Os declínios florestais na Europa central têm sido atribuídos ao papel da chuva ácida na depleção dos níveis de Mg em relação ao N do solo.

As plantas também podem absorver os gases SO_2 e NO_2 diretamente da atmosfera. Os danos à folhagem de coníferas na Alemanha parecem ser resultantes da captação direta de N antropogênico da atmosfera, a qual resulta na lixiviação de Mg e outros cátions de dentro dos tecidos da folhagem. O SO_2 e o NO_2 podem ser depositados na forma de deposição seca sobre folhas, solo e outras superfícies, onde posteriormente podem reagir com a chuva para produzirem ácidos. Níveis elevados de NH_4^+ e NO_3^- no nevoeiro também podem danificar diretamente as árvores.

Embora os esforços recentes para frear a poluição do ar sejam bem sucedidos em limitar o SO_2, a poluição contendo nitrogênio tem aumentado, tornando-se um problema maior. O nitrogênio de fontes antropogênicas entra na atmosfera de várias formas, principalmente NO_x, mas também como N_2O_5, HNO_3 e NH_3. A cada ano, as atividades humanas têm dobrado a taxa de entrada do nitrogênio no ciclo do nitrogênio terrestre, desde a década de 1850 – e a taxa continua a subir (Figura 21.13). Esse nitrogênio adicional tem fortes efeitos sobre os ecossistemas em escalas local e regional.

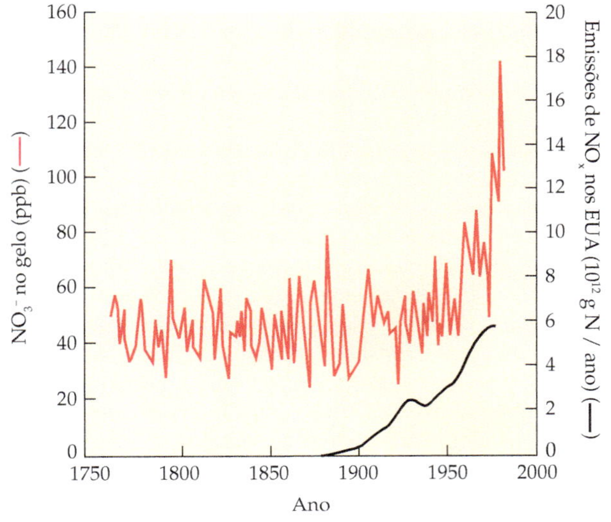

Figura 21.13 Concentrações de nitrato (NO_3^-) depositado no gelo da Groelândia (em ppb de gelo), desde o final do século XVIII até o final do século XX (linha vermelha), e emissões anuais de óxido de nitrogênio (NO_x, em 10^{12} g/ano) pela queima de combustíveis fósseis nos EUA (linha preta) (segundo Schlesinger, 1997; Mayewski et al., 1990).

O nitrogênio antropogênico vem de uma ampla variedade de fontes: escapamento de automóveis, indústria, usinas energéticas, fertilizantes orgânicos e dejetos animais. Este amplo espectro de fontes é uma das principais razões por que é muito mais difícil controlar a poluição por nitrogênio do que a poluição por enxofre. O enxofre é produzido por um número bem menor de tipos de fontes, primordialmente pela queima de carvão e outros combustíveis fósseis (em particular por usinas elétricas) e indústrias específicas. A maior contribuição de N antropogênico para o ciclo terrestre do nitrogênio vem da fixação industrial do N atmosférico por fertilizantes agrícolas (atualmente 80 x 10^{12} g/ano). Por fim, quantidades substanciais desse N são volatilizadas ou transferidas como matéria particulada (poeira e outras partículas pequenas) para a atmosfera sob forma de NO_x. O uso de fertilizantes nitrogenados comerciais está crescendo rapidamente: a quantidade de N em fertilizantes químicos aplicados entre 1980 e 1990, por exemplo, foi ao menos tão grande quanto a quantidade aplicada anteriormente em toda a história humana. Outra consequência ambiental da enorme escala de fixação industrial do nitrogênio é a emissão de grandes quantidades de CO_2 a partir de queimas de combustível fósseis (principalmente gás natural) necessárias para o processo de fixação.

No nordeste dos EUA e na Europa central, onde se constata a maior deposição de nitrogênio, os aportes anuais deste elemento correspondem a 10-50 kg/ha/ano, que são 5 a 20 superiores aos níveis naturais. O nitrogênio é limitante para o crescimento vegetal em diversas comunidades (ver Capítulo 4), de modo que o excedente deste elemento age de forma inicial como fertilizante, provocando o aumento no crescimento. Porém, a deposição antropogênica de nitrogênio pode exceder a capacidade do sistema de utilizá-lo, levando consequentemente à **saturação de nitrogênio**. Os seus efeitos são não-lineares: efeitos negativos podem não se manifestar à medida que o nitrogênio continua sendo acumulado, até que um limiar crítico seja atingido. Nesse ponto, os efeitos da saturação de nitrogênio rapidamente se tornam prejudiciais a muitas plantas, bactérias do solo e fungos. Esses efeitos incluem a lixiviação de nutrientes do solo (como o cálcio) como resultado do aumento da acidez, da perda de raízes finas, de declínios vertiginosos em fungos micorrízicos e consequentes reduções na captação de fósforo pelas plantas. Eles incluem também o aumento da lixiviação de N para as águas freáticas e superficiais, devido à intensificação da nitrificação bacteriana e à reduzida captação pelas plantas.

As respostas ecossistêmicas à deposição de nitrogênio não são uniformes. Diferentes sistemas exibem ampla variação em suas respostas, dependendo dos solos, da composição de espécies de plantas, do clima e de outros fatores. As áreas nos EUA que mostram evidência de saturação de nitrogênio e consequentes declínios em ecossistemas florestais abrangem as Montanhas Catskill ao norte da cidade de Nova York, as Montanhas Great Smoky no Tennessee, florestas em altitudes elevadas no leste das Colorado Rockies, bem como as Montanhas San Gabriel e San Bernardino nas redondezas de Los Angeles.

A deposição de nitrogênio também pode reduzir a tolerância das plantas a outros estresses, incluindo congelamento, períodos de seca, calor excessivo e herbivoria. As mudanças nos padrões de herbivoria por insetos em florestas e outros tipos de comunidades vegetais podem ser indicadores sensíveis dos efeitos da deposição de nitrogênio.

As mudanças na composição de comunidades, com o desaparecimento de espécies sensíveis, têm sido atribuídas aos efeitos da deposição de nitrogênio em diversas partes da Europa. Musgos e líquens parecem ser especialmente vulneráveis à deposição de nitrogênio, sendo frequentemente os primeiros a mostrar sinais de estresse. No Reino Unido, espécies sensíveis do gênero *Sphagnum* (musgo) têm declinado nos Montes Peninos, devido aos efeitos tóxicos da deposição de NH_4^+ e NO_3^-; as perdas de diversas espécies de musgos e líquens na Cúmbria, desde a década de 1960, também parecem ser uma consequência da deposição de nitrogênio.

As alterações na composição da comunidade e as perdas de algumas espécies podem também resultar de mudanças em interações competitivas devido ao aporte mais elevado de nitrogênio. Experimentos em turfeiras em quatro sítios na Europa Ocidental mostraram que aumentos na deposição de nitrogênio reduziram o crescimento de *Sphagnum*, o musgo dominante. Essa redução foi resultado do sombreamento provocado pela maior cobertura de plantas vasculares mais altas, e determinou mudanças na composição da comunidade (Berendse et al., 2001). De forma similar, a substituição generalizada de *Calluna vulgaris* (urze, Ericaceae) por densos estandes de gramíneas em urzais na Ânglia Oriental, no Reino Unido e em outros lugares, parece ser decorrente de efeitos indiretos da deposição de nitrogênio sobre as relações competitivas. Interessantemente, o pastejo pode reduzir substituições competitivas (induzidas pelo nitrogênio) de outras espécies por gramíneas, em vegetação rica em espécies na Holanda (Kooijman e Smit, 2001).

É difícil separar os efeitos da deposição de nitrogênio sobre a riqueza de espécies dos efeitos de outros fatores ambientais que também têm mudado ao longo do mesmo período. Simplesmente observando a deposição de nitrogênio e as perdas concomitantes de espécies não significa que tal deposição necessariamente causou os declínios. Contudo, experimentos têm fornecido evidência de uma ligação direta entre a deposição de nitrogênio na atmosfera e mudanças na composição de espécies em urzais e campos calcários na Holanda. Rein Aerts e Frank Berendse (1988) usaram experimentos de campo para demonstrar que o aporte mais elevado de nitrogênio em quantidades similares às da deposição antropogênica provocou o declínio da cobertura de *Erica tetralix* (Ericaceae; um arbusto anão, anteriormente dominante) e o aumento da cobertura de *Molinia caerulea* (Poaceae; uma gramínea perene que substituiu *E. tetralix*) em urzais úmidos. Essas mudanças na composição de espécies têm sido atribuídas aos efeitos do acréscimo de nitrogênio sobre as interações competitivas nesses hábitats com baixa fertilidade natural (Aerts, 1999; Aerts et al., 1990). Junto com outras evidências, estudos como estes têm atribuído à deposição de N atmosférico mudanças na composição da comunidade e perdas da biodiversidade vegetal na Holanda, no Reino Unido e em outros locais da Europa Ocidental.

Biodiversidade global em declínio e suas causas

No mundo todo, aproximadamente 1.500.000 espécies vivas de todos os tipos foram cientificamente classificadas, incluindo em torno de 300.000 espécies vegetais. Estima-se que existam ao menos de 5 a 10 milhões de espécies vivas ainda não-descritas. Somente um punhado de espécies tem sido bem estudado – principalmente aquelas economicamente importantes (espécies domesticadas, patógenos e pragas). Pouco se sabe a respeito da ecologia mesmo dessas espécies "bem estudadas", e as relações evolutivas, a genética, a fisiologia e outros aspectos da maioria dos organismos não-humanos são quase inteiramente desconhecidos. No mínimo dos mínimos, há uma riqueza de conhecimento a ser adquirida a partir do conhecimento mais aprofundado desses seres vivos e as comunidades com as quais eles interagem.

A **biodiversidade**, forma abreviada de "diversidade biológica", refere-se a todas as populações, espécies e comunidades em uma área definida (a qual pode ser local, regional, continental ou incluir o globo inteiro) e inclui a amplitude de variação genética nesses seres vivos. Em oposição à expressão mais específica "diversidade de espécies", o termo "biodiversidade" foi cunhado para enfatizar os muitos tipos complexos de variação existentes dentro e entre os organismos, em diferentes níveis de organização. Podemos falar, por exemplo, da biodiversidade das principais espécies cultivadas pelo homem, a qual hoje está fortemente ameaçada. À medida que um pequeno número de variedades comerciais de culturas domesticadas tem sido extensivamente plantado em todos os lugares da Terra, diversas variedades locais foram abandonadas. Essas variedades locais, cultivadas e selecionadas por características desejáveis geograficamente específicas, em alguns casos por milhares de anos, podem possuir genes que as tornam capazes de resistir a insetos, seca e outros estresses – genes que faltam nas linhagens comerciais. Se não conseguirmos manter essas raças de culturas antigas, esses mananciais genéticos de valor inestimável serão perdidos para sempre.

Tem sido difícil avaliar as taxas atuais de extinção completa de espécies, exceto em alguns casos bastante limitados. É ainda mais difícil quantificar declínios de espécies, e impossível obter números precisos sobre as taxas totais de perda de biodiversidade genética ou de outra natureza. Não surpreendentemente, temos dados melhores de organismos grandes, atrativos, óbvios e úteis do que de outros – temos dados populacionais muito melhores de

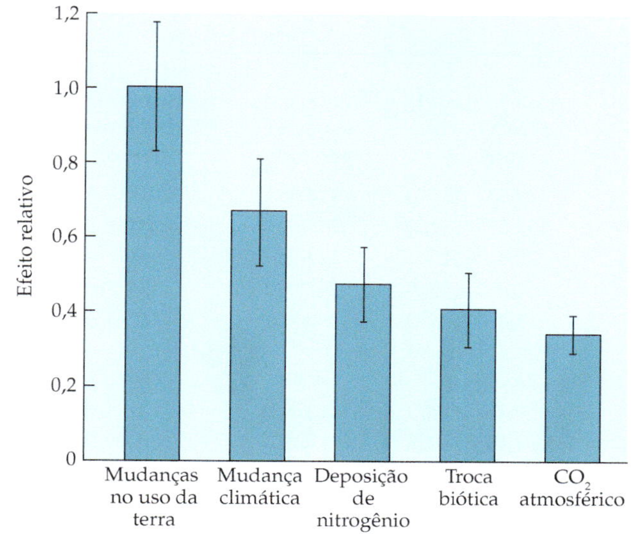

Figura 21.14 Efeitos médios relativos estimados das mais importantes ameaças atuais à biodiversidade global, projetados para os próximos 100 anos. Prevê-se que as mudanças no uso da terra (incluindo destruição de hábitats e desmatamento) terão os maiores efeitos prejudiciais sobre a biodiversidade, seguidas pela mudança climática decorrente em grande parte dos efeitos indiretos do aumento dos níveis de CO_2 atmosférico, da deposição de nitrogênio, da incursão de espécies exóticas invasoras e outras trocas bióticas e dos efeitos diretos de crescentes níveis do CO_2 atmosférico (segundo Sala et al., 2000).

ursos-cinzentos e várias espécies de pinheiros, por exemplo, do que de fungos micorrízicos, embora espécies micorrízicas sejam críticas para o funcionamento da maioria das plantas (ver Capítulo 4). Uma das dificuldades é que a maioria das pessoas não estaria consciente nem reconheceria o declínio de importantes fungos micorrízicos. Da mesma maneira, os declínios ou mesmo extinções de muitas espécies de plantas não-domesticadas passariam despercebidas em diversas partes do mundo. Não obstante, é certo que uma gama de fatores antropogênicos ameaça atualmente a biodiversidade em escalas local até global.

Fragmentação e perda de hábitats

Embora as ameaças específicas à biodiversidade difiram entre os biomas (Sala et al., 2000), atualmente o mais importante fator que ameaça as plantas e as comunidades vegetais é a mudança do uso da terra, a qual resulta na destruição, degradação e fragmentação de hábitats no mundo todo (Figura 21.14). Além de serem inteiramente destruídos, os hábitats podem ser degradados por muitos fatores, incluindo a eliminação de espécies críticas, a danificação do solo (p. ex., por meio da erosão ou deposição de nitrogênio), o sobrepastejo, a retirada da água ou de outros recursos para o consumo humano e as mudanças nos regimes de distúrbios causados pelo homem e por seus animais domésticos.

Muitos tipos diferentes de hábitats ao redor do mundo estão ameaçados por atividades humanas. De uma maneira ou de outra, o avanço humano está ameaçando diversos hábitats singulares e espécies raras ou endêmicas. Vinte e cinco **núcleos de biodiversidade** (***biodiversity hotspots***) – áreas ameaçadas com diversidade de espécies muito alta – foram identificados no mundo todo. Em conjunto, essas áreas contêm 133.000 espécies vegetais classificadas, ou quase a *metade* das espécies de plantas conhecidas do mundo. A Figura 21.15 mostra a localização desses núcleos

Figura 21.15 As vinte e cinco regiões do mundo, identificadas como núcleos de biodiversidade, apresentam densidades excepcionais de diversidade de espécies e endemismo (ver Tabela 21.1). Os núcleos estão localizados dentro das regiões azuis, mas podem corresponder a apenas partes dessas regiões (segundo Myers et al., 2000).

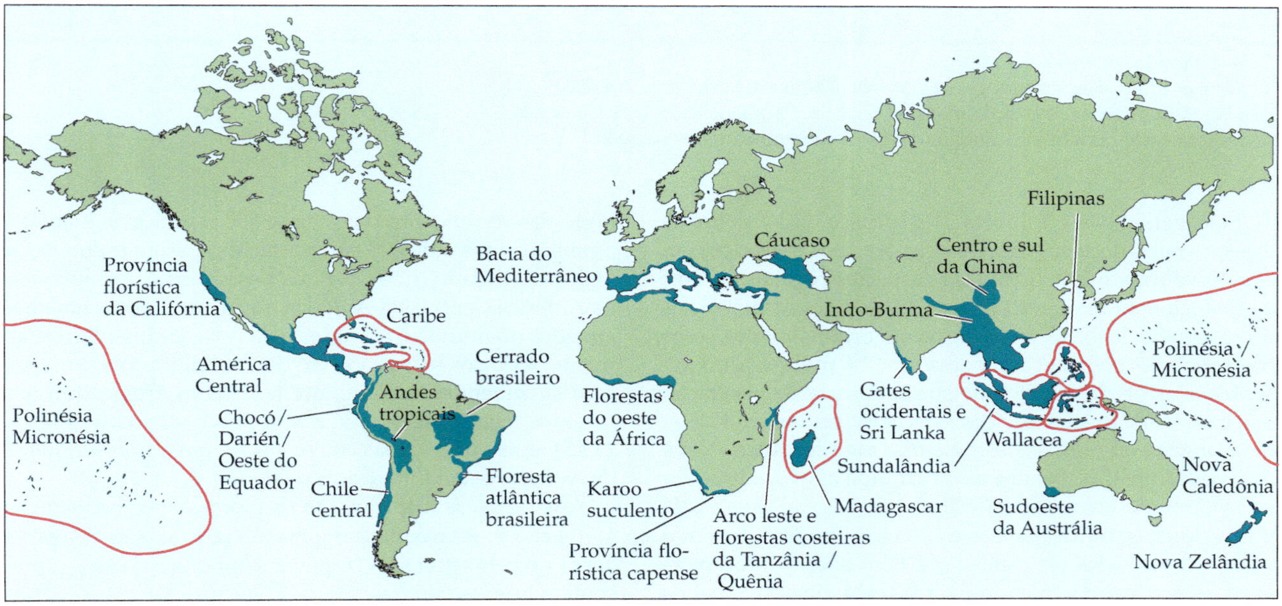

TABELA 21.1 Os "núcleos" de biodiversidade

Localização	Extensão original da vegetação primária	Vegetação primária remanescente (km^2) (% da extensão original)	Área protegida (km^2) (% do núcleo)	Número de espécies vegetais	Número de espécies endêmicas (% da plantas do globo[a])
Andes tropicais	1.258.000	314.500 (25,0)	79.687 (25,3)	45.000	20.000 (6,7%)
América Central	1.155.000	231.000 (20,0)	138.437 (59,9)	24.000	5.000 (1,7%)
Caribe	263.500	29.840 (11,3)	29.840 (100,0)	12.000	5.000 (2,3%)
Floresta Atlântica brasileira	1.227.600	91.930 (7,5)	33.084 (35,9)	20.000	7.000 (2,7%)
Chocó / Darién / oeste do Equador	260.600	63.000 (24,2)	16.471 (26,1)	9.000	2.250 (0,8%)
Cerrado brasileiro	1.783.200	356.630 (20,0)	22.000 (6,2)	10.000	4.400 (1,5%)
Chile central	300.000	90.000 (30,0)	9.167 (10,2)	3.429	1.605 (0,5%)
Província florística da Califórnia	324.000	80.000 (24,7)	31.443 (39,3)	4.426	2.125 (0,7%)
Madagascar[b]	594.150	59.038 (9,9)	11.548 (19,6)	12.000	9.704 (3,2%)
Arco leste e florestas costeiras da Tanzânia / Quênia	30.000	2.000 (6,7)	2.000 (100,0)	4.000	1.500 (0,5%)
Florestas do oeste africano	1.265.000	126.500 (10,0)	20.324 (16,1)	9.000	2.250 (0,8%)
Província florística capense	74.000	18.000 (24,3)	14.060 (78,1)	8.200	5.682 (1,9%)
Karoo suculento	112.000	30.000 (26,8)	2.352 (7,8)	4.849	1.940 (0,6%)
Bacia do Mediterrâneo	2.362.000	110.000 (4,7)	42.123 (38,3)	25.000	13.000 (4,3%)
Cáucaso	500.000	50.000 (10,0)	14.050 (28,1)	6.300	1.600 (0,5%)
Sundalândia	1.600.000	125.000 (7,8)	90.000 (72,0)	25.000	15.000 (5,0%)
Wallacea	347.000	52.020 (15,0)	20.415 (39,2)	10.000	1.500 (0,5%)
Filipinas	300.800	9.023 (3,0)	3.910 (43,3)	7.620	5.832 (1,9%)
Indo-Burma	2.060.000	100.000 (4,9)	100.000 (100,0)	13.500	7.000 (2,3%)
Centro e sul da China	800.000	64.000 (8,0)	16.562 (25,9)	12.000	3.500 (1,2%)
Gates Ocidentais / Sri Lanka	182.500	12.450 (6,8)	12.450 (100,0)	4.780	2.180 (0,7%)
Sudoeste da Austrália	309.850	33.336 (10,8)	33.336 (100,0)	5.469	4.331 (1,4%)
Nova Caledônia	18.600	5.200 (28,0)	526.7 (10,1)	3.332	2.551 (0,9%)
Nova Zelândia	270.500	59.400 (22,0)	52.068 (87,7)	2.300	1.865 (0,6%)
Polinésia / Micronésia	46.000	10.024 (21,8)	4.913 (49,0)	6.557	3.334 (1,1%)
Totais	17.444.300	2.122.891 (12,2)	800.767 (37,7)	*	133.140 (44%)

Fonte: Segundo Myers et al., 2000.
[a]O número total de espécies vegetais no globo é aqui estimado em ~ 300.000.
[b]Madagascar inclui as ilhas próximas de Maurício, Reunião, Seicheles e Comores.
*Estes totais não podem ser somados devido à sobreposição dos núcleos.

de biodiversidade, e a Tabela 21.1 fornece dados sobre as espécies neles encontradas. Os cinco núcleos mais ricos em espécies abrigam 20% de todas as espécies vegetais. Juntos, os 25 núcleos atualmente ocupam 2,1 milhões de km^2 (1,4% da superfície de terras secas da Terra); originalmente, essas comunidades cobriam uma área de 17,4 milhões de km^2. Juntas, elas perderam 88% de sua cobertura de vegetação original. Vinte desses núcleos estão localizados em florestas tropicais ou em regiões de clima mediterrâneo. Nove deles estão em ilhas oceânicas ou arquipélagos, onde o longo isolamento levou à evolução de muitas espécies endêmicas. Muitos outros núcleos estão isolados de outras maneiras. Taylor Ricklefs e colegas (2005) documentaram as espécies hoje em dia mais ameaçadas de extinção e os sítios onde elas são encontradas. Quase 800 espécies de plantas e animais de cerca de 600 sítios estão em perigo iminente de extinção (Figura 21.16). Muitos desses sítios localizam-se na América Central, na América do Sul, no Caribe, em ilhas ao redor do mundo e no sudeste da Ásia continental; atualmente, 43% dos sítios carecem de qualquer proteção legal. Não surpreendentemente, muitas dessas áreas estão nos mesmos locais que os núcleos de biodiversidade (Figura 21.15), mas outras áreas com espécies em perigo iminente de extinção estão fora desses núcleos.

As florestas tropicais são os biomas ameaçados mais conhecidos. Aproximadamente metade das espécies na Terra vive em florestas tropicais, embora hoje elas representem apenas cerca de 7% da cobertura terrestre. Várias

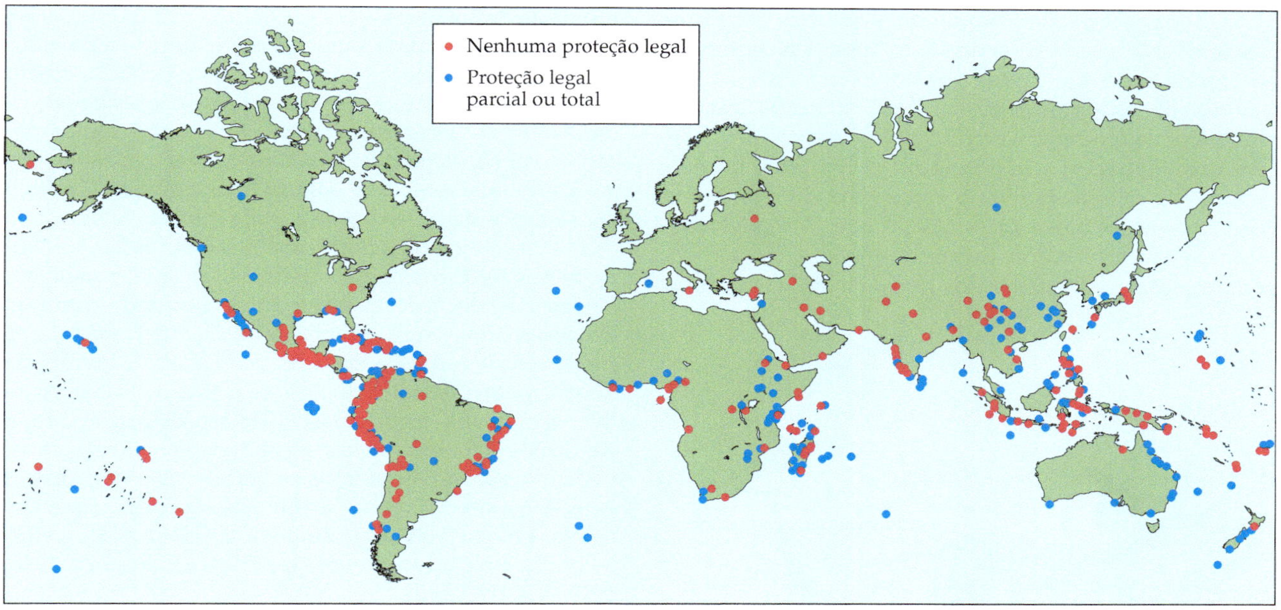

Figura 21.16 Localização global dos sítios onde a extinção de uma ou mais espécies é iminente (segundo Ricklefs et al., 2005).

dessas espécies são encontradas somente em áreas muito limitadas. Por exemplo, os organismos que vivem nas florestas tropicais sazonais da grande ilha de Madagascar, próxima à costa leste do sul da África, evoluíram em isolamento por 121 milhões de anos, levando a um dos mais elevados níveis de diversidade e endemismo de plantas do mundo. Em Madagascar é estimada a ocorrência de 10.000 espécies de plantas, das quais cerca de 80% são endêmicas. Madagascar também contém alguns dos hábitats mais ameaçados do mundo. Embora tenha iniciado há muitos anos, a destruição das florestas foi bastante acelerada no século XX. Entre 1960 e 1990, quase metade das florestas de Madagascar foi destruída. Hoje, restam menos de 10% de suas florestas anteriores ao século XVIII.

O **desmatamento** – remoção completa das florestas e conversão em outros sistemas – está ocorrendo em hábitats de florestas pluviais tropicais do mundo todo, ameaçando ou levando à extinção diversas espécies. Outras florestas, incluindo as florestas deciduais tropicais com alta diversidade, estão também gravemente ameaçadas. Os efeitos climáticos às vezes interagem com outros fatores, intensificando o dano às florestas tropicais e a outros biomas. Por exemplo, o intenso evento de El Niño de 1997 a 1998 causou incêndios danosos especialmente intensos nas florestas pluviais da ilha de Bornéu, exacerbando o dano já provocado pelo corte extensivo e pela limpeza do terreno. É difícil obter medições precisas da extensão do desmatamento ou das taxas atuais de desmatamento regional. A geração de imagens de satélite tem auxiliado muito a nossa capacidade de rastrear o desmatamento, particularmente combinada a novos métodos para a análise de imagens. As taxas de desmatamento estimadas diferem entre as regiões. Na Amazônia, o desmatamento e o corte de árvores foi acelerado na década de 1990 (Figura 21.17). Taxas similares de desmatamento estão ocorrendo na África tropical (1,3–3,7 milhões de ha/ano: Boahene 1998). As florestas pluviais tropicais do sudeste asiático (Camboja, Indonésia, Laos, Malásia, Mianmar, Tailândia e Vietnã) estão sofrendo proporcionalmente perdas ainda maiores: embora essas florestas cubram uma área muito menor do que a da Amazônia brasileira, entre a metade da década de 1970 e a metade da década de 1980, por ano ambas perderam áreas similares de floresta pluvial. Vastas áreas de florestas primárias no sudeste da Ásia foram transformadas em lavouras ou cortadas para obtenção de madeira durante o último quarto do século XX, e as perdas florestais lá continuam nos dias de hoje. Se as taxas atuais de desmatamento continuarem, as florestas tropicais do mundo desaparecerão dentro de 100 anos, permanecendo apenas fragmentos pequenos e isolados.

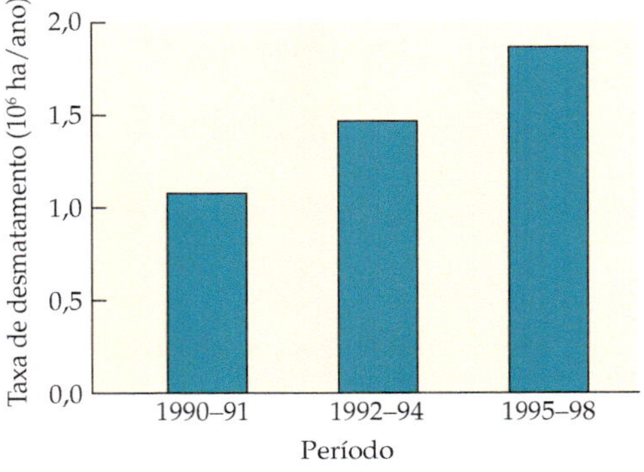

Figura 21.17 As taxas de desmatamento na Amazônia brasileira aceleraram-se durante a década de 1990. As perdas florestais estão expressas em milhões de hectares por ano. As taxas de desmatamento em outras partes da bacia Amazônica também têm aumentado (dados de Laurance, 2000b).

A fragmentação de comunidades naturais por estradas, agricultura e povoamentos humanos está ocorrendo no mundo todo, da tundra aos trópicos (Figura 21.18). David Skole e Compton Tucker (1993) quantificaram as mudanças na fragmentação florestal na Amazônia brasileira por um período de dez anos (1978 a 1988) usando imagens de satélite. No fim daquele período, quase três vezes mais áreas florestadas consistiam em fragmentos – manchas de florestas com menos de 100 km^2, circundada por terrenos desflorestadas – do que no início. O tamanho e a forma das manchas desflorestadas também mudaram drasticamente durante aquele período, devido a transformações na economia e na demografia humana. As partes desflorestadas mudaram de manchas menores e mais irregulares para áreas maiores e mais contínuas, com implicações negativas para a viabilidade dos ecossistemas florestais (Peralta e Mather, 2000). Como vimos no Capítulo 16, a fragmentação de hábitats pode mudar o microclima da floresta à medida que o vento, os níveis de luz, as temperaturas e o escoamento superficial da água aumentam nas bordas da floresta, enquanto a umidade diminui. Devido à diminuição da área do ambiente florestal e às condições alteradas dentro dele, as espécies do interior da floresta podem sofrer reduções em sobrevivência e reprodução, enquanto as populações de espécies adaptadas a condições de borda (incluindo muitas plantas invasoras) podem prosperar. Aumentos na herbivoria e nas doenças e declínios ou extinções de algumas espécies de plantas nativas podem resultar do aumento da incursão de efeitos de borda em florestas e outros hábitats (Laurance, 1998, 2000a; Figura 16.15).

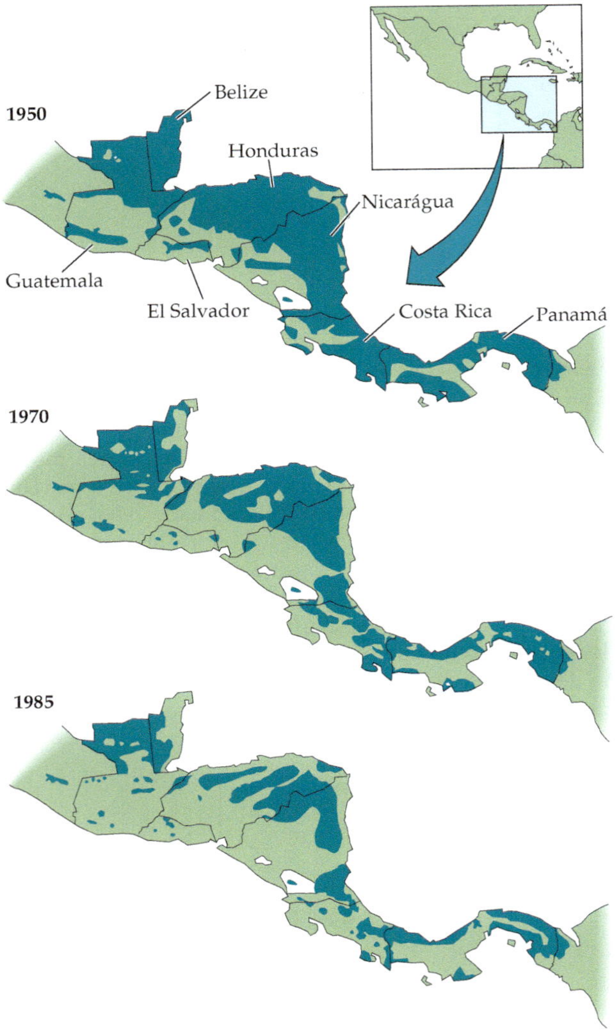

Figura 21.18 Fragmentação florestal na América Central entre 1950 e 1985. O desmatamento e a fragmentação têm aumentado anualmente desde 1985, embora algumas florestas estejam agora protegidas em parques nacionais, de forma mais notável na Costa Rica. Não apenas a área total de florestas intactas declinou drasticamente, mas os fragmentos florestais remanescentes são pequenos, geralmente isolados uns dos outros, e podem experimentar grandes efeitos de borda. Padrões similares repetem-se para florestas em diversas outras partes do mundo e em vasta amplitude de escalas.

Outras ameaças a espécies raras e comuns em uma gama de comunidades

As perdas de biodiversidade devido à destruição de hábitats estão frequentemente combinadas a outras ameaças e são por elas exacerbadas, sendo que as ações humanas ameaçam não apenas comunidades com alta diversidade e espécies. Comunidades menos diversificadas, de desertos a marismas, em diversas áreas do mundo, têm sido também sujeitas a danos de amplo espectro de efeitos antropogênicos diretos e indiretos. Muitas espécies raras estão em perigo, porém em alguns casos, mesmo espécies e ecossistemas originalmente bastante comuns, incluindo espécies como a castanheira-americana na América do Norte (dizimada por um patógeno invasor) e a teca (*Tectona* spp., Verbenaceae) no sudeste asiático (por corte e destruição de hábitats), bem como comunidades desde os áridos de pinheiros até diferentes tipos de terras úmidas, têm sido reduzidas até o ponto de se tornarem ameaçadas ou em perigo, ou desapareceram completamente. A mudança climática e os usos da terra pelo homem criaram e aumentaram de forma dramática a extensão de desertos criados recentemente e depauperados (com reduzida vegetação de qualquer tipo e com poucas espécies unicamente adaptadas a desertos), à custa de campos e bosques arbustivos frágeis. Na região do Sahel na África, ao sul do Saara, vastas áreas de campos uma vez produtivos, os quais suportavam grandes populações de pessoas e animais, tornaram-se areias móveis. Em Lagan, na China central (próximo à nascente do Rio Amarelo), campos extensos mantiveram por muito tempo as pessoas e seus rebanhos. Estes agora se tornaram áreas abandonadas inférteis e sustentam pouca vegetação, com tempestades de areia recorrentes e rios, lagos e pastagens desaparecendo, aparentemente devido a uma combinação de uso intensivo da terra (particularmente sobrepastejo como resultado de aumentos na população humana) e mudança climática.

Outras ameaças globais importantes à biodiversidade vegetal incluem a sobre-exploração de espécies de plantas pelo corte, pela colheita de frutos ou pela coleta de outras espécies que interagem com plantas, e o avanço de espécies exóticas invasoras (ver a seguir). O corte e a emoção por outras razões têm reduzido bastante as populações de algumas espécies vegetais. Carlos Peres e colaboradores (2003) mostraram que as populações de *Bertholletia excelsa* (castanha-do-pará, Lecythidaceae) – a mais importante fonte alimentar inteiramente coletada de árvores selvagens – estão declinando em áreas da floresta pluvial amazônica, onde as castanhas são colhidas. Como resultado da colheita, as populações nestas áreas tendem a ter poucas ou nenhuma árvore jovem e, se a colheita persistir nos níveis atuais, as populações estão ameaçadas de extinção em longo prazo. Diversos táxons vegetais, particularmente orquídeas e cactos, estão ameaçados por coletores amadores (Orlean, 2000). Embora a coleta e a venda de plantas retiradas de populações naturais seja ilegal em muitas áreas, preços exorbitantes e multas mínimas conspiram para maximizar essas depredações.

Diversas espécies de plantas estão ameaçadas indiretamente pela sobre-exploração de outras espécies. O abate de grandes predadores, por exemplo, pode levar a aumentos nas populações de herbívoros, resultando em sobrepastejo. Perdas extensivas da vegetação de sub-bosque em florestas ao longo de todo o nordeste dos EUA em anos recentes devem-se em parte ao imenso aumento de populações de cariacu*. O crescimento de populações desse veado é por sua vez o resultado de um número de fatores, desde padrões de suburbanização que fragmentam florestas e aumentam os hábitats de borda, os quais favorecem esses animais, até declínios em predadores e na caça (os caçadores não são bem-vindos em quintais suburbanos). O aumento no número desses veados ameaça a regeneração florestal, pois o forrageio exercido por esses animais mata os indivíduos arbóreos jovens. O aumento na herbivoria pela ação de veados foi elencado como um dos principais contribuintes para o declínio de populações de *Trillium grandiflorum* na Pensilvânia (Figura 5.6; Knight, 2003, 2004).

Espécies invasoras como ameaças à biodiversidade

A expansão de espécies exóticas e invasoras está ameaçando progressivamente os ecossistemas ao redor de todo o mundo (ver Capítulo 13). Este fenômeno tem sérias consequências, tanto para o homem quanto para a preservação de espécies nativas e comunidades naturais (Lodge, 1993). Determinadas atividades humanas, como introduções deliberadas e acidentais de espécies, fragmentação florestal e corte de árvores, têm sido fatores envolvidos na invasão e no avanço de espécies não-nativas. De maneira provocativa, Jeffrey Dukes e Hal Mooney (1999) sugerem que a mudança climática global, incluindo a deposição de nitrogênio e as concentrações crescentes nos níveis de CO_2, pode aumentar preferencialmente o sucesso dos invasores.

Espécies vegetais exóticas podem ter efeitos negativos substanciais sobre a manutenção e restauração de espécies e comunidades nativas. A Nova Zelândia, por exemplo, hoje tem ao menos tantas espécies exóticas naturalizadas quanto espécies nativas (Allan, 1961; Webb et al., 1988). Essas espécies introduzidas têm modificado a vegetação de extensas áreas na Nova Zelândia; embora não tenham sido levadas à extinção pelas espécies exóticas, as espécies nativas parecem ter sido localmente deslocadas, e sua abundância tem diminuído pelos invasores em muitos casos.

Plantas invasoras têm invadido florestas em diversas partes do mundo. Campos, desertos e outras comunidades vegetais têm sido também bastante alterados por espécies invasoras. As espécies de plantas invasoras podem diminuir a diversidade de plantas nativas e romper processos ecossistêmicos, alterando a ciclagem do nitrogênio, regimes de fogo e outras características fundamentais dos ecossistemas (Higgins et al., 1999; Vitousek et al., 1996; Mack e D'Antonio, 2001). Além disso, as invasões biológicas por plantas exóticas podem gerar custos econômicos enormes, incluindo decréscimos nas taxas de crescimento da madeira e no valor florestal. Estes impactos ecológicos e econômicos podem ser tão grandes que alguns ecólogos têm reconhecido enfaticamente as invasões biológicas como uma das mais importantes formas de mudança global que afetam os ecossistemas nos dias de hoje.

As evidências dos efeitos das plantas invasoras sobre as comunidades vegetais são extensas e bem documentadas. Muitos ecólogos e conservacionistas também acreditam que a invasão vegetal é uma causa importante de extinções de *espécies* de plantas (Wilcove et al., 1998). Contudo, outros ecólogos têm constatado que o papel das plantas invasoras no declínio e na extinção completa de plantas nativas é, em muitos casos, pobremente documentado (Sax, 2002; Gurevitch e Padilla, 2004). As espécies vegetais invasoras têm sido muitas vezes associadas a sérios declínios em populações de espécies nativas, mas outros fatores que prejudicam as plantas nativas também costumam ocorrer ao mesmo tempo. Por exemplo, o dano por porcos asselvajados e a destruição de hábitats são em geral associados ao *status* de ameaça de espécies vegetais, além da presença de plantas invasoras. Globalmente, mais de 3,5 vezes mais espécies vegetais estão ameaçadas tanto pelo pastejo e pisoteio por gado doméstico quanto pela combinação de herbivoria e competição de espécies exóticas não-domesticadas (Gurevitch e Padilla, 2004). São necessárias mais pesquisas bem documentadas e rigorosas sobre os efeitos das plantas invasoras.

Populações humanas e padrões de uso da terra

O número de pessoas no mundo tem crescido drasticamente desde a Revolução Industrial, e continua a crescer rapidamente (Figura 21.19). Por muitos anos, as consequências destes aumentos globais na população humana têm sido motivo de alarme, debate e controvérsia – como exemplificado pela ampla gama de reações ao livro muito discutido de Paul Ehrlich, *The Population Bomb* (1968). Algumas das previsões feitas sobre as consequências do crescimento da população humana têm sido seriamente falhas

* N. de T. O **cariacu** (*Odocoileus virginianus*, Cervidae) é uma espécie de veado encontrado no sul do Canadá ao norte do Brasil.

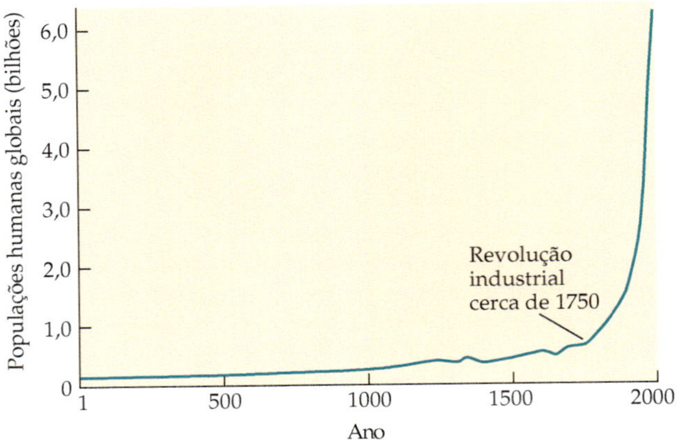

Figura 21.19 Tamanho da população humana mundial, estimado para os últimos 2000 anos (dados da Agência de Censo dos EUA, http://www.census.gov/ipc/www/worldhis.html).

e alarmistas, mas tentativas de descarte total dessas preocupações igualmente têm sido altamente falhas. Muito da discordância a respeito e do interesse nas implicações do crescimento populacional humano referem-se aos efeitos que ele poderia ter no suprimento de alimentos e, de maneira mais geral, nas sociedades humanas. Uma atenção menos popular tem enfocado os possíveis efeitos ambientais de populações humanas crescentes, embora tanto ambientalistas quanto cientistas sociais venham expressando preocupação a respeito desses efeitos.

O recente crescimento das populações humanas tem sido muito maior em regiões em desenvolvimento do que em industrializadas, e tende a ser mais elevado nos trópicos, onde uma grande proporção das pessoas está vivendo em níveis de subsistência ou abaixo deles. O crescimento populacional tem sofrido processo de desaceleração em vários países desenvolvidos e industrializados. Como resultado desses padrões de crescimento populacional, proporções progressivamente maiores (e números absolutos) das pessoas do mundo vivem em países em desenvolvimento, e uma proporção grande e crescente das pessoas do mundo é de crianças pobres desses países (Figura 21.20).

Esse rápido crescimento populacional humano poderia ter graves consequências ambientais (como o aumento no uso de recursos, a destruição de hábitats e extinções de espécies), assim como efeitos econômicos e políticos graves e implicações para a estabilidade global. Mas quanto do desmatamento e de outros danos às comunidades naturais em curso podemos realmente atribuir às densidades populacionais humanas e ao crescimento populacional? Quão acurado é assumir que populações humanas crescentes afetam diretamente as florestas ou quaisquer outras comunidades vegetais? As sociedades humanas são sistemas complexos, e não surpreende que as populações humanas afetem o ambiente de maneiras indiretas e multifatoriais. É uma supersimplificação admitir que o tamanho da população humana está diretamente correlacionado ao dano ao ambiente. Em vez disso, tanto forças políticas e econômicas locais quanto internacionais interagem com o tamanho populacional, influenciando nas mudanças no uso da terra (Lambin et al., 2001).

Os cientistas sociais, que buscam caracterizar e quantificar as interações entre o homem e o seu ambiente, discordam quanto à extensão em que diferentes fatores, incluindo o tamanho populacional, são responsáveis por problemas ambientais como o desmatamento. Por outro lado, há uma sólida evidência de que em um grande número de países em desenvolvimento, o crescimento populacional resulta em desmatamento mais intenso (Ehrhardt-

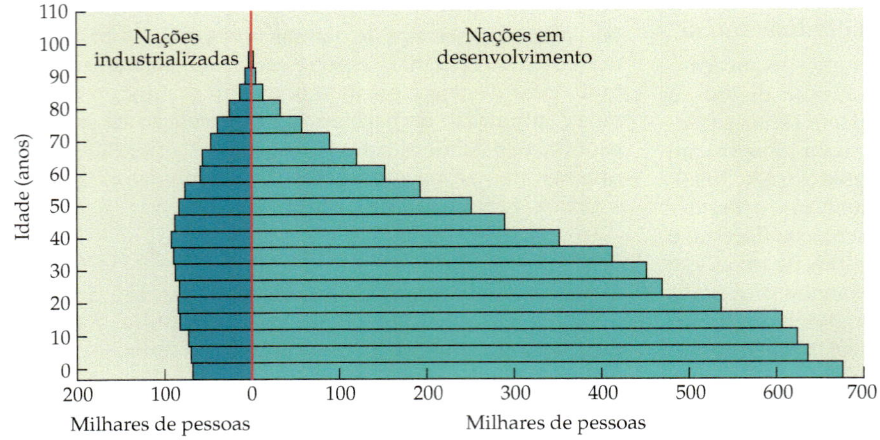

Figura 21.20 Pirâmide etária global: número total de pessoas em 2005, em milhões, em cada categoria etária, do nascimento aos 110 anos, em nações industrializadas e em desenvolvimento. O número total de pessoas nas nações em desenvolvimento é muito maior do que nas nações industrializadas. A distribuição das faixas etárias também difere, com relativamente mais crianças e pessoas jovens nos países em desenvolvimento. O *"baby boom*"* de pessoas agora na faixa dos quarenta ao final dos cinquenta anos é claramente evidente como uma saliência naquelas faixas etárias nas nações industrializadas, mas não nos países em desenvolvimento. O número de pessoas muito idosas (acima dos 90 anos) é bastante pequeno para ambos os grupos de nações; a idade humana máxima (não claramente visível aqui) não é diferente para os dois grupos (dados do Departamento de Assuntos Econômicos e Sociais das Nações Unidas, http://esa.un.org/unpp/).

* N. de T. *Baby boom* é qualquer período em que o coeficiente de natalidade cresce de forma acentuada e anormal. Pessoas nascidas nesse período são chamadas de *baby boomers*.

Martinez, 1998). Isto também tem sido demonstrado em escala global, embora recentemente, ao menos em alguns países, a relação negativa entre populações humanas e área florestal possa ter diminuído (Mather e Needle, 2000).

Por outro lado, constatam-se resultados contraditórios em estudos focados na escala de países ou regiões específicas. Dois estudos mostraram que, na melhor das hipóteses, os efeitos da densidade populacional humana no desmatamento na Bacia Amazônica brasileira foram indiretos. Alexander Pfaff (1999) verificou que, na Amazônia brasileira, a densidade populacional não determinou diretamente a retirada de floresta tropical. Em vez disso, diversos fatores estavam envolvidos, desde características do terreno e distância aos mercados até projetos de desenvolvimento governamentais. Contudo, Pfaff também constatou que, embora uma medição estática do tamanho populacional não tenha sido um bom preditor de desmatamento, os primeiros colonos em uma região tiveram efeito muito maior na destruição da floresta do que os imigrantes posteriores. O autor concluiu que as distribuições espacial e temporal do crescimento populacional são mais importantes para determinar seus efeitos do que sua grandeza absoluta.

No segundo estudo, Govindan Parayil e Florence Tong (1998) verificaram que o tamanho e o crescimento populacional não foram diretamente responsáveis pelo desmatamento na Bacia Amazônica. Ao contrário, múltiplos agentes estavam envolvidos, operando em diferentes escalas. Os principais agentes responsáveis pelo desmatamento foram a remoção florestal em grande escala para a criação de gado e o corte de florestas para extração de madeira (ambos geralmente executados por grandes corporações internacionais). Um terceiro agente protagonista da destruição florestal foi a remoção de matas em escala muito pequena para o cultivo agrícola (agricultura tipo derruba-e-queima), realizada por antigos residentes e por imigrantes empobrecidos oriundos de outras partes do país. Asim, Parayil e Tong constataram que outros fatores, ao invés do crescimento populacional, eram os maiores contribuintes diretos para a destruição das comunidades vegetais em escala regional.

William Laurance mostrou em detalhe como os padrões de perda e fragmentação de florestas tropicais também estão mudando (Laurance, 2000b). Em décadas passadas, muitas das perdas florestais em grande escala na Bacia Amazônica ocorreram em suas bordas sul e leste. O desenvolvimento de novas estradas principais, contudo, está agora trazendo colonos e madeireiros diretamente para o coração da floresta amazônica central, levando a grandes aumentos na fragmentação e perda florestal (Figura 21.21; Laurance et al., 2001). Essa observação reforça o argumento de Pfaff de que a distribuição de populações humanas é, ao menos, tão importante quanto o número absoluto de pessoas em um país. Katrina Brown e François Ekoko (2001) investigaram os efeitos da abertura de novas estradas em áreas florestadas e constataram que este é o fator mais importante no desmatamento da floresta pluvial de Camarões, no centro da África. Estes pesquisadores mostraram que múltiplos agentes (provindos desde do governo, madeireiros associados até interesses e necessidades de vilarejos locais) e causas do desmatamento estavam agindo conjuntamente para a destruição dos sistemas naturais.

William Laurance

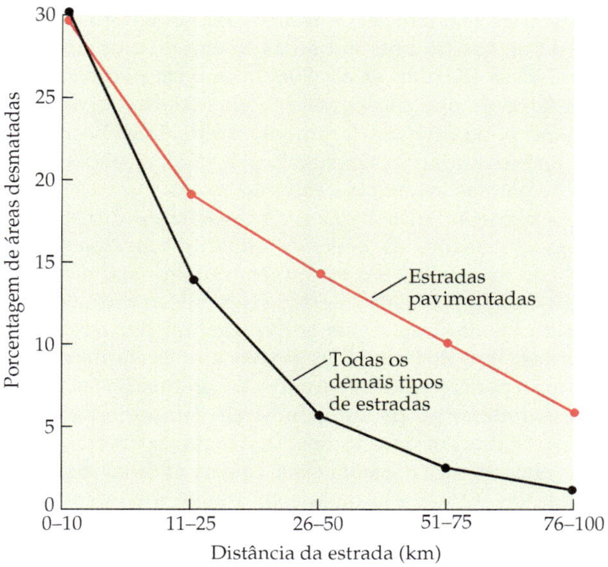

Figura 21.21 Efeito da proximidade de estradas sobre o desmatamento na Amazônia brasileira. A porcentagem da floresta com dossel fechado original destruída até 1992 está relacionada à distância de estradas pavimentadas e de todas os demais tipos de estradas. A probabilidade de perdas é muito maior nas florestas próximas de quaisquer estradas, especialmente as pavimentadas, do que naquelas mais distantes (segundo Laurance et al. 2001).

Nas interações homem-ambiente nos EUA, têm sido encontrados padrões amplamente similares em complexidade, mas diferentes em detalhes importantes. No último meio século, dois padrões distintos de mudança no uso residencial da terra têm surtido grandes efeitos sobre a redução e fragmentação de comunidades naturais. Superficialmente, os padrões são aparentemente inócuos e, em parte, originam-se do desejo das pessoas de sair das cidades e viver em contato próximo com a natureza. O primeiro destes é o surgimento da suburbanização – o estabelecimento de vastas áreas residenciais com baixa densidade circundando os centros metropolitanos, especialmente na América do Norte. A consequência tem sido o movimento populacional das cidades para as "regiões metropolitanas" espalhadas por milhares de quilômetros quadrados. Este movimento tem transformado a terra que foi um dia agrícola ou ocupada por comunidades naturais em áreas dominadas por residências amplamente espaçadas sobre grandes porções de terra, com desenvolvimento comercial em outras áreas. Nessas regiões, permanecem apenas "espaços verdes" naturais ou agrícolas fragmentados e muito limitados. A segunda e mais recente mudança tem sido a incursão de residências de férias e retiros em áreas afastadas, particularmente em áreas costeiras, montanhosas e desérticas (Bartlett et al., 2000). Embora não consuma tanta terra quanto o desenvolvimento suburbano, esse uso humano pode causar a fragmentação de áreas naturais e resultar em mudanças nos regimes de fogo, erosão e incursões de plantas invasoras e espécies-praga.

O planejamento local e as decisões políticas que geram os padrões de desenvolvimento suburbano, em oposição às cidades e metrópoles tradicionais, têm consequências imprevistas, além da destruição direta de comunidades naturais e sua conversão em paisagens dominadas pelo homem. Eles provocam diretamente um consumo per capita muito maior de combustíveis fósseis, pois os habitantes de subúrbios não têm escolha senão percorrer diariamente longas distâncias para trabalhar, fazer compras, ir à escola e ter oportunidades sociais e recreativas. O veículo mais econômico no consumo de combustível dirigido por uma pessoa que percorre diariamente 100 milhas* ida-e-volta para trabalhar, ou por um pai suburbano que atinge 25.000 milhas por ano em atividades diárias, terá impacto muito maior do que um grande veículo utilitário esportivo dirigido ao longo de poucas milhas por uma pessoa que reside em uma vizinhança compacta, onde é possível caminhar ou dirigir por curtas distâncias para a maioria das atividades diárias. Esforços recentes para construir cidades e vizinhanças tradicionais novamente oferecem a oportunidade de se reverterem alguns desses efeitos (Langdon, 1997).

Um raio de esperança?

Será tudo isso abatimento e destruição? Estará o mundo se dirigindo rumo ao abismo? Há evidentes razões para se pensar assim. Contudo, há também pessoas trabalhando arduamente para mudar a afirmação geralmente ouvida de que "tudo isso acontecerá se as atuais taxas de coisas ruins não mudarem." Talvez algumas dessas coisas possam ser mudadas. O comportamento humano não é imutável, e, se as práticas atuais forem alteradas, algumas das consequências de nossas ações também podem ser mudadas. Em anos recentes, grandes esforços governamentais e privados, internacionais e nacionais, têm sido empreendidos no sentido de quantificar, tratar e remediar os tópicos ambientais e da biodiversidade aqui enumerados; particularmente notáveis entre eles são o Painel Intergovernamental sobre Mudança Climática (*Intergovernmental Panel on Climate Change*) (http://www.ipcc.ch) sob a chancela das Nações Unidas; a Avaliação dos Ecossistemas do Milênio (*Millenium Ecosystem Assessment*) (http://www.milleniumassessment.org), também sob os auspícios das Nações Unidas, e a World Conservation Union, editora da Lista Vermelha das espécies ameaçadas segundo a IUCN (União Internacional para a Conservação da Natureza e dos Recursos Naturais) (http://www.iucn.org).

Embora haja muitos fatores atuando para manter o nosso momento atual, certamente não é impossível, por exemplo, que comecemos a apresentar emissões de carbono nos EUA próximas aos tipos de redução alcançados pela Europa Ocidental. Se estamos preocupados com o dano ambiental causado pela disseminação suburbana irrestrita na América do Norte e as consequentes emissões de carbono de todos aqueles veículos, há alternativas viáveis, populares e economicamente exequíveis aos atuais padrões ambientalmente caros de desenvolvimento da terra (p. ex., ver Duany e Platt-Ziederbeck, 2001). Em diversos países, há pessoas trabalhando para reduzir as emissões de carbono, parar o desmatamento e a fragmentação de hábitats e restaurar ecossistemas danificados ou destruídos. Temos a opção de desenvolver esforços para proteger as espécies e os hábitats localmente e ao redor do mundo e de mudar nossos próprios hábitos e práticas, visando reduzir o nosso impacto pessoal sobre o ambiente. Temos também a opção de agir politicamente para alterar os padrões atuais de destruição ambiental. As consequências de não se fazer nada são óbvias.

Resumo

A Terra está experimentando um dos mais rápidos períodos de mudança em sua história. O ciclo global do carbono é central para muitas dessas mudanças. As expectativas são de que os aumentos antropogênicos nas concentrações atmosféricas de CO_2 e outros gases-estufa causem mudanças climáticas globais que incluam temperaturas mais elevadas, mudanças em padrões de precipitação e possivelmente mudanças em outros fatores climáticos, como a intensidade e frequência de tempestades. O aumento dos gases-estufa atmosféricos é causado por muitos fatores, sendo a queima de combustíveis fósseis e o desmatamento os principais deles. Atualmente, existe forte evidência de que muitas das mudanças climáticas previstas já estão ocorrendo. Considerando as tendências atuais, as previsões são de temperaturas mais altas em todos os lugares, com as mudanças mais acentuadas nas regiões polares. Os padrões de pluviosidade serão modificados, com algumas áreas tornando-se mais úmidas e outras mais secas, e as enchentes aumentarão tanto quanto as estiagens.

Outras mudanças climáticas globais antropogênicas abrangem a destruição e a fragmentação de hábitats, a deposição de nitrogênio e a expansão de espécies exóticas invasoras. A deposição de nitrogênio e a destruição e fragmentação de hábitats resultarão no declínio e na extinção de espécies sensíveis. Juntas, estas mudanças provavelmente resultarão em mudanças acentuadas na distribuição das espécies, em alterações na composição das comunidades vegetais e na produtividade dos ecossistemas e no declínio da biodiversidade.

* N. de T. 100 milhas = 160,93 quilômetros.

Questões para estudo

1. Como o aumento nos níveis de CO_2 poderia afetar as interações competitivas entre as plantas C_3 e C_4?
2. Como outros aspectos da mudança global poderiam alterar o sucesso de espécies invasoras?
3. Quais diferentes fatores antropogênicos afetam as espécies em ilhas, e quais poderiam tornar as espécies e comunidades em ilhas particularmente vulneráveis às mudanças antropogênicas?
4. Por que as atuais mudanças climáticas globais são diferentes de todas as outras mudanças antropogênicas?
5. A mudança climática global provavelmente alterará a composição das comunidades, conforme a discussão realizada neste capítulo. Como a mudança climática global poderia afetar a natureza e a composição dos biomas?
6. Compare a Figura 21.15 (núcleos de biodiversidade) com a Figura 21.16 (espécies em perigo de extinção). Quais são as similaridades e as diferenças entre elas? Explique.

Leituras adicionais

Referências clássicas

Hardin, G. 1968. The tragedy of the commons. *Science* 162: 1243-1248.

Woodwell, G. M. 1970. Effects of pollution on the structure and physiology of ecosystems. *Science* 168: 429-433.

Fontes adicionais

Corvalan, C., S. Hales, A. McMichael, et al. 2005. *Ecosystems and Human Well Being: Health Synthesis.* A Report of the Millennium Ecosystem Assessment. World Health Organization, Geneva, Switzerland. Available without charge at http://www.millenniumassessment.org.

Naeem, S., E S. Chapin III, R. Costanza, P. R. Ehrlich, F. B. Golley, D. U. Hooper, J. H. Lawton, R. V. O'Neill, H. A. Mooney, O. E. Sala, A. J. Symstad and D. Tilman. 1999. *Biodiversity and Ecosystem Functioning: Maintaining Natural Life Support Processes.* Issues in Ecology, no. 4. Ecological Society of America, Washington, DC.

Vitousek, R M, H. A. Mooney, J. Lubchenco and J. M. Melillo. 1997. Human domination of Earth's ecosystems. *Science* 277: 494-499.

APÊNDICE

Noções de Estatística

A estatística é uma ferramenta importante para os cientistas. As diferentes análises estatísticas são empregadas de duas maneiras: para proporcionar descrições de dados e para testar hipóteses. Aqui, fornecemos uma breve introdução desses usos da estatística. Um número maior de abordagens pode ser encontrado em muitos livros básicos de estatística (p. ex., Siegel, 1956; Snedecor e Cochran, 1989; Sokal e Rohlf, 1995; Zar, 1999). Em outros livros encontram-se técnicas estatísticas mais avançadas para ecólogos (p. ex., Digby e Kempton, 1987; Ludwig e Reynolds, 1988; Hairston, 1989; Manly, 1992; Shipley, 2000; Scheiner e Gurevitch, 2001; Gotelli e Ellison, 2004; Lindsey, 2004).

Descrição dos dados

Um conjunto de dados é apenas uma pilha de números. Para tornar essa pilha útil, precisamos simplificá-la de alguma maneira, o que é feito habitualmente pela descrição de dados com alguns parâmetros básicos. O que habitualmente precisamos descrever primeiro é a tendência central dos dados, que mede o centro ou meio deles. Duas medidas muito comuns de tendência central são a **mediana** – o valor do ponto exatamente no meio de todos os pontos ou o 50º percentil – e a **média** ($\bar{X}$). A média é descrita pela equação:

$$\bar{X} = \frac{\sum_{i=1}^{N} X_i}{N}$$

onde X_i é a ordem da observação (onde i é uma maneira de acompanhar o curso das observações, à medida que as contamos) e N é o número total de observações. É sempre importante indicar o número de observações – o **tamanho da amostra** (N) dos dados, sem o que é difícil interpretar a maioria das outras análises estatísticas.

O segundo parâmetro básico mede a variação nos dados. Ele nos revela se as observações estão firmemente agrupadas em torno da tendência central ou se estão dispersas em um amplo conjunto de valores. Existem muitas medidas de variação que são comumente usadas. Uma das medidas mais básicas é a **amplitude**, a diferença entre a maior e a menor observação. Outras duas medidas comuns são a **variância** (s^2) e sua raiz quadrada, o **desvio-padrão** (s). A variância é calculada como a soma dos quadrados dos desvios de cada observação em relação à média, dividida pelo tamanho da amostra, resultando em algo como um desvio da média:

$$s^2 = \frac{\sum_{i=1}^{N} (X_i - \bar{X})^2}{(N-1)}$$

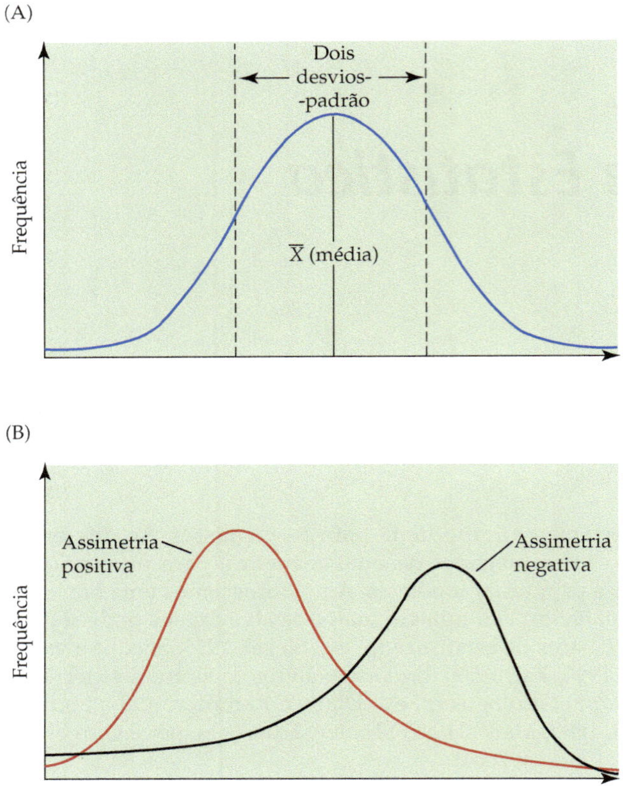

Figura 1 Três distribuições de frequência dos dados. (A) O valor médio de uma distribuição é a média. Para uma curva normal (em forma de sino), dois terços da área sob a curva representam dois desvios-padrão. Esta distribuição é simétrica, de modo que a assimetria é zero. (B) Duas distribuições assimétricas: uma com uma cauda longa para a esquerda (assimetria negativa) e uma com uma cauda longa para a direita (assimetria positiva).

O desvio-padrão é geralmente informado porque suas unidades são as mesmas da média, ao passo que a variância possui unidades ao quadrado.

Um outro parâmetro às vezes relatado é a **assimetria**, uma medida da simetria dos dados (Figura 1B). O conhecimento da forma da distribuição de frequência dos dados é importante porque a média de uma curva normal (em forma de sino) nos revela bastante sobre os valores contidos nos dados, mas a média para uma distribuição altamente assimétrica pode ser muito enganosa e não uma boa indicação do "meio" ou da tendência central dos dados. A fórmula da assimetria pode ser encontrada em qualquer livro-texto básico de estatística.

Todos os descritores anteriores são aplicáveis a variáveis simples. Podemos também ter duas variáveis e querer descrever como elas estão relacionadas entre si. Se uma variável aumenta, a outra variável tende a aumentar, diminuir ou não se alterar? Essa relação é medida pela **correlação** entre as duas variáveis (r). A correlação é um número sem dimensão (isto é, ela não tem unidades) entre –1 e 1, e é apropriado para comparar relações de dados com unidades ou grandezas muito diferentes. Um exemplo seria a relação entre tamanho das sementes e diâmetro do caule em indivíduos de sequoia e em *Arabidopsis thaliana*. Uma correlação de 1 entre tamanho das sementes e diâmetro do caule em sequoias significa que, para os dados observados, um aumento no tamanho das sementes é sempre acompanhado por um aumento proporcional no diâmetro do caule; se relacionarmos graficamente as duas variáveis, os pontos se distribuem junto a uma linha reta com uma inclinação positiva (Figura 2A). Uma correlação de –1 significa que os pontos se distribuem junto a uma linha reta com uma inclinação negativa (Figura 2B). Uma correlação de 0 (zero) significa que não podemos traçar uma linha para resumir com precisão a relação entre as duas variáveis. Qualquer outro valor para essa correlação – como 0,8 ou –0,4 – indica que há uma relação entre as duas variáveis que podemos resumir com uma linha, mas nem todos os pontos se distribuem junto à linha.

Uma quantidade intimamente relacionada que retém as unidades de medida é a inclinação da linha que descreve a relação entre as duas variáveis, também conhecida como **regressão**, simbolizada por b. A regressão proporciona uma informação um pouco diferente da correlação: a correlação revela a força da relação entre duas variáveis, ao passo que a regressão mostra qual é a relação. Por exemplo, sabendo que os dados mostram uma correlação de 0,8 entre tamanho das sementes e diâmetro do caule, podemos estimar a regressão, a fim de saber quantas unidades de diâmetro do caule acompanham cada aumento de unidades no tamanho das sementes.

Estimativa da acurácia

Com frequência, queremos ir além dos dados de que dispomos – a amostra – e fazer inferências a respeito da população da qual os dados provêm. Um parâmetro medido de uma amostra (p. ex., a média) é uma estimativa do valor real de tal parâmetro. Pelo acaso, no entanto, a amostra diferirá do valor real. Se soubermos como o acaso afeta o processo de amostragem, podemos computar uma medida da **precisão** da estimativa – qual o grau de proximidade entre a estimativa e o valor real. Duas medidas de precisão relacionadas são o **intervalo de confiança** e o **erro padrão**. Se dissermos que o intervalo de confiança de 95% para a altura média de bordos adultos em uma floresta é de 3,56m a 6,42m, significa que com 95% de probabilidade o valor real da altura média situa-se dentro de tal intervalo. Para certos parâmetros (p. ex., a média de uma amostra), essa distribuição de amostragem é conhecida e há fórmulas disponíveis para calcular a precisão.

O erro padrão de um parâmetro é uma medida da variação esperada na sua distribuição e é usado para calcular o intervalo de confiança.

Contudo, as distribuições para muitos índices ecológicos e, na verdade, para uma grande parte de dados ecológicos não são conhecidas. Em vez disso, podemos empregar procedimentos estatísticos alternativos para estimar a precisão. Dois desses procedimentos são ***jackkni-***

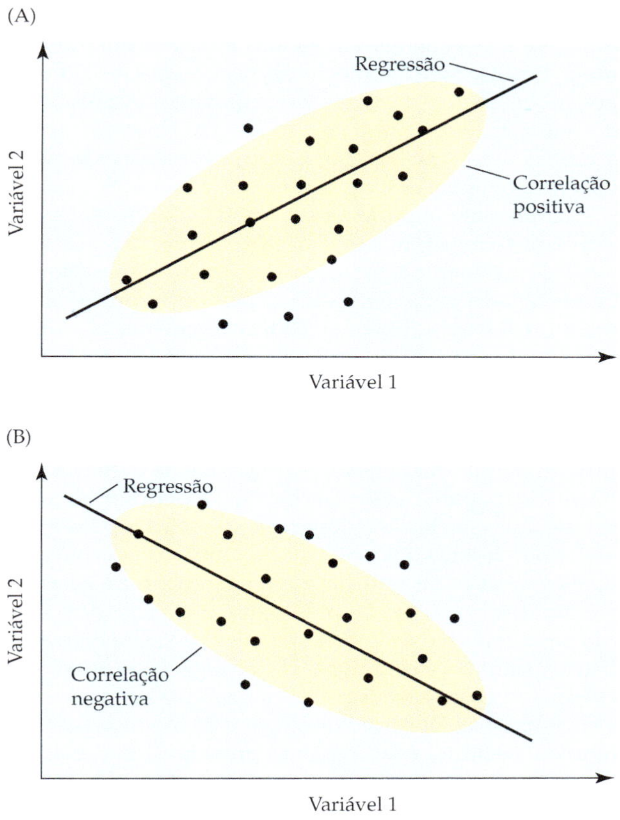

Figura 2 A correlação mede a força da relação entre duas variáveis. A correlação próxima a 1 ou –1 indica uma relação forte, ao passo que a correlação próximo a 0 indica uma relação fraca. A relação pode ser positiva (A) ou negativa (B). Uma medida relacionada é a regressão – a inclinação da linha.

*fe** e **bootstrap***. O nome *jackknife* provém da ideia de um instrumento para todas as finalidades, como um canivete; o nome *bootstrap* provém da ideia de "avançar por seus próprios esforços." Apresentamos aqui os conceitos básicos existentes por trás dessas técnicas; para detalhes sobre como implementá-las, ver Dixon, 2001.

Para calcular o erro padrão de um parâmetro pela técnica *jackknife*, procede-se como segue. A partir da sua amostra de dados, crie uma subamostra que consiste de todos os dados, exceto para a primeira observação. A seguir, calcule o parâmetro a partir desta amostra e salve tal número (conhecido como um pseudovalor). Repita, mas agora delete a segunda observação. Continue o procedimento, até que tenha deletado sucessivamente cada observação. Agora você tem um conjunto de *N* pseudovalores, onde *N* era o tamanho de sua amostra original. O erro padrão desses pseudovalores é então uma medida da precisão do parâmetro.

A técnica *bootstrap* é conceitualmente semelhante. A partir dos dados originais, retire aleatoriamente uma amostra de tamanho *N* com substituições. Ou seja, alguns valores podem ser repetidos e outros simplesmente podem não aparecer. Calcule o parâmetro e salve o pseudovalor. Repita isto muitas vezes, tipicamente 1.000 vezes ou mais. Novamente, a distribuição dos valores segundo a técnica *bootstrap* fornece uma medida da precisão do parâmetro original. Esta distribuição pode ser usada para calcular o erro padrão e o intervalo de confiança.

Porém, isto é "enganoso"? Por que podemos utilizar uma única amostra repetidamente? Nós assumimos que nossa amostra é representativa para a população integral da qual ela foi retirada. Essa pressuposição torna as técnicas *jackknife* e *bootstrap* mais confiáveis à medida que aumenta o tamanho da nossa amostra. Contudo, por meio dessas duas técnicas obtêm-se erros-padrão e intervalos de confiança que correspondem estritamente às suas definições estatísticas, resultado que obteríamos se repetidamente amostrássemos a mesma população. Por exemplo, no cálculo do erro padrão da média de uma amostra, a técnica *bootstrap* simula a definição de um erro-padrão: se repetirmos o experimento muitas vezes, qual seria a dispersão das estimativas da média?

As estimativas produzidas por estas duas técnicas podem ser enviesadas (*biased*), mas estão disponíveis correções de viés (Dixon, 2001). As duas técnicas fornecem as mesmas respostas para amostras muito grandes. Antes do advento dos computadores potentes, pela técnica *jackknife* era mais fácil de se calcular; atualmente, os cálculos podem ser feitos em poucos minutos. É importante lembrar que os dois procedimentos assumem que a amostra é uma representação razoável da população da qual ela se originou. Uma amostra não-representativa não tem utilidade. Por essa razão, toda estimativa baseada em uma amostra pequena deveria sempre ser analisada com cautela.

Uso e relato da estatística

A estatística é apenas uma ferramenta entre muitas que o cientista utiliza para obter conhecimento. Para serem bem usadas, essas ferramentas devem ser empregadas com ponderação, não aplicadas de um modo automático. Assim, como muitas vezes não há uma única maneira "certa" de usar a estatística, existem também muitas maneiras erradas. O melhor procedimento estatístico depende de vários fatores, como até que ponto os dados atendem as pressuposições estatísticas distintas dos procedimentos diversos. Mais importante, a escolha do procedimento estatístico depende da pergunta que está sendo feita. Os procedimentos diferem quanto aos tipos de perguntas que eles estão mais bem equipados a dirigir.

Quando usamos estatística para testar uma hipótese, com frequência enfocamos a probabilidade (*P*) com que a hipótese nula é falsa (p. ex., que duas médias não diferentes entre si). Em algum lugar ao longo de uma linha, um valor de $P < 0{,}05$ tornou-se um número mágico: rejeitamos a hipótese, se a probabilidade de observar um parâmetro de um certo valor, meramente pelo acaso, é menor que 5%, ou não a rejeitamos (ou seja, a aceitamos), se a

* N. de T. Para esclarecimentos destes termos, ver glossário.

probabilidade é maior que 5%. Ao mesmo tempo em que é necessário algum tipo de critério objetivo e não é suficiente simplesmente alterar as expectativas para atender os resultados (análogo a lançar flechas contra a parede e, após, desenhar o alvo ao redor delas), é importante ter em mente o objetivo máximo de toda investigação científica: decidir quais as hipóteses, a respeito do universo, estão corretas. Em última análise, existem decisões que envolvem afirmações ou negações. O que o teste estatístico deve indicar é: "Sim; a hipótese é quase certamente verdadeira;" "Não, a hipótese é quase certamente falsa;" ou "Pode ser, há necessidade de realizar um outro experimento." Desse modo, os valores de P são apenas diretrizes e os resultados situados na região $0{,}011 < P < 0{,}099$ (para tomar dois valores arbitrários) devem ser considerados com cautela.

É importante lembrar que significância estatística não é equivalente à significância biológica. Um experimento suficientemente grande pode detectar efeitos muito pequenos, que, em um mundo onde estão presentes fatores aleatórios, simplesmente serão obscurecidos por variação ambiental. Por exemplo, um experimento realizado para testar interações competitivas pareadas pode ser planejado para detectar uma vantagem de 0,001% por uma espécie. Tal efeito seria inexpressivo numa situação em que a taxa de encontro real é baixa e distúrbios grandes perturbam a comunidade em intervalos de poucos anos. Por outro lado, deve-se ter cautela sobre a deficiência em reconhecer a importância de processos fracos que podem tornar-se consequentes em escalas espaciais e temporais muito longas. Por exemplo, moléstias vegetais no conjunto podem ter efeitos grandes sobre a dinâmica populacional do seu hospedeiro por períodos longos, ainda que possa ser difícil detectar tais efeitos por causa das baixas taxas de infecção sobre um determinado indivíduo.

Igualmente importante para utilizar a estatística corretamente é registrar com clareza e na íntegra o que você faz. Provavelmente o erro estatístico mais comum não seja descrever adequadamente em publicações os procedimentos ou resultados (Fowler, 1990; Gurevitch et al., 1992). Quando descrever um parâmetro, você deve sempre informar o tamanho da amostra (N) e alguma medida da dispersão dos dados ou a acurácia de tal parâmetro (p. ex., o erro padrão ou o intervalo de confiança em torno de uma média). É importante relatar explicitamente o que foi realizado. Uma publicação científica deve permitir ao leitor extrair uma conclusão independente sobre a hipótese que está sendo testada. Enquanto as pressuposições ecológicas ou biológicas por trás de um experimento são em geral explicitamente expostas, as pressuposições estatísticas com frequência não são dirigidas, ou pior, o procedimento estatístico exato não é especificado. Portanto, quando se conclui que a hipótese é falsa, o leitor não sabe se isto se deve a erros nas pressuposições ecológicas da hipótese (isto é, a hipótese científica é falsa) ou nas pressuposições estatísticas da análise.

Glossário

A

Abiótico Não-vivo.

Abordagem de campo médio Método de análise que focaliza a descrição de valores médios dos parâmetros.

Abordagem explícita espacialmente Método de análise que depende da determinação do arranjo espacial de espécies e de elementos da paisagem.

Ação capilar Deslocamento ascendente (ou horizontal) da água através de um tubo estreito ou um espaço pequeno, pela atração das suas moléculas às superfícies de partículas carregadas ou de umas às outras.

Aclimação Ajuste potencialmente reversível às condições ambientais.

Acompanhamento da trajetória solar O acompanhamento da trajetória do sol por uma folha durante o dia.

Adsorver Atrair e prender a uma superfície.

Aerênquima Tecido vegetal com grandes espaços intercelulares para aeração.

Agamospermia Produção de sementes sem fecundação ou meiose.

Água subterrânea Água do subsolo que percolou para uma zona saturada.

Alcaloide Composto pequeno que contém um anel aromático e nitrogênio.

Alelopatia Inibição química do crescimento de um organismo por um outro.

Aleloquímico Composto químico liberado por um organismo que inibe o crescimento de outro.

Alopoliploidia Poliploidia resultante da união de gametas de indivíduos de espécies diferentes.

Alternância de gerações Ciclo reprodutivo em que um organismo multicelular haploide origina, sexualmente, um organismo diploide, enquanto os produtos meióticos do organismo diploide desenvolvem-se diretamente em um organismo haploide.

Amonificação Liberação de nitrogênio, a partir de compostos orgânicos, sob a forma de íons amônio (NH_4^+).

Amplitude (em estatística) A diferença entre a observação maior e a observação menor.

Analisador de gás por infravermelho (**IRGA**, ***infrared gas analyzer***) Equipamento para a medição da absorção ou respiração de CO_2, utilizando luz infravermelha.

Análise de correspondência canônica Método de ordenação que se baseia na correlação de uma matriz de similaridades entre comunidades com uma matriz de relações ambientais em que os eixos consistem em combinações lineares de variáveis explanatórias.

Análise direta de gradiente Análise de distribuições de espécies ou de similaridades de comunidades ao longo de um único gradiente ambiental.

Análise indireta de gradiente Forma de análise de comunidades em que os estandes são ordenados por sua semelhança em composição de espécies e são inferidos os fatores ambientais responsáveis pelos padrões resultantes.

Análise monotética divisiva Processo de classificação que se baseia na divisão de um grupo em dois, dependendo da presença ou ausência de uma única espécie-chave.

Análise politética aglomerativa Processo de classificação que tem como base a união de grupos em uma hierarquia fundamentada na semelhança entre objetos ou grupos de objetos.

Androdioicia Sistema de expressão sexual em que algumas plantas de uma população possuem apenas flores estaminadas, enquanto outras possuem flores perfeitas ou uma mistura de flores estaminadas e flores pistiladas.

Andromonoicia Um sistema de expressão sexual em que flores estaminadas e perfeitas ocorrem nos mesmos indivíduos.

Aneuploidia Mudanças no genoma de uma espécie decorrentes de ganho ou perda de cromossomos.

Anfistomática Presença de estômatos em ambas as superfícies da epiderme foliar.

Ângulo de incidência Ângulo de um raio de luz solar em linha perpendicular à superfície da Terra.

Aninhamento Tendência de comunidades terem subconjuntos de outras comunidades.

Anóxico Sem oxigênio, anaeróbio.

Antera Porção terminal de um estame, contendo grãos de pólen em sacos polínicos.

Anual Planta cujo ciclo de vida é completado em um ano ou menos.

Anual de inverno Planta que germina no outono, cresce durante o inverno, reproduz-se na primavera e, após, morre.

Apomixia Reprodução pela maturação de sementes na ausência de fecundação.

Área basal Área ocupada por uma planta, como uma gramínea cespitosa (em touceira) ou uma árvore, com uma base definível. *Ver também* Cobertura basal.

Área foliar específica Área foliar por grama de peso seco.

Armadilha de sementes Recipiente destinado a capturar sementes trazidas pelo vento.

Arquipélago Conjunto de ilhas.

Arquitetura Arranjo de partes regenerantes de uma planta.

Árvore emergente Árvore cuja copa se projeta acima do dossel da floresta.

Ascensão hidráulica Processo pelo qual as plantas retiram água de horizontes profundos do solo e a liberam em horizontes superiores.

Assembleia Grupo de organismos filogeneticamente relacionados que vivem no mesmo local.

Assimetria (***skew***) Medida da simetria de um conjunto de dados.

Associação Tipo particular de comunidade, encontrado em muitos locais e com uma certa fisionomia e composição de espécies.

Atributo adaptativo Atributo que aumenta a probabilidade de um organismo de sobreviver, reproduzir-se ou deixar descendentes.
Autocorrelação espacial Similaridade como uma função da distância.
Autodesbaste Desprendimento de ramos de arbusto ou árvore.
Autoecologia Estudo ecológico de indivíduos.
Autofecundação O cruzamento de um indivíduo com si próprio.
Autoincompatibilidade Prevenção contra autofecundação ou cruzamentos entre determinados indivíduos por meio de sistema de reconhecimento de base genética.
Autoincompatibilidade esporofítica Autoincompatibilidade resultante do genótipo diplóide da planta-mãe do grão de pólen.
Autoincompatibilidade gametofítica Auto-incompatibilidade devida ao genótipo haploide do grão de pólen.
Autopoliploidia Poliploidia resultante da união de gametas de indivíduos da mesma espécie.
Autorredução Processo de mortalidade dependente de densidade.
Autovalor Número que, quando utilizado para multiplicar um vetor da população, resulta no mesmo valor que a multiplicação pela matriz de transição; considerando uma matriz **A**, se $\mathbf{A}\,\mathbf{x} = = \lambda\,\mathbf{x}$, λ é um autovalor de **A** e **x** é o autovetor associado (direito).
Autovalor dominante O maior autovalor.
Autovalor principal Autovalor maior.
Autovetor Vetor não-zero que, quando multiplicado por um autovalor associado, resulta no mesmo valor que a multiplicação por uma matriz de transição. O autovetor associado ao autovalor dominante resulta na distribuição etária estável ou distribuição de classes estável da população.
Autovetor esquerdo Vetor **y** que, quando premultiplica uma matriz **A**, resulta no mesmo valor da multiplicação por um autovalor associado; $\mathbf{y}\,\mathbf{A} = \lambda\,\mathbf{y}$. O autovetor esquerdo associado ao autovalor dominante resulta nos valores reprodutivos.
Axila foliar Local onde uma folha se prende ao caule.

B

Bacia hidrográfica Área que inclui riacho ou rio e toda a terra que drena até ele.
Bactérias nitrificantes Bactérias especializadas que realizam nitrificação.
Balanço de energia Quantidade de energia absorvida, emitida e armazenada por um objeto.
Bald Pico montanhoso sem árvores.
Banco de sementes Sementes persistentes no solo; pode pertencer a uma única espécie ou a uma comunidade.
Base trocável Cátion que contribui para tornar o solo mais alcalino.
Baseado na idade De ou referente a métodos para o estudo de populações que exigem apenas informação sobre sua estrutura etária.
Bianual Planta semélpara que floresce após dois anos ou mais.
Biodiversidade Todas as populações, espécies e comunidades de uma área definida.
Biogeografia de ilhas *Ver* Teoria de biogeografia de ilhas.
Bioma Grande região biogeográfica que difere de outras regiões quanto à estrutura de sua vegetação e suas espécies vegetais dominantes.
Biomassa Massa de organismos vivos.
Biosfera Conjunto dos organismos vivos sobre a Terra e seu ambiente físico.
Biótico Vivo.
Bootstrap Técnica estatística para estimar uma distribuição de amostragem, por meio da re-amostragem aleatória das observações.
Bosque Área dominada por árvores, com distribuição que varia de muito próxima até esparsa.
Bosque arbustivo Uma comunidade vegetal dominada por plantas lenhosas baixas com caules múltiplos.
Bráctea floral Folha especializada situada abaixo de uma flor.
Bulbilho Órgão minúsculo semelhante ao bulbo, produzido vegetativamente em uma axila de inflorescência ou de folha.
Bulbo Caule subterrâneo em roseta que armazena nutrientes.

C

Calor Medida da energia cinética total das moléculas de uma substância.
Calor específico A quantidade de energia calorífica necessária para aquecer 1 grama em 1°C.
Camada limítrofe Cobertura de fluido relativamente parado que circunda todos os objetos no ar ou na água.
Câmbio Zona de células meristemáticas entre xilema e floema primários.
Câmbio vascular Meristema amplo e tubular, responsável pela formação do xilema e do floema secundários.
Capacidade de campo Ponto em que um solo está completamente saturado de água.
Capacidade de troca de cátions (CTC) Medida da capacidade total dos coloides do solo de absorver cátions.
Carboxilação Reação química em que uma molécula de CO_2 é adicionada a outra molécula.
Carga de combustível Quantidade de material vegetal combustível em um área.
Cascata trófica Processo pelo qual os predadores reduzem o tamanho da população de sua presa, provocando ainda mais mudanças no próximo nível trófico.
Casmógamas De ou referente a flores que estão abertas e suscetíveis à polinização cruzada.
Cátion Íon carregado positivamente.
Cavitação Rompimento da coluna de água em elementos condutores de xilema.
Célula de Hadley Padrão amplo de circulação de ar; o ar ascende, percorre uma distância, cai e depois se move de volta para o Equador ao longo da superfície terrestre.
Células-guarda As duas células do estômato que determinam o tamanho da fenda estomática.
Chuva de propágulos Imigração independente de ocupação em modelos metapopulacionais.
Ciclo biogeoquímico Principais fluxos e *pools* de uma substância em um sistema.
Ciclo de Calvin Conjunto de reações bioquímicas pelas quais o carbono do CO_2 é incorporado a compostos orgânicos.
Ciperácea Planta da família Cyperaceae.
Circulação termo-halina (CTH) Circulação oceânica guiada por diferenças na densidade da água.
Clareira Abertura no dossel de uma floresta.
Classificação não-supervisionada Processo de classificação que utiliza dados do sensoriamento remoto e que separa os *pixels* em um número de classes definido por usuário, com base em similaridades estatísticas entre os *pixels*.
Classificação supervisionada Processo de classificação que utiliza dados de sensoriamento remoto e que exige que os grupos sejam definidos explicitamente pelo usuário.
Cleistógamas De ou referente a flores que estão fechadas e exibem autopolinização.
Clima Distribuição estatística do tempo a longo prazo em uma determinada área.
Clima continental Clima encontrado no interior de continentes grandes, em latitudes médias, caracterizado por mudanças sazonais em precipitação e temperatura.
Clima marítimo Clima frequentemente verificado nas orlas orientais de continentes, caracterizado por precipitação uniforme ao longo do ano.
Clima mediterrâneo Clima frequentemente verificado nas orlas ocidentais de continentes, caracterizado por invernos chuvosos e verões secos.
Clímax Ponto final de equilíbrio hipotético de uma sequência sucessional.
Clonal Que consiste em rametas potencialmente independentes.
Clone Duplicata genética.
Cobertura Porcentagem do solo coberta pela copa de uma determinada espécie.
Cobertura basal Fração de área ocupada pela base de uma planta, como uma gramínea cespitosa (em touceira) ou árvore, com base definível. *Ver também* Área basal.
Cobertura do dossel Quantidade de solo coberto pelo nível mais alto de vegetação de uma comunidade.
Coeficiente de murcha O conteúdo de umidade do solo em que uma planta atinge seu ponto de murcha permanente.
Colênquima Tecido de sustentação, constituído de células vivas alongadas, com paredes irregularmente espessadas.

Colheita em pé Em uma área, a biomassa total viva e morta que não está estendida sobre o solo.
Coloide Substância em que um ou mais materiais em um estado bem dividido são suspensos ou dispersos por meio de um segundo material.
Coloração estrutural Cor causada pela forma como a luz incide sobre superfícies físicas com propriedades ópticas especiais.
Com base em estágio De ou referente a métodos para o estudo de populações que exigem apenas informação sobre a estrutura em estágios da população.
Com estrutura etária De ou referente a uma população descrita pelas frequências relativas de indivíduos por classe de idade.
Comensal De ou referente a uma interação de espécies em que uma se beneficia e a outra não, nem é prejudicada.
Compensação Resposta esperada à herbivoria, que resulta em diferença não-líquida entre indivíduos pastejados e não-pastejados.
Competição Redução de desempenho devido ao uso compartilhado de um recurso com suprimento limitado.
Competição aparente Interações negativas, dependentes da densidade, entre espécies, que parecem ser devidas à competição por recursos, mas na realidade se devem a um predador ou herbívoro compartilhado.
Competição assimétrica Competição em que um indivíduo tem efeitos negativos muito grandes sobre seus vizinhos, porém não ocorrendo o inverso.
Composição florística inicial Teoria de sucessão que enfatiza o processo de colonização e as diferenças na duração de vida das espécies.
Composto químico secundário Composto que desempenha uma ampla diversidade de funções na planta, além de seu metabolismo básico, que inclui a defesa e a atração de polinizadores.
Comunidade Grupo de populações que coexistem no espaço e no tempo e interagem entre si direta e indiretamente.
Conceito biológico de espécie Grupo de organismos que efetiva ou potencialmente se entrecruzam, e que são completa ou quase completamente isolados geneticamente de outros grupos, de modo que cada grupo constitui uma linhagem evolutivamente independente.
Condução Transferência direta de energia calorífica das moléculas de um objeto mais quente para as moléculas de um objeto mais frio.
Condutância foliar Taxa com que um gás se desloca para dentro ou para fora de uma folha em um determinado gradiente de concentração.
Condutância intracelular Taxa com que um gás se desloca através de células foliares e paredes celulares em um determinado gradiente de concentração.
Condutância no mesofilo Taxa com que um gás se desloca através de células do mesofilo e de paredes celulares em um determinado gradiente de concentração.
Conectividade Grau com que uma paisagem facilita ou impede o deslocamento de organismos.
Controle biológico Uso deliberado de uma espécie para controlar outra espécie indesejável.
Convecção Transporte de calor por um volume de ar ou água que se move como uma unidade.
Convergência intertropical Região onde os ventos alísios dos Hemisférios Norte e Sul tendem a convergir.
Coorte Grupo de indivíduos de uma população que germinou, alcançou um tamanho específico ou que entrou em pesquisa mais ou menos no mesmo período.
Corpo negro perfeito Objeto que absorve toda a radiação que incide sobre ele e emite toda a energia possível para um objeto em sua temperatura.
Correlação (***r***) Medida da força da relação entre duas variáveis. *Ver também* Regressão.
Corrente de jato Corrente de ar na atmosfera superior, que se desloca em velocidades altas.
Corte raso Remoção de todas as árvores.
Corte seletivo Remoção de apenas algumas árvores.
Cossexual De ou referente a plantas que têm funcionamento masculino e feminino mais ou menos simultâneos.
Covariação gene-ambiente Relação não-aleatória entre genes e ambiente.
Covariância de vórtices turbulentos Método para a medição da troca líquida do ecossistema.
Crescimento primário Processo de aumento do comprimento que ocorre em caules ou raízes.
Crescimento secundária Processo de aumento de circunferência pela produção de tecidos lenhosos.
Cronossequência Conjunto de comunidades de idades diferentes decorrentes de distúrbio, assumindo que esse conjunto represente uma comunidade única ao longo do tempo.
Crosta criptogâmica Crosta delgada constituída de musgos, fungos, algas, líquens e cianobactérias.
Cruzamento combinado Cruzamento de indivíduos com fenótipos similares, com uma frequência maior do que ocorreria apenas pelo acaso.
Cruzamento combinado negativo Cruzamento de indivíduos com fenótipos dissimilares em uma frequência maior do que ocorreria apenas por acaso.
Curva A-C_i A relação entre disponibilidade de CO_2 e taxa fotossintética.
Curva de abundância Gráfico que descreve uma hierarquia de abundância relativa entre as espécies uma comunidade.
Curva de acumulação de espécies Relação entre o número de indivíduos amostrados e o número de espécies na amostra.
Curva de resposta à luz Taxa de fixação de CO_2 em função da intensidade de luz.
Curva espécie-área Função matemática que demonstra o aumento do número de espécies à medida que aumenta a área amostrada.

D

Decídua por seca Desprendimento de folhas em resposta à baixa disponibilidade de água.
Decíduo Perda de folhas de acordo com um padrão sazonal.
Defesa constitutiva Defesa presente em uma planta, independentemente de dano por herbivoria.
Defesa induzida Resposta à herbivoria, que protege a planta, ferindo ou não o herbívoro.
Déficit de pressão de vapor A diferença entre o vapor de água na folha e no ar.
Delineamento aditivo Delineamento experimental para testar os efeitos da competição, alterando a densidade total de espécies vizinhas e mantendo constante a densidade da espécie-alvo.
Delineamento substitutivo Delineamento experimental para testar a força relativa da competição intra-específica *versus* interespecífica por meio da alteração das frequências de dois competidores hipotéticos, ao mesmo tempo que a densidade total é mantida constante.
Dendrocronologia Estudo de anéis de plantas lenhosas.
Densidade Número de indivíduos de uma espécie por unidade de área.
Densidade de espécies O número de espécies por unidade de área.
Dependente da densidade De ou referente a processos populacionais que variam em função da densidade populacional.
Deposição seca Deposição de moléculas sobre uma superfície com matéria particulada.
Deposição úmida Deposição sobre uma superfície de moléculas dissolvidas em água.
Depressão endogâmica Decréscimo em desempenho (*fitness*) devido à endogamia.
Deriva genética Mudança nas frequências gênicas motivada por efeitos amostrais aleatórios.
Desempenho feminino Desempenho por meio da maturação de sementes.
Desempenho inclusivo Desempenho total de todas as cópias de um alelo em um grupo, geralmente de parentes.
Deserto Região onde a evapotranspiração potencial excede a evapotranspiração real.
Desmatamento Remoção completa de florestas com a conversão da terra em outros sistemas.
Desnitrificação Redução de NO_2^- e NO_3^- a nitrogênio gasoso.
Desvio-padrão (***s***) Raiz quadrada da média do quadrado dos desvios de cada observação a partir da média. *Ver também* Variância.
Determinístico Que tem um resultado fixado.

Detrito Entulho; detritos orgânicos são corpos mortos e dejetos de organismos vivos ou que um dia foram vivos.
Diagrama do ciclo de vida Representação que mostra o tamanho, a idade ou as classes de desenvolvimento, com as setas indicadoras das transições entre as classes.
Diâmetro à altura do peito (DAP) Diâmetro do tronco de uma árvore medido a 137 cm do nível do solo.
Diásporo Unidade de dispersão de uma planta, incluindo a semente e quaisquer estruturas adicionais relacionadas.
Dimensão característica Amplitude efetiva de uma folha, no que se refere aos fluxos de energia e massa.
Dimensão fractal Medida da complexidade ou do grau de convolução de uma linha ou superfície.
Dinâmica de populações Mudanças no número de indivíduos, na composição genética, na estrutura ou na dispersão espacial de uma população.
Dinâmica hierárquica de manchas Abordagem para examinar os efeitos da escala, em que se considera uma hierarquia de manchas sucessivamente maiores, ligadas por movimento de matéria e energia.
Dioicia Sistema de expressão sexual em que alguns indivíduos de uma população vegetal possuem apenas flores pistiladas ou apenas flores estaminadas.
Dioicia críptica Sistema de expressão sexual em que os esporófitos produzem apenas gametófitos femininos ou apenas gametófitos masculinos, mesmo quando são aparentemente capazes de produzir os dois tipos.
Distância Euclidiana A menor distância entre dois pontos de uma superfície plana.
Distribuição de classes estável Estrutura populacional em que a proporção de indivíduos em cada classe de desenvolvimento permanece constante em cada geração; também denominada estrutura estável.
Diversidade alfa (α) Diversidade de inventário dentro de uma única comunidade.
Diversidade beta (β) Diferenças na composição da comunidade ao longo de um gradiente ambiental ou entre comunidades em uma paisagem.
Diversidade de diferenciação Diversidade de uma amostra com base na forma como as espécies estão agrupadas em subunidades. *Ver também* Diversidade beta.
Diversidade de inventário Diversidade de uma amostra, com base no número ou na equabilidade de espécies. *Ver também* Diversidade alfa; diversidade gama.
Diversidade de mosaico Medida de complexidade de paisagem devido à variação em riqueza de espécies entre comunidades e variação em ocorrências comum e rara entre espécies dentro de uma região.
Diversidade de padrão Disposição de subunidades dentro de uma unidade ecológica.
Diversidade de padrão espacial O arranjo de subunidades dentro de uma unidade ecológica em espaço físico.
Diversidade de padrões de composição Arranjo das subunidades em uma unidade ecológica no espaço matemático definido por uma matriz objeto-atributo.
Diversidade de padrões temporais O arranjo de subunidades dentro de uma unidade ecológica no tempo.
Diversidade gama (γ) Diversidade de inventário por meio de uma paisagem ou um conjunto de amostras que inclui mais uma comunidade.
Divididas Refere-se a folhas que possuem uma lâmina dividida em partes pequenas e conectadas.
Dominância De ou referente à expressão de um alelo que depende das propriedades do outro alelo naquele lócus.
Dominância apical Impedimento do crescimento de outros meristemas, exercido pelo meristema apical.
Drenagem de ar frio Descida de massas de ar frio para locais de baixio, devido à sua maior densidade.

E

Ecologia Estudo das relações entre organismos vivos e seus ambientes.
Ecologia de paisagem Estudo da distribuição espacial de indivíduos, populações e comunidades e suas causas e conseqüências.
Ecologia fisiológica Estudo dos mecanismos fisiológicos subjacentes às respostas individuais ao ambiente.
Ecologia funcional O estudo de como a bioquímica e a fisiologia de um indivíduo determina sua resposta ao seu ambiente.
Ecossistema Todos os organismos em uma área e todo o material abiótico e a energia com que eles interagem.
Ecótipo Uma de diversas populações de uma espécie de hábitats ou locais diferentes que possui um conjunto similar de adaptações de base genética.
Ectendomicorrizas Micorrizas com um revestimento rudimentar de hifas no lado externo das raízes, uma rede parcial e agrupamentos intracelulares de hifas com paredes espessas.
Ectomicorrizas (ECM) Micorrizas que formam uma bainha em torno da raiz e cujas hifas penetram nos espaços intercelulares do seu córtex, mas não em suas células.
Efeito armazenador Mecanismo de coexistência de espécies em que ocorrem flutuações no recrutamento, com cada espécie respondendo diferentemente ao ambiente, ou seja, em anos distintos.
Efeito competitivo Capacidade de um indivíduo de afetar os vizinhos mediante o uso de recursos.
Efeito Coriollis Um objeto movendo-se em direção ao Equador ou para longe dele tem a tendência de ser desviado para a sua direita no Hemisfério Norte e para a sua esquerda no Hemisfério Sul.
Efeito de borda Diferença sistemática entre a borda de uma mancha de hábitat e seu interior.
Efeito de Croll-Milankovi Mudanças na órbita da Terra ao redor do sol, por escalas de tempo muito longas, que afetam o clima.
Efeito de limiar Mudança abrupta nas propriedades de um sistema quando este atinge um ponto determinado.
Efeito estufa Reabsorção, causada pelos gases-estufa, de radiação de ondas curtas emitida pela superfície da Terra.
Efeito resgate Dependência da extinção de populações em relação à frequência de manchas ocupadas, em modelos metapopulacionais.
Eficiência fotossintética foliar no uso do nitrogênio (NUE_{folha}, *nitrogen use efficiency*) Taxa fotossintética máxima por unidade de nitrogênio na folha.
Eficiência no uso da água Gramas de carbono fixados na fotossíntese por grama de água perdido na transpiração.
Eficiência no uso de nutrientes Razão entre a produtividade fotossintética e a concentração de nutrientes em uma planta.
Eficiência no uso do nitrogênio da planta inteira (NUE_{planta}) Produção de biomassa por unidade de nitrogênio absorvido.
Eficiência no uso do nitrogênio Taxa fotossintética máxima por grama de nitrogênio em uma folha.
Elaiossomo Corpo lipídico preso à semente que serve para recompensar o seu dispersor.
Elasticidade Extensão com que uma mudança proporcional em uma taxa de transição causa uma mudança proporcional na taxa de crescimento populacional a longo prazo.
Elemento de vaso Tipo de célula encontrado em angiospermas; constituinte de um vaso.
Elemento mineral benéfico Minerais essenciais ou não para apenas algumas espécies vegetais, mas que estimulam seu crescimento.
Eluviação Retirada de material em suspensão ou em solução das camadas do solo.
Embebição Absorção de água pelas sementes.
Emissividade Eficiência de emissão de energia de um corpo.
Endogamia Cruzamento entre organismos aparentados.
Endomicorrizas Micorrizas cujas hifas penetram nas células do córtex da raiz, mas não formam uma bainha ao redor desta.
Endosperma Tecido triploide que fornece nutrientes ao embrião da maioria das sementes de angiospermas e que origina-se mediante dupla fecundação.
Energia metabólica Energia utilizada pelas plantas, para sua manutenção, seu crescimento e sua reprodução.
Energia radiante Energia transferida de um objeto para um outro por fótons.
Enquadramento de espécies (*species sorting*) Processo ecológico pelo qual a mesma espécie ou espécies afins são encontradas em um determinado bioma porque tal forma é bem ajustada a tal ambiente.
Entrenó Segmento de caule entre nós.

Enxame de híbridos Grupo de espécies que com frequência formam híbridos.
Epífito Planta que cresce sobre uma outra planta e que não está enraizada no solo. De ou referente à expressão de um alelo que depende de propriedades de alelos em outros *loci*.
Equabilidade Extensão em que as espécies são igualmente abundantes em uma comunidade.
Equação de fluxo Modelo de taxas de fluxo com a seguinte fórmula geral: fluxo = (condutância) x (força motriz)
Equação de Spephan-Boltzmann Equação que descreve a energia radiante emitida pela superfície de um objeto.
Erro-padrão Medida da variação na distribuição de um parâmetro.
Erros de desenvolvimento Pequenas diferenças aleatórias em quando e como os genes são expressos durante o desenvolvimento.
Erva daninha Espécie que cresce onde não é desejada; uma espécie não-cultivada que prolifera em ambientes agrícolas. *Ver também* Espécies ruderais.
Escala Contexto espacial ou ecológico de um conjunto de dados, medido como grão, extensão ou foco.
Escarificação A abrasão de algumas sementes, necessária para a sua germinação.
Esclereíde Célula de esclerênquima com paredes espessas, lignificadas e dotadas de muitas pontoações.
Esclerênquima Tecido vegetal que contém fibras alongadas.
Esclerófilo Planta com folhas duras, perenes, relativamente pequenas, arredondadas e espessas.
Esforço reprodutivo Fração de recursos alocados para reprodução em uma determinada idade ou classe de desenvolvimento.
Especiação Processo de origem de espécies novas.
Especiação alopátrica Especiação que ocorre quando uma população isolada geograficamente torna-se uma espécie nova.
Especiação parapátrica Especiação que ocorre quando uma espécie nova surge em uma população adjacente a outras populações das espécies ancestrais.
Especiação simpátrica Formação de duas espécies a partir de uma única população em um local.
Espécie *Ver* O conceito de espécie biológica e o conceito de espécie taxonômica.
Espécie dominante A espécie mais conspícua e numericamente abundante em uma comunidade.
Espécie endêmica Espécie encontrada apenas em uma área única e limitada.
Espécie exótica Espécie que está fora de sua área de ocorrência nativa.
Espécie indicadora Espécie usada para colocar uma comunidade em um grupo pré-determinado.
Espécie invasora Espécie que se expande rapidamente fora do seu âmbito de ocorrência nativa.
Espécie ruderal Espécie que se desenvolve bem em hábitats temporários e áreas sujeitas a perturbações frequentes. *Ver também* Erva daninha
Espécie taxonômica Grupo monofilético que compartilha um conjunto de características únicas.
Espécies crípticas Espécies que parecem idênticas e, apesar disso, são isoladas reprodutivamente.
Esporófito Geração diploide de uma espécie vegetal que produz esporos.
Estabilidade dinâmica Tendência de um sistema de retornar ao seu estado original após uma pequena perturbação.
Estame Órgão ou microsporófilo portador de pólen de uma planta florífera.
Estande Todas as plantas de uma área; grupo de árvores que crescem juntas.
Estequiometria Proporções relativas de elementos diferentes.
Estípula Bráctea ou apêndice situado de cada lado de uma axila foliar.
Estocasticidade ambiental Variação em taxas vitais como resultado de fatores ambientais que afetam, mais ou menos da mesma forma, todos os indivíduos de uma classe ou população
Estocasticidade demográfica Variação em taxas vitais devido à variação aleatória na sobrevivência e reprodução de indivíduos.
Estocástico Ao acaso.
Estolão Caule que se estende ao longo da superfície do solo.
Estratégia Conjunto de características adaptativas coordenadas.
Estroma Matriz aquosa que preenche o cloroplasto.
Estrutura *Ver* Estrutura populacional, estrutura do solo, estrutura vertical.
Estrutura do solo O arranjo físico de partículas do solo em agrupamentos maiores.
Estrutura populacional Frequência relativa de indivíduos em cada classe de tamanho, de idade e de desenvolvimento.
Estrutura vertical O padrão de árvores do dossel, árvores do sub-bosque, de arbustos e ervas, em uma comunidade.
Estruturada em estágios De ou referente a uma população em que os indivíduos são classificados por alguma combinação de idade, tamanho, estágio de desenvolvimento ou outros indicadores de *status*.
Evapotranspiração Transferência de água para a atmosfera por evaporação mais transpiração.
Evapotranspiração potencial (**ETP**) A quantidade máxima de água que seria perdida por evapotranspiração em um local particular, se a água estivesse disponível livremente no solo e a cobertura vegetal fosse de 100%.
Evapotranspiração real (**ETR**) A quantidade de água que entra no sistema como precipitação, menos a quantidade perdida por escoamento superficial e percolação para a água subterrânea.
Evitação à seca Estratégia de crescimento apenas durante períodos de pluviosidade suficiente, utilizada por plantas que vivem em áreas com períodos de seca prolongada.
Evolução convergente Evolução independente de características similares para táxons não-aparentados.
Experimento Teste de uma hipótese.
Experimento controlado Teste de uma hipótese que envolve provocar uma mudança deliberada no mundo físico. *Ver também* Experimento manipulativo.
Experimento de observação Teste de uma hipótese com base em estudo sistemático de variação natural.
Experimento de superfície de resposta Delineamento experimental para testar os efeitos da competição, por meio da alteração da densidade total e da frequência de vizinhos.
Experimento manipulativo Teste de hipótese que envolve a realização de uma mudança deliberada no mundo físico. *Ver também* Experimento controlado.
Experimento natural Teste de uma hipótese com base em uma mudança no mundo físico, causada por ocorrência natural.
Extensão Componente de escala que indica a amplitude total de um conjunto de dados.

F

Facilitação Interação positiva entre plantas; processo pelo qual espécies sucessionais iniciais aumentam a sobrevivência de espécies sucessionais tardias.
Facultativo Que existe apenas sob algumas condições.
Fase de atraso Um período durante o crescimento populacional inicial de uma espécie invasora, quando seus números são baixos.
Fecundidade Capacidade reprodutiva potencial de um organismo, medida pelo número de gametas ou propágulos que ele produz.
Fenólico Composto químico que consiste em um anel aromático ligado a um grupo hidroxila.
Fenologia Ritmo de eventos da história de vida, como a iniciação do crescimento, o florescimento e a dormência.
Fenótipo Todos os atributos físicos de um organismo.
Fertilidade Número de descendentes viáveis produzidos por unidade de tempo; taxa de natalidade.
Fertilidade realizada A chance de sobrevivência até a maturidade multiplicada pela fertilidade dos sobreviventes.
Filogenia Padrão de relações entre espécies (ou táxons superiores) que se baseia na genealogia evolutiva.
Fisionomia Forma, estrutura ou aparência de uma comunidade vegetal.
Fitoalexina Composto secundário que atua como uma defesa contra patógenos.
Fixação de carbono Parte da fotossíntese em que o carbono é captado da atmosfera.

Fixação do nitrogênio Processo pelo qual o nitrogênio entra na biosfera a partir da atmosfera.
Flor estaminada Flor com estames funcionais, mas sem pistilos funcionais.
Flor perfeita Flor que possui estames e estigmas funcionais.
Flor pistilada Flor com pistilos funcionais, mas sem estames funcionais.
Floresta Área dominada por árvores, em que as copas se tocam.
Fluxo Taxa de fluxo.
Foco Componente de escala que indica o nível de amostragem ou a área representada por cada ponto de dados; também denominado resolução.
Fogo de copa Fogo que afeta a copa da árvore.
Fogo de superfície Fogo que se expande sobre a superfície do solo ou da vegetação terrestre.
Folívoro Animal que come folhas de árvores ou arbustos.
Forb Planta herbácea latifoliada (de "folhas largas").
Formação Comunidade definida por sua fisionomia.
Fóton Um pacote discreto de energia que se propaga com a velocidade da luz.
Fóton fotossintético de densidade de fluxo (**PPFD**, *photosynthetic photon flux density*) Quantidade de radiação fotossinteticamente ativa que incide sobre uma folha por unidade de tempo.
Fotorrespiração Processo dependente da luz, no qual as plantas consomem O_2 e liberam CO_2.
Fotossíntese Processos bioquímicos pelos quais um organismo capta energia da luz solar e fixa carbono da atmosfera.
Fotossíntese bruta Quantidade total de CO_2 captada por um indivíduo.
Fotossíntese C_3 Forma de fotossíntese em que o CO_2 é captado pela RuBP carboxilase/oxigenase, cujo primeiro produto estável é um composto de três carbonos.
Fotossíntese C_4 Forma de fotossíntese em que o CO_2 é captado pela PEP carboxilase, cujo primeiro produto estável é um composto de quatro carbonos.
Fotossíntese CAM *Ver* Metabolismo ácido das crassuláceas.
Fotossistema Complexo de moléculas de clorofila e pigmentos acessórios que capta energia luminosa.
Fragmentação clonal Forma de reprodução em que partes de uma planta são capazes de se desprender e enraizar, formando novas plantas independentes.
Freatófito Planta cujas raízes se estendem até o lençol freático.
Frequência (de uma espécie em uma comunidade) Porcentagem de amostras em que a espécie aparece.
Frequência (de uma perturbação) Frequência, em média, com a qual ocorre uma perturbação em um determinado local. *Ver também* Intervalo de recorrência.
Frugivoria Consumo de frutos.
Fruto Ovário ou ovários maduro (s) de uma ou mais flores e estruturas associadas.

G

Gametófito Geração haploide de uma espécie vegetal que produz gametas.
Gás-estufa Gás atmosférico que contribui para o efeito estufa.
Geneta Indivíduo genético; o produto de uma única semente. *Ver também* Rameta.
Genoma Sequência inteira de DNA do indivíduo.
Genótipo Informação contida no genoma de um indivíduo.
Ginodioicia Sistema de expressão sexual no qual algumas plantas de uma população possuem apenas flores pistiladas, enquanto outras têm flores perfeitas ou uma mistura de flores estaminadas e pistiladas.
Ginomonoicia Sistema de expressão sexual no qual ocorrem flores pistiladas e perfeitas nos mesmos indivíduos.
Glaciação de Wisconsin O avanço glacial mais recente na América do Norte, assim denominado em alusão a uma das localizações de seu limite mais meridional.
Gradiente Uma gradação nas frequências de alelos ou outras características populacionais.
Granivoria Consumo de sementes.
Grão (em ecologia de paisagem) Componente da escala que indica o tamanho da unidade primária em um conjunto de dados.
Grão (na reprodução) Fruto de um membro da família gramínea (Poaceae). *Ver também* Pólen.
Graus-dias Medida da soma de temperaturas experimentadas durante um período de tempo específico.
Grupo funcional Grupo de organismos que possuem um conjunto de atributos similares que possibilitam a eles utilizar recursos bióticos ou abióticos de maneira semelhante. *Ver também* Guilda.
Guilda Grupo de organismos que utilizam recursos bióticos ou abióticos de maneira similar. *Ver também* Grupo funcional.
Guilda local Grupo de organismos vivos situados no mesmo local do qual utilizam os recursos.

H

Hábitat Tipo de ambiente habitado em geral por uma espécie ou população ou uma área distinguida por sua comunidade.
Halófito Planta que vive em solo salino.
Hemiparasito Planta que penetra facultativamente* em outras plantas para obter recursos.
Herbivoria Consumo da planta viva inteira ou de parte dela.
Herbivoria crônica Herbivoria que ocorre por períodos longos.
Herdabilidade (h^2) Semelhança entre parentes atribuível à partilha de genes; a quantidade de variação fenotípica em uma população decorrente de variação genética.
Herdabilidade senso amplo Herdabilidade que é atribuída à variação genética total.
Herdabilidade senso estrito Herdabilidade atribuída apenas à variação genética aditiva.
Herdável Que tem uma base genética.
Hermafrodita** Indivíduo que produz simultaneamente gametas masculinos e femininos.
Hermafroditismo sequencial História de vida em que um indivíduo começa seu desenvolvimento com um sexo e, após, muda para o outro.
Heterostilia Um sistema reprodutivo em que indivíduos de uma população têm filetes e estiletes de comprimentos diferentes.
Hibridação Cruzamento entre indivíduos de espécies diferentes.
Hierarquia de tamanho Distribuição de tamanho muito desigual entre indivíduos de uma população ou comunidade.
Higrófito Planta que vive em solo permanentemente úmido.
Hipótese Explicação possível para uma observação particular.
Hipótese da perturbação intermediária Hipótese segundo a qual a diversidade de espécies é mais alta em níveis intermediários de perturbação.
História de vida Programa de natalidade, mortalidade e crescimento de indivíduos em uma população.
Horizonte Camada característica de um solo.
Horizonte cálcico Camada de solo tão dura quanto cimento, formada por uma concentração de cálcio e encontrada em muitos desertos.
***Hotspot* de biodiversidade** Área ameaçada, com diversidade de espécies muito alta.

I

Ígnea De ou referente à rocha de origem vulcânica.
Ilha Área adequada para a sobrevivência e reprodução de uma espécie, circundada por hábitat inadequado.
Iluviação Processo pelo qual material do solo é precipitado (da solução) ou depositado (da suspensão) em uma camada do solo a partir de uma camada sobrejacente.
Imobilização Incorporação de nutrientes aos micro-organismos do solo, tornando-os menos disponíveis para a absorção pelas plantas.
Independente da densidade De ou referente a processos populacionais que variam em função de fatores extrínsecos não-relacionados à densidade populacional.
Índice de area foliar (**IAF**) Área de superfície fotossintética por unidade de área basal.

---

* N. de T. Hemiparasitos são plantas fotossinteticamente ativas, mas que retiram água e nutrientes do xilema da planta hospedeira.
** N. de T. Ver Capítulo 7 (Sexo vegetal).

Índice de competição absoluto (ICA) Uma medida da intensidade de competição.
Índice de competição relativa (ICR) Medida da intensidade de competição. *Ver também* Índice de competição absoluta, Razão em resposta logarítmica.
Índice de eficiência relativa (IER) Medida da diferença no crescimento relativo de duas espécies que crescem em competição entre si.
Índice de vegetação por diferença normalizada (NDVI, *normalized difference vegetation index*) A reflectância relativa da vegetação nos comprimentos de onda do infravermelho próximo e do visível.
Indução fotossintética Tempo de partida necessário para as plantas alcançarem a fotossíntese máxima após exposição à luz brilhante.
Inflorescência Agregação de flores.
Inibição Processo pelo qual espécies sucessionais iniciais diminuem a sobrevivência de espécie sucessionais tardias.
Interação genótipo-ambiente Variação na expressão genética em função do ambiente.
Intervalo de confiança Intervalo numérico dentro do qual um determinado parâmetro tem uma certa probabilidade de ocorrência.
Intervalo de recorrência Tempo médio entre perturbações em um local determinado.
Isobilateral Refere-se a folhas que possuem uma arquitetura interna distinta e simétrica, com parênquima paliçádico em seus lados superior e inferior.
Isolamento reprodutivo Condição em que duas populações são incapazes de compartilhar genes, devido a barreiras ao cruzamento ou inviabilidade da prole.
Iterópara Espécie que se reproduz mais de uma vez em seu tempo de vida.

J

Jackknife Técnica estatística para estimar o viés em uma variância pela deleção sequencial de observações.
Jardim comum Jardim no qual plantas de locais distintos são cultivadas juntas, para saber se as diferenças entre as populações são devidas a diferenças genéticas.

K

Krummholz Árvore ou arbusto atrofiado, presente em regiões alpinas expostas ao vento, próximas à linha das árvores.

L

Latência Atraso em um efeito.
Latência vegetacional Situação em que a mudança na vegetação acontece mais lentamente que a mudança no clima.
Látex Seiva leitosa.*
Lei da redução -3/2 Hipótese segundo a qual a mortalidade dependente da densidade resulta em uma relação consistente de -3/2, em uma escala log-log, entre a massa e o número da população.
Liana Planta trepadeira lenhosa enraizada no solo.
Lignina Composto fenólico que impregna paredes celulares secundárias, proporcionando-lhes resistência.
Limite de atividade Faixa de temperatura em que uma planta funciona eficientemente.
Limite letal Temperatura mais alta ou mais baixa na qual uma planta consegue permanecer viva.
Linha das árvores Demarcação muitas vezes abrupta em altitudes ou latitudes elevadas, que indica onde as árvores são substituídas por vegetação de pequeno porte.
Lixiviação Perda de material da superfície do solo por meio da drenagem da água.
Loess Sedimento fino não-consolidadado, transportado pelo vento.

* N. de T. Para uma definição mais precisa e detalhada, ver Appezzato-da-Glória, B. e Carmello-Guerreiro, S. M. 2006. *Anatomia vegetal*. UFV: Viçosa, MG.

M

Macrofóssil Fóssil grande, como folha, flor, caule ou semente.
Macronutriente Elemento de que as plantas necessitam em quantidades grandes.
Madeira Xilema secundário.
Mancha Área específica, definida arbitrariamente ou, com com frequência, uma área relativamente homogênea ou consistente internamente.
Massa foliar específica Peso seco foliar por unidade de área foliar; também denominada MFE (massa foliar por área foliar) ou peso foliar específico.
Massa seca Massa de uma amostra depois de ela ter perdido toda sua umidade e atingido uma massa constante.
Matéria orgânica Decaimento e material decomposto no solo que provêm de seres vivos.
Material parental Camadas superiores da massa heterogênea que resulta da ação do intemperismo e de outras forças sobre as rochas.
Média ($\bar{x}$) Soma das observações dividida pelo número de observações; termo médio.
Média aritmética Soma de *n* números, dividida por *n*; termo médio.
Média geométrica *N* raiz do produto de *n* números.
Mediana O número mais central de um conjunto ordenado; percentil quinquagésimo
Medida de similaridade Medida da extensão em que duas comunidades compartilham as mesmas espécies, com base na presença ou abundância.
Membrana do estroma Membrana no cloroplasto que conecta pilhas de grana.
Membrana do tilacoide Membrana dupla de um cloroplasto que possui pigmentos fotossintéticos, que consiste em pilhas de grana alternadas com membranas de estroma.
Meristema Grupo de células vegetais indiferenciadas.
Meristema apical Grupo de células vegetais indiferenciadas, no ápice de um caule ou ramo em crescimento.
Meristema axilar Grupo de células vegetais indiferenciadas, na axila da folha ou do caule.
Meristema intercalar Grupo de células vegetais indiferenciadas localizadas entre nós.
Mésico Úmido.
Mesofilo Tecido fotossintético** entre as superfícies superior e inferior da epiderme de uma folha.
Mesófito Planta que vive em solos moderadamente úmidos.
Meta-análise Síntese estatística dos resultados de experimentos independentes.
Metabolismo ácido das crassuláceas (CAM) Forma de fotossíntese em que o CO_2 é captado pela PEP carboxilase e a captação de energia luminosa é separada temporalmente da captação de CO_2.
Metabólito primário Composto necessário para o funcionamento básico de uma planta.
Metabólito secundário *Ver* Composto químico secundário.
Metamórfica De ou referente a rochas modificadas pela ação de elevadas pressões e temperaturas nas partes mais profundas do subsolo.
Metapopulação Grupo de populações ligadas por migração e extinção.
Método científico Processo para obtenção de conhecimento sobre o mundo natural, que consiste em observações, descrições, quantificações, lançamento de hipóteses, teste de hipóteses por meio de experimentos, e verificação, rejeição ou revisão das hipóteses, seguida de re-teste das hipóteses novas ou modificadas.
MFE. *Ver* Massa foliar específica.
Micorriza Simbiose entre um fungo e as raízes de uma planta terrestre.
Micorriza ericoide Simbiose entre um fungo e as raízes de uma planta da família Ericaceae.
Micorriza orquidácea Simbiose entre um fungo e as raízes de uma planta da família Orchidaceae.
Micorrizas arbusculares (MA) Grupo de fungos que crescem no interior de células corticais e de espaços intercelulares de raízes.
Micorrizas vesículo-arbusculares. *Ver* Micorrizas arbusculares.

** N de T. O mesofilo pode ser constituído também de tecidos com células sem cloroplastos, que não realizam, portanto, a fotossíntese.

Microfóssil Fóssil pequeno, como um grão de pólen ou um organismo unicelular.
Micro-hábitat Condições do entorno imediato de um organismo individual.
Micronutriente Nutriente de que as plantas necessitam em quantidades pequenas.
Migração Deslocamento de organismos ou propágulos
Mineralização Conjunto de processos em que os micro-organismos decompõem biomassa em decaimento, liberando carbono como CO_2 e nutrientes sob forma inorgânica.
Modelo Abstração ou simplificação que expressa estruturas ou relações.
Modelo baseado no indivíduo Modelo que consiste em simulações nas quais as propriedades de organismos individuais são modeladas explicitamente.
Modelo de equilíbrio Modelo que assume que o sistema modelado alcança um ponto final estável.
Modelo de não-equilíbrio Modelo que assume que o sistema modulado não alcança um ponto final estável.
Modelo matricial de transição Matriz dos coeficientes das taxas de sobrevivência e reprodução de uma população.
Modelo neutro de biodiversidade e biogeografia Teoria que prevê os padrões de riqueza e abundância local e regional de espécies, utilizando pressuposições simples de taxas de especiação, dispersão e extinção aleatória.
Modelo nulo Modelo que descreve como os dados seria a observaçãode dados se apenas um conjunto especificado de processos aleatórios estivesse operando.
Modular Que tem a estrutura constituída de unidades repetidas (em plantas, nós, órgãos laterais e entrenós).
Monocárpica Espécie que se reproduz uma única vez em seu tempo de vida; termo botânico para semélpara.
Monoica Sistema de expressão sexual em que flores estaminadas e flores pistiladas ocorrem no mesmo indivíduo.
Monturo Acumulação de quantidades grandes de material vegetal em toca de ratos-empacotadores.
Multivariada Que consiste em mais de uma variável.
Muskeg Hábitat de turfeira graminoide com coníferas mirradas e espalhadas.
Mutação Mudança em uma sequência de DNA.
Mutação somática Mutação em uma célula não-produtora de gametas.
Mutualismo Simbiose em que ambos os organismos se beneficiam.

N

Nicho Amplitude de condições ecológicas em que uma espécie vegetal crescerá.
Nicho de regeneração Conjunto de exigências ambientais necessárias para a germinação e o estabelecimento de uma espécie vegetal.
Nicho fundamental Gama de valores ambientais em que uma espécie é fisiologicamente capaz de crescer.
Nicho realizado Amplitude ambiental na qual uma espécie é encontrada.
Nicho temporal Amplitude de tempo em que uma espécie vegetal vive.
Nitrificação Oxidação de amônia a nitrato.
Nó Ponto de proliferação para o desenvolvimento de folhas ou flores.
Núcleo de dispersão Modelo que dá a probabilidade de dispersão a cada distância.
Nutrientes minerais essenciais Nutrientes de que as plantas necessitam para viver e crescer.

O

Obrigatório Necessário.
Obstrução do floema Defesa contra infecção, em que o transporte no floema é bloqueado, impedindo o alastramento do agente infeccioso.
Ordem de solo A categoria mais ampla de um sistema de classificação de solos.
Ordenação Processo que considera pontos distribuídos em um espaço *n*-dimensional e os reduz a um número menor de dimensões.
Oscilação do Sul El Niño (OSEN) Ciclo que dura de 3 a 7 anos de padrões climáticos no Oceano Pacífico, que provoca flutuações globais intensas no tempo.
Osmorregulação Regulação que o próprio organismo realiza do seu potencial hídrico.
Ovário Região portadora de óvulos de um pistilo.
Óvulo* Estrutura esporofítica que contém o gametófito feminino, em espermatófitas.

P

Padrão Conjunto de relações entre peças ou entidades do mundo natural.
Paleoecologia Estudo da ecologia histórica.
Palinologia Estudo de esporos e grãos de pólen.
Pangeia Supercontinente formado por todos os continentes existentes no início da era Mesozoica.
Parasitismo Relação íntima entre dois organismos em que um (o parasito) vive sobre, próximo ou às custas do outro (hospedeiro).
Parte aérea Caule e folhas de uma planta.
Pastador Herbívoro que come gramíneas e outras plantas de pequeno porte.
Patogenicidade Capacidade de um micro-organismo de causar doença em seu hospedeiro.
PEP carboxilase Enzima responsável pela captação inicial de CO_2, na fotossíntese C_4.
Perda de calor latente Perda de energia por meio do processo de conversão de água entre os estados líquido e de vapor.
Perene Espécie vegetal cujo ciclo de vida é completado em mais de um ano.
Perfil do solo Sequência de horizontes que caracteriza um solo.
Perfilho Nó em um rizoma que pode produzir folhas e raízes novas.
Perianto Combinação de pétalas e sépalas de uma flor.
Permafrost Camada do solo permanentemente congelada.
Perturbação Evento relativamente discreto no tempo, que causa mudança abrupta na estrutura de ecossistemas, comunidades ou populações e que altera a disponibilidade de recursos, do substrato ou o ambiente físico.
Peso foliar específico *Ver* Massa foliar específica.
Pesquisa primária Reunião de informação ou achado de fatos ainda desconhecidos.
Pesquisa secundária Reunião de dados ou confirmação de fatos já conhecidos.
pH Logaritmo negativo da concentração de íons H^+.
Pilha de grana Em cloroplastos, grupo de vesículas achatadas e em forma de disco, dotadas de pigmentos fotossintéticos.
Pirogênico Promotor de incêndio.
Planta aquática Espécie vegetal que cresce submersa na água.
Planta em roseta Planta com entrenós curtos ou não-observáveis.
Planta-berçário Planta que aumenta as chances de sobrevivência de uma outra espécie, especialmente em ambientes muito adversos, tal como um deserto.
Plantinha (*plantlet*) Planta pequena criada vegetativamente.
Plasmodesmas Cordões delgados de tecido vivo que formam conexões entre células vegetais.
Plasticidade fenotípica Variação no fenótipo de um único genótipo, causada por influências ambientais.
Pólen Microgametófito; micrósporo que contém um gametófito masculino maduro ou imaturo. Um grão de pólen é um pólen individual.
Policárpica Espécie que se reproduz mais de uma vez em seu tempo de vida.
Polínio Aglutinação de grãos de pólen.
Polinização cruzada Evitação de cruzamento entre espécies aparentadas.
Poliploidia Alteração no número cromossômico devido à duplicação de todo o conjunto de cromossomos.
Ponto de compensação da luz Nível de luz em que o ganho fotossintético iguala a perda respiratória.

* N. de T. Há autores que preferem utilizar a denominação **rudimento seminal** para essa estrutura.

Ponto de murcha permanente Potencial hídrico do solo do qual as plantas não conseguem mais extrair água, tornando-se permanentemente murchas.
Pool Quantidade armazenada de um nutriente ou elemento.
***Pool* de espécies** Espécies disponíveis para colonizar um local, em uma região.
População fonte População que fornece migrantes para outras populações.
População sumidouro (*sink*) Uma população mantida por imigração.
Porcentagem de saturação de bases Proporção da capacidade de troca de cátions ocupada por bases.
Porosidade Volume total de poros no solo e seus tamanhos.
Potencial de pressão Potencial hídrico devido à pressão hidrostática ou pneumática em um sistema.
Potencial gravitacional Potencial hídrico devido à ação da gravidade.
Potencial hídrico Diferença em energia potencial entre água pura e a água em algum sistema.
Potencial mátrico Potencial hídrico devido à força de coesão que liga a água a objetos físicos.
Potencial osmótico Potencial hídrico devido a solutos dissolvidos na água.
Precipitação Quantidade e padrão de queda de água e neve.
Precipitação ácida Precipitação mais ácida do que o normal.
Precisão O quanto uma estimativa se aproxima do valor real.
Predador de semente Herbívoro que consome sementes ou grãos; granívoro.
Probabilidade de extinção Porcentagem de populações replicadas sobre a qual há expectativa de extinção em um período determinado de tempo.
Probabilidade de sobrevivência cumulativa Chance de sobrevivência desde registro inicial até novo censo.
Probabilidade do vizinho mais próximo Probabilidade que dois tipos de hábitat sejam adjacentes.
Produção fotossintética bruta (PFB) Energia total (ou carbono) fixada pelos produtores primários.
Produção líquida do ecossistema (PLE) Acumulação líquida de carbono por um ecossistema ao longo do tempo.
Produção mínima viável (PMV) O menor tamanho necessário para que uma população tenha a probabilidade x de sobreviver n anos.
Produção primária bruta (PPB) Energia total (ou carbono) fixada pelos produtores primários.
Produção primária líquida (PPL) Energia total (ou carbono) fixada pelos produtores primários menos as perdas respiratórias.
Produtividade Quantidade de carbono ou energia transferida de um nível trófico para o próximo, por unidade de área, em um determinado período de tempo.
Produtividade do nitrogênio (A_n) Crescimento por unidade de nitrogênio em uma planta.
Produtividade primária Quantidade de carbono transformada do CO_2 em carbono orgânico, por unidade de área em um determinado período de tempo.
Produto em pé Massa vegetal total acima do solo, em uma área.
Propágulo Semente, unidade reprodutiva vegetativa ou outra estrutura de dispersão.
Propriedade emergente Propriedade que ocorre em um nível de organização como resultado de propriedades e processos que são singulares naquele nível, e não meramente um agregado de propriedades e processos em um nível inferior.
Pteridosperma Grupo extinto de plantas vasculares que se assemelhavam superficialmente às samambaias, mas que se reproduziam por sementes em vez de esporos.
Pubescência Emaranhado de tricomas sobre uma superfície foliar.*

Q

Quadrat Parcela de amostragem.
Queda pelo vento Derrubada de um ramo, de parte de uma árvore, de uma árvore inteira ou de um grupo de árvores.
Queimada controlada Incêndio planejado e proposital; também conhecida como queimada prescrita.
Queimada prescrita Incêndio planejado e executado propositalmente; também chamada de queimada controlada.

R

Radiação de onda longas Radiação em comprimentos de onda superiores a 700 nanômetros.
Radiação de ondas curtas Radiação com comprimentos de onda inferiores a 700 nanômetros.
Radiação fotossinteticamente ativa (PAR, *photosynthetically active radiation*) Comprimentos de onda de luz que podem ser usados na fotossíntese.
Raiz pivotante Raiz que se estende profundamente no solo e que pode também ser espessada e capaz de armazenar alimento.
Raízes adventícias Raízes que se originam de tecido localizado acima da superfície do solo.**
Raízes proteoides Agrupamentos densos de pequenas raízes laterais finas e curtas que produzem ácidos orgânicos ou outros agentes quelantes.
Rameta Unidade de um geneta, potencial e fisiologicamente independente.
Rarefação Método para estimar o número total de espécies em uma área, com base em uma amostra de indivíduos.
Razão em resposta logarítmica (RRL) Medida da intensidade de competição. *Ver também* Índice de competição absoluta, índice de competição relativa.
Razão raiz:parte aérea Razão entre a massa de raízes em relação à massa de tecidos acima do solo.
Reações luminosas Parte da fotossíntese na qual a energia luminosa é captada.
Recrutamento Estabelecimento de plântulas.
Rede micorrízica em comum (RMC) Rede de conexões micorrízicas extensivas que liga plantas de espécies muito diferentes.
Redistribuição hidráulica Redistribuição rápida de água em qualquer direção do solo realizada pelas raízes.
Redução de dimensões Processo de redução de dados multivariados a um número menor de dimensões.
Regime de perturbação Características de perturbações que ocorrem em um determinado ecossistema, em geral, descritas pela intensidade, pelo tamanho e pela frequência.
Regressão (*b*) Medida da relação entre duas variáveis. *Ver também* Correlação.
Regressão múltipla Regressão de uma única variável dependente que coincide com variáveis independentes múltiplas.
Relevé Parcela de amostragem grande e única.
Representação bidimensional Croqui da vegetação ao longo de uma transecção.
Reprodução vegetativa Reprodução pelo crescimento vegetativo de um novo rameta.
Resistência Capacidade de um hospedeiro potencial de evitar herbivoria ou infecção por patógeno.
Resistência induzida Resposta à herbivoria, que fere o herbívoro, protegendo ou não a planta.
Resolução Componente de escala que indica o nível de amostragem ou área representada por cada ponto de dados; também denominada focus.
Respiração celular Processo pelo qual compostos orgânicos são decompostos para liberar energia, por meio do uso de oxigênio e da liberação de CO_2.
Resposta competitiva Resposta de vizinhos ao uso de recursos por um indivíduo.
Resposta genética A parte da seleção natural que consiste na mudança em uma população através de gerações.
Resposta induzida Resposta produzida por um ataque de herbívoro.
Reunião Grupo de organismos filogeneticamente relacionados, que vivam no mesmo local que utilizam recursos bióticos ou abióticos de maneira similar.

---

* N. de T. Além da folha, outros órgãos aéreos podem exibir pubescência.

** N. de T. Nem todas as raízes adventícias têm origem acima da superfície do solo.

Revezamentos florísticos Teoria de sucessão que enfatizava a facilitação de espécies sucessionais tardias por espécies iniciais e a substituição de uma comunidade integrada por uma outra.
Ripário Adjacente a um riacho ou rio.
Riqueza *Ver* Riqueza de espécies.
Riqueza de espécies O número de espécies.
Rizoma Caule horizontal subterrâneo que cresce próximo à superfície do solo.
Rizosfera Ambiente rico em micróbios no entorno imediato das raízes das plantas.
Rubisco RuBP carboxilase/oxigenase; enzima responsável pela captação inicial de CO_2 na fotossíntese C_3 ou ciclo de Calvin.
Rume Compartimento especializado do estômago de alguns mamíferos pastadores.

S

Saco embrionário Megagametófito; grupo de células haploides no óvulo de uma planta florífera, no qual ocorre a fecundação da oosfera e o desenvolvimento do embrião.
Saprófito Planta ou fungo que adquire carbono a partir de detrito orgânico.
Saturação da luz (A_{sat}) Nível de luz em que é alcançada a taxa fotossintética máxima.
Saturação de nitrogênio Deposição de nitrogênio que excede a capacidade de um sistema de utilizá-lo.
Saturado Quando todos os poros do solo estão preenchidos de água.
Sedimentar De ou referente à rocha formada pela deposição e recimentação de material derivado de outra rocha.
Seleção correlativa Tipo de seleção que ocorre quando o padrão de seleção sobre um atributo depende do valor de outro.
Seleção dependente da frequência Tipo de seleção que ocorre quando o desempenho de um genótipo depende da sua presença comum ou rara em uma população.
Seleção direcional Tipo de seleção que ocorre quando os indivíduos com valores mais extremos para um atributo apresentam o desempenho melhor em uma população.
Seleção disruptiva Tipo de seleção que ocorre quando indivíduos com valores elevados e baixos de um atributo têm desempenho melhor do que aqueles com valores intermediários de tal atributo.
Seleção estabilizante Tipo de seleção que ocorre quando indivíduos com valores de atributo intermediários apresentam desempenho melhor em uma população.
Seleção fenotípica Parte da seleção natural que consiste na relação entre variação fenotípica e diferenças em desempenho.
Seleção natural Processo pelo qual indivíduos com características fenotípicas diferentes geram números diferentes de descendentes. *Ver também* Seleção sexual.
Seleção sexual Processo pelo qual indivíduos com características fenotípicas distintas deixam números de descendentes diferentes, decorrentes de diferenças no acesso a cruzamentos e fertilidade. *Ver também* Seleção natural.
Semélpara Espécie que se reproduz uma única vez em seu tempo de vida.
Semélparo perene Indivíduo que vive mais de um ano, mas que se reproduz uma única vez em seu tempo de vida.
Semente Esporófito embrionário embebido em um gametófito feminino e coberto por um ou mais tegumentos derivado do esporófito materno.
Sensibilidade A extensão com que uma mudança absoluta em uma taxa de transição influencia a taxa de crescimento populacional a longo prazo
Sensoriamento remoto Processo de coleta de dados sobre uma entidade de interesse sem estar em contato direto com tal entidade.
Seral De ou referente a uma comunidade vegetal que é parte de uma sequência sucessional.
Série aditiva Um delineamento experimental para testar os efeitos da competição, por meio da alteração da densidade total e da frequência de espécies vizinhas.
Série de solo Designação que se baseia na textura da camada superficial, na topografia, no material parental e na vegetação sob a qual os solos foram formados e definidos em nível regional.
Serotina Retenção de sementes (em cones ou frutos) que são liberadas após exposição ao calor, em geral por incêndio.
Serrapilheira Material vegetal recém caído, parcialmente decomposto.
Simbiose Relação entre dois organismos que interagem intimamente.
Similaridade de composição Grau com que manchas adjacentes compartilham um conjunto similar de espécies em frequências semelhantes.
Sincronismo Variação interanual grande e errática no tamanho de sementes produzidas; essa variação é sincronizada na maioria das plantas de uma população.
Síndrome da polinização Combinação particular de atributos florais associada a um tipo especial de polinizador.
Sinecologia Estudo ecológico de uma comunidade como um todo.
Sistema de Informação Geográfica (SIG) Método para representar as relações entre tipos diferentes de informação geográfica na mesma região.
Sistema radical fasciculado Sistema de raízes que forma uma rede densa.
Sistema reprodutivo Fatores biológicos que governam quem pode cruzar com quem.
Sítio seguro Local favorável para a germinação e o estabelecimento de sementes.
Sobrevivência Chance de sobreviver.
Solo arenoso Solo com mais de 50% de partículas de areia.
Solo argiloso Solo com no mínimo 35% de partículas de argila.
Solo franco Solo com proporções aproximadamente iguais de partículas de areia, silte e argila.
Solo siltoso Solo com mais de 50% de partículas de silte.
Solução do solo A água presente no solo com seus minerais dissolvidos associados.
Sombra de chuva Área na face a sotavento de uma montanha que tende a ter precipitação baixa.
Subtropical De ou referente a uma área que raramente experimenta temperatura baixa, de congelamento.
Sucessão em campo abandonado Sucessão em campos agrícolas abandonados.
Sucessão Mudança direcional na composição e na estrutura da comunidade, ao longo do tempo.
Sucessão primária Sucessão em que as plantas colonizam o substrato que nunca havia sido vegetado.
Sucessão secundária Sucessão em que as plantas colonizam um substrato previamente ocupado por uma comunidade viva.
Sucker Caule de planta lenhosa que nasce de uma gema de raiz junto à superfície do solo.
Suculenta Planta que armazena grandes quantidades de água em folhas, caules ou outros órgãos.
Supercompensação Resposta presumida à herbivoria, que resulta em crescimento maior destas do que o de plantas não-pastejadas.
Superorganismo Visão de acordo com a teoria segundo a qual as comunidades são análogas aos indivíduos, ou seja, elas nascem, desenvolvem-se, crescem e por fim morrem.

T

Tabela de vida Lista de mortalidade estimada, sobrevivência cumulativa e taxas relacionadas de uma coorte.
Tamanho da amostra (*N*) Número de observações em uma amostra.
Tanino Composto fenólico que reduz a digestibilidade de tecidos vegetais.
Taxa de assimilação Taxa em que o CO_2 é absorvido por uma folha.
Taxa de crescimento relativo (TCR) Medida de crescimento em termos de aumento em peso por unidade de tempo, em relação ao peso inicial.
Taxa de lapso adiabático Taxa de resfriamento do ar ascendente.
Taxa estável de crescimento Taxa de crescimento populacional alcançada quando a proporção de indivíduos em cada classe de idade ou de desenvolvimento cessa de mudar.
Taxa reprodutiva líquida (R_o) Número esperado de descendentes que um indivíduo terá durante toda a sua vida.
Taxas vitais Taxas reprodutivas e chances de sobrevivência de indivíduos em uma população.

Táxon (pl. **táxons**) Grupo de organismos que compartilha um ancestral comum.
Temperatura Energia cinética aleatória média das moléculas em uma substância.
Tempo Condições climática imediatas ou de curta duração em um determinada área.
Tempo de retenção A extensão média de tempo que um material permanece em um componente do ecossistema.
Tempo de *turnover* Medida de quão rápido os materiais se deslocam através de um sistema; massa total de um material componente dividida pelo seu fluxo, para dentro ou para fora do sistema.
Tempo médio de residência (**TMR**) Tempo em que uma unidade de um nutriente é retida em uma folha.
Teoria de biogeografia de ilhas Teoria que prevê os padrões de presença e ausência de espécies em ilhas ou hábitats do tipo ilha.
Teoria Explicação ampla e completa de um grande corpo de informação.
Teoria unificada Teoria que consiste em poucas proposições gerais, mas que caracterizam um amplo domínio de fenômenos e da qual pode ser derivada uma série de modelos.
Termo médio ($\bar{x}$) Soma das observações dividida pelo número de observações; média aritmética.
Terpeno Composto constituído de múltiplas unidades de isopreno (C_5H_8).
Tetraploide Que tem o dobro do número comum de cromossomos (4*N*).
Textura do solo Proporções relativas de partículas de areia, silte e argila em um solo.
Tipo de comunidades Grupo de comunidades que compartilham as mesmas espécies dominantes.
Tipo de solo Designação fundamentada na textura da camada superficial, na topografia, no material parental e na vegetação sob a qual os solos foram formados e definidos em nível de paisagem.
Tolerância Processo pelo qual espécies sucessionais iniciais não aumentam nem diminuem a sobrevivência de espécies sucessionais tardias; a capacidade de uma planta de manter seu desempenho quando consumida por um herbívoro ou infectada por um patógeno.
Tolerante à seca Que tem a capacidade de viver e crescer mesmo sob potencial hídrico muito baixo.
Trade-off Uma situação em que havendo aumento de uma característica de um organismo há necessidade de decréscimo de outra característica.*
Transecção Linha ao longo da qual são tomadas as amostras.
Traqueíde Tipo de célula alongada que forma o tecido condutor de água em plantas vasculares primitivas.
Tricoma Um pelo vegetal unicelular.**
Troca de calor latente Transferência de energia no processo de conversão de água entre os estados líquido e de vapor.
Troca de calor sensível Troca de energia que resulta em uma mudança de temperatura.
Troca líquida do ecossistema (**NEE, *net ecosystem exchange***) Transferência líquida de CO_2 para dentro ou para fora de um ecossistema.
Tundra Bioma de altitudes ou latitudes elevadas, dominado por plantas herbáceas por causa da temperatura demasiadamente baixa para o crescimento de árvores.
Turnover (de espécies ao longo de um gradiente) Número médio de espécies que aparecem e desaparecem, à medida que se passa de uma comunidade para a próxima ao longo de um gradiente.

U

Umidade relativa Vapor d'água no ar como uma porcentagem da quantidade no ar inteiramente saturado à mesma temperatura.
Univariada Referente a uma variável única.
Urzal Tipo de vegetação dominado por arbustos de pequeno porte da família Ericaceae.

V

Valor característico Autovalor.
Valor de importância (**VI**) Soma da cobertura relativa, densidade relativa e frequência relativa de uma espécie em uma comunidade.
Valor reprodutivo Contribuição de descendência que um indivíduo no estágio *x* deixará para a próxima geração antes de morrer.
Variância A média do quadrado dos desvios de cada observação em relação à média. *Ver também* Desvio-padrão.
Vaso Tecido responsável pelo transporte de água na planta.
Ventos do oeste Ventos que se deslocam de oeste para leste, de 30ºN e 30ºS em direção aos Polos.
Ventos do oeste Ventos que se movem de 30ºN e 30ºS em direção ao Equador; de nordeste para sudoeste no Hemisfério Norte; e de sudeste para noroeste no Hemisfério Sul.
Verdade de campo Teste de confiabilidade de dados de sensoriamento remoto por medições de campo.
Vernalização Aceleração da germinação ou do florescimento por exposição a temperaturas baixas.
Vetor característico Autovetor.
Viés de amostragem Desvio no valor estimado para a amostra em relação ao valor verdadeiro, devido a causas tendenciosas.
Vivípara Planta que germina sobre a planta-mãe.
Vórtice Padrão circular amplo de circulação oceânica.

X

Xérico Seco
Xerófito Espécie vegetal que vive em regiões com secas frequentes ou prolongadas.
Xilema Tecido que transporta água em uma planta vascular.

Z

Zona de transição Área de contato entre duas comunidades, regiões ou biomas.

---

* N. de T. Considerando tal definição, talvez o correspondente mais adequado para *trade-off* seja a palavra **compensação**, a qual não foi adota por ter sido já empregada no contexto de herbivoria (ver anteriormente). Evitou-se, portanto, a utilização de um termo com dois significados distintos.

** N. de T. Dependendo do tipo, os tricomas podem ser desde unicelulares até multicelulares.

Imagens: pessoas e instituições cedentes

Os autores agradecem e reconhecem os seguintes profissionais por fornecer as figuras dos cientistas que aparecem ao longo desta obra.

Martyn Caldwell, p. 23, photo by Donna Chambers, courtesy of Martyn Caldwell
Hal Mooney, p. 40, photo by Barbara Lilley, courtesy of Hal Mooney
Edith Shreve, p. 49 and Forrest Shreve, p. 51 courtesy of Tade Orr and Jan Bowers of the US Geological Survey Tumamoc Hill Project Office
Park Nobel, p. 68 courtesy of Park Nobel
Hal Caswell, p. 102 photo by Christine Hunter, courtesy of Hal Caswell
Jonathon Silvertown, p. 121 photo by Jennifer Thaler, courtesy of Jonathon Silvertown
D. Lawrence Venable, p. 122 photo by Judith X. Becerra, courtesy of Lawrence Venable
John Harper, p. 142 courtesy of J. Harper
Mary Willson, p. 173 courtesy of Mary Willson
Carol Augspurger, p. 180 courtesy of Carol Augspurger
J. Philip Grime, p. 191 photo by Glynn Woods, courtesy of Philip Grime
Carlos M. Herrera, p. 196 photo by Dori Ramirez, courtesy of Carlos Herrera
Eddy van der Maarel, p. 246 courtesy of Opulus Press AB, Länna, Sweden
Arthur Tansley, p. 264 courtesy of the American Environmental Photographs Collection, Special Collections of the University of Chicago
Frederic and Edith Clements, p. 206 courtesy of The American Heritage Center, University of Wyoming
Henry A. Gleason, p. 208 courtesy of The LuEsther T. Mertz Library of The New York Botanical Garden, Bronx
Robert H. Whittaker, p. 208 courtesy of Thomas Wentworth
Steward T. A. Pickett, p. 286 photo by Jill Cadwallader, courtesy of Steward Pickett
Peter Grubb, p. 232 courtesy of David Coomes
Henry C. Cowles, p. 296 courtesy of the American Environmental Photographs Collection, Special Collections of the University of Chicago
David Tilman, p. 322 photo by Nancy Larson, courtesy of David Tilman
Edward O. Wilson, p. 379 photo by Jon Chase, courtesy of E. O. Wilson
E. Lucy Braun, p. 418 courtesy of Ronald Stuckey
John Curtis, p. 454 courtesy of the University of Wisconsin Arboretum, Madison
Margaret Davis, p. 480 courtesy of Margaret Davis
William Laurance, p. 511 courtesy of Susan Laurence

Os autores também agradecem os seguintes colegas que forneceram os originais das ilustrações desta obra.

Wayne Armstrong, Palomar College
Robin Chazdon, University of Connecticut, Storrs
Kenneth Cole, U.S. Geological Survey
Scott Collins, National Science Foundation
Timothy Craig, University of Minnesota, Duluth
Peter Curtis, Ohio State University
Thomas Eisner, Cornell University
David Hooper, Western Washington University
Peter Jorgensen, Missouri Botanical Garden, St. Louis
Walter Judd, University of Florida
Susan Kalisz, University of Pittsburgh
Colleen Kelly, University of Southampton, U.K.
Alan Knapp, Kansas State University
Brian Lange, Northern Illinois University
Svata Louda, University of Nebraska, Lincoln
Jeffry Mitton, University of Colorado
Robert Peet, University of North Carolina, Chapel Hill
Pamela O'Neil, University of New Orleans
Elizabeth Orians, Seattle, Washington
Chris Ray, University of California, Davis
Mark Rees, Imperial College of Science, Technology and Medicine, U.K.
Robert Robichaux, University of Arizona
Kayla Scheiner, Arlington, Virginia
Johanna Schmitt, Brown University
Susan Schwinning, University of Arizona
Allison Snow, Ohio State University
Maureen Stanton, University of California, Davis
James Teeri, University of Michigan, Ann Arbor
John Thomson, University of Toronto
Raymond Turner, United States Geological Survey (ret.)
Lawrence Walker, University of Nevada, Las Vegas
Kathy Whitley, University of South Florida
John Worrall, University of British Columbia

Referências

A

Aber, J. D. 1992. Nitrogen cycling and nitrogen saturation in temperate forest ecosystems. *Trends Ecol. Evol.* 7:220-223.

Aber, J. D., W. McDowell, K. Nadelhoffer, A. Magill, G. Berntson, M. Kamekea, S. McNulty, W. Currie, L. Rustad and I. Fernandez. 1998. Nitrogen saturation in temperate forest ecosystems: hypotheses revisited. *Bioscience* 48:921-934.

Abraham, K. E and R. L. Jefferies. 1997. High goose populations: causes, impacts and implications. In *Arctic Ecosystems in Peril: Report of the Arctic Goose Habitat Working Group*, B. J. Batt (ed.), pp. 7–72. U.S. Fish and Wildlife Service, Washington, DC.

Abrams, P. A. 1988. Resource productivity-consumer species diversity: simple models of competition in spatially heterogeneous environments. *Ecology* 69:1418-1433.

Abrams, P. A. 1995. Monotonic or unimodal diversity-productivity gradients: what does competition theory predict? *Ecology* 76:2019-2027.

Adler, L. S., R. Karban and S. Y. Strauss. 2001. Direct and indirect effects of alkaloids on plant fitness via herbivory and pollination. *Ecology* 82:2032-2044.

Adler, P. B. and W. K. Lauenroth. 2003. The power of time: spatiotemporal scaling of species diversity. *Ecol. Letters* 6:749-756.

Adler, P. B., E. P. White, W. K. Lauenroth, D. M. Kaufman, A. Rassweiler and J. A. Rusak. 2005. Evidence for a general species-time-area relationship. *Ecology* 86:2032-2039.

Aerts, R. 1995. The advantages of being evergreen. *Trends Ecol. Evol.* 10:402-407.

Aerts, R. 1999. Interspecific competition in natural plant communities: mechanisms, trade-offs and plant-soil feedbacks. *J. Exper. Bot.* 50:29-37.

Aerts, R. and F. Berendse. 1988. The effect of increased nutrient availability on vegetation dynamics in wet heathlands. *Vegetatio* 76:63-69.

Aerts, R., F. Berendse, H. de Caluwe and M. Schmitz. 1990. Competition in heathland along an experimental gradient of nutrient availability. *Oikos* 57:310-318.

Aerts, R. and F. S. Chapin III. 2000. The mineral nutrition of wild plants revisited: a reevaluation of processes and patterns. *Adv. Ecol. Res.* 30:1-67.

Agrawal, A. A. 2000. Benefits and costs of induced plant defense for *Lepidium virginianum* (Brassicaceae). *Ecology* 81:1804-1813.

Ågren, G. I. 2004. The C:N:P stoichiometry of autotrophs-theory and observations. *Ecol. Letters* 7:185-191.

Alcántara, J. M. and P. J. Rey. 2003. Conflicting selection pressures on seed size: evolutionary ecology of fruit size in a bird-dispersed tree, *Olea europaea*. *J. Evol. Biol.* 16:1168-1176.

Allan, H. H. 1961. *Flora of New Zealand*, vol. 1. Government Printer, Wellington, NZ.

Allen, T. F. H., G. Mitman and T. W. Hoekstra. 1993. Synthesis mid-century: J. T. Curtis and the continuum concept. In *John T. Curtis Fifty years of Wisconsin plant ecology*, J. S. Fralish, R. P. Mclntosh and O. L. Loucks (eds.), pp. 123-143. Wisconsin Academy of Sciences, Arts & Letters, Madison, WI, USA.

Alexander, H. M., N. A. Slade and W. D. Kettle. 1997. Application of mark-recapture models to estimate the population size of plants. *Ecology* 78:1230-1237.

Anagnostakis, S. L. 1992. Measuring resistance of chestnut trees to chestnut blight. *Can. J. For. Res.* 22:568-571.

Anagnostakis, S. L. and R. L. Doudrick. 1997. Mapping resistance to blight in an interspecific cross in the genus *Castanea* using morphological, isozyme, RFLP, and RAPD markers. *Phytopathology* 87:751-759.

Antonovics, J. 1968. Evolution in closely adjacent plant populations. V. Evolution of self-fertility. *Heredity* 23:219-238.

Antonovics, J. and A. D. Bradshaw. 1970. Evolution in closely adjacent plant populations. VIII. Clinal patterns at a mine boundary. *Heredity* 25:349-362.

Archibald, E. E. A. 1949. The specific character of plant communities. II. A quantitative approach. *J. Ecol.* 37:260-274.

Armesto, J. J. and S. T. A. Pickett. 1985. Experiments on disturbance in old-field plant communities: Impact on species richness and abundance. *Ecology* 66:230-240.

Armstrong, R. A. and R. McGehee. 1980. Competitive exclusion. *Am. Nat.* 115:151-170.

Arrhenius, O. 1921. Species and area. *J. Ecol.* 9:95-99.

Arrhenius, S. 1918. *The Destinies of the Stars.* G. P. Putnam's and Sons, New York, NY.

Arris, L. L. and P. S. Eagleson. 1989. Evidence of a physiological basis for the boreal-deciduous forest ecotone in North America. *Vegetatio* 82:55-58.

Augspurger, C. K. 1984. Seedling survival of tropical tree species—interactions of dispersal distance, light-gaps, and pathogens. *Ecology* 65:1705-1712.

Augspurger, C. K. 1988. Impact of pathogens on natural plant populations. In *Plant Population Ecology*, A. J. Davy, M. J. Hutchings and A. R. Watkinson (eds.), pp. 413-433. Blackwell, Oxford.

Augspurger, C. K. and S. E. Franson. 1987. Wind dispersal of artificial fruits varying in mass, area, and morphology. *Ecology* 68:27-42.

Augustine, D. J. and D. A. Frank. 2001. Effects of migratory grazers on spatial heterogeneity of soil nitrogen properties in a grassland ecosystem. *Ecology* 82:3149-3162.

Austerlitz, F. C., C. Dick, C. Dutech, E. K. Klein, S. Oddou-Muratorio, P. E. Smouse and V. L. Sork. 2004. Using genetic markers to estimate the pollen dispersal curve. *Molecular Ecology* 13:937-954.

Austin, M. P. 1977. Use of ordination and other multivariate descriptive methods to study succession. *Vegetatio* 35:165-175.

Austin, M. P. and L. Belbin. 1982. A new approach to the species classification problem in floristic analysis. *Aust. J. Ecol.* 7:75-89.

Averett, J. M., R. A. Klips and P. S. Curtis. 2002. Reverse fertilization reduces cover of weedy species in tallgrass prairie restoration (Ohio). *Ecol. Restor.* 20:127.

Averett, J. M., R. A. Klips, L. Nave, S. D. Frey and P. S. Curtis. 2004. The effects of soil carbon amendment on nitrogen availability and plant growth in an experimental tallgrass prairie restoration. *Restoration Ecology* 12:567-573.

B

Baer, S. G., J. M. Blair, S. L. Collins and A. K. Knapp. 2003. Soil resources regulate productivity and diversity in newly established tallgrass prairie. *Ecology* 84:724-735.

Bailey, J. P., L. E. Child and M. Wade. 1995. Assessment of the genetic variation and spread of British populations of *Fallopia japonica* and its hybrid *Fallopia x bohemica*. In *Plant Invasions*, P. Pysek, M. Prach, M. Rejmánek and M. Wade (eds.), pp. 141-150. SPB Academic Publishing, Amsterdam.

Bais, H. P, R. Vepachedu, S. Gilroy, R. M. Callaway and J. M. Vivanco. 2003. Allelopathy and exotic plant invasion: from molecules and genes to species interactions. *Science 301:1377-1380.*

Baker, H. G. 1972. Seed mass in relation to environmental conditions in California. *Ecology* 53:997-1010.

Baker, H. G. and G. L. Stebbins. 1965. *The Genetics of Colonizing Species*. Academic Press, New York, NY.

Baldwin, I. T. 1988. The alkaloidal responses of wild tobacco to real and simulated herbivory. *Oecologia* 77:378-381.

Baldwin, I. T. 1991. Damage-induced alkaloids in wild tobacco. In *Phytochemical Induction by Herbivores,* D. W. Tallamy and M. J. Raupp (eds.), pp. 47-69. John Wiley, New York, NY.

Balzter, H., P. W. Braun and W. Kohler. 1998. Cellular automata models for vegetation dynamics. *Ecol Model.* 107:113-125.

Banovetz, S. J. and S. M. Scheiner. 1994. Effects of seed size on the seed ecology of *Coreopsis lanceolata. Amer. Midl. Nat.* 131:65-74.

Barberis, I. M. and E. V. J. Tanner. 2005. Gaps and root trenching increase tree seedling growth in Panamanian semi-evergreen forest. *Ecology* 86:667-674.

Barbour, M. G., J. H. Burke and W. D. Pitts. 1987. *Terrestrial Plant Ecology,* 2nd ed. Benjamin/Cummings Publishing Company, Menlo Park, CA.

Barnola, J. M., D. Raynaud, C. Lorius and N. I. Barkov. 1999. Historical CO_2 record from the Vostok ice core. Trends Online: A Compendium of Data on Global Change. Carbon Dioxide Information Analysis Center, Oak Ridge National Laboratory, U.S. Department of Energy. [http://cdiac.esd.ornl.gov/trends/co2/vostok.htm].

Barrett, S. C. H. and L. D. Harder. 1996. Ecology and evolution of plant mating. *Trends Ecol. Evol.* 11:73-79.

Barrett, S. C. H., C. G. E. Eckert and B. C. Husband. 1993. Evolutionary processes in aquatic plant populations. *Aquatic Botany* 44:105-145.

Bartholemew, B. 1970. Bare zones between California shrub and grassland communities: the role of animals. *Science* 170:1210-1212.

Barthlott, W., W. Lauer and A. Placke. 1996. Global distribution of species diversity in vascular plants: towards a world map of phytodiversity. *Erdkunde* 50:317-327.

Barthlott, W., J. Mutke, M. D. Rafiqpoor, G. Kier and H. Kreft. 2005. Global centres of vascular plant diversity. *Nova Acta Leopoldina* 92:61-83.

Bartlett, J. G., D. M. Mageean and R. J. O'Conner. 2000. Residential expansion as a continental threat to U.S. Coastal Ecosystems. *Population and Environment* 21:429-68.

Bateman, R. M., P. R. Crane, W. A. DiMichele, P. R. Kenrick, N. P. Rowe, T. Speck and W. E. Stein. 1998. Early ecology of land plants: phylogeny, physiology, and ecology of the primary terrestrial radiation. *Ann. Rev. Ecol. Syst.* 29:263-292.

Batty, A. L., K. W. Dixon, M. Brundrett and K. Sivasithamparam. 2001. Constraints to symbiotic germination of terrestrial orchid seed in a mediterranean bushland. *New Phytol.* 152:511-520.

Beard, J. S. 1946. The mora forests in Trinidad, British West Indies. *J. Ecol.* 33:173-192.

Behrensmeyer, A. K., J. D. Damuth, W. A. DiMichele, R. Potts, H.-D. Sues and S. L. Wing. 1992. *Terrestrial Ecosystems Through Time: Evolutionary Paleoecology of Terrestrial Plants and Animais.* University of Chicago Press, Chicago, IL.

Bélisle, M. 2005. Measuring landscape connectivity: the challence of behavioral landscape ecology. *Ecology* 86:1988-1995.

Bellamare, J., G. Motzkin and D. R. Foster. 2002. Legacies of the agricultural past in the foested present: an assessment of historical land-use effects on rich mesic forests. *J. Biogeogr.* 29:1401-1420.

Belsky, A. J. 1986. Does herbivory benefit plants? A review of the evidence. *Am. Nat.* 127:870-892.

Belsky, A. J., W. P. Carson, C. L. Jensen and G. A. Fox. 1993. Overcompensation by plants: herbivore optimization or red herring? *Evol. Ecol.* 7:109-121.

Benitez-Malvido, J. and A. Lemus-Albor. 2005. The seedling community of tropical rain forest edges and its interaction with herbivores and pathogens. *Biotropica* 37:301-313.

Berendse, F, N. Van Breemen, H. Rydin, A. Buttler, M. Heijmans, M. R. Hoosbeek, J. A. Lee, E. Mitchell, T. Saarinen, H. Vasander and B. Wallen. 2001. Raised atmospheric CO_2 levels and increased N deposition cause shifts in plant species composition and production in *Sphagnum* bogs. *Global Change Biol.* 7:591-598.

Bertness, M. D. and R. Callaway. 1994a. Positive interactions in communities. *Trends Ecol. Evol.* 9:191-193.

Bertness, M. D. and R. Callaway. 1994b. Positive interactions in communities. *Trends Ecol. Evol.* 9:191-193.

Betancourt, J. L., T. R. Van Devender and P. S. Martin. 1990. *Packrat Middens: The Last 40,000 Years of Biotic Change.* The University of Arizona Press, Tucson, AZ.

Bever, J. D. 2002. Negative feedback within a mutualism: host-specific growth of mycorrhizal fungi reduces plant benefit. *Proc. Royal Soc. London Series B* 269:2595-2601.

Bever, J. D. 2003. Soil community dynamics and the coexistence of competitors: conceptual frameworks and empirical tests. *New Phytol.* 157:465-473.

Bever, J. D., P. A. Schultz, R. M. Miller, L. Gades and J. D. Jastrow. 2003. Inoculation with prairie mycorrhizal fungi may improve restoration of native prairie plant diversity. *Ecol. Restor.* 21:311-312.

Bewley, J. D. and M. Black. 1985. *Seeds Physiology of Development and Germination.* Plenum, New York, NY.

Bierregaard, R. O., Jr., T. E. Lovejoy, V. Kapos, A. A. dos Santos and R. W. Hutchings. 1992. The biological dynamics of tropical forest fragments. *Bioscience* 42:859-866.

Bierzychudek, P. 1982. The demography of Jack-in-the-pulpit, a forest perennial that changes sex. *Ecol. Monogr.* 53:335-351.

Bigger, D. S. and M. A. Marvier. 1998. How different would a world without herbivory be? A search for generality in ecology. *Integrative Biology* 1:60-67.

Billings, W. D. and H. A. Mooney. 1968. The ecology of arctic and alpine plants. *Biol. Rev.* 43:481-529.

Biondini, M. E., A. A. Steuter and C. E. Grygiel. 1989. Seasonal fire effects on the diversity patterns, spatial distribution and community structure of forbs in the Northern Mixed Prairie, USA. *Vegetatio* 85:21-31.

Björkman, O. 1968. Further studies on differentiation of photosynthetic properties in sun and shade ecotypes of *Solidago virgaurea. Physiol. Plant.* 21:84-99.

Björkman, O. and P. Holmgren. 1966. Photosynthetic adaptation to light intensity in plants native to shaded and exposed habitats. *Physiol. Plant.* 19:854-859.

Blair, A. C. and L. M. Wolfe. 2004. The evolution of an invasive plant: an experimental study with *Silene latifolia. Ecology* 85:3035-3042.

Blair, A. C., B. D. Hanson, G. R. Brunk, R. A. Marrs, P. Westra, S. J. Nissen and R. A. Hofbauer. 2005a. New techniques and findings in the study of a candidate allelochemical implicated in invasion success. *Ecol. Letters* 8:1039-1047.

Blair, A. C., B. D. Hanson, G. R. Brunk, R. A. Marrs, P. Westra, S. J. Nissen and R. A. Hofbauer. 2005b. New techniques and findings in the study of a candidate allelochemical implicated in invasion success. *Ecol. Letters* 8:1039-1047.

Bleeker, W. 2003. Hybridization and *Rorippa austiaca* (Brassicaceae) invasion in Germany. *Molecular Ecology* 12:1831-1841.

Bleeker, W. and A. Matthies. 2005. Hybrid zones between invasive *Rorippa austriaca* and native *R. sylvestris* (Brassicaceae) in Germany: ploidy levels and patterns of fitness in the field. *Heredity* 94:664-670.

Blumenthal, D. 2005. Interrelated causes of plant invasion. *Science* 310:243-244.

Boahene, K. 1998. The challenge of deforestation in tropical Africa: reflections on its principal causes, consequences and solutions. *Lana Degrad. Devel.* 9:247-258.

Boege, K. and R. J. Marquis. 2005. Facing herbivory as you grow up: the ontogeny of resistance in plants. *Trends Ecol. Evol.* 20:441-448.

Bonal, D. and J.-M. Guehl. 2001. Contrasting patterns of leaf water potential and gas exchange responses to drought in seedlings of tropical rainforest species. *Func. Ecol.* 15:490-496.

Booth, M. G. 2004. Mycorrhizal networks mediate overstorey-understorey competition in a temperate forest. *Ecol. Letters* 7:538-546.

Booth, R. E. and P. J. Grime. 2003. Effects of genetic impoverishment on plant community diversity. *J. Ecol.* 91:721-730.

Borchert, R. 1994. Soil and stem water storage determine phenology and distribution of tripical dry forest trees. *Ecology* 75:1437-1449.

Bormann, F. H. and G. E. Likens. 1979. *Pattern and Process in a Forested Ecosystem.* Springer-Verlag, New York, NY.

Bowden, C. 1993. *The Secret Forest.* University of New Mexico Press, Albuquerque, NM.

Bowers, M. A. and C. F. Sacchi. 1991. Fungal mediation of a plant herbivore interaction in an early successional plant community. *Ecology* 72:1032-1037.

Boyce, M. S. 1984. Restitution of *r*- and *K*-selection as a model of density-dependent natural selection. *Ann. Rev. Ecol. Syst.* 15:427-447.

Boyden, S., D. Binkley and R. Senock. 2005. Competition and facilitation between *Eucalyptus* and nitrogen-fixing *Falcataria* in relation to soil fertility. *Ecology* 86:992-1001.

Bradshaw, A. D. 1965. Evolutionary significance of phenotypic plasticity in plants. *Adv. Genet.* 13:115-155.

Bradshaw, H. D., Jr. and D. W. Schemske. 2003. Allele substitution at a flower colour locus produces a pollinator shift in monkeyflowers. *Nature* 426:176-178.

Bradshaw, H. D., Jr., S. M. Wilbert, K. G. Otto and D. W. Schemske. 1995. Genetic mapping of floral traits associated with reproductive isolation in monkeyflowers *(Mimulus).* Nature 376. 762-765.

Bradshaw, H. D., Jr., K. G. Otto, B. E. Frewen, J. K. McKay and D. W. Schemske. 1998. Quantitative trait loci affecting differences in floral morphology between two species of monkeyflower *(Mimulus). Genetics* 149:367-382.

Braun, E. L. 1950. *Deciduous Forests of Eastern North America.* Blakiston Co., Philadelphia, PA.

Braun-Blanquet, J. 1932. *Plant Sociology.* McGraw-Hill, New York, NY.

Bray, J. R. 1955. The savanna vegetation of Wisconsin and an application of the concepts order and complexity to the field of ecology. Ph.D. Dissertation. University of Wisconsin, Madison, WI.

Bray, J. R. and J. T. Curtis. 1957. An ordination of the upland forest communities of southern WI. *Ecol. Monogr.* 27:325-349.

Breck, S. W. and S. H. Jenkins. 1997. Use of an ecotone to test the effects of soil and desert rodents on the distribution of Indian ricegrass. *Ecography* 20:253-263.

Broecker, W. S. 1991. The great ocean conveyor. *Oceanography* 4:79-89.

Brokaw, N. V. L. 1985. Treefalls, regrowth, and community structure in tropical forests. In *The Ecology of Natural Disturbance and Patch Dynamics,* S. T. A. Pickett and P. S. White (eds.), pp. 53-69. Academic Press, Orlando, FL.

Brokaw, N. and R. T. Busing. 2000. Niche versus chance and tree diversity in forest gaps. *Trends Ecol. Evol.* 15:183-188.

Brown, B. A. and M. T. Clegg. 1984. Influence of flower color polymorphism on genetic transmission in a natural population of the common morning glory, *Ipomoea purpurea. Evolution* 38:796-803.

Brown, J. H. 1984. On the relationship between abundance and distribution of species. *Am. Nat.* 124:255-279.

Brown, J. H. 1988. Species diversity. In *Analytical Biogeography,* A. Myers and R. S. Giller (eds.), pp. 57-89. Chapman and Hall, London, UK.

Brown, J. H. 1995. *Macroecology.* University of Chicago Press, Chicago, IL.

Brown, J. H. 1999. Macroecology: progress and prospect. *Oikos* 87:3-14.

Brown, J. H. and A. Kodric-Brown. 1977. Turnover rates in insular biogeography: effect of immigration on extinction. *Ecology* 58:445-449.

Brown, J. H. and M. V. Lomolino. 1998. *Biogeography,* 2nd ed. Sinauer Associates, Inc., Sunderland, MA.

Brown, J. H. and J. C. Munger. 1985. Experimental manipulation of a desert rodent community - food addition and species removal. *Ecology* 66:1545-1563.

Brown, J. H., T. J. Valone and C. G. Curtin. 1997. Reorganization of an arid ecosystem in response to recent climate change. *Proc. Nat. Acad. Sci.* 94:9729-9733.

Brown, J. S. and D. L. Venable. 1991. Life history evolution of seed-bank annuals in response to seed predation. *Evol. Ecol.* 5:12-29.

Brown, K. and F. Ekoko. 2001. Forest encounters: synergy among agents of forest change in Southern Cameroon. *Soc. Nat. Resources* 14:269-290.

Brown, K. A. and J. Gurevitch. 2004. Long-term impacts of logging on forest diversity in Madagascar. *Proc. Nat. Acad. Sci.* 101:6045-6049.

Brown, N. D. and S. Jennings. 1998. Gap-size niche differentiation by tropical rainfroest trees: a testable hypothesis or a broken-down bandwagon? In *Dynamics of Tropical Communites,* D. M. Newbery and N. D. Brown (eds.), pp. 79-94. Blackwell Science, Oxford, UK.

Brown, R. W. and F. W. Davis. 1991. Historic mortality of valley oak in the Santa Ynez Val-ley, Santa Barbara County, CA. In *Proceedings of the Symposium on Oak Woodlands and Hard-wood Rangeland Management,* R. Standiford (ed.), pp. 202-207. USDA Forest Service Gen-eral Technical Report PSW-126, Albany, CA.

Brown, V. K. and A. C. Gange. 1992. Secondary plant succession - how is it modified by insect herbivory? *Vegetatio* 101:3-13.

Bruna, E. M. and M. K. Oli. 2005a. Demographic effects of habitat fragmentation on a tropical herb: Life-table response experiments. *Ecology* 86:1816-1824.

Bruna, E. M. and M. K. Oli. 2005b. Demographic effects of habitat fragmentation on a tropical herb: life-table response experiments. *Ecology* 86:1816-1824.

Brundrett, M. 1991. Mycorrhizas in natural ecosystems. *Adv. Ecol. Res.* 21:171-313.

Bryant, J., F. S. Chapin III and D. Klein. 1983. Carbon/nutrient balance of boreal plants in relation to vertebrate herbivory. *Oikos* 40:357-368.

Bryden, H. L., H. R. Longworth and S. A. Cunningham. 2005. Slowing of the Atlantic meridional overturning circulation at 25°N. *Nature* 438:655-657.

Bucci, S. J., G. Goldstein, F. C. Meinzer, A. C. Franco, P. Campanello and F. G. Scholz. 2005. Mechanisms contributing to seasonal homeostasis of minimum leaf water potential and predawn disequilibrium between soil and plant water potential in neotropical savanna trees. *Trees Struc. Funct.* 19:296-304.

Buchanan, B. B., W. Gruissem and R. L. Jones. 2002. *Biochemistry and Molecular Biology of Plants.* American Society of Plant Physiologists, Rockville, MD.

Buckley, Y. M., H. L. Hinz, D. Matthies and M. Rees. 2001. Interactions between density-dependent processes, population dynamics and control of an invasive plant species, *Triplospermum perforatum* (scentless chamomile). *Ecol. Letters* 4:551-558.

Buckley, Y. M., D. T. Briese and M. Rees. 2003. Demography and management of the invasive plant species *Hypericum perforatum.* II. Construction and use of an individual-based model to predict population dynamics and the effects of management strategies. *J. Appl. Ecol.* 40:494-507.

Buckman, H. O. and N. C. Brady. 1969. *The Nature and Properties of Soils,* 7th ed. Macmillan, New York, NY.

Burgman, M. A. 1989. The habitat volumes of scarce and ubiquitous plants: a test of the model of environmental control. *Am. Nat.* 113:228-239.

Burgman, M. A., D. B. Lindenmayer and J. Elith. 2005. Managing landscapes for conservation under uncertainty. *Ecology* 86:2007-2017.

Burley, N. and M. F. Willson. 1983. *Mate Choice in Plants.* Princeton University Press, Princeton, NJ.

Burney, D. A., G. S. Robinson and L. P. Burney. 2003. *Sporormiella and the late Holocene extinctions in Madagascar.* Proc. Nat. Acad. Sci. *100:10800-10805.*

Burnham, C. R. 1988. The restoration of the American chestnut. *Amer. Sci.* 76:478-487.

Burnham, R. J. and A. Graham. 1999. The history of neotropical vegetation: new developments and status. *Ann. Mo. Bot. Gard.* 86:546-589.

Busing, R. T. and P. S. White. 1997. Species diversity and small-scale disturbance in an old-growth temperate forest: a consideration of gap partitioning concepts. *Oikos* 78:562-568.

C

Cadenasso, M. L. and S. T. A. Pickett. 2001. Effects of edge structure on the flux of species into forest interiors. *Cons. Biol.* 15:91-97.

Caicedo, A. L., J. Stinchcombe, K. M. Olsen, J. Schmitt and M. D. Purugganan. 2004. Epistatic interaction between the *Arabidopsis* FRI and FLC flowering time genes establishes a latitudinal cline in a life history trait. Proc. *Nat. Acad. Sci.* 101:15670-15675.

Cain, S. A. 1934. Studies of virgin hardwood forest: II, A comparison of quadrat sizes in a quantitative phytosociological study of Nash's Woods, Posey County, Indiana. *Amer. Midl. Nat.* 15:529-566.

Caldwell, M. M. 1968. Solar untraviolet radiation as an ecological factor for alpine plants. Ecol. *Monogr.* 38:243-268.

Caley, M. J. and D. Schluter. 1997. The relationship between local and regional diversity. *Ecology* 78:70-80.

Callaway, R. M. and E. T. Aschehoug. 2000. Invasive plants versus their new and old neighbors: a mechanism for exotic invasion. *Science* 290:521-523.

Callaway, R. M. and W. M. Ridenour. 2004. Novel weapons: invasive success and the evolution of increased competitive ability. *Front. Ecol. Envir.* 2:436-443.

Campbell, G. S. 1977. *An Introduction to Environmental Biophysics.* Springer Verlag, New York, NY.

Campbell, I. D., K. McDonald, M. D. Flannigan and J. Kringayark. 1999. Long-distance transport of pollen into the Arctic. *Nature* 399:29-30.

Canham, C. D. and O. L. Loucks. 1984. Catastrophic windthrow in the presettlement forest of Wisconsin. *Ecology* 65:803-809.

Carlquist, S. 1980. *Hawaii: A Natural History,* 2nd ed. Pacific Tropical Botanical Garden, Honolulu, Hawaii.

Carr, D. E. and M. R. Dudash. 1996. Inbreeding depression in two species of *Mimulus* (Scrophulariaceae) with contrasting mating systems. *Am. J. Bot.* 83:586-593.

Caswell, H. 2001. *Matrix Population Models,* 2nd ed. Sinauer Associates, Inc, Sunderland, MA.

Caswell, H. and J. E. Cohen. 1993. Local and regional regulation of species-area relations: a patch-occupancy model. In *Species Diversity in Ecological Communities,* R. E. Ricklefs and D. Schluter (eds.), pp. 99-107. University of Chicago Press, Chicago, IL.

Caughley, G. and J. H. Lawton. 1981. Plant-herbivore systems. In *Theoretical Ecology: Principles and Applications,* 2nd ed., R. M. May (ed.), pp. 132-166. Blackwell Scientific, Oxford, UK.

Cavieres, L. A., A. Penaloza, C. Papic and M. Tambutti. 1998. Nurse effect of *Laretia acaulis* (Umbelliferae) in the High Andes of Central Chile. *Revista Chilena De Historia Natural* 71:337-347.

Cavigelli, M. A. and G. P. Robertson. 2000. The functional significance of denitrifier community composition in a terrestrial ecosystem. *Ecology* 81:1402-1414.

Cayuela Delgado, L., D. J. Golicher, J. Salas Rey and J. M. Rey Benayas. 2005. Classification of a complex landscape using Dempster-Shafer theory of evidence. *Inter. J. Remate Sens.* (in press).

Cederholm, C. J., M. D. Kunze, T. Murota and A. Sibatani. 1999. Pacific salmon carcasses: Essential contributions of nutrients and energy for aquatic and terrestrial ecosystems. *Fisheries* 24:6-15.

Cermák, J., J. Jeník, J. Kucera and V. Zidék. 1984. Xylem water-flow in a crack willow tree *(Salix fragilis* L) in relation to diurnal changes of environment. *Oecologia* 64:145-151.

Chahine, M. T. 1992. The hydrologic cycle and its influence on climate. *Nature* 359:373-380.

Chao, A., R. L. Chazdon, R. K. Colwell and T.-J. Shen. 2005. A new statistical approach for assessing similarity of species composition with indicence and abundance data. *Ecol. Letters* 8:148-159.

Chapin, F. S., III. 1980. The mineral nutrition of wild plants. *Ann. Rev. Ecol. Syst.* 11:233-260.

Chapin, F. S., III. 1989. The cost of tundra plant structures: Evaluation of concepts and currencies. *Am. Nat.* 133:1-19.

Chapin, F. S., III, A. J. Bloom, C. B. Field and R. H. Waring. 1987. Plant responses to multiple environmental faxtors. *Bioscience* 37:49-57.

Chapin, F. S., III, P. A. Matson and H. A. Mooney. 2002. *Principles of Terrestrial Ecosystem Ecology.* Springer Verlag, New York, NY.

Chapin, F. S., III, L. R. Walker, C. L. Fastie and L. C. Sharman. 1994. Mechanisms of pri-mary succession following deglaciation at Glacier Bay, Alaska. *Ecol. Monogr.* 64:149-175.

Charlesworth, B. and D. Charlesworth. 1978. A model for the evolution of dioecy and gynodioecy. *Am. Nat.* 112:975-997.

Charnov, E. L. and W. M. Schaffer. 1973. Life history consequences of natural selection: Cole's result revisited. *Am. Nat.* 107:791-793.

Chazdon, R. L. 1985. Leaf display, canopy structure, and light interception of two understory palm species. *Am. J. Bot.* 72:1493-1502.

Chazdon, R. L. and R. W. Pearcy. 1991. The importance of sunflecks for forest understory plants. *Bioscience* 41:760-766.

Chesson, P. L. and N. Huntly. 1988. Community consequences of life history traits in a variable environment. *Ann. Zool. Fenn.* 25:5-16.

Chesson, P. L. and N. Huntly. 1989. Short term instabilities and long-term community dynamics. *Trends Ecol. Evol.* 4:293298.

Chesson, P. L. and R. R. Warner. 1981. Environmental variability promotes coexistence in lottery competitive systems. *Am. Nat.* 117:923-943.

Chesson, P. R. L. E. Gebauer, S. Schwinning, N. Huntly, K. Wiegand, M. S. K. Ernest, A. Sher and A. Novoplansky. 2004. Resource pulses, species interactions, and diversity maintenance in arid and semi-arid environments. *Oecologia* 141:236-253.

Childs, D. Z., M. Rees, K. E. Rose, P. J. Grubb and S. P. Ellner. 2003. Evolution of complex flowering strategies: an age- and size-structured integral projection model. *Proc. Royal Soc. London Series B* 270:1829-1838.

Childs, D. Z., M. Rees, K. E. Rose, P. J. Grubb and S. P. Ellner. 2004. Evolution of size-dependent flowering in a variable environment: construction and analysis of a stochastic integral projection model. *Proc. Royal Soc. London Series B* 271:425-434.

Clark, J. S. 1998. Why trees migrate so fast: Confronting theory with dispersal biology and the paleo record. *Am. Nat.* 152:204-224.

Clark, J. S. and J. S. McLachlan. 2003. Stability of forest biodiversity. *Nature* 423:635-638.

Clark, J. S., E. Macklin and L. Wood. 1998. Stages and spatial scales of recruitment limitation in southern Appalachian forests. *Ecol. Monogr.* 68:213-235.

Clark, J. S., M. Silman, R. Kern, E. Macklin and J. HilleRisLambers. 1999. Seed dispersal near and far: patterns across temperate and tropical forests. *Ecology* 80:1475-1494.

Clausen, J. D., D. Keck and W. M. Hiesey. 1940. *Experimental studies on the nature of species. I. Effects of varied environments on Western North American plants.* Carnegie Institute of Washington, Washington, DC.

Clausen, J. D., D. Keck and W. M. Hiesey. 1948. *Experimental studies on the nature of species. III. Environmental responses of climatic races of* Achillea. Carnegie Institute of Washington, Washington, DC.

Clauss, M. J. and D. L. Venable. 2000. Seed germination in desert annuals: an empirical test of adaptive bet-hedging. *Am. Nat.* 155:168-186.

Clay, K. 1990. Insects, endophytic fungi and plants. In *Pests, Pathogens and Plant Commu-*

nities, J. J. Burdon and S. R. Leather (eds.), pp. 111-130. Blackwell, Oxford.

Clay, K. and J. Holah. 1999. Fungal endophyte symbiosis and plant diversity in successional fields. *Science* 285:1742-1744.

Clements, F. E. 1916. *Plant Succession*. Carnegie Institute of Washington, Washington, DC.

Clements, F. E. 1937. Nature and structure of the climax. *J. Ecol.* 24:252-284.

Clements, R. E., J. E. Weaver and H. C. Hanson. 1929. Competition in cultivated crops. *Carnegie InstLandscape and Urban Planning* 398:202-233.

Cline, A. C. and S. H. Spurr. 1942. The virgin upland forest of central New England. A study of old growth stands in the Pisgah mountain section of southwestern New Hampshire. Harvard Forest Bulletin, 21.

Clough, J. M., J. A. Teeri and R. S. Alberte. 1979. Photosynthetic adaptation of *Solanum dulcamara* L. to sun and shade environments. I. A comparison of sun and shade populations. *Oecologia* 38:13-21.

Cochran, M. E. and S. Ellner. 1992. Simple methods for calculating age-based life history parameters for stage-structured populations. *Ecol. Monogr.* 62:345-364.

Cody, M. 1966. A general theory of clutch size. *Evolution* 20:174-184.

Cody, M. L. and H. A. Mooney. 1978. Convergence versus nonconvergence in Mediterranean-climate ecosystems. *Ann. Rev. Ecol. Syst.* 9:265-321.

Colautti, R. L, A. Ricciardi, I. A. Grigorovich and H. J. Maclsaac. 2004. Is invasion success explained by the enemy release hypothesis? *Ecol. Letters* 7:721-733.

Cole, K. L. 1985. Past rates of change, species richness, and a model of vegetational inertia in the Grand Canyon, Arizona. *Am. Nat.* 125:289-303.

Cole, K. L. 1990. Reconstruction of past desert vegetation along the Colorado River using packrat middens. *Palaeogeogr. Palaeoclim. Palaeoecol.* 76:349-366.

Cole, K. L. and S. T. Arundel. 2005. Carbon isotopes from fossil packrat pellets and elevational movements of Utah agave plants reveal the Younger Dryas cold period in Grand Canyon, Arizona. *Geology* 33:713-716.

Cole, L. C. 1954. The population consequences of life-history phenomena. *Quart. Rev. Biol* 29:103-137.

Coleman, B. D. 1981. On random placement and species-area relations. *Math. Biosci.* 54:191-215.

Coleman, B. D., M. A. Mares, M. R. Willig and Y.-H. Hsieh. 1982. Randomness, area, and species richness. *Ecology* 63:1121-1133.

Coley, P. D. and J. A. Barone. 1996. Herbivory and plant defenses in tropical forests. *Ann. Rev. Ecol. Syst.* 27:305-335.

Colinvaux, P. A. and P. E. De Oliveira. 2001. Amazon plant diversity and climate through the Cenozoic. *Palaeogeogr. Palaeoclim. Palaeoecol.* 166:51-63.

Collins, S. L. and S. M. Glenn. 1990. A hierarchical analysis of species' abundance patterns in grassland vegetation. *Am. Nat.* 135:633-648.

Collins, S. L. and S. M. Glenn. 1991. Importance of spatial and temporal dynamics in species regional abundance and distribution. *Ecology* 72:654-664.

Colwell, R. K. 1997. EstimateS: Statistical estimation of species richness and shared species from samples. Version 5. User's Guide and application published at: http://viceroy.eeb.uconn.edu/estimates.

Colwell, R. K. and G. C. Hurtt. 1994. Nonbiological gradients in species richness and a spurious Rapoport effect. *Am. Nat.* 144:570-595.

Colwell, R. K., C. Rahbek and N. J. Gotelli. 2004. The mid-domain effect and species richness patterns: what have we learned so far? *Am. Nat.* 163:E1-E23.

Condit, R., N. Pitman, E. G. Leigh Jr., J. Chave, J. Terborgh, R. B. Foster, P. Núñez V, S. Aguilar, R. Valencia, G. Villa, H. C. Muller-Landau, E. Losos and S. B. Hubbell. 2002. Beta-diversity in tropical forest trees. *Science* 295:666-669.

Connell, J. H. 1971. On the role of natural enemies in preventing competitive exclusion in some marine animals and in rain forest trees. In *Dynamics of Numbers in Populations*, P. J. Boer and G. R. Graadwell (eds.), pp. 298-312. PUDOC, Wageningen.

Connell, T. H. 1978. Diversity in tropical rain forests and coral reefs. *Science* 199:1302-1310.

Connell, J. H. and E. Orias. 1964. The ecological regulation of species diversity. *Am. Nat.* 98:399-414.

Connell, J. H. and R. O. Slatyer. 1977. Mechanisms of succession in natural communities and their role in community stability and organization. *Am. Nat.* 111:1119-1144.

Conner, A. J., T. R. Glare and J.-P. Nap. 2003. The release of genetically modified crops into the environment. II. Overview of ecological risk assessment. *Plant Journal* 33:19-46.

Connolly, J. 1986. On difficulties with replacement-series methodology in mixture experiments. *J. Appl. Ecol.* 23:125-137.

Connolly, J. 1987. On the use of response models in mixture experiments. *Oecologia* 72:95-103.

Connolly, J. 1997. Substitutive experiments and the evidence for competitive hierarchies in plant communities. *Oikos* 80:179-182.

Cook, E. A., L. R. Iverson and R. L. Graham. 1989. Estimating forest productivity with thematic mapper and biogeographical data. *Remate Sens. Envir.* 28:131-141.

Coomes, D. A. and P. T. Grubb. 2000. Impacts of root competition in forests and woodlands: A theoretical framework and review of experiments. *Ecol. Monogr.* 70:171-207.

Cooper, W. S. 1923. The recent ecological history of Glacier Bay, Alaska. II. The present vegetation cycle. *Ecology* 4:223-246.

Cowles, H. C. 1899. The ecological relations of the vegetation on the sand dunes of Lake Michigan. *Bot. Gaz.* 27:95-117,167-202, 281-308,361-391.

Cowles, H. C. 1911. The causes of vegetative cycles. *Bot. Gaz.* 51:161-183.

Craine, J. M., J. Fargione and S. Sugita. 2005. Supply pre-emption, not concentration reduction, is the mechanism of competition for nutrients. *New Phytol.* 166:933-940.

Crane, P. R. and S. Lidgard. 1989. Angiosperm diversification and paleolatitudinal gradients in Cretaceous floristic diversity. *Science* 246:675-678.

Crawley, M. T., S. L. Brown, R. S. Hails, D. D. Kohn and M. Rees. 2001. Transgenic crops in natural habitats. *Nature* 409:682-683.

Crone, E. E. and P. Lesica. 2004. Causes of synchronous flowering in *Astragalus scaphoides*, an iteroparous perennial plant. *Ecology* 85:1944-1954.

Cruden, R. W. 1977. Pollen-ovule ratios: a conservative indicator of the breeding systems in flowering plants. *Evolution* 31:32-46.

Csillag, E, Marie-J. Fortin and J. L. Dungan. 2000. On the limits and extensions of the definition of scale. *Bull. Ecol. Soc. Amer.* 81:230-232.

Currie, D. J. and V. Paquin. 1987. Large-scale biogeographical patterns of species richness of trees. *Nature* 329:326-327.

Currie, D. J., G. G. Mittelbach, H. V. Cornell, R. Field, J.-F. Guégan, B. A. Hawkins, D. M. Kaufman, T. T. Kerr, T. Oberdorff, E. O'Brien and J. R. G. Turner. 2004. Predictions and tests of climate-based hypotheses of broad-scale variation in taxonomic richness. *Ecol. Letters* 7:1121-1134.

Curtis, J. T. 1959. *The Vegetation of Wisconsin.* The Univerity of Wisconsin Press, Madison, WI.

Curtis, J. T. and R. P. McIntosh. 1951. An upland forest continuum in the prairie-forest border region of Wisconsin. *Ecology* 32:476-498.

Curtis, P. S. and X. Z. Want. 1998. A meta-analysis of elevated CO_2 effects on woody plant mass, form and physiology. *Oecologia* 113:299-313.

Curtis, P. S. and X. Z. Wang. 1998. A meta-analysis of elevated CO_2 effects on woody plant mass, form and physiology. *Oecologia* 113:299-313.

D

Dale, M. R. T. 2000. *Spatial Pattern Analysis in Plant Ecology.* Cambridge University Press, Cambridge, UK.

Dansereau, P. 1951. Description and recording of vegetation upon a structural basis. *Ecology* 32:172-229.

D'Antonio, C. M. and P. M. Vitousek. 1992. Biological invasions by exotic grasses, the grass/fire cycle, and global change. *Ann. Rev. Ecol. Syst.* 23:63-87.

Darlington, P. J. 1943. Carabidae of mountains and islands: data on the evolution of isolated faunas, and on atrophy of wings. *Ecol. Monogr.* 13:37-61.

Darwin, C. R. 1859. *On the Origin of Species by Means of Natural Selection.* Murray, London, UK.

Darwin, C. 1876. *The Effects of Cross and Self Fertilisation in the Vegetable Kingdom.* John Murray, London, UK.

Darwin, C. 1877. *The Various Contrivances by which Orchids are Fertilized.* John Murray, London, UK.

Davidowitz, G. 2002. Does precipitation variability increases from mesic to xeric biomes? *Global Ecol. Biogeogr.* 11:143-154.

Davidson, C. B., K. W. Gottschalk and J. E. Johnson. 1999. Tree mortality following defoliation by the European gypsy moth *(Lymantria dispar* L.) in the United States: a review. *Forest Sci.* 45:74-84.

Davidson, E. A., S. C. Hart and M. K. Firestone. 1992. Internal cycling of nitrate in soils of a mature coniferous forest. *Ecology* 73:1148-1156.

Davis, K. M. and R. W. Mutch. 1994. Applying ecological principles to manage wildland fire. In: Fire in Ecosystem Management, training course (National Advanced Resources Technology Center).

Davis, M. B. 1981. Quaternary history and the stability of forest communities. In *Forest Succession Concepts and Applications,* D. C. West, H. H. Shugart and D. B. Botkin (eds.), pp. 132-153. Springer-Verlag, New York, NY.

Davis, M. B. 1996. *Eastern Old-growth Forests.* Island Press, Washington, DC.

Davis, M. B. and R. G. Shaw. 2001. Range shifts and adaptive responses to Quaternary climate change. *Science* 292:673-679.

Davis, M. B., R. R. Calcote, S. Sugita and H. Takahara. 1998. Patchy invasion and the origin of a hemlock-hardwood forest mosaic. *Ecology* 79:2641-2659.

de Candolle, A. 1855. *Géographie botanique raisonnée: ou l'exposition des faits principaux et des lois concernant la distribution géographique des plates de l'epoque actuelle.* Maisson, Paris.

de Kroon, H. and M. J. Hutchings. 1995. Morphological plasticity in clonal plants: the foraging concept reconsidered. *J. Ecol.* 83:143-152.

del Moral, R. 1998. Early succession on lahars spawned by Mount St. Helens. *Am. J. Bot.* 85:820-828.

Denslow, J. S. 1980. Gap partitioning among tropical rainforest trees. *Biotropica (Supplement)* 12:47-55.

Detling, J. K., M. I. Dyer, C. Procter-Gregg and D. A. Winn. 1980. Plant-herbivore interactions: examination of potential effects of buffalo saliva on regrowth of *Bouteloua gracilis* (H. B. K.) Lag. *Oecologia* 45:26-31.

de Wit, C. T. 1960. On competition. *Versl. Landbouwk. Onderz.* 66:1-82.

DeWitt, T. J. and S. M. Scheiner. 2003. *Phenotypic Plasticity. Functional and Conceptual Approaches.* Oxford University Press, New York, New York.

Digby, P. G. N. and R. A. Kempton. 1987. *Multivariate Analysis of Ecological Communities.* Chapman and Hall, London, UK.

DiMichele, W. A., H. W. Pfefferkorn and R. A. Gastaldo. 2001. Response of Late Carboniferous and Early Permian plant communities to climate change. *Ann. Rev. Earth Plant. Sci.* 29:461^87.

Dirmeyer, P. A. and J. Shukla. 1996. The effect on regional and global climate of expansion of the world's deserts. *Quart. J. Roy. Meteor. Soc. B* 122:451-482.

Dirzo, R. and J. L. Harper. 1982a. Experimental studies on slug-plant interactions: 3. Differences in the acceptability of individual plants of *Trifolium repens* to slugs and snails. *J. Ecol.* 70:101-117.

Dirzo, R. and J. L. Harper. 1982b. Experimental studies on slug-plant interactions: 4. The performance of cyanogenic and acyanogenic morphs of *Trifolium repens* in the field. *J. Ecol.* 70:119-138.

Dixon, P. M. 2001. The bootstrap and the jackknife: Describing the precision of ecological indices. In *Design and Analysis of Ecological Experiments,* 2nd ed., S. M. Scheiner and J. Gurevitch (eds.), pp. 267-288. Oxford University Press, New York, NY.

Doak, D. F., D. Bigger, E. K. Harding, M. A. Marvier, R. E. O'Malley and D. Thomson. 1998. The statistical inevitability of stability-diversity relationships in community ecology. *Am. Nat.* 151:264-276.

Dominy, N. J., P. W. Lucas, L. W. Ramsden, P. Riba-Hernandez, K. E. Stoner and I. M. Turner. 2002. Why are young leaves red? *Oikos* 98:163-176.

Donald, C. M. 1951. Competition among pasture plants. I. Intra-specific competition among annual pasture plants. *Aust. J. Agric. Res.* 2:355-376.

Drury, C. F., R. P. Voroney and E. G. Beauchamp. 1991. Availability of NH_4^+-N to microorganisms and the soil internal N cycle. *Soil Biol. Biochem.* 23:165-169.

Dudley, S. A. 1996. Differing selection on plant physiological traits in response to environmental water availability: a test of adaptive hypotheses. *Evolution* 50:92-102.

Dudley, S. A. and J. Schmitt. 1995. Genetic differentiation in morphological responses to simulated foliage shade between populations of *Impatiens capensis* from open and woodland sites. *Func. Ecol.* 9:655-666.

Dudley, S. A. and J. Schmitt. 1996. Testing the adaptive plasticity hypothesis: density-dependent selection on manipulated stem length in *Impatiens capensis. Am. Nat.* 147:445-465.

Dufrêne, M. and P. Legendre. 1997. Species assemblages and indicator species: the need for a flexible asymmetrical approach. *Ecol. Monogr.* 67:345-366.

Duivenoorden, J. E, J.-C. Svenning and S. J. Wright. 2002. Beta diversity in tropical forests. *Science* 295:636-637.

Dukes, J. S. and H. A. Mooney. 1999. Does global change increase the success of biological invaders? *Trends Ecol. Evol.* 14:135-139.

Dunwiddie, P, D. Foster, D. Leopold and R. T. Leverett. 1996. Old-growth forests of southern New England, New York, and Pennsylvania. In *Eastern Old-Growth Forests: Prospects for Rediscovery and Recovery,* M. D. Davis (ed.), pp. 126-143. Island Press, Washington, DC.

Dutech, C., V. L. Sork, A. J. Irwin, P. E. Smouse and F. W. Davis. 2005. Gene flow and fine-scale genetic structure in a wind-pollinated tree species, *Quercus lobata* (Fagaceae). *Am. J. Bot.* 92:252-261.

E

Easterling, M. R. and S. P. Ellner. 2000. Dormancy strategies in a random environment: comparing structured and unstructured models. *Evol. Ecol. Res.* 2:387-407.

Easterling, M. R., S. P. Ellner and P. M. Dixon. 2000. Size-specific sensitivity: Applying a new structured population model. *Ecology* 81:694-708.

Eckert, C. G., D. Manicacci and S. C. H. Barrett. 1996. Frequency-dependent selection on morph ratios in tristylous *Lythrum salicaria* (Lythraceae). *Heredity* 77:581-588.

Egler, F. E. 1954. Vegetation science concepts I. Initial floristic composition. A factor in old-field vegetation development. *Vegetatio* 4:412-417.

Ehleringer, J. 1985. Annuals and perennials of warm deserts. In *Physiological Ecology of North American Plant Communities,* B. F. Chabot and H. A. Mooney (eds.), pp. 162-180. Chapman and Hall, New York, NY.

Ehleringer, J., O. Björkman and H. A. Mooney. 1976. Leaf pubescence: effects on absorptance and photosynthesis in a desert shrub. *Science* 192:376-377.

Ehleringer, J. and I. Forseth. 1980. Solar tracking by plants. *Science* 210:1094-1098.

Ehleringer, J. R. and R. K. Monson. 1993. Evolutionary and ecological aspects of photosynthetic pathway variation. *Ann. Rev. Ecol. Syst.* 24:411^39.

Ehleringer, J. R. and H. A. Mooney. 1978. Leaf hairs - effects on physiological-activity and adaptive value to a desert shrub. *Oecologia* 37:183-200.

Ehleringer, J. R., S. L. Phillips, W. S. F. Schuster and D. R. Sandquist. 1991. Differential utilization of summer rains by desert plants. *Oecologia* 88:430-134.

Ehrhardt-Martinez, K. 1998. Social determinants of deforestation in developing countries: A cross-national study. *Soc. Forces* 77:567-586.

Ehrlich, P. R. and L. C. Birch. 1967. The "balance of nature" and "population control". *Am. Nat.* 101:97-107.

Ellner, S. P. and M. Rees. 2006. Integral projection models for species with complex demography. *Am. Nat.* 167:(in press).

Ellstrand, N. C. 2003. *Dangerous Liaisons? When Cultivated Plants Mate with Their Wild Relatives.* Johns Hopkins University Press, Baltimore, MD.

Ellstrand, N. C, H. C. Prentice and J. F. Hancock. 1999. Gene flow and introgression from domesticated plants into their wild relatives. *Ann. Rev. Ecol. Syst.* 30:539-563.

Eltahir, E. A. B. and R. L. Brás. 1994. Sensitiv-ity of regional climate to deforestation in the Amazon Basin. *Adv. Water Res.* 17:101-115.

Elton, C. S. 1958. *The Ecology of Invasions by Animals and Plants.* Chapman and Hall, New York, NY.

Ely, L. L., Y. Enzel, V. R. Baker and D. R. Cayan. 1993. A 5000-year record of extreme floods and climate change in the southwestern United States. *Science* 262:410-412.

Emanuel, K. 2005. Increasing destructiveness of tropical cyclones over the past 30 years. *Nature* 436:686-688.

Emlen, J. M. 1984. *Population Biology: The coevolution of Population Dynamics and Behavior.* Macmillan, New York, NY.

Endler, J. A. 1986. *Natural Selection in the Wild.* Princeton University Press, Princeton, NJ.

Ennos, R. A. and M. T. Clegg. 1982. Effect of population substructuring on estimates of outcrossing rate in plant populations. *Heredity* 48:283-292.

Epperson, B. K. and M. T. Clegg. 1986. Spatial-autocorrelation analysis of flower color polymorphisms within substructured populations of morning glory *(Ipomoea purpurea). Am. Nat.* 128:840-858.

Esau, K. 1977. *Anatomy of Seed Plants.* John Wiley, New York, NY.

Etherington, J. R. 1982. *Environment and Plant Ecology,* 2nd ed. John Wiley and Sons, New York, NY.

Ettienne, R. S. and H. Olff. 2005. Confronting different models of community structure to species-abundance data: a Bayesian model comparison. *Ecol. Letters* 8:493-504.

F

Facelli, E. and J. M. Facelli. 2002. Soil phosphorus heterogeneity and mycorrhizal symbiosis regulate plant intra-specific competition and size distribution. *Oecologia* 133:54-61.

Faegri, K. and L. van der Pijl. 1979. *The Principles of Pollination Ecology,* 3rd ed. Pergammon, New York, NY.

Fahrig, L. 1998. When does fragmentation of breeding habitat affect population survival? *Ecol. Model.* 105:273-292.

Fauth, J. E., J. Bernado, M. Camara, W. J. Resetarits Jr., J. Van Buskirk and S. A. McCollum. 1996. Simplifying the jargon of community ecology: a conceptual approach. *Am. Nat.* 147:282-286.

Fearnside, P. M. 2000. Global warming and tropical land-use change: Greenhouse gas emissions from biomass burning, decomposition and soils in forest conversion, shifting cultivation and secondary vegetation. *Climatic Change* 46:115-158.

Feder, M. E., A. E Bennett, W. W. Burggren and R. B. Huey. 1987. *New Directions in Ecological Physiology.* Cambridge University Press, Cambridge, UK.

Field, C. B., J. T. Ball and J. A. Berry. 1989. Photosynthesis: principles and field techniques. In *Plant Physiological Ecology: Field Methods and Instruments,* R. W. Pearcy, J. Ehleringer, H. A. Mooney and P. W. Rundel (eds.), pp. 209-253. Chapman and Hall, New York, NY.

Field, R., E. M. O'Brien and R. J. Whittaker. 2005. Global models for predicting woody plant richness from climate: development and evaluation. *Ecology* 86:2263-2277.

Fine, P. V. 2001. An evaluation of the geographic area hypothesis using a latitudinal gradient in North American tree diversity. *Evol. Ecol. Res.* 3:413-428.

Firbank, L. G. and A. R. Watkinson. 1985. On the analysis of competition within 2-species mixtures of plants. *J. Appl. Ecol.* 22:503-517.

Firbank, L. G. and A. R. Watkinson. 1987. On the analysis of competition at the level of the individual plant. *Oecologia* 71:308-317.

Firbank, L. G. and A. R. Watkinson. 1990. On the effects of competition: from monocul-tures to mixtures. In *Perspectives on Plant Competition,* J. B. Grace and D. Tilman (eds.), pp. 165-192. Academic Press, New York, NY.

Fisher, R. A., A. S. Corbet and C. B. Williams. 1943. The relation between the number of species and the number of individuais in a random sample of an animal population. *J. Animal Ecol.* 12:42-58.

Fitter, A. H. and R. S. R. Fitter. 2002. Rapid changes in flowering time in British plants. *Science* 296:1689-1691.

Fitter, A. H. and R. K. M. Hay. 2002. *Environmental Physiology of Plants,* 3rd ed. Academic Press, London.

Fitter, A. H., A. Hodge and T. J. Daniell. 1999. *Resource sharing in plant-fungus communities: did the carbon move for you?* Trends in Ecology and Evolution, 14, 70.

Fitzhugh, R. D., C. T. Driscoll, P. M. Groffman, G. L. Tierney, T. J. Fahey and J. P. Hardy. 2001. Effects of soil freezing disturbance on soil solution nitrogen, phosphorus, and carbon chemistry in a northern hardwood ecosystem. *Biogeochemistry* 56:215-238.

Florence, J. 1981. Chablis et sylvigenèse dans une forêt dense humid sempervirente du Gabon. Ph.D. Dissertation. Université Louis Pasteur de Strasbourg, Strasbourg, France.

Flores-Martinez, A., E. Ezcurra and S. Sanchez-Colon. 1998. Water availability and the competitive effect of a columnar cactus on its nurse plant. *Acta Oecol.* 19:1-8.

Forbes, R. D. 1930. *Timber growing and logging and turpentining practices in the southern pine region.* Technical Bulletin No. 204, U.S. Department of Agriculture.

Foody, G. M., P. M. Atkinson, P. W. Gething, N. A. Ravenhill and C. K. Kelly. 2005. Identification of specific tree species in ancient seminatural woodland from digital aerial sensor imagery. *Ecol. Appl.* 15:1233-1244.

Ford, E. D. 1975. Competition and stand structure in some even-aged plant monocultures. *J. Ecol.* 63:311-333.

Forman, R. T. T. 1995. *Land Mosaics.* Cambridge University Press, Cambridge, United Kingdom.

Forman, R. T. T. and M. Godron. 1986. *Landscape Ecology.* Wiley, New York, NY.

Forseth, I. and J. Ehleringer. 1982. Ecophysiology of two solar tracking desert winter annuals. 2. Leaf movements, water relations and microclimate. *Oecologia* 54:41-49.

Fortin, M.-J. and A. A. Agrawal. 2005. Landscape ecology comes of age. *Ecology* 86:1965-1966.

Foster, D. R. 1988. Disturbance history, community organization and vegetation dynamics of the old-growm Pisgah forest, south-western New Hampshire, U.S.A. *J. Ecol.* 76:105-134.

Foster, T. E. and J. R. Brooks. 2005. Functional groups based on leaf physiology: are they spatially and temporally robust? *Oecologia* 144:337-352.

Fowler, N. 1990. The 10 most common statistical errors. *Bull. Ecol. Soc. Amer.* 71:161-164.

Fowler, N. L. 1995. Density-dependent demography in 2 grasses – a 5-year study. *Ecology* 76:2145-2164.

Fox, G. A. 1989. Consequences of flowering-time variation in a desert annual: adaptation and history. *Ecology* 70:1294-1306.

Fox, G. A. 1990a. Components of flowering time variation in a desert annual. *Evolution* 44:1404-1423.

Fox, G. A. 1990b. Drought and the evolution of flowering time in desert annuals. *Am. J. Bot.* 77:1508-1518.

Fox, G. A. 1992. The evolution of life history traits in desert annuals: adaptation and constraint. *Evol. Trends Plants* 6:25-31.

Fox, G. A. and J. Gurevitch. 2000. Population numbers count: tools for near-term demographic analysis. *Am. Nat.* 156:242-255.

Francis, J. M. 1999. A multiscale analysis and model of vegetation change in a semiarid landscape. Ph.D. Dissertation. Arizona State University, Tempe, AZ.

Francis, R. and D. J. Read. 1994. The contributions of mycorrhizal fungi to the determination of plant community structure. *Plant and Soil* 159:11-25.

Franklin, J. F. 1990. Biological legacies: a critical management concept from Mt. St. Helens. In *Transactions of the fifty-fifth North American Wildlife and Natural Resources Conference, March 16-21,1990, Denver, CO,* R. E. McCabe (ed.), pp. 215-219. Wildlife Management Institute, Washington, DC.

Fraterrigo, J. M., M. G. Turner, S. M. Pearson and P. Dixon. 2005. Effects of past land use on spatial heterogeneity of soil nutrients in southern Appalachian forests. *Ecol. Monogr.* 75:215-230.

Frenzen, P. M., J. E. Means, J. F. Franklin, C. W. Kiilsgaard, W. A. McKee and F. J. Swanson. 1986. Five years of plant succession on eleven major surface types affected by the 1980 eruptions of Mount St. Helens, Washington. In *Mount St. Helens: Five Years Later,* S. A. C. Keller (ed.),. Eastern Washington University Press, Cheney, WA.

Fynn, R. W. S., C. D. Morris and K. P. Kirkman. 2005. Plant strategies and trait trade-offs influence trends in competitive ability along gradients of soil fertility and disturbance. *J. Ecol.* 93:384-394.

G

Galen, C. and M. L. Stanton. 1991. Consequences of emergence phenology for reproductive success in *Ranunculus adoneus* (Ranunculaceae). *Am. J. Bot.* 78:978-988.

Gaston, K. J. 1994. *Rarity.* Chapman & Hall, New York, NY.

Gates, D. M. 1962. *Energy Exchange in the Biosphere.* Harper and Row, New York, NY.

Gates, D. M. 1993. *Climate Change and Its Biological Consequences.* Sinauer Associates, Sunderland, MA.

Gauch, H. G., Jr. 1982. *Multivariate Analysis in Community Ecology.* Cambridge University Press, London, UK.

Gauch, H. G., Jr. and R. H. Whittaker. 1972. Comparison of ordination techniques. *Ecology* 53:868-875.

Gentry, A. H. 1986. Endemism in tropical versus temperate plant communities. In *Conservation Biology: The Science of Scarcity and Diversity,* M. Soulé (ed.), pp. 153-181. Sinauer Associates, Inc, Sunderland, MA.

Gerdol, R., L. Brancaleoni, R. Marchesini and L. Bragazza. 2002. Nutrient and carbon relations in subalpine dwarf shrubs after neighbour removal or fertilization in northern Italy. *Oecologia* 130:476-483.

Gholz, H. L., D. A. Wedin, S. M. Smitherman, M. E. Harmon and W. J. Parton. 2000. Long-term dynamics of pine and hardwood litter in contrasting environments: toward a global model of decomposition. *Global Change Biol.* 6:751-765.

Gibson, D. J., J. Connolly, D. C. Hartnett and J. D. Weidenhamer. 1999. Designs for greenhouse studies of interactions between plants. J. Ecol. 87:1-16.

Gilbert, G. S. 2002. Evolutionary ecology of plant diseases in natural ecosystems. *Ann. Rev. Phytopath.* 40:13-43.

Gilpin, M. and I. Hanski. 1991. *Metapopula-tion Dynamics: Empirical and Theoretical Inves-tigations.* Academic Press, London, UK.

Gleason, H. A. 1917. The structure and development of the plant association. *Bull. Torrey Bot. Club* 43:463-481.

Gleason, H. A. 1922. On the relation between species and area. *Ecology* 3:158-162.

Gleason, H. A. 1926. The individualistic concept of the plant association. *Bull. Torrey Bot. Club* 53:7-26.

Gleick, P. H. 1996. Water resources. In *Encyclopedia of Climate and Weather,* S. H. Schneider (ed.), pp. 817-823. Oxford University Press, New York.

Goldberg, D. E. 1990. Components of resource competition in plant communities. In *Perspectives on Plant Competition,* J. B. Grace and D. Tilman (eds.), pp. 27-49. Academic Press, New York, NY.

Goldberg, D. E. and A. M. Barton. 1992. Patterns and Consequences of interspecific competition in natural communities: a review of field experiments with plants. *Am. Nat.* 139:771-801.

Goldberg, D. E. and K. Landa. 1991. Competitive effect and response: hierarchies and correlated traits in the early stages of competition. *J. Ecol.* 79:1013-1030.

Goldberg, D. and A. Novoplansky. 1997. On the relative importance of competition in unproductive environments. *J. Ecol.* 85:409-418.

Goldberg, D. E., T. Rajaniemi, J. Gurevitch and A. Stewart-Oaten. 1999. Empirical approaches to quantifying interaction intensity: competition and facilitation along productivity gradients. *Ecology* 80:1118-1131.

Goldberg, D. E. and S. M. Scheiner. 2001. ANOVA and ANCOVA: Field competition experiments. In *Design and Analysis of Ecological Experiments,* 2nd ed., S. M. Scheiner and J. Gurevitch (eds.), pp. 77-98. Oxford University Press, New York, NY.

Goldberg, D. E., R. Turkington, L. Olsvig-Whittaker and A. R. Dyer. 2001. Density dependence in an annual plant community: variation among life history stages. *Ecol. Monogr.* 71:423-446.

Goldberg, D. E. and R. M. Turner. 1986. Vegetation change and plant demography in permanent plots in the Sonoran Desert. *Ecology* 67:695-712.

Goldberg, D. E. and P. A. Werner. 1983. The equivalence of competitors in plant communities: A null hypothesis and a field experimental approach. *Am. J. Bot.* 70:1098-1104.

Goodall, D. W. 1954. Objective methods for the classification of vegetation. III. an essay in the use of factor analysis. *Aust. J. Bot.* 2:304-324.

Goodman, D. 1982. Optimal life histories, optimal notation, and the value of reproductive value. *Am. Nat.* 119:803-823.

Gotelli, N. J. 1991. Metapopulation models: the rescue effect, the propagule rain, and the core-satellite hypothesis. *Am. Nat.* 138:768-776.

Gotelli, N. J. 2001. *A Primer of Ecology,* 3rd ed. Sinauer Associates, Inc., Sunderland, MA.

Gotelli, N. J. and A. M. Ellison. 2004. *A Primer of Ecological Statistics.* Sinauer Associates, Inc, Sunderland, MA.

Gotelli, N. J. and D. Simberloff. 1987. The distribution and abundance of tallgrass prairie plants: a test of the core-satellite hypothesis. *Am. Nat.* 130:18-35.

Gough, L., C. W. Osenberg, K. L. Gross and S. L. Collins. 2000. Fertilization effects on species density and primary productivity in herbaceous plant communities. *Oikos* 89:428-439.

Gould, S. J. and R. Lewontin. 1979. The spandrels of San Marco and the Panglossian paradigm. *Proc. Royal Soc. London B* 205:581-598.

Grace, J. B. 1991. A clarification of the debate between Grime and Tilman. *Func. Ecol.* 5:585-587.

Grace, J. B. 1995. On the measurement of plant competition intensity. *Ecology* 76:305-308.

Grace, J. B. 1999. The factors controlling species density in herbaceous plant communities: an assessment. *Pers. Plant Ecol. Evol. Syst.* 2:1-28.

Grace, J. B. and D. Tilman. 1990. *Perspectives on Plant Competition.* Academic Press, New York, NY.

Grace, J. B., J. Keough and G. R. Guntenspergen. 1992. Size bias in traditional analyses of substitutive competition experiments. *Oecologia* 90:429^134.

Grant, A. and T. G. Benton. 2000. Elasticity analysis for density-dependent populations in stochastic environments. *Ecology* 81:680-693.

Gray, J. T. 1983. Nutrient use by evergreen and deciduous shrubs in southern California. I. Community nutrient cycling and nutrient-use efficiency. *J. Ecol.* 71:21—11.

Greene, D. F. and E. A. Johnson. 1995. Long-distance wind dispersal of tree seeds. *Can. J. Bot.* 73:1036-1045.

Greene, D. F. and E. A. Johnson. 1996. Wind dispersal of seeds from a forest into a clearing. *Ecology* 77:595-609.

Greene, D. F. and Johnson. E. A. 1989. A model of wind dispersal of winged or plumed seeds. *Ecology* 70:339-347.

Greig-Smith, P. 1964. *Quantitative Plant Ecology.* Butterworths, London.

Greig-Smith, P. 1980. The development of numerical classification and ordination. *Vegetatio* 42:1-9.

Greig-Smith, P. 1983. *Quantitative Plant Ecology,* 3rd ed. University of California Press, Berkeley, CA.

Greller, A. M. 1988. Deciduous Forest. In *North American Terrestrial Vegetation,* M. G. Barbour and W. D. Billings (eds.), pp. 287-316. Cambridge University Press, Cambridge, UK.

Grime, J. P. 1973. Competitive exclusion in herbaceous vegetation. *Nature* 242:344-347.

Grime, J. P. 1977. Evidence for the existence of three primary strategies in plants and its relevance to ecological and evolutionary theory. *Am. Nat.* 11:1169-1194.

Grime, J. P. 1979. *Plant Strategies and Vegetation Processes.* John Wiley and Sons, New York, NY.

Grinnell, J. 1917. The niche-relationships of the California thrasher. *The Auk* 34:427-433.

Groom, P. K. and B. B. Lamont. 1997. Fruit-seed relations in Hakea: serotinous species invest more dry matter in predispersal seed protection. *Aust. J. Ecol.* 22:352-355.

Gross, K. L., M. R. Willig, L. Gough, R. Inouye and S. B. Cox. 2000. Patterns of species diversity and productivity at different spatial scales in herbaceous plant communities. *Oikos* 89:417-427.

Grover, J. P. 1997. *Resource Competition.* Chapman and Hall, London, UK.

Grubb, P. J. 1977. The maintenance of species richness in plant communities: the importance of the regeneration niche. *Biol. Rev.* 52:107-145.

Guo, Q. F. and J. H. Brown. 1996. Temporal fluctuations and experimental effects in desert plant communities. *Oecologia* 107:568-577.

Gurevitch, J. 1986. Competition and the local distribution of the grass *Stipa neomexicana. Ecology* 67:46-57.

Gurevitch, J. 1988. Variation in leaf dissection and leaf energy budgets among poulations of *Achillea* from an altitudinal gradient. *Am. J. Bot.* 75:1298-1306.

Gurevitch, J. 1992a. Sources of variation in leaf shape among two populations of *Achillea lanulosa. Genetics* 130:385-394.

Gurevitch, J. 1992b. Sources of variation in leaf shape among two populations of *Achillea lanulosa. Genetics* 130:385-394.

Gurevitch, J. and P. H. Schuepp. 1990. Boundary layer properties of highly dissected leaves: an investigation using an electrochemical fluid tunnel. *Plant Cell Environ.* 13:783-792.

Gurevitch, J., P. Willson, J. L. Stone, P. Teese and R. J. Stoutenburgh. 1990. Competition among old-field perennials at different levels of soil fertility and available space. *J. Ecol.* 78:727-744.

Gurevitch, J., L. L. Morrow, A. Wallace and J. S. Walsh. 1992. A meta-analysis of field experiments on competition. *Am. Nat.* 140:539-572.

Gurevitch, J., P. Curtis and M. H. Jones. 2001. Meta-analysis in ecology. *Adv. Ecol. Res.* 32:199-247.

Gustafsson, A. 1946. Apomixis in higher plants. I. The mechanism of apomixis. *Lunds Univ. Arssskr.* 42:1-68.

Gustafsson, A. 1947a. Apomixis in higher plants. II. The causal aspects of apomixis. *Lunds Univ. Arssskr.* 43:69-180.

Gustafsson, A. 1947b. Apomixis in higher plants. III. Biotype and species formation. *Lunds Univ. Arssskr.* 43:181-370.

Gutiérrez, J. R., P. L. Meserve, S. Herrera, L. C. Contreras and F. M. Jaksic. 1997. Effects of small mammals and vertebrate predators on vegetation in the Chilean semiarid zone. *Oecologia* 109:398-406.

Gyenge, J. E., M. E. Fernandez, G. Dalla Salda and T. Schlichter. 2005. Leaf and whole-plant water relations of the Patagonian conifer *Austrocedrus chilensis (D. Don Pic. Ser. et Bizzarri): implications on its drought resistance capacity.* Ann. Forest Sci. 62:297-302.

H

Haberle, S. G. 1999. Late Quaternary vegetation and climate change in the Amazon basin based on a 50,000 year pollen record from the Amazon fan, ODP site 932. *Quatern. Res.* 51:27-38.

Hairston, N. G., F. E. Smith and L. B. Slobodkin. 1960. Community structure, population control, and competition. *Am. Nat.* 94:421^125.

Hairston, N. G., Jr. and N. G. Hairston Sr. 1993. Cause-effect relationships in energy flow, trophic structure, and interspecific interactions. *Am. Nat.* 142:379-411.

Hairston, N. G., Sr. 1989. *Ecological Experiments: Purpose, Design, and Execution.* Cambridge University Press, Cambridge, UK.

Hall, B., G. Motzkin, D. R. Foster, M. Syfert and J. Burk. 2002. Three hunderd years of forest and land-use change in Massachusetts, USA. *J. Biogeogr.* 29:1319-1335.

Hallé, F., R. A. A. Oldeman and P. B. Tomlin-son. 1978. *Tropical Trees and Forests: an archi-tectural analysis.* Springer-Verlag, Berlin.

Halpern, C. B., P. M. Frenzen, J. E. Means and J. F. Franklin. 1990. Plant succession in areas of scorched and blown-down forest after the 1980 eruption of Mount St. Helens, Washington. *J. Veg. Sci.* 1:181-195.

Halsey, R. W. 2004. In search of allelopathy: an eco-historical view of the investigation of chemical inhibition in California coastal sage scrub and chamise chaparral. *J. Torrey Bot. Soe.* 131:343-367.

Hamilton, M. B. 1999. Tropical tree gene flow and seed dispersal. *Nature* 401:129-130.

Handel, S. N. 1983. Contrasting gene flow patterns and genetic subdivision in adjacent populations of *Cucumis sativus* (Cucur-bitaceae). *Evolution* 37:760-771.

Hanley, M. E. and B. B. Lamont. 2000. Herbivory, serotiny and seedling defence in Western Australian Proteaceae. *Oecologia* 126:409-417.

Hanley, M. E., J. E. Unna and B. Darvill. 2003. Seed size and germination response: a relationship for fire-following plant species exposed to thermal shock. *Oecologia* 134:18-22.

Hansen, E. 2000. *Orchid Fever: A Horticultural Tale of Love, Lust, and Lunacy.* Pantheon Books, New York, NY.

Hanski, I. 1982. Dynamics of regional distribution: the core and satellite hypothesis. *Oikos* 38:210-221.

Hanski, 1.1999. *Metapopulation Ecology.* Oxford University Press, New York, NY.

Hardin, G. 1968. The tragedy of the commons. *Science* 162:1243-1248.

Harper, J. L. 1977. *Population Biology of Plants.* Academic Press, London, UK.

Harvey, P. H. and M. D. Pagel. 1991. *The Comparative Method in Evolutionary Biology.* Oxford University Press, Oxford.

Harvey, P. H., R. K. Colwell, J. W. Silvertown and R. M. May. 1983. Null models in ecology. *Ann. Rev. Ecol. Syst.* 14:189-211.

Harrison, S. 1999. Local and regional diversity in a patchy landscape: native, alien, and endemic herbs on serpentine. *Ecology* 80:70-80.

Hartshorn, G. S. 1975. Amatrix model of tree population dynamics. In *Tropical Ecological Systems*, F. B. Golley and E. Medin (eds.), pp. 41-51. Springer-Verlag, New York, NY.

Hastings, A. 1996. Models of spatial spread: is the theory complete? *Ecology* 77:1675-1679.

Hastings, J. R. and R. M. Turner. 1965. *The Changing Mile.* University of Arizona Press, Tucson, AZ.

Hautekèete, N.-C, Y. Piquot and H. Van Dijk. 2001. Investment in survival and reproduction along a semelparity-iteroparity gradient in the Beta species complex. *J. Evol. Biol.* 14:795-804.

Hautekèete, N.-C., Y. Piquot and H. Van Dijk. 2002a. Life span in *Beta vulgaris* ssp. maritima: the effects of age at first reproduction and disturbance. *J. Ecol.* 90:508-516.

Hautekèete, N.-C., Y. Piquot and H. Van Dijk. 2002b. Variations in ageing and meristematic activity in relation to flower-bud and fruit excision in the *Beta* species complex. *New Phytol.* 154:641-650.

Hawkes, C. V. and J. J. Sullivan. 2001. The impact of herbivory on plants in different resource conditions: a meta-analysis. *Ecology* 82:2045-2085.

Hawkins, B. A., R. Field, H. V. Cornell, D. J. Currie, J.-F. Guégan, D. M. Kaufman, J. T. Kerr, G. G. Mittelbach, T. Oberdorff, E. M. O'Brien, E. E. Porter and J. R. G. Turner. 2003. Energy, water and broad-scale geographic patterns of species richness. *Ecology* 84:3105-3117.

Hazlett, D. L. 1992. Leaf area development of four plant communities in the Colorado steppe. *Amer. Midl. Nat.* 127:276-289.

He, X. H., C. Critchley and C. Bledsoe. 2003. Nitrogen transier within and between plants through common mycorrhizal networks (CMNs). *Crit. Rev. Plant Sci.* 22:531-567.

Heck, K. L., Jr., G. van Belle and D. Simberloff. 1975. Explicit calculation of the rarefaction diversity measurement and the determination of sufficient sample size. *Ecology* 56:1459-1461.

Hector, A., B. Schmid, C. Beierkuhnlein, M. C. Caldeira, M. Diemer, P. G. Dimitrakopoulos, J. A. Finn, H. Freitas, P. S. Giller, J. Good, R. Harris, P. Högberg, K. Huss-Danell, J. Joshi, A. Jumpponen, C. Körner, P. W. Leadley, M. Loreau, A. Minns, C. P. H. Mulder, G. O'Donovan, S. J. Otway, J. S. Pereira, A. Prinz, D. J. Read, M. Scherer-Lorenzen, E.-D. Schulze, A.-S. D. Siamantziouras, E. M. Spehn, A. C. Terry, A. Y. Troumbis, F. I. Wood-ward, S. Yachi and J. H. Lawton. 1999. Plant diversity and productivity experiments in European grasslands. *Science* 286:1123-1127.

Hedges, L. V, J. Gurevitch and P. Curtis. 1999. The meta-analysis of response ratios in experimental ecology. *Ecology* 80:1150-1156.

Heegaard, E. and V. Vandvik. 2004. Climate change affects the outcome of competitive interactions - an application of principal response curves. *Oecologia* 139:459-466.

Henneman, M. L. and J. Memmott. 2001. Infiltration of a Hawaiian community by introduced biological control agents. *Science* 293:1314-1316.

Herben, T. and F. Krahulec. 1990. Competitive hierarchies, reversals of rank order and the deWit approach - are they compatible? *Oikos* 58:254-256.

Herrera, C. M. 1982a. Defense of ripe fruits from pests: its significance in relation to pest-disperser interactions. *Am. Nat.* 120:218-241.

Herrera, C. M. 1982b. Some comments on Stiles' paper on bird-disseminated fruits. *Am. Nat.* 120:819-822.

Herrera, C. M., P. Jordano, J. Guitian and A. Traveset. 1998. Annual variability in seed production by woody plants and the masting concept: reassessment of principies and relationship to pollination and seed dispersal. *Am. Nat.* 152:576-594.

Hett, J. M. and O. L. Loucks. 1976. Age structure models of balsam fir and eastern hemlock. *J.* Ecol. 64:1029-1044.

Hickman, J. C. and L. F. Pitelka. 1975. Dry weight indicates energy allocation in ecological strategy analysis of plants. *Oecologia* 221:117-121.

Higgins, S. L, D. M. Richardson, R. M. Cowling and T. H. Trinder-Smith. 1999. Predicting the landscape-scale distribution of alien plants and their threat to plant diversity. *Cons. Biol.* 13:303-313.

Hikosaka, K. 2005. Leaf canopy as a dynamic system: ecophysiology and optimality in leaf turnover. *Ann. Bot.* 95:521-533.

Hobbs, R. J. 1989. The nature and effects of disturbance relative to invasions. In *Biological Invasions: A Global Perspective,* J. A. Drake, H. A. Mooney, F. di Castri, R. H. Groves, F. J. Kruger, M. Rejmánek and M. Williamson (eds.), pp. 389-403. John Wiley & Sons, Chichester, NY.

Holbrook, N. M. and F. E. Putz. 1996. From epiphyte to tree: differences in leaf structure and leaf water relations associated with the transition in growth form in eight species of hemiepiphytes. *Plant Cell Environ.* 19:631-642.

Holt, R. D. 1977. Predation, apparent competition, and structure of prey communities. *Theor. Pop. Biol.* 12:197-229.

Holt, R. D. 1997. From metapopulation dynamics to community structure: some consequences of spatial heterogeneity. In *Metapopulation Biology: Ecology, Genetics, and Evolution,* I. Hanski and M. E. Gilpin (eds.), pp. 149-165. Academic Press, San Diego, CA.

Hooper, D. U. and P. M. Vitousek. 1998. Effects of plant composition and diversity on nutrient cycling. *Ecol. Monogr.* 68:121-149.

Horn, H. S. 1971. *The Adaptive Geometry of Trees.* Princeton University Press, Princeton, NJ.

Horsley, S. B., S. L. Stout and D. S. deCalesta. 2003. White-tailed deer impact on the vegetation dynamics of a northern hardwood f orest. *Ecol. Appl.* 13:98-118.

Horvitz, C. C. and D. W. Schemske. 1990. Spatiotemporal variation in insect mutualists of a neotropical herb: the myth of tropical stability. *Ecology* 71:1085-1097.

Houghton, R. A. and J. L. Hackler. 2001. Carbon Flux to the Atmosphere from Land-Use Changes: 1850 to 1990. ORNL/CDIAC-131, NDP-050/R1. Carbon Dioxide Information Analysis Center, U.S. Department of Energy, Oak Ridge National Laboratory, Oak Ridge, TN.

Houle, D. 1991. Genetic covariance of fitness correlates: what genetic correlations are made of and why it matters. *Evolution* 45:630-648.

Howard, T. G. and D. E. Goldberg. 2001. Competitive response hierarchies for germination, growth, and survival and their influence on abundance. *Ecology* 82:979-990.

Howard, T. G., J. Gurevitch, L. Hyatt, M. Carreiro and M. Lerdau. 2004. Forest invasibility in communities in southeastern New York. *Biol. Invasions* 6:393-410.

Howe, H. F. 1995. Succession and fire season in experimental prairie plantings. *Ecology* 76:1917-1925.

Howe, H. F. and L. C. Westley. 1997. Ecology of pollination and seed dispersal. In *Plant Ecology,* M. J. Crawley (ed.), pp. 262-283. Blackwell Science, Oxford.

Huang, Y, F. A. Street-Perrott, S. E. Metcalfe, M. Brenner, M. Moreland and K. H. Freeman. 2001. Climate change as the dominant control on glacial-interglacial variations in C_3 and C_4 plant abundance. *Science* 293:1647-1651.

Hubbell, S. P. 2001. *The Unified Neutral Theory of Biodiversity and Biogeography.* Princeton University Press, Princeton, NJ.

Hughes, L. 2000. Biological consequences of global warming: is the signal already apparent? *Trends Ecol. Evol.* 15:56-61.

Hult, R. 1885. Blekinges vegetation. Ett bidrag till växtformationernas utvecklingshistorie. *Medd. Soc. Fenn.* 12:161.

Huntington, T. G. 2000. The potential for calcium depletion in forest ecosystems of southeastern United States: review and analysis. *Global Biogeo. Cycles* 14:623-638.

Huntly, N. J. 1987. Effects of refuging consumers (pikas: *Ochotona princeps)* on subalpine vegetation. *Ecology* 68:274-283.

Husband, B. C. and D. W. Schemske. 1996. Evolution of the magnitude and timing of inbreeding depression in plants. *Evolution* 50:54-70.

Huston, M. 1979. A general hypothesis of species diversity. *Am. Nat.* 113:81-101.

Huston, M. A. 1994. *Biological Diversity: the coexistence of species in changing landscapes.* Cambridge University Press, Cambridge, UK.

Huston, M. A. and D. L. DeAngelis. 1994. Competition and coexistence: the effects of resource transport and supply rates. *Am. Nat.* 144:954-977.

Huston, M. and T. Smith. 1987. Plant succession: life history and competition. *Am. Nat.* 130:168-198.

Hutchinson, G. E. 1957. Concluding remarks. Cold *Spring Harbor Symp. Quant. Biol.* 22-A15-427.

Hutchinson, G. E. 1959. Homage to Santa Rosalia or Why are there so many animais? *Am. Nat.* 93:145-159.

Hutchinson, G. E. 1965. *The Ecological Theater and the Evolutionary Play.* Yale University Press, New Haven, CT.

Huxman, T. E. and S. D. Smith. 2001. Photosynthesis in an invasive grass and native forb at elevated CO_2 during an El Nino year in the Mojave Desert. *Oecologia* 128:193-201.

Hyatt, L. A., M. S. Rosenberg, T. G. Howard, G. Bole, W. Fang, J. Anastasia, K. Brown, R. Grella, K. Hinman, J. P. Kurdziel and J. Gurevitch. 2003. The distance dependence prediction of the Janzen-Connell hypothesis: a meta-analysis. *Oikos* 103:590-602.

I

Inderjit and C. M. Callaway. 2003. Experimental designs for the study of allelopathy. *Plant and Soil* 256:1-11.

Inderjit and R. del Moral. 1997. Is separating allelopathy from resource competition realistic? *Bot. Rev.* 63:221-230.

Inderjit and J. Weiner. 2001. Plant allelochemical interference or soil chemical ecology? *Pers. Plant Ecol. Evol. Syst.* 4:3-12.

Inouye, R. S. and W. M. Schaffer. 1981. On the meaning of ratio (de Wit) diagrams in plant ecology. *Ecology* 62:1679-1681.

Istock, C. A. and S. M. Scheiner. 1987. Affinities and high-order diversity within landscape mosaics. *Evol. Ecol.* 1:11-29.

J

Jaccard, P. 1901. Distribution de la flore alpine dans le Bassin des Dranes et dans quelques régions voisines. *Bull. Soc. Vaud. Sci. Nat.* 37:241-272.

Jackson, D. A. and K. M. Somers. 1991. Putting things in order: the ups and downs of detrended correspondence analysis. *Am. Nat.* 137:704-712.

Jacob, D., H. Goettel, J. Jungclaus, M. Muskulus, R. Podzun and J. Marotzke. 2005. Slowdown of the thermohaline circulation causes enhanced maritime climate influence and snow cover over Europe. *Geophys. Res. Lett.* 32:L21711, doi:10.1029/2005GL023286.

Jahnke, R. A. 1992. The phosphorus cycle. In *Global Biogeochemical Cycles,* S. S. Butcher, R. J. Charlson, G. Orians and G. V. Wolfe (eds.), pp. 301-315. Academic Press, London, UK.

Jain, S. K. and A. D. Bradshaw. 1966. Evolutionary divergence among adjacent plant populations. I. The evidence and its theoretical analysis. *Heredity* 21:407-441.

Janson, S. and J. Vegelius. 1981. Measures of ecological association. *Oecologia* 49:371-376.

Janzen, D. H. 1970. Herbivores and the number of tree species in tropical forests. *Am. Nat.* 104:501-527.

Jarosz, A. M. and A. L. Davelos. 1995. Effects of disease in wild plant populations and the evolution of pathogen aggressiveness. *New Phytol.* 129:371-387.

Jefferies, R. L. and J. L. Maron. 1997. The embarrassment of riches: Atmospheric deposition of nitrogen and community and ecosystem processes. *Trends Ecol. Evol.* 12:74-78.

Jeffrey, D. W. 1987. *Soil-Plant Relationships: An Ecological Approach.* Croom Helm, London and Timber Press, Portland, OR.

Jenkinson, D. S., J. Meredith, J. I. Kinyamario, G. P. Warren, M. T. F. Wong, D. D. Harkness, R. Bol and K. Coleman. 1999. Estimating net primary production from measurements made on soil organic matter. *Ecology* 80:2762-2773.

Jennings, M. D., J. W. Williams and M. R. Stromberg. 2005. Diversity and productivity of plant communities across the Inland Northwest, USA. *Oecologia* 143:607-618.

Jetz, W. and C. Rahbek. 2001. Geometric constraints explain much of the species richness in African birds. *Proc. Nat. Acad. Sci.* 98:5661-5666.

Johnson, A. R., B. N. Milne and J. A. Wiens. 1992. Diffusion in fractal landscapes: simulations and experimental studies of Tenebrionid beetle movements. *Ecology* 73:1968-1983.

Johnson, D. M. and P. Stiling. 1998. Rate of spread of *Cactoblastis cactorum* (Lepidoptera: Pyralidae) Berg, an exotic *Opuntia*-feeding moth, in Florida. *Florida Entomol.* 81:12-22.

Johnson, E. A. 1992. *Fire and Vegetation Dynamics.* Cambridge University Press, Cambridge, UK.

Jordan, R. A. and J. M. Hartman. 1996. Effects of canopy opening on recruitment in *Clethra alnifolia* L. (Clethraceae) populations in central New Jersey wetland forests. *Bull. Torrey Bot. Club* 124:286-294.

K

Kalisz, S. 1991. Experimental determination of seed bank age structure in the winter annual *Collinsia verna. Ecology* 72:575-585.

Kalisz, S. and M. A. McPeek. 1992. Demography of an age-structured annual: resampled projection matrices, elasticity analyses, and seed bank effects. *Ecology* 73:1082-1093.

Kalisz, S. and M. A. McPeek. 1993. Extinction dynamics, population growth and seed banks. *Oecologia* 95:314-320.

Karban, R. and I. T. Baldwin. 1997. *Induced Responses to Herbivory.* University of Chicago Press, Chicago, IL.

Kates, R. W., B. L. Turner and W. C. Clark. 1990. The great transformation. In *The Earth as Transformed by Human Action,* B. L. Turner, W. C. Clark, R. W. Kates, J. F. Richards, J. T. Matherw and W. B. Meyer (eds.), pp. 1-17. Cambridge University Press, Cambridge, UK.

Kausik, S. B. 1939. Pollination and its influences on the behavior of the pistillate flower in *Vallisneria spiralis. Am. J. Bot.* 26:207-211.

Kays, S. and J. L. Harper. 1974. The regulation of plant and tiller density in a grass sward. *J. Ecol.* 62:97-105.

Keane, R. M. and M. J. Crawley. 2002a. Exotic plant invasions and the enemy release hypothesis. *Trends Ecol. Evol.* 17:164-170.

Keane, R. M. and M. J. Crawley. 2002b. Exotic plants invasions and the enemy release hypothesis. *Trends Ecol. Evol.* 17:164-170.

Kearns, C. A. and D. W. Inouye. 1993. *Techniques for Pollination Biologists.* University Press of Colorado, Niwot CO.

Keddy, P. A. 1990. Competitive hierarchies and centrifugal organization in plant communities. In *Perspectives on Plant Competition,* J. B. Grace and D. Tilman (eds.), pp. 265-289. Academic Press, Orlando, FL.

Keddy, P. A. 2001. *Competition.* Kluwer Academic, Boston, MA.

Keddy, P. A., L. H. Fraser and I. C. Wisheu. 1998. A comparative approach to examine competitive response of 48 wetland plant species. *J. Veg. Sci.* 9:777-786.

Keeley, J. E. and C. J. Fotheringham. 1997. Trace gas emissions and smoke-induced seed germination. *Science* 276:1248-1250.

Keeley, J. E., C. J. Fotheringham and M. Morais. 1999. Reexamining fire suppression impacts on brushland fire regimes. *Science* 284:1824-1832.

Keeley, J. E., B. A. Morton, A. Pedrosa and P. Trotter. 1985. Role of allelopathy, heat and charred wood in the germination of chaparral herbs and suffrutescents. *J. Ecology* 73:445-458.

Keeling, C. D. and T. P. Whorf. 2001. Atmospheric CO_2 records from sites in the SIO air sampling network. Trends Online: A Compendium of Data on Global Change. Carbon Dioxide Information Analysis Center, Oak Ridge National Laboratory, U.S. Department of Energy. [http://cdiac.esd.ornl.gov/trends/co2/sio-mlo.htm].

Keever, C. 1950. Causes of succession on old fields of the Piedmont, North Carolina. *Ecol. Monogr.* 20:229-250.

Kelly, C. K. 1992. Resource choice in *Cuscuta europea. Proc. Nat. Acad. Sci.* 89:12194-12197.

Kelly, C. K. 1996. Identifying plant functional types using floristic data bases: ecological correlates of plant range size. *J. Veg. Sci.* 7:417-424.

Kelly, C. K. and M. J. Bowler. 2002. Coexistence and relative abundance in forest tree species. *Nature* 417:437-^40.

Kelly, C. K. and M. J. Bowler. 2005. A new application of storage dynamics: differential sensitivity, diffuse Competition, and temporal niches. *Ecology* 86:1012-1022.

Kelly, C. K., M. G. Bowler, F. Breden, M. Fen-ner and G. M. Poppy. 2005. An analytical model assessing the potential threat to natural habitats from insect resistance transgenes. *Proc. Royal Soc. London Series B* 272:1759-1767.

Kelly, C. K. and F. I. Woodward. 1996. Ecological correlates of plant range size: taxonomies and phylogenies in the study of plant commonness and rarity in Great Britain. *Phil. Trans. Roy. Soc. London B* 351:1261-1269.

Kelly, D., D. E. Hart and R. B. Allen. 2001. Evaluating the wind pollination benefits of masting. *Ecology* 82:117-126.

Kelly, D. and V. L. Sork. 2002. Mast seeding in perennial plants: why, how, where? *Ann. Rev. Ecol. Syst.* 33:427-447.

Kendall, W. L. and J. D. Nichols. 2002. Estimating state-transition probabilities for unobservable states using capture-recapture/resighting data. *Ecology* 83:3276-3284.

Kerr, B., D. W. Schwilk, A. Bergman and M. W. Feldman. 1999. Rekindling an old flame: a haploid model for the evolution and impact of flammability in resprouting plants. *Evol. Ecol. Res.* 1:807-833.

Kéry, M. and K. B. Gregg. 2003. Effects of lifestate on detectability in a demographic study of the terrestrial orchid *Cleistes bifaria. J. Ecol.* 91:265-273.

Kéry, M. and K. B. Gregg. 2004. Demographic analysis of dormancy and survival in the terrestrial orchid *Cypripedium reginae. J. Ecol.* 92:686-695.

Kevan, P. G. 1978. Floral coloration, its colorimetric analysis, and significance in anthecology. In *The Pollination of Flowers by Insects,* A. J. Richards (ed.), pp. 51-78. Academic Press, London, UK.

Kira, T., H. Ogawa and K. Sinozaki. 1953. Intraspecific Competition among higher plants. 1. Competition-density-yield interrelationships in regularly dispersed populations. *J. Inst. Polytech. Osaka City Univ. D* 4:1-16.

Kitajima, K. and C. K. Augspurger. 1989. Seed and seedling ecology of a monocarpic tropical tree, *Tachigalia versicolor. Ecology* 70:1102-1114.

Kittel, T. G. E, N. A. Rosenbloom, T. H. Painter, D. S. Schimel and VEMAP Modeling Participants. 1995. The VEMAP integrated database for modeling United States ecosystem/vegetation sensitivity to climate change. *J. Biogeogr.* 22:857-862.

Knapp, A. K., J. M. Briggs, D. C. Hartnett and S. L. Collins. 1998. *Grassland Dynamics: Long-Term Ecological Research in Tallgrass Prairie.* Oxford University Press, New York, NY.

Knight, T. M. 2003. Effects of herbivory and its timing across populations of *Trillium grandiflorum* (Liliaceae). *Am. J. Bot.* 90:1207-1214.

Knight, T. 2004. The effects of herbivory and pollen limitation on a declining population of *Trillium grandiflorum. Ecol. Appl.* 14:915-928.

Knight, T. M., M. W. McCoy, J. M. Chase, K. A. McCoy and R. D. Holt. 2005. Trophic cascades across ecosystems. *Nature* 437:880-883.

Koenig, W. D. and M. V. Ashley. 2003. Is pollen limited? The answer is blowin' in the wind. *Trends Ecol. Evol.* 18:157-159.

Koenig, W. D., D. Kelly, V. L. Sork, R. P. Duncan, J. S. Elkinton, M. S. Peltonen and R. D. Westfall. 2003. Dissecting components of population-level variation in seed production and the evolution of masting behavior. Oztos 102:581-591.

Koide, R. T., R. H. Robichaux, S. R. Morse and C. M. Smith. 1989. Plant water status, hydraulic resistance and capacitance. In *Plant Physiological Ecology: Field Methods and*

Instruments, R. W. Pearcy, J. Ehleringer, H. A. Mooney and P. W. Rundel (eds.), pp. 161-183. Chapman and Hall, New York, NY.

Kooijman, A. M. and A. Smit. 2001. Grazing as a measure to reduce nutrient availability and plant productivity in acid dune grasslands and pine forests in The Netherlands. *Ecol. Engineer.* 17:63-77.

Korb, J. E., N. C. Johnson and W. C. Covington. 2003. Arbuscular mycorrhizal propagule densities respond rapidly to ponderosa pine restoration treatments. *J. Appl. Ecol.* 40:101-110.

Körner, C. 1989. The nutritional status of plants from high latitudes-a worldwide comparison. *Oecologia* 81:379-391.

Körner, C. 1998. A re-assessment of high elevation treeline positions and their explanation. *Oecologia* 115:445-459.

Kramer, P. J. 1983. *Water Relations of Plants.* Academic Press, New York, NY.

Kramer, P. J. and J. S. Boyer. 1995. *Water Relations of Plants and Soils.* Academic Press, New York, NY.

Krebs, C. J. 1989. *Ecological Methodology.* HarperCollins, New York, NY.

Kruckeberg, A. R. 1954. The ecology of serpentine soils. III. Plant species in relation to serpentine soils. *Ecology* 35:267-274.

Kubisiak, T. L., F. V. Hebard, C. D. Nelson, J. Zhang, R. Bernatzky, H. Huang, S. L. Anagnostakis and R. L. Doudrick. 1997. Mapping resistance to blight in an interspecific cross in the genus *Castanea* using morphological, isozyme, RFLP, and RAPD markers. *Phytopathology* 87:751-759.

Kuittinen, H., M. J. Sillanpää and O. Savolainen. 1997. Genetic basis of adaptation: flowering time in *Ambidopsis thaliana. Theor. Appl. Genet.* 95:573-583.

Kunin, W. E. 1997. Introduction: on the causes and consequences of rare-common differences. In *Causes and consequences of rare-common differences,* W. E. Kunin and K. J. Gaston (eds.), pp. 3-11. Chapman and Hall, London, UK.

Kunin, W. E. and K. J. Gaston. 1997. *The Biology of Rarity. Causes and consequences of rare-common differences.* Chapman and Hall, London, UK.

Kutiel, P, Y. Peled and E. Geffen. 2000. The effect of removing shrub cover on annual plants and small mammals in a coastal sand dune ecosystem. *Biol. Conserv.* 94:235-242.

L

Ladiges, P. Y, F. Udovicic and G. Nelson. 2003. Australian biogeographical connections and the phylogeny of large genera in the plant family Myrtaceae. *J. Biogeogr.* 30:989-998.

Lambers, H., F. S. Chapin III and T. L. Pons. 1998. *Plant Physiological Ecology.* Springer-Verlag, New York, NY.

Lambert, J. E. 2001. Red-tailed guenons *(Cercopithecus ascanius)* and *Strychnos mitis:* evidence for plant benefits beyond seed dispersai. *Int. J. Primat.* 22:189-201.

Lambin, E. E, B. L. Turner, H. J. Geist, S. B. Agbola, A. Angelsen, J. W. Bruce, O. T. Coomes, R. Dirzo, G. Fischer, C. Folke, P. S. George, K. Homewood, J. Imbernon, R. Leemans, X. B. Li, E. F. Moran, M. Mortimore, P. S. Ramakrishnan, J. E Richards, H. Skanes, W. Steffen, G. D. Stone, U. Svedin, T. A. Veldkamp, C. Vogel and J. C. Xu. 2001. The causes of land-use and land-cover change: moving beyond the myths. *Global Envir. Change Human Pol. Dim.* 11:261-269.

Lamont, B. B. and N. J. Enright. 2000. Adaptive advantages of aerial seed banks. *Plant Spec. Biol.* 15:157-166.

Lande, R. 1996. Statistics and partitioning of species diversity, and similarity among multiple communities. *Oikos* 76:5-13.

Landis, R. M., J. Gurevitch, W. Fang, D. Taub and G. A. Fox. 2005. Variation in recruitment and early demography in *Pinus rigida* following crown fire in the pine barrens of Long Island, NY. *J. Ecol.* 93:607-617.

Langdon, P. 1997. *A Better Place to Live: Reshaping the American Suburb.* University of Massachusetts Press, Amherst, MA.

Larcher, W. 1995. *Physiological Plant Ecology,* 3rd ed. Springer, Berlin.

Larcher, W. and H. Bauer. 1981. Ecological significance of resistance to low temperatures. In *Encyclopedia of Plant Physiology,* vol. 12A, O. L. Lange, P. S. Nobel, C. B. Osmond and H. Ziegler (eds.), pp. 403-437. Springer Verlag, Berlin.

La Roi, G. H. and R. J. Hnatiuk. 1980. The *Pinus cantoria* forests of Banff and Jasper National Parks: a study in comparative synecology and syntaxonomy. *Ecol. Monogr.* 50:1-29.

Latham, R. E. and R. E. Ricklefs. 1993. Global patterns of tree species richness in moist forests - energy-diversity theory does not account for variation in species richness. *Oikos* 67:325-333.

Laurance, W. F. 2000a. Do edge effects occur over large spatial scales? *Trends Ecol. Evol.* 15:134-135.

Laurance, W. F. 2000b. Mega-development trends in the Amazon: implications for global change. *Envir. Monit. Assess.* 61:113-122.

Laurance, W. E, L. V. Ferreira, J. M. Rankin-de Merona and S. G. Laurance. 1998. Rain forest fragmentation and the dynamics of Amazonian tree communities. *Ecology* 79:2032-2040.

Laurance, W. E, M. A. Cochrane, S. Bergen, P. M. Fearnside, P. Delamonica, C. Barber, S. D'Angelo and T. Fernandes. 2001. The future of the Brazilian Amazon. *Science* 291:438-439.

Lavery, P. B. and D. J. Mead. 1998. *Pinus radiata:* a narrow endemic from North America takes on the world. In *Ecology and Biogeography of Pinus,* D. M. Richardson (ed.), pp. 432-449. Cambridge University Press, Cambridge, UK.

Lavoral, S. and S. Cramer. 1999. Plant functional types and disturbance dynamics. Journal of Vegetation Science 10: 603-730 (Special Feature).

Lavorel, S. and P. Chesson. 1995. How species with different regeneration niches coexist in patchy habitats with local disturbances. *Oikos* 74:103-114.

Law, R. and A. R. Watkinson. 1987. Response-surface analysis of two-species competition: An experiment on *Phleum arenarium* and *Vulpia fasciculata. J. Ecol.* 75:871-886.

Lawton, J. H. 1999. Are there general laws in ecology? *Oikos* 84:177-192.

Lean, J. and D. A. Warrilow. 1989. Simulation of the regional climatic impact of Amazon deforestation. *Nature* 342:411^13.

Lebreton, J.-D., K. P. Burnham, J. Clobert and D. R. Anderson. 1992. Modeling survival and testing biological hypotheses using marked animais: a unified approach with case studies. *Ecol. Monogr.* 62:67-118.

Lechowicz, M. J. 1995. Seasonality of flowering and fruiting in temperate forest trees. *Can. J. Bot.* 73:175-182.

Lee, D. 1997. Iridescent blue plants. *Amer. Sci.* 85:56-63.

Lee, D. W. and R. Graham. 1986. Leaf optical-properties of rainforest sun and extreme shade plants. *Am. J. Bot.* 73:1100-1108.

Lefsky, M., W. Cohen, G. Parker and J. Harding. 2002. LiDAR remote sensing for ecosystem studies. *Bioscience* 52:19—30.

Legendre, P. and Marie-J. Fortin. 1989. Spatial pattern and ecological analysis. *Vegetatio* 80:107-138.

Legendre, P. and L. Legendre. 1998. *Numerical Ecology,* 2nd ed. Elsevier Science BV, Amsterdam, The Netherlands.

Leibold, M. A. 1995. The niche concept revisited - mechanistic models and community context. *Ecology* 76:1371-1382.

Leibold, M. A. 1996. A graphical model of keystone predators in food webs: trophic regulation of abundance, incidence, and diversity patterns in communities. *Am. Nat.* 147:784-812.

Leibold, M. A. 1999. Biodiversity and nutrient enrichment in pond plankton communities. *Evol. Ecol. Res.* 1:73-95.

Leigh, R. A. and A. E. Johnston. 1994. *Long-Term Experiments in Agricultural and Ecological Sciences.* CAB International, Oxford, UK.

Lejeune, K. D. and T. R. Seastedt. 2001. *Centaurea* species: the forb that won the west. *Cons. Biol.* 15:1568-1574.

Lerdau, M. and J. Gershenzon. 1997. Allocation theory and chemical defense. In *Plant Resource Allocation,* F. A. Bazzaz and J. Grace (eds.), pp. 265-277. Academic Press, London, UK.

Levin, D. A. 1990. The seedbank as a source of genetic novelty. *Am. Nat.* 135:563-577.

Levin, D. A. 2002. *The Role of Chromosomal Change in Plant Evolution.* Oxford University Press, Oxford, UK.

Levin, S. A. 1989. Challenges in the development of a theory of community and ecosystem structure and function. In *Perspectives in Ecological Theory,* J. Roughgarden, R. M. May and S. A. Levin (eds.), pp. 242-255. Princeton University Press, Princeton, NJ.

Levin, S. A. 1992. The problem of pattern and scale in ecology. *Ecology* 73:1943-1967.

Levine, J. M. 2000. Species diversity and biological invasions: relating local process to community pattern. *Science* 288:852-854.

Levine, J. M. 2001. Local interactions, dispersai, and native and exotic plant diversity along a California stream. *Oikos* 95:397-408.

Levine, J. M. and C. M. D'Antonio. 1999. Elton revisited: a review of evidence linking diversity and invasibility. *Oikos* 87:15-26.

Levine, J. M. and D. J. Murrell. 2003. The community-level consequences of seed dispersal patterns. *Ann. Rev. Ecol. Evol. Syst.* 34:549-574.

Levins, R. 1969. Some demographic and genetic consequences of environmental heterogeneity for biological control. *Bull. Entomol Soc. Amer.* 15:237-240.

Lewis, H. and M. Lewis. 1955. The genus *Clarkia. Univ. Calif. Publ. Bot.* 20:241-392.

Lewis, M. C. 1969. Genecological differentiation of leaf morphology in *Geranium sanguineum* L. *New Phytol.* 68:481-503.

Lewis, M. C. 1970. Physiological significance of variation in leaf structure. *Sci. Prog.* 60:25-51.

Lewis, M. C. 1972. The physiological significance of variation in leaf structure. *Sci. Prog.* 60:25-51.

Lewontin, R. C. 1970. The units of selection. *Ann. Rev. Ecol. Syst.* 1:1-18.

Lexer, D., M. E. Welch, J. L. Durphy and L. H. Rieseberg. 2003. Natural selection for salt tolerance quantitative trait loci (QTLs) in wild sunflower hybrinds: Implications for the origin of *Helianthus pamdoxus,* a diploid hybrid species. *Molecular Ecology* 12:1225-1235.

Lichtenthaler, H. K., C. Buschmann, M. Doll, H.-J. Fietz, T. Bach, U. Kozel, D. Meier and U. Rahmsdorf. 1981. Photosynthetic activity, chloroplast ultrastructure, and leaf characteristics of high-light and low-light plants and of sun and shade leaves. *Photosyn. Res.* 2:115-141.

Liebhold, A. M. and J. Gurevitch. 2002. Integrating the statistical analysis of spatial data in ecology. *Ecography* (in press).

Liebhold, A. M., R. E. Rossi and W. R Kemp. 1993. Geostatistics and geographic information systems in applied insect ecology. *Ann. Rev. Entomol.* 38:303-327.

Likens, G. E., C. T. Driscoll, D. C. Buso, T. G. Siccama, C. E. Johnson, G. M. Lovett, T. J. Fahey, W. A. Reiners, D. F. Ryan, C. W. Martin and S. W. Bailey. 1998. The biogeochemistry of calcium at Hubbard Brook. *Biogeochemistry* 41:89-173.

Linsey, J. K. 2004. *Introductory Statistics: A Modeling Approach.* Oxford University Press, Oxford, UK.

Liu, J., J. M. Chen, J. Cihlar and W. M. Park. 1997. A process-based boreal ecosystem productivity simulator using remote sensing inputs. *Remote Sens. Envir.* 62:158-175.

Livingston, R. B. and M. L. Allessio. 1968. Buried viable seed in successional field and forest stands, Harvard Forest, Massachusetts. *Bull. Torrey Bot. Club* 95:58-69.

Lloyd, A. H. 2005. Ecological histories from alaskan tree lines provide insight into future change. *Ecology* 86:1687-1695.

Lodge, D. M. 1993. Biological invasions: lessons for ecology. *Trends Ecol. Evol.* 8:133-137.

Lonsdale, W. M. 1990. The self-thinning rule: dead or alive? *Ecology* 71:1373-1388.

Lonsdale, W. M. 1999. Global patterns of plant invasions and the concept of invasibility. *Ecology* 80:1522-1536.

Loreau, M., S. Naeem, P. Inchausti, J. Bengtsson, J. P. Grime, A. Hector, D. U. Hooper, M. A. Huston, D. Raffaelli, B. Schmid, D. Tilman and D. A. Wardle. 2001. Biodiversity and ecosystem functioning: current knowledge and future challenges. *Science* 294:804-808.

Louda, S. M. 1982. Distribution ecology: variation in plant recruitment over a gradient in relation to insect seed predation. *Ecology 52:25-41.*

Louda, S. M. and M. A. Potvin. 1995. Effect of inflorescence-feeding insects on the demography and lifetime fitness of a native plant. *Ecology* 76:229-245.

Louda, S. M. and J. E. Rodman. 1996. Insect herbivory as a major factor in the shade distribution of a native crucifer *(Cardamine cordifolia* A. Gray, bittercress). *J. Ecol.* 84:229-237.

Louda, S. M., D. Kendall, J. Connor and D. Simberloff. 1997. Ecological effects of an insect introduced for the biological control of weeds. *Science* 277:1088-1090.

Lovett Doust, L. 1981. Population dynamics and local specialization in a clonal perennial *Ranunculus repens* I. The dynamics of ramets in contrasting habitats. *J. Ecol.* 69:743-755.

Ludwig, J. A. and J. F. Reynolds. 1988. *Statistical Ecology.* John Wiley & Sons, New York, NY.

Lvovitch, M. 1.1973. The global water balance. *Eos* 54:28-42.

Lynch, D. K. and W. Livingston. 1995. *Color and Light in Nature.* Cambridge University Press, Cambridge, UK.

Lyons, E. E. and T. W. Mully. 1992. Density effects on flowering phenology and mating potential in *Nicotiana alata. Oecologia* 91:93-100.

Lyons, S. K. and M. R. Willig. 1999. A hemispheric assessment of scale dependence in latitudinal gradients of species richness. *Ecology* 80:2483-2491.

M

Ma, K. M., B. J. Fu, X. D. Guo and H. F. Zhou. 2000. Finding spatial regularity in mosaid landscapes: two methods integrated. *Plant Ecol.* 149:195-205.

MacArthur, R. H. 1960. On the relative abundance of species. *Am. Nat.* 94:25-36.

MacArthur, R. H. 1965. Patterns of species diversity. *Biol. Rev.* 40:510-533.

MacArthur, R. H. 1972. *Geographical Ecology.* Princeton University Press, Princeton, NJ.

MacArthur, R. H. and E. O. Wilson. 1967. *The Theory of lsland Biogeography.* Princeton University Press, Princeton, NJ.

Mack, M. C. and C. M. D'Antonio. 2001. Alteration of ecosystem nitrogen dynamics by exotic plants: a case study of C_4 grasses in Hawaii. *Ecol. Appl.* 11:1323-1335.

Mack, R. N., D. Simberloff, W. M. Lonsdale, H. Evans, M. Clout and F. A. Bazzaz. 2000. Biotic invasions: causes, epidemiology, global consequences and control. *Ecol. Appl.* 10:689-710.

Mackey, R. L. and D. J. Currie. 2001. The diversity-disturbance relationship: is it generally strong and peaked. *Ecology* 82:3479-3492.

Magnuson, J. J., R. H. Wynne, B. J. Benson and D. M. Robertson. 2001. Lake and river ice as a powerful indicator of past and present climates. *Verh. Internal. Verein. Limnol.* 27:2749-2756.

Magurran, A. E. 1988. *Ecological Diversity and Its Measurement.* Princeton University Press, Princeton, NJ.

Mahall, B. E. and F. H. Bormann. 1978. A quantitative description of the vegetative phenology of herbs in a northern hardwood forest. *Bot. Gaz.* 139:467-481.

Mal, T. K., J. Lovett Doust and L. Lovett Doust. 1997. Time-dependent competitive displacement of *Typha angustifolia* by *Lythrum salicaria. Oikos* 79:26-33.

Malcolm, S. B. and M. P. Zalucki. 1996. Milkweed latex and cardenolide induction may resolve the lethal plant defence paradox. *Entomol. Exper. Appl.* 80:193-196.

Malhi, Y. and J. Grace. 2000. Tropical forests and atmospheric carbon dioxide. *Trends Ecol. Evol.* 15:332-337.

Mandujano, M. D., C. Montana, I. Mendez and J. Golubov. 1998. The relative contributions of sexual reproduction and clonal propagation in *Opuntia rastrera* from two habitats in the Chihuahuan Desert. *J. Ecol.* 86:911-921.

Manly, B. F. J. 1992. *The Design and Analysis of Research Studies.* Cambridge University Press, Cambridge, UK.

Marland, G., T. A. Boden and R. J. Andres. 2001. Global, regional, and national CO_2 emissions from fossil-fuel burning, cement production, and gas flaring: 1751-1998 (revised July 2001). Trends Online: A Compendium of Data on Global Change. Carbon Dioxide Information Analysis Center, Oak Ridge National Laboratory, U.S. Department of Energy [http://cdiac.esd.ornl.gov/ndps/ndp030.html].

Maron, J. L. and R. L. Jeffries. 2001. Restoring enriched grasslands: Effects of mowing on species richness, productivity, and nitrogen retention. *Ecol. Appl.* 11:1088-1100.

Marschner, H. 1995. *Mineral Nutrition of Higher Plants,* 2nd ed. Academic Press, London, UK.

Marshall, D. L. 1988. Postpollination effects on seed paternity: mechanisms in addition to microgametophyte competition operate in wild radish. *Evolution* 42:1256-1266.

Marshall, D. L. and M. W. Folsom. 1991. Mate choice in plants: an anatomical to population perspective. *Ann. Rev. Ecol. Syst.* 22:37-63.

Martin, P. S. and R. G. Klein. 1984. *Quaternary Extinctions: A Prehistoric Revolution.* University of Arizona Press, Tucson, AZ.

Martinez, M. L. and P. Moreno-Casasola. 1998. The biological flora of coastal dunes and wetlands: *Chamaecrista chamaecristoides* (Colladon) I. & B. *J. Coastal Res.* 14:162-174.

Matallana, G., T. Wendt, D. S. D. Araujo and F. R. Scarano. 2005. High abundance of dioecious plants in a tropical coastal vegetation. *Am. J. Bot.* 92:1513-1519.

Mather, A. S. and C. L. Needle. 2000. The relationships of population and forest trends. *Geogr. J.* 166:2-13.

Mauseth, J. D. 1991. *Botany: An Introduction to Plant Biology.* Saunders College Publishers, Philadelphia, PA.

May, R. M. 1973. *Stability and Complexity in Model Ecosystems.* Princeton University Press, Princeton, NJ.

Maybury, K. 1999. *Seeing the Forest and the Trees: Ecological Classification for Conservation.* The Nature Conservancy, Arlington, VA.

Mayewski, P. A., G. H. Denton and J. J. Hughes. 1981. The Late Wisconsin ice sheet in North America. In *The Last Great Ice Sheets,* G. H. Denton and J. J. Hughes (eds.), pp. 67-170. Wiley, New York, NY.

Mayo, D. G. 1996. *Error and the Growth of Experimental Knowledge.* University of Chicago Press, Chicago, IL.

Mazer, S. J. 1989. Ecological, taxonomic, and life history correlates of seed mass among Indiana Dune angiosperms. Ecol. *Monogr.* 59:153-175.

Mazer, S. J. and L. M. Wolfe. 1992. Planting density influences the expression of genetic variation in seed mass in wild radish (*Raphanus sativus* L.: Brassicaceae). *Am. J. Bot.* 79:1185-1193.

McAuliffe, J. R. 1988. Markovian dynamics of simple and complex desert plant communities. *Am. Nat.* 131:459-490.

McCulloch, C. E. 1985. Variance tests for species associations. *Ecology* 66:1676-1681.

McCune, B. and M. J. Mefford. 1997. PC-*ORD. Multivariate Analysis of Ecological Data, Version 3.18.* MjM Software Design, Gleneden Beach, OR.

McGill, B. J. 2003. A test of the unified neutral theory of biodiversity. *Nature* 422:881-885.

McGinley, M. A., D. H. Temme and M. A. Geber. 1987. Parental investment in offspring in variable environments: theoretical and empirical considerations. *Am. Nat.* 130:370-398.

Mcllveen, J. F. R. 1992. *Fundamentais ofWeath-er and Climate.* Chapman and Hall, London, UK.

Mclntosh, R. P. 1985. *The Background of Ecology.* Cambridge University Press, Cambridge, UK.

McLaughlin, S. B. and R. Wimmer. 1999. Tansley Review No. 104 - Calcium physiology and terrestrial ecosystem processes. *New Phytol.* 142:373-417.

McNaughton, S. M. 1983. Serengeti grassland ecology: the role of composite environmental factors and contingency in community organization. *Ecol. Monogr.* 53:291-320.

McNeilly, T. 1968. Evolution in closely adjacent plant populations. III. *Agrostis tenuis* on a small copper mine. *Heredity* 23:99-108.

McNeilly, T. and J. Antonovics. 1968. Evolution in closely adjacent plant populations. IV. Barriers to gene flow. *Heredity* 23:205-218.

Méndez, M. and P. S. Karlsson. 2005. Nutrient stoichiometry in *Pinguicula vulgaris:* nutrient availability, plant size, and reproductive status. *Ecology* 86:982-991.

Menges, E. S. 1992. Stochastic modeling of extinction in plant populations. In *Conservation Biology: The Theory and Practice of Nature Conservation, Preservation, and Management,* P. L. Fiedler and S. K. Jain (eds.), pp. 253-275. Chapman and Hall, New York, NY.

Menges, E. S. and P. Quintana-Ascencio. 2004. Population viability with fire in *Eryngium cuneifolium:* deciphering a decade of demographic data. *Ecol. Monogr.* 74:79-99.

Miller, G. H., M. L. Fogel, J. W. Magee, M. K. Gagan, S. J. Clarke and B. J. Johnson. 2005a. Ecosystem collapse in Pleistocene Australia and a human role in megafaunal extinction. *Science* 309:287-290.

Miller, G. H., J. Mangan, D. Pollard, S. Thompson, B. Felzer and J. Magee. 2005b. Sensitivity of the Australian Monsoon to insolation and vegetation: Implications for human impact on continental moisture balance. *Geology* 33:65-68.

Miller, T. E. 1987a. Effects of emergence time on survival and growth in an early old-field plant community. *Oecologia* 72:272-278.

Miller, T. E. 1987b. Effects of emergence time on survival and growth in an early old-field plant community. *Oecologia* 72:272-278.

Miller, T. E., A. A. Winn and D. W. Schemske. 1994. The effects of density and spatial distribution on selection for emergence time in *Prunella vulgaris* (Lamiaceae). *Am. J. Bot.* 81:1-6.

Miller, T. E., J. E. Burns, P. Manguia, E. L. Walters, J. M. Kneitel, P. M. Richards, N. Mouquet and H. L. Buckley. 2005. A critical review of twenty years' use of the resource ratio theory. *Am. Nat.* 165:439-448.

Milne, B. N. 1992. Spatial aggregation and neutral models in fractal landscapes. *Am. Nat.* 139:32-57.

Minteer, B. A. and J. P. Collins. 2005. Why we need an "ecological ethics". *Front. Ecol. Envir.* 3:332-337.

Mitchell, C. E. and A. G. Power. 2003. Release of invasive plants from fungal and viral pathogens. *Nature* 421:625-627.

Mitchell-Olds, T. and J. Bergelson. 1990. Statistical genetics of an annual plant, *Impatiens capensis.* I. Genetic basis of quantitative variation. *Genetics* 124:407-415.

Mitman, G. 1992. *The State of Nature.* University of Chicago Press, Chicago, IL.

Mittelbach, G. G., C. F. Steiner, S. M. Scheiner, K. L. Gross, H. L. Reynolds, R. B. Waide, M. R. Willig, S. I. Dodson and L. Gough. 2001. What is the observed relationship between species richness and productivity? *Ecology* 82:2381-2396.

Mitton, J. B. and M. C. Grant. 1996. Genetic variation and the natural history of quaking aspen. *Bioscience* 46:25-31.

Mohr, H. and P. Schopfer. 1995. *Plant Physiology.* Springer Verlag, Berlin.

Mojonnier, L. 1998. Natural selection on two seed-size traits in the common morning glory *Ipomoea purpurea* (Convolvulaceae): patterns and evolutionary consequences.
Am. Nat. 152:188-203.

Molisch, H. 1937. *Der Einfluss einer Pflanze auf die andere-Allelopathie.* Gustav Fischer Verlag, Jena.

Morgan, J. P. 1994. Soil impoverishment: a little-known technique holds potential for establishing prairie. *Restor. Manag. Notes* 12:55-56.

Morgan, J. P. 1997. Plowing and seeding. In *The Tallgrass Restoration Handhook, for Prairies, Savannahs, and Woodlands,* S. Packard and C. F. Mutel (eds.), pp. 193-215. Island Press, Washington, DC.

Morrison, J. A. 1996. Infection of *juncus dichotomus* by the smut fungus *Cintractia junci:* An experimental field test of the effects of neighbouring plants, environment, and host plant genotype. *J. Ecol.* 84:691-702.

Morrow, P. A. and V. C. LaMarche Jr. 1978. Tree-ring evidence for chronic insect suppression of productivity in subalpine *Eucalyptus. Science* 201:1244-1246.

Motzkin, G., D. R. Foster, A. Allen, J. Harrod and R. Boone. 1996. Controlling site to evaluate history: vegetation patterns of a New England sand plain. *Ecol. Monogr.* 66:345-365.

Motzkin, G., P. Wilson, D. R. Foster and A. Allen. 1999. Vegetation patterns in heterogeneous landscapes: the importance of history and environment. *J. Veg. Sci.* 10:903-920.

Mueller-Dombois, D. and H. Ellenberg. 1974. *Aims and Methods of Vegetation Ecology.* John Wiley & Sons, New York, NY.

Muller, C. H. 1969. Allelopathy as a factor in ecological process. *Vegetatio* 18:348-357.

Muller, W. H. and C. H. Muller. 1964. Volatile growth inhibitors produced by *Salvia* species. *Bull. Torrey Bot. Club* 91:327-330.

Mulroy, T. W. and P. W. Rundel. 1977. Annual plants: adaptations to desert environments. *Bioscience* 27:109-114.

Mummey, D. L., M. C. Rillig and W. E. Holben. 2005. Neighboring plant influences on arbuscular mycorrhizal fungal community composition as assessed by T-RFLP analysis. *Plant and Soil* 271:83-90.

Munir, J., L. A. Dorn, K. Donohue and J. Schmitt. 2000. The effect of maternal photoperiod on seasonal dormancy in *Arabidopsis thaliana. Am. J. Bot.* 88:1240-1249.

Murdoch, W. W. 1966. Community structure, population control, and competition - a critique. *Am. Nat.* 100:219-226.

Mutch, R. 1970. Wildland fires and ecosystems: a hypothesis. *Ecology* 51:1046-1051.

Mutke, J. and W. Barthlott. 2005. Patterns of vascular plant diversity at continental to global scales. In *Plant Diversity and Complexity Patterns*, I. Friis and H. Balslev (eds.), pp. 521-537. The Royal Danish Academy of Sciences and Letters, Copenhagen.

Myers, R. L. 1990. Scrub and high pine. In *Ecosystems of Florida,* R. L. Myers and J. J. Ewel (eds.), pp. 150-193. University of Central Florida Press, Orlando, FL.

Naeem, S. 2000. Reply to Wardle et al. *Bull. Ecol. Soc. Amer.* 81:241-246.

N

Naeem, S., K. Hakansson, J. H. Lawton, M. J. Crawley and L. J. Thompson. 1996. Biodiversity and plant productivity in a model assemblage of plant species. *Oikos* 76:259-264.

Naeem, S., F. S. Chapin III, R. Costanza, P. R. Ehrlich, F. B. Golley, D. V. Hooper, J. H. Lawton, R. V. O'Neill, H. A. Mooney, O. E. Sala, A. J. Symstad and D. Tilman. 1999. Biodiversity and ecosystem functioning maintaining natural life support processes. Issues in Ecology No. 4, Ecological Society of America, Washington DC.

Nathan, R., U. N. Safriel and I. Noy-Meir. 2001. Field validation and sensitivity analysis of a mechanistic model for tree dispersal by wind. *Ecology* 82:374-388.

National Climatic Data Center. 2005. Climate of 2004 Annual Review. National Oceanic and Atmospheric Administration, Washington, DC. (http://www.ncdc.noaa.gov/oa/ncdc.html)

Naveh, Z. and A. S. Lieberman. 1994. *Landscape Ecology: Theory and Application*, 2nd ed. Springer-Verlag, New York, NY.

Neilson, R. P. 1995. A model for predicting continental-scale vegetation distribution and water balance. *Ecol Appl.* 5:362-385.

Neubert, M. J. and H. Caswell. 2000. Demography and dispersal: calculation and sensitivity analysis of invasion speed for structured populations. *Ecology* 81:1613-1628.

Newman, E. I. 1973. Competition and diversity in herbaceous vegetation. *Nature* 244:310-311.

Newman, E. I. 1978. Allelopathy: adaptation or accident? In *Biochemical Aspects of Plant and Animal Coevolution,* J. B. Harborne (ed.), pp. 327-342. Academic Press, London, UK.

Newsham, K. K., A. H. Fitter and A. R. Watkinson. 1995. Multi-functionality and biodiversity in arbuscular mycorrhizas. *Trends Ecol. Evol.* 10:407-411.

Nicholson, M. 1990. Henry Allan Gleason and me individualistic hypothesis: the struc-ture of a botanist's career. *Bot. Rev.* 56:91-161.

Niemelä, P. and W. J. Mattson. 1996. Invasion of North American forests by European phytophagous insects - legacy of the European crucible? *Bioscience* 46:741-753.

Niklas, K. 1997. *The Evolutionary Biology of Plants.* University of Chicago Press, Chicago.

Nobel, P. S. 1983. *Biophysical Plant Physiology and Ecology.* W. H. Freeman, New York, NY.

Nores, M. 1999. An alternative hypothesis for the origin of Amazonian bird diversity. *J. Biogeogr.* 26:475.

Núñez-Farfán, J. and C. D. Schlichting. 2005. Natural selection in *Potentilla glandulosa* revisitied. *Evol. Ecol. Res.* 7:105-119.

O

O'Brien, E. M. 1998. Water-energy dynamics, climate, and prediction of woody plant species richness: an interim general model. *J. Biogeogr.* 25:379-398.

O'Brien, E., R. Field and R. J. Whittaker. 2000. Climatic gradients in woody plant (tree and shrub) diversity: water-energy dynamics, residual variation, and topography. *Oikos* 89:588-600.

Odening, W. R., B. R. Strain and W. C. Oechel. 1974. The effect of decreasing water potential on net CO_2 exchange of intact desert shrubs. *Ecology* 55:1086-1094.

Odum, E. P. 1969. The strategy of ecosystem development. *Science* 164:262-270.

Odum, E. P. 1971. *Fundamentals of Ecology*, 3rd ed. W. B. Saunders, Philadelphia, PA.

Odum, H. T. 1983. *Systems Ecology.* John Wiley, New York, NY.

Odum, H. T. 1988. Self-organization, transformity, and information. *Science* 242:1132-1139.

O'Hare, G., A. Johnson and R. Pope. 2005. Current shifts in abrupt climate change: The stability of the North Atlantic conveyor and its influence on future climate. *Geography* 90:250-266.

Oksanen, J. 1996. Is the humped relationship between species richness and biomass an artefact due to plot size? *J. Ecol.* 84:293-295.

Oksanen, L., S. D. Fretwell, J. Arrunda and P. Niemela. 1981. Exploitation ecosystems in gradients of primary productivity. *Am. Nat.* 131:424-444.

Olsen, K. M., S. Haldorsdottir, J. Stinch-combe, C. Weinig, J. Schmitt and M. D. Purugganan. 2004. Linkage disequilibrium mapping of *Arabidopsis* CRY2 flowering time alleles. *Genetics* 157:1361-1369.

O'Neill, R. V., D. L. DeAngelis, J. B. Waide and T. F. H. Allen. 1986. *A Hierarchical Concept of Ecosystems.* Princeton University Press, Princeton, NJ.

Onguene, N. A. and T. W. Kuyper. 2002. Importance of the ectomycorrhizal network for seedling survival and ectomycorrhiza formation in rain forests of south Cameroon. *Mycorrhiza* 12:13-17.

Oosting, H. J. 1942. An ecological analysis of the plant communities of Piedmont, North Carolina. *Amer. Midl Nat.* 28:1-126.

Oosting, H. J. and M. E. Humphreys. 1940. Buried viable seeds in a successional series of old fields and forest soils. *Bull. Torrey Bot. Club* 67:253-273.

Orians, G. H. 1986. Site characteristics promoting invasions and system impact of invaders. In *Ecology of Biological Invasions of North America and Hawaii,* H. A. Mooney and J. A. Drake (eds.), pp. 133-148. Springer-Verlag, New York, NY.

Orlean, S. 2000. *The Orchid Thief.* Ballentine Reader's Circle, New York, NY.

Overpeck, J. T., M. Sturm, J. A. Francis, D. K. Perovich, M. C. Serreze, R. Benner, E. C. Car-mack, F. S. Chapin III, S. C. Gerlach, L. C. Hamilton, L. D. Hinzman, M. Holland, H. P. Huntington, J. R. Key, A. H. Lloyd, G. M. MacDonald, J. McFadden, D. Noone, T. D. Prowse, P. Schlosser and C. Vörösmarty. 2005. Arctic system on trajectory to new, seasonally ice-free state. *Eos* 86:309.

P

Pacala, S. W. 1986a. Neighborhood models of plant population dynamics. 2. Multispecies models of annuals. *Theor. Pop. Biol.* 29:262-292.

Pacala, S. W. 1986b. Neighborhood models of plant population dynamics. 4. Single-species and multispecies models of annuals with dormant seeds. *Am. Nat.* 128:859-878.

Pacala, S. W. 1987. Neighborhood models of plant population dynamics. 3. Models with spatial heterogeneity in the physical environment. *Theor. Pop. Biol.* 31:359-392.

Pacala, S. W. and J. A. Silander Jr. 1985. Neighborhood models of plant population dynamics. 1. Single-species models of annuals. *Am. Nat.* 125:385-411.

Packer, A. and K. Clay. 2000. Soil pathogens and spatial patterns of seedling mortality in a temperate tree. *Nature* 404:278-281.

Pake, C. E. and D. L. Venable. 1995. Is coexistence of Sonoran desert annuals mediated by temporal variability in reproductive success? *Ecology* 76:246-261.

Parker, I. M. 2000. Invasion dynamics of *Cytisus scoparius:* a matrix model approach. *Ecol. Appl.* 10:726-743.

Parker, I. M. and G. S. Gilbert. 2004. The evolutionary ecology of novel plant-pathogen interactions. *Ann. Rev. Ecol. Syst.* 35:675-700.

Parmesan, C. and G. Yohe. 2003. A globally coherent fingerprint of climate change impacts across natural systems. *Nature* 421:37-42.

Fartei, M., M. Zobel, K. Zobel and E. van der Maarel. 1996. The species pool and its relation to species richness: evidence from Estonian plant communities. *Oikos* 75:111-117.

Pagani, M., K. H. Freeman and M. A. Arthur. 1999. Late Miocene atmospheric CO_2 concentrations and the expansion of C_4 grasses. *Science* 285:876-879.

Parayil, G. and F. Tong. 1998. Pasture-led to logging-led deforestation in the Brazilian Amazon: The dynamics of socio-environmental change. *Global Envir. Change Human Pol. Dim.* 8:63-79.

Parton, W. J., J. W. B. Stewart and C. V. Cole. 1988. Dynamics of C, N, P and S in grassland soils - a model. *Biogeochemistry* 5:109-131.

Parton, W. J., J. M. O. Scurlock, D. S. Ojima, T. G. Gilmanov, R. J. Scholes, D. S. Schimel, T. Kirchner, J. C. Menaut, T. Seastedt, E. G. Moya, A. Kamnalrut and J. I. Kinyamario. 1993. Observations and modeling of biomass and soil organic-matter dynamics for the grassland biome worldwide. *Global Biogeo. Cycles* 7:785-809.

Paruelo, J. M. and W. K. Lauenroth. 1996. Relative abunances of plant functional types in grasslands and shrublands of North America. *Ecol. Appl.* 6:1212-1224.

Patterson, B. D. and W. Atmar. 1986. Nested subsets and the structure of insular mammalian faunas and archipelagos. *Biol. J. Linnean Soe.* 28:65-82.

Pearcy, R. W., E.-D. Schulze and R. Zimmermann. 1989. Measurement of transpiration and leaf conductance. In *Plant Physiological Ecology: Field Methods and Instruments,* R. W. Pearcy, J. Ehleringer, H. A. Mooney and P. W. Pundel (eds.), pp. 137-160. Chapman and Hall, New York, NY.

Pearson, L. C. 1995. *The Diversity and Evolution of Plants.* CRC Press, Boca Raton, FL.

Peet, R. K. and N. L. Christensen. 1987. Competition and tree death. *Bioscience* 37:586-595.

Pellew, R. A. P. 1983. Impacts of elephant, giraffe, and fire upon the *Acacia tortilis* woodlands of the Serengeti. *Afr. J.* Ecol. 21:41-74.

Pennycuick, C. J. and N. C. Kline. 1986. Units of measurement for fractal extent, applied to the coastal distribution of bald eagle nests in the Aleutian Islands, Alaska. *Oecologia* 68:254-258.

Peralta, P. and P. Mather. 2000. An analysis of deforestation patterns in the extractive reserves of Acre, Amazonia from satellite imagery: a landscape ecological approach. *Inter. J. Remote Sens.* 21:2555-2570.

Peres, C. A., C. Baider, P. A. Zuidema, L. H. O. Wadt, K. A. Kainer, D. A. P. Gomes-Silva, R. P. Salomão, L. L. Simões, E. R. N. Franciosi, F. C. Valverde, R. Gribel, G. H. Schpard Jr., M. Kanashiro, P. Coventry, D. W. Yu, A. R. Watkinson and R. P. Freckleton. 1003. Demographic threats to the sustaitability of Brazil nut exploitation. *Science* 302:2112-2114.

Pfaff, A. S. P. 1999. What drives deforestation in the Brazilian Amazon? Evidence from satellite and socioeconomic data. *J. Envir. Econ. Manag.* 37:26-43.

Pfunder, M. and B. A. Roy. 2000. Pollinator-mediated interactions between a pathogenic fungus, *Uromyces pisi* (Pucciniaceae), and its host plant, *Euphorbia cyparissias* (Euphorbiaceae). *Am. J. Bot.* 87:48-55.

Phillips, D. L. and D. J. Shure. 1990. Patch-size effects on early succession in southern Appalachian Forests. *Ecology* 71:204-212.

Pianka, E. R. 1966. Latitudinal gradients in species diversity: a review of concepts. *Am. Nat.* 100:65-75.

Pianka, E. R. 1970. On r- and K-selection. *Am. Nat.* 104:592-597.

Pickett, S. T. A. and M. L. Cadenasso. 1995. Landscape ecology: spatial heterogeneity in ecological systems. *Science* 269:331-334.

Pickett, S. T. A. and J. N. Thompson. 1978. Patch dynamics and the design of nature reserves. *Biol. Conserv.* 13:27-37.

Pickett, S. T. A. and P. S. E. White. 1985. *The Ecology of Natural Disturbance and Patch Dynamics.* Academic Press, Orlando, FL.

Pickett, S. T. A., S. L. Collins and J. J. Armesto. 1987. Models, mechanisms and pathways of succession. *Bot. Rev.* 53:335-371.

Pickett, S. T. A., J. Kolasa and C. G. Jones. 1994. *Ecological Understanding.* Academic Press, San Diego, CA.

Pielou, E. C. 1975. *Ecological Diversity.* Wiley, New York, NY, USA.

Pielou, E. C. 1977. *Mathematical Ecology,* 2nd ed. Wiley, New York, NY.

Pielou, E. C. 1991. *After the Ice Age.* University of Chicago Press, Chicago, IL.

Pigliucci, M. 2001. *Phenotypic Plasticity: Beyond Nature and Nurture.* Johns Hopkins University Press, Baltimore, MD.

Pilon-Smits, E. A. H., H. 't Hart, J. W. Maas, J. A. N. Meesterburrie, R. Kreuler and J. van Brederode. 1991. The evolution of crassulacean acid metabolism in *Aeonium* inferred from carbon isotope composition and enzyme activities. *Oecologia* 91:548-553.

Pimentel, D. 1993. *World Soil Erosion and Conservation.* Cambridge University Press, Cambridge, UK.

Piñero, D., M. Martínez-Ramos and J. Sarukhan. 1984. A population model of *Astrocaryum mexicanum* and a sensitivity analysis of its finite rate of increase. *J. Ecol.* 72:977-991.

Pirnat, J. 2000. Conservation and management of forest patches and corridors in suburban landscapes. *Lana. Urb. Plan.* 52:135-143.

Pither, J. 2003. Climate tolerance and interspecific variation in geographic range size. *Proc. Royal Soc. London Series B* 270:475-481.

Pitman, N. C. A., C. E. Cerón, C. I. Reyes, M. Thurber and J. Arellano. 2005. Catastrophic natural origin of a species-poor tree community in the world's richest forest. *J. Trop. Ecol.* 21:559-568.

Pitman, N. C. A., J. Terborgh, M. R. Silman and P. Nunez V. 1999. Tree species distribution in an upper Amazonian forest. *Ecology* 80:2651-2661.

Platenkamp, G. A. J. and R. G. Shaw. 1993. Environmental and genetic maternal effects on seed characters in *Nemophila menziesii. Evolution* 47:540-555.

Platt, W. J. and *S. L.* Rathbun. 1993. Dynamics of an old-growth longleaf pine population. In *The Longleaf Pine Ecosystem: Ecology; Restoration and Management,* S. M. Herman (ed.), pp. 275-297. Proceedings of the Tall Timbers Fire Ecology Conference, No. 18.

Platt, W. J. and I. M. Weis. 1977. Resource partitioning and competition within a guild of fugitive prairie plants. *Am. Nat.* 111:479-513.

Platt, W. J., G. W. Evans and S. J. Rathbun. 1988. The population dynamics of a long-lived conifer *(Pinus palustris). Am. Nat.* 131:491-525.

Poole, R. W. and B. J. Rathcke. 1979. Regularity, randomness, and aggregation in flowering phonologies. *Science* 203:470—171.

Pope, K. O., J. M. Rey Benayas and J. F. Paris. 1994. Radar remote sensing of forest and wetland ecosystems in the Central American Tropics. *Remote Sens. Envir.* 48:205-219.

Popper, K. R. 1959. *The Logic of Scientific Discovery.* Hutchinson & Co., London, UK.

Portnoy, S. and M. F. Willson. 1993. Seed dispersal curves: behavior of the tail of the distribution. *Evol. Biol. 7:25-44.*

Powell, E. A. 1992. Life history, reproductive biology and conservation of the Mauna Kea silversword, *Argyroxiphium sandwiciense* DC (Asteraceae): an endangered plant of Hawaii. Ph.D. Dissertation. University of Hawaii.

Powers, J. S., M. E. Sollins and J. A. Jones. 1999. Plant-pest interactions in time and space: a Douglas-fir bark beetle outbreak as a case study. *Landsc. Ecol.* 14:105-120.

Prentice, I. C., P. J. Bartlein and T. Webb III. 1991. Vegetation and climate change in eastern North America since the last glacial maximum. *Ecology* 72:2038-2056.

Prasad, V., C. A. E. Strömberg, H. Alimohammadian and A. Sahni. 2005. Dinosaur coprolites and the early evolution of grasses and grazers. *Science* 310:1177-1180.

Preston, F. W. 1962a. The canonical distribution of commonness and rarity. *Ecology* 43:185-215.

Preston, F. W. 1962b. The canonical distribution of commonness and rarity: part II. *Ecology* 43:410-432.

Priestley, D. A. 1986. *Seed Aging: Implications for Seed Storage and Persistence in the Soil.* Comstock Publishing, Ithaca, NY.

Proctor, M., P. Yeo and A. Lack. 1996. *The Natural History of Pollination.* Timber Press, Portland OR.

Purves, W. K., G. H. Orians and H. C. Heller. 1995. *Life, The Science of Biology,* 4th ed. Sinauer Associates, Sunderland, MA.

Purves, D. W. and S. W. Pacala. 2005. Ecological drift in niche-structured communities: neutral pattern does not imply neutral process. In *Biotic Interactions in the Tropics,* D. Burslem, M. Pinard and S. Hartley (eds.), pp. 107-139. Cambridge University Press, Cambridge.

Putz, F. E. 1983. Treefall pits and mounds, buried seeds, and the importance of soil disturbance to pioneer trees on Barro Colorado Island, Panama. *Ecology* 64:1069-1074.

Pyne, S. J., P. L. Andrews and R. D. Laven. 1996. *Introduction to Wildland Fire,* 2nd ed. Wiley, New York, NY.

Q

Qian, H., K. Klinka and G. J. Kayahara. 1998. Longitudinal patterns of plant diversity in the North American boreal forest. *Plant Ecol.* 138:161-178.

Qian, H. and R. E. Ricklefs. 1999. A comparison of the taxonomic richness of vascular plants in China and the United States. *Am. Nat.* 154:160-181.

Qian, H., R. E. Ricklefs and P. S. White. 2005. Beta diversity of angiosperms in temperate floras of eastern Asia and eastern North America. *Ecol. Letters* 8:15-22.

Qian, H., P. S. White, K. Klinka and C. Chourmouzis. 1999. Phytogeographic and community similarities of alpine tundras of Changbaishan Summit, China, and Indian Peaks, USA. *J. Veg. Sci.* 10:869-882.

R

Rabinowitz, D. 1981. Seven forms of rarity. In *The biological aspects of rare plant conservation*, H. Synge (ed.), pp. 205-217. John Wiley, Chicester, UK.

Rabinowitz, D., S. Cairns and T. Dillon. 1986. Seven forms of rarity and their frequency in the flora of the British Isles. In *Conservation biology: the science of scarcity and diversity*, M. E. Soulé (ed.), pp. 182-204. Sinauer, Sunderland, MA.

Raffa, K. 1991. Induced defensive reactions in conifer-bark beetle systems. In *Phytochemical Induction by Herbivores*, D. W. Tallamy and M. J. Raupp (eds.), pp. 245-276. John Wiley, New York, NY.

Raffa, K. F. and A. A. Berryman. 1987. Interacting selective pressures in conifer-bark beetle systems: A basis for reciprocal adaptations. *Am. Nat.* 129:234-262.

Raffaele, E. and T. T. Veblen. 1998. Facilitation by nurse shrubs of resprouting behavior in a post-fire shrubland in northern Patagonia, Argentina. *J. Veg. Sci.* 9:693-698.

Ramsey, J. R., H. D. Bradshaw Jr. and D. W. Schemske. 2003. Components of reproductive isolation in the monkeyflowers *Mimulus lewisii* and *M. cardinalis* (Phrymaceae). *Evolution* 57:1520-1534.

Ramstorf, S. 2000. The thermohaline ocean circulation - a system with dangerous thresholds? *Climatic Change* 46:247-256.

Raunkiaer, C. 1934. *The Life Forms of Plants and Statistical Plant Geography.* Clarendon, Oxford, UK.

Raven, J. A. 2002. Selection pressures on stomatal evolution. *New Phytol.* 153:371-386.

Raven, P. H., R. F. Evert and S. E. Eichhorn. 1999. *Biology of Plants*, 6th ed. W. H. Freeman and Company, New York, NY.

Reader, R. J., S. D. Wilson, J. W. Belcher, L Wisheu, P. A. Keddy, D. Tilman, E. C. Morris, J. B. Grace, J. B. McGraw, H. Olff, R. Turkington, E. Klein, Y. Leung, B. Shipley, R. Vanhulst, M. E. Johansson, C. Nilsson, J. Gurevitch, K. Grigulis and B. E. Beisner. 1994. Plant competition in relation to neighbor biomass - an intercontinental study with *Poa pratensis. Ecology* 75:1753-1760.

Redecker, D., Morton, J. B. and T. D. Bruns. 2000. Ancestral lineages of Arbuscular Mycorrhizal fungi (Glomales). *Molecular Phylogenetics and Evolution* 14: 276-284.

Redfield, A. C. 1958. The biological control of chemical factors in the environment. *Amer. Sci.* 46:205-221.

Redmann, R. E. 1975. Production ecology of grassland plant communities in western North Dakota. *Ecol. Monogr.* 45:83-106.

Reekie, E. G. and F. A. Bazzaz. 1987. Reproductive effort in plants. 1. Carbon allocation to reproduction. *Am. Nat.* 129:876-896.

Rees, M. and K. E. Rose. 2002. Evolution of flowering strategies in *Oenothera glazioviana:* an integral projection model approach. *Proc. Royal Soc. London Series B* 269:1509-1515.

Rees, M., A. Sheppard, D. Briese and M. Mangel. 1999. Evolution of size-dependent flowering in *Onopordum illyricum:* a quantitative assessment of the role of stochastic selection pressures. *Am. Nat.* 154:628-651.

Rees, M., D. Kelly and O. N. Bj_rnstad. 2002. Snow tussocks, chaos, and the evolution of mast seeding. *Am. Nat.* 160:44-59.

Reich, P. B. 2005. Global biogeography of plant chemistry: filling in the blanks. *New Phytol.* 168:263-266.

Reich, P. B., M. B. Walters and D. S. Ellsworth. 1992. Leaf lifespan in relation to leaf, plant, and stand characteristics among diverse ecosystems. *Ecol. Monogr.* 62:365-392.

Reich, P. B., M. B. Walters and D. S. Ellsworth. 1997. From tropics to tundra: Global convergence in plant functioning. *Proc. Nat. Acad. Sci.* 94:13730-13734.

Reiser, M. 1993. *Cadillac Desert: the American West and its disappearing water.* Penguin Books, New York, NY.

Rejmánek, M. 1989. Invasibility of plant communities. In *Biological Invasions*, J. A. Drake, H. A. Mooney, F. diCastri, R. H. Groves, G. J. Kruger, M. Rejamnek and M. Williamson (eds.), pp. 369-388. John Wiley & Sons, New York, NY.

Rejmánek, M. and D. M. Richardson. 1996. What attributes make some plant species more invasive? *Ecology* 77:1655-1661.

Rendig, V. V. and H. M. Taylor. 1989. *Principles of Soil-Plant Interrelationships.* McGraw Hill, New York, NY.

Rey Benayas, J. M. and K. O. Pope. 1995. Landscape ecology and diversity patterns in the seasonal tropics from Landsat TM imagery. *Ecol. Appl* 5:386-394.

Rey Benayas, J. M. and S. M. Scheiner. 2003. Plant diversity, biogeography, and environment in Ibéria: patterns and inferred mechanisms. *J. Veg. Sci.* 14:(in press).

Rey Benayas, J. M., S. M. Scheiner, M. Garcia Sánchez-Colomer and C. Levassor. 1999. Commonness and rarity: theory and application of a new model to Mediterranean montane grasslands. *Cons. Ecol.* 3:5. (http://www.consecol.org/vol3/iss1/art5)

Reynolds, H. L., A. Packer, J. D. Bever and K. Clay. 2003. Grassroots ecology: plant-microbe-soil interactions as drivers of plant community structure and dynamics. *Ecology* 84:2281-2291.

Rice, E. L. 1974. *Allelopathy.* Academic Press, New York, NY.

Richards, A. J. 1986. *Plant Breeding Systems.* Chapman and Hall, London, UK.

Richards, M. B., R. M. Cowling and W. D. Stock. 1997. Soil factors and competition as determinants of the distribution of six fynbos Proteaceae species. *Oikos* 79:394-406.

Richardson, S. J., D. A. Peltzer, R. B. Allen and M. S. McGlone. 2005. Resorption proficiency along a chronosequence: Responses among communities and within species. *Ecology* 86:20-25.

Ricketts, T. H., E. Dinerstein, T. Boucher, T. M. Brooks, S. H. M. Butchart, M. Hoffmann, J. F. Lamoreux, J. Morrison, M. Parr, J. D. Pilgrim, A. S. L. Rodrigues, W. Sechrest, G. E. Wallace, K. Berlin, J. Bielby, N. D. Burgess, D. R. Church, N. Cox, D. Knox, C. Loucks, G. W. Luck, L. L. Master, R. Moore, R. Naidoo, R. Ridgely, G. E. Schatz, G. Shire, H. Strand, W. Wettengel and E. Wikramanayake. 2005. Pin-pointing and preventing imminent extinctions. *Proc. Nat. Acad. Sci.* 102:18497-18501.

Ricklefs, R. E. 2000. Rarity and diversity in Amazonian forest trees. *Trends Ecol. Evol.* 15:83-84.

Ricklefs, R. E., H. Qian and P. S. White. 2004. The region effect on mesoscale plant species richness between eastern Asia and eastern North America. *Ecography* 27:129-136.

Ricklefs, R. E. and D. Schluter. 1993. *Species Diversity in Ecological Communities.* University of Chicago Press, Chicago, IL.

Rieseberg, L. H., O. Raymond, D. M. Rosenthal, Z. Lai, K. Livingstone, T. Nakazato, J. L. Durphy, A. E. Schwarzbach, L. A. Donovan and C. Lexer. 2003. Major ecological transitions in wild sunflowers facilitated by hybridization. *Science* 301:1211-1216.

Rizzo, D. M., M. Garbelotto and E. A. Hansen. 2005. *Phytophthora ramorum:* Integrative research and management of an emerging pathogen in California and Oregon forests. *Ann. Rev. Phytopath.* 43:309-335.

Robinson, D., A. Hodge, B. S. Griffiths and A. H. Fitter. 1999. Plant root proliferation in nitrogen-rich patches confers competitive advantage. *Proc. Royal Soe. London B* 266:431-435.

Rohde, K. 1992. Latitudinal gradients in species diversity: the search for the primary cause. *Oikos* 65:514-527.

Rohde, K. 1997. The larger area of the tropics does not explain latitudinal gradients in species diversity. *Oikos* 79:169-172.

Rohde, K. 1998. Latitudinal gradients in species diversity. Area matters, but how much? *Oikos* 82:184-190.

Root, T. L., J. T. Price, K. R. Hall, S. H. Schneider, C. Rosenzweig and J. A. Pounds. 2003. Fingerprints of global warming on wild animals and plants. *Nature* 421:57-60.

Rosenzweig, M. L. 1968. Net primary productivity of terrestrial communities: Prediction from climatological data. *Am. Nat.* 102:67-74.

Rosenzweig, M. L. 1971. Paradox of enrichment: destabilization of exploitation ecosystems in ecological time. *Science* 171:385-387.

Rosenzweig, M. L. 1992. Species diversity gradients: we know more and less than we thought. *J. Mammol.* 73:715-730.

Rosenzweig, M. L. 1995. *Species diversity in space and time.* Cambridge University Press, Cambridge, UK.

Rosenzweig, M. L. and Z. Abramsky. 1986. Centrifugal community organization. *Oikos* 46:339-348.

Rosenzweig, M. L. and Z. Abramsky. 1993. How are diversity and productivity related? In *Species Diversity in Ecological Communities,* R. E. Ricklefs and D. Schluter (eds.), pp. 52-65. University of Chicago Press, Chicago, IL.

Rosenzweig, M. L. and M. V. Lomolino. 1997. Who gets the short bits of the broken stick? In *The biology of rarity. Causes and consequences of rare-common differences,* W. E. Kunin and K. J. Gaston (eds.), pp. 63-90. Chapman & Hall, London, UK.

Rosenzweig, M. L. and E. A. Sandlin. 1997. Species diversity and latitudes: listening to area's signal. *Oikos* 80:172-176.

Ross, M. A. and J. L. Harper. 1972. Occupation of biological space during seedling establishment. *J. Ecol.* 60:77-88.

Rossotti, H. 1983. *Colour. Why the World isn't Grey.* Princeton University Press, Princeton, NJ.

Rothman, D. H. 2002. Atmospheric carbon dioxide levels for the last 500 million years. *Proc. Nat. Acad. Sci.* 99:4167-1171.

Rothstein, D. E. and D. R. Zak. 2001. Photosynthetic adaptation and acclimation to exploit seasonal periods of direct irradiance in three temperate, deciduous-forest herbs. *Func. Ecol* 15:722-731.

Roy, B. A. 1996. A plant pathogen influences pollinator behavior and may influence reproduction of nonhosts. *Ecology* 77:2445-2457.

Ruddiman, W. F. and J. E. Kutzbach. 1989. Forcing of late Cenozoic northern hemisphere climates by plateau uplift in southeast Asia and the American Southwest. *J. Geophys. Res.* 94:18409-18427.

Rübel, E. 1936. Plant communities of the world. In *Essays in Geobotany in Honor of William Albert Setchel,* T. H. Goodspeed (ed.), pp. 263-290. University of California Press, Berkeley, CA.

Rumney, G. R. 1968. *Climatology and the World's Climates.* Macmillan, New York, NY.

Runkle, J. R. 1985. Disturbance regimes in temperate forests. In *The Ecology of Natural Disturbance and Patch Dynamics,* S. T. A. Pickett and P. S. White (eds.), pp. 17-33. Academic Press, Orlando, FL.

Rustad, L. E., J. L. Campbell, G. M. Marion, R. J. Norby, M. J. Mitchell, A. E. Hartley, J. H. C. Cornelissen and J. Gurevitch. 2001. A meta-analysis of the response of soil respiration, net nitrogen mineralization, and aboveground plant growth to experimental ecosystem warming. *Oecologia* 126:543-562.

Ryel, R. J., M. M. Caldwell, C. K. Yoder, D. Or and A. J. Leffler. 2002. Hydraulic redistribution in a stand of *Artemisia tridentata:* evaluation of benefits to transpiration assessed with a simulation model. *Oecologia* 130:173-184.

Ryel, R. J., M. M. Caldwell, A. J. Leffler and C. K. Yoder. 2003. Rapid soil moisture recharge to depth by roots in a stand of *Artemisia tridentata. Ecology* 84:757-764.

S

Saikkonen, K., S. H. Faeth, M. Helander and T. J. Sullivan. 1998. Fungal endophytes: a continuum of interactions with host plants. *Ann. Rev. Ecol. Syst.* 29:319-343.

Sala, O. E., F. S. Chapin III, J. J. Armesto, E. Berlow, J. Bloomfield, R. Dirzo, E. Huber-Sanwald, L. F. Huenneke, R. B. Jackson, A. Kinzig, R. Leemans, D. M. Lodge, H. A. Mooney, M. Oesterheld, N. L. R. Poff, M. T. Sykes, B. H. Walker, M. Walker and D. H. Wall. 2000. Global biodiversity scenarios for the year 2100. *Science* 287:1770-1774.

Salanti, E. and P. B. Vose. 1984. Amazon Basin - a system in equilibrium. *Science* 225:129-138.

Sale, P. F. 1977. Maintenance of high diversity in coral reef fish communities. *Am. Nat.* 111:337-359.

Salisbury, E. J. 1942. *The Reproductive Capacity of Plants.* G. Bell & Sons, Ltd., London, UK.

Salzman, A. 1985. Habitat selection in a clonal plant. *Science* 228:603-604.

Sanders, H. L. 1968. Marine benthic diversity: A comparative study. *Am. Nat.* 102:243-282.

Sankary, M. N. and M. G. Barbour. 1972. Autecology of *Atriplex polycarpa* from California. *Ecology* 53:1155-1162.

Sarukhán, J. and M. Gadgil. 1974. Studies on plant demography: *Ranunculus repens* L., *R. bulbosus* L., and *R. acris* L. III. A mathematical model incorporating multiple modes of reproduction. *J. Ecol.* 62:921-936.

Satake, A. and Y. Iwasa. 2000. Pollen-Coupling of forest trees, forming synchronized and periodic reproduction out of chaos. *J. Theor. Biol.* 203:63-84.

Satake, A. and Y. Iwasa. 2002. Spatially limited pollen exchange and a long range synchronization of trees. *Ecology* 83:993-1005.

Sax, D. E, S. D. Gaines and J. H. Brown. 2002. Species invasions exceed extinctions on islands worldwide: a comparative study of plants and birds. *Am. Nat.* 160:766-783.

Schaal, B. A. 1980. Measurement of gene flow in *Lupinus texensis. Nature* 284:450^151.

Schaffer, W. M. and M. L. Rosenzweig. 1977. Selection for optimal life histories. II: Multiple equilibria and the evolution of alterna-tive reproductive strategies. *Ecology* 58:60-72.

Schaffer, W. M. and M. V. Schaffer. 1979. The adaptive significance of variations in reproductive habit in the Agavaceae. II. Pollinator foraging behavior and selection for increased reproductive expenditure. *Ecology* 60:1051-1069.

Schaffer, W. N. 1983. On the application of optimal control theory to the general life history problem. *Am. Nat.* 121:418^31.

Scheiner, S. M. 1988. The seed bank and above-ground vegetation in an upland pine-hardwood succession. *Mich. Bot.* 27:99-106.

Scheiner, S. M. 1989. Variable selection along a successional gradient. *Evolution* 43:548-562.

Scheiner, S. M. 1992. Measuring pattern diversity. *Ecology* 73:1860-1867.

Scheiner, S. M. 1993. Genetics and evolution of phenotypic plasticity. *Ann. Rev. Ecol. Syst.* 24:35-68.

Scheiner, S. M. 2004. Experiments, observations, and other kinds of evidence. In *The Nature of Scientific Evidence,* M. L. Taper and S. R. Lele (eds.), pp. 51-71. University of Chicago Press, Chicago, IL.

Scheiner, S. M., S, B. Cox, M. R. Willig, G. G. Mittelbach, C. Osenberg and M. Kaspari. 2000. Species richness, species-area curves, and Simpson's paradox. *Evol. Ecol. Res.* 2:791-802.

Scheiner, S. M. and J. Gurevitch. 2001. *Design and Analysis of Ecological Experiments,* 2nd ed. Oxford University Press, New York, NY.

Scheiner, S. M. and S. Jones. 2002. Diversity, productivity, and scale in Wisconsin vegetation. *Evol Ecol. Res.* 4:1097-1117.

Scheiner, S. M. and J. M. Rey-Benayas. 1994. Global patterns of plant diversity. *Evol. Ecol.* 8:331-347.

Scheiner, S. M. and J. M. Rey-Benayas. 1997. Putting empirical limits on metapopulation models for terrestrial plants. *Evol. Ecol.* 11:275-288.

Scheiner, S. M. and M. R. Willig. 2005. Developing unified theories in ecology as exemplified with diversity gradients. *Am, Nat.* 166:458-469.

Schemske, D. W. and H. D. Bradshaw Jr. 1999. Pollinator preference and the evolution of floral traits in monkeyflowers *(Mimulus). Proc. Nat. Acad. Sci.* 96:11910-11915.

Schemske, D. W. and C. Horvitz. 1984. Variation among floral visitors in pollination ability: a precondition for mutualism specialization. *Science* 225:519-521.

Schemske, D. W. and C. C. Horvitz. 1988. Plant-animal interactions and fruit production in a neotropical herb: A path analysis. *Ecology* 69:1128-1137.

Schimper, A. F. W. 1903. *Plant-Geography upon a Physiological Basis.* Clarendon Press, Oxford, UK.

Schindler, D. E., M. D. Scheuerell, J. W. Moore, S. M. Gende, T. B. Francis and W. J. Palen. 2003. Pacific salmon and the ecology of coastal ecosystems. *Front. Ecol. Envir.* 1:31-37.

Schlesinger, W. H. 1997. *Biogeochemistry: An Analysis of Global Change,* 2nd ed. Academic Press, New York, NY.

Schlesinger, W. H., J. T. Cray and F. S. Gilliam. 1982. Atmospheric deposition processes and their importance as sources of nutrients in a chaparral ecosystem of southern California. *Water Resour. Res.* 18:623-629.

Schlesinger, W. H., J. G. Reynolds, G. L. Cunningham, L. F. Huenneke, W. M. Jarrell, R. A. Virginia and W. G. Whitford. 1990. Biological feedbacks in global desertification. *Science* 247:1043-1048.

Schlichting, C. D. 1986. The evolution of phenotypic plasticity in plants. *Ann. Rev. Ecol. Syst.* 17:667-693.

Schluter, D. and R. E. Ricklefs. 1993. Convergence and the regional component of species diversity. In *Species Diversity in Ecological Communities*, R. E. Ricklefs and D. Schluter (eds.), pp. 230-240. University of Chicago Press, Chicago, IL.

Schmalzel, R. J., F. W. Reichenbacher and S. Rutman. 1995. Demographic study of the rare *Coryphantha robbinsorum* (Cactaceae) in southeastern Arizona. *Madroño* 42:332-348.

Schmitt, J. 1993. Reaction norms of mophological and life-history traits to light availability in *Impatiens capensis. Evolution* 47:1654-1668.

Schmitt, J. and R. D. Wulff. 1993. Light spectral quality, phytochrome and plant competition. *Trends Ecol. Evol* 8:47-51.

Schmitt, J., A. C. McCormac and H. Smith. 1995. A test of the adaptive plasticity hypothesis using transgenic and mutant plant disabled in phytochrome-mediated elongation responses to neighbors. *Am. Nat.* 146:937-953.

Schmitt, S. F. and R. J. Whittaker. 1996. Disturbance and succession on the Krakatau Islands, Indonesia. In *Dynamics of Tropical Communities*, D. M. Newbery, H. H. T. Prins and N. D. Brown (eds.), pp. 515-548. Blackwell Press, Oxford, UK.

Schnitzer, S. A. and W. P. Carson. 2001. Treefall gaps and the maintenance of species diversity in a tropical forest. *Ecology* 82:913-919.

Schnitzler, A., B. W. Hale and E. Lesum. 2005. Biodiversity of floodplain forests in Europe and eastern North America: a comparative study of the Rhine and Mississippi Valleys. *Biodiv. Conserv.* 14:97-117.

Scholander, P. E, H. T. Hammel, E. D. Bradstreet and E. A. Hemmingsen. 1965. Sap pressure in vascular plants. *Science* 148:339-346.

Schulte, A. and D. Ruhiyat. 1998. *Soils of Tropical Forest Ecosytems: Characteristics, Ecology, and Management.* Springer Verlag, Berlin.

Schwartz, M. W. and D. Simberloff. 2001. Taxon size predicts rates of rarity in vascular plants. *Ecol. Letters 4:464-469.*

Schwinning, S. and J. R. Ehleringer. 2001. Water-use tradeoffs and optimal adaptations to pulse-driven arid ecosystems. *J. Ecol.* 89:464-480.

Schwinning, S. and G. A. Fox. 1995. Competitiva symmetry and its consequences for plant population dynamics. *Oikos 72:422-432.*

Scott, L. 2002. Grassland development under glacial and interglacial conditions in southern Africa: review of pollen, phytolith and isotope evidence. *Palaeogeogr. Palaeoclim. Palaeoecol.* 177:47-57.

Scowcroft, P. G. and J. Jeffrey. 1999. Potential significance of frost, topographic relief, and *Acacia koa* stands to restoration of mesic Hawaiian forests on abandoned rangeland. *For. Ecol. Manag. 114:447-458.*

Searles, P. S., S. D. Flint and M. M. Caldwell. 2001. A meta analysis of plant field studies simulating stratospheric ozone depletion. *Oecologia* 127:1-10.

Sessions, L. and D. Kelly. 2002. Predator-mediated apparent competition between an introduced grass, *Agrostis capillaris,* and a native fern, *Botrychium australe* (Ophioglossaceae), in New Zealand. *Oikos* 96:102-109.

Shaver, G. R. and F. S. Chapin III. 1991. Production-biomass relationships and element cycling in contrasting arctic vegetation types. *Ecol. Monogr.* 61:1-31.

Shaver, G. R., W. D. Billings, F. S. Chapin III, A. E. Giblin, K. J. Nadelhoffer, W. C. Oechel and E. B. Rastetter. 1992. Global change and the carbon balance of arctic ecosystems. *Bioscience* 42:433-441.

Shefferson, R. P., B. K. Sandercock, J. Proper and S. R. Beissinger. 2001. Estimating dormancy and survival of a rare herbaceous perennial using mark-recapture models. *Ecology* 82:145-156.

Shinozaki, K. and T. Kira. 1956. Intraspecific competition among higher plants. VII. Logistic theory of the C-D. effect. *J. Inst. Polytech. Osaka City Univ.* 7:35-72.

Shipley, B. 2000. *Cause and Correlation in Biology.* Cambridge University Press, Cambridge, UK.

Shipley, B. and P. A. Keddy. 1994. Evaluating the evidence for competitive hierarchies in plant communities. *Oikos* 69:340-345.

Shmida, A. and S. Ellner. 1984. Coexistence of plant species with similar niches. *Vegetatio* 58:29-55.

Shmida, A. and M. V. Wilson. 1985. Biological determinants of species diversity. *J. Biogeogr.* 12:1-20.

Shreve, F. 1917. The establishment of desert perennials. *J. Ecol.* 5:210-216.

Shukla, J., C. Nobre and P. Sellers. 1990. Amazon deforestation and climate change. *Science* 247:1322-1325.

Shurin, J. B. and E. G. Allen. 2001. Effects of competition, predation, and dispersal on species richness at local and regional scales. *Am. Nat.* 158:624-637.

Siegel, S. 1956. *Nonparametric Statistics for the Behavioral Sciences.* McGraw-Hill Book Co., New York, NY.

Siegert, M. J., J. A. Dowdeswell, John-I. Svendsen and A. Elverhoi. 2002. The Eurasian Arctic during the last ice age. *Amer. Sei.* 90:32-39.

Silva, J. F, J. Raventos and H. Caswell. 1990. Fire, fire exclusion, and seasonal effects on the growth and survival of two savanna grasses. *Acta Oecol.* 11:783-800.

Silva, J. F, J. Raventos, H. Caswell and M. C. Trevisan. 1991. Population responses to fire in a tropical savanna grass *Andropogon semiberbís*: a matrix model approach. J. *Ecol.* 79:345-356.

Silvertown, J. 1987. *Introduction to Plant Population Ecology,* 2nd ed. Longman, Harlow, UK.

Silvertown, J. W. and J. Lovett Doust. 1993. *Introduction to Plant Population Biology.* Blackwell Scientific Publications, Oxford, UK.

Simard, S. W. and D. M. Durall. 2004. Mycorrhizal networks: a review of their extent, function, and importance. *Can. J. Bot.* 82:1140-1165.

Simberloff, D. and P. Stiling. 1996. How risky is biological control? *Ecology* 77:1965-1974.

Simberloff, D. S. and E. O. Wilson. 1970. Experimental zoogeography of islands. A two-year record of colonization. *Ecology* 51:934-937.

Simms, E. L. 1990. Examining selection on the multivariate phenotype: plant resistance to herbivores. *Evolution* 44:1177-1188.

Simpson, D. A. 1984. A short history of the introduction and spread of *Elodea* Michx. in the British Isles. *Watsonia* 15:1-9.

Sims, D. A. and S. Kelley. 1998. Somatic and genetic factors in sun and shade population differentiation in *Plantago lanceolata* and *Anthoxanthum odoratum. New Phytol.* 140:75-84.

Skog, J. E. 2001. Biogeography of Mesozoic leptosporangiate ferns related to extant ferns. *Brittonia* 53:236-269.

Skole, D. and C. Tucker. 1993. Tropical deforestation and habitat fragmentation in the Amazon-satellite data from 1978 to 1988. *Science* 260:1905-1910.

Slade, A. J. and M. J. Hutchings. 1987. The effects of nutrient availability on foraging in the clonal herb *Glechoma hederacea. J. Ecol.* 75:95-112.

Slobodkin, L. C., F. E. Smith and N. G. Hairston. 1967. Regulation in terrestrial ecosystems, and the implied balance of nature. *Am. Nat.* 101:109-124.

Smallwood, P. D., M. A. Steele and S. H. Faeth. 2001. The ultimate basis of the caching preferences of rodents, and the oak-dispersal syndrome: tannins, insects, and seed germination. *Amer.* Zool. 41:840-851.

Smeck, N. E. 1985. Phosphorus dynamics in soils and landscapes. *Geoderma* 36:185-199.

Smith, C. and S. D. Fretwell. 1974. The optimal balance between size and number of offspring. *Am. Nat.* 108:499-506.

Smith, H. and G. C. Whitelam. 1990. Phytochrome, a family of photoreceptors with multiple physiological roles. *Plant Cell Environ.* 13:695-707.

Smith, M. D. and A. K. Knapp. 1999. Exotic plant species in a C_4-dominated grassland: invasibility, disturbance and community structure. *Oecologia* 120:605-612.

Smith, R. S., R. S. Shiel, R. D. Bardgett, D. Millward, P. Corkhill, G. Rolph, P. J. Hobbs and S. Peacock. 2003. Soil microbial community, fertility, vegetation and diversity as targets in the restoration management of a meadow grassland. *J. Appl. Ecol.* 40:51-64.

Smith, S., J. D. B. Weyers and W. G. Berry. 1989. Variation in stomatal characteristics over the lower surface of *Commelina communis* leaves. *Plant Cell Environ.* 12:653-659.

Smouse, P. E. and V. L. Sork. 2004. Measuring pollen flow in forest trees: an exposition of alternative approaches. *For. Ecol. Manag.* 197:21-38.

Sneath, P. H. A. and R. R. Sokal. 1973. *Numerical Taxonomy.* W. H. Freeman & Co., San Fransisco, CA.

Snedecor, G. W. and W. G. Cochran. 1989. *Statistical Methods.* Iowa State University Press, Ames, IA.

Sokal, R. R. and F. J. Rohlf. 1995. *Biometry.* W.H.Freeman, New York, NY.

Sork, V. L., F. W. Davis, P. E. Smouse, V. J. Apsit, R. J. Dyer, J. F. Fernandez and B. Kuhn. 2002. Pollen movement in declining populations of California Valley oak, *Quercus lobata:* where have all the fathers gone? *Molecular Ecology* 11:1657-1668.

Srivastava, D. S. and J. H. Lawton. 1998. Why more productive sites have more species: an experimental test of theory using tree-hole communities. *Am. Nat.* 152:510-529.

Stanton, M. L. and C. Galen. 1997. Life on the edge: adaptation versus environmentally mediated gene flow in the snow buttercup, *Ranunculus adoneus. Am. Nat.* 150:143-178.

Stearns, S. C. 1976. Life-history tactics: a review of the ideas. *Quart. Rev. Biol.* 51:3-47.

Steele, M. A., P. D. Smallwood, A. Spunar and E. Nelsen. 2001. The proximate basis of the oak dispersal syndrome: Detection of seed dormancy by rodents. *Amer.* Zool. 41:852-864.

Stern, D. I. and R. K. Kaufmann. 1998. Annual Estimates of Global Anthropogenic Methane Emissions: 1860-1994. Trends Online: A Compendium of Data on Global Change. Carbon Dioxide Information Analysis Center, Oak Ridge National Laboratory, U.S. Department of Energy, [http://cdiac.esd. ornl. gov/trends/meth/ch4.htm].

Sternberg, M., S. L. Yu and P. Bar. 2004. Soil seed banks, habitat heterogeneity, and regeneration strategies in a Mediterranean coastal sand dune. *Israel J. Plant Sci.* 52:213-221.

Sterner, R. W. and J. J. Elser. 2002. *Ecological Stoichiometry.* Princeton University Press, Princeton, NI.

Stephenson, A. G. and J. A. Winsor. 1986. *Lotus corniculatus* regulates offspring quality through selective fruit abortion. *Evolution* 40:453-458.

Steven, J. and D. M. Waller. 2004. Reproductive alternatives to insect pollination in four species of *Thalictrum* (Ranunculaceae). *Plant Spec. Biol.* 19:73-80.

Stevens, M. H. H. and W. P. Carson. 1999. Plant density determines species richness along an experimental fertility gradient. *Ecology* 80:455-465.

Stevens, M. H. H. and W. P. Carson. 1999. The significance of assemblage level thinning for species richness. *J. Ecol* 87:490-502.

Stiling, P, D. C. Moon, M. D. Hunter, J. Col-son, A. M. Rossi, G. J. Hymus and B. G. Drake. 2003. Elevated CO2 lowers relative and absolute herbivore density across all species of a scrub-oak forest. *Oecologia* 134:82-87.

Stiling, P, A. M. Rossi, B. Hungate, P. Dijkstra, C. R. Hinkle, W. M. Knott III and B. Drake. 1999. Decreased leaf-miner abundance in elevated COd2: reduced leaf quality and increased parasitoid attack. *Ecol. Appl.* 9:240-244.

Stinchcombe, J. R., C. Weinig, M. Ungerer, K. M. Olsen, C. Mays, S. Halldorsdottir, M. D. Purugganan and J. Schmitt. 2004. A latitudinal cline in flowering time in *Arabidopsis thaliana* modulated by the flowering time gene FRIGIDA. *Proc. Nat. Acad. Sci.* 101:4712-4717.

Stohlgren, T. J., D. Binkley, G. W. Chong, M. A. Kalkhan, L. D. Schell, K. A. Bull, Y. Otsuki, G. Newman, M. Bashkin and Y. Son. 1999. Exotic plant species invade hot spots of native plant diversity. *Ecol. Monogr.* 69:25-46.

Stowe, L. C. 1979. Allelopathy and its influence on the distribution of plants in an Illinois old-field. *J. Ecol.* 67:1065-1085.

Stowe, L. G. and M. J. Wade. 1979. The detection of small-scale patterns in vegetation. *J. Ecol.* 67:1047-1064.

Strauss, S. Y. 1997. Floral characters link herbivores, pollinators, and plant fitness. *Ecology* 78:1640-1645.

Strauss, S. Y, D. H. Siemens, M. B. Decher and T. Mitchell-Olds. 1999. Ecological costs of plant resistance to herbivores in the currency of pollination. *Evolution* 53:1105-1113.

Strauss, S. Y, R. E. Irwin and V. M. Lambrix. 2004. Optimal defence theory and flower petal colour predict variation in the secondary chemistry of wild radish. *J. Ecol.* 92:132-141.

Strong, D. R., J. H. Lawton and R. Southwood. 1984. *Insects on Plants: Community Patterns and Mechanisms.* Harvard University Press, Cambridge, MA.

Strong, D. R., J. L. Maron, P. G. Connors, A. Whipple, S. Harrison and R. L. Jefferies. 1995. High mortality, fluctuation in numbers, and heavy subterranean insect herbivory in bush lupine, *Lupinus arboreus. Oecologia* 104:85-92.

Strong, D. R., H. K. Kaya, A. V. Whipple, A. L. Child, S. Kraig, M. Bondonno, K. Dyer and J. L. Maron. 1996. Entomopathogenic nematodes: Natural enemies of root-feeding caterpillars on bush lupine. *Oecologia* 108:167-173.

Suding, K. N., K. D. Lejeune and T. R. Seastedt. 2004. Competitive impacts and responses of an invasive weed: dependencies on nitrogen and phosphorus availability. *Oecologia* 141:526-535.

Sultan, S. E. 1987. Evolutionary implications of phenotypic plasticity. *Evol. Biol.* 21:127-178.

Swetnam, T. W. and J. L. Betancourt. 1990. Fire-Southern Oscillation relations in the southwestern United States. *Science* 249:1017-1020.

Swetnam, T. W., C. D. Allen and J. L. Betancourt. 1999. Applied historical ecology: using the past to manage for the future. *Ecol. Appl.* 9:1189-1206.

Symstad, A. 2000. A test of the effects of functional group richness and composition on grassland invasibility. *Ecology* 81:99-109.

T

Taiz, L. and E. Zeiger. 1998. *Plant Physiology,* 2nd ed. Sinauer Associates, Sunderland, MA.

Takenaka, A., K. Takahashi and T. Kohyama. 2001. Optimal leaf display and biomass partitioning for efficient light capture in an understory palm, *Licuala arbuscula. Func. Ecol.* 15:660-668.

Tansley, A. G. 1917. On competition between *Galium saxatile* L. (G. *hercynicum* Weig.) and *Galium sylvestre* Poll. (G. *asperum* Schreb.) on different types of soil. *J. Ecol.* 5:173-179.

Tansley, A. G. 1935. The use and abuse of vegetational concepts and terms. *Ecology* 16:284-307.

Tansley, A. G. 1939. *The British Islands and their Vegetation.* Cambridge University Press, Cambridge, UK.

Tansley, A. G. and R. S. Adamson. 1925. Studies of the vegetation of the English chalk. *J. Ecol.* 13:177-223.

Teeri, J. A. 1969. The phytogeography of subalpine black spruce in New England. *Rhodora* 71:1-6.

Teeri, J. A. and L. G. Stowe. 1976. Climatic patterns and the distribution of C_4 grasses in North America. *Oecologia* 23:1-12.

Telewski, F. and J. A. D. Zeevaart. 2002. The 120-yr period for Dr. Beal's seed viability experiment. *Am. J. Bot.* 89:1285-1288.

Terashima, 1.1992. Anatomy of nonuniform leaf photosynthesis. *Photosyn. Res.* 31:195-212.

Terborgh, J. 1973. On the notion of favorableness in plant ecology. *Am. Nat.* 107:481-501.

Terborgh, T., R. B. Foster and P. Nuñez V. 1996. Tropical tree communities: a test of the nonequilibrium hypothesis. *Ecology* 77:561-567.

ter Braak, C. T. F. 1986. Canonical correspondence analysis: a new eigenvector technique for multivariate direct gradient analysis. *Ecology* 67:1167-1179.

Theodose, T. A. and W. D. Bowman. 1997. The influence of interspecific competition on the distribution of an alpine graminoid: evidence for the importance of plant competition in an extreme environment. *Oikos* 79:101-114.

Thomas, A. S. 1960. Changes in vegetation since the advent of myxomatosis. *J. Ecol.* 48:287-306.

Thomas, A. S. 1963. Further changes in vegetation since the advent of myxomatosis. *J. Ecol.* 51:177-183.

Thompson, J. N. 1978. Within-patch structure and dynamics in *Pastinaca sativa* and resource availability to a specialized herbivore. *Ecology* 59:443-448.

Thompson, K., J. A. Parkinson, S. R. Band and R. E. Spencer. 1997. A comparative study of leaf nutrient concentrations in a regional herbaceous flora. *New Phytologist, 136, 679-689. Trees - Structure and Function* 19:296-304.

Thrall, P. H. and J. Antonovics. 1995. Theoretical and empirical studies of metapopulations: population and genetic dynamics of the *Silene-Ustilago* system. *Can. J. Bot.* 73(Suppl.):1249-1258.

Tilman, D. 1982. *Resource Competition and Community Structure.* Princeton University Press, Princeton, NJ.

Tilman, D. 1987. Secondary succession and the pattern of plant dominance along experimental nitrogen gradients. *Ecol. Monogr.* 57:189-214.

Tilman, D. 1988. *Plant Strategies and the Dynamics and Structure of Plant Communities.* Princeton University Press, Princeton, NJ.

Tilman, D. 1996. Biodiversity: population versus ecosystem stability. *Ecology* 77:350-363.

Tilman, D. 1997. Distinguishing between the effects of species diversity and species composition. *Oikos* 80:185.

Tilman, D. 1999. Ecological consequences of biodiversity: a search for general principies. *Ecology* 80:1455-1474.

Tilman, D. and J. A. Downing. 1994. Biodiversity and stability in grasslands. *Nature* 367:363-365.

Tilman, D. and S. Pacala. 1993. The maintenance of species richness in plant communities. In *Species diversity in ecological communities: historical and geographical perspectives,* R. E. Ricklefs and D. Schluter (eds.), pp. 13-25. University of Chicago Press, Chicago, IL.

Tilman, D., J. Knops, D. Wedin, P. Reich, M. Ritchie and E. Siemann. 1997. The influence of functional diversity and composition on ecosystem processes. *Science* 277:1300-1302.

Tilman, D., C. L. Lehman and C. E. Bristow. 1998. Diversity-stability relationships: statistical inevitability or ecological consequence? *Am. Nat.* 151:277-282.

Tischendorf, L. and L. Fahrig. 2000. On the usage and measurement of landscape connectivity. *Oikos* 90:7-19.

Titus, J. G. and C. Richman. 2001. Maps of lands vulnerable to sea level rise: modeled elevations along the US Atlantic and Gulf coasts. *Climate Res.* 18:205-228.

Tonsor, S. J. 1985. Intrapopulational variation in pollen-mediated gene flow in *Plantago lanceolata L. Evolution* 39:775-782.

Trewavas, A. J. and C. J. Leaver. 2001. Is opposition to GM crops science or politics? *EMBO Reports* 2:455-459.

Tuljapurkar, S. 1990. *Population Dynamics in Variable Environments.* Springer Verlag, New York, NY.

Turesson, G. 1922. The species and the variety as ecological units. *Hereditas* 3:100-113.

Turner, M. G. 1989. Landscape ecology: the effect of pattern on process. *Ann. Rev. Ecol. Syst.* 20:171-197.

Turner, M. G. 2005. Landscape ecology in North America: past, present, and future. *Ecology* 86:1967-1974.

Turner, M. G. and R. H. Gardner. 1991. *Quantitative Methods in Landscape Ecology.* Springer-Verlag, New York, NY.

Turner, M. G., R. H. Gardner, V. H. Dale and R. V. O'Neill. 1989. Predicting the spread of disturbance across heterogeneous landscapes. *Oikos* 55:121-129.

Turner, R. M. 1990. Long-term vegetation changes at a fully protected Sonoran Desert site. *Ecology* 71:464-477.

Turner, R. M., R. J. Webb, J. E. Bowers and J. R. Hastings. 2003. *The Changing Mile Revisited.* University of Arizona Press, Tucson, AZ.

U

Uesaka, S. and S. Tsuyuzaki. 2004. Differential establishment and survival of species in deciduous and evergreen shrub patches and on bare ground, Mt. Koma, Hokkaido, Japan. *Plant Ecol.* 175:165-177.

U.S. Department of Agriculture. 1941. *Climate and Man. Agricultural Yearbook.* U.S. Department of Agriculture, Washington, DC.

Urban, D. L. 2005. Modeling ecological processes across scales. *Ecology* 86:1996-2006.

V

Vajda, V., J. I. Raine and C. Hollis J. 2001. Indication of global deforestation at the Cretaceous-Teriary boundary by New Zealand fern spike. *Science* 294:1700-2351.

van der Maarel, E. and M. T. Sykes. 1993. Small-scale plant species turnover in a limestone grassland: the carousel model and some comments on the niche concept. *J. Veg. Sci.* 4:179-188.

VanderMeulen, M. A., A. J. Hudson and S. M. Scheiner. 2001. Three evolutionary hypotheses for the hump-shaped productivity-diversity curve. *Evol. Ecol. Res.* 3:379-392.

van der Ploeg, R. R., W. Böhm and M. B. Kirkham. 1999. On the origin of the theory of mineral nutrients of plants and the Law of the Minimum. *Soil Sci. Soc. Amer. J.* 63:1055-1062.

VanderPutten, W. H. and B. A. M. Peters. 1997. How soil-borne pathogens may affect plant competition. *Ecology* 78:1785-1795.

Van Dijk, H. and B. Desplanque. 1999. European *Beta:* crops and their wild and weedy relatives. In *Plant Evolution in Man-Made Habitals,* L. W. D. Van Raamsdonk and J. C. M. Den Nijs (eds.), pp. 257-270. Hugo de Vries Laboratory, Amsterdam.

Van Dijk, H., P. Boudry, H. McCombie and P. Vernet. 1997. Flowering time in wild beet *(Beta vulgaris ssp. maritima)* along a latitudinal cline. *Acta Oecol.* 18:47-60.

van Groenendael, J. M., H. de Kroon, S. Kalisz and S. Tuljapurkar. 1994. Loop analysis: evaluating life history pathways in population projection matrices. *Ecology* 75:2410-2415.

van Kleunen, M. and M. Fischer. 2001. Adaptive evolution of plastic foraging responses in a clonal plant. *Ecology* 82:3309-3319.

van Noordwijk, A. J. and G. de Jong. 1986. Acquisition and allocation of resources: Their influence on variation in life history tactics. *Am. Nat.* 128:137-142.

Veblen, T. T. and D. H. Ashton. 1978. Catastrophic influence on the vegetation of the Valdivian Andes, Chile. *Vegetatio* 36:149-167.

Venable, D. lawrence. 1985. The evolutionary ecology of seed heteromorphism. *Am. Nat.* 126:577-595.

Venable, D. L. and C. Pake. 1999. Population ecology of Sonoran Desert annual plants. In *The Ecology of Sonoran Desert Plants and Plant Communities,* R. H. Robichaux (ed.), pp. 115-142. University of Arizona Press, Tucson.

Via, S., R. Gomulkiewicz, G. De Jong, S. M. Scheiner, C. D. Schlichting and P. Van Tienderen. 1995. Adaptive phenotypic plasticity: consensus and controversy. *Trends Ecol. Evol.* 10:212-217.

Vitousek, P. M. and W. A. Reiners. 1975. Ecosystem succession and nutrient retention -hypothesis. *Bioscience* 25:376-381.

Vitousek, P. M., J. D. Aber, R. W. Howarth, G. E. Likens, P. A. Matson, D. W. Schindler, W. H. Schlesinger and D. G. Tilman. 1997. Human alteration of the global nitrogen cycle: sources and consequences. *Ecol. Appl.* 7:737-750.

Vitousek, P. M., C. M. D'Antonio, L. L. Loope and R. Westbrooks. 1996. Biological invasions as global environmental change. *Amer. Sci.* 84:468-478.

Vitousek, P. M. and W. A. Reiners. 1975. Ecosystem succession and nutrient retention: A hypothesis. *Bioscience* 25:376-381.

Vitousek, P. M., D. R. Turner and K. Kitayama. 1995. Foliar nutrients during long-term soil development in Hawaiian montain rainforest. *Ecology* 76:712-720.

Vivanco, J. M., H. P. Bais, F. R. Stermitz, G. C. Thalen and R. M. Callaway. 2004b. Biogeographical variation in community response to root allelochemistry: novel weapons and exotic invasion. *Ecol. Letters* 7:285-292.

Vogler, D. W. and S. Kalisz. 2001. Sex among the flowers: the distribution of plant mating systems. *Evolution* 55:202-204.

Vogt, K. A., C. C. Grier, C. E. Meier and R. L. Edmonds. 1982. Mycorrhizal role in net primary production and nutrient cycling in *Abies amabilis* ecosystems in western Washington. *Ecology* 63:370-380.

Volkov, I, J. R. Banavar, A. Maritan and S. P. Hubbell. 2004. The stability of forest biodiversity. *Nature* 427:696.

von Helversen, D. and O. von Helversen. 1999. Acoustic guide in bat-pollinated flower. *Nature* 398:759-760.

W

Wagner, H. H. and M.-J. Fortin. 2005. Spatial analysis of landscapes: concepts and statistics. *Ecology* 86:1975-1987.

Walker, L. R. 1999. Patterns and process in primary succession. In *Ecosystems of Disturbed Ground,* L. R. Walker (ed.), pp. 585-610. Elsevier, Amsterdam.

Walker, L. R. and F. S. Chapin III. 1987. Interactions among processes controlling successional change. *Oikos* 50:131-135.

Walling, S. Z. and C. A. Zabinski. 2004. Host plant differences in arbuscular mycorrhizae: Extra radical hyphae differences between an invasive forb and a native bunchgrass. *Plant and Soil* 265:335-344.

Waloff, N. and O. W. Richards. 1977. The effect of insect fauna on growth, mortality, and natality of broom, *Sarothamnus scoparius*. *J. Appl. Ecol.* 14:787-798.

Wand, S. J. E., G. F. Midgley, M. H. Jones and P. S. Curtis. 1999. Responses of wild C_4 and C_3 grass (Poaceae) species to elevated atmospheric CO_2 concentration: a meta-analytic test of current theories and perceptions. *Global Change Biol.* 5:723-741.

Wardle, G. M. 1998. A graph theory approach to demographic loop analysis. *Ecology* 79:2539-2549.

Wardle, D. A., O. Zackrisson, G. Hornberg and C. Gallet. 1997. Biodiversity and ecosystem properties. *Science* 278:1867-1869.

Wardle, D. A., K. I. Bonner, G. M. Barker, G. W. Yeates, K. S. Nicholson, R. D. Bardgett, R. N. Watson and A. Ghani. 1999. Plant removais in perennial grassland: vegetation dynamics, decomposers, soil biodiversity, and ecosystem properties. *Ecol. Monogr.* 69:535-568.

Wardle, D. A., M. A. Huston, J. P. Grime, F. Berendse, E. Garnier, W. K. Lauenroth, H. Setala and S. D. Wilson. 2000. Biodiversity and ecosystem function: an issue in ecology. *Bull. Ecol Soc. Amer.* 81:235-239.

Waring, R. H. and S. W. Running. 1998. *Forest Ecosystems: Analysis at Multiple Scale*, 2nd ed. Academic Press, New York, NY.

Warner, R. R. and P. L. Chesson. 1985. Coexistence mediated by recruitment fluctuations: a field guide to the storage effect. *Am. Nat.* 125:769-787.

Wartenberg, D., S. Ferson and F. J. Rohlf. 1987. Putting things in order: A critique of detrended correspondence analysis. *Am. Nat.* 129:434-448.

Waser, N. M., L. Chittka, M. V. Price, N. M. Williams and J. Ollerton. 1996. Generalization in pollination systems, and why it matters. *Ecology* 77:1043-1060.

Watt, A. S. 1947. Pattern and process in the plant community. *J. Ecol.* 35:1-22.

Weaver, J. E. and F. E. Clements. 1929. *Plant Ecology*. McGraw Hill, New York, NY.

Webb, C. J., W. R. Sykes and P. J. Garnock-Jones. 1988. *Flora of New Zealand*, vol. IV. Botany Divison, DSIR, Christchurch, NZ.

Webster, P. J., G. J. Holland, J. A. Curry and H.-R. Chang. 2005. Changes in tropical cyclone number, duration and intensity in a warming environment. *Science* 309:1844-1846.

Wedin, D. A. and D. Tilman. 1990. Nitrogen cycling, plant competition, and the stability of tallgrass prairie. In *Proceedings of the Twelfth North American Prairie Conference*, D. D. Smith and C. A. Jacobs (eds.), pp. 5-8. University of Northern lowa, Cedar Falls, IA.

Wedin, D. A. and D. Tilman. 1996. Influence of nitrogen loading and species composition on the carbon balance of grasslands. *Science* 274:1720-1723.

Weier, T. E., C. R. Stocking and M. G. Barbour. 1974. *Botany, An Introduction to Plant Biology*, 5th ed. Wiley, New York, NY.

Weiner, J. 1990. Asymmetric competition in plant populations. *Trends Ecol. Evol.* 5:360-364.

Weinig, C., L. A. Dorn, N. C. Kane, M. C. Ungerer, S. S. Halldorsdottir, Z. M. German, Y. Toyonaga, T. F. C. Mackay, M. D. Purug-ganan and J. Schmitt. 2003. Heterogeneous selection at specif loci in natural environments in *Arabidopsis thaliana*. *Genetics* 165:321-329.

Welch, M. E. and L. H. Rieseberg. 2002. Habitat divergence between a homoploid hybrid sunflower species, *Helitmthus paradoxus* (Asteraceae), and its progenitors. *Am. J. Bot.* 89:472-478.

Weller, D. E. 1987. A reevaluation of the -3/2 power rule of plant self-thinning. *Ecol. Monogr.* 57:23-43.

Weller, D. E. 1991. The self-thinning rule: Dead or unsupported? A Reply to Lonsdale. *Ecology* 72:747-750.

West-Eberhard, M. J. 1989. Phenotypic plasticity and the origins of diversity. *Ann. Rev. Ecol. Syst.* 20:249-278.

West-Eberhard, M. J. 2003. *Developmental Plasticity and Evolution*. Oxford University Press, New York, New York.

Westfall, R. D. 2003. Dissecting components of population-level variation in seed production and the evolution of masting behavior. *Oikos* 102:581-591.

Westman, W. E. and R. K. Peet. 1985. Robert H. Whittaker (1920-1980): The man and his work. In *Plant community ecology: Papers in honor of Robert H. Whittaker*, R. K. Peet (ed.), pp. 5-30. Dr W. Junk, Dordrecht, The Netherlands.

Westoby, M. 1998. A leaf-height-seed (LHS) plant ecology strategy scheme. *Plant and Soil* 199:213-227.

Westoby, M., D. Falster, A. Moles, P. Vesk and L Wright. 2002. Plant ecological strategies: some leading dimensions of variation between species. *Ann. Rev. Ecol. Syst.* 33: (in press).

Wheeler, B. D. and S. C. Shaw. 1991. Above-ground crop mass and species richness of the principal types of herbaceous rich-fen vegetation of lowland England and Wales. *J. Ecol.* 79:285-301.

White, E. P, P. B. Adler, W. K. Lauenroth, R. A. Gill, D. Greenberg, D. M. Kaufman, A. Rassweiler, J. A. Rusak, M. D. Smith, J. R. Steinbeck, R. B. Waide and J. Yao. 2006. A comparison of the species-time relationship across ecosystems and taxonomic groups. *Oikos* 112:185-195.

White, J. 1985. The thinning rule and its application to mixtures of plant populations. In *Studies on Plant Demography*, J. White (ed.), pp. 291-309. Academic Press, London, UK.

White, P. S. and S. T. A. Pickett. 1985. Natural disturbance and patch dynamics: an introduction. In *The Ecology of Natural Disturbance and Patch Dynamics*, S. T. A. Pickett and P. S. White (eds.), pp. 3-13. Academic Press, Orlando, FL.

Whitham, T. G. and S. Mopper. 1985. Chronic herbivory: impacts on architecture and sex expression of pinyon pine. *Science* 228:1089-1091.

Whittaker, R. H. 1954. The ecology of serpen-tine soils. I. Introduction. *Ecology* 35:258-259.

Whittaker, R. H. 1956. Vegetation of the Great Smoky Mountains. *Ecol. Monogr.* 26:1-80.

Whittaker, R. H. 1960. Vegetation of the Siskiyou Mountains, Oregon and California. *Ecol. Monogr.* 30:279-338.

Whittaker, R. H. 1966. Forest dimensions and production in the Great Smoky Mountains. *Ecology* 47:103-121.

Whittaker, R. H. 1970. *Communities and Ecosystems*. Macmillan, New York.

Whittaker, R. H. 1972. Evolution and measurement of species diversity. *Taxon* 21:213-251.

Whittaker, R. H. 1975. *Communities and Ecosystems*, 2nd ed. Macmillan Publ. Co., Inc., New York, NY.

Whittaker, R. H. 1977. Evolution of species diversity in land Communities. *Evol. Biol.* 10:1-67.

Whittaker, R. H. and W. A. Niering. 1975. Vegetation of the Santa Catalina Mountains, Arizona. V. Biomass, production, and diversity along the elevation gradient. *Ecology* 56:771-790.

Whittaker, R. J., K. J. Willis and R. Field. 2001. Scale and species richness: towards a general, hierarchical theory of species diversity. *J. Biogeogr.* 28:453-70.

Wied, A. and C. Galen. 1998. Plant parental care: conspecific nurse effects in *Frasera speciosa* and *Cirsium scopulorum*. *Ecology* 79:1657-1668.

Wielicki, B. A., T. Wong, R. P. Allan, A. Slingo, J. T. Kiehl, B. J. Soden, C. T. Gordon, A. J. Miller, S. Yang, D. A. Randall, F. Robertson, J. Susskind and H. Jacobowitz. 2002. Evidence for large decadal variability in the tropical mean radiative energy budget. *Science* 295:841-844.

Wilcove, D. S., D. Rothstein, J. Dubow, A. Phillips and E. Losos. 1998. Quantifying threats to imperiled species in the United States. *Bioscience* 48:607-615.

Williamson, M. and A. Fitter. 1996. The varying success of invaders. *Ecology* 77:1661-1666.

Willig, M. R. and C. P. Bloch. 2006. Latitudinal gradients of species richness: a test of the geographic area hypothesis at two ecological scales. *Oikos* 112:(in press).

Willig, M. R., D. M. Kaufman and R. D. Stevens. 2003. Latitudinal gradients of biodiversity: pattern, process, scale, and synthesis. *Ann. Rev. Ecol. Evol. Syst.* 34:273-309.

Willig, M. R. and S. K. Lyons. 1998. An analytical model of latitudinal gradients of species richness with an empirical test for marsupials and bats in the New World. *Oikos* 81:93-98.

Willis, K. J. and R. J. Whittaker. 2002. Species diversity-scale matters. *Science* 295:1245-1248.

Willson, M. F. 1983. *Plant Reproductive Ecology*. Wiley, Chichester, UK.

Wilson, C. and J. Gurevitch. 1995. Plant size and spatial pattern in a natural population of *Myosotis micrantha*. *J. Veg. Sci.* 6:847-852.

Wilson, D. S. 1980. *The Natural Selection of Populations and Communities*. Benjamin/ Cummings Publ. Co., Menlo Park, CA.

Wilson, S. D. and P. A. Keddy. 1986. Species competitive ability and position along a natural stress disturbance gradient. *Ecology* 67:1236-1242.

Winn, A. A. 1991. Proximate and ultimate sources of within-individual variation in seed mass in *Prunella vulgaris* (Lamiaceae). *Am. J. Bot.* 78:838-844.

Wiser, S. K., R. B. Allen, P. W. Clinton and K. H. Platt. 1998. Community structure and forest invasion by an exotic herb over 23 years. *Ecology* 79:2071-2081.

Wolda, H. 1981. Similarity indices, sample size and diversity. *Oecologia* 50:296-302.

Wolfe, L. M. 2002. Why alien invaders succeed: support for the escape-from-enemy hypothesis. *Am. Nat.* 160:705-711.

Wollkind, D. J. 1976. Exploitation in three trophic levels: an extension allowing intraspecies carnivore interaction. *Am. Nat.* 110:431-447.

Woods, K. D. and M. B. Davis. 1989. Paleoecology of range limits: beech in the Upper Peninsula of Michigan. *Ecology* 70:681-696.

Woodward, F. L 1987. *Climate and Plant Distribution*. Cambridge University Press, Cambridge, UK.

Woodward, F. I. and W. Cramer. 1996. Plant functional types and climatic change. Journal of Vegetation Science 7: 305-430 (Special Feature).

Woodwell, G. M. 1970. Effects of pollution on the structure and physiology of ecosystems. *Science* 168:429-433.

Wright, D. H. 1983. Species-energy theory: An extension of species-area theory. *Oikos* 41:496-506.

Wright, D. H., D. J. Currie and B. A. Maurer. 1993. Energy supply and patterns of species richness on local and regional scales. In *Species diversity in ecological communities: historical and geographical perspectives*, R. E. Rick-lefs and D. Schluter (eds.), pp. 66-77. University of Chicago Press, Chicago, IL.

Wright, D. H., B. D. Patterson, G. M. Mikkelson, A. Cutler and W. Atmar. 1998. A comparative analysis of nested subset patterns of species composition. *Oecologia* 113:1-20.

Wright, I. J., P. B. Reich, M. Westoby, D. D. Ackerly, Z. Baruch, F. Bongers, J. Cavender-Bares, T. Chapin, J. H. C. Cornelissen, M. Diemer, J. Flexas, E. Garnier, P. K. Groom, J. Gulias, K. Hikosaka, B. B. Lamont, T. Lee, W. Lee, C. Lusk, J. J. Midgley, M. L. Navas, U. Niinemets, J. Oleksyn, N. Osada, H. Poorter, P. Poot, L. Prior, V. I. Pyankov, C. Roumet, S. C. Thomas, M. G. Tjoelker, E. J. Veneklaas and R. Villar. 2004. The worldwide leaf economics spectrum. *Nature* 428:821-827.

Wright, S. 1931. Evolution in Mendelian populations. *Genetics* 16:97-159.

Wright, S. 1968. *Evolution and the Genetics of Populations, vol. 1. Genetic and Biometric foundations*. University of Chicago Press, Chicago, IL.

Wright, S. 1969. *Evolution and the Genetics of Populations. vol. 2. The Theory of Gene Frequencies*. University of Chicago Press, Chicago, IL.

Wu, J. and O. L. Loucks. 1995. From balance of nature to hierarchical patch dynamics: a paradigm shift in ecology. *Quart. Rev. Biol.* 70:439-166.

Wuethrich, B. 2000. Conservation biology -Combined insults spell trouble for rainforests. *Science* 289:35-37.

Y

Yanai, R. D., T. G. Siccama, M. A. Arthur, C. A. Federer and A. J. Friedland. 1999. Accumulation and depletion of base cations in forest floors in the northeastern United States. *Ecology* 80:2774-2787.

Yasumura, Y., K. Hikosaka, K. Matsui and T. Hirose. 2002. Leaf-level nitrogen-use efficiency of canopy and understorey species in a beech forest. *Func. Ecol* 16:826-834.

Yoda, K., T. Kira, H. Ogawa and K. Hozumi. 1963. Self thining in overcrowded pure stands uder cultivated and natural conditions. *J. Biol Osaka City Univ.* 14:107-129.

Young, T. P. and C. K. Augspurger. 1991. Ecology and evolution of long-lived semelparous plants. *Trends Ecol. Evol.* 6:285-289.

Z

Zabinski, C. A., L. Quinn and R. M. Callaway. 2002. Phosphorus uptake, not carbon transfer, explains arbuscular mycorrhizal enhancement of *Centaurea maculosa* in the presence of native grassland species. *Func. Ecol.* 16:758-765.

Zar, J. H. 1999. *Biostatistical Analysis*, 4th ed. Prentice Hall, Upper Saddle River, NJ.

Zobel, K. and J. Liira. 1997. A scale-independent approach to the richness vs. biomass relationship in ground-layer plant communities. *Oikos* 80:325-332.

Índice

Os números das páginas em itálico indicam conteúdo em uma ilustração.

A

B

C

D

F

G

S

U

V